Ramamurti Shankar

PRINCIPLES OF QUANTUM MECHANICS

SECOND EDITION

量子力学原理

第 2 版

[美] 拉马穆尔蒂·尚卡尔 著

丁亦兵 沈彭年 李学潜 译

世界图书出版公司

北京·广州·上海·西安

图书在版编目（CIP）数据
量子力学原理 ：第2版 / （美）拉马穆尔蒂·尚卡尔 (Ramamurti Shankar) 著 ； 丁亦兵，沈彭年，李学潜译. 北京 ： 世界图书出版有限公司北京分公司，2025. 8.
ISBN 978-7-5232-2453-3
Ⅰ. O413.1
中国国家版本馆CIP数据核字第2025MR3526号

中文书名　量子力学原理（第 2 版）
英文书名　Principles of Quantum Mechanics Second Edition
著　　者　[美] 拉马穆尔蒂·尚卡尔（Ramamurti Shankar）
译　　者　丁亦兵　沈彭年　李学潜
责任编辑　王艺霖　陈　亮

出版发行　世界图书出版有限公司北京分公司
地　　址　北京市东城区朝内大街 137 号
邮　　编　100010
电　　话　010-64038355（发行）　64033507（总编室）
网　　址　http://www.wpcbj.com.cn
邮　　箱　wpcbjst@vip.163.com
销　　售　新华书店
印　　刷　三河市国英印务有限公司
开　　本　787 mm × 1092 mm　1/16
印　　张　40
字　　数　833 千字
版　　次　2025 年 8 月第 1 版
印　　次　2025 年 8 月第 1 次印刷
版权登记　01-2018-7660
国际书号　ISBN 978-7-5232-2453-3
定　　价　188.00 元

谨以此书献给我的父母、

爱妻（Uma）

和孩子们（Umesh、Ajeet、Meera 和 Maya）

目 录

第二版序言

自我撰写的本书第一版问世已有十五年的时间，没有什么能改变我对本书所采取的整体方法的信念。这是基于教师和学生们的反响，以及我偶尔重读这本书的结果。总体来说，虽然我对这本书很满意，但是有些地方我觉得本来可以做得更好，此外还有一些部分的缺失曾令我困扰。我很高兴有这次机会来改进这一切。

除了散见全书的一些小改进外，还有三处大的改动。首先，我改写了第一章数学介绍中相当大的部分。其次，我增加了关于时间反演不变性的讨论。虽然我不知道它是怎么在第一版中被漏掉的，但是我希望我能回过头去修改它。最重要的改变是添加了第 21 章“路径积分：第二部分”。第一版已经显示了我对这一主题的偏好，因为有一章专门讨论了这个问题，这在当时是相当不寻常的。在这一版中，我摆脱了一切约束，详细地讨论了多种路径积分及其用途。在第 8 章中，我只是简单地给出了路径积分的技巧。而在这一章中，我从推导路径积分开始，导出了组态空间积分（即通常的费曼积分）、相空间积分和（振子）相干态积分。我讨论了两个应用：贝里相位的推导和应用，以及从量子霍尔效应的角度研究最低的朗道能级。这些主题的相关性是毫无疑义的。紧接着是一节关于虚时路径积分的讨论——描述了隧穿、瞬子和对称性破缺，以及它与经典和量子统计力学的关系，并介绍了传递矩阵。然后讨论了自旋相干态路径积分和费米子路径积分。对于这样的一本书来说，人们认为这些论题未免过于高深，但我相信这不再是事实。随着这些概念的广泛使用，看来把它们提供给那些具有先见之明购买这本书的聪明的学生们，似乎是一个好主意。

考虑到时间的限制，教师如何处理这一额外的章节呢？我建议略去前几章中的一些材料。（我所认识的人，包括我自己在教任何一群固定的学生时，都没有涵盖整本书。）对于教师的一个现实的选择是，讲授第 21 章的部分内容，并将其余部分作为阅读材料、家庭测验，以及学期论文的课题等。我认为，忽略它将失去一个让学生接触到当前许多研究课题的核心思想、并展示一些想法的极好机会，同时也剥夺了学生们随之而来的兴奋感。由于本章的目的是引导学生通向更多前沿课题，所以它比本书的其他部分更为简洁。此外，我还期望学生能查阅本书给出的参考文献。

多年来，我收到了一些非常有用的反馈，我感谢所有花时间这样做的学生和老师。我感谢 Howard Haber 对玻恩近似的讨论；感谢 Alan Chodos、Steve Girvin 对贝里相位的讨论；感谢 Alan Chodos、Steve Girvin、Ilya Gruzberg、Martin Gutzwiller、Ganpathy Murthy、Charlie Sommerfeld 和 Senthil Todari 对第 21 章给出许多有用的评述。我非常感谢美国海岸警卫队的 Richard F. Malm 上尉（已退役）、基尔大学的 D. Schlüter 教授和马里兰大学的 V. Yakovenko 教授，他们发现了第一次印刷中的许多印刷错误，并不厌其烦地提醒我注意。我感谢普莱南出版社的 Amelia McNamara 敦促我撰写这个版本，感谢普莱南多年来的友好和热情的合作。我感谢斯普林格出版社的编辑 Ron Johnson 为这本书所做的不懈努力，感谢 Chris Bostock、Daniel Keren 和 Jimmy Snyder 在纠正第 14 次印刷中的错误方面给予的慷慨帮助。最后，我要感谢我的妻子 Uma 一如既往地保护我不受现实生活的搅扰，使我可以集中精力地修订这一版，以及我的孩子们（自上一版以来发生了变化并扩展了队伍）不断地为我加油。

拉马穆尔蒂 · 尚卡尔
康涅狄格州纽黑文

第一版序言

发表和死亡。

——*乔尔丹诺·布鲁诺*（Giordano Bruno）

考虑到量子力学方面已经存在的书籍数量之多，人们会认为公众还需要再多一本吗？比如，就像最新版的“积分表”那样。但这并没有阻止我（就像没有阻止我的前辈那样）尝试传播我自己版本的关于应该如何教授量子力学的方法。这里要介绍的方法（稍候描述）最早是在 1976 年夏天在哈佛给一群大学生试讲过，在 1977 年夏天再一次进行试讲，最近在耶鲁大学给大学生（1977—1978）和研究生（1978—1979）就这一主题上了一年的课。在所有情况下，结果都非常令人满意，因为学生们似乎已经很好地学懂了这门学科，并且喜欢这种讲解方式。事实上，正是他们的热情的反应和鼓励使我相信我的方法是正确的，这促进了我写这本书的决心。

本书的基本思路是在介绍了一些必要的预备知识后，从一些公设出发来展开这一主题。现在，大多数人都会同意，任何一门已经发展到可以减少到少数几个公设的学科，最好的讲授它的方法就是从这些公设开始，因为这种方法能让学生们充分的理解理论的基础及其应用。但他们也会争辩说，虽然在狭义相对论或力学的情况下，这样做挺好，但一个典型的即将学习量子力学的学生很少熟悉用来表述这些公设的数学语言。我同意这些人的看法，即这个问题的确存在，但我的信念不同，我认为这个问题应该而且能够克服。本书正是在这方面的一次尝试。

本书从相当长的一章开始。这一章假设学生已经知道关于矢量和矩阵的简单思想，矢量空间的相关数学是在此基础上发展出来的。我认为其严格的程度是要使学生成为一名能够应用量子力学的人所必须达到的。这一章通常需要 6 到 8 个课时，其中充满了物理方面的例子，以免学生在等待“真正的物理”时变得过于烦躁不安。由于引入的这些数学迟早都要讲，我宁愿早一点，因为这样，在学生们掌握了这些数学以后，就可以全神贯注地学习量子理论，而不必同时花费精力于数学定理。此外，通过把数学定理与物理公设分离开来，任何可能的混淆都可以被尽早消除。

紧接着这一章的是关于经典力学的一章，其中较为深入地展示了拉格朗日量和哈密顿形式。涵盖的内容多少要由教师来决定，学生们对这些问题的了解越多，就越能理解经典力学和量子力学之间的联系。第 3 章简要研究一些揭示经典力学不足的理想实验，并给出了对量子力学一些朦胧的感觉。

在训练和激励了学生之后，我现在给他们提供了一些一维单粒子量子力学的公设。这里，我用“公设”（postulate）一词来表示“那些不能从纯数学或逻辑推理中推导出来的东西，并且给定它们就可以表述和解决量子力学问题，并解释得到的结果”。这不是真正的公理主义者（axiomatist）使用这个词时所指的意思。例如，在真正的公理主义者仅仅公设动力学变量是由希尔伯特空间算符给出的地方，我会添加这个算符的身份证明，即指定表示坐标和动量的算符（从这些算符可以构建其他的算符）。同样，我也不会止于这样的说法，即有一个哈密顿量算符 H，它通过方程 $i\hbar\partial|\Psi\rangle/\partial t = H|\Psi\rangle$ 支配时间演化。我会说，H 可以通过把经典的哈密顿量中的 x 和 p 替换成相应的算符得到。当我们发展到更多自由度的系统时，无论是否有经典的对应，更普遍的公理都更容易存活下来，但是只给出这些，学生们就不会知道如何计算诸如谐振子谱这样的东西。当然，现在我们可以尝试完成“推导”这些算符的任务，但是要做到这一点，我们不得不诉诸这些公设的想法本身。（“推导”薛定谔方程也是如此。）随着我们这样做下去，这些公设就都会被推广到更多的自由度上，然而完全是出于教学的原因，这些推广被延后了。也许，当学生们读完这本书后，他们可以从具体的算符作业中解脱出来，把量子力学看作是一种遵从某些公设的（在严格的术语意义上）一般的数学形式。

在第 4 章中，紧跟一些公设之后，我们同样将对此进行了长篇幅的讨论，并列举了许多来自三维假想的希尔伯特空间的例子。尽管如此，学生们会发现这还是很难。只有当他们继续前行，看到本书的其余部分反复使用这些公设设定问题和解释结果，他们才会理解如何玩转量子力学。人们通常希望他们毕业后能独立地做这件事。我认为，从长远来看，任何缓和这种初始冲击的尝试都会适得其反。

第 5 章讨论一维标准问题。值得一提的是，阶梯势的散射是用波包方法来处理的。如果这个子课题在这个阶段显得太难了，老师可以决定在第 7 章（简谐振子）后，也即当学生们获得更多的经验之后，再回到它。但我认为，学生们迟早、也必须熟悉散射过程的这种处理。

经典极限是下一章的主题。我们接下来对谐振子进行了详细的讨论。这是第一个现实的问题，老师可能会急于尽快解决它。如果老师愿意，他或她可以在讨论谐振子之后再讨论经典极限。

接下来，我们讨论费曼提出的路径积分公式。考虑到它所提供的直观理解，以及它的优雅性（更别提它能在几分钟内给出一类问题的完整的传播子了），它在如此多的书中被遗漏是很难理解的。虽然实际计算路径积分很难（这里提供了一个例子），但将传播子表示为来自不同路径振幅之和的概念相当简单。对于统计力学和场论工作者来说，这一观点的重要性日益明显。我认为应该尽一切努力在本课程中至少包括本章的前三节（或前五节）。

在第一近似下，其余章节的内容都是标准的。当然，写作风格和具体主题都是本书作者特有的。例如，有整整一章（第 11 章）专门讨论了对称性及其后果。关于氢原子的一章还包含了如何从一些助记符开始进行数值估算的一节。第 15 章是关于角动量的相加，还包含了一节关于如何理解氢原子能谱和各向同性谐振子谱中的“偶然”简并。在与含时微扰论相关的第 18 章讨论了辐射场的量子化问题。最后一章（第 20 章）对狄拉克方程的处理旨在阐明电子自旋、磁矩和自旋轨道相互作用等在前几章中以一种特别的方式引入的问题，它们从狄拉克方程中以一种连贯的整体出现，同时也让学生们对未来更高等的问题有一个粗浅的印象。本章还解释了费曼如何（以一种适用于玻色子和费米子的方式）解决负能解的问题。

这本书是写给谁的？

在编写这本书时，我针对的是那些试图自学这门课程的学生，也就是说，我尽可能让这本书自成体系，其中包括大量习题和其中大部分习题的答案，并讨论了学生在学习这门课程时遇到的几个棘手问题。但我知道，在实践中，这本书最有可能被用作课堂教材。这里有足够的材料用于一整年的研究生课程。然而，把它改编为适用于一年的本科课程是相当容易的。在不失连贯性的情况下可以省略的几个章节也被标明了。如本序言前面所述，主题的讲授顺序也可以改变。我认为最好的办法是让老师浏览一下这本书，并根据他们的备课水平和目标，为他或她的班级制定课程计划。当然，如果老师不赞同这里所主张的广泛理念，即首先是数学训练，然后是从一些公设出发展开主题，这本书就不会特别有用。对于那些认为这一方法原则上没有问题，但不会在实践中发挥作用的教师，我重申，不只是我，其他的老师也都发现这种做法行之有效。

这本书也可供非物理学专业的读者使用。（我发现它也很适合我的班上主修化学专业的学生。）虽然我是为对该主题毫不熟悉的学生写的这本书，但他们以前对该主题有过任何了解只会更为有益。

最后，我邀请教师和学生都能向我提出任何改进的建议，无论它们是教学方面的，还是关于内容或者印刷错误的。

致谢

当我回头看看是谁让这本书成为可能时，我的思绪首先转向了我的兄弟 R. Rajaraman 和朋友 Rajaram Nityananda，他们几乎同时向我介绍了物理学，尤其是量子力学。其次是我的学生，特别是 Doug Stone，要不是他的鼓励和热情的回应，我就不会承担这个项目。我感谢密歇根州立大学的 Julius Kovacs 教授，他亲切友好的鼓励使我确信，这本书会像我的学生一样也会受到同龄人的欢迎。最近我和耶鲁的同事们，特别是 Alan Chodos 和 Peter Mohr 进行了多次谈话，使我受益匪浅。我要特别感谢 Charles Sommerfield，他设法抽出时间阅读了手稿，并提出了许多有用的意见和建议。详细的校对是由 Tom Moore 完成的。我还要预先感谢读者们，提醒我注意到可能被我们忽略的任何错误。

大部分手稿制作的成本是由耶鲁大学的 J. W. Gibbs 奖学金承担的，在这本书的写作期间，他们也给予了我很大支持。Laurie Liptak 女士非常出色地完成了前 18 章的录排工作，Linda Ford 女士同样出色地完成了第 19 章和第 20 章的录排。本书插图是由 J. Brosious 先生制作的。R. Badrinath 先生爽快地协助我编制了索引①。

在家庭方面，我的父母和岳父岳母给了我很多鼓励。最重要的是我的妻子 Uma，她高高兴兴地把我“捐赠”给科学一年左右，并自始至终陪伴着我。小 Umesh 也尽了自己的一份力，他撕毁了我所有关于这个主题的书，既是为了表示支持，也是为了努力打造对这本书的需要。

拉马穆尔蒂 · 尚卡尔
康涅狄格州纽黑文

① 我很高兴能得到 Richard Hatch 先生的帮助，他提醒我注意第一次印刷中的一些错误。

引　言

我们对物理世界的描述本质上是动态的，并经历着频繁的变化。在任何特定时间，我们都会用某些定律来概括我们对自然现象的认识。这些定律充分描述了直到那个时候所研究的现象，并达到了当时所能达到的精确程度。随着时间的推移，我们扩大了观测范围，提高了测量精度。在此过程中，我们不断地检查，看一看这些定律是否仍然有效。那些确实仍然有效的定律提升了地位，而那些失效的定律则必须被摈弃，以便由新的定律取而代之。

在这幅不断变化的图景中，由伽利略、牛顿，以及后来的欧拉、拉格朗日、哈密顿、雅可比等人所创立的经典力学定律，几乎保持了三个世纪之久。不断扩展的经典物理学领域在本世纪初遇到了它的第一个障碍。这个障碍来自两个方面：一是大的速度，二是小的（原子的）尺度。爱因斯坦成功地解决了大速度问题，他给了我们相对论力学，而量子力学的奠基人——玻尔、海森堡、薛定谔、狄拉克和玻恩等人则解决了小尺度物理学的问题。描述同时涉及大速度和小尺度的现象则需要相对论和量子力学的结合，这种结合被证明是非常困难的。尽管在被称为量子场论的学科领域已经取得了很大的进展，但是到目前为止仍有许多悬而未决的问题。在本书中，我们将只集中讨论小尺度问题，也就是非相对论量子力学问题。

从经典力学到量子力学的过渡，与旧理论让位于新理论的过程，具有几个共同的特点：

(1) 存在一个由新理论描述现象的域 D_n 和一个子域 D_o，在该子域中旧理论是可靠的（在给定的精度下）。

(2) 在子域 D_o 中，这两种理论都可以用来进行定量预言。或许采用旧的理论往往更方便。

(3) 新理论除了具有数值精度外，往往还会带来概念上的根本性变化。由于新理论是定性的，它们将对 D_n 的所有现象产生影响。

例如，在相对论的情况下，D_o 和 D_n 分别表示涉及小的和任意速度的（宏观）现象，当然后者被光速束缚。相对论除了对高速现象给出了较好的数值预言外，还否定了绝对时间、绝对长度、粒子的无限速度等牛顿珍爱的几个概念。

以类似的方式，量子力学不仅改进了现有理论对微观世界的数值预言，而且还带来了一些动摇经典思想基础的概念变革。

本书从几个公设出发，向你介绍这一主题。在你和这些公设之间共有三章，在那里你会发现在公设陈述中出现的一些数学概念的总结，经典力学的回顾和对量子理论经验基础的简要描述。在本书的其余部分中，这些公设将会被用来提出和解决各种量子力学问题。我们希望，当你学到本书末尾的时候，你能够独立地做同样的事情。

学生须知

尽可能地多做习题，特别是那些标有 * 或其结果带有方程编号的那些习题。每个习题的答案都随习题或在书的末尾给出。

第 1 章是非常重要的，不要将其匆忙读完。即使你知道这些数学，也要读一读它并熟悉那些符号。

我并不是说这是个容易的科目。但我希望这本书能使它看起来合理。

祝你好运。

第 1 章　数学导论

本书的目标是为你提供量子力学的介绍，出发点是几条量子力学的公理。本章的目标是为你配备必要的数学工具。这里从一些假设你已知的关于矢量和矩阵的基本概念开始，展示了你所需要的所有数学。文中给出了大量与经典力学有关的例子和习题，它们既可以从数学上提供一些帮助，也可以演示本文所提出的思想的广泛适用性。你在这一章中所付出的努力将是非常值得的——它不仅会让你为这门课程做好准备，而且还会把你可能已经学过的许多零碎的概念统一起来。要真正学好这一章，你必须像学习其他章节一样求解习题。

1.1　线性矢量空间：基

在本节中，我们将介绍线性矢量空间。你肯定熟悉初等物理中的箭头，它们把速度、力、位移和转矩等物理量的大小和方向同时表示了出来。你知道如何将它们相加，用标量乘它们，以及这些操作所遵从的规则。例如，你知道标量相乘满足分配律：两个矢量之和的倍数是两个矢量的倍数之和。我们要做的是从这个简单的例子中抽象出一组基本的特征或公理，并指出任何一组遵从同样公理的对象都构成了一个线性矢量空间。关键在于决定在推广时保留哪些属性。如果你保留得太多，就不会有其他的例子；如果你保留得太少，就无法从这些公理中发展出那些有趣的结果。

下面是数学家们明智选择的矢量空间所必须具备的属性。当你阅读它们时，请将它们与箭头的世界进行比较，并确保这些属性确实是我们熟悉的这些矢量所具有的。但要注意的是，其中明显缺失了每个矢量都具备的大小和方向的特征，这也是我们第一次听到矢量的时候，第一个在我们脑海中涌现出来的矢量最基本的特征。因此你可能会认为，在放弃这一要求时，婴儿和洗澡水一起被倒掉了。然而，你将有足够的时间去欣赏这一选择背后的智慧，并在矢量空间的标题下看到不同思想的巨大统一和综合。你会看到一些矢量空间的例子，其中涉及的实体你无法直观地感知其大小或方向。尽管你应该对这一切都留有深刻的印象，但是请记住，从箭头的角度来考虑这些东西，用直觉来证明定理，或者至少是预测它们，没有一点坏处。

定义 1 线性矢量空间 $\mathbb{V}$ 是一些称为**矢量**的对象 $|1\rangle, |2\rangle, \cdots, |V\rangle, \cdots, |W\rangle, \cdots$ 的集合，对于它们存在：

1. 矢量相加的明确规则，表示为 $|V\rangle + |W\rangle$；
2. 与标量 $a, b, \cdots$ 相乘的明确规则，表示为 $a|V\rangle$，它具有以下特征：

- 这些运算的结果是该空间中的另一个元素，即一个被称为封闭性的特征：$|V\rangle + |W\rangle \in \mathbb{V}$；
- 标量乘法在矢量中是可分配的：$a(|V\rangle + |W\rangle) = a|V\rangle + a|W\rangle$；
- 标量乘法在标量中是可分配的：$(a+b)|V\rangle = a|V\rangle + b|V\rangle$；
- 标量乘法在标量中是可结合的：$a(b|V\rangle) = ab|V\rangle$；
- 加法是可交换的：$|V\rangle + |W\rangle = |W\rangle + |V\rangle$；
- 加法是可结合的：$|V\rangle + (|W\rangle + |Z\rangle) = (|V\rangle + |W\rangle) + |Z\rangle$；
- 存在一个零矢量 $|0\rangle$，遵从 $|V\rangle + |0\rangle = |V\rangle$；
- 每个矢量 $|V\rangle$ 在加法下都存在一个逆 $|-V\rangle$，使得 $|V\rangle + |-V\rangle = |0\rangle$。

有一个很好的方法可以记住这些：做自然而然的事。

定义 2 数字 $a, b, \cdots$ 被称为定义了矢量空间的**域**。

如果这个域由所有的实数构成，那么我们就有一个实矢量空间；如果它们都是复数，那么我们就有一个复矢量空间。由于矢量本身既不是实的也不是复的，所以这个形容词仅适用于标量。

我们注意到上述公理意味着：

- $|0\rangle$ 是唯一的，即如果 $|0'\rangle$ 具有 $|0\rangle$ 的所有属性，则 $|0\rangle = |0'\rangle$；
- $0|V\rangle = 0$；
- $|-V\rangle = -|V\rangle$；
- $|-V\rangle$ 是 $|V\rangle$ 唯一的加法逆元。

证明留待下面的习题。你不必掌握证明过程，但你必须熟记这些陈述。

习题 1.1.1 证明这些说法的正确性。对于第一个，考虑 $|0\rangle + |0'\rangle$，并依次利用前述两个零矢量的属性。对于第二个，从 $|0\rangle = (0+1)|V\rangle + |-V\rangle$ 开始。对于第三个，从 $|V\rangle + (|-V\rangle) = 0|V\rangle = 0$ 开始。对于最后一个，设 $|W\rangle$ 也满足 $|V\rangle + |W\rangle = |0\rangle$。由于 $|0\rangle$ 是唯一的，所以这意味着 $|V\rangle + |W\rangle = |V\rangle + |-V\rangle$。我们可以从这里证明。

习题 1.1.2 考虑形式为 (a, b, c) 的所有元素的集合，其中这些元素都是实数。加法和标量乘法的定义如下：

$$(a, b, c) + (d, e, f) = (a + d, b + e, c + f)$$
$$\alpha(a, b, c) = (\alpha a, \alpha b, \alpha c)$$

请写出零矢量和 (a, b, c) 的逆，并证明形式为 $(a, b, 1)$ 的矢量不构成一个矢量空间。

注意，我们正在使用一个新的符号 $|V\rangle$ 来表示一个一般的矢量。这个符号叫做*右矢*（ket）V，这个命名源于狄拉克，稍后我们将详细讨论这个符号。作为第一步，我们特意没有使用符号 $\vec{V}$ 来表示矢量，这是为了让你摆脱矢量作为箭头的狭隘概念。然而，直到你看到足够多不是箭头的矢量，并准备好丢弃这个拐杖为止，我们并没有阻止你把箭头状的对象与 $|V\rangle$ 联系起来。

在阅读公理时，请你验证一下，箭头集合是否符合作为矢量空间的条件。以下是你应该掌握的一些关键概念。由箭头组成的矢量空间，其中典型的矢量是 $|V\rangle$ 和 $|V'\rangle$。它们的加法规则是我们很熟悉的：取第二个箭头的尾巴，把它放在第一个箭头的尖端，等等，如图 1.1 所示。

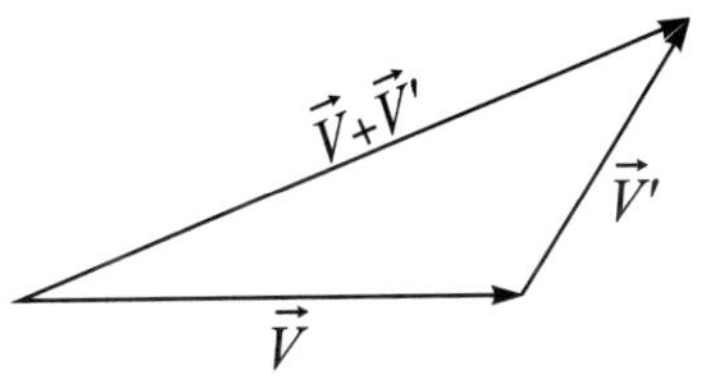

图 1.1　矢量的加法规则。注意，它遵从定义 1 中第 2 点的第一条至第三条公理

用 a 做标量乘法相当于用因子 a 拉伸该矢量。请注意，这是一个实矢量空间，因为拉伸一个复数因子是没有意义的。（如果 a 为负值，我们将其解释为箭头方向的改变，并用 $|a|$ 把它重新标度。）因为对箭头的这些运算会给出更多的箭头，所以我们就有了封闭性。加法和标量乘法显然满足所有预期的结合律和分配律。零矢量是长度为零的箭头，而矢量的逆是一个方向相反的矢量。

因此，所有箭头的集合作为一个矢量空间是合适的。但我们不能随意篡改它。例如，所有箭头的正 z 分量的集合不构成矢量空间，因为不存在逆。

请注意，到目前为止，我们还没有涉及大小或方向。关键在于，虽然箭头具有这些性质，但矢量空间的成员不需要。这一说法是没有意义的，除非我能举几个例子，正好这里有两个。

考虑所有 2×2 矩阵的集合。我们知道如何将它们相加，以及将它们乘标量（即将所有四个矩阵元都乘该标量）。相应的规则服从封闭性、结合律和分配律的要求。零矩阵中所有的矩阵元均为零，矩阵加法下的逆是所有元素都取负值的矩阵。你一定同意，我们有一个真正的矢量空间在这里，它由没有明显长度或方向的对象组成。当我们想突出矩阵 M 是矢量空间中的一个元素这一事实时，我们可以称其为，例如，右矢 4 或 $|4\rangle$。

作为第二个例子，考虑在区间 $0\leqslant x\leqslant L$ 中定义的所有函数 $f(x)$。我们将用 a 简单地将标量乘法定义为 $af(x)$，且加法为逐点相加：两个函数 f 和 g 的和在点 x 处的取值为 $f(x)+g(x)$。零函数在任何地方的取值都为零，f 的加法逆元为 $-f$。

习题 1.1.3 在端点 $x=0$ 和 $x=L$ 处为零的函数是否构成矢量空间？服从 $f(0)=f(L)$ 的周期函数如何？服从 $f(0)=4$ 的函数又如何？如果这些函数都不合格，请列出它们不构成矢量空间的原因。

下一个概念是矢量集合 $|1\rangle,|2\rangle,\cdots,|n\rangle$ 的线性无关性。首先考虑一个下列形式的线性关系：

$$\sum_{i=1}^{n}a_i|i\rangle=|0\rangle \tag{1.1.1}$$

我们可以不失一般性地假设 (1.1.1) 式的左边不包含任何 $|0\rangle$ 的倍数，因为如果有的话，可以将其移到 (1.1.1) 式的右边，与 $|0\rangle$ 合并，仍给出 $|0\rangle$。（我们用到了 $|0\rangle$ 的任何倍数都等于 $|0\rangle$ 的事实。）

定义 3 如果只有在所有 $a_i=0$ 的情况下，像 (1.1.1) 式这样的线性关系才成立，则称矢量集合是**线性无关的**。如果矢量集合不是线性无关的，则称其为**线性相关的**。

(1.1.1) 式告诉我们，不可能把线性无关集合中的任何成员用一些其他成员的线性组合表示出来。另一方面，如果矢量集合是线性相关的，则这种关系式将会存在，并且它必须至少包含两个非零系数。比如，让我们假设 $a_3\neq0$。然后我们可以写出

$$|3\rangle=\sum_{i=1,\neq3}^{n}\frac{-a_i}{a_3}|i\rangle \tag{1.1.2}$$

由此，我们把 $|3\rangle$ 用其他矢量表示了出来。

作为一个具体的例子，考虑平面上的两个非平行矢量 $|1\rangle$ 和 $|2\rangle$。它们构成一个线性无关的集合。我们无法将其中一个写成另一个的倍数，或者等价地，无法将它

们组合从而得到零矢量。另一方面，如果这两个矢量是平行的，我们可以清楚地将其中一个写成另一个的倍数，或者以等价的方式使他们彼此抵消，得到 0。

注意，我说的是 0 而不是 $|0\rangle$。严格地说，这是不正确的，因为一个矢量集合中的矢量加起来只能是一个矢量，而不能是一个数字。然而，用 0 表示零矢量是很常见的。

假设我们在平面上引入了第三个矢量 $|3\rangle$。如果它与前两个中的任何一个平行，我们就有了一个线性相关的集合。因此，让我们假设它不是。但即使是这样，它们三个也是线性相关的。这是因为我们可以把其中一个，比如说 $|3\rangle$，写成另外两个的线性组合。要找到这个组合，请从 $|3\rangle$ 的尾部沿 $|1\rangle$ 的方向画一条线。然后，从 $|3\rangle$ 的尖端画一条与 $|2\rangle$ 反平行的线。根据假设，这两条线将相交，因为 $|1\rangle$ 和 $|2\rangle$ 是不平行的。交点 P 将决定我们需要的 $|1\rangle$ 和 $|2\rangle$ 各是多少：我们从 $|3\rangle$ 的尾部到 P 采用适当倍数的 $|1\rangle$，从 P 到 $|3\rangle$ 的尖端采用适当倍数的 $|2\rangle$。

习题 1.1.4 考虑 2×2 实矩阵的矢量空间中的三个元素：

$$|1\rangle = \begin{pmatrix} 0 & 1 \\ 0 & 0 \end{pmatrix} \qquad |2\rangle = \begin{pmatrix} 1 & 1 \\ 0 & 1 \end{pmatrix} \qquad |3\rangle = \begin{pmatrix} -2 & -1 \\ 0 & -2 \end{pmatrix}$$

它们是线性无关的吗？用一些细节支持你的回答。（注意，我们正在称这些矩阵为矢量，并用右矢来表示它们，以强调它们是矢量空间的元素。）

习题 1.1.5 证明下列行矢量是线性相关的：(1, 1, 0)、(1, 0, 1) 和 (3, 2, 1)。证明对于 (1, 1, 0)、(1, 0, 1) 和 (0, 1, 1) 结论相反。

定义 4 如果一个矢量空间最多能够容纳 n 个线性无关的矢量，那么它的**维数**为 $\boldsymbol{n}$。如果它的域是实的，则用 $\mathbb{V}^n(R)$ 表示；如果域是复的，则用 $\mathbb{V}^n(C)$ 表示。

鉴于前面的讨论，平面是二维的。不局限于平面的所有箭头的集合定义了一个三维矢量空间。那么 2×2 矩阵呢？它们构成了一个四维矢量空间。这里给出一个证明。下列矢量是线性无关的：

$$|1\rangle = \begin{pmatrix} 1 & 0 \\ 0 & 0 \end{pmatrix} \qquad |2\rangle = \begin{pmatrix} 0 & 1 \\ 0 & 0 \end{pmatrix} \qquad |3\rangle = \begin{pmatrix} 0 & 0 \\ 1 & 0 \end{pmatrix} \qquad |4\rangle = \begin{pmatrix} 0 & 0 \\ 0 & 1 \end{pmatrix}$$

因为不可能由其中任意三个的线性组合得到第四个，它们中的任意三个的矩阵元都在同一个位置等于零，而第四个矩阵的矩阵元在此处则不为零。所以这个空间至少是四维的。维数会更大吗？不会，因为任何 2×2 矩阵都可以用它们写成：

$$\begin{pmatrix} a & b \\ c & d \end{pmatrix} = a\,|1\rangle + b\,|2\rangle + c\,|3\rangle + d\,|4\rangle$$

如果标量 a，b，c，d 都是实的，我们就有一个实四维空间；如果它们都是复的，我们就有一个复四维空间。

定理 1 在一个 n 维空间中，任一矢量 $|V\rangle$ 都可以写成 n 个线性无关矢量 $|1\rangle, \cdots, |n\rangle$ 的线性组合。

证明如下：如果存在一个不满足上述定理的矢量 $|V\rangle$，我们就将其加入已有的矢量集合中，从而形成一组 $n+1$ 个线性无关的矢量，这在所定义的 n 维空间中是不可能的。

定义 5 在一个 n 维空间中，n 个线性无关矢量的集合称为一个基。

因此，凭借上述定义，我们可以写出

$$|V\rangle = \sum_{i=1}^{n} v_i\,|i\rangle \tag{1.1.3}$$

其中，矢量 $|i\rangle$ 构成一个基。

定义 6 用一组线性无关基（$|i\rangle$）展开一个矢量的系数 v_i，称为这个基下该矢量的分量。

定理 2 (1.1.3) 式中的展开是唯一的。

假设这个展开不是唯一的。那时，我们一定有第二种展开：

$$|V\rangle = \sum_{i=1}^{n} v_i'\,|i\rangle \tag{1.1.4}$$

从 (1.1.3) 式中减去 (1.1.4) 式（即把第二个方程乘标量 -1，然后把两个方程相加），我们得到

$$|0\rangle = \sum_{i} (v_i - v_i')\,|i\rangle \tag{1.1.5}$$

它意味着

$$v_i = v_i' \tag{1.1.6}$$

由于基矢量是线性无关的，即它们之间只能存在一个平庸的线性关系。请注意，给定一个基后，分量是唯一的，但是如果我们改变基，分量就会改变。我们把 $|V\rangle$ 称

为一个抽象的矢量，它有它自己的存在性，并满足与其他矢量有关的各种关系。当我们选择一个基时，矢量就以其分量呈现出具体的形式，矢量之间的关系则由各分量来满足。例如，假设在平面上有三个箭头 $\vec{A}$，$\vec{B}$，$\vec{C}$，根据箭头加法的规律满足 $\vec{A}+\vec{B}=\vec{C}$。到目前为止，还没有选择任何基，而且我们也不需要一个基来申明这三个矢量形成一个封闭的三角形。现在我们选择一个基，并且用各分量写出每个矢量。这些分量将满足 $C_i = A_i + B_i$，其中 $i=1,2$。如果我们选择不同的基，则各分量在数值上都会发生变化，但表示 $\vec{C}$ 与其他两个箭头之和的等式关系在新的分量集合中仍然是成立的。

在非箭头矢量的情况下，由于公理的存在，将它们按分量的形式相加，就像在基本情况下一样。如果

$$|V\rangle = \sum_i v_i \,|i\rangle \tag{1.1.7}$$

和

$$|W\rangle = \sum_i w_i \,|i\rangle \tag{1.1.8}$$

则

$$|V\rangle + |W\rangle = \sum_i (v_i + w_i)\,|i\rangle \tag{1.1.9}$$

其中，我们利用公理进行了各项的重组。结论如下：

要把两个矢量相加，把它们的分量相加即可。

这里没有提到取一个矢量的尾巴，把它放在另一个矢量的顶端等等，因为在一般情况下，矢量没有头尾。当然，如果我们处理箭头，我们仍然可以通过头和尾，按照常规程序把它们加起来，或者简单地将它们在一个基下的分量相加。

同样地，我们有：

$$a\,|V\rangle = a\sum_i v_i\,|i\rangle = \sum_i a\,v_i\,|i\rangle \tag{1.1.10}$$

换言之，

一个矢量乘一个标量，要把矢量的所有分量都乘这个标量。

1.2　内积空间

矩阵和函数的例子一定让你相信，我们可以有一个没有预先定义元素的长度或方向的矢量空间。然而，我们可以构造出与箭头的长度和角度具有相同性质的量。第一步是定义一个点积的合理类比。对于箭头，从点积

$$\vec{A}\cdot\vec{B} = |A|\,|B|\cos\theta \tag{1.2.1}$$

我们可以读出，例如 $\vec{A}$ 的长度为 $\sqrt{|A|\cdot|A|}$，两个矢量夹角的余弦为 $\vec{A}\cdot\vec{B}/|A||B|$。现在你或许有理由反对：如果点积本身需要用到长度和角度的知识，那么你怎么能用它来定义长度和角度呢？答案是这样的。回想一下，点积有第二种等价的用分量表示的表达式：

$$\vec{A}\cdot\vec{B}=A_xB_x+A_yB_y+A_zB_z \tag{1.2.2}$$

我们的目标是定义一个一般情况下的类似公式，其中我们的确要用到一个基下的分量的概念。为此，我们回顾一下上述点积的主要特性：

1. $\vec{A}\cdot\vec{B}=\vec{B}\cdot\vec{A}$（对称性）；
2. $\vec{A}\cdot\vec{A}\geqslant 0$，当且仅当 $\vec{A}=0$ 时，$\vec{A}\cdot\vec{A}$ 等于零（半正定性）；
3. $\vec{A}\cdot\left(b\vec{B}+c\vec{C}\right)=b\vec{A}\cdot\vec{B}+c\vec{A}\cdot\vec{C}$（线性）。

点积的线性如图 1.2 所示。

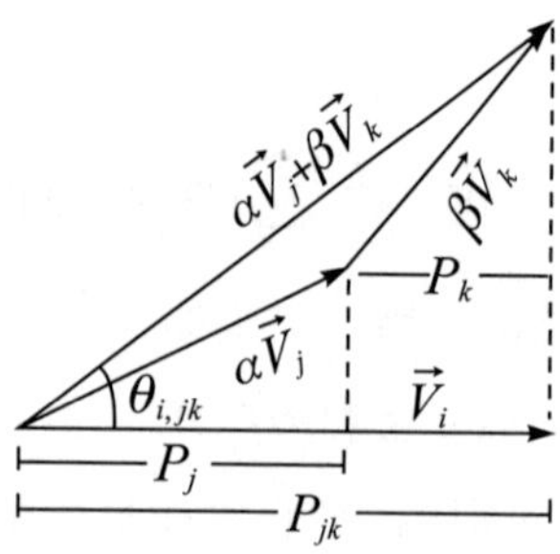

图 1.2　点积遵从第三条内积公理的几何证明，该公理要求投影服从 $P_k+P_j=P_{jk}$

我们想推广任意两个矢量——$|V\rangle$ 和 $|W\rangle$ 之间的内积或标量积，用符号 $\langle V|W\rangle$ 来表示。它同样是一个依赖于这两个矢量的数（通常是复数）。我们要求它遵循以下公理：

- $\langle V|W\rangle=\langle W|V\rangle^*$（反对称性）；
- $\langle V|V\rangle\geqslant 0$，当且仅当 $|V\rangle=|0\rangle$ 时，$\langle V|V\rangle$ 等于零（半正定性）；
- $\langle V|\left(a|W\rangle+b|Z\rangle\right)\equiv\langle V|aW+bZ\rangle=a\langle V|W\rangle+b\langle V|Z\rangle$（右矢的线性）。

定义 7 定义了内积的矢量空间称为**内积空间**。

注意，我们还没有给出实际计算标量积的明确规则，只是要求我们给出的任何规则都必须具有这些属性。为了找到这样的一条规则，让我们熟悉这些公理。第一条公理与相应的点积公理不同，它使内积对这两个因子的顺序敏感，这两种选择互

为复共轭。在实矢量空间中，这条公理规定了点积在两个矢量交换时的对称性。此时，我们注意到，这条公理确保 $\langle V|V\rangle$ 是实的。

第二条公理说 $\langle V|V\rangle$ 不仅是实的，而且也是半正定的，只有当矢量本身为零时它才为零。如果我们要把矢量的长度定义为其内积的平方根（和点积中一样），那么这个量最好对所有的非零矢量都是实的和正的。

最后一条公理表示内积的线性，此时，线性叠加 $a|W\rangle + b|Z\rangle \equiv |aW + bZ\rangle$ 作为标量积中的第二个矢量出现。我们曾在箭头的情况下讨论过它的有效性（如图 1.2 所示）。

如果内积的第一个因子是一个线性叠加，即 $\langle aW + bZ|V\rangle$，情况如何？这由第一条公理确定：

$$\begin{aligned}\langle aW + bZ|V\rangle &= \langle V|aW + bZ\rangle^* = (a\langle V|W\rangle + b\langle V|Z\rangle)^* \\ &= a^*\langle V|W\rangle^* + b^*\langle V|Z\rangle^* = a^*\langle W|V\rangle + b^*\langle Z|V\rangle \end{aligned} \tag{1.2.3}$$

它表示内积对于其中的第一个因子是*反线性*的。换句话说，如果叠加发生在第二个因子中，则该线性叠加与另一个矢量的内积是内积的对应叠加；而如果叠加发生在第一个因子中，则是所有系数共轭的叠加。这种不对称性在实矢量空间中并不常见，但它会一直存在，当你继续下去就会慢慢习惯的。

让我们继续研究内积。尽管我们试图摆脱把矢量作为箭头的局限性概念，并寻求相应的点积推广，但我们仍然使用了一些相同的术语。

定义 8 如果两个矢量的内积为零，我们则称它们是**正交的**或者**垂直的**。

定义 9 我们将 $\sqrt{\langle V|V\rangle} \equiv |V|$ 称为矢量的**模**或**长度**。**归一化矢量**的模为 1。

定义 10 成对正交的所有单位模的基矢量集合，称为**规范正交基**。

我们通常也将内积或标量积称为点积。

我们现在可以求得一个用分量表示内积的具体公式。给定 $|V\rangle$ 和 $|W\rangle$，

$$|V\rangle = \sum_i v_i\,|i\rangle$$
$$|W\rangle = \sum_j w_j\,|j\rangle$$

我们遵循内积所遵从的公理得到

$$\langle V|W\rangle = \sum_i \sum_j v_i^* w_j \langle i|j\rangle \tag{1.2.4}$$

要再前进一步，我们就必须知道 $\langle i|j\rangle$，即基矢量之间的内积。它依赖于基矢量的细节，以及我们所确知的是，它们都是线性无关的。这种情况也存在于箭头中。考虑一个二维问题，其中的基矢量是两个线性无关但不互相垂直的矢量。如果我们在这个基下写出所有的矢量，则它们中任意两个的点积都同样是一个双重求和，包含四项（由基矢量之间的四个可能的点积决定），用矢量分量亦是如此。但是，如果我们用像 $\boldsymbol{i}$、$\boldsymbol{j}$（我们用黑体字母表示矢量）这样的规范正交基，则只有像 $\langle i|i\rangle$ 这样的对角项才会存在，因此我们将得到只依赖于分量的熟悉的结果：$\boldsymbol{A}\cdot\boldsymbol{B}=A_xB_x+A_yB_y$。

对于更一般的非箭头情况，我们调用定理 3。

定理 3 格拉姆–施密特（Gram-Schmidt） 给定一个线性无关的基，我们就可以对基矢量进行线性组合，从而得到一个规范正交基。

把证明推迟一下。让我们假设这个过程已经实现，且当前的基是正交归一的：

$$\langle i|j\rangle=\begin{cases}1, & \text{对于 } i=j\\ 0, & \text{对于 } i\neq j\end{cases}\equiv\delta_{ij}$$

其中 δ_{ij} 是所谓的克罗内克 δ 符号。将其代入 (1.2.4) 式，我们发现由于克罗内克 δ 符号的存在，二重求和变成了单重求和，给出

$$\langle V|W\rangle=\sum_i v_i^* w_i \tag{1.2.5}$$

这就是我们从现在开始使用的内积公式。

现在你可以领会第一条公理了，然而如果不是第一个矢量的分量取复共轭，$\langle V|V\rangle$ 甚至可能不会是实的，更不用说是正的了。但是现在它由下式给出

$$\langle V|V\rangle=\sum_i |v_i|^2\geqslant 0 \tag{1.2.6}$$

仅当 $|V\rangle$ 是零矢量时，该式等于零。这使得将 $\langle V|V\rangle$ 称为矢量的长度或模的平方是合理的。

考虑 (1.2.5) 式。因为矢量 $|V\rangle$ 在给定的基下由其分量唯一确定，我们可以在这个基下，把它写成列矢量：

$$|V\rangle\to\begin{pmatrix}v_1\\ v_2\\ \vdots\\ \\ v_n\end{pmatrix}\quad\text{在该基下} \tag{1.2.7}$$

同样地，

$$|W\rangle \rightarrow \begin{pmatrix} w_1 \\ w_2 \\ \vdots \\ \\ w_n \end{pmatrix} \quad \text{在该基下} \tag{1.2.8}$$

内积 $\langle V|W\rangle$ 由表示 $|V\rangle$ 的列矢量的转置共轭矩阵，和表示 $|W\rangle$ 的列矢量的矩阵相乘给出：

$$\langle V|W\rangle = (v_1^*, v_2^*, \cdots, v_n^*) \begin{pmatrix} w_1 \\ w_2 \\ \vdots \\ \\ w_n \end{pmatrix} \tag{1.2.9}$$

1.3　对偶空间和狄拉克符号

这里有一个技术要点。内积是我们试图从两个右矢 $|V\rangle$ 和 $|W\rangle$ 得到的一个数，这两个右矢都由某个基下的列矢量表示。现在我们没有办法直接通过矩阵乘法从两个列矩阵得到一个数，但是有一种方法可以通过一个行矩阵乘一个列矩阵的矩阵乘法得到一个数。我们从两个列矩阵得到一个数的技巧是，将唯一的行矢量与其中一个列矢量（其转置共轭）关联起来，并与另一个列矢量形成它的矩阵积。这样做的特点是，答案取决于我们要把这两个矢量中的哪一个转换成行矢量，两种选择［即 $\langle V|W\rangle$ 和 $\langle W|V\rangle$］导致的两个答案将由复共轭关联起来。

但是，我们也可以采取以下替代观点。列矢量是抽象矢量 $|V\rangle$ 或右矢在一个基下的具体表示。我们也可以倒过来做，从列矢量过渡到抽象的右矢。另一方面，也可以类似地倒过来做，将每一个*行矢量*与一个抽象对象 $\langle W|$，即所谓左矢 W 关联起来。现在，我们可以在需要时随意命名左矢，不过我们要遵照以下做法。与每个右矢 $|V\rangle$ 相关联的是一个列矢量，让我们取其*共轭*，或转置共轭，形成一个行矢量。与其相关的抽象左矢将有相同的标记，即它将被称为 $\langle V|$。这样就有了两个矢量空间，一个是右矢空间，另一个是其对偶空间，即左矢空间。每个左矢都对应一个右矢，反之亦然（它们的分量都是由共轭运算相关联的）。内积实际上只定义在左矢和右矢之间，因此是由两个不同但相关联的矢量空间的元素定义的。这里有一组矢量的基 $|i\rangle$ 用来展开右矢，还有一组类似的基 $\langle i|$ 展开左矢。在我们所选用的基下，右矢基 $|i\rangle$ 用一个除第 i 行为 1 之外其他元素均为零的列矢量表示，而左矢基 $\langle i|$ 是除第 i 列为 1 外其他元素均为零的行矢量。

以上描述可被总结如下：

$$|V\rangle \leftrightarrow \begin{pmatrix} v_1 \\ v_2 \\ \vdots \\ \\ v_n \end{pmatrix} \leftrightarrow (v_1^*, v_2^*, \cdots, v_n^*) \leftrightarrow \langle V| \tag{1.3.1}$$

其中 $\leftrightarrow$ 意指“在同一个基下”。

然而，第一种观点主张把标量乘积与一对列矢量或一对右矢（不引入另外的对偶空间）联系起来，并处理内积中第一个矢量和第二个矢量之间的不对称性（即哪一个矢量取转置共轭），这是没有错的。如果你发现上面的讨论很难理解，可以暂时忽略它。你必须记住的事情是，对于一般的非箭头矢量空间：

- 矢量仍然可以像箭头一样在某个规范正交基下指定分量，但是这些分量可能是复的。
- 任意两个用这些分量所表示的矢量，其内积由 (1.2.5) 式给出。该内积遵从所有的公理。

规范正交基下矢量的展开

假设我们想在一个规范正交基下展开矢量 $|V\rangle$。为了找到展开后的分量，我们按如下步骤进行。我们取用 $|j\rangle$（或者 $\langle j|$，如果你是纯粹主义者）对所得到的假定展开式的两边求点积：

$$|V\rangle = \sum_i v_i |i\rangle \tag{1.3.2}$$

$$\langle j|V\rangle = \sum_i v_i \underbrace{\langle j|i\rangle}_{\delta_{ij}} \tag{1.3.3}$$

$$= v_j \tag{1.3.4}$$

即与箭头的做法完全一样，要求得一个矢量的第 j 个分量，我们取它与第 j 个单位矢量的点积。利用这个结果我们可以写成

$$|V\rangle = \sum_i |i\rangle\langle i|V\rangle \tag{1.3.5}$$

让我们确保基矢量看起来像它们应该成为的那样。我们如果在 (1.3.5) 式中设 $|V\rangle = |j\rangle$，就会求得正确的答案：第 j 个基矢量的第 i 个分量为 δ_{ij}。例如，表示第 4 个

基矢量的列将在第 4 行有一个 1，而其他行均为零。矢量

$$|V\rangle = \sum_i v_i|i\rangle \tag{1.3.6}$$

在这个基下变成

$$\begin{pmatrix} v_1 \\ v_2 \\ \vdots \\ \\ v_n \end{pmatrix} = v_1 \begin{pmatrix} 1 \\ 0 \\ \vdots \\ \\ 0 \end{pmatrix} + v_2 \begin{pmatrix} 0 \\ 1 \\ \vdots \\ \\ 0 \end{pmatrix} + \cdots + v_n \begin{pmatrix} 0 \\ 0 \\ \vdots \\ \\ 1 \end{pmatrix} \tag{1.3.7}$$

伴随（adjoint）运算

现在我们看到，我们可以通过伴随运算，即取转置共轭运算，从表示一个右矢的列转换成表示相应的左矢的行。让我们现在问一个问题：如果 $\langle V|$ 表示对应右矢 $|V\rangle$ 的左矢，那么对应 $a|V\rangle$ 的左矢（a 是某个标量）是什么呢？通过选取任一基，很容易求得

$$a|V\rangle \to \begin{pmatrix} av_1 \\ av_2 \\ \vdots \\ \\ av_n \end{pmatrix} \to (a^*v_1^*, a^*v_2^*, \cdots, a^*v_n^*) \to \langle V|a^* \tag{1.3.8}$$

习惯上把 $a|V\rangle$ 写成 $|aV\rangle$，其相应的左矢为 $\langle aV|$。我们发现

$$\langle aV| = \langle V|a^* \tag{1.3.9}$$

因为左矢和右矢之间的关系是线性的，所以我们可以说，如果右矢之间存在一个等式，例如

$$a|V\rangle = b|W\rangle + c|Z\rangle + \cdots \tag{1.3.10}$$

这意味着，在对应的左矢之间有另一个等式：

$$\langle V|a^* = \langle W|b^* + \langle Z|c^* + \cdots \tag{1.3.11}$$

上面的两个等式被称为*互为伴随*。正如任何涉及复数的等式都意味着可以通过取两边的复共轭而得到另一个等式，在右矢（左矢）之间的一个等式也意味着左矢（右

矢）之间的另一个等式。如果你在一个基下考虑，你会发现这可以很简单地从这样的一个事实得到，即如果两列相等，那么它们的转置共轭也是相等的。

下面是求伴随的规则：

为了得到与右矢（左矢）相关的线性方程的伴随，用它的每个左矢（右矢）代替右矢（左矢），并把所有的系数换成复共轭。

我们可以按以下方式扩展这一规则。假设有一个用基矢展开的矢量表达式：

$$|V\rangle = \sum_{i=1} v_i|i\rangle \tag{1.3.12}$$

其伴随为

$$\langle V| = \sum_{i=1}\langle i|v_i^*$$

回顾 $v_i = \langle i|V\rangle$ 和 $v_i^* = \langle V|i\rangle$，可以求得下式

$$|V\rangle = \sum_{i=1} |i\rangle\langle i|V\rangle \tag{1.3.13}$$

的伴随为

$$\langle V| = \sum_{i=1}\langle V|i\rangle\langle i| \tag{1.3.14}$$

由此得到规则：

取包含左矢、右矢和系数的一个方程式的伴随，需要反转所有因子的顺序，交换左矢和右矢，并对所有的系数求复共轭。

格拉姆–施密特定理

现在让我们来讨论将线性无关的基转换为规范正交基的格拉姆–施密特过程。通过一个简单的例子可以看到其基本思想。设想一个在平面内由箭头构成的二维空间，我们取两个非平行的矢量作为基。为了从这个基中得到一个规范正交基，我们的做法如下：

- 将第一个矢量用其长度重新标度，这样它就变成了一个单位矢量。此时，我们得到第一个基矢量。
- 从第二个矢量中减去它沿第一个基矢量的投影，只保留垂直于第一个基矢量的部分。（由于我们假设这两个矢量是非平行的，所以总是存在这样的部分。）
- 将这个剩下的部分按其长度重新标度。我们现在有了第二个基矢量——它不仅与第一个基矢正交，而且是单位长度的。

这个简单的例子讲述了这个过程背后的整个故事，现在我们将用狄拉克符号来一般地讨论这个过程。

设 $|\mathrm{I}\rangle, |\mathrm{II}\rangle, \cdots$ 是一组线性无关的基，其转换到规范正交基的第一个矢量是

$$|1\rangle = \frac{|\mathrm{I}\rangle}{|\mathrm{I}|} \quad \text{其中} \quad |\mathrm{I}| = \sqrt{\langle \mathrm{I}|\mathrm{I}\rangle}$$

显然，

$$\langle 1|1\rangle = \frac{\langle \mathrm{I}|\mathrm{I}\rangle}{|\mathrm{I}|^2} = 1$$

至于这组基中的第二个矢量，考虑

$$|2'\rangle = |\mathrm{II}\rangle - |1\rangle\langle 1|\mathrm{II}\rangle$$

它是 $|\mathrm{II}\rangle$ 减去沿着第一个单位矢量的部分。（当你继续阅读时，请考虑箭头的例子。）果不其然，它与第一个矢量是正交的：

$$\langle 1|2'\rangle = \langle 1|\mathrm{II}\rangle - \langle 1|1\rangle\langle 1|\mathrm{II}\rangle = 0$$

现在我们把 $|2'\rangle$ 除以它的模，得到与第一个基矢正交且归一的基矢 $|2\rangle$。最后，考虑

$$|3'\rangle = |\mathrm{III}\rangle - |1\rangle\langle 1|\mathrm{III}\rangle - |2\rangle\langle 2|\mathrm{III}\rangle$$

它与 $|1\rangle$ 和 $|2\rangle$ 都正交。再把它除以它的模，我们就会得到 $|3\rangle$，即这组正交基的第三个成员。以此类推，得到这组基的其他成员，并没有什么新的东西。

我们在哪里使用了原始基的线性无关性？如果我们从线性相关的基开始会怎样？届时，在某个点，像 $|2'\rangle$ 或 $|3'\rangle$ 这样的矢量就会消失，整个过程就会停止。另一方面，线性无关性将确保这样的事情永远不会发生，因为它相当于有一个非平庸的线性无关矢量的组合，它们加起来等于零矢量。（回到 $|2'\rangle$ 或 $|3'\rangle$ 的表达式，并让自己确信这些是旧基矢的线性组合。）

习题 1.3.1 从 $\boldsymbol{A} = 3\boldsymbol{i} + 4\boldsymbol{j}$ 和 $\boldsymbol{B} = 2\boldsymbol{i} - 6\boldsymbol{j}$ 出发，生成一组二维规范正交基。此外，你能从这两个矢量出发生成另一组规范正交基吗？如果可以，请写出它。

习题 1.3.2 证明如何从基

$$|\mathrm{I}\rangle=\begin{pmatrix}3\\0\\0\end{pmatrix}\quad|\mathrm{II}\rangle=\begin{pmatrix}0\\1\\2\end{pmatrix}\quad|\mathrm{III}\rangle=\begin{pmatrix}0\\2\\5\end{pmatrix}$$

求得正交基

$$|1\rangle=\begin{pmatrix}1\\0\\0\end{pmatrix}\quad|2\rangle=\begin{pmatrix}0\\1/\sqrt{5}\\2/\sqrt{5}\end{pmatrix}\quad|3\rangle=\begin{pmatrix}0\\-2/\sqrt{5}\\1/\sqrt{5}\end{pmatrix}$$

在第一次学习维数时，我们将其与相互垂直的方向数目联系起来。在这一章中，我们用线性无关矢量的最大数目来定义它。下面的定理可将这两个定义联系起来。

定理 4 空间的维数等于 $n_{\perp}$，它是空间中相互正交矢量的最大数目。

为了证明这一点，首先要注意的是，任何相互正交的集合也都是线性无关的。假设我们有一个正交矢量的线性组合，其和为零。用其中任意一个元素求两边的点积，利用正交性，我们可以证明乘该矢量的系数必须为零。这显然适用于所有系数，表明该线性组合是平庸的。

现在 $n_{\perp}$ 只能等于、大于或小于空间的维数 n。格拉姆–施密特程序通过显式构造消除了最后一种情况，而垂直矢量的线性无关性则排除了倒数第二种选择。

施瓦茨不等式和三角不等式

两个强有力的定理适用于任何符合我们公理的内积空间：

定理 5 施瓦茨不等式

$$|\langle V|W\rangle|\leqslant|V||W| \tag{1.3.15}$$

定理 6 三角不等式

$$|V+W|\leqslant|V|+|W| \tag{1.3.16}$$

我们将提供第一个定理的证明，这样你就可以习惯于处理左矢和右矢了。第二个定理的证明将留作习题。

在证明任何东西之前，请注意，对于箭头这些结果显然是正确的——施瓦茨不等式说，两个矢量的点积不能超过它们长度的乘积，而三角不等式则表示，和的长度不能超过长度的和。这是一个例子，它说明了将抽象矢量看作箭头，以及猜测它们可能与箭头有哪些相同属性的优点。当然，证明必须靠公理。

要证明施瓦茨不等式，考虑把公理 $\langle Z|Z\rangle \geqslant 0$ 用于矢量

$$|Z\rangle = |V\rangle - \frac{\langle W|V\rangle}{|W|^2}|W\rangle \tag{1.3.17}$$

从而得到

$$\begin{aligned}\langle Z|Z\rangle =&\langle V - \frac{\langle W|V\rangle}{|W|^2}W|V - \frac{\langle W|V\rangle}{|W|^2}W\rangle \\ =&\langle V|V\rangle - \frac{\langle W|V\rangle\langle V|W\rangle}{|W|^2} - \frac{\langle W|V\rangle^*\langle W|V\rangle}{|W|^2} + \\ &\frac{\langle W|V\rangle^*\langle W|V\rangle\langle W|W\rangle}{|W|^4} \\ \geqslant& 0\end{aligned} \tag{1.3.18}$$

其中，我们用到了内积对左矢的反线性。利用

$$\langle W|V\rangle^* = \langle V|W\rangle$$

我们发现

$$\langle V|V\rangle \geqslant \frac{\langle W|V\rangle\langle V|W\rangle}{|W|^2} \tag{1.3.19}$$

用 $|W|^2$ 交叉相乘并取平方根，即可得到结果。

习题 1.3.3 这个等号何时成立？这与你使用箭头的经验相符吗？

习题 1.3.4 从 $|V+W|^2$ 出发证明三角不等式。你必须使用关系 $\mathrm{Re}\langle V|W\rangle \leqslant |\langle V|W\rangle|$ 和施瓦茨不等式。证明最终的不等式只有当 $|V\rangle = a|W\rangle$（其中 a 是一个正的实标量）时才成为等式。

1.4　子空间

定义 11 给定一个矢量空间 $\mathbb{V}$，其元素的子集形成的矢量空间称为子空间[①]。我们将维数为 n_i 的特定子空间 i 用 $\mathbb{V}_i^{n_i}$ 表示。

例 1.4.1 在空间 $\mathbb{V}^3(R)$ 中，一些子空间的例子如下：(a) 沿 x 轴的所有矢量形成空间 $\mathbb{V}_x^1$；(b) 沿 y 轴的所有矢量形成空间 $\mathbb{V}_y^1$；(c) $x-y$ 平面中的所有矢量形成空间

① 矢量的加法和标量乘法在子空间中的定义与在 $\mathbb{V}$ 中的定义相同。

$\mathbb{V}^2_{xy}$。注意，所有的子空间都包含零矢量，并且每个矢量都伴随有其相应的逆矢量以满足矢量空间的公理。因此，沿 x 轴正方向的所有矢量的集合并不构成矢量空间。

定义 12 给定两个子空间 $\mathbb{V}^{n_i}_i$ 和 $\mathbb{V}^{m_j}_j$，我们定义其和 $\mathbb{V}^{n_i}_i \oplus \mathbb{V}^{m_j}_j = \mathbb{V}^{m_k}_k$ 为这样的一个集合，它包含：(1) $\mathbb{V}^{n_i}_i$ 的所有元素；(2) $\mathbb{V}^{m_j}_j$ 的所有元素；(3) 上述两个子空间中所有元素的所有可能的线性组合。如果缺少 (3)，那么就会丢失封闭性。

例 1.4.2 如果 $\mathbb{V}^1_x \oplus \mathbb{V}^1_y$ 只包含沿 x 轴和 y 轴的矢量，我们可以通过把分别沿 x 和 y 方向的两个元素相加，生成一个不沿这两个方向的矢量。另一方面，我们如果还包含了所有的线性组合，就会得到正确的答案：$\mathbb{V}^1_x \oplus \mathbb{V}^1_y = \mathbb{V}^2_{xy}$。

习题 1.4.1* 在空间 $\mathbb{V}^n$ 中，求证与任一 $|V\rangle \neq |0\rangle$ 正交的所有矢量的集合 $\{|V^1_\perp\rangle, |V^2_\perp\rangle, \cdots\}$ 形成一个子空间 $\mathbb{V}^{n-1}$。

习题 1.4.2 $\mathbb{V}^{n_1}_1$ 和 $\mathbb{V}^{n_2}_2$ 是两个满足如下条件的子空间：$\mathbb{V}_1$ 的任一元素都与 $\mathbb{V}_2$ 的任一元素正交。求证 $\mathbb{V}_1 \oplus \mathbb{V}_2$ 的维数是 $n_1 + n_2$。（提示：定理 4。）

1.5 线性算符

算符 Ω 是一种指令，用于将任一给定的矢量 $|V\rangle$ 变换为另一矢量 $|V'\rangle$。算符的作用表示如下：

$$\Omega|V\rangle = |V'\rangle \tag{1.5.1}$$

我们说，算符 Ω 将右矢 $|V\rangle$ 变换成了另一个右矢 $|V'\rangle$。接下来，我们将关注那些不会把我们带离所处的矢量空间的算符 Ω 上，即，如果 $|V\rangle$ 是空间 $\mathbb{V}$ 中的一个元素，则 $|V'\rangle = \Omega|V\rangle$ 也是空间 $\mathbb{V}$ 中的一个元素。

算符也可以作用在左矢上：

$$\langle V'|\Omega = \langle V''| \tag{1.5.2}$$

我们将只关心线性算符，即，遵从下列规则的算符：

$$\Omega\alpha|V_i\rangle = \alpha\Omega|V_i\rangle \tag{1.5.3a}$$

$$\Omega\left(\alpha|V_i\rangle + \beta|V_j\rangle\right) = \alpha\Omega|V_i\rangle + \beta\Omega|V_j\rangle \tag{1.5.3b}$$

$$\langle V_i|\alpha\Omega = \langle V_i|\Omega\alpha \tag{1.5.4a}$$

$$\left(\langle V_i|\alpha + \langle V_j|\beta\right)\Omega = \alpha\langle V_i|\Omega + \beta\langle V_j|\Omega \tag{1.5.4b}$$

例 1.5.1 最简单的算符是单位算符 I，它执行如下指令：

$$I \rightarrow \text{保持矢量不变}$$

因此，

$$I|V\rangle = |V\rangle，对于所有的右矢 |V\rangle \tag{1.5.5}$$

和

$$\langle V|I = \langle V|，对于所有的左矢 \langle V| \tag{1.5.6}$$

接下来，我们将讨论 $\mathbb{V}^3(R)$ 中的一个更有趣的算符：

$$R\left(\frac{1}{2}\pi \boldsymbol{i}\right) \to 把矢量绕着单位矢量 \boldsymbol{i} 转动 \frac{1}{2}\pi$$

［更普遍地，$R(\boldsymbol{\theta})$ 表示绕着平行于单位矢量 $\hat{\boldsymbol{\theta}} = \boldsymbol{\theta}/\theta$ 的轴旋转角度 $\theta = |\boldsymbol{\theta}|$。］让我们考虑这个算符对三个单位矢量基 $\boldsymbol{i}$，$\boldsymbol{j}$ 和 $\boldsymbol{k}$ 的作用，我们将分别用 $|1\rangle$，$|2\rangle$ 和 $|3\rangle$ 表示这三个单位矢量（如图 1.3 所示）。从图上可以清楚地看到，

$$R\left(\frac{1}{2}\pi \boldsymbol{i}\right)|1\rangle = |1\rangle \tag{1.5.7a}$$

$$R\left(\frac{1}{2}\pi \boldsymbol{i}\right)|2\rangle = |3\rangle \tag{1.5.7b}$$

$$R\left(\frac{1}{2}\pi \boldsymbol{i}\right)|3\rangle = -|2\rangle \tag{1.5.7c}$$

显然，$R(\frac{1}{2}\pi \boldsymbol{i})$ 是线性的。例如，由同一张图清晰可见，$R(|2\rangle + |3\rangle) = R|2\rangle + R|3\rangle$。

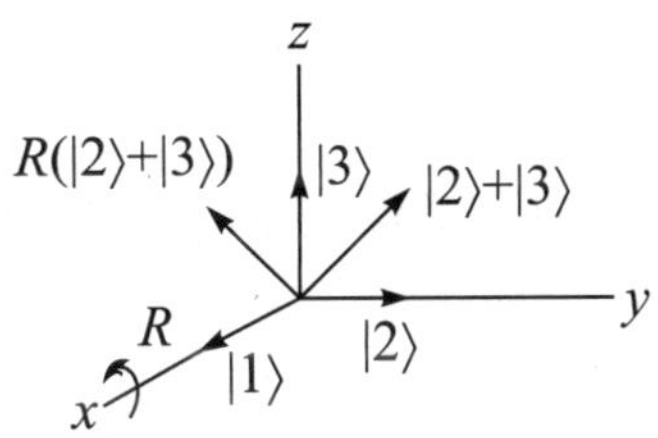

图 1.3　算符 $R(\frac{1}{2}\pi \boldsymbol{i})$ 的作用。请注意，$R(|2\rangle + |3\rangle) = R|2\rangle + R|3\rangle$ 正如线性算符的性质所预期的那样［在不会出现混淆的情况下，我们通常将 $R(\frac{1}{2}\pi \boldsymbol{i})$ 称为 R］

线性算符的优点是，一旦它们对基矢的作用已知，则它们对空间中任意矢量的作用就确定了。如果对于 $\mathbb{V}^n$ 中的基矢 $|1\rangle, |2\rangle, \cdots, |n\rangle$ 有

$$\Omega|i\rangle = |i'\rangle$$

则对于任一 $|V\rangle = \sum_i v_i|i\rangle$ 有

$$\Omega|V\rangle = \sum_i \Omega v_i|i\rangle = \sum_i v_i\Omega|i\rangle = \sum_i v_i|i'\rangle \tag{1.5.8}$$

这正是例子 $\Omega=R(\frac{1}{2}\pi\boldsymbol{i})$ 中的情况。如果

$$|V\rangle=v_1|1\rangle+v_2|2\rangle+v_3|3\rangle$$

是任何一个矢量，则

$$R|V\rangle=v_1R|1\rangle+v_2R|2\rangle+v_3R|3\rangle=v_1|1\rangle+v_2|3\rangle-v_3|2\rangle$$

两个算符之积表示一种这样的指令，它对应于这两个算符的指令被依次执行

$$\Lambda\Omega|V\rangle=\Lambda(\Omega|V\rangle)=\Lambda|\Omega V\rangle \tag{1.5.9}$$

其中 $|\Omega V\rangle$ 是 Ω 作用在 $|V\rangle$ 上得到的右矢。在乘积运算中算符的顺序是非常重要的：一般来说，

$$\Omega\Lambda-\Lambda\Omega\equiv[\Omega,\Lambda]$$

被称为 Ω 和 Λ 的对易子（commutator）不为零。例如 $R(\frac{1}{2}\pi\boldsymbol{i})$ 和 $R(\frac{1}{2}\pi\boldsymbol{j})$ 不对易，即它们的对易子不等于零。

包含对易子的两个有用的恒等式为

$$[\Omega,\Lambda\theta]=\Lambda[\Omega,\theta]+[\Omega,\Lambda]\theta \tag{1.5.10}$$

$$[\Lambda\Omega,\theta]=\Lambda[\Omega,\theta]+[\Lambda,\theta]\Omega \tag{1.5.11}$$

注意，除了强调顺序之外，这些规则类似于微积分中求乘积导数的链式法则。

Ω 的逆用 Ω^{-1} 表示，它满足①

$$\Omega\Omega^{-1}=\Omega^{-1}\Omega=I \tag{1.5.12}$$

并非每个算符都有逆算符。逆算符存在的条件在附录 A.1 中给出。算符 $R(\frac{1}{2}\pi\boldsymbol{i})$ 有逆算符，它是 $R(-\frac{1}{2}\pi\boldsymbol{i})$。算符乘积的逆是它们分别求逆后逆序的乘积：

$$(\Omega\Lambda)^{-1}=\Lambda^{-1}\Omega^{-1} \tag{1.5.13}$$

因为只有这样我们才有

$$(\Omega\Lambda)(\Omega\Lambda)^{-1}=(\Omega\Lambda)\left(\Lambda^{-1}\Omega^{-1}\right)=\Omega\Lambda\Lambda^{-1}\Omega^{-1}=\Omega\Omega^{-1}=I$$

---

① 在空间 $\mathbb{V}^n(C)$（其中 n 为有限的数）中，$\Omega^{-1}\Omega=I\Leftrightarrow\Omega\Omega^{-1}=I$。用附录 A.1 中的定理 A.1.1 末尾引入的思想证明这点。

1.6　线性算符的矩阵元

我们现在已经适应了这样的概念：一个抽象矢量在一个基下由 n 元数组表示，称为该矢量的分量，所有的矢量运算都可以通过这个数组进行。现在我们将看到，以同样的方式，线性算符可以用一组 n^2 个数表示，这些数被写成一个 $n\times n$ 矩阵，我们称其为线性算符在这个基下的矩阵元。虽然与矢量的分量一样，矩阵元也是依赖于基的，但它们使抽象算符更真实，从而使所有独立于基的量的计算更加方便。

我们的出发点是前面所做的一些讨论，即一个线性算符的作用完全取决于它对基矢的作用。如果基矢量发生了变化：

$$\Omega|i\rangle = |i'\rangle$$

（其中 $|i'\rangle$ 是已知的），则该空间中的任一矢量都会发生改变，这些改变可以很容易地被计算：

$$\Omega|V\rangle = \Omega\sum_i v_i|i\rangle = \sum_i v_i\Omega|i\rangle = \sum_i v_i|i'\rangle$$

当我们说 $|i'\rangle$ 已知时，我们是指它在原来的基下的分量

$$\langle j|i'\rangle = \langle j|\Omega|i\rangle \equiv \Omega_{ji} \tag{1.6.1}$$

是已知的。这 n^2 个数 Ω_{ij} 是 Ω 在这个基下的矩阵元。如果

$$\Omega|V\rangle = |V'\rangle$$

则变换后的右矢 $|V'\rangle$ 的分量可用 Ω_{ij} 和 $|V\rangle$ 的分量表示：

$$\begin{aligned}
v_i' = \langle i|V'\rangle = \langle i|\Omega|V\rangle &= \langle i|\Omega\left(\sum_j v_j|j\rangle\right) \\
&= \sum_j v_j\langle i|\Omega|j\rangle \\
&= \sum_j \Omega_{ij}v_j
\end{aligned} \tag{1.6.2}$$

(1.6.2) 式可以用矩阵形式表示：

$$\begin{pmatrix} v_1' \\ v_2' \\ \vdots \\ v_n' \end{pmatrix} = \begin{pmatrix} \langle 1|\Omega|1\rangle & \langle 1|\Omega|2\rangle & \cdots & \langle 1|\Omega|n\rangle \\ \langle 2|\Omega|1\rangle & & & \\ \vdots & & & \vdots \\ \langle n|\Omega|1\rangle & & \cdots & \langle n|\Omega|n\rangle \end{pmatrix} \begin{pmatrix} v_1 \\ v_2 \\ \vdots \\ v_n \end{pmatrix} \tag{1.6.3}$$

记忆法：第一列的元素只是在给定基下第一个变换后的基矢 $|1'\rangle = \Omega|1\rangle$ 的分量。同样，第 j 列的元素表示第 j 个基矢在被 Ω 作用后的像。

使自己确信，同一个矩阵 Ω_{ij} 向左作用在与任意左矢 $\langle v'|$ 对应的行矢量上，会给出与 $\langle v''| = \langle v'|\Omega$ 对应的行矢量。

例 1.6.1 将上述记忆法与算符 $R(\frac{1}{2}\pi\boldsymbol{i})$ 对基矢的作用结果，即

$$R\left(\frac{1}{2}\pi\boldsymbol{i}\right)|1\rangle = |1\rangle$$

$$R\left(\frac{1}{2}\pi\boldsymbol{i}\right)|2\rangle = |3\rangle$$

$$R\left(\frac{1}{2}\pi\boldsymbol{i}\right)|3\rangle = -|2\rangle$$

结合起来，则我们可以写下该矩阵在 $|1\rangle, |2\rangle, |3\rangle$ 基下的表示：

$$R\left(\frac{1}{2}\pi\boldsymbol{i}\right) \leftrightarrow \begin{pmatrix} 1 & 0 & 0 \\ 0 & 0 & -1 \\ 0 & 1 & 0 \end{pmatrix} \tag{1.6.4}$$

例如，第三列中的 -1 告诉我们，R 会把 $|3\rangle$ 转成 $-|2\rangle$。此外，还可以完全忽略记忆法，只需使用定义 $R_{ij} = \langle i|R|j\rangle$ 来计算该矩阵。

习题 1.6.1 若算符 Ω 由矩阵

$$\begin{pmatrix} 0 & 0 & 1 \\ 1 & 0 & 0 \\ 0 & 1 & 0 \end{pmatrix}$$

给定，那么该算符的作用是什么？

现在让我们考虑某些特定的算符，看看它们是如何以矩阵形式出现的。

(1) **单位算符 $\boldsymbol{I}$**

$$I_{ij} = \langle i|I|j\rangle = \langle i|j\rangle = \delta_{ij} \tag{1.6.5}$$

因此，I 由对角元均为 1 的对角矩阵表示。你应当证实一下，我们的记忆法给出同样的结果。

(2) **投影算符** 首先让我们熟悉一下投影算符。考虑任一右矢 $|V\rangle$ 在一个基下的展开：

$$|V\rangle = \sum_{i=1}^{n} |i\rangle\langle i|V\rangle$$

根据定义，线性算符 $|i\rangle\langle i|$ 作用在 $|V\rangle$ 上给出 $|i\rangle\langle i|V\rangle$，由此我们可以把上式写成

$$|V\rangle = \left(\sum_{i=1}^{n} |i\rangle\langle i|\right)|V\rangle \tag{1.6.6}$$

因为 (1.6.6) 式对所有的 $|V\rangle$ 都成立，括号内的对象必须归一，即

$$I = \sum_{i=1}^{n} |i\rangle\langle i| = \sum_{i=1}^{n} \mathbb{P}_i \tag{1.6.7}$$

其中 $\mathbb{P}_i = |i\rangle\langle i|$ 被称为右矢 $|i\rangle$ 的投影算符。(1.6.7) 式被称为完备性关系，它将单位算符表示为投影算符的求和，对我们来说它将是非常珍贵的。（如果你认为花在单位算符上的任何时间似乎没有必要，那就等着瞧吧。）

考虑

$$\mathbb{P}_i|V\rangle = |i\rangle\langle i|V\rangle = |i\rangle v_i \tag{1.6.8}$$

显然，$\mathbb{P}_i$ 是线性的。请注意，无论 $|V\rangle$ 是什么，$\mathbb{P}_i|V\rangle$ 都是 $|i\rangle$ 的倍数，系数（v_i）是 $|V\rangle$ 沿 $|i\rangle$ 的分量。因为 $\mathbb{P}_i$ 投影出任意右矢 $|V\rangle$ 沿 $|i\rangle$ 方向的分量，所以它被称为投影算符。完备性关系 (1.6.7) 式，表示一个矢量沿所有 n 个方向的投影的总和等于该矢量本身。投影算符也可以以同样的方式作用于左矢：

$$\langle V|\mathbb{P}_i = \langle V|i\rangle\langle i| = v_i^*\langle i| \tag{1.6.9}$$

与基矢相关的投影算符遵从

$$\mathbb{P}_i\mathbb{P}_j = |i\rangle\langle i|j\rangle\langle j| = \delta_{ij}\mathbb{P}_j \tag{1.6.10}$$

这个方程告诉我们：(1) 一旦 $\mathbb{P}_i$ 投影出 $|V\rangle$ 沿 $|i\rangle$ 的部分，则 $\mathbb{P}_i$ 的进一步作用不会产生差别；(2) 随后作用 $\mathbb{P}_j$（$j \neq i$）将导致上式为零，因为一个完全沿着 $|i\rangle$ 的矢量不能有沿垂直方向 $|j\rangle$ 的投影。

下面光学的例子可能会给讨论带来一些启发。假设光束沿着 z 轴传播，并在 $x-y$ 平面上发生偏振，偏振的方向与 y 轴的夹角为 θ（如图 1.4 所示）。如果在该光束中放置一个只允许光沿 y 轴偏振的偏振片 P_y，则沿 y 轴的投影 $\boldsymbol{E}\cos\theta$ 将会被透过。如果在光路上再放置一个偏振片 P_y，则对该光束没有进一步的影响。我们可以把偏振片的作用等同于作用在电场矢量 $\boldsymbol{E}$ 上的投影算符 $\mathbb{P}_y$。如果再在 P_y 后面放置一个偏振片 P_x，则该光束就会被完全阻挡。因此，偏振片服从投影算符预期的方程：$P_iP_j = \delta_{ij}P_j$。

下面让我们转向 $\mathbb{P}_i$ 的矩阵元。有两种方法。第一种在某种程度上是间接的，它

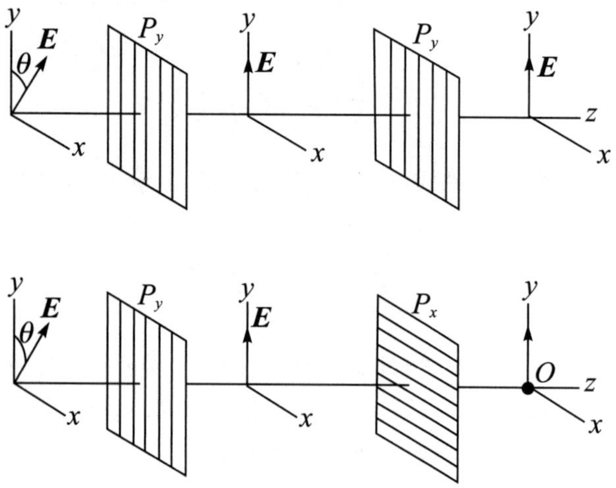

图 1.4　P_x 和 P_y 是在沿 z 轴传播的光束中放置的偏振片。偏振片对电场 $\boldsymbol{E}$ 的作用服从投影算符组合的规律：$P_iP_j = \delta_{ij}P_j$

让我们感觉到 $|i\rangle\langle i|$ 是个什么类型的对象。我们知道

$$
|i\rangle \leftrightarrow \begin{pmatrix} 0 \\ 0 \\ 0 \\ \vdots \\ 1 \\ \vdots \\ 0 \end{pmatrix}
$$

和

$$
|i\rangle \leftrightarrow (0, 0, \cdots, 1, 0, 0, \cdots, 0)
$$

所以，依据矩阵乘法规则：

$$
|i\rangle\langle i| \leftrightarrow \begin{pmatrix} 0 \\ 0 \\ \vdots \\ 1 \\ 0 \\ \vdots \\ 0 \end{pmatrix} (0, 0, \cdots, 1, 0, \cdots, 0) = \begin{pmatrix} 0 & & & \cdots & & & 0 \\ & \ddots & & & & & \\ & & 0 & & & & \\ \vdots & & & 1 & & & \\ & & & & 0 & & \\ & & & & & \ddots & \\ 0 & & & & & & 0 \end{pmatrix} \tag{1.6.11}
$$

$\langle V|V'\rangle = (1\times n$ 矩阵$)\times(n\times 1$ 矩阵$) = (1\times 1$ 矩阵$)$ 是标量，而 $|V\rangle\langle V'| = (n\times 1$ 矩阵$)\times(1\times n$ 矩阵$) = (n\times n$ 矩阵$)$ 是算符。内积 $\langle V|V'\rangle$ 表示相互结合的左矢和右矢，而 $|V\rangle\langle V'|$ 有时被称为外积，它有两个因子，它们看上去是一个左矢和一个右矢不同于点积的另一种结合方式。

对于矩阵元，更直接的方法给出

$$(\mathbb{P}_i)_{kl} = \langle k|i\rangle\langle i|l\rangle = \delta_{ki}\delta_{il} = \delta_{kl}\delta_{li} \tag{1.6.12}$$

毫无疑问，它和 (1.6.11) 式是等价的。同样的结果也来自于记忆法。每个投影算符只有一个非零的矩阵元，即在对角线上的第 i 个位置处有一个 1。完备性关系 (1.6.7) 式表示当把所有的 $\mathbb{P}_i$ 加起来时，对角线被填满，从而给出单位矩阵。如果我们仅对一部分投影算符求和，则会得到把给定矢量投影到仅由相应的基矢量所张成的子空间中的算符。

算符乘积的矩阵表示

接下来，考虑表示算符乘积的矩阵。它们与应用 (1.6.7) 式表示的单个算符矩阵的关系为：

$$(\Omega\Lambda)_{ij} = \langle i|\Omega\Lambda|j\rangle = \langle i|\Omega I\Lambda|j\rangle = \sum_k \langle i|\Omega|k\rangle\langle k|\Lambda|j\rangle = \sum_k \Omega_{ik}\Lambda_{kj} \tag{1.6.13}$$

因此，表示算符乘积的矩阵是表示因子的矩阵的乘积。

算符的伴（adjoint）

回想一下，给定一个右矢 $\alpha|V\rangle \equiv |\alpha V\rangle$，相应的左矢是

$$\langle\alpha V| = \langle V|\alpha^* \quad (\text{而不是 } \langle V|\alpha)$$

同样地，给定一个右矢

$$\Omega|V\rangle = |\Omega V\rangle$$

相应的左矢为

$$\langle\Omega V| = \langle V|\Omega^\dagger \tag{1.6.14}$$

它定义了算符 $\Omega^\dagger$。可以用一句话表述这个方程：如果 Ω 把一个右矢 $|V\rangle$ 变成 $|V'\rangle$，那么 $\Omega^\dagger$ 就把左矢 $\langle V|$ 变成 $\langle V'|$。就像 α 和 α^* 一样，$|V\rangle$ 和 $\langle V|$ 是相关但不同的对象，Ω 和 $\Omega^\dagger$ 也是如此。Ω 和其伴 $\Omega^\dagger$ 或“Ω 短剑[①]”之间的关系，最好在一个基

① 译者注：指求共轭的符号“†”，该符号读作“dagger”，在英文中有“短剑”的意思。

下看：

$$\left(\Omega^{\dagger}\right)_{ij}=\langle i|\Omega^{\dagger}|j\rangle=\langle\Omega i|j\rangle=\langle j|\Omega i\rangle^{*}=\langle j|\Omega|i\rangle^{*}$$

因此，

$$\Omega_{ij}^{\dagger}=\Omega_{ji}^{*}\tag{1.6.15}$$

换句话说，表示 $\Omega^{\dagger}$ 的矩阵是表示 Ω 的矩阵的转置共轭。（回想一下，表示 $\langle V|$ 的行矢量是表示 $|V\rangle$ 的列矢量的转置共轭。在给定的基下，伴随运算等于取转置共轭的操作。）

算符乘积的伴，是算符伴逆序的乘积

$$(\Omega\Lambda)^{\dagger}=\Lambda^{\dagger}\Omega^{\dagger}\tag{1.6.16}$$

要证明该式，我们考虑 $\langle\Omega\Lambda V|$。首先，我们把 $\Omega\Lambda$ 看作一个算符，求得

$$\langle\Omega\Lambda V|=\langle(\Omega\Lambda)V|=\langle V|(\Omega\Lambda)^{\dagger}$$

其次，把 (ΛV) 看作另一个矢量，将 $\langle\Omega\Lambda V|$ 写成

$$\langle\Omega\Lambda V|=\langle\Omega(\Lambda V)|=\langle\Lambda V|\Omega^{\dagger}$$

接下来我们把 Λ 移出并把 $\Omega^{\dagger}$ 推远：

$$\langle\Lambda V|\Omega^{\dagger}=\langle V|\Lambda^{\dagger}\Omega^{\dagger}$$

将这个结果与上面几行得到的结果进行比较，即可得到预期的结果。

现在考虑一个由右矢、标量和算符组成的方程，如：

$$\alpha_1|V_1\rangle=\alpha_2|V_2\rangle+\alpha_3|V_3\rangle\langle V_4|V_5\rangle+\alpha_4\Omega\Lambda|V_6\rangle\tag{1.6.17a}$$

它的伴是什么？我们的规则告诉我们，它是

$$\langle V_1|\alpha_1^{*}=\langle V_2|\alpha_2^{*}+\langle V_5|V_4\rangle\langle V_3|\alpha_3^{*}+\langle\Omega\Lambda V_6|\alpha_4^{*}$$

在最后一项中，我们可以把 $\langle\Omega\Lambda V_6|$ 代之以

$$\langle V_6|(\Omega\Lambda)^{\dagger}=\langle V_6|\Lambda^{\dagger}\Omega^{\dagger}$$

由此得到 (1.6.17a) 式的伴：

$$\langle V_1|\alpha_1^{*}=\langle V_2|\alpha_2^{*}+\langle V_5|V_4\rangle\langle V_3|\alpha_3^{*}+\langle V_6|\Lambda^{\dagger}\Omega^{\dagger}\alpha_4^{*}\tag{1.6.17b}$$

对于我们曾经遇到过的最一般方程，求其伴的最后一条规则是：

当遇到算符、左矢、右矢和明确的数值系数的乘积时，反转所有因子的顺序，并作替换 $\Omega\leftrightarrow\Omega^{\dagger}$，$|\rangle\leftrightarrow\langle|$ 和 $\alpha\leftrightarrow\alpha^{*}$。（当然，除了为了统一起见，没有实际的必要反转标量 α 的位置。）

厄米、反厄米和幺正算符

我们现在来关注某些特殊类型的算符，它们将在量子力学中发挥重要作用。

定义 13 如果 $\Omega^\dagger = \Omega$，那么算符 Ω 是厄米的。

定义 14 如果 $\Omega^\dagger = -\Omega$，那么算符 Ω 是反厄米的。

对于一个算符而言，伴就像数字的复共轭一样。厄米算符和反厄米算符分别类似于纯实数和纯虚数。就像每一个数都可以分解成一个纯实部和纯虚部一样，

$$\alpha = \frac{\alpha + \alpha^*}{2} + \frac{\alpha - \alpha^*}{2}$$

我们可以把每个算符分解成它的厄米和反厄米部分：

$$\Omega = \frac{\Omega + \Omega^\dagger}{2} + \frac{\Omega - \Omega^\dagger}{2} \tag{1.6.18}$$

习题 1.6.2* 给定厄米算符 Ω 和 Λ，下列式子都能得到什么结果：(1) $\Omega\Lambda$；(2) $\Omega\Lambda + \Lambda\Omega$；(3) $[\Omega, \Lambda]$；(4) $\mathrm{i}[\Omega, \Lambda]$。

定义 15 若

$$U U^\dagger = I \tag{1.6.19}$$

则算符 U 是幺正的。

上式告诉我们，U 和 $U^\dagger$ 互为逆。因此，从 (1.5.12) 式可知，

$$U^\dagger U = I \tag{1.6.20}$$

根据算符与数的类比，幺正算符类似于模为 1 的复数 $u = \mathrm{e}^{\mathrm{i}\theta}$。正如 $u^* u = 1$ 一样，有 $U^\dagger U = I$。

习题 1.6.3* 证明幺正算符的乘积也是幺正的。

定理 7 幺正算符保持它们所作用的矢量之间的内积不变。

证明 设

$$|V_1'\rangle = U|V_1\rangle$$

和

$$|V_2'\rangle = U|V_2\rangle$$

则

$$\langle V_2'|V_1'\rangle = \langle UV_2|UV_1\rangle = \langle V_2|U^\dagger U|V_1\rangle = \langle V_2|V_1\rangle \tag{1.6.21}$$

幺正算符是转动算符从 $\mathbb{V}^3(R)$ 到 $\mathbb{V}^3(C)$ 的推广，就像三维转动算符一样，它们保持矢量长度及其内积不变。实际在实矢量空间上，幺正性条件变成 $U^{-1}=U^{\mathrm{T}}$（T 意味着转置），它定义了正交矩阵或转动矩阵。[$R(\frac{1}{2}\pi\boldsymbol{i})$ 是一个例子。]

定理 8 如果将 $n\times n$ 幺正矩阵的列作为 n 个矢量的分量，则这些矢量是正交的。同样，行也可以解释为 n 个正交矢量的分量。

证明 1 根据我们的辅助记法，表示 U 的矩阵的第 j 列是第 j 个基矢量在被 U 作用后的像。由于 U 保持内积不变，所以旋转后的矢量集仍是正交的。接下来考虑行。我们现在使用的事实是，$U^\dagger$ 也是一个转动。（否则它怎么能中和 U，使 $U^\dagger U=I$ 呢？）由于 U 的行都是 $U^\dagger$ 的列（但有一个不影响正交性问题的整体复共轭），从幺正矩阵的列得到的结果告诉我们，U 的行也是正交的。

证明 2 因为 $U^\dagger U=I$，

$$\begin{aligned}\delta_{ij}&=\langle i|I|j\rangle=\langle i|U^\dagger U|j\rangle\\&=\sum_k\langle i|U^\dagger|k\rangle\langle k|U|j\rangle\\&=\sum_k U_{ik}^\dagger U_{kj}=\sum_k U_{ki}^* U_{kj}\end{aligned}\tag{1.6.22}$$

它证明了对于列的该定理。如果我们从方程 $U^\dagger U=I$ 出发，可以得出对于行的类似结果，证明完毕。

注意，$U^\dagger U=I$ 和 $UU^\dagger=I$ 不是独立的条件。

习题 1.6.4* 假设你知道：(1) 什么是行列式；(2) $\det\Omega^{\mathrm{T}}=\det\Omega$（T 表示转置）；(3) 矩阵乘积的行列式是行列式的乘积。[如果你不知道这些，请对下列的二维情况验证这些属性

$$\Omega=\begin{pmatrix}\alpha&\beta\\\gamma&\delta\end{pmatrix}$$

其中 $\det\Omega=(\alpha\delta-\beta\gamma)$。] 请证明，一个幺正矩阵的行列式是一个模为 1 的复数。

习题 1.6.5* 通过检验 $R(\frac{1}{2}\pi\boldsymbol{i})$ 的矩阵，证明它是幺正的（正交的）。

习题 1.6.6 证明下列矩阵都是幺正的：

$$\frac{1}{\sqrt{2}}\begin{pmatrix}1 & \mathrm{i}\\ \mathrm{i} & 1\end{pmatrix} \qquad \frac{1}{2}\begin{pmatrix}1+\mathrm{i} & 1-\mathrm{i}\\ 1-\mathrm{i} & 1+\mathrm{i}\end{pmatrix}$$

验证在每一种情况下行列式都是 $\mathrm{e}^{\mathrm{i}\theta}$ 的形式。上面的矩阵中有厄米矩阵吗？

1.7　主动变换和被动变换

假设我们让空间中的所有矢量 $|V\rangle$ 都做幺正变换

$$|V\rangle \to U\,|V\rangle \tag{1.7.1}$$

在这种变换下，任一算符 Ω 的矩阵元被修改如下：

$$\langle V'|\,\Omega\,|V\rangle \to \langle UV'|\,\Omega\,|UV\rangle = \langle V'|\,U^\dagger\Omega\,U\,|V\rangle \tag{1.7.2}$$

很显然，如果我们不管那些矢量，而是使所有的算符都受到该变换的作用，就会发生同样的变化

$$\Omega \to U^\dagger\Omega\,U \tag{1.7.3}$$

第一种情况被称为*主动变换*，而第二种则被称为*被动变换*。这种命名方法针对的是矢量——它们在主动变换中发生改变，而在被动情况下则不受影响。如果从算符的角度来看，情况则正好相反。

稍后，我们将看到量子理论中的物理存在于算符的矩阵元中，而主动变换和被动变换为我们提供了描述相同物理的两种等价的变换方法。

习题 1.7.1* 矩阵的迹被定义为其对角矩阵元之和

$$\mathrm{Tr}\,\Omega = \sum_i \Omega_{ii}$$

证明：
(1) $\mathrm{Tr}(\Omega\Lambda) = \mathrm{Tr}(\Lambda\Omega)$；
(2) $\mathrm{Tr}(\Omega\Lambda\theta) = \mathrm{Tr}(\Lambda\theta\Omega) = \mathrm{Tr}(\theta\Omega\Lambda)$（其中的置换是*循环的*）；
(3) 算符的迹不受基的幺正变换 $|i\rangle \to U\,|i\rangle$ 的影响。[等价地，证明 $\mathrm{Tr}\,\Omega = \mathrm{Tr}(U^\dagger\Omega\,U)$。]

习题 1.7.2 证明一个矩阵的行列式不受基的幺正变换的影响。[等价地，证明 $\det\Omega = \det(U^\dagger\Omega\,U)$。]

1.8 本征值问题

考虑作用在任一非零右矢 $|V\rangle$ 上的某个线性算符 Ω：

$$\Omega |V\rangle = |V'\rangle \tag{1.8.1}$$

除非该算符碰巧是一个平庸的算符，例如单位算符或其倍数，右矢将发生一个非平庸的改变，即 $|V'\rangle$ 将不会简单地与 $|V\rangle$ 相关。对于一个任意的右矢来说就到此为止了。然而，每个算符都有它自己的某些右矢，称为它的*本征矢*，对本征矢的作用只不过是将其重新标度：

$$\Omega |V\rangle = \omega |V\rangle \tag{1.8.2}$$

(1.8.2) 式是一个本征值方程：$|V\rangle$ 是 Ω 的一个*本征矢*，其*本征值*为 ω。在本章中，我们将看到如何在给定一个算符 Ω 的情况下，系统地确定它所有的本征值和本征矢。在本节末尾，我们将用一些力学的例子来说明这个方程是如何进入物理学的，一旦我们进入量子力学的正题，将自始至终是本征、本征、本征。

例 1.8.1 为了说明本征值问题实际上是多么容易，我们将从一个完全解决的案例开始，即 $\Omega = I$ 的情况。因为对所有的 $|V\rangle$ 都有

$$I |V\rangle = |V\rangle$$

我们的结论是：

(1) I 唯一的本征值是 1；

(2) 所有的矢量都是它的本征矢，本征值均为 1。

例 1.8.2 在这个无条件的成功之后，我们被鼓励采纳一个稍微困难的例子：$\Omega = \mathbb{P}_V$，即与*归一化*的右矢 $|V\rangle$ 相关联的投影算符。显然，

(1) 任一平行于 $|V\rangle$ 的右矢 $\alpha |V\rangle = |\alpha V\rangle$ 都是本征值为 1 的本征右矢：

$$\mathbb{P}_V |\alpha V\rangle = |V\rangle \langle V |\alpha V\rangle = \alpha |V\rangle |V|^2 = 1 \cdot |\alpha V\rangle$$

(2) 任一垂直于 $|V\rangle$ 的右矢 $|V_\perp\rangle$ 都是本征值为零的本征右矢：

$$\mathbb{P}_V |V_\perp\rangle = |V\rangle \langle V |V_\perp\rangle = 0 = 0 |V_\perp\rangle$$

(3) 既不是 (1)，也不是 (2) 的右矢，即形式为 $\alpha |V\rangle + \beta |V_\perp\rangle$ 的右矢，不是本征右矢：

$$\mathbb{P}_V (\alpha |V\rangle + \beta |V_\perp\rangle) = |\alpha V\rangle \neq \gamma (\alpha |V\rangle + \beta |V_\perp\rangle)$$

由于空间中的每一个右矢都属于上述三种类型之一，所以我们已经找到了所有的本征值和本征矢。

例 1.8.3 现在考虑算符 $R(\frac{1}{2}\pi\boldsymbol{i})$。我们已经知道它有一个本征右矢，即沿着 x 轴的基矢量 $|1\rangle$：

$$R\left(\frac{1}{2}\pi\boldsymbol{i}\right)|1\rangle = |1\rangle$$

除此之外还有其他本征右矢吗？当然，沿 x 轴的任一矢量 $\alpha|1\rangle$ 都不受绕 x 轴转动的影响。这是本征值方程的一个一般特征，反映了算符的线性：

如果

$$\Omega|V\rangle = \omega|V\rangle$$

则对于任一倍数 α 有

$$\Omega\alpha|V\rangle = \alpha\Omega|V\rangle = \alpha\omega|V\rangle = \omega\alpha|V\rangle$$

由于本征值方程只将本征矢固定到相差一个整体尺度因子的程度，所以我们不会将本征矢的不同倍数看作是不同的本征矢。考虑到这一点，让我们来问问 $R(\frac{1}{2}\pi\boldsymbol{i})$ 是否有除 $|1\rangle$ 之外的任何本征矢。我们的直觉说不，因为任何不沿 x 轴的矢量都必然会被 $R(\frac{1}{2}\pi\boldsymbol{i})$ 旋转，并且不可能变换成自身的倍数。由于每个矢量都是平行或者不平行于 $|1\rangle$ 的，所以我们已经完全解决了这个本征值问题。

然而，这个结论是错误的！$R(\frac{1}{2}\pi\boldsymbol{i})$ 除 $|1\rangle$ 之外还有另外两个本征矢。但是我们的直觉是不应该被指责的，因为这些矢量是在 $\mathbb{V}^3(C)$ 中，而不是在 $\mathbb{V}^3(R)$ 中。从这个例子可以看出，我们需要一种可靠和系统的方法来求解 $\mathbb{V}^3(C)$ 中的本征值问题。我们现在就把注意力转到这个问题上。

特征方程和本征值问题的求解

首先，我们将 (1.8.2) 式改写如下：

$$(\Omega - \omega I)|V\rangle = |0\rangle \tag{1.8.3}$$

假定 $(\Omega - \omega I)^{-1}$ 存在，上式两边都用它作用，得到

$$|V\rangle = (\Omega - \omega I)^{-1}|0\rangle \tag{1.8.4}$$

由于任何有限算符（其矩阵表示的矩阵元有限）作用在零矢量上，只能给出一个零矢量，所以似乎在要求 $|V\rangle$ 是一个非零本征矢时，我们是试图从 (1.8.4) 式中得到一些毫无意义的东西。这是不可能的。因此，我们关于 $(\Omega - \omega I)^{-1}$ （作为有限算

符）存在的假定是错误的。那么这种情况什么时候会发生呢？基本矩阵理论告诉我们（见附录 A.1），任意矩阵的逆矩阵由下式给出：

$$M^{-1}=\frac{M\text{ 的余子式转置}}{\det M} \tag{1.8.5}$$

如果 M 有限，则 M 的余子式也是有限的。因此，我们需要的是行列式为零。所以，本征矢非零的条件是：

$$\det(\Omega-\omega I)=0 \tag{1.8.6}$$

这个方程将确定本征值 ω。为了得到它们，我们把 (1.8.3) 式投影到一个基上。两边用一个左矢基 $\langle i|$ 点乘，我们得到

$$\langle i|\,\Omega-\omega I\,|V\rangle=0$$

在 $|V\rangle$ 的左边引入单位算符的表示［(1.6.7) 式］后，我们得到 (1.8.3) 式的像如下：

$$\sum_j(\Omega_{ij}-\omega\delta_{ij})\,v_j=0 \tag{1.8.7}$$

设它的行列式为零，将给我们一个下列形式的表达式：

$$\sum_{m=0}^{n}c_m\omega^m=0 \tag{1.8.8}$$

(1.8.8) 式被称为*特征方程*，且

$$P^n(\omega)=\sum_{m=0}^{n}c_m\omega^m \tag{1.8.9}$$

被称为*特征多项式*。尽管这个多项式是在一个特殊的基下确定的，它的根就是本征值，但是本征值与基无关。因为这些根由抽象的 (1.8.3) 式决定，它不涉及任何基。

现在，数学分析中的一个基本结果是，每个 n 阶多项式都有 n 个根，它们不一定是不同的，也不一定都是实的。因此 $\mathbb{V}^n(C)$ 中的每个算符都有 n 个本征值。一旦这些本征值已知，则至少对于厄米算符和幺正算符，可以利用下面的示例说明的步骤找到本征矢。［不属于上述类型的 $\mathbb{V}^n(C)$ 中的算符可能不存在 n 个本征矢，见习题 1.8.4。定理 10 和定理 12 证明了 $\mathbb{V}^n(C)$ 中的厄米算符和幺正算符具有 n 个本征矢。］

例 1.8.4 让我们使用上面所发展的一般技巧来求出 $R(\frac{1}{2}\pi\boldsymbol{i})$ 的所有本征矢和本征值。回想一下，它的矩阵表示是

$$R\left(\frac{1}{2}\pi\boldsymbol{i}\right)\leftrightarrow\begin{pmatrix}1&0&0\\0&0&-1\\0&1&0\end{pmatrix}$$

因此，特征方程是

$$\det(R-\omega I)=\begin{vmatrix}1-\omega & 0 & 0\\ 0 & -\omega & -1\\ 0 & 1 & -\omega\end{vmatrix}=0$$

即，

$$(1-\omega)(\omega^2+1)=0 \tag{1.8.10}$$

其根为 $\omega=1,\pm\mathrm{i}$。我们知道，$\omega=1$ 对应于 $|1\rangle$。让我们看看这个结论是怎么从这里的理论框架中得到的。把 $\omega=1$ 代回 (1.8.7) 式，我们发现相应本征矢的分量 x_1，x_2 和 x_3 必须满足方程

$$\begin{pmatrix}1-1 & 0 & 0\\ 0 & 0-1 & -1\\ 0 & 1 & 0-1\end{pmatrix}\begin{pmatrix}x_1\\ x_2\\ x_3\end{pmatrix}=\begin{pmatrix}0\\0\\0\end{pmatrix}\to\quad \begin{matrix}0=0\\ \left.\begin{matrix}-x_2-x_3=0\\ x_2-x_3=0\end{matrix}\right\}\to x_2=x_3=0\end{matrix}$$

于是形式为

$$x_1\,|1\rangle\leftrightarrow\begin{pmatrix}x_1\\0\\0\end{pmatrix}$$

的任一矢量都是可以接受的。利用标度上的自由度对本征矢进行归一化是传统的做法。因此，在这种情况下，一种选择是

$$|\omega=1\rangle=|1\rangle=\begin{pmatrix}1\\0\\0\end{pmatrix}$$

注意，我说的是**一种选择**，而不是**唯一选择**。因为矢量可以乘一些模为 1 的数而不改变其归一化形式。没有普遍接受的惯例来消除这种自由度，除非在可能的情况下选择具有实分量的矢量。

注意，在上面的三个联立方程中，第一个不是真正的方程。一般来说，只会有 $n-1$ 个线性无关的方程。这就是矢量的模不确定的原因，正如附录 A.1 中指出的行列式为零的原因。

接着考虑对应于 $\omega=\mathrm{i}$ 的方程。本征矢的分量满足方程

$$\begin{aligned}(1-\mathrm{i})\,x_1&=0 &&（即，x_1=0）\\ -\mathrm{i}x_2-x_3&=0 &&（即，x_2=\mathrm{i}x_3）\\ x_2-\mathrm{i}x_3&=0 &&（即，x_2=\mathrm{i}x_3）\end{aligned}$$

再次注意，我们只有 $n-1$ 个有用的方程。上述方程归一化后的解是

$$|\omega=\mathrm{i}\rangle \leftrightarrow \frac{1}{\sqrt{2}}\begin{pmatrix}0\\ \mathrm{i}\\ 1\end{pmatrix}$$

通过类似的步骤求得第三个本征矢：

$$|\omega=-\mathrm{i}\rangle \leftrightarrow \frac{1}{\sqrt{2}}\begin{pmatrix}0\\ -\mathrm{i}\\ 1\end{pmatrix}$$

在上面的例子中，我们介绍了一个流行的惯例：用本征值标记本征矢。例如，对应于 $\omega=\omega_i$ 的右矢被标记为 $|\omega=\omega_i\rangle$，或简单地称为 $|\omega_i\rangle$。这个记号假定对于每个 ω_i，只有一个用它标记的矢量。虽然情况并不总是这样，但是只需要对这个记号做一点小小的修改，就可以涵盖一般的情况。

单个本征值表示不止一个本征矢的现象被称为*简并性*，它对应于特征多项式的多重根。在简并的情况下，我们不仅需要修改标记方法，而且要修改在上面的示例中介绍的用于寻找本征矢的过程。想象一下除 $R(\frac{1}{2}\pi\boldsymbol{i})$ 之外，我们正在处理另一个在 $\mathbb{V}^3(R)$ 中具有根 ω_1 和 $\omega_2=\omega_3$ 的算符 Ω。似乎我们可以通过上述方法得到两个本征矢，这两个本征矢对应不同的 ω。那么我们如何获得第三个呢？还是没有第三个？当我们仔细研究简并性问题时，所有的这些一般性问题很快就会得到回答。我们现在把注意力转向关于厄米算符的两个中心定理，这两个定理在量子力学中起着至关重要的作用。

定理 9 *厄米算符的本征值都是实数。*

证明 设

$$\Omega|\omega\rangle=\omega|\omega\rangle$$

求上式两边与 $\langle\omega|$ 的点积：

$$\langle\omega|\Omega|\omega\rangle=\omega\langle\omega|\omega\rangle \tag{1.8.11}$$

取共轭得到

$$\langle\omega|\Omega^\dagger|\omega\rangle=\omega^*\langle\omega|\omega\rangle$$

因为 $\Omega=\Omega^\dagger$，该式变成

$$\langle\omega|\Omega|\omega\rangle=\omega^*\langle\omega|\omega\rangle$$

用 (1.8.11) 式减去上式

$$0 = (\omega - \omega^*) \langle \omega | \omega \rangle$$
$$\omega = \omega^*$$

证明完毕。

定理 10 对于每个厄米算符 Ω，（至少）存在一个由其正交本征矢组成的基。它在这个本征基下是对角的，并且它的本征值就作为它的对角元。

证明 让我们从特征方程开始。它一定至少有一个根，称为 ω_1。对于 ω_1，一定存在至少一个非零的本征矢。（如果不是，定理 A.1.1 就意味着 $\Omega - \omega_1 I$ 是可逆的。）考虑所有与 $|\omega_1\rangle$ 正交的矢量构成的子空间 $\mathbb{V}_{\perp 1}^{n-1}$，让我们选择矢量 $|\omega_1\rangle$（已归一化）和 $\mathbb{V}_{\perp 1}^{n-1}$ 中任意 $n-1$ 个正交矢量 $\{V_{\perp 1}^1, V_{\perp 1}^2, \cdots, V_{\perp 1}^{n-1}\}$ 作为基。在此基下，Ω 具有以下形式：

$$\Omega \leftrightarrow \begin{pmatrix} \omega_1 & 0 & 0 & 0 & 0 & \cdots & 0 \\ 0 & & & & & & \\ 0 & & & & & & \\ \vdots & & & & & & \\ 0 & & & & & & \end{pmatrix} \tag{1.8.12}$$

第一列正好是 Ω 作用于 $|\omega_1\rangle$ 之后的像。给定第一列，第一行则可以从 Ω 的厄米性导出。

特征方程现在取如下形式：

$$(\omega_1 - \omega) \cdot (\text{方框中子矩阵的行列式}) = 0$$
$$(\omega_1 - \omega) \sum_0^{n-1} c_m \omega^m = (\omega_1 - \omega) P^{n-1}(\omega) = 0$$

现在多项式 P^{n-1} 也一定生成一个根 ω_2 和一个归一化的本征矢 $|\omega_2\rangle$。在 $\mathbb{V}_{\perp 1}^{n-1}$ 中定义与 $|\omega_2\rangle$ 正交的矢量子空间 $\mathbb{V}_{\perp 1,2}^{n-2}$（并自动地与 $|\omega_1\rangle$ 正交)，然后重复上述过程。最后，Ω 变成在基 $|\omega_1\rangle, |\omega_2\rangle, \cdots, |\omega_n\rangle$ 下的矩阵，

$$\Omega \leftrightarrow \begin{pmatrix} \omega_1 & 0 & 0 & \cdots & 0 \\ 0 & \omega_2 & 0 & & 0 \\ 0 & 0 & \omega_3 & & 0 \\ \vdots & & & \ddots & \\ 0 & 0 & 0 & & \omega_n \end{pmatrix}$$

由于每一个 $|\omega_i\rangle$ 都是从与前面的 $|\omega_1\rangle, |\omega_2\rangle, \cdots, |\omega_{i-1}\rangle$ 正交的空间中选取的，所以这些本征矢的基是正交的。（请注意，我们没有必要假设这些本征值都是不同的。）证明完毕。

实数和厄米算符之间的类比由于以下事实而进一步加强。在一个确定的（本征矢的）基下，厄米算符可以用一个矩阵元全部为实数的矩阵表示。

在定理 10 的表述中，有人指出可能存在不止一种可以使 Ω 对角化的本征矢的基。如果存在任何简并，这种情况就会出现。设 $\omega_1 = \omega_2 = \omega$，那时我们就有两个正交的矢量服从

$$\Omega|\omega_1\rangle = \omega|\omega_1\rangle$$

$$\Omega|\omega_2\rangle = \omega|\omega_2\rangle$$

由此导出，对于任意的 α 和 β，有

$$\Omega(\alpha|\omega_1\rangle + \beta|\omega_2\rangle) = \alpha\omega|\omega_1\rangle + \beta\omega|\omega_2\rangle = \omega(\alpha|\omega_1\rangle + \beta|\omega_2\rangle)$$

由于矢量 $|\omega_1\rangle$ 和 $|\omega_2\rangle$ 是正交的（因而线性无关），我们发现存在由 $|\omega_1\rangle$ 和 $|\omega_2\rangle$ 张成的二维子空间，其中的元素都是本征值为 ω 的 Ω 的本征矢。人们称这样的空间是本征值为 ω 的 Ω 本征空间。除了矢量 $|\omega_1\rangle$ 和 $|\omega_2\rangle$ 之外，存在着无穷多对正交的 $|\omega_1'\rangle$ 和 $|\omega_2'\rangle$，它们是通过 $|\omega_1\rangle$ 和 $|\omega_2\rangle$ 的刚性旋转得到的，我们可以挑选其中任意一对形成 Ω 的本征基。一般来说，如果一个本征值出现了 m_i 次，即，如果特征方程有 m_i 个根等于某个 ω_i，则将有一个本征空间 $\mathbb{V}_{\omega_i}^{m_i}$，从该空间中，我们可以选择任意 m_i 个正交矢量以形成定理 10 中所指的基。

在不存在简并的情况下，我们可以很容易地证明定理 9 和定理 10。让我们从两个本征矢开始：

$$\Omega|\omega_i\rangle = \omega_i|\omega_i\rangle \tag{1.8.13a}$$

$$\Omega|\omega_j\rangle = \omega_j|\omega_j\rangle \tag{1.8.13b}$$

把第一式点乘 $\langle\omega_j|$，第二式点乘 $\langle\omega_i|$，我们求得

$$\langle\omega_j|\Omega|\omega_i\rangle = \omega_i\langle\omega_j|\omega_i\rangle \tag{1.8.14a}$$

$$\langle\omega_i|\Omega|\omega_j\rangle = \omega_j\langle\omega_i|\omega_j\rangle \tag{1.8.14b}$$

取后一个方程的共轭，然后利用 Ω 的厄米性，得到

$$\langle\omega_j|\Omega|\omega_i\rangle = \omega_j^*\langle\omega_j|\omega_i\rangle$$

从 (1.8.14a) 式减去该式，得到

$$0=\left(\omega_i-\omega_j^*\right)\langle\omega_j|\omega_i\rangle \tag{1.8.15}$$

如果 $i=j$，因为 $\langle\omega_i|\omega_i\rangle\neq 0$，我们有

$$\omega_i=\omega_i^* \tag{1.8.16}$$

如果 $i\neq j$，因为按照假设，$\omega_i-\omega_j^*=\omega_i-\omega_j\neq 0$，我们有

$$\langle\omega_i|\omega_j\rangle=0 \tag{1.8.17}$$

正交性的证明在 $\omega_i=\omega_j$ 处失败并不奇怪，因为用简并本征值标记的是简并空间中任意两个成员，它们不一定是正交的。在这种简并情况下对该证明的修改要调用本质上是证明定理 10 所使用的那些论据。证明定理 10 的方法优点首先就是它在简并的情况下不需要被修改。

简并性

我们现在处理前面承诺过的简并问题。现在，我们对定理 10 的一般分析表明，在存在简并的情况下，我们有的不是一个，而是无穷多个正交本征基。让我们通过一个例子来看看，当我们寻找本征矢时，这种变化本身是如何表现出来的，以及如何处理它。

例 1.8.5 考虑一个算符 Ω，在某个基下，Ω 的矩阵表示如下：

$$\Omega\leftrightarrow\begin{pmatrix}1&0&1\\0&2&0\\1&0&1\end{pmatrix}$$

其特征方程是

$$(\omega-2)^2\,\omega=0$$

即，

$$\omega=0,2,2$$

利用常用方法求得对应于 $\omega=0$ 的矢量为

$$|\omega=0\rangle\leftrightarrow\frac{1}{\sqrt{2}}\begin{pmatrix}1\\0\\-1\end{pmatrix}$$

$\omega=2$ 的情况会导致其本征矢分量的下列方程：

$$
\begin{aligned}
-x_1+x_3&=0\\
0&=0\\
x_1-x_3&=0
\end{aligned}
$$

现在我们只有一个方程，而不是我们已经习惯的两个［$(n-1)$ 个］等式！这就是简并的一个体现。每一个额外的根的出现（除了第一个），都会去掉一个等式。因此，简并性给了我们除通常的一个（归一化的）自由度之外的自由度。条件

$$
\begin{gathered}
x_1=x_3\\
x_2\ \text{任意}
\end{gathered}
$$

定义了垂直于第一个矢量 $|\omega=0\rangle$ 的矢量集合，即位于垂直于 $|\omega=0\rangle$ 的平面上矢量的集合。这符合我们的预期：一个二重简并应该导致一个二维本征空间。x_2（或者更准确地说，比例 x_2/x_3）的自由对应于这个平面上方向的自由。让我们任意地选择 $x_2=1$，得到与 $\omega=2$ 对应的归一化本征矢：

$$
|\omega=2\rangle\leftrightarrow\frac{1}{\sqrt{3}}\begin{pmatrix}1\\1\\1\end{pmatrix}
$$

现在，在这个平面上选择与第二个矢量正交的第三个矢量（在这个平面上，它会自动垂直于第一个本征矢 $|\omega=0\rangle$）：

$$
|\omega=2,\text{第二个}\rangle\leftrightarrow\frac{1}{\sqrt{6}}\begin{pmatrix}1\\-2\\1\end{pmatrix}
$$

很明显，每个不同的 x_2/x_3 会给出不同的本征值为 2 的正交本征矢二重态。

注意，在存在简并的情况下，$|\omega_i\rangle$ 不再指单个右矢，而是指本征空间 $\mathbb{V}_{\omega_i}^{m_i}$ 中的一个一般元素。要引用一个特定元素，我们必须使用符号 $|\omega_i,\alpha\rangle$，其中 α 标记本征空间中的右矢。标记 α 的一个自然选择将稍后讨论。

我们现在考虑与定理 9 和定理 10 类似的、针对于幺正算符的定理。

定理 11 一个幺正算符的本征值是模为 1 的复数。

定理 12 幺正算符的本征矢相互正交。（假定不存在简并。）

两个定理的证明（假定无简并）设

$$
U|u_i\rangle=u_i|u_i\rangle \tag{1.8.18a}
$$

和

$$U\left|u_j\right\rangle = u_j\left|u_j\right\rangle \tag{1.8.18b}$$

取第二个方程的共轭，并与第一个方程相应的每一边求点积，得到

$$\left\langle u_j\right| U^\dagger U\left|u_i\right\rangle = u_i\, u_j^* \langle u_j|u_i\rangle$$

使得

$$\left(1 - u_i\, u_j^*\right)\langle u_j|u_i\rangle = 0 \tag{1.8.19}$$

如果 $i = j$，因为 $\langle u_i|u_i\rangle \neq 0$，我们有

$$u_i\, u_i^* = 1 \tag{1.8.20a}$$

而如果 $i \neq j$，因为 $\left|u_i\right\rangle \neq \left|u_j\right\rangle \Rightarrow u_i \neq u_j \Rightarrow u_i\, u_j^* \neq u_i\, u_i^* \Rightarrow u_i\, u_j^* \neq 1$，则

$$\langle u_i|u_j\rangle = 0 \tag{1.8.20b}$$

如果 U 是简并的，我们可以进行一个与厄米算符 Ω 类似的分析，只有一个不同之处。而在 (1.8.12) 式中，第一行的零紧跟随第一列的零且 $\Omega^\dagger = \Omega$，这里它们遵循这样的要求，即每一行矩阵元的模的平方之和等于 1，因为 $|u_1| = 1$，所以第一行中的所有其他元素都必须为零。

厄米矩阵的对角化

考虑 $\mathbb{V}^n(C)$ 中的一个厄米算符 Ω，在某一正交基 $|1\rangle, \cdots, |i\rangle, \cdots, |n\rangle$ 下可以将该算符表示为一个矩阵。如果我们把这个基换成本征基 $|\omega_1\rangle, \cdots, |\omega_i\rangle, \cdots, |\omega_n\rangle$，则表示 Ω 的矩阵将变成对角的。引导这种基变换

$$\left|\omega_i\right\rangle = U\left|i\right\rangle \tag{1.8.21}$$

的算符 U 显然是幺正的，因为它把一个正交基“转动”成另一个正交基。（如果愿意的话，你可以应用我们对 U 的记忆法证明它的幺正性，即 U 的列包含那些正交本征矢 $|\omega_i\rangle$ 的分量。）这个结果经常被归纳成下列说法：

$\mathbb{V}^n(C)$ 中的每一个厄米矩阵都可以通过基的幺正变换对角化。

我们可以用被动变换的方式将这一结果重新表述如下：

如果 Ω 是一个厄米矩阵，则存在一个这样的幺正矩阵 U（由 Ω 的本征矢构成），使得 $U^\dagger\Omega U$ 是对角的。

于是，求一组使 Ω 对角化的基，等价于求解 Ω 的本征值。

习题 1.8.1

(1) 求下列矩阵的本征值和归一化的本征矢。

$$\Omega = \begin{pmatrix} 1 & 3 & 1 \\ 0 & 2 & 0 \\ 0 & 1 & 4 \end{pmatrix}$$

(2) 这个矩阵是厄米的吗？其本征矢是正交的吗？

习题 1.8.2* 考虑矩阵

$$\Omega = \begin{pmatrix} 0 & 0 & 1 \\ 0 & 0 & 0 \\ 1 & 0 & 0 \end{pmatrix}$$

(1) 它是厄米的吗？

(2) 求它的本征值和本征矢。

(3) 证明 $U^\dagger \Omega U$ 是对角的，U 是由 Ω 的本征矢构成的矩阵。

习题 1.8.3* 考虑厄米矩阵

$$\Omega = \frac{1}{2}\begin{pmatrix} 2 & 0 & 0 \\ 0 & 3 & -1 \\ 0 & -1 & 3 \end{pmatrix}$$

(1) 证明 $\omega_1 = \omega_2 = 1$，$\omega_3 = 2$。

(2) 证明 $|\omega = 2\rangle$ 是以下形式的任一矩阵

$$\frac{1}{\sqrt{2a^2}}\begin{pmatrix} 0 \\ a \\ -a \end{pmatrix}$$

(3) 证明 $\omega = 1$ 的本征空间包含下列形式的所有矢量

$$\frac{1}{\sqrt{b^2 + 2c^2}}\begin{pmatrix} b \\ c \\ c \end{pmatrix}$$

要么将 $\omega = 1$ 代入方程，要么要求 $\omega = 1$ 的本征空间与 $|\omega = 2\rangle$ 正交。

习题 1.8.4 任一 $n \times n$ 矩阵不一定具有 n 个本征矢。作为例子，考虑

$$\Omega = \begin{pmatrix} 4 & 1 \\ -1 & 2 \end{pmatrix}$$

(1) 证明 $\omega_1 = \omega_2 = 3$。

(2) 输入这个数值，证明我们只求得一个下列形式的本征矢：

$$\frac{1}{\sqrt{2a^2}} \begin{pmatrix} +a \\ -a \end{pmatrix}$$

我们不可能找到另一个线性无关的本征矢。

习题 1.8.5* 考虑矩阵

$$\Omega = \begin{pmatrix} \cos\theta & \sin\theta \\ -\sin\theta & \cos\theta \end{pmatrix}$$

(1) 证明它是幺正的。

(2) 证明它的本征值是 $\mathrm{e}^{\mathrm{i}\theta}$ 和 $\mathrm{e}^{-\mathrm{i}\theta}$。

(3) 求相应的本征矢，证明它们是正交的。

(4) 证明 $U^\dagger \Omega U$ 是对角矩阵，其中 U 是由 Ω 的本征矢构成的矩阵。

习题 1.8.6*

(1) 我们已经看到，在基的幺正变换下，矩阵的行列式不变。现在，论证对于一个厄米或幺正矩阵 Ω，有

$$\det \Omega = \Omega \text{ 本征值的乘积} = \prod_{i=1}^{n} \omega_i$$

(2) 利用在同样的变换之下迹的不变性，证明

$$\mathrm{Tr}\, \Omega = \sum_{i=1}^{n} \omega_i$$

习题 1.8.7 利用上题关于迹和行列式的结果，证明矩阵

$$\Omega = \begin{pmatrix} 1 & 2 \\ 2 & 1 \end{pmatrix}$$

的本征值是 3 和 -1。通过显式计算证实这一点。注意，该矩阵的厄米性是一个重要条件。

习题 1.8.8* 考虑厄米矩阵 M^1, M^2, M^3, M^4，它们遵从

$$M^i M^j + M^j M^i = 2\delta^{ij} I, \quad i, j = 1, \cdots, 4$$

(1) 证明这些 M^i 的本征值都是 ± 1。(提示：转到 M^i 的本征基，然后利用 $i = j$ 时的方程。)

(2) 通过考虑关系式

$$M^i M^j = -M^j M^i \qquad (i \neq j)$$

证明 M^i 是无迹的。[提示：$\mathrm{Tr}(ACB) = \mathrm{Tr}(CBA)$。]

(3) 证明它们不可能是奇数维矩阵。

习题 1.8.9 一个质量为 m_α 的物体位于 $\boldsymbol{r}_\alpha$，以角速度 $\boldsymbol{\omega}$ 绕一个公共轴旋转，其角动量为

$$\boldsymbol{l} = \sum_\alpha m_\alpha (\boldsymbol{r}_\alpha \times \boldsymbol{v}_\alpha)$$

其中 $\boldsymbol{v}_\alpha = \boldsymbol{\omega} \times \boldsymbol{r}_\alpha$ 是 m_α 的速度。利用等式

$$\boldsymbol{A} \times (\boldsymbol{B} \times \boldsymbol{C}) = \boldsymbol{B}(\boldsymbol{A} \cdot \boldsymbol{C}) - \boldsymbol{C}(\boldsymbol{A} \cdot \boldsymbol{B})$$

证明 $\boldsymbol{l}$ 的每个笛卡儿分量 l_i 由

$$l_i = \sum_j M_{ij} \omega_j$$

给出，其中

$$M_{ij} = \sum_\alpha m_\alpha \left[r_\alpha^2 \delta_{ij} - (\boldsymbol{r}_\alpha)_i (\boldsymbol{r}_\alpha)_j \right]$$

或用狄拉克符号表示为

$$|l\rangle = M |\omega\rangle$$

(1) 角动量和角速度总是平行的吗？

(2) 证明转动惯量矩阵 M_{ij} 是厄米的。

(3) 现在论证 $\boldsymbol{\omega}$ 有这样的三个方向，它使得 $\boldsymbol{l}$ 和 $\boldsymbol{\omega}$ 将是平行的。如何找到

这些方向？
(4) 考虑一个球面的转动惯量矩阵。由于球面的完全对称性，显然，每一个方向都是其转动的本征方向。这对矩阵 M 的三个本征值意味着什么？

两个厄米算符的同时对角化

接下来，让我们考虑同时对角化两个厄米算符的问题。

定理 13 如果 Ω 和 Λ 是两个对易的厄米算符，则（至少）存在一个共同的本征基能把它们二者同时对角化。

证明 首先考虑至少存在一个非简并算符的情况，即对于给定的本征值，只有一个本征矢，最多相差一个标度。假设 Ω 是非简并的，考虑它的任一本征矢：

$$\Omega\left|\omega_i\right\rangle=\omega_i\left|\omega_i\right\rangle$$
$$\Lambda\Omega\left|\omega_i\right\rangle=\omega_i\Lambda\left|\omega_i\right\rangle$$

因为 $[\Lambda,\Omega]=0$，

$$\Omega\Lambda\left|\omega_i\right\rangle=\omega_i\Lambda\left|\omega_i\right\rangle \tag{1.8.22}$$

也就是说，$\Lambda\left|\omega_i\right\rangle$ 是 Ω 的一个本征矢，其本征值为 ω_i。因为这个矢量是唯一的，最多差一个标度，

$$\Lambda\left|\omega_i\right\rangle=\lambda_i\left|\omega_i\right\rangle \tag{1.8.23}$$

因此，$\left|\omega_i\right\rangle$ 也是 Λ 的本征矢，其本征值为 λ_i。由于 Ω 的每一个本征矢都是 Ω 的本征矢，显然，基 $\left|\omega_i\right\rangle$ 将使这两个算符都对角化。由于 Ω 是非简并的，所以只有一个具有这样性质的基。

如果两个算符都是简并的怎么办？通过对基矢量进行这样的排序，即使得每个本征空间的元素是相邻的，我们可以得到其中的一个，例如 Ω，成为下列形式（定理 10）：

$$\Omega \leftrightarrow \begin{pmatrix} \omega_1 & & & & & & & \\ & \omega_1 & & & & & & \\ & & \ddots & & & & & \\ & & & \omega_1 & & & & \\ & & & & \omega_2 & & & \\ & & & & & \ddots & & \\ & & & & & & \omega_m & \\ & & & & & & & \omega_m \end{pmatrix}$$

现在这个基并不是唯一的——在每个对应于本征值 ω_i 的本征空间 $\mathbb{V}_{\omega_i}^{m_i} \equiv \mathbb{V}_i^{m_i}$ 中，存在无穷多组基。让我们在 $\mathbb{V}_{\omega_i}^{m_i}$ 中任意选择一组基 $|\omega_i, \alpha\rangle$，其中的额外标记 α 的取值从 1 到 m_i。

在这个基下，Λ 是怎么出现的呢？虽然我们没有特别努力地把 Λ 变成一种简单的形式，但由于它与 Ω 对易，所以它已经存在一个简单的形式。让我们从模仿非简并情况下的证明开始：

$$\Omega\Lambda\,|\omega_i, \alpha\rangle = \Lambda\Omega\,|\omega_i, \alpha\rangle = \omega_i\Lambda\,|\omega_i, \alpha\rangle$$

然而，由于 Ω 的简并性，我们得出如下结论：

$$\Lambda\,|\omega_i, \alpha\rangle \text{ 在 } \mathbb{V}_i^{m_i} \text{ 中}$$

现在，因为来自不同的本征子空间的矢量是正交的［见 (1.8.15) 式］，如果 $|\omega_i, \alpha\rangle$ 和 $|\omega_j, \beta\rangle$ 是 $\omega_i \neq \omega_j$ 的基矢量，则

$$\langle\omega_j, \beta|\,\Lambda\,|\omega_i, \alpha\rangle = 0$$

所以在这个基下，

$$\Lambda \leftrightarrow \begin{pmatrix} \boxed{\Lambda_1} & & & 0 \\ & \boxed{\Lambda_2} & & \\ & & \ddots & \\ 0 & & & \boxed{\Lambda_k} \end{pmatrix}$$

由于一些显然的理由，该矩阵被称为*分块对角矩阵*。Λ 的这种分块对角形式反映了这样的事实，即当 Λ 作用在本征子空间 $\mathbb{V}_i^{m_i}$ 中的某元素 $|\omega_i, \alpha\rangle$ 时，会把它变成 $\mathbb{V}_i^{m_i}$ 中的另一个元素。在每个子空间 i 中，Λ 是由矩阵 Λ_i 给出的，它在上面的方程中以块的形式出现。考虑 $\mathbb{V}_i^{m_i}$ 中的矩阵 Λ_i，该矩阵是厄米的，因为 Λ 是厄米的。显然，我们可以通过交换开始时使用的 $\mathbb{V}_i^{m_i}$ 中的基 $|\omega_i, 1\rangle, |\omega_i, 2\rangle, \cdots, |\omega_i, m_i\rangle$ 来得到 Λ_i 的本征基，从而对角化 Λ_i。让每个本征空间的基都进行这样的改变，使得 Λ 对角化。与此同时，Ω 如何？当然，它仍然是对角的，因为每个简并本征空间中正交基的选择对它来说无关紧要。如果 Λ_i 的本征值为 $\lambda_i^{(1)}, \lambda_i^{(2)}, \cdots, \lambda_i^{(m_i)}$，则我们最

终得到下列结果：

$$\Lambda \leftrightarrow \begin{pmatrix} \lambda_1^{(1)} & & & & & & \\ & \lambda_1^{(2)} & & & & & \\ & & \ddots & & & & \\ & & & \lambda_1^{(m_1)} & & & \\ & & & & \lambda_2^{(1)} & & \\ & & & & & \ddots & \\ & & & & & & \lambda_k^{(m_k)} \end{pmatrix}$$

$$\Omega \leftrightarrow \begin{pmatrix} \omega_1 & & & & & & \\ & \omega_1 & & & & & \\ & & \ddots & & & & \\ & & & \omega_1 & & & \\ & & & & \omega_2 & & \\ & & & & & \ddots & \\ & & & & & & \omega_m \end{pmatrix}$$

如果 Λ 在任一给定的子空间中都不是简并的，即对于任何 k，l 和 i，都有 $\lambda_i^{(k)} \neq \lambda_i^{(l)}$，则我们最终得到的基是唯一的：在每个本征空间中 Ω 给我们的自由度被 Λ 完全消除。这个基下的元素可以由一对指标 ω 和 λ 唯一命名为 $|\omega, \lambda\rangle$。其中 λ 起着额外标记 α 的作用。如果 Λ 在 Ω 的本征空间中简并，比如 $\lambda_1^{(1)} = \lambda_1^{(2)}$，则有一个二维本征空间，我们可以从中选择任意两个正交矢量作为公共基。然后必须引入第三个算符 Γ，它与 Ω 和 Λ 都对易，并且在这个子空间中是非简并的。一般来说，对于有限的 n，人们总是可以找到一组算符 $\{\Omega, \Lambda, \Gamma, \cdots\}$ 相互对易，并确定一个唯一的、公共的本征基，其元素可以明确标记为 $|\omega, \lambda, \gamma, \cdots\rangle$。在我们的量子力学研究中，如果 n 是无限的，则将假定存在这样一组对易算符的完备集。

习题 1.8.10* 通过考虑对易子，证明下列厄米矩阵可以被同时对角化。找到这两个矩阵的共同本征矢，并验证在此基的幺正变换下，以下两个矩阵都会被对角化：

$$\Omega = \begin{pmatrix} 1 & 0 & 1 \\ 0 & 0 & 0 \\ 1 & 0 & 1 \end{pmatrix}, \quad \Lambda = \begin{pmatrix} 2 & 1 & 1 \\ 1 & 0 & -1 \\ 1 & -1 & 2 \end{pmatrix}$$

由于 Ω 是简并的而 Λ 不是，所以你必须谨慎决定哪个矩阵决定基的选择。

例 1.8.6 我们现在将详细讨论力学中的一个问题的完整解决方案。很重要的一点是，你要完全理解这个例子，因为它不仅说明了本章所发展的数学技术的用途，而且还包含了量子力学中心问题的主要特征。

图 1.5 展示了这个问题中的力学系统。两个质量为 m 的块由劲度系数为 k 的弹簧耦合，并与墙壁相连。如果 x_1 和 x_2 分别衡量这两个块与它们的平衡态之间的位移，那么这些坐标服从下列方程，这些方程通过牛顿定律的基本应用导出：

$$\ddot{x}_1 = -\frac{2k}{m}x_1 + \frac{k}{m}x_2 \tag{1.8.24a}$$

$$\ddot{x}_2 = +\frac{k}{m}x_1 - \frac{2k}{m}x_2 \tag{1.8.24b}$$

问题是在给定初始值的情况下，求解 $x_1(t)$ 和 $x_2(t)$。在这个问题中，初始值由初始位置和初始速度组成。如果我们仅考虑初速度为零的情况，那么问题就会变成在给定 $x_1(0)$ 和 $x_2(0)$ 的情况下，求解 $x_1(t)$ 和 $x_2(t)$。

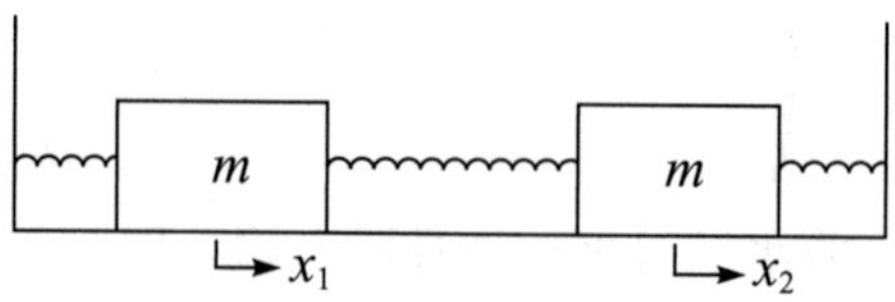

图 1.5 耦合质量问题。两个块的质量均为 m，所有弹簧的劲度系数均为 k，块与其平衡态的位移分别为 x_1 和 x_2

接下来，我们将用线性矢量空间的语言来描述这个问题，并利用本章所发展的机制来求解这个问题。第一步，我们把 (1.8.24) 式改写成矩阵形式：

$$\begin{pmatrix} \ddot{x}_1 \\ \ddot{x}_2 \end{pmatrix} = \begin{pmatrix} \Omega_{11} & \Omega_{12} \\ \Omega_{21} & \Omega_{22} \end{pmatrix} \begin{pmatrix} x_1 \\ x_2 \end{pmatrix} \tag{1.8.25a}$$

其中厄米矩阵的矩阵元 Ω_{ij} 为

$$\Omega_{11} = \Omega_{22} = -2k/m\,, \quad \Omega_{12} = \Omega_{21} = k/m \tag{1.8.25b}$$

现在我们把 x_1 和 x_2 看作是一个抽象矢量 $|x\rangle$ 的分量，把 Ω_{ij} 看作是一个厄米算符 Ω 的矩阵元，因为矢量 $|x\rangle$ 有两个实分量，所以它是 $\mathbb{V}^2(R)$ 中的一个元素，Ω 是 $\mathbb{V}^2(R)$ 中的厄米算符。(1.8.25a) 式的抽象形式为

$$|\ddot{x}(t)\rangle = \Omega\,|x(t)\rangle \tag{1.8.26}$$

(1.8.25a) 式是通过把 (1.8.26) 式投影到基矢量 $|1\rangle$ 和 $|2\rangle$ 得到的。这些基矢量具有下列物理意义：

$$|1\rangle \leftrightarrow \begin{pmatrix} 1 \\ 0 \end{pmatrix} \leftrightarrow \begin{pmatrix} \text{第一个质量被 1 取代} \\ \text{第二个质量未被取代} \end{pmatrix} \tag{1.8.27a}$$

$$|2\rangle \leftrightarrow \begin{pmatrix} 0 \\ 1 \end{pmatrix} \leftrightarrow \begin{pmatrix} \text{第一个质量未被取代} \\ \text{第二个质量被 1 取代} \end{pmatrix} \tag{1.8.27b}$$

质量被 x_1 和 x_2 所取代的一个任意的态，在这个基下由下式给出：

$$\begin{pmatrix} x_1 \\ x_2 \end{pmatrix} = \begin{pmatrix} 1 \\ 0 \end{pmatrix} x_1 + \begin{pmatrix} 0 \\ 1 \end{pmatrix} x_2 \tag{1.8.28}$$

上述方程的抽象对应是

$$|x\rangle = |1\rangle\, x_1 + |2\rangle\, x_2 \tag{1.8.29}$$

正是在 $|1\rangle$ 和 $|2\rangle$ 这个基下，Ω 是用出现在 (1.8.25) 式中的矩阵来表示的，其矩阵元为 $-2k/m$，k/m 等。

基 $|1\rangle$ 和 $|2\rangle$ 在物理上是非常理想的，此基（x_1 和 x_2）下的分量具有作为块位移的简单解释。然而，从找到初值问题的数学解的角度来看，分量 x_1 和 x_2 服从耦合的微分方程 (1.8.24a) 和 (1.8.24b) 是不理想的。该耦合由非对角矩阵元 $\Omega_{12} = \Omega_{21} = k/m$ 所传递。

在认识到应用基 $|1\rangle$ 和 $|2\rangle$ 所带来的这个问题之后，我们现在可以看一看如何绕过它：我们必须切换到 Ω 对角的基。在这个基下，$|x\rangle$ 的各分量服从另一组非耦合的微分方程，它们可以很容易地被求解。找到解后，我们可以回到物理上更为理想的 $|1\rangle$ 和 $|2\rangle$ 基。这就是我们的总体策略，现在让我们来谈一谈细节。

从我们对厄米算符的研究中，我们知道对角化 Ω 的基是它的归一化本征矢的基。设 $|\text{I}\rangle$ 和 $|\text{II}\rangle$ 是其本征矢，定义为

$$\Omega\,|\text{I}\rangle = -\omega_{\text{I}}^2\,|\text{I}\rangle \tag{1.8.30a}$$

$$\Omega\,|\text{II}\rangle = -\omega_{\text{II}}^2\,|\text{II}\rangle \tag{1.8.30b}$$

从我们的记号出发：Ω 的本征值写为 $-\omega^2$，而不是 ω，因为预期 Ω 有形式为 $-\omega^2$ 的本征值，并且 ω 是实数。另外，我们还使用符号 $|\text{I}\rangle$ 和 $|\text{II}\rangle$ 来表示在我们的约定中应该被称为 $|-\omega_{\text{I}}^2\rangle$ 和 $|-\omega_{\text{II}}^2\rangle$ 的符号。

在 $|1\rangle$ 和 $|2\rangle$ 基下求解 Ω 的本征值问题（其中 Ω 的矩阵元都是已知的）是一个

简单的练习（你应该去做），我们得到

$$\omega_{\mathrm{I}}=\left(\frac{k}{m}\right)^{\frac{1}{2}}, \quad |\mathrm{I}\rangle \leftrightarrow \frac{1}{\sqrt{2}}\begin{pmatrix}1\\1\end{pmatrix} \tag{1.8.31a}$$

$$\omega_{\mathrm{II}}=\left(\frac{3k}{m}\right)^{\frac{1}{2}}, \quad |\mathrm{II}\rangle \leftrightarrow \frac{1}{\sqrt{2}}\begin{pmatrix}1\\-1\end{pmatrix} \tag{1.8.31b}$$

如果我们现在把矢量 $|x(t)\rangle$ 在新的基下展开为

$$|x(t)\rangle=|\mathrm{I}\rangle\, x_{\mathrm{I}}(t)+|\mathrm{II}\rangle\, x_{\mathrm{II}}(t) \tag{1.8.32}$$

［与 (1.8.29) 式类似］，分量 x_{I} 和 x_{II} 的演化如下：

$$\begin{pmatrix}\ddot{x}_{\mathrm{I}}\\ \ddot{x}_{\mathrm{II}}\end{pmatrix}=\begin{pmatrix}-\omega_{\mathrm{I}}^2 & 0\\ 0 & -\omega_{\mathrm{II}}^2\end{pmatrix}\begin{pmatrix}x_{\mathrm{I}}\\ x_{\mathrm{II}}\end{pmatrix}=\begin{pmatrix}-\omega_{\mathrm{I}}^2\, x_{\mathrm{I}}\\ -\omega_{\mathrm{II}}^2\, x_{\mathrm{II}}\end{pmatrix} \tag{1.8.33}$$

我们通过在 $|\mathrm{I}\rangle$ 和 $|\mathrm{II}\rangle$ 基下重写方程 (1.8.26) 得到该式。在这个基下 Ω 的对角元是其本征值，并且 $|x\rangle$ 具有分量 x_{I} 和 x_{II}。或者我们可以将算符

$$\frac{\mathrm{d}^2}{\mathrm{d}t^2}-\Omega$$

作用于展开式 (1.8.32) 的两边，求得

$$|0\rangle=|\mathrm{I}\rangle\left(\ddot{x}_{\mathrm{I}}+\omega_{\mathrm{I}}^2 x_{\mathrm{I}}\right)+|\mathrm{II}\rangle\left(\ddot{x}_{\mathrm{II}}+\omega_{\mathrm{II}}^2 x_{\mathrm{II}}\right) \tag{1.8.34}$$

因为 $|\mathrm{I}\rangle$ 和 $|\mathrm{II}\rangle$ 是正交的，所以每个系数都是零。

退耦合方程

$$\ddot{x}_i+\omega_i^2 x_i=0\,, \quad i=\mathrm{I},\mathrm{II} \tag{1.8.35}$$

在初始速度为零的情况下，其解为

$$x_i(t)=x_i(0)\cos\omega_i t\,, \quad i=\mathrm{I},\mathrm{II} \tag{1.8.36}$$

正如预期的那样，在 $|\mathrm{I}\rangle$ 和 $|\mathrm{II}\rangle$ 基下，$|x\rangle$ 的分量服从退耦合方程，可以被很容易地求解。把 (1.8.36) 式代入到 (1.8.32) 式中，我们得到

$$|x(t)\rangle=|\mathrm{I}\rangle\, x_{\mathrm{I}}(0)\cos\omega_{\mathrm{I}}t+|\mathrm{II}\rangle\, x_{\mathrm{II}}(0)\cos\omega_{\mathrm{II}}t \tag{1.8.37a}$$

$$=|\mathrm{I}\rangle\langle\mathrm{I}|\,x(0)\rangle\cos\omega_{\mathrm{I}}t+|\mathrm{II}\rangle\langle\mathrm{II}|\,x(0)\rangle\cos\omega_{\mathrm{II}}t \tag{1.8.37b}$$

(1.8.37) 式给出了初值问题的显式解。它对应于在给定 $|x(0)\rangle$ 的条件下求解 $|x(t)\rangle$ 的下列算法。

步骤 (1) 求解 Ω 的本征值问题。

步骤 (2) 求展开式

$$|x(0)\rangle = |\mathrm{I}\rangle\, x_{\mathrm{I}}(0) + |\mathrm{II}\rangle\, x_{\mathrm{II}}(0)$$

中的系数 $x_{\mathrm{I}}(0) = \langle \mathrm{I}|\, x(0)\rangle$ 和 $x_{\mathrm{II}}(0) = \langle \mathrm{II}|\, x(0)\rangle$。

步骤 (3) 在每个系数 $x_i(0)$（$i = \mathrm{I}, \mathrm{II}$）上附加一个随时间变化的 $\cos\omega_i t$，从而得到 $|x(t)\rangle$ 展开式中的系数。

现在让我们通过求解以下（一般的）初值问题来说明这个算法：如果在 $t = 0$ 时，质量被 $x_1(0)$ 和 $x_2(0)$ 所取代，求系统的未来状态。

步骤 (1) 我们可以忽略这个步骤，因为本征值问题已被解决［见 (1.8.31) 式］。

步骤 (2)

$$x_{\mathrm{I}}(0) = \langle \mathrm{I}|\, x(0)\rangle = \frac{1}{\sqrt{2}}(1,1)\begin{pmatrix} x_1(0) \\ x_2(0) \end{pmatrix} = \frac{x_1(0)+x_2(0)}{\sqrt{2}}$$

$$x_{\mathrm{II}}(0) = \langle \mathrm{II}|\, x(0)\rangle = \frac{1}{\sqrt{2}}(1,-1)\begin{pmatrix} x_1(0) \\ x_2(0) \end{pmatrix} = \frac{x_1(0)-x_2(0)}{\sqrt{2}}$$

步骤 (3)

$$|x(t)\rangle = |\mathrm{I}\rangle\, \frac{x_1(0)+x_2(0)}{\sqrt{2}} \cos\omega_{\mathrm{I}} t + |\mathrm{II}\rangle\, \frac{x_1(0)-x_2(0)}{\sqrt{2}} \cos\omega_{\mathrm{II}} t$$

通过将 $|x(t)\rangle$ 投影到 $|1\rangle$，$|2\rangle$ 基上，求出 $x_1(t)$ 和 $x_2(t)$，即物体的位移，可以使上述显式解更明显。（代回到 ω_{I} 和 ω_{II} 的显式表达式中）我们得到

$$\begin{aligned} x_1(t) &= \langle 1|\, x(t)\rangle \\ &= \langle 1|\,\mathrm{I}\rangle \frac{x_1(0)+x_2(0)}{\sqrt{2}} \cos\left[\left(\frac{k}{m}\right)^{\frac{1}{2}} t\right] + \langle 1|\,\mathrm{II}\rangle \frac{x_1(0)-x_2(0)}{\sqrt{2}} \cos\left[\left(\frac{3k}{m}\right)^{\frac{1}{2}} t\right] \\ &= \frac{1}{2}\left[x_1(0)+x_2(0)\right] \cos\left[\left(\frac{k}{m}\right)^{\frac{1}{2}} t\right] + \frac{1}{2}\left[x_1(0)-x_2(0)\right] \cos\left[\left(\frac{3k}{m}\right)^{\frac{1}{2}} t\right] \end{aligned} \tag{1.8.38a}$$

利用如下事实

$$\langle 1|\mathrm{I}\rangle = \langle 1|\mathrm{II}\rangle = \frac{1}{\sqrt{2}}$$

同样可以证明

$$x_2(t) = \frac{1}{2}\left[x_1(0)+x_2(0)\right] \cos\left[\left(\frac{k}{m}\right)^{\frac{1}{2}} t\right] - \frac{1}{2}\left[x_1(0)-x_2(0)\right] \cos\left[\left(\frac{3k}{m}\right)^{\frac{1}{2}} t\right] \tag{1.8.38b}$$

我们可以利用矩阵形式，把 (1.8.38) 式改写为

$$\begin{pmatrix} x_1(t) \\ x_2(t) \end{pmatrix} = \begin{pmatrix} \dfrac{\cos\left[\left(\frac{k}{m}\right)^{\frac{1}{2}} t\right] + \cos\left[\left(\frac{3k}{m}\right)^{\frac{1}{2}} t\right]}{2} & \dfrac{\cos\left[\left(\frac{k}{m}\right)^{\frac{1}{2}} t\right] - \cos\left[\left(\frac{3k}{m}\right)^{\frac{1}{2}} t\right]}{2} \\ \dfrac{\cos\left[\left(\frac{k}{m}\right)^{\frac{1}{2}} t\right] - \cos\left[\left(\frac{3k}{m}\right)^{\frac{1}{2}} t\right]}{2} & \dfrac{\cos\left[\left(\frac{k}{m}\right)^{\frac{1}{2}} t\right] + \cos\left[\left(\frac{3k}{m}\right)^{\frac{1}{2}} t\right]}{2} \end{pmatrix} \times \begin{pmatrix} x_1(0) \\ x_2(0) \end{pmatrix} \tag{1.8.39}$$

这就确定了给定初始状态的系统的未来状态。

传播子

(1.8.39) 式有两个显著的特点：

(1) 末态矢量由初态矢量乘矩阵得到。

(2) 该矩阵与初态无关。我们称这个矩阵为**传播子**。找到传播子就等于找到了问题的完全解。对于其他任一具有位移 $\tilde{x}_1(0)$ 和 $\tilde{x}_2(0)$ 的初态，通过对该初态矢量作用相同的矩阵，我们即可得到 $\tilde{x}_1(t)$ 和 $\tilde{x}_2(t)$。

我们可以把 (1.8.39) 式看作如下抽象关系的 $|1\rangle$ 和 $|2\rangle$ 基下的像

$$|x(t)\rangle = U(t)\,|x(0)\rangle \tag{1.8.40}$$

通过把上式与 (1.8.37b) 式比较，我们得到 U 的抽象表示：

$$U(t) = |\mathrm{I}\rangle\langle\mathrm{I}|\cos\omega_{\mathrm{I}}t + |\mathrm{II}\rangle\langle\mathrm{II}|\cos\omega_{\mathrm{II}}t \tag{1.8.41a}$$

$$= \sum_{i=\mathrm{I}}^{\mathrm{II}} |i\rangle\langle i|\cos\omega_i t \tag{1.8.41b}$$

你可以很容易地说服自己，如果我们在 $|1\rangle$ 和 $|2\rangle$ 基下采用此算符的矩阵元，我们将重新获得 (1.8.39) 式中出现的矩阵。例如，

$$\begin{aligned} U_{11} &= \langle 1|\,U\,|1\rangle \\ &= \langle 1|\left\{|\mathrm{I}\rangle\langle\mathrm{I}|\cos\left[\left(\frac{k}{m}\right)^{\frac{1}{2}} t\right] + |\mathrm{II}\rangle\langle\mathrm{II}|\cos\left[\left(\frac{3k}{m}\right)^{\frac{1}{2}} t\right]\right\}|1\rangle \\ &= \langle 1|\mathrm{I}\rangle\langle\mathrm{I}|1\rangle\cos\left[\left(\frac{k}{m}\right)^{\frac{1}{2}} t\right] + \langle 1|\mathrm{II}\rangle\langle\mathrm{II}|1\rangle\cos\left[\left(\frac{3k}{m}\right)^{\frac{1}{2}} t\right] \\ &= \frac{1}{2}\left\{\cos\left[\left(\frac{k}{m}\right)^{\frac{1}{2}} t\right] + \cos\left[\left(\frac{3k}{m}\right)^{\frac{1}{2}} t\right]\right\} \end{aligned}$$

注意 $U(t)$ [(1.8.41) 式] 完全由 Ω 的本征矢和本征值决定，然后我们可以如下重新表述我们以前的算法。要求解方程

$$|\ddot{x}\rangle = \Omega\,|x\rangle$$

(1) 求解 Ω 的本征值问题。

(2) 利用本征值和本征矢构造传播子 U。

(3) $|x(t)\rangle = U(t)\,|x(0)\rangle$。

简正模式

有两个初态 $|x(0)\rangle$，它们的时间演化特别简单。毫不意外，它们是本征右矢 $|\mathrm{I}\rangle$ 和 $|\mathrm{II}\rangle$。假设我们有 $|x(0)\rangle = |\mathrm{I}\rangle$，它在 t 时刻的状态是

$$\begin{aligned}|\mathrm{I}(t)\rangle &\equiv U(t)\,|\mathrm{I}\rangle \\ &= (|\mathrm{I}\rangle\langle\mathrm{I}|\cos\omega_{\mathrm{I}}t + |\mathrm{II}\rangle\langle\mathrm{II}|\cos\omega_{\mathrm{II}}t)\,|\mathrm{I}\rangle \\ &= |\mathrm{I}\rangle\cos\omega_{\mathrm{I}}t \end{aligned} \tag{1.8.42}$$

因此，从 $|\mathrm{I}\rangle$ 开始的系统仅被一个整体因子 $\cos\omega_{\mathrm{I}}t$ 所修正，在 $\mathrm{I}\to\mathrm{II}$ 情况下类似的说法也成立。这两个振动模式中，矢量的所有（两个）分量都是同步振荡的，被称为简正模式。

简正模式的物理在 $|1\rangle$ 和 $|2\rangle$ 的基下是很清楚的。在这个基下，

$$|\mathrm{I}\rangle \leftrightarrow \frac{1}{\sqrt{2}}\begin{pmatrix}1\\1\end{pmatrix}$$

相当于两个物体有等量位移的状态。那时，中间的弹簧仅仅是一个旁观者，每个物体都以 $\omega = (k/m)^{1/2}$ 的频率振荡，以响应与其最近的末端弹簧。结果

$$|\mathrm{I}(t)\rangle \leftrightarrow \frac{1}{\sqrt{2}}\begin{pmatrix}\cos\left[\left(\dfrac{k}{m}\right)^{\frac{1}{2}}t\right]\\ \cos\left[\left(\dfrac{k}{m}\right)^{\frac{1}{2}}t\right]\end{pmatrix}$$

另一方面，如果我们从

$$|\mathrm{II}\rangle \leftrightarrow \frac{1}{\sqrt{2}}\begin{pmatrix}1\\-1\end{pmatrix}$$

开始，物体位移被相同且相反的量取代。在这种情况下，中间弹簧扭曲成每个物体的两倍位移。如果按 Δ 和 $-\Delta$ 分别调整物体质量，则每个物体都会感受到 $3k\Delta$ 的

恢复力（其中，$2k\Delta$ 来自于中间弹簧，$k\Delta$ 来自于离它最近的末端弹簧）。由于有效劲度系数为 $k_{\text{eff}} = 3k\Delta/\Delta = 3k$，振动频率为 $(3k/m)^{1/2}$，并且

$$|\text{II}(t)\rangle \leftrightarrow \frac{1}{\sqrt{2}}\begin{pmatrix} \cos\left[\left(\frac{3k}{m}\right)^{\frac{1}{2}} t\right] \\ -\cos\left[\left(\frac{3k}{m}\right)^{\frac{1}{2}} t\right] \end{pmatrix}$$

如果系统以 $|\text{I}\rangle$ 和 $|\text{II}\rangle$ 的线性组合开始，则会演化为相应的简正模式 $|\text{I}(t)\rangle$ 和 $|\text{II}(t)\rangle$ 的线性组合。这是传播方程的结果：

$$\begin{aligned} |x(t)\rangle &= U(t)\,|x(0)\rangle \\ &= |\text{I}\rangle\,\langle\text{I}|\,x(0)\rangle\cos\omega_{\text{I}}t + |\text{II}\rangle\,\langle\text{II}|\,x(0)\rangle\cos\omega_{\text{II}}t \\ &= |\text{I}(t)\rangle\,\langle\text{I}|\,x(0)\rangle + |\text{II}(t)\rangle\,\langle\text{II}|\,x(0)\rangle \end{aligned}$$

观察初态 $|\text{I}\rangle$ 和 $|\text{II}\rangle$ 简单演化的另一种方法是，确定 $|\text{I}\rangle$ 和 $|\text{II}\rangle$ 基下的 U 的矩阵表示：

$$U \underset{\text{I,II 基}}{\leftrightarrow} \begin{pmatrix} \cos\omega_{\text{I}}t & 0 \\ 0 & \cos\omega_{\text{II}}t \end{pmatrix} \tag{1.8.43}$$

你应该通过在 (1.8.41b) 式中取 $U(t)$ 的适当矩阵元来验证这个结果。由于上述每一列都是在 $U(t)$ 作用后（即时间演化后）相应基矢量（$|\text{I}\rangle$ 或 $|\text{II}\rangle$）的像，我们看到初态 $|\text{I}\rangle$ 或 $|\text{II}\rangle$ 简单地随时间演化。

量子力学的中心问题与我们刚才讨论的简单例子非常相似。在量子理论中，系统的状态由服从薛定谔方程的右矢 $|\psi\rangle$ 描述：

$$\mathrm{i}\hbar\,|\dot{\psi}\rangle = H\,|\psi\rangle$$

其中，$\hbar$ 是与普朗克常数 h 有关的常数，$\hbar = h/2\pi$。H 是厄米算符，被称为哈密顿量。问题是在给定 $|\psi(0)\rangle$ 的情况下，求出 $|\psi(t)\rangle$。[由于该方程对 t 是一阶的，因此不需要对 $|\dot{\psi}(0)\rangle$ 做任何假设，它由薛定谔方程确定为 $(-\mathrm{i}/\hbar)H\,|\psi(0)\rangle$。]

在大多数情况下，H 是一个与时间无关的算符，求解这个初值问题的算法完全类似于我们刚才看到的那个例子：

步骤 (1) 求解 H 的本征值问题。

步骤 (2) 利用 H 的本征矢和本征值求出传播子 $U(t)$。

步骤 (3) $|\psi(t)\rangle = U(t)\,|\psi(0)\rangle$。

当然，你必须等到第 4 章才能找到 $|\psi\rangle$ 的物理解释，算符 H 的实际形式，以及 $U(t)$ 与 H 的本征值和本征矢之间的精确关系。

习题 1.8.11 考虑上面讨论过的耦合质量问题。
(1) 假定初始状态为 $|1\rangle$，其中第一个质量被移动 1 个单位，第二个质量被单独放在那里，按照该算法计算 $|1(t)\rangle$。
(2) 将你的结果与 (1.8.39) 式的结果进行比较。

习题 1.8.12 再次考虑前面示例中讨论的问题。
(1) 假定

$$|\ddot{x}\rangle = \Omega\,|x\rangle$$

有一个解

$$|x(t)\rangle = U(t)\,|x(0)\rangle$$

求 $U(t)$ 满足的微分方程。利用这样事实：$|x(0)\rangle$ 是任意的。
(2) 假设（正如本情况）Ω 和 U 可以被同时对角化，在这个共同的基下求解 U 的矩阵元，并重新获得 (1.8.43) 式。假设 $|\dot{x}(0)\rangle = 0$。

1.9 算符函数及其相关概念

我们遇到了作用于矢量的两种类型的对象：标量，它们彼此对易并与所有算符对易；算符，它们通常不相互对易。习惯上将前者称为 c 数，后者称为 q 数。现在，我们已经习惯了 c 数的函数，例如 $\sin x$，$\log x$ 等。我们想研究的问题是，是否可以赋予 q 数的函数一个合理的含义。我们将局限于那些可以写成幂级数的函数。考虑一个级数，

$$f(x) = \sum_{n=0}^{\infty} a_n x^n \tag{1.9.1}$$

其中，x 是一个 c 数。我们定义一个算符或 q 数的函数为

$$f(\Omega) = \sum_{n=0}^{\infty} a_n \Omega^n \tag{1.9.2}$$

只有当求和收敛到确定的极限时，这个定义才有意义。要了解这意味着什么，请考虑一个常见的例子：

$$\mathrm{e}^{\Omega} = \sum_{n=0}^{\infty} \frac{\Omega^n}{n!} \tag{1.9.3}$$

让我们只考虑厄米的 Ω，通过采用 Ω 的本征基，我们可以很容易地完成 (1.9.3) 式中的求和。因为

$$\Omega = \begin{pmatrix} \omega_1 & & & \\ & \omega_2 & & \\ & & \ddots & \\ & & & \omega_n \end{pmatrix} \tag{1.9.4}$$

和

$$\Omega^m = \begin{pmatrix} \omega_1^m & & & \\ & \omega_2^m & & \\ & & \ddots & \\ & & & \omega_n^m \end{pmatrix} \tag{1.9.5}$$

$$\mathrm{e}^{\Omega} = \begin{pmatrix} \sum\limits_{m=0}^{\infty} \dfrac{\omega_1^m}{m!} & & \\ & \ddots & \\ & & \sum\limits_{m=0}^{\infty} \dfrac{\omega_n^m}{m!} \end{pmatrix} \tag{1.9.6}$$

由于每个求和都收敛到熟悉的极限 e^{ω_i}，所以算符 e^{Ω} 确实在这个（因而在任一其他的）基下能够被幂级数很好地定义。

习题 1.9.1* 我们知道，级数

$$f(x) = \sum_{n=0}^{\infty} x^n$$

如果 $|x| < 1$，则可等价于函数 $f(x) = (1-x)^{-1}$。通过过渡到本征基，检验一个厄米算符 Ω 的 q 数幂级数

$$f(\Omega) = \sum_{n=0}^{\infty} \Omega^n$$

何时可以被视为 $(1-\Omega)^{-1}$。

习题 1.9.2* 如果 H 是一个厄米算符，证明 $U = \mathrm{e}^{\mathrm{i}H}$ 是幺正的。（请注意与 c 数的类比：如果 θ 是实数，则 $u = \mathrm{e}^{\mathrm{i}\theta}$ 是一个模为 1 的数。）

习题 1.9.3 对于上述情况，证明 $\det U = \mathrm{e}^{\mathrm{i}\,\mathrm{Tr} H}$。

算符对参数的导数

接下来考虑一个依赖于参数 λ 的算符 $\theta(\lambda)$。它对 λ 的导数被定义为

$$\frac{\mathrm{d}\theta(\lambda)}{\mathrm{d}\lambda} = \lim_{\Delta\lambda \to 0}\left[\frac{\theta(\lambda+\Delta\lambda)-\theta(\lambda)}{\Delta\lambda}\right]$$

如果在某个基下，$\theta(\lambda)$ 被表示为一个矩阵，对 $\theta(\lambda)$ 的矩阵元求微分则可得到 $\mathrm{d}\theta(\lambda)/\mathrm{d}\lambda$ 的矩阵表示。我们感兴趣的 $\theta(\lambda)$ 的一个特例是

$$\theta(\lambda) = \mathrm{e}^{\lambda\Omega}$$

其中 Ω 是厄米的。通过转到 Ω 的本征基，我们可以证明

$$\frac{\mathrm{d}\theta(\lambda)}{\mathrm{d}\lambda} = \Omega\,\mathrm{e}^{\lambda\Omega} = \mathrm{e}^{\lambda\Omega}\,\Omega = \theta(\lambda)\,\Omega \tag{1.9.7}$$

即使 Ω 不是厄米的，我们也可以通过幂级数（只要它存在）展开的做法得到同样的结果：

$$\frac{\mathrm{d}}{\mathrm{d}\lambda}\sum_{n=0}^{\infty}\frac{\lambda^n\Omega^n}{n!} = \sum_{n=1}^{\infty}\frac{n\lambda^{n-1}\Omega^n}{n!} = \Omega\sum_{n=1}^{\infty}\frac{\lambda^{n-1}\Omega^{n-1}}{(n-1)!} = \Omega\sum_{m=0}^{\infty}\frac{\lambda^m\Omega^m}{m!} = \Omega\,\mathrm{e}^{\lambda\Omega}$$

相反，我们可以说，如果我们遇到了微分方程 (1.9.7)，它的解可以通过以下方式给出：

$$\theta(\lambda) = c\exp\left(\int_0^{\lambda}\Omega\,\mathrm{d}\lambda'\right) = c\exp(\Omega\lambda)$$

（这里假定指数存在。）在上面，c 是一个积分常量（算符）。解 $\theta = \mathrm{e}^{\Omega\lambda}$ 对应于选择 $c = I$。

在所有上述操作中，我们看到 Ω 的行为就好像它只是一个 c 数。现在，c 数和 q 数的真正区别是后者一般不对易。然而，如果只有一个 q 数（或它的幂）进入图像中，则一切都对易，我们可以把它们当作 c 数处理。如果记住这一点，你可以节省很多时间。

另一方面，如果涉及多个 q 数，则每个因子的顺序都很重要。例如，

$$\mathrm{e}^{\alpha\Omega}\mathrm{e}^{\beta\Omega} = \mathrm{e}^{(\alpha+\beta)\Omega}$$

确实可以用幂级数展开来证明，然而除非 $[\Omega,\theta]=0$，下列结果并不正确：

$$\mathrm{e}^{\alpha\Omega}\mathrm{e}^{\beta\theta} = \mathrm{e}^{\alpha\Omega+\beta\theta}$$

或

$$\mathrm{e}^{\alpha\Omega}\mathrm{e}^{\beta\theta}\mathrm{e}^{-\alpha\Omega}=\mathrm{e}^{\beta\theta}$$

同样地，在求一个乘积的微分时，链式法则为

$$\frac{\mathrm{d}}{\mathrm{d}\lambda}\mathrm{e}^{\lambda\Omega}\mathrm{e}^{\lambda\theta}=\Omega\mathrm{e}^{\lambda\Omega}\mathrm{e}^{\lambda\theta}+\mathrm{e}^{\lambda\Omega}\mathrm{e}^{\lambda\theta}\theta \tag{1.9.8}$$

我们可以自由地将 Ω 越过 $\mathrm{e}^{\lambda\Omega}$，把第一项写成

$$\mathrm{e}^{\lambda\Omega}\,\Omega\,\mathrm{e}^{\lambda\theta}$$

但不能写成

$$\mathrm{e}^{\lambda\Omega}\,\mathrm{e}^{\lambda\theta}\,\Omega$$

除非 $[\Omega,\theta]=0$。

1.10 推广到无穷维

在前面的所有讨论中，我们没有规定空间的维数（n），但假设它是个有限的数。现在我们考虑将前面的概念推广到无穷维。

首先让我们来熟悉一下无穷维矢量。考虑在某个区间，例如在 $a\leqslant x\leqslant b$ 中定义的函数。一个具体的例子是在 $x=0$ 和 $x=L$ 处固定的弦的位移 $f(x,t)$（如图 1.6 所示）。

假设我们想与月球上的一个人交流弦在某个时刻 t 的位移 $f(x)$。一种简单的方法是将间隔 $[0,L]$ 划分为 20 个相等的部分，测量 19 个点，即 $x=L/20,2L/20,\cdots,19L/20$ 处的位移 $f(x_i)$，并通过无线电发送这 19 个值。给出这些 $f(x_i)$ 值后，我们在月球上的朋友就能够重建弦的近似图像，如图 1.7 所示。

如果想要更精确地重建弦的图像，我们可以测量 $f(x)$ 在更多点处的值。用 $f_n(x)$ 表示 $f(x)$ 的分立近似值，它在 n 个点处与 $f(x)$ 重合，并在两个分立点之间为零。现在让我们将有序的 n 重数组 $\{f_n(x_1),f_n(x_2),\cdots,f_n(x_n)\}$ 解释为矢量空间 $\mathbb{V}^n(R)$ 中一个右矢 $|f_n\rangle$ 的分量：

$$|f_n\rangle\leftrightarrow\begin{pmatrix}f_n(x_1)\\f_n(x_2)\\\vdots\\f_n(x_n)\end{pmatrix} \tag{1.10.1}$$

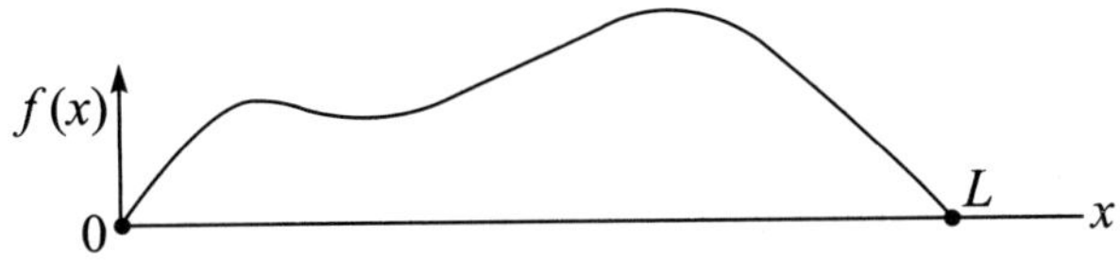

图 1.6　在 $x=0$ 和 $x=L$ 处被固定的弦，它在纸的平面上自由振荡

图 1.7　月球上的人重建的弦的近似图像

这个空间中的基矢量

$$|x_i\rangle \leftrightarrow \begin{pmatrix} 0 \\ 0 \\ \vdots \\ 1 \\ 0 \\ \vdots \\ 0 \end{pmatrix} \leftarrow \text{第 } i \text{ 个位置} \tag{1.10.2}$$

对应于一个分立的函数，它在 $x=x_i$ 处为 1，而在其他位置均为零。这个基矢满足

$$\langle x_i|x_j\rangle = \delta_{ij} \quad （正交性） \tag{1.10.3}$$

$$\sum_{i=1}^{n} |x_i\rangle\langle x_i| = I \quad （完备性） \tag{1.10.4}$$

试想一下，一个包含 n 个相互垂直的轴的空间，每个 x_i 点都有一个轴。沿着每个轴的是一个单位矢量 $|x_i\rangle$。函数 $f_n(x)$ 用一个矢量表示，它沿第 i 个方向的投影为 $f_n(x_i)$：

$$|f_n\rangle = \sum_{i=1}^{n} f_n(x_i)\,|x_i\rangle \tag{1.10.5}$$

每个可能的分立近似 $g_n(x), h_n(x), \cdots$ 都有相应的右矢 $|g_n\rangle, |h_n\rangle, \cdots$，反之亦然。你应该相信，如果我们把矢量加法定义为分量的加法，标量乘法定义为标量与每个

分量的乘积，那么表示所有在 $x=0$，L 处为零并在中间 n 点处确定的离散函数的右矢的集合，就构成了矢量空间。

接下来，我们定义这个空间中的内积：

$$\langle f_n|g_n\rangle=\sum_{i=1}^{n}f_n(x_i)\,g_n(x_i) \tag{1.10.6}$$

两个函数 $f_n(x)$ 和 $g_n(x)$，如果满足 $\langle f_n|g_n\rangle=0$，则称它们是正交的。

现在让我们忘掉月球上的人，并考虑最多能测量多少个弦的位移，即在 $[0,L]$ 区间的每一点处给出它的值。在这种情况下，$f_\infty(x)\equiv f(x)$ 由一组有序且无穷多的数字规定——每个点 x 处都有一个 $f(x)$。每个函数现在都用无穷维矢量空间中的一个右矢 $|f_\infty\rangle$ 表示，反之亦然。矢量加法和标量乘法的定义与以前一样。然而，考虑一下内积。对于有限的 n，它被定义为

$$\langle f_n|g_n\rangle=\sum_{i=1}^{n}f_n(x_i)\,g_n(x_i)$$

特别是

$$\langle f_n|f_n\rangle=\sum_{i=1}^{n}[f_n(x_i)]^2$$

如果我们现在让 n 趋于无穷大，几乎任何函数的和也都是无穷大的。我们需要的是重新定义有限 n 情况下的内积，使得当 n 趋于无穷大时，得到一个光滑的极限。自然的选择当然是

$$\langle f_n|g_n\rangle=\sum_{i=1}^{n}f_n(x_i)\,g_n(x_i)\,\Delta,\qquad \Delta=L/(n+1) \tag{1.10.6$'$}$$

如果我们现在让 n 趋于无穷大，根据积分的通常定义，我们得到

$$\langle f|g\rangle=\int_0^L f(x)\,g(x)\,\mathrm{d}x \tag{1.10.7}$$

$$\langle f|f\rangle=\int_0^L f^2(x)\,\mathrm{d}x \tag{1.10.8}$$

如果我们想超越弦的实例，并考虑 x 的复函数，则在某一区间 $a\leqslant x\leqslant b$ 内，我们唯一需要的修改是在内积中：

$$\langle f|g\rangle=\int_a^b f^*(x)\,g(x)\,\mathrm{d}x \tag{1.10.9}$$

这个空间的基矢是什么呢？它们是如何归一化的呢？我们知道，在每个点 x 都能得到一个基矢量 $|x\rangle$。两个不同的轴的正交性要求

$$\langle x|x'\rangle=0\,,\qquad x\neq x' \tag{1.10.10}$$

若 $x = x'$，情况如何？我们是否应该像有限维的情况那样要求 $\langle x|x\rangle = 1$ 呢？答案是否定的，最好的理解方式是推导出正确的归一化条件。我们首先将 (1.10.4) 式的完备性关系自然推广到由连续指标 x' 标记右矢的情况：

$$\int_a^b |x'\rangle\langle x'|\,\mathrm{d}x' = I \tag{1.10.11}$$

其中，与往常一样，这个恒等式要求保持每一个右矢不变。对于 (1.10.11) 式的两边，都用任一右矢 $|f\rangle$ 从右边点乘，而用基左矢 $\langle x|$ 从左边点乘，得到

$$\int_a^b \langle x|x'\rangle\langle x'|f\rangle\,\mathrm{d}x' = \langle x|I|f\rangle = \langle x|f\rangle \tag{1.10.12}$$

现在，$|f\rangle$ 沿基右矢 $|x\rangle$ 的投影 $\langle x|f\rangle$ 就是 $f(x)$。同样 $\langle x'|f\rangle = f(x')$。设内积 $\langle x|x'\rangle$ 是某一未知函数 $\delta(x,x')$。因为如果 $x \neq x'$ 则 $\delta(x,x')$ 为零，我们可以把 (1.10.12) 式中的积分限制在 $x' = x$ 附近的无穷小区域：

$$\int_{x-\varepsilon}^{x+\varepsilon} \delta(x,x')f(x')\,\mathrm{d}x' = f(x) \tag{1.10.13}$$

在这个无穷小区域中，$f(x')$（对于任何合理光滑的 f）可以用它在 $x' = x$ 处的值来近似，并从积分中提出来：

$$f(x)\int_{x-\varepsilon}^{x+\varepsilon} \delta(x,x')\,\mathrm{d}x' = f(x) \tag{1.10.14}$$

结果

$$\int_{x-\varepsilon}^{x+\varepsilon} \delta(x,x')\,\mathrm{d}x' = 1 \tag{1.10.15}$$

显然，$\delta(x,x')$ 在 $x' = x$ 时不可能是有限的，因为那时它在无穷小区域上的积分也是无穷小的。实际上，$\delta(x,x')$ 应该是为了使其积分为 1 而趋于无穷大。由于 $\delta(x,x')$ 只依赖于差 $x - x'$，所以我们把它写成 $\delta(x-x')$。“函数” $\delta(x-x')$ 具有以下属性：

$$\begin{gathered}\delta(x-x') = 0\,,\quad x \neq x' \\ \int_a^b \delta(x-x')\,\mathrm{d}x' = 1\,,\quad a < x < b\end{gathered} \tag{1.10.16}$$

它被称为狄拉克 δ 函数。它确定了基矢的归一化：

$$\langle x|x'\rangle = \delta(x-x') \tag{1.10.17}$$

任何时候都需要用像 x 这样的连续指标来标记基右矢。注意，它只定义在积分的环境中：δ 函数 $\delta(x-x')$ 与任何光滑函数 $f(x')$ 的积分是 $f(x)$。有时会称 δ 函数为采

样函数，因为它在一个点处采样函数 $f(x')$ 的值[①]

$$\int \delta(x-x')f(x')\,\mathrm{d}x' = f(x) \tag{1.10.18}$$

δ 函数看起来不像我们以前见过的任何函数，它的值要么是无穷大，要么是零。因此，把它看作是一种更为传统的函数的极限是有益的。考虑如图 1.8(a) 所示的高斯型函数：

$$g_\Delta(x-x') = \frac{1}{(\pi\Delta^2)^{1/2}}\exp\left[-\frac{(x-x')^2}{\Delta^2}\right] \tag{1.10.19}$$

这个高斯型函数的中心位于 $x'=x$，宽度为 Δ，最大高度为 $(\pi\Delta^2)^{-1/2}$，具有不依赖于 Δ 的单位面积。当 Δ 趋于零时，g_Δ 趋近于 δ 函数。[②]

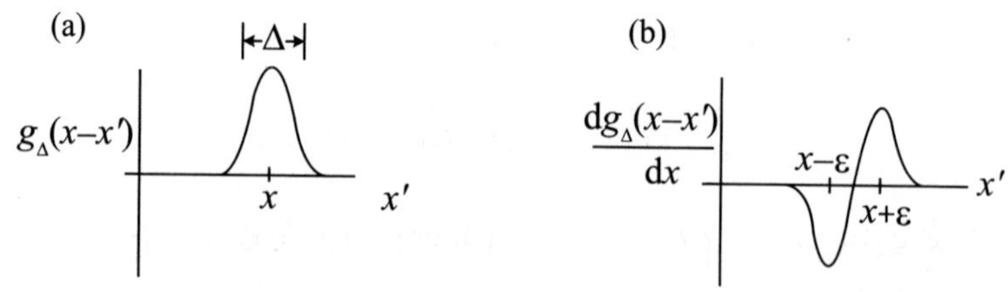

图 1.8 (a) 当 $\Delta \to 0$ 时，高斯型函数 g_Δ 趋于 δ 函数；(b) 当 $\Delta \to 0$ 时，导数 $\mathrm{d}g_\Delta(x-x')/\mathrm{d}x$ 趋于 $\delta'(x-x')$

从高斯型模型显而易见，δ 函数是偶函数。因为 δ 函数是实数，所以这一点可以如下证明：

$$\delta(x-x') = \langle x|x'\rangle = \langle x'|x\rangle^* = \delta(x'-x)^* = \delta(x'-x)$$

接下来，考虑一个比 δ 函数更特殊的对象，即它对第一个变量 x 的导数：

$$\delta'(x-x') = \frac{\mathrm{d}}{\mathrm{d}x}\delta(x-x') = -\frac{\mathrm{d}}{\mathrm{d}x'}\delta(x-x') \tag{1.10.20}$$

这个函数在积分下的作用是什么呢？线索来自高斯模型。考虑 $\mathrm{d}g_\Delta(x-x')/\mathrm{d}x = -\mathrm{d}g_\Delta(x-x')/\mathrm{d}x'$ 作为 x' 的函数。当 g_Δ 缩小时，在 $\pm\varepsilon$ 处的每一个鼓包都将变成

① 我们经常忽略积分上下限，如果它们不重要的话。

② 直到第 8 章才会涉及其细节：即使 Δ^2 是纯虚的，例如等于 $\mathrm{i}\beta^2$，这个关于 δ 函数的公式也是有效的。首先，我们从 (A.2.5) 式看到 g 具有单位面积。接下来，考虑在 x' 包含 x 的区域内 g 乘 $f(x')$ 的积分，在大多数情况下，我们都得到零，因为 f 是光滑的，而当 $\beta \to 0$ 时，g 是剧烈振荡的。但是，在 $x=x'$ 处，g 的相位导数为零，振荡停止。将 $f(x'=x)$ 从积分中提取出来，就得到了期望的结果。

δ 函数，至多差一个标度因子。第一个将采样 $-f(x-\varepsilon)$，而第二个将采样 $+f(x+\varepsilon)$，仍然至多差一个标度因子，结果使得

$$\int \delta'(x-x')f(x')\,\mathrm{d}x' \propto f(x+\varepsilon)-f(x-\varepsilon)=2\varepsilon\,\frac{\mathrm{d}f}{\mathrm{d}x'}\bigg|_{x'=x}$$

比例常数恰好是 $1/2\varepsilon$，所以

$$\int \delta'(x-x')f(x')\,\mathrm{d}x' = \frac{\mathrm{d}f}{\mathrm{d}x'}\bigg|_{x'=x} = \frac{\mathrm{d}f(x)}{\mathrm{d}x} \tag{1.10.21}$$

这个结果可以如下证明：

$$\begin{aligned}\int \delta'(x-x')f(x')\,\mathrm{d}x' &= \int \frac{\mathrm{d}\delta(x-x')}{\mathrm{d}x}f(x')\,\mathrm{d}x' = \frac{\mathrm{d}}{\mathrm{d}x}\int \delta(x-x')f(x')\,\mathrm{d}x'\\ &= \frac{\mathrm{d}f(x)}{\mathrm{d}x}\end{aligned}$$

注意，$\delta'(x-x')$ 是一个奇函数。这应当从图 1.8(b) 或 (1.10.20) 式清晰可见。描述 δ' 函数的作用的一种等价的方式是依靠下式：

$$\delta'(x-x')=\delta(x-x')\frac{\mathrm{d}}{\mathrm{d}x'} \tag{1.10.22}$$

可以这样理解：两边都出现在对 x' 的积分中，且微分算符作用于被积函数中伴随 δ' 函数的任一函数。在这个表示法中，我们可以描述 δ 函数的更高阶导数的作用：

$$\frac{\mathrm{d}^n\delta(x-x')}{\mathrm{d}x^n}=\delta(x-x')\frac{\mathrm{d}^n}{\mathrm{d}x'^n} \tag{1.10.23}$$

我们现在发展 δ 函数的一种替代表示。从基本傅里叶分析中我们知道，给定函数 $f(x)$，可以定义它的变换：

$$f(k)=\frac{1}{(2\pi)^{1/2}}\int_{-\infty}^{\infty}\mathrm{e}^{-\mathrm{i}kx}f(x)\,\mathrm{d}x \tag{1.10.24}$$

及其逆变换：

$$f(x')=\frac{1}{(2\pi)^{1/2}}\int_{-\infty}^{\infty}\mathrm{e}^{\mathrm{i}kx'}f(k)\,\mathrm{d}k \tag{1.10.25}$$

将 (1.10.24) 式代入 (1.10.25) 式中，得到

$$f(x')=\int_{-\infty}^{\infty}\left[\frac{1}{2\pi}\int_{-\infty}^{\infty}\mathrm{d}k\,\mathrm{e}^{\mathrm{i}k(x'-x)}\right]f(x)\,\mathrm{d}x$$

把这个结果与 (1.10.18) 式比较可见

$$\frac{1}{2\pi}\int_{-\infty}^{\infty}\mathrm{d}k\,\mathrm{e}^{\mathrm{i}k(x'-x)}=\delta(x'-x) \tag{1.10.26}$$

习题 1.10.1* 证明 $\delta(ax)=\delta(x)/|a|$。[考虑 $\int\delta(ax)\,\mathrm{d}(ax)$。记住 $\delta(x)=\delta(-x)$。]

习题 1.10.2* 证明

$$\delta[f(x)]=\sum_i\frac{\delta(x-x_i)}{|\mathrm{d}f/\mathrm{d}x|_{x_i}}$$

其中，x_i 是 $f(x)$ 的零点。提示：$\delta[f(x)]$ 在哪里急速变大？把 $f(x)$ 在这类点附近展开成泰勒级数，保留到第一个非零项。

习题 1.10.3* 考虑 θ 函数 $\theta(x-x')$，如果 $x-x'$ 是负数，则该函数为零；如果 $x-x'$ 是正数，则它等于 1。证明 $\delta(x-x')=\mathrm{d}/\mathrm{d}x\,\theta(x-x')$。

无穷维中的算符

在熟悉了这个函数空间中的元素，即右矢 $|f\rangle$ 和基矢 $|x\rangle$ 之后，让我们转向作用于它们的（线性）算符。考虑方程

$$\Omega\,|f\rangle=|\tilde{f}\rangle$$

由于右矢与函数对应，Ω 将函数 $f(x)$ 变换为另一个函数 $\tilde{f}(x)$。现在，一个能做这种事情的算符是熟悉的微分算符，它作用于 $f(x)$，给出 $\tilde{f}(x)=\mathrm{d}f(x)/\mathrm{d}x$。在函数空间中，我们可以将这个算符的作用描述为

$$D\,|f\rangle=\left|\frac{\mathrm{d}f}{\mathrm{d}x}\right\rangle$$

其中 $|\mathrm{d}f/\mathrm{d}x\rangle$ 是对应于函数 $\mathrm{d}f/\mathrm{d}x$ 的右矢。在 $|x\rangle$ 基下，D 的矩阵元是什么？为了找出答案，我们用 $\langle x|$ 对上式两边求点积，

$$\langle x|\,D\,|f\rangle=\left\langle x\middle|\frac{\mathrm{d}f}{\mathrm{d}x}\right\rangle=\frac{\mathrm{d}f(x)}{\mathrm{d}x}$$

并在合适的位置插入单位算符的分解式

$$\int\langle x|\,D\,|x'\rangle\,\langle x'|\,f\rangle\,\mathrm{d}x'=\frac{\mathrm{d}f}{\mathrm{d}x}\tag{1.10.27}$$

把上式与 (1.10.21) 式比较，导出

$$\langle x|\,D\,|x'\rangle=D_{xx'}=\delta'(x-x')=\delta(x-x')\frac{\mathrm{d}}{\mathrm{d}x'}\tag{1.10.28}$$

值得记住的是，$D_{xx'} = \delta'(x-x')$ 将要对第二个指标（x'）求积分，并把 f 对第一个指标（x）的导数提出来。有些人更喜欢用 $\delta'(x-x')$ 对第一个指标求积分，在这种情况下，它会把 $-\mathrm{d}f/\mathrm{d}x'$ 提到积分外面。如果将 $D_{xx'}$ 视为作用在一个矢量 $|f\rangle$ 的分量 $f_{x'} \equiv f(x')$ 右边的一个矩阵，我们的约定则更为自然。因此，常见的微分算符是一个具有上述元素的无穷维矩阵。人们通常不认为 D 是一个矩阵，原因如下。一般来说，当矩阵作用于矢量时，有一个对公共指标的求和。事实上，(1.10.27) 式包含对指标 x' 的求和。但是，如果我们将 $D_{xx'}$ 的值输入到这个方程中，δ 函数则会使积分变得平庸：

$$\int \delta(x-x')\frac{\mathrm{d}}{\mathrm{d}x'}f(x')\,\mathrm{d}x' = \left.\frac{\mathrm{d}f}{\mathrm{d}x'}\right|_{x'=x} = \frac{\mathrm{d}f}{\mathrm{d}x}$$

因此，D 的作用仅仅是把 $\mathrm{d}/\mathrm{d}x$ 作用于 $f(x)$，而在可以看得见的公共指标上没有求和。虽然我们最终也会把积分落到公共指标上，但我们会继续用它来提醒我们，D 像所有的线性算符一样，是一个矩阵。

现在，让我们来问问 D 是否是厄米的，并且研究一下它的本征值问题。假如 D 是厄米算符，我们就会有

$$D_{xx'} = D^*_{x'x}$$

但是情况并非如此：

$$D_{xx'} = \delta'(x-x')$$

而

$$D^*_{x'x} = \delta'(x'-x)^* = \delta'(x'-x) = -\delta'(x-x')$$

但是我们通过把 D 乘一个纯虚数，可以很容易地将其转换成一个厄米矩阵。考虑

$$K = -\mathrm{i}D$$

它满足

$$K^*_{x'x} = [-\mathrm{i}\delta'(x'-x)]^* = +\mathrm{i}\delta'(x'-x) = -\mathrm{i}\delta'(x-x') = K_{xx'}$$

结果发现，尽管存在上述情况，但正如下面的分析所指出的，并不能保证算符 K 是厄米的。设 $|f\rangle$ 和 $|g\rangle$ 是函数空间中的两个右矢，它们在 X 基下的像是在间隔 $a-b$ 中的两个函数 $f(x)$ 和 $g(x)$。如果 K 是厄米的，它也必须满足

$$\langle g|K|f\rangle = \langle g|Kf\rangle = \langle Kf|g\rangle^* = \langle f|K^\dagger|g\rangle^* = \langle f|K|g\rangle^*$$

所以，我们要问

$$\int_a^b\int_a^b \langle g|x\rangle\langle x|K|x'\rangle\langle x'|f\rangle\,\mathrm{d}x\,\mathrm{d}x'$$

$$\stackrel{?}{=}\left(\int_a^b\int_a^b \langle f|x\rangle\langle x|K|x'\rangle\langle x'|g\rangle\,\mathrm{d}x\,\mathrm{d}x'\right)^*$$

$$\int_a^b g^*(x)\left[-\frac{\mathrm{i}\,\mathrm{d}f(x)}{\mathrm{d}x}\right]\mathrm{d}x\stackrel{?}{=}\left\{\int_a^b f^*(x)\left[-\frac{\mathrm{i}\,\mathrm{d}g(x)}{\mathrm{d}x}\right]\mathrm{d}x\right\}^*=\mathrm{i}\int_a^b\frac{\mathrm{d}g^*}{\mathrm{d}x}f(x)\,\mathrm{d}x$$

通过分部积分，上式左边的积分给出

$$-\mathrm{i}g^*(x)f(x)\Big|_a^b+\mathrm{i}\int_a^b\frac{\mathrm{d}g^*(x)}{\mathrm{d}x}f(x)\,\mathrm{d}x$$

因此，仅当表面项为零时，即

$$-\mathrm{i}g^*(x)f(x)\Big|_a^b=0 \tag{1.10.29}$$

K 是厄米的。与有限维情形相比，$K_{xx'}=K^*_{x'x}$ 不是使 K 成为厄米算符的充分条件。我们还需要看一看函数在端点 a 和 b 处的行为。因此，如果空间由服从 (1.10.29) 式的函数组成，则 K 是厄米的。服从这一条件的一组函数是在 $x=0$，L 处固定的弦的可能组态 $f(x)$，因为在端点处 $f(x)$ 为零。但条件 (1.10.29) 式也可以用另一种方式满足。考虑我们自己的三维空间的函数，以 r，θ 和 ϕ 参数化（ϕ 是测量到的绕 z 轴的角度）。让我们要求这些函数是单值的。特别是，如果我们从某个点开始，绕 z 轴转一周，返回到原来的点，则函数必须取它的原始值，即，

$$f(\phi)=f(\phi+2\pi)$$

在这类周期函数的空间中，$K=-\mathrm{i}\,\mathrm{d}/\mathrm{d}\phi$ 是一个厄米算符。表面项为零是因为来自一个端点的贡献抵消了另一个端点的贡献：

$$-\mathrm{i}g^*(\phi)f(\phi)\Big|_0^{2\pi}=-\mathrm{i}\left[g^*(2\pi)f(2\pi)-g^*(0)f(0)\right]=0$$

在量子力学的研究中，我们将对定义在 $-\infty\leqslant x\leqslant\infty$ 整个区间上的函数感兴趣。它们分为两类，一类当 $|x|\to\infty$ 时为零，另一类则不为零，后者表现为 $\mathrm{e}^{\mathrm{i}kx}$，$k$ 是标记这些函数的实参数。很显然，当 $K=-\mathrm{i}\,\mathrm{d}/\mathrm{d}x$ 夹在第一类的两个函数之间，或一个函数的不同类之间时，即为厄米的。因为在这两种情况下，表面项都为零。当夹在第二类的两个函数之间时，厄米性取决于

$$\mathrm{e}^{\mathrm{i}kx}\mathrm{e}^{-\mathrm{i}k'x}\Big|_{-\infty}^{\infty}\stackrel{?}{=}0$$

如果 $k=k'$，两部分的贡献抵消。如果 $k\neq k'$，答案还不清楚，因为 $\mathrm{e}^{\mathrm{i}(k-k')x}$ 会振荡，当 $|x|\to\infty$ 时不会趋于一个极限。现在，有一种方法可以为无法确定的函数定义一个限制：$|x|\to\infty$ 的极限被定义为在很大间隔内的平均值。按照这个惯例，比如说当 $|x|\to\infty$ 时，我们有

$$\lim_{x\to\infty}\mathrm{e}^{\mathrm{i}kx}\mathrm{e}^{-\mathrm{i}k'x}=\lim_{\substack{L\to\infty\\ \Delta\to\infty}}\frac{1}{\Delta}\int_{L}^{L+\Delta}\mathrm{e}^{\mathrm{i}(k-k')x}\,\mathrm{d}x=0\quad\text{如果 }k\neq k'$$

所以，K 在这个空间中是厄米的。

我们现在转而讨论 K 的本征值问题，这个任务看起来非常艰巨，因为我们现在必须找到无穷阶特征多项式的根，并得到相应的本征矢。但事实证明，这是相当简单的，你可能在过去已经做了几次，但没有给予自己应有的自信。让我们先从

$$K\,|k\rangle=k\,|k\rangle \tag{1.10.30}$$

开始，按照标准程序，

$$\langle x|\,K\,|k\rangle=k\,\langle x|k\rangle$$

$$\int\langle x|\,K\,|x'\rangle\,\langle x'|k\rangle\,\mathrm{d}x'=k\,\psi_k(x) \tag{1.10.31}$$

$$-\mathrm{i}\frac{\mathrm{d}}{\mathrm{d}x}\psi_k(x)=k\,\psi_k(x)$$

其中，根据定义 $\psi_k(x)=\langle x|k\rangle$。如果我们在 X 基下立即做替换 $K=-\mathrm{i}\,\mathrm{d}/\mathrm{d}x$，则可以直接写出这个方程。从现在起，除非有充分的不这样做的理由，我们将借助这条捷径。

上述方程的解就是

$$\psi_k(x)=A\,\mathrm{e}^{\mathrm{i}kx} \tag{1.10.32}$$

其中 A 是整体标度，是一个自由参数，未被本征值问题所确定。因此，K 的本征值问题是被完全解决了的——任何实数 k 都是一个本征值，相应的本征函数由 $A\,\mathrm{e}^{\mathrm{i}kx}$ 给出。与往常一样，标度上的自由将被用来归一化求得的解。我们选择 A 为 $(1/2\pi)^{-1/2}$ 以便

$$|k\rangle\leftrightarrow\frac{1}{(2\pi)^{1/2}}\mathrm{e}^{\mathrm{i}kx}$$

和

$$\langle k|k'\rangle=\int_{-\infty}^{\infty}\langle k|x\rangle\langle x|k'\rangle\,\mathrm{d}x=\frac{1}{2\pi}\int_{-\infty}^{\infty}\mathrm{e}^{-\mathrm{i}(k-k')x}\,\mathrm{d}x=\delta(k-k') \tag{1.10.33}$$

（因为 $\langle k|k\rangle$ 是无穷的，所以对 A 无论选择什么值都不能将 $|k\rangle$ 归一化到 1。当本征值谱是连续时，归一化到 δ 函数是自然的结果。）

在这一点上，细心的读者可能会有一个问题。

“为什么假定本征值 k 是实的？很明显，在 $k=k_1+\mathrm{i}k_2$ 时，函数 $A\,\mathrm{e}^{\mathrm{i}kx}$ 也满足 (1.10.31) 式。”

答案是肯定的，存在具有复本征值的 K 的本征函数。然而，如果我们的空间包括这样的函数，K 必须被归类为一个非厄米算符。（因为在 x 趋近于 $+\infty$ 或 $-\infty$ 时，正负依赖于虚部 k_2 的符号，$\mathrm{e}^{\mathrm{i}kx}$ 将呈指数式增长，表面项不再为零。）在限制为实 k 时，我们就把就将自己限制到了所谓物理的希尔伯特空间，它是量子力学所感兴趣的。这个空间被定义为这样的函数空间，即这个空间中的函数既可以归一化到 1，也可以归一化到狄拉克 δ 函数，并在量子力学中起着中心作用。[我们使用限定词“物理”将其与数学家定义的希尔伯特空间区分开来，后者仅包含特征矢量（proper vector），即，可归一化到 1 的矢量。量子理论中反常矢量（improper vector）的作用将在以后阐明。]

我们将假定该定理仅在有限维的情况下得到了证明，即厄米算符的本征函数构成完备基，在希尔伯特[①]空间中成立。（无穷维空间的麻烦之处在于，即使你有无穷多个正交本征矢，你也永远无法确定你是否全部拥有它们，因为加或减几个本征矢仍然会给你留下无穷多个本征矢。）

由于 K 是一个厄米算符，在 X 基下用分量 $f(x)=\langle x|f\rangle$ 展开的函数也必须在 K 基下有一个展开式。要找到这些分量，我们从一个右矢 $|f\rangle$ 开始，然后执行以下操作：

$$f(k)=\langle k|f\rangle=\int_{-\infty}^{\infty}\langle k|x\rangle\langle x|f\rangle\,\mathrm{d}x=\frac{1}{(2\pi)^{1/2}}\int_{-\infty}^{\infty}\mathrm{e}^{-\mathrm{i}kx}f(x)\,\mathrm{d}x \tag{1.10.34}$$

回到 X 基下的做法如下：

$$f(x)=\langle x|f\rangle=\int_{-\infty}^{\infty}\langle x|k\rangle\langle k|f\rangle\,\mathrm{d}k=\frac{1}{(2\pi)^{1/2}}\int_{-\infty}^{\infty}\mathrm{e}^{\mathrm{i}kx}f(k)\,\mathrm{d}k \tag{1.10.35}$$

因此，熟悉的傅里叶变换只是从一个完备基 $|x\rangle$ 到另一个完备基 $|k\rangle$ 的转换。这两个基都可以用来展开希尔伯特空间中的函数。

K 的矩阵元在 K 基下是平庸的：

$$\langle k|\,K\,|k'\rangle=k'\,\langle k|k'\rangle=k'\delta(k-k') \tag{1.10.36}$$

现在我们知道了 K 基从何而来——它是由厄米算符 K 生成的。哪个算符生成了正交的 X 基呢？让我们称之为算符 X。右矢 $|x\rangle$ 是它的本征矢，其本征值为 x：

$$X\,|x\rangle=x\,|x\rangle \tag{1.10.37}$$

① 今后，我们将忽略限定词“物理的”。

在 X 基下，它的矩阵元是：

$$\langle x'|\, X\, |x\rangle = x\,\delta(x'-x) \tag{1.10.38}$$

要找到它对函数的作用，让我们从

$$X\,|f\rangle = |\tilde{f}\rangle$$

开始，按照惯例：

$$\langle x|\, X\, |f\rangle = \int \langle x|\, X\, |x'\rangle \langle x'|f\rangle\, \mathrm{d}x' = xf(x) = \langle x|\tilde{f}\rangle = \tilde{f}(x)$$

$$\therefore\ \tilde{f}(x) = xf(x)$$

因此，X 的作用是将 $f(x)$ 乘 x，就像 K 算符一样，通常会省略掉对公共指标的积分，因为 δ 函数会将其变为平庸的指标。我们将 X 在希尔伯特空间中的作用概括为

$$X\,|f(x)\rangle = |xf(x)\rangle \tag{1.10.39}$$

如往常一样，$|xf(x)\rangle$ 对应于函数 $xf(x)$ 的右矢。

如果我们在 K 基下计算 X 的矩阵元，X 和 K 算符之间就会存在一个漂亮的倒易律（reciprocity）：

$$\begin{aligned}\langle k|\, X\, |k'\rangle &= \frac{1}{2\pi}\int_{-\infty}^{\infty} \mathrm{e}^{-\mathrm{i}kx}x\,\mathrm{e}^{\mathrm{i}k'x}\mathrm{d}x \\ &= +\mathrm{i}\frac{\mathrm{d}}{\mathrm{d}k}\left[\frac{1}{2\pi}\int_{-\infty}^{\infty} \mathrm{e}^{\mathrm{i}(k'-k)x}\mathrm{d}x\right] = \mathrm{i}\,\delta'(k-k')\end{aligned}$$ ①

因此，如果 $|g(k)\rangle$ 在 k 基下的像是 $g(k)$，那么

$$X\,|g(k)\rangle = \left|\,\frac{\mathrm{i}\,\mathrm{d}g(k)}{\mathrm{d}k}\right\rangle \tag{1.10.40}$$

总之，在 X 基下，X 的作用像 x，K 像 $-\mathrm{i}\,\mathrm{d}/\mathrm{d}x$ [作用于函数 $f(x)$]。而在 K 基下，K 的作用像 k，X 像 $\mathrm{i}\,\mathrm{d}/\mathrm{d}k$ [作用于 $f(k)$]。具有这样关系的算符被称为是相互共轭的。

X 和 K 这一对共轭算符并不对易。它们的对易式可按以下方式计算。让我们按两种可能的顺序把 X 和 K 作用于某个右矢 $|f\rangle$ 上，然后遵循 X 基下的操作：

$$X\,|f\rangle \to xf(x)$$

$$K\,|f\rangle \to -\mathrm{i}\frac{\mathrm{d}f(x)}{\mathrm{d}x}$$

① 在最后一步，我们用到了 $\delta(k'-k) = \delta(k-k')$。

所以

$$XK|f\rangle \to -\mathrm{i}x\frac{\mathrm{d}f(x)}{\mathrm{d}x}$$
$$KX|f\rangle \to -\mathrm{i}\frac{\mathrm{d}}{\mathrm{d}x}xf(x)$$

因此

$$[X,K]|f\rangle \to -\mathrm{i}x\frac{\mathrm{d}f}{\mathrm{d}x}+\mathrm{i}x\frac{\mathrm{d}f}{\mathrm{d}x}+\mathrm{i}f=\mathrm{i}f\to \mathrm{i}\,I\,|f\rangle$$

因为 $|f\rangle$ 是一个任意的右矢，我们现在有了预期的结果：

$$[X,K]=\mathrm{i}\,I \tag{1.10.41}$$

这样除了最后一个例子之外，我们就结束了关于希尔伯特空间的讨论。虽然在这个空间中还可以研究许多其他的算符，但我们仅限于 X 和 K，因为几乎所有量子力学所需要的算符都是 X 和 $P=\hbar K$ 的函数，其中 $\hbar$ 是一个常数，我们稍后将给出它的定义。

例 1.10.1 希尔伯特空间中的简正模式问题。考虑一个长度为 L 的弦，它在其两端 $x=0$ 和 L 处固定。位移 $\psi(x,t)$ 服从微分方程：

$$\frac{\partial^2\psi}{\partial t^2}=\frac{\partial^2\psi}{\partial x^2} \tag{1.10.42}$$

已知 $t=0$ 时的位移 $\psi(x,0)$，速度 $\dot{\psi}(x,0)=0$，我们希望确定弦随时间的演化。

但是对于维数的变化，这个问题与在第 1.8 节末尾［见 (1.8.26) 式］遇到的两个耦合质量的问题相同。在继续做下去之前，建议你重温该例。

我们首先将 $\psi(x,t)$ 视为希尔伯特空间中矢量 $|\psi(t)\rangle$ 的分量，其元素与可能的位移 ψ 相对应，即在区间 $0\leqslant x\leqslant L$ 内连续且在端点为零的函数。可以验证，这些函数确实形成了一个矢量空间。

(1.8.26) 式中算符 Ω 的类比是算符 $\partial^2/\partial x^2$。我们知道它是算符 $K\leftrightarrow -\mathrm{i}\partial/\partial x$ 的平方取负号。由于 K 作用在 $\psi(0)=\psi(L)=0$ 的空间上，它是厄米的，K^2 也是。(1.10.42) 式具有抽象的对应关系

$$|\ddot{\psi}(t)\rangle=-K^2|\psi(t)\rangle \tag{1.10.43}$$

我们采用在例 1.8.6 中所发展的下列算法求解这个初值问题：

步骤 (1) 求解 $-K^2$ 的本征值问题。

步骤 (2) 用本征矢和本征值构建传播子 $U(t)$。

步骤 (3)

$$|\psi(t)\rangle=U(t)|\psi(0)\rangle \tag{1.10.44}$$

要求解的方程是

$$K^2\,|\psi\rangle = k^2\,|\psi\rangle \tag{1.10.45}$$

在 X 基下，该式变成

$$-\frac{\mathrm{d}^2}{\mathrm{d}x^2}\psi_k(x) = k^2\psi_k(x) \tag{1.10.46}$$

它的通解是

$$\psi_k(x) = A\cos kx + B\sin kx \tag{1.10.47}$$

其中 A 和 B 都是任意的。然而，并非所有的解都位于我们所考虑的希尔伯特空间内。我们只需要在 $x=0$ 和 $x=L$ 处为零的那些解。在 $x=0$ 处我们发现

$$\psi_k(0) = 0 = A \tag{1.10.48a}$$

而在 $x=L$ 处，我们发现

$$0 = B\sin kL \tag{1.10.48b}$$

如果我们不想要平庸解（$A=B=0$），则必须要求

$$\sin kL = 0\,,\quad kL = m\pi\,,\qquad m = 1,2,3,\cdots \tag{1.10.49}$$

我们不考虑负的 m，因为它不会导致更多线性无关的解 [$\sin(-x) = -\sin x$]。于是，允许的本征矢构成用整数 m 标记的分立集合：

$$\psi_m(x) = \left(\frac{2}{L}\right)^{1/2}\sin\left(\frac{m\pi x}{L}\right) \tag{1.10.50}$$

其中我们选择 $B=(2/L)^{1/2}$，使

$$\int_0^L \psi_m(x)\,\psi_{m'}(x)\,\mathrm{d}x = \delta_{mm'} \tag{1.10.51}$$

让我们将每一个用整数 m 标记的解与一个抽象的右矢 $|m\rangle$ 相关联：

$$|m\rangle \xrightarrow[X\text{基}]{} \left(\frac{2}{L}\right)^{1/2}\sin\left(\frac{m\pi x}{L}\right) \tag{1.10.52}$$

如果我们把 $|\psi(t)\rangle$ 投影到 $|m\rangle$ 基上，在这个基下 K^2 是对角的，本征值为 $(m\pi/L)^2$，则分量 $\langle m|\psi(t)\rangle$ 将服从退耦方程

$$\frac{\mathrm{d}^2}{\mathrm{d}t^2}\langle m|\psi(t)\rangle = -\left(\frac{m^2\pi^2}{L^2}\right)\langle m|\psi(t)\rangle\ ,\quad m = 1,2,\cdots \tag{1.10.53}$$

类似于 (1.8.33) 式。（在初始速度为零的条件下）这些方程可以很容易地被解出，其解为

$$\langle m|\psi(t)\rangle = \langle m|\psi(0)\rangle\cos\left(\frac{m\pi t}{L}\right) \tag{1.10.54}$$

因此

$$
\begin{aligned}
|\psi(t)\rangle &= \sum_{m=1}^{\infty} |m\rangle \langle m|\psi(t)\rangle \\
&= \sum_{m=1}^{\infty} |m\rangle \langle m|\psi(0)\rangle \cos\omega_m t\ , \quad \omega_m = \frac{m\pi}{L}
\end{aligned} \tag{1.10.55}
$$

或

$$
U(t) = \sum_{m=1}^{\infty} |m\rangle \langle m| \cos\omega_m t\ , \quad \omega_m = \frac{m\pi}{L} \tag{1.10.56}
$$

传播子方程

$$
|\psi(t)\rangle = U(t)\,|\psi(0)\rangle
$$

在 $|x\rangle$ 基下变成

$$
\begin{aligned}
\langle x|\psi(t)\rangle &= \psi(x,t) \\
&= \langle x|\,U(t)\,|\psi(0)\rangle \\
&= \int_0^L \langle x|\,U(t)\,|x'\rangle \langle x'|\psi(0)\rangle\,\mathrm{d}x'
\end{aligned} \tag{1.10.57}
$$

从 (1.10.56) 式可以得出

$$
\begin{aligned}
\langle x|\,U(t)\,|x'\rangle &= \sum_m \langle x|m\rangle \langle m|x'\rangle \cos\omega_m t \\
&= \sum_m \left(\frac{2}{L}\right) \sin\left(\frac{m\pi x}{L}\right) \sin\left(\frac{m\pi x'}{L}\right) \cos\omega_m t
\end{aligned} \tag{1.10.58}
$$

因此，给定任一 $\psi(x',0)$，利用由 (1.10.58) 式得到的 $\langle x|\,U(t)\,|x'\rangle$，我们可以通过求解 (1.10.57) 式中的积分来得到 $\psi(x,t)$。如果传播子的语言看起来太抽象，我们可以从 (1.10.55) 式开始。用 $\langle x|$ 点乘两边，得到

$$
\begin{aligned}
\psi(x,t) &= \sum_{m=1}^{\infty} \langle x|m\rangle \langle m|\psi(0)\rangle \cos\omega_m t \\
&= \sum_{m=1}^{\infty} \left(\frac{2}{L}\right)^{1/2} \sin\left(\frac{m\pi x}{L}\right) \cos\omega_m t\,\langle m|\psi(0)\rangle
\end{aligned} \tag{1.10.59}
$$

给定了 $|\psi(0)\rangle$，则必须计算

$$
\langle m|\psi(0)\rangle = \left(\frac{2}{L}\right)^{1/2} \int_0^L \sin\left(\frac{m\pi x}{L}\right) \psi(x,0)\,\mathrm{d}x
$$

通常情况下，我们发现系数 $\langle m|\psi(0)\rangle$ 会随着 m 迅速下降，因此领头的前几项就足以得到一个很好的近似。

习题 1.10.4 在 $t = 0$ 时，一个弦的位移如下：

$$\begin{aligned}\psi(x,0) &= \frac{2xh}{L}\,, & 0 \leqslant x \leqslant \frac{L}{2} \\ &= \frac{2h}{L}(L-x)\,, & \frac{L}{2} \leqslant x \leqslant L\end{aligned}$$

证明

$$\psi(x,t) = \sum_{m=1}^{\infty} \sin\left(\frac{m\pi x}{L}\right) \cos\omega_m t \cdot \left(\frac{8h}{\pi^2 m^2}\right) \sin\left(\frac{\pi m}{2}\right)$$

第 2 章　经典力学述评

在本章中，我们将从牛顿定律出发，发展力学的拉格朗日形式和哈密顿形式。它们为后来力学体系的重新表述带来了极大的优雅性和计算上的方便。但我们对它们的主要兴趣在于，它们是实现量子力学突破性发展的理想跳板。从拉格朗日形式到量子力学的过渡，是由费曼在他的路径积分形式中实现的。而通往量子力学的更常见的路径，也是我们大部分时间也将遵循的路径，以哈密顿形式为起点，这一路径主要是由薛定谔、海森堡、狄拉克和玻恩发现的。

需要强调的是，这三种力学形式本质上是相同的理论，因为它们的有效范围和预言都是相同的，这一点很快就会显现出来。然而，在特定情况下，出于概念、计算或美学上的原因，其中一种或另一种可能更有吸引力。

2.1　最小作用原理和拉格朗日力学

作为牛顿方案的原型，我们让一个质量为 m 的点粒子在势 $V(x)$ 的作用下沿 x 轴运动。根据牛顿第二定律，

$$m\frac{\mathrm{d}^2x}{\mathrm{d}t^2}=-\frac{\mathrm{d}V}{\mathrm{d}x} \tag{2.1.1}$$

如果已知初始状态下的变量 $x(t_i)$ 和速度 $\dot{x}(t_i)$，我们可以如下计算经典轨迹 $x_{\mathrm{cl}}(t)$。利用初始速度和加速度［由 (2.1.1) 式求得］我们计算 $t_i+\Delta t$ 时刻的位置和速度。例如，

$$x_{\mathrm{cl}}(t_i+\Delta t)=x(t_i)+\dot{x}(t_i)\Delta t$$

在将态变量更新到 $t_i+\Delta t$ 时刻之后，我们可以再次重复这个过程，使之向前推移到 $t_i+2\Delta t$ 时刻，以此类推。

运动方程是时间的二阶导数，需要两部分数据——$x(t_i)$ 和 $\dot{x}(t_i)$ 来确定唯一的 $x_{\mathrm{cl}}(t)$。做这件事情的一个等价方法，也是我们有机会采用的方法，就是在轨迹上指定两个时空点 (x_i,t_i) 和 (x_f,t_f)。

上述方案很容易推广到多个粒子和多个维度。如果我们使用 n 个笛卡儿坐标 $(x_1,x_2,\cdots,x_n)$ 来指定粒子的位置，系统的空间组态可以被视为 n 维组态空间中的

一个点。（“组态空间”一词，即使坐标不是笛卡儿坐标也可使用。）代表点的运动由下式给出：

$$m_j \frac{\mathrm{d}^2 x_j}{\mathrm{d}t^2} = -\frac{\partial V}{\partial x_j} \tag{2.1.2}$$

其中 m_j 表示粒子质量，其坐标为 x_j。像以前一样，这些方程可以被一步一步地积分，从而确定轨迹。

在拉格朗日形式中，位势 $V(x)$ 中的单粒子问题是以不同的方式提出的：假设在时刻 t_i 和 t_j 时，粒子分别位于 x_i 和 x_j 处，实际轨迹 $x_{\mathrm{cl}}(t)$ 与连接这些点的所有其他轨迹或路径有什么区别呢？（见图 2.1。）

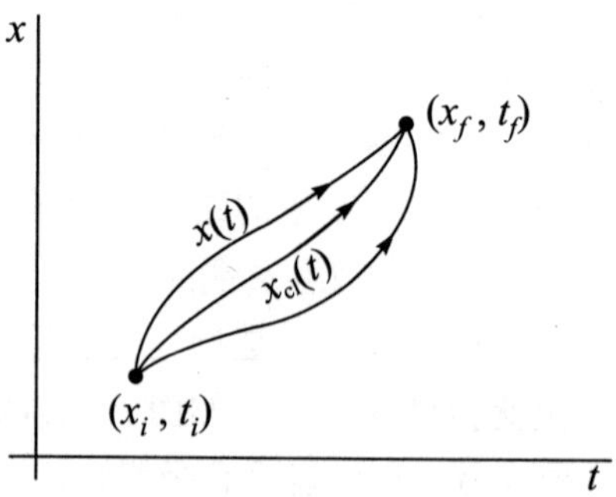

图 2.1　拉格朗日形式问的是，粒子的实际路径 $x_{\mathrm{cl}}(t)$ 与连接端点 (x_i, t_i) 和 (x_f, t_f) 所有可能的路径有何区别

因此，拉格朗日方法是全局的，因为它试图一次确定整个轨道 $x_{\mathrm{cl}}(t)$，这与牛顿方案的局域方法不同，后者关注粒子在下一个无限小的时间间隔内要做的事情。

对于上面提出的问题，答案包含三个部分：

(1) 定义一个函数 $\mathcal{L}$，称为*拉格朗日量*，由 $\mathcal{L} = T - V$ 给出，T 和 V 分别是粒子的动能和势能。因此，$\mathcal{L} = \mathcal{L}(x, \dot{x}, t)$。当粒子处于一个外部的时间相关的场时，可能会出现对 t 的明显依赖关系。然而，我们将假定不存在这种 t 的依赖。

(2) 对于连接 (x_i, t_i) 和 (x_j, t_j) 的每条路径 $x(t)$，计算由下式定义的*作用量* $S[x(t)]$：

$$S[x(t)] = \int_{t_i}^{t_f} \mathcal{L}(x, \dot{x})\,\mathrm{d}t \tag{2.1.3}$$

我们用方括号将 S 的宗量括起来，它提醒我们：函数 S 依赖于整个路径或函数 $x(t)$，而不仅仅是 x 在某个时刻 t 的值，人们称 S 为一个*泛函*来表示它是一个函数的函数。

(3) 经典路径是一条 S 为极小值的路径。（实际上，我们只要求它是一个极值。然而，按照惯例，这一条件将被称为最小作用量原理。）

现在我们将验证这个原理是否重新产生了牛顿第二定律。

第一步是认识到函数 $S[x(t)]$ 只是 n 个变量的函数且 $n \to \infty$。换句话说，函数 $x(t)$ 只是确定了无穷多个值 $x(t_i), \cdots, x(t), \cdots, x(t_f)$，时间间隔 $t_i \leqslant t \leqslant t_j$ 中的每个瞬间 t 都有一个值——S 是这些变量的函数。为了求它的最小值，我们简单地推广了有限 n 的情形。让我们回顾一下，如果 $f = f(x_1, \cdots, x_n) = f(\boldsymbol{x})$，那么最小值 $\boldsymbol{x}^0$ 的特征是，如果我们将它向任一方向移开少量的 $\boldsymbol{\eta}$，则 f 的一阶变分 $\delta f^{(1)}$ 为零。也就是说，如果我们做一个泰勒展开：

$$f(\boldsymbol{x}^0 + \boldsymbol{\eta}) = f(\boldsymbol{x}^0) + \sum_{i=1}^{n} \left.\frac{\partial f}{\partial x_i}\right|_{\boldsymbol{x}^0} \eta_i + \eta \text{ 的高阶项} \tag{2.1.4}$$

那么

$$\delta f^{(1)} \equiv \sum_{i=1}^{n} \left.\frac{\partial f}{\partial x_i}\right|_{\boldsymbol{x}^0} \eta_i = 0 \tag{2.1.5}$$

从这个条件，我们可以导出一个等价的，也许你更熟悉的最小值条件的表达式：每个一阶偏导数在 $\boldsymbol{x}^0$ 处为零。要证明这一点，例如对于 $\partial f/\partial x_i$，我们只需选择 $\boldsymbol{\eta}$ 沿着第 i 个方向。因此，

$$\left.\frac{\partial f}{\partial x_i}\right|_{\boldsymbol{x}^0} = 0, \qquad i = 1, \cdots, n \tag{2.1.6}$$

让我们现在模仿作用量 S 的这个过程。设 $x_{\text{cl}}(t)$ 是最小作用量的路径，$x_{\text{cl}}(t) + \eta(t)$ 是“附近”的一条路径（见图 2.2）。要求所有路径在 t_i 和 t_f 处重合，意味着

$$\eta(t_i) = \eta(t_f) = 0 \tag{2.1.7}$$

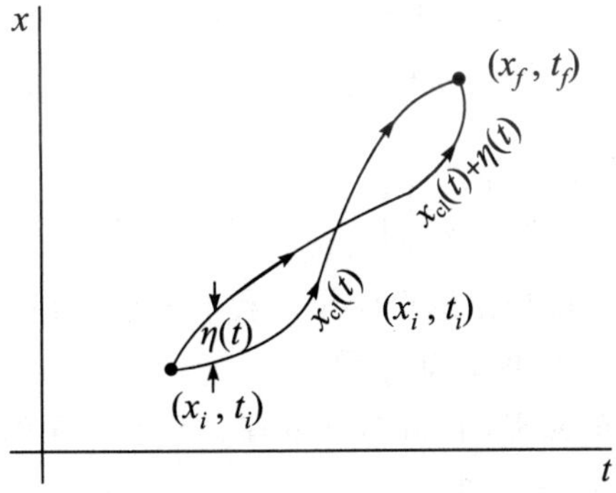

图 2.2　如果 $x_{\text{cl}}(t)$ 使 S 最小化，则当我们变换到任一相邻的路径时，必有 $\delta S^{(1)} = 0$

现在

$$\begin{aligned}S\left[x_{\rm cl}(t)+\eta(t)\right] &= \int_{t_i}^{t_f}\mathcal{L}\left(x_{\rm cl}(t)+\eta(t);\dot{x}_{\rm cl}(t)+\dot{\eta}(t)\right)\,\mathrm{d}t\\ &= \int_{t_i}^{t_f}\left[\mathcal{L}\left(x_{\rm cl}(t),\dot{x}_{\rm cl}(t)\right)+\left.\frac{\partial\mathcal{L}}{\partial x(t)}\right|_{x_{\rm cl}}\cdot\eta(t)+\right.\\ &\quad\left.\left.\frac{\partial\mathcal{L}}{\partial\dot{x}(t)}\right|_{x_{\rm cl}}\cdot\dot{\eta}(t)+\cdots\right]\mathrm{d}t\\ &= S\left[x_{\rm cl}(t)\right]+\delta S^{(1)}+\text{高阶项}\end{aligned}$$

类似于有限变量的情况，我们设 $\delta S^{(1)}=0$：

$$0=\delta S^{(1)}=\int_{t_i}^{t_f}\left[\left.\frac{\partial\mathcal{L}}{\partial x(t)}\right|_{x_{\rm cl}}\cdot\eta(t)+\left.\frac{\partial\mathcal{L}}{\partial\dot{x}(t)}\right|_{x_{\rm cl}}\cdot\dot{\eta}(t)\right]\mathrm{d}t$$

如果我们将第二项分部积分，则该项为

$$\left.\left.\frac{\partial\mathcal{L}}{\partial\dot{x}(t)}\right|_{x_{\rm cl}}\cdot\eta(t)\right|_{t_i}^{t_f}-\int_{t_i}^{t_f}\left[\frac{\mathrm{d}}{\mathrm{d}t}\frac{\partial\mathcal{L}}{\partial\dot{x}(t)}\right]_{x_{\rm cl}}\cdot\eta(t)\,\mathrm{d}t$$

根据 (2.1.7) 式，这些项中的第一项为零。因此

$$0=\delta S^{(1)}=\int_{t_i}^{t_f}\left[\frac{\partial\mathcal{L}}{\partial x(t)}-\frac{\mathrm{d}}{\mathrm{d}t}\frac{\partial\mathcal{L}}{\partial\dot{x}(t)}\right]_{x_{\rm cl}}\cdot\eta(t)\,\mathrm{d}t \tag{2.1.8}$$

注意，条件 $\delta S^{(1)}=0$ 意味着 S 取极值，不一定是最小值。然而，我们将保持称这一极值为最小值的惯例。这个方程是 (2.1.5) 式的类似式：分立变量 η_i 被 $\eta(t)$ 代替；对 i 的求和被对 t 的积分代替；而 $\partial f/\partial x_i$ 被替换为

$$\frac{\partial\mathcal{L}}{\partial x(t)}-\frac{\mathrm{d}}{\mathrm{d}t}\frac{\partial\mathcal{L}}{\partial\dot{x}(t)}$$

这里有两项起着 $\partial f/\partial x_i$ 的作用，因为 $\mathcal{L}$（或等价的 S）对于 $x(t)$ 既有显式也有隐式（通过 $\dot{x}$ 项）的依赖性。由于 $\eta(t)$ 是任意的，所以我们可以提取 (2.1.6) 式的类似式：

$$\left\{\frac{\partial\mathcal{L}}{\partial x(t)}-\frac{\mathrm{d}}{\mathrm{d}t}\left[\frac{\partial\mathcal{L}}{\partial\dot{x}(t)}\right]\right\}_{x_{\rm cl}(t)}=0\qquad \text{对于 } t_i\leqslant t\leqslant t_f \tag{2.1.9}$$

为了对某一特定的时刻 t_0 推导出这个结果，我们只需选择一个 $\eta(t)$，它除 t_0 附近的一个无穷小区域外，在任何地方都为零。

方程 (2.1.9) 是著名的欧拉–拉格朗日方程。我们如果给它输入：$\mathcal{L}=T-V$，$T=\frac{1}{2}m\dot{x}^2$，$V=V(x)$，就会得到

$$\frac{\partial\mathcal{L}}{\partial\dot{x}}=\frac{\partial T}{\partial\dot{x}}=m\dot{x}$$

和

$$\frac{\partial \mathcal{L}}{\partial x}=-\frac{\partial V}{\partial x}$$

使得这个欧拉–拉格朗日方程变成

$$\frac{\mathrm{d}}{\mathrm{d}t}(m\dot{x})=-\frac{\partial V}{\partial x}$$

它就是 (2.1.1) 式——牛顿第二定律。

如果我们考虑一个用 n 个笛卡儿坐标描述的系统，同样的步骤产生

$$\frac{\mathrm{d}}{\mathrm{d}t}\left(\frac{\partial \mathcal{L}}{\partial \dot{x}_i}\right)=\frac{\partial \mathcal{L}}{\partial x_i} \qquad (i=1,\cdots,n) \tag{2.1.10}$$

现在

$$T=\frac{1}{2}\sum_{i=1}^{n} m_i\left(\dot{x}_i\right)^2$$

和

$$V=V\left(x_1,\cdots,x_n\right)$$

使得 (2.1.10) 式变成

$$\frac{\mathrm{d}}{\mathrm{d}t}(m_i\dot{x}_i)=-\frac{\partial V}{\partial x_i}$$

这和 (2.1.2) 式是一样的。因此，如果我们选择 $\mathcal{L}=T-V$，那么最小（作用量）原理确实再现了牛顿力学。

请注意，在上述证明中，我们假设 V 与速度无关。这一限制排除了一个重要的力，即磁场 $\boldsymbol{B}$ 对运动电荷的作用，因为 $\boldsymbol{F}_B=q\boldsymbol{v}\times\boldsymbol{B}$，$q$ 是粒子的电荷，而 $\boldsymbol{v}=\dot{\boldsymbol{r}}$ 是它的速度。不久后，我们将证明，这种力在某种意义上也可以被纳入拉格朗日形式中，也就是说，当 (2.1.10) 式被采用时，我们可以找到产生正确力学定律的 $\mathcal{L}$。但是这个 $\mathcal{L}$ 不再具有 $T-V$ 的形式。因此，我们会从 $\mathcal{L}=T-V$ 这样的概念中解脱出来，并认为 $\mathcal{L}$ 是某个函数 $\mathcal{L}(x_i,\dot{x}_i)$。当把它输入欧拉–拉格朗日方程中时，它会产生正确的牛顿动力学。对于想知道为什么我们要花这么大力气处理拉格朗日量，而最终它却只是产生牛顿力学定律的读者，我们将展示除了与量子力学的密切关系外，它的几个主要的迷人之处。然后，我们将通过一个例子来说明这些问题。

(1) 在拉格朗日方案中，只需构造一个单独的标量 $\mathcal{L}$，所有的运动方程都可以通过简单的微分得到。这一点必须与牛顿方案进行对比，牛顿方案处理的是矢量，因此更为复杂。

(2) 如果用任意 n 个独立坐标 $q_1,q_2,\cdots,q_n$ 代替 n 个笛卡儿坐标 $x_1,x_2,\cdots,x_n$，欧拉–拉格朗日方程 (2.1.10) 则具有相同形式。为了提醒我们这个事实，我们将把 (2.1.10) 式改写如下：

$$\frac{\mathrm{d}}{\mathrm{d}t}\left(\frac{\partial \mathcal{L}}{\partial \dot{q}_i}\right)=\frac{\partial \mathcal{L}}{\partial q_i} \tag{2.1.11}$$

我们可以硬性验证这一点，改变 (2.1.10) 式中的变量所得到的方程，与把 x_i 替换为 q_i 得到的方程相同，或者还可以简单地通过我们最小作用量条件的推导，看到无论何处假定的坐标都不是笛卡儿坐标。当然，在下一阶段，在显示欧拉–拉格朗日方程与牛顿方程的等效性时，我们采用了笛卡儿坐标。因为在这个坐标下，动能 T 和牛顿方程都具有简单的形式。但是，我们一旦发现最小作用量原理能产生正确的动力学时，就可以忘记关于牛顿定律的一切，并使用 (2.1.11) 式作为运动方程。需要强调的是，这些表示最小作用量条件的方程在任意坐标变换下形式不变。这种形式不变性必须与牛顿方程 (2.1.2) 进行对比，该方程假定 x_i 为笛卡儿坐标。如果将 x_i 替换为另一个非笛卡儿的集合 q_i，那么 (2.1.2) 式将具有不同的形式（参见本节末尾的例 2.1.1）。

如果定义了一个与 q_i 共轭的所谓正则动量的量

$$p_i = \frac{\partial \mathcal{L}}{\partial \dot{q}_i} \tag{2.1.12}$$

和与 q_i 共轭的所谓广义力的量

$$F_i = \frac{\partial \mathcal{L}}{\partial q_i} \tag{2.1.13}$$

则可以得到类似牛顿第二定律的 (2.1.11) 式。虽然正则动量的变化率等于广义力，但必须记住，p_i 并不总是线性动量（质量乘速度，或“mv”动量），F_i 也并不总是力（具有质量乘加速度的量纲）。例如，如果 q_i 是一个角 θ，那么 p_i 就是角动量，F_i 是转矩。

(3) 在这种形式下可以很容易地得到守恒定律。假设拉格朗日量依赖于某个确定的速度 $\dot{q}_i$，而不依赖于相应的坐标 q_i，则后者被称为循环坐标。由此导出相应的 p_i 是守恒量：

$$\frac{\mathrm{d}}{\mathrm{d}t}\left(\frac{\partial \mathcal{L}}{\partial \dot{q}_i}\right) = \frac{\mathrm{d}p_i}{\mathrm{d}t} = \frac{\partial \mathcal{L}}{\partial q_i} \tag{2.1.14}$$

虽然牛顿第二定律 (2.1.2) 式还告诉我们，如果一个笛卡儿坐标 x_i 是循环坐标，对应的动量 $m_i\dot{x}_i$ 是守恒量，但 (2.1.14) 式更普遍一些。例如，考虑二维势 $V(x,y)$，它只依赖于 $\rho = (x^2+y^2)^{1/2}$，而不依赖于极角 ϕ，故 $V(\rho,\phi) = V(\rho)$。因为 T 只依赖于 $\dot{\phi}$（参见下面的例 2.1.1），所以 ϕ 是一个循环坐标。因此，$\partial\mathcal{L}/\partial\dot{\phi} = p_\phi$ 是守恒量。相反，由于 x 和 y 都不是循环坐标，笛卡儿方程 (2.1.2) 不能导出明显的守恒定律。如果在极坐标中利用 $\partial V/\partial\dot{\phi} = 0$ 重写牛顿定律，则由于离心势垒和科里奥利项的作用，相应的方程会变得复杂。拉格朗日形式允许我们选择最能反映势的对称性的坐标，而不改变方程的简单形式。

例 2.1.1 我们现在通过一个例子来说明上述要点。考虑一个在平面中运动的粒子，

在笛卡儿坐标中，它的拉格朗日量是

$$\begin{aligned}\mathcal{L} &= \frac{1}{2}m\left(\dot{x}^2+\dot{y}^2\right)-V(x,y)\\ &= \frac{1}{2}m\boldsymbol{v}\cdot\boldsymbol{v}-V(x,y)\end{aligned} \tag{2.1.15}$$

其中 $\boldsymbol{v}$ 是该粒子的速度，$\boldsymbol{v}=\dot{\boldsymbol{r}}$，而 $\boldsymbol{r}$ 是其位置矢量。对应的运动方程是

$$m\ddot{x}=-\frac{\partial V}{\partial x} \tag{2.1.16}$$

$$m\ddot{y}=-\frac{\partial V}{\partial y} \tag{2.1.17}$$

与牛顿定律是一样的。如果想得到用极坐标 ρ 和 ϕ 表达的牛顿定律，则需要仔细的矢量分析才能找到离心势垒和科里奥利项：

$$m\ddot{\rho}=-\frac{\partial V}{\partial \rho}+m\rho\left(\dot{\phi}\right)^2 \tag{2.1.18}$$

$$m\ddot{\phi}=-\frac{1}{\rho^2}\frac{\partial V}{\partial \phi}-\frac{2m\dot{\rho}\dot{\phi}}{\rho} \tag{2.1.19}$$

注意两者形式上的区别，其中 (2.1.16) 和 (2.1.17) 式为一方，(2.1.18) 和 (2.1.19) 式为另一方。

在拉格朗日方案下，我们只需在极坐标下重新计算 $\mathcal{L}$。从图 2.3 可以清楚地看出，粒子在时间 Δt 内移动的距离是

$$\mathrm{d}S=\left[(\mathrm{d}\rho)^2+(\rho\,\mathrm{d}\phi)^2\right]^{1/2}$$

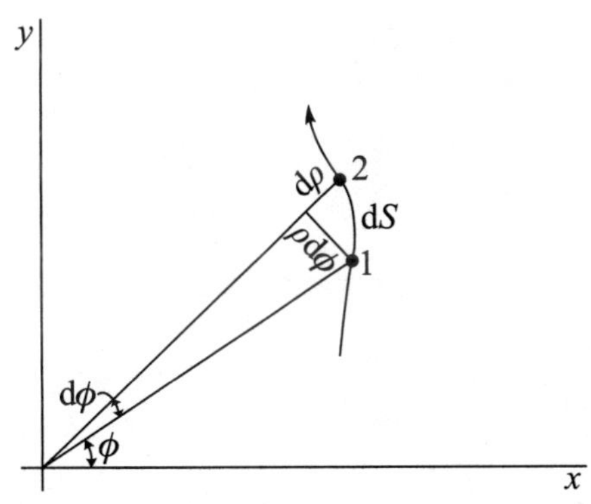

图 2.3　点 1 和 2 是粒子在时间相差 Δt 时的位置

因此速度的大小为

$$v=\frac{\mathrm{d}S}{\mathrm{d}t}=\left[(\dot{\rho})^2+\rho^2\left(\dot{\phi}\right)^2\right]^{1/2}$$

以及

$$\mathcal{L}=\frac{1}{2}m\left(\dot{\rho}^2+\rho^2\dot{\phi}^2\right)-V(\rho,\phi) \tag{2.1.20}$$

（注意，在这些坐标中，T 不仅包含速度 $\dot{\rho}$ 和 $\dot{\phi}$，还包括坐标 ρ。这在笛卡儿坐标系中不会发生。）由这个 $\mathcal{L}$ 所产生的运动方程为：

$$\frac{\mathrm{d}}{\mathrm{d}t}(m\dot{\rho})=-\frac{\partial V}{\partial\rho}+m\rho\dot{\phi}^2 \tag{2.1.21}$$

$$\frac{\mathrm{d}}{\mathrm{d}t}\left(m\rho^2\dot{\phi}\right)=-\frac{\partial V}{\partial\phi} \tag{2.1.22}$$

它们与 (2.1.18) 和 (2.1.19) 式是一样的。在 (2.1.22) 式中，正则动量 $p_\phi=m\rho^2\dot{\phi}$ 是角动量，广义力 $-\partial V/\partial\phi$ 是力矩，它们都沿 z 轴方向。注意到离心力和科里奥利力的产生是多么容易。

最后，如果 $V(\rho,\phi)=V(\rho)$，(2.1.22) 式中 p_ϕ 的守恒性是明显的。p_ϕ 的守恒只有在 (2.1.19) 式经过一些操作之后才能得到，而在 (2.1.16) 和 (2.1.17) 式中实际上看不到。在拉格朗日方案下，守恒量及其守恒定律会自然出现。

习题 2.1.1* 考虑以下被称为谐振子的系统。质量为 m 的物块位于一个光滑表面上，弹簧的劲度系数 k。

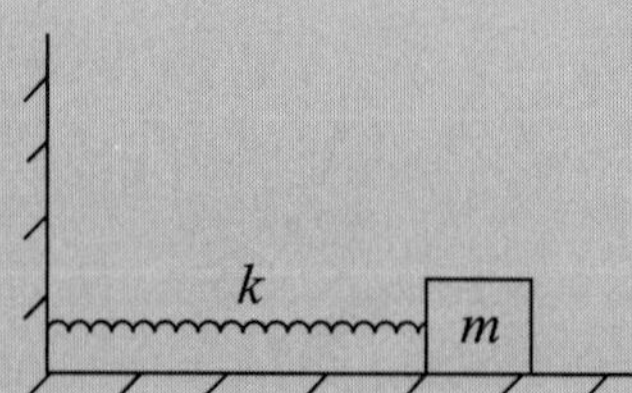

写出拉格朗日量并导出运动方程。

习题 2.1.2* 对于第 1.8 节末尾讨论的耦合质量问题做同样处理。把得到的运动方程与 (1.8.24) 和 (1.8.25) 式进行比较。

习题 2.1.3* 一个在三维空间中运动的质量为 m 的粒子受到势 $V(r,\theta,\phi)=V(r)$ 的作用。写出它的 $\mathcal{L}$，并求其运动方程。

2.2 电磁拉格朗日量[①]

回忆一下，一个电场 $\boldsymbol{E}$ 和一个磁场 $\boldsymbol{B}$ 作用在电荷 q 上的力由下式给出：

$$\boldsymbol{F} = q\left(\boldsymbol{E} + \frac{\boldsymbol{v}}{c} \times \boldsymbol{B}\right) \tag{2.2.1}$$

其中 $\boldsymbol{v} = \dot{\boldsymbol{r}}$ 是粒子的速度。由于力是速度相关的，我们必须重新分析这个问题，而不依赖于前面仅限于速度无关的力的讨论。

现在的结果表明，如果我们利用

$$\mathcal{L}_{e\cdot m} = \frac{1}{2}m\boldsymbol{v}\cdot\boldsymbol{v} - q\phi + \frac{q}{c}\boldsymbol{v}\cdot\boldsymbol{A} \tag{2.2.2}$$

可以得到正确的电磁力的规律。在 (2.2.2) 式中，c 是光速，而 ϕ 和 $\boldsymbol{A}$ 分别是标量势和矢量势，它们与 $\boldsymbol{E}$ 和 $\boldsymbol{B}$ 通过下式相关联：

$$\boldsymbol{E} = -\boldsymbol{\nabla}\phi - \frac{1}{c}\frac{\partial \boldsymbol{A}}{\partial t} \tag{2.2.3}$$

和

$$\boldsymbol{B} = \boldsymbol{\nabla} \times \boldsymbol{A} \tag{2.2.4}$$

对应于 $\mathcal{L}_{e\cdot m}$ 的欧拉–拉格朗日方程是

$$\frac{\mathrm{d}}{\mathrm{d}t}\left(m\dot{x}_i + \frac{q}{c}A_i\right) = -q\frac{\partial\phi}{\partial x_i} + \frac{q}{c}\frac{\partial(\boldsymbol{v}\cdot\boldsymbol{A})}{\partial x_i}, \qquad i = 1,2,3 \tag{2.2.5}$$

将上述三个方程组合成一个单独的矢量方程，我们得到

$$\frac{\mathrm{d}}{\mathrm{d}t}\left(m\boldsymbol{v} + \frac{q\boldsymbol{A}}{c}\right) = -q\,\boldsymbol{\nabla}\phi + \frac{q}{c}\boldsymbol{\nabla}(\boldsymbol{v}\cdot\boldsymbol{A}) \tag{2.2.6}$$

其正则动量为

$$\boldsymbol{p} = m\boldsymbol{v} + \frac{q\boldsymbol{A}}{c} \tag{2.2.7}$$

把 (2.2.6) 式改写，得到

$$\frac{\mathrm{d}}{\mathrm{d}t}(m\boldsymbol{v}) = -q\,\boldsymbol{\nabla}\phi + \frac{q}{c}\left[-\frac{\mathrm{d}\boldsymbol{A}}{\mathrm{d}t} + \boldsymbol{\nabla}(\boldsymbol{v}\cdot\boldsymbol{A})\right] \tag{2.2.8}$$

现在，全导数 $\mathrm{d}\boldsymbol{A}/\mathrm{d}t$ 有两个部分：一个显含时间的 $\partial\boldsymbol{A}/\partial t$，加上一个隐含时间的 $(\boldsymbol{v}\cdot\boldsymbol{\nabla})\boldsymbol{A}$，它表示 $\boldsymbol{A}$ 中的空间变化将以运动粒子时间变化的形式出现。现在 (2.2.8) 式变成

$$\frac{\mathrm{d}}{\mathrm{d}t}(m\boldsymbol{v}) = -q\,\boldsymbol{\nabla}\phi - \frac{q}{c}\frac{\partial\boldsymbol{A}}{\partial t} + \frac{q}{c}\left[\boldsymbol{\nabla}(\boldsymbol{v}\cdot\boldsymbol{A}) - (\boldsymbol{v}\cdot\boldsymbol{\nabla})\boldsymbol{A}\right] \tag{2.2.9}$$

① 对经典电磁学的述评请见第 18.4 节。

根据下列恒等式，上式和 (2.2.1) 式是相同的

$$\boldsymbol{v} \times (\boldsymbol{\nabla} \times \boldsymbol{A}) = \boldsymbol{\nabla}(\boldsymbol{v} \cdot \boldsymbol{A}) - (\boldsymbol{v} \cdot \boldsymbol{\nabla}) \boldsymbol{A}$$

注意：$\mathcal{L}_{e \cdot m}$ 不是 $T - V$ 型的，对于量 $U = q\phi - (q/c)\boldsymbol{v} \cdot \boldsymbol{A}$（有时被称为广义势），它不可能被解释为带电粒子的势能。首先，力是由时间相关的电磁场引起的，一般不是保守力，因此不存在路径无关的功函数发挥势的作用。即使在特殊情况下，当力是保守力时，只有 $q\phi$ 可以被解释为电势能。$[-q(\boldsymbol{v} \cdot \boldsymbol{A})/c]$ 项不是磁势能，因为磁力 $\boldsymbol{F}_B = q(\boldsymbol{v} \times \boldsymbol{B})/c$ 总是垂直于速度的，它绝不会做任何功。因此，为了容纳这样的电磁力，我们必须将 $\mathcal{L}$ 重新定义为函数 $\mathcal{L}(q, \dot{q}, t)$。当我们将其输入欧拉–拉格朗日方程中时，它再现了正确的动力学。规则 $\mathcal{L} = T - V$ 变成保守力情况下的一个有用的助记符。

2.3 两体问题

我们在此讨论一类在经典物理学中起核心作用的问题：两个质量为 m_1 和 m_2 的粒子以等大反向的力相互作用。由于两个粒子的作用是相互的，且没有任何外力，所以它们之间的位势只依赖于相对坐标 $\boldsymbol{r} = \boldsymbol{r}_1 - \boldsymbol{r}_2$，而不依赖于各自的位置 $\boldsymbol{r}_1$ 和 $\boldsymbol{r}_2$。但是 $V(\boldsymbol{r}_1, \boldsymbol{r}_2) = V(\boldsymbol{r}_1 - \boldsymbol{r}_2)$ 意味着有 3 个循环坐标，因为 V 只依赖于 3 个变量，而不是可能的 6 个变量。（在笛卡儿坐标中，由于 T 只是速度的函数，在 V 中缺少的坐标也是循环的。）当然，相应的守恒动量将是总动量的 3 个分量，它们在没有外力的情况下是守恒的。为了展示这些特性，最好是把 $\boldsymbol{r}_1$ 和 $\boldsymbol{r}_2$ 替换为

$$\boldsymbol{r} = \boldsymbol{r}_1 - \boldsymbol{r}_2 \tag{2.3.1}$$

和

$$\boldsymbol{r}_{\mathrm{CM}} = \frac{m_1 \boldsymbol{r}_1 + m_2 \boldsymbol{r}_2}{m_1 + m_2} \tag{2.3.2}$$

其中 $\boldsymbol{r}_{\mathrm{CM}}$ 被称为质心（CM）坐标。我们可以求 (2.3.1) 式和 (2.3.2) 式的逆，得到（见图 2.4）

$$\boldsymbol{r}_1 = \boldsymbol{r}_{\mathrm{CM}} + \frac{m_2 \boldsymbol{r}}{m_1 + m_2} \tag{2.3.3}$$

$$\boldsymbol{r}_2 = \boldsymbol{r}_{\mathrm{CM}} - \frac{m_1 \boldsymbol{r}}{m_1 + m_2} \tag{2.3.4}$$

如果用 $\boldsymbol{r}_{\mathrm{CM}}$ 和 $\boldsymbol{r}$ 改写拉格朗日量

$$\mathcal{L} = \frac{1}{2} m_1 |\dot{\boldsymbol{r}}_1|^2 + \frac{1}{2} m_2 |\dot{\boldsymbol{r}}_2|^2 - V(\boldsymbol{r}_1 - \boldsymbol{r}_2) \tag{2.3.5}$$

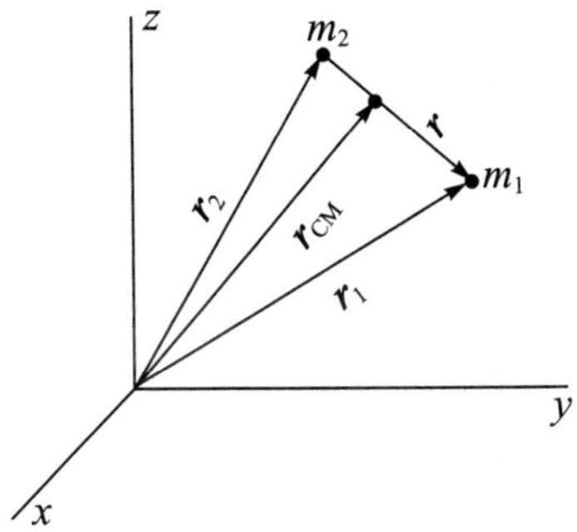

图 2.4　$\boldsymbol{r}_1$，$\boldsymbol{r}_2$ 和 $\boldsymbol{r}_{\mathrm{CM}}$，$\boldsymbol{r}$ 之间的关系

则我们得到

$$\mathcal{L}=\frac{1}{2}\left(m_1+m_2\right)\left|\dot{\boldsymbol{r}}_{\mathrm{CM}}\right|^2+\frac{1}{2}\frac{m_1 m_2}{m_1+m_2}\left|\dot{\boldsymbol{r}}\right|^2-V\left(\boldsymbol{r}\right) \tag{2.3.6}$$

(2.3.6) 式的主要特点如下：

(1) 两个相互作用粒子的问题已转化为两个彼此间没有相互作用的虚粒子的问题。换句话说，关于 $\boldsymbol{r}$ 的运动方程不涉及 $\boldsymbol{r}_{\mathrm{CM}}$，反之亦然，因为 $\mathcal{L}(\boldsymbol{r},\dot{\boldsymbol{r}};\boldsymbol{r}_{\mathrm{CM}},\dot{\boldsymbol{r}}_{\mathrm{CM}})=\mathcal{L}(\boldsymbol{r},\dot{\boldsymbol{r}})+\mathcal{L}(\boldsymbol{r}_{\mathrm{CM}},\dot{\boldsymbol{r}}_{\mathrm{CM}})$。

(2) 第一个虚拟粒子是质心，其质量为 $M=m_1+m_2$。由于 $\boldsymbol{r}_{\mathrm{CM}}$ 是一个循环变量，动量 $\boldsymbol{p}_{\mathrm{CM}}=M\dot{\boldsymbol{r}}_{\mathrm{CM}}$（它就是总动量）是守恒量，正如预期。因为我们对质心的运动不感兴趣，所以通常将其忽略。要做到这一点，清晰的方法是采用质心系，其中 $\dot{\boldsymbol{r}}_{\mathrm{CM}}=0$，使得质心在拉格朗日量中被完全消除掉。

(3) 第二个虚拟粒子具有质量 $\mu=m_1m_2/(m_1+m_2)$（被称为约化质量），动量 $\boldsymbol{p}=\mu\dot{\boldsymbol{r}}$，并在一个势 $V(\boldsymbol{r})$ 下运动。我们只需求解这个单体问题。如果这样选择的话，使用 (2.3.1) 和 (2.3.2) 式，最后就可以很容易地返回到坐标 $\boldsymbol{r}_1$ 和 $\boldsymbol{r}_2$。

习题 2.3.1* 利用变量变换从 (2.3.5) 式推导 (2.3.6) 式。

2.4　粒子有多聪明？

拉格朗日形式似乎赋予了粒子强大的预见能力：一个位于 (x_i,t_i) 的粒子对于其目的地 (x_j,t_j)，能设法提前计算出连接这两点的每一条可能路径的作用量，并取出最小作用量的路径。但这当然是一种幻觉。粒子不需要提前知道它的整条轨迹，它只需要在每个时刻服从欧拉–拉格朗日方程，以使其作用量最小化。这反过来又意味着要遵循牛顿定律，也就是说，粒子必须在其邻域对势采样，并沿着变化最大的方向加速。

当我们学习量子力学时，我们对粒子的这种尊重会进一步减少。我们将发现，在某种程度上，粒子将沿着所有可能的路径从 (x_i, t_i) 到 (x_j, t_j)，每一条路径具有同样的权重。尽管如此，经典粒子遵循 $x_{\mathrm{cl}}(t)$ 似乎仍是一个有趣的问题，当我们讨论到量子力学的路径积分形式时，将会回答这个问题。

2.5 哈密顿形式

在拉格朗日形式中，独立变量是坐标 q_i 和速度 $\dot{q}_i$。动量是导出量，其定义为

$$p_i = \frac{\partial \mathcal{L}}{\partial \dot{q}_i} \tag{2.5.1}$$

在哈密顿形式中，交换 $\dot{q}$ 和 p 的角色：用生成运动方程的哈密顿量 $\mathcal{H}(q,p)$ 代替拉格朗日量 $\mathcal{L}(q,\dot{q})$①，$\dot{q}$ 变成一个导出量，

$$\dot{q}_i = \frac{\partial \mathcal{H}}{\partial p_i} \tag{2.5.2}$$

因此，我们完成了所有的 $\dot{q}$ 和 p 的角色转换。

有一个标准的程序来实现这种转换，被称为勒让德变换，让我们通过下面的简单例子来说明这一点。假设我们有一个函数 $f(x)$，且

$$u(x) = \frac{\mathrm{d}f}{\mathrm{d}x} \tag{2.5.3}$$

假设我们可以求得 $u(x)$ 的反函数 $x(u)$。[例如，如果 $u(x) = x^3$，则 $x(u) = u^{1/3}$，等等。] 如果我们定义函数

$$g(u) = x(u)u - f(x(u)) \tag{2.5.4}$$

则

$$\frac{\mathrm{d}g}{\mathrm{d}u} = \frac{\mathrm{d}x}{\mathrm{d}u} \cdot u + x(u) - \frac{\mathrm{d}f}{\mathrm{d}x} \cdot \frac{\mathrm{d}x}{\mathrm{d}u} = x(u) \tag{2.5.5}$$

也就是说，在从 f 变到 g（或反过来）时，我们交换了 x 和 u 的角色。我们将 (2.5.4) 式称为勒让德变换，将 f 和 g 称为彼此的勒让德变换。

一般地，如果 $f = f(x_1, x_2, \cdots, x_n)$，可以消除一个子集 $\{x_i, i = 1, \cdots, j\}$ 便于通过以下变换求偏导数 $u_i = \partial f / \partial x_i$

$$g(u_1, \cdots, u_j, x_{j+1}, \cdots, x_n) = \sum_{i=1}^{j} u_i x_i - f(x_1, \cdots, x_n) \tag{2.5.6}$$

① 我们经常称 $q_1, \cdots, q_n$ 为 q；$p_1, \cdots, p_n$ 为 p。

(2.5.6) 式的右边应被理解为：所有要被消除的 x_i 都被重写为 g 中所允许的变量的函数。易证

$$\frac{\partial g}{\partial u_i} = x_i \tag{2.5.7}$$

其中，在取上述偏导数时，g 中所有其他变量都保持不变。

将这些方法应用于所讨论的问题时，我们定义

$$\mathcal{H}(q,p) = \sum_{i=1}^{n} p_i \dot{q}_i - \mathcal{L}(q,\dot{q}) \tag{2.5.8}$$

其中 $\dot{q}$ 将被写为 q 和 p 的函数。该式的反变换通常很容易完成，因为 $\mathcal{L}$ 是 $\dot{q}$ 的秩为 2 的多项式，$p_i = \partial\mathcal{L}/\partial\dot{q}_i$ 是 $\dot{q}$ 的秩为 1 的多项式，例如，(2.2.7) 式。现在考虑

$$\frac{\partial\mathcal{H}}{\partial p_i} = \frac{\partial}{\partial p_i}\left(\sum_j p_j\dot{q}_j - \mathcal{L}\right) \tag{2.5.9}$$

$$= \dot{q}_i + \sum_j p_j \frac{\partial\dot{q}_j}{\partial p_i} - \sum_j \frac{\partial\mathcal{L}}{\partial\dot{q}_j}\frac{\partial\dot{q}_j}{\partial p_i}$$

$$= \dot{q}_i \quad \left(\text{因为 } p_j = \frac{\partial\mathcal{L}}{\partial\dot{q}_j}\right) \tag{2.5.10}$$

［不存在 $(\partial\mathcal{L}/\partial q_j)(\partial q_j/\partial p_i)$ 项，因为在 $\partial\mathcal{H}/\partial p_i$ 中 q 保持不变，也就是说，q 和 p 是独立变量。］同样地，

$$\frac{\partial\mathcal{H}}{\partial q_i} = \sum_j p_j\frac{\partial\dot{q}_j}{\partial q_i} - \frac{\partial\mathcal{L}}{\partial q_i} - \sum_j \frac{\partial\mathcal{L}}{\partial\dot{q}_j}\frac{\partial\dot{q}_j}{\partial q_i} = -\frac{\partial\mathcal{L}}{\partial q_i} \tag{2.5.11}$$

我们现在通过用 $\dot{p}_i$ 替换 $(\partial\mathcal{L}/\partial q_i)$ 代回到动力学中，并求得哈密顿正则方程：

$$\frac{\partial\mathcal{H}}{\partial p_i} = \dot{q}_i\,, \qquad -\frac{\partial\mathcal{H}}{\partial q_i} = \dot{p}_i \tag{2.5.12}$$

注意，对于 n 个自由度的系统，我们一共有 $2n$ 个（对时间的）一阶方程。给定初值 $(q_i(0), p_i(0))$，$i = 1,\cdots,n$，我们可以把方程积分，求得 $(q_i(t), p_i(t))$。

表 2.1 给出了拉格朗日形式与哈密顿形式的对照。

如果力是保守力，就像 $\mathcal{L}$ 可以被解释为 $T-V$ 一样，在这种情况下 $\mathcal{H}$ 也有一个简单的解释。考虑求和 $\sum_i p_i\dot{q}_i$。让我们使用笛卡儿坐标，在其中依据

$$T = \sum_{i=1}^{n} \frac{1}{2} m_i \dot{x}_i^2$$

$$p_i = \frac{\partial\mathcal{L}}{\partial\dot{x}_i} = \frac{\partial T}{\partial\dot{x}_i} = m_i\dot{x}_i$$

表 2.1 拉格朗日形式与哈密顿形式的对照

拉格朗日形式	哈密顿形式
(1) n 个自由度系统的状态用 n 个坐标 $(q_1,\cdots,q_n)$ 和 n 个速度，或者用更紧凑的符号 $(q,\dot{q})$ 描述。	(1) n 个自由度系统的状态用 n 个坐标和 n 个动量 $(q_1,\cdots,q_n;p_1,\cdots,p_n)$，或用更简洁的 (q,p) 描述。
(2) 系统的状态可用 n 维组态空间中以确定速度运动的一个点表示。	(2) 系统的状态可以用 $2n$ 维相空间中坐标为 $(q_1,\cdots,q_n;p_1,\cdots,p_n)$ 的一个点表示。
(3) 这 n 个坐标按照 n 个二阶方程演化。	(3) 这 $2n$ 个坐标和动量遵从 $2n$ 个一阶方程。
(4) 对于一个给定的 $\mathcal{L}$，有几条轨迹可以穿过组态空间中一个依赖于 $\dot{q}$ 的点。	(4) 对于一个给定的 $\mathcal{L}$，只有一条轨迹穿过相空间中一个给定的点。

和

$$\sum_{i=1}^{n} p_i\dot{x}_i = \sum_{i=1}^{n} m_i\dot{x}_i^2 = 2T \tag{2.5.13}$$

结果

$$\mathcal{H} = \sum_i p_i\dot{x}_i - \mathcal{L} = T + V \tag{2.5.14}$$

为总能量。注意，虽然我们一直使用笛卡儿坐标，但结果的 (2.5.14) 式是标量之间的关系，因此是坐标无关的。

习题 2.5.1 证明：如果 $T = \sum_i\sum_j T_{ij}(q)\dot{q}_i\dot{q}_j$，其中所有的 $\dot{q}$ 都是广义速度，则 $\sum_i p_i\dot{q}_i = 2T$。

可以用谐振子的简单例子说明哈密顿方法，对于谐振子

$$\mathcal{L} = \frac{1}{2}m\dot{x}^2 - \frac{1}{2}kx^2$$

正则动量为

$$p = \frac{\partial\mathcal{L}}{\partial\dot{x}} = m\dot{x}$$

很容易反解这个关系，求得 $\dot{x}$ 作为 p 的函数：

$$\dot{x} = p/m$$

并求得

$$\begin{aligned}\mathcal{H}(x,p) = T + V &= \frac{1}{2}m\left[\dot{x}(p)\right]^2 + \frac{1}{2}kx^2 \\ &= \frac{p^2}{2m} + \frac{1}{2}kx^2\end{aligned} \tag{2.5.15}$$

运动方程为

$$\frac{\partial\mathcal{H}}{\partial p} = \dot{q} \to \frac{p}{m} = \dot{x} \tag{2.5.16}$$

$$-\frac{\partial\mathcal{H}}{\partial q} = \dot{p} \to -kx = \dot{p} \tag{2.5.17}$$

给定初始的 q 和 p，这些方程可以对时间积分。但是，如果我们想要熟悉的二阶方程，我们将 (2.5.16) 式对时间求微分，并将其代入 (2.5.17) 式中，得到

$$m\ddot{x} + kx = 0$$

习题 2.5.2 利用能量守恒，证明谐振子在相空间中的轨迹是一个形为 $(x/a)^2 + (p/b)^2 = 1$ 的椭圆，其中 $a^2 = 2E/k$ 和 $b^2 = 2mE$。

习题 2.5.3 用哈密顿形式求解习题 2.1.2。

习题 2.5.4* 证明与 (2.3.6) 式中的 $\mathcal{L}$ 对应的 $\mathcal{H}$ 为 $\mathcal{H} = |\boldsymbol{p}_{\mathrm{CM}}|^2/2M + |\boldsymbol{p}|^2/2\mu + V(\boldsymbol{r})$，其中 M 是总质量，μ 是约化质量，$\boldsymbol{p}_{\mathrm{CM}}$ 和 $\boldsymbol{p}$ 分别是与 $\boldsymbol{r}_{\mathrm{CM}}$ 和 $\boldsymbol{r}$ 共轭的动量。

2.6 哈密顿量方案中的电磁力

从 $\mathcal{L}_{e\cdot m}$ 到其勒让德变换 $\mathcal{H}_{e\cdot m}$ 的过程对力的速度依赖性并不敏感。如果 $\mathcal{L}_{e\cdot m}$ 生成了正确的力学定律，则 $\mathcal{H}_{e\cdot m}$ 也将如此，这两种方案的动力学内容是完全一样的。相反，在证明 $\mathcal{H}$ 的数值是 $T+V$，即总能量时，假设了力的速度无关性。让我们重复分析一下电磁情况。如

$$\mathcal{L}_{e\cdot m} = \frac{1}{2}m\boldsymbol{v}\cdot\boldsymbol{v} - q\phi + \frac{q}{c}\boldsymbol{v}\cdot\boldsymbol{A}$$

和[①]

$$\boldsymbol{p}=m\boldsymbol{v}+\frac{q\boldsymbol{A}}{c}$$

我们有

$$\begin{aligned}\mathcal{H}_{e\cdot m}&=\boldsymbol{p}\cdot\boldsymbol{v}-\mathcal{L}_{e\cdot m}\\&=m\boldsymbol{v}\cdot\boldsymbol{v}+q\frac{\boldsymbol{v}\cdot\boldsymbol{A}}{c}-\frac{1}{2}m\boldsymbol{v}\cdot\boldsymbol{v}+q\phi-q\frac{\boldsymbol{v}\cdot\boldsymbol{A}}{c}\\&=\frac{1}{2}m\boldsymbol{v}\cdot\boldsymbol{v}+q\phi=T+q\phi\end{aligned}\tag{2.6.1}$$

现在，(2.6.1) 式出现了一些非常令人困扰的问题：这样做下去，矢量势 $\boldsymbol{A}$ 似乎被丢掉了。不知道 $\boldsymbol{A}$ 是什么，$\mathcal{H}_{e\cdot m}$ 怎能生成正确的动力学呢？当然，答案是：$\mathcal{H}$ 绝不仅仅是 $T+q\phi$——它是以正确的变量，特别是用 $\boldsymbol{p}$ 而不是 $\boldsymbol{v}$，写出的 $T+q\phi$。通过变量的变换，我们得到了

$$\mathcal{H}_{e\cdot m}=\frac{|(\boldsymbol{p}-q\boldsymbol{A}/c)|^2}{2m}+q\phi\tag{2.6.2}$$

它具有该图像中应有的矢量势。

2.7 循环坐标、泊松括号和正则变换

我们在这里定义了循环坐标，就像在拉格朗日形式中一样，它们具有相同的意义：如果在 $\mathcal{H}$ 中缺少一个坐标 q_i，则

$$\dot{p}_i=-\frac{\partial\mathcal{H}}{\partial q_i}=0\tag{2.7.1}$$

现在除了正则动量之外，还有其他的量，例如能量，可能是守恒的[②]。在哈密顿形式中有一种很好的描述这些量的方法。设 $\omega(p,q)$ 是状态变量的函数，不显含 t。它的时间变化由

$$\begin{aligned}\frac{\mathrm{d}\omega}{\mathrm{d}t}&=\sum_i\left(\frac{\partial\omega}{\partial q_i}\dot{q}_i+\frac{\partial\omega}{\partial p_i}\dot{p}_i\right)\\&=\sum_i\left(\frac{\partial\omega}{\partial q_i}\frac{\partial\mathcal{H}}{\partial p_i}-\frac{\partial\omega}{\partial p_i}\frac{\partial\mathcal{H}}{\partial q_i}\right)\\&\equiv\{\omega,\mathcal{H}\}\end{aligned}\tag{2.7.2}$$

① 请注意，在这个讨论中，q 是电荷而不是坐标。（笛卡儿）坐标 $\boldsymbol{r}$ 隐藏在函数 $\boldsymbol{A}(r,t)$ 和 $\phi(r,t)$ 中。

② 另一个例子是：当 $V(x,y)=V(x^2+y^2)$ 时，$l_z=xp_y-yp_x$ 的守恒。这里没有循环坐标。当然，如果我们在极坐标下工作，$V(\rho,\phi)=V(\rho)$，那么 $p_\phi=m\rho^2\dot{\phi}=l_z$ 守恒，因为它是与循环坐标 ϕ 共轭的动量。

给出，其中我们定义了 $\omega(p,q)$ 和 $\lambda(p,q)$ 两个变量的泊松括号（PB）为

$$\{\omega,\lambda\}\equiv\sum_i\left(\frac{\partial\omega}{\partial q_i}\frac{\partial\lambda}{\partial p_i}-\frac{\partial\omega}{\partial p_i}\frac{\partial\lambda}{\partial q_i}\right) \tag{2.7.3}$$

从 (2.7.2) 式得出：与 $\mathcal{H}$ 的 PB 为零的任何变量对于时间来说是常量，即为守恒量。特别是，$\mathcal{H}$ 本身是一个运动常量（总能量），倘若它对 t 没有明显的依赖性。

习题 2.7.1* 证明

$$\{\omega,\lambda\}=-\{\lambda,\omega\}$$
$$\{\omega,\lambda+\sigma\}=\{\omega,\lambda\}+\{\omega,\sigma\}$$
$$\{\omega,\lambda\sigma\}=\{\omega,\lambda\}\sigma+\lambda\{\omega,\sigma\}$$

请注意上述公式与对易式 (1.5.10) 和 (1.5.11) 式之间的相似性。

起基本且重要作用的是所有的 q 和 p 之间的 PB。因为 $(q_i,\cdots,p_n)$ 都是独立变量（$\partial q_i/\partial q_j=0$，$\partial q_i/\partial p_k=0$ 等），故

$$\{q_i,q_j\}=\{p_i,p_j\}=0 \tag{2.7.4a}$$

$$\{q_i,p_j\}=\delta_{ij} \tag{2.7.4b}$$

通过设 (2.7.2) 式中的 $\omega=q_i$ 或 p_i，哈密顿方程可以用 PB 写成

$$\dot{q}_i=\{q_i,\mathcal{H}\} \tag{2.7.5a}$$
$$\dot{p}_i=\{p_i,\mathcal{H}\} \tag{2.7.5b}$$

习题 2.7.2* (i) 证明 (2.7.4) 和 (2.7.5) 式。(ii) 考虑一个由 $\mathcal{H}=p_x^2+p_y^2+ax^2+by^2$ 给出的二维问题。论证如果 $a=b$，则 $\{l_z,\mathcal{H}\}$ 一定为零。用显式的计算证明。

正则变换

我们曾看到，在组态空间中坐标的任一①变换

$$q_i\to\bar{q}_i(q_1,\cdots,q_n)\,,\qquad i=1,\cdots,n \tag{2.7.6a}$$

① 我们假定这个变换是可逆的，所以可以用 $\bar{q}$ 写出 q：$q=q(\bar{q})$。这个变换还可能明显地依赖于时间［$\bar{q}=\bar{q}(q,t)$］，但我们不考虑这样的情况。

下，欧拉–拉格朗日方程形式不变，或更简洁地，

$$q \to \bar{q}(q) \tag{2.7.6b}$$

速度对这个变换的响应可以从 (2.7.6a) 式推出：

$$\dot{\bar{q}}_i = \dot{\bar{q}}_i = \frac{\mathrm{d}\bar{q}_i}{\mathrm{d}t} = \sum_j \left(\frac{\partial \bar{q}_i}{\partial q_j}\right) \dot{q}_j \tag{2.7.7}$$

可以通过用 $(\bar{q}, \dot{\bar{q}})$ 重写 $\mathcal{L}$，并取对 $\dot{\bar{q}}$ 的导数，找到正则动量的响应：

$$\bar{p}_i = \frac{\partial \mathcal{L}(\bar{q}, \dot{\bar{q}})}{\partial \dot{\bar{q}}_i} \tag{2.7.8}$$

结果是（习题 2.7.8）：

$$\bar{p}_i = \sum_j \left(\frac{\partial q_j}{\partial \bar{q}_i}\right) p_j \tag{2.7.9}$$

注意，尽管 $\mathcal{L}$ 进入 (2.7.8) 式，它在把旧变量与 $\bar{p}$ 联系起来的 (2.7.9) 式中却消失了。这本该如此，因为我们期望动量对坐标变换（例如，转动）的响应是一种纯粹的运动学问题。

关于 $\mathcal{L}(\bar{q}, \dot{\bar{q}})$ 的一点解释。我们指的 $\mathcal{L}(\bar{q}, \dot{\bar{q}})$ 是用 $\bar{q}$ 和 $\dot{\bar{q}}$ 写出的拉格朗日量（为确定起见，比如 $T - V$）。因此，拉格朗日量的数值在 $(q, \dot{q}) \to (\bar{q}, \dot{\bar{q}})$ 的变换下是不变的；因为 $(q, \dot{q})$ 和 $(\bar{q}, \dot{\bar{q}})$ 涉及的是*相同的物理态*。然而，拉格朗日量的函数形式确实改变了，所以我们实际应该使用两个不同的符号 $\mathcal{L}(q, \dot{q})$ 和 $\bar{\mathcal{L}}(\bar{q}, \dot{\bar{q}})$。尽管如此，我们遵循的惯例是，用固定的符号来表示所有坐标系下的一个给定的动力学变量，比如拉格朗日量。

欧拉–拉格朗日方程在 $(q, \dot{q}) \to (\bar{q}, \dot{\bar{q}})$ 下的不变性，意味着哈密顿方程在 $(q, p) \to (\bar{q}, \bar{p})$ 下的不变性，即 $(\bar{q}, \bar{p})$ 服从

$$\dot{\bar{q}}_i = \partial \mathcal{H} / \partial \bar{p}_i\ , \qquad \dot{\bar{p}}_i = -(\partial \mathcal{H} / \partial \bar{q}_i) \tag{2.7.10}$$

其中 $\mathcal{H} = \mathcal{H}(\bar{q}, \bar{p})$ 是用 $\bar{q}$ 和 $\bar{p}$ 写出的哈密顿量。证明很简单：我们从 $\mathcal{L}(\bar{q}, \dot{\bar{q}})$ 开始，做一个勒让德变换，并使用这样的事实：$\bar{q}$ 服从欧拉–拉格朗日方程。

变换

$$q_i \to \bar{q}_i\,(q_1, \cdots, q_n)\,, \qquad \bar{p}_i = \sum_j \left(\frac{\partial q_j}{\partial \bar{q}_i}\right) p_j \tag{2.7.11}$$

被称为*点变换*。如果我们认为哈密顿形式是从 n 维组态空间中用公式表述的拉格朗日形式导出的，这是保持哈密顿方程形式（我们可以想到的）不变的最一般的（时间无关的）变换。另一方面，如果我们独立地观察哈密顿形式体系，背景是 $2n$ 维

相空间。在此空间中，点变换是不必要的限制。人们可以考虑对相空间坐标进行更一般的变换：

$$
\begin{aligned}
q &\to \bar{q}(q,p) \\
p &\to \bar{p}(q,p)
\end{aligned}
\tag{2.7.12}
$$

虽然 $2n$ 个独立坐标 $(\bar{q},\bar{p})$ 的所有集合形式上都足以描述系统的状态，但并不是所有这些集合都能保持哈密顿方程的正则形式。（这就像说，虽然牛顿定律可以用任一坐标的完全集合来书写，但只有当 q_i 是笛卡儿坐标时简单形式 $m\ddot{q}_i = -\partial V/\partial q_i$ 才有效。）如果 $(\bar{q},\bar{p})$ 服从正则方程 (2.7.10)，我们则说它们是**正则坐标**，以及 (2.7.12) 式定义了一个**正则变换**。任意一组坐标 $(q_1,\cdots,q_n)$，以及在拉格朗日形式中产生的相应动量（$p_i = \partial\mathcal{L}/\partial\dot{q}_i$），都是正则坐标。给定一个集合 (q,p)，我们可以通过点变换得到另一个集合 $(\bar{q},\bar{p})$，这是正则变换的一个特例。然而，这并没有穷尽所有的可能性。现在让我们提出以下问题：*给定一组新的坐标 $(\bar{q}(q,p),\bar{p}(q,p))$，我们如何能判断它们是否是正则的［假设 (q,p) 是正则的］？*现在，下式对于任何 $\omega(q,p)$ 都是正确的：

$$\dot{\omega} = \{\omega,\mathcal{H}\} = \sum_i \left(\frac{\partial\omega}{\partial q_i}\frac{\partial\mathcal{H}}{\partial p_i} - \frac{\partial\omega}{\partial p_i}\frac{\partial\mathcal{H}}{\partial q_i}\right) \tag{2.7.13}$$

把该式用于 $\bar{q}_j(q,p)$，我们发现

$$\dot{\bar{q}}_j = \sum_i \left(\frac{\partial\bar{q}_j}{\partial q_i}\frac{\partial\mathcal{H}}{\partial p_i} - \frac{\partial\bar{q}_j}{\partial p_i}\frac{\partial\mathcal{H}}{\partial q_i}\right) \tag{2.7.14}$$

如果我们把 $\mathcal{H}$ 视为 $(\bar{q},\bar{p})$ 的函数并使用链式规则，则得到

$$\frac{\partial\mathcal{H}(q,p)}{\partial p_i} = \frac{\partial\mathcal{H}(\bar{q},\bar{p})}{\partial p_i} = \sum_k \left(\frac{\partial\mathcal{H}}{\partial\bar{q}_k}\frac{\partial\bar{q}_k}{\partial p_i} + \frac{\partial\mathcal{H}}{\partial\bar{p}_k}\frac{\partial\bar{p}_k}{\partial p_i}\right) \tag{2.7.15a}$$

和

$$\frac{\partial\mathcal{H}(q,p)}{\partial q_i} = \frac{\partial\mathcal{H}(\bar{q},\bar{p})}{\partial q_i} = \sum_k \left(\frac{\partial\mathcal{H}}{\partial\bar{q}_k}\frac{\partial\bar{q}_k}{\partial q_i} + \frac{\partial\mathcal{H}}{\partial\bar{p}_k}\frac{\partial\bar{p}_k}{\partial q_i}\right) \tag{2.7.15b}$$

我们把所有这些代入 (2.7.14) 式，并重新组合各项，发现

$$\dot{\bar{q}}_j = \sum_k \left(\frac{\partial\mathcal{H}}{\partial\bar{q}_k}\{\bar{q}_j,\bar{q}_k\} + \frac{\partial\mathcal{H}}{\partial\bar{p}_k}\{\bar{q}_j,\bar{p}_k\}\right) \tag{2.7.16}$$

类似地可以证明

$$\dot{\bar{p}}_j = \sum_k \left(\frac{\partial\mathcal{H}}{\partial\bar{q}_k}\{\bar{p}_j,\bar{q}_k\} + \frac{\partial\mathcal{H}}{\partial\bar{p}_k}\{\bar{p}_j,\bar{p}_k\}\right) \tag{2.7.17}$$

如果把 (2.7.16) 和 (2.7.17) 式都约化为对任一 $\mathcal{H}(q,p)$ 的正则方程 (2.7.10)，我们必须有

$$\begin{aligned}\{\bar{q}_j,\bar{q}_k\}=0=\{\bar{p}_j,\bar{p}_k\}\\ \{\bar{q}_j,\bar{p}_k\}=\delta_{jk}\end{aligned}\tag{2.7.18}$$

如果新变量是正则的，那么它就要满足以上条件。请注意，这些约束不涉及 $\mathcal{H}$ 的特定函数形式——定义正则变量的方程纯粹是运动学的，并且对于任一 $\mathcal{H}(q,p)$ 来说都是正确的。

习题 2.7.3 填补由 (2.7.14) 式导出 (2.7.18) 式所丢失的步骤。

习题 2.7.4 证明到转动参考系的变换

$$\bar{x}=x\cos\theta-y\sin\theta$$
$$\bar{y}=x\sin\theta+y\cos\theta$$
$$\bar{p}_x=p_x\cos\theta-p_y\sin\theta$$
$$\bar{p}_y=p_x\sin\theta+p_y\cos\theta$$

是一个正则变换。

习题 2.7.5 证明极坐标的变量 $\rho=(x^2+y^2)^{1/2}$，$\phi=\arctan(y/x)$，

$$p_\rho=\hat{\boldsymbol{e}}_\rho\cdot\boldsymbol{p}=\frac{x\,p_x+y\,p_y}{(x^2+y^2)^{1/2}},\qquad p_\phi=x\,p_y-y\,p_x(=l_z)$$

都是正则变量。($\hat{\boldsymbol{e}}_\rho$ 是径向的单位矢量。)

习题 2.7.6* 证明从变量 $\boldsymbol{r}_1$，$\boldsymbol{r}_2$，$\boldsymbol{p}_1$，$\boldsymbol{p}_2$ 变换到变量 $\boldsymbol{r}_{\mathrm{CM}}$，$\boldsymbol{p}_{\mathrm{CM}}$，$\boldsymbol{r}$，$\boldsymbol{p}$ 是一个正则变换。(见习题 2.5.4。)

习题 2.7.7 证明

$$\bar{q}=\ln(q^{-1}\sin p)$$
$$\bar{p}=q\cot p$$

是一个正则变换。

习题 2.7.8 我们想在这里推导出 (2.7.9) 式，它给出了组态空间中坐标

$$q_i \to \bar{q}_i\left(q_1, \cdots, q_n\right)$$

的变换下，动量的变换。

(1) 如果我们把上面的方程反解得到 $q = q(\bar{q})$，我们就可以导出下面的 (2.7.7) 式的对应式：

$$\dot{q}_i = \sum_j \left(\frac{\partial q_i}{\partial \bar{q}_j}\right) \dot{\bar{q}}_j$$

(2) 从上式证明

$$\left(\frac{\partial \dot{q}_i}{\partial \dot{\bar{q}}_j}\right)_{\bar{q}} = \frac{\partial q_i}{\partial \bar{q}_j}$$

(3) 现在计算

$$\bar{p}_i = \left[\frac{\partial \mathcal{L}(\bar{q}, \dot{\bar{q}})}{\partial \dot{\bar{q}}_i}\right]_{\bar{q}} = \left[\frac{\partial \mathcal{L}(q, \dot{q})}{\partial \dot{\bar{q}}_i}\right]_{\bar{q}}$$

利用链式规则，以及 $q = q(\bar{q})$ 而不是 $q(\bar{q}, \dot{\bar{q}})$，推导 (2.7.9) 式。

(4) 通过计算 (2.7.18) 式中的 PB，证明点变换是正则变换。

如果 (q, p) 和 $(\bar{q}, \bar{p})$ 都是正则的，我们必须赋予它们相同的状态，因为哈密顿方程在用任一集合表示时都有相同的结构。现在，我们用 (q, p) 定义了两个变量 ω 和 σ 的 PB 为

$$\{\omega, \sigma\} = \sum_i \left(\frac{\partial \omega}{\partial q_i}\frac{\partial \sigma}{\partial p_i} - \frac{\partial \omega}{\partial p_i}\frac{\partial \sigma}{\partial q_i}\right) \equiv \{\omega, \sigma\}_{q,p}$$

我们是不是也应该为每个正则对 $(\bar{q}, \bar{p})$ 定义一个 PB——$\{\omega, \sigma\}_{\bar{q},\bar{p}}$？幸运的是，可以证明 PB 在正则变换下是不变的：

$$\{\omega, \sigma\}_{q,p} = \{\omega, \sigma\}_{\bar{q},\bar{p}} \tag{2.7.19}$$

（上式应理解为，右边的 ω 和 σ 都被写成了 $\bar{q}$ 和 $\bar{p}$ 的函数。）

习题 2.7.9 通过直接计算验证方程 (2.7.19)。使用链式规则从对 q，p 的导数变成对 $\bar{q}$，$\bar{p}$ 的导数。收集表示后者的 PB 的各项。

除了通过直接计算证明外（如同上面的习题 2.7.9），还有一种方法可以建立 (2.7.19) 式。

首先考虑 $\sigma = \mathcal{H}$。我们知道，因为 (q, p) 服从正则方程，

$$\dot{\omega} = \{\omega, \mathcal{H}\}_{q,p}$$

但是 $(\bar{q},\bar{p})$ 也服从正则方程，即

$$\dot{\omega}=\{\omega,\mathcal{H}\}_{\bar{q},\bar{p}}$$

现在 ω 是某个物理量，例如动能或角动量在某固定的方向上的分量，所以它的变化率不依赖于所使用的相空间坐标，即 $\dot{\omega}$ 就是 $\dot{\omega}$，不管是 $\omega=\omega(q,p)$ 还是 $\omega=\omega(\bar{q},\bar{p})$。所以

$$\{\omega,\mathcal{H}\}_{q,p}=\{\omega,\mathcal{H}\}_{\bar{q},\bar{p}} \tag{2.7.20}$$

证明了在似乎较为特殊的 $\sigma=\mathcal{H}$ 情况下的结果。我们现在引入以下技巧。请注意，在推导中我们没有在任何地方假定 $\mathcal{H}$ 是 q 和 p 的任一特殊的函数。实际上，哈密顿动力学作为一种自洽的数学方案，对 $\mathcal{H}$ 没有施加限制。正是物理上要求 $\mathcal{H}$ 产生的时间演化与实际观测到的一致，限制了 $\mathcal{H}$ 为 $T+V$。因此在前面的论证和在 (2.7.20) 式（它只是偏导数之间的一个关系）的结果中，$\mathcal{H}$ 完全可以是任一函数。如果在这个论证中我们认为 $\mathcal{H}$ 不是 $T+V$，而是任意函数，并把它称为 σ，我们就得到了所需的结果。

主动变换

到目前为止，我们已经观察到了变换

$$\bar{q}=\bar{q}(q,p)$$
$$\bar{p}=\bar{p}(q,p)$$

是被动变换：(q,p) 和 $(\bar{q},\bar{p})$ 指的是用两个不同的坐标系描述的相空间中的同一个点。在变换 $(q,p)\to(\bar{q},\bar{p})$ 下，所有动力学变量的数值都不变（因为我们所涉及的是相同的物理状态），但是它们的函数形式改变了。例如，在从笛卡儿坐标到球坐标的变换下，$\omega(x,y,z)=x^2+y^2+z^2\to\omega(r,\theta,\phi)=r^2$。如前所述，对于一个给定变量，虽然在我们更改坐标时，该变量对坐标的函数依赖关系变了，但我们仍然使用了相同的符号。

现在考虑一种受到限制的变换，被称为规则变换（regular transformation）。它保持变量的变化范围不变，即 (q,p) 和 $(\bar{q},\bar{p})$ 具有相同的区间。从一个笛卡儿坐标到一个平移或转动坐标的变化就是规则变换（每个变量在变换前后都从 $-\infty$ 变到 $+\infty$），而对球坐标的变化（其中一些坐标是非负的，另一些是以 2π 为界的，等等）就不是规则变换。

规则变换 $(q,p)\to(\bar{q},\bar{p})$ 允许做另一种解释：不把 $(\bar{q},\bar{p})$ 看作新坐标系下相空间中相同的点，而是把它看作同一个坐标系中的一个新的点。这对应于改变系统状态的主动变换。在这种变化下，任何动力学变量 $\omega(q,p)$ 的数值通常将改变——

$\omega(q,p) \neq \omega(\bar{q},\bar{p})$，尽管其函数依赖关系将不变——$\omega(\bar{q},\bar{p})$ 是在新的点 $(q=\bar{q}, p=\bar{p})$ 计算的相同的函数 $\omega(q,p)$。

如果

$$\omega(q,p) = \omega(\bar{q},\bar{p}) \tag{2.7.21}$$

我们就说 ω 在规则变换 $(q,p) \to (\bar{q},\bar{p})$ 下是不变的。(只有当我们讨论主动变换时这个方程才有意义，因为在被动变换下，对于任一 ω，该式都正确。)

无论我们认为变换 $(q,p) \to (\bar{q},\bar{p})$ 是主动的还是被动的，只要 $(\bar{q},\bar{p})$ 服从 (2.7.18) 式，它就被称为正则的。正如我们将要看到的，只有规则的正则变换才是物理上感兴趣的。

2.8　对称性及其推论

让我们通过研究“对称性”这个词在日常用法中的含义，开始我们的讨论。我们说球是一个非常对称的物体，因为从各个方向看起来它都是一样的。或者，等价地说，一个球体在绕着通过其中心的任一轴旋转之前和之后看起来都是一样的。圆柱体也有对称性，但不如球体的对称多——转动必须绕着它的轴进行。一般情况下，物体的对称性意味着它在某些变换下的不变性，在我们的例子中这个变换是转动。

对称可以是分立的，也可以是连续的，以一个六边形和圆为例。使六边形不变的旋转角度形成一个分立的集合，即 60° 的倍数，而圆的对应集合是连续的。我们可以用另一种方法来描述圆的连续对称性。考虑一个*恒等变换*，它什么也不做，也就是说，在我们的这个例子里是旋转 0°。它既保持圆不变也保持六边形不变。接着考虑*无穷小变换*，它是无穷小地“接近”恒等变换，在我们的例子中，这是转动无穷小的角度 ε。它保持圆不变，但不保持六边形不变。因此，圆的特征是它在无穷小转动下的不变性。给出了这一性质，它在有限转动下的不变性就可以导出来。因为任何有限转动都可以看作是一系列无穷小转动(它们中的每一个都保持圆不变)。

在这样的意义上，还可以认为某些变量的函数是对称的，即如果以某种方式改变变量的值，函数的值不变。例如，考虑

$$f(x,y) = x^2 + y^2$$

如果我们对变量做下列变换：

$$\begin{aligned} x \to \bar{x} &= x\cos\theta - y\sin\theta \\ y \to \bar{y} &= x\sin\theta + y\cos\theta \end{aligned} \tag{2.8.1}$$

我们发现 f 是不变的。于是我们说 f 在上述变换下是对称的。按照前面引入的术语，这个变换是连续变换，它的无穷小版本是

$$
\begin{aligned}
x &\to \bar{x} = x\cos\varepsilon - y\sin\varepsilon = x - y\varepsilon \\
y &\to \bar{y} = x\sin\varepsilon + y\cos\varepsilon = x\varepsilon + y \quad （到\,\varepsilon\,阶）
\end{aligned}
\tag{2.8.2}
$$

现在考虑函数 $\mathcal{H}(q,p)$。它在规则的正则变换下的不变性产生了两个重要的动力学结果。

I. 如果 $\mathcal{H}$ 在以下无穷小变换下是不变的（你可以验证它是正则的，见习题 2.8.2），

$$
\begin{aligned}
q_i &\to \bar{q}_i = q_i + \varepsilon\frac{\partial g}{\partial p_i} \equiv q_i + \delta q_i \\
p_i &\to \bar{p}_i = p_i - \varepsilon\frac{\partial g}{\partial q_i} \equiv p_i + \delta p_i
\end{aligned}
\tag{2.8.3}
$$

其中 $g(q,p)$ 是任一动力学变量，届时 g 是守恒量，也就是一个运动常数。人们称 g 是该变换的生成元。

II. 如果 $\mathcal{H}$ 在规则的正则变换，但不一定是无穷小变换 $(q,p)\to(\bar{q},\bar{p})$ 下不变，而且若 $(q(t),p(t))$ 是运动方程的解，则变换（平移，转动等）后的轨迹 $(\bar{q}(t),\bar{p}(t))$ 也是运动方程的解。

现在让我们分析这两个结果。

结果 I. 让我们首先证明，如果 $\mathcal{H}$ 在它产生的变换下是不变的，那么 g 确实是守恒的。保留到 ε 的第一阶，如果我们令 $\mathcal{H}$ 在其变量等于零的情况下的变化等于零，我们就可以得到

$$
\delta\mathcal{H} = \sum_i \frac{\partial\mathcal{H}}{\partial q_i}\left(\varepsilon\frac{\partial g}{\partial p_i}\right) + \frac{\partial\mathcal{H}}{\partial p_i}\left(-\varepsilon\frac{\partial g}{\partial q_i}\right) = \varepsilon\{\mathcal{H},g\} = 0 \tag{2.8.4}
$$

但按照 (2.7.2) 式，

$$
\{g,\mathcal{H}\} = 0 \to g\ 是守恒量 \tag{2.8.5}
$$

［更一般地，任何变量 ω 对于该变换的响应是

$$
\delta\omega = \varepsilon\{\omega,g\} \tag{2.8.6}
$$

注意 (2.8.3) 式中的 δp 和 δq 也可以写成泊松括号］。作为一个例子，考虑一个一维的粒子，并且 $g=p$。从 (2.8.3) 式，

$$
\begin{aligned}
\delta x &= \varepsilon\frac{\partial p}{\partial p} = \varepsilon \\
\delta p &= -\varepsilon\frac{\partial p}{\partial x} = 0
\end{aligned}
\tag{2.8.7}
$$

我们认为这是无穷小的平移。因此，线性动量 p 是空间平移的生成元，在平移不变的问题中，它是守恒的。这个结果背后的物理学是清楚的。由于 p 在平移中不变，所以 $T=p^2/2m$ 也是平移不变的。因此，$V(x+\varepsilon)=V(x)$。但如果势不随点变化，就没有力，因而 p 是守恒量。

接下来，考虑一个二维的例子，$g=l_z=xp_y-yp_x$。这里，

$$\begin{aligned}\delta x&=-y\varepsilon\left(=\varepsilon\frac{\partial l_z}{\partial p_x}\right)\\ \delta y&=x\varepsilon\left(=\varepsilon\frac{\partial l_z}{\partial p_y}\right)\\ \delta p_x&=-p_y\varepsilon\left(=-\varepsilon\frac{\partial l_z}{\partial x}\right)\\ \delta p_y&=p_x\varepsilon\left(=-\varepsilon\frac{\partial l_z}{\partial y}\right)\end{aligned}\tag{2.8.8}$$

我们识别出它是绕 z 轴的无穷小转动。[见 (2.8.2) 式。] 因此，绕 z 轴的角动量是绕该轴转动的生成元，如果在绕该轴的转动下 $\mathcal{H}$ 不变，则这个角动量是守恒的。对称性与守恒定律之间的关系可以用以下熟悉的术语来理解。在坐标和动量转动的情况下，$|\boldsymbol{p}|$ 不变，于是 $T=|\boldsymbol{p}|^2/2m$ 也不变。因此，当我们沿着以原点为中心的任何圆运动时，V 是一个常数。这反过来意味着没有沿切线方向的力，所以没有绕 z 轴的转矩。那时，l_z 守恒。

习题 2.8.1 证明总动量 $p=p_1+p_2$ 是两粒子系统无穷小平移的生成元。

习题 2.8.2* 证明由任一动力学变量 g 生成的无穷小变换都是正则变换。（提示：像往常一样，保留到 ε 的第一阶。）

习题 2.8.3 考虑

$$\mathcal{H}=\frac{p_x^2+p_y^2}{2m}+\frac{1}{2}m\omega^2\left(x^2+y^2\right)$$

其在坐标和动量的转动下的不变性导致 l_z 守恒。但是 $\mathcal{H}$ 仅仅在坐标的转动下也是不变的。证明这是一个非正则变换。相信在这种情况下对于任何的 g，都不可能把 $\delta\mathcal{H}$ 写成 $\varepsilon\{\mathcal{H},g\}$，即得不到守恒定律。

习题 2.8.4* 考虑 $\mathcal{H}=\frac{1}{2}p^2+\frac{1}{2}x^2$，它在相空间（$x-p$ 平面）中的无穷小转动下是不变的。求该变换的生成元（在证明其为正则变换之后）。（基于习题 2.5.2，你或许能猜出这个答案。）

作为副产品，前面的分析给出了一种生成无穷小正则变换的方法。我们取任一函数 $g(q,p)$，求得 (2.8.4) 式给出的变换。（回想一下，尽管我们早些时候定义了正则变换，但到目前为止，我们还没有生成正则变换的方法。）给定一个无穷小正则变换，我们可以通过将其“积分”得到一个有限的正则变换。下面的例子会让你相信这是可能的。考虑由 $g=\mathcal{H}$ 生成的变换，我们有

$$\begin{aligned}\delta q_i &= \varepsilon\{q_i,\mathcal{H}\}\\ \delta p_i &= \varepsilon\{p_i,\mathcal{H}\}\end{aligned} \tag{2.8.9}$$

但是，我们从运动方程知道 $\dot{q}_i=\{q,\mathcal{H}\}$ 等。所以

$$\begin{aligned}\delta q_i &= \varepsilon\dot{q}_i\\ \delta p_i &= \varepsilon\dot{p}_i\end{aligned} \tag{2.8.10}$$

因此，相空间中由 (q,p) 的这个正则变换得到的新的点 $(\bar{q},\bar{p})=(q+\delta q,p+\delta p)$，就是 (q,p) 在无穷小时间间隔 ε 内移动到的点。换句话说，相空间中那些点在由 $\mathcal{H}$ 所生成的时间演化下的运动是一个主动的正则变换。现在你知道，通过积分运动方程，我们可以在将来的任何时刻找到 $(\bar{q},\bar{p})$，即得到有限的正则变换。现在考虑 $g\neq\mathcal{H}$ 的一般情况，我们仍然有

$$\begin{aligned}\delta q_i &= \varepsilon\{q_i,g\}\\ \delta p_i &= \varepsilon\{p_i,g\}\end{aligned} \tag{2.8.11}$$

从数学上讲，这些方程与 (2.8.9) 式相同，其中 g 扮演哈密顿量的角色。显然，对于“假”哈密顿量 g 和假“时间” ε 下相空间点的演化过程，积分这些方程是没有问题的。例如，让我们考虑 $g=l_z$ ，其单位为 $\mathrm{J\cdot s}$，相应的假时间 $\varepsilon=\delta\theta$ 是一个角度。坐标的变换是

$$\begin{aligned}\delta x &= \varepsilon\{x,l_z\}=-\varepsilon y\equiv(-\delta\theta)y\\ \delta y &= (\delta\theta)x\end{aligned} \tag{2.8.12}$$

得到的假运动方程为

$$\frac{\mathrm{d}x}{\mathrm{d}\theta}=-y\,,\qquad \frac{\mathrm{d}y}{\mathrm{d}\theta}=x \tag{2.8.13}$$

把第一个方程对 θ 求微分，然后利用第二个方程，我们得到

$$\frac{\mathrm{d}^2x}{\mathrm{d}\theta^2}+x=0$$

以及同样地，

$$\frac{\mathrm{d}^2y}{\mathrm{d}\theta^2}+y=0$$

因此，

$$x = A\cos\theta + B\sin\theta$$
$$y = C\sin\theta + D\cos\theta$$

我们从“初始的”（$\theta = 0$）坐标和“速度”求出常数：$A = x_0$，$D = y_0$，$B = (\partial x/\partial\theta)_0 = -y_0$，$C = (\partial y/\partial\theta)_0 = x_0$。回到标准符号，其中用 (x, y) 而不是 (x_0, y_0) 标记初始点，以及用 $(\bar{x}, \bar{y})$ 而不是 (x, y) 表示变换后的点，我们可以把有限的正则变换（有限转动）写成

$$\begin{aligned}\bar{x} &= x\cos\theta - y\sin\theta \\ \bar{y} &= x\sin\theta + y\cos\theta\end{aligned} \tag{2.8.14}$$

对于 $\bar{p}_x$ 和 $\bar{p}_y$，同样可以推导出用 p_x 和 p_y 表示的方程。

虽然现在有许多类型的正则变换可为我们所用，但其中也有许多不可用，例如 $(q, p) \to (-q, -p)$ 是一个没有无穷小版本的分立正则变换。还有一些非规则变换，例如从笛卡儿坐标到球坐标的变换，它既没有无穷小形式，也没有主动变换。我们不考虑如何生成这些变换。①

结果 II. 在转到证明之前，让我们通过一个示例来理解这个结果的内容。考虑一个双粒子系统，其哈密顿量在整个系统，即两个粒子一起的平移下不变。假设观察者 S_A 在 $t = 0$ 时制备一个态 $(x_1^0, x_2^0; p_1^0, p_2^0)$，经过一段时间，它演化为 $(x_1(t), x_2(t); p_1(t), p_2(t))$，并在时刻 T 变成终态 $(x_1^T, x_2^T; p_1^T, p_2^T)$。我们把这个终态称为由 S_A 所做的实验的输出结果。我们被告知这是 $\mathcal{H}$ 平移不变性的结果，通过平移 a 而与之相关的任何其他轨迹，也是该运动方程的解。在这种情况下，初态，例如是 $(x_1^0 + a, x_2^0 + a; p_1^0, p_2^0)$。终态和所有的中间态都位移了相同的量。对于相对于 S_A 位移量 a 的观察者 S_B，第二个系统的演化看起来将与 S_A 在第一个系统所看到的完全一样。假设，S_B 实际上已经制备好了第二个系统，我们可以说，如果 $\mathcal{H}$ 是平移不变的，那么给定的实验和它的平移版本会给出相同的结果（正如做这些实验的观察者所看到的）。

物理概念如下。由于通常的原因，$\mathcal{H}$ 的平移不变性意味着 $V(x_1, x_2)$ 的不变性。这反过来意味着 $V(x_1, x_2) = V(x_1 - x_2)$。因此，每个粒子只关心另一个粒子相对于它的位置，而不关心整个系统在空间中的位置。因此，实验的结果不受整体平移的影响。

① 关于这个问题，以及高等经典力学中许多其他主题的出色而清晰的处理，请参见 H. Goldstein, *Classical Mechanics*, Addison-Wesley, Reading, Massachusetts (1950)；E. C. G. Sudharshan, N. Mukunda, *Classical Dynamics: A Modern Perspective*, Wiley, New York (1974)。

结果 II 只是这一结果对其他保持 $\mathcal{H}$ 平移不变的正则变换的推广。例如，如果 $\mathcal{H}$ 是转动不变的，那么给定的实验及其转动版本将给出相同的结果（根据做这些实验的观察者）。

现在让我们来看一下这个一般结果的证明。

证明 设想在相空间中有一个满足运动方程的轨迹 $(q(t), p(t))$。让我们把它与一个像轨迹 $(\bar{q}(t), \bar{p}(t))$ 联系起来，后者是通过规则正则变换将每个点 (q, p) 转换成像点 $(\bar{q}, \bar{p})$ 得到的。我们要问：像点是否按照哈密顿运动方程移动，即如果

$$\dot{\bar{q}}_j = \frac{\partial \mathcal{H}(\bar{q}, \bar{p})}{\partial \bar{p}_j}, \qquad \dot{\bar{p}}_j = -\frac{\partial \mathcal{H}(\bar{q}, \bar{p})}{\partial \bar{q}_j} \tag{2.8.15}$$

$\mathcal{H}$ 是否在变换 $(q, p) \to (\bar{q}, \bar{p})$ 下不变。现在 $\bar{q}_j(q, p)$ 和任何动力学变量 $\omega(q, p)$ 一样，服从

$$\dot{\bar{q}}_j = \{\bar{q}_j, \mathcal{H}(q, p)\}_{q,p} \tag{2.8.16}$$

假如 $(q, p) \to (\bar{q}, \bar{p})$ 是一个*被动*正则变换，则因为 PB 在这种变换下是不变的，我们似乎可以写出，

$$\dot{\bar{q}}_j = \{\bar{q}_j, \mathcal{H}(q, p)\}_{q,p} = \{\bar{q}_j, \mathcal{H}(\bar{q}, \bar{p})\}_{\bar{q},\bar{p}} = \frac{\partial \mathcal{H}(\bar{q}, \bar{p})}{\partial \bar{p}_j}$$

但它是一个主动变换。然而，由于 $\mathcal{H}$ *的对称性*，即 $\mathcal{H}(q, p) = \mathcal{H}(\bar{q}, \bar{p})$，我们可以通过与从 (2.7.14) 式导出 (2.7.16) 式完全相同的步骤来证明这个结果。如果你不相信这一点，你可以利用 $\mathcal{H}(q, p) = \mathcal{H}(\bar{q}, \bar{p})$，通过显式计算证实它。类似的论证表明，

$$\dot{\bar{p}}_j = -\frac{\partial \mathcal{H}(\bar{q}, \bar{p})}{\partial \bar{q}_j} \tag{2.8.17}$$

所以像点按照哈密顿方程运动。证明完毕。

习题 2.8.5 为什么保持 $\mathcal{H}$ 不变的*非正则*变换不能将一个解映射到另一个解？或者鉴于对结果 II 的讨论，为什么当保持 $\mathcal{H}$ 不变的不是正则变换时，一个实验和它的变换后版本不能给出相同的结果？最好考虑一个例子。考虑习题 2.8.3 中给出的势。假设我在 $(x = a, y = 0)$ 和 $(p_x = b, p_y = 0)$ 处释放一个粒子，而你在变换后的状态下释放一个粒子，其中 $(x = 0, y = a)$ 和 $(p_x = b, p_y = 0)$，即你转动坐标，而不转动动量。这是一个非正则变换，它保持 $\mathcal{H}$ 不变。让自己相信，在以后的时间里，这两个粒子的状态并不是通过相同的变换关联起来的。试着了解在这个一般情况下出了什么问题。

当你继续学习量子力学的时候，你会发现哈密顿量的对称性对系统的动力学有相似的后果。

在 S 和 E 之间的一个有用的关系

我们现在证明一个将在第 16 章中用到的结果：

$$\frac{\partial S_{\mathrm{cl}}(x_f,t_f;x_i,t_i)}{\partial t_f}=-\mathcal{H}(t_f)$$

其中 $S_{\mathrm{cl}}(x_f,t_f;x_i,t_i)$ 是从 (x_i,t_i) 到 (x_f,t_f) 的经典路径的作用量，$\mathcal{H}$ 是在上端点处的哈密顿量。因为我们将处理能量守恒的问题，所以我们可以写出

$$\frac{\partial S_{\mathrm{cl}}(x_f,t_f;x_i,t_i)}{\partial t_f}=-E \tag{2.8.18}$$

其中 E 是守恒的能量，在整个轨迹上是常数。

乍一看你可能会认为，因为

$$S_{\mathrm{cl}}=\int_{t_i}^{t_f}\mathcal{L}\,\mathrm{d}t$$

所以右边一定等于 $\mathcal{L}$ 而不是 $-E$。这个问题的解释见图 2.5，在图中为了方便我们设置了 $x_i=t_i=0$。

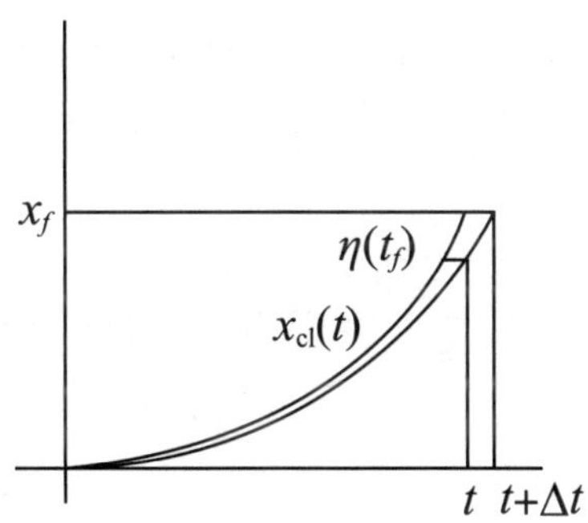

图 2.5　靠上的轨道取时间 t 而靠下的轨道时间取为 $t+\Delta t$

我们正在计算的导数是由经典路径的作用量的变化所决定的，这一变化是在保持端点 x_i 和 x_f 不变的情况下，时间间隔改变了 Δt 而发生的。从图中可以清楚地看到，现在粒子取了一条不同的经典轨迹：

$$x(t)=x_{\mathrm{cl}}(t)+\eta(t)\qquad 其中\ \eta(0)=0$$

因此，作用量的总变化来自 $t=0$ 和 $t=t_f$ 之间路径的差异，以及在 t_f 和 $t_f+\Delta t_f$

之间的增加的时间而产生的整个作用量。后者只由 $\mathcal{L}\Delta t$ 给出。那时正确的答案是

$$\begin{aligned}\delta S_{\text{cl}} &= \int_0^{t_f}\left[\frac{\partial\mathcal{L}}{\partial x}\eta(t)+\frac{\partial\mathcal{L}}{\partial\dot{x}}\dot{\eta}(t)\right]\mathrm{d}t+\mathcal{L}(t_f)\Delta t\\ &= \int_0^{t_f}\left(-\frac{\mathrm{d}}{\mathrm{d}t}\frac{\partial\mathcal{L}}{\partial\dot{x}}+\frac{\partial\mathcal{L}}{\partial x}\right)_{x_{\text{cl}}}\eta(t)\mathrm{d}t+\int_0^{t_f}\frac{\mathrm{d}}{\mathrm{d}t}\left[\frac{\partial\mathcal{L}}{\partial\dot{x}}\eta(t)\right]\mathrm{d}t+\mathcal{L}(t_f)\Delta t\\ &= 0+\frac{\partial\mathcal{L}}{\partial\dot{x}}\eta(t)\bigg|_{t_f}+\mathcal{L}(t_f)\Delta t\end{aligned}$$

从图中可以明显看到，$\eta(t_f)=-\dot{x}(t_f)\Delta t$，所以

$$\delta S=\left[-\frac{\partial\mathcal{L}}{\partial\dot{x}}\dot{x}+\mathcal{L}\right]_{t_f}\Delta t=-\mathcal{H}(t_f)\Delta t$$

从它得到这个结果。

习题 2.8.6 证明 $\partial S_{\text{cl}}/\partial x_f=p(t_f)$。

习题 2.8.7 考虑谐振子，它的通解为

$$x(t)=A\cos\omega t+B\sin\omega t$$

用 A 和 B 表示能量，注意它不依赖于时间。现在这样选择 A 和 B，使 $x(0)=x_1$ 和 $x(T)=x_2$。用 x_1，x_2 和 T 写下能量。证明连接 x_1 和 x_2 的轨迹的作用量是

$$S_{\text{cl}}(x_1,x_2,T)=\frac{m\omega}{2\sin\omega T}\left[\left(x_1^2+x_2^2\right)\cos\omega T-2x_1x_2\right]$$

证明 $\partial S_{\text{cl}}/\partial T=-E$。

第 3 章　经典力学并非一切顺利

在引言中曾经提到过，随着我们不断拓展观测领域，必须不断检验现有的物理定律是否能够继续解释新现象，如果不能，就必须设法找到能够做到这一点的新定律。在本章中，你将了解到一些实验，这些实验揭示了经典方案的不足之处。这里所描述的实验并非完全按照实际进行的实验来描述，但它们包含了（在本世纪初进行的）实际实验中的关键特征，而没有那些无关紧要的复杂因素。

3.1　经典物理中的粒子和波

在经典物理学中，存在两个截然不同的实体：粒子和波。在上一章中，我们曾对粒子进行了较为详细的研究，它们的基本特征可以概括如下。粒子是局域的能量和动量束。它们在任何时刻都由状态参数 q 和 $\dot{q}$（或 q 和 p）描述。这些参数按照某个运动方程随时间演化。给定 t_i 时刻的初值 $q(t_i)$ 和 $\dot{q}(t_i)$，可以由运动方程推导出所有未来时刻的运动轨迹 $q(t)$。与之形成鲜明对比的是，波是一种在空间中传播的扰动，用一个波函数 $\psi(\boldsymbol{r},t)$ 描述，它表征了 t 时刻 $\boldsymbol{r}$ 点处的扰动。

当波为声波时，ψ 是高于正常值的气压，而在电磁波的情况下，ψ 可以是电场矢量 $\boldsymbol{E}$ 的任一分量。对于波而言，q 和 $\dot{q}$ 类比的是每一点 $\boldsymbol{r}$ 处的 ψ 和 $\dot{\psi}$，假设 ψ 服从一个对于时间为二阶的波动方程，比如

$$\nabla^2\psi = \frac{1}{c^2}\frac{\partial^2\psi}{\partial t^2}$$

它描述以光速 c 传播的波。给定 $\psi(\boldsymbol{r},0)$ 和 $\dot{\psi}(\boldsymbol{r},0)$，通过求解波动方程，我们可以得到所有未来时刻的波函数 $\psi(\boldsymbol{r},t)$。

我们特别感兴趣的是在空间和时间上都是周期性的波，称之为*平面波*。在一维情况下，平面波可以写成

$$\psi(x,t) = A\exp\left[\mathrm{i}\left(\frac{2\pi}{\lambda}x - \frac{2\pi}{T}t\right)\right] \equiv A\exp\left[\mathrm{i}\phi\right] \tag{3.1.1}$$

在某个给定时刻 t，这个波在空间是周期性的，其周期为 λ，称之为波长。同样地，它在一个给定的点 x 对于时间 t 是周期性的，每经过 T 秒，它将重复自己，T 称为时间周期。我们通常使用的不是 λ 和 T，而是一个与之相关的被称为波数的量 $k=2\pi/\lambda$ 和一个被称为（角）频率的量 $\omega=2\pi/T$。用 (3.1.1) 式中的相位 ϕ 和 k 测量在任一固定时刻 t 每单位长度的相位变化，而 ω 测量在任一确定点 x 每单位时间内的相位变化，该波以 $v=\omega/k$ 的速度传播。要核对这一说法，请注意，如果我们从 $\phi=0$ 处的点开始，并以 $x=(\omega/k)t$ 的速率沿 x 移动，则 ϕ 保持为零。在最前面的整体标度 A 被称为振幅。对于一个任意波，其强度被定义为 $I=|\psi|^2$。对于平面波，这是一个等于 $|A|^2$ 的常数。如果 ψ 描述电磁波，则该强度是波所携带的能量和动量的度量。[由于电磁场是实的，所以只有 ψ 的实部描述它。然而，在平面波的情况下，能量和动量流的时间平均值仍然与（上文定义的）强度成正比。]

三维的平面波被写成

$$\psi(\boldsymbol{r},t)=A\,\mathrm{e}^{\mathrm{i}(\boldsymbol{k}\cdot\boldsymbol{r}-\omega t)}\,,\qquad \omega=|\boldsymbol{k}|v \tag{3.1.2}$$

其中每个分量 k_i 给出沿第 i 个轴每单位长度的相位改变。$\boldsymbol{k}$ 被称为波矢量。①

3.2 （经典）波和粒子的一个实验

波展示一种所谓干涉的现象，这是波所特有的现象，而不会由经典力学所描述的粒子呈现。以下面的实验为例，我们说明这一现象 [见图 3.1(a)]。设一个波 $\psi=A\,\mathrm{e}^{\mathrm{i}(ky-\omega t)}$ 垂直地入射到一个带有双缝 S_1 和 S_2 的屏幕上，双缝相隔一段距离 a。在平行于屏幕且距离为 d 的位置有一列探测器，用于测量强度随位置 x（沿 AB 方向测量）的变化情况。

如果我们首先只打开 S_1，入射波就会从 S_1 中发射出来，并沿径向向外传播。人们可能会认为 S_1 是这个波 ψ_1 的虚拟源，它的频率和波长与入射波相同。探测器记录的强度图案为 $I_1=|\psi_1|^2$。同样，如果打开的是 S_2，而不是 S_1，则波 ψ_2 产生的图案为 $I_2=|\psi_2|^2$。在这两种情况下，到达探测器的能量是 x 和 t 的光滑函数。

现在，如果 S_1 和 S_2 都被打开，则波 ψ_1 和 ψ_2 将同时存在，产生一个 $I_{1+2}=|\psi_1+\psi_2|^2$ 的强度图案。

有趣的是，$I_{1+2}\neq I_1+I_2$，而代之以如图 3.1(b) 所示的干涉条纹。高高低低是由于波 ψ_1 和 ψ_2 必须传播不同的距离 d_1和 d_2 才能到达某一固定点 x [见图 3.1(a)]，因此并不总是同步的。特别是，最大值对应于 $d_2-d_1=n\lambda$（n 是整数），此时两个波同步到达。而其最小值对应于 $d_2-d_1=(2n+1)\lambda/2$ 的情况，此时这两个波恰好

① 不幸的是，我们还用 $\boldsymbol{k}$ 表示沿 z 轴的单位矢量。从它所在的语境中判断，应当不会有疑义。

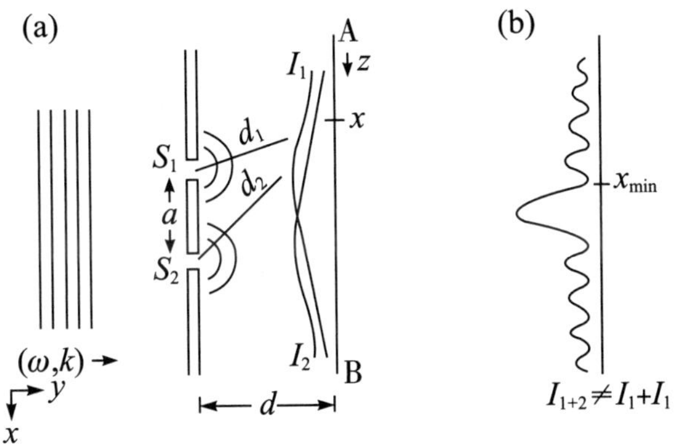

图 3.1 (a) 当狭缝 S_1 或 S_2 打开时，波 $\psi = \mathrm{e}^{\mathrm{i}(ky-\omega t)}$ 入射到屏幕上，AB 上的一列探测器分别观测到强度图案 I_1 和 I_2。(b) 当两个狭缝都打开时，观测到的图案为 I_{1+2}。请注意，$I_{1+2} \neq I_1 + I_2$。这就是所谓的干涉

完全不同步。用相位 ϕ_1 和 ϕ_2 表示，在最大值时 $\phi_2(x) - \phi_1(x) = 2n\pi$，而在最小值时 $\phi_2(x) - \phi_1(x) = (2n+1)\pi$。我们可以很容易地证明，两个相邻极大值之间的间距是 $\Delta x = \lambda d/a$。

要特别注意的特征是：如果 $x_{\min}$ 是干涉最小值，则只打开一个狭缝比双缝都打开时，会有更多的能量流入 $x_{\min}$。换句话说，打开一个额外的狭缝实际上会减少流入 $x_{\min}$ 的能量。

接下来考虑用粒子做的实验［见图 3.2(a)］。入射平面波源被一个粒子的源所取代，该粒子源沿不同的方向但以固定的能量向屏幕发射粒子。让 AB 线由粒子探测器的阵列填满。让我们将强度 $I(x)$ 定义为在任一给定的 x 处每秒到达的粒子数。S_1 或 S_2 被打开的图案如图 3.2(a) 所示。它们看起来非常类似于相应的波的图案。唯一的区别是粒子不是连续地而是断断续续地到达，每个粒子在其到达时刻触发某个 x 点处的一个计数器。尽管当光束密集时实际情况可能是模糊的，但是当入射光通量减小时，它可以很容易地被检测到。

如果 S_1 和 S_2 都被打开会怎么样？经典力学有毫无疑义的预言：$I_{1+2} = I_1 + I_2$。推理如下：每个粒子沿一条确定的轨迹通过 S_1 或 S_2 传播到终点 x。对于朝向 S_1 移动的粒子，S_2 打开或关闭是无关紧要的。被定位在空间中的它，甚至无法知道 S_2 是打开的还是关闭的，因此不会以任何方式对其作出响应。所以，通过 S_1 到达 x 处的数目与 S_2 是否打开无关，反之亦然。由此得出结果：$I_{1+2} = I_1 + I_2$［见图 3.2(b)］。

你可能会提出以下反对意见：虽然朝向 S_1 移动的粒子不知道 S_2 是打开的，但

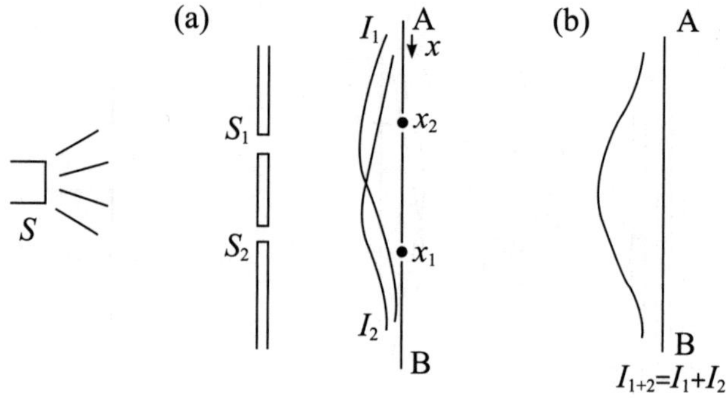

图 3.2 (a) 当 S_1 或 S_2 打开时，由入射粒子束产生的强度图案。(b) 根据经典力学（$I_{1+2} = I_1 + I_2$），两个狭缝都打开时得到的图案

它们肯定会被来自 S_2 的粒子偏转。例如，如果前者是向 x_1 方向移动，而后者是向 x_2 方向移动［见图 3.1 (a)］。

这种反对意见可以通过一次发射一个粒子来平抑。当然，一个给定的粒子本身不会产生像 I_1 和 I_2 这样的图案，它会到达某个点 x。但是，如果我们制作一个直方图，经过多次计数后，这个直方图的包络，将定义光滑函数 I_1，I_2 和 I_{1+2}。现在结论 $I_{1+2} = I_1 + I_2$ 是不可避免的。

这就是经典物理学所预言的双缝实验中的粒子和波。

3.3 光的双缝实验

现在考虑一下，当我们做下面的实验来验证经典物理学中关于光是一种电磁波现象的观点时，会发生什么。

我们制备了如图 3.1 (a) 所示的双缝，沿 AB 有一排光敏计，并沿垂直于屏的方向发射一束光 $\psi = A\,\mathrm{e}^{\mathrm{i}(ky-\omega t)}$。(严格地说，表征电磁波除了要给出 ω 和 k 之外，还必须给出矢量 $\boldsymbol{E}$ 和 $\boldsymbol{B}$ 的方向。但是对于平面波，$\boldsymbol{B}$ 由 $\boldsymbol{E}$ 唯一确定。如果我们进一步假定 $\boldsymbol{E}$ 的极化方向垂直于纸面，则这种极化不受双缝的影响。因此，我们可以省去明确提及这个恒定矢量，并将场表示为标量函数 ψ。）我们发现，在一次打开一条狭缝时，我们得到了图案 I_1 和 I_2，当这两个狭缝都打开时，我们得到了干涉条纹 I_{1+2}，如图 3.1(a) 和 3.1(b) 所示。(当然，这个干涉条纹使经典物理学家相信光是一种波现象。）能量以与波相匹配的方式平滑且连续地到达探测器。

比如说，假设我们在重复实验时做了一个改变，而这个改变（在经典物理学中）预计不会产生质的影响。我们开始打开 S_1，并降低强度。一件很奇怪的事发生了。

我们发现能量不是连续地到达，而是以突发的方式，在这里爆发，在那里爆发，等等。我们现在进一步降低强度，使得在给定的时间只有一个探测器被激活，并且在计数之间有足够的间隙，比如说毫秒。当每个突发发生在某个 x 处时，我们将其记录下来并绘制一个直方图。有了足够的数据，直方图的包络就变成了条纹 I_1。我们有了一个重要的发现：光能不是连续的——它是以束的形式出现的。这种离散性在强光束中被掩盖了，因为束流来得如此之快，而且遍布 AB 线，以至于能量流在空间和时间上似乎是连续的。

我们继续更详细地研究这些称之为光子的束，并发现下列性质：

1. 每个束都带有相同的能量 E。

2. 每个束都带有相同的动量 p。

3. $E=pc$。根据著名的方程 $E^2=p^2c^2+m^2c^4$，我们推论这些束都是质量为零的粒子。

4. 如果改变光源的频率，我们就会发现

$$E=\hbar\omega \tag{3.3.1}$$

$$p=\hbar k \tag{3.3.2}$$

其中 $\hbar=h/2\pi$ 是一个常数。常数 h 被称为普朗克常数，具有 $\mathrm{ML^2T^{-1}}$ 的量纲，与作用量和角动量的量纲相同。其数值是

$$\frac{h}{2\pi}=\hbar\simeq 10^{-34}\,\mathrm{J\cdot s} \tag{3.3.3}$$

对于那些对历史感兴趣的人来说，实际揭示光的粒子性质的实验称为光电效应。爱因斯坦在 1905 年用光子给出了这个实验的正确解释。

光由粒子构成当然会让经典物理学家感到惊讶，但这并不意味着经典物理学的终结，因为物理学家们会习惯于这样一种观念，即初看上去似乎是连续的现象，在现实中可能是分立的。他们会兴致勃勃地投入光子动力学的研究中，试图找到光子轨道的运动方程，等等。真正破坏经典物理学的事实是，如果我们现在把这两个狭缝都打开，且保持其强度如此之低，以至于在给定时间内只有一个光子在实验区域内，并且观察直方图的形状，我们发现 I_{1+2} 不像人们对粒子所期望的那样等于 I_1+I_2，而是一种由波数 k 表征的干涉条纹。这一结果完全排除了光子像经典力学中的粒子那样沿着严格确定的轨道运动这样的可能性，因为假如真的如此，那么通过 S_1 进入的光子应该对 S_2 是否打开不敏感（反之亦然），结果 $I_{1+2}=I_1+I_2$ 就是不可避免的！这一点的另一种表述方式是，考虑干涉的最小值点 $x_{\min}$。在 S_1 或者是 S_2 被打开，而不是两者都打开的情况下，到达这里的光子会更多。假如光子遵循确定的轨道，那么打开一条额外的通道会减少到达 $x_{\min}$ 的数量是难以理解的。

由于我们一次用一个光子做实验，我们甚至不能提出一个不可能的假设，即来自 S_1 的光子与来自 S_2 的光子发生碰撞，从而（奇迹般地）将平滑的条纹 $I_1 + I_2$ 修改成了振荡的干涉条纹。

从这些事实中，玻恩得出如下结论：每个光子都与一个波 ψ 相关联，称之为概率幅，或简称振幅，其模的平方 $|\psi(x)|^2$ 给出了在 x 处发现粒子的概率。［严格地讲，我们不能把 $|\psi(x)|^2$ 称为在 x 处的概率，而是在 x 处的概率密度，因为 x 是一个连续变量。但是这些微妙之处可以等一等再谈。］整个实验可以用这个假设进行如下理解。每个能量为 E 和动量为 p 的入射光子都有一个波函数 ψ 与之相关联，它是一个 $\omega = E/\hbar$ 和 $k = p/\hbar$ 的平面波。这个波自身相干扰并形成沿 AB 的振荡条纹 $|\psi(x)|^2$，它给出了给定的光子到达 x 处的概率。一个特定的光子当然会到达某个确定的 x 点，不会显示出概率分布。不过，如果我们等到由同样的 ψ 描述的几个光子到达之后，它们在任一 x 处的数目都将与概率函数 $|\psi(x)|^2$ 成正比。同样地，如果一条强的（宏观）单色光束入射，有许多光子都由同样的波描述，从而有相同的概率分布。它们同时到达而且都沿着 AB 线。那时，强度分布会立即呈现出概率分布的形状，能量流似乎是连续的，且与经典电磁理论的预言一致。

除了概率解释之外，还需注意的一点是，一个波不是与一束光子有关，而是与每个光子相关联。如果光束是单色的，那么每个光子都由相同的 ψ 给出，并且具有同样的概率分布。这类光子的大量集合将再现经典电磁波 ψ 的现象，而概率方面将会被掩盖起来。

3.4 物质波（德布罗意波）

人们认为纯粹是波现象的光，应该是由光子组成的。这促使德布罗意猜想，像电子这样的实体，通常被认为是粒子，应该会表现出类似于波的行为。更具体地说，他推测动量为 p 的粒子也会在双缝实验中产生一个波数为 $k = p/\hbar$ 的干涉条纹，与光子类似。此后不久，戴维孙和革末对电子证实了这一预言。现在人们普遍接受粒子都是由概率幅 $\psi(x)$ 描述的，并且它们沿确定轨道运动的假设也被实验排除了。

但常识告诉我们，台球和棒球都是沿着确定轨道运动的又是怎么回事呢？经典力学是如何幸存三个世纪呢？答案是，物质的波动性质对于宏观现象来说并不明显，因为 $\hbar$ 太小了。只有在我们完全掌握量子力学之后，这个解释的确切含义才会变得清晰。尽管如此，下面的例子应该是有启发意义的。假设我们用以 1 cm/s 的速度运动的，质量为 1 g 的小球做双缝实验。这些粒子相应的波长是

$$\lambda = \frac{2\pi}{k} = \frac{h}{p} \simeq 10^{-26}\text{cm}$$

它是质子半径的 10^{-13} 倍！对于参数 a 和 d［见图 3.1(b)］的任一合理值，干涉条

纹在 x 处是如此密集，以至于我们的仪器只能测量到光滑的平均值，这将遵循经典理论所预测的 $I_{1+2}=I_1+I_2$。

3.5　结论

本章的主要目标是揭示经典物理学在解释某些现象方面的不足之处，顺便一瞥新的（量子）物理学看上去应该是什么样子。我们发现，像电子这样的实体是经典意义上的粒子，当探测到它们时，它们似乎以定域形式携带其所有的能量、动量、电荷等信息；同时它们又不像粒子，问题在于，假设它们沿着确定的轨道运动会导致与实验的冲突。似乎每个粒子都有一个与它关联的波函数 $\psi(x,t)$，使得 $|\psi(x,t)|^2$ 给出 t 时刻在 x 处找到它的概率。这被称为波粒二象性（wave-particle duality）。

那时，粒子的动力学就是这个函数 $\psi(x,t)$ 的动力学，或者，如果我们把该函数看作无穷维空间中的一个矢量，则是右矢 $|\psi(t)\rangle$ 的动力学。在下一章中，量子理论的公设将用 $|\psi(t)\rangle$ 定义动力学。这些公设详细说明了 $|\psi(t)\rangle$ 中包含什么样的信息，以及 $|\psi(t)\rangle$ 如何随时间演化，总结了双缝实验以及这里没有提到的许多其他实验的结果。这里描述双缝实验是为了揭示经典物理学的不足，而不是为了总结可以从中推断出所有公设的全部实验结果。幸运的是，双缝实验包含了理论的大部分核心特征，因此当我们在下一章中遇到这些公设时，它们会显得非常合理。

第 4 章　公设：一般性讨论

在获得了必要的数学训练和物理动机之后，你现在已经准备好熟悉量子力学的公设了。在这一章中，我们将用宽泛的术语对这些公设进行阐述和讨论，从而揭示量子理论的本质特征。随后的几章将只是应用这些公设来解决物理上各种各样有趣的问题。尽管你已经做好了准备，但是在初次碰到时，你仍然会发现这些公设有些抽象和令人费解。然而，在你与这些主题打了一段时间的交道之后，这些感觉将会消失。

4.1　公设①

以下是非相对论量子力学的公设。我们首先考虑具有一个自由度的系统，即一维空间中的单粒子系统。更多粒子和更高维度的直接推广将在本章末尾讨论。在下文中，量子公设将与它们（在哈密顿形式中）的经典对应伴随给出，以便提出某些观点。

经典力学	量子力学
I. 粒子在任何给定时刻的状态由两个变量 $x(t)$ 和 $p(t)$ 给定，即作为二维相空间中的一个点。	I. 粒子的状态用希尔伯特空间中的一个矢量 $\|\psi(t)\rangle$ 表示。
II. 每个动力学变量 ω 是 x 和 p 的一个函数：$\omega=\omega(x,p)$。	II. 经典力学中的独立变量 x 和 p 用厄米算符 X 和 P 表示，它们在 X 的本征基中具有下列矩阵元②：

① 回顾序言中关于在这里使用的这个词的意义的讨论。

② 请注意，X 算符与第 1.10 节中详细讨论过的那个 X 算符相同。同样地，$P=\hbar K$，其中 K 也在那里讨论过。你现在不妨重温一下这部分内容，以加深记忆。

经典力学	量子力学
	$\langle x\| X \|x'\rangle = x\,\delta(x-x')$ $\langle x\| P \|x'\rangle = -\mathrm{i}\hbar\delta'(x-x')$ 与因变量相应的算符 $\omega(x,p)$ 都是给定的厄米算符[①] $\Omega(X,P)=\omega(x\to X, p\to P)$
III. 如果粒子处在由 x 和 p 给定的状态，则测量[②]变量 ω 将得到一个值 $\omega(x,p)$。该状态将不受影响。	III. 如果粒子处于态 $\|\psi\rangle$ 上，（对应于）Ω 变量的测量将得到本征值 ω 中的一个，其概率为 $P(\omega)\propto \|\langle\omega\|\psi\rangle\|^2$。作为测量的结果，系统的态将从 $\|\psi\rangle$ 变成 $\|\omega\rangle$。
IV. 状态变量随时间的变化遵循哈密顿方程： $\dot{x}=\frac{\partial\mathcal{H}}{\partial p}$ $\dot{p}=-\frac{\partial\mathcal{H}}{\partial x}$	IV. 态矢量 $\|\psi(t)\rangle$ 满足薛定谔方程 $\mathrm{i}\hbar\frac{\mathrm{d}}{\mathrm{d}t}\|\psi(t)\rangle = H\|\psi(t)\rangle$ 其中 $H(X,P)=\mathcal{H}(x\to X,p\to P)$ 是量子哈密顿量算符，$\mathcal{H}$ 是对应的经典问题中的哈密顿量。

4.2 公设 I—III 的讨论

（经典力学和量子力学的）这些公设可以自然地分为两组：前三个告诉我们在一个给定的时刻下，系统是如何被描述的，而最后一个指出这一图像如何随时间变化。在这一节我们将关注前三个公设，第四个公设留待下一节讨论。

第一个公设说，粒子是由希尔伯特空间中的一个右矢描述的，你会想到，希尔伯特空间中包含了可归一化到 1 的特征矢量，也包含了一些只能归一化为狄拉克 δ

① 用这种说法，我们指的是 Ω 是与 ω 为 x 和 p 函数相同的 X 和 P 的函数。

② 也就是说，在一个与该理论符合的理想实验中。假设你熟悉理想的经典测量，它可以在不以任何方式干扰系统状态的情况下确定系统的状态。理想的量子测量随后讨论。

函数[①]的*反常矢量*。现在，这样一个空间中的一个右矢在给定的基下，通常有无穷多个分量。人们会觉得奇怪：在经典力学中，一个粒子只有两个独立的自由度 x 和 p，为什么现在需要用无穷多个变量来描述呢？关于这个粒子，这些变量告诉了我们什么？为了理解这一点，我们必须继续讨论接下来的两个公设，它们正好回答了这个问题。现在，让我们注意一下，双缝实验已经向我们暗示，像电子这样的粒子需要用波函数 $\psi(x)$ 来描述。我们在第 1.10 节中已经看到，函数 $f(x)$ 可以被看作希尔伯特空间中的右矢 $|f\rangle$。量子力学中的右矢 $|\psi\rangle$ 不是别的，而是表示双缝实验中引入的概率幅 $\psi(x)$ 的矢量。

当我们说 $|\psi\rangle$ 是矢量空间中的一个元素时，我们的意思是如果 $|\psi\rangle$ 和 $|\psi'\rangle$ 都表示粒子的可能状态，则 $\alpha|\psi\rangle+\beta|\psi'\rangle$ 也是该粒子的可能状态。这被称为*叠加原理*。这个原理本身并不是什么新的理论：我们知道在经典物理中，例如，如果 $f(x)$ 和 $g(x)$ [满足 $f(0)=f(L)=g(0)=g(L)=0$] 是一个弦的两个可能的位移，则它们的叠加 $\alpha f(x)+\beta g(x)$ 也是可能的位移。叠加态 $\alpha|\psi\rangle+\beta|\psi'\rangle$ 的解释中什么是新的呢？在弦的情况下，状态 $\alpha f+\beta g$ 与状态 f 和 g 的特性非常不同：它们看起来不一样，具有不同的弹性势能，等等。而另一方面，在量子理论中，粗略地说，态 $\alpha|\psi\rangle+\beta|\psi'\rangle$ 有时具有类似于 $|\psi\rangle$ 的特性，有时类似于 $|\psi'\rangle$。然而，我们并不需要这种粗略的陈述，因为既然我们有公设 II 和 III，它们准确地告诉我们在量子理论中如何解释态矢量 $|\psi\rangle$。让我们找到这种解释。

在经典力学中，当给定一个状态 (x,p) 时，我们可以说任一动力学变量 ω 都具有一个值 $\omega(x,p)$，它是在这样的意义上说的，即如果我们测量这个变量，则将得到结果 $\omega(x,p)$。若该粒子处于 $|\psi\rangle$ 态，在量子力学中人们作出的类似陈述是什么？答案由公设 II 和 III 按下列步骤给出：

步骤 1. 构造相应的量子算符 $\Omega=\omega(x\to X,p\to P)$，其中 X 和 P 是公设 II 中定义的算符。

步骤 2. 求出 Ω 的正交本征矢 $|\omega_i\rangle$ 和本征值 ω_i。

步骤 3. 在这个基下把 $|\psi\rangle$ 展开：

$$|\psi\rangle=\sum_i|\omega_i\rangle\langle\omega_i|\psi\rangle$$

步骤 4. 得到结果 ω 的概率 $P(\omega)$ 正比于 $|\psi\rangle$ 沿本征矢 $|\omega\rangle$ 投影的模的平方，即 $P(\omega)\propto|\langle\omega|\psi\rangle|^2$。利用投影算符 $\mathbb{P}_\omega=|\omega\rangle\langle\omega|$，则 $P(\omega)\propto|\langle\omega|\psi\rangle|^2=\langle\psi|\omega\rangle\langle\omega|\psi\rangle=\langle\psi|\mathbb{P}_\omega|\psi\rangle=\langle\psi|\mathbb{P}_\omega\mathbb{P}_\omega|\psi\rangle=\langle\mathbb{P}_\omega\psi|\mathbb{P}_\omega\psi\rangle$。

这些步骤里包含了大量的信息。目前，让我们注意以下要点。

---

① 这两类矢量的态将在本章后面澄清。

(1) 该理论只对 Ω 的测量结果进行概率预测。此外，它只对求得的 Ω 的某个本征值赋予一个（相对）概率。因此，Ω 唯一的可能值是它的本征值。因为公设 II 要求 Ω 为厄米算符，所以这些本征值都是实的。

(2) 因为我们已知 $P(\omega_i) \propto |\langle\omega_i|\psi\rangle|^2$，$|\langle\omega_i|\psi\rangle|^2$ 这个量只是相对概率。为了获得绝对概率，我们将 $|\langle\omega_i|\psi\rangle|^2$ 除以所有相对概率之和：

$$P(\omega_i) = \frac{|\langle\omega_i|\psi\rangle|^2}{\sum_j |\langle\omega_j|\psi\rangle|^2} = \frac{|\langle\omega_i|\psi\rangle|^2}{\langle\psi|\psi\rangle} \tag{4.2.1}$$

很显然，如果我们从一个已归一化的态

$$|\psi'\rangle = \frac{|\psi\rangle}{\langle\psi|\psi\rangle^{1/2}}$$

出发，我们将有

$$P(\omega_i) = |\langle\omega_i|\psi'\rangle|^2 \tag{4.2.2}$$

如果 $|\psi\rangle$ 是一个特征矢量，那么这种重新标度是可能的，并将在下文中被采用。如果 $|\psi\rangle$ 碰巧是该空间中的一个反常矢量，则概率解释将会被破坏，因为在这种情况下 $\langle\psi|\psi\rangle = \delta(0)$ 是唯一合理的归一化。下面的习题 4.2.4 将解释这种矢量的态。

请注意，条件 $\langle\psi|\psi\rangle = 1$ 纯粹是为了方便，而并非对特征矢量的物理限制。（事实上，所有归一化矢量的集合甚至不形成一个矢量空间。如果 $|\psi\rangle$ 和 $|\psi'\rangle$ 都是归一的，则它们的任意线性组合 $\alpha|\psi\rangle + \beta|\psi'\rangle$ 并不是归一的。）

注意，对应于 $|\psi\rangle$ 和 $\alpha|\psi\rangle$ 态的相对概率分布，当它们都归一时，简化为相同的绝对概率分布。因此，对应于每个物理态，希尔伯特空间中不是存在一个矢量，而是一条射线或一个“方向”。当我们谈到粒子的态时，我们通常是指具有单位模的右矢 $|\psi\rangle$。即使在 $\langle\psi|\psi\rangle = 1$ 的条件下，我们也可以自由地将其乘形式为 $\mathrm{e}^{\mathrm{i}\theta}$ 的数，而不改变其物理状态。这种自由度有时会被用来使 $|\psi\rangle$ 的分量在某种基下成为实数。

(3) 如果 $|\psi\rangle$ 是本征态 $|\omega_i\rangle$，则测量 Ω 一定会得到 ω_i。处于这种态的粒子可以说具有 Ω 经典意义上的值 ω_i。

(4) 当 $|\omega_1\rangle$ 和 $|\omega_2\rangle$ 两个态叠加形成一个（归一化的）态时，例如

$$|\psi\rangle = \frac{\alpha|\omega_1\rangle + \beta|\omega_2\rangle}{(|\alpha|^2 + |\beta|^2)^{1/2}}$$

则这个态在测量 Ω 时，得到 ω_1 或 ω_2 的概率分别为 $|\alpha|^2/(|\alpha|^2+|\beta|^2)$ 和 $|\beta|^2/(|\alpha|^2+|\beta|^2)$。这是前面提到的量子理论中叠加原理的特殊结果。它没有经典力学中的类似。例如，如果测量处于态 $\alpha f + \beta g$ 的弦的动力学变量，则不会期望在某时间内得到对应于 f 的值，而在其余的时间得到对应于 g 的值；相反，我们的预期是一般与两者

都不同的唯一值。同样地，函数 f 和 αf（α 是实数）描述该弦的两种不同的组态，而且不是物理等价的。

(5) 当我们想要得到另一个变量 Λ 的信息时，重复整个过程，找出本征矢 $|\lambda_i\rangle$ 和本征值 λ_i。那时

$$P(\lambda) \propto |\langle\lambda|\psi\rangle|^2$$

当然，Ω 和 Λ 的基一般是不同的。总之，在希尔伯特空间中，我们有一个单一的右矢 $|\psi\rangle$ 表示粒子的态，它包含了对所有可观测量的统计预言。要想提取任一可观测量的这一信息，我们必须确定相应算符的本征基，并求出 $|\psi\rangle$ 沿其所有本征右矢的投影。

(6) 当我们的兴趣从一个变量 Ω 转移到另一个变量 Λ 时，那么我们的兴趣也从一个右矢 $|\omega\rangle$ 转移到右矢 $|\lambda\rangle$。但是没有必要每次都改变基。例如，假设我们在 Ω 的基下工作，在那里

$$|\psi\rangle = \sum_i |\omega_i\rangle \langle\omega_i|\psi\rangle$$

和 $P(\omega_i) = |\langle\omega_i|\psi\rangle|^2$。我们如果想要 $P(\lambda_i)$，就取算符 Λ（它是一个给定的矩阵，其矩阵元 $\Lambda_{ij} = \langle\omega_i|\Lambda|\omega_j\rangle$），找到它的本征矢 $|\lambda_j\rangle$（它们是含有分量 $\langle\omega_i|\lambda_j\rangle$ 的列矢量），并在此基下取内积 $\langle\lambda_j|\psi\rangle$：

$$\langle\lambda_i|\psi\rangle = \sum_j \langle\lambda_i|\omega_j\rangle \langle\omega_j|\psi\rangle$$

例 4.2.1 考虑下面来自一个虚构的希尔伯特空间 $\mathbb{V}^3(R)$ 的示例（见图 4.1）。在图 4.1(a) 中，我们有一个归一化的态 $|\psi\rangle$，不涉及任何基。为了得到关于 Ω 的预言，我们找到了它的本征基，并用正交本征矢 $|\omega_1\rangle$，$|\omega_2\rangle$ 和 $|\omega_3\rangle$ 表示态矢量 $|\psi\rangle$［见图 4.1(b)］。让我们假设

$$|\psi\rangle = \frac{1}{2}|\omega_1\rangle + \frac{1}{2}|\omega_2\rangle + \frac{1}{\sqrt{2}}|\omega_3\rangle$$

这意味着 ω_1，ω_2 和 ω_3 的预期概率分别为 $\frac{1}{4}$，$\frac{1}{4}$ 和 $\frac{1}{2}$，ω 不可能取其他值。如果不用 $|\psi\rangle$ 而是用某个本征矢，例如 $|\omega_1\rangle$，则结果将得到 ω_1，概率为 1。只有处于 $|\psi\rangle = |\omega_i\rangle$ 态的粒子才具有经典意义上严格定义的 Ω 值。我们如果想要 $P(\lambda_i)$，就构造基 $|\lambda_1\rangle$，$|\lambda_2\rangle$ 和 $|\lambda_3\rangle$，它们通常不同于 Ω 基。在我们的例子中［见图 4.1(c)］，只有一个共同的本征矢 $|\omega_3\rangle = |\lambda_3\rangle$。

回到我们的主要讨论中，在试图执行步骤 1—4 时，可能会出现一些复杂的情况。我们将在下面讨论一些主要的复杂情况，以及如何克服这些问题。

复杂情况 1：取 $\Omega = \omega(x \to X, p \to P)$ 的做法是有疑义的。例如，如果 $\omega = xp$，我们不知道 $\Omega = XP$ 还是 PX，因为经典上 $xp = px$。解决这种模棱两可的问题没

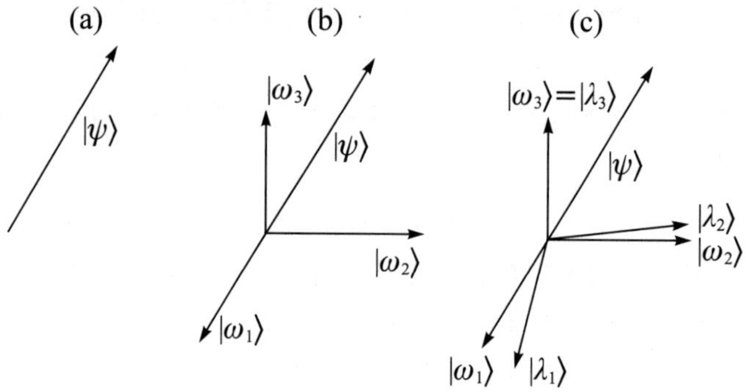

图 4.1 (a) $\mathbb{V}^3(R)$ 中表示粒子态的归一化右矢。(b) Ω 基，$|\omega_1\rangle$，$|\omega_2\rangle$ 和 $|\omega_3\rangle$。(c) Ω 基和 Λ 基。为了得到一个变量的统计信息，我们求对应算符的本征矢和 $|\psi\rangle$ 在那个基上的投影

有普适的办法。在本例中，规则是采用对称化的求和：$\Omega=(XP+PX)/2$。顺便指出，对称化也保证了 Ω 的厄米性。对称化就是答案，只要 Ω 不包含 X 的二次或二次以上的幂，与 P 的二次或二次以上的幂的乘积。如果有这样的情况，则只有实验才能确定正确的办法。在本书中我们不会遇到这样的情况。

复杂情况 2：算符 Ω 是简并的。比如 $\omega_1=\omega_2=\omega$。在这种情况下 $P(\omega)$ 是什么？在本征值为 ω 的本征空间 $\mathbb{V}_\omega$ 中，我们选择了一组正交基 $|\omega,1\rangle$ 和 $|\omega,2\rangle$。则

$$P(\omega)=|\langle\omega,1|\psi\rangle|^2+|\langle\omega,2|\psi\rangle|^2$$

它是简并本征空间中 $|\psi\rangle$ 投影的模平方，如果我们假定 ω_1 和 ω_2 的差别无穷小，并求 $P(\omega_1)$ 或 $P(\omega_2)$，则得到上式的这个结果。用本征空间的投影算符

$$\mathbb{P}_\omega=|\omega,1\rangle\langle\omega,1|+|\omega,2\rangle\langle\omega,2| \tag{4.2.3a}$$

我们有

$$P(\omega)=\langle\psi|\mathbb{P}_\omega|\psi\rangle=\langle\mathbb{P}_\omega\psi|\mathbb{P}_\omega\psi\rangle \tag{4.2.3b}$$

一般地，在公设 III 中人们可以用

$$P(\omega)\propto\langle\psi|\mathbb{P}_\omega|\psi\rangle$$

代替，其中 $\mathbb{P}_\omega$ 是本征值为 ω 的本征空间的投影算符。那么正如原来所说，公设 III 将成为一种特殊情况，其中不存在简并的特殊情况且每个本征值空间只是一个本征矢。

在我们的 $\mathbb{V}^3(R)$ 的示例中，如果 $\omega_1=\omega_2=\omega$ [见图 4.1(b)]，则 $P(\omega)$ 为 $|\psi\rangle$ 在“$x-y$”平面中的分量的平方。

复杂情况 3：Ω 的本征值谱是连续的。在这种情况下，把 $|\psi\rangle$ 展开成

$$|\psi\rangle = \int |\omega\rangle \langle\omega|\psi\rangle \, \mathrm{d}\omega$$

人们预期随着 ω 的连续变化，$\langle\omega|\psi\rangle$ 也将连续变化，也就是说，人们预期 $\langle\omega|\psi\rangle$ 将是一个光滑的函数 $\psi(\omega)$。为了使这个函数可视化，我们引入了一个辅助的一维空间，称之为 ω 空间，其中的点用坐标 ω 标记。在这个空间中，$\psi(\omega)$ 将是 ω 的一个平滑函数，称为 ω 空间中的波函数。我们只不过是在做与 1.10 节中所做的相反的事情，在那里我们从函数 $f(x)$ 开始，并试图将其解释为无穷维右矢 $|\psi\rangle$ 在 $|x\rangle$ 基下的分量。就态矢量 $|\psi\rangle$ 而言，只有一个空间，即它所在的希尔伯特空间。ω 空间、λ 空间等都是为了可视化 Ω 基下无穷维矢量 $|\psi\rangle$ 的分量而引入的辅助流形。波函数 $\psi(\omega)$ 也被称为找到 $\Omega = \omega$ 粒子的概率幅。

我们能把 $|\langle\omega|\psi\rangle|^2$ 解释为找到 Ω 值为 ω 的粒子的概率吗？不行。由于 ω 的可能值是无穷的，并且总概率是 1，所以 ω 的每个值只能有一个无穷小的概率。我们把 $P(\omega) = |\langle\omega|\psi\rangle|^2$ 解释为 ω 处的概率密度，它意味着 $P(\omega)\,\mathrm{d}\omega$ 是结果在 ω 和 $\omega + \mathrm{d}\omega$ 之间的概率。这个定义满足了总概率是 1 的要求，因为

$$\begin{aligned}\int P(\omega)\,\mathrm{d}\omega &= \int |\langle\omega|\psi\rangle|^2\,\mathrm{d}\omega = \int \langle\psi|\omega\rangle \langle\omega|\psi\rangle\,\mathrm{d}\omega \\ &= \langle\psi| I |\psi\rangle = \langle\psi|\psi\rangle = 1 \end{aligned} \tag{4.2.4}$$

如果 $\langle\psi|\psi\rangle = \delta(0)$ 是唯一合理归一化的可能，则不能将态归一化为 1，必须将 $P(\omega)$ 解释为相对概率密度。我们稍后会讨论这些反常态。

连续谱的一个重要例子是算符 X 的本征值谱，算符 X 与位置 x 对应。X 基（或 x 空间）下的波函数 $\psi(x)$，通常就被称为波函数，因为 X 基几乎总是人们所用的基。在上一章的讨论中，为了避免陷入细节，我们把 $|\psi(x)|^2$ 称为在给定的 x 处找到粒子的概率，而不是概率密度。现在到了进一步精确阐述的时候了！

早些时候，我们曾经觉得好奇，为什么一个经典粒子仅用两个数 x 和 p 就能确定，而现在需要用一个具有无穷多分量的右矢来描述。答案现在清楚了。经典粒子在任一确定的时刻都有确定的位置。在指定状态时，只需给出 x 的值。另一方面，一个量子粒子在被测量时可以取 x 的任意值，并且必须给出所有可能结果的相对概率。这是 $\psi(x) = \langle x|\psi\rangle$，即 $|\psi\rangle$ 在 X 基下的分量所包含的信息。当然，在经典粒子的情况下，我们还需要指定动量 p。在量子理论中，我们再次给出了得到不同动量值的概率，但是我们不需要一个新的矢量来指定这一点；当用动量算符 P 的本征右矢 $|p\rangle$ 展开时，相同的右矢 $|\psi\rangle$ 通过在 p 空间的波函数 $\psi(p) = \langle p|\psi\rangle$ 给出了这个概率。

复杂情况 4：量子变量 Ω 没有经典对应。即使是“点”粒子，如电子，现在也

知道携带“自旋”，这是一个内禀角动量，也就是说，与它们的空间运动无关的角动量。由于在经典力学中没有这样的自由度，我们的公设没有告诉我们在量子理论中是哪一个算符描述这个变量。正如我们将在第 14 章中看到的，解决方案是由直觉和半经典推理相结合提供的。值得记住的是，无论构建这些公设花费了多少努力，它们都必须经常补充一些直觉和经典思想。

在讨论了从态矢量中提取统计信息的四步程序之后，我们还要继续研究量子理论的这些公设告诉了我们什么别的信息。

态矢量的坍缩

我们现在研究公设 III 的另一个方面，即变量 Ω 的测量会改变态矢量，一般情况下，它会变成某种叠加的形式：

$$|\psi\rangle = \sum_{\omega} |\omega\rangle \langle\omega|\psi\rangle$$

其中，本征态 $|\omega\rangle$ 对应于测量中得到的本征值 ω。这种现象被称为*态矢量的坍缩*或*约化*。

首先我们注意到，任何关于测量过程影响的明确陈述，前提都是该测量过程是一种确定的类型。例如，经典力学的准则，即可以在不改变粒子状态的情况下测量其任何动力学变量，假设了测量是理想的测量（与经典方案一致）。但是人们可以想出*改变状态的非理想*测量方法，想象一下设法在黑暗的房间中确定吊灯的位置，通过挥动扫帚直到碰到它。使公设 III 影响深远的是，其中所涉及的测量过程是一种*理想的量子测量*，在某种意义上它是人们所能做到的最好的。我们现在举一个例子来说明一下这个理想的量子测量概念和这个公设的内容。

考虑处于动量本征态 $|p\rangle$ 的粒子。这个公设告诉我们，如果测量了这个状态下的动量，我们肯定会得到一个结果 p，并且在测量之后状态将保持不变（因为在该问题中 $|\psi\rangle = |p\rangle$ 已经是算符 P 的一个本征态）。一种测量粒子动量的方法是*康普顿散射*，在这种散射过程中，具有确定动量的光子从粒子上反弹。

假设粒子沿着 x 轴移动，我们发射一个向右运动的能量为 $\hbar\omega$ 的光子，它从粒子上反弹，作为一个能量为 $\hbar\omega'$ 的向左运动的光子返回。（我们怎么知道光子的能量是多少？假设我们有一些原子，已知它们发射和吸收任一给定能量的光子。）利用动量和能量守恒：

$$cp' = cp + \hbar(\omega + \omega')$$
$$E' = E + \hbar(\omega - \omega')$$

现在就能从这些数据重建该粒子的初动量和末动量：

$$cp = -\frac{(\hbar\omega + \hbar\omega')}{2} + \sqrt{1 + \frac{m^2c^4}{\hbar^2\omega\omega'}}\frac{(\hbar\omega - \hbar\omega')}{2}$$
$$cp' = \frac{(\hbar\omega + \hbar\omega')}{2} + \sqrt{1 + \frac{m^2c^4}{\hbar^2\omega\omega'}}\frac{(\hbar\omega - \hbar\omega')}{2}$$

用 ω 和 p 解出 ω' 和 p'，可以很容易看到，对于 p 的任何选择，如果 $\omega \to 0$，则也有 $\omega' \to 0$。因此，人们总是可以使动量的改变 $p' - p$ 任意小。此后，当我们谈到动量测量时，这正是我们所指的意思。我们还假设每个动力学变量都存在相应的理想测量。例如，我们将讨论理想的位置测量，当对处于态 $|x\rangle$ 的粒子进行这种测量时，将以单位概率给出结果 x，并保持态矢量不变。

假设现在我们测量处于*动量本征态* $|p\rangle$ 的粒子的*位置*。由于 $|p\rangle$ 是位置本征右矢 $|x\rangle$ 的和，

$$|p\rangle = \int |x\rangle \langle x|p\rangle \, \mathrm{d}x$$

测量将使系统变成某个 $|x\rangle$ 态。因此即使是*理想*的位置测量，也将使这个非位置本征态发生改变。为什么位置的测量会使态 $|p\rangle$ 改变，而动量的测量则不会使其改变呢？答案是，理想的位置测量使用的是无穷大动量的光子（正如我们将看到的），而理想的动量测量使用的是无穷小动量的光子（正如我们所看到的）。

这就是经典力学和量子力学最大的区别：经典力学中任何变量 ω 的理想测量都会使其任何状态保持不变，而在量子力学中 Ω 的理想测量则是只保持 Ω 的本征态不变。

测量的效果可以用如下示意图表示：

$$|\psi\rangle \xrightarrow[\text{测量 } \Omega \text{ 得到 } \omega]{} = \frac{\mathbb{P}_\omega |\psi\rangle}{\langle \mathbb{P}_\omega\psi|\mathbb{P}_\omega\psi\rangle^{1/2}}$$

其中 $\mathbb{P}_\omega$ 是与 $|\omega\rangle$ 相关联的投影算符，并且测量后的态已经被归一化了。如果 ω 是简并的，则

$$|\psi\rangle \to \frac{\mathbb{P}_\omega |\psi\rangle}{\langle \mathbb{P}_\omega\psi|\mathbb{P}_\omega\psi\rangle^{1/2}}$$

其中 $\mathbb{P}_\omega$ 是本征空间 $\mathbb{V}_\omega$ 的投影算符。特别值得注意的几点是：如果初态 $|\psi\rangle$ 是未知的，并且测量产生了一个简并的本征值 ω，我们无法说出测量后的这个态是什么，除非它处于本征值为 ω 的本征空间中的某个态。另一方面，如果初态 $|\psi\rangle$ 是已知的，并且测量结果得到了一个简并的本征值 ω，则测量后的态为 $\mathbb{P}_\omega|\psi\rangle$（至多差一个归一化因子）。考虑 $\mathbb{V}^3(R)$ 的例子［见图 4.1(b)］，比如我们有 $\omega_1 = \omega_2 = \omega$。让我们使用一组正交基 $|\omega, 1\rangle$，$|\omega, 2\rangle$，$|\omega_3\rangle$，其中像往常一样，需要额外的标记 1 和 2

用来区分简并本征空间中的基矢量。例如，如果我们知道在这个基下，

$$|\psi\rangle = \frac{1}{2}|\omega, 1\rangle + \frac{1}{2}|\omega, 2\rangle + \frac{1}{\sqrt{2}}|\omega_3\rangle$$

且测量给出一个 ω 值，我们就知道测量得到的归一化的态为

$$|\psi\rangle = \frac{1}{\sqrt{2}}(|\omega, 1\rangle + |\omega, 2\rangle)$$

另一方面，如果初态是未知的，而测量给出结果为 ω，则我们只能说

$$|\psi\rangle = \frac{\alpha|\omega, 1\rangle + \beta|\omega, 2\rangle}{(\alpha^2 + \beta^2)^{1/2}}$$

其中 α 和 β 是任意的实数。

请注意，虽然我们不知道测量得到的 α 和 β 是什么，但它们不再是任意的。换句话说，在测量之前系统有一个定义明确的态矢量 $|\psi\rangle$，尽管我们不知道这个 $|\psi\rangle$；在测量之后有一个定义明确的态矢量 $\mathbb{P}_\omega|\psi\rangle$，虽然我们只知道它处于子空间 $\mathbb{V}_\omega$ 中。

如何检验量子理论

经典力学的一个突出特点是它能做出完全确定的预言。例如，它可以预言：在某个位势 $V(x)$ 中，一个动量为 p_i 的粒子从 $x = x_i$ 出发，将在 2 秒后到达 $x = x_f$，且动量变成 $p = p_f$。要检验这个预言，我们在 $t = 0$ 时于 $x = x_i$ 处释放 $p = p_i$ 的粒子，并在 $x = x_f$ 处等着，看看 $t = 2$ 秒时该粒子是否以 $p = p_f$ 到达那里。

另一方面，量子理论做出了一个关于处于 $|\psi\rangle$ 态粒子的统计预言，并声称这个态随时间的演化遵循薛定谔方程。要检验这些预测，我们必须能够

(1) 制备处于确定的 $|\psi\rangle$ 态的粒子。

(2) 随时检查其概率预言。

态矢量的坍缩为我们提供了一种制备确定的态的好方法：我们从处于任意态 $|\psi\rangle$ 的粒子开始，并测量变量 Ω。如果我们得到一个非简并本征值 ω，我们手中就有了态 $|\omega\rangle$。（如果 ω 是简并的，则需要进一步的测量。我们不准备讨论这个问题。）注意，在量子理论中测量，不是告诉我们在测量之前系统在做什么，而是告诉我们测量之后它在做什么。（当然，它确实告诉我们初态在测量后的态 $|\omega\rangle$ 上有某个投影。但是这点信息无法与测量之后完全确定的态相比。）

不管怎么说，假设我们已经制备好了一个态 $|\omega\rangle$。如果我们随后立即测量某个变量 Λ，使该态还不能从 $|\omega\rangle$ 改变，假如说，

$$|\omega\rangle = \frac{1}{\sqrt{3}}|\lambda_1\rangle + \sqrt{\frac{2}{3}}|\lambda_2\rangle + 0\cdot(\text{其他态})$$

理论预言将得到 λ_1 和 λ_2，它们的概率分别为 1/3 和 2/3。如果我们的测量给出了 λ_i，$i \neq 1,2$（或者更糟糕的是，$\lambda \neq$ 任何本征值!），这将使该理论垮台。因此假如我们得到了一个允许值，比如说 λ_1。这将与理论一致，但并没有完全证实它，因为 λ_1 的概率或许是 1/30，而不是 1/3，但我们仍然可以得到 λ_1。因此，我们必须多次重复这个实验。但我们不能对这个粒子重复这个实验，因为在测量后粒子的态变成了$|\lambda_1\rangle$。我们必须用 $|\omega\rangle$ 态的另一个粒子重新开始实验。为此我们需要一个量子系综，它由大量都处于相同的态 $|\omega\rangle$ 的 N 个粒子组成。如果对这些粒子都进行 Λ 的测量，大约 $N/3$ 个粒子将产生值 λ_1，并最终都处于态 $|\lambda_1\rangle$，而大约 $2N/3$ 个粒子将产生值 λ_2 并最终都处于态 $|\lambda_2\rangle$。对于足够大的 N，与分数 1/3 和 2/3 的偏离可以被忽略不计。比如，人们在经典统计力学中遇到的那种经典系综，和上述量子系综的主要区别如下。如果在 N 粒子的一个经典系综中，$N/3$ 给出了结果 λ_1，$2N/3$ 给出结果 λ_2，则人们可以认为，该系综在测量之前就包含了 $\lambda = \lambda_1$ 的 $N/3$ 粒子，和 $\lambda = \lambda_2$ 的其他粒子。另一方面，在量子系综中，假设每个粒子在测量之前处于相同的态 $|\omega\rangle$（即每个粒子潜在地能够产生结果 λ_1 或者 λ_2）。只有在那次测量后它们中的 1/3 才会被迫进入 $|\lambda_1\rangle$ 态，其余的进入 $|\lambda_2\rangle$。

一旦我们有了一个系综，我们就可以测量任一其他变量，并检验量子理论的预言。我们也可以制备一个系综，让它随时间演化，并在未来时刻研究它，看看终态是否如薛定谔方程告诉我们的一样。

例 4.2.2 用来测试量子理论系综的一个例子是，比如，在双缝实验中我们所遇到的光子。给定具有动量 p 和能量 E 的光子，预期它会以振荡函数 $|\psi(x)|^2$ 给出的概率密度击中探测器。人们可以重复实验 N 次，每次发送一个这样的光子，看看最后的数量分布是否确实由 $|\psi(x)|^2$ 给出。人们同样还可以发送一个宏观的频率为 $\omega = E/\hbar$ 和波数为 $k = p/\hbar$ 的单色光束，它由大量的能量为 E 和动量为 p 的光子组成。如果假设（在极大程度上是正确的）该光束发送的光子是无相互作用的，则等价于用系综进行实验。在这种情况下，当光束被打开时，其强度的条纹将形成概率密度 $|\psi(x)|^2$ 的形状。

例 4.2.3 下面的例子用于说明经典力学和量子力学系统的概率描述的区别。

我们选择一个六面骰子作为我们的经典体系，从它得到一个数 n 的概率 $P(n)$ 是由经验确定的。作为我们的量子系统，我们取一个处于态

$$|\psi\rangle = \sum_{i=1}^{6} C_i \,|\omega_i\rangle$$

的粒子。假设我们闭上眼睛，投掷骰子并用杯子盖住它。其统计描述与 $|\psi\rangle$ 态的量子描述有许多相似之处：

(1) 在抬起杯子之前，骰子的态由概率函数 $P(n)$ 描述。

(2) n 唯一的可能值是 1，2，3，4，5 和 6 中的一个。

(3) 如果抬起杯子，我们会得到某个值，如果该值是 $n=3$，那么函数 $P(n)$ 将坍缩为 δ_{n3}。

(4) 掷出 N 个这样骰子的系综，其 $NP(n)$ 将等于 n（当 $N\to\infty$ 时）。

对于处于态 $|\psi\rangle$ 的粒子，你毫无疑问知道其相应的陈述。现在让我们研究一下这两种情况下统计描述的一些主要区别。

(1) 至少在原则上有可能准确地预测骰子的哪一面将出现在顶部，已知骰子的质量、位置、方向、速度和释放时的角速度，以及空气的黏度，桌面的弹性，等等。然而在量子情况下，这种统计描述仅仅是可能性，即使在原则上也是如此。

(2) 如果在抬起杯子时得到结果 $n=3$，则该结果与假设骰子在测量之前就处于这样的态是一致的。然而在量子情况下，测量后的态，比如 $|\omega_3\rangle$，并不是测量前的态，即 $|\psi\rangle$。

(3) 在测量之前和之后的系综中如果有 N 个这样的骰子被投掷，并用 N 个杯子盖上，将有 $NP(1)$ 个骰子取 $n=1$，$NP(2)$ 个骰子取 $n=2$，等等。相比之下，对应于 $|\psi\rangle$ 的量子系综将包含 N 个粒子，所有这些粒子在测量前都处于相同的态 $|\psi\rangle$（也就是说，每个粒子都能产生 $\omega_1,\cdots,\omega_6$ 中的任一值），而测量之后有 $NP(\omega_i)$ 粒子处在 $|\omega_i\rangle$ 态。只有测量前的系综表示态 $|\psi\rangle$，测量后的系综是表示态 $|\omega_1\rangle,\cdots,|\omega_6\rangle$ 的 6 个系综的混合[①]。

在量子理论中看到了系综概念的用法之后，我们现在定义并讨论表征系综的两个统计变量。

期待值

给定处于 $|\psi\rangle$ 态的包含 N 个粒子的系综，量子理论允许我们预言，如果测量变量 Ω，产生 ω 值所占的比例将是什么。然而，这个预言涉及求解算符 Ω 的本征值问题。若人们对该态（或相应系综）的这种详细信息不感兴趣，则可代之以计算该系综的平均，即被称为期待值的 $\langle\Omega\rangle$。这个期待值就是统计学中定义的平均值：

$$\begin{aligned}\langle\Omega\rangle &= \sum_i P(\omega_i)\,\omega_i = \sum_i |\langle\omega_i|\psi\rangle|^2\omega_i \\ &= \sum_i \langle\psi|\omega_i\rangle\,\langle\omega_i|\psi\rangle\,\omega_i \qquad (4.2.5)\end{aligned}$$

① 这是一个混合系综的例子。它们将在随后关于密度矩阵的题外话中讨论。

我们可以用 $\sum_i |\omega_i\rangle\langle\omega_i| = I$ 化简因子 ω_i 与投影算符 $|\omega_i\rangle\langle\omega_i|$ 的乘积。为了做到这一点，要注意到 $\omega_i|\omega_i\rangle = \Omega|\omega_i\rangle$。把该式用到上式中，继续推导，我们得到

$$\langle\Omega\rangle = \sum_i \langle\psi|\Omega|\omega_i\rangle\langle\omega_i|\psi\rangle$$

现在，我们可以利用 $\sum_i |\omega_i\rangle\langle\omega_i| = I$，得到

$$\langle\Omega\rangle = \langle\psi|\Omega|\psi\rangle \tag{4.2.6}$$

关于这个公式，有几点需要注意。

(1) 要计算 $\langle\Omega\rangle$，只需给出态矢量和算符 Ω（比如，在某个基下分别作为列矢量和矩阵）。没有必要去求 Ω 的本征矢或本征值。

(2) 如果粒子处于 Ω 的一个本征态，即 $\Omega|\psi\rangle = \omega|\psi\rangle$，则 $\langle\Omega\rangle = \omega$。

(3) 作为 Ω 的平均值，我们指的是对系综求平均。一个给定的粒子当然在测量时只会得到一个本征值。平均值通常是单次测量不可求得的值，除非它偶然地等于一个本征值。（这种现象的一个常见例子是每对夫妇的平均子女人数，它可能为 2.12，尽管一个家庭中的该数字一定是整数。）

不确定性（uncertainty）

在由概率描述的任何情况下，除平均值外，另一个需要确定的有用的量是*标准偏差*，它度量相对于平均值的平均涨落。其定义为

$$\Delta\Omega = \langle(\Omega - \langle\Omega\rangle)^2\rangle^{1/2} \tag{4.2.7}$$

常称为均方根偏差。在量子力学中，它被称为 Ω 的*不确定性*。若 Ω 有分立谱，则

$$(\Delta\Omega)^2 = \sum_i P(\omega_i)(\omega_i - \langle\Omega\rangle)^2 \tag{4.2.8}$$

若它有连续谱，则

$$(\Delta\Omega)^2 = \int P(\omega)(\omega - \langle\Omega\rangle)^2 \mathrm{d}\omega \tag{4.2.9}$$

请注意，$\Delta\Omega$ 就像 $\langle\Omega\rangle$ 一样，在只给定态和算符的情况下，也是可以计算的，因为

(4.2.7) 式只不过意味着

$$\Delta\Omega = \left[\langle\psi|\,(\Omega - \langle\Omega\rangle)^2\,|\psi\rangle\right]^{1/2} \tag{4.2.10}$$

通常，期望值和不确定性为我们提供了态的一个相当好的描述。例如，如果给定一个具有 $\langle X\rangle = a$ 和 $\Delta X = \Delta$ 的粒子，我们就知道该粒子很可能在 $x = a$ 附近被发现，其偏差为 Δ 量级。

到目前为止，我们只关注一次测量单个变量。现在我们把注意力转向一次测量多个变量的情况。（由于实际上不可能真正同时进行两个独立测量，所以我们指的是快速相继测量两个或两个以上的动力学变量。）

习题 4.2.1 （非常重要）考虑一个希尔伯特空间 $\mathbb{V}^3(C)$ 中的下列算符：

$$L_x = \frac{1}{\sqrt{2}}\begin{pmatrix} 0 & 1 & 0 \\ 1 & 0 & 1 \\ 0 & 1 & 0 \end{pmatrix}, \quad L_y = \frac{1}{\sqrt{2}}\begin{pmatrix} 0 & -\mathrm{i} & 0 \\ \mathrm{i} & 0 & -\mathrm{i} \\ 0 & \mathrm{i} & 0 \end{pmatrix}, \quad L_z = \begin{pmatrix} 1 & 0 & 0 \\ 0 & 0 & 0 \\ 0 & 0 & -1 \end{pmatrix}$$

(1) 如果测量 L_z，我们可以获得哪些可能的值？

(2) 取 $L_z = 1$ 的态。在这个态下，$\langle L_x\rangle$，$\langle L_x^2\rangle$ 和 ΔL_x 都是什么？

(3) 在 L_z 基下，求 L_x 归一化的本征态和本征值。

(4) 如果粒子处于 $L_z = -1$ 的态，并且测量 L_x，那么我们可能得到的结果及其概率是什么？

(5) 在 L_z 基下，考虑态

$$|\psi\rangle = \begin{pmatrix} 1/2 \\ 1/2 \\ 1/\sqrt{2} \end{pmatrix}$$

如果在这个态下测量 L_z^2，并得到一个结果 $+1$。那么测量之后的态是什么？得到这个结果的可能性有多大？如果其后立即测量 L_z，得到的结果和各自的概率是什么？

(6) 粒子所处的态概率分别为 $P(L_z = 1) = 1/4$，$P(L_z = 0) = 1/2$ 和 $P(L_z = -1) = 1/4$。使自己确信，具有这种性质的最一般的归一化的态是

$$|\psi\rangle = \frac{\mathrm{e}^{\mathrm{i}\delta_1}}{2}\,|L_z = 1\rangle + \frac{\mathrm{e}^{\mathrm{i}\delta_2}}{\sqrt{2}}\,|L_z = 0\rangle + \frac{\mathrm{e}^{\mathrm{i}\delta_3}}{2}\,|L_z = -1\rangle$$

前面曾说过，如果 $|\psi\rangle$ 是一个归一化的态，那么 $\mathrm{e}^{\mathrm{i}\theta}\,|\psi\rangle$ 就是一个物理上等价且归一化的态。这是否意味着因子 $\mathrm{e}^{\mathrm{i}\delta_i}$ 乘 L_z 的本征态是无关紧要的？[例如，计算 $P(L_x = 0)$。]

相容和不相容变量

量子理论的一个显著特征是，给定一个处于 $|\psi\rangle$ 态的粒子，一般而言，不可能说粒子对于给定的动力学变量 Ω 具有确定的值——测量可以得到任一 $\langle\omega|\psi\rangle$ 不为零的本征值 ω。态 $|\omega\rangle$ 是个例外。与经典力学一样，处于这些态之一的粒子可以说，Ω 具有一个确定的 ω 值，因为测量会肯定给出这个结果。要产生这样的态，我们只需取一个任意的态 $|\psi\rangle$ 并测量 Ω。这个测量过程起着一个过滤器的作用，只允许 $|\psi\rangle$ 沿某个 $|\omega\rangle$ 的分量通过。发生这种过程的概率为 $P(\omega)=|\langle\omega|\psi\rangle|^2$。

我们现在希望将这些想法扩展到不止一个变量的情况。我们首先考虑两个算符的问题，将其扩大到两个以上算符则很直接。我们要问：

问题 1. 是否有某种多重过滤过程，我们可以通过这种过程取一个处于某个态 $|\psi\rangle$ 的粒子的系综，并产生一个对两个变量 Ω 和 Λ 都具有确定的 ω 和 λ 值的态？

问题 2. 如果我们从 $|\psi\rangle$ 态出发，那么这种过滤过程给出这样的一个态的概率是多少呢？

为了回答这些问题，让我们尝试设计一个多重过滤方案。我们首先在由 $|\psi\rangle$ 描述的系综上测量 Ω，并取产生了结果 ω 的那些粒子。它们都处于 Ω 具有严格确定值的那种态。然后我们立即测量 Λ，并选出那些给出结果 λ 的粒子。现在我们是否有了一个处于 $\Omega=\omega$ 和 $\Lambda=\lambda$ 态上的系综？一般来说，不是。原因很清楚。在第一次测量后，我们的系统处在态 $|\omega\rangle$，这保证了 Ω 的结果为 ω，但是对于 Λ 没有确定的值（因为 $|\omega\rangle$ 不需要是 Λ 的本征态）。做第二次测量后，态变成

$$|\psi'\rangle=|\lambda\rangle$$

我们现在确保 Λ 的结果为 λ，但是对于 Ω 没有确定的值（因为 $|\lambda\rangle$ 不一定是 Ω 的本征态）。

换句话说，第二次过滤通常会改变第一次过滤产生的态。这一变化只不过是态矢量 $|\omega\rangle=\sum|\lambda\rangle\langle\lambda|\omega\rangle$ 坍缩成本征态 $|\lambda\rangle$。

一个例外发生在第一次测量后产生的态不受第二次测量影响的时候。这反过来要求 $|\omega\rangle$ 也是 Λ 的一个本征态。对上述第一个问题的答案则只有对共同本征态 $|\omega\lambda\rangle$ 是肯定的。生成这样的态的方法恰好如上所述。这些右矢满足方程：

$$\Omega|\omega\lambda\rangle=\omega|\omega\lambda\rangle \tag{4.2.11}$$

$$\Lambda|\omega\lambda\rangle=\lambda|\omega\lambda\rangle \tag{4.2.12}$$

自然出现的问题是：什么时候两个算符允许具有共同本征态？一个必要的（但不是充分的）条件可以通过将 Ω 作用于 (4.2.12) 式，将 Λ 作于用 (4.2.11) 式，然后

取两者之差：

$$(\Omega\Lambda - \Lambda\Omega)\,|\omega\lambda\rangle = 0 \tag{4.2.13}$$

求得。于是，如果共同的本征右矢存在，则 $[\Omega, \Lambda]$ 必须具有零本征值的本征右矢。一对算符 Ω 和 Λ 将属于下列三类之一：

A. 相容：$[\Omega, \Lambda] = 0$。

B. 不相容：$[\Omega, \Lambda] =$ 显然具有非零本征值的某种东西。

C. 其他。

A 类。如果两个算符对易，我们知道可以找到一组共同本征右矢的完备基。这个基中的每个元素 $|\omega\lambda\rangle$ 对于 Ω 和 Λ 都有严格确定的值。

B 类。这一类最著名的例子是由位置算符和动量算符 X 和 P 提供的，它们服从正则对易规则：

$$[X, P] = \mathrm{i}\hbar \tag{4.2.14}$$

显然，对于任一非平庸的 $|\psi\rangle$，我们永远不会有 $\mathrm{i}\hbar\,|\dot{\psi}\rangle = 0\,|\psi\rangle$。这意味着，甚至不存在一个 X 和 P 都有严格确定值的右矢。任何过滤 X 的企图，都会被随后对 P 的过滤毁掉，反之亦然。这就是著名的海森堡不确定性原理的起源，随着我们的推进，它将进一步发展。

C 类。在这种情况下，有一些态是共同本征右矢。但在这种情况下，我们没有什么非常感兴趣的话题可以讨论，除了强调即使两个算符不对易，人们仍然可以找到一些共同本征右矢，尽管它们不是一个完备基。（为什么？）

现在让我们讨论第二个问题：在 $|\psi\rangle$ 态中测量 Ω 和 Λ 时，获得态 $|\omega\lambda\rangle$ 的概率。我们将只考虑情况 A；对于情况 B，这个问题不会出现；我们对情况 C 不是很感兴趣。（在看了另外两个情况后，你应该能够自己处理情况 C。）

情况 A. 首先让我们假设没有简并。因此，对于一个给定的本征值 λ 只有一个右矢，而且它一定是一个共同本征右矢 $|\omega\lambda\rangle$。假设我们先测量了 Ω，得到了 ω，其概率为 $P(\omega) = |\langle\omega\lambda|\psi\rangle|^2$。测量之后粒子处于 $|\omega\lambda\rangle$ 态。Λ 的测量肯定产生结果 λ。Ω 得到 ω 和 Λ 得到 λ 的概率，只是这两种概率的乘积

$$P(\omega, \lambda) = |\langle\omega\lambda|\psi\rangle|^2 \cdot 1 = |\langle\omega\lambda|\psi\rangle|^2$$

请注意，如果是先测量 Λ，再测量 Ω，则得到 λ 和 ω 结果的概率是一样的。于是，如果我们把 $|\psi\rangle$ 在完备的共同本征基下展开为

$$|\psi\rangle = \sum |\omega\lambda\rangle\,\langle\omega\lambda|\psi\rangle \tag{4.2.15a}$$

则

$$P(\omega, \lambda) = |\langle\omega\lambda|\psi\rangle|^2 = P(\lambda, \omega) \tag{4.2.15b}$$

如果 $[\Omega,\Lambda]=0$，则称 Ω 和 Λ 相容，其原因是：对一个变量进行测量之后，紧跟着测量另一个变量，不会改变第一次测量得到的本征值，最后我们得到两个可观测量都有严格确定值的一个态。要注意，强调了本征值在第二次测量下的不变性。在非简并的情况下，这也意味着态矢量的不变性。在简并情况下，态矢量可以由于第二次测量而改变，尽管本征值不会改变，正如下例所示。考虑 $\mathbb{V}^3(R)$ 中的两个算符 Λ 和 Ω。设 $|\omega_3\lambda_3\rangle$ 是一个共同本征矢。设 $\lambda_1=\lambda_2=\lambda$，以及 $\omega_1\neq\omega_2$ 是 Ω 在这个简并空间中的本征值。让我们把 $|\omega_1\lambda\rangle$，$|\omega_2\lambda\rangle$ 和 $|\omega_3\lambda_3\rangle$ 取作基。考虑一个归一化的态

$$|\psi\rangle=\alpha\,|\omega_3\lambda_3\rangle+\beta\,|\omega_1\lambda\rangle+\gamma\,|\omega_2\lambda\rangle \tag{4.2.16}$$

比如我们先测量 Ω 得到 ω_3。态变成 $|\omega_3\lambda_3\rangle$，随后测量 Λ 肯定给出一个值 λ_3，并保持态不变。因此 $P(\omega_3,\lambda_3)=|\langle\omega_3\lambda_3|\psi\rangle|^2=\alpha^2$。显然，$P(\omega_3,\lambda_3)=P(\lambda_3,\omega_3)$。

假设 Ω 的测量给出一个值 ω_1。求得的态是 $|\omega_1\lambda\rangle$，且得到这一结果的概率是 $|\langle\omega_1\lambda|\psi\rangle|^2$。随后的 Λ 测量将保持态不变，并以单位概率产生结果 λ。因此 $P(\omega_1,\lambda)$ 是概率的乘积：

$$P(\omega_1,\lambda)=|\langle\omega_1\lambda|\psi\rangle|^2\cdot 1=|\langle\omega_1\lambda|\psi\rangle|^2=\beta^2 \tag{4.2.17}$$

现在让我们设想，按相反的顺序进行这个测量。设测量的结果是 λ。测量之后的态 $|\psi'\rangle$ 是 $|\psi\rangle$ 在简并的 λ 本征空间中的投影：

$$|\psi'\rangle=\frac{\mathbb{P}_\lambda\,|\psi\rangle}{\langle\mathbb{P}_\lambda\psi|\mathbb{P}_\lambda\psi\rangle^{1/2}}=\frac{\beta\,|\omega_1\lambda\rangle+\gamma\,|\omega_2\lambda\rangle}{(\beta^2+\gamma^2)^{1/2}} \tag{4.2.18}$$

在上面的表达式中，投影态已经被归一化了。这一结果的概率 $P(\lambda)=\beta^2+\gamma^2$，即 $|\psi\rangle$ 在本征空间中投影的平方。如果我们现在测量 Ω，则得到结果 ω_1 和 ω_2 都是可能的。获得 ω_1 的概率是 $|\langle\omega_1\lambda|\psi'\rangle|^2=\beta^2/(\beta^2+\gamma^2)$。因此，$\Lambda=\lambda$ 和 $\Omega=\omega_1$ 结果的概率是概率的乘积：

$$P(\lambda,\omega_1)=(\beta^2+\gamma^2)\cdot\frac{\beta^2}{\beta^2+\gamma^2}=\beta^2=P(\omega_1,\lambda) \tag{4.2.19}$$

因此 $P(\omega_1,\lambda)=P(\lambda,\omega_1)$ 不依赖于简并性。但是这次态由于第二次测量而发生了变化（除非 $|\psi'\rangle$ 意外地没有沿着 $|\omega_2\lambda\rangle$ 的分量）。因此，相容性通常意味着，第一次测量得到的本征值在第二次测量时的不变性。因此我们只能说，在第二次测量之后，态仍保持在相同的本征空间中。如果第一次的本征值是非简并的，本征空间是一维的，则态矢量本身将保持不变。

在我们前面关于如何产生严格确定的态 $|\psi\rangle$ 以检验量子理论的讨论中，观察到测量过程本身可以被用作一种制备机制：如果在一个任意的未知初态上测量 Ω 给出一个结果 ω，我们肯定会得到态 $|\psi\rangle=|\omega\rangle$。但是这要假设 ω 不是简并本征值。如果

它是简并的，我们就不可能把这个态确定下来，除非在其本征空间内。因此，有人建议我们坚持具有非简并谱的变量。我们现在可以取消这一限制。比如说，对于变量 Ω，得到一个简并的本征值 ω。那时在 ω 的本征空间中，我们有了某个矢量。我们现在测量另一个相容变量 Λ。如果得到一个结果 λ，那么我们就有了一个确定的态 $|\omega,\lambda\rangle$，除非 (ω,λ) 本身是简并的。届时我们必须测量与 Ω 和 Λ 都相容的第三个变量 Γ，等等。最终，我们将得到一个唯一的态，它给定了所有算符的共同本征值：$|\omega,\lambda,\gamma,\cdots\rangle$。人们假设这样一组相容可观测量的集合，称为存在一组*对易可观测量的完全集合*。那时，要制备一个态来研究量子理论，我们取一个任意的初始态，并通过一系列相容的测量过滤它，直到得到一个唯一的已知矢量。任一非简并的算符本身就是一个"完全集合"。

顺便说一句，即使算符 Ω 和 Λ 不相容，我们也可以确定在 $|\psi\rangle$ 态上测量 Ω 紧跟着测量 Λ 分别给出结果 ω 和 λ 的概率 $P(\omega,\lambda)$。然而，我们应注意以下两点：

(1) 一般而言，$P(\omega,\lambda)\neq P(\lambda,\omega)$。

(2) 概率 $P(\omega,\lambda)$ 不是产生 Ω 和 Λ 具有严格确定值 ω 和 λ 的终态的概率。（按照不相容的定义，这种态是不存在的。）通过两次测量所产生的态，只是第二个算符具有测量到的本征值的本征态。

密度矩阵——题外话①

到目前为止，我们已经考虑了处于相同 $|\psi\rangle$ 态的 N 个系统的系综。但它们在实践中很难实现。更常见的是这样的 N 个系统的系综，其中 n_i（$i=1,2,\cdots,k$）个系统处于 $|i\rangle$ 态。（我们仅限于 $|i\rangle$ 是正交基的一个元素的情况。）因此，这个系综用 k 个右矢 $|1\rangle,|2\rangle,\cdots,|k\rangle$ 描述，其中 k 为*占有数* $n_1,\cdots,n_k$。一种方便的方法是，采用以下*密度矩阵*的形式把所有这些信息组织起来（实际上，它是一个算符，在某种基下变成矩阵）：

$$\rho=\sum_i p_i\,|i\rangle\langle i| \tag{4.2.20}$$

其中 $p_i=n_i/N$ 是从系综随机地选取处于 $|i\rangle$ 态系统的概率。到目前为止，我们所讨论的系综被称为*纯系综*，它们对应于除了一个 p_i 非零外，其他所有的 $p_i=0$。更一般的系综是*混合系综*。

现在考虑 Ω 的系综平均值。它是

$$\langle\bar{\Omega}\rangle=\sum_i p_i\,\langle i|\,\Omega\,|i\rangle \tag{4.2.21}$$

① 为了不失连贯性，这个题外话可以略去或者推迟阅读。

$\langle\bar{\Omega}\rangle$ 中 Ω 上的横线提醒我们已经做了两种平均：处在 $|i\rangle$ 态的每个系统的量子平均 $\langle i|\Omega|i\rangle$，以及处在不同 $|i\rangle$ 态的系统的经典平均。注意到，

$$\begin{aligned}\mathrm{Tr}(\Omega\rho) &= \sum_j \langle j|\Omega\rho|j\rangle \\ &= \sum_j\sum_i \langle j|\Omega|i\rangle\langle i|j\rangle p_i = \sum_i\sum_j \langle i|j\rangle\langle j|\Omega|i\rangle p_i \\ &= \sum_i \langle i|\Omega|i\rangle p_i \\ &= \langle\bar{\Omega}\rangle \end{aligned} \tag{4.2.22}$$

密度矩阵包含关于系综的所有的统计信息。假设我们想要的不是 $\langle\bar{\Omega}\rangle$，而是求得特定的 ω 值的概率 $\overline{P(\omega)}$。我们首先注意到，对于一个纯系综，

$$P(\omega) = |\langle\omega|\psi\rangle|^2 = \langle\psi|\omega\rangle\langle\omega|\psi\rangle = \langle\psi|\mathbb{P}_\omega|\psi\rangle = \langle\mathbb{P}_\omega\rangle$$

它与 (4.2.22) 式组合在一起，告诉我们

$$\overline{P(\omega)} = \mathrm{Tr}(\mathbb{P}_\omega\rho)$$

下列一些结果很容易被证实：

$$\begin{aligned}&(1)\ \rho^\dagger = \rho \\ &(2)\ \mathrm{Tr}\,\rho = 1 \\ &(3)\ \rho^2 = \rho \qquad \text{对于一个纯系综} \\ &(4)\ \rho = (1/k)I \qquad \text{对于在 } k \text{ 个态均匀分布的系综} \\ &(5)\ \mathrm{Tr}\,\rho^2 \leqslant 1 \qquad \text{（对纯系综同样成立）}\end{aligned} \tag{4.2.23}$$

你应该设法使自己确信这些关系。

例 4.2.4 为了更加熟悉量子理论，让我们考虑在位置算符 X 的基 $|x\rangle$ 下展开的无限维右矢 $|\psi\rangle$：

$$|\psi\rangle = \int_{-\infty}^{\infty} |x\rangle\langle x|\psi\rangle\,\mathrm{d}x = \int_{-\infty}^{\infty} |x\rangle\,\psi(x)\,\mathrm{d}x$$

我们称 $\psi(x)$ 为波函数（在 X 基下）。假设 $\psi(x)$ 是高斯型的，即 $\psi(x) = A\exp[-(x-a)^2/2\Delta^2]$［图 4.2(a)］。我们现在尝试使用公设提取关于这个态的信息。让我们从归一化这个态开始：

$$\begin{aligned}1 = \langle\psi|\psi\rangle &= \int_{-\infty}^{\infty} \langle\psi|x\rangle\langle x|\psi\rangle\,\mathrm{d}x = \int_{-\infty}^{\infty} |\psi(x)|^2\mathrm{d}x \\ &= \int_{-\infty}^{\infty} A^2\,\mathrm{e}^{-(x-a)^2/\Delta^2}\mathrm{d}x = A^2(\pi\Delta^2)^{1/2} \qquad \text{（请见附录 A.2）}\end{aligned}$$

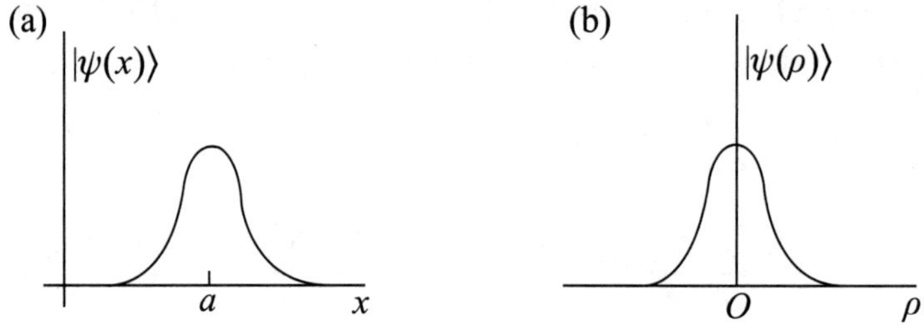

图 4.2 (a) 波函数的模，$|\langle x|\psi\rangle| = |\psi(x)|$；(b) 波函数的模，$|\langle \rho|\psi\rangle| = |\psi(\rho)|$

因此，这个归一化的态为

$$\psi(x) = \frac{1}{(\pi\Delta^2)^{1/4}}\,\mathrm{e}^{-(x-a)^2/2\Delta^2}$$

在 x 和 $x+\mathrm{d}x$ 之间发现这个粒子的概率为

$$P(x)\,\mathrm{d}x = |\psi(x)|^2\mathrm{d}x = \frac{1}{(\pi\Delta^2)^{1/2}}\mathrm{e}^{-(x-a)^2/\Delta^2}\mathrm{d}x$$

它看上去非常像图 4.2(a) 中的样子。因此粒子最有可能在 $x=a$ 左右被发现，超过这一点 Δ 后，找到它的概率会迅速下降。我们可以通过计算 X 的期望值和不确定度来量化这些说法。让我们来这样做。

现在，在公设 II 中定义的算符 X 和我们在第 1.10 节详细讨论的是同一个算符。它在 X 基下的作用仅仅是乘 x，即如果

$$\langle x|\psi\rangle = \psi(x)$$

那么，

$$\begin{aligned}\langle x|\,X\,|\psi\rangle &= \int_{-\infty}^{\infty}\langle x|\,X\,|x'\rangle\,\langle x'|\psi\rangle\,\mathrm{d}x' = \int_{-\infty}^{\infty} x\,\delta(x-x')\,\psi(x')\,\mathrm{d}x' \\ &= x\,\psi(x)\end{aligned}$$

利用这个结果，X 的平均值或期待值为

$$\begin{aligned}\langle X\rangle = \langle\psi|\,X\,|\psi\rangle &= \int_{-\infty}^{\infty}\langle\psi|x\rangle\,\langle x|\,X\,|\psi\rangle\,\mathrm{d}x \\ &= \int_{-\infty}^{\infty}\psi^*(x)\,x\,\psi(x)\,\mathrm{d}x \\ &= \frac{1}{(\pi\Delta^2)^{1/2}}\int_{-\infty}^{\infty}\mathrm{e}^{-(x-a)^2/\Delta^2}\,x\,\mathrm{d}x\end{aligned}$$

如果我们定义 $y = x - a$，

$$\begin{aligned}\langle X\rangle &= \frac{1}{(\pi\Delta^2)^{1/2}}\int_{-\infty}^{\infty}(y+a)\,\mathrm{e}^{-y^2/\Delta^2}\mathrm{d}y\\ &= a\end{aligned}$$

当然，我们应该预料到了这个结果，因为这个概率密度围绕 $x = a$ 对称分布。

接下来，我们计算 $\langle X\rangle = a$ 附近的涨落，即不确定性

$$\begin{aligned}\Delta X &= \left[\langle\psi|\,(X-\langle X\rangle)^2\,|\psi\rangle\right]^{1/2}\\ &= \left[\langle\psi|\,X^2 - 2X\langle X\rangle + \langle X\rangle^2\,|\psi\rangle\right]^{1/2}\\ &= \left[\langle\psi|\,X^2 - \langle X\rangle^2\,|\psi\rangle\right]^{1/2} \qquad (\text{因为 } \langle\psi|\,X\,|\psi\rangle = \langle X\rangle)\\ &= \left[\langle X^2\rangle - \langle X\rangle^2\right]^{1/2}\\ &= \left[\langle X^2\rangle - a^2\right]^{1/2}\end{aligned}$$

现在

$$\begin{aligned}\langle X^2\rangle &= \frac{1}{(\pi\Delta^2)^{1/2}}\int_{-\infty}^{\infty}\mathrm{e}^{-(x-a)^2/2\Delta^2}\cdot x^2\cdot\mathrm{e}^{-(x-a)^2/2\Delta^2}\mathrm{d}x\\ &= \frac{1}{(\pi\Delta^2)^{1/2}}\int_{-\infty}^{\infty}\mathrm{e}^{-y^2/\Delta^2}(y^2+2ya+a^2)\,\mathrm{d}y = \frac{\Delta^2}{2}+0+a^2\end{aligned}$$

于是

$$\Delta X = \frac{\Delta}{\sqrt{2}}$$

关于变量 X 的信息就这么多了。假设我们接下来想要知道另一个动力学变量，例如动量 P 不同值的概率分布。

(1) 首先，我们必须在这个基下构建算符 P。

(2) 然后，我们必须找到它的本征值 p 和本征矢 $|p\rangle$。

(3) 最后，我们必须取内积 $\langle p|\psi\rangle$。

(4) 如果 p 是分立的，则 $|\langle p_i|\psi\rangle|^2 = P(p_i)$，而如果 p 是连续的，则 $|\langle p|\psi\rangle|^2 = P(p)$ 为概率密度。

现在，P 算符只是在第 1.10 节中讨论的 K 算符乘 $\hbar$，并且在 X 的基下起着 $-\mathrm{i}\hbar\,\mathrm{d}/\mathrm{d}x$ 的作用，对于如果

$$\langle x|\psi\rangle = \psi(x)$$

则

$$\begin{aligned}\langle x|\,P\,|\psi\rangle &= \int_{-\infty}^{\infty}\langle x|\,P\,|x'\rangle\,\langle x'|\psi\rangle\;\mathrm{d}x'\\ &= \int_{-\infty}^{\infty}\left[-\mathrm{i}\hbar\,\delta'(x-x')\right]\psi(x')\,\mathrm{d}x' \qquad \text{(公设 II)}\\ &= -\mathrm{i}\hbar\frac{\mathrm{d}\psi}{\mathrm{d}x}\end{aligned}$$

因此，如果我们把这个本征值方程

$$P\,|p\rangle = p\,|p\rangle$$

投影到 X 基上，则得到

$$\langle x|\,P\,|p\rangle = p\,\langle x|p\rangle$$

或

$$-\mathrm{i}\hbar\frac{\mathrm{d}\psi_p(x)}{\mathrm{d}x} = p\,\psi_p(x)$$

其中 $\psi_p(x)=\langle x|p\rangle$。它的解在归一化为狄拉克 δ 函数①的情况下是

$$\psi_p(x) = \frac{1}{(2\pi\hbar)^{1/2}}\mathrm{e}^{\mathrm{i}px/\hbar}$$

（取自第 1.10 节。）现在，我们可以计算

$$\begin{aligned}\langle p|\psi\rangle &= \int\langle p|x\rangle\,\langle x|\psi\rangle\;\mathrm{d}x = \int\psi_p^*(x)\,\psi(x)\,\mathrm{d}x\\ &= \int_{-\infty}^{\infty}\frac{\mathrm{e}^{-\mathrm{i}px/\hbar}}{(2\pi\hbar)^{1/2}}\frac{\mathrm{e}^{-(x-a)^2/2\Delta^2}}{(\pi\Delta^2)^{1/4}}\mathrm{d}x = \left(\frac{\Delta^2}{\pi\hbar^2}\right)^{1/4}\mathrm{e}^{-\mathrm{i}pa/\hbar}\mathrm{e}^{-p^2\Delta^2/2\hbar^2}\end{aligned}$$

$\psi(p)$ 的模是一个高斯型函数［见图 4.2(b)］，其宽度为 $\hbar/\sqrt{2}\Delta$。由此得出 $\langle P\rangle=0$ 和 $\Delta P=\hbar/\sqrt{2}\Delta$。由于 $\Delta X=\Delta/\sqrt{2}$，我们得到关系式

$$\Delta X\cdot\Delta P = \hbar/2$$

该高斯型函数恰好满足下列不确定度关系的下限（在第 9 章将被正式推导）：

$$\Delta X\cdot\Delta P \geqslant \hbar/2$$

这种不确定度关系是这样的普遍事实的结果，即任何事物在一个空间是窄的，而在变换空间中是宽的，反之亦然。因此，如果你是 100 斤的弱者，被一个 500 斤的恶霸欺侮，那么就把他送入动量空间吧！

① 这里，我们需要 $\langle p|p'\rangle=\delta(p-p')=\delta(k-k')/\hbar$，其中 $p=\hbar k$。这解释了归一化因子 $(2\pi\hbar)^{-1/2}$。

这里指出下列一点很合适：平面波 $e^{ipx/\hbar}$（以及所有的反常矢量，即不能归一化为 1 而只能归一为狄拉克 δ 函数的矢量）作为纯粹的数学实体被引入这个形式中。我们不能使它们归一化为 1，就意味着我们不能把它们纳入一个合理的绝对概率分布，因此对这种波函数给出物理解释至关重要。在本例中，我们有一个粒子，其相对概率密度在全空间中都是均匀的。因此在任何有限的体积中找到它的绝对概率等于零，即使这个体积像我们的太阳系一样大。由于我们可能感兴趣的任何粒子都肯定存在于维度如此之大的某个有限体积中，所以很明显，平面波不会给出任何物理上有趣的状态。但是，因为平面波是 P 的本征函数，这意味着具有严格确定动量的态不存在吗？是的，在严格意义上是这样。然而，确实存在着一些态，它们既可以归一化为 1（即对应于特征矢量），又任意接近于具有精确动量的态。例如，有这样一个波函数，它在一个很大的空间区域上的行为是 $e^{ip_0x/\hbar}$，而在超出这个空间之外逐渐变到零。它能归一化为 1，并具有在 $p = p_0$ 处急剧达到峰值的傅里叶变换，以至于动量的测量仅仅会给出实际上与 p_0 不可区分的结果。因此，事实上，平面波是非物理的，以及具有严格确定动量的态是存在的，这两者之间并不矛盾。所谓的“严格确定的”，绝不意味着“数学上精确”，而只是“精确到任一可测量的精确度”。于是，从某加速器中出来的一个粒子，带有某个动量，比如 500 GeV/c，处于一个可归一化的特征态（因为已知它局域地处于我们的实验室中），而不是对应于 $|p = 500\ \text{GeV}/c\rangle$ 的平面波态。

但是，尽管如此，我们仍将继续使用本征右矢 $|p\rangle$ 作为基矢，然后说一个粒子处于态 $|p\rangle$，因为这些矢量在数学上的处理比特征矢量方便得多。但是应该牢记，当我们谈到（从加速器出来的）一个粒子处在态 $|p_0\rangle$ 时，实际上指的是它处于具有动量空间波函数的特征态，在 $p = p_0$ 处是一个非常尖锐的峰，使得它可以用一个 δ 函数 $\delta(p - p_0)$ 所取代。

我们将本着同样精神使用的另一组反常右矢，是位置的本征右矢 $|x\rangle$，它们也形成了一个方便的基。当我们再一次谈到一个粒子处在 $|x_0\rangle$ 态时，我们指的是它的波函数同样在 $x = x_0$ 处是一个非常尖锐的峰，它在很好的精确度下可以被看作是一个 δ 函数。①

偶尔，代替特征波函数，用它的反常对应的结果被证明是一个糟糕的近似。以下是取自第 19 章的一个例子：考虑一个从加速器发射出来的粒子，以接近精确的动量被靶散射，打到远处且不在初始方向的探测器的概率。直觉告诉我们，如果没有靶，这个概率一定是零。如果我们用一个（到处都非零的）平面波来近似这个粒子的初态，这个推理的条件就被破坏了。因此，我们继续如下进行。在靶附近，我们用平面波来逼近初始波函数，因为两者在靶的（有限的和小的）影响范围内是无

① 因此，作为物理的希尔伯特空间，我们指的是物理学家感兴趣的空间，而不是其元素都对应于物理上可实现的状态的空间。

法区分的。但是，在探测器上，我们回到用特征波（已渐变为零）表示初态。

习题 4.2.2* 证明：对于一个实波函数 $\psi(x)$，动量的期望值 $\langle P\rangle = 0$。（提示：证明对于动量 $\pm p$，概率相等。）将这一结果推广到 $\psi = c\,\psi_r$，其中 ψ_r 是实的，c 是任意的（实的或复的）常数。（回想一下 $|\psi\rangle$ 和 $\alpha|\psi\rangle$ 在物理上是等价的。）

习题 4.2.3* 证明：如果 $\psi(x)$ 具有平均动量 $\langle P\rangle$，那么 $\mathrm{e}^{\mathrm{i}p_0x/\hbar}\psi(x)$ 具有平均动量 $\langle P\rangle + p_0$。

例 4.2.5 态矢量的坍缩与不确定性原理，在解释下列双缝实验的扩展过程中起着至关重要的作用。假如我说："我不相信一个给定的粒子（比如一个电子）并不是真的穿过一条缝或另一条缝。所以我会在两个缝之间设置一个光源指向屏幕右边。每个经过的电子都会被这个光束暴露出来，由此我能注意到它是从哪个缝出来的。然后我在屏幕上记录下电子到达的位置。我制作了一个表格，列出每个 x 点有多少电子到达，以及它们来自哪个狭缝。现在无法回避这样一个结论：到达某个 x 的电子数是通过 S_1 和 S_2 到达的电子数之和。对量子理论及其干涉条纹也就能说这么多了！"

当然，关键在于量子理论不再预言干涉条纹！这个理论告诉我们，如果涉及具有确定动量 p 的电子，相应的波函数是具有严格确定的波数 $k = p/\hbar$ 的波，它与自己干涉并产生一个漂亮的干涉条纹。这个预言只有当电子的状态是我们所说的那样时，它才是有效的。但这个态一定会被这个光源改变，而该光源在测量电子的位置（比如，就在 S_1 附近）时，使它的波函数从在空间延展改变为定位在 S_1 附近。一旦态被改变了，则原来对干涉的预测就不再有效了。

现在，偶尔会有一些电子会到达探测器，而没有被光源检测到。我们能够注意到它们到达的地方，但不能把它们按照通过 S_1 或 S_2 进行分类。当恰恰这些电子的分布被绘制出来时，我们充分肯定会得到干涉条纹。对于量子理论的预言来讲，我们最幸运的是，在这些情况下态没有被篡改。

上述实验在一定程度上也可以被用于揭开在测量下波函数坍缩的神秘面纱。为什么即使是理想测量也会不可避免地使态发生改变？正如我们将看到的，答案与 $\hbar$ 不为零这一事实有关。

考虑图 4.3 中的装置示意图。波长为 λ 的光照在电子（e^-）上，然后通过显微镜（M）的物镜（O）到达我们的眼睛（E）。如果 $\delta\theta$ 是在与电子相互作用后进入物镜的光锥的张角，那么经典光学就会通过不确定度

$$\Delta X \simeq \lambda/\sin\delta\theta$$

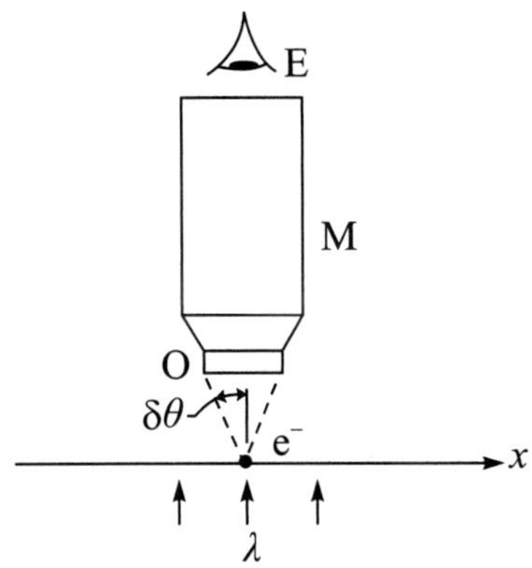

图 4.3　频率为 λ 的光束被电子反弹后通过显微镜的物镜 O，进入观察者的眼睛 E

来限制位置测量的精度。无论是经典的还是量子的，我们都可以通过把 λ 减小到零而将 ΔX 减少到 0。[①]但是，在稍后的描述中我们会提到，提高位置测量的准确性是以增加电子动量的 x 分量（p_x）的不确定性为代价的。原因在于，波长 λ 的光不是一个连续的波，它对电子动量的影响可以任意地减小，靠的是其振幅的减小，而不是动量为 $p = 2\pi\hbar/\lambda$ 的光子通量的减小。随着 λ 的减小，电子和光子之间的碰撞会越来越剧烈。要不是因为以物镜为中心的光子的 x 分量可以从 0 到 $p\sin\delta\theta = 2\pi\hbar\sin\delta\theta/\lambda$，这本身并不会导致电子动量的不确定性。由于必须至少有一个光子从电子上反弹后到达我们的眼睛，我们才能看到它，因此电子反冲动量的最小不确定度为

$$\Delta P_x \simeq \frac{2\pi\hbar}{\lambda}\sin\delta\theta$$

因此，在测量结束时，电子位置和动量的不确定度为 ΔX 和 ΔP_x，使得

$$\Delta X \cdot \Delta P_x \simeq 2\pi\hbar \simeq \hbar$$

［符号 ΔX 和 ΔP_x，并不精确地是 (4.2.7) 式中定义的量，而是与之相同数量级的量。］这就是著名的*不确定性原理*。没有任何办法绕过它。如果我们通过增加 λ 或缩小物镜，来减弱每个光子的撞击，以更好地约束最终的光子动量，我们就损失了分辨率。决定显微镜反冲的更精细的方案同样是徒劳的。注意，假如 $\hbar$ 为 0，我们就会有 ΔX 和 ΔP_x 同时为零。物理上，这意味着我们可以在不增加光子冲击力情况下，提高位置分辨率。当然，$\hbar$ 不是零，而且我们不可能在任何实验中把它变成零。但是我们能做的就是用越来越大的物体来做实验，使得在这些物体的尺度上，$\hbar$ 几乎可以忽略不计。那时我们就重新回到了经典力学。一个台球的位置可以通过光的

① 这将是理想的位置测量。

照射很好地确定，但这种光几乎不影响它的动量。这就是为什么在经典力学中，人们设想可以同时严格地定义动量和位置。

推广到多自由度

到目前为止，我们的讨论仅限于具有一个自由度的系统——即一维的一个粒子。我们现在将讨论的范围扩展到具有 N 个自由度的系统。唯一的修改在公设 II 中，现在的说法如下。

公设 II 对应于描述经典系统的 N 个笛卡儿坐标 $x_1, \cdots, x_N$，在量子理论中存在 N 个相互对易的算符 $X_1, \cdots, X_N$。这些算符的共同本征基 $|x_1, \cdots, x_N\rangle$，被称为**坐标基**，并归一化为

$$\langle x_1, x_2, \cdots, x_N | x_1', x_2', \cdots, x_N' \rangle = \delta(x_1 - x_1') \cdots \delta(x_N - x_N')$$

（除非所有的自变量为零，这些 δ 函数的乘积为零）我们有下列对应关系：

$$\begin{aligned}
|\psi\rangle &\to \langle x_1, \cdots, x_N | \psi \rangle = \psi(x_1, \cdots, x_N) \\
X_i |\psi\rangle &\to \langle x_1, \cdots, x_N | X_i |\psi\rangle = x_i \, \psi(x_1, \cdots, x_N) \\
P_i |\psi\rangle &\to \langle x_1, \cdots, x_N | P_i |\psi\rangle = -\mathrm{i}\hbar \frac{\partial}{\partial x_i} \psi(x_1, \cdots, x_N)
\end{aligned}$$

其中，P_i 是与经典动量 p_i 对应的动量算符。相关的动力学变量 $\omega(x_i, p_j)$ 用算符 $\Omega = \omega(x_i \to X_i, p_j \to P_j)$ 表示。

其他几个公设保持原样。例如，$|\psi(x_1, \cdots, x_N)|^2 \times \mathrm{d}x_1 \cdots \mathrm{d}x_N$ 为粒子的坐标处在 $x_1, x_2, \cdots, x_N$ 和 $x_1 + \mathrm{d}x_1, x_2 + \mathrm{d}x_2, \cdots, x_N + \mathrm{d}x_N$ 之间的概率。

这个公设是用直角坐标表述的，因为只有用直角坐标人们才可以把算符表示成简单的形式 $X_i \to x_i$，$P_i \to -\mathrm{i}\hbar\partial/\partial x_i$。一旦做了这种替换并且在坐标基下求得所需的方程式，我们就可以做变量任一想做的变换然后求解它们。假设，例如，我们想要求对应于经典变量

$$\omega = \frac{p_1^2 + p_2^2 + p_3^2}{2m} + x_1^2 + x_2^2 + x_3^2 \tag{4.2.24}$$

的算符 Ω 的本征值和本征矢，其中，x_1，x_2 和 x_3 是一个三维的质量为 m 的粒子的笛卡儿坐标，而 p_i 是相应的动量。由于该坐标通常被称为 x，y 和 z，让我们遵循这种流行的符号，把 (4.2.24) 式改写为

$$\omega = \frac{p_x^2 + p_y^2 + p_z^2}{2m} + x^2 + y^2 + z^2 \tag{4.2.25}$$

求解方程

$$\Omega\,|\omega\rangle = \omega\,|\omega\rangle$$

其中

$$\Omega = \frac{P_x^2 + P_y^2 + P_z^2}{2m} + X^2 + Y^2 + Z^2$$

我们做代换

$$|\omega\rangle \to \psi_\omega(x, y, z)$$

$$X \to x\,, \qquad P_x \to -\mathrm{i}\hbar\frac{\partial}{\partial x}$$

等等，得到

$$\left[\frac{-\hbar^2}{2m}\left(\frac{\partial^2}{\partial x^2} + \frac{\partial^2}{\partial y^2} + \frac{\partial^2}{\partial z^2}\right) + x^2 + y^2 + z^2\right]\psi_\omega(x, y, z) = \omega\,\psi_\omega(x, y, z) \qquad (4.2.26)$$

一旦得到了这个微分方程，我们就可以切换到其他任一坐标系。在本例中，我们推荐采用球坐标 r，θ 和 ϕ。因为

$$\begin{aligned}&\frac{\partial^2}{\partial x^2} + \frac{\partial^2}{\partial y^2} + \frac{\partial^2}{\partial z^2}\\ &\quad \equiv \nabla^2 \equiv \frac{1}{r^2}\left[\frac{\partial}{\partial r}\left(r^2\frac{\partial}{\partial r}\right) + \frac{1}{\sin\theta}\frac{\partial}{\partial\theta}\left(\sin\theta\frac{\partial}{\partial\theta}\right) + \frac{1}{\sin^2\theta}\frac{\partial^2}{\partial\phi^2}\right]\end{aligned}$$

(4.2.26) 式变成

$$\frac{-\hbar^2}{2m}\left[\frac{\partial}{\partial r}\left(r^2\frac{\partial\psi_\omega}{\partial r}\right) + \frac{1}{r^2\sin\theta}\frac{\partial}{\partial\theta}\left(\sin\theta\frac{\partial\psi_\omega}{\partial\theta}\right) + \frac{1}{r^2\sin^2\theta}\frac{\partial^2\psi_\omega}{\partial\phi^2}\right] + r^2\psi_\omega = \omega\,\psi_\omega \qquad (4.2.27)$$

如果我们想直接从球坐标的

$$\omega = \frac{1}{2m}\left(p_r^2 + \frac{p_\theta^2}{r^2} + \frac{p_\phi^2}{r^2\sin^2\theta}\right) + r^2$$

导出 (4.2.27) 式将会如何？很显然，经过检验发现，不存在用 r，θ 和 ϕ 的微分算符代替经典动量的简单规则（诸如：$p_r \to -\mathrm{i}\hbar\partial/\partial r$），使得从上面的 ω 出发生成 (4.2.27) 式。但确实存在一种复杂的非笛卡儿坐标系中的量子化过程，但我们不去讨论它，因为这种技巧（看上去可用①）最终重新生成了如此易得的笛卡儿方案。

还有些进一步的推广，即对于相对论量子力学，以及有粒子的产生和湮灭系统（使得自由度的数目发生变化！）的量子力学。除了在课程的最后做一些简短的讨论外，我们将不会处理这些问题。

---

① 在这样一种意义上，即在可能与实验进行比较的情况下，比如氢原子谱，是一致的。

4.3 薛定谔方程（一丝不苟，注重细节）①

在详细讨论了给定时间的态后，我们现在把注意力转向公设 IV，它确定了态随时间的变化。按照这一公设，态服从薛定谔方程：

$$\mathrm{i}\hbar\frac{\mathrm{d}}{\mathrm{d}t}|\psi(t)\rangle = H|\psi(t)\rangle \tag{4.3.1}$$

我们对这个方程的讨论分为三个部分：

(1) 建立方程；
(2) 求解的一般方法；
(3) 选择一个基来求解这个方程。

建立薛定谔方程

要建立薛定谔方程，人们必须做简单的代换 $\mathcal{H}(x\to X, p\to P)$，其中 $\mathcal{H}$ 是对于同一问题的经典的哈密顿量。因此，如果我们描述一个谐振子，其经典的哈密顿量为

$$\mathcal{H} = \frac{p^2}{2m} + \frac{1}{2}m\omega^2x^2 \tag{4.3.2}$$

在量子力学中，它的哈密顿量算符是

$$H = \frac{P^2}{2m} + \frac{1}{2}m\omega^2X^2 \tag{4.3.3}$$

在三维中，假设力常数在所有方向上都是相同的，则量子谐振子的哈密顿量算符同样是

$$H = \frac{P_x^2+P_y^2+P_z^2}{2m} + \frac{1}{2}m\omega^2(X^2+Y^2+Z^2) \tag{4.3.4}$$

如果一维中的粒子受到一个恒力 f，则

$$\mathcal{H} = \frac{p^2}{2m} - fx$$

以及

$$H = \frac{P^2}{2m} - fX \tag{4.3.5}$$

对于三维电磁场中的一个电荷为 q 的粒子，

$$\mathcal{H} = \frac{|\boldsymbol{p}-(q/c)\,\boldsymbol{A}(\boldsymbol{r},t)|^2}{2m} + q\phi\,(\boldsymbol{r},t) \tag{4.3.6}$$

① 译者注：原文为：“Dotting Your i ’s and Crossing Your $\hbar$’s.” 直译为：“在 i 上画点，在 $\hbar$ 上画线。” 这里给出的是作为惯用短语的翻译。见柯林斯字典。

在构建相应的哈密顿量算符时，由于 $\boldsymbol{P}$ 与作为 X，Y 和 Z 函数的 $\boldsymbol{A}$ 不对易，所以我们必须采用对称化形式

$$H=\frac{1}{2m}\left(\boldsymbol{P}\cdot\boldsymbol{P}-\frac{q}{c}\boldsymbol{P}\cdot\boldsymbol{A}-\frac{q}{c}\boldsymbol{A}\cdot\boldsymbol{P}+\frac{q^2}{c^2}\boldsymbol{A}\cdot\boldsymbol{A}\right)+q\phi \tag{4.3.7}$$

以这种方式，我们可以构建任一具有经典对应的问题的哈密顿量 H。涉及自旋的问题没有经典的对应，因此需要一些即兴发挥。当我们在第 14 章中研究自旋时，将详细讨论这个问题。

求解的一般方法

让我们首先假设 H 不明显地依赖于 t。在这种情况下，方程

$$\mathrm{i}\hbar\,|\dot{\psi}\rangle=H\,|\psi\rangle$$

类似于第 1 章讨论过的分别描述耦合质量和振动弦的方程：

$$|\ddot{x}\rangle=\Omega|x\rangle$$

和

$$|\ddot{\psi}\rangle=-K^2\,|\psi\rangle$$

我们的方法将是再一次求 H 的本征矢和本征值，以及用它们来构建传播子 $U(t)$。一旦求得了 $U(t)$，我们就可以写下

$$|\psi(t)\rangle=U(t)|\psi(0)\rangle$$

没有任何必要在这里做关于 $|\dot{\psi}(0)\rangle$ 的假设，因为它由 (4.3.1) 式确定：

$$|\dot{\psi}(0)\rangle=\frac{-\mathrm{i}}{\hbar}H|\psi(0)\rangle$$

换句话说，薛定谔方程是时间的一阶方程，在 $t=0$ 时指定 $|\psi\rangle$ 是一个充分的初值基准。

现在让我们用 $|E\rangle$ 来构建 $U(t)$ 的显式表达式，其中 $|E\rangle$ 是 H 归一化的本征右矢，其本征值 E 遵从

$$H|E\rangle=E|E\rangle \tag{4.3.8}$$

上式被称为时间无关的薛定谔方程。假定我们已经解出了它，求得了右矢 $|E\rangle$。如果把 $|\psi\rangle$ 展开为

$$|\psi(t)\rangle=\sum|E\rangle\langle E|\psi(t)\rangle\equiv\sum a_E(t)|E\rangle \tag{4.3.9}$$

而且如果我们将 $(\mathrm{i}\hbar\,\partial/\partial t - H)$ 作用于上式两边，则可以得到 $a_E(t)$ 的方程：

$$0 = (\mathrm{i}\hbar\,\partial/\partial t - H)|\psi(t)\rangle = \sum(\mathrm{i}\hbar\dot{a}_E - Ea_E)|E\rangle \Rightarrow \mathrm{i}\hbar\dot{a}_E = Ea_E \tag{4.3.10}$$

其中，我们用到了右矢 $|E\rangle$ 的线性无关性。(4.3.10) 式的解为

$$a_E(t) = a_E(0)\,\mathrm{e}^{-\mathrm{i}Et/\hbar} \tag{4.3.11a}$$

或

$$\langle E|\psi(t)\rangle = \langle E|\psi(0)\rangle\,\mathrm{e}^{-\mathrm{i}Et/\hbar} \tag{4.3.11b}$$

从而

$$|\psi(t)\rangle = \sum_E |E\rangle\langle E|\psi(0)\rangle\,\mathrm{e}^{-\mathrm{i}Et/\hbar} \tag{4.3.12}$$

现在我们可以抽取出 $U(t)$：

$$U(t) = \sum_E |E\rangle\langle E|\,\mathrm{e}^{-\mathrm{i}Et/\hbar} \tag{4.3.13}$$

我们一直假设能谱是分立的和非简并的。如果 E 是简并的，我们则必须首先引入一个额外的标记 α（通常是一个相容可观测量的本征值）来规定态。在这种情况下，

$$U(t) = \sum_\alpha\sum_E |E,\alpha\rangle\langle E,\alpha|\,\mathrm{e}^{-\mathrm{i}Et/\hbar}$$

如果 E 是连续的，求和必须用积分代替。标准模式

$$|E(t)\rangle = |E\rangle\,\mathrm{e}^{-\mathrm{i}Et/\hbar}$$

由于下列理由，还被称为定态。在这样的态上，任何变量 Ω 的概率分布 $P(\omega)$ 与时间无关：

$$\begin{aligned}
P(\omega,t) &= |\langle\omega|\psi(t)\rangle|^2 \\
&= |\langle\omega|E(t)\rangle|^2 \\
&= |\langle\omega|E\rangle\,\mathrm{e}^{-\mathrm{i}Et/\hbar}|^2 \\
&= |\langle\omega|E\rangle|^2 \\
&= P(\omega,0)
\end{aligned}$$

除了求和的 (4.3.13) 式之外，还存在 $U(t)$ 的另一个表示式，即

$$U(t) = \mathrm{e}^{-\mathrm{i}Ht/\hbar} \tag{4.3.14}$$

如果这个指数级数收敛（有时它不收敛），这种形式的 $U(t)$ 可能非常有用。[使自己确信：$|\psi(t)\rangle = \mathrm{e}^{-\mathrm{i}Ht/\hbar}|\psi(0)\rangle$ 满足薛定谔方程。]

H（能量算符）是厄米的，由此得出 $U(t)$ 是幺正的。因此，我们可以把右矢 $|\psi(t)\rangle$ 的时间演化看作是希尔伯特空间中的“转动”。一个直接后果是模 $\langle\psi(t)|\psi(t)\rangle$ 是不变量：

$$\langle\psi(t)|\psi(t)\rangle = \langle\psi(0)|U^\dagger(t)U(t)|\psi(0)\rangle = \langle\psi(0)|\psi(0)\rangle \tag{4.3.15}$$

所以，一个状态一旦被归一化，就会保持归一。时间演化可以看作是一种转动的这一事实，还有一些其他后果。例如，我们可以放弃一直使用的固定的基，而采用一个转动的基，其转动速率与态矢量的转动速率相同。在这样的基下，这些矢量看上去似乎被冻结了，但是在固定基下是常数矩阵的那些算符，现在看起来是时间依赖的。但是任一物理实体，如矩阵元，都会展现得和以前一样，因为 $\langle\phi|$ 与 $|\Omega\psi\rangle$ 点积的 $\langle\phi|\Omega|\psi\rangle$ 在转动下是不变的。这种量子力学的观点被称为*海森堡绘景*（Heisenberg picture），而我们一直使用的绘景被称为*薛定谔绘景*（Schrödinger picture）。无穷多种绘景都是可能的，每一种都以基是如何转动的来标记。所以，假如你认为自己出生太晚，无法对量子理论做出贡献，不必担心，因为你可以发明自己的绘景。第 18 章中我们将着手研究各种绘景。

现在考虑 $H = H(t)$ 的情况。我们不再寻找标准模式，因为讨论的算符在随时间变化。求解这样的问题没有固定策略。在我们的学习课程中，我们会遇到一个涉及自旋的时间依赖的问题可以被精确求解。我们也会学到一种系统的近似方案，用于求解下列问题

$$H(t) = H^0 + H^1(t)$$

其中 H^0 是一个大的时间无关的部分，而 $H^1(t)$ 是一个小的时间依赖的部分。

在时间依赖的情况下，传播子 $U(t)$ 是什么呢？换句话说，在 $|\psi(t)\rangle = U(t)|\psi(0)\rangle$ 中，$U(t)$ 与 $H(t)$ 有怎样的关系呢？为了找出答案，我们把间隔 $(0-t)$ 分成 N 块，每块的宽度为 $\Delta = t/N$，其中 N 很大，因此 Δ 非常小。通过在第一个区间上对薛定谔方程进行积分，到 Δ 的第一阶可以写出

$$\begin{aligned}|\psi(\Delta)\rangle &= |\psi(0)\rangle + \Delta \left.\frac{\mathrm{d}|\psi\rangle}{\mathrm{d}t}\right|_0 \\ &= |\psi(0)\rangle - \frac{\mathrm{i}\Delta}{\hbar} H(0)|\psi(0)\rangle \\ &= \left[1 - \frac{\mathrm{i}\Delta}{\hbar} H(0)\right]|\psi(0)\rangle\end{aligned}$$

它是到这一阶的

$$= \exp\left[\frac{-\mathrm{i}\Delta}{\hbar} H(0)\right]|\psi(0)\rangle$$

[人们可能会想，在 $0-\Delta$ 区间内必须使用 $H(0)$ 或 $H(\Delta)$，还是 $H(\Delta/2)$，等等。这些可能性之间的区别是 Δ 阶的，因此无关紧要，因为在 H 的前面已经有 Δ 的一次幂了。] 以 Δ 为步长，逐阶推进，我们得到

$$|\psi(t)\rangle=\prod_{n=0}^{N-1}\mathrm{e}^{-\mathrm{i}\Delta H\,(n\Delta)/\hbar}|\psi(0)\rangle$$

我们不可能简单地把指数相加，在 $N\to\infty$ 的极限下，

$$U(t)=\exp\left[-(\mathrm{i}/\hbar)\int_0^t H(t')\,\mathrm{d}t'\right]$$

因为，一般来说

$$[H(t_1),H(t_2)]\neq 0$$

例如，如果

$$H(t)=X^2\cos^2\omega t+P^2\sin^2\omega t$$

则

$$H(0)=X^2$$

和

$$H(\pi/2\omega)=P^2$$

而

$$[H(0),H(\pi/2\omega)]\neq 0$$

在这类问题中，通常采用所谓的编时积分（time-ordered integral）的符号

$$T\left\{\exp\left[-(\mathrm{i}/\hbar)\int_0^t H(t')\,\mathrm{d}t'\right]\right\}=\lim_{N\to\infty}\prod_{n=0}^{N-1}\exp[-(\mathrm{i}/\hbar)H(n\Delta)\Delta]$$

我们不会太多地使用这种形式的 $U(t)$。但请注意，作为幺正算符的乘积，$U(t)$ 是幺正的，无论 H 是否与时间无关，时间的演化仍然是一个“转动”。

无论 H 是否依赖时间，传播子都满足以下条件：

$$\begin{aligned}U(t_3,t_2)\,U(t_2,t_1)&=U(t_3,t_1)\\U^\dagger(t_2,t_1)=U^{-1}(t_2,t_1)&=U(t_1,t_2)\end{aligned}\tag{4.3.16}$$

直观上很明显，这些方程都是正确的。通过将这些 U 作用于某个任意态，并利用 U 是幺正的，以及 $U(t,t)=I$ 的事实，你可以很容易地证明这些等式。

选择一个基来求解薛定谔方程

除了少数例外，薛定谔方程总是在特定的基下求解的。虽然所有的基在数学上都是平等的，但相比之下，有些会更好。首先，由于 $H = H(X, P)$，我们推荐 X 基和 P 基，因为在转到其中一个时，相应的算符呈现对角的形式。于是人们可以转到 X 基，在那里 $X \to x$ 和 $P \to -\mathrm{i}\hbar \mathrm{d}/\mathrm{d}x$，也可以转到 P 基，在那里 $P \to p$ 和 $X \to \mathrm{i}\hbar \mathrm{d}/\mathrm{d}p$。两者之间的选择取决于哈密顿量。假设哈密顿量是下列形式（在一维情况下）

$$H = T + V = \frac{P^2}{2m} + V(X) \tag{4.3.17}$$

这种选择是由 $V(X)$ 决定的。因为相对于 T 作为 P 的函数，$V(X)$ 通常是 X 的一个更复杂的函数，所以人们更倾向取 X 基。因此，如果

$$H = \frac{P^2}{2m} + \frac{1}{\cosh^2 X} \tag{4.3.18}$$

则方程

$$H|E\rangle = E|E\rangle$$

在这个 X 基下变成二阶方程

$$\left(-\frac{\hbar^2}{2m}\frac{\mathrm{d}^2}{\mathrm{d}x^2} + \frac{1}{\cosh^2 x}\right)\psi_E(x) = E\psi_E(x) \tag{4.3.19}$$

它可以被求解。假如变换到 P 基，最终就会得到方程式

$$\left[\frac{p^2}{2m} + \frac{1}{\cosh^2(\mathrm{i}\hbar\,\mathrm{d}/\mathrm{d}p)}\right]\psi_E(p) = E\psi_E(p) \tag{4.3.20}$$

它是相当可怕的。

人们倾向选用 P 基的问题是：粒子在一个恒力场 f 中运动，对于它

$$H = \frac{P^2}{2m} - fX \tag{4.3.21}$$

在 P 基中，我们得到一个一阶微分方程

$$\left(\frac{p^2}{2m} - \mathrm{i}\hbar f\frac{\mathrm{d}}{\mathrm{d}p}\right)\psi_E(p) = E\psi_E(p) \tag{4.3.22}$$

而在 X 基中，我们有一个二阶方程

$$\left(-\frac{\hbar^2}{2m}\frac{\mathrm{d}^2}{\mathrm{d}x^2} - fx\right)\psi_E(x) = E\psi_E(x) \tag{4.3.23}$$

由于 H 对于 X 和 P 都是二次的，因此谐振子可以在任一基下轻松求解。事实证明，在第三种基上求解它更可取，在那里无论是 X 还是 P 都不是对角的！你必须等到第 7 章才能理解这种情况是如何发生的。

存在一种支持 X 基的顽固偏见。它与 x 空间就是我们生活的空间这一事实有关。换句话说，当我们谈到如果测量变量 X，在 x 和 $x+\mathrm{d}x$ 之间得到一个值的概率，只不过意味着，在我们的空间中，在 x 和 $x+\mathrm{d}x$ 之间找到这个粒子的概率。因此，人们可以将 $\psi(x)$ 视为我们空间中的一个函数，其模的平方给出了在 x 附近找到粒子的概率密度。这样的图像在思考双缝实验或氢原子中的电子态时是有用的。

但就像所有的图像一样，它也有其局限性。首先必须牢记：即使 $\psi(x)$ 可以被视为我们空间中的一个波，但它不是一个真正的波，不像携带能量、动量等的电磁波。要理解这一点，考虑一个三维粒子。函数 $\psi(x,y,z)$ 可以想象成我们空间中的波。但是，如果我们接着考虑一个双粒子系统，则 $\psi(x_1,y_1,z_1;x_2,y_2,z_2)$ 是六维组态空间中的一个函数，不可能看作是我们的空间中的函数。

因此，单粒子的情况实际上是一个例外——只有一个位置算符，并且其本征值的空间恰好与我们生活的空间，和物理学戏剧发生的空间重合。

至此，我们对公设的一般性讨论告一段落。现在我们来谈谈量子理论在各种物理问题中的应用。基于教学的考虑，在接下来的几章中，我们将只讨论一维中的单粒子问题。

第 5 章　一维简单问题

既然这些公设已被陈述和解释过了，那么除了应用之外，一切就都结束了。我们从一类最简单的问题——关于一维单粒子的问题开始。虽然这些一维问题中有些是人为的，但它们包含了三维量子力学的大部分特征，却很少有其复杂性。本章我们没有讨论的一个问题是谐振子。因为这个问题太重要了，以至于要用单独的一章研究。

5.1　自由粒子

这一类问题中最简单的当属自由粒子问题。其薛定谔方程为

$$\mathrm{i}\hbar|\dot{\psi}\rangle = H|\psi\rangle = \frac{P^2}{2m}|\psi\rangle \tag{5.1.1}$$

标准模式或定态是下列形式的解：

$$|\psi\rangle = |E\rangle\,\mathrm{e}^{-\mathrm{i}Et/\hbar} \tag{5.1.2}$$

把该式代回到 (5.1.1) 式，我们得到 $|E\rangle$ 的时间无关薛定谔方程

$$H|E\rangle = \frac{P^2}{2m}|E\rangle = E|E\rangle \tag{5.1.3}$$

这个问题不需要任何基就能求解。首先注意到 P 的任一本征态也是 P^2 的本征态。所以把试探解代回到 (5.1.3) 式，我们发现

$$\frac{P^2}{2m}|p\rangle = E|p\rangle$$

或

$$\left(\frac{p^2}{2m} - E\right)|p\rangle = 0 \tag{5.1.4}$$

因为 $|p\rangle$ 不是零矢量，我们发现 p 的允许值是

$$p = \pm(2mE)^{1/2} \tag{5.1.5}$$

换句话说，对于每个本征值 E 有两个正交的本征态

$$|E,+\rangle = |p = (2mE)^{1/2}\rangle \tag{5.1.6}$$

$$|E,-\rangle = |p = -(2mE)^{1/2}\rangle \tag{5.1.7}$$

因此，我们发现，本征值 E 对应由上述两个矢量所张成的一个简并的二维本征空间。物理上，这意味着一个能量为 E 的粒子可以向右运动，也可以向左运动，其动量为 $|p| = (2mE)^{1/2}$。现在，你可能会说："这正是经典力学中所发生的。那么什么是新的呢？" 所谓的 "新" 就在于这样的事实：态

$$|E\rangle = \beta|p = (2mE)^{1/2}\rangle + \gamma|p = -(2mE)^{1/2}\rangle \tag{5.1.8}$$

也是能量 E 的本征态，它表示能量为 E 的单粒子在以动量 $(2mE)^{1/2}$ 向右或向左运动时被捕捉到!

要构建 H 完全正交的本征基，我们必须从这个简并本征空间中挑选出任意两个正交矢量。显而易见的选择是由右矢 $|E,+\rangle$ 和 $|E,-\rangle$ 自身给出的。根据前面讨论的思想，我们正在使用相容变量 P 的本征值作为能量 E 的简并空间中的额外标记。因为 P 是一个非简并的算符，标记 p 本身就足够了。换句话说，没有必要写成 $|p, E = p^2/2m\rangle$，由于给定 p 就得到了 $E = E(p)$ 的值，所以我们将略去这种冗余的标记。

那时传播子为

$$\begin{aligned} U(t) &= \int_{-x}^{x} |p\rangle\langle p|\,\mathrm{e}^{-\mathrm{i}E(p)t/\hbar}\,\mathrm{d}p \\ &= \int_{-x}^{x} |p\rangle\langle p|\,\mathrm{e}^{-\mathrm{i}p^2t/2m\hbar}\,\mathrm{d}p \end{aligned} \tag{5.1.9}$$

习题 5.1.1 证明 (5.1.9) 式可以改写为如下对 E 的积分与对指标 $\pm$ 的求和

$$U(t) = \sum_{\alpha=\pm}\int_0^{\infty}\left[\frac{m}{(2mE)^{1/2}}\right]|E,\alpha\rangle\langle E,\alpha|\,\mathrm{e}^{-\mathrm{i}Et/\hbar}\,\mathrm{d}E$$

习题 5.1.2* 通过求解 X 基下的本征值方程 (5.1.3)，重新得到方程 (5.1.8)，即证明能量 E 的通解是

$$\psi_E(x) = \beta\,\frac{\exp[\mathrm{i}(2mE)^{1/2}x/\hbar]}{(2\pi\hbar)^{1/2}} + \gamma\,\frac{\exp[-\mathrm{i}(2mE)^{1/2}x/\hbar]}{(2\pi\hbar)^{1/2}}$$

［因子 $(2\pi\hbar)^{-1/2}$ 是任意的，并且可以被吸收到 β 和 γ 中。］尽管当 $E<0$ 时 $\psi_E(x)$ 仍能满足方程，但这些函数在希尔伯特空间中吗？

传播子 $U(t)$ 可以在 X 基下被显式地计算。根据关于高斯积分的附录 A.2 中的结果，我们从矩阵元

$$\begin{aligned}U(x,t;x') &\equiv \langle x|U(t)|x'\rangle = \int_{-\infty}^{\infty} \langle x|p\rangle\langle p|x'\rangle\, \mathrm{e}^{-\mathrm{i}p^2t/2m\hbar}\,\mathrm{d}p \\ &= \frac{1}{2\pi\hbar}\int_{-\infty}^{\infty} \mathrm{e}^{\mathrm{i}p(x-x')/\hbar}\cdot \mathrm{e}^{-\mathrm{i}p^2t/2m\hbar}\,\mathrm{d}p \\ &= \left(\frac{m}{2\pi\hbar \mathrm{i}t}\right)^{1/2} \mathrm{e}^{\mathrm{i}m(x-x')^2/2\hbar t} \end{aligned} \tag{5.1.10}$$

开始，利用这个传播子，可以求解任何初值问题，因为

$$\psi(x,t) = \int U(x,t;x')\,\psi(x',0)\,\mathrm{d}x' \tag{5.1.11}$$

如果我们选择初始时间是 t' 而不是 0，我们就会得到

$$\psi(x,t) = \int U(x,t;x',t')\,\psi(x',t')\,\mathrm{d}x' \tag{5.1.12}$$

其中 $U(x,t;x',t') = \langle x|U(t-t')|x'\rangle$，因为 U 仅取决于时间间隔 $t-t'$，而不是 t 和 t' 的绝对值。[倘若在 H 中存在时间相关的势，例如 $V(t)=V_0\,\mathrm{e}^{-\alpha t^2}$，我们就可以通过查看 $V(t)$ 知道它的绝对时间是什么。在问题中没有任何办法定义绝对时间的情况下，只有时间差有物理意义。] 每当我们设 $t'=0$ 时，我们就会采取旧的惯例，将 $U(x,t;x',0)$ 写成简单的 $U(x,t;x')$。

通过考虑 (5.1.12) 式的特殊情况，可以给出 $U(x,t;x',t')$ 的一个漂亮的物理解释。假设我们从一个位于 $x'=x'_0$ 的粒子开始，也就是说，取 $\psi(x',t')=\delta(x'-x'_0)$。那时

$$\psi(x,t) = U(x,t;x'_0,t') \tag{5.1.13}$$

换句话说，（X 基下的）传播子是粒子从时空点 (x'_0,t') 出发，在时空点 (x,t) 结束的振幅。[显然，在任一基下都可以给出这样的解释：$\langle\omega|U(t,t')|\omega'\rangle$ 是一个粒子在 t' 时刻处在态 $|\omega'\rangle$ 而在 t 时刻结束于态 $|\omega\rangle$ 的振幅。] 那时，(5.1.12) 式告诉我们粒子到达 (x,t) 的总振幅是所有点 x' 的贡献之和，其权重正比于粒子在 t' 时刻、在 x' 处的初始振幅 $\psi(x',t')$。人们也把 $U(x,t;x'_0,t')$ 作为 δ 函数 $\psi(x',t')=\delta(x'-x'_0)$ 的“命运”！

高斯型波包的时间演化

有一个不成文的规定说，在推导自由粒子的传播子之后，必须将其应用于高斯型波包。让我们遵循这一传统做法。

将以下波包视为初始波函数

$$\psi(x',0)=\mathrm{e}^{\mathrm{i}p_0x'/\hbar}\frac{\mathrm{e}^{-x'^2/2\Delta^2}}{(\pi\Delta^2)^{1/4}} \tag{5.1.14}$$

这个波包的平均位置 $\langle X\rangle=0$，其不确定度为 $\Delta X=\Delta/\sqrt{2}$；波包的平均动量为 p_0，其不确定度为 $\hbar/\sqrt{2}\Delta$。把 (5.1.10) 和 (5.1.12) 式结合在一起，我们得到

$$\psi(x,t)=\left[\pi^{1/2}\left(\Delta+\frac{\mathrm{i}\hbar t}{m\Delta}\right)\right]^{-1/2}\cdot\exp\left[\frac{-(x-p_0t/m)^2}{2\Delta^2(1+\mathrm{i}\hbar t/m\Delta^2)}\right]\times$$
$$\exp\left[\frac{\mathrm{i}p_0}{\hbar}\left(x-\frac{p_0t}{2m}\right)\right] \tag{5.1.15}$$

相应的概率密度为

$$P(x,t)=\frac{1}{\sqrt{\pi}(\Delta^2+\hbar^2t^2/m^2\Delta^2)^{1/2}}\cdot\exp\left\{\frac{-[x-(p_0/m)t]^2}{\Delta^2+\hbar^2t^2/m^2\Delta^2}\right\} \tag{5.1.16}$$

这个结果的主要特点如下：

(1) 粒子的平均位置是

$$\langle X\rangle=\frac{p_0t}{m}=\frac{\langle P\rangle t}{m}$$

换句话说，经典关系式 $x=(p/m)t$ 现在在平均量之间成立。这正是埃伦菲斯特定理的推论之一，该定理指出，动力学变量服从的经典方程在量子力学中将有对应的期望值关系。下一章将证明这个定理。

(2) 该波包的宽度按如下方式增长：

$$\Delta X(t)=\frac{\Delta(t)}{\sqrt{2}}=\frac{\Delta}{\sqrt{2}}\left(1+\frac{\hbar^2t^2}{m^2\Delta^4}\right)^{1/2} \tag{5.1.17}$$

位置不确定度的增长反映出这样的事实，即随着时间的推移，初始速度（也可以说是动量）中任何不确定度都将会反映为位置不确定度的增长。目前由于 $\Delta V(0)=\Delta P(0)/m=\hbar/\sqrt{2}m\Delta$，$X$ 的不确定度近似地按照 $\Delta X\simeq\hbar t/\sqrt{2}m\Delta$ 增长，当时间很长时，它与 (5.1.17) 式相符。尽管我们能够用经典术语理解波包的弥散，但初始弥散 $\Delta V(0)$ 是不可避免的这一事实（考虑到我们希望能将位置确定到 Δ 的精度）是一个纯量子力学的特征。

如果所讨论的粒子是宏观的，比如说其质量为 1 g，我们希望将其初始位置确定在一个质子的宽度内，约为 10^{-13} cm，则速度的不确定性度是

$$\Delta V(0)\simeq\frac{\hbar}{\sqrt{2}m\Delta}\simeq10^{-14}\ \mathrm{cm/s}$$

在不确定度 $\Delta(t)$ 增长到 1 mm 之前，要经过三十多万年！因此，在任何合理的时间间隔内，宏观粒子都可以被经典地处理。下一章将更详细地讨论这一问题，以及其他类似问题。

习题 5.1.3（求解高斯问题的另一种方法） 我们曾看到过 $U(t)$ 的另一个公式，即 $U(t)=\mathrm{e}^{-\mathrm{i}Ht/\hbar}$。对于一个自由粒子，该式变成

$$U(t)=\exp\left[\frac{\mathrm{i}}{\hbar}\left(\frac{\hbar^2 t}{2m}\frac{\mathrm{d}^2}{\mathrm{d}x^2}\right)\right]=\sum_{n=0}^{\infty}\frac{1}{n!}\left(\frac{\mathrm{i}\hbar t}{2m}\right)^n\frac{\mathrm{d}^{2n}}{\mathrm{d}x^{2n}} \tag{5.1.18}$$

考虑在 (5.1.14) 式中取 $p_0=0$ 的初态，并令 $\Delta=1$，$t'=0$：

$$\psi(x,0)=\frac{\mathrm{e}^{-x^2/2}}{(\pi)^{1/4}}$$

利用上述 (5.1.18) 式求 $\psi(x,0)$，并和 (5.1.15) 式相比较。
提示：(1) 把 $\psi(x,0)$ 写成一个幂级数：

$$\psi(x,0)=(\pi)^{-1/4}\sum_{n=0}^{\infty}\frac{(-1)^n x^{2n}}{n!(2)^n}$$

(2) 求少许几项

$$1,\quad \left(\frac{\mathrm{i}\hbar t}{2m}\right)\frac{\mathrm{d}^2}{\mathrm{d}x^2},\quad \frac{1}{2!}\left(\frac{\mathrm{i}\hbar t}{2m}\frac{\mathrm{d}^2}{\mathrm{d}x^2}\right)^2$$

等等，对这个幂级数的作用。
(3) 把 x 幂次相同的项组合在一起。
(4) 求以 x^{2n} 为系数的下列级数展开：

$$\left(1+\frac{\mathrm{i}t\hbar}{m}\right)^{-n-\frac{1}{2}}=1-\left(n+\frac{1}{2}\right)\left(\frac{\mathrm{i}\hbar t}{m}\right)+\frac{\left(n+\frac{1}{2}\right)\left(n+\frac{3}{2}\right)}{2!}\left(\frac{\mathrm{i}t\hbar}{m}\right)^2+\cdots$$

(5) 反复尝试直到求得答案。

习题 5.1.4 一个著名的反例。考虑波函数

$$\begin{aligned}\psi(x,0)&=\sin\left(\frac{\pi x}{L}\right), && |x|\leqslant L/2\\ &=0, && |x|>L/2\end{aligned}$$

很明显，当这个函数被微分任意多次时，我们得到另一个局限于范围 $|x|\leqslant$

$L/2$ 的函数。因此，

$$U(t)=\exp\left[\frac{\mathrm{i}}{\hbar}\left(\frac{\hbar^2 t}{2m}\right)\frac{\mathrm{d}^2}{\mathrm{d}x^2}\right]$$

对该函数的作用给出一个局限于 $|x|\leqslant L/2$ 的函数。那么波包的弥散情况如何呢？

答案：考虑边界处的导数。我们这里有一个（指数）算符的幂级数不收敛的例子。注意，一个算符幂级数的收敛性不仅取决于算符，而且还取决于算符的运算对象。因此，这并不存在悖论：如果函数如上所述突然消失，从而似乎存在悖论，导数在边界处是奇异的。而如果函数连续下降，那么无论下降速度有多快，只要有足够的时间，函数就一定会泄漏出来。

能量本征函数的一些普遍特点

现在考虑某个势 $V(x)$ 下的能量本征函数。它们遵从

$$\psi''=-\frac{2m(E-V)}{\hbar^2}\psi$$

其中每个 $'$ 代表一次空间微分。让我们问一问，$V(x)$ 的连续性意味着什么。让我们从某 x_0 点开始，在那里 ψ 和 ψ' 的值分别为 $\psi(x_0)$ 和 $\psi'(x_0)$。如果我们假设 x 是时间变量而 ψ 是粒子坐标，求其他地方的 ψ 的问题，就像求粒子（对于过去和将来的所有时间）的轨迹一样，已知它在某一时刻的位置和速度，以及它的加速度作为其位置和时间的函数。很明显，如果我们求这些方程的积分，将会得到连续的 $\psi'(x)$ 和 $\psi(x)$。这是典型的情况。然而，为了数学上的简单，我们考虑在某一点发生突变的位势时，就会出现问题。这意味着 ψ'' 在那里突变。但 ψ' 仍然是连续的，因为即使函数有一点跳变，函数下的面积是连续的。如果 V 的变化无穷大会怎样呢？这意味着 ψ'' 也无穷大。这反过来意味着当我们跨过这一点时 ψ' 可能突然改变，因为 ψ'' 下的区域可以在围绕着这一点的无穷小区域内是有限的。但是，不管 ψ' 是否连续，它下面的面积 ψ 都是连续的[①]。

让我们把注意力转向一些特殊情况。

---

① 我们假定 ψ' 中的跳变是有限的。即使在我们将会碰到的人造势中也是如此。但你能想到有哪种势不是这样的吗？（想一想 δ 势。）

5.2　箱子中的粒子

现在，我们考虑一个势中的第一个问题，尽管这个势完全是人造的：

$$\begin{aligned} V(x) &= 0, \qquad |x| < L/2 \\ &= \infty, \qquad |x| \geqslant L/2 \end{aligned} \tag{5.2.1}$$

该势［图 5.1(a)］被称为箱子势（box），因为在粒子试图离开区域 $|x| < L/2$ 的路上，有一个无穷高的势垒。在 X 基（它是唯一可行的选择）下，本征值方程为

$$\frac{\mathrm{d}^2\psi}{\mathrm{d}x^2} + \frac{2m}{\hbar^2}(E - V)\psi = 0 \tag{5.2.2}$$

首先，我们把空间划分成 I，II 和 III 三个部分［图 5.1(a)］。在区域 I，II 和 III 中的解 ψ 分别被称为 ψ_{I}，ψ_{II} 和 ψ_{III}。

考虑第一个区域 III，在那里 $V = \infty$。先考虑 V 不是无穷大，而是等于某个大于 E 的 V_0 的情况更为方便。(5.2.2) 式变成

$$\frac{\mathrm{d}^2\psi_{\mathrm{III}}}{\mathrm{d}x^2} - \frac{2m(V_0 - E)}{\hbar^2}\psi_{\mathrm{III}} = 0 \tag{5.2.3}$$

它可以用

$$\psi_{\mathrm{III}} = A\,\mathrm{e}^{-\kappa x} + B\,\mathrm{e}^{\kappa x} \tag{5.2.4}$$

求解，其中 $\kappa = [2m(V_0 - E)/\hbar^2]^{1/2}$。

虽然从数学的角度来看，A 和 B 是任意系数，但是从物理的角度考虑，我们必须设 $B = 0$，因为 $B\,\mathrm{e}^{\kappa x}$ 在 $x \to \infty$ 时呈指数型增长，这样的函数不是希尔伯特空间中的成员。若我们现在让 $V \to \infty$，则会看到：

$$\psi_{\mathrm{III}} \equiv 0$$

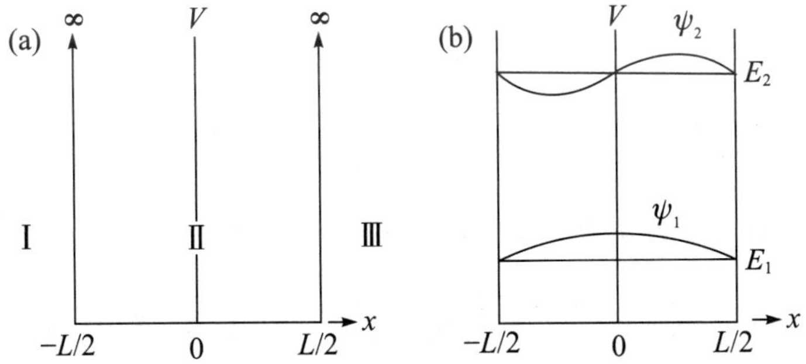

图 5.1　(a) 箱中的势；(b) 箱中前两个能级和波函数

类似地，可以证明 $\psi_{\mathrm{I}} \equiv 0$。在区域 II，由于 $V=0$，其解精确为一个自由粒子解：

$$\psi_{\mathrm{II}} = A\ \exp\left[\mathrm{i}\left(2mE/\hbar^2\right)^{1/2} x\right] + B \exp\left[-\mathrm{i}\left(2mE/\hbar^2\right)^{1/2} x\right] \tag{5.2.5}$$

$$= A\,\mathrm{e}^{\mathrm{i}kx} + B\,\mathrm{e}^{-\mathrm{i}kx}, \qquad k = \left(2mE/\hbar^2\right)^{1/2} \tag{5.2.6}$$

因此，能量本征值似乎仍是连续的，就像自由粒子的情况一样。然而情况并非如此，因为 $\psi_{\mathrm{II}}(x)=\psi$ 只在 II 区内成立，而不是在所有空间中成立。我们必须要求当我们分别跨越 I 区和 III 区时，ψ_{II} 分别连续地变成相应的 ψ_{I} 和 ψ_{III}。换句话说，我们要求

$$\psi_{\mathrm{I}}(-L/2) = \psi_{\mathrm{II}}(-L/2) = 0 \tag{5.2.7}$$

$$\psi_{\mathrm{III}}(+L/2) = \psi_{\mathrm{II}}(+L/2) = 0 \tag{5.2.8}$$

（在箱壁，我们没有对 ψ' 做这样的连续性要求，因为在那里 V 突变成无穷大。）把这些约束应用于 (5.2.6) 式，取下列形式

$$A\,\mathrm{e}^{-\mathrm{i}kL/2} + B\,\mathrm{e}^{\mathrm{i}kL/2} = 0 \tag{5.2.9a}$$

$$A\,\mathrm{e}^{\mathrm{i}kL/2} + B\,\mathrm{e}^{-\mathrm{i}kL/2} = 0 \tag{5.2.9b}$$

或写成矩阵形式：

$$\begin{pmatrix} \mathrm{e}^{-\mathrm{i}kL/2} & \mathrm{e}^{\mathrm{i}kL/2} \\ \mathrm{e}^{\mathrm{i}kL/2} & \mathrm{e}^{-\mathrm{i}kL/2} \end{pmatrix} \begin{pmatrix} A \\ B \end{pmatrix} = \begin{pmatrix} 0 \\ 0 \end{pmatrix} \tag{5.2.10}$$

仅当其行列式为零：

$$\mathrm{e}^{-\mathrm{i}kL} - \mathrm{e}^{\mathrm{i}kL} = -2\,\mathrm{i}\,\sin(kL) = 0 \tag{5.2.11}$$

或仅当

$$k = \frac{n\pi}{L}, \quad n = 0,\ \pm 1,\ \pm 2, \cdots \tag{5.2.12}$$

时，这个方程才有非平庸的解。为了求得相应的本征函数，我们转向 (5.2.9a) 式和 (5.2.9b) 式。因为两者之中只有一个是独立的，我们仅考虑 (5.2.9a) 式，它给出

$$A\,\mathrm{e}^{-\mathrm{i}n\pi/2} + B\,\mathrm{e}^{\mathrm{i}n\pi/2} = 0 \tag{5.2.13}$$

用 $\mathrm{e}^{\mathrm{i}n\pi/2}$ 乘上式，得到

$$A = -\mathrm{e}^{\mathrm{i}n\pi} B \tag{5.2.14}$$

因为 $\mathrm{e}^{\mathrm{i}n\pi} = (-1)^n$，(5.2.6) 式产生两组解（归一化到 1）：

$$\psi_n(x) = \left(\frac{2}{L}\right)^{1/2} \sin\left(\frac{n\pi x}{L}\right), \qquad n\text{ 为偶数} \tag{5.2.15}$$

$$= \left(\frac{2}{L}\right)^{1/2} \cos\left(\frac{n\pi x}{L}\right), \qquad n\text{ 为奇数} \tag{5.2.16}$$

请注意，$n=0$ 的情况较为无趣，因为 $\psi_0 \equiv 0$。另外，由于 n 为奇数时，$\psi_n = \psi_{-n}$，而 n 为偶数时，$\psi_n = -\psi_{-n}$。由于仅相差一个整体因子的本征函数并不被认为是不同的，我们可以仅考虑 n 为正的非零值。总之，我们有

$$\psi_n = \left(\frac{2}{L}\right)^{1/2} \cos\left(\frac{n\pi x}{L}\right), \qquad n = 1,\ 3,\ 5,\ 7,\ \cdots \tag{5.2.17a}$$

$$= \left(\frac{2}{L}\right)^{1/2} \sin\left(\frac{n\pi x}{L}\right), \qquad n = 2,\ 4,\ 6,\ \cdots \tag{5.2.17b}$$

而从 (5.2.6) 式和 (5.2.12) 式，

$$E_n = \frac{\hbar^2 k_n^2}{2m} = \frac{\hbar^2 \pi^2 n^2}{2mL^2} \tag{5.2.17c}$$

［在 (5.2.17a) 式和 (5.2.17b) 式中默认 $|x| < L/2$。］

这是我们第一次遇到动力学变量的量子化。到目前为止所考虑的 X 和 P 这两个变量都有从 $-\infty$ 到 $+\infty$ 的连续本征值谱，这与经典力学中的允许值相吻合。事实上，在自由粒子的情况下哈密顿量的谱也是如此。箱中的粒子是一个最简单的例子，在其中薛定谔方程与适当的边界条件相结合，导致能量的量子化。这些解也是束缚态的例子，即，其势会阻止粒子逃逸到无穷远处。因此，束缚态的特点是

$$\psi(x) \xrightarrow[|x|\to\infty]{} 0$$

正如我们在经典力学中期望的，束缚态出现在量子力学中，即在 $V(\pm\infty)$ 大于 E 的情况下。

束缚态的能级总是量子化的。让我们再一次深入了解一下这种情况是如何发生的。在箱粒子的问题中，量子化源于要求 ψ_{II} 在盒中完成一定整数数量的半周期，使其光滑地连接到对应的恒为零的波函数 ψ_{I} 和 ψ_{III}。接下来，考虑一个粒子被一个有限的阱所束缚，也就是说，被一个在 $|x| = L/2$ 处从 0 跳到 V_0 的势所束缚。我们曾看到［(5.2.4) 式］在经典禁区（$E < V_0$，$|x| \geqslant L/2$），ψ 是（当 $|x| \to \infty$ 时）上升的指数和下降的指数之和，因此我们必须选择上升指数的系数为零，从而得到一个可允许的解。在经典允许区（$|x| \leqslant L/2$），ψ 是正弦函数与余弦函数之和。因为 V 到处都是有限的，所以我们要求 ψ 和 ψ' 在 $x = \pm L/2$ 处连续。因此，我们对 ψ 施加了四个条件，其中只有三个自由参数。（似乎可以有四个参数：两个下降的指数函数，以及正弦和余弦函数的系数。但是，在本征值方程和连续性条件中，ψ 的总体标度都是无关的，对于 ψ 和 ψ' 来说，这些方程都是线性的。因此，如果说在 $x = L/2$ 处 ψ' 不满足连续性条件，则对 ψ 和 ψ' 的整体重新标度也不会有帮助。）很明显，除非可能在某些特殊的能量值，连续性条件是不能被满足的。（详见习题 5.2.6。）这就是能量量子化的起源。

现在考虑一个一般的势 $V(x)$，当 $x \to \pm\infty$ 时，它趋近于极限 $V_{\pm}$，因此，它束缚一个能量为 E（比两个 $V_{\pm}$ 都小）的粒子。我们将再次论证，我们比已有参数多了一个约束条件，如下所示。让我们把空间分成许多这样的微小间隔，使得在每个间隔中 $V(x)$ 实际上是恒定的。当 $x \to \pm\infty$ 时，由于 V 稳定在它的渐进值 $V_{\pm}$，这些间隔可能会变得越来越长。最左边和最右边的间隔会变成无穷宽，因为根据假设，当 $x \to \pm\infty$ 时，V 有确定的极限。在所有有限的区间内，ψ 有两个参数：如果 $E > V$，它们将是正弦函数和余弦函数的系数，或者如果 $E < V$，则是增长的和下降的指数函数的系数。（上升的指数函数并不会被不允许存在，因为它不会在有限的间隔内无限增长。）只在最左边和最右边的间隔内，ψ 只有一个参数，因为在这些无限区间内，指数函数能暴涨至无穷大。所有这些参数都受到 ψ 和 ψ' 在每个相邻区域界面处的连续性约束。为了看到我们比已有参数多了一个约束条件，观察一下每添加一个额外的间隔会带来两个自由参数和一个新界面，即两个新约束。因此，当我们从有限阱的三个区间转换到任意势中无穷多个区间时，约束总是比自由参数多一个。于是只有在特殊的能量下，我们才可以预期有一个允许的解。

稍后我们将研究谐振子势，$V = \frac{1}{2}m\omega x^2$，它随着 $|x| \to \infty$ 无限增长。我们如何理解这里的能量量子化呢？很明显，随着 $|x| \to \infty$，任一允许的 ψ 将比以前更快地趋于零，因为 $V - E$ 不再是常数，而是以二次幂增长，使得粒子甚至比以前更加被“禁止”逃逸到无穷远。如果 E 是允许的能量①，则我们预期当穿过经典转折点 $x_0 = \pm(2E/m\omega^2)^{1/2}$ 时，ψ 快速下降。对于这样状态下的粒子，如果我们把这个势在远大于 $|x_0|$ 的距离上展平为常数不会带来什么问题，即允许的能级和本征函数在这样两个势中一定是相同的，这两个势的不同之处仅在于粒子被强烈禁止进入的区域。因为这个被展平的势具有我们前面讨论过的渐近行为，我们可以像前面所讨论的一样，理解能量的量子化。

让我们用另一种方式重新表述能量量子化的起源。以有限深势阱为例，考虑寻找可接受的能量本征函数。如果我们从势阱右边的某个 x_0 处的任意 $\psi(x_0)$ 和 $\psi'(x_0)$ 值开始，我们可以数值地积分薛定谔方程。（回想一下与在给定粒子初始位置、初始速度和对它的作用力的情况下，求粒子轨迹问题的类比。）当我们积分到 $x \to \infty$ 时，ψ 肯定会急剧增长，因为 ψ_{III} 包含一个增长的指数函数。因为 $\psi(x_0)$ 只是确定了整体的标度，我们改变 $\psi'(x_0)$，直到使增长的指数消失。[既然在区域 III 中我们能解析地求解这个问题，我们甚至可以说出所希望的 $\psi'(x_0)$ 值是什么：它由 $\psi'(x_0) = -\kappa\psi(x_0)$ 给出。请从 (5.2.4) 式出发验证，这意味着 $B = 0$。] 我们现在已经摆脱了 $x \to \infty$ 时的困境，但我们要全力以赴解决当我们积分到 x_0 的左边时出现的任何问题。我们将会发现 ψ 呈指数增长，直到到达阱壁并振荡。当我们穿过势阱

① 我们不假设 E 是量子化的。

后，ψ 将再次开始指数增长，因为 ψ_{I} 通常也包含一个增长的指数。因此在某个随机选择的能量下，将没有可接受的解。但是，可以发生这样的情况：对于某些能量值，ψ 在 I 和 III 两个区域内都会呈指数下降。[在区域 I 中任何点 x_0'，有一个比值 $\psi'(x_0')/\psi(x_0')$，对于它只有下降的指数函数幸存下来。我们从区域 III 得到的 ψ 积分一般不具有这种特性。然而，在特殊的能量下，这种情况可能会发生。] 它们是允许的能量，并且相应的函数是允许的本征函数。找到了它们之后，我们可以选择 $\psi(x_0)$，使它们归一化为 1。关于这个问题的一个很好的数值分析，请参阅艾斯伯格和雷斯尼克所写的书①。

这些论点如何推广到一个由任意势所束缚的粒子是很显然的——如果我们试图保持 $x \to -\infty$ 时呈指数下降，则它就会在 $x \to \infty$ 时急剧上升（反之亦然），但在某些特殊能量时除外。也很明显的是为什么非束缚态没有能量量子化：因为在无穷大时这个粒子是经典可允许的，在那里 ψ 振荡，所以我们还有两个参数，一个参数源自每个末端（为什么？），因此在任一能量下都有两个解 [可归一化为 $\delta(0)$]。

现在让我们回到箱子中一个粒子的问题上来，讨论这样的事实：最低能量不是零（因为它在经典上对应阱内静止的粒子），而是 $\hbar^2\pi^2/2mL^2$。背后的原因是不确定性原理，当位置（因此 ΔX）受到 $|x| \leqslant L/2$ 的限制时，不允许粒子具有一个确定的零动量。这反过来又导致能量的下限，这一点我们推导如下。我们从

$$H = \frac{P^2}{2m} \tag{5.2.18}$$

开始②，所以

$$\langle H\rangle = \frac{\langle P^2\rangle}{2m} \tag{5.2.19}$$

现在，在任一束缚态下 $\langle P\rangle = 0$，原因如下。因为束缚态是一个定态，$\langle P\rangle$ 与时间无关。如果这个 $\langle P\rangle \neq 0$，粒子一定（在平均意义上）向右或向左漂移，最终逃逸到无穷远处，在束缚态下是不可能发生的。

因此，我们可以把 (5.2.19) 式改写为

$$\langle H\rangle = \frac{\langle (P-\langle P\rangle)^2\rangle}{2m} = \frac{(\Delta P)^2}{2m}$$

如果我们现在利用不确定度关系

$$\Delta P \cdot \Delta X \geqslant \hbar/2$$

我们发现

$$\langle H\rangle \geqslant \frac{\hbar^2}{8m(\Delta X)^2}$$

---

① R. Eisberg, R. Resnick, *Quantum Physics of Atoms, Molecules, Solids, Nuclei and Particles*, Wiley, New York (1974). 请见第 5.7 节和附录 F。

② 由于存在箱壁，我们压低了无穷大的势。相反，我们将把 x 限制在 $|x| \leqslant L/2$ 的范围。

由于变量 x 受到 $-L/2 \leqslant x \leqslant L/2$ 的限制，所以其标准偏差 ΔX 不可能超过 $L/2$。因此，

$$\langle H\rangle \geqslant \hbar^2/2mL^2$$

在一个能量本征态上，$\langle H\rangle = E$，所以

$$E \geqslant \hbar^2/2mL^2 \tag{5.2.20}$$

实际的基态能量 E_1 恰好是这个下界的 π^2 倍。不确定性原理经常被用来以这种方式提供基态能量的快速数量级估计。

如果我们用 $|n\rangle$ 表示对应 $\psi_n(x)$ 的抽象右矢，我们可以把传播子写成

$$U(t)=\sum_{n=1}^{\infty}|n\rangle\langle n|\exp\left[-\frac{\mathrm{i}}{\hbar}\left(\frac{\hbar^2\pi^2n^2}{2mL^2}\right)t\right] \tag{5.2.21}$$

则在 X 基下，$U(t)$ 的矩阵元是

$$\begin{aligned}\langle x|U(t)|x'\rangle &= U(x,t;x')\\ &=\sum_{n=1}^{\infty}\psi_n(x)\psi_n^*(x')\exp\left[-\frac{\mathrm{i}}{\hbar}\left(\frac{\hbar^2\pi^2n^2}{2mL^2}\right)t\right]\end{aligned} \tag{5.2.22}$$

与自由粒子的情况不同，这个求和没有简单的解析表达式。

习题 5.2.1* 一个粒子处在长度为 L 的箱子中的基态。突然，这个箱子的大小（对称地）膨胀到两倍，同时保持波函数不受扰动。证明找到这个粒子处在新箱子基态的概率是 $(8/3\pi)^2$。

习题 5.2.2*

(a) 证明对于任何归一化的态 $|\psi\rangle$，$\langle\psi|H|\psi\rangle \geqslant E_0$，其中 E_0 为最低的能量本征值。（提示：把 $|\psi\rangle$ 在 H 的本征基下展开。）

(b) 证明以下定理：每个一维吸引势至少有一个束缚态。提示：因为 V 是吸引势，所以如果我们定义 $V(\infty)=0$，则对所有的 x 都有 $V(x)=-|V(x)|$。证明存在一个 $E<0$ 的束缚态，考虑

$$\psi_\alpha(x)=\left(\frac{\alpha}{\pi}\right)^{1/4}\mathrm{e}^{-\alpha x^2/2}$$

并计算

$$E(\alpha)=\langle\psi_\alpha|H|\psi_\alpha\rangle,\qquad H=-\frac{\hbar^2}{2m}\frac{\mathrm{d}^2}{\mathrm{d}x^2}-|V(x)|$$

证明通过选取适当的 α，可以使 $E(\alpha)$ 变成负数。应用上面证明过的定理可以得到想要的结果。

习题 5.2.3* 考虑 $V(x) = -aV_0\delta(x)$。证明它允许一个能量为 $E = -ma^2V_0^2/2\hbar^2$ 的束缚态存在。有任何别的束缚态吗？提示：对于 $E < 0$ 求解势外面的薛定谔方程，且只保留在无穷远处有正确行为，并在 $x = 0$ 处连续的解。画出波函数，看看在 $x = 0$ 处如何出现尖缝，或斜率的不连续变化。计算斜率的这种变化，并让它等于由薛定谔方程确定的

$$\int_{-\varepsilon}^{+\varepsilon}\left(\frac{\mathrm{d}^2\psi}{\mathrm{d}x^2}\right)\mathrm{d}x$$

（其中 ε 是无穷小量）。

习题 5.2.4 考虑一个质量为 m 的粒子，处在长度为 L 的盒子中的态 $|n\rangle$。当箱壁被缓慢地推入，假设粒子在箱子大小改变时，仍保持在盒子的第 n 个态，求受到的力 $F = -\partial E/\partial L$。考虑在这个盒子里的一个能量为 E_n 的经典粒子。求它的速度，在给定壁上碰撞的频率，以及每次碰撞的动量转移，从而求出平均力。将其与上面计算的 $-\partial E/\partial L$ 进行比较。

习题 5.2.5* 如果该箱子从 $x = 0$ 延展到 L（而不是从 $-L/2$ 延展到 $L/2$），证明 $\psi_n(x) = (2/L)^{1/2}\sin(n\pi x/L)$，其中 $n = 1, 2, \cdots, \infty$，且 $E_n = \hbar^2\pi^2n^2/2mL^2$。

习题 5.2.6* *方势阱*。考虑一个粒子处在方势阱：

$$V(x) = \begin{cases} 0, & |x| \leqslant a \\ V_0, & |x| \geqslant a \end{cases}$$

中。因为当 $V_0 \to \infty$ 时，我们有个箱子，让我们猜一猜降低箱壁对态有什么影响。首先，所有的束缚态（我们感兴趣的只有它），将有 $E \leqslant V_0$。其次，较低能级的波函数看起来像箱子里粒子的波函数，它们的明显区别在于，ψ 在阱壁处不会为零，而是会穿透阱壁有一个指数尾巴。本征函数仍然是偶的、奇的、偶的等。

(1) 证明偶数解的能量满足超越方程

$$k\tan ka = \kappa \tag{5.2.23}$$

而奇数解的能量将满足

$$k\cot ka = -\kappa \tag{5.2.24}$$

其中 k 和 $\mathrm{i}\kappa$ 分别是阱内的实波数和阱外的复波数。注意 k 和 κ 由下式关联起来

$$k^2 + \kappa^2 = 2mV_0/\hbar^2 \tag{5.2.25}$$

证明当 V_0 趋于 ∞ 时，我们会重新得到箱子中的能级。

(2) 方程 (5.2.23) 和 (5.2.24) 必须用图解法求解。在 $(\alpha = ka, \beta = \kappa a)$ 平面上，设想一个遵从 (5.2.25) 式的圆。那时束缚态由曲线 $\alpha\tan\alpha = \beta$ 或 $\alpha\cot\alpha = -\beta$ 与圆的交点给出。（记住 α 和 β 均为正数。）

(3) 证明除非 $V_0 \geqslant \hbar^2\pi^2/8ma^2$，总有一个偶数解而没有奇数解。当 V_0 恰好满足这个要求时，E 是什么？注意从习题 5.2.2(b) 得到的一般结果成立。

5.3 概率连续性方程

现在我们中断关于一维问题的讨论，了解将在随后的讨论中使用的两个概念，即：*概率流密度*，及其满足的*连续性方程*。因为概率流概念也将用于三维问题，我们在这里讨论一个三维粒子。

作为研究量子力学连续性方程的序幕，让我们从电磁学中回忆起类似的方程。我们知道在这种情况下，宇宙中的总电荷是常数，即

$$Q(t) = \text{与时间无关的常数} \tag{5.3.1}$$

这是一个全局守恒定律的例子，因为它指的是宇宙中的总电荷。但是电荷也是局域守恒的，这一事实通常被表示为连续性方程的形式

$$\frac{\partial\rho(\boldsymbol{r},t)}{\partial t} = -\boldsymbol{\nabla}\cdot\boldsymbol{j} \tag{5.3.2}$$

其中 ρ 和 $\boldsymbol{j}$ 分别是电荷与电流密度。通过把这个方程对被表面 S_V 所包围的体积 V 求积分，并引用高斯定理，我们得到

$$\frac{\mathrm{d}}{\mathrm{d}t}\int_V \rho(\boldsymbol{r},t)\,\mathrm{d}^3r = -\int_V \boldsymbol{\nabla}\cdot\boldsymbol{j}\,\mathrm{d}^3r = -\int_{S_V} \boldsymbol{j}\cdot\mathrm{d}\boldsymbol{S} \tag{5.3.3}$$

这个方程表明，体积 V 内电荷的任何减少都是由流出该体积的电荷造成的，即在任何体积内电荷既不会产生也不会消失。

连续性方程禁止某些遵从全局守恒的过程，例如电荷从一个空间区域中突然消失，随之立即在另一个区域重新出现。

在量子力学中，全局守恒的量是在宇宙中任何地方找到粒子的总概率。借助坐标基下模不变性的表示，我们得到了这个结果：因为

$$\langle\psi(t)|\psi(t)\rangle = \langle\psi(0)|U^\dagger(t)\,U(t)|\psi(0)\rangle = \langle\psi(0)|\psi(0)\rangle$$

则

$$\begin{aligned}
\text{常数} = \langle\psi(t)|\psi(t)\rangle &= \int\!\!\int\!\!\int \langle\psi(t)|x,y,z\rangle\langle x,y,z|\psi(t)\rangle\,\mathrm{d}x\,\mathrm{d}y\,\mathrm{d}z^{①} \\
&= \int\!\!\int\!\!\int \langle\psi(t)|\boldsymbol{r}\rangle\langle\boldsymbol{r}|\psi(t)\rangle\,\mathrm{d}^3r \\
&= \int\!\!\int\!\!\int \psi^*(\boldsymbol{r},t)\,\psi(\boldsymbol{r},t)\,\mathrm{d}^3r \\
&= \int\!\!\int\!\!\int P(\boldsymbol{r},t)\,\mathrm{d}^3r
\end{aligned} \tag{5.3.4}$$

这个全局守恒定律与 (5.3.1) 式类似。为了得到类似于 (5.3.2) 式的方程，我们转向薛定谔方程

$$\mathrm{i}\hbar\frac{\partial\psi}{\partial t} = -\frac{\hbar^2}{2m}\nabla^2\psi + V\psi \tag{5.3.5}$$

和它的共轭方程

$$-\mathrm{i}\hbar\frac{\partial\psi^*}{\partial t} = -\frac{\hbar^2}{2m}\nabla^2\psi^* + V\psi^* \tag{5.3.6}$$

注意，如果 H 是厄米的，则 V 一定是实的。把上述两个方程的第一个乘 ψ^*，第二个乘 ψ，然后求它们的差，我们得到

$$\begin{aligned}
\mathrm{i}\hbar\frac{\partial}{\partial t}(\psi^*\psi) &= -\frac{\hbar^2}{2m}\left(\psi^*\nabla^2\psi - \psi\nabla^2\psi^*\right) \\
\frac{\partial P}{\partial t} &= -\frac{\hbar}{2m\mathrm{i}}\boldsymbol{\nabla}\cdot(\psi^*\boldsymbol{\nabla}\psi - \psi\boldsymbol{\nabla}\psi^*) \\
\frac{\partial P}{\partial t} &= -\boldsymbol{\nabla}\cdot\boldsymbol{j}
\end{aligned} \tag{5.3.7}$$

其中

$$\boldsymbol{j} = \frac{\hbar}{2m\mathrm{i}}(\psi^*\boldsymbol{\nabla}\psi - \psi\boldsymbol{\nabla}\psi^*) \tag{5.3.8}$$

是*概率流密度*，这就是说，单位时间内垂直于 $\boldsymbol{j}$ 的单位面积的概率通量。为了重新得到全局守恒定律，我们把 (5.3.7) 式对全空间积分：

$$\frac{\mathrm{d}}{\mathrm{d}t}\int P(\boldsymbol{r},\,t)\,\mathrm{d}^3r = -\int_{S_\infty}\boldsymbol{j}\cdot\mathrm{d}\boldsymbol{S} \tag{5.3.9}$$

① 如果积分区间是显然的，那么它将经常被省略。

其中的 S_∞ 是无穷远处的球面。对于（典型的）可归一化到 1 的波函数，当 $r \to \infty$ 时，$r^{3/2}\psi \to 0$ 的结果使 $\int \psi^* \psi\, r^2\, \mathrm{d}r\, \mathrm{d}\Omega$ 有界，并且 $\boldsymbol{j}$ 在球面 S_∞ 上的表面积分为零。在 S_∞ 面上不为零的动量本征函数将在下面的一个习题中考虑。

习题 5.3.1 考虑 $V = V_r - \mathrm{i}V_i$ 的情况，其中虚部 V_i 是一个常数。哈密顿量是厄米的吗？完成连续性方程的推导，并证明发现粒子的总概率为 $\mathrm{e}^{-2V_i t/\hbar}$，呈指数下降。这种复的势被用来描述粒子被一个洞吸收的过程。

习题 5.3.2 说服自己：如果 $\psi = \mathrm{c}\tilde{\psi}$，其中 c 是常数（实的或复的），$\tilde{\psi}$ 是实的，则相应的 $\boldsymbol{j}$ 为零。

习题 5.3.3 考虑

$$\psi_{\mathrm{p}} = \left(\frac{1}{2\pi\hbar}\right)^{3/2} \mathrm{e}^{\mathrm{i}(\boldsymbol{p}\cdot\boldsymbol{r})/\hbar}$$

求 $\boldsymbol{j}$ 和 P 并比较它们与电磁方程 $\boldsymbol{j} = \rho\boldsymbol{v}$ 的关系，其中 $\boldsymbol{v}$ 是速度。因为 ρ 和 $\boldsymbol{j}$ 都是常数，注意连续性方程 (5.3.7) 可以非常简单地得到满足。

习题 5.3.4* 考虑一维中的 $\psi = A\,\mathrm{e}^{\mathrm{i}px/\hbar} + B\,\mathrm{e}^{-\mathrm{i}px/\hbar}$。证明 $j = (|A|^2 - |B|^2)\,p/m$。ψ 中没有向左和向右运动的两部分之间的交叉项，这允许我们把 j 的这两部分与 ψ 中对应的两个部分联系起来。

$\boldsymbol{j}$ 的系综解释

回想 $\boldsymbol{j}\cdot\mathrm{d}\boldsymbol{S}$ 是概率流过面 $\mathrm{d}\boldsymbol{S}$ 的速率。如果我们考虑处在某个态 $\psi(\boldsymbol{r},t)$ 的 N 个粒子的系综，假设 N 趋于无穷大，且 $\boldsymbol{j}$ 是与 $\psi(\boldsymbol{r},t)$ 相关的流，则每秒将有 $N\boldsymbol{j}\cdot\mathrm{d}\boldsymbol{S}$ 个粒子触发面积为 $\mathrm{d}\boldsymbol{S}$ 的粒子探测器。

5.4 单步阶梯势：一个散射问题[①]

考虑阶梯势（图 5.2）

$$\begin{aligned} V(x) &= 0, \qquad x < 0 \qquad （\text{I 区}） \\ &= V_0, \qquad x > 0 \qquad （\text{II 区}） \end{aligned} \tag{5.4.1}$$

① 这是相当困难的一节，可以被推迟到读者学过第 7 章并获得关于这个主题更多的经验之后。采取何种方式可由读者或指导老师决定。

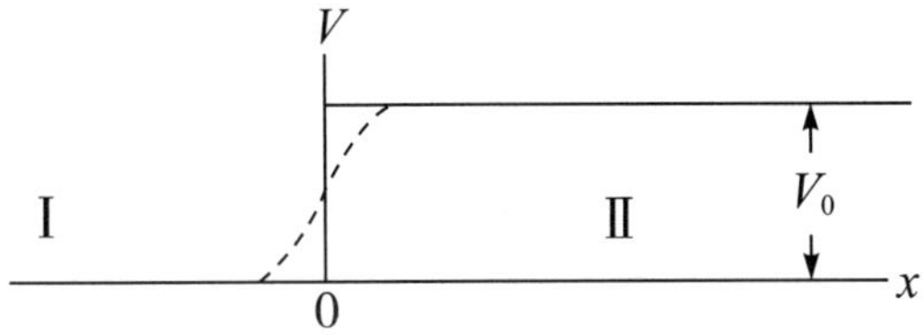

图 5.2　单步阶梯势。虚线显示了一个更真实的势，它可以被理想化为数学上方便处理的一个阶梯势。总能量 E 和势能 V 是沿 y 轴测量的

这种突然改变的势是相当不现实的，但在数学上很方便。图 5.2 中的虚线显示了一个更加真实的转变。

现在设想一个经典的能量为 E 的粒子从左边（区域 I）射向阶梯。人们预计，如果 $E > V_0$，粒子将爬上势垒，并在势垒之上传播到区域 II，而如果 $E < V_0$，它将被阶梯反射。我们现在把这种经典的情况与它的量子对应做个比较。

首先，我们必须考虑一个与量子原理相容的初始状态。我们将具有确定轨迹的入射粒子替换为一个波包[①]。尽管在我们将看到在所考虑的极限下波函数的细节无关紧要，但我们还是从一个很容易解析处理的高斯型波包出发[②]：

$$\psi_{\mathrm{I}}(x,0)=\psi_{\mathrm{I}}(x)=(\pi\Delta^2)^{-1/4}\,\mathrm{e}^{\mathrm{i}k_0(x+a)}\,\mathrm{e}^{-(x+a)^2/2\Delta^2} \tag{5.4.2}$$

这个波包具有平均动量 $p_0=\hbar k_0$，平均位置 $\langle X\rangle=-a$（我们把它取在远离阶梯的地方），它们的不确定度

$$\Delta X=\frac{\Delta}{\sqrt{2}}\,,\qquad \Delta P=\frac{\hbar}{\sqrt{2}\Delta}$$

我们感兴趣的是 Δ 很大的情况。在那里粒子实际上具有严格确定的动量 $\hbar k_0$ 和能量 $E_0\simeq\hbar^2k_0^2/2m$。我们首先考虑 $E_0>V_0$ 的情况。

经过一段时间 $t\simeq a(p_0/m)^{-1}$ 之后，波包将碰撞到阶梯，然后通常会劈裂成两个波包：反射波包 ψ_{R} 和透射波包 ψ_{T}（图 5.3）。t 很大时，$|\psi_{\mathrm{R}}|^2$ 下的面积是在遥远的未来在 I 区中找到粒子的概率，也就是说，是反射的概率。同样，$|\psi_{\mathrm{T}}|^2$ 之下的面积，当 t 很大时是穿透的概率。我们的问题是计算反射系数

$$R=\int|\psi_{\mathrm{R}}|^2\mathrm{d}x\,,\qquad t\to\infty \tag{5.4.3}$$

和透射系数

$$T=\int|\psi_{\mathrm{T}}|^2\mathrm{d}x\,,\qquad t\to\infty \tag{5.4.4}$$

---

① 波包是具有合理且确定的位置和动量的任一波函数。

② 它正是 (5.1.14) 式中的波包，只不过位移了 $-a$。

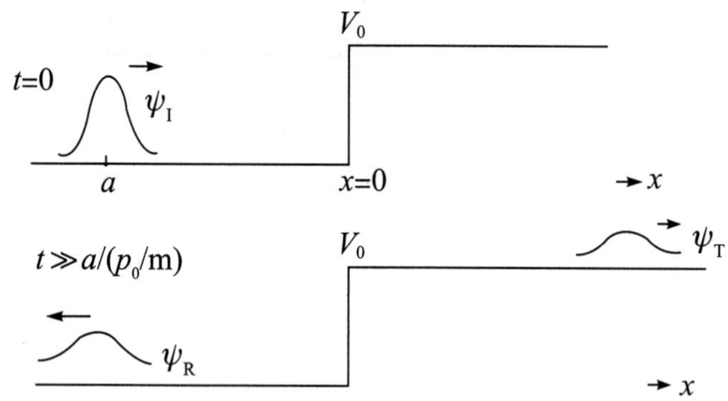

图 5.3 在撞上阶梯很久以前和很久以后的波函数的示意描述。在 $|\psi_I|^2$ 之下的面积为 1。在 $|\psi_R|^2$ 和 $|\psi_T|^2$ 之下的面积分别是反射和透射的概率

一般来说，R 和 T 将取决于初始波函数的具体形状。然而，如果我们趋于初始动量确定的极限（即，当 x 空间中的高斯型波包无限宽时），我们预期答案将仅仅取决于初始能量，它是该态的唯一特征。在以下的分析中我们会假设 $\Delta X = \Delta/\sqrt{2}$ 很大，k 空间波函数在 k_0 附近有非常尖锐的峰。

我们按照标准程序寻找入射波波包 ψ_I 的最终命运：

步骤 1：求解阶梯势哈密顿量的归一化本征函数 $\psi_E(x)$。

步骤 2：找到投影 $a(E) = \langle\psi_E|\psi_I\rangle$。

步骤 3：对每个系数 $a(E)$ 添加一个时间依赖因子 $e^{-iEt/\hbar}$，得到未来任何时刻的 $\psi(x,t)$。

步骤 4：识别在 $\psi(x, t \to \infty)$ 中的 ψ_R 和 ψ_T，并利用 (5.4.3) 和 (5.4.4) 式确定 R 和 T。

步骤 1：在 I 区，因为 $V = 0$，故（未归一化的）解是熟悉的：

$$\psi_E(x) = A\,e^{ik_1x} + B\,e^{-ik_1x}, \qquad k_1 = \left(\frac{2mE}{\hbar^2}\right)^{1/2} \tag{5.4.5}$$

在 II 区，我们只要用 $E - V_0$ 代替 E［见 (5.2.2) 式］

$$\psi_E(x) = C\,e^{ik_2x} + D\,e^{-ik_2x}, \qquad k_2 = \left[\frac{2m(E-V_0)}{\hbar^2}\right]^{1/2} \tag{5.4.6}$$

（我们只考虑 $E > V_0$，具有 $E < V_0$ 的本征函数将与 ψ_I 正交。这一点将在接下来的两页上被证明。）我们感兴趣的是 $D = 0$ 的本征函数，因为我们只需要在 II 区域（向右的）透射波，以及 I 区中的入射波和反射波。如果我们现在让 ψ 和它的导数

在 $x=0$ 处连续，我们将会得到

$$A+B=C \tag{5.4.7}$$

$$\mathrm{i}k_1(A-B)=\mathrm{i}k_2C \tag{5.4.8}$$

为了预期的未来应用，我们求解这些方程来把 B 和 C 用 A 表示出来：

$$B=\left(\frac{k_1-k_2}{k_1+k_2}\right)A=\left[\frac{E^{1/2}-(E-V_0)^{1/2}}{E^{1/2}+(E-V_0)^{1/2}}\right]A \tag{5.4.9}$$

$$C=\left(\frac{2k_1}{k_1+k_2}\right)A=\left[\frac{2E^{1/2}}{E^{1/2}+(E-V_0)^{1/2}}\right]A \tag{5.4.10}$$

注意：若 $V_0=0$，则如所期待 $B=0$ 和 $C=A$。那时，能量为 E 的解为

$$\psi_E(x)=A\left[\left(\mathrm{e}^{\mathrm{i}k_1x}+\frac{B}{A}\mathrm{e}^{-\mathrm{i}k_1x}\right)\theta(-x)+\frac{C}{A}\,\mathrm{e}^{\mathrm{i}k_2x}\,\theta(x)\right] \tag{5.4.11}$$

其中

$$\begin{aligned}\theta(x)&=1 \qquad \text{若 } x>0\\ &=0 \qquad \text{若 } x<0\end{aligned}$$

因为对每个 E 都有唯一的一个 $k_1=+(2mE/\hbar^2)^{1/2}$，我们可以用 k_1 而不用 E 标记这个本征态。消去 k_2 只保留 k_1，则得到

$$\begin{aligned}\psi_{k_1}(x)=&A\left\{\left[\exp\left(\mathrm{i}k_1x\right)+\frac{B}{A}\exp\left(-\mathrm{i}k_1x\right)\right]\theta(-x)+\right.\\ &\left.\frac{C}{A}\exp\left[\mathrm{i}\left(k_1^2-2mV_0/\hbar^2\right)^{1/2}x\right]\,\theta(x)\right\}\end{aligned} \tag{5.4.12}$$

虽然总体标度因子 A 通常是任意的（而物理结果仅取决于 B/A 和 C/A），这里我们必须选择 $A=(2\pi)^{-1/2}$，因为按照上面概述的四步程序中 ψ_k 必须被适当归一化。我们会很快核实，$A=(2\pi)^{-1/2}$ 是正确的归一化因子。

步骤 2：接下来考虑

$$\begin{aligned}a(k_1)=&\langle\psi_{k_1}|\psi_{\mathrm{I}}\rangle\\ =&\frac{1}{\sqrt{2\pi}}\left\{\int_{-\infty}^{\infty}\left[\mathrm{e}^{-\mathrm{i}k_1x}+\left(\frac{B}{A}\right)^*\mathrm{e}^{\mathrm{i}k_1x}\right]\theta(-x)\,\psi_{\mathrm{I}}(x)\,\mathrm{d}x+\right.\\ &\left.\int_{-\infty}^{\infty}\left(\frac{C}{A}\right)^*\mathrm{e}^{-\mathrm{i}k_2x}\,\theta(x)\,\psi_{\mathrm{I}}(x)\,\mathrm{d}x\right\}\end{aligned} \tag{5.4.13}$$

由于在 $x=0$ 左边的很远处 $\psi_{\mathrm{I}}(x)$ 不为零，而 $\theta(x)$ 只在 $x>0$ 时不为零，所以（在相当好的近似下）第二个积分为零。同样第一个积分的第二个部分也是零，因为 k 空间中的 ψ_{I} 在 $k=+k_0$ 附近达到峰值，它与（向左的）负动量的态正交。[我们可以忽略 (5.4.13) 式中的 $\theta(-x)$ 因子。因为它等于 1，在那里 $\psi_{\mathrm{I}}(x)\neq 0$。] 因此，

$$
\begin{aligned}
a(k_1) &= \left(\frac{1}{2\pi}\right)^{1/2}\int_{-\infty}^{\infty}\mathrm{e}^{-\mathrm{i}k_1x}\,\psi_{\mathrm{I}}(x)\,\mathrm{d}x \\
&= \left(\frac{\Delta^2}{\pi}\right)^{1/4}\mathrm{e}^{-(k_1-k_0)^2\Delta^2/2}\,\mathrm{e}^{\mathrm{i}k_1a}
\end{aligned}
\tag{5.4.14}
$$

正是 ψ_{I} 的傅里叶变换。注意，对于很大的 Δ，$\alpha(k_1)$ 在 $k_1=k_0$ 处有非常尖锐的峰。这证明我们忽略 $E<V_0$ 的本征函数是正确的，因为这些函数对应于不靠近 k_0 的 k_1。

步骤 3：在任一未来时刻 t，波函数为

$$
\psi(x,t)=\int_{-\infty}^{\infty}a(k_1)\,\mathrm{e}^{-\mathrm{i}E\,(k_1)t/\hbar}\,\psi_{k_1}(x)\,\mathrm{d}k_1 \tag{5.4.15}
$$

$$
\begin{aligned}
&= \left(\frac{\Delta^2}{4\pi^3}\right)^{1/4}\int_{-\infty}^{\infty}\exp\left(\frac{-\mathrm{i}\hbar k_1^2t}{2m}\right)\cdot\exp\left[\frac{-(k_1-k_0)^2\Delta^2}{2}\right]\times \\
&\quad \exp(\mathrm{i}k_1a)\left\{\mathrm{e}^{\mathrm{i}k_1x}\,\theta(-x)+\left(\frac{B}{A}\right)\mathrm{e}^{-\mathrm{i}k_1x}\,\theta(-x)+\right. \\
&\quad \left.\left(\frac{C}{A}\right)\exp\left[\mathrm{i}\left(k_1^2-2mV_0/\hbar^2\right)^{1/2}x\right]\theta(x)\right\}\mathrm{d}k_1
\end{aligned}
\tag{5.4.16}
$$

你可以说服自己，如果我们在上式令 $t=0$，则我们重新得到 $\psi_{\mathrm{I}}(x)$，它对应于我们 $A=(2\pi)^{-1/2}$ 的选择。

步骤 4：考虑这三项中的第一项。如果不存在 $\theta(-x)$，我们会传播原始的高斯型波包。在 (5.1.15) 式中用 $x+a$ 替换 x 后，并插入 $\theta(-x)$ 因子，则 $\psi(x,t)$ 的第一项是

$$
\begin{aligned}
&\theta(-x)\,\pi^{-1/4}\left(\Delta+\frac{\mathrm{i}\hbar t}{m}\right)^{-1/2}\exp\left[\frac{-\left(x+a-\hbar k_0t/m\right)^2}{2\Delta^2\left(1+\mathrm{i}\hbar t/m\Delta^2\right)}\right]\times \\
&\exp\left[\mathrm{i}k_0\left(x+a-\frac{\hbar k_0t}{2m}\right)\right]\equiv\theta(-x)\,G\left(-a,k_0,t\right)
\end{aligned}
\tag{5.4.17}
$$

由于当 $t\to\infty$ 时，高斯型波包 $G(-a,k_0,t)$ 的中心位于 $x=-a+\hbar k_0t/m\simeq\hbar k_0t/m$，而对于 $x>0$，$\theta(-x)$ 为零，故乘积 θG 为零。因此，初始波包消失了，在这个位置的是由接下来两项给出的反射和透射波包。在中间的项中，如果我们把作为 k_1 函数的 B/A 替换为它在 $k_1=k_0$ 的值 $(B/A)_0$ [因为在 $k_1=k_0$ 处 $a(k_1)$ 达到

非常尖锐的峰值]，并将其从积分中提出来，将哑变量从 k_1 更改为 $-k_1$，则很容易看到除前面的因子 $(B/A)_0\,\theta(-x)$ 外，中间项表示最初在 $x=+a$ 达到峰值的归一化高斯波包的自由传播，并开始以平均动量 $-\hbar k_0$ 向左漂移。因此，

$$\psi_{\mathrm{R}}=\theta(-x)\,G(a,-k_0,t)\,(B/A)_0 \tag{5.4.18}$$

随着 $t\to\infty$，因为 G 的中心位于 $x=-a+\hbar k_0 t/m\simeq\hbar k_0 t/m$，我们可以设 $\theta(-x)$ 等于 1。由于高斯型波包的模为 1，我们从 (5.4.3) 和 (5.4.9) 式得到

$$R=\int|\psi_{\mathrm{R}}|^2\,\mathrm{d}x=\left|\frac{B}{A}\right|_0^2=\left|\frac{E_0^{1/2}-(E_0-V_0)^{1/2}}{E_0^{1/2}+(E_0-V_0)^{1/2}}\right|^2$$

其中

$$E_0=\frac{\hbar^2k_0^2}{2m} \tag{5.4.19}$$

只有当入射波包具有严格确定的能量 E_0 时，也就是说，当入射高斯波包的宽度趋于无穷大时，这个公式才是精确的。但它是对在动量空间有一个窄峰的任一波包的一种极佳的近似。

要求得 T ，我们可以尝试估算第三部分。但没有必要这么做，因为我们知道

$$R+T=1 \tag{5.4.20}$$

它是从概率的全局守恒得来的。那时可以导出

$$T=1-R=\frac{4E_0^{1/2}(E_0-V_0)^{1/2}}{[E_0^{1/2}+(E_0-V_0)^{1/2}]^2}=\left|\frac{C}{A}\right|_0^2\frac{(E_0-V_0)^{1/2}}{E_0^{1/2}} \tag{5.4.21}$$

通过检查 (5.4.19) 和 (5.4.21) 式，我们看到 R 和 T 都很容易用比值 $(B/A)_0$ 和 $(C/A)_0$，以及一个运动学因子 $(E_0-V_0)^{1/2}/E_0^{1/2}$ 表示。有没有什么方法可以直接得到 (5.4.19) 和 (5.4.21) 式呢？这两个方程描述了源自 (5.4.9) 和 (5.4.10) 式的散射动力学现象，而后两个方程描述的是薛定谔方程的静态解。办法是有的。

考虑未归一化的本征态

$$\begin{aligned}\psi_{k_0}(x)=&[A_0\exp(\mathrm{i}k_0x)+B_0\exp(-\mathrm{i}k_0x)]\,\theta(-x)+\\&C_0\exp\left[\mathrm{i}\left(k_0^2-\frac{2mV_0}{\hbar^2}\right)^{1/2}x\right]\theta(x)\end{aligned} \tag{5.4.22}$$

入射的平面波 $A\,\mathrm{e}^{\mathrm{i}k_0x}$ 具有与其相关的概率流，它等于

$$j_{\mathrm{I}}=|A_0|^2\frac{\hbar k_0}{m} \tag{5.4.23}$$

而与反射和透射部分相联系的流为

$$j_{\mathrm{R}}=|B_0|^2\frac{\hbar k_0}{m}\tag{5.4.24}$$

和

$$j_{\mathrm{T}}=|C_0|^2\frac{\hbar(k_0^2-2mV_0/\hbar^2)^{1/2}}{m}\tag{5.4.25}$$

（回忆习题 5.3.4，该题给出了把 I 区中 j 的两部分视为源于入射波和反射波函数的正当理由。）用这些流得到

$$R=\frac{j_{\mathrm{R}}}{j_{\mathrm{I}}}=\left|\frac{B_0}{A_0}\right|^2\tag{5.4.26}$$

和

$$T=\frac{j_{\mathrm{T}}}{j_{\mathrm{I}}}=\left|\frac{C_0}{A_0}\right|^2\frac{(k_0^2-2mV_0/\hbar^2)^{1/2}}{k_0}=\left|\frac{C_0}{A_0}\right|^2\frac{(E_0-V_0)^{1/2}}{E_0^{1/2}}\tag{5.4.27}$$

现在我们要问，为什么 R 和 T 用这两种方法都可以计算。回想 R 和 T 只对动量严格确定且等于 $\hbar k_0$ 的入射波包是精确的。从 (5.4.2) 式我们看到这涉及令高斯型波包具有无穷大的宽度。当入射的高斯波包变得越来越宽的时候（我们现在忽略前面的 $\Delta^{-1/2}$ 和归一化因子），会发生下列事情：

(1) 不可能说出来它什么时候碰撞到阶梯，因为它已经扩展成了一个在 I 区中向右传播的平面波。

(2) 反射波包也变得无限宽，并且是一个向左传播的平面波，与入射波包共存。

(3) 透射波包变成在 II 区中波数为 $(k_0^2-2mV_0/\hbar^2)^{1/2}$ 的平面波。

换句话说，一个入射波包撞击阶梯并劈裂成两部分的动力学图像，变成了由本征函数 (5.4.22) 式描述的稳态过程。然而，我们无法通过计算 $|\psi_{\mathrm{T}}|^2$ 和 $|\psi_{\mathrm{R}}|^2$ 下的面积来找到 R 和 T，由于所有的面积都是无穷大的，这些波包都已经变成了平面波。相反，我们发现与入射波、反射波和透射波有关的概率流的比率给了我们 R 和 T。我们在这种简单情况下证明的波包和静态描述之间的等价性，对任一势都有效。当我们处理三维散射时，将假设这两种方法的等价性成立。

习题 5.4.1（很难） 计算 (5.4.16) 式的第三部分并把得到的 T 与 (5.4.21) 相比较。[提示：把因子 $(k_1^2-2mV_0/\hbar^2)^{1/2}$ 在 $k_1=k_0$ 附近展开，只保留到泰勒级数的一阶微分项。]

在我们继续考察反射和透射系数的一些新奇的特征之前，让我们问一下它们是如何在实践中被使用的。考虑在 $x\to\pm\infty$ 时趋于常数 V_+ 和 V_- 的势 $V(x)$ 的一个一般问题。为了简单起见，我们取 $V_\pm=0$。想象一个位于最左边（$x\to-\infty$）的加

速器，它朝着势射出一束几乎单能量的粒子，其 $\langle P\rangle=\hbar k_0$。实际上人们要问的一个问题是，粒子分别有多少会透射过去，多少将反射回 $x=-\infty$。一般来说，这个问题无法回答，因为我们只知道粒子的平均动量而不是它们各自的波函数。但前面的分析结果表明，只要这个波包是尖锐地定位在动量空间，反射和透射概率（R 和 T）仅取决于平均动量而不是波函数的具体形状。所以对上面所提问题的答案是 $R(k_0)$ 的那部分将会被反射，而 $T(k_0)=1-R(k_0)$ 的那部分将会被透射。为了求 R 和 T，我们求解 $H=T+V$ 的与时间无关的本征函数，其能量本征值为 $E_0=\hbar^2k_0^2/2m$，而渐近行为

$$\psi_{k_0}(x)\begin{cases}\xrightarrow[x\to-\infty]{} A\,\mathrm{e}^{\mathrm{i}k_0x}+B\,\mathrm{e}^{-\mathrm{i}k_0x}\\ \xrightarrow[x\to\infty]{} C\,\mathrm{e}^{\mathrm{i}k_0x}\end{cases}$$

从它求得 $R=|B/A|^2$ 和 $T=|C/A|^2$。具有这种渐进行为（即，自由粒子行为）的解将永远存在，只要当 $|x|\to\infty$ 时 V 足够快地趋于零。[以后，我们将看到这意味着当 $|x|\to\infty$ 时，$|xV(x)|\to 0$。] 通解通常还将包含当 $x\to\infty$ 时 $D\exp(-\mathrm{i}k_0x)$ 的部分，但我们在这里设 $D=0$，因为如果把 $a\exp(\mathrm{i}k_0x)$ 看作是入射波，则当 $x\to\infty$ 时，它只应产生一个向右传播的波 $C\,\mathrm{e}^{\mathrm{i}k_0x}$。

让我们转向 R 和 T 的 (5.4.19) 和 (5.4.21) 式。它们包含了许多非经典的特征。首先，我们发现一个 $E_0>V_0$ 的入射粒子有时会得到反射波，还可以证明一个 $E_0>V_0$ 的从右边入射的粒子有时也会得到反射波，这与经典的预期相反。

接着考虑 $E_0<V_0$ 的情况。经典上人们预期粒子会在 $x=0$ 处被反射，绝不可能进到 II 区。量子力学中的情况却并非如此。在 II 区，对于方程

$$\frac{\mathrm{d}^2\psi_{\mathrm{II}}}{\mathrm{d}x^2}+\frac{2m}{\hbar^2}(E_0-V_0)\,\psi_{\mathrm{II}}=0$$

在 $E_0<V_0$ 时，其解为

$$\psi_{\mathrm{II}}(x)=C\,\mathrm{e}^{-\kappa x}\,,\qquad \kappa=\left[\frac{2m|(E_0-V_0)|}{\hbar^2}\right]^{1/2}\tag{5.4.28}$$

（增长的指数 $\mathrm{e}^{\kappa x}$ 不属于物理的希尔伯特空间。）因此在其动能 E_0-V_0 为负的区域内，具有有限的概率找到这个粒子。然而，并没有稳定的概率流进入 II 区，因为 $\psi_{\mathrm{II}}(x)=C\tilde{\psi}$，其中 $\tilde{\psi}$ 是实的。这一点也得到了下列事实的证实，即在这种情况下反射系数是

$$R=\left|\frac{(E_0)^{1/2}-(E_0-V_0)^{1/2}}{(E_0)^{1/2}+(E_0-V_0)^{1/2}}\right|^2=\left|\frac{k_0-\mathrm{i}\kappa}{k_0+\mathrm{i}\kappa}\right|^2=1\tag{5.4.29}$$

粒子能进入经典禁区的事实会导致所谓隧穿的有趣量子现象。考虑把图 5.2 修改一下，让 $V=V_0$ 只在 $x=0$ 和 L 之间（II 区），超出 $x=L$ 之外（III 区）再次为零。如果现在一个平面波从左边 $E<V_0$ 的 I 区入射到这个势垒上，那么粒子

会有很小的指数的概率进入 III 区。一旦粒子进入了 III 区，它就会再次成为自由粒子，并由平面波描述。隧穿的一个例子是 α 粒子被势垒约束在原子核中。每隔一段时间，一个 α 粒子就能设法穿透这个势垒跑出来。给定 V_0 和 L，这个过程的速率可以被计算出来。

习题 5.4.2
(a)* 计算对势 $V(x) = V_0 a \delta(x)$ 散射的 R 和 T。
(b) 在 $|x| > a$，$V = 0$ 和 $|x| < a$，$V = V_0$ 的情况下，上一问的结果如何？假定能量为正，但小于 V_0。

习题 5.4.3 考虑一个一维粒子受到一个恒力 f。在动量空间求解传播子，并得到

$$U(p,t;p',0) = \delta(p - p' - ft)\,\mathrm{e}^{\mathrm{i}(p'^3 - p^3)/6m\hbar f} \tag{5.4.30}$$

变换回坐标空间，并求得

$$U(x,t;x',0) = \left(\frac{m}{2\pi\hbar \mathrm{i}t}\right)^{1/2} \exp\left\{\frac{\mathrm{i}}{\hbar}\left[\frac{m(x-x')^2}{2t} + \frac{1}{2}ft(x+x') - \frac{f^2t^3}{24m}\right]\right\} \tag{5.4.31}$$

［提示：把 $\psi_E(p)$ 归一化，使 $\langle E|E'\rangle = \delta(E-E')$。注意 E 不限于正的。］

5.5 双缝实验

学了这么多量子力学，现在有必要回过头来理解一下双缝实验（图 3.1）。让我们用 I 和 II 标记屏幕左边和右边的区域。入射粒子实际上必须用波包表示，我们用波数为 $k = p/\hbar$ 的平面波来近似它，并把不可穿透的屏幕看作是一个 $V = \infty$ 的区域，也就是 ψ 为零的区域。标准的波理论（我们可以借鉴经典电磁学）告诉我们在 II 区发生了什么：这两个狭缝起着源的作用，它们沿径向向外发射相同波长的波。这两个波在 AB 线上干涉，产生干涉条纹。我们现在回到量子力学，并将强度 $|\psi|^2$ 解释为找到粒子的概率密度。

5.6 一些定理

定理 15 一维束缚态中不存在简并。

证明 设 ψ_1 和 ψ_2 是具有相同本征值 E 的两个解：

$$\frac{-\hbar^2}{2m}\frac{\mathrm{d}^2\psi_1}{\mathrm{d}x^2}+V\psi_1=E\psi_1 \tag{5.6.1}$$

$$\frac{-\hbar^2}{2m}\frac{\mathrm{d}^2\psi_2}{\mathrm{d}x^2}+V\psi_2=E\psi_2 \tag{5.6.2}$$

把第一式乘 ψ_2，第二式乘 ψ_1，然后相减，得到

$$\psi_1\frac{\mathrm{d}^2\psi_2}{\mathrm{d}x^2}-\psi_2\frac{\mathrm{d}^2\psi_1}{\mathrm{d}x^2}=0$$

或

$$\frac{\mathrm{d}}{\mathrm{d}x}\left(\psi_1\frac{\mathrm{d}\psi_2}{\mathrm{d}x}-\psi_2\frac{\mathrm{d}\psi_1}{\mathrm{d}x}\right)=0$$

所以

$$\psi_1\frac{\mathrm{d}\psi_2}{\mathrm{d}x}-\psi_2\frac{\mathrm{d}\psi_1}{\mathrm{d}x}=\mathrm{c} \tag{5.6.3}$$

为了求得常数 c，让 $|x|\to\infty$，在那里 ψ_1 和 ψ_2 为零，因为根据假设，它们描述束缚态[①]。这导致 $\mathrm{c}=0$，因此

$$\frac{1}{\psi_1}\,\mathrm{d}\psi_1=\frac{1}{\psi_2}\,\mathrm{d}\psi_2$$

$$\log\psi_1=\log\psi_2+d \quad （d\text{ 是一个常数}）$$

$$\psi_1=\mathrm{e}^d\psi_2 \tag{5.6.4}$$

于是这两个本征函数的差别仅在于一个标度因子，因而表示相同的态。

自由粒子的情况如何呢？其中，每个能量都有两个简并的解，分别具有 $p=\pm(2mE/\hbar^2)^{1/2}$。这个定理在这里不适用，因为 $\psi_p(x)$ 在空间的无穷远处不为零。［计算 (5.6.3) 式中的 c。］

定理 16 在坐标基下，H 的本征函数总可以被选为纯实数。

证明 如果

$$\left[\frac{-\hbar^2}{2m}\frac{\mathrm{d}^2}{\mathrm{d}x^2}+V(x)\right]\psi_n=E_n\psi_n$$

然后取共轭

$$\left[\frac{-\hbar^2}{2m}\frac{\mathrm{d}^2}{\mathrm{d}x^2}+V(x)\right]\psi_n^*=E_n\psi_n^*$$

① 即使 ψ 在 $+\infty$ 或 $-\infty$ 处为零，这个定理也成立。在束缚态下，它在两端都为零。但是人们可能会想到这样的情况，其中势在一端而不在另一端限制波函数。

于是 ψ_n 和 ψ_n^* 是有着同样本征值的本征函数。由此得到 ψ_n 的实部和虚部，

$$\psi_{\mathrm{r}} = \frac{\psi_n + \psi_n^*}{2}$$

和

$$\psi_{\mathrm{i}} = \frac{\psi_n - \psi_n^*}{2\mathrm{i}}$$

也都是能量为 E 的本征函数。

在高维，对于上述形式的哈密顿量，这一定理也适用，它们不仅是厄米的还是实的。不过，请注意，虽然厄米性在基的幺正变换下保持不变，但实数性则不然。

如果问题涉及磁场，哈密顿量在坐标基下将不再是实的，这一点从 (4.3.7) 式可以清楚地看出。在这种情况下，一般不能选择实的本征函数。这个问题将在第 11 章末尾进一步探讨。

返回到一维的情况，由于束缚态的非简并性，所以我们一定有

$$\psi_{\mathrm{i}} = \mathrm{c}\,\psi_{\mathrm{r}}\,, \qquad \mathrm{c}\text{ 是常数}$$

因此

$$\psi = \psi_{\mathrm{r}} + \mathrm{i}\,\psi_{\mathrm{i}} = (1 + \mathrm{i}\,\mathrm{c})\psi_{\mathrm{r}} = \tilde{\mathrm{c}}\,\psi_{\mathrm{r}}$$

由于整体的标度 c 是无关紧要的，我们可以忽略它，即不失普遍性，我们可以使用实的本征函数。

这就结束了我们对一维问题的研究，但谐振子除外，它是第 7 章的主题。

第 6 章　经典极限

从直觉上我们很清楚，当把量子力学应用到宏观系统时，它就一定会重现经典力学的结果，这和把相对论应用到低速（$v/c \ll 1$）运动的物体时就一定重现牛顿力学类似。本章我们来研究一下怎么在适当区域从量子力学得到经典力学。我们说重新得到经典力学，只是指数值方面。从本质上看，我们知道经典力学的确定世界并不存在。一旦我们在量子力学这个大苹果上咬上一口，那我们的天真想法就永远失去了。

现在让我们着手探讨一下期望值的时间演化。我们发现[①]

$$\begin{aligned}\frac{\mathrm{d}}{\mathrm{d}t}\langle\Omega\rangle &= \frac{\mathrm{d}}{\mathrm{d}t}\langle\psi|\Omega|\psi\rangle \\ &= \langle\dot{\psi}|\Omega|\psi\rangle + \langle\psi|\Omega|\dot{\psi}\rangle + \langle\psi|\dot{\Omega}|\psi\rangle \end{aligned} \tag{6.1}$$

下面我们将假设 Ω 不具有明确的时间依赖性。于是我们将忽略第三项 $\langle\psi|\dot{\Omega}|\psi\rangle$。由薛定谔方程，我们得到

$$|\dot{\psi}\rangle = \frac{-\mathrm{i}}{\hbar}H|\psi\rangle$$

以及从它的共轭

$$\langle\dot{\psi}| = \frac{\mathrm{i}}{\hbar}\langle\psi|H$$

将它们代入 (6.1) 式，我们就得到如下关系：

$$\begin{aligned}\frac{\mathrm{d}}{\mathrm{d}t}\langle\Omega\rangle &= \left(\frac{-\mathrm{i}}{\hbar}\right)\langle\psi|\,[\Omega,\,H]\,|\psi\rangle \\ &= \left(\frac{-\mathrm{i}}{\hbar}\right)\langle[\Omega,\,H]\rangle \end{aligned} \tag{6.2}$$

它被称为埃伦菲斯特定理。

注意到此方程与经典力学中的相应方程在结构上的相似性：

$$\frac{\mathrm{d}\omega}{\mathrm{d}t} = \{\omega,\,\mathcal{H}\} \tag{6.3}$$

---

① 如果你对左矢和右矢求微分感到不太舒服，在这个基下工作会使你确信这一步是正确的。

我们继续考察这两种力学是怎么精确地关联的。为简单起见，让我们讨论一维时空中的一个粒子。如果我们考虑 $\Omega = X$，将会得到

$$\langle \dot{X} \rangle = \left(\frac{-\mathrm{i}}{\hbar}\right)\langle [X,\, H] \rangle \tag{6.4}$$

如果我们假定：

$$H = \frac{P^2}{2m} + V(X)$$

那么

$$\langle \dot{X} \rangle = \left(\frac{-\mathrm{i}}{\hbar}\right)\left\langle \left[X,\, \frac{P^2}{2m}\right] \right\rangle$$

现在

$$\begin{aligned} \left[X,\, P^2\right] &= P\,[X,\, P] + [X,\, P]\;P \qquad [\text{从 (1.5.10) 式}] \\ &= 2\mathrm{i}\hbar P \end{aligned}$$

结果

$$\langle \dot{X} \rangle = \frac{\langle P \rangle}{m} \tag{6.5}$$

经典力学中 $\dot{x} = p/m$ 的关系现在成为平均值之间的关系了。通过以下写法

$$\frac{P}{m} = \frac{\partial H}{\partial P}$$

我们可以将 (6.5) 式转换成更明确的形式。其中 $\partial H/\partial P$ 是 H 对 P 的形式导数，这时我们假定 H，P 和 X 都是 c 数。求取这样的微分的规则与微积分中一样，只要这个被微分的函数可以展开成幂级数。我们的情况正是这样。代替 (6.5) 式，我们现在得到

$$\langle \dot{X} \rangle = \left\langle \frac{\partial H}{\partial P} \right\rangle \tag{6.6}$$

我们接下来考虑

$$\begin{aligned} \langle \dot{P} \rangle &= \frac{1}{\mathrm{i}\hbar}\langle [P,\, H] \rangle \\ &= \frac{1}{\mathrm{i}\hbar}\langle [P,\, V(X)] \rangle \end{aligned}$$

要得到 $[P,\, V(X)]$，让我们转到坐标 X 的基下，在那里

$$P \to -\mathrm{i}\hbar\frac{\mathrm{d}}{\mathrm{d}x} \quad \text{和} \quad V(X) \to V(x)$$

对于任一波函数 $\psi(x)$，

$$\left[-\mathrm{i}\hbar\frac{\mathrm{d}}{\mathrm{d}x},\, V(x)\right]\psi(x) = -\mathrm{i}\hbar\,\frac{\mathrm{d}V}{\mathrm{d}x}\,\psi(x)$$

我们在摘要中就写下的结论是

$$[P, V(X)] = -\,\mathrm{i}\hbar\,\frac{\mathrm{d}V}{\mathrm{d}X} \tag{6.7}$$

其中 $\mathrm{d}V/\mathrm{d}X$ 又是形式微分。由于 $\mathrm{d}V/\mathrm{d}X = \partial H/\partial X$，我们得到

$$\langle \dot{P} \rangle = \left\langle -\frac{\partial H}{\partial X} \right\rangle \tag{6.8}$$

(6.6) 式和 (6.8) 式之间的相似性，以及哈密顿方程是很震撼的。我们期望看到，当把量子方程应用到宏观粒子（例如，其质量为 1 g）时，量子方程会如何约化为哈密顿方程。

首先，我们必须考虑一个类似经典力学态的初始态，也就是能完全定义位置和动量的态。虽然 X 和 P 的共同本征态是不存在的，但确实存在我们可以认为是 X 和 P 两者的近似本征态。在标记为 $|x_0p_0\Delta\rangle$，$\langle X\rangle = x_0$ 和 $\langle P\rangle = p_0$ 这样的态中，不确定性为 $\Delta X = \Delta$ 和 $\Delta P \approx \hbar/\Delta$，在经典尺度下，两者都很小。这样的态的一个具体例子是

$$|x_0p_0\Delta\rangle \to \Psi_{x_0,p_0,\Delta} = \left(\frac{1}{\pi\Delta^2}\right)^{1/4} \mathrm{e}^{\mathrm{i}p_0x/\hbar}\mathrm{e}^{-(x-x_0)^2/2\Delta^2} \tag{6.9}$$

例如，我们选 $\Delta \simeq 10^{-13}\,\mathrm{cm}$，它是一个质子的大小，而 $\Delta P \simeq 10^{-14}\,\mathrm{g\cdot cm/s}$。对于一个质量为 1 g 的粒子，这个数值意味着 $\Delta V \simeq 10^{-14}\,\mathrm{cm/s}$，这个不确定度远远低于实验可观测区域。按经典尺度，这个态可以说是具有非常确定的 X 和 P 的数值，也就是 x_0 和 p_0，因为围绕这个数值的不确定度（涨落）是完全可以忽略不计的。如果我们让这个态随时间演化，平均值 $x_0(t)$ 和 $p_0(t)$ 会遵循哈密顿方程，这时偏差仍然是可忽略的。我们将这个结果表达如下。

考虑支配 $\langle X\rangle = x_0$ 和 $\langle P\rangle = p_0$ 的时间演化的 (6.6) 和 (6.8) 式。只要我们能用平均值的函数来代替等式右边的函数平均值，它们就会约化为哈密顿方程：

$$\dot{x}_0 = \langle \dot{X} \rangle = \left\langle \frac{\partial H(X,P)}{\partial P} \right\rangle \simeq \left.\frac{\partial H}{\partial P}\right|_{(X=x_0,P=p_0)} = \frac{\partial \mathcal{H}(x_0,p_0)}{\partial p_0} \tag{6.10}$$

以及

$$\dot{p}_0 = \langle \dot{P} \rangle = -\left\langle \frac{\partial H}{\partial X} \right\rangle \simeq -\left.\frac{\partial H}{\partial X}\right|_{(X=x_0,P=p_0)} = -\frac{\partial \mathcal{H}(x_0,p_0)}{\partial x_0} \tag{6.11}$$

如果我们考虑 X 和 P 的某个函数，我们能找到同样的近似

$$\langle \Omega(X,P)\rangle \simeq \Omega(x_0,p_0) = \omega(x_0,p_0) \tag{6.12}$$

这样，我们重新得到了经典物理，这作为一个很好的近似，无论何时用平均值的函数来替代函数 $\partial H/\partial P$，$\partial H/\partial X$ 和 $\Omega(X,P)$ 的平均值都是一个好的近似。这也

要求围绕平均值的涨落是很小的。(假如不存在涨落的话，这个结果就是精确的。) 取 (6.10) 和 (6.11) 式，作为一个具体的例子。在第一个式子中由于 $\langle \partial H/\partial P\rangle$ 就是 $\langle P/m\rangle = p_0/m$，所以不存在任何近似。在第二个式子中，我们需要用 $V'(X = x_0)$ 近似 $\langle \partial H/\partial X\rangle = \langle \mathrm{d}V/\mathrm{d}X\rangle = \langle V'(X)\rangle$。我们来看看什么时候它是一个好的近似，让我们将 V' 在 x_0 附近做泰勒展开。在坐标基下做这件事是比较方便的，这时 $V(X) = V(x)$。级数为

$$V'(x) = V'(x_0) + (x - x_0)V''(x_0) + \frac{1}{2}(x - x_0)^2 V'''(x_0) + \cdots$$

现在我们在等式两边取平均。右边的第一项在我们的近似中被单独保留了，它对应在 x_0 点的经典力，因而重现了牛顿第二定律。展开的第二项在任何情况下都为零，这是由于 $x - x_0$ 的平均值为零。随后的项是对经典近似的修正，它们对应这个事实，也就是所描写的粒子不像经典粒子那样只对应在 x_0 点的力 $F = -V'$，量子粒子对应的力还包括在这点邻域的力。(注意，如果势对变量 x 主要是二次的，这些项会是零。) 这些项中每一个都是两个因子的乘积，一个是测量波包的大小或非局域性，另一个是力随着 x 的变化 (例如，看看第三项)。在直觉的层次上，我们可以说如果力的变化在整个波包的“大小”范围内都非常小，这些项就是可忽略的。(不存在一个关于“大小”的统一定义。不确定性是一个测度。我们上面看到的不确定性的平方必须远远小于力的二阶导数的倒数。) 现在的情况是波包大小在 10^{-13} cm 的量级，很显然，对于任一只在宏观尺度有明显变化的势，经典近似是很好的。

有一个明显的问题：虽然我们可以从一个 $\Delta \simeq 10^{-13}$ cm 的态出发来研究这个系统，在那里一定只有很小的不确定性，我们知道随着时间推移，这个波包将会扩散。这个粒子位置的不确定性将不可避免地变成宏观的。确实！但是，回忆一下我们在 5.1 节中的讨论。我们看到波包的扩散能够归结为这样的事实，无论初始速度的不确定性多么小，最终都会表现为位置的巨大不确定性。但是对于现在的情况 ($\Delta V \simeq 10^{-14}$ cm/s)，要经过 30 万年才能让这个波包达到 1 mm 的宽度。(这里我们采用了该粒子是宏观的事实，但是，对此，一个很小的 ΔP 并不意味着一个小的 ΔV。) 因此，这个问题仅具有学术上的兴趣了，除此之外，它也存在于经典力学中，这是由于对速度的完美测量仅仅是一种理想化情况。

还有另一个问题遗留下来。我们看到，对于一个在初态 $|x_0 p_0 \Delta\rangle$ 制备的宏观粒子，x_0 和 p_0 随时间的演化遵循哈密顿方程。问题：虽然粒子在这种方便制备的状态下确实遵从经典力学，但这是我们能遇到的唯一符合经典力学的状态吗？假如这个宏观粒子的初始位置确定到 10^{-27} cm 的精度，又怎么样呢？它的速度会有经典可探测的不确定性吗？是的，但这样的态在现实中并不存在。经典物理学家只谈论关于位置的精确测量，而从不在实际中这样做。这从下列事实明显可见，即他们用有限频率的光来确定一个粒子的位置，而只有无穷高频率的光才会给出完美的结

果。例如，可见光谱中的光具有波长 $\lambda \simeq 10^{-5}$ cm，那么测量的最小值 ΔX 就是 $\simeq 10^{-5}$ cm。如果我们真的相信经典的理念，用减小了波长的光子，那么我们就会立刻发现这个宏观粒子的动量会被测量其位置的行动所影响。例如，当我们的波长达到 10^{-27} cm 时，每个光子会携带大约 1 g cm/s 的动量，我们就会看到宏观物体在这个冲击下被反弹回去。

小结一下，一个标准的宏观粒子，在经典描述中具有确定的 x 和 p 的值，实际上，它是 $|x_0p_0\Delta\rangle$ 的一个近似本征态，如果用可见光来测量粒子的位置，Δ 至少是 10^{-5} cm。描述这些近似本征值 x_0 和 p_0 时间演化的量子方程会约化为哈密顿方程，只相差完全可忽略的不确定性。这个结论也同样适用于依赖 x 和 p 的任意变量。

我们再重复一个早先的观测来强调它的重要性，作为本章的结论。埃伦菲斯特定理没有告诉我们，一般来说，量子算符的期望值是像它们经典的对应那样演化的。特别是，$\langle X\rangle = x_0$ 和 $\langle P\rangle = p_0$ 在任何问题中都不遵从哈密顿方程。要让它们服从哈密顿方程，我们必须将 X 和 P 的函数 $\partial H/\partial P$ 和 $\partial H/\partial X$ 的平均值用相应的平均值 $\langle X\rangle = x_0$ 和 $\langle P\rangle = p_0$ 的函数来代换。对于那种至多是 X 和 P 的二次项的哈密顿量，这个代换可以对所有的波函数无误差地做到。在一般的情况下，这种代换可能是很差的近似，除非围绕平均值 x_0 和 p_0 的涨落很小。即使是在 x_0 和 p_0 遵从经典方程的这种情况下，一些依赖变量 X 和 P 的变量 $\Omega(X,P)$ 的期待值也不是这样，除非我们能用 $\Omega(\langle X\rangle,\langle P\rangle) = \omega(x_0,p_0)$ 去代换 $\Omega(X,P)$。

例 6.1 考虑 $\langle\Omega(X)\rangle$，其中 $\Omega = X^2$，在由 $\psi(x) = A\exp[-(x-a)^2/2\Delta^2]$ 给定的态中是否有 $\langle\Omega(X)\rangle = \Omega(\langle X\rangle)$？答案是否定的。这两者之间的差是 $\langle X^2\rangle - \langle X\rangle^2 = (\Delta X)^2 \neq 0$。

第 7 章　简谐振子

7.1　为什么研究简谐振子?

在本节中，我会将谐振子问题放到它应有的位置——基石上。不仅因为它是一个（在经典和量子理论中）可以被精确求解的系统，而且是一个极好的教学工具（在本教材中我们会充分运用它），它也是极重要的物理学相关系统。正如下面将展示的，任何在稳定平衡位形附近做微小振荡的系统都能用单个谐振子或一组退耦谐振子来描述。由于无相互作用谐振子组合的动力学并不比一个单独谐振子复杂（除了自由度明显地增加为 N 维之外），在处理这类谐振子问题时，我们实际上面对的是一个任意系统在平衡态附近微小振荡的一般问题。

单个谐振子的具体例子是一个耦合到劲度系数为 k 的弹簧上的质量为 m 的物体。对于小的形变 x，弹簧会按照胡克定律施加一个弹力 $F=-kx$（k 就是这个劲度系数），并产生一个势 $V=\frac{1}{2}kx^2$。这个系统的哈密顿量为

$$\mathcal{H}=T+V=\frac{p^2}{2m}+\frac{1}{2}m\omega^2x^2 \tag{7.1.1}$$

其中 $\omega=(k/m)^{1/2}$ 是经典的振荡频率。任何具有上述形式，即具有位置和动量二次方形式的哈密顿量，都将被称作*谐振子哈密顿量*。现在，质量–弹簧系统正是由谐振子哈密顿量描述的家族中的一员。考虑一个在势 $V(x)$ 中运动的粒子。如果这个粒子被放在若干最小值中的一个——x_0 点，它就会待在那个稳定的静态平衡态。（最大值是一个不稳定的静态平衡点，但在这里我们对它不感兴趣。）现在我们考虑当这个粒子在 $x=x_0$ 附近小幅度振荡时所涉及的动力学。它所经受的势可以被展开为一个泰勒级数：

$$V(x)=V(x_0)+\left.\frac{\mathrm{d}V}{\mathrm{d}x}\right|_{x_0}(x-x_0)+\frac{1}{2!}\left.\frac{\mathrm{d}^2V}{\mathrm{d}x^2}\right|_{x_0}(x-x_0)^2+\cdots \tag{7.1.2}$$

现在，常数部分 $V(x_0)$ 没有物理结果，因此可将其丢弃。[换句话说，我们可以选择 $V(x_0)$ 作为测量势的任意参考点。] 级数的第二项也是零，因为 x_0 是 $V(x)$

的一个最小值，或等价地，由于在静态平衡点，力 $-\mathrm{d}V/\mathrm{d}x$ 为零。如果我们现在把坐标原点移到 x_0，则 (7.1.2) 式成为

$$V(x)=\frac{1}{2!}\left.\frac{\mathrm{d}^2V}{\mathrm{d}x^2}\right|_0 x^2+\frac{1}{3!}\left.\frac{\mathrm{d}^3V}{\mathrm{d}x^3}\right|_0 x^3+\cdots \tag{7.1.3}$$

对于小振动，我们可以忽略除领头项之外所有的项，得到 (7.1.1) 式给出的势（或哈密顿量），$\mathrm{d}^2V/\mathrm{d}x^2$ 可以被确认为 $k=m\omega^2$。（根据定义，如果忽略泰勒展开中与领头项相比为小量的那些项，那么 x 一定比较小，因此领头项被单独保留下来。在质量–弹簧系统的情况下，只要胡克定律是一个好的近似，x 就一定小）。

以一个用独立谐振子的集合描述的系统作为例子，让我们考虑例 1.8.6 中的耦合质量系统。（回顾一下这个问题可能会帮助你恢复记忆。）这个系统的哈密顿量为

$$\begin{aligned}\mathcal{H}&=\frac{p_1^2}{2m}+\frac{p_2^2}{2m}+\frac{1}{2}m\omega^2\left[x_1^2+x_2^2+(x_1-x_2)^2\right]\\&=\mathcal{H}_1+\mathcal{H}_2+\frac{1}{2}m\omega^2(x_1-x_2)^2\end{aligned} \tag{7.1.4}$$

现在这个 $\mathcal{H}$ 不是前面预设的形式，因为对应于 $\mathcal{H}_1$ 和 $\mathcal{H}_2$（与坐标 x_1 和 x_2 相关联）的这两个谐振子通过 $(x_1-x_2)^2$ 项耦合在一起。但是我们已经知道该系统的另一种描述方式，在那种方式中，这个系统可以被看成两个退耦的谐振子。当然这个技巧是引入正则坐标。我们在

$$x_{\mathrm{I}}=\frac{x_1+x_2}{\sqrt{2}} \tag{7.1.5a}$$

和

$$x_{\mathrm{II}}=\frac{x_1-x_2}{\sqrt{2}} \tag{7.1.5b}$$

中交换 x_1 和 x_2。将这两个方程对时间求微分，我们得到类似速度的表达式，因而也得到动量的表达式。利用正则坐标（和相应的动量）

$$\mathcal{H}=\mathcal{H}_{\mathrm{I}}+\mathcal{H}_{\mathrm{II}}=\frac{p_{\mathrm{I}}^2}{2m}+\frac{1}{2}m\omega^2x_{\mathrm{I}}^2+\frac{p_{\mathrm{II}}^2}{2m}+\frac{3}{2}m\omega^2x_{\mathrm{II}}^2 \tag{7.1.6}$$

于是两个耦合质量的问题约化为两个无耦合谐振子的问题，这两个无耦合谐振子的频率分别为 $\omega_{\mathrm{I}}=\omega=(k/m)^{1/2}$ 和 $\omega_{\mathrm{II}}=\sqrt{3}\,\omega=(3k/m)^{1/2}$。

让我们将 (7.1.4) 式改写为

$$\mathcal{H}=\frac{1}{2m}\sum_{i=1}^{2}\sum_{j=1}^{2}p_i\delta_{ij}p_j+\frac{1}{2}\sum_{i=1}^{2}\sum_{j=1}^{2}x_iV_{ij}x_j \tag{7.1.7}$$

其中 V_{ij} 是实的对称（厄米）矩阵 V 的矩阵元，它们的值如下：

$$V_{11}=V_{22}=2m\omega^2,\qquad V_{12}=V_{21}=-m\omega^2 \tag{7.1.8}$$

在切换到正则坐标 x_{I} 和 x_{II}（也是 p_{I} 和 p_{II}）时，我们准备选取一个基使 V 对角化，并将该势能约化成退耦项之和，其中每一个都是简正模式。动能在两种基下都保持退耦形式。

现在，正如质量–弹簧系统只是由振子哈密顿量描述的一类系统中的一个代表，耦合质量系统也是这类系统的一个特例，它可以用一组耦合谐振子来描述。考虑一个具有 N 个笛卡儿自由度 $x_1,\cdots,x_N$ 的系统，它具有势能函数 $V(x_1,\cdots,x_N)$。与 (7.1.3) 式类似，在平衡点（选为坐标原点）附近把 V 展开，得到

$$V(x_1,\cdots,x_N)=\frac{1}{2}\sum_{i=1}^{N}\sum_{j=1}^{N}\left.\frac{\partial^2 V}{\partial x_i\,\partial x_j}\right|_0 x_i x_j+\cdots \tag{7.1.9}$$

对于小振动，哈密顿量是

$$\mathcal{H}=\sum_{i=1}^{N}\sum_{j=1}^{N}\frac{p_i\delta_{ij}p_j}{2m}+\frac{1}{2}\sum_{i=1}^{N}\sum_{j=1}^{N}x_iV_{ij}x_j \tag{7.1.10}$$

其中

$$V_{ij}=\left.\frac{\partial^2 V}{\partial x_i\,\partial x_j}\right|_0=\left.\frac{\partial^2 V}{\partial x_j\,\partial x_i}\right|_0=V_{ji} \tag{7.1.11}$$

是厄米矩阵 V 的矩阵元。（为简单起见，我们假设与所有 N 个自由度相关联的质量都相等。）从第 1 章的数学理论出发，我们知道存在一个新的基（也就是一组新的坐标 $x_{\mathrm{I}},x_{\mathrm{II}},\cdots$）将使 V 对角化，并将 $\mathcal{H}$ 约化成 N 个退耦谐振子哈密顿量之和，每个都是一个简正模式。这样，在任一系统平衡点附近小涨落的一般问题约化成了对单个谐振子的研究。

本节将以对用一组独立谐振子描述的两个重要系统的简略讨论作为终结。第一个是（三维）晶体，原子在格点的平均位置附近振荡。第二个是自由空间中的电磁场。有 N_0 个原子的晶体（这些原子可以被看做点粒子）具有 $3N_0$ 个自由度，它们对应与晶格平衡点的位移。对于小振动来说，哈密顿量必是坐标的二次幂（当然动量也是）。因而一定存在 $3N_0$ 个正则坐标和与之共轭的动量，用它们来描述系统时，$\mathcal{H}$ 将是谐振子哈密顿量无耦合的集合。相应的简正模式是什么？回忆一下两个耦合质量的情况，简正模式对应整个系统的集体运动，两个质量在一种情况下处于同步状态，在另一种情况下则精确异步。同样地，在当前的情况下，运动是简正模式中的集合，对应于一个穿过晶格传播的平面波。对于一个给定的波矢 $\boldsymbol{k}$，原子会平行于 $\boldsymbol{k}$ 振动（纵向极化），或者沿两个独立且垂直于 $\boldsymbol{k}$ 的方向中的任何一个方向振动（横向极化）。大多数关于固体物理的书都会告诉你，为什么 $\boldsymbol{k}$ 只有 N_0 个可能值。（当然一定是这样，对每个 $\boldsymbol{k}$ 来说，有三种极化方式，我们精确地有 $3N_0$ 个正则模式。）这些模式用 $(\boldsymbol{k},\lambda)$ 来标记，其中 λ 是极化指标（$\lambda=1,2,3$），它们构成

展开系统中任意态的完备基。展开系数 $a(\boldsymbol{k},\lambda)$ 是正则坐标。正则频率则用 $\omega(\boldsymbol{k},\lambda)$ 标记[①]。

在电磁场的情况下，空间中每个点上的坐标是矢量势 $\boldsymbol{A}(\boldsymbol{r},t)$。[$\dot{\boldsymbol{A}}(\boldsymbol{r},t)$ 是对应于坐标 $\boldsymbol{A}(\boldsymbol{r},t)$ 的“速度”。] 简正模式仍然是平面波，但有两点不同：首先对 $\boldsymbol{k}$ 没有限制，其次极化必须是横向的。场的量子理论将会在第 18 章中详细讨论。

7.2 经典振子回顾

从 (7.1.1) 式，我们知道谐振子的运动方程为

$$\dot{x}=\frac{\partial\mathcal{H}}{\partial p}=\frac{p}{m} \tag{7.2.1}$$

$$\dot{p}=-\frac{\partial\mathcal{H}}{\partial x}=-m\omega^2 x \tag{7.2.2}$$

消掉 $\dot{p}$，我们得到熟悉的方程

$$\ddot{x}+\omega^2 x=0$$

它的解是

$$x(t)=A\cos\omega t+B\sin\omega t=x_0\cos(\omega t+\phi) \tag{7.2.3}$$

其中，x_0 是振幅，ϕ 是谐振子的相位。与谐振子相关联的守恒的能量是

$$E=T+V=\frac{1}{2}m\dot{x}^2+\frac{1}{2}m\omega^2x^2=\frac{1}{2}m\omega^2x_0^2 \tag{7.2.4}$$

由于 x_0 是连续变量，所以经典谐振子的能量也是连续的。E 的最低值是零，这对应于粒子待在原点不动。

通过用 E 和 x 从 (7.2.4) 式来解 $\dot{x}$，我们得到

$$\dot{x}=(2E/m-\omega^2x^2)^{1/2}=\omega(x_0^2-x^2)^{1/2} \tag{7.2.5}$$

此式说明粒子从位于转折点（$x=\pm x_0$）的静止状态出发，获得一个速度，直到它回到原点，然后慢下来，经过到达另一个转折点的时间后回到静止。

这些经典的结果提醒我们，你能很容易地与其量子对应相比较，并找出明显的不同之处。

---

① 若与这个双质量系统问题并列研究的话，$(\boldsymbol{k},\lambda)$ 类似于 I 或 II，$a(\boldsymbol{k},\lambda)$ 类似于 $x_{\rm I}$ 和 $x_{\rm II}$，而 $\omega(\boldsymbol{k},\lambda)$ 类似于 $(k/m)^{1/2}$ 或 $(3k/m)^{1/2}$。

7.3　简谐振子的量子化（坐标基）

我们现在考虑量子谐振子，也就是说，一个粒子的态矢量 $|\psi\rangle$ 遵从薛定谔方程

$$\mathrm{i}\hbar\frac{\mathrm{d}}{\mathrm{d}t}|\psi\rangle = H|\psi\rangle$$

其中

$$H = \mathcal{H}(x \to X, p \to P) = \frac{P^2}{2m} + \frac{1}{2}\,m\omega^2 X^2$$

按照前面屡次见到的，完整的动力学是包含在传播子 $U(t)$ 中的，它反过来可以用 H 的本征矢和本征值来表示。在本节和下一节中，我们将分别在 X 和 H 的基下解这个本征值问题。从 H 基到 X 基的变换过程将在第 7.5 节中讨论。P 基下的解在这种情况下简单地与 X 基下的解相关联，我们将在一个习题中讨论。

为了看到接下来会发生什么，让我们首先确定 H 的本征值不能是负的。对于任意的 $|\psi\rangle$，

$$\begin{aligned}
\langle H\rangle &= \frac{1}{2m}\langle\psi|P^2|\psi\rangle + \frac{1}{2}\,m\omega^2\langle\psi|X^2|\psi\rangle \\
&= \frac{1}{2m}\,\langle\psi|P^\dagger P|\psi\rangle + \frac{1}{\gamma}m\omega^2\langle\psi|X^\dagger X|\psi\rangle \\
&= \frac{1}{2m}\langle P\psi|P\psi\rangle + \frac{1}{2}m\omega^2\langle X\psi|X\psi\rangle \geqslant 0
\end{aligned}$$

这是由于态 $|P\psi\rangle$ 和 $|X\psi\rangle$ 的模不可能是负的。如果我们现在设 $|\psi\rangle$ 为 H 的任一本征态，我们就得到了所期望的结果。

有了上述结果，我们现在就准备好解决 X 基下的问题了。

我们从把本征值方程投影到 X 基开始，

$$\left(\frac{P^2}{2m} + \frac{1}{2}\,m\omega^2 X^2\right)|E\rangle = E|E\rangle \tag{7.3.1}$$

应用通常的代换

$$\begin{aligned}
X &\to x \\
P &\to -\mathrm{i}\hbar\,\frac{\mathrm{d}}{\mathrm{d}x} \\
|E\rangle &\to \psi_E(x)
\end{aligned}$$

得到

$$\left(-\frac{\hbar^2}{2m}\,\frac{\mathrm{d}^2}{\mathrm{d}x^2} + \frac{1}{2}\,m\omega^2 x^2\right)\psi = E\psi \tag{7.3.2}$$

（这里 ψ 的宗量以及下标 E 都隐去了。）

我们将此方程重新写为另一个形式

$$\frac{\mathrm{d}^2\psi}{\mathrm{d}x^2}+\frac{2m}{\hbar^2}\left(E-\frac{1}{2}m\omega^2x^2\right)\psi=0 \tag{7.3.3}$$

我们希望找到此方程所有的解，它们在物理的希尔伯特空间中（这些函数能归一化为 1 或狄拉克 δ 函数）。密切遵循这个方法，它会在将来经常被用到。

第一步是用无量纲的变量重写 (7.3.3) 式。我们寻找一个无量纲的新变量 y，它和 x 的关系为

$$x=by \tag{7.3.4}$$

其中 b 是具有长度单位的标度因子。虽然任一长度 b（例如太阳系半径）会产生一个无量纲变量 y，现在的想法是选择由方程本身产生的自然长度标度。把 (7.3.4) 式代入到 (7.3.3) 式，我们得到

$$\frac{\mathrm{d}^2\psi}{\mathrm{d}y^2}+\frac{2mEb^2}{\hbar^2}\psi-\frac{m^2\omega^2b^4}{\hbar^2}y^2\psi=0 \tag{7.3.5}$$

最后一项暗示我们选择

$$b=\left(\frac{\hbar}{m\omega}\right)^{1/2} \tag{7.3.6}$$

再让我们定义一个对应于 E 的无量纲变量 ε：

$$\varepsilon=\frac{mEb^2}{\hbar^2}=\frac{E}{\hbar\omega} \tag{7.3.7}$$

（其实我们也可以选 $\varepsilon=2mEb^2/\hbar^2$。具有单位量级的常数不是被该方程唯一确定的。在当前情况下，我们对 ε 的选择来源于对结果的预期。）用了这些无量纲的变量，(7.3.5) 式变成

$$\psi''+(2\varepsilon-y^2)\psi=0 \tag{7.3.8}$$

这里的“$'$”代表对 y 的微分。

无量纲变量不仅让方程更紧凑，而且提供了所考虑问题的自然标度。通过以 $(\hbar/m\omega)^{1/2}$ 和 $\hbar\omega$ 为单位测量 x 和 E，它们是输入问题的参数内在产生的标度，由此我们对“小”和“大”意味着什么有了一种感觉：例如，如果 y 大，谐振子的位移就大。如果我们坚持对于从原子物理到宇宙学的所有问题都使用同样的单位，我们不仅要对付极大或极小的数字，而且会对相关尺度下物理量的大小没有感觉了。（10^{-20} 秒差距对宇宙尺度来说很小，但当我们处理原子系统时，它就是一个巨大的量了。）

下一步是考察 (7.3.8) 式，在 y 的有限值范围内，研究这些极限下的解。在 $y\to\infty$ 的极限下，我们可以忽略 $2\varepsilon\psi$ 项，得到

$$\psi''-y^2\psi=0 \tag{7.3.9}$$

在同样的极限下，这个方程的解为

$$\psi = A\,y^m\,\mathrm{e}^{\pm y^2/2}$$

对于

$$\psi'' = A\,y^{m+2}\cdot\mathrm{e}^{\pm y^2/2}\left[1 \pm \frac{2m+1}{y^2} + \frac{m(m-1)}{y^4}\right]$$
$$\xrightarrow[y\to\infty]{} A\,y^{m+2}\,\mathrm{e}^{\pm y^2/2} = y^2\psi$$

其中随着 $y\to\infty$，我们把除 y 的领头项之外所有其他的幂次项丢弃了。在两个可能的 $y^m\mathrm{e}^{\pm y^2/2}$ 中，我们选择了 $y^m\mathrm{e}^{-y^2/2}$，这是因为另一个可能不是物理的希尔伯特空间中的一部分，因为它在 $y\to\infty$ 极限下指数增长。

下一步，我们考虑 $y\to 0$ 的极限。扔掉 $y^2\psi$ 项，(7.3.8) 式变成

$$\psi'' + 2\varepsilon\psi = 0$$

它有如下的解

$$\psi = A\cos\left(\sqrt{2\varepsilon}y\right) + B\sin\left(\sqrt{2\varepsilon}y\right)$$

由于我们在方程中扔掉了非常小的 y^2 项，自洽性要求我们在展开正弦和余弦时，也扔掉 y^2 以及更高阶的项。我们得到

$$\psi \xrightarrow[y\to 0]{} A + \mathrm{c}y + O(y^2)$$

这里 c 是一个新常数 $[=B(2\varepsilon)^{1/2}]$。

我们于是推论 ψ 会有如下形式：

$$\psi(y) = u(y)\,\mathrm{e}^{-y^2/2} \tag{7.3.10}$$

其中，当 $y\to 0$ 时，u 趋于 $A+\mathrm{c}y$（加上更高阶项）；当 $y\to\infty$ 时，u 趋于 y^m（加上更低阶项）。要完全确定 $u(y)$，我们将上面的拟设代入 (7.3.8) 式，得到

$$u'' - 2yu' + (2\varepsilon - 1)u = 0 \tag{7.3.11}$$

这个方程具有我们期望的特性（在习题 7.3.1 中讨论），它指出一个幂级数解是可能的，即如果我们假设

$$u(y) = \sum_{n=0}^{\infty} C_n\,y^n \tag{7.3.12}$$

则该方程会决定这些系数。[级数从 $n=0$ 开始，不存在负的 n，这是由于我们知道当 $y\to 0$ 时，$u\to A+cy+O(y^2)$。] 将其代入到 (7.3.11) 式中，我们得到等式

$$\sum_{n=0}^{\infty} C_n\left[n(n-1)y^{n-2}-2ny^n+(2\varepsilon-1)y^n\right]=0 \tag{7.3.13}$$

考虑上面级数括号中三项的第一项

$$\sum_{n=0}^{\infty} C_n n(n-1)y^{n-2}$$

由于 $n(n-1)$ 的因子，这个级数也等于

$$\sum_{n=2}^{\infty} C_n n(n-1)y^{n-2}$$

用新变量 $m=n-2$，这个级数变成

$$\sum_{m=0}^{\infty} C_{m+2}(m+2)(m+1)y^m \equiv \sum_{n=0}^{\infty} C_{n+2}(n+2)(n+1)y^n$$

因为 m 是一个哑变量。把这个等价的级数代回 (7.3.13) 式，我们得到

$$\sum_{n=0}^{\infty} y^n\left[C_{n+2}(n+2)(n+1)+C_n(2\varepsilon-1-2n)\right]=0 \tag{7.3.14}$$

由于函数 y^n 是线性无关的（你不能将 y^n 表示成 y 的其他幂次的线性组合），在上面线性关系中的每个系数都必须为零。因此我们得到

$$C_{n+2}=C_n\frac{(2n+1-2\varepsilon)}{(n+2)(n+1)} \tag{7.3.15}$$

那么对于任意给定的 C_0 和 C_1，上面这个递推关系都会生成 $C_2, C_4, C_6, \cdots$ 和 $C_3, C_5, C_7, \cdots$。函数 $u(y)$ 就由

$$\begin{aligned} u(y)=C_0&\left[1+\frac{(1-2\varepsilon)y^2}{(0+2)(0+1)}+\frac{(1-2\varepsilon)}{(0+2)(0+1)}\frac{(4+1-2\varepsilon)}{(2+2)(2+1)}y^4+\cdots\right]+\\ C_1&\left[y+\frac{(2+1-2\varepsilon)y^3}{(1+2)(1+1)}+\frac{(2+1-2\varepsilon)}{(1+2)(1+1)}\frac{(6+1-2\varepsilon)}{(3+2)(3+1)}y^5+\cdots\right] \end{aligned} \tag{7.3.16}$$

给定，其中 C_0 和 C_1 是任意的。

看上去好像量子谐振子的能量是任意的，因为 ε 没有受到任何限制。但我们知道一定有点什么错了，因为我们在一开始就看到谐振子的本征值是非负的。在我们这个解，即 (7.3.16) 式中第一个病态的迹象是当 $y\to\infty$ 时，$u(y)$ 不是表现为 y^m

（如我们在最开始就导出的），因为它包含 y 的任意高次幂。对此只能存在一种解释。我们看到当 $y \to \infty$ 时，只存在两种可能性

$$\psi(y) \xrightarrow[y\to\infty]{} y^m \, \mathrm{e}^{\pm y^2/2}$$

如果我们写下 $\psi(y) = u(y)\,\mathrm{e}^{-y^2/2}$，那么 $u(y)$ 的两种可能是

$$u(y) \xrightarrow[y\to\infty]{} y^m \quad \text{或} \quad y^m \, \mathrm{e}^{y^2}$$

很清楚，(7.3.16) 中的 $u(y)$ 在 $y \to \infty$ 的极限下，并没有被限制在 y 的任一有限幂次，因此它对应后者。我们能如下明确地证明这点。

现在让我们研究一下当 $y \to \infty$ 极限时，$u(y)$ 的幂级数。当 $y \to 0$ 时，这个级数由 C_0（y 的最低幂次的系数）决定，当 $y \to \infty$，它由 $C_{n\to\infty}$ 决定。级数的增长由下面的比例所标记［见 (7.3.15) 式］

$$\frac{C_{n+2}}{C_n} \xrightarrow[n\to\infty]{} \frac{2}{n} \tag{7.3.17}$$

我们将其与 $y^m \, \mathrm{e}^{y^2}$ 的增长形式相比较。由于

$$y^m \, \mathrm{e}^{y^2} = \sum_{k=0}^{\infty} \frac{y^{2k+m}}{k!}$$

C_n 等于 $y^n = 1/k!$ 的系数，其中 $n = 2k + m$ 或 $k = (n - m)/2$。类似地，

$$C_{n+2} = \frac{1}{[(n+2-m)/2]!}$$

于是

$$\frac{C_{n+2}}{C_n} \xrightarrow[n\to\infty]{} \frac{[(n-m)/2]!}{[(n+2-m)/2]!} = \frac{1}{(n-m+2)/2} \sim \frac{2}{n}$$

换言之，(7.3.16) 式中的 $u(y)$ 以 $y^m \, \mathrm{e}^{y^2}$ 的形式增长，以致 $\psi(y) \simeq y^m \, \mathrm{e}^{y^2} \times \mathrm{e}^{-y^2/2} \simeq y^m \, \mathrm{e}^{+y^2/2}$，由于增长过快，这个解被排除了。于是我们的困境反转过来了——从发现所有的 ε 都是可允许的，到我们现在得到的结论，即没有 ε 是被允许的。幸运的是可以有一条出路。如果 ε 是这些特殊值中的一个

$$\varepsilon_n = \frac{2n+1}{2}, \quad n = 0,\, 1,\, 2,\, \cdots \tag{7.3.18}$$

C_{n+2} 系数（以及其他依赖于此的系数）都为零。如果当 n 是偶数时，我们选择 $C_1 = 0$，（或当 n 是奇数时，取 $C_0 = 0$），我们就有了有限的 n 阶多项式，它满足微分方程并且在 $y \to \infty$ 时有 y^m 的行为：

$$\psi(y) = u(y)\,\mathrm{e}^{-y^2/2} = \left\{ \begin{array}{l} C_0 + C_2 y^2 + C_4 y^4 + \cdots + C_n y^n \\ C_1 y + C_3 y^3 + C_5 y^5 + \cdots + C_n y^n \end{array} \right\} \cdot \mathrm{e}^{-y^2/2} \tag{7.3.19}$$

(7.3.18) 式告诉我们能量是量子化的：只有那些表达为 $E=\varepsilon h\omega$ 的解才是被允许的（也就是此数值给出物理希尔伯特空间中的解），它们是

$$E_n=\left(n+\frac{1}{2}\right)\hbar\omega\,,\qquad n=0,1,2,\cdots \tag{7.3.20}$$

对于每一个 n 值，(7.3.15) 式能够确定相应的 n 阶多项式，称之为厄米多项式，$H_n(y)$：

$$\begin{aligned}
&H_0(y)=1\\
&H_1(y)=2y\\
&H_2(y)=-2\left(1-2y^2\right)\\
&H_3(y)=-12\left(y-\frac{2}{3}y^3\right)\\
&H_4(y)=12\left(1-4y^2+\frac{4}{3}y^4\right)
\end{aligned} \tag{7.3.21}$$

H_n 中的任意初始系数 C_0 和 C_1 是按标准约定来选的。归一化后的解是

$$\begin{aligned}
\psi_E(x)&\equiv\psi_{(n+1/2)\hbar\omega}(x)\equiv\psi_n(x)\\
&=\left[\frac{m\omega}{\pi\hbar 2^{2n}(n!)^2}\right]^{1/4}\exp\left(-\frac{m\omega x^2}{2\hbar}\right)H_n\left[\left(\frac{m\omega}{\hbar}\right)^{1/2}x\right]
\end{aligned} \tag{7.3.22}$$

归一化常数

$$A_n=\left[\frac{m\omega}{\pi\hbar 2^{2n}(n!)^2}\right]^{1/4} \tag{7.3.23}$$

的推导是很烦琐的，我们不打算在这里讨论，一个处理它的捷径将在下节中讨论。

下列厄米多项式之间的递推关系是很有用的：

$$H_n'(y)=2nH_{n-1} \tag{7.3.24}$$

$$H_{n+1}'(y)=2yH_n-2nH_{n-1} \tag{7.3.25}$$

同样有用的还有积分

$$\int_{-\infty}^{\infty}H_n(y)H_{n'}(y)\,\mathrm{e}^{-y^2}\mathrm{d}y=\delta_{nn'}\left(\pi^{1/2}2^n n!\right) \tag{7.3.26}$$

这就是本征函数 $\psi_n(x)$ 和 $\psi_{n'}(x)$ 的正交条件，其中使用了变量代换 $y=(m\omega/\hbar)^{1/2}x$。

我们现在可以将传播子表示为

$$\begin{aligned}
U(x,t;x',t')=&\sum_{n=0}^{\infty}A_n\exp\left(-\frac{m\omega}{2\hbar}x^2\right)H_n(x)A_n\exp\left(-\frac{m\omega}{2\hbar}x'^2\right)\times\\
&H_n(x')\exp[-\mathrm{i}(n+1/2)\omega(t-t')]
\end{aligned} \tag{7.3.27}$$

这个求和的计算是非常困难的。我们不想在这里做这个计算，因为我们将在第 8 章研究路径积分形式时，发现一个非常简单的计算 U 的方式。其结果为

$$U(x,t;x',t')=\left(\frac{m\omega}{2\pi\mathrm{i}\hbar\sin\omega T}\right)^{1/2}\exp\left[\frac{\mathrm{i}m\omega}{\hbar}\frac{(x^2+x'^2)\cos\omega T-2xx'}{2\sin\omega T}\right] \tag{7.3.28}$$

其中 $T=t-t'$。

这结束了本征值问题的求解。在分析结果之前，让我们简明扼要地描述所使用的策略。

第一步，引入对这个问题而言自然的无量纲变量。

第二步，提取在 $y\to\infty$ 和 $y\to 0$ 时 ψ 的渐近行为。

第三步，将 ψ 写成渐近形式与未知函数 u 的乘积。得到函数 u 比直接寻找 ψ 要更容易。

第四步，尝试写出一个幂级数，看它是否会给出 (7.3.15) 式形式的递推关系。

习题 7.3.1* 考虑一个问题：为什么我们对 (7.3.11) 式尝试了幂级数解，而没有对 (7.3.8) 式尝试。将级数代入后者，证明从 C_{n+2}，C_n 和 C_{n-2} 间的三项递推关系不能那么容易地得到合适的解。问题是 ψ'' 具有 y 的两次幂，小于 $2\varepsilon\psi$，而 $-y^2$ 项有两个更高的 y 的幂次。另一方面，在 (7.3.11) 式中有三项 u''，$-2yu'$ 和 $(2\varepsilon-1)u$，其中后两项有相同的 y 的幂次。

习题 7.3.2 请证明 $H_3(y)$ 和 $H_4(y)$ 遵从递推关系 (7.3.15) 式。

习题 7.3.3 如果，当 $x\to -x$ 时，$\psi(x)$ 是偶函数，而 $\phi(x)$ 是奇函数，请证明

$$\int_{-\infty}^{\infty}\psi(x)\,\phi(x)\,\mathrm{d}x=0$$

用此式证明 $\psi_2(x)$ 和 $\psi_1(x)$ 是正交的。利用附录 A.2 中的高斯积分的值证明 $\psi_2(x)$ 和 $\psi_0(x)$ 是正交的。

习题 7.3.4 用 (7.3.23)—(7.3.25) 式证明

$$\langle n'|X|n\rangle=\left(\frac{\hbar}{2m\omega}\right)^{1/2}\left[\delta_{n',n+1}(n+1)^{1/2}+\delta_{n',n-1}n^{1/2}\right]$$

$$\langle n'|P|n\rangle=\left(\frac{m\omega\hbar}{2}\right)^{1/2}\mathrm{i}\left[\delta_{n',n+1}(n+1)^{1/2}-\delta_{n',n-1}n^{1/2}\right]$$

习题 7.3.5* 用习题 7.3.3 的结论中关于对称性的讨论证明 $\langle n|X|n\rangle = \langle n|P|n\rangle = 0$，于是，在这个态中，有 $\langle X^2\rangle = (\Delta X)^2$ 和 $\langle P^2\rangle = (\Delta P)^2$。证明 $\langle 1|X^2|1\rangle = 3\hbar/(2m\omega)$ 和 $\langle 1|P^2|1\rangle = \frac{3}{2}m\omega\hbar$。证明 $\psi_0(x)$ 将满足不确定性 $\Delta X\cdot\Delta P \geqslant \hbar/2$ 的下限。

习题 7.3.6 考虑一个粒子处在势

$$\begin{aligned} V(x) &= \frac{1}{2}m\omega^2x^2, \qquad & x>0 \\ &= \infty, \qquad & x\leqslant 0 \end{aligned}$$

中。这时对波函数的约束条件是什么？请求出本征值和本征函数。

我们现在讨论谐振子的本征值和本征函数。以下是它们的主要特征：

(1) 能量是量子化的。与能量连续的经典谐振子相比，量子谐振子具有一组由 (7.3.20) 式给出的分立能级。注意，量子化是我们对薛定谔方程附加了要让 ψ 是物理希尔伯特空间中的元素的要求才产生的。在这种情况下，这意味着强制加入边界条件 $\psi(|x|\to\infty)\to 0$ [而不是 $\psi(|x|\to\infty)\to\infty$，否则可以得到所有的解，而不只取特殊的 E 值]。

为什么经典谐振子似乎可以有连续的能量值呢？答案与经典谐振子的能隙和总能量的相对大小相关。例如，考虑一个质量为 2 g 的物体以频率 1 rad/s 振荡，振幅为 1 cm。它的能量是

$$E = \frac{1}{2}m\omega^2x_0^2 = 1\ \text{erg}^{①}$$

把它与允许能量之间的间隙

$$\Delta E = \hbar\omega \simeq 10^{-27}\ \text{erg} \simeq 10^{-16}\ \text{eV}$$

相比。在宏观层次，实际上不可能将一个具有连续能量的系统与一个能级间距为 10^{-16} eV 的系统区分开。换句话说，与这个谐振子相关的量子数是

$$n = \frac{E}{\hbar\omega} - \frac{1}{2} \simeq 10^{27}$$

相邻的能级之间 n 的差是 1。这里，我们有一个对应原理的特殊情况，它是说当量子数趋于无穷时，我们就会重新得到经典图像。（我们依稀记得，当一个系统很大时，它可以用经典图像来描述。对应原理告诉我们，量子数是对系统大小的一个很好的量度。）

---

① 编者注：1 erg $= 6.2415\times 10^{11}$ eV。

(2) 能级是均匀分布的。谐振子能级以每步为 $\hbar\omega$ 向上增长的事实允许我们构造以下图像。我们设想与一个经典频率为 ω 的谐振子相关的一个虚拟粒子，称之为*量子*，每个量子具有能量 $\hbar\omega$。我们把能量公式 (7.3.20) 式中的 $n\hbar\omega$ 视为 n 个这样的量子的能量。换言之，我们忘掉质量和弹簧而用量子来思考。当量子数 n 增加（或减少）Δn 时，我们说 Δn 个量子被产生出来（或消失掉）。虽然这看起来好像只是一种说法而已，但用量子来思考谐振子被证明非常有用。

在晶体情况下，存在 $3N_0$ 个谐振子，用 $3N_0$ 个 $(\boldsymbol{k},\lambda)$ 值来标记，其频率为 $\omega(\boldsymbol{k},\lambda)$。晶体的量子态是由被称为*声子*的量子数来确定的，每个声子对应于每个 $(\boldsymbol{k},\lambda)$ 值。对于一个哈密顿量精确地由各谐振子之和给定的晶体，引入声子的概念的确就是换了一种说法而已。但是，如果我们所考虑的与这个说法有所偏离，比如在势的泰勒展开中考虑非领头项，或者加入晶体与外部探针的相互作用（例如用电子对系统进行射击），声子的概念被证明是非常有用的。（上面描述的两种效应可被分别看做声子–声子相互作用，以及声子–电子相互作用。）

类似地，电磁场与物质的相互作用可以看作光量子或*光子*与物质间的相互作用，这会在第 18 章中予以讨论。

(3) 最低的能量是 $\hbar\omega/2$，而不是 0。这和经典的谐振子不同，后者可以处于零能态（那里 $x=p=0$），而量子谐振子的最小能量为 $\hbar\omega/2$。这个被称为*零点能*的能量是共同本征态 $|x=0,p=0\rangle$ 被正则对易子 $[x,p]=\mathrm{i}\hbar$ 所排除的反映。该结果对所有谐振子是通用的，无论它们是描述机械系统，还是描述电磁场的简正模式，这是由于所有这些问题在数学上是完全相同的，它们的区别只在于坐标和与之共轭的动量代表什么。于是即使没有声子存在，晶体的每个模式 $(\boldsymbol{k},\lambda)$ 都具有能量 $\frac{1}{2}\hbar\omega(\boldsymbol{k},\lambda)$。即使没有光子存在，电磁场每个频率为 ω 的模式都具有能量 $\frac{1}{2}\hbar\omega(\boldsymbol{k},\lambda)$。（场的零点振荡可以被测量，这也将在第 18 章中讨论。）

在随后的讨论中，我们将仅讨论机械振子，更深入地研究零点能。我们看到的是 $|x=0,p=0\rangle$ 态的不存在决定了这个能量。这样一个具有 $\Delta X=\Delta P=0$ 的态是被不确定原理禁戒的。让我们尝试寻找一个量子力学允许的态，它（在能量上）尽可能地接近 $x=p=0$ 的经典态。如果我们选择一个波函数 $\psi(x)$，它在 $x=0$ 附近迅速达到峰值，而最小化平均势能 $\langle\frac{1}{2}m\omega^2X^2\rangle$，这个波函数在动量 P 空间散开，平均动能 $\langle P^2/2m\rangle$ 增加。反之，如果我们选择在 $p=0$ 附近具有尖锐峰值的动量空间波函数，情况是一样的。那时，我们需要调和波函数 $\psi_{\min}(x)$，使它最小化总平均能量而不破坏不确定原理。让我们现在开始寻找 $\psi_{\min}(x)$。我们从一个归一化的试探波函数 $|\psi\rangle$ 开始，并考虑

$$\langle\psi|H|\psi\rangle=\langle H\rangle=\frac{\langle P^2\rangle}{2m}+\frac{1}{2}m\omega^2\langle X^2\rangle \tag{7.3.29}$$

此时

$$(\Delta P)^2 = \langle P^2 \rangle - \langle P \rangle^2 \tag{7.3.30}$$

和

$$(\Delta X)^2 = \langle X^2 \rangle - \langle X \rangle^2 \tag{7.3.31}$$

于是

$$\langle H \rangle = \frac{(\Delta P)^2 + \langle P \rangle^2}{2m} + \frac{1}{2}m\omega^2 \left[(\Delta X)^2 + \langle X \rangle^2\right] \tag{7.3.32}$$

为了最小化 $\langle H \rangle$，第一步明显是将我们限制在 $\langle X \rangle = \langle P \rangle = 0$ 的态中。（因为 $\langle X \rangle$ 和 $\langle P \rangle$ 是不相关的且 $(\Delta X)^2$ 和 $(\Delta P)^2$ 也是无关的，所以一个这样的选择永远是可能的。）对于这些态（我们必须从中挑选出优胜者）

$$\langle H \rangle = \frac{(\Delta P)^2}{2m} + \frac{1}{2}\, m\omega^2 (\Delta X)^2 \tag{7.3.33}$$

现在我们用不确定度关系

$$\Delta X \cdot \Delta P \geqslant \hbar/2 \tag{7.3.34}$$

其中等号只对高斯型成立，我们将在第 9.3 节中予以讨论。我们得到

$$\langle H \rangle \geqslant \frac{\hbar^2}{8m(\Delta X)^2} + \frac{1}{2}\, m\omega^2 (\Delta X)^2 \tag{7.3.35}$$

我们通过选择一个高斯型波函数使 $\langle H \rangle$ 最小化，对此有

$$\langle H \rangle_{\text{高斯}} = \frac{\hbar^2}{8m(\Delta X)^2} + \frac{1}{2}\, m\omega^2 (\Delta X)^2 \tag{7.3.36}$$

我们看到的是与试探波函数相关的平均能量，它仅对相应的 ΔX 敏感，而且所有具有同样 ΔX 的函数，高斯型函数都给出最低能量。最后，我们从一族高斯型函数中选出一个具有 ΔX 且最小化 $\langle H \rangle_{\text{高斯}}$ 的函数。通过要求

$$\frac{\partial \langle H \rangle_{\text{高斯}}}{\partial (\Delta X)^2} = 0 = \frac{-\hbar^2}{8m(\Delta X)^4} + \frac{1}{2}\, m\omega^2 \tag{7.3.37}$$

我们得到

$$(\Delta X)^2 = \hbar/2m\omega \tag{7.3.38}$$

和

$$\langle H \rangle_{\min} = \hbar\omega/2 \tag{7.3.39}$$

于是，通过在希尔伯特空间系统地搜寻，我们找到如下归一化函数，它对应最低平均能

$$\psi_{\min}(x) = \left(\frac{m\omega}{\pi\hbar}\right)^{1/4} \exp\left(-\frac{m\omega x^2}{2\hbar}\right), \qquad \langle H \rangle_{\min} = \frac{\hbar\omega}{2} \tag{7.3.40}$$

当我们将以上结果

$$\langle\psi_{\min}|H|\psi_{\min}\rangle \leqslant \langle\psi|H|\psi\rangle \quad （对于所有的\ |\psi\rangle）$$

应用到 $|\psi\rangle = |\psi_0\rangle =$ 基态矢量，我们得到

$$\langle\psi_{\min}|H|\psi_{\min}\rangle \leqslant \langle\psi_0|H|\psi_0\rangle = E_0 \tag{7.3.41}$$

我们将此结果与习题 5.2.2 的结果相比

$$E_0 = \langle\psi_0|H|\psi_0\rangle \leqslant \langle\psi|H|\psi\rangle \quad （对于所有的\ |\psi\rangle）$$

如果令 $|\psi\rangle = |\psi_{\min}\rangle$，我们得到

$$E_0 = \langle\psi_0|H|\psi_0\rangle \leqslant \langle\psi_{\min}|H|\psi_{\min}\rangle \tag{7.3.42}$$

由 (7.3.41) 和 (7.3.42) 式得到

$$E_0 = \langle\psi_0|H|\psi_0\rangle = \langle\psi_{\min}|H|\psi_{\min}\rangle = \frac{\hbar\omega}{2} \tag{7.3.43}$$

还有，由于只存在一个能量为 $\hbar\omega/2$ 的态 $|\psi_{\min}\rangle$，所以结果为

$$|\psi_0\rangle = |\psi_{\min}\rangle \tag{7.3.44}$$

没有解薛定谔方程，我们就找到谐振子基态能量和态矢量。

如果没在上述背景下强调不确定度关系取得了异常成功的话，那将是一个严重的教学疏漏。在这里，我们能够利用不确定度关系获得所有关于基态的信息是谐振子哈密顿量特殊形式的结果［它允许我们用 $(\Delta X)^2$ 和 $(\Delta P)^2$ 写出 $\langle H\rangle$］，以及基态波函数是高斯型的这个事实（这对不确定关系具有优越性）。在更典型的情况下，应用不确定关系一定伴随着一些随意加入的东西［在 $\langle H\rangle$ 能近似成 $(\Delta X)^2$ 和 $(\Delta P)^2$ 的函数之前］，这只能给出一个基态能量的估计值。至于波函数，我们只能得到 ΔX 的估计值，即与之相关的弥散。

(4) 解（图 7.1）$\psi_n(x)$ 仅包含了 x 的偶或奇幂次，这依赖于 n 是偶的还是奇的。因此，本征函数是偶的或奇的：

$$\begin{aligned}\psi_n(-x) &= \psi_n(x), \qquad n\ 偶\\ &= -\psi_n(x), \quad n\ 奇\end{aligned}$$

在关于对称性的第 11 章，我们会证明本征函数必须具有这样的特性。

(5) 超过经典的转折点后波函数并不消失，但当 $x\to\infty$ 时，它呈指数形式逐渐消亡。［证明经典的转折点是 $y_0 = \pm(2n+1)^{1/2}$。］然而，请注意，当 n 很大时（图

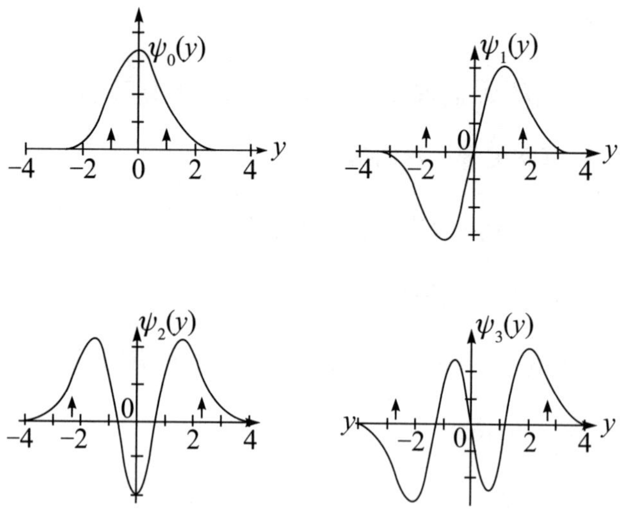

图 7.1　$n=0,1,2,3$ 的归一化本征函数。在 $|y|=(2n+1)^{1/2}$ 处的小箭头代表经典的转折点。请记住 $y=(m\omega/\hbar)^{1/2}x$

7.2)，在转折点之外，与经典振幅相比，波函数很小。在经典禁戒区，振幅指数衰减的现象在第 5 章我们研究隧穿效应时就遇到过。

(6) 概率分布 $P(x)$ 和经典情况非常不同。一个给定的经典谐振子的位置当然是精确已知的。但是我们能问如下概率问题：如果我突然走进一个存储该谐振子的房间，那么我是否能在那里抓到它？如果这个谐振子在 x 点的速度为 $v(x)$，它花在 x 附近的时间，也就是在随机检验时间内，我们抓到它的概率是与 $v(x)$ 成反比的：

$$P_{\mathrm{cl}}(x)\propto\frac{1}{v(x)}=\frac{1}{\omega(x_0^2-x^2)^{1/2}}\tag{7.3.45}$$

它在 $\pm x_0$ 附近达到峰值，并在原点取最小值。在量子力学的情况下，特别是对于基态，$|\psi(x)|^2$ 好像恰恰采取另一种方式（图 7.1）。这里不存在什么矛盾，我们就知道量子力学会和经典力学不同。另一方面，对应原理告诉我们，对于大的 n，两者一定会变得不可区分。图 7.2 显示了 $n=11$ 的情况，我们可以看到是怎么达到经典极限的：量子分布 $P(x)=|\psi(x)|^2$，非常快地振荡（按经典振幅的标度），在这个尺度下只能测量它的平均值，这和 $P_{\mathrm{cl}}(x)$ 相符。我们想起用宏观粒子演示的双缝实验具有紧凑的干涉条纹，它们的平均值实际上已被测量并且与经典概率曲线相符。

一个在第 6 章中以更一般的方式给出的标注是：我们经常称之为经典谐振子的是我们在想象中的臆造，它并不存在。换言之，所有谐振子，包括那个 2 g 的物体和弹簧的系统，最终都是由量子力学的法则支配的，因而具有分立的能量，它们可以超越“经典”的拐点，并且有一个零点能 $\frac{1}{2}\hbar\omega$，即使它们静止。然而，要注意我

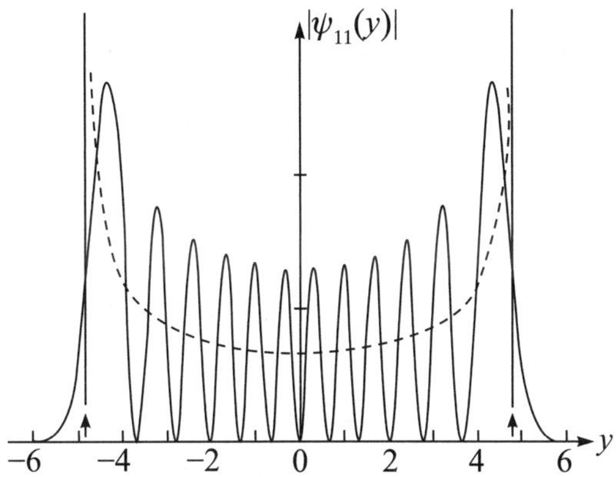

图 7.2　对 $n=11$ 态的概率密度。虚线给出具有相同能量的态中的经典概率分布

们称作不存在的东西是一个谐振子，它真实地具有可以归结到经典力学中的种种特性，并且似乎没有什么在宏观层次检验时具有这种特征。

习题 7.3.7 动量空间中的谐振子。通过在动量基 P 下建立一个谐振子的本征值方程，并将其与 (7.3.2) 式比较，表明动量空间的本征函数能通过 $x\to p$，$m\omega\to 1/m\omega$ 的代换从坐标空间得到。例如

$$\psi_0(p)=\left(\frac{1}{m\pi\hbar\omega}\right)^{1/4}\mathrm{e}^{-p^2/2m\hbar\omega}$$

还有若干其他的共轭对，诸如在 $|n\rangle$ 态中的 ΔX 和 ΔP，它们是通过 $m\omega\to 1/m\omega$ 的代换相关联的。你可能希望会注意到它们（参考习题 7.3.5）。

7.4　能量基下的谐振子

让我们从回顾本征方程

$$\left(\frac{P^2}{2m}+\frac{1}{2}\,m\omega^2X^2\right)|E\rangle=E|E\rangle \tag{7.4.1}$$

在坐标基下是如何求解的来确定我们的方向：(1) 我们令 $X\to x$ 和 $P\to -\mathrm{i}\hbar\mathrm{d}/\mathrm{d}x$。(2) 我们解出了分量 $\langle x|E\rangle=\psi_E(x)$ 和本征值。

为了在动量基下解这个问题，我们先应用在坐标基下已有的 X 和 P 算符的形

式，计算在动量基下的 X 和 P 算符。例如，

$$\begin{aligned}\langle p'|X|p\rangle &= \int\int \underbrace{\langle p'|x\rangle}_{\frac{\mathrm{e}^{-\mathrm{i}p'x/\hbar}}{(2\pi\hbar)^{1/2}}} \underbrace{\langle x|X|x'\rangle}_{\substack{x\delta(x-x') \\ \text{（给定）}}} \underbrace{\langle x'|p\rangle}_{\frac{\mathrm{e}^{\mathrm{i}px'/\hbar}}{(2\pi\hbar)^{1/2}}} \, \mathrm{d}x \, \mathrm{d}x' \\ &= -\mathrm{i}\hbar\delta'(p-p')\end{aligned}$$

然后我们找到这个基下的 P 和 $H(X,P)$。本征方程 (7.4.1) 那时变成一个微分方程，我们可以继续求解。

现在假设我们要在能量基下工作。我们首先必须要找到 H 的本征函数，也就是 $\langle x|E\rangle$，这样我们就可以改变基了。但是求 $\langle x|E\rangle = \psi_E(x)$ 归结到在坐标基下求解整个本征值问题。一旦我们做到了，那在 E 基下处理这个问题就没什么困难了。

然而，狄拉克提出了一个聪明的办法，使我们在能量基下工作，而不必事先知道在这个基下 X 和 P 算符的形式。我们需要的只是对易式：

$$[X,P] = \mathrm{i}\hbar I = \mathrm{i}\hbar \tag{7.4.2}$$

它是从 $X \to x$ 和 $P \to -\mathrm{i}\hbar\mathrm{d}/\mathrm{d}x$ 推导出来的，但和选取什么基无关。以下几步似乎有点神秘，不能简单地纳入我们迄今为止讨论过的任何熟悉的方案中。让我们耐心点，直到我们看清如何从中得到好处。

我们先引入一个算符

$$a = \left(\frac{m\omega}{2\hbar}\right)^{1/2} X + \mathrm{i}\left(\frac{1}{2m\omega\hbar}\right)^{1/2} P \tag{7.4.3}$$

以及它的共轭算符

$$a^\dagger = \left(\frac{m\omega}{2\hbar}\right)^{1/2} X - \mathrm{i}\left(\frac{1}{2m\omega\hbar}\right)^{1/2} P \tag{7.4.4}$$

（注意当 $X \leftrightarrow P$ 时，$m\omega \to 1/m\omega$。）它们满足对易式（你应予以证明）

$$\left[a, a^\dagger\right] = 1 \tag{7.4.5}$$

下面我们看到厄米算符 $a^\dagger a$ 和 H 有简单的关系：

$$\begin{aligned}a^\dagger a &= \frac{m\omega}{2\hbar} X^2 + \frac{1}{2m\omega\hbar} P^2 + \frac{\mathrm{i}}{2\hbar}\,[X,\,P] \\ &= \frac{H}{\hbar\omega} - \frac{1}{2}\end{aligned}$$

于是

$$H = \left(a^\dagger a + \frac{1}{2}\right)\hbar\omega \tag{7.4.6}$$

这个方法通常被称做“因子化方法”，这是由于我们将 $H = P^2 + X^2$（忽略常数系数）表示成 $(X + \mathrm{i}P) = a$ 和 $(X - \mathrm{i}P) = a^\dagger$ 的乘积。在 (7.4.6) 式中额外的 $\hbar\omega/2$ 来源于 X 和 P 的不对易性质。

下面让我们定义一个算符 $\widehat{H}$

$$\widehat{H} = \frac{H}{\hbar\omega} = \left(a^\dagger a + \frac{1}{2}\right) \tag{7.4.7}$$

它的本征值 ε 以 $\hbar\omega$ 为单位给出谐振子能量。我们要解 $\widehat{H}$ 的本征值方程：

$$\widehat{H}|\varepsilon\rangle = \varepsilon|\varepsilon\rangle \tag{7.4.8}$$

在这里 ε 是以 $\hbar\omega$ 为单位的能量。我们马上要用到两个关系

$$\left[a, \widehat{H}\right] = \left[a, a^\dagger a + \frac{1}{2}\right] = \left[a, a^\dagger a\right] = a \tag{7.4.9}$$

和

$$\left[a^\dagger, \widehat{H}\right] = -a^\dagger \tag{7.4.10}$$

a 和 $a^\dagger$ 的用处来源于这样一个事实：给定 $\widehat{H}$ 的一个本征值，它会产生出其他的本征值。考虑

$$\begin{aligned}\widehat{H}a|\,\varepsilon\rangle &= (a\widehat{H} - [a, \widehat{H}])\,|\varepsilon\rangle \\ &= (a\widehat{H} - a)\,|\varepsilon\rangle \\ &= (\varepsilon - 1)\,a\,|\varepsilon\rangle\end{aligned} \tag{7.4.11}$$

我们可以从 (7.4.11) 式推论出 $a\,|\varepsilon\rangle$ 是一个新的本征态，它的本征值为 $\varepsilon - 1$，即

$$a\,|\varepsilon\rangle = \mathrm{C}_\varepsilon|\varepsilon - 1\rangle \tag{7.4.12}$$

其中 C_ε 是一个常数，$|\varepsilon - 1\rangle$ 和 $|\varepsilon\rangle$ 是归一化的本征右矢[①]。

类似地，我们看到

$$\begin{aligned}\widehat{H}a^\dagger|\,\varepsilon\rangle &= (a^\dagger\widehat{H} - [a^\dagger, H])\,|\varepsilon\rangle \\ &= (a^\dagger\widehat{H} + a^\dagger)\,|\varepsilon\rangle \\ &= (\varepsilon + 1)a^\dagger\,|\varepsilon\rangle\end{aligned} \tag{7.4.13}$$

于是

$$a^\dagger\,|\varepsilon\rangle = \mathrm{C}_{\varepsilon+1}\,|\varepsilon + 1\,\rangle \tag{7.4.14}$$

---

① 我们正在利用一维不存在简并的事实。

我们将 a 和 $a^\dagger$ 称为降算符和升算符，道理很明显。它们也被称为湮灭算符和产生算符，这是由于它们湮灭了或产生了能量为 $\hbar\omega$ 的量子。

于是，我们得到结论：如果 ε 是 $\widehat{H}$ 的一个本征值，那么 $\varepsilon+1, \varepsilon+2, \varepsilon+3, \cdots, \varepsilon+\infty$ 和 $\varepsilon-1, \cdots, \varepsilon-\infty$ 也都是。但后一个结论与 H 的本征值非负的结果冲突。于是，这个下降的链条要在某处截断，即必须存在一个态 $|\varepsilon_0\rangle$ 不可以再继续降低了：

$$a\,|\varepsilon_0\rangle = 0 \tag{7.4.15}$$

用算符 $a^\dagger$ 作用上去，我们得到

$$a^\dagger a\,|\varepsilon_0\rangle = 0$$

或

$$\left(\widehat{H} - \frac{1}{2}\right)|\varepsilon_0\rangle = 0 \qquad [\text{从 (7.4.7) 式}]$$

或

$$\widehat{H}\,|\varepsilon_0\rangle = \frac{1}{2}\,|\varepsilon_0\rangle$$

或

$$\varepsilon_0 = \frac{1}{2} \tag{7.4.16}$$

然而，我们可以不受限制地重复应用 $a^\dagger$ 升 $|\varepsilon_0\rangle$。于是，我们发现谐振子具有由下式给出的一系列能级：

$$\varepsilon_n = \left(n + \frac{1}{2}\right), \quad n = 0,\ 1,\ 2,\ \cdots$$

或

$$E_n = \left(n + \frac{1}{2}\right)\hbar\omega, \quad n = 0,\ 1,\ 2,\ \cdots \tag{7.4.17}$$

它们是仅有的能级吗？如果存在另外一组，它也必须有一个基态 $|\varepsilon_0'\rangle$，使得

$$a\,|\varepsilon_0'\rangle = 0$$

或

$$a^\dagger a\,|\varepsilon_0'\rangle = 0$$

或

$$\widehat{H}\,|\varepsilon_0'\rangle = \frac{1}{2}\,|\varepsilon_0'\rangle \tag{7.4.18}$$

但是我们知道在一维中没有简并（定理 15）。于是从 (7.4.16) 和 (7.4.18) 式出发，$|\varepsilon_0\rangle$ 和 $|\varepsilon_0'\rangle$ 表示同一个态。同样适用于靠重复将 $a^\dagger$ 作用于 $|\varepsilon_0\rangle$ 和 $|\varepsilon_0'\rangle$ 建立起来的能级系列。

现在让我们计算出现在 (7.4.12) 和 (7.4.14) 式中的常数 C_ε 和 $\mathrm{C}_{\varepsilon+1}$。由于 $\varepsilon = n+1/2$，我们将这些右矢用 n 来标记。我们要确定出现在等式中的常数 C_n

$$a|n\rangle = \mathrm{C}_n|n-1\rangle \tag{7.4.19a}$$

考虑此式的共轭

$$\langle n|a^\dagger = \langle n-1|\mathrm{C}_n^* \tag{7.4.19b}$$

把这两个等式结合起来。我们得到

$$\begin{aligned}
\langle n|a^\dagger a|n\rangle &= \langle n-1|n-1\rangle \mathrm{C}_n^*\mathrm{C}_n \\
\langle n|\widehat{H} - \frac{1}{2}|n\rangle &= \mathrm{C}_n^*\mathrm{C}_n \qquad \text{（因为 } |n-1\rangle \text{ 已归一化）} \\
\langle n|n|n\rangle &= |\mathrm{C}_n|^2 \qquad \left[\text{因为 } \widehat{H}|n\rangle = \left(n+\frac{1}{2}\right)|n\rangle\right] \\
|\mathrm{C}_n|^2 &= n \\
\mathrm{C}_n &= (n)^{1/2}\mathrm{e}^{\mathrm{i}\phi} \qquad \text{（}\phi\text{ 是任意的）}
\end{aligned} \tag{7.4.20}$$

惯例是将 ϕ 取作零。那时我们有

$$a|n\rangle = n^{1/2}|n-1\rangle \tag{7.4.21}$$

类似地，可以证明（请你自己证明）

$$a^\dagger|n\rangle = (n+1)^{1/2}|n+1\rangle \tag{7.4.22}$$

［注意在 (7.4.21) 和 (7.4.22) 式中，标记的两个右矢的 n，其中较大的 n 出现在根号中。］将两个方程结合，我们看到

$$a^\dagger a|n\rangle = a^\dagger n^{1/2}|n-1\rangle = n^{1/2}n^{1/2}|n\rangle = n|n\rangle \tag{7.4.23}$$

将[①]

$$N = a^\dagger a \tag{7.4.24}$$

称为粒子数算符（由于它对量子计数），[②]

$$\widehat{H} = N + \frac{1}{2} \tag{7.4.25}$$

(7.4.21) 和 (7.4.22) 式是非常重要的。它使我们能计算 $|n\rangle$ 基下所有算符的矩阵元。我们先来考虑 a 和 $a^\dagger$ 本身：

$$\langle n'|a|n\rangle = n^{1/2}\langle n'|n-1\rangle = n^{1/2}\delta_{n',n-1} \tag{7.4.26}$$

① 译者注：原著在下式中可能出个小错，(7.4.24) 式应是 $\widehat{N} = a^\dagger a$。

② 译者注：应为 $\widehat{H} = \widehat{N} + \frac{1}{2}$。

$$\langle n'|a^\dagger|n\rangle = (n+1)^{1/2}\langle n'|n+1\rangle = (n+1)^{1/2}\delta_{n',n+1} \tag{7.4.27}$$

要得到 X 和 P 的矩阵元，我们反解 (7.4.3) 和 (7.4.4) 式，得到

$$X = \left(\frac{\hbar}{2m\omega}\right)^{1/2}(a+a^\dagger) \tag{7.4.28}$$

$$P = \mathrm{i}\left(\frac{m\omega\hbar}{2}\right)^{1/2}(a^\dagger - a) \tag{7.4.29}$$

然后利用 (7.4.26) 和 (7.4.27) 式。烦琐的细节留作习题。在能量基下，两个基本的矩阵是

$$a^\dagger \leftrightarrow \begin{matrix} \\ n=0 \\ n=1 \\ n=2 \\ \vdots \\ \vdots \end{matrix}\begin{matrix} n=0 & n=1 & n=2 & \cdots \\ \end{matrix}\begin{pmatrix} 0 & 0 & 0 & \cdots \\ 1^{1/2} & 0 & 0 & \\ 0 & 2^{1/2} & 0 & \\ 0 & 0 & 3^{1/2} & \\ \vdots & & & \end{pmatrix} \tag{7.4.30}$$

和它的共轭

$$a \leftrightarrow \begin{pmatrix} 0 & 1^{1/2} & 0 & 0 & \cdots \\ 0 & 0 & 2^{1/2} & 0 & \\ 0 & 0 & 0 & 3^{1/2} & \\ \vdots & & & & \end{pmatrix} \tag{7.4.31}$$

这两个矩阵可以从 (7.4.26) 和 (7.4.27) 式，或者从 (7.4.21) 和 (7.4.22) 式构建出来，与转换了的矢量 $a^\dagger|n\rangle$ 和 $a|n\rangle$ 结合起来。我们要得到表示 X 和 P 的矩阵只需转向 (7.4.28) 和 (7.4.29) 式：

$$X \leftrightarrow \left(\frac{\hbar}{2m\omega}\right)^{1/2}\begin{pmatrix} 0 & 1^{1/2} & 0 & 0 & \cdots \\ 1^{1/2} & 0 & 2^{1/2} & 0 & \\ 0 & 2^{1/2} & 0 & 3^{1/2} & \\ 0 & 0 & 3^{1/2} & 0 & \\ \vdots & & & & \end{pmatrix} \tag{7.4.32}$$

$$P \leftrightarrow \mathrm{i}\left(\frac{m\omega\hbar}{2}\right)^{1/2}\begin{pmatrix} 0 & -1^{1/2} & 0 & 0 & \cdots \\ 1^{1/2} & 0 & -2^{1/2} & 0 & \\ 0 & 2^{1/2} & 0 & -3^{1/2} & \\ 0 & 0 & 3^{1/2} & 0 & \\ \vdots & & & & \end{pmatrix} \tag{7.4.33}$$

当然，在能量本身的基下，哈密顿量是对角的

$$H \leftrightarrow \hbar\omega \begin{pmatrix} 1/2 & 0 & 0 & 0 & \cdots \\ 0 & 3/2 & 0 & 0 & \\ 0 & 0 & 5/2 & 0 & \\ \vdots & & & & \end{pmatrix} \tag{7.4.34}$$

(7.4.22) 式也使我们能够用基态 $|0\rangle$ 去表示所有的归一化本征矢 $|n\rangle$：

$$|n\rangle = \frac{a^\dagger}{n^{1/2}}|n-1\rangle = \frac{a^\dagger}{n^{1/2}}\frac{a^\dagger}{(n-1)^{1/2}}|n-2\rangle \cdots = \frac{(a^\dagger)^n}{(n!)^{1/2}}|0\rangle \tag{7.4.35}$$

a 和 $a^\dagger$ 算符大大简化了其他算符作用在谐振子本征态间的矩阵元的计算。例如，考虑 $\langle 3|X^3|2\rangle$。在 X 基下，我们需做如下积分：

$$\langle 3|X^3|2\rangle = \left(\frac{m\omega}{\pi\hbar}\right)^{1/2}\left(\frac{1}{2^3 3!}\cdot\frac{1}{2^2 2!}\right)^{1/2}\int_{-\infty}^{\infty}\left\{\exp\left(-\frac{m\omega x^2}{2\hbar}\right)\times\right.$$
$$\left.H_3\left[\left(\frac{m\omega}{\hbar}\right)^{1/2}x\right]x^3\exp\left(-\frac{m\omega x^2}{2\hbar}\right)H_2\left[\left(\frac{m\omega}{\hbar}\right)^{1/2}x\right]\right\}\mathrm{d}x$$

而在 $|n\rangle$ 基下，

$$\begin{aligned}\langle 3|X^3|2\rangle &= \left(\frac{\hbar}{2m\omega}\right)^{3/2}\langle 3|(a+a^\dagger)^3|2\rangle \\ &= \left(\frac{\hbar}{2m\omega}\right)^{3/2}\langle 3|(a^3+a^2a^\dagger+aa^\dagger a+aa^\dagger a^\dagger+ \\ &\qquad a^\dagger aa+a^\dagger aa^\dagger+a^\dagger a^\dagger a+a^\dagger a^\dagger a^\dagger)|2\rangle\end{aligned}$$

由于 a 将 n 降低一个单位，$a^\dagger$ 将 n 提升一个单位，如果我们想从 $n=2$ 提升到 $n=3$，那么非零贡献只会来自于 $a^\dagger a^\dagger a$、$aa^\dagger a^\dagger$ 和 $a^\dagger aa^\dagger$。现在，

$$\begin{aligned}a^\dagger a^\dagger a|2\rangle &= 2^{1/2}a^\dagger a^\dagger|1\rangle = 2^{1/2}2^{1/2}a^\dagger|2\rangle = 2^{1/2}2^{1/2}3^{1/2}|3\rangle \\ aa^\dagger a^\dagger|2\rangle &= 3^{1/2}aa^\dagger|3\rangle = 3^{1/2}4^{1/2}a|4\rangle = 3^{1/2}4^{1/2}4^{1/2}|3\rangle \\ a^\dagger aa^\dagger|2\rangle &= 3^{1/2}a^\dagger a|3\rangle = 3^{1/2}N|3\rangle = 3^{1/2}3|3\rangle\end{aligned}$$

于是

$$\langle 3|X^3|2\rangle = \left(\frac{\hbar}{2m\omega}\right)^{3/2}\left[2(3^{1/2})+4(3^{1/2})+3(3^{1/2})\right]$$

如果我们想要的不是 X 的某个矩阵元，而是一个粒子在 $|n\rangle$ 态中处于位置 x 的概率，那怎么办呢？我们当然可以退回到公设 III，它告诉我们如何寻找 X 矩阵

[(7.4.32) 式] 的本征矢 $|x\rangle$，并计算内积 $\langle x|n\rangle$。在下一节中将给出一种更实用的方法。

考虑上述求解 H 的本征值问题的一个显著特点，通常我们在 X 基下工作，并根据公设 II 建立本征值问题（作为一个微分方程），这个公设给出 X 基下 X 和 P 的作用（即 $X \to x$，$P \to \mathrm{i}\hbar \mathrm{d}/\mathrm{d}x$）。在某些情况下（线性势问题），动量 P 基具有优势，那时我们就用公设 II 的傅里叶变换版本，即 $X \to \mathrm{i}\hbar \mathrm{d}/\mathrm{d}p$，$P \to p$。在当前情况下，我们不能将算符形式变换到能量本征基，因为要这么做，我们就先得在 X 基下解出能量本征函数，而这正是我们要解决的问题。相反，我们仅使用从公设 II 得到的但适用于所有基（特别是能量基）的对易式 $[X, P] = \mathrm{i}\hbar$。既然我们仅凭这些信息就得到了完整的解，那么似乎公设 II 的本质就是这个对易式。事实的确如此。换句话说，我们可以把现在的公设 II 换成一个更一般的说法：

公设 II 经典力学的独立变量 x 和 p 现在变成厄米算符 X 和 P，它们由正则对易子 $[X, P] = \mathrm{i}\hbar$ 定义。因变量 $\omega(x, p)$ 由算符 $\Omega = \omega(x \to X, p \to P)$ 给定。

要重新获得原来的版本，我们回到 X 基。显然，在其自身的基下就是 $X \to x$。然后我们就必须要求 P 满足 $[X, P] = \mathrm{i}\hbar$。如果我们按照惯例，选择 $P = -\mathrm{i}\hbar \mathrm{d}/\mathrm{d}x$，就能满足这个要求，并得到原来的公设 II。但公设 II 的新版本允许我们在选择 P 时有一定的自由度，因为我们可以把 x 的任意函数加到 $-\mathrm{i}\hbar \mathrm{d}/\mathrm{d}x$ 中去而不改变对易子，即这种安排

$$X \xrightarrow[X\text{ 基}]{} x \tag{7.4.36a}$$

$$P \xrightarrow[X\text{ 基}]{} -\mathrm{i}\hbar \frac{\mathrm{d}}{\mathrm{d}x} + f(x) \tag{7.4.36b}$$

是同样满足的。现在如果我们将这个作为出发点，那么对每个问题（不仅是谐振子）都应该获得相同的物理，这一点完全不明显。例如，如果我们将本征值方程

$$P\,|p\rangle = p\,|p\rangle \tag{7.4.37a}$$

投影到 X 基上，我们这时得到

$$\left[-\mathrm{i}\hbar \frac{\mathrm{d}}{\mathrm{d}x} + f(x)\right] \psi_p(x) = p\,\psi_p(x) \tag{7.4.37b}$$

从这里出发，$\psi_p(x)$ 不再是一个正比于 $\mathrm{e}^{\mathrm{i}px/\hbar}$ 的平面波。物理怎么能和以前是一样的呢？答案是，波函数从未能被直接测量。当测量 Ω 得到的结果是 ω 时，我们测量的是概率 $|\langle\omega|\psi\rangle|^2$，是矩阵元的平方 $|\langle\psi_1|\Omega|\psi_2\rangle|^2$，或者说是诸如哈密顿算符的本征值谱。在下面的一个习题中，你将被引导到证明：这些可被测量的量在改换到非惯用的算符形式 (7.4.36) 时，实际上是不变的。

狄拉克强调量子力学算符的对易规则

$$[X, P] = \mathrm{i}\hbar$$

与它的经典对应——泊松括号

$$\{x, p\} = 1$$

之间的紧密联系，让我们能写出量子算符的确定关系，如下

$$[X, P] = \mathrm{i}\hbar\{x, p\} = \mathrm{i}\hbar \tag{7.4.38}$$

这个观点的优点在于它对一个 N 自由度的系统“量子化”的推广是很明显的：

公设 II（N 个自由度） 一个具有 N 个自由度的系统的经典描述是它的笛卡儿坐标 $x_1, \cdots, x_N$ 和动量 $p_1, \cdots, p_N$，现在变成厄米算符 $X_1, \cdots, X_N$ 和 $P_1, \cdots, P_N$，它们服从对易规则

$$\begin{aligned}
[X_i, P_j] &= \mathrm{i}\hbar\{x_i, p_j\} = \mathrm{i}\hbar\delta_{ij} \\
[X_i, X_j] &= \mathrm{i}\hbar\{x_i, x_j\} = 0 \\
[P_i, P_j] &= \mathrm{i}\hbar\{p_i, p_j\} = 0
\end{aligned} \tag{7.4.39}$$

类似地，$\omega(x, p) \to \omega(x \to X, p \to P) = \Omega$。

[我们把自己限制在笛卡儿坐标以避免引起与非笛卡儿正则坐标量子化相关的某些微妙的含混之处，请见习题 7.4.10。一旦微分方程建立，在寻找解时，我们就可以放弃笛卡儿坐标。]

很显然，这个推广是在第 4.2 节即将结束时提供的，即

$$X_i \xrightarrow[X\text{ 基}]{} x_i$$

$$P_i \xrightarrow[X\text{ 基}]{} -\mathrm{i}\hbar\frac{\partial}{\partial x_i}$$

是一个选择，但不是满足正则对易规则 (7.4.39) 式的选择，其理由和 $N = 1$ 的情况是一样的。

给定 X 和 P 间的对易关系，那些依赖它们的算符之间的对易关系就可以从重复使用这个基本关系求得

$$[\Omega, \Lambda\Gamma] = \Lambda[\Omega, \Gamma] + [\Omega, \Lambda]\Gamma$$

和

$$[\Omega\Lambda, \Gamma] = \Omega[\Lambda, \Gamma] + [\Omega, \Gamma]\Lambda$$

由于泊松括号除了没有强调经典变量的次序，遵从类似的规则（习题 2.7.1），如果

$$\{\omega(x,p),\lambda(x,p)\}=\gamma(x,p)$$

则除了由次序不确定性带来的分歧，就有

$$[\Omega(X,P),\Lambda(X,P)]=\mathrm{i}\hbar\Gamma(X,P) \tag{7.4.40}$$

因此经典力学和量子力学间有形式上的相似性，我们最早在第 6 章中就遇到过了。

虽然公设 II 的新形式提供了一个一般的、独立于基的与经典变量相对应的量子算符的明确描述，也就是说，实际上对于“量子化”，人们通常还是在 X 基下做的，并且忽略了选择 P_i 的自由度而坚持取惯用的 $P_i=-\mathrm{i}\hbar\partial/\partial x_i$，这个选择会导致最简单的微分方程。只给定对易关系（以及从狄拉克那里得来的一点帮助），求解谐振子问题是非典型的。

习题 7.4.1* 计算 $|n\rangle$ 基下的 X 和 P 的矩阵元，并与习题 7.3.4 的结果相比较。

习题 7.4.2* 请找出 $|n\rangle$ 态下的 $\langle X\rangle$，$\langle P\rangle$，$\langle X^2\rangle$，$\langle P^2\rangle$ 和 $\Delta X\cdot\Delta P$。

习题 7.4.3*（位力定理） 经典力学的位力定理指出，对一个被势 $V(r)=ar^k$ 束缚的粒子，（整个轨道的）平均动能和势能是由下式关联的

$$\bar{T}=c(k)\bar{V}$$

其中 $c(k)$ 只依赖于 k。请证明当考虑一个环形轨道时，$c(k)=k/2$。利用从上题得到的结果，证明对于谐振子（$k=2$），在量子态 $|n\rangle$ 中，有

$$\langle T\rangle=\langle V\rangle$$

习题 7.4.4 请证明 $\langle n|X^4|n\rangle=(\hbar/2m\omega)^2[3+6n(n+1)]$。

习题 7.4.5* 在 $t=0$ 时，一个粒子从 $|\psi(0)\rangle=1/\sqrt{2}(|0\rangle+|1\rangle)$ 出发。(1) 求 $|\psi(t)\rangle$；(2) 求 $\langle X(0)\rangle=\langle\psi(0)|X|\psi(0)\rangle$，$\langle P(0)\rangle$，$\langle X(t)\rangle$ 和 $\langle P(t)\rangle$；(3) 利用埃伦菲斯特定理，求 $\langle\dot{X}(t)\rangle$ 和 $\langle\dot{P}(t)\rangle$，并求解 $\langle X(t)\rangle$ 和 $\langle P(t)\rangle$，且和第 (2) 部分比较。

习题 7.4.6* 证明 $\langle a(t)\rangle = \mathrm{e}^{-\mathrm{i}\omega t}\langle a(0)\rangle$ 和 $\langle a^\dagger(t)\rangle = \mathrm{e}^{\mathrm{i}\omega t}\langle a^\dagger(0)\rangle$。

习题 7.4.7 对于以下情况：

(1) $\Omega = X$，$\Lambda = X^2 + P^2$；

(2) $\Omega = X^2$，$\Lambda = P^2$。

证明 (7.4.40) 式。第二种情况展示了次序的不确定性。

习题 7.4.8* 考虑经典力学中的三个角动量变量：

$$
\begin{aligned}
l_x &= yp_z - zp_y \\
l_y &= zp_x - xp_z \\
l_z &= xp_y - yp_x
\end{aligned}
$$

(1) 构造它们的量子力学对应 L_x、L_y 和 L_z，注意不存在次序不确定性；

(2) 证明 $\{l_x, l_y\} = l_z$［见 (2.7.3) 式对泊松括号的定义］；

(3) 证明 $[L_x, L_y] = \mathrm{i}\hbar L_z$。

习题 7.4.9（重要） 考虑 X 基下的非常规（但完全可接受）的算符选择：

$$
\begin{aligned}
X &\to x \\
P &\to -\mathrm{i}\hbar\frac{\mathrm{d}}{\mathrm{d}x} + f(x)
\end{aligned}
$$

(1) 证明满足正则对易关系。

(2) 可能将算符设置的这种改变解释为 X 基幺正变换的结果：

$$|x\rangle \to |\tilde{x}\rangle = \mathrm{e}^{\mathrm{i}g(X)/\hbar}\,|x\rangle = \mathrm{e}^{\mathrm{i}g(x)/\hbar}\,|x\rangle$$

其中

$$g(x) = \int^x f(x')\,\mathrm{d}x'$$

先证明

$$\langle\tilde{x}|X|\tilde{x}'\rangle = x\delta(x - x')$$

也就是

$$X \xrightarrow[\text{新的 } X \text{ 基}]{} x$$

下一步证明

$$\langle\tilde{x}|P|\tilde{x}'\rangle = \left[-\mathrm{i}\hbar\frac{\mathrm{d}}{\mathrm{d}x} + f(x)\right]\delta(x-x')$$

即

$$P \xrightarrow[\text{新的 } X \text{ 基}]{} -\mathrm{i}\hbar\frac{\mathrm{d}}{\mathrm{d}x} + f(x)$$

这个习题告诉我们“X 基”不是唯一的——给出一个 $|x\rangle$ 基，通过乘上一个相因子，而既不改变模又不改变正交性，我们就能得到另外的 $|\tilde{x}\rangle$。P 的矩阵元只改变了一个 f，标准的选择就是对应 $f=0$。由于 f 的存在与基的改变相关，在 f（从零到非零）的改变下物理是不变的。在这里新的结果是，我们从一个 X 基到另一个 X 基，而不是到其他的 Ω 基。另一个要记住的教训是两个不同的微分算符 $\omega(x,-\mathrm{i}\hbar\mathrm{d}/\mathrm{d}x)$ 和 $\omega(x,-\mathrm{i}\hbar\mathrm{d}/\mathrm{d}x+f)$ 可以具有同一个本征值，以及本征函数间的一对一关系，这是由于它们代表了同一个抽象算符 $\Omega(X,P)$。

习题 7.4.10* 回想一下，我们总是通过将笛卡儿坐标 $x_1,\cdots,x_N$ 和动量 $p_1,\cdots,p_N$ 提升为满足正则对易规则的算符来对系统进行量子化。如果在某些情况下非笛卡儿坐标似乎会更自然，例如在球对称哈密顿量的本征值问题中，我们首先在笛卡儿坐标系中建立微分方程，然后转换为球坐标（第 4.2 节）。在第 4.2 节中我们指出，如果 $\mathcal{H}$ 是用非笛卡儿但正则的坐标 $q_1,\cdots,q_N$，$p_1,\cdots,p_N$ 表示，即使算符被安排满足正则对易规则，$\mathcal{H}(q_i\to q_i, p_i\to -\mathrm{i}\hbar\partial/\partial q_i)$ 也不能产生正确的哈密顿量 H。在本节中，我们将重新审视这个问题，以解释在中间过程中不使用笛卡儿坐标、而是直接对非笛卡儿坐标进行量子化时出现的一些微妙之处。

(1) 考虑一个二维空间中的粒子，其

$$\mathcal{H} = \frac{p_x^2+p_y^2}{2m} + a(x^2+y^2)^{1/2}$$

在坐标基下它导致

$$H \to \frac{-\hbar^2}{2m}\left(\frac{\partial^2}{\partial x^2}+\frac{\partial^2}{\partial y^2}\right) + a(x^2+y^2)^{1/2}$$

由于这个问题具有转动对称性，所以我们使用极坐标

$$\rho = (x^2+y^2)^{1/2}, \qquad \phi = \arctan(y/x)$$

使用了极坐标后，

$$H \xrightarrow[\text{坐标基}]{} \frac{-\hbar^2}{2m}\left(\frac{\partial^2}{\partial\rho^2}+\frac{1}{\rho}\frac{\partial}{\partial\rho}+\frac{1}{\rho^2}\frac{\partial^2}{\partial\phi^2}\right)+a\rho \tag{7.4.41}$$

由于 ρ 和 ϕ 不像 x 和 y 那样［在 $(x^2+y^2)^{1/2}$ 项中］混合起来，所以极坐标是更容易被求解的。

我们要处理的问题如下：为什么不从用极坐标及其共轭动量

$$p_\rho = \boldsymbol{e}_\rho \cdot \boldsymbol{p} = \frac{xp_x + yp_y}{(x^2+y^2)^{1/2}}$$

（这里 $\boldsymbol{e}_\rho$ 是径向的单位矢量）和

$$p_\phi = xp_y - yp_x \qquad \text{（角动量，也称为 } l_z \text{）}$$

表示的 $\mathcal{H}$ 出发，也就是

$$\mathcal{H} = \frac{p_\rho^2}{2m} + \frac{p_\phi^2}{2m\rho^2} + a\rho \qquad \text{（证明该式）}$$

并且直接将经典变量 ρ，p_ρ，ϕ 和 p_ϕ 提升为满足正则对易规则的量子算符呢？让我们来看看有什么后果。如果选择遵循对易规则的算符：

$$P_\rho \to -\mathrm{i}\hbar\frac{\partial}{\partial\rho}$$

$$P_\phi \to -\mathrm{i}\hbar\frac{\partial}{\partial\phi}$$

我们就会得到

$$H \xrightarrow[\text{坐标基}]{} \frac{-\hbar^2}{2m}\left(\frac{\partial^2}{\partial\rho^2}+\frac{1}{\rho^2}\frac{\partial^2}{\partial\phi^2}\right)+a\rho \tag{7.4.42}$$

它与 (7.4.41) 式不符。但其本身并不严重，因为正如上一题所见，同样的物理会隐藏在两个不同的方程中。但在本例中并非如此：正如我们将看到的，(7.4.41) 和 (7.4.42) 式中的哈密顿量并不具有相同的本征值[①]。我们知道 (7.4.41) 式是正确的，这是由于用笛卡儿坐标进行量子化的过程具有经验支持。那么我们现在该怎么办呢？

(2) 一种解决办法是注意到，尽管选择 $P_\rho \to -\mathrm{i}\hbar\partial/\partial\rho$ 能导出正确的对易

① 我们将会看到，$P_\rho = -\mathrm{i}\hbar\mathrm{d}/\mathrm{d}\rho$ 和用它构建的 H，都是非厄米的。

规则，但它不是厄米的！证明如下：

$$\begin{aligned}\langle\psi_1|P_\rho|\psi_2\rangle &= \int_0^\infty\int_0^{2\pi}\psi_1^*\left(-\mathrm{i}\hbar\,\frac{\partial\psi_2}{\partial\rho}\right)\rho\,\mathrm{d}\rho\,\mathrm{d}\phi\\ &\neq \int_0^\infty\int_0^{2\pi}\left(-\mathrm{i}\hbar\,\frac{\partial\psi_1}{\partial\rho}\right)^*\psi_2\rho\,\mathrm{d}\rho\,\mathrm{d}\phi\\ &= \langle\boldsymbol{P}_\rho\psi_1|\psi_2\rangle\end{aligned}$$

（你也能假设当 $\rho\to 0$ 或 ∞ 时，$\rho\psi_1^*\psi_2\to 0$。这个问题来源于积分变量是 $\rho\,\mathrm{d}\rho\,\mathrm{d}\phi$ 而不是 $\mathrm{d}\rho\,\mathrm{d}\phi$）。

然而，我们指出

$$P_\rho\to -\mathrm{i}\hbar\left(\frac{\partial}{\partial\rho}+\frac{1}{2\rho}\right)\tag{7.4.43}$$

的确是厄米的，并且满足正则对易规则。角动量 $P_\phi\to -\mathrm{i}\hbar\partial/\partial\phi$ 是厄米的，它基于单值函数：$\psi(\rho,\phi)=\psi(\rho,\phi+2\pi)$。

(3) 在使用笛卡儿坐标时，我们看到将一个任意的 $f(x)$ 加到 $-\mathrm{i}\hbar\,\partial/\partial x$ 上不产生任何物理效应，而将一个 ρ 的函数加到 $-\mathrm{i}\hbar\,\partial/\partial\rho$ 上看来是重要的。为什么？［$f(x)$ 是否完全任意？它一定不是实函数吗？为什么？怎么 $-\mathrm{i}\hbar/2\rho$ 项就对了？］

(4) 把新的动量算符 P_ρ 代回去，证明

$$H\xrightarrow[\text{坐标基}]{}\frac{-\hbar^2}{2m}\left(\frac{\partial^2}{\partial\rho^2}+\frac{1}{\rho}\,\frac{\partial}{\partial\rho}-\frac{1}{4\rho^2}+\frac{1}{\rho^2}\,\frac{\partial^2}{\partial\phi^2}\right)+a\rho$$

它还是与 (7.4.41) 式不符。我们满足了对易规则，选择了厄米算符，但仍然没得到正确的量子哈密顿量。这个谜的关键在于 $\mathcal{H}$ 并不唯一地决定 H，这是由于 $\hbar$ 阶（或其更高阶）的项能存在于 H 中，但不在 $\mathcal{H}$ 中。而这个不确定性即使在笛卡儿坐标的情况中也存在，那时在所有感兴趣的问题中通过对称性解决了这个难题。在非笛卡儿坐标情况下，这个不确定性变得更严重。我们有方法在给定 $\mathcal{H}$ 时构造 H（推荐使用路径积分形式），使得代换 $P_\rho\to -\mathrm{i}\hbar(\partial/\partial\rho+1/2\rho)$ 导出 (7.4.41) 式。在当前的情况下，对应于

$$\mathcal{H}=\frac{p_\rho^2}{2m}+\frac{p_\phi^2}{2m\rho^2}+a\rho$$

的量子哈密顿量是由

$$H\xrightarrow[\text{坐标基}]{}\mathcal{H}\left(\rho\to\rho,p_\rho\to -\mathrm{i}\hbar\left[\frac{\partial}{\partial\rho}+\frac{1}{2\rho}\right];\ \phi\to\phi,p_\phi\to -\mathrm{i}\hbar\,\frac{\partial}{\partial\phi}\right)-\frac{\hbar^2}{8m\rho^2}\tag{7.4.44}$$

给定的。注意这些附加项的确都是 $\hbar$ 的非零阶。

我们不会深入讨论生成 H 的做法，因为它们最终再现了在我们采用的方法中更容易获得的结果。

7.5　从能量基过渡到坐标基

在上一节中我们论述到，虽然 $|n\rangle$ 基很适合计算谐振子本征态间的算符矩阵元，然而计算一个在态 $|n\rangle$ 中并位于 x 点的粒子的振幅就不那么容易了：似乎我们必须找到 X 算符［(7.4.32) 式］的本征右矢 $|x\rangle$，然后求内积 $\langle x|n\rangle$。但是有一个更直接的方式得到 $\psi_n(x) = \langle x|n\rangle$。

作为开始，我们将定义谐振子基态的方程

$$a\,|0\rangle = 0 \tag{7.5.1}$$

将其投影到 X 基上：

$$\begin{aligned}|0\rangle &\to \langle x|0\rangle = \psi_0(x)\\ a &= \left(\frac{m\omega}{2\hbar}\right)^{1/2} X + \mathrm{i}\left(\frac{1}{2m\omega\hbar}\right)^{1/2} P\\ &\to \left(\frac{m\omega}{2\hbar}\right)^{1/2} x + \left(\frac{\hbar}{2m\omega}\right)^{1/2} \frac{\mathrm{d}}{\mathrm{d}x}\end{aligned} \tag{7.5.2}$$

利用 $y = (m\omega/\hbar)^{1/2}x$，

$$a = \frac{1}{\sqrt{2}}\left(y + \frac{\mathrm{d}}{\mathrm{d}y}\right) \tag{7.5.3}$$

为了后面的应用我们注意到（由于 $\mathrm{d}/\mathrm{d}y$ 是反厄米的），

$$a^\dagger = \frac{1}{\sqrt{2}}\left(y - \frac{\mathrm{d}}{\mathrm{d}y}\right) \tag{7.5.4}$$

在 X 基下，(7.5.1) 式那时变成

$$\left(y + \frac{\mathrm{d}}{\mathrm{d}y}\right)\psi_0(y) = 0 \tag{7.5.5}$$

或者

$$\frac{\mathrm{d}\psi_0(y)}{\psi_0(y)} = -y\,\mathrm{d}y$$

或者

$$\psi_0(y) = A_0\,\mathrm{e}^{-y^2/2}$$

或者

$$\psi_0(x) = A_0 \exp\left(-\frac{m\omega x^2}{2\hbar}\right)$$

或（经过了归一化处理）

$$= \left(\frac{m\omega}{\pi\hbar}\right)^{1/4} \exp\left(-\frac{m\omega x^2}{2\hbar}\right) \tag{7.5.6}$$

通过将方程

$$|n\rangle = \frac{(a^\dagger)^n}{(n!)^{1/2}}|0\rangle$$

投影到 X 基上，我们得到了归一化的波函数

$$\langle x|n\rangle = \psi_n\left[x = \left(\frac{\hbar}{m\omega}\right)^{1/2} y\right] = \frac{1}{(n!)^{1/2}}\left[\frac{1}{\sqrt{2}}\left(y - \frac{\mathrm{d}}{\mathrm{d}y}\right)\right]^n \left(\frac{m\omega}{\pi\hbar}\right)^{1/4} \mathrm{e}^{-y^2/2} \tag{7.5.7}$$

将上面的结果与 (7.3.22) 式比较，表明

$$H_n(y) = \mathrm{e}^{y^2/2}\left(y - \frac{\mathrm{d}}{\mathrm{d}y}\right)^n \mathrm{e}^{-y^2/2} \tag{7.5.8}$$

我们现在可以结束对谐振子较为详尽的讨论。如果你彻底弄懂了本章的内容，你应当对量子力学如何运作有了很好的理解。

习题 7.5.1 将 (7.5.1) 式投影到 P 基，并得到 $\psi_0(p)$。

习题 7.5.2 将下面的关系

$$a|n\rangle = n^{1/2}|n-1\rangle$$

投影到 X 基，并利用 (7.3.22) 式导出递推关系

$$H_n'(y) = 2nH_{n-1}(y)$$

习题 7.5.3 从

$$a + a^\dagger = \sqrt{2}\,y$$

出发，并且利用

$$(a+a^\dagger)|n\rangle = n^{1/2}|n-1\rangle + (n+1)^{1/2}|n+1\rangle$$

和 (7.3.22) 式，推导出关系式

$$H_{n+1}(y) = 2yH_n(y) - 2nH_{n-1}(y)$$

习题 7.5.4* 谐振子的热力学。玻尔兹曼公式

$$P(i) = \mathrm{e}^{-\beta E(i)}/Z$$

其中

$$Z = \sum_i \mathrm{e}^{-\beta E(i)}$$

给出一个系统处在能量为 $E(i)$ 的 i 态的概率，该系统与绝对温度为 $T = 1/\beta k$ 的容器处于热平衡，其中 $K = 1.3806 \times 10^{-23}$ J/K 为玻尔兹曼常量。（上述“概率”与相似系统的经典系综有关，与量子力学无关。）

(1) 证明该系统的能量热平均是

$$\bar{E} = \sum_i E(i)P(i) = \frac{-\partial}{\partial \beta}\ln Z$$

(2) 设这个系统是经典谐振子。指标 i 现在是连续的，并对应于描述谐振子状态的变量 x 和 p，即

$$i \to x, p$$

和

$$\sum_i \to \int\int \mathrm{d}x\,\mathrm{d}p$$

以及

$$E(i) \to E(x,p) = \frac{p^2}{2m} + \frac{1}{2}m\omega^2 x^2$$

请证明

$$Z_{\mathrm{cl}} = \left(\frac{2\pi}{\beta m\omega^2}\right)^{1/2}\left(\frac{2\pi m}{\beta}\right)^{1/2} = \frac{2\pi}{\omega\beta}$$

和

$$\bar{E}_{\mathrm{cl}} = \frac{1}{\beta} = kT$$

注意 E_{cl} 与 m 和 ω 无关。

(3) 对于量子谐振子，量子数 n 起了指标 i 的作用。请证明

$$Z_{\mathrm{qu}} = \mathrm{e}^{-\beta\hbar\omega/2}\left(1 - \mathrm{e}^{-\beta\hbar\omega}\right)^{-1}$$

以及

$$\bar{E}_{\mathrm{qu}} = \hbar\omega\left(\frac{1}{2} + \frac{1}{\mathrm{e}^{\beta\hbar\omega} - 1}\right)$$

(4) 直观上很明显，当温度 T 升高（$\beta=1/kT$ 降低），谐振子将越来越强烈地激发并最终（从对应原理）

$$\bar{E}_{\mathrm{qu}} \xrightarrow[T\to\infty]{} \bar{E}_{\mathrm{cl}}$$

请证明这个结果确实是真的，并且证明“大 T”意味着 $T \gg \hbar\omega/k$。

(5) 考虑一个具有 N_0 个原子的晶体，对于小的振动，它等价于 $3N_0$ 个退耦的谐振子。对所有简正模式求和后，晶体的平均热能 $\bar{E}_{\text{晶体}}$ 是 $\bar{E}_{\mathrm{cl}}$ 或者 $\bar{E}_{\mathrm{qu}}$，请证明：如果经典地处理谐振子，每个原子的比热是

$$C_{\mathrm{cl}}(T)=\frac{1}{N_0}\frac{\partial \bar{E}_{\text{晶体}}}{\partial T}=3k$$

它与 T 和谐振子参数无关，因此对所有的晶体都相同[①]。这和高温时的实验结果一致，但当 $T\to 0$ 时就不是了。经验上

$$\begin{aligned} C(T) &\to 3k \qquad (T\text{ 大时}) \\ &\to 0 \qquad (T\to 0) \end{aligned}$$

追随爱因斯坦的脚步，用量子力学来处理谐振子，为了简单，假设它们都具有相同的频率 ω。证明

$$C_{\mathrm{qu}}(T)=3k\left(\frac{\theta_{\mathrm{E}}}{T}\right)^2\frac{\mathrm{e}^{\theta_{\mathrm{E}}/T}}{\left(\mathrm{e}^{\theta_{\mathrm{E}}/T}-1\right)^2}$$

其中 $\theta_{\mathrm{E}}=\hbar\omega/k$ 被称为爱因斯坦温度，对不同的晶体它会改变，证明

$$\begin{aligned} C_{\mathrm{qu}}(T) &\xrightarrow[T\gg\theta_{\mathrm{E}}]{} 3k \\ C_{\mathrm{qu}}(T) &\xrightarrow[T\ll\theta_{\mathrm{E}}]{} 3k\left(\frac{\theta_{\mathrm{E}}}{T}\right)^2\mathrm{e}^{-\theta_{\mathrm{E}}/T} \end{aligned}$$

虽然当 $T\to 0$ 时 $C_{\mathrm{qu}}\to 0$，但呈现的指数下降趋势并不与 $C(T)\xrightarrow[T\to 0]{} T^3$ 的行为一致。这个矛盾是从假定所有简正模式的频率都相等而来，这当然不总是正确的。[回顾一下两个耦合质量的情况，我们得到了 $\omega_{\mathrm{I}}=(k/m)^{1/2}$ 和 $\omega_{\mathrm{II}}=(3k/m)^{1/2}$。] 这个矛盾被德拜（Debye）消除了。

但是爱因斯坦的简单图像本身是非常成功的（见图 7.3）。

① 更精确地说，是对于原子表现为没有内部自由度的点粒子的晶体。

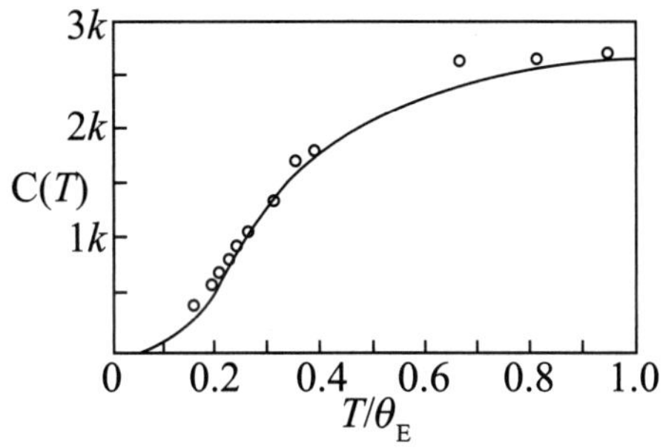

图 7.3　以金刚石为例，爱因斯坦关于比热的理论与实验值的比较（θ_E 被选为 1320 K）

第 8 章　量子理论的路径积分形式

我们在本章中研究量子力学的另外一种形式，它是费曼在 20 世纪 40 年代发现的[①]。与植根于哈密顿力学的薛定谔形式不同，费曼形式是与力学的拉格朗日形式紧密联系在一起的。虽然我们熟悉了前面的方式，在本章中我们讨论费曼的方式，这不仅是因为它在美学上的价值，还由于它可以在一系列问题中非常容易地给出完整的传播子，并且得到对经典力学和量子力学间关系有价值的深刻理解。

8.1　路径积分方案

我们已经看到一旦传播子已知，整个量子问题就完全解决了。迄今为止，我们的做法是先找出 H 的本征值和本征函数，然后用这些已知的信息将传播子 $U(t)$ 表示出来。路径积分的处理方法是直接计算 $U(t)$。对于一维的单个粒子，下面是标准的处理程序。

要求得 $U(x,t;x',t')$：

(1) 在 $x-t$ 平面上画出所有连接 (x',t') 和 (x,t) 的路径（见图 8.1）。

(2) 找到每条路径 $x(t)$ 的作用量 $S[x(t)]$。

(3) $$U(x,t;x',t') = A \sum_{\text{所有路径}} \mathrm{e}^{\mathrm{i}S[x(t)]/\hbar} \tag{8.1.1}$$

其中 A 是整体归一化因子。

8.2　该方案的分析

让我们先分析一下这个处理方式，一会儿再来证明它能重新产生传统的量子力学。最让人惊奇的是每条路径，包括经典路径 $x_{\mathrm{cl}}(t)$，都具有同样的权重，也就是

① 在 20 世纪 40 年代，费曼 20 多岁时。一个关于他是如何被狄拉克在这方面的工作影响的有趣描述可以在他的诺贝尔演讲中找到。[*Nobel lectures-Physics*, Vol.III, Elsevier Publication, New York (1972).]

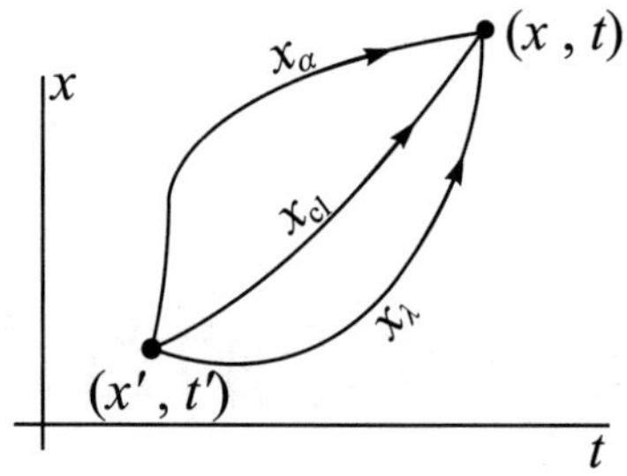

图 8.1 一些对传播子有贡献的路径。路径 $x(t)$ 的贡献为 $Z=\exp\{\mathrm{i}S[x(t)]/\hbar\}$

说，一个模为 1 的数。如果经典路径似乎没有特殊的优越性，我们如何在合适的极限下重新得到经典力学？

要理解这点，我们必须要把 (8.1.1) 式中的求和完成。现在，将所有路径求和的正确方式，也就是说路径积分是很复杂的，我们稍后讨论。而现在，让我们采用一种启发式方法。让我们先假设连接端点的连续路径实际上是一组分立的路径。我们已经将这一组中的几个路径画在图 8.1 中了。

我们需要对每个路径 $x_\alpha(t)$ 加入 $Z_\alpha=\mathrm{e}^{\mathrm{i}S[x_\alpha(t)]/\hbar}$ 的贡献。这个求和是按图 8.2 中给出的图示来进行的。由于每条路径具有不同的作用量，它们贡献不同的相位，来自每条路径的贡献基本上互相抵消，直到我们接近经典路径。由于 S 在这里是稳定的，所以这些 Z 是相加的，会产生一个很大的和。当我们从经典的 $x_{\rm cl}(t)$ 移开，那些相消干涉就会再一次出现。从图中很清楚地看出 $U(t)$ 是由接近 $x_{\rm cl}(t)$ 的路径主导的。这样看来，经典路径重要，并不是因为它本身的贡献很大，而是由于它临近的路径相干的贡献。

那么，在相消干涉起作用之前我们需要离开 $x_{\rm cl}$ 多远呢？我们可以大致地说，

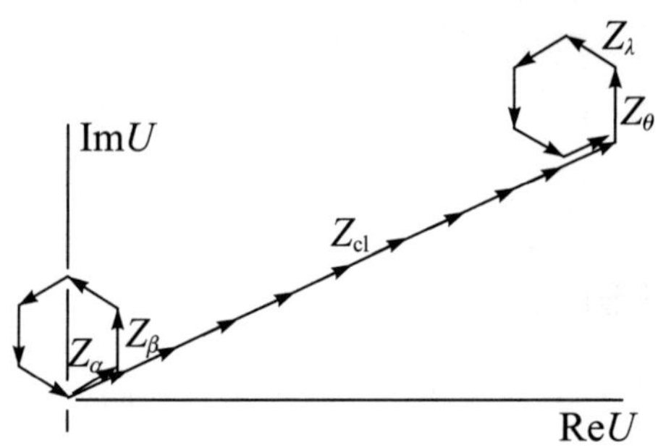

图 8.2 求和 $\sum Z_\alpha$ 的图示。临近 $x_{\rm cl}$ 的路径有正相干的贡献，这是由于在那里 S 稳定，而其他路径互相抵消，因而当我们计算 $U(t)$ 时可以在一级近似下忽略众多路径

当相位从稳定值 $S[x_{\text{cl}}(t)]/\hbar \equiv S_{\text{cl}}/\hbar$ 大约移开 π，相干性就消失了。这也意味着对相干路径有效的作用量必须在 S_{cl} 的 $\hbar\pi$ 的范围内。对于宏观粒子，这意味着对路径非常紧的约束，只是由于典型的 $S_{\text{cl}} \simeq 1\ \text{erg}\cdot\text{s} \simeq 10^{27}\hbar$ 对一个电子来说太大了。考虑下面的一个例子。一个自由粒子在 $t=0$ 时刻离开原点并在 $t=1\ \text{s}$ 时到达 $x=1$ 处。经典路径是

$$x = t \tag{8.2.1}$$

考虑另一条路径

$$x = t^2 \tag{8.2.2}$$

它也连接了两个时空点（见图 8.3）。

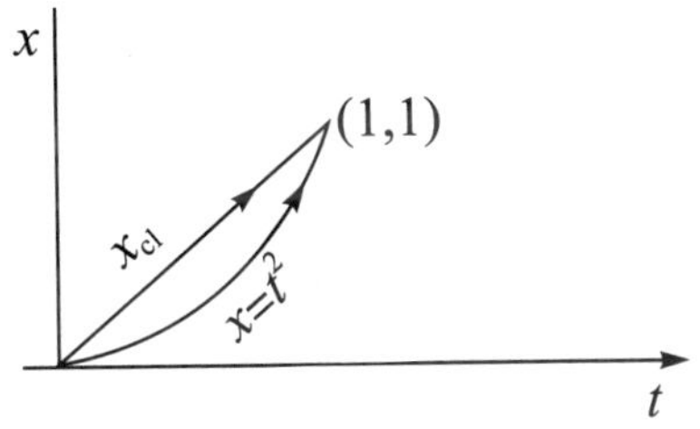

图 8.3　两个连接 (0, 0) 和 (1, 1) 的可能路径。在经典路径 $x=t$ 上，作用量为 $m/2$，而在另一条路径上，它为 $2m/3$

对于一个经典粒子，假设其质量为 1 g，当我们从经典路径 $x=t$ 移到非经典的路径 $x=t^2$ 时，作用量的改变约为 $1.6\times10^{26}\hbar$，相位的改变约为 1.6×10^{26} rad（弧度）。因此我们能完全忽略那些非经典的路径。另一方面，对于一个质量约为 10^{-27} g 的电子，$\delta S \simeq \hbar/6$，相位改变约为 1/6 rad，这就位于相干范围之内（$\delta S/\hbar \leqslant \pi$）。在这种情况下，假定粒子沿确定轨道 $x_{\text{cl}}(t)$ 运动，会与实验不符。

8.3　自由粒子 $U(t)$ 的一种近似

我们前面的讨论指出，作为一个非常好的近似，计算 $U(t)$ 时，除了经典路径及其邻域，我们能忽略所有非经典的路径。由于 S 是稳定的，假设所有那些保留的路径中的每一条都贡献同样的量 $\exp(\text{i}S_{\text{cl}}/\hbar)$，我们得到

$$U(t) = A'\,\text{e}^{\text{i}S_{\text{cl}}/\hbar} \tag{8.3.1}$$

其中 A' 是归一化因子，它“测量”相干范围内的路径数目。现在让我们找出在这个近似下一个自由粒子对应的 $U(t)$，并将结果与 (5.1.10) 式的精确结果做比较。

一个自由粒子的经典路径就是在 $x-t$ 平面上的一条直线：

$$x_{\mathrm{cl}}\left(t''\right)=x'+\frac{x-x'}{t-t'}\left(t''-t'\right) \tag{8.3.2}$$

它对应匀速 $v=(x-x')/(t-t')$ 的运动。由于 $\mathcal{L}=mv^2/2$ 是常数，

$$S_{\mathrm{cl}}=\int_{t'}^{t}\mathcal{L}\,\mathrm{d}t''=\frac{1}{2}\,m\,\frac{\left(x-x'\right)^2}{t-t'}$$

因此

$$U(x,t;x',t')=A'\exp\left[\frac{\mathrm{i}m(x-x')^2}{2\hbar(t-t')}\right] \tag{8.3.3}$$

为了找到 A'，我们利用这个事实，即当 $t-t'$ 趋于 0 时，U 必须趋于 $\delta(x-x')$。比较 (8.3.3) 式和我们在第 1.10 节中遇到过的 δ 函数的表示（见第 62 页的脚注），

$$\delta(x-x')\equiv\lim_{\Delta\to0}\frac{1}{\left(\pi\Delta^2\right)^{1/2}}\exp\left[-\frac{\left(x-x'\right)^2}{\Delta^2}\right]$$

（即使 Δ 是虚的，此式也正确），我们得到

$$A'=\left[\frac{m}{2\pi\hbar\mathrm{i}(t-t')}\right]^{1/2}$$

结果

$$U(x,t;x',0)\equiv U(x,t;x')=\left(\frac{m}{2\pi\hbar\mathrm{i}t}\right)^{1/2}\exp\left[\frac{\mathrm{i}m(x-x')^2}{2\hbar t}\right] \tag{8.3.4}$$

是精确的解！我们计算经典的作用量，就得到了精确的解！但是在第 8.6 节中，我们将看到仅对 $V=\mathrm{a}+\mathrm{b}x+\mathrm{c}x^2+\mathrm{d}\dot{x}+\mathrm{e}x\dot{x}$ 形式的势，$U(t)=A(t)\,\mathrm{e}^{\mathrm{i}S_{cl}/\hbar}$ 才是对的。进一步说，我们不能一般性地利用 $U(x,0;x')=\delta(x-x')$ 来求 $A(t)$，这是因为 A 可以包括一个任意的无量纲的函数 f，以至于当 $t\to0$ 时 $f\to1$。在这里 $f\equiv1$，是因为我们不能仅仅用 m，$\hbar$ 和 t 构建一个非平庸的无量纲的 f（请验证）。

8.4 自由粒子传播子的路径积分计算

虽然我们做过的启发式分析给出了自由粒子的精确传播子，我们现在要没有任何近似地重复这个计算以显示路径积分的可靠性。

考虑 $U(x_N,t_N;x_0,t_0)$。端点的特殊标定在后面将被证明是合理的。我们现在的任务是求这个路径积分

$$\int_{x_0}^{x_N}\mathrm{e}^{\mathrm{i}S[x(t)]/\hbar}\,\mathcal{D}[x(t)] \tag{8.4.1}$$

其中

$$\int_{x_0}^{x_N} \mathcal{D}[x(t)]$$

是“对连接 x_0 和 x_N（在 t_0 到 t_N 的时间间隔中）的所有路径积分”的一种符号式陈述。现在，一条路径 $x(t)$ 由无穷多个数值 $x_0(t),\cdots,x(t),\cdots,x(t_N)$ 来完整地描述，也就是说，在 t_0 到 t_N 间隔中的每个时间点 t，函数 $x(t)$ 的数值。为了将所有路径的贡献都加起来，我们必须对这些无限多的变量值积分，当然除了 $x(t_0)$ 和 $x(t_N)$，它们分别在 x_0 和 x_N 处固定。要解决这个问题，我们跟随在第 1.10 节中用过的思路：将函数 $x(t)$ 代换成分立近似，这些分立值与 $x(t)$ 在 $N+1$ 个点 $t_n = t_0 + n\varepsilon$（$n = 0,\cdots,N$）处的值相同，其中 $\varepsilon = (t_N - t_0)/N$。在这个近似中，每条路径都是由 $N+1$ 个数值 $x(t_0), x(t_1),\cdots,x(t_N)$ 来描述的。分立函数中的间距用直线来插值。在图 8.4 中，我们画出一条这样的路径。我们希望如果最后取 $N\to\infty$ 极限，将得到一个对这些近似不敏感的结果①。现在这些路径都分立化了，我们必须对作用量积分做同样的处理。将连续路径的定义

$$S = \int_{t_0}^{t_N} \mathcal{L}(t)\,\mathrm{d}t = \int_{t_0}^{t_N} \frac{1}{2}\,m\dot{x}^2\,\mathrm{d}t$$

用

$$S = \sum_{i=0}^{N-1} \frac{m}{2}\left(\frac{x_{i+1}-x_i}{\varepsilon}\right)^2 \varepsilon \tag{8.4.2}$$

来代替，其中 $x_i = x(t_i)$。我们要计算

$$\begin{aligned} U(x_N,\, t_N; x_0,\, t_0) &= \int_{x_0}^{x_N} \exp\{\mathrm{i}S[x(t)]/\hbar\}\mathcal{D}[x(t)] \\ &= \lim_{\substack{N\to\infty \\ \varepsilon\to 0}} A\int_{-\infty}^{\infty}\int_{-\infty}^{\infty}\cdots\int_{-\infty}^{\infty} \exp\left[\frac{\mathrm{i}}{\hbar}\frac{m}{2}\sum_{i=0}^{N-1}\frac{(x_{i+1}-x_i)^2}{\varepsilon}\right]\times \\ &\quad\ \mathrm{d}x_1\cdots\mathrm{d}x_{N-1} \end{aligned} \tag{8.4.3}$$

上面的讨论并未明确指出 x_0 和 x_N 具有我们开始时选定的值。最前面的因子 A 要这样选取——在最后取 $N\to\infty$ 的极限时，我们能够得到 U 的正确标度。

① 我们预期由我们的近似所引起的速度在 $t_0 + n\varepsilon$ 点处的突变不会有什么关系，这是由于 $\mathcal{L}$ 不依赖加速度或更高阶的导数。

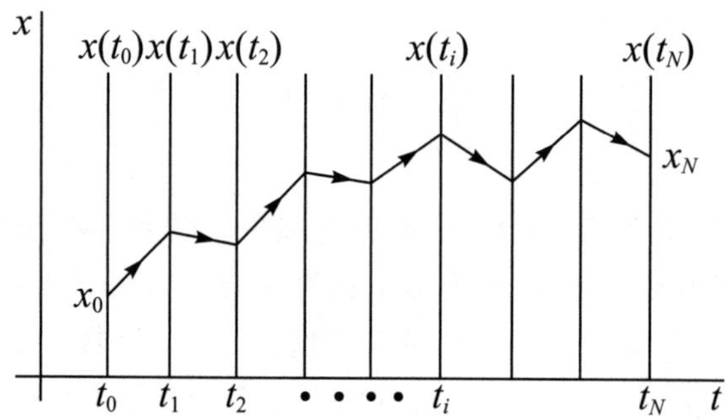

图 8.4　对一条路径 $x(t)$ 的分立近似。每条路径都由 $N-1$ 个数值 $x(t_1),\cdots,x(t_{N-1})$ 来描述。将所有路径求和，我们必须将每个 x_i 从 $-\infty$ 积分到 $+\infty$。一旦所有的积分都做完了，我们就可以取 $N\to\infty$ 极限了

现在让我们先切换到变量

$$y_i=\left(\frac{m}{2\hbar\varepsilon}\right)^{1/2}x_i$$

然后要做

$$\lim_{N\to\infty}A'\int\limits_{-\infty}^{\infty}\int\limits_{-\infty}^{\infty}\cdots\int\limits_{-\infty}^{\infty}\exp\left[-\sum_{i=0}^{N-1}\frac{(y_{i+1}-y_i)^2}{i}\right]\mathrm{d}y_1\cdots\mathrm{d}y_{N-1}\tag{8.4.4}$$

其中

$$A'=A\left(\frac{2\hbar\varepsilon}{m}\right)^{(N-1)/2}$$

虽然这个多重积分看上去很可怕，但它其实并不可怕。让我们从 y_1 的积分开始。首先考虑包含 y_1 的被积函数部分，我们得到

$$\int_{-\infty}^{\infty}\exp\left\{-\frac{1}{\mathrm{i}}\left[(y_2-y_1)^2+(y_1-y_0)^2\right]\right\}\mathrm{d}y_1=\left(\frac{\mathrm{i}\pi}{2}\right)^{1/2}\mathrm{e}^{-(y_2-y_0)^2/2\mathrm{i}}\tag{8.4.5}$$

再考虑对 y_2 的积分。将包含 y_2 的被积函数代入，并结合上面得到的结果，我们计算下一项

$$\begin{aligned}&\left(\frac{\mathrm{i}\pi}{2}\right)^{1/2}\int_{-\infty}^{\infty}\mathrm{e}^{-(y_3-y_2)^2/\mathrm{i}}\cdot\mathrm{e}^{-(y_2-y_0)^2/2\mathrm{i}}\,\mathrm{d}y_2\\&=\left(\frac{\mathrm{i}\pi}{2}\right)^{1/2}\mathrm{e}^{-(2y_3^2+y_0^2)/2\mathrm{i}}\left(\frac{2\pi\mathrm{i}}{3}\right)^{1/2}\mathrm{e}^{(y_0+2y_3)^2/6\mathrm{i}}\\&=\left[\frac{(\mathrm{i}\pi)^2}{3}\right]^{1/2}\mathrm{e}^{-(y_3-y_0)^2/3\mathrm{i}}\end{aligned}\tag{8.4.6}$$

将这个结果与对 y_1 积分的结果相比较，我们导出一种模式：如果我们重复这个过程 $N-1$ 次，便可以计算出 (8.4.4) 中的积分，它会变成

$$\frac{(\mathrm{i}\pi)^{(N-1)/2}}{N^{1/2}}\mathrm{e}^{-(y_N-y_0)^2/N\mathrm{i}}$$

或者

$$\frac{(\mathrm{i}\pi)^{(N-1)/2}}{N^{1/2}}\mathrm{e}^{-m(x_N-x_0)^2/2\hbar\varepsilon N\mathrm{i}}$$

将因子 $A(2\hbar\varepsilon/m)^{(N-1)/2}$ 从最上面代入，我们得到

$$U = A\left(\frac{2\pi\hbar\varepsilon\mathrm{i}}{m}\right)^{N/2}\left(\frac{m}{2\pi\hbar\mathrm{i}N\varepsilon}\right)^{1/2}\exp\left[\frac{\mathrm{i}m(x_N-x_0)^2}{2\hbar N\varepsilon}\right]$$

如果现在令 $N\to\infty$，$\varepsilon\to 0$ 和 $N\varepsilon\to t_N-t_0$，就会得到正确的答案

$$A = \left(\frac{2\pi\hbar\varepsilon\mathrm{i}}{m}\right)^{-N/2} \equiv B^{-N} \tag{8.4.7}$$

常用的方法是将一个因子 $1/B$ 与 $N-1$ 个积分中的每一个相结合，剩下的因子 $1/B$ 与整个过程相连。换言之，我们已经学到“对所有路径积分”这句话的准确意义是

$$\int\mathcal{D}[x(t)] = \lim_{\substack{\varepsilon\to 0\\ N\to\infty}}\frac{1}{B}\int_{-\infty}^{\infty}\int\int\cdots\int_{-\infty}^{\infty}\frac{\mathrm{d}x_1}{B}\cdot\frac{\mathrm{d}x_2}{B}\cdots\frac{\mathrm{d}x_{N-1}}{B}$$

其中

$$B = \left(\frac{2\pi\hbar\varepsilon\mathrm{i}}{m}\right)^{1/2} \tag{8.4.8}$$

8.5　与薛定谔方程的等价性

薛定谔形式和费曼形式之间的关系很类似于牛顿力学与力学中最小作用量形式间的关系，在前者的形式中操作在时间上是局域的，处理各个无穷小周期的时间演化，而后者是全局的，直接处理有限时间内的传播。

在薛定谔形式中，态矢量 $|\psi\rangle$ 在无穷小时间间隔 ε 内的变化为

$$|\psi(\varepsilon)\rangle - |\psi(0)\rangle = \frac{-\mathrm{i}\varepsilon}{\hbar}H|\psi(0)\rangle \tag{8.5.1}$$

在 X 基下，到 ε 的第一阶，它变成

$$\psi(x,\varepsilon)-\psi(x,0) = \frac{-\mathrm{i}\varepsilon}{\hbar}\left[\frac{-\hbar^2}{2m}\frac{\partial^2}{\partial x^2}+V(x,0)\right]\psi(x,0) \tag{8.5.2}$$

为了将此结果与路径积分在相同 ε 阶的预言相比较，我们从

$$\psi(x,\varepsilon) = \int_{-\infty}^{\infty}U(x,\varepsilon;x')\,\psi(x',0)\,\mathrm{d}x' \tag{8.5.3}$$

出发。对 $U(\varepsilon)$ 的计算可以根据这个事实简化，即不需要从头到尾对中间的 x 做任意积分，这是由于从起始到结束只存在一段时间 ε。所以

$$U(x,\,\varepsilon;\,x')=\left(\frac{m}{2\pi\hbar i\varepsilon}\right)^{1/2}\exp\left\{\mathrm{i}\left[\frac{m(x-x')^2}{2\varepsilon}-\varepsilon V\left(\frac{x+x'}{2},\,0\right)\right]/\hbar\right\}\tag{8.5.4}$$

其中前面的因子 $(m/2\pi\hbar\mathrm{i}\varepsilon)^{1/2}$ 就是源自 (8.4.8) 式的 $1/B$ 因子。我们让 V 中的时间变量为零，这是因为在公式前面已经存在一个因子 ε，于是 V 在 0 到 ε 间隔内的任何变化都只能引起 ε 的二阶效应。于是

$$\psi(x,\varepsilon)=\left(\frac{m}{2\pi\hbar i\varepsilon}\right)^{1/2}\int_{-\infty}^{\infty}\exp\left[\frac{\mathrm{i}m(x-x')^2}{2\varepsilon\hbar}\right]\exp\left[-\frac{\mathrm{i}\varepsilon}{\hbar}V\left(\frac{x+x'}{2},0\right)\right]\times \\ \psi(x',0)\,\mathrm{d}x'\tag{8.5.5}$$

考虑因子 $\exp[\mathrm{i}m(x-x')^2/2\varepsilon\hbar]$，当 $(x-x')$ 变化时，它很快地振荡，这是由于 ε 无穷小且 $\hbar$ 也是如此之小。当这样快速振荡的函数乘一个类似 $\psi(x',0)$ 缓慢变化的函数时，由于指数的随机相位，这个积分大部分都消失了。正如路径积分的情况，唯一实质性的贡献来自于相位稳定的区域。在这种情况下，唯一稳定的点是 $x=x'$，在那里相位具有零的最小值。利用 $\eta=x'-x$，正如以前看到的，相干区域是

$$\frac{m\eta^2}{2\varepsilon\hbar}\lesssim\pi$$

或者

$$|\eta|\lesssim\left(\frac{2\varepsilon\hbar\pi}{m}\right)^{1/2}\tag{8.5.6}$$

现在考虑

$$\psi(x,\varepsilon)=\left(\frac{m}{2\pi\hbar\mathrm{i}\varepsilon}\right)^{1/2}\int_{-\infty}^{\infty}\exp(\mathrm{i}m\eta^2/2\hbar\varepsilon)\cdot\exp\left[-\left(\frac{\mathrm{i}}{\hbar}\right)\varepsilon V\left(x+\frac{\eta}{2},\,0\right)\right]\times \\ \psi(x+\eta,0)\,\mathrm{d}\eta\tag{8.5.7}$$

我们只做到 ε 的第一阶，因而也就是 η 的第二阶［见前面的 (8.5.6) 式］。我们展开

$$\psi(x+\eta,0)=\psi(x,0)+\eta\,\frac{\partial\psi}{\partial x}+\frac{\eta^2}{2}\,\frac{\partial^2\psi}{\partial x^2}+\cdots$$

$$\begin{aligned}\exp\left[-\left(\frac{\mathrm{i}}{\hbar}\right)\varepsilon V\left(x+\frac{\eta}{2},\,0\right)\right]&=1-\frac{\mathrm{i}\varepsilon}{\hbar}\,V\left(x+\frac{\eta}{2},\,0\right)+\cdots\\&=1-\frac{\mathrm{i}\varepsilon}{\hbar}\,V(x,0)+\cdots\end{aligned}$$

展开中 $\eta\varepsilon$ 阶的项都被忽略掉了。(8.5.7) 式现在变成

$$\psi(x,\varepsilon)=\left(\frac{m}{2\pi\hbar\mathrm{i}\varepsilon}\right)^{1/2}\int_{-\infty}^{\infty}\exp\left(\frac{\mathrm{i}m\eta^2}{2\hbar\varepsilon}\right)\left[\psi(x,0)-\frac{\mathrm{i}\varepsilon}{\hbar}\,V(x,0)\psi(x,0)+\right. \\ \left.\eta\,\frac{\partial\psi}{\partial x}+\frac{\eta^2}{2}\,\frac{\partial^2\psi}{\partial x^2}\right]\mathrm{d}\eta$$

参考附录 A.2 中的高斯积分表，我们得到

$$\psi(x,\varepsilon)=\left(\frac{m}{2\pi\hbar\mathrm{i}\varepsilon}\right)^{1/2}\left[\psi(x,0)\left(\frac{2\pi\hbar\mathrm{i}\varepsilon}{m}\right)^{1/2}-\frac{\hbar\varepsilon}{2\mathrm{i}m}\left(\frac{2\pi\hbar\mathrm{i}\varepsilon}{m}\right)^{1/2}\frac{\partial^2\psi}{\partial x^2}-\right.$$
$$\left.\frac{\mathrm{i}\varepsilon}{\hbar}\left(\frac{2\pi\hbar\mathrm{i}\varepsilon}{m}\right)^{1/2}V(x,0)\,\psi(x,0)\right]$$

或

$$\psi(x,\varepsilon)-\psi(x,0)=\frac{-\mathrm{i}\varepsilon}{\hbar}\left[\frac{-\hbar^2}{2m}\frac{\partial^2}{\partial x^2}+V(x,0)\right]\psi(x,0) \tag{8.5.8}$$

它与薛定谔的预言 (8.5.1) 式相吻合。

8.6　形式为 $V=\mathrm{a}+\mathrm{b}x+\mathrm{c}x^2+\mathrm{d}\dot{x}+\mathrm{e}x\dot{x}$ 的势①

我们要计算

$$U(x,t;x')=\int_{x'}^{x}\mathrm{e}^{\mathrm{i}S[x(t'')]/\hbar}\,\mathcal{D}[x(t'')] \tag{8.6.1}$$

让我们把每一条路径写成

$$x(t'')=x_{\mathrm{cl}}(t'')+y(t'') \tag{8.6.2}$$

随之

$$\dot{x}(t'')=\dot{x}_{\mathrm{cl}}(t'')+\dot{y}(t'') \tag{8.6.3}$$

由于所有路径在端点处都一致，$y(0)=y(t)=0$。当我们把时间切成 N 部分，对于中间的积分变量，我们有

$$x_i\equiv x(t_i'')=x_{\mathrm{cl}}(t_i'')+y(t_i'')\equiv x_{\mathrm{cl}}(t_i'')+y_i$$

由于在 t_i'' 时刻，$x_{\mathrm{cl}}(t_i'')$ 就是某个常数，

$$\mathrm{d}x_i=\mathrm{d}y_i$$

和

$$\int_{x'}^{x}\mathcal{D}[x(t'')]=\int_0^0\mathcal{D}[y(t'')] \tag{8.6.4}$$

所以 (8.6.1) 式变成

$$U(x,t;x')=\int_0^0\exp\left\{\frac{\mathrm{i}}{\hbar}\,S[x_{\mathrm{cl}}(t'')+y(t'')]\right\}\mathcal{D}[y(t'')] \tag{8.6.5}$$

① 你可以略过此节，而不丢失连续性。

下一步就是将泛函 S 在 $x_{\rm cl}$ 的邻域做泰勒展开：

$$S[x_{\rm cl}+y]=\int_0^t \mathcal{L}(x_{\rm cl}+y,\,\dot{x}_{\rm cl}+\dot{y})\,{\rm d}t''$$
$$\equiv\int_0^t\left[\mathcal{L}(x_{\rm cl},\,\dot{x}_{\rm cl})+\left(\left.\frac{\partial\mathcal{L}}{\partial x}\right|_{x_{\rm cl}}y+\left.\frac{\partial\mathcal{L}}{\partial \dot{x}}\right|_{x_{\rm cl}}\dot{y}\right)+\right.$$
$$\left.\frac{1}{2}\left(\left.\frac{\partial^2\mathcal{L}}{\partial x^2}\right|_{x_{\rm cl}}y^2+2\left.\frac{\partial^2\mathcal{L}}{\partial x\,\partial\dot{x}}\right|_{x_{\rm cl}}y\dot{y}+\left.\frac{\partial^2\mathcal{L}}{\partial \dot{x}^2}\right|_{x_{\rm cl}}\dot{y}^2\right)\right]{\rm d}t'' \tag{8.6.6}$$

由于 $\mathcal{L}$ 是二次多项式，这个级数就终止在这里。

第一部分 $\mathcal{L}(x_{\rm cl},\dot{x}_{\rm cl})$ 积分后给出 $S[x_{\rm cl}]\equiv S_{\rm cl}$。第二部分是 y 和 $\dot{y}$ 的线性项，它们在经典运动方程中为零。最后一部分，让我们回顾

$$\mathcal{L}=\frac{1}{2}m\dot{x}^2-{\rm a}-{\rm b}x-{\rm c}x^2-{\rm d}\dot{x}-{\rm e}x\dot{x} \tag{8.6.7}$$

从而得到

$$\frac{1}{2}\frac{\partial^2\mathcal{L}}{\partial x^2}=-{\rm c} \tag{8.6.8}$$
$$\frac{\partial^2\mathcal{L}}{\partial x\,\partial\dot{x}}=-{\rm e} \tag{8.6.9}$$
$$\frac{1}{2}\,\frac{\partial^2\mathcal{L}}{\partial\dot{x}^2}=\frac{1}{2}m \tag{8.6.10}$$

于是 (8.6.5) 式成为

$$U(x,\,t;\,x')=\exp\left(\frac{{\rm i}S_{\rm cl}}{\hbar}\right)\int_0^0\exp\left[\frac{\rm i}{\hbar}\int_0^t\left(\frac{1}{2}\,m\dot{y}^2-{\rm c}y^2-{\rm e}y\dot{y}\right){\rm d}t''\right]\mathcal{D}[y(t'')] \tag{8.6.11}$$

由于路径积分对 $x_{\rm cl}$ 并无记忆，所以它只依赖于时间 t。于是

$$U(x,t;x')={\rm e}^{{\rm i}S_{\rm cl}/\hbar}A(t) \tag{8.6.12}$$

其中 $A(t)$ 是 t 的某个未知函数。现在如果我们在做自由粒子的问题，就会得到 (8.6.11) 式，其中 ${\rm c}={\rm e}=0$。在目前的情况下，我们知道［见 (8.3.4) 式］

$$A(t)=\left(\frac{m}{2\pi\hbar{\rm i}t}\right)^{1/2} \tag{8.6.13}$$

由于系数 b 并未包括在 (8.6.11) 式中，所以 $A(t)$ 的同一个数值也对应线性势 $V={\rm a}+{\rm b}x$。对于谐振子，有 ${\rm c}=\frac{1}{2}m\omega^2$，我们需要做积分

$$A(t)=\int_0^0\exp\left[{\rm i}/\hbar\int_0^t\frac{1}{2}m(\dot{y}^2-\omega^2y^2)\,{\rm d}t''\right]\mathcal{D}[y(t'')] \tag{8.6.14}$$

费曼和希布斯的书讨论了如何估算这个积分，我们将在本节末尾介绍此书。注意即使 $\psi(x,t)$ 中的因子 $A(t)$ 未知，我们也能获取 t 时刻所有概率的信息。

我们注意到费曼形式给出各种情况下的完整的传播子。要特别考虑一种替代方式，找到哈密顿量的本征函数并从中建立谐振子的传播子。

路径积分方法能够在不改变任何主要特性的情况下扩展到三维。特别是 (8.6.12) 式中 U 的形式，对那些最多只有坐标和速度平方的势来说是有效的。在这一类中，一个有意思的问题是关于均匀磁场中的粒子。关于路径积分量子力学这个课题进一步的细节请参见费曼和希布斯的书［R. P. Feynman, A.R. Hibbs, *Path Integrals and Quantum Mechanics*, McGraw-Hill (1965)］，以及本书第 21 章。

习题 8.6.1* 证明

$$U(x,t;x',0)=A(t)\exp(\mathrm{i}S_{\mathrm{cl}}/\hbar),\quad A(t)=\left(\frac{m}{2\pi\hbar\mathrm{i}t}\right)^{1/2}$$

对于 $V(x)=-fx$，它与精确结果 (5.4.31) 式相符。提示：从 $x_{\mathrm{cl}}(t'')=x_0+v_0t''+\frac{1}{2}(f/m)\,t''^2$ 开始，根据 $x_{\mathrm{cl}}(0)=x'$ 和 $x_{\mathrm{cl}}(t)=x$ 的要求，确定常数 x_0 和 v_0。

习题 8.6.2 证明对具有拉格朗日量

$$\mathcal{L}=\frac{1}{2}\,m\dot{x}^2-\frac{1}{2}\,m\omega^2x^2$$

的谐振子，

$$U(x,t;x')=A(t)\exp\left\{\frac{\mathrm{i}m\omega}{2\hbar\sin\omega t}\left[(x^2+x'^2)\cos\omega t-2xx'\right]\right\}$$

其中 $A(t)$ 是一个未知函数（回顾习题 2.8.7）。

习题 8.6.3 我们知道给定本征函数和本征值，能构建传播子

$$U(x,t;x',t')=\sum_n\psi_n(x)\psi_n^*(x')\,\mathrm{e}^{-\mathrm{i}E_n(t-t')/\hbar}\tag{8.6.15}$$

对于谐振子的情况，考虑一个反过程（由于路径积分方法直接给出 U）。

(1) 设 $x=x'=t'=0$。假设对于谐振子，$A(t)=(m\omega/2\pi\mathrm{i}\hbar\sin\omega t)^{1/2}$。将 (8.6.15) 式的两边展开，你将发现 $E=\hbar\omega/2,\ 5\hbar\omega/2,\ 9\hbar\omega/2,\cdots$，等等。能级间发生了什么？

(2)（可选）现在考虑将本征函数抽取出来。让 $x = x'$ 和 $t' = 0$。通过展开成 $\alpha = \exp(\mathrm{i}\omega t)$ 的幂级数，找到 E_0，E_1，$|\psi_0(x)|^2$ 和 $|\psi_1(x)|^2$。

习题 8.6.4* 先回忆一下，如何从 (8.5.4) 式出发，推导薛定谔方程 (8.5.8) 式。注意到，虽然我们选取了 V 的变量为中点 $x + x'/2$，这其实没多大关系：对于 $0 \leqslant \alpha \leqslant 1$，任何选择 $x + \alpha\eta$（其中 $\eta = x' - x$）都会给出相同的结果，这是因为各种选择间的区别都是 $\eta\varepsilon \approx \varepsilon^{3/2}$ 阶的。所有这些来源于因子 ε 乘 (8.5.4) 式中的 V，以及根据 (8.5.6) 式，$|\eta| \approx \varepsilon^{1/2}$。

考虑矢量势的情况，对于一个时间段，它会将以下因子引入传播子：

$$\exp\left[\frac{\mathrm{i}q\varepsilon}{\hbar c}\,\frac{x - x'}{\varepsilon}\,A(x + \alpha\,\eta)\right] \equiv \exp\left[-\frac{\mathrm{i}q\varepsilon}{\hbar c}\,\frac{\eta}{\varepsilon}\,A(x + \alpha\,\eta)\right]$$

（我们要真的用矢量来描述位置和矢量势，但一维版本就足够讲清这一点了。）注意到现在 ε 抵消了，这与标量势的情形不一样。如此，按 ε 的阶推导薛定谔方程，意味着按 η^2 的阶来展开指数。这不仅会引入一项 A^2，还会给出对线性项中 A 的变量很敏感的答案。选择 $\alpha = 1/2$，并证明你得到了 (4.3.7) 式的一维版本。按此方式，我们将看到改变 α 会引起 $\psi(x,\varepsilon)$ 的一个 ε 量级的改变，以至于我们只能用 $\alpha = 1/2$，也就是使用中间点规则。这点在第 21 章中还会出现。

第 9 章 海森堡不确定度关系

9.1 引言

在经典力学中，处于状态 (x_0,p_0) 的粒子，与其相关的任何动力学变量 $\omega(x,p)$ 都具严格确定的值，即 $\omega(x_0,p_0)$。在量子理论中，给定了一个态 $|\psi\rangle$，我们只能给出测量 Ω 的可能结果的概率 $P(\omega)$。概率分布将被表征为一个平均值或期望值

$$\langle\Omega\rangle = \langle\psi|\Omega|\psi\rangle \tag{9.1.1}$$

和关于这个平均值的不确定度：

$$(\Delta\Omega) = [\langle\psi|(\Omega-\langle\Omega\rangle)^2|\psi\rangle]^{1/2} \tag{9.1.2}$$

但有一些态，它的 $\Delta\Omega=0$，因此是 Ω 的本征态 $|\omega\rangle$。

如果我们考虑两个厄米算符 Ω 和 Λ，在任一态上，它们通常会具有不确定度 $\Delta\Omega$ 和 $\Delta\Lambda$。在下一节中，我们将推导出海森堡不确定度关系，这将提供产生的不确定度 $\Delta\Omega\cdot\Delta\Lambda$ 的下限。一般来说，这个下限不仅依赖于算符，而且依赖于态。我们感兴趣的是下限不依赖于态的情况。该推导将明确给出存在这种关系的条件。

9.2 不确定度关系的推导

设 Ω 和 Λ 是两个厄米算符，它们的对易式为

$$[\Omega,\Lambda] = \mathrm{i}\Gamma \tag{9.2.1}$$

易证，Γ 也是厄米的。让我们从一个归一态 $|\psi\rangle$ 上的如下不确定度乘积出发：

$$(\Delta\Omega)^2(\Delta\Lambda)^2 = \langle\psi|(\Omega-\langle\Omega\rangle)^2|\psi\rangle\langle\psi|(\Lambda-\langle\Lambda\rangle)^2|\psi\rangle \tag{9.2.2}$$

其中 $\langle\Omega\rangle=\langle\psi|\Omega|\psi\rangle$ 和 $\langle\Lambda\rangle=\langle\psi|\Lambda|\psi\rangle$。让我们接着定义一对量：

$$\begin{aligned}\widehat{\Omega} &= \Omega-\langle\Omega\rangle\\ \widehat{\Lambda} &= \Lambda-\langle\Lambda\rangle\end{aligned} \tag{9.2.3}$$

它们有着与 Ω 和 Λ 同样的对易式（请证明）。用 $\widehat{\Omega}$ 和 $\widehat{\Lambda}$ 得到

$$\begin{aligned}(\Delta\Omega)^2(\Delta\Lambda)^2 &= \langle\psi|\widehat{\Omega}^2|\psi\rangle\langle\psi|\widehat{\Lambda}^2|\psi\rangle \\ &= \langle\widehat{\Omega}\psi|\widehat{\Omega}\psi\rangle\langle\widehat{\Lambda}\psi|\widehat{\Lambda}\psi\rangle\end{aligned} \tag{9.2.4}$$

因为

$$\widehat{\Omega}^2 = \widehat{\Omega}\widehat{\Omega} = \widehat{\Omega}^\dagger\widehat{\Omega}$$

和

$$\widehat{\Lambda}^2 = \widehat{\Lambda}^\dagger\widehat{\Lambda} \tag{9.2.5}$$

如果利用施瓦茨不等式：

$$|V_1|^2|V_2|^2 \geqslant |\langle V_1|V_2\rangle|^2 \tag{9.2.6}$$

（其中，等号仅当 $|V_1\rangle = \mathrm{c}|V_2\rangle$ 时成立，其中 c 是一个常数。）对于态 $|\widehat{\Omega}\psi\rangle$ 和 $|\widehat{\Lambda}\psi\rangle$，我们从 (9.2.4) 式得到

$$(\Delta\Omega)^2(\Delta\Lambda)^2 \geqslant |\langle\widehat{\Omega}\psi|\widehat{\Lambda}\psi\rangle|^2 \tag{9.2.7}$$

现在，让我们利用如下事实

$$\langle\widehat{\Omega}\psi|\widehat{\Lambda}\psi\rangle = \langle\psi|\widehat{\Omega}^\dagger\widehat{\Lambda}|\psi\rangle = \langle\psi|\widehat{\Omega}\widehat{\Lambda}|\psi\rangle \tag{9.2.8}$$

把前面的不等式改写成

$$(\Delta\Omega)^2(\Delta\Lambda)^2 \geqslant |\langle\psi|\widehat{\Omega}\widehat{\Lambda}|\psi\rangle|^2 \tag{9.2.9}$$

现在，我们确信对易式必须在某处引入到这个图像。这一点我们通过下列恒等式来安排：

$$\begin{aligned}\widehat{\Omega}\widehat{\Lambda} &= \frac{\widehat{\Omega}\widehat{\Lambda}+\widehat{\Lambda}\widehat{\Omega}}{2} + \frac{\widehat{\Omega}\widehat{\Lambda}-\widehat{\Lambda}\widehat{\Omega}}{2} \\ &= \frac{1}{2}[\widehat{\Omega},\widehat{\Lambda}]_+ + \frac{1}{2}[\widehat{\Omega},\widehat{\Lambda}]\end{aligned} \tag{9.2.10}$$

其中，$[\hat{\Omega},\hat{\Lambda}]_+$ 被称为*反对易式*（anticommutator）。把 (9.2.10) 式代回不等式 (9.2.9) 中，我们得到

$$(\Delta\Omega)^2(\Delta\Lambda)^2 \geqslant |\langle\psi|\frac{1}{2}[\widehat{\Omega},\widehat{\Lambda}]_+ + \frac{1}{2}[\widehat{\Omega},\widehat{\Lambda}]|\psi\rangle|^2 \tag{9.2.11}$$

接下来我们利用下列事实：

(1) 因为 $[\widehat{\Omega},\widehat{\Lambda}] = \mathrm{i}\Gamma$，其中 Γ 是一个厄米算符，该对易式的期待值是纯虚的；

(2) 因为 $[\widehat{\Omega},\widehat{\Lambda}]_+$ 是厄米的，这个反对易式的期待值是实的。

回忆起 $|a+\mathrm{i}b|^2=a^2+b^2$，我们得到

$$
\begin{aligned}
(\Delta\Omega)^2(\Delta\Lambda)^2 &\geqslant \frac{1}{4}|\langle\psi|[\widehat{\Omega},\widehat{\Lambda}]_+|\psi\rangle+\mathrm{i}\langle\psi|\Gamma|\psi\rangle|^2 \\
&\geqslant \frac{1}{4}\langle\psi|[\widehat{\Omega},\widehat{\Lambda}]_+|\psi\rangle^2+\frac{1}{4}\langle\psi|\Gamma|\psi\rangle^2
\end{aligned}
\tag{9.2.12}
$$

这是任意两个厄米算符之间一般的不确定度关系，并且显然是态依赖的。考虑到现在的正则共轭算符，其中 $\Gamma=\hbar$。在这种情况下，

$$
(\Delta\Omega)^2(\Delta\Lambda)^2 \geqslant \frac{1}{4}\langle\psi|[\widehat{\Omega},\widehat{\Lambda}]_+|\psi\rangle^2+\frac{\hbar^2}{4} \tag{9.2.13}
$$

因为第一项是正定的，我们可以断定对于任一 $|\psi\rangle$

$$
(\Delta\Omega)^2(\Delta\Lambda)^2 \geqslant \hbar^2/4
$$

或

$$
\Delta\Omega\cdot\Delta\Lambda \geqslant \hbar/2 \tag{9.2.14}
$$

这就是著名的不确定度关系。让我们注意到上述不等式仅当下列条件成立时，变成等式

$$
\widehat{\Omega}|\psi\rangle=\mathrm{c}\widehat{\Lambda}|\psi\rangle
$$

和

$$
\langle\psi|[\widehat{\Omega},\widehat{\Lambda}]_+|\psi\rangle=0 \tag{9.2.15}
$$

9.3　最小不确定度波包

在本节中，我们将寻求波函数 $\psi(x)$，它满足 X 和 P 不确定度关系的下限。根据 (9.2.15) 式，这样的态的特征是

$$
(P-\langle P\rangle)|\psi\rangle=\mathrm{c}(X-\langle X\rangle)|\psi\rangle \tag{9.3.1}
$$

和

$$
\langle\psi|(P-\langle P\rangle)(X-\langle X\rangle)+(X-\langle X\rangle)(P-\langle P\rangle)|\psi\rangle=0 \tag{9.3.2}
$$

其中，$\langle P\rangle$ 和 $\langle X\rangle$ 所涉及的是由这些方程隐含定义的态 $|\psi\rangle$。在 X 基下，(9.3.1) 式变成

$$
\left(-\mathrm{i}\hbar\frac{\mathrm{d}}{\mathrm{d}x}-\langle P\rangle\right)\psi(x)=\mathrm{c}(x-\langle X\rangle)\psi(x)
$$

或

$$
\frac{\mathrm{d}\psi(x)}{\psi(x)}=\frac{\mathrm{i}}{\hbar}\left[\langle P\rangle+\mathrm{c}(x-\langle X\rangle)\right]\mathrm{d}x \tag{9.3.3}
$$

现在，无论 $\langle X\rangle$ 可能是什么，总是有可能（相对于 $x=\langle X\rangle$）偏移我们的原点，使得在新的参考系中 $\langle X\rangle=0$。在这个参考系中，(9.3.3) 式有解：

$$\psi(x)=\psi(0)\,\mathrm{e}^{\mathrm{i}\langle P\rangle x/\hbar}\,\mathrm{e}^{\mathrm{i}\mathrm{c}x^2/2\hbar} \tag{9.3.4}$$

让我们接下来考虑约束 (9.3.2) 式，在这个参考系中它变成

$$\langle\psi|(P-\langle P\rangle)X+X(P-\langle P\rangle)|\psi\rangle=0$$

如果现在我们利用 (9.3.1) 式及其共轭式，求得

$$\langle\psi|\mathrm{c}^*X^2+\mathrm{c}X^2|\psi\rangle=0$$
$$(\mathrm{c}+\mathrm{c}^*)\langle\psi|X^2|\psi\rangle=0$$

由它得出，c 是纯虚数：

$$\mathrm{c}=\mathrm{i}\,|\mathrm{c}| \tag{9.3.5}$$

我们的解 (9.3.4) 现在变成

$$\psi(x)=\psi(0)\,\mathrm{e}^{\mathrm{i}\langle P\rangle x/\hbar}\,\mathrm{e}^{-|\mathrm{c}|x^2/2\hbar}$$

根据

$$\begin{aligned}\Delta^2&=\hbar/|\mathrm{c}|\\ \psi(x)&=\psi(0)\,\mathrm{e}^{\mathrm{i}\langle P\rangle x/\hbar}\,\mathrm{e}^{-x^2/2\Delta^2}\end{aligned} \tag{9.3.6}$$

其中，Δ^2 像 $|\mathrm{c}|$ 一样是任意的。如果不选择使 $\langle X\rangle$ 为零的原点，我们就会代之有

$$\psi(x)=\psi(\langle X\rangle)\,\mathrm{e}^{\mathrm{i}\langle P\rangle\,(x-\langle X\rangle)/\hbar}\,\mathrm{e}^{-(x-\langle X\rangle)^2/2\Delta^2} \tag{9.3.7}$$

因此，*最小不确定波函数*是一个具有任意宽度和中心位置的高斯函数。对于特殊情况，$\langle X\rangle=\langle P\rangle=0$，这一结果被用于寻找使谐振子哈密顿量的期望值最小的态。

9.4 不确定性原理的应用

现在，我们以估计基态能量的大小和基态波函数的弥散作为例子来说明不确定性原理的使用。从这个例子应该可以清楚地看到，我们处理谐振子取得的成功是相当非典型的。

选择氢原子作为我们的系统。假设质子是一个旁观者，其唯一作用是为电子提供库仑势，则这个系统的哈密顿量可以完全用电子的变量写成①

$$H=\frac{P_x^2+P_y^2+P_z^2}{2m}-\frac{e^2}{(X^2+Y^2+Z^2)^{1/2}} \tag{9.4.1}$$

① 算符 $(X^2+Y^2+Z^2)^{-1/2}$ 在坐标基中正是 $1/r$。为了简化表示方法，我们偶尔会用 $1/r$ 来表示，即使是在摘要中引用的情况下。

让我们首先模仿对谐振子的分析，估算处于归一态 $|\psi\rangle$ 的 $\langle H\rangle$：

$$\begin{aligned}\langle H\rangle &= \frac{\langle P_x^2+P_y^2+P_z^2\rangle}{2m} - e^2\left\langle\frac{1}{(X^2+Y^2+Z^2)^{1/2}}\right\rangle \\ &= \frac{\langle P_x^2\rangle+\langle P_y^2\rangle+\langle P_z^2\rangle}{2m} - e^2\left\langle\frac{1}{(X^2+Y^2+Z^2)^{1/2}}\right\rangle\end{aligned} \tag{9.4.2}$$

因为

$$\langle P_x^2\rangle = \langle\Delta P_x\rangle^2 + \langle P_x\rangle^2 \quad 等。$$

估算 $\langle H\rangle$ 极小值的第一步是只取 $\langle P_i\rangle=0$ 的态来进行求解。对于这样的态，

$$\langle H\rangle = \frac{(\Delta P_x)^2+(\Delta P_y)^2+(\Delta P_z)^2}{2m} - e^2\left\langle\frac{1}{(X^2+Y^2+Z^2)^{1/2}}\right\rangle \tag{9.4.3}$$

我们不可能利用不确定度关系

$$\Delta P_x\,\Delta X \geqslant \hbar/2 \quad 等$$

这是由于 $\langle H\rangle$ 不是 ΔX 和 ΔP 的函数。问题在于 $\langle(X^2+Y^2+Z^2)^{-1/2}\rangle$ 并不简单地与 ΔX，ΔY 和 ΔZ 有关。现在以略而不证的方式开始。我们认为（见习题 9.4.2），

$$\left\langle\frac{1}{(X^2+Y^2+Z^2)^{1/2}}\right\rangle \simeq \frac{1}{\langle(X^2+Y^2+Z^2)^{1/2}\rangle} \tag{9.4.4}$$

其中，“$\simeq$”符号表示 (9.4.4) 式的两边不是严格相等，但具有同样的数量级。所以我们可以写成

$$\langle H\rangle \simeq \frac{(\Delta P_x)^2+(\Delta P_y)^2+(\Delta P_z)^2}{2m} - \frac{e^2}{\langle(X^2+Y^2+Z^2)^{1/2}\rangle}$$

我们再一次认为

$$\langle(X^2+Y^2+Z^2)^{1/2}\rangle \simeq (\langle X^2\rangle+\langle Y^2\rangle+\langle Z^2\rangle)^{1/2}$$

而且求得①

$$\langle H\rangle \simeq \frac{(\Delta P_x)^2+(\Delta P_y)^2+(\Delta P_z)^2}{2m} - \frac{e^2}{(\langle X^2\rangle+\langle Y^2\rangle+\langle Z^2\rangle)^{1/2}}$$

由

$$\langle X^2\rangle = (\Delta X)^2 + \langle X\rangle^2$$

① 基本上，我们认为（X，Y，Z）函数的平均值和平均值（$\langle X\rangle$，$\langle Y\rangle$，$\langle Z\rangle$）的函数具有相同的数量级。如果没有围绕平均值的涨落，它们实际上是相等的；如果涨落很小，它们则是近似相等的（回顾第 6 章末尾的讨论）。

等关系式可以得到结论：为了寻找平均能量最低的态，我们可以将自己限制在 $\langle X\rangle=\langle Y\rangle=\langle Z\rangle=0$ 的态上。对于这样的一些态

$$\langle H\rangle\simeq\frac{\Delta P_x^2+\Delta P_y^2+\Delta P_z^2}{2m}-\frac{e^2}{\left[(\Delta X)^2+(\Delta Y)^2+(\Delta Z)^2\right]^{1/2}}$$

对于具有球面对称性的问题，直观上很明显，最低能量态将有

$$(\Delta X)^2=(\Delta Y)^2=(\Delta Z)^2$$

和

$$(\Delta P_x)^2=(\Delta P_y)^2=(\Delta P_z)^2$$

因此

$$\langle H\rangle\simeq\frac{3(\Delta P_x)^2}{2m}-\frac{e^2}{\sqrt{3}\Delta X}\tag{9.4.5}$$

现在，我们利用

$$\Delta P_x\,\Delta X\geqslant\hbar/2$$

求得

$$\langle H\rangle\gtrsim\frac{3\hbar^2}{8m(\Delta X)^2}-\frac{e^2}{\sqrt{3}\Delta X}$$

现在，为了求其极小值，我们把右边对 ΔX 求微分

$$\frac{-6\hbar^2}{8m(\Delta X)^3}+\frac{e^2}{\sqrt{3}(\Delta X)^2}=0$$

或

$$\Delta X=\frac{3\sqrt{3}\hbar^2}{4me^2}\simeq1.3\frac{\hbar^2}{me^2}\tag{9.4.6}$$

最后，

$$\langle H\rangle\gtrsim\frac{-2me^4}{9\hbar^2}\tag{9.4.7}$$

(9.4.7) 式是一个近似不等式的事实，妨碍我们得出其基态能量为 $-2me^4/9\hbar^2$，或基态波函数为高斯型函数（宽度 $3\sqrt{3}\hbar^2/4me^2$）的结论（就像我们在谐振子情况下所做的那样）。然而，准确的基态能量

$$E_g=-me^4/2\hbar^2\tag{9.4.8}$$

它与我们的估计 (9.4.7) 式不同，只是相差约两倍。同样，真正的基态波函数不是高斯函数，而是一个指数 $\psi(x,y,z)=c\exp[-(x^2+y^2+z^2)^{1/2}/a_0]$，其中

$$a_0=\hbar^2/me^2$$

为所谓的玻尔半径。但是与该波函数相关联的 ΔX 是

$$\Delta X = \hbar^2/me^2 \tag{9.4.9}$$

它也是在 (9.4.6) 式预估的 ΔX 值的两倍范围内。

总之，不确定性原理给了我们很多关于基态的信息，但并不总是像谐振子情况那样多。

习题 9.4.1* 考虑一个处在 $|n=1\rangle$ 态的谐振子并证明

$$\left\langle \frac{1}{X^2} \right\rangle \simeq \frac{1}{\langle X^2 \rangle} \simeq \frac{m\omega}{\hbar}$$

习题 9.4.2 (1) 参考附录 A.2 中的积分表，核实一下

$$\psi = \frac{1}{(\pi a_0^3)^{1/2}}\,\mathrm{e}^{-r/a_0}, \quad r = (x^2+y^2+z^2)^{1/2}$$

是（氢原子基态的）归一化的波函数。注意在三维情况下，对于只是 r 的函数，归一条件为

$$\begin{aligned}\langle \psi|\psi \rangle &= \int \psi^*(r,\,\theta,\,\phi)\,\psi(r,\,\theta,\,\phi)\,r^2\,\mathrm{d}r\,\mathrm{d}(\cos\,\theta)\,\mathrm{d}\phi \\ &= 4\pi \int \psi^*(r)\psi(r)\,r^2\,\mathrm{d}r = 1\end{aligned}$$

(2) 计算此状态下的 $(\Delta X)^2$［认为 $(\Delta X)^2 = \frac{1}{3}\langle r^2 \rangle$］，并重新获得 (9.4.9) 式中所引用的结果。

(3) 证明在这种状态下 $\langle 1/r \rangle \simeq 1/\langle r \rangle \simeq me^2/\hbar^2$。

习题 9.4.3 忽略氢原子是三维系统的事实，并假设

$$H = \frac{P^2}{2m} - \frac{e^2}{(R^2)^{1/2}} \qquad (P^2 = P_x^2 + P_y^2 + P_z^2\,,\; R^2 = X^2 + Y^2 + Z^2)$$

对应于一个一维问题。假定

$$\Delta P \cdot \Delta R \geqslant \hbar/2$$

估算其基态能量。

习题 9.4.4* 计算 $\Delta T\cdot\Delta X$，$T=P^2/2m$。为什么该关系不那么有名？

9.5 能量–时间不确定度关系

有一种不确定度关系

$$\Delta E\cdot\Delta t\geqslant\hbar/2 \tag{9.5.1}$$

不是从 (9.2.12) 式得到的，因为时间 t 不是一个动力学变量，而是一个参数。这个方程的内容与其他只包含动力学变量的方程有很大不同。这个不等式的粗略含义是：一个只存在有限时间 Δt 的系统的能量，具有一个至少为 ΔE 的弥散（或不确定度），其中 ΔE 和 Δt 由 (9.5.1) 式关联起来。要看到这是如何产生的，回忆一下能量的本征态有一个时间依赖的因子 $\mathrm{e}^{-\mathrm{i}Et/\hbar}$，即一个确定的能量与一个确定的频率 $\omega=E/\hbar$ 关联在一起。现在只有一个时间无穷长的波列（即一个系统已经存在了无穷长的时间）具有严格确定的频率。因此，一个只存在有限时间的系统，即使在这段时间内其时间依赖性为 $\mathrm{e}^{-\mathrm{i}Et/\hbar}$，也不会具有纯频率 $\omega=E/\hbar$ 或确定的能量 E。

考虑下面的例子。在 $t=0$ 时，在都处于基态的氢原子的一个系综上，我们打开频率 ω 的灯。因为光被假定是由能量为 $\hbar\omega$ 的光子组成，我们预期跃迁只发生到高于基态 $\hbar\omega$ 的能级（如果它存在的话）。不过，最初却会看到原子向几个不遵从这个约束的能级跃迁。但是，随着 t 的增加，与预期终态能量的偏差 ΔE 将按照 $\Delta E\simeq\hbar/t$ 减小。只有当 $t\to\infty$ 时，我们才有一个经典意义上严格的能量守恒定律。如果它只运行了有限的时间，我们可以说这个光源没有确定的频率（即不发射确定的光子能量）来解释这个结果，即使在此期间刻度盘被设置在一个确定频率 ω。（光源的输出并不恰好是 $\mathrm{e}^{-\mathrm{i}\omega t}$，而是相反，为 $\theta(t)\,\mathrm{e}^{-\mathrm{i}\omega t}$，其变换不是峰值位于 ω 的 δ 函数。）类似地，当激发的原子被退激发并跳回到基态时，它们不会发射一个具有确定能量的光子，其能量为 $E=E_{\mathrm{e}}-E_{\mathrm{g}}$（下标“e”和“g”分别代表“激发态”和“基态”），而是相反，具有一个弥散 $\Delta E\simeq\hbar/\Delta t$，其中，$\Delta t$ 表示它们处于激发态的时间。[原子波函数的时间依赖性不是 $\mathrm{e}^{-\mathrm{i}E_{\mathrm{e}}t/\hbar}$，而是 $\theta(t)\,\theta(T-t)\,\mathrm{e}^{-\mathrm{i}E_{\mathrm{e}}t/\hbar}$，假设它在 $t=0$ 时突然激发到这个态，而在 $t=T$ 时突然跳回去。] 我们在后面一章讨论原子与辐射的相互作用时，将返回到这一点。

描述这种不确定度关系的另一种方法是说，在 $\Delta t\sim\hbar/\Delta E$ 的时间内，经典的能量守恒定律被 ΔE 破坏是可能的[①]。下面的例子应该能澄清这个说法的含义。

① 译者注：玻尔在讨论 β 衰变时就曾假定微观世界中能量可以不守恒，整体能量守恒是统计结果。爱因斯坦、泡利等人则坚决反对这个观点。在量子场论中，正确的解释是传播子中的粒子偏离质量壳（$E^2=p^2c^2+m^2c^4$），成为“虚粒子”，或者束缚态粒子在短时间内脱离玻尔能级。这都说明不是能量不守恒（在量子场论中，每个相互作用顶点都是严格能量–动量守恒的）。

例 9.5.1（核力的力程）想象一下，有两个滑冰运动员，每个人都准备了几个雪球，在隔开一些垂直距离的平行轨迹上相向滑冰（图 9.1）。当运动员 A 达到某一点 x_1 时，让他向 B 扔雪球。然后，他（A）将由于反冲而离开 B，沿着一条新的直线滑行。让 B 现在抓住雪球。结果他也会有反冲，如图所示。如果这整个过程被一个看不见雪球的人看到，他会得出结论，A 和 B 之间有一种排斥力。如果 A（或 B）最多可以把雪球抛 3 m，观察者会得出结论，力程是 3 m，意思是如果他们之间的垂直距离超过 3 m，A 和 B 就不会相互影响。

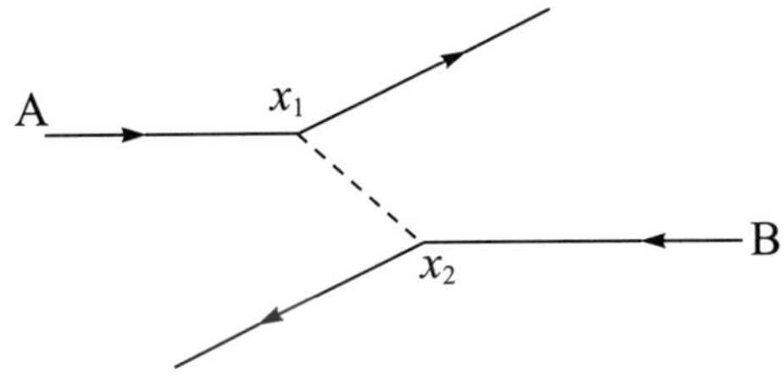

图 9.1　在 x_1 点，滑冰运动员 A 把雪球扔给滑冰运动员 B，后者在 x_2 点抓住雪球

这就是基本粒子之间如何相互作用的粗略图像：如果它们彼此抛出光子，则相互作用的力被称为电磁力，而投掷和捕捉光子的能力被称为“电荷”。如果抛射物是 π 介子，则力被称为核力。我们想用不确定性原理来估算核力的力程。现在，不像两个拥有雪球的滑冰运动员，质子和中子（即核子）在核中没有现成的 π 介子可以提供，该粒子具有质量 μ 和能量 μc^2。然而，一个核子不知从何处产生一个 π 介子（以 $\simeq \mu c^2$ 破坏经典的能量守恒），只要它在一段这样的时间 Δt 内被另一个核子捕获，其中 $\Delta t \simeq \hbar/\Delta E = \hbar/\mu c^2$。即使 π 介子以光速向接收者传播，它也只能覆盖一段距离 $r = c\Delta t = \hbar/\mu c$，这被称为 π 介子的康普顿波长，衡量了核力的力程。r 值近似为 1 fm$= 10^{-13}$ cm。

这里给出的核力图像是相当简化的，应该给予详细解释。例如，π 介子既不是唯一可以“交换”的粒子，核子之间交换的次数也不限于每次相遇只交换一次。（然而，π 介子是可以交换的最轻的粒子，因此是最长力程的核力承担者。）此外，我们与雪球的类比，并不能解释粒子之间任何吸引的相互作用。

第 10 章　N 个自由度系统

10.1　一维中的 N 个粒子

到目前为止，我们的注意力限制在具有一个自由度的系统（除了稍微的偏离），即一维中的单个粒子。我们现在考虑 N 个自由度系统的量子力学。自由度的增加可能是由于粒子数量的增加，空间维数的增加，或两者兼而有之。在本节中，我们考虑一维中的 N 个粒子，并从 $N=2$ 的情况开始。

双粒子的希尔伯特空间

考虑由 (x_1, p_1) 和 (x_2, p_2) 描述的两个经典粒子。用于量子化这个系统的规则［公设 II，(7.4.39) 式］是为了把这些变量变成服从正则对易关系的量子算符 (X_1, P_1) 和 (X_2, P_2)：

$$[X_i, P_j] = \mathrm{i}\hbar\{x_i, p_j\} = \mathrm{i}\hbar\delta_{ij} \qquad (i=1,2) \tag{10.1.1a}$$

$$[X_i, X_j] = \mathrm{i}\hbar\{x_i, x_j\} = 0 \tag{10.1.1b}$$

$$[P_i, P_j] = \mathrm{i}\hbar\{p_i, p_j\} = 0 \tag{10.1.1c}$$

有时碰巧可能（就像谐振子的情况一样）提取的所有物理只给出了正则对易子。在实践中，我们在一个基下工作，通常是坐标基。这个基由右矢 $|x_1 x_2\rangle$ 组成，它们是对易算符 X_1 和 X_2 的共同本征右矢：

$$\begin{aligned} X_1|x_1 x_2\rangle &= x_1|x_1 x_2\rangle \\ X_2|x_1 x_2\rangle &= x_2|x_1 x_2\rangle \end{aligned} \tag{10.1.2}$$

并且归一化为①

$$\langle x_1' x_2'|x_1 x_2\rangle = \delta(x_1' - x_1)\,\delta(x_2' - x_2) \tag{10.1.3}$$

① 注意：我们把与右矢 $|x_1' x_2'\rangle$ 对应的左矢记为 $\langle x_1' x_2'|$。

在这个基下

$$\begin{aligned}|\psi\rangle &\to \langle x_1x_2|\psi\rangle = \psi(x_1,\ x_2)\\ X_i &\to x_i\\ P_i &\to -\mathrm{i}\hbar\,\frac{\partial}{\partial x_i}\end{aligned} \tag{10.1.4}$$

我们可以把

$$P(x_1,x_2) = |\langle x_1x_2|\psi\rangle|^2 \tag{10.1.5}$$

解释为在 x_1 附近捕获粒子 1 和在和 x_2 附近捕获粒子 2 的绝对概率密度，只要我们将 $|\psi\rangle$ 归一化为 1：

$$\mathbf{1} = \langle\psi|\psi\rangle = \int |\langle x_1x_2|\psi\rangle|^2\,\mathrm{d}x_1\,\mathrm{d}x_2 = \int P(x_1,x_2)\,\mathrm{d}x_1\,\mathrm{d}x_2 \tag{10.1.6}$$

除了 $|x_1x_2\rangle$ 之外，还有一些其他可能的基。例如，由 P_1 和 P_2 的共同本征右矢 $|p_1p_2\rangle$ 组成的动量基。一般来说，我们可以使用两个对易算符[①] ——$\Omega_1(X_1,P_1)$ 和 $\Omega_2(X_2,P_2)$ 的共同本征右矢 $|\omega_1\omega_2\rangle$ 来定义 Ω 基。我们用 $\mathbb{V}_{1\otimes2}$ 表示由这些基中的任何一个张成的双粒子希尔伯特空间。

$\mathbb{V}_{1\otimes2}$ 作为直积空间

有另一种方法生成空间 $\mathbb{V}_{1\otimes2}$，即用两个单粒子空间构建它。考虑由两个粒子组成的系统，这两个粒子被 (x_1,p_1) 和 (x_2,p_2) 经典地描述。如果我们想要的只是粒子 1 的量子理论，我们定义算符 X_1 和 P_1，服从

$$[X_1,P_1] = \mathrm{i}\hbar I \tag{10.1.7}$$

对于粒子 1 的希尔伯特空间 $\mathbb{V}_1$，X_1 的本征右矢 $|x_1\rangle$ 形成一个完备（坐标）基。其他的基，比如，P_1 的 $|p_1\rangle$，或者一般地，$\Omega_1(X_1,P_1)$ 的 $|\omega_1\rangle$ 等也都是可能的。因为算符 X_1、P_1、Ω_1 等都作用在 $\mathbb{V}_1$ 上，所以我们给它们都附加一个上标 (1)。于是 (10.1.7) 式写成

$$[X_1^{(1)},P_1^{(1)}] = \mathrm{i}\hbar I^{(1)} \tag{10.1.8a}$$

其中，$I^{(1)}$ 是 $\mathbb{V}_1$ 上的单位算符。对于粒子 2 有类似的图像，并且特别是

$$[X_2^{(2)},P_2^{(2)}] = \mathrm{i}\hbar I^{(2)} \tag{10.1.8b}$$

现在让我们把注意力转向双粒子系统。这个系统的坐标基会是什么？以前，对于位置测量的每个可能结果 x_1，我们在 $\mathbb{V}_1$ 中赋予一个矢量 $|x_1\rangle$，对于粒子 2，处

① 注意 X_1 和 P_1 的任何函数都与X_2 和 P_2 的任何函数对易。

理方法相同。现在位置测量将产生一对数 (x_1, x_2)。测量后粒子 1 将处于态 $|x_1\rangle$，粒子 2 处于 $|x_2\rangle$，让我们把相应的右矢用 $|x_1\rangle \otimes |x_2\rangle$ 表示：

$$|x_1\rangle \otimes |x_2\rangle \leftrightarrow \begin{cases} \text{粒子 1 处于 } x_1 \\ \text{粒子 2 处于 } x_2 \end{cases} \tag{10.1.9}$$

请注意，$|x_1\rangle \otimes |x_2\rangle$ 是一个新的对象，完全不同于内积 $\langle\psi_1|\psi_2\rangle$ 或外积 $|\psi_1\rangle\langle\psi_2|$，它们二者都涉及来自同一个空间的两个矢量。乘积 $|x_1\rangle \otimes |x_2\rangle$，被称为直积（direct product），是来自两个不同的空间的矢量的积。直积是一种线性运算：

$$(\alpha|x_1\rangle + \alpha'|x_1'\rangle) \otimes (\beta|x_2\rangle) = \alpha\beta|x_1\rangle \otimes |x_2\rangle + \alpha'\beta|x_1'\rangle \otimes |x_2\rangle \tag{10.1.10}$$

形式为 $|x_1\rangle \otimes |x_2\rangle$ 的所有矢量的集合构成了记为 $\mathbb{V}_1 \otimes \mathbb{V}_2$ 的空间的基，这个空间被称作空间 $\mathbb{V}_1$ 和 $\mathbb{V}_2$ 的直积。该空间的维数（可能的基矢量的数目）是 $\mathbb{V}_1$ 的维数与 $\mathbb{V}_2$ 的维数的乘积。在这里，虽然所有的维数都是无穷大的，但是上述说法仍具有启发式意义：对于 $\mathbb{V}_1$ 的每个基矢量 $|x_1\rangle$ 和 $\mathbb{V}_2$ 的每个基矢量 $|x_2\rangle$，$\mathbb{V}_1 \otimes \mathbb{V}_2$ 空间有且只有一个基矢量 $|x_1\rangle \otimes |x_2\rangle$。这应该可以与直和（第 1.4 节）相比：

$$\mathbb{V}_{1\oplus 2} = \mathbb{V}_1 \oplus \mathbb{V}_2$$

在这种情况下，$\mathbb{V}_1$ 和 $\mathbb{V}_2$ 的维数相加（假设 $\mathbb{V}_1$ 中的矢量与 $\mathbb{V}_2$ 中的线性无关）。

坐标基 $|x_1\rangle \otimes |x_2\rangle$ 只是一种可能性，我们可以使用动量基 $|p_1\rangle \otimes |p_2\rangle$，或者更一般的 $|\omega_1\rangle \otimes |\omega_2\rangle$。虽然这些矢量张成 $\mathbb{V}_1 \otimes \mathbb{V}_2$，但是并非 $\mathbb{V}_1 \otimes \mathbb{V}_2$ 中的每个元素都是一个直积。例如，

$$|\psi\rangle = |x_1'\rangle \otimes |x_2'\rangle + |x_1''\rangle \otimes |x_2''\rangle$$

就不可能写成

$$|\psi\rangle = |\psi_1\rangle \otimes |\psi_2\rangle$$

其中，$|\psi_1\rangle$ 和 $|\psi_2\rangle$ 分别为 $\mathbb{V}_1$ 和 $\mathbb{V}_2$ 中的元素。

$|x_1\rangle \otimes |x_2\rangle$ 和 $|x_1'\rangle \otimes |x_2'\rangle$ 的内积为

$$\begin{aligned}(\langle x_1'| \otimes \langle x_2'|)(|x_1\rangle \otimes |x_2\rangle) &= \langle x_1'|x_1\rangle\langle x_2'|x_2\rangle \\ &= \delta(x_1' - x_1)\delta(x_2' - x_2)\end{aligned} \tag{10.1.11}$$

因为 $\mathbb{V}_1 \otimes \mathbb{V}_2$ 中的任一矢量都可以用基 $|x_1\rangle \otimes |x_2\rangle$ 来表示，这就确定了 $\mathbb{V}_1 \otimes \mathbb{V}_2$ 中的任意两个矢量之间的内积。

直观上很清楚，当两个粒子结合成一个单一的系统时，每个粒子的位置和动量算符，$X_1^{(1)}$，$P_1^{(1)}$ 和 $X_2^{(2)}$，$P_2^{(2)}$ 分别作用于 $\mathbb{V}_1$ 和 $\mathbb{V}_2$，它们一定会在 $\mathbb{V}_1 \otimes \mathbb{V}_2$ 中

具有对应的量并且有同样的解释。让我们用 $X_1^{(1)\otimes(2)}$ 表示 $X_1^{(1)}$ 对应的量，也将其称为"粒子 1 的 X 算符"，并定义它在 $\mathbb{V}_1$ 和 $\mathbb{V}_2$ 中的作用。由于矢量 $|x_1\rangle \otimes |x_2\rangle$ 张成这个空间，所以它足以定义它在这个空间的作用。现在右矢 $|x_1\rangle \otimes |x_2\rangle$ 表示粒子 1 位于 x_1 的状态。因此，它必须是 $X_1^{(1)\otimes(2)}$ 的一个本征右矢，具有本征值 x_1：

$$X_1^{(1)\otimes(2)}|x_1\rangle \otimes |x_2\rangle = x_1|x_1\rangle \otimes |x_2\rangle \tag{10.1.12}$$

请注意，$X_1^{(1)\otimes(2)}$ 并不真正关心第二个右矢 $|x_2\rangle$，也就是说，它在 $|x_2\rangle$ 上的作用是平庸的（像单位算符），而作用于 $|x_1\rangle$ 上就像 $X_1^{(1)}$ 一样。换句话说，

$$X_1^{(1)\otimes(2)}|x_1\rangle \otimes |x_2\rangle = |X_1^{(1)}x_1\rangle \otimes |I^{(2)}x_2\rangle \tag{10.1.13}$$

让我们定义 $\Gamma_1^{(1)}$ 和 $\Lambda_2^{(2)}$ 两个算符的直积（用 $\Gamma_1^{(1)} \otimes \Lambda_2^{(2)}$ 表示），它对直积右矢 $|\omega_1\rangle \otimes |\omega_2\rangle$ 的作用为

$$(\Gamma_1^{(1)} \otimes \Lambda_2^{(2)})\,|\omega_1\rangle \otimes |\omega_2\rangle = |\Gamma_1^{(1)}\omega_1\rangle \otimes |\Lambda_2^{(2)}\omega_2\rangle \tag{10.1.14}$$

在这个表示法中，考虑到 (10.1.13) 式，我们可以把 $X_1^{(1)\otimes(2)}$ 写成

$$X_1^{(1)\otimes(2)} = X_1^{(1)} \otimes I^{(2)} \tag{10.1.15}$$

我们还可以类似地用于 $P_2^{(2)}$，例如，通过如下定义粒子 2 的动量算符 $P_2^{(1)\otimes(2)}$，从 $\mathbb{V}_1$ 变换成 $\mathbb{V}_1 \otimes \mathbb{V}_2$

$$P_2^{(1)\otimes(2)} = I^{(1)} \otimes P_2^{(2)} \tag{10.1.16}$$

可以证明（比如，通过作用于基矢量 $|x_1\rangle \otimes |x_2\rangle$）下列算符直积的性质：

习题 10.1.1* 证明下列：

(1) $[\Omega_1^{(1)} \otimes I^{(2)}, I^{(1)} \otimes \Lambda_2^{(2)}] = 0$ 对于任何的 $\Omega_1^{(1)}$ 和 $\Lambda_2^{(2)}$ (10.1.17a)

（粒子 1 的算符与粒子 2 的算符对易）。

(2) $(\Omega_1^{(1)} \otimes \Gamma_2^{(2)})(\theta_1^{(1)} \otimes \Lambda_2^{(2)}) = (\Omega\theta)_1^{(1)} \otimes (\Gamma\Lambda)_2^{(2)}$ (10.1.17b)

(3) 如果

$$[\Omega_1^{(1)}, \Lambda_1^{(1)}] = \Gamma_1^{(1)}$$

则

$$[\Omega_1^{(1)\otimes(2)}, \Lambda_1^{(1)\otimes(2)}] = \Gamma_1^{(1)} \otimes I^{(2)} \tag{10.1.17c}$$

把 1 换成 2 有类似的结果。

(4) $(\Omega_1^{(1)\otimes(2)} + \Omega_2^{(1)\otimes(2)})^2 = (\Omega_1^2)^{(1)} \otimes I^{(2)} + I^{(1)} \otimes (\Omega_2^2)^{(2)} + 2\Omega_1^{(1)} \otimes \Omega_2^{(2)}$

(10.1.17d)

矢量和算符直积的概念无疑是一个困难的问题，在初等矢量分析中没有简单的类比。下面的习题应该给你一些宝贵的经验。建议你在做完这个习题之后重新阅读前面的讨论。

习题 10.1.2* 设想一个虚拟世界，其中单粒子希尔伯特空间是二维的。让我们用 $|+\rangle$ 和 $|-\rangle$ 表示它的基。设

$$\sigma_1^{(1)} = \begin{matrix} & + & - \\ + & a & b \\ - & c & d \end{matrix} \quad \text{和} \quad \sigma_2^{(2)} = \begin{matrix} & + & - \\ + & e & f \\ - & g & h \end{matrix}$$

分别是 $\mathbb{V}_1$ 和 $\mathbb{V}_2$ 中的算符（“$\pm$” 号标记两个基矢量，于是 $b = \langle +|\sigma_1^{(1)}|-\rangle$，等等。）空间 $\mathbb{V}_1 \otimes \mathbb{V}_2$ 由四个矢量 $|+\rangle\otimes|+\rangle$、$|+\rangle\otimes|-\rangle$、$|-\rangle\otimes|+\rangle$ 和 $|-\rangle\otimes|-\rangle$ 张成。（利用图像或其他方法）证明

$$(1)\ \sigma_1^{(1)\otimes(2)} = \sigma_1^{(1)} \otimes I^{(2)} = \begin{matrix} & ++ & +- & -+ & -- \\ ++ & a & 0 & b & 0 \\ +- & 0 & a & 0 & b \\ -+ & c & 0 & d & 0 \\ -- & 0 & c & 0 & d \end{matrix}$$

（回想一下，$\langle\alpha| \otimes \langle\beta|$ 是对应于 $|\alpha\rangle \otimes |\beta\rangle$ 的左矢。）

$$(2)\ \sigma_2^{(1)\otimes(2)} = \begin{pmatrix} e & f & 0 & 0 \\ g & h & 0 & 0 \\ 0 & 0 & e & f \\ 0 & 0 & g & h \end{pmatrix}$$

$$(3)\ (\sigma_1\sigma_2)^{(1)\otimes(2)} = \sigma_1^{(1)} \otimes \sigma_2^{(2)} = \begin{pmatrix} ae & af & be & bf \\ ag & ah & bg & bh \\ ce & cf & de & df \\ cg & ch & dg & dh \end{pmatrix}$$

分别通过求矩阵 $\sigma_1^{(1)\otimes(2)}$ 和 $\sigma_2^{(1)\otimes(2)}$ 的乘积，以及通过直接计算 $\sigma_1^{(1)} \otimes \sigma_2^{(2)}$ 的矩阵元，求证第 (3) 部分。

从 (10.1.17a) 和 (10.1.17c) 式得出在 $\mathbb{V}_1 \otimes \mathbb{V}_2$ 中的位置和动量算符之间的对易

关系为

$$\begin{aligned}&[X_i^{(1)\otimes(2)}, P_j^{(1)\otimes(2)}] = \mathrm{i}\hbar\delta_{ij}I^{(1)}\otimes I^{(2)} = \mathrm{i}\hbar\delta_{ij}I^{(1)\otimes(2)}\\&[X_i^{(1)\otimes(2)}, X_j^{(1)\otimes(2)}] = [P_i^{(1)\otimes(2)}, P_j^{(1)\otimes(2)}] = 0 \qquad i,j=1,2\end{aligned} \tag{10.1.18}$$

现在我们准备明确指出可能一直都很明显的一件事：空间 $\mathbb{V}_1\otimes\mathbb{V}_2$ 就是 $\mathbb{V}_{1\otimes2}$，$|x_1\rangle\otimes|x_2\rangle$ 就是 $|x_1x_2\rangle$，而 $X_1^{(1)\otimes(2)}$ 就是 X_1，等等。首先请注意，这两个空间具有相同的维数：矢量 $|x_1x_2\rangle$ 和 $|x_1\rangle\otimes|x_2\rangle$ 二者都与 x_1-x_2 平面上的点一一对应。其次要注意，这两组算符 $X_1,\cdots,P_2$ 和 $X_1^{(1)\otimes(2)},\cdots,P_2^{(1)\otimes(2)}$ 具有相同的内涵和对易规则［(10.1.1) 和 (10.1.18) 式］。因为 X 和 P 是由它们的对易式定义的，因此我们可以识别为

$$\begin{aligned}X_i^{(1)\otimes(2)} &= X_i\\P_i^{(1)\otimes(2)} &= P_i\end{aligned} \tag{10.1.19a}$$

我们还可以识别出位置算符的共同本征右矢（因为它们都是非简并的）：

$$|x_1\rangle\otimes|x_2\rangle = |x_1x_2\rangle \tag{10.1.19b}$$

以后，我们碰到 (10.1.19) 式的右边将使用更紧凑的符号。然而，我们将不时地回到矢量和算符的直积概念，偶尔会使用该式左边的符号。尽管这种简洁的符号省掉了算符所作用的空间的标记（$1\otimes2$），但是从内容来看应该能清楚这一点。例如，考虑双粒子系统的质心系（CM）动能算符：

$$T_{\mathrm{CM}} = \frac{P_{\mathrm{CM}}^2}{2(m_1+m_2)} = \frac{P_{\mathrm{CM}}^2}{2M} = \frac{(P_1+P_2)^2}{2M} = \frac{P_1^2+P_2^2+2P_1P_2}{2M}$$

它实际意味着

$$\begin{aligned}2MT_{\mathrm{CM}}^{(1)\otimes(2)} &= (P_1^2)^{(1)\otimes(2)} + (P_2^2)^{(1)\otimes(2)} + 2P_1^{(1)\otimes(2)}\cdot P_2^{(1)\otimes(2)}\\&= (P_1^{(1)}\otimes I^{(2)})^2 + (I^{(1)}\otimes P_2^{(2)})^2 + 2P_1^{(1)}\otimes P_2^{(2)}\end{aligned}$$

再论直积

由于直积空间的概念是如此重要，我们将重新审视把 $\mathbb{V}_{1\otimes2}$ 看作 $\mathbb{V}_1$ 和 $\mathbb{V}_2$ 的直积，但这一次是在坐标基下，而不是在抽象的空间中。设 $\Omega_1^{(1)}$ 是作用在 $\mathbb{V}_1$ 上的一个算符，它的非简并本征函数 $\psi_{\omega_1}(x_1)\equiv\omega_1(x_1)$ 形成一个完备基。同样地，设 $\omega_2(x_2)$ 形成 $\mathbb{V}_2$ 的基。现在考虑一个函数 $\psi(x_1,x_2)$，它表示 $\mathbb{V}_{1\otimes2}$ 的抽象右矢 $|\psi\rangle$。如果我们保持 x_1 固定在某个值，比如说 $\bar{x}_1$，则 ψ 就变成了仅为 x_2 的一个函数且可以展开为

$$\psi(\bar{x}_1\,,\,x_2) = \sum_{\omega_2} C_{\omega_2}(\bar{x}_1)\,\omega_2(x_2) \tag{10.1.20}$$

注意，展开系数依赖于 $\bar{x}_1$ 的值。我们现在在基 $\omega_1(\bar{x}_1)$ 下把函数 $C_{\omega_2}(\bar{x}_1)$ 展开为

$$C_{\omega_2}(\bar{x}_1)=\sum_{\omega_1}C_{\omega_1,\omega_2}\,\omega_1(\bar{x}_1) \tag{10.1.21}$$

把该式代回第一个展开式并丢掉 $\bar{x}_1$ 上的横线，我们得到

$$\psi(x_1,x_2)=\sum_{\omega_1}\sum_{\omega_2}C_{\omega_1,\omega_2}\,\omega_1(x_1)\,\omega_2(x_2) \tag{10.1.22a}$$

把任一 $\psi(x_1,x_2)$ 用 $\omega(x_1)\times\omega(x_2)$ 展开意味着什么呢？(10.1.22a) 式是下列抽象结果的坐标空间表示式

$$|\psi\rangle=\sum_{\omega_1}\sum_{\omega_2}C_{\omega_1,\omega_2}|\omega_1\rangle\otimes|\omega_2\rangle \tag{10.1.22b}$$

由于 $|\psi\rangle$ 属于 $\mathbb{V}_{1\otimes2}$，而 $|\omega_1\rangle\otimes|\omega_2\rangle$ 张成 $\mathbb{V}_1\otimes\mathbb{V}_2$，故上式意味着 $\mathbb{V}_{1\otimes2}=\mathbb{V}_1\otimes\mathbb{V}_2$。我们如果选择 $\Omega=X$，就得到了熟悉的基 $|x_1\rangle\otimes|x_2\rangle$。用这些基矢量点乘 (10.1.22b) 式的两边，我们就重新得到了 (10.1.22a) 式。（在坐标基下，右矢 $|\omega_1\rangle$ 和 $|\omega_2\rangle$ 的直积只不过是相应波函数的普通乘积。）

接下来我们考虑算符。在 $\mathbb{V}_1$ 上的动量算符曾是 $-\mathrm{i}\hbar\mathrm{d}/\mathrm{d}x_1$，现在变成 $-\mathrm{i}\hbar\partial/\partial x_1$，其中的偏导数符号告诉我们，它像以前一样只作用在 x_1 上，对 x_2 没有影响。这是 $P_1^{(1)\otimes(2)}=P_1^{(1)}\otimes I^{(2)}$ 的坐标空间版本。鼓励你做进一步的分析。

双粒子态矢量的演化

双粒子系统的态矢量是 $\mathbb{V}_{1\otimes2}$ 中的一个元素。它随时间的演化遵循方程：

$$\mathrm{i}\hbar|\dot{\psi}\rangle=\left[\frac{P_1^2}{2m_1}+\frac{P_2^2}{2m_2}+V(X_1,X_2)\right]|\psi\rangle=H|\psi\rangle \tag{10.1.23}$$

有两类问题存在。

类型 A：H 是可分离的，即

$$H=\frac{P_1^2}{2m_1}+V_1(X_1)+\frac{P_2^2}{2m_2}+V_2(X_2)=H_1+H_2 \tag{10.1.24}$$

类型 B：H 是不可分离的，即

$$V(X_1,X_2)\neq V_1(X_1)+V_2(X_2)$$

因而

$$H\neq H_1+H_2 \tag{10.1.25}$$

类型 A 对应于两个粒子与外势 V_1 和 V_2 相互作用，但彼此间无相互作用。类型 B 则没有这个限制。现在，我们来考察这两种类型。

情况 A：可分离的哈密顿量。经典上，分解

$$\mathcal{H}=\mathcal{H}_1(x_1,p_1)+\mathcal{H}_2(x_2,p_2)$$

意味着这两个粒子彼此独立地演化。特别是，它们的能量各自守恒，总能量 E 是 E_1+E_2。我们将看到这些结果重新出现在量子理论中。对于一个定态，

$$|\psi(t)\rangle=|E\rangle\,\mathrm{e}^{-\mathrm{i}Et/\hbar} \tag{10.1.26}$$

(10.1.23) 式变成

$$[H_1(X_1,P_1)+H_2(X_2,P_2)]|E\rangle=E|E\rangle \tag{10.1.27}$$

因为 $[H_1,H_2]=0$［(10.1.17a) 式］，我们可以找到它们的共同本征态，它们不是别的，正是 $|E_1\rangle\otimes|E_2\rangle=|E_1E_2\rangle$，其中 $|E_1\rangle$ 和 $|E_2\rangle$ 为如下方程的解：

$$H_1^{(1)}|E_1\rangle=E_1|E_1\rangle \tag{10.1.28a}$$

和

$$H_2^{(2)}|E_2\rangle=E_2|E_2\rangle \tag{10.1.28b}$$

应该清楚的是，态 $|E_1\rangle\otimes|E_2\rangle$ 对应于粒子 1 处于能量本征态 $|E_1\rangle$ 和粒子 2 处于能量本征态 $|E_2\rangle$。显然，

$$H|E\rangle=(H_1+H_2)|E_1\rangle\otimes|E_2\rangle=(E_1+E_2)|E_1\rangle\otimes|E_2\rangle=(E_1+E_2)|E\rangle$$

因此

$$E=E_1+E_2 \tag{10.1.28c}$$

（基 $|E_1\rangle\otimes|E_2\rangle$ 正是我们在形成直积 $\mathbb{V}_1\otimes\mathbb{V}_2$ 的基矢量时会得到的，我们从每个空间提取能量本征矢，而不是从，例如，位置本征矢。）最后，将 $|E\rangle=|E_1\rangle\otimes|E_2\rangle$ 和 $E=E_1+E_2$ 代入 (10.1.26) 式，我们得到

$$|\psi(t)\rangle=|E_1\rangle\,\mathrm{e}^{-\mathrm{i}E_1t/\hbar}\otimes|E_2\rangle\,\mathrm{e}^{-\mathrm{i}E_2t/\hbar} \tag{10.1.29}$$

值得在坐标基下重新推导 (10.1.28) 和 (10.1.29) 式，以便举例说明一种你会在其他教科书中找到的有用技术。通过把本征值方程 (10.1.27) 投影在坐标基上，进行一些通常的算符替换［(10.1.4) 式］，我们得到

$$\left[\frac{-\hbar^2}{2m_1}\frac{\partial^2}{\partial x_1^2}+V_1(x_1)-\frac{\hbar^2}{2m_2}\frac{\partial^2}{\partial x_2^2}+V_2(x_2)\right]\psi_E(x_1,x_2)=E\psi_E(x_1,x_2)$$

其中

$$\psi_E(x_1,x_2)=\langle x_1x_2|E\rangle \tag{10.1.30}$$

我们用分离变量法求解这个方程。假设

$$\psi_E(x_1,x_2)=\psi_{E_1}(x_1)\,\psi_{E_2}(x_2) \tag{10.1.31}$$

下标 E_1 和 E_2 还没有具体的解释，只是作为标记。把这个拟设代回 (10.1.30) 式，然后将两边除以 $\psi_{E_1}(x_1)\,\psi_{E_2}(x_2)$，我们得到

$$\begin{aligned}&\frac{1}{\psi_{E_1}(x_1)}\left[\frac{-\hbar^2}{2m_1}\frac{\partial^2}{\partial x_1^2}+V_1(x_1)\right]\psi_{E_1}(x_1)+\\&\frac{1}{\psi_{E_2}(x_2)}\left[\frac{-\hbar^2}{2m_2}\frac{\partial^2}{\partial x_2^2}+V_2(x_2)\right]\psi_{E_2}(x_2)=E\end{aligned} \tag{10.1.32}$$

这个方程是说，一个只依赖于 x_1 的函数，加上一个只依赖于 x_2 的函数，等于一个常数 E。由于 x_1 和 x_2，以及它们的这两个函数都可以独立地变化，因而可以断定，每个函数分别等于一个常数。我们将把这些常数称为 E_1 和 E_2。故 (10.1.32) 式分成了三个方程式：

$$\begin{aligned}\frac{1}{\psi_{E_1}(x_1)}\left[\frac{-\hbar^2}{2m_1}\frac{\partial^2}{\partial x_1^2}+V_1(x_1)\right]\psi_{E_1}(x_1)&=E_1\\\frac{1}{\psi_{E_2}(x_2)}\left[\frac{-\hbar^2}{2m_2}\frac{\partial^2}{\partial x_2^2}+V_2(x_2)\right]\psi_{E_2}(x_2)&=E_2\\E_1+E_2&=E\end{aligned} \tag{10.1.33}$$

因此

$$\begin{aligned}\psi_E(x_1,x_2,t)&=\psi_E(x_1,x_2)\,\mathrm{e}^{-\mathrm{i}Et/\hbar}\\&=\psi_{E_1}(x_1)\,\mathrm{e}^{-\mathrm{i}E_1t/\hbar}\psi_{E_2}(x_2)\,\mathrm{e}^{-\mathrm{i}E_2t/\hbar}\end{aligned} \tag{10.1.34}$$

其中 ψ_{E_1} 和 ψ_{E_2} 是单粒子薛定谔方程的本征函数，本征值分别是 E_1 和 E_2。我们确认 (10.1.33) 和 (10.1.34) 式为 (10.1.28) 和 (10.1.29) 式在 $|x_1x_2\rangle=|x_1\rangle\otimes|x_2\rangle$ 上的投影。

情况 B：两个相互作用的粒子。考虑具有如下哈密顿量的两个相互作用粒子的一个更一般的问题，

$$\mathcal{H}=\frac{p_1^2}{2m_1}+\frac{p_2^2}{2m_2}+V(x_1,x_2) \tag{10.1.35}$$

其中，

$$V(x_1,x_2)\neq V_1(x_1)+V(x_2)$$

一般来说，这个问题不可能约化为两个独立的单粒子问题。然而，如果

$$V(x_1,x_2)=V(x_1-x_2) \tag{10.1.36}$$

它描述了两个粒子相互响应且没有外部影响，人们总可以通过使用质心坐标

$$x_{\mathrm{CM}}=\frac{m_1x_1+m_2x_2}{m_1+m_2} \tag{10.1.37a}$$

和相对坐标

$$x=x_1-x_2 \tag{10.1.37b}$$

把该问题约化为两个独立虚粒子的问题：一个虚粒子在质心做自由运动，具有质量 $M=m_1+m_2$ 和动量

$$p_{\mathrm{CM}}=M\dot{x}_{\mathrm{CM}}=m_1\dot{x}_1+m_2\dot{x}_2$$

而另一个虚粒子具有约化质量 $\mu=m_1m_2/(m_1+m_2)$ 和动量 $p=\mu\dot{x}$，在 $V(x)$ 的作用下运动：

$$\begin{aligned}\mathcal{H}(x_1,p_1;x_2,p_2)&\to\mathcal{H}(x_{\mathrm{CM}},p_{\mathrm{CM}};x,p)\\&=\mathcal{H}_{\mathrm{CM}}+\mathcal{H}_{相对}=\frac{p_{\mathrm{CM}}^2}{2M}+\frac{p^2}{2\mu}+V(x)\end{aligned} \tag{10.1.38}$$

它正是习题 2.5.4 的结果，其中对于一维做了相应的修改。因为这些新变量是正则变量（习题 2.7.6）而且是笛卡儿变量，量子化条件正好是

$$[X_{\mathrm{CM}},P_{\mathrm{CM}}]=\mathrm{i}\hbar \tag{10.1.39a}$$

$$[X,P]=\mathrm{i}\hbar \tag{10.1.39b}$$

而所有其他的对易式均为零。在量子理论中，

$$H=\frac{P_{\mathrm{CM}}^2}{2M}+\frac{P^2}{2\mu}+V(X) \tag{10.1.40}$$

并且 H 的本征函数因子化为：[①]

$$\begin{aligned}\psi_E(x_{\mathrm{CM}},x)&=\frac{\mathrm{e}^{\mathrm{i}p_{\mathrm{CM}}\cdot x_{\mathrm{CM}}/\hbar}}{(2\pi\hbar)^{1/2}}\cdot\psi_{E_{\mathrm{rel}}}(x)\\E&=\frac{p_{\mathrm{CM}}^2}{2M}+E_{\mathrm{rel}}\end{aligned} \tag{10.1.41}$$

真实的动力学包含在 $\psi_{E_{\mathrm{rel}}}(x)$ 中，它是质量为 μ 的粒子在势 $V(x)$ 中的能量本征函数。因为质心作为一个自由粒子运动，人们通常选择质心参考系来研究这个问题。在这种情况下，$E_{\mathrm{CM}}=p_{\mathrm{CM}}^2/2M$ 从能量中丢弃，ψ 中表示质心运动的平面波因子变成一个常数。简而言之，就像经典理论一样，人们可以忽略量子理论中涉及质心的所有问题。

① 译者注：该式中的下标“CM”为“质心”，“rel”为“相对”。

一维中的 N 个粒子

除了一个结果之外的所有结果，都可以从 $N=2$ 推广到任意的 N。唯一的例外是最后一小节的结果：对于 $N>2$，通常不能通过使用质心和相对坐标（或其他的坐标）将问题约化成 N 个独立的单粒子问题。有几个例外，最熟悉的是坐标和动量二次型的哈密顿量，它可以通过使用简正坐标（normal coordinate）约化为对谐振子哈密顿量求和。在这种情况下，不管是经典还是量子，所有这些谐振子都变得互相独立，它们的能量彼此相加。(关于量子谐振子的）这个结果，呈现在了第 7 章关于比热的讨论中。

习题 10.1.3* 考虑耦合质量系统的哈密顿量：

$$\mathcal{H}=\frac{p_1^2}{2m}+\frac{p_2^2}{2m}+\frac{1}{2}m\omega^2[x_1^2+x_2^2+(x_1-x_2)^2]$$

我们从例 1.8.6 知道，如果我们采用如下简正坐标，$\mathcal{H}$ 可以被退耦

$$x_{\mathrm{I,II}}=\frac{x_1\pm x_2}{\sqrt{2}}$$

并且相应的动量

$$p_{\mathrm{I,II}}=\frac{p_1\pm p_2}{\sqrt{2}}$$

(1) 用简正坐标改写 $\mathcal{H}$。证明这些简正坐标也是正则的，即，

$$\{x_i,p_j\}=\delta_{ij}\text{ 等};\quad i,j=\mathrm{I,\ II}$$

现在，把该系统量子化，将这些变量提升为算符，它们遵从

$$[X_i,P_j]=\mathrm{i}\hbar\delta_{ij}\text{ 等};\quad i,j=\mathrm{I,\ II}$$

在 X_{I} 和 X_{II} 的共同本征基下写出 H 的本征值方程。

(2) 通过把 x_1，x_2，p_1 和 p_2 提升为量子算符，直接量子化该系统。在 X_1 和 X_2 的共同本征基下写出 H 的本征值方程。现在，在这个微分方程中，从 x_1，x_2（当然以及 $\partial/\partial x_1$，$\partial/\partial x_2$）改变到 x_{I}，x_{II}（以及 $\partial/\partial x_{\mathrm{I}}$，$\partial/\partial x_{\mathrm{II}}$）。你应该得到第 (1) 部分的结果。

一般来说，我们可以改变坐标，然后量子化。或者先量子化，如果坐标的变化是正则的，则在微分方程中改变变量。(我们假设所有变量都是笛卡儿的。正如本书前面所提到的，如果一个人想使用非笛卡儿坐标，最好先量子化笛卡儿坐标，然后改变微分方程中的变量。)

10.2 更高维中的更多粒子

数学上，二维的单粒子问题（用直角坐标）相当于一维的双粒子问题。然而，方便的做法是在这两种情况下使用不同的表示方法。我们将单粒子的两个直角坐标表示为 x 和 y，而不是 x_1 和 x_2。同样地，动量用 p_x 和 p_y 表示。量子算符被称为 X 和 Y，以及 P_x 和 P_y；它们共同的本征右矢分别为 $|xy\rangle$、$|p_xp_y\rangle$ 等。向三维的推广是显而易见的。我们也将把位置本征右矢写为 $|\boldsymbol{r}\rangle$，其正交关系 $\langle xyz|x'y'z'\rangle = \delta(x-x')\,\delta(y-y')\,\delta(z-z')$ 为 $\langle \boldsymbol{r}|\boldsymbol{r}'\rangle = \delta^3(\boldsymbol{r}-\boldsymbol{r}')$。动量本征右矢 $|\boldsymbol{p}\rangle$ 也是如此。当包含由数字 $1,\cdots,N$ 标记的几个粒子时，这个额外的记号也将被使用。因此，$|\boldsymbol{p}_1\boldsymbol{p}_2\rangle$ 将表示一个双粒子态，其中粒子 1 具有动量 $\boldsymbol{p}_1$，粒子 2 具有动量 $\boldsymbol{p}_2$，等等。

习题 10.2.1*（三维箱子中的粒子）。回忆从 $x=0$ 延伸到 L 的一维箱子中的一个粒子，它被限制在 $0 \leqslant x \leqslant L$ 的区域，其波函数在边界 $x=0$ 和 L 处及该区域之外均为零（习题 5.2.5）。现在考虑一个限制在体积为 L^3 的三维盒子中的粒子。选择八个顶角中的一个作为原点，将沿着在那里交汇的三个边分别取做 x、y 和 z 轴，证明归一化的能量本征函数是

$$\psi_E(x,y,z) = \left(\frac{2}{L}\right)^{1/2}\sin\left(\frac{n_x\pi x}{L}\right)\left(\frac{2}{L}\right)^{1/2}\sin\left(\frac{n_y\pi y}{L}\right)\left(\frac{2}{L}\right)^{1/2}\sin\left(\frac{n_z\pi z}{L}\right)$$

其中

$$E = \frac{\hbar^2\pi^2}{2ML^2}(n_x^2+n_y^2+n_z^2)$$

并且 n_i 都是正数。

习题 10.2.2* 把二维谐振子量子化，对于它

$$\mathcal{H} = \frac{p_x^2+p_y^2}{2m} + \frac{1}{2}m\omega_x^2x^2 + \frac{1}{2}m\omega_y^2y^2$$

(1) 证明允许的能量为

$$E = (n_x+1/2)\hbar\omega_x + (n_y+1/2)\hbar\omega_y, \quad n_x, n_y = 0,1,2,\cdots$$

(2) 用单谐振子波函数写出相应的波函数。证明在 $x\to -x$、$y\to -y$ 时它们有确定的（偶/奇）宇称，并且该宇称仅依赖于 $n = n_x+n_y$。

(3) 接下来考虑各向同性谐振子（$\omega_x=\omega_y$）。显式写出前三种态（即对于 $n=0$ 和 1 的情况）的归一化本征函数。把你的结果用极坐标 ρ 和 ϕ 重新表达出来（供以后使用）。证明能级 $E=(n+1)\hbar\omega$ 的简并性为 $(n+1)$。

习题 10.2.3* 把三维各向同性谐振子量子化，对于它

$$\mathcal{H}=\frac{p_x^2+p_y^2+p_z^2}{2m}+\frac{1}{2}m\omega^2(x^2+y^2+z^2)$$

(1) 证明 $E=(n+3/2)h\omega$，$n=n_x+n_y+n_z$，$n_x,n_y,n_z=0,1,2,\cdots$。

(2) 用单谐振子的波函数写出相应的波函数，并证明给定 n 的能级的宇称是 $(-1)^n$，把前四个态用球坐标重新表示。证明能量 $E=(n+3/2)\hbar\omega$ 的能级的简并度是 $(n+1)(n+2)/2$。

10.3　全同粒子

当正确地将上面发展的形式体系应用于包含全同粒子系统时，该形式会导致一些非常令人惊讶的结果。如果两个粒子在各个方面都精确相同，我们则说它们是全同的——不应有任何实验能检测出它们之间存在任何内禀[①]差异。尽管经典和量子理论中全同粒子的定义相同，但在这两种情况下其含义却有所不同。

经典情况

首先让我们概述一下经典物理学中的情况，从而确定自己的方向。想象一个具有四个洞的台球桌，洞的编号从 1 到 4（图 10.1）。在靠近洞 1 和 2 停着两个全同的台球。让我们把这些球叫做 1 和 2。标号之间的差异并不反映球的任何内禀差异（因为它们是全同的），而只是它们所处环境的差异，即发现它们时，它们附近的洞的差异。

从全同性的定义可以看到，如果把这两个球交换，那么产生的构型看上去将完全相同。然而，在经典物理学中，这两种构型将被看作是不同的。为了让这个区分有意义，一定存在某些实验，其中这两个构型是不等价的。我们现在来讨论一个这样的实验。

想象一下，当 $t=0$ 时，两个玩家把球推到台球桌的中心，两位物理学家 P_1 和 P_2 同时采取了初始数据并给出以下预测：

$$P_1:\quad \left.\begin{array}{l}\text{球 1 掉进洞 3}\\ \text{球 2 掉进洞 4}\end{array}\right\}\qquad \text{在 } t=T \text{ 时}$$

$$P_2:\quad \left.\begin{array}{l}\text{球 1 掉进洞 4}\\ \text{球 2 掉进洞 3}\end{array}\right\}\qquad \text{在 } t=T \text{ 时}$$

① 所谓“内禀”，指的是粒子固有的性质，比如它的电荷或质量，而不是它的位置和动量。

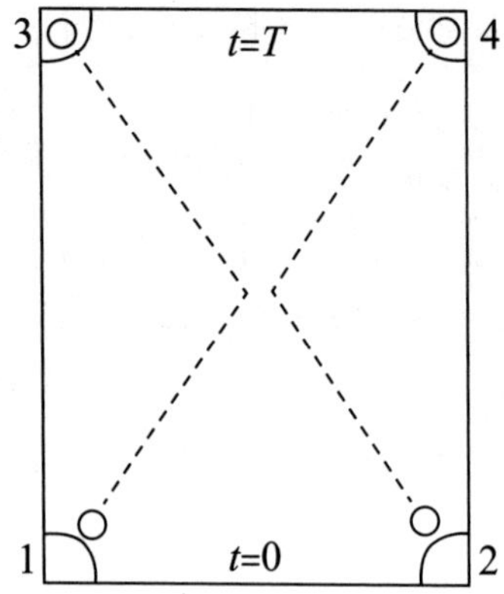

图 10.1 开始时，两个全同的台球靠近洞 1 和 2，结束时分别在洞 3 和 4 中，和 P_1 所预测的相同。P_2 的预测：结束时它们将分别掉落在第 4 洞和第 3 洞中，这是错误的，即使对于一个在 $t=T$ 时刻走过来的一个观察者而言，这两种最终的配置将是无法区分的

比方说，在 $t=T$ 的时刻，我们发现球 1 掉进洞 3，球 2 掉进洞 4。我们就宣布 P_1 是正确的，P_2 是错误的。现在，他们所预言的 $t=T$ 时的构型，仅区别于两个全同粒子的交换。如果有人孤立来看，这两种构型看上去会是一样的——若刚好在 $t=T$ 时走进来的一个观察者，在得知 P_1 和 P_2 所给出的预言之后，他会推断出两者都是正确的。这些球的情况我们是知道的（这允许我们能够区分它们，从而得到两个结果），难道新来的人不知道吗？答案当然是肯定的，原因在于它们的历史。虽然对于新来的人来说，这两个球看起来一样，但我们可以把洞 3 中的球回溯到洞 1 附近，洞 4 中的球回溯到洞 2 附近。同样，在 $t=0$ 时，这两个对于我们来说似乎全同的球，对一个从早期就开始跟踪它们的人来说将是可区分的。当然现在，我们或任何其他观察者实际上都没有必要为了使这种区别存在而实际将其呈现出来。人们在经典物理学中虚构的观察者看到了一切，却什么也不干扰——如果他能区分的话，那么这种区别是存在的。

总之，在经典力学中，通过追踪全同粒子的不同轨迹（而不以任何方式干扰它们），区分这些粒子是可能的。因此，通过交换全同粒子而相关联的两种构型在物理上是不等价的。

上述推理的直接推论，以及在下文中将发挥重要作用的那些结果，使得在量子理论中，粒子连续轨迹的概念完全是违法的，在那里不存在用于区分全同粒子的物理基。因此通过交换全同粒子而相关联的两种构形必须被视为一种，而且是相同的构形，并由相同的态矢量描述。我们现在开始推导这一限制的后果。

两粒子系统——对称态和反对称态

假设我们有一个由两个可区分的粒子 1 和 2 组成的系统，并且对系统的位置测量表明，粒子 1 在 $x=a$ 处，粒子 2 在 $x=b$ 处。我们把刚测量后的态写成

$$|\psi\rangle = |x_1=a, x_2=b\rangle = |ab\rangle \tag{10.3.1}$$

其中，我们采用的约定是，粒子 1 的态由第一个符号（a）描述，粒子 2 的态用第二个符号（b）描述。因为粒子是可区分的，从上式可知，通过交换它们得到的态也是可区分的。它由

$$|\psi\rangle = |ba\rangle$$

给出，对应于在 b 处找到粒子 1 ，以及在 a 处找到粒子 2。

假设我们用两个全同粒子重复这个实验，在 $x=a$ 处抓住一个，在 $x=b$ 处抓住另一个。在测量后的那一时刻的态矢量是 $|ab\rangle$ 还是 $|ba\rangle$？答案：都不是。在量子理论中，我们看到了通过交换全同粒子而相关联的两种构型必须被看作是一种，而且是相同的，它们由相同的态矢量描述。由于 $|\psi\rangle$ 和所有的 $\alpha|\psi\rangle$ 在物理上是等价的，我们要求 $|\psi(a,b)\rangle$，即测量后的那一时刻，态矢量满足约束

$$|\psi(a,b)\rangle = \alpha\,|\psi(b,a)\rangle \tag{10.3.2}$$

其中，α 是任意复数。因为在交换下

$$|ab\rangle \leftrightarrow |ba\rangle$$

这两个矢量既不是彼此的倍数[①]（即物理上是不同的），也不是可以接受的。问题是我们的位置测量结果不是一对有序的数字（如可区分粒子的情况），而只是一对数字——以明确的方式将它们赋予粒子，超出了在量子理论中具有物理意义的东西。我们的测量允许我们得出的结论是：态矢量是 X_1+X_2 的本征态，具有本征值 $a+b$，这个本征值的和对于值 a 和 b 如何被赋予这两个粒子来说是不敏感的。换句话说，给定一对无序的数字 a 和 b，我们仍然可以定义一个唯一的和（但不是差）。现在，只有两个乘积矢量，$|ab\rangle$ 和 $|ba\rangle$ 具有这个本征值，并且态矢量位于它们所张的二维简并（相对于 X_1+X_2）本征空间内。令 $|\psi(a,b)\rangle=\beta\,|ab\rangle+\gamma\,|ba\rangle$ 是允许的矢量。如果我们施加约束 (10.3.2) 式：

$$\beta\,|ab\rangle + \gamma\,|ba\rangle = \alpha\,[\,\beta\,|ba\rangle + \gamma\,|ab\rangle]$$

我们发现，在 $|ab\rangle$ 和 $|ba\rangle$ 的系数相等的情况下

$$\beta = \alpha\gamma\,, \qquad \gamma = \alpha\beta$$

① 我们的假设是 $a\neq b$。如果 $a=b$，则态是可以接受的，但令我们苦恼的这种选择并没有出现。

所以

$$\alpha = \pm 1 \tag{10.3.3}$$

现在，很容易构建允许的态矢量。它们是被称为对称的态矢量（$\alpha = 1$）：

$$|ab, \mathrm{S}\rangle = |ab\rangle + |ba\rangle \tag{10.3.4}$$

和被称为反对称的态矢量（$\alpha = -1$）：

$$|ab, \mathrm{A}\rangle = |ab\rangle - |ba\rangle \tag{10.3.5}$$

（这些都是非归一矢量，它们的归一化将很快进行。）

更一般地说，如果测量了某个变量 Ω，并且得到了值 ω_1 和 ω_2，那么测量后会立即知道态矢量不是 $|\omega_1\omega_2, \mathrm{S}\rangle$，就是 $|\omega_1\omega_2, \mathrm{A}\rangle$。[①]虽然我们在锁定对应于测量的态矢量方面取得了很大的进展，但是我们还需要在这两种可能选项之间找到一种选择的方法。

玻色子和费米子

虽然 S 和 A 这两种状态在物理上似乎都是可以接受的（因为它们保持了粒子的不可区分性），我们可以更进一步，做出以下断言：

给定的某一类粒子必须在 S 态和 A 态之间做出一次性的选择。

假设与之相反的结果是真的，则两个全同粒子的希尔伯特空间既包含 S 矢量又包含 A 矢量。那时该空间也还包含它们二者的如下线性组合

$$|\psi\rangle = \alpha|\omega_1\omega_2, \mathrm{S}\rangle + \beta|\omega_1'\omega_2', \mathrm{A}\rangle$$

它既不是对称的，也不是反对称的。所以我们排除了这种可能性。

自然似乎尊重我们推导出的这种约束。粒子，如 π 介子、光子和引力子总是被发现处于对称态，被称为玻色子，而诸如电子、质子和中子等粒子，总是被发现处于反对称态，被称为费米子。

因此，如果我们捕获两个全同的玻色子，一个在 $x = a$，另一个在 $x = b$，则紧随测量之后的态矢量是

$$\begin{aligned} |\psi\rangle &= |x_1 = a,\ x_2 = b\rangle + |x_1 = b,\ x_2 = a\rangle \\ &= |ab\rangle + |ba\rangle = |ab,\ \mathrm{S}\rangle \end{aligned}$$

① 我们假设了 Ω 是非简并的。若非如此，则令 ω 代表一个对易算符完全集合的本征值。

倘若粒子是费米子，则测量之后的态矢量就会是

$$|\psi\rangle = |x_1 = a,\, x_2 = b\rangle - |x_1 = b,\, x_2 = a\rangle = |ab\rangle - |ba\rangle = |ab, \mathrm{A}\rangle$$

请注意，虽然我们仍然使用符号 x_1 和 x_2，但我们不将它们以任何特定的方式附加到粒子上。因此在 $x = a$ 和 $x = b$ 处捕获了玻色子，我们不需要为是否是 $x_1 = a$ 和 $x_2 = b$ 而烦恼。对于玻色子，这两种选择会导致相同的 $|\psi\rangle$。而对于费米子，态矢量只有一个整体符号不同。

我们现在能够推导出费米子的一个基本性质，这是由它们态矢量的反对称性导致的。考虑两个费米子的态

$$|\omega_1\omega_2, \mathrm{A}\rangle = |\omega_1\omega_2\rangle - |\omega_2\omega_1\rangle$$

现在，令 $\omega_1 = \omega_2 = \omega$，我们发现

$$|\omega\omega,\, \mathrm{A}\rangle = |\omega\omega\rangle - |\omega\omega\rangle = 0 \tag{10.3.6}$$

这是著名的*泡利不相容原理：两个全同的费米子不能处在相同的量子态上*。这一原理有着深远的影响——在统计力学，理解原子的化学性质，核理论，以及天体物理学等方面，我们都将有机会回到它。

有了这个重要的推导，让我们来处理一个可能困扰你的问题：我们的分析只告诉我们，一个特定类型的粒子，比如一个 π 介子，必须是玻色子或者费米子，但没有说是哪一种。有两种方法回答这个问题。首先是通过进一步的思考，具体来说，在量子场论的框架内，粒子的自旋将与它的“统计”联系起来——这是物理学家用来表示它的玻色子或费米子性质的术语。由于相关论证超出了本文的范围，我们在此仅引述其结果。回想一下，粒子的自旋是它的内禀角动量。自旋的大小恰好是粒子的一个不变量（因此起标记作用，像它的质量或电荷一样），且只能取以下值之一：$0, \hbar/2, \hbar, 3\hbar/2, 2\hbar, \cdots$。自旋统计定理，可在量子场论中证明，断言（自旋大小）等于 $\hbar/2$ 偶数倍的粒子是玻色子，而等于 $\hbar/2$ 奇数倍的是费米子。但是这种联系仅在三维中得到了证明，不适用于一维——在那里不可能定义自旋或任何形式的角动量。（这在经典上应该是很清楚的。）因此，求得一个一维粒子是玻色子或费米子的唯一方法是从实验确定波函数的对称性。这是第二种方法，我们将稍后讨论。

在转向第二种方法之前，我们注意到，两个全同粒子的态矢量（在标记它们的量子数交换时）是对称的或反对称的这一要求也适用于三维，这一点通过在一维的论证就会清楚地看到。唯一的差别是标记数量的增加。例如，自旋为零的玻色子的位置本征右矢将用 x、y 和 z 三个数字标记。对于费米子，其自旋至少等于 $\hbar/2$，态将用自旋的取向和描述无自旋玻色子[①]轨道的记号来标记。我们将只考虑自旋为 1/2

① 由于自旋没有经典的对应，所以表示它的算符不是坐标和动量算符的函数，它与任何轨道算符 Ω 对易。因此，可以同时指定自旋与轨道变量。

的粒子，对于它，这个标记只能取两个值，称之为“+”和“−”或“向上”和“向下”(这些术语的含义稍后将会明确)。如果用 ω 表示所有的轨道，用 s 表示自旋，则在粒子交换，即交换所有的标记下，反对称费米子的态矢量将是如下形式：

$$|\omega_1 s_1,\, \omega_2 s_2,\, \mathrm{A}\rangle = |\omega_1 s_1,\, \omega_2 s_2\rangle - |\omega_2 s_2,\, \omega_1 s_1\rangle \tag{10.3.7}$$

易见，如果

$$\omega_1 = \omega_2 \quad 和 \quad s_1 = s_2 \tag{10.3.8}$$

则态矢量为零。于是，我们再次发现两个费米子不能处于同一个量子态上，但作为一个量子态，我们指的是一种确定 ω 和 s 的状态。因此，如果两个电子的自旋取向不同，则可以处于相同的轨道态。

现在我们来谈谈寻找给定类型粒子的统计的第二种方法，即在一维或三维空间中都有效的方法，因为它诉诸于一个简单的实验，这个实验可以确定给定粒子种类的双粒子态矢量是对称的还是非对称的。作为讨论这样一种实验的前奏，让我们详细研究一下玻色子和费米子的希尔伯特空间。

玻色子和费米子的希尔伯特空间

我们已经看到，两个全同的玻色子总是有对称的态矢量，而两个全同的费米子总是有反对称的态矢量。让我们把对称的玻色子矢量的希尔伯特空间称为 $\mathbb{V}_\mathrm{S}$，而反对称费米子矢量的希尔伯特空间称为 $\mathbb{V}_\mathrm{A}$。一方面，我们首先研究这两个空间的关系；另一方面，我们研究直积空间 $\mathbb{V}_{1\otimes 2}$。

空间 $\mathbb{V}_{1\otimes 2}$ 由形式为 $|\omega_1\omega_2\rangle = |\omega_1\rangle \otimes |\omega_2\rangle$ 的所有矢量组成。对于每对矢量 $|\omega_1 = a, \omega_2 = b\rangle$ 和 $|\omega_1 = b, \omega_2 = a\rangle$ 有一个（未归一化的）玻色子矢量 $|\omega_1 = a, \omega_2 = b\rangle + |\omega_1 = b, \omega_2 = a\rangle$ 和一个费米子矢量 $|\omega_1 = a, \omega_2 = b\rangle - |\omega_1 = b, \omega_2 = a\rangle$。如果 $a = b$，矢量 $|\omega_1 = a,\, \omega_2 = a\rangle$ 已经是对称的，我们可以把它看作玻色子矢量。没有相应的费米子矢量（泡利原理）。因此，$\mathbb{V}_{1\otimes 2}$ 恰好有足够的基矢来形成一个玻色子希尔伯特空间和一个费米子希尔伯特空间。我们把这种关系表示为

$$\mathbb{V}_{1\otimes 2} = \mathbb{V}_\mathrm{S} \oplus \mathbb{V}_\mathrm{A} \tag{10.3.9}$$

其中，$\mathbb{V}_\mathrm{S}$ 的维数略大于 $\mathbb{V}_{1\otimes 2}$ 的一半。[①]我们的分析表明，在任一给定的时刻，两个玻色子的态是 $\mathbb{V}_S$ 的一个元素，两个费米子的态是 $\mathbb{V}_\mathrm{A}$ 的一个元素。还可以证明，若一个系统开始时处在 $\mathbb{V}_\mathrm{S}$（$\mathbb{V}_\mathrm{A}$）中，则将继续保持在 $\mathbb{V}_\mathrm{S}$（$\mathbb{V}_\mathrm{A}$）中（见习题 10.3.5）。因此在研究两个全同粒子时，我们只需要考虑 $\mathbb{V}_\mathrm{S}$ 或 $\mathbb{V}_\mathrm{A}$。然而，出于记录的目的，

① 由于 $\mathbb{V}_\mathrm{S}$ 中的每个元素都垂直于 $\mathbb{V}_\mathrm{A}$ 中的每个元素（应检查这一点），所以 $\mathbb{V}_{1\otimes 2}$ 的维数等于 $\mathbb{V}_\mathrm{S}$ 和 $\mathbb{V}_\mathrm{A}$ 的维数之和。

方便的做法是把 $\mathbb{V}_\mathrm{S}$ 和 $\mathbb{V}_\mathrm{A}$ 视为 $\mathbb{V}_{1\otimes 2}$ 的子空间，并把 $\mathbb{V}_\mathrm{S}$ 和 $\mathbb{V}_\mathrm{A}$ 的元素也看作 $\mathbb{V}_{1\otimes 2}$ 的元素。

现在让我们考虑 $\mathbb{V}_\mathrm{S}$ 中的矢量的归一化。先考虑一下对应于具有分立本征值的变量 Ω 的本征态 $|\omega_1\omega_2,\mathrm{S}\rangle$。未归一化的态矢量是

$$|\omega_1\omega_2,\mathrm{S}\rangle=|\omega_1\omega_2\rangle+|\omega_2\omega_1\rangle$$

因为 $|\omega_1\omega_2\rangle$ 和 $|\omega_2\omega_1\rangle$ 是 $\mathbb{V}_{1\otimes 2}$ 中的正交态，其归一化因子恰为 $2^{-1/2}$，即

$$|\omega_1\omega_2,\mathrm{S}\rangle=2^{-1/2}\left(|\omega_1\omega_2\rangle+|\omega_2\omega_1\rangle\right)\tag{10.3.10a}$$

是一个归一化的本征矢。你可以很容易检验 $\langle\omega_1\omega_2,\mathrm{S}|\omega_1\omega_2,\mathrm{S}\rangle=1$。前面的讨论假设 $\omega_1\neq\omega_2$。如果 $\omega_1=\omega_2=\omega$，则乘积矢量 $|\omega\omega\rangle$ 本身既是对称的又是归一的，因此我们选择

$$|\omega\omega,\mathrm{S}\rangle=|\omega\omega\rangle\tag{10.3.10b}$$

$\mathbb{V}_\mathrm{S}$ 中的任一矢量 $|\psi_\mathrm{S}\rangle$ 都可以用这个 Ω 基展开，像通常一样，我们确定

$$P_S(\omega_1,\omega_2)=|\langle\omega_1\omega_2,\mathrm{S}|\psi_\mathrm{S}\rangle|^2\tag{10.3.11}$$

作为当在态 $|\psi_\mathrm{S}\rangle$ 上测量 Ω 时，在 $|\omega_1\omega_2,\mathrm{S}\rangle$ 上找到粒子的绝对概率。$|\psi_\mathrm{S}\rangle$ 和 $P_\mathrm{S}(\omega_1,\omega_2)$ 的归一化条件可以写成

$$\begin{aligned}1=\langle\psi_\mathrm{S}|\psi_\mathrm{S}\rangle&=\sum_{\text{dist}}|\langle\omega_1\omega_2,\mathrm{S}|\psi_\mathrm{S}\rangle|^2\\&=\sum_{\text{dist}}P_\mathrm{S}(\omega_1,\omega_2)\end{aligned}\tag{10.3.12a}$$

其中，$\sum_{\text{dist}}$ 表示对所有物理上不同的态求和。如果 ω_1 和 ω_2 的取值都在 $\omega_{\min}$ 和 $\omega_{\max}$ 之间，则

$$\sum_{\text{dist}}=\sum_{\omega_2=\omega_{\min}}^{\omega_{\max}}\sum_{\omega_1=\omega_{\min}}^{\omega_1}\tag{10.3.12b}$$

以这种方式，我们避免把 $|\omega_1\omega_2,\mathrm{S}\rangle$ 和 $|\omega_2\omega_1,\mathrm{S}\rangle$ 都计算在内，它们在物理上是等价的。另一种方法是把它们都计算在内，然后除以 2。

如果我们想得到某个连续变量，比如 X 的绝对概率密度呢？在这种情况下，我们必须将 $|\psi_\mathrm{S}\rangle$ 投影到归一化的位置本征右矢上：

$$|x_1x_2,\ \mathrm{S}\rangle=2^{-1/2}\left(|x_1x_2\rangle+|x_2x_1\rangle\right)\tag{10.3.13}$$

求得

$$P_\mathrm{S}(x_1,x_2)=|\langle x_1x_2,\mathrm{S}|\psi_\mathrm{S}\rangle|^2\tag{10.3.14}$$

$P_{\mathrm{S}}(x_1,x_2)$ 和 $|\psi_{\mathrm{S}}\rangle$ 的归一化条件为

$$1=\iint P_{\mathrm{S}}(x_1,x_2)\,\frac{\mathrm{d}x_1\,\mathrm{d}x_2}{2}=\iint|\langle x_1x_2,\,\mathrm{S}\,|\,\psi_{\mathrm{S}}\rangle|^2\frac{\mathrm{d}x_1\,\mathrm{d}x_2}{2} \tag{10.3.15}$$

其中因子 1/2 弥补了 $\mathrm{d}x_1\,\mathrm{d}x_2$ 积分所做的重复计数①。在这种情况下，最方便的是将波函数定义为

$$\psi_{\mathrm{S}}(x_1,x_2)=2^{-1/2}\langle x_1x_2,\mathrm{S}|\psi_{\mathrm{S}}\rangle \tag{10.3.16}$$

所以，ψ_S 的归一化是

$$1=\int\int|\psi_{\mathrm{S}}(x_1,x_2)|^2\,\mathrm{d}x_1\,\mathrm{d}x_2 \tag{10.3.17}$$

但是，在这种情况下，由于重新标度，有

$$P_{\mathrm{S}}(x_1,x_2)=2|\psi_{\mathrm{S}}(x_1,x_2)|^2 \tag{10.3.18}$$

现在，注意到

$$\begin{aligned}\psi_{\mathrm{S}}(x_1,x_2)&=\frac{1}{\sqrt{2}}\,\langle x_1x_2,\mathrm{S}|\psi_{\mathrm{S}}\rangle=\frac{1}{2}\,[\langle x_1x_2|\psi_{\mathrm{S}}\rangle+\langle x_2x_1|\psi_{\mathrm{S}}\rangle]\\&=\langle x_1x_2|\psi_{\mathrm{S}}\rangle\end{aligned} \tag{10.3.19}$$

在这里，我们已经利用了这样的事实，即 $|\psi_{\mathrm{S}}\rangle$ 在粒子之间是对称的，且与 $\langle x_1x_2|$ 和 $\langle x_2x_1|$ 的内积相同。因此，归一化条件 (10.3.17) 式变为

$$1=\langle\psi_{\mathrm{S}}|\psi_{\mathrm{S}}\rangle=\int\int|\psi_{\mathrm{S}}|^2\,\mathrm{d}x_1\,\mathrm{d}x_2=\int\int\langle\psi_{\mathrm{S}}|x_1x_2\rangle\langle x_1x_2|\psi_{\mathrm{S}}\rangle\,\mathrm{d}x_1\,\mathrm{d}x_2$$

这很有意义，因为 $|\psi_{\mathrm{S}}\rangle$ 也是 $\mathbb{V}_{1\otimes2}$ 的一个元素。不过，请注意右矢 $|x_1x_2\rangle$ 仅作为统计工具进入到波函数 (10.3.19) 式的定义和上述的归一化积分中。它们不是 $\mathbb{V}_{\mathrm{S}}$ 的元素，如果不是因为我们所关心的物理量 $\langle x_1x_2,\mathrm{S}|\psi_{\mathrm{S}}\rangle$ 与内积 $\langle x_1x_2|\psi\rangle$ 仅相差一个 $\sqrt{2}$ 的因子，我们也不会对它感兴趣。现在让我们考虑一个具体的例子。我们在一个从 $x=0$ 到 $x=L$ 的盒子中测量两个无相互作用玻色子的能量，发现它们处于量子态 $n=3$ 和 $n=4$。则刚测量后的归一化态矢量为

$$|\psi_{\mathrm{S}}\rangle=\frac{|3,4\rangle+|4,3\rangle}{\sqrt{2}} \tag{10.3.20}$$

---

① 点 $x_1=x_2=x$ 对因子 1/2 和右矢 $|xx,\mathrm{S}\rangle$ 的归一化都造成了一些微妙的问题。我们没有进入这些讨论，因为线 $x_1=x_2=x$ 上的点对 x_1-x_2 平面上（任何光滑函数）的积分只给出一个无穷小的贡献。在下面的讨论中，你可以假设诸如 $P_{\mathrm{S}}(x,x)$，$\psi_{\mathrm{S}}(x,x)$ 等量都是由 $x_1\to x_2\to x$ 时 $P_{\mathrm{S}}(x_1,x_2)$，$\psi_{\mathrm{S}}(x_1,x_2)$ 等的极限给出的。

其波函数是

$$
\begin{aligned}
\psi_{\mathrm{S}}(x_1,x_2) &= 2^{-1/2}\langle x_1x_2,\ \mathrm{S}|\psi_{\mathrm{S}}\rangle \\
&= \frac{1}{2}\left(\langle x_1x_2| + \langle x_2x_1|\right)\left(\frac{|3,4\rangle + |4,3\rangle}{\sqrt{2}}\right) \\
&= \frac{1}{2\sqrt{2}}\left[\langle x_1x_2|3,4\rangle + \langle x_1x_2|4,3\rangle + \langle x_2x_1|3,4\rangle + \langle x_2x_1|4,3\rangle\right] \\
&= \frac{1}{2\sqrt{2}}\left[\psi_3(x_1)\psi_4(x_2) + \psi_4(x_1)\psi_3(x_2) + \psi_3(x_2)\psi_4(x_1) + \right. \\
&\qquad \left. \psi_4(x_2)\psi_3(x_1)\right] \\
&= 2^{-1/2}\left[\psi_3(x_1)\psi_4(x_2) + \psi_4(x_1)\psi_3(x_2)\right] \\
&= \langle x_1x_2|\psi_{\mathrm{S}}\rangle
\end{aligned}
\tag{10.3.21a}
$$

在所有上式中

$$
\psi_n(x) = \left(\frac{2}{L}\right)^{1/2}\sin\left(\frac{n\pi x}{L}\right) \tag{10.3.21b}
$$

上面这些考虑在做一些明显的修改之后都可应用于费米子空间 $\mathbb{V}_{\mathrm{A}}$。基矢为如下形式

$$
|\omega_1\omega_2,\ \mathrm{A}\rangle = 2^{-1/2}\left(|\omega_1\omega_2\rangle - |\omega_2\omega_1\rangle\right) \tag{10.3.22}
$$

（$\omega_1=\omega_2$ 的情况不会在这里出现。）波函数仍然是

$$
\begin{aligned}
\psi_{\mathrm{A}}(x_1,x_2) &= 2^{-1/2}\langle x_1x_2,\mathrm{A}|\psi_{\mathrm{A}}\rangle \\
&= \langle x_1x_2|\psi_{\mathrm{A}}\rangle
\end{aligned}
\tag{10.3.23}
$$

而且，像玻色子情况一样

$$
P_{\mathrm{A}}(x_1,x_2) = 2|\psi_{\mathrm{A}}(x_1,x_2)|^2 \tag{10.3.24}
$$

归一化条件为

$$
1 = \iint P_{\mathrm{A}}(x_1,x_2)\,\frac{\mathrm{d}x_1\,\mathrm{d}x_2}{2} = \iint |\psi_{\mathrm{A}}(x_1,x_2)|^2\,\mathrm{d}x_1\,\mathrm{d}x_2 \tag{10.3.25}
$$

现在回到箱子中两个粒子的例子，如果我们已经得到了 $n=3$ 和 $n=4$，则刚测量后的态为

$$
|\psi_{\mathrm{A}}\rangle = \frac{|3,4\rangle - |4,3\rangle}{\sqrt{2}} \tag{10.3.26}
$$

（我们可以同样选择

$$
|\psi_{\mathrm{A}}\rangle = \frac{|4,3\rangle - |3,4\rangle}{\sqrt{2}}
$$

它不会给出物理上的差别）。相应的波函数可以写成行列式的形式：

$$\begin{aligned}\psi_{\mathrm{A}}(x_1,x_2)&=\langle x_1x_2|\psi_{\mathrm{A}}\rangle=2^{-1/2}[\psi_3(x_1)\psi_4(x_2)-\psi_4(x_1)\psi_3(x_2)]\\&=2^{-1/2}\begin{vmatrix}\psi_3(x_1)&\psi_4(x_1)\\\psi_3(x_2)&\psi_4(x_2)\end{vmatrix}\end{aligned}\tag{10.3.27}$$

假如，我们考虑态 $|\omega_1\omega_2,\mathrm{A}\rangle$ [(10.3.22) 式]，[①]

$$\psi_{\mathrm{A}}(x_1,x_2)=2^{-1/2}\begin{vmatrix}\psi_{\omega_1}(x_1)&\psi_{\omega_2}(x_1)\\\psi_{\omega_1}(x_2)&\psi_{\omega_2}(x_2)\end{vmatrix}\tag{10.3.28}$$

粒子统计的确定

我们终于准备好回答一个老问题：人们如何凭经验决定给定类型粒子的统计行为，即它是玻色子还是费米子，而无需用到自旋统计定理？为了具体起见，让我们假定有两个全同且无相互作用的 **π** 介子，并希望知道它们是玻色子还是费米子。

我们按以下方式进行。我们将其放在一个一维的箱子里[②]，并做能量测量。假设我们在 $n=3$ 的态中找到一个，在 $n=4$ 的态中找到另一个。x 空间中的概率分布将取决于它们的统计行为：

$$\begin{aligned}P_{\mathrm{S/A}}(x_1,x_2)&=2|\psi_{\mathrm{S/A}}(x_1,x_2)|^2\\&=2|2^{-1/2}[\psi_3(x_1)\psi_4(x_2)\pm\psi_4(x_1)\psi_3(x_2)]|^2\\&=|\psi_3(x_1)|^2|\psi_4(x_2)|^2+|\psi_4(x_1)|^2|\psi_3(x_2)|^2\pm\\&\quad[\psi_3^*(x_1)\psi_4(x_1)\psi_4^*(x_2)\psi_3(x_2)+\psi_4^*(x_1)\psi_3(x_1)\psi_3^*(x_2)\psi_4(x_2)]\end{aligned}\tag{10.3.29}$$

将这种情况与带有标号 1 和 2 的两个粒子进行比较，但若是全同粒子则不这样做[③]，其中粒子 1 处于态 3，并由概率分布 $|\psi_3(x)|^2$ 描述，粒子 2 处于态 4，并由概率分布 $|\psi_4(x)|^2$ 描述。在这种情况下，第一项表示粒子 1 处在 x_1 和粒子 2 处在 x_2 的概率，而第二项给出两个粒子交换的概率。那么这两项的和给出 $P_{\mathrm{D}}(x_1,x_2)$，它是找到一个粒子在 x_1，另一个在 x_2，而不考虑它们的标号的概率。（下标“D”表示可区分的。）接下来的两项叫做干涉项，提醒我们在量子理论中全同粒子具有比全同性更多的特点：它们没有独立的身份。假如它们具有独立的身份（像经典情况一样），我们就会对哪个到达 x_1 和哪个到达 x_2 漠不关心，因此我们只得到前两项。这种情况和双缝实验两者之间有着相似性，在那里两个狭缝都打开时，在屏幕上的

① 由 ψ_{A} 的行列式形式可以清楚地看出，如果 $x_1=x_2$ 或 $\omega_1=\omega_2$，则 ψ_{A} 变成零。

② 这样做是为了简化论证。这个基本概念在三维上同样有效。

③ 例如，标记可以是电荷。

给定点 x 找到粒子的概率不是分别打开每一个狭缝的概率之和。在这两种情况下，都会出现干涉项，因为在量子理论中，当一个事件以两种（或更多种）不可分辨的方式发生时，我们要把相应的振幅相加，而不是相应的概率相加。

就像我们不被允许赋予粒子一个明确的轨迹一样（通过狭缝 1 或 2），我们现在不被允许赋予粒子明确的标号。

干涉项告诉我们 π 介子是玻色子还是费米子。这两种情况的不同之处当 $x_1 \to x_2 \to x$ 时最引人注目：

$$P_{\mathrm{A}}(x_1 \to x, x_2 \to x) \to 0 \quad （泡利原理用于态\ |x\rangle） \tag{10.3.30}$$

而

$$P_{\mathrm{S}}(x_1 \to x, x_2 \to x) = 2\left[|\psi_3(x)|^2|\psi_4(x)|^2 + |\psi_4(x)|^2|\psi_3(x)|^2\right] \tag{10.3.31}$$

它的值是 $P_{\mathrm{D}}(x_1 \to x, x_2 \to x)$ 的两倍，它是两个携带不同标记（但其他方面相同）的粒子的概率密度，在位置测量时其标记被忽略了。

费米子倾向于相互回避（即回避态 $x_1 = x_2 = x$），它们服从“费米–狄拉克统计”，而玻色子倾向于凝聚成团，它们服从“玻色–爱因斯坦统计”，这些术语的命名源于最早研究反对称化和对称化的要求分别对费米子和玻色子系综产生的统计力学后果的物理学家。(这就是把粒子的统计称作玻色子/费米子性质的原因。)

鉴于这两种分布的显著差异，我们可以很容易地想象通过制备系统（具有 $n = 3$ 和 4 的粒子）的一个系综并测量 $P(x_1, x_2)$ 来（一劳永逸地）决定 π 介子是玻色子还是费米子。

请注意，$P(x_1, x_2)$ 不仅帮助我们决定粒子是玻色子还是费米子，而且还会首先确定它们是否为全同粒子。换句话说，如果我们认为是全同的粒子对于某些我们没有察觉到的标记是不同的，则干涉项的性质将会暴露这一事实。想象一下，被称为 K 和 $\bar{K}$ 的两个玻色子，它们的质量和电荷完全相同，但所谓“超荷”的量子数不同。假设我们对超荷一无所知。在制备我们认为的包含 N 对全同粒子的系综时，实际上将包括一些 $(K, \bar{K})$ 对和一些 $(\bar{K}, K)$ 对。如果我们现在对系综进行测量并提取分布 $P(x_1, x_2)$（再次忽略超荷），我们将发现干涉项具有“+”号，但不像它应该有的那么大。如果系综只包含全同的玻色子，那么 $P(x_1, x_2)$ 应该是描述带标记粒子的 $P_{\mathrm{D}}(x_1 x_2)$ 的两倍。如果我们得到的比例小于 2，我们就知道，这个系综被带有标记的粒子所污染，因为带有标记的粒子不产生干涉项。

从上述讨论也可以清楚地看到，不能草率地得出结论：在捕获两个在相同的三维轨道态的电子时，它们不是费米子。在这种情况下，我们忽略的标记是自旋取向 s。正如前面提到的，s 只能取两个值，称它们为“+”和“−”。如果我们假设（在实验过程中）s 从来没有改变的话，它可以作为一个粒子随着时间的推移而存留下来的标记。如果一个电子的 $s=+$，另一个电子的 $s=-$，那么它们就像两个不同的粒子，可以处于相同的轨道态。这里保险的做法，仍然是使用系综而不是孤立的测量。由于我们对自旋一无所知，所以我们的系综将会包含 $(+,+)$ 对，$(-,-)$ 对，以及 $(+,-)$ 对。$(+,+)$ 和 $(-,-)$ 对是全同的费米子，并将产生一个负的干涉项，而 $(+,-)$ 对不会。因此，我们将发现 $P(\boldsymbol{r},\boldsymbol{r})$ 小于描述标记粒子的 $P_{\mathrm{D}}(\boldsymbol{r},\boldsymbol{r})$，但不是零。这告诉我们，我们的系综有被一对可区分粒子污染的全同费米子对。然后应由我们来找出提供这一区别的隐藏自由度的本质。

N 个全同粒子的系统

$N=2$ 的情况缺乏一个在 N 较大时被发现的特征。我们通过考虑盒子里有三个全同粒子的情况来说明这一点。假设能量的测量结果表明，粒子的量子数为 n_1、n_2 和 n_3。因为这些粒子是全同的，我们从这一研究中可以得出的所有结论是，总能量为

$$E=\left(\frac{\hbar^2\pi^2}{2mL^2}\right)\left(n_1^2+n_2^2+n_3^2\right)$$

现在存在 $3!=6$ 种乘积态具有这个能量：$|n_1n_2n_3\rangle$，$|n_1n_3n_2\rangle$，$|n_2n_3n_1\rangle$，$|n_2n_1n_3\rangle$、$|n_3n_2n_1\rangle$ 和 $|n_3n_1n_2\rangle$。物理态是由这些矢量所张成的六维本征空间的元素，并且通过在任意两个粒子标记交换下的属性来区分，态矢量改变的只是一个因子 α。因为两个标记的双重交换相当于不交换，我们和以前一样得出结论，$\alpha=\pm1$。具有该属性的只有两个态：

$$\begin{aligned}|n_1n_2n_3,\mathrm{S}\rangle=&\frac{1}{(3!)^{1/2}}\left[|n_1n_2n_3\rangle+|n_1n_3n_2\rangle+|n_2n_3n_1\rangle+\right.\\&\left.|n_2n_1n_3\rangle+|n_3n_2n_1\rangle+|n_3n_1n_2\rangle\right]\end{aligned}\tag{10.3.32}$$

被称为全对称态，[①]对于所有可能的三种交换（$1\leftrightarrow2$，$2\leftrightarrow3$，$1\leftrightarrow3$），它的 $\alpha=+1$，而

$$\begin{aligned}|n_1n_2n_3,\mathrm{A}\rangle=&\frac{1}{(3!)^{1/2}}\left[|n_1n_2n_3\rangle-|n_1n_3n_2\rangle+|n_2n_3n_1\rangle-\right.\\&\left.|n_2n_1n_3\rangle+|n_3n_1n_2\rangle-|n_3n_2n_1\rangle\right]\end{aligned}\tag{10.3.33}$$

称为全反对称态，对于所有可能的三种交换，它的 $\alpha=-1$。

玻色子总是选择 S 态，而费米子选择 A 态。由此可以断定，没有两个费米子可以处于相同的态。

① 只有当三个 n 都不同时，归一化因子 $(3!)^{-1/2}$ 才是正确的。如果，例如，$n_1=n_2=n_3=n$，则乘积态 $|nnn\rangle$ 是归一化且对称的，因此可以用作 S 态。由于泡利原理，费米子态不会出现类似的问题。

与 $N=2$ 情况一样，X 基下的波函数是

$$\psi_{\mathrm{S/A}}(x_1,x_2,x_3)=(3!)^{-1/2}\langle x_1x_2x_3,\mathrm{S/A}|\psi_{\mathrm{S/A}}\rangle=\langle x_1x_2x_3|\psi_{\mathrm{S/A}}\rangle \tag{10.3.34}$$

和

$$\int_{-\infty}^{\infty}\int_{-\infty}^{\infty}\int_{-\infty}^{\infty}|\psi_{\mathrm{S/A}}|^2\,\mathrm{d}x_1\,\mathrm{d}x_2\,\mathrm{d}x_3=1$$

例如，与 $|n_1n_2n_3,\mathrm{S/A}\rangle$ 相关联的波函数 (10.3.33) 和 (10.3.34) 式为

$$\begin{aligned}&\psi_{n_1n_2n_3}(x_1,\ x_2,\ x_3,\ \mathrm{S/A})\\&=(3!)^{-1/2}[\psi_{n_1}(x_1)\psi_{n_2}(x_2)\psi_{n_3}(x_3)\pm\psi_{n_1}(x_1)\psi_{n_3}(x_2)\psi_{n_2}(x_3)+\\&\quad\psi_{n_2}(x_1)\psi_{n_3}(x_2)\psi_{n_1}(x_3)\pm\psi_{n_2}(x_1)\psi_{n_1}(x_2)\psi_{n_3}(x_3)+\\&\quad\psi_{n_3}(x_1)\psi_{n_1}(x_2)\psi_{n_2}(x_3)\pm\psi_{n_3}(x_1)\psi_{n_2}(x_2)\psi_{n_1}(x_3)]\end{aligned} \tag{10.3.35}$$

费米子波函数仍可以写成一个行列式：

$$\psi_{n_1n_2n_3}(x_1,x_2,x_3,\mathrm{A})=\frac{1}{(3!)^{1/2}}\begin{vmatrix}\psi_{n_1}(x_1)&\psi_{n_2}(x_1)&\psi_{n_3}(x_1)\\\psi_{n_1}(x_2)&\psi_{n_2}(x_2)&\psi_{n_3}(x_2)\\\psi_{n_1}(x_3)&\psi_{n_2}(x_3)&\psi_{n_3}(x_3)\end{vmatrix} \tag{10.3.36}$$

利用行列式的性质，容易看到，如果其中的 x 或 n 中的两个重合，则 ψ 为零。所有这些结果都可以直接推广到任意大的 N 值。

在这一点上，有两个问题可能会困扰你。

问题 1 考虑 $N=3$ 的情况。这里有三种可能的交换：$1\leftrightarrow2$，$1\leftrightarrow3$ 和 $2\leftrightarrow3$。对于这三种交换，S 态都获得一个 $\alpha=1$ 的因子，而 A 态获得一个 $\alpha=-1$ 的因子。对于其中一些 α 是 1，而另一些 α 是 -1 的那些态会怎么样？这样的态是不存在的。你可以用穷尽所有可能来验证这一点：取 3! 个乘积矢量尝试构建这样的一种线性组合。因为对于这种情况以及所有 N 的一般证明都涉及群论，所以我们不会在这里讨论。请注意，因为对于每个 $N!$ 的乘积矢量，我们只有两个可以接受，所以 $N\geqslant3$ 的直积空间比 $\mathbb{V}_{\mathrm{S}}\oplus\mathbb{V}_{\mathrm{A}}$ 要大（从维度的角度来说）。

问题 2 我们默认假设，如果给定类型的两个全同粒子总是选择 S（或 A）态，则三个或更多的粒子也会这样选择，也就是说，我们已经把对玻色子和费米子的定义从 $N=2$ 扩展到了所有的 N。如果两个 π 介子总是选择 S 态，那么三个会总是选择 A 态吗？尽管直觉上这是一种不可接受的可能性，但它仍然需要被正式排除。我们将在下一小节结束时做这件事。

我们何时能忽略对称化和反对称化？

物理学家在取得任何进展之前所做的一个基本假设是，他们可以挑选出宇宙的某些部分（系统），并与其他部分隔离开来，孤立地研究它。虽然没有一个系统是真正孤立的，但人们往往可以接近这一理想。例如，当我们研究与一个与弹簧耦合的物体的振荡时，我们忽略了冥王星的引力。

从经典上讲，系统的隔离是通过宇宙哈密顿量的可分离性来表示的：

$$\mathcal{H}_{\text{宇宙}} = \mathcal{H}_{\text{系统}} + \mathcal{H}_{\text{其他}} \tag{10.3.37}$$

其中 $\mathcal{H}_{\text{系统}}$ 仅仅是系统坐标和动量的函数。由此可以得出结论，系统的 p 和 q 的时间演化都与宇宙的其余部分正在发生的事情无关。在我们的例子中，这种可分离性被质量和冥王星之间的引力相互作用破坏了（这就是一个例子），它取决于它们相对分离的距离。我们如果忽视这个荒谬的小效应（以及其他的这类效应），就获得了一个很好的近似可分离性。

在量子力学中，H 的可分离性导致宇宙波函数的因子化：

$$\psi_{\text{宇宙}} = \psi_{\text{系统}} \cdot \psi_{\text{其他}} \tag{10.3.38}$$

其中 $\psi_{\text{系统}}$ 仅是统称为 x_s 的系统坐标的函数。因此，我们如果想要系统有一个确定坐标 x_s，而不关心其他的概率，那么会发现（象征性地）

$$\begin{aligned} P(x_s) &= \int \left|\psi_{\text{宇宙}}(x_s, x_{\text{其他}})\right|^2 \, \mathrm{d}x_{\text{其他}} \\ &= \left|\psi_{\text{系统}}(x_s)\right|^2 \int \left|\psi_{\text{其他}}(x_{\text{其他}})\right|^2 \mathrm{d}x_{\text{其他}} \\ &= \left|\psi_{\text{系统}}(x_s)\right|^2 \end{aligned} \tag{10.3.39}$$

我们只要从一开始就忽略 $\psi_{\text{其他}}$，就可以得到这个结果。

当系统和“其他”包含全同的粒子时，事情就变得复杂了。即使该系统和其他系统之间没有相互作用，也就是说哈密顿量是可分离的，乘积态也是不允许的，必须只能使用 S 或 A 态。一旦态矢量不能因子化，我们将不再有

$$P(x_s, x_{\text{其他}}) = P(x_s)\, P(x_{\text{其他}}) \tag{10.3.40}$$

（也就是说，系统将不是统计上独立的），并且我们也不可能积掉 $P(x_{\text{其他}})$，重新得到 $P(x_s)$。

现在看来，至少在某些情况下，侥幸成功地摆脱乘积态并且忽略对称化或反对称化条件，似乎是合理的。

假设，例如，在 $t=0$ 时，我们在谐振子势的基态中找到一个 π 介子，其中心位于地球上的一个点，而另一个 π 介子处于同一个态上，但是位于月球。看来我们给粒子分别标记为“地球 π 介子”和“月亮 π 介子”是合理的，它们将随着时间存活下来。尽管我们不能追踪它们的轨迹，但我们可以追踪他们的波函数：我们知道第一个波函数是以地球实验室的一个点为中心的高斯型函数 $G_{\mathrm{E}}(X_{\mathrm{E}})$，第二个是以月球上的一点为中心的高斯型函数 $G_{\mathrm{M}}(X_{\mathrm{M}})$。如果我们在 t 时刻在地球上的某个地方俘获了一个 π 介子，理论告诉我们，它几乎肯定是“地球 π 介子”，而它是“月亮 π 介子”的机会出奇地小。因此每个 π 介子位置的不确定性通过分离来补偿，它要大得多。（即使在经典力学中，也没有必要为了要知道轨迹，而精确地追踪粒子，每个轨迹的不确定性的范围比碰撞期间粒子的最小距离要小得多。）因此我们认为，如果假设

$$\psi(x_{\mathrm{E}},x_{\mathrm{M}})=G_{\mathrm{E}}(x_{\mathrm{E}})\,G_{\mathrm{M}}(x_{\mathrm{M}}) \tag{10.3.41}$$

我们应该构建一个可以忽略不计的误差，其大小就像在月球上找到地球 π 介子的机会一样，反之亦然。给定这个乘积形式，地球上的人可以通过积掉月球 π 介子，计算在某个 x 处找到地球 π 介子的概率：

$$\begin{aligned}P(x_{\mathrm{E}})&=|G_{\mathrm{E}}(x_{\mathrm{E}})|^2\int|G_{\mathrm{M}}(x_{\mathrm{M}})|^2\,\mathrm{d}x_{\mathrm{M}}\\&=|G_{\mathrm{E}}(x_{\mathrm{E}})|^2\end{aligned} \tag{10.3.42}$$

同样，不关心地球 π 介子（即对其求和）的月球上的人，将得到

$$P(x_{\mathrm{M}})=|G_{\mathrm{M}}(x_{\mathrm{M}})|^2 \tag{10.3.43}$$

现在让我们验证，如果采取一个适当对称化的波函数，它实际上会导致相同的预言（差别可以忽略不计）。

让我们从

$$\psi_{\mathrm{S}}(x_1,x_2)=2^{-1/2}[G_{\mathrm{E}}(x_1)G_{\mathrm{M}}(x_2)+G_{\mathrm{M}}(x_1)G_{\mathrm{E}}(x_2)] \tag{10.3.44}$$

开始。我们使用标记 x_1 和 x_2 而不是 x_{E} 和 x_{M} 来强调 π 介子确实是被视为不可分辨的。现在，发现一个粒子在 x_1 附近，一个粒子在 x_2 附近的概率（密度）是

$$\begin{aligned}P(x_1,x_2)=2|\psi|^2=&|G_{\mathrm{E}}(x_1)|^2|G_{\mathrm{M}}(x_2)|^2+|G_{\mathrm{M}}(x_1)|^2|G_{\mathrm{E}}(x_2)|^2+\\&G_{\mathrm{E}}^*(x_1)G_{\mathrm{M}}(x_1)G_{\mathrm{M}}^*(x_2)G_{\mathrm{E}}(x_2)+\\&G_{\mathrm{M}}^*(x_1)G_{\mathrm{E}}(x_1)G_{\mathrm{E}}^*(x_2)G_{\mathrm{M}}(x_2)\end{aligned} \tag{10.3.45}$$

让我们求在地球上某点 x_{E} 附近找到一个 π 介子而不管其他的概率。这是通过设置任意一个变量（比如 x_1）等于 x_{E}，然后积掉另一个变量得到的［因为 $P(x_1,x_2)=$

$P(x_2,x_1)]$。在做这个积分时不需要除以 2。（为什么？）我们得到

$$\begin{aligned}P(x_{\mathrm{E}}) = &|G_{\mathrm{E}}(x_{\mathrm{E}})|^2\int|G_{\mathrm{M}}(x_2)|^2\,\mathrm{d}x_2+|G_{\mathrm{M}}(x_{\mathrm{E}})|^2\int|G_{\mathrm{E}}(x_2)|^2\,\mathrm{d}x_2+\\&G^*_{\mathrm{E}}(x_{\mathrm{E}})G_{\mathrm{M}}(x_{\mathrm{E}})\int G^*_{\mathrm{M}}(x_2)G_{\mathrm{E}}(x_2)\,\mathrm{d}x_2+\\&G^*_{\mathrm{M}}(x_{\mathrm{E}})G_{\mathrm{E}}(x_{\mathrm{E}})\int G^*_{\mathrm{E}}(x_2)G_{\mathrm{M}}(x_2)\,\mathrm{d}x_2\end{aligned}\tag{10.3.46}$$

第一项是如果我们从乘积波函数 (10.3.41) 式出发并积掉 x_{M} 会得到的。其他三项可以忽略不计，因为 G_{M} 在月球上达到峰值，在地球上的 x_{E} 点完全可以忽略不计。同样地，如果我们要求 $P(x_{\mathrm{M}})$，其中 x_{M} 是月球上的一个点，我们将再次得到 $|G_{\mathrm{M}}(x_{\mathrm{M}})|^2$。

“地球 π 介子”和“月球 π 介子”的标记之所以有用，仅仅是因为与这两个标记相对应的高斯函数始终保持良好的分离状态（是定态）。如果两个高斯函数没有被振荡势阱所束缚，则两个波包就会相互漂移，当它们开始有显著的重叠时，这两个标记（和因子化的波函数）将会变得不可用。问题在于，在任何实验的一开始，人们总可以赋予粒子一些标记。只有在它们存活一段时间后，这些标记才有物理意义。像“质量为 m、电荷为 $+1$ 的粒子”这样的标记永远会存活，而像“地球 π 介子”这样的标记的寿命是由附近是否有其他 π 介子所控制的。

下面的例子提供了这一点的引人注目的说明。在 $t=0$ 时，我们捕获到两个 π 介子，一个在 $x=a$，另一个在 $x=b$。我们可以赋予它们标记 a 和 b，因为这两个 δ 函数不重叠，即使 a 和 b 在同样的房间内。我们可以用乘积波函数来描述这个初始状态。但这种标记完全无用，因为在经过了无穷小的时间后，这两个 δ 函数完全弥散开来：概率分布变成了常数。你可以通过研究 $|U(x,t;a,0)|^2$ 来验证这一点（δ 函数的“命运”如此）[①]或注意到对于 δ 函数，有 $\Delta P=\infty$（粒子具有从 0 到 ∞ 所有可能的速度），因此，它马上就会弥散开来。

所有这些考虑都适用于两个费米子，而无需任何修改：这两种情况区别于干涉项的符号不同，它与这些考虑无关。

如果有三个 π 介子，两个在地球上，一个在月球上，情况会怎么样？因为地球上的两个（假设它们的波函数明显的重叠）可以混在一起，所以我们必须将它们对称化，因此总波函数用明显的符号写出来将是，

$$\psi(x_{\mathrm{E}_1},x_{\mathrm{E}_2},x_{\mathrm{M}})=\psi_{\mathrm{S}}(x_{\mathrm{E}_1},x_{\mathrm{E}_2})\cdot\psi(x_{\mathrm{M}})\tag{10.3.47}$$

把这个结果推广到更多的粒子，以及费米子是很显然的。

① 我们假设这些粒子都是自由粒子。

在这一点上，在上一小节的末尾所提出的问题 2 的答案变得很明显。假设三 π 介子系统选择了 A 态，而两个 π 介子系统选择了 S 态。让三个 π 介子中的两个在地球上，第三个在月亮上。然后根据假设，下面的函数应该提供一个很好的近似：

$$\psi(x_{\mathrm{E}_1}, x_{\mathrm{E}_2}, x_{\mathrm{M}}) = \psi_{\mathrm{A}}(x_{\mathrm{E}_1}, x_{\mathrm{E}_2})\psi(x_{\mathrm{M}}) \tag{10.3.48}$$

如果我们对月亮 π 介子求积分，则我们得到

$$P(x_{\mathrm{E}_1}, x_{\mathrm{E}_2}) = 2\left|\psi_{\mathrm{A}}(x_{\mathrm{E}_1}, x_{\mathrm{E}_2})\right|^2 \tag{10.3.49}$$

因此，我们得出结论：如果第三个 π 介子在月球上，则地球上的两个 π 介子将有一个对应于两个费米子的概率分布，如果月球上没有第三个玻色子，则预期的分布为两个玻色子。只有当统计数据取决于粒子的种类而不是数目时，才能避免这种荒谬的结论。

在我们结束这一漫长的讨论之前，要提醒一句。如果两个粒子在 x 空间中的波函数不重叠，那么只有在 x 空间中的乘积波函数提供了精确对称化波函数的一个很好的近似，它在我们的例子中是

$$\psi_{\mathrm{S}}(x_1, x_2) = 2^{-1/2}[G_{\mathrm{E}}(x_1)G_{\mathrm{M}}(x_2) + G_{\mathrm{M}}(x_1)G_{\mathrm{E}}(x_2)] \tag{10.3.50}$$

形式上的理由是，对于参数 x_1 和 x_2 的任何选择，右边的两项中只有其中之一是重要的。（例如，如果 x_1 在地球上，x_2 在月球上，则只有第一项是重要的。）在物理上，这是因为在一个 π 介子的领域找到另一个 π 介子的机会是可以忽略不计的，而且干涉效应可以忽略。

然而，如果我们希望转换到另一个基，例如 P 基，我们就必须考虑对称函数 ψ_{S} 的傅里叶变换而不是乘积函数，以便我们最后给出 p 空间中的对称波函数。这样做的物理原因是这两个 π 介子具有相同的动量分布——具有 $\langle P\rangle = 0$ 和关于这一平均值完全相同的高斯型涨落——因为谐振子的动量内容与其位置无关。因此，在 P 空间没有任何基础把它们区分开。这样，当动量测量（它不涉及位置）产生两个数，我们不能以一种唯一的方式把它们赋予这两个 π 介子。形式上，对称化是重要的，因为在 p 空间这两个 π 介子的波函数强烈重叠，所以这两个动量都存在一些值（均近似为零），对于它们，对称波函数中的两项都是非常重要的。

同理，若有两个粒子在 p 空间具有不重叠波函数，我们可以用这个空间中的乘积波函数来描述系统（用“快”和“慢”等标记来替换“地球”和“月球”区分它们），而不是在另一个它们之间不存在差别的空间。应该清楚的是，这些论证不仅适用于 X 或 P，而且适用于任意变量 Ω。

习题 10.3.1* 发现两个全同玻色子分别处于 $|\phi\rangle$ 态和 $|\psi\rangle$ 态。当 $\langle\phi|\psi\rangle \neq 0$ 时，写出描述该系统的归一化态矢量。

习题 10.3.2* 在一个盒子中的三个玻色子组成的系统上测量能量时，得到的 n 值是 3、3 和 4。写出一个对称的归一化态矢量。

习题 10.3.3* 想象一下，有三个粒子且只有 a、b 和 c 三个态可用的情况。证明对于这个系统可允许的不同组态的总数是：
(1) 27，如果它们都被标记；
(2) 10，如果它们都是玻色子；
(3) 1，如果它们都是费米子。

习题 10.3.4* 在一个长度为 L 的一维盒子中有两个质量为 m 的全同粒子。系统的能量测量得到 $E_{\text{系统}} = \hbar^2\pi^2/mL^2$。写出该系统的态矢量。对于 $E_{\text{系统}} = 5\hbar^2\pi^2/2mL^2$ 重复求解上一问题。(在这种情况下，有两个可能的矢量。) 没有告诉你它们是玻色子还是费米子。你可以假设唯一的自由度是轨道。

习题 10.3.5* 考虑作用在 X 基上的交换算符 P_{12} 为

$$P_{12}|x_1, x_2\rangle = |x_2, x_1\rangle$$

(1) 证明 P_{12} 有本征值 ± 1。(它是厄米的和幺正的。)
(2) 证明它对基右矢 $|\omega_1, \omega_2\rangle$ 的作用也是交换标记 1 和 2，因此，$\mathbb{V}_{\mathrm{S/A}}$ 是本征值为 ± 1 的本征空间。
(3) 证明 $P_{12}X_1P_{12} = X_2$，$P_{12}X_2P_{12} = X_1$，对于 P_1 和 P_2 有类似结果。然后，证明 $P_{12}\Omega(X_1, P_1; X_2, P_2)P_{12} = \Omega(X_2, P_2; X_1, P_1)$。[考虑对 $|x_1, x_2\rangle$ 或 $|p_1, p_2\rangle$ 的作用。假设 X 和 P 的函数是由幂级数给出的，并考虑该级数中的任何项。如果你需要帮助，请看导出 (11.2.22) 式的讨论。]
(4) 证明两个全同粒子的哈密顿量和传播子在 $H \to P_{12}HP_{12}$ 和 $U \to P_{12}UP_{12}$ 下不受影响。给定了这个结果，证明 P_{12} 的任意本征态随着时间的推移仍继续保持为相同本征值的本征态，即 $\mathbb{V}_{\mathrm{S/A}}$ 的元素绝不会离开它们开始时所处的对称或反对称子空间。

习题 10.3.6* 考虑一个复合对象，如氢原子。它会表现为玻色子或费米子吗？一般地说，包含偶数/奇数个费米子的物体将表现为玻色子/费米子。

第 11 章　对称性及其推论

11.1　概述

在第 2 章中，我们探讨了哈密顿量对称性的一些后果。我们看到了以下几点：

(1) 若 $\mathcal{H}$ 在由变量 $g(q,p)$ 生成的无穷小正则变换下是不变的，则 g 是守恒量。

(2) 保持 $\mathcal{H}$ 不变的任一正则变换把运动方程的解映射为其他的解。等价的说法是，如果变换是正则的且保持 $\mathcal{H}$ 不变，则一个实验及其变换后的版本将给出相同的结果。

在这里，我们讨论量子力学中的相应结果。①

11.2　量子理论中的平移不变性

考虑一维的单粒子。我们将如何定义平移不变性？因为处于任意状态的粒子既没有明确定义的位置，也没有一个定义良好的能量，我们不能将平移不变性定义为粒子位置无穷小移动下的能量不变性。然而经验表明，在量子的形式中，期望值应该发挥经典变量的作用。因此，我们给出如表 11.1 所示的对应关系。

即使我们同意用期望值系统表述这个问题，我们仍然有两种等价的方法来解释这种变换：

$$\langle X\rangle \to \langle X\rangle + \varepsilon \tag{11.2.1a}$$

$$\langle P\rangle \to \langle P\rangle \tag{11.2.1b}$$

① 可能值得通过复习第 2.7 和 2.8 节来刷新你的记忆。

表 11.1 与平移不变性有关的概念在经典力学与量子力学中的对应关系

概念	经典力学	量子力学
平移	$x \to x+\varepsilon$	$\langle X\rangle \to \langle X\rangle + \varepsilon$
	$p \to p$	$\langle P\rangle \to \langle P\rangle$
平移不变性	$\mathcal{H} \to \mathcal{H}$	$\langle H\rangle \to \langle H\rangle$
守恒定律	$\dot{p}=0$	$\langle \dot{P}\rangle = 0$（预期的）

首先要说的是，在无穷小平移下，每个态 $|\psi\rangle$ 都被修改成这样的平移后的态 $|\psi_\varepsilon\rangle$，使得

$$\langle\psi_\varepsilon|X|\psi_\varepsilon\rangle = \langle\psi|X|\psi\rangle + \varepsilon \tag{11.2.2a}$$

$$\langle\psi_\varepsilon|P|\psi_\varepsilon\rangle = \langle\psi|P|\psi\rangle \tag{11.2.2b}$$

利用平移算符 $T(\varepsilon)$，它的作用是把态平移（稍后我们将显式构建它）

$$T(\varepsilon)|\psi\rangle = |\psi_\varepsilon\rangle \tag{11.2.3}$$

(11.2.2) 式变成

$$\langle\psi|T^\dagger(\varepsilon)X\,T(\varepsilon)|\psi\rangle = \langle\psi|X|\psi\rangle + \varepsilon \tag{11.2.4a}$$

$$\langle\psi|T^\dagger(\varepsilon)P\,T(\varepsilon)|\psi\rangle = \langle\psi|P|\psi\rangle \tag{11.2.4b}$$

这种观点被称为主动变换图像（使用了第 1.7 节中的术语），对应于物理上把粒子向右移动 ε。

第二种观点是说，态矢量没有发生任何变化，然而，算符 X 和 P 被 $T(\varepsilon)$ 修改如下：

$$X \to T^\dagger(\varepsilon)X\,T(\varepsilon)$$

$$P \to T^\dagger(\varepsilon)P\,T(\varepsilon)$$

结果使

$$T^\dagger(\varepsilon)X\,T(\varepsilon) = X + \varepsilon I \tag{11.2.5a}$$

$$T^\dagger(\varepsilon)P\,T(\varepsilon) = P \tag{11.2.5b}$$

这被称为被动变换图像。物理上，它对应于把环境（坐标系、外场的源，如果有的话，等等）向左移动 ε。

物理上，主动和被动图像的等价性是由于这样的事实，即移动粒子的方式相当于另一种等量移动环境的方式。

在数学上，我们如下证明这一等价性。如果我们把算符 (11.2.5) 式夹在 $\langle\psi|$ 和 $|\psi\rangle$ 之间，则会得到 (11.2.4) 式。按照另一种方式做，首先把 (11.2.4) 式重写为

$$\langle\psi|T^{\dagger}(\varepsilon)X\,T(\varepsilon)-X-\varepsilon I|\psi\rangle=0$$
$$\langle\psi|T^{\dagger}(\varepsilon)P\,T(\varepsilon)-P|\psi\rangle=0$$

我们现在可以做出如下解释：

(1) 夹在中间的算符是厄米的（证实一下）。

(2) 由于 $|\psi\rangle$ 是任意的，所以我们可以将其选为这些算符的任一本征矢。因此所有的本征值都为零。

(3) 算符本身为零，意味着 (11.2.5) 式。

下面我们将考察这两种图像。我们会发现，构建由 (11.2.4) 或 (11.2.5) 式给定的 $T(\varepsilon)$ 是可能的。当然，这两种图像给出相同的结果。主动变换图像的好处在于，我们用量子态 $|\psi\rangle$ 工作，它现在起着经典态 (x,p) 的作用。而被动变换图像的好处在于，量子算符 X 和 P 对平移的响应在形式上类似于它们的经典对应操作①。

我们首先从主动变换的角度讨论平移。让我们考察右矢 $|\psi_\varepsilon\rangle$ 是如何与 $|\psi\rangle$ 相关联的，或者等价地，希尔伯特空间的算符 $T(\varepsilon)$ 是如何作用的。如果我们使用确定位置的右矢 $|x\rangle$，答案就会很明显。在这种情况下，很显然

$$T(\varepsilon)|x\rangle=|x+\varepsilon\rangle \tag{11.2.6}$$

换句话说，如果粒子最初在 x 处，它必须最终在 $x+\varepsilon$ 处。注意 $T(\varepsilon)$ 是幺正算符：它作用在正交基 $|x\rangle$ 上，$-\infty\leqslant x\leqslant\infty$ 给出另一个基右矢 $|x{+}\varepsilon\rangle$，$-\infty\leqslant x{+}\varepsilon\leqslant\infty$。一旦知道 $T(\varepsilon)$ 在完备基上的作用，它对任一右矢 $|\psi\rangle$ 的作用如下：

$$\begin{aligned}|\psi_\varepsilon\rangle=T(\varepsilon)|\psi\rangle&=T(\varepsilon)\int_{-\infty}^{\infty}|x\rangle\langle x|\psi\rangle\,\mathrm{d}x=\int_{-\infty}^{\infty}|x+\varepsilon\rangle\langle x|\psi\rangle\,\mathrm{d}x\\&=\int_{-\infty}^{\infty}|x'\rangle\langle x'-\varepsilon|\psi\rangle\,\mathrm{d}x'\qquad(x'=x+\varepsilon)\end{aligned} \tag{11.2.7}$$

换句话说，如果

$$\langle x|\psi\rangle=\psi(x)$$

① 我们将看到，正是这种观点最能揭示经典力学和量子力学之间的许多形式上的关系。

那么

$$\langle x|T(\varepsilon)|\psi\rangle = \psi(x-\varepsilon) \tag{11.2.8}$$

例如，如果 $\psi(x) \sim \mathrm{e}^{-x^2}$ 是峰值在原点处的高斯波包，则 $\psi(x-\varepsilon) \sim \mathrm{e}^{-(x-\varepsilon)^2}$ 是峰值在 $x=\varepsilon$ 处的一个相同的高斯波包。因此，波函数 $\psi_\varepsilon(x)$ 是通过将波函数 $\psi(x)$ 向右平移（无失真）ε 得到的。可以验证由 (11.2.8) 式定义的 $T(\varepsilon)$ 的作用满足条件 (11.2.1a) 式。条件 (11.2.1b) 将如何？它是自动满足的：

$$\begin{aligned}
\langle\psi_\varepsilon|P|\psi_\varepsilon\rangle &= \int_{-\infty}^{\infty} \psi_\varepsilon^*(x)\left(-\mathrm{i}\hbar\frac{\mathrm{d}}{\mathrm{d}x}\right)\psi_\varepsilon(x)\,\mathrm{d}x \\
&= \int_{-\infty}^{\infty} \psi^*(x-\varepsilon)\left(-\mathrm{i}\hbar\frac{\mathrm{d}}{\mathrm{d}x}\right)\psi(x-\varepsilon)\,\mathrm{d}x \\
&= \int_{-\infty}^{\infty} \psi^*(x')\left(-\mathrm{i}\hbar\frac{\mathrm{d}}{\mathrm{d}x'}\right)\psi(x')\,\mathrm{d}x' \quad (x'=x-\varepsilon) \\
&= \langle\psi|P|\psi\rangle
\end{aligned} \tag{11.2.9}$$

现在这里有点奇怪。经典上，平移是由以下两个独立的关系确定的

$$x \to x+\varepsilon$$

$$p \to p$$

而在量子版本中，我们似乎发现在完成前者（对于位置本征右矢）时，后者自动实现。原因是在我们的推导中已经假设了不止明确陈述的内容。我们之前是从物理基础上推理，因为最初位于 x 处的粒子最终一定位于 $x+\varepsilon$ 处，因而可以断定

$$T(\varepsilon)|x\rangle = |x+\varepsilon\rangle$$

虽然我们的直觉是正确的，但我们实际做起来却并不如此。如第 7 章所示，由于 X 基并不唯一，与我们的直觉一致的一般结果不是 (11.2.6) 式，而是

$$T(\varepsilon)|x\rangle = \mathrm{e}^{\mathrm{i}\varepsilon g(x)/\hbar}|x+\varepsilon\rangle \tag{11.2.10}$$

[请注意，当 $\varepsilon\to 0$ 时，$T(\varepsilon)|x\rangle \to |x\rangle$，正如预期。] 在忽略 $g(x)$ 时，我们实际上假设了 $p\to p$ 的量子类比，让我们看看情况如何。如果从 (11.2.10) 式而不是 (11.2.6) 式开始，我们发现

$$\langle X\rangle \xrightarrow[T(\varepsilon)]{} \langle X\rangle + \varepsilon \tag{11.2.11a}$$

$$\langle P\rangle \to \langle P\rangle + \varepsilon\langle f(X)\rangle \tag{11.2.11b}$$

其中 $f=g'$。现在要求 $\langle P\rangle \to \langle P\rangle$，我们消去 f，并将 g 约化为一个无关紧要的常数（可选择为 0）。

习题 11.2.1 证明 (11.2.11b) 式。

请注意，我们的初始选择 $T|x\rangle = |x+\varepsilon\rangle$ 没有什么问题——它过于严格，只考虑 $\langle X\rangle \to \langle X\rangle + \varepsilon$，但如果我们还考虑 $\langle P\rangle \to \langle P\rangle$，那么情况就不是这样了。这种情况在我们进入二维或三维以及考虑旋转时会再次出现。在所有那些情况下，我们将类比 $T(\varepsilon)|x\rangle = |x+\varepsilon\rangle$ 的朴素选择，以简化推导。

定义完平移，让我们现在按照同样的精神定义平移不变性。我们根据如下需要来定义它

$$\langle\psi|H|\psi\rangle = \langle\psi_\varepsilon|H|\psi_\varepsilon\rangle \tag{11.2.12}$$

要导出与上述方程一致的守恒定律，我们必须首先显式构造算符 $T(\varepsilon)$。因为 $\varepsilon = 0$ 对应于没有平移，我们可以将 $T(\varepsilon)$ 展开到 ε 阶，成为

$$T(\varepsilon) = I - \frac{\mathrm{i}\varepsilon}{\hbar}G \tag{11.2.13}$$

算符 G 被称为平移生成元，它是厄米的（其证明参见习题 11.2.2），并有待确定。引入常数 $(-\mathrm{i}/\hbar)$ 是遵从如下预期。

习题 11.2.2* 利用 ε 阶的 $T^\dagger(\varepsilon)T(\varepsilon) = I$，推导 $G^\dagger = G$。

通过转向 (11.2.8) 式，求 G：

$$\langle x|T(\varepsilon)|\psi\rangle = \psi(x-\varepsilon)$$

把该式两边展开到 ε 阶，我们发现

$$\langle x|I|\psi\rangle - \frac{\mathrm{i}\varepsilon}{\hbar}\langle x|G|\psi\rangle = \psi(x) - \frac{\mathrm{d}\psi}{\mathrm{d}x}\varepsilon$$

因此

$$\langle x|G|\psi\rangle = -\mathrm{i}\hbar\frac{\mathrm{d}\psi}{\mathrm{d}x}$$

显然，G 是动量算符，

$$G = P$$

并且

$$T(\varepsilon) = I - \frac{\mathrm{i}\varepsilon}{\hbar}P$$

我们看到，完全像经典力学中一样，动量是（无穷小）平移的生成元。

动量守恒定律现在由平移不变性 (11.2.12) 式得到，如果我们把它与 (11.2.14) 式结合起来：

$$\begin{aligned}\langle\psi|H|\psi\rangle &= \langle\psi_\varepsilon|H|\psi_\varepsilon\rangle \\ &= \langle T(\varepsilon)\psi|H|T(\varepsilon)\psi\rangle = \langle\psi|T^\dagger(\varepsilon)HT(\varepsilon)|\psi\rangle \\ &= \langle\psi|\left(I+\frac{\mathrm{i}\varepsilon}{\hbar}P\right)H\left(I-\frac{\mathrm{i}\varepsilon}{\hbar}P\right)|\psi\rangle \\ &= \langle\psi|H|\psi\rangle + \frac{\mathrm{i}\varepsilon}{\hbar}\langle\psi|[P,H]|\psi\rangle + \mathrm{O}(\varepsilon^2)\end{aligned}$$

所以，让 ε 的系数等于零，我们求得

$$\langle\psi|[P,H]|\psi\rangle = 0 \tag{11.2.15}$$

现在，依据埃伦菲斯特定理，可以得出

$$\langle[P,H]\rangle = 0 \to \langle\dot{P}\rangle = 0 \tag{11.2.16}$$

用被动变换的平移

让我们重新推导出 $T(\varepsilon)$，已知它在 X 和 P 上的作用如下：

$$T^\dagger(\varepsilon)X\,T(\varepsilon) = X + \varepsilon I \tag{11.2.17a}$$

$$T^\dagger(\varepsilon)P\,T(\varepsilon) = P \tag{11.2.17b}$$

算符 $T^\dagger(\varepsilon)X\,T(\varepsilon)$ 仍是位置算符，但是它从一个向左移动了 ε 的新原点测量位置：这正是 (11.2.17a) 式的含义。(11.2.17b) 式说明，在原点移动的情况下，动量不受影响。

再一次写成

$$T(\varepsilon) = I - \frac{\mathrm{i}\varepsilon G}{\hbar}$$

我们从 (11.2.17a) 式发现（利用 $G^\dagger = G$ 的事实）

$$\left(I+\frac{\mathrm{i}\varepsilon G}{\hbar}\right)X\left(I-\frac{\mathrm{i}\varepsilon G}{\hbar}\right) = X + \varepsilon I$$

或

$$-\frac{\mathrm{i}\varepsilon}{\hbar}[X,G] = \varepsilon I \tag{11.2.18a}$$

$$[X,G] = \mathrm{i}\hbar I \tag{11.2.18b}$$

这允许我们得到结论

$$G = P + f(X) \tag{11.2.19}$$

如果现在返回 (11.2.17b) 式，我们发现

$$-\frac{\mathrm{i}\varepsilon}{\hbar}[P, G] = 0 \tag{11.2.20a}$$

或

$$[P, G] = 0 \tag{11.2.20b}$$

它消除了 $f(X)$①。因此再一次得到

$$T(\varepsilon) = I - \frac{\mathrm{i}\varepsilon P}{\hbar}$$

在导出了被动变换图像中的平移算符之后，让我们来重新审视平移不变性的概念。

我们根据下列要求定义平移不变性

$$T^\dagger(\varepsilon) H T(\varepsilon) = H \tag{11.2.21}$$

我们可以把 (11.2.21) 式改写为更接近经典定义的平移不变性形式。但首先我们需要以下结果：对于任何可以展开成幂级数的 $\Omega(X, P)$，以及任何幺正算符 U，有

$$U^\dagger \Omega(X, P) U = \Omega(U^\dagger X U, U^\dagger P U)$$

为证明起见，考虑该级数中典型的一项，比如 PX^2P。利用 $U^\dagger U = I$，有

$$U^\dagger P X^2 P U = U^\dagger P U U^\dagger X U U^\dagger X U U^\dagger P U$$

把这个结果应用于 $U = T(\varepsilon)$，我们得到任何动力学变量对平移的反应：

$$\Omega(X, P) \to T^\dagger \Omega(X, P) T = \Omega(T^\dagger X T, T^\dagger P T) = \Omega(X + \varepsilon I, P) \tag{11.2.22}$$

因此，变换后 Ω 可以通过用 $X + \varepsilon I$ 代替 X 和用 P 代替 P 来求得。我们如果现在把这种做法应用于 (11.2.21) 式，就得到了以下平移不变性的定义：

$$H(X + \varepsilon I, P) = H(X, P) \tag{11.2.23}$$

这个条件不仅具有与经典对应相同的形式

$$\mathcal{H}(x + \varepsilon, p) = \mathcal{H}(x, p)$$

---

① 确切地讲，它把 f 约化为与 X 和 P 对易的 c 数，我们选择它为零。

而且无论经典的对应对象是什么，结果都是令人满意的。原因很简单，因为 H 作为 X 和 P 的函数与 $\mathcal{H}$ 作为 x 和 p 的函数是相同的，两组变量在平移之下经历相同的变化。

如果我们把 (11.2.21) 式中 $T(\varepsilon)$ 用 P 写出来，并将其展开到 ε 的第一阶，则动量守恒就会随之导出：

$$\begin{aligned}0 = T^{\dagger}(\varepsilon)HT(\varepsilon) - H &= (I + \mathrm{i}\varepsilon P/\hbar)H(I - \mathrm{i}\varepsilon P/\hbar) - H \\ &= \frac{-\mathrm{i}\varepsilon}{\hbar}[H, P]\end{aligned} \tag{11.2.24}$$

由于埃伦菲斯特定理，它意味着 $\langle \dot{P} \rangle = 0$。

关于与经典力学类比的题外话①

被动变换图像的优点是，它与经典力学有某种形式上的相似，用算符 Ω 代替经典变量 ω [(11.2.17)、(11.2.22) 和 (11.2.23) 式]。事实上，由 P 生成的无穷小幺正变换 $T(\varepsilon)$ 是由 p 生成的无穷小正则变换的量子映像：如果我们定义变量的变化 δX 和 δP 为

$$\begin{aligned}\delta X &= T^{\dagger}(\varepsilon)XT(\varepsilon) - X \\ \delta P &= T^{\dagger}(\varepsilon)PT(\varepsilon) - P\end{aligned}$$

则我们一方面从 (11.2.17) 式得到

$$\begin{aligned}\delta X &= X + \varepsilon I - X = \varepsilon I \\ \delta P &= P - P = 0\end{aligned}$$

另一方面，从 $T = I - \mathrm{i}\varepsilon P/\hbar$（保留到 ε 的第一阶）得到

$$\begin{aligned}\delta X &= (I + \mathrm{i}\varepsilon P/\hbar)X(I - \mathrm{i}\varepsilon P/\hbar) - X = \frac{-\mathrm{i}\varepsilon}{\hbar}[X, P] \\ \delta P &= (I + \mathrm{i}\varepsilon P/\hbar)P(I - \mathrm{i}\varepsilon P/\hbar) - P = \frac{-\mathrm{i}\varepsilon}{\hbar}[P, P]\end{aligned}$$

把二者结合在一起，得到

$$\begin{aligned}\delta X &= \frac{-\mathrm{i}\varepsilon}{\hbar}[X, P] = \varepsilon I \\ \delta P &= \frac{-\mathrm{i}\varepsilon}{\hbar}[P, P] = 0\end{aligned}$$

① 在较初等的课程中，读者可以跳过这个题外话。

更一般地，把 (11.2.22) 式与 $T = I - \mathrm{i}\varepsilon P/\hbar$ 结合在一起，我们得到

$$\delta\Omega = \frac{-\mathrm{i}\varepsilon}{\hbar}[\Omega, P] = \Omega(X + \varepsilon I, P) - \Omega(X, P)$$

这些都是由 p 生成的下列正则变换的类比

$$\begin{aligned}
\delta x &= \varepsilon\{x, p\} = \varepsilon \\
\delta p &= \varepsilon\{p, p\} = 0 \\
\delta\omega &= \varepsilon\{\omega, p\} = \omega(x + \varepsilon, p) - \omega(x, p)
\end{aligned}$$

如果该问题是平移不变的，那么我们有

$$\delta H = \frac{-i\varepsilon}{\hbar}[H, P] = 0 \to \langle\dot{P}\rangle = 0 \qquad \text{根据埃伦菲斯特定理}$$

而经典上，

$$\delta\mathcal{H} = \varepsilon\{\mathcal{H}, p\} = 0 \to \dot{p} = 0 \qquad \text{根据 } \dot{p} = \{p, \mathcal{H}\}$$

通过我们已经熟知的代换规则，可以得到对应关系：

$$\Omega \leftrightarrow \omega$$

$$\frac{-\mathrm{i}}{\hbar}[\Omega, \Lambda] \leftrightarrow \{\omega, \lambda\}$$

一般来说，由 $g(x, p)$ 生成的无穷小正则变换

$$\delta\omega = \varepsilon\{\omega, g\}$$

以无穷小幺正变换 $U_G(\varepsilon) = I - \mathrm{i}\varepsilon G/\hbar$ 作为它在量子理论中的映像，即

$$\delta\Omega = \frac{-\mathrm{i}\varepsilon}{\hbar}[\Omega, G]$$

现在，我们已经看到了由任意 $g(x, p)$ 生成的变换是正则变换，也就是说，它保持 x 和 p 之间的泊松括号不变。而在量子理论中，保持不变的量是 X 和 P 之间的对易关系，因为如果

$$[X_i, P_j] = \mathrm{i}\hbar\,\delta_{ij} I$$

则通过前面乘幺正算符 $U_G^\dagger(\varepsilon)$，后面乘 $U_G(\varepsilon)$，我们发现变换后的算符服从①

$$[U^\dagger X_i U, U^\dagger P_j U] = \mathrm{i}\hbar\,\delta_{ij} I$$

---

① 更一般地，如果 $[\Omega, \theta] = \Gamma$，则变换算符 $U^\dagger\Omega U$，$U^\dagger\theta U$，$U^\dagger\Gamma U$ 之间也有类似的关系。这是泊松括号在正则变换下是不变量的结果的量子版本。

这就完成了以下对应的证明

$$\{由\, g(x,p)\, 生成的无穷小正则变换\} \leftrightarrow \{由\, G(X,P)\, 生成的无穷小幺正变换\}$$

这个对应对有限变换也成立，因为有限变换可以看作一系列无穷小变换。

对于没有无穷小版本的正规正则变换（regular canonical transformations），它与幺正变换的对应关系也成立。例如，在耦合振子问题（习题 10.1.3）中，我们进行了从 x_1，x_2，p_1 和 p_2 到 x_{I}，x_{II}，p_{I} 和 p_{II} 的正则变换，例如其中，$x_{\mathrm{I}}=(x_1+x_2)/2$。量子理论中会存在一个幺正算符，例如 $U^\dagger X_1 U=(X_1+X_2)/2=X_{\mathrm{I}}$，以此类推。①

能够看到为什么我们可以在经典水平实施正则变换，然后量子化；或者先量子化，然后实施幺正变换——因为量子算符对幺正变换的响应与它们的正则变换的经典对应是相同的，所以最终结果是相同的。②

现在让我们回到平移不变性问题。注意，在具有平移不变性的问题中，(11.2.24) 式告诉我们，我们可以找到 P 和 H 的共同本征基。（这与第 5 章的结果相符，一个自由粒子的能量本征态也可以被选为动量本征态。③）如果一个系统开始时处在这样一个本征态，则它的动量本征值保持不变。为了证明这一点，首先注意到

$$[P,H]=0\to[P,U(t)]=0 \tag{11.2.25}$$

因为其传播子只是 H 的函数。④

假定在 $t=0$ 时，我们有一个处在 P 的本征态的系统：

$$P|p\rangle=p|p\rangle \tag{11.2.26}$$

在 t 时刻后，该态为 $U(t)|p\rangle$，我们发现

$$PU(t)|p\rangle=U(t)P|p\rangle=U(t)p|p\rangle=pU(t)|p\rangle \tag{11.2.27}$$

换句话说，t 时刻的状态也是具有相同本征值的 P 的本征态。对于具有明确动量的状态，守恒定律 $\langle\dot{P}\rangle=0$ 简化为经典形式 $\dot{p}=0$。

有限平移

有限平移 a 对应的算符 $T(a)$ 是什么？我们用下面的技巧来找到它。我们把区间 a 分成 N 个大小为 a/N 的部分。当 $N\to\infty$ 时，a/N 变得无穷小，我们知道

$$T(a/N)=I-\frac{\mathrm{i}a}{\hbar N}P \tag{11.2.28}$$

---

① 如果变换不是正则的，我们不能在量子理论中找到一个幺正变换，因为幺正变换保持本征值谱不变。

② 题外话结束。

③ 注意，H 平移不变的单粒子一定是自由粒子。

④ 当 H 与时间无关时，我们知道 $U(t)=\exp(-\mathrm{i}Ht/\hbar)$。若 $H=H(t)$，且如果所有时刻 P 与 $H(t)$ 都对易，这个结果也是正确的。（为什么？）

因为一个 a 的平移等于 N 次 a/N 的平移，

$$T(a)=\lim_{N\to\infty}[T(a/N)]^N=\mathrm{e}^{-\mathrm{i}aP/\hbar} \tag{11.2.29}$$

其中采用了公式

$$\mathrm{e}^{-ax}=\lim_{N\to\infty}\left(1-\frac{ax}{N}\right)^N$$

我们可以把这个对 c 数而言是正确的公式应用于现在的问题，因为 P 是这个图像中唯一的算符，并且与我们所见到的一切都对易，即，其行为像一个 c 数。因为

$$T(a)\xrightarrow[X\text{基}]{}\mathrm{e}^{-a\mathrm{d}/\mathrm{d}x} \tag{11.2.30}$$

我们求得

$$\langle x|T(a)|\psi\rangle=\psi(x)-\frac{\mathrm{d}\psi}{\mathrm{d}x}a+\frac{\mathrm{d}^2\psi}{\mathrm{d}x^2}\frac{a^2}{2!}+\cdots \tag{11.2.31}$$

它是 $\psi(x-a)$ 关于 x 点的完整泰勒级数。

自洽性检验 平移 a 紧跟着再平移 b 等于平移 $a+b$。这个结果与量子力学无关，无论你是在讨论量子系统还是一袋土豆，这个结果都是正确的。这只是一个关于在空间中平移如何结合的陈述。现在，我们刚刚构建了算符 T，并假定它可以使量子态平移。为了使这种解释保持自洽，必须使平移算符的结合律与它们所代表的平移的结合律一致。现在，虽然我们在推导 $T(a)$ 公式的时候假设了这个自洽性［见 (11.2.29) 式及其上方的一行］，让我们验证一下结果 $T(a)=\exp(-\mathrm{i}aP/\hbar)$ 是否满足

$$T(a)\,T(b)=T(a+b)? \tag{11.2.32}$$

我们发现的确如此：

$$T(a)\,T(b)=\mathrm{e}^{-\mathrm{i}aP/\hbar}\cdot\mathrm{e}^{-\mathrm{i}bP/\hbar}=\mathrm{e}^{-\mathrm{i}(a+b)P/\hbar}=T(a+b) \tag{11.2.33}$$

关于有限正则变换与幺正变换的题外话①

虽然很明显，正则变换和幺正变换之间的对应关系在前面的讨论中是对于无穷小情况所建立的，但是它必须被扩展到有限情况。让我们来看看细节。为了确定起见，考虑平移情况。在量子理论中，我们有

$$\Omega\to T^\dagger(a)\Omega T(a)=\mathrm{e}^{\mathrm{i}aP/\hbar}\Omega\,\mathrm{e}^{-\mathrm{i}aP/\hbar}$$

利用恒等式

$$\mathrm{e}^{-A}B\,\mathrm{e}^{+A}=B+[B,\,A]+\frac{1}{2!}[[B,\,A],\,A]+\frac{1}{3!}\cdots$$

① 可选。

我们发现

$$\Omega \to \Omega + a\left(\frac{-\mathrm{i}}{\hbar}\right)[\Omega, P] + \frac{1}{2!}\,a^2\left(\frac{-\mathrm{i}}{\hbar}\right)^2[[\Omega, P], P] + \cdots \tag{11.2.34}$$

例如，如果我们设 $\Omega = X^2$，那么会得到 $X^2 \to (X + aI)^2$。

在经典情况中，无穷小的平移 δa 下

$$\delta\omega = \delta a\{\omega, p\}$$

或

$$\frac{\mathrm{d}\omega}{\mathrm{d}a} = \{\omega, p\}$$

将上述结果用于变量 $\mathrm{d}\omega/\mathrm{d}a$，我们得到

$$\frac{\mathrm{d}}{\mathrm{d}a}(\mathrm{d}\omega/\mathrm{d}a) = \mathrm{d}^2\omega/\mathrm{d}a^2 = \{\mathrm{d}\omega/\mathrm{d}a, p\} = \{\{\omega, p\}, p\}$$

等等。ω 对于有限平移的响应由 $a = 0$ 点附近的泰勒级数给出：

$$\omega \to \omega + a\{\omega, p\} + \frac{a^2}{2!}\{\{\omega, p\}, p\} + \cdots \tag{11.2.35}$$

我们看到，如果我们做通常的代换，它与 (11.2.34) 式是一致的。

习题 11.2.3* 回顾一下，我们通过求解微分方程，从无穷小变换得到了有限转动变换（第 2.8 节）。请验证：如果你通过无穷泊松括号串，将变换后的坐标 $\bar{x}$ 和 $\bar{y}$ 与 x 和 y 联系起来，你会得到相同的结果，$\bar{x} = x\cos\theta - y\sin\theta$，等等（回顾 $\sin\theta$ 的级数，等等）。

粒子系统

我们不打算过多讨论将前面的思想扩展到 N 粒子的系统。从 (11.2.8) 式的类比开始，

$$\langle x_1, \cdots, x_N|\,T(\varepsilon)|\psi\rangle = \psi(x_1 - \varepsilon, \cdots, x_N - \varepsilon) \tag{11.2.36}$$

当把该式两边展开到 ε 阶时，我们发现

$$\langle x_1\cdots, x_N|I - \frac{\mathrm{i}\varepsilon}{\hbar}P|\psi\rangle = \psi(x_1, \cdots, x_N) - \sum_{i=1}^{N}\varepsilon\,\frac{\partial\psi}{\partial x_i} \tag{11.2.37}$$

从它可以断言

$$T(\varepsilon) = I - \frac{\mathrm{i}\varepsilon}{\hbar}\sum_{i=1}^{N}P_i = I - \frac{\mathrm{i}\varepsilon}{\hbar}P \tag{11.2.38}$$

其中 P 是总动量算符。可以证明

$$\begin{aligned} T^\dagger(\varepsilon) X_i\, T(\varepsilon) &= X_i + \varepsilon I \\ T^\dagger(\varepsilon) P_i\, T(\varepsilon) &= P_i, \quad i = 1, \cdots, N \end{aligned} \tag{11.2.39}$$

平移不变性意味着在这种情况下（省略了指标），

$$H(X, P) = T^\dagger(\varepsilon)\, H(X, P)\, T(\varepsilon) = H(X + \varepsilon I, P) \tag{11.2.40}$$

然而在单粒子的情况下，这意味着粒子是自由的，这里它仅仅要求 H（或者更确切地说 V）是坐标差的函数。各部分彼此相互作用、但没有外部作用的任一系统将具有这个特性。

除了动量守恒，平移不变性还有一些意义深远的后果。我们接下来讨论它们。

平移不变性的含义

考虑一个具有平移不变性的系统。(11.2.21) 式的两边同时乘 T，利用它的幺正性，我们得到

$$[T(a), H] = 0$$

结果得到

$$[T(a), U(t)] = 0 \quad 或 \quad T(a)\, U(t) = U(t)\, T(a) \tag{11.2.41}$$

下面的例子说明了这种关系导致的结果（图 11.1），在 $t = 0$ 时，两个观察者 A 和 B 分别在 $x = 0$ 和 $x = a$ 处制备两个全同的系统。如果 $|\psi(0)\rangle$ 是 A 制备的系统的态矢量，则 $T(a)|\psi(0)\rangle$ 是 B 制备的系统的态矢量。对于制备它们的观察者，这两个系统看上去完全相同。在 t 时刻之后。这两个态矢量演化为 $U(t)|\psi(0)\rangle$ 和 $U(t)\, T(a)|\psi(0)\rangle$。利用 (11.2.41) 式，可以将后者改写为 $T(a)\, U(t)|\psi(0)\rangle$，这正是在时刻 t 平移后的 A 系统。因此，在 $t = 0$ 时，这两个系统仅因平移的不同而不同，则在未来时刻仍仅因平移不同而不同。换句话说，每个系统的时间演化在制备它们的观察者看来仿佛是一样的。H 的平移不变性意味着，相同的实验在两个不同的地方重复会得到相同的结果（正如局部观察者所看到的）。我们已经在经典框架中看到了这个结果。我们现在进一步研究它。

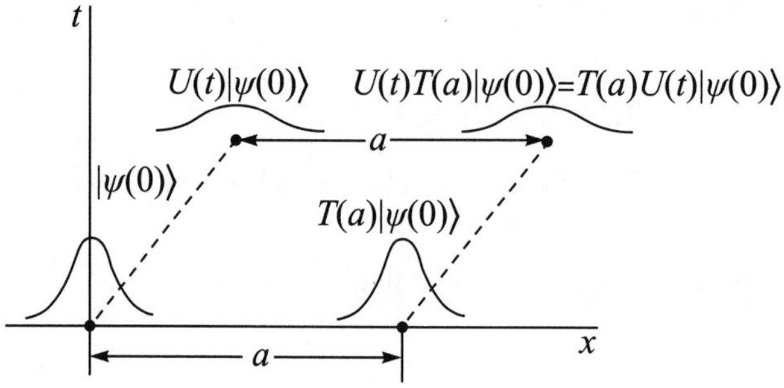

图 11.1　平移不变性的象征性描绘。这些态用波函数示意性的表示

现在人们发现，每一种已知的相互作用——引力作用、弱作用、电磁作用和强作用（如核作用）——都是平移不变的。因为对于每一个实验，如果在一个新的地点重复，都会得到相同的结果。考虑下列阐明了这句话含义的例证。一个氢原子被放置在带电的电容器的两片极板之间。哈密顿量是

$$H=\frac{|\boldsymbol{P}_1|^2}{2m_1}+\frac{|\boldsymbol{P}_2|^2}{2m_2}+\frac{e_1e_2}{|\boldsymbol{R}_1-\boldsymbol{R}_2|}+e_1V(\boldsymbol{R}_1)+e_2V(\boldsymbol{R}_2) \tag{11.2.42}$$

其中，下标 1 和 2 表示电子和质子，$V(\boldsymbol{R})$①表示由极板产生的势。现在这个问题没有平移不变性，即

$$H(\boldsymbol{R}_1+\boldsymbol{\varepsilon},\boldsymbol{P}_1;\boldsymbol{R}_2+\boldsymbol{\varepsilon},\boldsymbol{P}_2)\neq H(\boldsymbol{R}_1,\boldsymbol{P}_1;\boldsymbol{R}_2,\boldsymbol{P}_2)$$

这反过来意味着，如果只有原子被平移（远离电容器），它的行为就会有所不同。但这并不等于重复同样的实验而得到不同的结果，因为对动力学有实质影响的电容器被甩在了后面。为了把它包含在平移中，我们重新定义了我们的系统，包括了电容器上的（N）电荷并写成

$$H=\sum_{i=1}^{N+2}\frac{|\boldsymbol{P}_i|^2}{2m_i}+\frac{1}{2}\sum_{i=1}^{N+2}\sum_{\substack{j\neq i\\ j=1}}^{N+2}\frac{e_i\,e_j}{|\boldsymbol{R}_i-\boldsymbol{R}_j|} \tag{11.2.43}$$

现在电容器上的电荷进入了 H，不是通过破坏平移不变性的外场，而是通过库仑相互作用，不会破坏平移不变性。现在（省略指标），

$$H(\boldsymbol{R}+\boldsymbol{\varepsilon},\boldsymbol{P})=H(\boldsymbol{R},\boldsymbol{P})$$

这意味着，如果原子和电容器都被移到一个新的位置，这个复合系统的行为将不受影响。这个结果不应该被看作是显而易见或不证自明的，而是一个关于库仑相互作用的深刻的陈述。

① 记住：$\boldsymbol{R}$ 是与经典变量 $\boldsymbol{r}$ 对应的算符。

上述断言的内容是，每个已知的相互作用在基本层面上都具有平移不变性——如果我们将系统扩展到把影响实验结果的所有自由度都包括在内（因此不存在外场，只存在系统各部分之间的相互作用），则总 H 是平移不变的。这就是为什么我们把动量守恒应用到每一个问题，不管是什么潜在的相互作用。自然规律的平移不变性反映了空间的均匀性或同质性。这样一个事实：一个孤立[①]系统的动力学（在我们的示例中是电容器和原子）只取决于系统各部分之间的相对位置，而不取决于整个系统的位置，它表示了自由空间的一个部分和另一个部分完全同质的事实。

正是平移不变性使得地球不同地区的实验人员声称他们都做了“相同”的实验，并互相证实、纠正和补充。正是自然定律在平移下的不变性，使我们能够像描述地球上的氢原子一样，描述某个遥远星球上的氢原子，并将在地球上推导出的量子力学定律应用于描述该氢原子的动力学。在下一节末尾，我们将进一步研究平移不变性的结果。

11.3　时间平移不变性

正如空间的均匀性保证了同一实验在两个不同的地点进行会得到相同的结果一样，时间的均匀性保证了同一实验在两个不同的时间重复会得到相同的结果。让我们看看哈密顿量的什么特征确保了这一点，以及得到什么守恒定律。

让我们在 t_1 时刻制备一个处于态 $|\psi_0\rangle$ 的系统，并让它在无穷小时间间隔 ε 内演化，在 $t_1+\varepsilon$ 时，到 ε 一阶的态将是

$$|\psi(t_1+\varepsilon)\rangle = \left[I - \frac{\mathrm{i}\varepsilon}{\hbar}\, H(t_1)\right]|\psi_0\rangle \tag{11.3.1}$$

如果我们从同样的初态出发，到 t_2 时刻重复这个实验，则 $t_2+\varepsilon$ 时可知态将是

$$|\psi(t_2+\varepsilon)\rangle = \left[I - \frac{\mathrm{i}\varepsilon}{\hbar} H(t_2)\right]|\psi_0\rangle \tag{11.3.2}$$

这两种情况的结果将会是一样的，倘若

$$\begin{aligned} 0 &= |\psi(t_2+\varepsilon)\rangle - |\psi(t_1+\varepsilon)\rangle \\ &= \left(-\frac{\mathrm{i}\varepsilon}{\hbar}\right)[H(t_2) - H(t_1)]|\psi_0\rangle \end{aligned} \tag{11.3.3}$$

① 确切地说，除了整个宇宙（只有它的动量是守恒的）之外，没有一个系统是真正“孤立的”。但在实践中，人们总会在体系的构成和（出于实际目的）与体系演化无关的东西之间划清界限。我在这个实际意义上使用“孤立”一词。平移不变性和动量守恒概念的真正用处就在于这些近似解。谁关心整个宇宙是否平移不变，它的动量是否守恒？对我来说重要的是，我可以把我的设备带到另一个城镇，并得到相同的结果，我的系统的动量是守恒的（在一个好的精度内）。

因为 $|\psi_0\rangle$ 是任意的，由此可知

$$H(t_2) = H(t_1) \tag{11.3.4}$$

由于 t_2 和 t_1 都是任意的，由此可以断言 H 是时间无关的

$$\frac{\mathrm{d}H}{\mathrm{d}t} = 0 \tag{11.3.5}$$

因此，时间平移不变性要求 H 不依赖于 t。现在，对于与时间无关①的算符 Ω，埃伦菲斯特定理为

$$\mathrm{i}\hbar\langle\dot{\Omega}\rangle = \langle[\Omega, H]\rangle$$

在一个具有时间平移不变性的问题中，把上式用于 $\Omega = H$，我们发现

$$\langle\dot{H}\rangle = 0 \tag{11.3.6}$$

这就是能量守恒定律。

如果 $\mathrm{d}H/\mathrm{d}t = 0$，会出现一个我们过去反复研究的重要的简化：薛定谔方程

$$\mathrm{i}\hbar\,\frac{\partial|\psi\rangle}{\partial t} = H|\psi\rangle \tag{11.3.7}$$

容许如下形式的解

$$|\psi(t)\rangle = |E\rangle\,\mathrm{e}^{-\mathrm{i}Et/\hbar} \tag{11.3.8}$$

其中时间无关的右矢 $|E\rangle$ 满足

$$H|E\rangle = E|E\rangle \tag{11.3.9}$$

整个动力学，即传播子 $U(t)$ 的确定，可以归结为时间无关的薛定谔方程 (11.3.9) 式的解。

用于空间平移不变性的那些考虑在这里也同样适用。特别是，所有已知的相互作用——从引力到强相互作用——都是时间平移不变的。因此，如果我们适当地定义系统（包括影响实验的外场的源），总 H 将不依赖于 t。例如，考虑在一个放电电容器板之间的氢原子。如果这个系统只包含电子和质子，则 H 将依赖于时间——它将具有 (11.2.42) 式的形式，其中 $V = V(\boldsymbol{R}, t)$。这只是意味着重复实验而不给电容器充电，会导致不同的结果。然而，如果我们将系统扩展到包括电容器上的 N 个电荷，我们最终得到 (11.2.43) 式中的 H，它与 t 无关。

自然规律的时空不变性对我们探索并理解自然有着深刻的影响。物理学的循环本身——从某个时间和地点研究某些现象并从中推导出规律，然后将其应用于其他不同时间和地点的现象——建立在自然规律是时空不变的假设之上。如果自然界在

① 如果 $\mathrm{d}\Omega/\mathrm{d}t \neq 0$，则在该式右边将有额外的一项 $\mathrm{i}\hbar\langle\mathrm{d}\Omega/\mathrm{d}t\rangle$。

时空上不遵循同样的规则，那就没有规则可寻，而只是一连串没有规律或理由的偶然事件。通过在整个时空中一遍又一遍地重复自然法则，大自然为那些只在宇宙中微小区域短暂探究（在宇宙尺度上）的渺小生物提供了理解整个宇宙的机会。如果我们有时会因为对自然规律的了解如此之少而感到沮丧，那么就让我们从这些对称原理中找到慰藉吧，这些原理告诉我们，我们所知甚少的东西却是普遍而永恒的。①

11.4　宇称不变性

与时空平移和转动（我们将在下一章研究）不同，宇称是一种分立变换。经典上，宇称操作对应于粒子的态通过原点反射。

$$x \xrightarrow[\text{宇称}]{} -x \qquad p \xrightarrow[\text{宇称}]{} -p \tag{11.4.1}$$

在量子理论中，与经典情况类似，我们定义宇称在 X 基上的作用如下

$$\Pi\,|x\rangle = |-x\rangle \tag{11.4.2}$$

给出了这个定义，即可导出

$$\Pi\,|p\rangle = |-p\rangle \tag{11.4.3}$$

我们可以马上看到这一点。

给出了 Π 对完备的（X）基的作用，它对任意右矢的作用如下

$$\begin{aligned}\Pi|\psi\rangle &= \Pi\int_{-\infty}^{\infty}|x\rangle\langle x|\psi\rangle\,\mathrm{d}x\\ &= \int_{-\infty}^{\infty}|-x\rangle\langle x|\psi\rangle\,\mathrm{d}x\\ &= \int_{-\infty}^{\infty}|x'\rangle\langle -x'|\psi\rangle\,\mathrm{d}x' \qquad （其中\ x'=-x）\end{aligned} \tag{11.4.4}$$

由此得到结论：如果

$$\begin{aligned}\langle x|\psi\rangle &= \psi(x)\\ \langle x|\Pi|\psi\rangle &= \psi(-x)\end{aligned} \tag{11.4.5}$$

① 自然规律的不变性不应与我们对自然规律的认识相混淆，这种认识随时间改变。例如，爱因斯坦证明了牛顿力学和万有引力是相对论力学和引力的近似。但这并不是说在爱因斯坦出现之前，牛顿理论是不可用的。换句话说，在我们学习牛顿方案之前和之后，牛顿方案和爱因斯坦方案（作为在一定极限下的一个很好的近似）的关系始终相同。

函数 $\psi(-x)$ 是 $\psi(x)$ 关于原点的镜像。将 (11.4.5) 式应用于动量本征态，我们就会发现 $\Pi\,|p\rangle=|-p\rangle$。

Π 的本征值正好是 ±1。动量的“反射”将证明这一点。因为

$$\begin{aligned}\Pi|x\rangle&=|-x\rangle\\ \Pi^2|x\rangle&=|-(-x)\rangle=|x\rangle\end{aligned}$$

由于该式对全部的基都成立，

$$\Pi^2=I \tag{11.4.6}$$

请注意：

(1) $\Pi=\Pi^{-1}$。
(2) Π 的本征值是 ±1。
(3) Π 是厄米的和幺正的。
(4) 或 $\Pi^{-1}=\Pi^\dagger=\Pi$。

本征值为 ±1 的本征矢被称为具有偶/奇宇称。在 X 基下，

$$\psi(x)\underset{\Pi}{\rightarrow}\psi(-x)$$

偶宇称矢量具有偶的波函数，而奇宇称矢量有奇的波函数。对于动量基，有同样的结果，因为

$$\psi(p)\underset{\Pi}{\rightarrow}\psi(-p)$$

在任意的 Ω 基下，即使 $|\psi\rangle$ 是一个宇称本征态，$\psi(\omega)$ 也并不一定是偶的或奇的（验证这一点）。

我们可以通过对算符的作用，而不是根据对右矢的作用来定义 Π：

$$\begin{aligned}\Pi^\dagger X\,\Pi&=-X\\ \Pi^\dagger P\,\Pi&=-P\end{aligned} \tag{11.4.7}$$

如果有下列结果，我们则说 $H(X,P)$ 是宇称不变的：

$$\Pi^\dagger H(X,P)\Pi=H(-X,-P)=H(X,P) \tag{11.4.8}$$

在这种情况下

$$[\Pi,H]=0$$

因此可以求得 Π 和 H 的共同本征基。特别是，如果我们只考虑一维束缚态（我们已经知道它们都是非简并的），H 的每一个本征矢一定是 Π 的本征矢。例如，谐振

子哈密顿量满足 (11.4.8) 式，因此，它的本征矢有确定的宇称，等于 $(-1)^n$，n 是该态的量子数。盒子里的粒子，如果盒子从 $-L/2$ 延伸到 $L/2$，则有一个宇称不变的哈密顿量。在这种情况下，本征函数具有宇称 $(-1)^{n+1}$，n 是量子数。而如果盒子从 0 扩展到 L，则 $V(x)$ 不是宇称不变的，且本征函数

$$\psi_n(x) = \left(\frac{2}{L}\right)^{1/2} \sin\left(\frac{n\pi x}{L}\right)$$

没有确定的宇称。（当 $x \to -x$ 时波函数为零，因为 ψ_n 仅在 0 和 L 之间由正弦函数给出，在外面等于零。）

如果 H 是宇称不变的，则

$$\Pi U(t) = U(t)\Pi \tag{11.4.9}$$

这意味着，如果在 $t = 0$ 时我从一个处于态 $|\psi(0)\rangle$ 的系统开始，另一个人从处于宇称作用后的态 $\Pi|\psi(0)\rangle$ 的系统开始，那么稍后，他的系统的态将与我的态通过宇称变换相关联。

尽管所有的自然规律在时空平移（和转动）下都是不变的，但有些规律在宇称变换下却不是不变的。这些是弱相互作用的定律，它们是导致原子核 β 衰变的原因之一（除了其他方面之外）。这意味着形式上，如果涉及到弱相互作用，哈密顿量不能通过对系统的任何重新定义而使其宇称不变。从物理上讲，这意味着如果两个观察者制备了互为镜像的初态 $|\psi(0)\rangle$ 和 $\Pi|\psi(0)\rangle$，那么终态 $U(t)|\psi(0)\rangle$ 和 $U(t)\Pi|\psi(0)\rangle$ 将不再互为镜像（因为 $\Pi U \neq U\Pi$）①。考虑以下 β 衰变的具体例子：

$$^{60}\mathrm{Co} \to {}^{60}\mathrm{Ni} + \mathrm{e}^- + \bar{\nu}$$

其中 e^- 是电子，$\bar{\nu}$ 是反中微子。现在我们发现电子倾向于沿着与 $^{60}\mathrm{Co}$ 的自旋相反的方向飞出——这就意味着宇称的不守恒。让我们看看究竟是怎么回事。在 $t = 0$ 时，我制备了一个由 $^{60}\mathrm{Co}$ 原子核组成的系统，其自旋沿 z 轴向上（图 11.2，实验 A）。虽然你还不熟悉自旋，但你可以在这里假设 $^{60}\mathrm{Co}$ 的自旋沿图示方向。让另一个观察者建立另外一个系统，这个系统只是我的系统的镜像（实验 B）。让 M 表示一个人为的实验，它是我在我面前的镜子里看到的。注意在镜面反射下，自旋 $\boldsymbol{S}$ 是如何翻转的。假设 β 衰变发生了。我的电子沿着 z 轴向下飞出。当然，镜子里也显示了一个电子沿着 z 轴向下。在另一个真实的实验（B）中，动力学作用迫使电子沿 z 轴向上飞出，因为初始 $\boldsymbol{S}$ 是向下的。因此 B 一开始是 A 的镜像，但结束时就不同了。因此，我在镜子里看到的（实验 M）并不符合现实生活中可能发生的事情，也就是说，不是运动方程的解。

① 关于宇称变换为什么实质上是三维镜面反射的讨论请见习题 11.4.4。

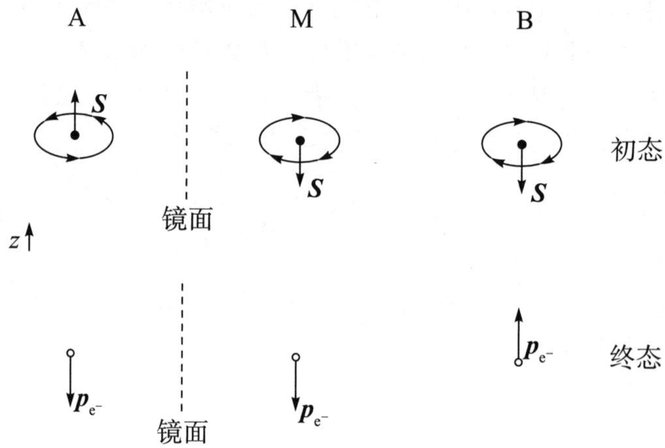

图 11.2　宇称不守恒的一个例子。在我做的实验 A 中，原子核的自旋指向 z 轴方向。在它的实际镜像中，其方向向下（实验 M）。在一个真实的实验 B 中，我们选择自旋向下，也就是说，B 开始时是 A 的镜像。衰变之后，我的电子的动量 $\boldsymbol{p}_{\mathrm{e}}$ 方向沿 z 轴向下。当然，镜像也显示了电子向下运动。但在实际的实验 B 中，动力学作用强迫电子沿 z 轴向上，也就是说，与初始核自旋 $\boldsymbol{S}$ 反平行

总之，这就是宇称与诸如时空平移和转动等其他变换之间的巨大区别。如果某种现象可以发生，它的平移或转动也可以发生，但如果这种现象涉及弱相互作用，它的镜面反射就不会发生。根据守恒定律，如果一个孤立系统一开始处于确定的宇称态，如果弱相互作用存在，它就不一定以相同的宇称态结束。1956 年，李政道和杨振宁对弱相互作用可能是宇称不守恒的可能性进行了详细的讨论，并在不久之后被吴健雄与她的合作者的实验证明。①

习题 11.4.1* 证明当 $[\Pi, H] = 0$ 时，处于偶/奇宇称态的系统将保持其宇称。(注意，宇称是一种分立操作，在经典力学中没有相应的守恒定律。)

习题 11.4.2* 一个粒子处在势

$$V(x) = V_0 \sin(2\pi x/a)$$

中，这个势在平移变换 $x \to x + ma$ 下是不变的，其中 m 是个整数。它的动量守恒吗？如果不守恒的话，为什么不守恒？

① T. D. Lee, C. N. Yang, *Phys. Rev.*, **104**, 254 (1956); C. S. Wu, E. Ambler, R. W. Hayward, R. P. Hudson, *Phys. Rev.* **105**, 1413, (1957).

习题 11.4.3* 假如告诉你，在一个特定的反应中，电子的自旋总是与它的动量平行飞出去。论证宇称被破坏了。

习题 11.4.4* 我们把宇称看作是镜面反射。这在一维肯定是正确的，在那里 $x \to -x$ 可以看作是通过原点的一面（点）镜反射的结果。在更高维，当我们使用一个平面镜（比如在 $x-y$ 平面上）时，只有一个（z）坐标被反转，而宇称变换将反转所有三个坐标。

验证在 $x-y$ 平面上的镜面反射与绕 z 轴旋转 180 度再进行宇称变换的结果是相同的。由于弱相互作用具有转动不变性，所以镜面反射下的非不变性意味着宇称的不守恒。

11.5　时间反演对称性

这是一种类似宇称的分立对称性。让我们先来理解它在经典物理学中的含义。考虑在绕太阳的圆形轨道上运行的一颗行星。在 $t=0$ 时，它从 $\theta=0$ 开始，其速度沿 θ 增加的方向。换句话说，轨道是逆时针运行的。我们称初始位置和动量分别为 $x(\theta)$ 和 $p(\theta)$。（我们实际上应该使用矢量，但在这次讨论中忽略这个事实。）

我们现在将时间反演态定义为位置不变但动量反转的状态：

$$x_r(t)=x(t) \qquad p_r(t)=-p(t)$$

一般来说，如位置或动能的任何量，其定义中包含 t 的偶次幂，则都是保持不变的，而如动量或角动量的任何量，在时间反演操作下都是符号反转的。

假设时间 T 后，行星完成四分之一公转到达位于 $\theta=\pi/2$ 处的终态 $x(T)$、$p(T)$。现在超人（出于他最熟悉的原因）在它的轨道上突然停住它，反转它的速度并离开。会发生什么情况？我们知道它会折回它的路径，然后在时间 $2T$ 时，它会终止于初态的时间反演态：

$$x(2T)=x(0) \qquad p(2T)=-p(0) \tag{11.5.1}$$

上式定义了时间反演不变性（time-reversal invariance, TRI）。

我们可以用下面的图形方式描述 TRI。假设我们拍摄一部从 $t=0$ 到 $t=T$ 的行星的电影。在 $t=T$ 时，我们开始倒放这部影片。行星的反向运动将使其回到 $t=2T$ 时的时间反演的初态。我们在影片中看到的一切都可能是真实发生的，确实，它演示了超人是如何让它发生的，即使你正在看这部电影。更普遍的是，如果你看一部某个行星运动的电影，你将无法知道放映机是向前还是向后运行。在一些电影中，汽车和人的反转镜头会让观众捧腹大笑。但是作为一个认真的物理学学生，当你看到这个的时候，你不应该笑，因为这些运动遵循牛顿定律。换句话说，完全有可能由一组人和车来实现这个运动。另一方面，当一个卡通人物在重力作用下下落时，突然开始用意志力在稀薄的空气中攀爬，你可能会笑，因为这严重违反了牛顿定律。

虽然 (11.5.1) 式的正确性是很直观的，但是我们现在将利用它在 $t \to -t$ 下是不变的这一事实，借助牛顿第二定律来证明它：加速度对时间是偶的，位势或力与 t 没有关系。这里是一些细节。只对这个讨论，让我们使用把时间反转点定为零点的一个新时钟，这样 $t = 0$ 就定义了运动发生时间反转的那个点。当电影倒放的时候，我们可以看到轨迹：

$$x_r(t) = x(-t)$$

换句话说，反转之后 5 秒，物体处在反转前 5 秒的位置。由此得到速度的反转：

$$\dot{x}_r(t) = \frac{\mathrm{d}x(-t)}{\mathrm{d}t} = -\frac{\mathrm{d}x(-t)}{\mathrm{d}(-t)} = -\dot{x}(-t)$$

并且不需要额外的处理。问题是，如果已知这个轨道 $x(t)$ 遵从牛顿第二定律，$x_r(t)$ 是否遵从牛顿第二定律？

$$m\frac{\mathrm{d}^2x_r(t)}{\mathrm{d}t^2} = F(x_r)$$

我们发现，它的确遵从

$$m\,\frac{\mathrm{d}^2x_r(t)}{\mathrm{d}t^2} = m\,\frac{\mathrm{d}^2x(-t)}{\mathrm{d}t^2} = m\,\frac{\mathrm{d}^2x(-t)}{\mathrm{d}(-t)^2} = F(x(-t)) = F(x_r(t))$$

并非所有问题都是时间反演不变的。考虑 $x-y$ 平面中的一个带正电的粒子，在沿 z 轴向下的磁场中运动。假定它在 $t=0$ 时被释放，就像行星一样，它的速度沿着 θ 增加的方向。由于力 $\boldsymbol{v} \times \boldsymbol{B}$ 的作用，它将沿逆时针的轨道运行。让我们等待直到它绕了 $\pi/2$ 圈，在 $t = T$ 时，将其状态作时间反演。在 $t = 2T$ 时，它会回到时间反演的初始状态吗？不会。很容易看到，从 $t = T$ 开始，它会再一次沿逆时针的圆轨道运行，这个轨道与反演点上的第一个圆轨道相切。我们把这一 TRI 的失败归咎于磁相互作用：力现在包含速度，而速度在时间反演下是奇的。

我们现在要问的是，这一切在量子力学中是如何出现的。这些思想将用最简单的情况加以说明。让我们考虑一个具有时间无关哈密顿量 H 的一维粒子，在 x 表象下，波动方程是

$$\mathrm{i}\hbar\,\frac{\partial\psi(x,t)}{\partial t} = H(x)\,\psi(x,t)$$

让我们首先注意到

$$\psi \to \psi^*$$

实施了时间反演。从 x 详细的概率分布不受此变化影响这一事实来看，这是很显然的。另一方面，从观察平面波［或动量算符 $-\mathrm{i}\hbar(\partial/\partial x)$］可以看出，在复共轭变换下 $p \to -p$。

如果系统有 TRI，我们必须找到 (11.5.1) 式的类似。为此，让我们制备一个态 $\psi(x,0)$，让它演化一段时间 T，求其复共轭，让这个复共轭态再演化另一段时间 T，看看我们是否得到初态的复共轭。我们发现在每个阶段会发生以下情况：

$$\psi(x,0) \to \mathrm{e}^{-\mathrm{i}H(x)T/\hbar}\psi(x,0) \to \mathrm{e}^{\mathrm{i}H^*(x)T/\hbar}\psi^*(x,0) \to \mathrm{e}^{-\mathrm{i}H(x)T/\hbar}\mathrm{e}^{\mathrm{i}H^*(x)T/\hbar}\psi^*(x,0)$$

显然，为了使最后的结果，即 $\psi(x,2T)$ 遵从

$$\psi(x,2T) = \psi^*(x,0)$$

我们要求

$$H(x) = H^*(x) \tag{11.5.2}$$

也就是说，哈密顿量是实的。对于 $H = P^2/2m + V(x)$，即使在高维情况下也是如此。另一方面，如果我们有一个磁场，可以将 P 线性地包含进来，因此 $H(x) \neq H^*(x)$。

如果 H 有 TRI，即它是实的，我们在第 6 章的末尾看到了每一个本征函数都意味着它的复共轭是一个简并函数。

请注意，TRI 在磁场存在时被破坏并不代表电动力学中时间反演下的任何基本不对称性。在 $t \to -t$ 下，电动力学的规律是不变的。在我们的例子中，不对称是由于我们将磁场视为系统外部的场，因此不需要将其时间反演。如果我们将产生磁场的电流包括在我们的系统中，并将它们也反转，整个系统就会遵循时间反演的轨迹。事实上，如果你拍了一部实验的电影，然后把它回放，你可以看到电线中的电荷，并且发现它们向后运行。在 $t = T$ 时，场就会被反转了，我们关注的电荷就会遵循时间反演的轨迹。

另一方面，某些实验加上一般的来自量子场论的论证表明，这个宇宙中存在着在基本水平上没有这种对称性的相互作用。

有一些方法可以以独立于基的方式规定 TRI，但我们在这里不会这样做。对于大多数问题，坐标基是自然的选择，上述讨论就是这样做的。当问题涉及没有经典对应的自旋时，会有一个小的偏离。我们可以像处理轨道角动量那样处理自旋。

第 12 章　转动不变性和角动量

在关于对称性的上一章中，我们没有讨论转动不变性，并不是因为它不重要，而是因为它太重要了，所以应该有专门关于它的一章。原因是我们讨论的大多数问题都涉及外部势场中的单个粒子（可能是约化质量），而 H 的平移不变性意味着粒子是自由的，H 的转动不变性为有趣的动力学留下了足够的空间。我们先考虑二维，然后转到三维的情况。

12.1　二维中的平移

虽然我们主要关注的是转动，但让我们快速回顾一下二维中的平移。通过直接扩展从 (11.2.13) 式到 (11.2.14) 式的论证，我们可以推导出沿 x 和 y 方向的无穷小平移的生成元分别是，

$$P_x \xrightarrow[\text{坐标基}]{} -\mathrm{i}\hbar\frac{\partial}{\partial x} \tag{12.1.1}$$

$$P_y \xrightarrow[\text{坐标基}]{} -\mathrm{i}\hbar\frac{\partial}{\partial y} \tag{12.1.2}$$

用代表动量的矢量算符 $\boldsymbol{P}$，

$$\boldsymbol{P} = P_x\,\boldsymbol{i} + P_y\,\boldsymbol{j} \tag{12.1.3}$$

其中 P_x 和 P_y 是 $\boldsymbol{P}$ 与平移方向的单位矢量（$\boldsymbol{i}$ 或 $\boldsymbol{j}$）的点积。由于这两个方向没有什么特别之处，我们得出的结论是：一般来说，

$$\hat{\boldsymbol{n}}\cdot\boldsymbol{P} \equiv P_{\hat{n}} \tag{12.1.4}$$

是沿单位矢量 $\hat{\boldsymbol{n}}$ 方向平移的生成元。有限的平移算符是通过指数来找到的。因此，平移 $\boldsymbol{a}$ 的算符 $T(\boldsymbol{a})$，由下式给出

$$T(\boldsymbol{a}) = \mathrm{e}^{-\mathrm{i}aP_{\hat{a}}/\hbar} = \mathrm{e}^{-\mathrm{i}a\hat{\boldsymbol{a}}\cdot\boldsymbol{P}/\hbar} = \mathrm{e}^{-\mathrm{i}\boldsymbol{a}\cdot\boldsymbol{P}/\hbar} \tag{12.1.5}$$

其中，$\hat{\boldsymbol{a}} = \boldsymbol{a}/a$。

自洽性检验 现在让我们问问，我们构造的平移算符是否满足正确的组合律，即，是否有

$$T(\boldsymbol{b})\,T(\boldsymbol{a}) = T(\boldsymbol{a}+\boldsymbol{b}) \tag{12.1.6}$$

或等价地，是否有

$$\mathrm{e}^{-\mathrm{i}\boldsymbol{b}\cdot\boldsymbol{P}/\hbar}\mathrm{e}^{-\mathrm{i}\boldsymbol{a}\cdot\boldsymbol{P}/\hbar} = \mathrm{e}^{-\mathrm{i}(\boldsymbol{a}+\boldsymbol{b})\cdot\boldsymbol{P}/\hbar} \tag{12.1.7}$$

这相当于问，P_x 和 P_y 在处理指数时是否可以作为 c 数。答案是肯定的，因为鉴于 (12.1.1) 和 (12.1.2) 式，这两个算符对易

$$[P_x, P_y] = 0 \tag{12.1.8}$$

它们的 q 数性质在这里显示不出来。P_x 和 P_y 的对易性，反映了 x 和 y 方向上平移的对易性。

习题 12.1.1* 通过考虑下列关系，证明 $\hat{\boldsymbol{a}}\cdot\boldsymbol{P}$ 是沿着 $\boldsymbol{a}$ 方向无穷小平移的生成元：

$$\langle x, y|I - \frac{\mathrm{i}}{\hbar}\delta\boldsymbol{a}\cdot\boldsymbol{P}|\psi\rangle = \psi(x-\delta a_x, y-\delta a_y)$$

12.2 二维中的转动

经典上，旋转的效果 $\phi_0\boldsymbol{k}$，即绕 z 轴（在 $x-y$ 平面上逆时针方向）旋转角度 ϕ_0，对粒子的态有以下影响：

$$\begin{pmatrix} x \\ y \end{pmatrix} \to \begin{pmatrix} \bar{x} \\ \bar{y} \end{pmatrix} = \begin{pmatrix} \cos\phi_0 & -\sin\phi_0 \\ \sin\phi_0 & \cos\phi_0 \end{pmatrix} \begin{pmatrix} x \\ y \end{pmatrix} \tag{12.2.1}$$

$$\begin{pmatrix} p_x \\ p_y \end{pmatrix} \to \begin{pmatrix} \bar{p}_x \\ \bar{p}_y \end{pmatrix} = \begin{pmatrix} \cos\phi_0 & -\sin\phi_0 \\ \sin\phi_0 & \cos\phi_0 \end{pmatrix} \begin{pmatrix} p_x \\ p_y \end{pmatrix} \tag{12.2.2}$$

让我们用 $R(\phi_0\boldsymbol{k})$ 表示转动这些二维矢量的算符。它由 (12.2.1) 和 (12.2.2) 式中的 2×2 矩阵表示。就像 $T(\boldsymbol{a})$ 是希尔伯特空间中与平移 $\boldsymbol{a}$ 相关的算符一样，令 $U[R(\phi_0\boldsymbol{k})]$ 是与转动 $R(\phi_0\boldsymbol{k})$ 相关的算符。在主动变换的图像中[①]

$$|\psi\rangle \xrightarrow[U[R]]{} |\psi_R\rangle = U[R]\,|\psi\rangle \tag{12.2.3}$$

① 当转角不相关或很显然时，我们将忽略它。

转动后的态 $|\psi_R\rangle$ 一定是这样的

$$\langle X\rangle_R = \langle X\rangle\cos\phi_0 - \langle Y\rangle\sin\phi_0 \tag{12.2.4a}$$

$$\langle Y\rangle_R = \langle X\rangle\sin\phi_0 + \langle Y\rangle\cos\phi_0 \tag{12.2.4b}$$

$$\langle P_x\rangle_R = \langle P_x\rangle\cos\phi_0 - \langle P_y\rangle\sin\phi_0 \tag{12.2.5a}$$

$$\langle P_y\rangle_R = \langle P_x\rangle\sin\phi_0 + \langle P_y\rangle\cos\phi_0 \tag{12.2.5b}$$

其中

$$\langle X\rangle_R = \langle\psi_R|X|\psi_R\rangle$$

和

$$\langle X\rangle = \langle\psi|X|\psi\rangle\text{，等等。}$$

与平移问题类似，我们定义 $U[R]$ 对位置本征态的作用为

$$U[R]|x,y\rangle = |x\cos\phi_0 - y\sin\phi_0, x\sin\phi_0 + y\cos\phi_0\rangle \tag{12.2.6}$$

与平移的情况一样，这个等式不仅仅受到 (12.2.4) 式启示，后者规定了 $\langle X\rangle$ 和 $\langle Y\rangle$ 如何变换：在省略可能的相位因子 $g(x,y)$ 时，我们还确保 $\langle P_x\rangle$ 和 $\langle P_y\rangle$ 像 (12.2.5) 式一样转换。

一个证明这一点的方法是保持相因子并使用 (12.2.5a) 和 (12.2.5b) 式消除它。我们将采取更简单的途经——从一开始就放弃它，并在最后证明 $\langle P_x\rangle$ 和 $\langle P_y\rangle$ 按照 (12.2.5) 式变换。

$U[R]$ 的显式构造

让我们现在构建 $U[R]$。首先考虑一个无穷小转动 $\varepsilon_z\boldsymbol{k}$。在这种情况下我们设

$$U[R(\varepsilon_z\boldsymbol{k})] = I - \frac{\mathrm{i}\varepsilon_z L_z}{\hbar} \tag{12.2.7}$$

其中无穷小转动的生成元 L_z 有待确定。从展开到 ε_z 第一阶的 (12.2.6) 式

$$U[R]|x,y\rangle = |x - y\varepsilon_z, x\varepsilon_z + y\rangle \tag{12.2.8}$$

出发，可以证明

$$\langle x,y|I - \frac{\mathrm{i}\varepsilon_z L_z}{\hbar}|\psi\rangle = \psi(x + y\varepsilon_z, y - x\varepsilon_z) \tag{12.2.9}$$

习题 12.2.1* 给出由 (12.2.8) 式导出 (12.2.9) 式的步骤。[提示：回忆由 (11.2.6) 式到 (11.2.8) 式的推导。]

把上式两边展开到 ε_z 的第一阶

$$\langle x,y|I|\psi\rangle - \frac{\mathrm{i}\varepsilon_z}{\hbar}\langle x,y|L_z|\psi\rangle = \psi(x,y) + \frac{\partial\psi}{\partial x}(y\varepsilon_z) + \frac{\partial\psi}{\partial y}(-x\varepsilon_z)$$

$$\langle x,y|L_z|\psi\rangle = \left[x\left(-\mathrm{i}\hbar\frac{\partial}{\partial y}\right) - y\left(-\mathrm{i}\hbar\frac{\partial}{\partial x}\right)\right]\psi(x,y)$$

因此

$$L_z \xrightarrow[\text{坐标基}]{} x\left(-\mathrm{i}\hbar\frac{\partial}{\partial y}\right) - y\left(-\mathrm{i}\hbar\frac{\partial}{\partial x}\right) \tag{12.2.10}$$

或者用抽象形式表示为

$$L_z = XP_y - YP_x \tag{12.2.11}$$

让我们证明，$\langle P_x\rangle$ 和 $\langle P_y\rangle$ 按照 (12.2.5) 式变换。因为

$$L_z \xrightarrow[\text{动量基}]{} \left(\mathrm{i}\hbar\frac{\partial}{\partial p_x}p_y - \mathrm{i}\hbar\frac{\partial}{\partial p_y}p_x\right) \tag{12.2.12}$$

显然

$$\frac{-\mathrm{i}\varepsilon_z}{\hbar}\langle p_x,p_y|L_z|\psi\rangle = \frac{\partial\psi}{\partial p_x}(p_y\,\varepsilon_z) + \frac{\partial\psi}{\partial p_y}(-p_x\,\varepsilon_z) \tag{12.2.13}$$

由此可见，$I-\mathrm{i}\varepsilon_z L_z/\hbar$ 把动量空间波函数 $\psi(p_x,p_y)$ 在动量空间转动了 ε_z，因此 $\langle P_x\rangle$ 和 $\langle P_y\rangle$ 就像 $\langle X\rangle$ 和 $\langle Y\rangle$ 一样，按照 (12.2.5) 式变换。

通过从无穷小转动的被动变换方程开始，我们也可以导出 L_z 的 (12.2.11) 式：

$$U^\dagger[R]XU[R] = X - Y\varepsilon_z \tag{12.2.14a}$$

$$U^\dagger[R]YU[R] = X\varepsilon_z + Y \tag{12.2.14b}$$

$$U^\dagger[R]P_xU[R] = P_x - P_y\varepsilon_z \tag{12.2.15a}$$

$$U^\dagger[R]P_yU[R] = P_x\varepsilon_z + P_y \tag{12.2.15b}$$

把 (12.2.7) 式代回到上式中，我们可以推导出

$$[X,L_z] = -\mathrm{i}\hbar Y \tag{12.2.16a}$$

$$[Y,L_z] = \mathrm{i}\hbar X \tag{12.2.16b}$$

$$[P_x,L_z] = -\mathrm{i}\hbar P_y \tag{12.2.17a}$$

$$[P_y,L_z] = \mathrm{i}\hbar P_x \tag{12.2.17b}$$

这些对易关系足以确定 L_z 为 XP_y-YP_x。

习题 12.2.2 使用这些对易关系（只不过是事后认识）推导 $L_z = XP_y - YP_x$。至少证明 (12.2.16) 和 (12.2.17) 式与 $L_z = XP_y - YP_x$ 一致。

有限转动算符 $U[R(\phi_0\boldsymbol{k})]$ 为

$$U[R(\phi_0\boldsymbol{k})]=\lim_{N\to\infty}\left(I-\frac{\mathrm{i}}{\hbar}\frac{\phi_0}{N}L_z\right)^N=\exp(-\mathrm{i}\phi_0L_z/\hbar) \tag{12.2.18}$$

给出

$$L_z\xrightarrow[\text{坐标基}]{}x\left(-\mathrm{i}\hbar\frac{\partial}{\partial y}\right)-y\left(-\mathrm{i}\hbar\frac{\partial}{\partial x}\right)$$

很难看到 $\mathrm{e}^{-\mathrm{i}\phi_0L_z/\hbar}$ 的确使态旋转 ϕ_0 角。首先，由于 $x(-\mathrm{i}\hbar\partial/\partial y)$ 和 $y(-\mathrm{i}\hbar\partial/\partial x)$ 互相不对易的事实，这个指数的展开是复杂的。因此让我们考虑 L_z 的另一种形式。它可以用极坐标来表示

$$L_z\xrightarrow[\text{坐标基}]{}-\mathrm{i}\hbar\frac{\partial}{\partial\phi} \tag{12.2.19}$$

这个结果也可以通过从要求在无穷小转动 $\varepsilon_z\boldsymbol{k}$ 下，$\psi(x,y)=\psi(\rho,\phi)$ 变成 $\psi(\rho,\phi-\varepsilon_z)$ 开始，更直接地推导出来。

习题 12.2.3* 通过对 (12.2.10) 式进行坐标变换，推导出 (12.2.19) 式，也可以采用上述直接方法。

现在，很显然

$$\exp(-\mathrm{i}\phi_0L_z/\hbar)\xrightarrow[\text{坐标基}]{}\exp\left(-\phi_0\frac{\partial}{\partial\phi}\right) \tag{12.2.20}$$

使态绕 z 轴转 ϕ_0 角，因为根据泰勒定理，有

$$\exp(-\phi_0\partial/\partial\phi)\,\psi(\rho,\phi)=\psi(\rho,\phi-\phi_0)$$

同样很明显的还有 $U[R(\phi_0'\boldsymbol{k})]\,U[R(\phi_0\boldsymbol{k})]=U[R((\phi_0+\phi_0')\boldsymbol{k})]$。因此，转动算符满足正确的组合律。

L_z 的物理解释 我们将 L_z 识别为角动量算符，因为：

(i) 它是由 $l_z=xp_y-yp_x$ 通过通常的替换规则（公理 II）得到的，

(ii) 它是绕 z 轴无穷小转动的生成元。在转动不变性的问题中，L_z 是守恒的，如果

$$U^\dagger[R]\,H(X,P_x;Y,P_y)\,U[R]=H(X,P_x;Y,P_y) \tag{12.2.21}$$

（通过选择一个无穷小转动）可以得到

$$[L_z,H]=0 \tag{12.2.22}$$

因为 X，P_x，Y 和 P_y 对转动的响应和它们的经典对应一样［(12.2.14) 和 (12.2.15) 式］，H 是这些算符的函数，它与相应的经典变量的函数 $\mathcal{H}$ 相同，每当 $\mathcal{H}$ 转动不变时，H 也是转动不变的。

除了 $\langle L_z \rangle$ 守恒，(12.2.22) 式还意味着下列结果：

(1) 如果 H 是转动不变的，则一个实验与其转动后的版本将给出相同的结果。

(2) L_z 和 H 有一个共同的基。（在接下来的陈述中，我们会花很多时间讨论这个基。）

自洽性检验 现在验证我们的转动和平移算符是否按照正确的方式组合。纯平移或转动满足简单的组合律，与之相比，平移和转动的组合效应却并不简单。我们似乎面临着这样一种可能情况：考虑转动和平移的每一个可能的组合，找出它们的净效应，然后验证相应的量子算符的乘积等于与所有变换的结果相对应的算符。让我们朝着这个方向推进一小步，这将证明是朝着我们的目标迈出的一大步。

考虑下列四个无穷小运算的乘积：

$$U[R(-\varepsilon_z \boldsymbol{k})]\, T(-\boldsymbol{\varepsilon})\, U[R(\varepsilon_z \boldsymbol{k})]\, T(\boldsymbol{\varepsilon})$$

其中 $\boldsymbol{\varepsilon} = \varepsilon_x \boldsymbol{i} + \varepsilon_y \boldsymbol{j}$。通过对 $x-y$ 平面上的一点进行这四种运算，我们得到

$$\begin{aligned}\begin{pmatrix} x \\ y \end{pmatrix} \underset{\varepsilon}{\rightarrow} \begin{pmatrix} x+\varepsilon_x \\ y+\varepsilon_y \end{pmatrix} \xrightarrow[R(\varepsilon_z \boldsymbol{k})]{} \begin{pmatrix} (x+\varepsilon_x)-(y+\varepsilon_y)\varepsilon_z \\ (x+\varepsilon_x)\varepsilon_z+(y+\varepsilon_y) \end{pmatrix} \\ \underset{-\varepsilon}{\longrightarrow} \begin{pmatrix} x-(y+\varepsilon_y)\varepsilon_z \\ (x+\varepsilon_x)\varepsilon_z+y \end{pmatrix} \xrightarrow[R(-\varepsilon_z \boldsymbol{k})]{} \begin{pmatrix} x-\varepsilon_y\varepsilon_z \\ y+\varepsilon_x\varepsilon_z \end{pmatrix}\end{aligned} \tag{12.2.23}$$

也就是说，净效应是 $-\varepsilon_y\varepsilon_z \boldsymbol{i} + \varepsilon_x\varepsilon_z \boldsymbol{j}$ 的平移①。在上面的讨论中，我们忽略了涉及 ε_x^2、ε_y^2、ε_z^2 及其更高阶的项。但是，我们保留了 $\varepsilon_x\varepsilon_z$ 和 $\varepsilon_y\varepsilon_z$ 项，因为它们包含了非对易性的第一项。请注意虽然这些是二阶项，但它们在我们的近似中是完全确定的，即不受我们忽略的那些二阶项的影响。(12.2.23) 式对量子算符施加了以下限制：

$$U[R(-\varepsilon_z \boldsymbol{k})]T(-\boldsymbol{\varepsilon})U[R(\varepsilon_z \boldsymbol{k})]T(\boldsymbol{\varepsilon}) = T(-\varepsilon_y\varepsilon_z \boldsymbol{i} + \varepsilon_x\varepsilon_z \boldsymbol{j}) \tag{12.2.24}$$

或

$$\begin{aligned}&\left(I+\frac{\mathrm{i}}{\hbar}\varepsilon_z L_z\right)\left[I+\frac{\mathrm{i}}{\hbar}(\varepsilon_x P_x+\varepsilon_y P_y)\right]\left(I-\frac{\mathrm{i}}{\hbar}\varepsilon_z L_z\right)\left[I-\frac{\mathrm{i}}{\hbar}(\varepsilon_x P_x+\varepsilon_y P_y)\right] \\ &= I+\frac{\mathrm{i}}{\hbar}\varepsilon_y\varepsilon_z P_x-\frac{\mathrm{i}}{\hbar}\varepsilon_x\varepsilon_z P_y\end{aligned} \tag{12.2.25}$$

① 请注意，如果把转动和平移互换，则该四重乘积将等于 I，这可以通过把因子这样重新排列看出来，即，使两个相反的转动和两个相反的平移相互抵消。与 I 的这一结果的偏差是非对易性的一种度量。给定两个不对易的对称操作，这个四重乘积提供了它们的非对易性的良好表征。正如我们将要看到的，这种描述是完整的。

通过匹配系数（你应该做到这一点），我们可以推导出以下约束：

$$[P_x, L_z] = -\mathrm{i}\hbar P_y$$
$$[P_y, L_z] = \mathrm{i}\hbar P_x$$

它们的确被生成元所满足［(12.2.17) 式］。

因此，我们的算符都通过了这个测试。但是还有许多其他测试是可能的。诸如 $\varepsilon_x\varepsilon_z^2$ 项的系数是怎样的，或者更一般地，有限转动如何？除了四重乘积之外，比如一个涉及 14 个平移和 6 个转动交错的测试怎么样？

所有这些方程都有一个答案——没有必要进行任何进一步的检验。虽然解释为什么是这样超出了本书的范围，但在什么时候停止检验不难解释。当生成元之间的所有可能的对易关系都已经考虑过了时，我们就可以停止检验。在本例中，给定生成元 P_x，P_y 和 L_z。可能的对易关系是 $[P_x, L_z]$，$[P_y, L_z]$ 和 $[P_x, P_y]$。我们刚刚完成了前两个的检验。尽管第三个在过去已被隐含检验了，但让我们再明显地进行一次检验。如果我们把组合律

$$\begin{pmatrix} x \\ y \end{pmatrix} \xrightarrow[\varepsilon_x \boldsymbol{i}]{} \begin{pmatrix} x+\varepsilon_x \\ y \end{pmatrix} \xrightarrow[\varepsilon_y \boldsymbol{i}]{} \begin{pmatrix} x+\varepsilon_x \\ y+\varepsilon_y \end{pmatrix} \xrightarrow[-\varepsilon_x \boldsymbol{i}]{} \begin{pmatrix} x \\ y+\varepsilon_y \end{pmatrix} \xrightarrow[-\varepsilon_y \boldsymbol{i}]{} \begin{pmatrix} x \\ y \end{pmatrix} \tag{12.2.26}$$

转换为算符约束

$$T(-\varepsilon_y \boldsymbol{j})\,T(-\varepsilon_x \boldsymbol{i})\,T(\varepsilon_y \boldsymbol{j})\,T(\varepsilon_x \boldsymbol{i}) = I \tag{12.2.27}$$

我们导出

$$[P_x, P_y] = 0$$

生成元 P_x 和 P_y 当然满足该式。［虽然在早些时候，我们没有考虑四重乘积 (12.2.27) 式，但我们确实验证了 T 算符的自变量是按照矢量分析定律组合的。(12.2.26) 式只是一个特例，它生成了 P_x 和 P_y 的对易性。］

当我说没有进一步的检验要进行时，我的意思是说：

(1) 每一个自洽性的检验都将约化为只是生成元的对易子之间的另一个关系。

(2) 如果生成元通过了我们已经完成的检验，这种关系将被自动满足。下面的习题应该说明这一点。

习题 12.2.4* 重新推导保留到 $\varepsilon_x\varepsilon_z^2$ 阶的 (12.2.23) 式的等价公式。（你可以假定 $\varepsilon_y=0$。）使用此信息把 (12.2.24) 式改写到 $\varepsilon_x\varepsilon_z^2$ 阶。让该项的系数相等，导出约束

$$-2L_zP_xL_z+P_xL_z^2+L_z^2P_x=\hbar^2P_x$$

这似乎与上述的 (1) 点矛盾，但实际上并非如此，考虑到恒等式

$$-2\Lambda\Omega\Lambda+\Omega\Lambda^2+\Lambda^2\Omega\equiv[\Lambda,[\Lambda,\Omega]]$$

利用这个恒等式证明，在给定 P_x，P_y 和 L_z 之间的对易关系时，来自 $\varepsilon_x\varepsilon_z^2$ 项的新约束得到满足。

矢量算符

如果在由下列 $U[R]$ 生成的被动变换下，V_x 和 V_y 作为一个矢量的分量，我们称 $\boldsymbol{V}=V_x\boldsymbol{i}+V_y\boldsymbol{j}$ 为一个矢量算符：

$$U^\dagger[R]\,V_i\,U[R]=\sum_j R_{ij}V_j$$

其中，R_{ij} 是 (12.2.1) 式中出现的 2×2 转动矩阵。$\boldsymbol{V}$ 的实例是 $\boldsymbol{P}=P_x\boldsymbol{i}+P_y\boldsymbol{j}$ 和 $\boldsymbol{R}=X\boldsymbol{i}+Y\boldsymbol{j}$［请见 (12.2.14) 和 (12.2.15) 式］。请注意 $\boldsymbol{P}$ 这类矢量算符的双重性质：一方面，它的分量都是希尔伯特空间中的算符，另一方面，它作为 $\mathbb{V}^2(R)$ 中的一个矢量变换。

矢量算符的相同定义也适用于三维，明显的区别是 R_{ij} 是一个 3×3 矩阵。

12.3 L_z 的本征值问题

我们已经看到，在一个转动不变问题中，H 和 L_z 有共同的基。为了利用这一事实，我们必须首先找到 L_z 的本征函数。我们从把

$$L_z|l_z\rangle=l_z|l_z\rangle \tag{12.3.1}$$

在坐标基中写成

$$-\mathrm{i}\hbar\frac{\partial\psi_{l_z}(\rho,\phi)}{\partial\phi}=l_z\psi_{l_z}(\rho,\phi) \tag{12.3.2}$$

开始。这个方程的解是

$$\psi_{l_z}(\rho,\phi)=R(\rho)\,\mathrm{e}^{\mathrm{i}l_z\phi/\hbar} \tag{12.3.3}$$

其中 $R(\rho)$ 是相对于 $\int_0^\infty \rho\,\mathrm{d}\rho$ 归一化的任意函数。[①]稍后我们将进一步讨论 $R(\rho)$。但首先要注意，l_z 似乎是任意的——它甚至可以是复的，因为 ϕ 只从 0 变到 2π。（将此与线动量的本征函数 $\mathrm{e}^{\mathrm{i}px/\hbar}$ 比较，在那里我们可以证明 p 必须是实的，以保持 $|\psi|$ 在 $|x|\to\infty$ 时有界。）复特征值进入答案的这一事实，标志着我们忽略了厄米性的约束。让我们把它强加进来。条件

$$\langle\psi_1|L_z|\psi_2\rangle = \langle\psi_2|L_z|\psi_1\rangle^* \tag{12.3.4}$$

在坐标基中变成

$$\int_0^\infty\int_0^{2\pi}\psi_1^*\left(-\mathrm{i}\hbar\frac{\partial}{\partial\phi}\right)\psi_2\rho\,\mathrm{d}\rho\,\mathrm{d}\phi = \left[\int_0^\infty\int_0^{2\pi}\psi_2^*\left(-\mathrm{i}\hbar\frac{\partial}{\partial\phi}\right)\psi_1\rho\,\mathrm{d}\rho\,\mathrm{d}\phi\right]^* \tag{12.3.5}$$

如果要求所有 ψ_1 和 ψ_2 都要满足上式，则可以（通过分部积分）证明，只要每个 ψ 遵从

$$\psi(\rho,0) = \psi(\rho,2\pi) \tag{12.3.6}$$

就足够了。如果我们把这一约束加在 L_z 的本征函数 (12.3.3) 式上，我们发现

$$1 = \mathrm{e}^{2\pi\mathrm{i}l_z/\hbar} \tag{12.3.7}$$

这使 l_z 不仅是实的，而且还是 $\hbar$ 的整倍数，即

$$l_z = m\hbar,\qquad m = 0,\ \pm1,\ \pm2,\ \cdots \tag{12.3.8}$$

我们称 m 为磁量子数。注意，$l_z = m\hbar$ 意味着 ψ 是 ϕ 的单值函数。（然而，请看习题 12.3.2。）

习题 12.3.1 给出从 (12.3.5) 式到 (12.3.6) 式的步骤。

习题 12.3.2 让我们尝试从另一个角度推导加在 l_z 上的限制。考虑两个可允许的 l_z 本征态的叠加：

$$\psi(\rho,\phi) = A(\rho)\,\mathrm{e}^{\mathrm{i}\phi l_z/\hbar} + B(\rho)\,\mathrm{e}^{\mathrm{i}\phi l_z'/\hbar}$$

通过要求在转动 2π 时，我们得到相同的物理态（不一定是相同的态矢量），证明 $l_z - l_z' = m\hbar$，其中 m 是整数。通过基于对称性的论证，即 l_z 的允许值必须关于零是对称的，证明这些值不是 $\cdots,3\hbar/2,\hbar/2,-\hbar/2,-3\hbar/2,\cdots$，就是 $\cdots,2\hbar,\hbar,0,-\hbar,\ -2\hbar,\cdots$。这种方法不可能进一步限制 l_z。

① 这将保证 ψ 相对于

$$\iint \mathrm{d}x\,\mathrm{d}y = \int_0^\infty\int_0^{2\pi}\rho\,\mathrm{d}\rho\,\mathrm{d}\phi$$

是归一的。

现在让我们回到伴随 L_z 的本征函数的任意函数 $R(\rho)$。它的存在意味着本征值 $l_z = m\hbar$ 并不能唯一确定希尔伯特空间中的态，而只能唯一确定子空间 $\mathbb{V}_m$ 中的态。这个空间的维数显然是无限的，因为所有可归一化函数 R 的空间都是无限维的。在这一点上，此时自然的做法是引入一些与 L_z 对易的算符，其与 L_z 的共同本征函数在每个 $\mathbb{V}_m$ 中选取一个唯一的基。我们马上将会看到，转动不变问题中的哈密顿量正是这样做的。在物理上，这意味着一个态不是由其角动量唯一确定的（它只确定了波函数的角度部分），但在转动不变问题中，它可以由其能量和角动量确定。

可以证明引入函数

$$\Phi_m(\phi) = (2\pi)^{-1/2}\,\mathrm{e}^{\mathrm{i}m\phi} \tag{12.3.9}$$

是方便的，如果不存在坐标 ρ，这些函数将会是 L_z 的非简并本征函数。它们服从正交性条件

$$\int_0^{2\pi} \Phi_m^*(\phi)\Phi_{m'}(\phi)\,\mathrm{d}\phi = \delta_{mm'} \tag{12.3.10}$$

可以看出，这些函数在转动不变的问题中起着重要的作用。

习题 12.3.3* 一个粒子由波函数

$$\psi(\rho,\phi) = A\,\mathrm{e}^{-\rho^2/2\Delta^2}\cos^2\phi$$

描述。（通过把 $\cos^2\phi$ 用 Φ_m 表示）证明

$$\begin{aligned} P(l_z = 0) &= \frac{2}{3} \\ P(l_z = 2\hbar) &= \frac{1}{6} \\ P(l_z = -2\hbar) &= \frac{1}{6} \end{aligned}$$

（提示：论证径向部分 $\mathrm{e}^{-\rho^2/2\Delta^2}$ 在这里是不相关的。）

习题 12.3.4* 一个粒子由波函数

$$\psi(\rho,\,\phi) = A\,\mathrm{e}^{-\rho^2/2\Delta^2}\left(\frac{\rho}{\Delta}\cos\,\phi + \sin\,\phi\right)$$

描述。证明

$$P(l_z = \hbar) = P(l_z = -\hbar) = \frac{1}{2}$$

转动不变问题的解

考虑一个 $V(\rho,\phi)=V(\rho)$ 的问题。H 的本征值方程为

$$\left[\frac{-\hbar^2}{2\mu}\left(\frac{\partial^2}{\partial\rho^2}+\frac{1}{\rho}\frac{\partial}{\partial\rho}+\frac{1}{\rho^2}\frac{\partial^2}{\partial\phi^2}\right)+V(\rho)\right]\psi_E(\rho,\phi)=E\psi_E(\rho,\phi) \tag{12.3.11}$$

（我们将用 μ 表示质量，因为 m 将用来表示角动量量子数。）在这个问题中，由于 $[H,L_z]=0$，我们来求 H 和 L_z 的共同本征函数。我们将看到 L_z 的本征值为 $m\hbar$ 的最一般的本征函数具有如下形式

$$\psi_m(\rho,\phi)=R(\rho)(2\pi)^{-1/2}\mathrm{e}^{\mathrm{i}m\phi}=R(\rho)\,\Phi_m(\phi)$$

其中 $R(\rho)$ 待定。在这里的情况下，R 由要求

$$\psi_{Em}(\rho,\phi)=R_{Em}(\rho)\,\Phi_m(\phi) \tag{12.3.12}$$

也是 H 的本征函数来确定，其中本征值为 E。即 ψ_{Em} 满足 (12.3.11) 式。把上式代入 (12.3.11) 式，我们得到确定 $R_{Em}(\rho)$ 的径向方程和 E 的允许值：

$$\left[\frac{-\hbar^2}{2\mu}\left(\frac{\mathrm{d}^2}{\mathrm{d}\rho^2}+\frac{1}{\rho}\frac{\mathrm{d}}{\mathrm{d}\rho}-\frac{m^2}{\rho^2}\right)+V(\rho)\right]R_{Em}(\rho)=ER_{Em}(\rho) \tag{12.3.13}$$

当我们改变势时，只有波函数的径向部分 R 改变，角度部分 Φ_m 不变。因此，通过假设 ρ 不存在，我们得到了函数 $\Phi_m(\phi)$，它提供了任一转动不变哈密顿量的本征值问题中的波函数的角度部分。

习题 12.3.5* 请注意角动量似乎在 (12.3.13) 式中产生一个排斥势。计算它的梯度，确定它是离心力。

习题 12.3.6 考虑一个质量为 μ 的粒子被约束在半径为 a 的圆上运动。证明 $H=L_z^2/2\mu a^2$。求解 H 的本征值问题，并解释其简并性。

习题 12.3.7*（各向同性谐振子）考虑哈密顿量

$$H=\frac{P_x^2+P_y^2}{2\mu}+\frac{1}{2}\mu\omega^2(X^2+Y^2)$$

(1) 使自己确信 $[H,L_z]=0$，并将 H 的本征值问题简化为 $R_{Em}(\rho)$ 的径向微分方程。

(2) 考察 $\rho \to 0$ 时的方程，并证明

$$R_{Em}(\rho) \xrightarrow[\rho \to 0]{} \rho^{|m|}$$

(3) 用同样的方法证明直到 ρ 的幂次

$$R_{Em}(\rho) \xrightarrow[\rho \to \infty]{} \mathrm{e}^{-\mu\omega\rho^2/2\hbar}$$

因此可以假定 $R_{Em}(\rho) = \rho^{|m|}\mathrm{e}^{-\mu\omega\rho^2/2\hbar}U_{E_m}(\rho)$。

(4) 切换到无量纲变量 $\varepsilon = E/\hbar\omega$，$y = (\mu\omega/\hbar)^{1/2}\rho$。

(5) 将 R 的方程转化为 U 的方程。（建议分成两个阶段：$R = y^{|m|}f$，$f = \mathrm{e}^{-y^2/2}U$。）最终应该得到

$$U'' + \left[\left(\frac{2|m|+1}{y}\right) - 2y\right]U' + (2\varepsilon - 2|m| - 2)U = 0$$

(6) 证明下列幂级数形式的 U

$$U(y) = \sum_{r=0}^{\infty} C_r y^r$$

将导致一个两项的递推关系。

(7) 求 C_{r+2} 和 C_r 之间的关系。论证若该级数在 $y \to \infty$ 时的行为是可接受的，则这个级数必须在某个有限的 r 处中断。证明 $\varepsilon = r + |m| + 1$ 导致 r 之后的项消失。现在论证 r 必然是偶数，即 $r = 2k$。（证明，如果 r 是奇数，则当 $\rho \to 0$ 时 R 的行为不是 $\rho^{|m|}$。）所以最后你一定会求得

$$E = (2k + |m| + 1)\hbar\omega, \qquad k = 0,\ 1,\ 2,\ \cdots$$

定义 $n = 2k + |m|$，结果使得

$$E_n = (n+1)\hbar\omega$$

(8) 对于给定的 n，$|m|$ 的允许值是多少？此外，对于一个已知的 n，简并度为 $n+1$。将其与笛卡儿坐标中求得的结果进行比较（习题 10.2.2）。

(9) 写出对应于 $n = 0, 1$ 的所有的归一化本征函数。

(10) 论证 $n = 0$ 函数一定等于在笛卡儿坐标中求得的相应函数。证明两个 $n = 1$ 的解是它们在笛卡儿坐标中对应的函数的线性组合。验证态的宇称是 $(-1)^n$，正如在笛卡儿坐标中求得的。

习题 12.3.8* 考虑处于如下矢量势中的一个质量为 μ 和电荷为 q 的粒子

$$\boldsymbol{A}=\frac{B}{2}(-y\boldsymbol{i}+x\boldsymbol{j})$$

(1) 证明磁场为 $\boldsymbol{B}=B\boldsymbol{k}$。

(2) 证明这个势中的经典粒子将会以角频率 $\omega_0=qB/\mu c$ 在一个圆上运动。

(3) 考虑相应量子问题的哈密顿量：

$$H=\frac{(P_x+qYB/2c)^2}{2\mu}+\frac{(P_y-qXB/2c)^2}{2\mu}$$

证明 $Q=(cP_x+qYB/2)/qB$ 和 $P=P_y-qXB/2c$ 是正则变量。用 P 和 Q 写出 H，并证明允许的能级是 $E=(n+1/2)\hbar\omega_0$。

(4) 用原来的变量把 H 展开并证明

$$H=H\left(\frac{\omega_0}{2},\mu\right)-\frac{\omega_0}{2}L_z$$

其中 $H(\omega_0/2,\mu)$ 是质量为 μ 和频率为 $\omega_0/2$ 的各向同性二维谐振子的哈密顿量。论证对角化 $H(\omega_0/2,\mu)$ 的基将同样使 H 对角化，在这个基下思考，证明 H 的允许能级是 $E=(k+\frac{1}{2}|m|-\frac{1}{2}m+\frac{1}{2})$，其中 k 是任意整数，m 是角动量。使自己确信，你从这个公式得到的能级与以前得到的能级［$E=(n+1/2)\hbar\omega_0$］相同。我们将在第 21 章中回到这个问题。

12.4　三维中的角动量

很明显，当我们从二维过渡到三维时，L_z 算符增加了两个同伴 L_x 和 L_y，它们分别生成绕 x 轴和 y 轴的两个无穷小转动。所以我们有

$$L_x=YP_z-ZP_y \tag{12.4.1a}$$

$$L_y=ZP_x-XP_z \tag{12.4.1b}$$

$$L_z=XP_y-YP_x \tag{12.4.1c}$$

和往常一样，我们对结果进行自洽性检验。可以证明（习题 12.4.2），如果我们在三维空间中取一个点，然后绕该点先后做下列转动：$R(\varepsilon_x\boldsymbol{i})$、$R(\varepsilon_y\boldsymbol{j})$、$R(-\varepsilon_x\boldsymbol{i})$ 和 $R(-\varepsilon_y\boldsymbol{j})$。它最终被转动了 $-\varepsilon_x\varepsilon_y\boldsymbol{k}$。换句话说，

$$R(-\varepsilon_y\boldsymbol{j})\,R(-\varepsilon_x\boldsymbol{i})\,R(\varepsilon_y\boldsymbol{j})\,R(\varepsilon_x\boldsymbol{i})=R(-\varepsilon_x\varepsilon_y\boldsymbol{k}) \tag{12.4.2}$$

由此可知量子算符 $U[R]$ 必须满足

$$U[R(-\varepsilon_y \boldsymbol{j})]\, U[R(-\varepsilon_x \boldsymbol{i})]\, U[R(\varepsilon_y \boldsymbol{j})]\, U[R(\varepsilon_x \boldsymbol{i})] = U[R(-\varepsilon_x \varepsilon_y \boldsymbol{k})] \tag{12.4.3}$$

如果我们将每个 U 展开到 ε 阶，并让两边 $\varepsilon_x\varepsilon_y$ 的系数相等，我们会求得

$$[L_x, L_y] = \mathrm{i}\hbar L_z \tag{12.4.4a}$$

通过考虑包含 $\varepsilon_y\varepsilon_z$ 和 $\varepsilon_z\varepsilon_x$ 项的类似检验，我们可以导出以下约束

$$[L_y, L_z] = \mathrm{i}\hbar L_x \tag{12.4.4b}$$

$$[L_z, L_x] = \mathrm{i}\hbar L_y \tag{12.4.4c}$$

你可以验证 (12.4.1) 式中的算符满足这些约束条件。因此，这保证了生成的有限旋转算符服从正确的组合律。

上述三种关系可被紧凑地表示为一个矢量方程：

$$\boldsymbol{L} \times \boldsymbol{L} = \mathrm{i}\hbar \boldsymbol{L} \tag{12.4.5}$$

还有另一种写出这个对易关系的方法是

$$[L_i,\, L_j] = \mathrm{i}\hbar \sum_{k=1}^{3} \varepsilon_{ijk}\, L_k \tag{12.4.6}$$

在这个方程中，i 和 j 从 1 取到 3，L_1，L_2 和 L_3 分别代表 L_x，L_y 和 L_z，①ε_{ijk} 是秩为 3 的反对称张量的分量，具有以下性质：

(1) 当交换任意两个指标时，它们改变符号。因此没有两个指标是相等的。

(2) $\varepsilon_{123} = 1$。

这确定了所有其他分量。例如，

$$\varepsilon_{132} = -1, \qquad \varepsilon_{312} = (-1)(-1) = +1 \tag{12.4.7}$$

等等。简而言之，对于 ε_{123} 指标的任何循环排列，ε_{ijk} 是 $+1$，而其他为 -1。[$\mathbb{V}^3(R)$ 中三个矢量之间的关系式

$$\boldsymbol{c} = \boldsymbol{a} \times \boldsymbol{b} \tag{12.4.8}$$

可被写成分量形式

$$c_i = \sum_{j=1}^{3} \sum_{k=1}^{3} \varepsilon_{ijk}\, a_j\, b_k \tag{12.4.9}$$

① 我们将经常让指标 1，2 和 3 代替指标 x，y 和 z。

当然，如果 $\boldsymbol{a}$ 是一个其分量都是数的矢量，$\boldsymbol{a}\times\boldsymbol{a}$ 是零，但如果 $\boldsymbol{a}$ 是一个类似于 $\boldsymbol{L}$ 的算符，则这个叉乘不是零。]

习题 12.4.1*

(1) 已知 ε_{ijk} 的定义，验证 (12.4.9) 和 (12.4.8) 式是等价的。

(2) 设 U_1，U_2 和 U_3 是一个粒子在某势下的三个能量本征函数。在这个势中，利用张量 ε_{ijk} 构造三个费米子的波函数 $\psi_{\mathrm{A}}(x_1,x_2,x_3)$，其中一个处在 U_1，一个处在 U_2，一个处在 U_3。

习题 12.4.2*

(1) 通过首先构造对应于展开到 ε 阶的 $R(\varepsilon_x\boldsymbol{i})$ 和 $R(\varepsilon_y\boldsymbol{j})$ 的 3×3 矩阵，验证 (12.4.2) 式。

(2) 给出连接 (12.4.3) 和 (12.4.4a) 式的步骤。

(3) 验证在 (12.4.1) 式中定义的 L_x 和 L_y 满足 (12.4.4a) 式。其他对易关系的证明可由循环置换导出。

接下来我们定义总角动量算符的平方

$$L^2=L_x^2+L_y^2+L_z^2 \tag{12.4.10}$$

可以（由你）证实

$$[L^2,L_i]=0,\qquad i=x\text{ 或 }y\text{ 或 }z \tag{12.4.11}$$

有限转动算符 绕同一个轴的转动对易。因此，有限转动可以看作是一系列绕同一轴的无穷小转动。什么是转动 $\boldsymbol{\theta}$ 角的算符？即绕平行于 $\hat{\boldsymbol{\theta}}$ 的轴转了 θ 的算符？如果 $\boldsymbol{\theta}=\theta_x\boldsymbol{i}$，则显然

$$U[R(\theta_x\boldsymbol{i})]=\mathrm{e}^{-\mathrm{i}\theta_x L_x/\hbar}$$

对于沿着单位矢量 $\boldsymbol{j}$ 和 $\boldsymbol{k}$ 的 $\boldsymbol{\theta}$，结果是相同的。如果 $\boldsymbol{\theta}$ 沿某个任意方向，情况如何？我们猜测 $L_{\hat{\theta}}\equiv\hat{\boldsymbol{\theta}}\cdot\boldsymbol{L}$（其中 $\hat{\boldsymbol{\theta}}=\boldsymbol{\theta}/\theta$）是绕该轴的无穷小转动的生成元，而且

$$U[R(\boldsymbol{\theta})]=\lim_{N\to\infty}\left(I-\frac{\mathrm{i}}{\hbar}\frac{\theta}{N}\hat{\boldsymbol{\theta}}\cdot\boldsymbol{L}\right)^N=\mathrm{e}^{-\mathrm{i}\theta\hat{\boldsymbol{\theta}}\cdot\boldsymbol{L}/\hbar}=\mathrm{e}^{-\mathrm{i}\boldsymbol{\theta}\cdot\boldsymbol{L}/\hbar} \tag{12.4.12}$$

我们的猜想在下面的习题中得到了验证。

习题 12.4.3* 我们想要展示，$\hat{\boldsymbol{\theta}}\cdot\boldsymbol{L}$ 生成一个绕平行于 $\hat{\boldsymbol{\theta}}$ 的轴的转动。设 $\delta\boldsymbol{\theta}$ 是一个与 $\boldsymbol{\theta}$ 平行的无穷小转动。

(1) 证明当矢量 $\boldsymbol{r}$ 被转动 $\delta\boldsymbol{\theta}$ 角时，它变成 $\boldsymbol{r}+\delta\boldsymbol{\theta}\times\boldsymbol{r}$。（从 $\boldsymbol{r}\perp\delta\boldsymbol{\theta}$ 开始，然后进行推广，可能是有帮助的。）
(2) 因此，我们要求（如往常一样，展开到第一阶）

$$\psi(\boldsymbol{r})\xrightarrow[U[R(\delta\boldsymbol{\theta})]]{}\psi(\boldsymbol{r}-\delta\boldsymbol{\theta}\times\boldsymbol{r})=\psi(\boldsymbol{r})-(\delta\boldsymbol{\theta}\times\boldsymbol{r})\cdot\boldsymbol{\nabla}\psi$$

与 $U[R(\delta\boldsymbol{\theta})]=1-(\mathrm{i}\delta\boldsymbol{\theta}/\hbar)L_{\hat{\boldsymbol{\theta}}}$ 对照，证明 $L_{\hat{\boldsymbol{\theta}}}=\hat{\boldsymbol{\theta}}\cdot\boldsymbol{L}$。

习题 12.4.4* 回想一下，如果 $\boldsymbol{V}$ 的分量 V_i 按如下方式变换，那么 $\boldsymbol{V}$ 是一个矢量算符

$$U^{\dagger}[R]\,V_i\,U[R]=\sum_j R_{ij}V_j \tag{12.4.13}$$

(1) 对于无穷小的转动 $\delta\boldsymbol{\theta}$，在上题的基础上，证明

$$\sum_j R_{ij}V_j=V_i+(\delta\boldsymbol{\theta}\times\boldsymbol{V})_i=V_i+\sum_j\sum_k\varepsilon_{ijk}(\delta\theta)_jV_k$$

(2) 将 $U[R]=I-(\mathrm{i}/\hbar)\,\delta\boldsymbol{\theta}\cdot\boldsymbol{L}$ 代入 (12.4.13) 式的左侧，并推导

$$[V_i,L_j]=\mathrm{i}\hbar\sum_k\varepsilon_{ijk}V_k \tag{12.4.14}$$

这与 (12.4.13) 式一样，是矢量算符的一个很好的定义。通过设 $\boldsymbol{V}=\boldsymbol{L}$，可以得到 L 各个分量之间的对易关系。

如果哈密顿量在任意转动下不变，

$$U^{\dagger}[R]\,H\,U[R]=H \tag{12.4.15}$$

则（通过考虑绕 x，y 和 z 轴的无穷小转动）可以得到

$$[H,L_i]=0 \tag{12.4.16}$$

而由它

$$[H,L^2]=0 \tag{12.4.17}$$

因此，L^2 和 $\boldsymbol{L}$ 的所有三个分量都是守恒的。然而，我们并没有随之知道 H 和所有三个 L 分量存在一个共同的基。这是因为 L 的所有分量不是互相对易的。所以最好的方法就是找到 H，L^2 和其中一个 L 分量（通常选为 L_z）的一个共同的基。

我们现在研究对易算符 L^2 和 L_z 的本征值问题。当这个问题得到解决后，我们将转向 H，L^2 和 L_z 的本征值问题。

12.5　L^2 和 L_z 的本征值问题

我们处理这一问题的方法与我们处理简谐振子问题的方法有着密切的平行关系。回想一下，在那种情况下，我们：(1) 求解了坐标基下 H 的本征值问题；(2) 利用 a 和 $a^\dagger$ 算符、对易关系和 H 的正定性，直接求解了能量基下的这个问题；(3) 根据第 (2) 部分的结果，通过下面的技巧，得到了坐标波函数 $\psi_n(y)$。我们把

$$a\,|0\rangle = 0$$

在坐标基下写成

$$\left(y+\frac{\partial}{\partial y}\right)\psi_0(y)=0$$

这立即给了我们 $\psi_0(y)\sim \mathrm{e}^{-y^2/2}$，至多差一个很容易确定的归一化因子。

知道了归一化的本征函数 $\psi_0(y)$，通过（微分）算符 $(a^\dagger)^n/(n!)^{1/2}\to(y-\partial/\partial y)^n$ $(2^n n!)^{1/2}$ 的作用，我们得到 $\psi_n(y)$。

在目前的情况下，我们省略了第 (1) 部分，它只涉及再解一次微分方程，并不是特别具有启发性。

现在让我们考虑第 (2) 部分。它与谐振子问题的第 (2) 部分也有许多相似之处[①]。我们首先假设存在 L^2 和 L_z 的一个共同的基 $|\alpha,\beta\rangle$：

$$L^2|\alpha\beta\rangle=\alpha|\alpha\beta\rangle \tag{12.5.1}$$

$$L_z|\alpha\beta\rangle=\beta|\alpha\beta\rangle \tag{12.5.2}$$

现在我们定义升算符和降算符

$$L_\pm=L_x\pm \mathrm{i}L_y \tag{12.5.3}$$

它们满足

$$[L_z,L_\pm]=\pm\hbar L_\pm \tag{12.5.4}$$

而且（因为 L^2 与 L_x 和 L_y 对易）当然有

$$[L^2,L_\pm]=0 \tag{12.5.5}$$

(12.5.4) 和 (12.5.5) 式意味着 $L_\pm$ 升高/降低 L_z 的本征值一个 $\hbar$，同时保持 L^2 的本征值不变。例如，

$$\begin{aligned}L_z(L_+|\alpha\beta\rangle)&=(L_+L_z+\hbar L_+)|\alpha\beta\rangle\\&=(L_+\beta+\hbar L_+)|\alpha\beta\rangle\\&=(\beta+\hbar)(L_+|\alpha\beta\rangle)\end{aligned} \tag{12.5.6}$$

① 如果你已经忘记了后者，建议您此时重温一下。

和

$$L^2L_+|\alpha\beta\rangle = L_+L^2|\alpha\beta\rangle = \alpha L_+|\alpha\beta\rangle \tag{12.5.7}$$

从 (12.5.6) 和 (12.5.7) 式易见，$L_+|\alpha\beta\rangle$ 正比于归一化的本征矢 $|\alpha, \beta+\hbar\rangle$：

$$L_+|\alpha\beta\rangle = \mathrm{C}_+(\alpha,\beta)\,|\alpha,\beta+\hbar\rangle \tag{12.5.8a}$$

类似可以证明

$$L_-|\alpha\beta\rangle = \mathrm{C}_-(\alpha,\beta)\,|\alpha,\beta-\hbar\rangle \tag{12.5.8b}$$

$L_\pm$ 的存在意味着，给定一个本征态 $|\alpha\beta\rangle$，则还存在本征态 $|\alpha,\beta+\hbar\rangle, |\alpha,\beta+2\hbar\rangle,\cdots$ 和 $|\alpha,\beta-\hbar\rangle, |\alpha,\beta-2\hbar\rangle,\cdots$。很明显，这会遇到麻烦，因为经典的直觉告诉我们，对于一个给定的总角动量的平方值，角动量的 z 分量不可能取任意大的正值或负值。事实上，在经典中，$|l_z| \leqslant (l^2)^{1/2}$。

而在量子力学中，我们有

$$\langle\alpha\beta|L^2 - L_z^2|\alpha\beta\rangle = \langle\alpha\beta|L_x^2 + L_y^2|\alpha\beta\rangle \tag{12.5.9}$$

它意味着（因为 $L_x^2 + L_y^2$ 是正定的）

$$\alpha - \beta^2 \geqslant 0$$

或

$$\alpha \geqslant \beta^2 \tag{12.5.10}$$

由于 β^2 是受 α 约束的，所以一定存在一个不可能再升高的态 $|\alpha\beta_{\max}\rangle$：

$$L_+|\alpha\beta_{\max}\rangle = 0 \tag{12.5.11}$$

用 L_- 作用，并利用 $L_-L_+ = L^2 - L_z^2 - \hbar L_z$，我们求得

$$\begin{aligned}(L^2 - L_z^2 - \hbar L_z)|\alpha\beta_{\max}\rangle &= 0\\ (\alpha - \beta_{\max}^2 - \hbar\beta_{\max})|\alpha\beta_{\max}\rangle &= 0\\ \alpha &= \beta_{\max}(\beta_{\max}+\hbar)\end{aligned} \tag{12.5.12}$$

从 $|\alpha\beta_{\max}\rangle$ 出发，让我们用 L_- 作用 k 次，直到我们达到 $|\alpha\beta_{\min}\rangle$ 态，它不可能在不违反不等式 (12.5.10) 式的情况下进一步降低：

$$\begin{aligned}L_-|\alpha\beta_{\min}\rangle &= 0\\ L_+L_-|\alpha\beta_{\min}\rangle &= 0\\ (L^2 - L_z^2 + \hbar L_z)|\alpha\beta_{\min}\rangle &= 0\\ \alpha &= \beta_{\min}(\beta_{\min}-\hbar)\end{aligned} \tag{12.5.13}$$

(12.5.12) 和 (12.5.13) 式的比较表明（正如预期）

$$\beta_{\min} = -\beta_{\max} \tag{12.5.14}$$

由于我们从 $|\alpha\beta_{\max}\rangle$ 经过每步为 $\hbar$ 的 k 步得到 $|\alpha\beta_{\min}\rangle$ 态，由此得到

$$\beta_{\max} - \beta_{\min} = 2\beta_{\max} = \hbar k$$

$$\beta_{\max} = \frac{\hbar k}{2}, \quad k = 0, 1, 2, \cdots \tag{12.5.15a}$$

$$\alpha = \beta_{\max}(\beta_{\max} + \hbar) = \hbar^2 \frac{k}{2}\left(\frac{k}{2} + 1\right) \tag{12.5.15b}$$

我们将 $k/2 = \beta_{\max}/\hbar$ 称为该态的角动量。请注意，与经典物理学不同，$\beta_{\max}^2$ 小于该角动量大小的平方 α，除非 $\alpha = \beta_{\max} = 0$，即处于零角动量的状态。

现在让我们来看看表 12.1 中列出的几个低角动量状态。

表 12.1 几个低角动量状态

（角动量） $k/2$	$\beta_{\max}$	α	$\lvert\alpha\beta\rangle$
0	0	0	$\lvert 0, 0\rangle$
1/2	$\hbar/2$	$(1/2)(3/2)\hbar^2$	$\lvert(3/4)\hbar^2, \hbar/2\rangle$
			$\lvert(3/4)\hbar^2, -\hbar/2\rangle$
1	$\hbar$	$(1)(2)\hbar^2$	$\lvert 2\hbar^2, \hbar\rangle$
			$\lvert 2\hbar^2, 0\rangle$
			$\lvert 2\hbar^2, -\hbar\rangle$
3/2			
$\cdots$	$\cdots$	$\cdots$	$\cdots$

在这一点上，精明的读者会提出以下反对意见。

精明的读者：对于奇数的 k 的结果，我感到很困惑。你似乎发现 L_z 可以取半整数的本征值（以 $\hbar$ 为单位）。但你刚刚在第 12.3 节使我们相信，L_z 只有整数本征值 m（以 $\hbar$ 为单位）。什么地方出错了？

作者：没有地方出错，但你的观点是正确的。额外的（半整数）本征值的出现是因为我们解了一个比 L_x，L_y，L_z 和 L^2 更一般的问题（尽管我们并没有这个打算）。请注意，在这个推导中，我们在任何地方都没有使用各个 L 的显式表达式 [(12.4.1) 式]，特别是 $L_z \to -\mathrm{i}\hbar\partial/\partial\phi$。（如果我们这样做了，正如你所期望的，我们将只得到整数本征值。）我们只依赖对易关系 $\boldsymbol{L} \times \boldsymbol{L} = \mathrm{i}\hbar\boldsymbol{L}$。现在，这些对易关系

反映了三维无穷小转动的组合，它们必须由三个转动的生成元来满足，而不管它们所转动的波函数的性质。到目前为止，我们只考虑标量波函数 $\psi(x,y,z)$，它为每个点赋予一个复数（标量）。现在，自然界中可能存在其波函数更复杂的粒子，比如一个矢量场 $\boldsymbol{\Psi}(x,y,z)=\psi_x(x,y,z)\boldsymbol{i}+\psi_y(x,y,z)\boldsymbol{j}+\psi_z(x,y,z)\boldsymbol{k}$，这种波函数对转动的反应更为复杂。在标量情况下，转动 $\delta\boldsymbol{\theta}$ 角的效果是取赋予每个点 (x,y,z) 的数并将其重新分配给旋转后的点 (x',y',z')。而在矢量情况下，(x,y,z) 处的矢量：(i) 本身必须转 $\delta\boldsymbol{\theta}$ 角，(ii) 然后重新赋值于 (x',y',z')。（图 12.1 中给出了二维的一个简单例子。）微分算符 L_x，L_y 和 L_z 只完成了第 (ii) 部分，而不实施第 (i) 部分，这必须由 3×3 矩阵 S_x，S_y 和 S_z 完成，该矩阵重新组合 $\boldsymbol{\Psi}$ 的分量 ψ_x，ψ_y，ψ_z。在这种情况下，无穷小转动的生成元将具有下列形式

$$J_i=L_i+S_i$$

其中 L_i 完成了第 (ii) 部分，而 S_i 完成了第 (i) 部分（具体例子见习题 12.5.1）。人们称 L_i 为*轨道角动量*，S_i 为*自旋角动量*（或简称为自旋），而 J_i 为*总角动量*。我们还不知道 J_i 或 S_i 在这些一般情况下是什么样子，但我们确实知道这一点：这些 J_i 或 S_i 都必须遵守与 L_i 相同的对易关系，因为对易关系反映了转动的组合律，必须由生成元的任意三个分量服从（自洽性条件），无论它们所转动的波函数的性质如何。所以，总的来说我们有

$$\boldsymbol{J}\times\boldsymbol{J}=\mathrm{i}\hbar\boldsymbol{J}\tag{12.5.16}$$

其中 $\boldsymbol{L}$ 是一种特殊情况，那时波函数是标量。所以我们刚刚从对易关系出发得到的结果，适用于任意 $\boldsymbol{J}$ 的问题，而不仅仅适用于 $\boldsymbol{L}$。因此，前面所提出的问题的答案是，与 L_z 不同，J_z 不仅限于具有整数的本征值。但分析告诉我们，我们对自旋所知甚少，如果对易关系被满足，S_z 可能只有整数或半整数本征值。当然，我们的分析并不意味着一定存在带有整数或半整数自旋的粒子，而只是揭示了波函数可能的多样性。但一句古老的格言——如果有什么事可能会发生的话，它就会发生——在这里还是正确的，自然界确实提供给我们有自旋的粒子，即其波函数比标量更复杂的粒子。在关于自旋的第 14 章中我们将会研究它们。

习题 12.5.1* 考虑一个二维矢量场 $\boldsymbol{\Psi}(x,y)$。由图 12.1 可知，在一个无穷小转动 $\varepsilon_z\boldsymbol{k}$ 下，

$$\begin{aligned}\psi_x\to\psi'_x(x,y)&=\psi_x(x+y\varepsilon_z,y-x\varepsilon_z)-\psi_y(x+y\varepsilon_z,y-x\varepsilon_z)\varepsilon_z\\ \psi_y\to\psi'_y(x,y)&=\psi_x(x+y\varepsilon_z,y-x\varepsilon_z)\varepsilon_z+\psi_y(x+y\varepsilon_z,y-x\varepsilon_z)\end{aligned}$$

证明（到 ε_z 阶）

$$\begin{pmatrix}\psi'_x\\\psi'_y\end{pmatrix}=\left[\begin{pmatrix}1&0\\0&1\end{pmatrix}-\frac{\mathrm{i}\varepsilon_z}{\hbar}\begin{pmatrix}L_z&0\\0&L_z\end{pmatrix}-\frac{\mathrm{i}\varepsilon_z}{\hbar}\begin{pmatrix}0&-\mathrm{i}\hbar\\\mathrm{i}\hbar&0\end{pmatrix}\right]\begin{pmatrix}\psi_x\\\psi_y\end{pmatrix}$$

所以

$$J_z=L_z^{(1)}\otimes I^{(2)}+I^{(1)}\otimes S_z^{(2)}=L_z+S_z$$

其中 $I^{(2)}$ 是相对于该矢量分量的 2×2 单位矩阵，$I^{(1)}$ 是关于 $\boldsymbol{\Psi}(x,y)$ 的宗量 (x,y) 的单位算符。这个例子只演示了如果波函数不是标量，那么 $J_z=L_z+S_z$ 的事实。当我们在后面的一章中考虑自旋时，将提供半整数本征值的一个例子。（在本例中，S_z 具有本征值 $\pm\hbar$。）

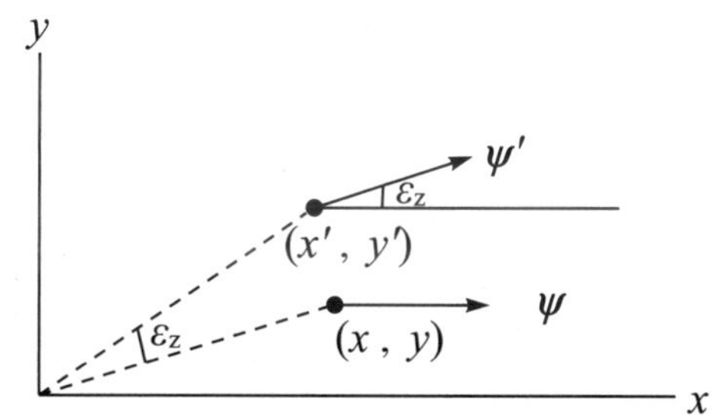

图 12.1　一个二维矢量 ψ 转动无穷小 ε_z 角的效应为：(1) 首先把它重新定位于转动后的点 (x',y')；(2) 然后把矢量本身转过一个无穷小的角。微分算符 L_z 实现第一部分，而 2×2 自旋矩阵 S_z 完成第二部分

让我们回到我们讨论的主线。为了强调结果的普遍性，我们将用 J 来表示它们，而不用 L，并且还将切换成更为常见的符号。下面是我们所发现的内容的总结。算符 J^2 和 J_z 的本征矢由下式给出

$$J^2|jm\rangle=j(j+1)\hbar^2|jm\rangle,\quad j=0,\,1/2,\,1,\,3/2,\cdots \tag{12.5.17a}$$

$$J_z|jm\rangle=m\hbar|jm\rangle,\quad m=j,\,j-1,\,j-2,\cdots,-j \tag{12.5.17b}$$

我们将 j 称为该态的角动量。注意上式的 m 可以取整数或半整数，它取决于 j。

我们最初打算求解的局限于 $\boldsymbol{J}=\boldsymbol{L}$ 问题的结果，包含在 (12.5.17) 式中：我们直接忽略了半整数 m 和 j 的态。为了提醒我们在这些情况下正在处理 $\boldsymbol{J}=\boldsymbol{L}$，我

们将把这些态用 $|lm\rangle$ 来标记。它们服从

$$L^2|lm\rangle = l\,(l+1)\hbar^2|lm\rangle, \quad l = 0,\, 1,\, 2,\, \cdots \tag{12.5.18a}$$

$$L_z|lm\rangle = m\hbar|lm\rangle, \quad m = l,\, l-1,\, \ldots,\, -l \tag{12.5.18b}$$

问题还没有被完全解决：我们只找到了本征值，而本征矢还没有被完全确定。（如在谐振子问题中，求得本征矢，意味着找到对应于已知对易关系的基本算符的矩阵。）让我们用 J 继续分析。如果用 $J_\pm$，j 和 m（而不是 $L_\pm$，α 和 β）重写 (12.5.8) 式，我们得到

$$J_\pm|jm\rangle = C_\pm(j,m)|j,m\pm 1\rangle \tag{12.5.19}$$

其中 $C_\pm(j,m)$ 尚待确定。现在让我们来确定它们。

如果取

$$J_+|jm\rangle = C_+(j,m)|j,m+1\rangle$$

的共轭，我们得到

$$\langle jm|J_- = C_+^*(j,m)\langle j,m+1|$$

令两式左边的内积等于右边的乘积，得到

$$\begin{aligned}\langle jm|J_-J_+|jm\rangle &= |C_+(j,m)|^2\langle j,m+1|j,m+1\rangle \\ &= |C_+(j,m)|^2 \\ \langle jm|J^2 - J_z^2 - \hbar J_z|jm\rangle &= |C_+(j,m)|^2\end{aligned}$$

或

$$\begin{aligned}|C_+(j,m)|^2 &= j(j+1)\hbar^2 - m^2\hbar^2 - m\hbar^2 \\ &= \hbar^2(j-m)(j+m+1)\end{aligned}$$

又或①

$$C_+(j,m) = \hbar[(j-m)(j+m+1)]^{1/2}$$

同样可以证明

$$C_-(j,m) = \hbar[(j+m)(j-m+1)]^{1/2}$$

因此最后得到

$$J_\pm|jm\rangle = \hbar[(j\mp m)(j\pm m+1)]^{1/2}|j,m\pm 1\rangle \tag{12.5.20}$$

请注意，当 $J_\pm$ 作用于 $|j,\pm j\rangle$ 时，它们湮灭了这个态，使得每个给定角动量 j 的一组态中只有 $2j+1$ 个态，它们的 J_z 具有本征值 $j\hbar,\,(j-1)\hbar,\,\cdots,-(j\hbar)$。

---

① 在 C_+ 前面可以有一个相因子。根据标准约定，我们将其取为 1。

(12.5.20) 式使我们的计算接近尾声，因为我们可以在此基础上写出 J_x 和 J_y 的矩阵元：

$$\begin{aligned}\langle j'm'|J_x|jm\rangle &= \langle j'm'|\,\frac{J_+ + J_-}{2}\,|jm\rangle \\ &= \frac{\hbar}{2}\left\{\delta_{jj'}\delta_{m',m+1}[(j-m)(j+m+1)]^{1/2}+\right. \\ &\qquad \left.\delta_{jj'}\delta_{m',m-1}[(j+m)(j-m+1)]^{1/2}\right\}\end{aligned} \tag{12.5.21a}$$

$$\begin{aligned}\langle j'm'|J_y|jm\rangle &= \langle j'm'|\frac{J_+ - J_-}{2\mathrm{i}}|jm\rangle \\ &= \frac{\hbar}{2\mathrm{i}}\left\{\delta_{jj'}\delta_{m',m+1}[(j-m)(j+m+1)]^{1/2}-\right. \\ &\qquad \left.\delta_{jj'}\delta_{m',m-1}[(j+m)(j-m+1)]^{1/2}\right\}\end{aligned} \tag{12.5.21b}$$

使用这些（或基于图像的助记符号“mnemonic”），我们可以写下 $|jm\rangle$ 基中对应于 J^2、J_z、J_x 和 J_y 的矩阵：①

$$J^2 \to \begin{array}{c} j'm'\backslash jm \\ (0,0) \\ (\frac{1}{2},\frac{1}{2}) \\ (\frac{1}{2},-\frac{1}{2}) \\ (1,1) \\ (1,0) \\ (1,-1) \\ \vdots \end{array} \begin{array}{c} \begin{array}{ccccccc} (0,0) & (\frac{1}{2},\frac{1}{2}) & (\frac{1}{2},-\frac{1}{2}) & (1,1) & (1,0) & (1,-1) & \cdots \end{array} \\ \begin{pmatrix} 0 & 0 & 0 & 0 & 0 & 0 & \cdots \\ 0 & \frac{3}{4}\hbar^2 & 0 & 0 & 0 & 0 & \\ 0 & 0 & \frac{3}{4}\hbar^2 & 0 & 0 & 0 & \\ 0 & 0 & 0 & 2\hbar^2 & 0 & 0 & \\ 0 & 0 & 0 & 0 & 2\hbar^2 & 0 & \\ 0 & 0 & 0 & 0 & 0 & 2\hbar^2 & \\ \vdots & & & & & & \ddots \end{pmatrix} \end{array} \tag{12.5.22}$$

J_z 也是对角的，其对角元为 $m\hbar$。

$$J_x \to \begin{pmatrix} 0 & 0 & 0 & 0 & 0 & 0 & \cdots \\ 0 & 0 & \hbar/2 & 0 & 0 & 0 & \\ 0 & \hbar/2 & 0 & 0 & 0 & 0 & \\ 0 & 0 & 0 & 0 & \hbar/2^{1/2} & 0 & \\ 0 & 0 & 0 & \hbar/2^{1/2} & 0 & \hbar/2^{1/2} & \\ 0 & 0 & 0 & 0 & \hbar/2^{1/2} & 0 & \\ \vdots & & & & & \ddots & \end{pmatrix} \tag{12.5.23}$$

① 量子数 j 和 m 不能完全标记一个态，它一般用 $|\alpha jm\rangle$ 标记。其中 α 表示其余的量。在下面的内容中，我们省掉了 α，但假设它在整个过程中是相同的。

$$
J_y \to \begin{pmatrix}
0 & 0 & 0 & 0 & 0 & 0 & \cdots \\
0 & 0 & -\mathrm{i}\hbar/2 & 0 & 0 & 0 & \\
0 & \mathrm{i}\hbar/2 & 0 & 0 & 0 & 0 & \\
0 & 0 & 0 & 0 & -\mathrm{i}\hbar/2^{1/2} & 0 & \\
0 & 0 & 0 & \mathrm{i}\hbar/2^{1/2} & 0 & -\mathrm{i}\hbar/2^{1/2} & \\
0 & 0 & 0 & 0 & \mathrm{i}\hbar/2^{1/2} & 0 & \\
\vdots & & & & & & \ddots
\end{pmatrix} \tag{12.5.24}
$$

请注意，虽然 J_x 和 J_y 在 $|jm\rangle$ 基下不是对角的，但它们是分块对角的：它们在 j 的一个值和另一个值之间没有矩阵元。这是因为 $J_\pm$（J_x 和 J_y 是用这两个算符构建的）作用于 $|jm\rangle$ 时不改变 j。由于所有的 J 都是分块对角的，所以当我们把它们相乘时，那些块不会混合。特别是当我们考虑诸如 $[J_x, J_y] = \mathrm{i}\hbar J_z$ 的对易关系时，它将在每个块内被满足。如果我们用 $J_i^{(j)}$ 表示 J_i 中与某个确定的 j 对应的 $(2j+1)\times(2j+1)$ 的块时，就有

$$
[J_x^{(j)}, J_y^{(j)}] = \mathrm{i}\hbar J_z^{(j)}, \qquad j = 0,\ \frac{1}{2},\ 1,\ \cdots \tag{12.5.25}
$$

习题 12.5.2

(1) 证明 2×2 矩阵 $J_x^{(1/2)}$，$J_y^{(1/2)}$ 和 $J_z^{(1/2)}$ 遵从对易关系 $[J_x^{(1/2)}, J_y^{(1/2)}] = \mathrm{i}\hbar J_z^{(1/2)}$。

(2) 对于 3×3 矩阵 $J_i^{(1)}$，证明同样的结果。

(3) 构建 4×4 矩阵，并证明

$$
[J_x^{(3/2)}, J_y^{(3/2)}] = \mathrm{i}\hbar J_z^{(3/2)}
$$

习题 12.5.3*

(1) 证明在同一个 $|jm\rangle$ 态上 $\langle J_x\rangle = \langle J_y\rangle = 0$。

(2) 证明在这些态上

$$
\langle J_x^2\rangle = \langle J_y^2\rangle = \frac{1}{2}\hbar^2[j(j+1) - m^2]
$$

（利用对称性论证建立起 $\langle J_x^2\rangle$ 和 $\langle J_y^2\rangle$ 的关系。）

(3) 从第 (2) 部分检验一下 $\Delta J_x \cdot \Delta J_y$ 满足由不确定原理所要求的不等式。

(4) 证明在 $|j, \pm j\rangle$ 态上，不确定性的约束最大。

有限转动[①]

现在我们有了转动生成元的显式矩阵 J_x、J_y 和 J_z，我们可以用指数 $(-\mathrm{i}\boldsymbol{\theta}\cdot\boldsymbol{J}/\hbar)$ 来构造表示 $U[R]$ 的矩阵。但说起来容易做起来难。矩阵 J_i 是无穷维的，将它们指数化实际上是不可能的。但情况并不像听起来那么糟糕，原因如下。首先请注意，既然 J_i 是分块对角的，那么线性组合 $\boldsymbol{\theta}\cdot\boldsymbol{J}$ 也应该是，因此其指数也是如此。于是，所有的转动算符 $U[R]$ 都将用分块对角的矩阵表示。已知 j 的 $(2j+1)$ 维的块用 $D^{(j)}[R]$ 表示。转动矩阵的分块对角形式意味着（回忆图像的助记符）由 $(2j+1)$ 个矢量 $|jj\rangle,\cdots,|j,-j\rangle$ 所张成的子空间 $\mathbb{V}_j$ 中的任一矢量 $|\psi_j\rangle$ 都会转换成空间 $\mathbb{V}_j$ 中的另一个元素 $|\psi_j'\rangle$。因此，要转动 $|\psi_j\rangle$，我们只需要矩阵 $D^{(j)}$。更一般地说，如果 $|\psi\rangle$ 只有 $\mathbb{V}_0,\mathbb{V}_1,\mathbb{V}_2,\cdots,\mathbb{V}_j$ 中的分量。我们只需要前 $(j+1)$ 个矩阵 $D^{(j)}$。使情况充满希望的是，在实践中，如果 j 很小，就有可能求出这些矩阵的值。让我们看看为什么会如此。考虑表示 $D^{(j)}$ 的级数：

$$D^{(j)}[R(\boldsymbol{\theta})]=\exp\left[-\frac{\mathrm{i}\boldsymbol{\theta}\cdot\boldsymbol{J}^{(j)}}{\hbar}\right]=\sum_0^{\infty}\left(\frac{-\mathrm{i}\theta}{\hbar}\right)^n(\hat{\boldsymbol{\theta}}\cdot\boldsymbol{J}^{(j)})^n\frac{1}{n!}$$

可以证明（习题 12.5.4），对于 $n>2j$，可以把 $(\hat{\boldsymbol{\theta}}\cdot\boldsymbol{J}^{(j)})^n$ 写成 $\hat{\boldsymbol{\theta}}\cdot\boldsymbol{J}^{(j)}$ 的前 $2j$ 次幂的线性组合。因此，表示 $D^{(j)}$ 的级数可被约化为

$$D^{(j)}=\sum_0^{2j}f_n(\theta)(\hat{\boldsymbol{\theta}}\cdot\boldsymbol{J}^{(j)})^n$$

实际上，对于适当的 j 值，可以用三角函数求得 $f_n(\theta)$ 的解析表达式，（见习题 12.5.5）。例如，

$$D^{(1/2)}[R]=\cos\left(\frac{\theta}{2}\right)-\frac{2\mathrm{i}}{\hbar}\,\hat{\boldsymbol{\theta}}\cdot\boldsymbol{J}^{(1/2)}\sin\left(\frac{\theta}{2}\right)$$

让我们回到子空间 $\mathbb{V}_j$。因为在任意转动下，它们变成自身，因此被称为不变子空间。不变性的物理含义是简单的：每个子空间都包含具有确定大小的角动量平方 $j(j+1)\hbar^2$ 的态，转动并不能将其改变。从形式上，因为 $[J^2,U[R]]=0$，所以 $U[R]$ 不能改变 J^2 的本征值。

不变子空间有另一个特征：它们是不可约的。这意味着该 $\mathbb{V}_j$ 本身不包含不变子空间。通过证明 $\mathbb{V}_j$ 的任一不变子空间 $\overline{\mathbb{V}}_j$ 都和 $\mathbb{V}_j$ 一样大，我们可以证明这一点。设 $|\psi\rangle$ 是 $\overline{\mathbb{V}}_j$ 的一个元素。既然我们还没有选择一个基，让我们选择一个这样的基，使 $|\psi\rangle$ 是其中一个基矢量，而且，它是基矢量 $|jj\rangle$，最多差一个归一化因子，这与下面的讨论无关。（假如我们已经选择了由算符 J_i 生成的一组基 $|jj\rangle,\cdots,|j,-j\rangle$ 会怎么样？考虑任何将 $|jj\rangle$ 转换为 $|\psi\rangle$ 的幺正变换 U，和一个由 $J_i'=UJ_iU^{\dagger}$ 定义的

---

① 这里以及习题 12.5.7 的内容，在初等的课程中可以略过。

算符 J_i' 的不同三重态。带撇的算符具有与 J_i 相同的对易关系，因而具有同样的本征值。其本征矢只不过是 $|jm\rangle' = U|jm\rangle$ 与 $|jj\rangle' = |\psi\rangle$。在下面的分析中，我们忽略掉所有的撇指标。）

让我们将无穷小转动 $\delta\boldsymbol{\theta}$ 作用于 $|\psi\rangle$。这给出

$$\begin{aligned}|\psi'\rangle &= U[R(\delta\boldsymbol{\theta})]|jj\rangle \\ &= [I - (\mathrm{i}/\hbar)(\delta\boldsymbol{\theta}\cdot\boldsymbol{J})]|jj\rangle \\ &= [I - (\mathrm{i}/2\hbar)(\delta\theta_+ J_- + \delta\theta_- J_+ + 2\delta\theta_z J_z)]|jj\rangle\end{aligned}$$

其中

$$\delta\theta_\pm = (\delta\theta_x \pm \mathrm{i}\delta\theta_y)$$

因为 $J_+|jj\rangle = 0$、$J_z|jj\rangle = j\hbar|jj\rangle$ 和 $J_-|jj\rangle = \hbar(2j)^{1/2}|j, j-1\rangle$ 我们求得

$$|\psi'\rangle = (1 - \mathrm{i}j\delta\theta_z)|jj\rangle - \frac{1}{2}\mathrm{i}(2j)^{1/2}\delta\theta_+|j, j-1\rangle$$

因为假定 $\overline{\mathbb{V}}_j$ 在任何转动下都是不变的，$|\psi'\rangle$ 也属于 $\overline{\mathbb{V}}_j$。从 $|\psi'\rangle$ 减去属于 $\overline{\mathbb{V}}_j$ 的 $(1 - \mathrm{i}j\delta\theta_z)|jj\rangle$，我们发现 $|j, j-1\rangle$ 也属于 $\overline{\mathbb{V}}_j$。通过考虑更多这样的转动，我们可以很容易地建立 $(2j+1)$ 个正交矢量，$|jj\rangle, |j, j-1\rangle, \cdots, |j, -j\rangle$ 都属于 $\overline{\mathbb{V}}_j$。这样，$\overline{\mathbb{V}}_j$ 具有与 $\mathbb{V}_j$ 相同的维数。所以 $\mathbb{V}_j$ 没有不变子空间（从技术的角度来说，$\mathbb{V}_j$ 是它自己的子空间，而且是不变的。在这里我们关注的是具有更小维数的子空间。）

$\mathbb{V}_j$ 的不可约性意味着我们不能通过改变 $\mathbb{V}_j$ 内的基，进一步使所有的 $D^{(j)}$ 分块对角化。我们证明假如这不是真的，那么会产生矛盾。假设它有可能使所有的 $D^{(j)}$ 分块对角化，比如，如下图所示：

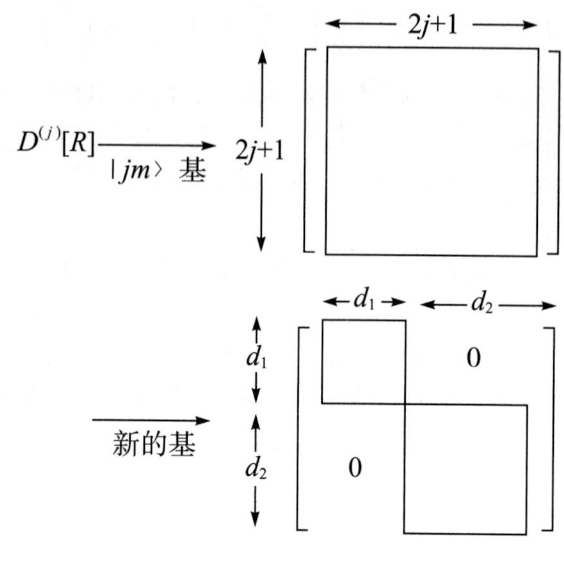

（方块区域一般非零）。因此，$\mathbb{V}_j$ 包含维数分别为 d_1 和 d_2 的两个不变子空间。（例如，任一前 d_1 个分量非零的矢量都将被转动为另一个这样的矢量。这样的矢量形成一个 d_1 维子空间。）我们已经看到这是不可能的。

表示转动算符 $U[R]$ 的分块对角矩阵被称为这些算符的不可约（矩阵）表示。对于一般彼此不对易的所有转动算符的集合，这种不可约的形式是最接近可被同时对角化的形式。所有这些都在下面的草图中给出了示意性的总结，其中方框的区域表示块 $D^{(0)}, D^{(1)}, \cdots$，非框区域均为零。

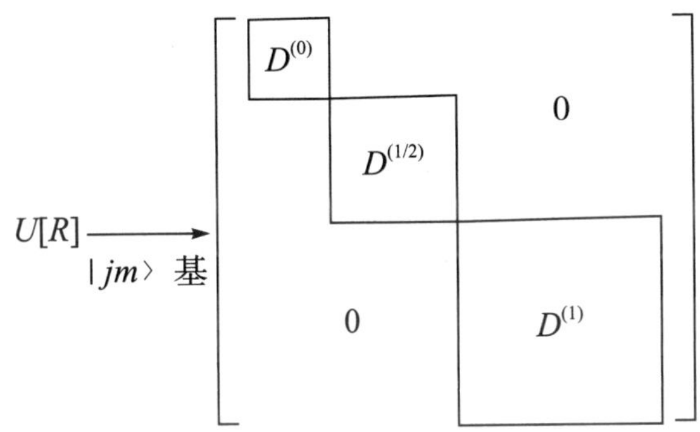

接下来在这个基下考虑一个表示转动不变哈密顿量的矩阵。由于 $[H, \boldsymbol{J}] = 0$，H 具有与 J^2 相同的形式，它也与所有生成元对易，即

(1) H 是对角的，因为 $[H, J^2] = 0$，$[H, J_z] = 0$。
(2) 在每个块内，H 具有相同的本征值 E_j，因为 $[H, J_\pm] = 0$。

从 (2) 中可知，$\mathbb{V}_j$ 是 H 的具有本征值 E_j 的本征空间。也就是说，在转动不变问题中，给定 j 的所有态都是简并的。尽管同样的结果在经典上是正确的，但简并性与转动不变性之间的关系在这两种情况下是不同的。经典上，如果已知两个态的角动量大小相同，但方向不同，我们认为它们是简并的，是因为

(1) 一个可以被转到另一个。
(2) 这种转动不会改变能量。

在量子力学中，给定 $\mathbb{V}_j$ 的两个元素，它们可以相互转动的结论并不总是正确的（习题 12.5.6）。然而，我们认为：

(1) 通过 $J_\pm$ 和 $U[R]$ 的组合作用（一般情况下）可从一个元素得到另一元素。
(2) 这些算符与 H 对易。

总之，转动不变性是在这两种情况下都简并的原因，但在量子情况下，简并态并不总是相互转动的版本（习题 12.5.6 和 12.5.7）。

习题 12.5.4*

(1) 论证 $J_x^{(j)}$ 和 $J_y^{(j)}$ 的本征值与 $J_z^{(j)}$ 的相同，即 $j\hbar, (j-1)\hbar, \cdots, (-j\hbar)$。把这个结果推广到 $\hat{\boldsymbol{\theta}} \cdot \boldsymbol{J}^{(j)}$。

(2) 证明

$$(J - j\hbar)[J - (j-1)\hbar][J - (j-2)\hbar] \cdots (J + j\hbar) = 0$$

其中 $J \equiv \hat{\boldsymbol{\theta}} \cdot \boldsymbol{J}^{(j)}$。（提示：在 $J = J_z$ 的情况下，当左右两边都作用于一个任意的本征右矢 $|jm\rangle$ 时，会发生什么？对这样的右矢的任意叠加态作用会如何呢？）

(3) 从 (2) 可以看出，J^{2j+1} 是 $J^0, J^1, \cdots, J^{2j}$ 的一个线性组合。论证同样的情况也适用于J^{2j+k}，$k = 1, 2, \cdots$。

习题 12.5.5（困难） 使用前面习题的结果和 (12.5.23) 式，证明

(1) $D^{(1/2)}[R] = \exp(-\mathrm{i}\hat{\boldsymbol{\theta}} \cdot \boldsymbol{J}^{(1/2)}/\hbar) = \cos(\theta/2)\, I^{(1/2)} - (2\mathrm{i}/\hbar)\sin(\theta/2)\,\hat{\boldsymbol{\theta}} \cdot \boldsymbol{J}^{(1/2)}$；

(2) $D^{(1)}[R] = \exp(-\mathrm{i}\theta_x J_x^{(1)}/\hbar) = (\cos\theta_x - 1)\left(J_x^{(1)}/\hbar\right)^2 - \mathrm{i}\sin\theta_x \left(J_x^{(1)}/\hbar\right) + I^{(1)}$。

习题 12.5.6 考虑一组态 $|jj\rangle, \cdots, |jm\rangle, \cdots, |j,-j\rangle$，人们称之为角动量大小相同但方向不同的态。如果从字面上理解这句话，即在经典意义上，人们就会相信转动这些态可能会使其相互转化，就像具有这些性质的经典态一样。比如，考虑一组态 $|1,1\rangle, |1,0\rangle, |1,-1\rangle$。例如，沿 z 轴具有零角动量的态 $|1,0\rangle$，可以通过 $|1,1\rangle$ 绕 x 轴转动某一合适的角度（$\pi/2$？）得到。使用上一个习题中第 (2) 部分的 $D^{(1)}[R(\theta_x \boldsymbol{i})]$，证明

$$|1,0\rangle \neq D^{(1)}[R(\theta_x \boldsymbol{i})]\,|1,1\rangle \quad \text{对于任一 } \theta_x$$

这个错误源于这样一个事实，即经典推理应该适用于 $\langle \boldsymbol{J} \rangle$，它像普通矢量一样对转动作出反应，而不是直接适用于希尔伯特空间中的矢量 $|jm\rangle$。通过显示 $\langle \boldsymbol{J} \rangle$ 在 $D^{(1)}[R(\theta_x \boldsymbol{i})]\,|1,1\rangle$ 态中是 $\hbar(-\sin\theta_x\, \boldsymbol{j} + \mathrm{i}\cos\theta_x\, \boldsymbol{k})$，验证 $\langle \boldsymbol{J} \rangle$ 对转动作出的反应类似于其经典对应。

不难看出为什么我们不能永远满足

$$|jm'\rangle = D^{(j)}[R]\,|jm\rangle$$

或更普遍地，对于归一化的态 $|\psi_j'\rangle$ 和 $|\psi_j\rangle$，以及任意选择的 R，都满足

$$|\psi_j'\rangle = D^{(j)}[R]\,|\psi_j\rangle$$

这些抽象方程意味着在 $|\psi_j'\rangle$ 和 $|\psi_j\rangle$ 的分量之间的 $(2j+1)$ 个线性、复杂关系不可能通过改变 R 来满足，后者只取决于 θ_x，θ_y 和 θ_z 三个参数。（当然，我们可以在 $\mathbb{V}_j$ 中找到一个幺正矩阵，它将 $|jm\rangle$ 变换成 $|jm'\rangle$ 或 $|\psi_j\rangle$ 变换成 $|\psi_j\rangle$，但它不会是对应于 $U[R]$ 的转动矩阵。）

习题 12.5.7（欧拉角） 比起用角度 $\boldsymbol{\theta}$ 来参数化任意转动，它描述了绕一个平行于 $\boldsymbol{\theta}$ 的轴的单个转动，我们可以用三个角度 γ，β 和 α，即所谓的欧拉角，来将其参数化，它定义了三个连续的转动

$$U[R(\alpha,\beta,\gamma)] = \mathrm{e}^{-\mathrm{i}\alpha J_z/\hbar}\,\mathrm{e}^{-\mathrm{i}\beta J_y/\hbar}\,\mathrm{e}^{-\mathrm{i}\gamma J_z/\hbar}$$

(1) 构建 $D^{(1)}[R(\alpha,\beta,\gamma)]$ 作为三个 3×3 矩阵乘积的显式表达式。（利用习题 12.5.5 的结果，以及 $J_x \to J_y$。）
(2) 让它作用在 $|1,1\rangle$ 上，并证明在求得的态上 $\langle \boldsymbol{J}\rangle$ 是

$$\langle \boldsymbol{J}\rangle = \hbar\,(\sin\beta\cos\alpha\,\boldsymbol{i} + \sin\beta\sin\alpha\,\boldsymbol{j} + \cos\beta\,\boldsymbol{k})$$

(3) 证明：没有任何 α、β 和 γ 可以把 $|1,1\rangle$ 只转成 $|1,0\rangle$ 态。
(4) 证明：人们总可以把任何 $|1,m\rangle$ 转动成一个包含 $|1,m'\rangle$ 的线性组合，即对于某些 α，β，γ，以及任何 m，m'，有

$$\langle 1,m'|D^{(1)}[R(\alpha,\beta,\gamma)]|1,m\rangle \neq 0$$

(5) 为了看到偶尔可以将 $|jm\rangle$ 转动成 $|jm'\rangle$ 态，请验证 $|1,1\rangle$ 态绕 y 轴转动 $180°$ 可变为 $|1,-1\rangle$ 态。

坐标基下角动量的本征函数

我们现在转向本节开头概述的步骤 (3)，即在已知右矢 $|lm\rangle$ 相关信息的情况下，在坐标基下构建 L^2 和 L_z 的本征函数。

考虑对应于一个给定 l 的态。“最顶端”的态 $|ll\rangle$ 满足

$$L_+|ll\rangle = 0 \tag{12.5.26}$$

如果我们在球坐标中写出算符 $L_\pm = L_x \pm \mathrm{i}L_y$，我们发现

$$L_\pm \xrightarrow[\text{坐标基}]{} \pm\hbar\,\mathrm{e}^{\pm\mathrm{i}\phi}\left(\frac{\partial}{\partial\theta} \pm \mathrm{i}\cot\theta\,\frac{\partial}{\partial\phi}\right) \tag{12.5.27}$$

习题 12.5.8（可选） 证明

$$L_x \xrightarrow[\text{坐标基}]{} \mathrm{i}\hbar\left(\sin\phi\frac{\partial}{\partial\theta} + \cos\phi\cot\theta\frac{\partial}{\partial\phi}\right)$$

$$L_y \xrightarrow[\text{坐标基}]{} \mathrm{i}\hbar\left(-\cos\phi\frac{\partial}{\partial\theta} + \sin\phi\cot\theta\frac{\partial}{\partial\phi}\right)$$

如果我们用 $\psi_l^l(r,\theta,\phi)$ 表示与 $|l\rangle$ 相对应的本征函数，我们发现，它满足

$$\left(\frac{\partial}{\partial\theta} + \mathrm{i}\cot\theta\frac{\partial}{\partial\phi}\right)\psi_l^l(r,\theta,\phi) = 0 \tag{12.5.28}$$

因为 ψ_l^l 是 L_z 的本征函数，其本征值为 $l\hbar$，设

$$\psi_l^l(r,\theta,\phi) = U_l^l(r,\ \theta)\,\mathrm{e}^{\mathrm{i}l\phi} \tag{12.5.29}$$

而且发现

$$\left(\frac{\partial}{\partial\theta} - l\cot\theta\right)U_l^l = 0 \tag{12.5.30}$$

$$\frac{\mathrm{d}U_l^l}{U_l^l} = l\frac{\mathrm{d}(\sin\theta)}{\sin\theta}$$

或

$$U_l^l(r,\theta) = R(r)(\sin\theta)^l \tag{12.5.31}$$

其中 $R(r)$ 是 r 的任一（可归一化）的函数。当我们处理转动不变哈密顿量的本征值问题时，我们如果寻求 H、L^2 和 L_z 的共同本征函数，将看到 H 会把 R 确定下来。但首先让我们就像在二维中研究 L_z 所做的那样，在没有径向坐标的情况下，引入具有唯一的、非简并解的函数：

$$\mathrm{Y}_l^l(\theta,\phi) = (-1)^l\left[\frac{(2l+1)!}{4\pi}\right]^{1/2}\frac{1}{2^l l!}(\sin\theta)^l\,\mathrm{e}^{\mathrm{i}l\phi} \tag{12.5.32}$$

相因子 $(-1)^l$ 反映了我们的惯例，而其他因子确保了

$$\int|\mathrm{Y}_l^l|^2\,\mathrm{d}\Omega \equiv \int_{-1}^{1}\int_0^{2\pi}|\mathrm{Y}_l^l|^2\,\mathrm{d}(\cos\theta)\,\mathrm{d}\phi = 1 \tag{12.5.33}$$

利用降算符，我们可以求得 Y_l^{l-1}。因为

$$
\begin{aligned}
L_-|ll\rangle &= \hbar[(l+l)(1)]^{1/2}|l,l-1\rangle = \hbar(2l)^{1/2}|l,l-1\rangle \\
\mathrm{Y}_l^{l-1}(\theta,\phi) &= \frac{1}{(2l)^{1/2}}\,\frac{(-1)}{\hbar}\left[\hbar\,\mathrm{e}^{-\mathrm{i}\phi}\left(\frac{\partial}{\partial\theta}-\mathrm{i}\cot\theta\,\frac{\partial}{\partial\phi}\right)\right]\mathrm{Y}_l^l
\end{aligned}
\tag{12.5.34}
$$

我们可以以这种方式继续保持下去，直到达到 Y_l^{-1}。对于 $m \geqslant 0$，结果为

$$
\begin{aligned}
\mathrm{Y}_l^m(\theta,\phi) = {}& (-1)^l\left[\frac{(2l+1)!}{4\pi}\right]^{1/2}\frac{1}{2^l l!}\left[\frac{(l+m)!}{(2l)!(l-m)!}\right]^{1/2}\mathrm{e}^{\mathrm{i}m\phi}(\sin\theta)^{-m}\times \\
& \frac{\mathrm{d}^{l-m}}{\mathrm{d}(\cos\theta)^{l-m}}(\sin\theta)^{2l}
\end{aligned}
\tag{12.5.35}
$$

对于 $m<0$，请见 (12.5.40) 式。这些函数被称为球谐函数，它们满足正交归一条件：

$$
\int \mathrm{Y}_l^{m^*}(\theta,\phi)\,\mathrm{Y}_{l'}^{m'}(\theta,\phi)\,\mathrm{d}\Omega = \delta_{ll'}\,\delta_{mm'}
$$

得到 Y_l^m 的另一种途径是在坐标基下直接求解 L^2 和 L_z 的本征值问题，在那里

$$
L^2 \to (-\hbar^2)\left(\frac{1}{\sin\theta}\frac{\partial}{\partial\theta}\sin\theta\frac{\partial}{\partial\theta}+\frac{1}{\sin^2\theta}\frac{\partial^2}{\partial\phi^2}\right)
\tag{12.5.36}
$$

并且有

$$
L_z \to -\mathrm{i}\hbar\frac{\partial}{\partial\phi}
$$

如果我们寻求形式为[①] $f(\theta)\,\mathrm{e}^{\mathrm{i}m\phi}$ 的共同本征函数，它在 $\theta=0$ 和 π 之间是正规的，我们会发现 L^2 具有形式为 $l(l+1)\hbar^2$（$l=0,1,2,\cdots$）的本征值，其中 $l \geqslant |m|$。Y_l^m 函数是相互正交的，因为它们是关于 θ 和 ϕ 的单值函数，为厄米算符 L^2 和 L_z 的非简并本征函数。

习题 12.5.9 证明 L^2 在下式意义上是厄米的

$$
\int \psi_1^*(L^2\psi_2)\,\mathrm{d}\Omega = \left[\int \psi_2^*(L^2\psi_1)\,\mathrm{d}\Omega\right]^*
$$

对于 L_z 也是如此，它对 θ 不敏感，相对于 ϕ 的积分来说是厄米的。

采用 r 相关的系数可以用 $\mathrm{Y}_l^m(\theta,\phi)$ 展开任何 $\psi(r,\theta,\phi)$ [请查阅 (10.1.20) 式的类似展开]：

$$
\psi(r,\theta,\phi) = \sum_{l=0}^{\infty}\sum_{m=-l}^{l} C_l^m(r)\,\mathrm{Y}_l^m(\theta,\phi)
\tag{12.5.37a}
$$

① 我们忽略函数 $R(r)$，可以将其视为旁观者。

其中

$$C_l^m(r)=\int \mathrm{Y}_l^{m^*}(\theta,\phi)\,\psi(r,\theta,\phi)\,\mathrm{d}\Omega \tag{12.5.37b}$$

如果我们计算 $\langle\psi|L^2|\psi\rangle$，并将结果解释为加权平均值，我们可以很容易地看到（假设 ψ 已被归一化）

$$P(L^2=l(l+1)\hbar^2, L_z=m\hbar)=\int_0^\infty |C_l^m(r)|^2 r^2\,\mathrm{d}r \tag{12.5.38}$$

从上面可以清楚地看出，C_l^m 是找到处在径向距离 r 并具有角动量 (l,m) 的粒子的振幅①。展开式 (12.5.37a) 告诉我们（原则上）如何把 $\psi(r,\theta,\phi)$ 转动一个任意的角度 $\boldsymbol{\theta}$：

(1) 构建分块对角矩阵 $\exp(-\mathrm{i}\boldsymbol{\theta}\cdot\boldsymbol{L}^{(l)}/\hbar)$。

(2) 每个块把 C_l^m 转动成彼此的线性组合，即在 $U[R]$ 的作用下，系数 $C_l^m(r)$，$m=l,l-1,\cdots,-l$，将被 $D_{m'm}^{(l)}$ 彼此混合在一起。

实际上，只有当 ψ 包含 l 值很小的 Y_l^m 时，人们才能显式地执行这些步骤。一个具体的例子将出现在后面的一个习题中。

下面是前几个 Y_l^m 函数：

$$\begin{aligned}
\mathrm{Y}_0^0&=(4\pi)^{-1/2}\\
\mathrm{Y}_1^{\pm1}&=\mp(3/8\pi)^{1/2}\sin\,\theta\,\mathrm{e}^{\pm\mathrm{i}\phi}\\
\mathrm{Y}_1^0&=(3/4\pi)^{1/2}\cos\theta\\
\mathrm{Y}_2^{\pm2}&=(15/32\pi)^{1/2}\sin^2\theta\,\mathrm{e}^{\pm2\mathrm{i}\phi}\\
\mathrm{Y}_2^{\pm1}&=\mp(15/8\pi)^{1/2}\sin\theta\cos\theta\,\mathrm{e}^{\pm\mathrm{i}\phi}\\
\mathrm{Y}_2^0&=(5/16\pi)^{1/2}(3\cos^2\theta-1)
\end{aligned} \tag{12.5.39}$$

请注意

$$\mathrm{Y}_l^{-m}=(-1)^m(\mathrm{Y}_l^m)^* \tag{12.5.40}$$

与球谐函数密切相关的是缔合勒让德多项式（associated Legendre polynomials）P_l^m，其中 $0\leqslant m\leqslant l$，其定义为

$$\mathrm{Y}_l^m(\theta,\phi)=\left[\frac{(2l+1)(l-m)!}{4\pi(l+m)!}\right]^{1/2}(-1)^m\mathrm{e}^{\mathrm{i}m\phi}\mathrm{P}_l^m(\cos\theta) \tag{12.5.41}$$

如果 $m=0$，$\mathrm{P}_l^0(\cos\theta)\equiv\mathrm{P}_l(\cos\theta)$ 则被称为勒让德多项式。②

① 请注意，r 只是算符 $(X^2+Y^2+Z^2)^{1/2}$ 的本征值，该算符与 L^2 和 L_z 对易。

② 译者注：此处略有改动。

Y_l^m **函数的形状** 对于大的 l，函数 $|Y_l^m|$ 显示了许多经典特征。例如，$|Y_l^l| \propto |\sin^l\theta|$，几乎完全局限于 $x-y$ 平面，正如人们所期望的，一个经典粒子所有角动量的方向均沿着 z 轴。同样，对于大的 l，$|Y_l^0|$ 几乎完全限于 z 轴。这些函数的极坐标图可以在许多教科书中找到。

习题 12.5.10 利用 (12.5.36) 式给出的 L^2 算符，在坐标基下写出对应于

$$L^2|\alpha\beta\rangle = \alpha|\alpha\beta\rangle$$

的微分方程。我们已经从 $-\mathrm{i}\hbar(\partial/\partial\phi)$ 的分析中知道 $\beta = m\hbar$。因此假设共同本征函数具有下列形式

$$\psi_{\alpha m}(\theta,\phi) = \mathrm{P}_\alpha^m(\theta)\,\mathrm{e}^{\mathrm{i}m\phi}$$

并证明 P_α^m 满足方程

$$\left(\frac{1}{\sin\theta}\frac{\partial}{\partial\theta}\sin\theta\frac{\partial}{\partial\theta} + \frac{\alpha}{\hbar^2} - \frac{m^2}{\sin^2\theta}\right)\mathrm{P}_\alpha^m(\theta) = 0$$

我们需要证明：

(1) $\alpha/\hbar^2 = l(l+1)$，其中 $l = 0,1,2,\cdots$。

(2) $|m| \leqslant l$。

我们将只考虑第 (1) 部分，它也是 $m=0$ 的情况。通过用 $u=\cos\theta$ 改写这个方程，证明 P_α^0 满足

$$(1-u^2)\frac{\mathrm{d}^2\mathrm{P}_\alpha^0}{\mathrm{d}u^2} - 2u\frac{\mathrm{dP}_\alpha^0}{\mathrm{d}u} + \left(\frac{\alpha}{\hbar^2}\right)\mathrm{P}_\alpha^0 = 0$$

让自己确信幂级数解

$$\mathrm{P}_\alpha^0 = \sum_{n=0}^{x}\mathrm{C}_n u^n$$

会导致一个两项的递推关系。证明当 $n\to\infty$ 时，$(\mathrm{C}_{n+2}/\mathrm{C}_n)\to 1$。因此，当 $|u|\to 1$（$\theta\to 0$ 或 π）时级数发散。证明，如果 $a/\hbar^2 = (l)(l+1)$，$l = 0,1,2,\cdots$，则该级数将中断，并成为 u 的偶函数或奇函数。函数 $\mathrm{P}_\alpha^0(u) = \mathrm{P}_{l(l+1)\hbar^2}^0(u) \equiv \mathrm{P}_l^0(u) \equiv \mathrm{P}_l(u)$ 正是勒让德多项式，至多差一个标度因子。确定 P_0，P_1 和 P_2，并将它们（忽略整体标度）与 Y_l^0 函数比较。

习题 12.5.11 从 (12.5.28) 式出发导出 Y_1^1 并将其归一化。[记住 (12.5.32) 式中的 $(-1)^l$ 因子。] 将其降到 Y_1^0 和 Y_1^{-1}，并与 (12.5.39) 式比较。

习题 12.5.12* 由于 L^2 和 L_z 与 Π 对易，所以它们应该与其共享一个基。验证在宇称变换下，$\mathrm{Y}_1^m \to (-1)^l\,\mathrm{Y}_l^m$。（首先证明在宇称变化下 $\theta \to \pi-\theta$，$\phi \to \phi+\pi$。证明对于 Y_l^l，该结果成立。验证 L_- 不改变宇称，从而证明该结果适用所有的 Y_l^m。）

习题 12.5.13* 考虑粒子处于由下式所描述的态

$$\psi = N(x+y+2z)\,\mathrm{e}^{-\alpha r}$$

其中 N 是归一化因子。

(1) 用 x，y，z 和 r 改写函数 $\mathrm{Y}_1^{\pm1,0}$，

$$\begin{aligned}\mathrm{Y}_1^{\pm1} &= \mp\left(\frac{3}{4\pi}\right)^{1/2}\frac{x\pm \mathrm{i}y}{\sqrt{2}r}\\ \mathrm{Y}_1^{0} &= \left(\frac{3}{4\pi}\right)^{1/2}\frac{z}{r}\end{aligned} \tag{12.5.42}$$

(2) 利用这个结果证明，对于上述用 ψ 描述的粒子，$P(l_z=0)=2/3$，$P(l_z=+\hbar)=1/6=P(l_z=-\hbar)$。

习题 12.5.14 考虑一个转动 $\theta_x \boldsymbol{i}$。在其作用下

$$\begin{aligned}x &\to x\\ y &\to y\cos\theta_x - z\sin\theta_x\\ z &\to z\cos\theta_x + y\sin\theta_x\end{aligned}$$

因此，我们一定有

$$\psi(x,y,z) \xrightarrow[U[R(\theta_x \boldsymbol{i})]]{} \psi_R = \psi(x, y\cos\theta_x + z\sin\theta_x, z\cos\theta_x - y\sin\theta_x)$$

对下列特殊情况验证这个预言

$$\psi = Az\,\mathrm{e}^{-r^2/a^2}$$

它一定会变成

$$\psi_R = A(z\cos\theta_x - y\sin\theta_x)\,\mathrm{e}^{-r^2/a^2}$$

(1) 把 ψ 用 Y_1^1、Y_1^0、Y_1^{-1} 展开。

(2) 使用矩阵 $\mathrm{e}^{-\mathrm{i}\theta_x L_x/h}$ 找到 ψ 在这个转动下的变换结果（请见习题 12.5.5）。验证这个结果与上述预期相反。[提示：(1) $\psi \sim \mathrm{Y}_1^0$ 对应于

$$\begin{pmatrix} 0 \\ 1 \\ 0 \end{pmatrix}$$

(2) 利用 (12.5.42) 式。]

12.6 转动不变问题的解

我们现在考虑一类具有实际意义的问题：$V(r,\theta,\phi) = V(r)$ 问题。球坐标下薛定谔方程变为

$$\begin{aligned}&\left[-\frac{\hbar}{2\mu}\left(\frac{1}{r^2}\frac{\partial}{\partial r}r^2\frac{\partial}{\partial r}+\frac{1}{r^2\sin\theta}\frac{\partial}{\partial\theta}\sin\theta\frac{\partial}{\partial\theta}+\frac{1}{r^2\sin^2\theta}\frac{\partial^2}{\partial\phi^2}\right)+V(r)\right]\psi_E(r,\theta,\phi)\\&=E\,\psi_E(r,\theta,\phi)\end{aligned} \tag{12.6.1}$$

对于一个球对称势来说，由于 $[H,\boldsymbol{L}]=0$，所以我们寻求 H，L^2 和 L_z 的共同本征函数：

$$\psi_{Elm}(r,\theta,\phi) = R_{Elm}(r)\,\mathrm{Y}_l^m(\theta,\phi) \tag{12.6.2}$$

代入这种形式时，要记住 ∇^2 的角度部分只不过是坐标基中的算符 L^2 [最多差一个因子 $1/(2\mu\hbar^2 r^2)$，参见 (12.5.36) 式]。我们得到了径向方程

$$\left\{-\frac{\hbar^2}{2\mu}\left[\frac{1}{r^2}\frac{\mathrm{d}}{\mathrm{d}r}r^2\frac{\mathrm{d}}{\mathrm{d}r}-\frac{l(l+1)}{r^2}\right]+V(r)\right\}R_{El} = ER_{El} \tag{12.6.3}$$

请注意，下标 m 已被略去——能量和径向函数都与其无关。正如前面预期的那样，我们发现了 H 的 $(2l+1)$ 重简并性。

习题 12.6.1* 一个粒子由下列波函数描述

$$\psi_E(r,\theta,\phi) = A\,\mathrm{e}^{-r/a_0} \qquad (a_0 = \text{常数})$$

(1) 该态的角动量是什么？

(2) 假设 ψ_E 是在 $r\to\infty$ 时为零的势中的一个本征态，求 E。（与薛定谔方程中的领头阶匹配。）

(3) 求得 E 之后，考虑有限的 r 并求出 $V(r)$。

在这里，引入一个如下定义的辅助函数 U_{El} 会很有帮助

$$R_{El}=U_{El}/r \tag{12.6.4}$$

它满足方程

$$\left\{\frac{\mathrm{d}^2}{\mathrm{d}r^2}+\frac{2\mu}{\hbar^2}\left[E-V(r)-\frac{l(l+1)\hbar^2}{2\mu r^2}\right]\right\}U_{El}=0 \tag{12.6.5}$$

习题 12.6.2* 给出联系 (12.6.3) 式与 (12.6.5) 式的步骤。

除了如下不同之处外，该方程与一维薛定谔方程相同：

(1) 自变量 r 从 0 到 ∞，而不是从 $-\infty$ 到 ∞。

(2) 在除 $l=0$ 之外所有的态上，除了实际的势 $V(r)$ 外，还有排斥的离心势垒 $l(l+1)\hbar^2/2\mu r^2$。

(3) U 的边界条件不同于一维情况。把 (12.6.5) 式重新写成一个本征值方程

$$\left[-\frac{\hbar^2}{2\mu}\frac{\mathrm{d}^2}{\mathrm{d}r^2}+V(r)+\frac{l(l+1)\hbar^2}{2\mu r^2}\right]U_{El}\equiv D_l(r)\,U_{El}=E\,U_{El} \tag{12.6.6}$$

并要求这些 U_{El} 函数使 D_l 相对于它们是厄米的，据此我们来找到这些边界条件。换句话说，如果 U_1 和 U_2 是两个这样的函数，那么我们要求

$$\int_0^\infty U_1^*(D_lU_2)\,\mathrm{d}r=\left[\int_0^\infty U_2^*(D_lU_1)\,\mathrm{d}r\right]^*\equiv\int_0^\infty(D_lU_1)^*U_2\,\mathrm{d}r \tag{12.6.7a}$$

这约化为要求

$$\left.\left(U_1^*\frac{\mathrm{d}U_2}{\mathrm{d}r}-U_2\frac{\mathrm{d}U_1^*}{\mathrm{d}r}\right)\right|_0^\infty=0 \tag{12.6.7b}$$

习题 12.6.3 证明 (12.6.7b) 可以从 (12.6.7a) 导出。

现在，可以将

$$\int_0^\infty|R_{El}|^2r^2\mathrm{d}r=\int_0^\infty|U_{El}|^2\mathrm{d}r$$

归一化为 1 或狄拉克 δ 函数的必要条件是

$$U_{El}\xrightarrow[r\to\infty]{}0 \tag{12.6.8a}$$

或

$$U_{El}\xrightarrow[r\to\infty]{}\mathrm{e}^{\mathrm{i}kr} \tag{12.6.8b}$$

第一个条件对应于束缚态，第二个对应于非束缚态。任何一种情况下，(12.6.7b) 式的括号中的表达式，在上限处为零[①]。D_l 的厄米性取决于是否满足

$$\left[U_1^*\frac{\mathrm{d}U_2}{\mathrm{d}r}-U_2\frac{\mathrm{d}U_1^*}{\mathrm{d}r}\right]_0=0 \tag{12.6.9}$$

现在，如果

$$U \xrightarrow[r\to 0]{} \mathrm{c}，\quad \mathrm{c}=常数 \tag{12.6.10}$$

这个条件将被满足。如果 c 不为零，则

$$R\sim\frac{U}{r}\sim\frac{\mathrm{c}}{r}$$

在原点发散。这本身并非不合理，因为 R 仍然是平方可积的。$\mathrm{c}\neq 0$ 情况下的问题是相应的总波函数[②]

$$\psi\sim\frac{\mathrm{c}}{r}Y_0^0$$

在原点并不满足薛定谔方程。这是因为关系式

$$\nabla^2(1/r)=-4\pi\,\delta^3(\boldsymbol{r}) \tag{12.6.11}$$

习题 12.6.4 中提到了该式的证明。因此，除非 $V(r)$ 包含一个位于原点的 δ 函数（我们假设它不是这样的），$\mathrm{c}\neq 0$ 的选择是不可用的。因此我们导出

$$U_{El} \xrightarrow[r\to 0]{} 0 \tag{12.6.12}$$

习题 12.6.4*

(1)（考虑一个试探函数）证明

$$\delta^3(\boldsymbol{r}-\boldsymbol{r}')\equiv\delta(x-x')\delta(y-y')\delta(z-z')=\frac{1}{r^2\sin\theta}\delta(r-r')\delta(\theta-\theta')\delta(\phi-\phi')$$

(2) 证明

$$\nabla^2(1/r)=-4\pi\delta^3(\boldsymbol{r})$$

［提示：先证明若 $r\neq 0$，则 $\nabla^2(1/r)=0$。为了看到在 $r=0$ 时发生什么，考虑一个其中心位于原点的小球并利用高斯定律，证明恒等式 $\nabla^2\phi=\boldsymbol{\nabla}\cdot\boldsymbol{\nabla}\phi$。］[③]

① 对于振荡的情况，我们必须利用第 1.10 节中描述的极限方案。

② 正如我们马上将要看到的，$l\neq 0$ 与 $r\to 0$ 时 $\psi(\boldsymbol{r})\to r^{-1}$ 的要求不兼容。因此 ψ 角度相关的部分必须是 $Y_0^0=(4\pi)^{-1/2}$。

③ 或将此方程与静电学中的泊松方程 $\nabla^2\phi=-4\pi\rho$ 进行比较。这里 $\rho=\delta^3(\boldsymbol{r})$，它表示位于原点的单位点电荷。在这种情况下，我们从库仑定律中得知 $\phi=1/r$。

U_{El} 的一般性质

我们已经讨论了当 $r \to 0$ 或 ∞ 时 U_{El} 的一些性质。接下来将试图通过分析在这些极限下控制 U_{El} 的方程来进一步提取关于 U_{El} 的更多信息，而不对 $V(r)$ 作出详细的假设。先考虑 $r \to 0$ 的极限。假设 $V(r)$ 的奇异性小于 r^{-2}，则方程由离心势垒所主导：

$$U_l'' \simeq \frac{l(l+1)}{r^2} U_l \tag{12.6.13}$$

我们略去了下标 E，因为 E 在这个极限下变得无关紧要。如果我们尝试一个以下形式的解

$$U_l \sim r^{\alpha}$$

我们发现

$$\alpha(\alpha - 1) = l(l+1)$$

或

$$\alpha = l + 1 \text{ 或 } (-l)$$

以及

$$U_l \sim \begin{cases} r^{l+1} & \text{（正则解）} \\ r^{-l} & \text{（非正则解）} \end{cases} \tag{12.6.14}$$

我们丢弃非正则解，因为它不符合边界条件 $U(0) = 0$。正则解在原点附近的行为符合我们的期望，即随着角动量的增加，粒子应该越来越远离原点。

上述论点仅当 $l \neq 0$ 时是正确的。如果 $l = 0$，离心势垒不存在，答案可能对势很敏感。在我们将要考虑的问题中，$l = 0$ 情况下 $U_l = 0$ 的行为也会表现为 r^{l+1}。虽然当 $r \to 0$ 时 $U_0(r) \to 0$，但请注意粒子在 $l = 0$ 的态下在原点有非零振幅，因为在 $r = 0$ 处 $R_0(r) = U_0(r)/r \neq 0$。

现在考虑 $r \to \infty$ 时 U_{El} 的行为。如果 $r \to \infty$ 时 $V(r)$ 不为零，它将支配得到的结果［正如各向同性谐振子的情况，对于这种情况，有 $V(r) \propto r^2$］，我们一般说不出任何结论。所以让我们考虑 $r \to \infty$ 时 $rV(r) \to 0$ 的情况。在 r 很大时，方程变成

$$\frac{\mathrm{d}^2 U_E}{\mathrm{d}r^2} = -\frac{2\mu E}{\hbar^2} U_E \tag{12.6.15}$$

（我们略去了下标 l，因为答案不依赖于 l。）现在出现两种情况：

1. $E > 0$：经典上，允许粒子逃逸到无穷远处。我们预计 $r \to \infty$ 时 U_E 振荡。

2. $E < 0$：粒子被束缚。$r \to \infty$ 的区域是经典禁闭的，因此我们预计 U_E 将在那里指数下降。

考虑第一种情况。(12.6.15) 式的解将是如下形式：

$$U_E = A\,\mathrm{e}^{\mathrm{i}kr} + B\,\mathrm{e}^{-\mathrm{i}kr}, \quad k = (2\mu E/\hbar^2)^{1/2}$$

也就是说，粒子的行为像一个远离原点的自由粒子①。你或许会想，为什么我们要求 $r \to \infty$ 时 $rV(r) \to 0$，而不仅仅是 $V(r) \to 0$？要回答这个问题，让我们写下

$$U_E = f(r)\,\mathrm{e}^{\pm\mathrm{i}kr}$$

并看一看当 $r \to \infty$ 时 $f(r)$ 是否趋于一个常数。把这个 U_E 代回 (12.6.5) 式，我们发现（忽略离心势垒）

$$f'' \pm (2\mathrm{i}k)f' - \frac{2\mu V(r)}{\hbar^2}f = 0$$

由于我们预计当 $r \to \infty$ 时 $f(r)$ 缓慢变化，忽略掉 f''，我们发现

$$\frac{\mathrm{d}f}{f} = \mp\frac{\mathrm{i}}{k}\frac{\mu}{\hbar^2}V(r)\,\mathrm{d}r$$

$$f(r) = f(r_0)\cdot\exp\left[\mp\frac{\mathrm{i}\mu}{k\hbar^2}\int_{r_0}^{r}V(r')\,\mathrm{d}r'\right] \tag{12.6.16}$$

其中 r_0 是某个常数。如果 $V(r)$ 的下降速度快于 r^{-1}，即 $r \to \infty$ 时 $rV(r) \to 0$，我们可以将积分上限取为 $r \to \infty$，且 $r \to \infty$ 时 $f(r)$ 趋近一个常数。如果相反，像库仑势问题那样②，那时

$$V(r) = -\frac{e^2}{r}$$

则

$$f(r) = f(r_0)\exp\left[\pm\frac{\mathrm{i}\mu e^2}{k\hbar^2}\ln\left(\frac{r}{r_0}\right)\right]$$

和

$$U_E(r) \sim \exp\left[\pm\mathrm{i}\left(kr + \frac{\mu e^2}{k\hbar^2}\ln r\right)\right] \tag{12.6.17}$$

这意味着无论粒子离原点有多远，它都不会摆脱库仑势。如果 $V(r)$ 比库仑势下降得更慢，这个问题只会变得更糟。

现在考虑 $E < 0$ 的情况。所有结果都可以通过 $E > 0$ 情况下的结果作如下变换得到

$$k \to \mathrm{i}\kappa, \quad \kappa = (2\mu|E|/\hbar^2)^{1/2}$$

---

① 虽然 A 和 B 在这种渐近形式中都是任意的，但它们的比是由一个要求所决定的，即如果 U_E 继续向内推进到 $r = 0$，它就必须为零。解决方案中只有一个自由参数（总体尺度），而不是两个，是因为 D_l 即使对于 $E > 0$ 也是非简并的，这又是由于约束 $U_{El}(r = 0) = 0$，参见习题 12.6.5。

② 我们正在考虑电荷等量且相反的情况，这是为了下一章的讨论。

于是

$$U_E \xrightarrow[r\to\infty]{} A\,\mathrm{e}^{-\kappa r} + B\,\mathrm{e}^{+\kappa r} \tag{12.6.18}$$

再一次，如果我们要求 U_E 在 $r=0$ 处由外向内逐渐变为零，则 B/A 不是任意的。现在，增长的指数部分被禁戒了。对于任意的 $E<0$，$\mathrm{e}^{\kappa r}$ 和 $\mathrm{e}^{-\kappa r}$ 都将出现在 U_E 中。只有对于 E 的某些分立值，$\mathrm{e}^{\kappa r}$ 部分才不存在——这些将是允许的束缚态能级。(如果 A/B 是任意的，我们可以选择 $B=0$，并对于每个 $E<0$ 获得一个可归一的束缚态。)

和以前一样，(12.6.18) 式只有当 $rV(r)\to 0$ 时才成立。在库仑势的情况下，我们预计［从 (12.6.17) 式出发，令 $k\to \mathrm{i}\kappa$］

$$\begin{aligned} U_E &\sim \exp\left(\pm\frac{\mu e^2}{\kappa\hbar^2}\ln r\right)\mathrm{e}^{\mp\kappa r} \\ &= (r)^{\pm\mu e^2/\kappa\hbar^2}\mathrm{e}^{\mp\kappa r} \end{aligned} \tag{12.6.19}$$

当我们解这个氢原子的问题时，我们会发现确实是这种情况。

当 $E<0$ 时，能量本征函数时可被归一化为 1。作为算符的 $D_l(r)$ 是非简并的（习题 12.6.5），我们有

$$\int_0^\infty U_{E'l}(r)\,U_{El}(r)\,\mathrm{d}r = \delta_{EE'}$$

和

$$\psi_{Elm}(r,\theta,\phi) = R_{El}(r)\,\mathrm{Y}_l^m(\theta,\phi)$$

遵从

$$\iiint \psi^*_{Elm}(r,\theta,\phi)\,\psi_{E'l'm'}(r,\theta,\phi)\,r^2\mathrm{d}r\,\mathrm{d}\Omega = \delta_{EE'}\,\delta_{ll'}\,\delta_{mm'}$$

稍后我们将考虑 $E>0$ 的情况。

习题 12.6.5 证明在 $r\to 0$ 时等于零的函数 U 的空间中，D_l 是非简并的。(回顾第 5.6 节定理 15 的证明。) 请注意，即使对于 $E>0$，U_{El} 也是非简并的。这意味着 E，l 和 m 在三维情况下完全标记一个态。

球坐标中的自由粒子①

如果像往常一样，我们从

$$\psi_{Elm}(r,\theta,\phi) = R_{El}(r)\,\mathrm{Y}_l^m(\theta,\phi)$$

① 这里的分析是因费尔德（L. Infeld）的工作，*Phys. Rev.* **59**, 737（1941）的简化版本。

开始，并转换成 U_{El}，最后我们得到

$$\left[\frac{\mathrm{d}^2}{\mathrm{d}r^2}+k^2-\frac{l(l+1)}{r^2}\right]U_{El}=0,\qquad k^2=\frac{2\mu E}{\hbar^2}$$

两边除以 k^2，且做变量变换 $\rho=kr$，我们得到

$$\left[-\frac{\mathrm{d}^2}{\mathrm{d}\rho^2}+\frac{l(l+1)}{\rho^2}\right]U_l=U_l \tag{12.6.20}$$

当我们用 $r=\rho/k$ 重写答案时，已经消失的变量 k 将重新出现。这个问题看起来很像谐振子，除了实际上我们的势是 $1/\rho^2$ 而不是 ρ^2。因此，我们定义了类似于升、降算符的算符。它们是

$$d_l=\frac{\mathrm{d}}{\mathrm{d}\rho}+\frac{l+1}{\rho} \tag{12.6.21a}$$

和它的伴算符

$$d_l^\dagger=-\frac{\mathrm{d}}{\mathrm{d}\rho}+\frac{l+1}{\rho} \tag{12.6.21b}$$

（请注意：$\mathrm{d}/\mathrm{d}\rho$ 是反厄米的。）用这些算符，(12.6.20) 式变成

$$(d_l d_l^\dagger)U_l=U_l \tag{12.6.22}$$

现在，我们用 $d_l^\dagger$ 左乘两边，得到

$$d_l^\dagger d_l(d_l^\dagger U_l)=d_l^\dagger U_l \tag{12.6.23}$$

你可以核实

$$d_l^\dagger d_l=d_{l+1}d_{l+1}^\dagger \tag{12.6.24}$$

使得

$$d_{l+1}d_{l+1}^\dagger(d_l^\dagger U_l)=d_l^\dagger U_l \tag{12.6.25}$$

因此

$$d_l^\dagger U_l=\mathrm{c}_l U_{l+1} \tag{12.6.26}$$

其中 c_l 是常数。我们把它选为 1，因为它总是可以被吸收到归一化中。我们看到 $d_l^\dagger$ 作为指标 l 的“升算符”。已知 U_0，我们可以找到其他项①。从 (12.6.20) 式明显可见，如果 $l=0$，则有两个独立的解：

$$U_0^A(\rho)=\sin\rho\,,\qquad U_0^B=-\cos\rho \tag{12.6.27}$$

① 在第 15 章中，我们将深入了解解的这样一个阶梯方案的起源。

前面的常数根据惯例进行选择。现在 U_0^B 在 $\rho=0$ 处是不可接受的，因为它破坏了 (12.6.12) 式。但是，如果人们考虑的是在排除原点的区域中的这个等式，那么 U_0^B 必须被包括在内。现在，考虑由 U_0^A 和 U_0^B 构建的解的阶梯。让我们从等式

$$U_{l+1}=d_l^{\dagger}U_l \tag{12.6.28}$$

出发。现在，我们考虑函数 $R_l=U_l/\rho$。[①]它们服从（源于上式）

$$\rho R_{l+1}=d_l^{\dagger}(\rho R_l)=\left(-\frac{\mathrm{d}}{\mathrm{d}\rho}+\frac{l+1}{\rho}\right)(\rho R_l)$$

$$R_{l+1}=\left(-\frac{\mathrm{d}}{\mathrm{d}\rho}+\frac{l}{\rho}\right)R_l=\rho'\left(-\frac{\mathrm{d}}{\mathrm{d}\rho}\right)\frac{R_l}{\rho^l}$$

或

$$\frac{R_{l+1}}{\rho^{l+1}}=\left(-\frac{1}{\rho}\frac{\mathrm{d}}{\mathrm{d}\rho}\right)\frac{R_l}{\rho^l}=\left(-\frac{1}{\rho}\frac{\mathrm{d}}{\mathrm{d}\rho}\right)^2\frac{R_{l-1}}{\rho^{l-1}}=\left(-\frac{1}{\rho}\frac{\mathrm{d}}{\mathrm{d}\rho}\right)^{l+1}\frac{R_0}{\rho^0}$$

于是，最后我们得到

$$R_l=(-\rho)^l\left(\frac{1}{\rho}\frac{\partial}{\partial\rho}\right)^l R_0 \tag{12.6.29}$$

现在，R_0 有两种可能性：

$$R_0^A=\frac{\sin\rho}{\rho}$$

$$R_0^B=\frac{-\cos\rho}{\rho}$$

它们生成所谓的 l 阶球贝塞尔函数：

$$R_l^A\equiv \mathrm{j}_l=(-\rho)^l\left(\frac{1}{\rho}\frac{\mathrm{d}}{\mathrm{d}\rho}\right)^l\left(\frac{\sin\rho}{\rho}\right) \tag{12.6.30a}$$

和所谓的 l 阶球诺依曼函数[②]

$$R_l^B\equiv \mathrm{n}_l=(-\rho)^l\left(\frac{1}{\rho}\frac{\mathrm{d}}{\mathrm{d}\rho}\right)'\left(\frac{-\cos\rho}{\rho}\right) \tag{12.6.30b}$$

下面是这些函数中低阶的几个：

$$\begin{aligned}
&\mathrm{j}_0(\rho)=\frac{\sin\rho}{\rho}, && \mathrm{n}_0(\rho)=\frac{-\cos\rho}{\rho}\\
&\mathrm{j}_1(\rho)=\frac{\sin\rho}{\rho^2}-\frac{\cos\rho}{\rho}, && \mathrm{n}_1(\rho)=\frac{-\cos\rho}{\rho^2}-\frac{\sin\rho}{\rho}\\
&\mathrm{j}_2(\rho)=\left(\frac{3}{\rho^3}-\frac{1}{\rho}\right)\sin\rho-\frac{3\cos\,\rho}{\rho^2}, && \mathrm{n}_2(\rho)=-\left(\frac{3}{\rho^3}-\frac{1}{\rho}\right)\cos\rho-\frac{3\sin\,\rho}{\rho^2}
\end{aligned} \tag{12.6.31}$$

① 实际上我们想考虑的是 $R_l=U_l/r=kU_l/\rho$。但因子 k 可被吸收在 U 和 R 的归一化因子中。

② 在一些问题中，还会碰到球汉克尔（Hankel）函数 $\mathrm{h}_l=\mathrm{j}_l+\mathrm{i}\,\mathrm{n}_l$。

当 $\rho \to \infty$ 时，这些函数的行为如下：

$$\mathrm{j}_l \xrightarrow[\rho\to\infty]{} \frac{1}{\rho}\sin\left(\rho - \frac{l\pi}{2}\right) \tag{12.6.32a}$$

$$\mathrm{n}_l \xrightarrow[\rho\to\infty]{} -\frac{1}{\rho}\cos\left(\rho - \frac{l\pi}{2}\right) \tag{12.6.32b}$$

尽管 $\rho \to 0$ 是明显的奇点，但函数 $\mathrm{j}_l(l)$ 是有限的，事实上

$$\mathrm{j}_l(\rho) \xrightarrow[\rho\to 0]{} \frac{\rho^l}{(2l+1)!!} \tag{12.6.33}$$

其中 $(2l+1)!! = (2l+1)(2l-1)(2l-3)\cdots(5)(3)(1)$。它们正是方程 (12.6.14) 的正则解。另一方面，诺依曼函数是奇异的：

$$\mathrm{n}_l(\rho) \xrightarrow[\rho\to 0]{} -\frac{(2l-1)!!}{\rho^{l+1}} \tag{12.6.34}$$

它对应于方程 (12.6.14) 的非正则解。

在全空间都是正则的自由粒子解则为

$$\psi_{Elm}(r,\theta,\phi) = \mathrm{j}_l(kr)\,\mathrm{Y}_l^m(\theta,\phi), \quad E = \frac{\hbar^2 k^2}{2\mu} \tag{12.6.35}$$

它们满足

$$\iiint \psi^*_{Elm}\psi_{E'l'm'} r^2\,\mathrm{d}r\,\mathrm{d}\Omega = \frac{2}{\pi k^2}\delta(k-k')\delta_{ll'}\delta_{mm'} \tag{12.6.36}$$

这里我们利用了下列事实：

$$\int_0^\infty \mathrm{j}_l(kr)\,\mathrm{j}_l(k'r)\,r^2\mathrm{d}r = \frac{\pi}{2k^2}\delta(k-k') \tag{12.6.37}$$

习题 12.6.6*
(1) 证明 (12.6.21) 和 (12.6.22) 式均等价于方程 (12.6.20)。
(2) 证明 (12.6.24) 式。

习题 12.6.7 证明 j_0 和 j_1 具有由 (12.6.33) 式给出的极限。

习题 12.6.8* 求半径为 r_0 的球形盒子中 $l=0$ 的粒子的能级。

习题 12.6.9* 证明在半径为 r_0 且深度为 $-V_0$ 的球形势阱中，$l=0$ 束缚态的量子化条件为

$$k'/\kappa = -\tan k'r_0$$

其中 k' 为阱内的波数，$\mathrm{i}\kappa$ 是阱外描述指数尾部的复波数。证明 $V_0 < \pi^2\hbar^2/8\mu r_0^2$ 时没有束缚态。（请回顾习题 5.2.6。）

与球坐标解的联系

如果我们在笛卡儿坐标中处理了自由粒子问题，我们就会很容易求得

$$\psi_E(x,y,z) = \frac{1}{(2\pi\hbar)^{3/2}}\mathrm{e}^{\mathrm{i}\boldsymbol{p}\cdot\boldsymbol{r}/\hbar}, \quad E = \frac{p^2}{2\mu} = \frac{\hbar^2k^2}{2\mu} \tag{12.6.38}$$

现在，考虑对应于沿 z 轴以动量 $\boldsymbol{p}$ 运动的一个粒子。因为

$$\boldsymbol{p}\cdot\boldsymbol{r}/\hbar = pr\cos\theta/\hbar = kr\cos\theta$$

我们得到

$$\psi_E(r,\theta,\phi) = \frac{\mathrm{e}^{\mathrm{i}kr\cos\theta}}{(2\pi\hbar)^{3/2}}, \qquad E = \frac{\hbar^2k^2}{2\mu} \tag{12.6.39}$$

描述能量 $E=\hbar^2k^2/2\mu$、沿 z 方向运动的粒子的这个解，应该可以表示为函数 ψ_{Elm} 的线性组合，这些函数具有相同的能量，或等价地，具有相同的 k：

$$\mathrm{e}^{\mathrm{i}kr\cos\theta} = \sum_{l=0}^{\infty}\sum_{m=-l}^{l} C_l^m \mathrm{j}_l(kr)\,\mathrm{Y}_l^m(\theta,\phi) \tag{12.6.40}$$

现在，由于上式左边不依赖于 ϕ，故只有 $m=0$ 的项有关。物理上，这意味着沿 z 轴运动的粒子没有沿其他方向的角动量。因为我们有

$$\mathrm{Y}_l^0(\theta) = \left(\frac{2l+1}{4\pi}\right)^{1/2}\mathrm{P}_l(\cos\theta)$$

$$\mathrm{e}^{\mathrm{i}kr\cos\theta} = \sum_{l=0}^{\infty} C_l\,\mathrm{j}_l(kr)\,\mathrm{P}_l(\cos\theta), \quad C_l = C_l^0\cdot\left(\frac{2l+1}{4\pi}\right)^{1/2}$$

可以证明

$$C_l = \mathrm{i}^l\,(2l+1)$$

所以

$$\mathrm{e}^{\mathrm{i}kr\cos\theta} = \sum_{l=0}^{\infty}\mathrm{i}^l(2l+1)\,\mathrm{j}_l(kr)\,\mathrm{P}_l(\cos\theta) \tag{12.6.41}$$

我们研究散射时将会用到这种关系。关于自由粒子的研究到此结束。

习题 12.6.10（选作） 已知

(1) $\int_{-1}^{1} \mathrm{P}_l(\cos\theta)\mathrm{P}_{l'}(\cos\theta)\,\mathrm{d}(\cos\theta) = [2/(2l+1)]\delta_{ll'}$

(2) $\mathrm{P}_l(x) = \dfrac{1}{2^l l!}\dfrac{\mathrm{d}^l(x^2-1)^l}{\mathrm{d}x^l}$

(3) $\int_0^1 (1-x^2)^m \mathrm{d}x = \dfrac{(2m)!!}{(2m+1)!!}$

证明 (12.6.41) 式。（提示：在投影出 C_l 之后，考虑 $kr\to 0$ 的极限。）

我们以简要研究各向同性谐振子来结束关于转动不变问题的这一节。这类问题中最著名的成员——氢原子——将在下一章中详细讨论。

各向同性谐振子

各向同性谐振子由下列哈密顿量描述

$$H = \frac{P_x^2 + P_y^2 + P_z^2}{2\mu} + \frac{1}{2}\mu\omega^2(X^2+Y^2+Z^2) \tag{12.6.42}$$

如果像往常一样写成

$$\psi_{Elm} = \frac{U_{El}(r)}{r}\mathrm{Y}_l^m(\theta,\phi) \tag{12.6.43}$$

我们得到径向方程

$$\left\{\frac{\mathrm{d}^2}{\mathrm{d}r^2} + \frac{2\mu}{\hbar^2}\left[E - \frac{1}{2}\mu\omega^2 r^2 - \frac{l(l+1)\hbar^2}{2\mu r^2}\right]\right\}U_{El} = 0 \tag{12.6.44}$$

当 $r\to\infty$ 时，我们发现

$$U \sim \mathrm{e}^{-y^2/2} \tag{12.6.45}$$

其中

$$y = \left(\frac{\mu\omega}{\hbar}\right)^{1/2} r \tag{12.6.46}$$

是一个无量纲量。所以我们设

$$U(y) = \mathrm{e}^{-y^2/2}v(y) \tag{12.6.47}$$

并且得到 $v(y)$ 的方程：

$$v'' - 2yv' + \left[2\lambda - 1 - \frac{l(l+1)}{y^2}\right]v = 0, \qquad \lambda = \frac{E}{\hbar\omega} \tag{12.6.48}$$

通过检验，如果代入一个幂级数解，那么将获得一个两项的递归关系。我们设

$$v(y) = y^{l+1} \sum_{n=0}^{\infty} C_n y^n \tag{12.6.49}$$

其中我们已经纳入了原点附近的已知行为［(12.6.14) 式］。

按照通常的步骤（留做习题），我们可以得到以下量子化条件：

$$E = (2k + l + 3/2)\hbar\omega, \quad k = 0, 1, 2, \cdots \tag{12.6.50}$$

如果我们定义主量子数（它支配能量）

$$n = 2k + l \tag{12.6.51}$$

则我们得到

$$E = (n + 3/2)\hbar\omega \tag{12.6.52}$$

对于每一个 n，允许的 l 值为

$$l = n - 2k = n, n-2, \cdots, 1 \text{ 或 } 0 \tag{12.6.53}$$

以下是前几个本征态：

$$\begin{array}{lll} n=0 & l=0 & m=0 \\ n=1 & l=1 & m=\pm1,0 \\ n=2 & l=0,2 & m=0;\ \pm2,\ \pm1,0 \\ n=3 & l=1,3 & m=\pm1,0;\ \pm3,\ \pm2,\ \pm1,0 \\ \vdots & \vdots & \vdots \end{array}$$

我们特别感兴趣的是，l 不同的态是简并的。我们理解每个 l 中 m 的简并性源自转动不变性。不同 l 态的简并（与转动算符或生成元无关）似乎很神秘。因此，它有时也被称为偶然简并。然而，这是一个错误的说法，因为 l 的简并性可以归因于 H 的附加不变性。确切地说，H 的这些额外的不变性或对称性是什么，以及它们如何解释 l 的简并，我们将在第 15 章中看到。

习题 12.6.11*

(1) 把 (12.6.48) 和 (12.6.49) 式组合在一起，导出两项递归关系。论证若 U 在 $y=0$ 附近有正确的属性，则 $C_0 \neq 0$。导出量子化条件 (12.6.50) 式。

(2) 计算每个 n 对应的简并度和宇称，并与习题 10.2.3 进行比较。在那里，这个问题是在笛卡儿坐标下求解的。

(3) 对于 $n=0$ 和 1 构建归一化本征函数 ψ_{nlm}。将它们写成在笛卡儿坐标中得到的 $n=0$ 和 $n=1$ 本征函数的线性组合。

第 13 章　氢原子

13.1　本征值问题

在这里我们遇到了一个两体问题，一个是电荷为 $-e$、质量为 m 的电子，另一个是电荷为 $+e$、质量为 M 的质子。利用质心和相对坐标并在质心参考系中工作，我们可以将问题约化为单粒子的动力学问题，其质量为 $\mu = mM/(m+M)$，被称为约化质量，而其坐标 $\boldsymbol{r}$ 是这两个粒子的相对坐标。然而，因为 $m/M \simeq 1/2000$，结果表明，相对坐标实际上就是电子的坐标，约化质量实际上就是 m，让我们首先求解 $M \to \infty$ 极限下的问题。在这种情况下，电子在静止的质子场中运动。稍后当我们将理论与实验进行比较时，将会看到如何很容易地考虑质子质量的有限性。

在由质子引起的库仑势 $V = -e^2/r$ 中，电子的势能为

$$\phi = e/r \tag{13.1.1}$$

所以薛定谔方程

$$\left\{\frac{\mathrm{d}^2}{\mathrm{d}r^2} + \frac{2m}{\hbar^2}\left[E + \frac{e^2}{r} - \frac{l(l+1)\hbar^2}{2mr^2}\right]\right\} U_{El} = 0 \tag{13.1.2}$$

决定了在原子的静止参考系中的能级，以及波函数[①]

$$\psi_{Elm}(r,\theta,\phi) = R_{El}(r)\,\mathrm{Y}_l^m(\theta,\phi) = \frac{U_{El}(r)}{r}\,\mathrm{Y}_l^m(\theta,\phi) \tag{13.1.3}$$

通过审视方程 (13.1.2) 很清楚，一个幂级数拟设将导致一个三项递推关系。如此，我们试图推导出渐近行为。我们已经从第 12.6 节［(12.6.19) 式］中得知最多差一个 r 的幂（可能是分数），

$$U_{El} \underset{r\to\infty}{\sim} \exp[-(2mW/\hbar^2)^{1/2} r] \tag{13.1.4}$$

其中

$$W = -E$$

① 从上下文中应该可以清楚地知道 m 代表的是电子质量，还是角动量的 z 分量。

是束缚能（它是释放出电子所需要的能量），而且

$$U_{El} \underset{r \to 0}{\sim} r^{l+1} \tag{13.1.5}$$

(13.1.4) 式建议引入无量纲变量

$$\rho = (2mW/\hbar^2)^{1/2} r \tag{13.1.6}$$

和由下式定义的辅助函数 v_{El}

$$U_{El} = \mathrm{e}^{-\rho}\, v_{El} \tag{13.1.7}$$

那时，v 满足的方程为

$$\frac{\mathrm{d}^2 v}{\mathrm{d}\rho^2} - 2\,\frac{\mathrm{d}v}{\mathrm{d}\rho} + \left[\frac{e^2\lambda}{\rho} - \frac{l\,(l+1)}{\rho^2}\right] v = 0 \tag{13.1.8}$$

其中

$$\lambda = (2m/\hbar^2 W)^{1/2} \tag{13.1.9}$$

而 v 的下标被省略了。你可以证明，如果我们把一个级数输入 (13.1.8) 式中，就会得到一个两项的递推关系。考虑到 $\rho = 0$ 附近的行为［(13.1.5) 式］，我们尝试取

$$v_{El} = \rho^{l+1} \sum_{k=0}^{\infty} C_k\, \rho^k \tag{13.1.10}$$

并求得相邻系数之间的如下递推关系：

$$\frac{C_{k+1}}{C_k} = \frac{-e^2\lambda + 2(k+l+1)}{(k+l+2)(k+l+1) - l(l+1)} \tag{13.1.11}$$

能级

因为

$$\frac{C_{k+1}}{C_k} \xrightarrow[k \to \infty]{} \frac{2}{k} \tag{13.1.12}$$

是级数 $\rho^m \mathrm{e}^{2\rho}$ 的行为，它会导致当 $\rho \to \infty$ 时 $U \sim \mathrm{e}^{-\rho} v \sim \rho^m \mathrm{e}^{-\rho} \mathrm{e}^{2\rho} \sim \rho^m \mathrm{e}^{\rho}$，我们要求该级数在某个 k 处中断。如果

$$e^2\lambda = 2(k+l+1) \tag{13.1.13}$$

或［由 (13.1.9) 式］

$$E = -W = \frac{-me^4}{2\hbar^2 (k+l+1)^2}, \qquad k = 0, 1, 2, \cdots; \quad l = 0, 1, 2, \cdots \tag{13.1.14}$$

这种情况将会发生。用主量子数

$$n = k + l + 1 \tag{13.1.15}$$

表示，可允许的能量为

$$E_n = \frac{-me^4}{2\hbar^2 n^2}, \qquad n = 1, 2, 3, \cdots \tag{13.1.16}$$

而且，对于每个 n，根据 (13.1.15) 式，l 的允许值为

$$l = n - k - 1 = n - 1, n - 2, \cdots, 1, 0 \tag{13.1.17}$$

不同 l 的态应该是简并的，这表明除了转动不变性外，H 还包含更多的对称性。我们稍后再讨论这些。现在，让我们注意到每个 n 的简并度是

$$\sum_{l=0}^{n-1}(2l+1) = n^2 \tag{13.1.18}$$

通常将 $l = 0, 1, 2, 3, 4, \cdots$ 的态称为 s, p, d, j, g, h, $\cdots$ 态。在这个光谱学记号中，1s 表示 $n = 1$ 的 $l = 0$ 的态；2s 和 2p 分别表示 $n = 2$ 的 $l = 0$ 和 $l = 1$ 的态；3s，3p 和 3d 分别表示 $n = 3$ 的 $l = 0$，1 和 2 的态，等等。这里没有试图追踪 m。

使用一种叫做里德伯（Rydberg，Ry）的能量的自然单位来衡量氢的能级是很方便的：

$$\text{Ry} = \frac{me^4}{2\hbar^2} \tag{13.1.19}$$

用它得到

$$E_n = \frac{-\text{Ry}}{n^2} \tag{13.1.20}$$

图 13.1 展示了氢的一些最低能量的态。

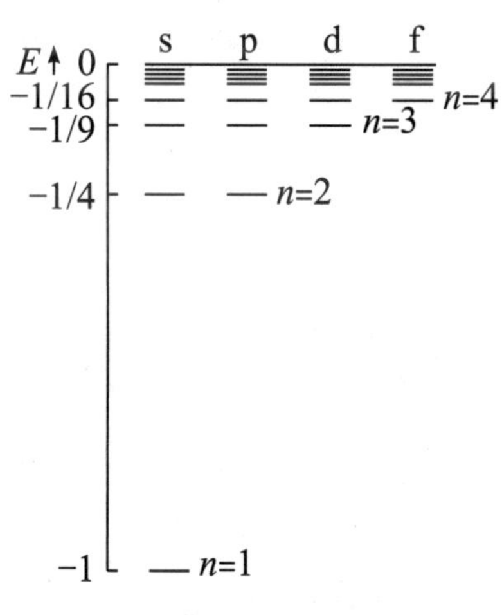

图 13.1　氢的前几个本征态，能量用里德伯描述，态用光谱学记号标记

波函数

给出了递推关系，确定波函数并开始将它们归一化，就是一个简单问题了。考虑给定 n 和 l。由于 (13.1.10) 式的级数在

$$k=n-l-1 \tag{13.1.21}$$

时中断，对应的波函数 v_l 是 ρ^{l+1} 乘上一个 $n-l-1$ 阶多项式。该多项式称为缔合拉盖尔多项式 $\mathrm{L}_{n-l-1}^{2l+1}(2\rho)$。①相应的径向函数为

$$R_{nl}(\rho)\sim \mathrm{e}^{-\rho}\,\rho^{l}\,\mathrm{L}_{n-l-1}^{2l+1}(2\rho) \tag{13.1.22}$$

回忆起

$$\rho=\left(\frac{2mW}{\hbar^2}\right)^{1/2}r=\left[\frac{2m}{\hbar^2}\left(\frac{me^4}{2\hbar^2n^2}\right)\right]^{1/2}r=\frac{me^2}{\hbar^2 n}\,r \tag{13.1.23}$$

使用氢原子的自然距离标度，即所谓的玻尔半径

$$a_0=\frac{\hbar^2}{me^2} \tag{13.1.24}$$

则

$$R_{nl}(r)\sim \mathrm{e}^{-r/na_0}\left(\frac{r}{na_0}\right)^{l}\mathrm{L}_{n-l-1}^{2l+1}\left(\frac{2r}{na_0}\right) \tag{13.1.25}$$

当 $r\to\infty$ 时，L 将由最高次幂 r^{n-l-1} 所主导，而且

$$R_{nl}\underset{r\to\infty}{\sim}(r)^{n-1}\,\mathrm{e}^{-r/na_0}\qquad\text{（不依赖于 } l\text{）} \tag{13.1.26}$$

（如果 $l=n-1$，则该式在所有的 r 处都适用，因为 L_0^{2l+1} 是常数。）我们在上一章考虑库仑势中的 U_{El} 在 $r\to\infty$ 处的行为时，(13.1.26) 式就已经被预料到了（见习题 13.1.4）。

以下是前几个归一化的本征函数，$\psi_{Elm}\equiv\psi_{nlm}$：

$$\begin{aligned}
\psi_{1,0,0}&=\left(\frac{1}{\pi a_0^3}\right)^{1/2}\mathrm{e}^{-r/a_0}\\
\psi_{2,0,0}&=\left(\frac{1}{32\pi a_0^3}\right)^{1/2}\left(2-\frac{r}{a_0}\right)\mathrm{e}^{-r/2a_0}\\
\psi_{2,1,0}&=\left(\frac{1}{32\pi a_0^3}\right)^{1/2}\frac{r}{a_0}\,\mathrm{e}^{-r/2a_0}\cos\theta\\
\psi_{2,1,\pm1}&=\mp\left(\frac{1}{64\pi a_0^3}\right)^{1/2}\frac{r}{a_0}\,\mathrm{e}^{-r/2a_0}\sin\theta\,\mathrm{e}^{\pm\mathrm{i}\phi}
\end{aligned} \tag{13.1.27}$$

① $\mathrm{L}_p^k(x)=(-1)^k(\mathrm{d}^k/\mathrm{d}\,x^k)\mathrm{L}_{p+k}^0$，$\mathrm{L}_p^0=\mathrm{e}^x(\mathrm{d}^p/\mathrm{d}x^p)(\mathrm{e}^{-x}x^p)$。

习题 13.1.1 从 (13.1.8)—(13.1.10) 式出发导出 (13.1.11) 和 (13.1.14) 式。

习题 13.1.2 导出简并度公式 (13.1.18)。

习题 13.1.3 从递推关系出发，求（归一化后的）ψ_{210}。

习题 13.1.4 回忆上一章［(12.6.19) 式］的内容，当 $r \to \infty$ 时，在库仑势 $V = -e^2/r$［$\kappa = (2mW/\hbar^2)^{1/2}$］中，$U_E \sim (r)^{me^2/\kappa\hbar^2}\mathrm{e}^{-\kappa r}$。证明这一结果与 (13.1.26) 式一致。

让我们探讨一下，对于氢原子，a_0 提供了一个自然的长度标度。考虑由

$$\psi_{n,n-1,m} \propto \mathrm{e}^{-r/na_0}\, r^{n-1} \mathrm{Y}_{n-1}^m(\theta,\phi) \tag{13.1.28}$$

所描述的态。让我们来求在一个半径为 r、厚度为 $\mathrm{d}r$ 的球壳中找到电子的概率：

$$\int_\Omega P(\boldsymbol{r})\, r^2\, \mathrm{d}r\, \mathrm{d}\Omega \propto \mathrm{e}^{-2r/na_0}\, r^{2n}\, \mathrm{d}r \tag{13.1.29}$$

当

$$\frac{\mathrm{d}}{\mathrm{d}r}(\mathrm{e}^{-2r/na_0}\, r^{2n}) = 0$$

或

$$r = n^2 a_0 \tag{13.1.30}$$

时，r 点的概率密度达到极大值。在 $n=1$ 时，它等于 a_0。因此，这个玻尔半径给出了在基态的 r 的最可能的值，它定义了原子的“大小”（在人们可以在量子理论中谈论它的范围内）。如果 $n>1$，至少在 $l=n-1$ 的态，我们看到它的大小按照 n^2 增长。如果 $l \neq n-1$，则径向函数有 $n-l-1$ 个零点，同时密度在 r 之内有几个峰值。在这种情况下，我们可以用 $\langle r\rangle$ 定义原子的大小！① 通过使用 $\mathrm{L}_{n-l-1}^{2l+1}$ 的性质，可以证明

$$\langle r\rangle_{nlm} = \frac{a_0}{2}\left[3n^2 - l\,(l+1)\right] \tag{13.1.31}$$

与其花很长时间推导这个公式，不如让我们考虑下面的论证，它表明原子的大小按 $n^2 a_0$ 增长。在任一本征态下，

$$\langle H\rangle = E = \langle T\rangle + \langle V\rangle = \langle P^2/2m\rangle - \langle e^2/r\rangle \tag{13.1.32}$$

① 即使 r 只在坐标基下表示抽象算符 $(X^2+Y^2+Z^2)^{1/2}$，我们也会在抽象情况下使用相同的符号来引用它，以保持符号的简单性。

可以证明（习题 13.1.5）

$$\langle T\rangle = -\frac{1}{2}\langle V\rangle \tag{13.1.33}$$

它就是经典位力定理（virial theorem）的量子版本，该定理说：如果 $V = cr^k$，则平均值 $\bar{T}$ 和 $\bar{V}$ 具有如下关系

$$\bar{T} = \frac{k}{2}\,\bar{V}$$

由此得出

$$E = \frac{1}{2}\langle V\rangle = -\frac{1}{2}\langle e^2/r\rangle \tag{13.1.34}$$

现在，在由 n 标记的态中

$$E_n = \frac{-me^4}{2\hbar^2 n^2} = \frac{-e^2}{2a_0 n^2} \tag{13.1.35}$$

由此得到结果

$$\left\langle \frac{1}{r} \right\rangle_n = \frac{1}{a_0 n^2} \tag{13.1.36}$$

虽然

$$\frac{1}{\langle r\rangle} \neq \left\langle \frac{1}{r} \right\rangle$$

但二者大小的量级是相同的（见习题 9.4.2），因此我们推论

$$\langle r\rangle_n \sim n^2 a_0 \tag{13.1.37}$$

它与 (13.1.31) 式的结果相符。(必须谨慎对待类似于 $\langle 1/r\rangle \simeq 1/\langle r\rangle$ 的说法。）例如，在 s 态下，$\langle 1/r^4\rangle \sim 1/\langle r^4\rangle$ 是不正确的，因为 $\langle 1/r^4\rangle$ 是发散的，而 $1/\langle r^4\rangle$ 不是。然而，在目前的情况下，$\langle 1/r\rangle$ 在所有态中都有很好的定义，而且 $\langle 1/r\rangle$ 和 $1/\langle r\rangle$ 具有相同的数量级。

这就完成了我们对氢原子能谱和波函数的分析。有几个问题需要回答，例如：(1) E_n、a_0 等的数值是多少？(2) 如何把这里推导出来的能级和波函数与实验进行比较？

这些问题将在第 13.3 节中讨论。但首先让我们来谈谈更早提出的一个问题：对于每个 n 的值，l 简并的来源是什么？

习题 13.1.5*（位力定理） 由于 $|n,l,m\rangle$ 是一个定态，对于任何 Ω，都有 $\langle\dot{\Omega}\rangle = 0$。考虑 $\Omega = \boldsymbol{R}\cdot\boldsymbol{P}$，并利用埃伦菲斯特定理证明，在 $|n,l,m\rangle$ 态上，$\langle T\rangle=(-1/2)\langle V\rangle$。

13.2　氢原子能谱的简并性

氢原子像谐振子一样，展现出“偶然简并”。再次使用了引号是因为，这种简并性与谐振子的情况一样，可以用哈密顿量所具有的除转动不变性之外的对称性来解释。现在，我们已经看到，H 的对称性意味着该对称性的生成元守恒。因此，如果有额外的对称性（除转动不变性外），则一定还会存在一些额外的守恒量（除角动量外）。现在，众所周知，经典上库仑势[①]（在转动不变的势中）的特殊性在于**龙格–楞次**（Runge-Lenz）**矢量**

$$\boldsymbol{n} = \frac{\boldsymbol{p}\times\boldsymbol{l}}{m} - \frac{e^2}{r}\boldsymbol{r} \tag{13.2.1}$$

守恒。$\boldsymbol{n}$ 的守恒意味着，轨道不仅局限于垂直于 $\boldsymbol{l}$ 的平面（就像在任何转动不变问题中一样），而且它还是**封闭的**（习题 13.2.1）。

在量子理论中，有一个与 H 对易的算符 $\boldsymbol{N}$：

$$[\boldsymbol{N}, H] = 0 \tag{13.2.2}$$

而且由

$$\boldsymbol{N} = \frac{1}{2m}(\boldsymbol{P}\times\boldsymbol{L} - \boldsymbol{L}\times\boldsymbol{P}) - \frac{e^2\boldsymbol{R}}{(X^2+Y^2+Z^2)^{1/2}} \tag{13.2.3}$$

给定。[②]

我们看到，$\boldsymbol{L}$ 的守恒意味着 $[L_\pm, H] = 0$，这代表我们可以在给定的 l 下，升和降 m 的值而不改变能量。这就是 m 的简并是如何用转动不变性来“解释”的。

因此，一定是由于 $[\boldsymbol{N}, H] = 0$，所以我们一定能用 $\boldsymbol{N}$ 的分量构建一个算符，它与 H 对易，并将 l 升高一个单位。那时这将会解释每个 n 下 l 的简并性，准确地给出这个算符是什么，以及它如何使 l 升高一个单位，这将在专门研究“偶然”简并性的第 15.4 节解释。你也会在其中发现谐振子简并性的解释。

习题 13.2.1 让我们来看为什么龙格–楞次矢量 $\boldsymbol{n}$ 守恒意味着轨道闭合。

(1) 把 $\boldsymbol{n}$ 单独用 $\boldsymbol{r}$ 和 $\boldsymbol{p}$ 表示（不用 $\boldsymbol{l}$）。

(2) 由于这个粒子是被束缚的，它不能跑到无穷远处，所以当我们从某一时刻开始向前跟踪它时，它一定会达到一个点 $\boldsymbol{r}_{\max}$，在那里它与原点的距离就会停止增长。证明：在这一点，

$$\boldsymbol{n} = \boldsymbol{r}_{\max}\left(2E + \frac{e^2}{r_{\max}}\right)$$

---

① 或者一般地说，任一 $1/r$ 势，比如引力势。

② 由于 $[\boldsymbol{P}, \boldsymbol{L}] \neq 0$，我们使用对称化规则从 $\boldsymbol{n}$ 构建 $\boldsymbol{N}$，即，$\boldsymbol{p}\times\boldsymbol{l} \to \frac{1}{2}[(\boldsymbol{P}\times\boldsymbol{L}) + (\boldsymbol{P}\times\boldsymbol{L})^\dagger] = \frac{1}{2}(\boldsymbol{P}\times\boldsymbol{L} - \boldsymbol{L}\times\boldsymbol{P})$（证实这一点）。

（利用能量守恒定律消去 p^2）。证明，由于类似的原因，如果我们再等一会儿，它会到达 $\boldsymbol{r}_{\min}$，在那里

$$\boldsymbol{n}=\boldsymbol{r}_{\min}\left(2E+\frac{e^2}{r_{\min}}\right)$$

因此，$\boldsymbol{r}_{\max}$ 和 $\boldsymbol{r}_{\min}$ 相互平行，并且与 $\boldsymbol{n}$ 平行。$\boldsymbol{n}$ 的守恒或恒为常数意味着最大（最小）分离总是在同一点 $\boldsymbol{r}_{\max}$（$\boldsymbol{r}_{\min}$）达到，即轨道是封闭的。事实上，所有三个矢量 $\boldsymbol{r}_{\max}$，$\boldsymbol{r}_{\min}$ 和 $\boldsymbol{n}$ 都与粒子运动所沿着的椭圆的主轴对齐。$\boldsymbol{n}$ 和 $\boldsymbol{r}_{\min}$ 平行，而 $\boldsymbol{n}$ 和 $\boldsymbol{r}_{\max}$ 是反平行的。（为什么？）请让自己确信，对于一个圆形轨道，$\boldsymbol{n}$ 一定且确实为零。

13.3 数值估算和与实验的比较

在本节中，我们：(1) 获得各种量的数值估计，如玻尔半径、能级等；(2) 探询这个理论的预言如何与实验相比较。

数值估算

首先考虑粒子质量。我们将把粒子的静止能量用百万电子伏特或 MeV 表示：①

$$mc^2\simeq 0.5\,\text{MeV}\qquad (0.511)\tag{13.3.1}$$

$$Mc^2=1000\,\text{MeV}\qquad (938.3)\tag{13.3.2}$$

$$m/M\simeq 1/2000\qquad (1/1836)\tag{13.3.3}$$

因此，约化质量 μ 和电子质量 m 几乎相等：

$$\mu=\frac{mM}{m+M}\simeq\frac{mM}{M}=m\tag{13.3.4}$$

就像相对坐标和电子坐标一样。

现在考虑玻尔半径

$$a_0=\hbar^2/me^2\tag{13.3.5}$$

的估计值。为求得这个值我们需要 $\hbar$ 和 e 的值。前面已经提到过

$$\hbar=1.054\times 10^{-34}\text{J}\cdot\text{s}$$

① 译者注：下式括号中的值为相应物理量的更精确的值，下同。

对于快速估值，需要记住的更有用的量是[①]

$$\hbar c \simeq 200\ \mathrm{MeV\cdot fm} \quad （197.3） \tag{13.3.6}$$

其中，1 fm= 10^{-15} m。记住 e^2 的最好方法是通过精细结构常数（fine-structure constant）：

$$\alpha = \frac{e^2}{\hbar c} \simeq \frac{1}{137} \quad （\frac{1}{137.04}） \tag{13.3.7}$$

在涉及电动力学的量子力学问题中，这个常数起着基本作用。由于它是无量纲的，它的数值具有绝对意义：无论我们用什么单位来表示长度、质量和时间，α 都将是 1/137。因此，虽然没有人试图解释为什么 $c = 3 \times 10^{10}$ cm/s，但人们已经尝试过几次来获得 1/137 这个神奇数字。由于它是上帝赋予的数字（独立于凡人的单位选择），人们试图将它与诸如 π，e，e^{π}，π^{e} 等基本常数，以及时空维数等联系起来。

不管怎样，回到我们的主要问题，我们现在可以估计出 a_0：

$$a_0 \simeq \frac{\hbar^2}{me^2} = \frac{\hbar c}{mc^2}\left(\frac{\hbar c}{e^2}\right) = \frac{(2000)(137)}{0.5\times 10^6}\text{Å} \simeq 0.55\text{Å}^{②} \quad （0.53）$$

接下来考虑能级

$$E_n = -\mathrm{Ry}/n^2$$

我们估计

$$\mathrm{Ry} = \frac{me^4}{2\hbar^2} = \frac{mc^2}{2}\left(\frac{e^2}{\hbar c}\right)^2 \simeq \frac{0.25\times 10^6}{(137)^2}\mathrm{eV} \simeq 13.3\,\mathrm{eV} \quad （13.6）$$

所以，利用 Ry 的更精确的值，

$$E_n = \frac{-13.6}{n^2}\mathrm{eV}$$

处于基态的电子需要 13.6 eV 才能被释放或电离。人们可以想象一下，它深入无穷深的库仑势下面的 13.6 eV 处。

让我们先偏离主题，考虑与 a_0 相关的两个长度尺度。第一个

$$a_0\alpha = \frac{\hbar^2}{me^2}\cdot\frac{e^2}{\hbar c} = \frac{\hbar}{mc} \equiv \lambda_e \tag{13.3.8}$$

被称为电子的康普顿波长，比玻尔半径小 137 倍。λ_e 到底代表了什么？在讨论核力时，有人指出，π 介子的康普顿波长是该粒子可以被交换的距离。它还可以被定义为一个粒子被恰当地局域化的下限。在我们正在考虑的非相对论理论中，因为我们允许位置本征态 $|x\rangle$ 的这个下限是零。但实际上，当我们试图更好地定位粒子时，

① 这里使用的许多技巧都是从加利福尼亚大学伯克利分校罗森菲尔德（A. Rosenfeld）教授那里学到的。

② 编者注：$1\text{Å} = 10^{-10}$ m。

我们要用能量更高的探针，比如说特定的光子。要将它定位到某个 ΔX 时，我们需要一个具有动量

$$\Delta P \sim \frac{\hbar}{\Delta X}$$

的光子。因为光子是无质量的，鉴于爱因斯坦的公式 $E^2 = c^2p^2 + m^2c^4$，相应的能量为

$$\Delta E \sim \frac{\hbar c}{\Delta X}$$

如果这个能量超过了粒子静止能量的两倍，那么相对论就允许在测量过程中产生一个粒子–反粒子对。所以我们要求

$$\Delta E \lesssim 2mc^2$$

$$\frac{\hbar c}{\Delta X} \lesssim 2mc^2$$

或

$$\Delta X \gtrsim \frac{\hbar}{2mc} \sim \frac{\hbar}{mc}$$

如果我们试图更好地定位这个粒子，我们将会看到对产生，我们也会看到有三个（或更多个）粒子，而不是我们开始定位的那一个粒子。

在我们对氢原子的分析中，我们把这些电子当作一个局域化的“点”粒子。前面的分析表明，这并不是严格正确的，但却是一个相当好的近似，因为电子的“模糊程度”或“尺度”比原子的大小 a_0 小 α 倍，

$$\frac{\hbar/mc}{a_0} = \alpha \simeq \frac{1}{137}$$

假如电荷是它的 10 倍大，那么 α 就将会是量级为 1 的数，并且电子的大小及其轨道的大小都应该是相同量级的，因而点粒子近似就会被破坏。让我们注意到

$$\lambda_e = \alpha \cdot a_0 \simeq 0.5 \times \frac{1}{137}\ \text{Å} \simeq \frac{1}{250}\ \text{Å} \simeq 4 \times 10^{-3}\ \text{Å}$$

我们如果用 α 乘 λ_e，就会得到另一个长度，称之为电子的经典半径

$$r_e = \alpha\lambda_e = \frac{\hbar}{2mc} \cdot \frac{e^2}{\hbar c} = \frac{e^2}{mc^2} \simeq 3 \times 10^{-5}\ \text{Å} \tag{13.3.9}$$

如果我们把电子想象成一个球形的电荷分布，那么该分布的库仑能量大小（为了将其聚集所需的能量）将是 e^2/r_e 量级的，其中 r_e 是球的半径。我们如果将电子的静止能量归因于这个库仑能量，就会得到经典的半径。概括起来，

$$\begin{array}{ccccc} a_0 & \underset{\alpha}{\rightarrow} & \lambda_e & \underset{\alpha}{\rightarrow} & r_0 \\ \left(\frac{1}{2}\ \text{Å}\right) & & \left(\frac{\alpha}{2}\ \text{Å}\right) & & \left(\frac{\alpha^2}{2}\ \text{Å}\right) \end{array}$$

现在让我们回到氢原子。到目前为止讨论的助记符只涉及数字。现在让我们考虑帮助我们记住动力学的那些助记符。必须谨慎使用它们，因为它们的措辞用了量子理论中不被允许的一些术语。

这些助记符的来源是氢原子的**玻尔模型**。在本书所系统描述的量子力学形成之前大约十年左右，玻尔沿着以下途径提出了一个原子模型。考虑在势 $V(r) = -e^2/r$ 中的一个质量为 m 的粒子，沿半径为 r 的圆形轨道运动。其动力学方程是

$$\frac{mv^2}{r} = \frac{e^2}{r^2} \tag{13.3.10}$$

或

$$mv^2 = \frac{e^2}{r} \tag{13.3.11}$$

因此，如果 r 满足这个方程，则任何半径都是允许的。这也意味着任何能量都是被允许的，因为

$$E = \frac{1}{2}\,mv^2 - \frac{e^2}{r} = -\frac{e^2}{2r} = -\frac{1}{2}\,mv^2 \tag{13.3.12}$$

玻尔猜测，唯一允许的轨道是那些以 $\hbar$ 为单位的具有整数角动量的轨道：

$$mvr = n\hbar \tag{13.3.13}$$

把该式代回 (13.3.11) 式，我们得到

$$m \cdot \frac{n^2\hbar^2}{m^2r^2} = \frac{e^2}{r}$$

或

$$r = n^2\frac{\hbar^2}{me^2} = n^2 a_0 \tag{13.3.14}$$

和

$$E_n = -\frac{e^2}{2r} = -\frac{e^2}{2a_0} \cdot \left(\frac{1}{n^2}\right) \tag{13.3.15}$$

因此，如果你忘了 a_0 或 E_n 的公式，可以返回到取得这些公式的模型。（不是出于物理的原因，因为它位于经典和量子力学两者之间的界限上——虽然讨论的是轨道，但却量子化角动量，等等。）记住玻尔原子的最简洁的方法（即，用来帮助记忆的助记符）是方程

$$\alpha = \beta \tag{13.3.16}$$

其中，β 是以光速为单位测量到的氢原子基态上电子的速度（$\beta = v/c$）。有了它，我们得到基态能量为

$$\begin{aligned} E_1 &= -\frac{1}{2}\,mv^2 = -\frac{1}{2}\,mc^2(v/c)^2 = -\frac{1}{2}\,mc^2\beta^2 = -\frac{1}{2}\,mc^2\alpha^2 \\ &= -\frac{1}{2}\,mc^2\left(\frac{e^2}{\hbar c}\right)^2 = -\frac{me^4}{2\hbar^2} \end{aligned} \tag{13.3.17}$$

知道了这一点，人们怎么能忘记这些能级是按 n^{-2} 变化的，即

$$E_n = -\frac{E_1}{n^2}?$$

我们如果将 E_1 改写为 $-e^2/2a_0$，就可以得到 a_0 的公式。方程 $\alpha = \beta$ 还证明使用非相对论量子力学是合理的。一种（避免使用速度）的等价方式是 (13.3.17) 式，说明结合能是电子静止能量的 $\simeq (1/137)^2$ 倍。

习题 13.3.1* π 介子作为传递核力的介质，具有 1 fm 的尺度。估计它的静止能量。

习题 13.3.2* 估计动能为 200 eV 的电子的德布罗意波长。（回忆 $\lambda = 2\pi\hbar/p$。）

与实验比较

量子理论对氢原子做出了非常详细的预言。让我们问一下这些预言如何与实验相比较。让我们先考虑能级，然后考虑波函数。原则上，只需称量原子的重量就可以测出能级。但在实践中，我们测量*能级的差*。如果我们从处在本征态 $|nlm\rangle$ 中的原子开始，它将一直保持不变。然而，如果我们通过打开一些外部的场（即，将其哈密顿量从库仑哈密顿量 H^0 更改为 $H^0 + H^1$），扰动了它一段时间 T。它的态矢量可以在希尔伯特空间中开始运动，因为 $|nlm\rangle$ 不是 $H^0 + H^1$ 的定态。我们如果在 $t > T$ 的时刻测量能量，可能会发现它对应 $n' \neq n$ 的另一个态。人们通过探测由原子发射出来的光子来测量能量。被探测到的光子的频率将为

$$\omega_{nn'} = \frac{E_n - E_{n'}}{\hbar} \tag{13.3.18}$$

因此，来自氢原子的光的频率将是

$$\omega_{nn'} = \frac{\mathrm{Ry}}{\hbar}\left(-\frac{1}{n^2} + \frac{1}{n'^2}\right) = \frac{\mathrm{Ry}}{\hbar}\left(\frac{1}{n'^2} - \frac{1}{n^2}\right) \tag{13.3.19}$$

对于一个固定的值 $n' = 1, 2, 3, \cdots$，随着 n 值的改变，我们得到了几族谱线。事实上，至少对于 n' 的几个值，这些谱线族已经被看到了。$n' = 1$ 的族被称为*莱曼系*（它对应于基态之上的态向基态的跃迁）：

$$\omega_{n1} = \frac{\mathrm{Ry}}{\hbar}\left(\frac{1}{1} - \frac{1}{n^2}\right) \tag{13.3.20}$$

$n' = 2$ 的族被称为*巴耳末系*，并对应于从 $n = 3, 4, \cdots$ 等系统的态跃迁到 $|2lm\rangle$。$n' = 3$ 的族被称为*帕邢系*，等等。让我们来估计一下莱曼系的中一条典型谱线的波

长，它对应于 $n=2\to n'=1$ 的跃迁，

$$\omega_{21}=\frac{13.5\,\mathrm{eV}}{\hbar}\left(1-\frac{1}{4}\right)\simeq\frac{10}{\hbar}\,\mathrm{eV}$$

这个波长估计为

$$\lambda=\frac{2\pi c}{\omega}=\frac{2\pi}{10}\,(\hbar c)\simeq 120\,\mathrm{nm}$$

一个更精确的估计值是 121.6 nm，与实验的符合非常好。其他被观测到的谱线与实验符合得也非常好。然而，所有的情况都有很小的偏差。其中很多都可以用理论上可计算出来的修正来解释。首先，我们必须纠正这个事实，即，质子并不是真的静止不动。我们在这里遇到的是一个两体问题，正如第 10 章所解释的，可用相对坐标（而非电子坐标）写出薛定谔方程，并在质心系中求解来完成。这个方程与 (13.1.2) 式的不同之处仅在于用 μ 取代 m。这实际上会更改以下所有的公式，特别是关于能级的 (13.1.16) 式。这只不过是用一个因子 $\mu/m=M/(M+m)$ 重新标度整个频谱，该因子与 1 之间的差异不到千分之一。然而，这种差别在实践中是可被观察到的：人们在氢与氘（其原子核有一个质子和一个中子）的能级之间看到了这种差异。

此外，还有由于在爱因斯坦的理论中，电子的动能不是 $\frac{1}{2}mv^2=p^2/2m$，而是 $mc^2[(1-v^2/c^2)^{-1/2}-1]$，这是在速度为 v 时相应的能量和静止能量的差别所引起的修正。$\frac{1}{2}mv^2$ 项只是上式按 v^2/c^2 展开的幂级数中的第一项。在第 17 章中，我们将考虑到下一项的效应，即 $-3mv^4/8c^2$，或用动量表示为 $-3p^4/8m^3c^2$。这是一个相对于我们所包括的 $p^2/2m$ 项的 v^2/c^2 量级的修正；或者由于 $v/c\simeq\alpha$，所以也是相对于主要部分的 α^2 量级的修正。还有一些其他的量级相同的修正，这些都被纳入所谓的*精细结构修正*中。（在某种近似下，）它们将被包含在第 17 章内。我们不会在本书中求解的狄拉克方程，把 v/c 所有阶的相对论修正都考虑了进来。然而，它也并没有阐述完整的故事——还有一些由电磁场量子涨落而产生的细微修正（到目前为止，我们已经经典地处理过了）。这些修正在理论上是可计算的，也是可以通过实验测量的，理论和实验符合得异常惊人。然而重要的是要记住，所有这些修正都是锦上添花——简单的非相对论薛定谔方程本身就提供了氢原子谱很好的描述。（假如对这些粒子的描述能好到像薛定谔方程对氢原子的描述的一半，那么目前许多关于基本粒子正确理论的猜测就都将会平息。）

接下来考虑波函数。为了检验预言，人们再次依赖对这个系统的微扰。下面的例子应该可以给你一个如何做到这一点的感觉。假设我们在一个短时间 ε 内作用一个外部扰动 H^1。在此期间，系统从 $|nlm\rangle$ 变成

$$|\psi(\varepsilon)\rangle=\left[I-\frac{\mathrm{i}\varepsilon}{\hbar}\left(H^0+H^1\right)\right]|nlm\rangle=|nlm\rangle-\left(\frac{\mathrm{i}\varepsilon E_n}{\hbar}+\frac{\mathrm{i}\varepsilon H^1}{\hbar}\right)|nlm\rangle$$

它处于 $|n'l'm'\rangle$ 态的概率（假定 $|n'l'm'\rangle$ 态不同于 $|nlm\rangle$ 态）是

$$|\langle n'l'm'|\psi(\varepsilon)\rangle|^2 = \left|-\frac{\mathrm{i}\varepsilon}{\hbar}\langle n'l'm'|H^1|nlm\rangle\right|^2$$

因此，量子理论也可以为我们确定跃迁到 $|n'l'm'\rangle$ 态的速率。这个速率由矩阵元 $\langle n'l'm'|H^1|nlm\rangle$ 决定，在坐标空间，该矩阵元将是对 $\psi^*_{n'l'm'}$ 和 ψ_{nlm} 以及它们之间夹的 H^1 的一些积分。积分的计算需要了解波函数的细节，反之，所计算的速率与实验的符合是对所预言的波函数的校验。当我们在第 18 章中讨论辐射与物质的相互作用时，将看到一个具体的例子。

习题 13.3.3 我们转而关注氢的吸收光谱，而不是它的发射光谱。例如，有一些氢原子位于太阳表面。白光试图从太阳内部发射出来，但表面的这些原子会吸收它们所能吸收的部分。处于基态的原子现在将吸收莱曼系，当我们分析来自太阳的光时，这将导致一些暗线。这些暗线的存在告诉我们太阳表面有氢。我们也可以如下估计表面温度。设 T 为表面温度。原子分别在 $n=1$ 和 $n=2$ 处的概率 $P(n=1)$ 和 $P(n=2)$ 由玻尔兹曼公式关联在一起

$$\frac{P(n=2)}{P(n=1)} = 4\,\mathrm{e}^{-(E_2-E_1)/kT}$$

其中因子 4 来自于 $n=2$ 能级的简并度。现在只有处于 $n=2$ 能级的原子才能在吸收光谱中产生巴耳末系。巴耳末系和莱曼系的相对强度将告诉我们 $P(n=2)/P(n=1)$，从中我们可以推论出 T。证明对于 $T=6000$ K，$P(n=2)/P(n=1)$ 是可以忽略不计的，仅当 $T\simeq 10^5$ K 时才变成重要的。（玻尔兹曼常数为 $k\simeq 9\times 10^{-5}$ eV/K。一个助记符是，在室温下，$T=300$ K 时，$kT\simeq 1/40$ eV。）

13.4 多电子原子和周期表

即使我们把原子核视为静止，也不可能解析地处理多电子原子。虽然通过数值求解精确的薛定谔方程，原则上可以处理一个任意的复杂原子，但更实用的方法是采用一些近似方案。考虑哈特里（Hartree）提出的一个方案。这里假设每个电子都服从一个单粒子薛定谔方程，其中势能 $V=-e\phi(r)$ 是由原子核和其他电子所产生的。在计算电子对 $\phi(r)$ 的贡献时，每个电子被看作一个电荷分布，它是 $-e$ 乘上其波函数相关的概率密度。波函数是什么？它们都是势 $\phi(r)$ 中的本征态！为了打破这种恶性循环，人们从对势的合理猜测开始，称之为 $\phi_0(r)$，并计算允许的能量本征态。然后按照能量增加的顺序把它们填满，在每个轨道态下只放入两个电子，它们

带有相反的自旋（泡利原理不允许放入更多的电子）①，直到所有的电子都用完。然后计算由电子这种组态所产生的势 $\phi_1(r)$。②如果它与 $\phi_0(r)$（在某种期望的精度下）相符，则这一轮计算就停止了，并采用这个配置求得该原子的基态。如果不行，则再进行下一轮计算，这一次从 $\phi_1(r)$ 开始。事实上，在实践中，人们很快就会发现一种重新自我生成的势，这一事实表明了这一方案的稳定性。

本征态的情况如何？它们仍然像氢原子一样用 (nlm) 标记，在给定 n 和 l 时具有不同 m 的态简并。[这是因为 $\phi(r)$ 是转动不变的。] 然而，l 的简并消失了。从形式上看这是因为势不再是 $1/r$，而在物理上，因为角动量较低的态在原点附近有较大的振幅，因而对更多的核电荷进行了采样，而在原点被抑制的高角动量态则会看到被内轨道上的电子屏蔽的核电荷。因此，对于每个 n，能量都随 l 增加。每个态的“半径”随 n 增长，稍微依赖于 l。因此，给定 n 的态被称为形成*壳层*（因为在半经典意义上，它们可被看作是在半径等于最可几 r 值的球上运动）。一个给定的 l 和 n 的态被称为形成一个*子壳层*。

现在让我们考虑一些低 Z（Z 是核电荷）原子的电子组态。氢（^{1}H）只有一个电子，处于 1s 态。这个组态由 $1s^1$ 表示。氦（^{2}He）有两个自旋相反且处在 1s 态的电子，这个组态由 $1s^2$ 表示。^{2}He 具有填满的 $n=1$ 壳。锂（^{3}Li）具有处于 2s 态的第三个电子，即其组态由 $1s^22s^1$ 表示。（回想一下，s 态低于 p 态。）我们保持这种做法，依次经过铍（^{4}Be）、硼（^{5}B）、碳（^{6}C）、氮（^{7}N）、氧（^{8}O）和氟（^{9}F），直到氖（^{10}Ne）。氖的组态是 $1s^22s^22p^6$，即具有填满的 $n=2$ 壳。下一个元素是钠（^{11}Na），有一个单独的电子处在 3s 态。当我们到达氩（^{18}Ar）时，它的 3s 和 3p 子壳被填满。下一个元素，钾（^{19}K），其第 19 个电子处在 4s 而不是 3d 态。这是因为 n 从 3 到 4 的变化所引起的能量增长，小于在 $n=3$ 时 l 从 1 变到 2 所引起的增长。随着我们把 Z 向上推移，这种现象经常发生。例如。在“稀土”元素中，在 4f 壳之前填充 6s 壳。

知道了电子组态，人们就可以预见到元素的许多化学属性。考虑一个元素，比如 ^{10}Ne，它有一个封闭的外壳。因为总电子电荷是球对称的（$|R_{nl}|^2\sum_{m=-l}^{l}|Y_l^m|^2$ 不依赖于 θ 和 ϕ），它非常有效地屏蔽了核电荷，因此该原子对其他原子中的电子没有显著的静电吸引力。如果外壳中的一个电子能被激发到更高的能级，情况将会改变，但有一个很大的能量间隙要跨越。因此，原子很少被激发，并且在化学上是惰性的。另一方面，考虑一个像 ^{11}Na 这样的元素，它又多了一个电子，占据了 3s 态。当这个电子向内看时，看到了 $+e$ 的电荷（11 个核电荷被 $n=1$ 和 2 壳层中的 10 个电子屏蔽），因此被束缚得非常松散。其结合能为 5.1 eV，而与 Ne 中的一个 $n=2$ 电子相比，其结合能为 21.6 eV。如果 ^{11}Na 能释放掉这一电子，它可以达到

① 在这个讨论中，电子自旋被视为一个旁观的变量，其唯一的作用是使态翻倍。这是一个相当好的近似。

② 如果有必要的话，对角度求平均，从而获得球对称的 ϕ。

具有封闭的 $n=2$ 壳层的一个稳定的组态。我们如果看一看 ^{10}Ne（就 Z 而言）左边的位置，就会看到这个电子的完美受体：这里有 ^{9}F，它的 $n=2$ 壳层差一个电子就都填满了。因此，当 ^{11}Na 和 ^{9}F 遇到一起时，Na 将其一个电子传递给 F，这个系统作为一个整体能量就降低了，因为 F 中的结合能为 17.4 eV。转移了这个电子后，这两个原子不可能分离了，因为它们现在都已经成为带电的离子，Na^+ 和 F^-，它们被静电吸引力聚在一起，被称为离子键，形成 NaF 分子。

一旦我们认识到化学行为是由在最外层的壳中发生的事情所决定的，就可以看到一些元素将会有类似的化学属性，因为它们有类似的最外壳。例如，我们预期所有外壳被填满的元素都是化学惰性的。的确如此。同样也正确的是，一些子壳被填满的元素也是惰性的，如 ^{18}Ar，它只有被填满的 3s 和 3p 子壳。这种惰性的起源与满壳的情况相同：一个球对称的电子电荷分布和一个较大的激发能量。我们如果移动到惰性元素右边的一个位置，就会遇到那些行为像 Na 一样的元素，即它们渴望放弃一个电子，而我们如果向左边移动一个位置，就会遇到像 F 这样的元素，它们渴望接受一个电子。我们如果向左移动两个位置，就会看到像氧的元素，它们需要两个电子，而向右的两个位置有像镁那样的元素，它们想要丢掉两个电子。因此，当沿着 Z 移动时，我们会一遍又一遍地看到某种化学趋势。1869 年，门德列夫指出了这种准周期行为，他将元素组织成一个周期表，在其中元素被排列成一个矩阵，所有相似的元素都在同一列中。例如，当沿第一列向下时，我们看到 H，Li，Na 等，即都具有一个多余电子的元素。在最后一列中，我们看到惰性元素，He，Ne 等。考虑到这样的格言：幸运是一个被填满的外壳，我们可以猜出谁会与谁相互作用。例如，Na 不仅可以把电子给 F，还可以给 Cl，它们都缺少一个填满 3p 子外壳的电子。同样地，F 也可以从 K 得到的电子，K 有一个单独的电子位于在 4s 态。还可能会发生更复杂的情况，比如，当两个 H 原子与一个 O 原子聚在一起时形成 H_2O，成为共价键，其中每个氢原子都与氧原子共享一个电子。以这种方式，所有这三个原子至少有部分时间可以填满它们各自的外壳。

从外层电子的组态还可以推导元素的许多属性。考虑稀土元素，^{58}Ce 到 ^{71}Lu，它们都具有非常相似的化学性质。为什么在这个范围内化学行为不改变？答案是，在这些元素中，6s 子壳已被填满，而 4f 子壳在内部较深（但能量更高）的位置正在被填充。由于内部发生的事情不影响化学性质，所以它们所有的行为都相同。同样地，锕系元素（^{90}Th 到 ^{103}Lw）有一个填满的 7s 子壳和一个正在被填满 5f 子壳。

既然我们必须停在某个地方，那就让我们停在这里吧。如果你想要知道更多，就必须查阅专门服务于这一主题的书籍。

习题 13.4.1* 证明，如果我们忽略了电子之间的相互作用，一个多电子原子的能级会按 Z^2 变化。既然库仑势是 Ze/r，为什么能量 $\propto Z^2$？

习题 13.4.2* （大致）比较一下铀原子和氢原子的大小。假设能级按 n 增加的顺序填充，且保持非相对论的描述。忽略电子之间的效应。

习题 13.4.3* 可见光的波长约为 500 nm。你认为谱系——莱曼、巴耳末、帕邢——中的哪一个最先被发现？

第 14 章　自旋

14.1　引言

在这一章中，我们考虑一类这样的量子现象，它们不能通过直接应用四个公设来处理。原因是这些现象涉及一个被称为*自旋*的量子自由度，它没有经典的对应。因此，我们既不能通过公设 II 得到自旋算符，也不能立即写出控制其时间演化的量子哈密顿量。由于大多数粒子——电子、质子、中子、光子——都具有自旋自由度，所以这个问题变得非常重要。幸运的是，这个问题可以通过巧妙地结合经典的直觉和类比推理来解决。在这一章中我们只研究电子自旋。对其他粒子自旋的处理是非常类似的，除了光子，它以速度 c 移动，不能用非相对论的方法来处理。光子自旋将在第 18 章中讨论。

在接下来的三节中，我们将讨论以下问题：

(1) 这种新的自旋自由度的本质是什么？

(2) 如何修改希尔伯特空间以容纳这种新的自由度？在这个空间中，自旋算符是什么样子的（自旋运动学）？

(3) 自旋是如何随时间演化的，即，它是如何进入哈密顿量的（自旋动力学）？

14.2　自旋的本质是什么？

表征自旋的最佳方法是将其作为角动量的一种形式。但是，就像展示在如下实验中的，它不是与算符 $\boldsymbol{L}$ 相关联的角动量。制备一个电子，它处于零线性动量的态，即具有恒定（与空间无关）波函数的电子态。由于算符 L_x，L_y 和 L_z 作用在这个态上给出零，所以现有的公式可预言：测量沿 z 方向的角动量，其结果为零。然而，实际的实验证明该预言是错的，实验结果为 $\pm\hbar/2$①。于是，电子就有了“内禀”角动量，它与电子的轨道运动无关。这种角动量被称为*自旋*，因为早期人们就

① 实际上，人们测量的不是角动量，而是一个叫做磁矩的相关量。稍后再做细致的讨论。此外，自旋最初是在光谱证据的基础上被发现的，而不是在上述类型的实验中发现的。

设想过，如果电子具有角动量却没有在空间移动，那么它一定像陀螺一样旋转。我们之所以采用这种命名方法，而不采用相应的机械模型，是因为不存在与其一致的机械模型。幸运的是，仅从观察到的事实，即它是角动量的一种形式开始，人们就可以不诉诸任何模型来描述自旋和它的动力学。现在，让我们发展一种处理自旋的形式体系，尤其是能使我们理解上述实验的形式体系。

14.3 自旋的运动学

在角动量本征值问题的一般解（第 12.5 节）之后的讨论提出了处理具有内禀角动量或自旋粒子的方法。回想一下，如果用一个包含许多（n）分量的波函数来描述一个粒子，那么无穷小转动的生成元不仅只有 $\boldsymbol{L}$，而且还有更多的东西。原因是在无穷小转动下，波函数发生了两件事：(1) 每个空间点的值被重新分配给了旋转后的点；(2) 波函数的各个分量被转换成彼此的线性组合。

微分算符 $\boldsymbol{L}$ 完成第 (1) 部分的工作，而 $n\times n$ 矩阵 $\boldsymbol{S}$ 负责第 (2) 部分的任务。

把习题 12.5.1 中的结果推广到三维中一个具有 n 个分量的波函数，我们看到在绕 z 轴的无穷小转动下，波函数变换为如下形式：

$$\begin{pmatrix}\psi_1'\\ \vdots\\ \psi_n'\end{pmatrix}=\left[\begin{pmatrix}1 & & \\ & \ddots & \\ & & 1\end{pmatrix}-\frac{\mathrm{i}\varepsilon}{\hbar}\begin{pmatrix}-\mathrm{i}\hbar\partial/\partial\phi & & 0\\ & \ddots & \\ 0 & & -\mathrm{i}\hbar\partial/\partial\phi\end{pmatrix}-\frac{\mathrm{i}\varepsilon}{\hbar}S_z\right]\begin{pmatrix}\psi_1\\ \vdots\\ \psi_n\end{pmatrix} \tag{14.3.1}$$

其中 S_z 是一个 $n\times n$ 矩阵。该等式可写成一个简洁的形式[①]：

$$|\psi'\rangle=\left[I-\frac{\mathrm{i}\varepsilon}{\hbar}(L_z+S_z)\right]|\psi\rangle=\left(I-\frac{\mathrm{i}\varepsilon}{\hbar}J_z\right)|\psi\rangle \tag{14.3.2}$$

把沿 z 轴无穷小转动的生成元 J_z 确定为角动量的 z 分量。我们看到它有两部分：

$$J_z=L_z+S_z$$

或更普遍地

$$\boldsymbol{J}=\boldsymbol{L}+\boldsymbol{S} \tag{14.3.3}$$

我们的问题是要找到适合于电子的分量数目（n）和转动其分量的三个自旋矩阵。我们进行如下操作。

因为 J_i 是转动的生成元，它们必须遵守反对易条件

$$[J_i,J_j]=\mathrm{i}\hbar\sum_k\varepsilon_{ijk}J_k \tag{14.3.4}$$

---

① 自旋算符，无论它们是抽象的表示还是在某个基下的矩阵，都将用相同的符号（S）表示。

由于 $\boldsymbol{L}$ 和 $\boldsymbol{S}$ 作用于波函数的不同部分（前者作用于 x，y 和 z，而后者作用于下标 $i=1,\cdots,n$），因此它们对易，我们可以由 (14.3.4) 式推导出

$$[L_i,L_j]+[S_i,S_j]=\mathrm{i}\hbar\left(\sum_k \varepsilon_{ijk}\,L_k+\sum_k \varepsilon_{ijk}\,S_k\right) \tag{14.3.5}$$

使用已知的 L_i 的对易规则，我们推导出

$$[S_i,S_j]=\mathrm{i}\hbar\sum_k \varepsilon_{ijk}S_k \tag{14.3.6}$$

现在回想一下，在第 12 章中我们找到完全遵从这些对易关系的矩阵 J_x，J_y 和 J_z [(12.5.22)—(12.5.24) 式]。但这些矩阵是无穷维的。而无穷维矩阵是由 $(2j+1)\times(2j+1)$ 个块构建成的，其中 $j=0,1/2,1,3/2,\cdots$，并且对易关系逐块满足。那么，我们应该选取哪个块作为电子的自旋算符呢？S_z 只有 $\pm\hbar/2$ 的本征值这一实验事实给出了答案。这样就在 (12.5.22)—(12.5.24) 式中挑选出了 2×2 的块：

$$S_x=\frac{\hbar}{2}\begin{pmatrix}0&1\\1&0\end{pmatrix},\qquad S_y=\frac{\hbar}{2}\begin{pmatrix}0&-\mathrm{i}\\\mathrm{i}&0\end{pmatrix},\qquad S_z=\frac{\hbar}{2}\begin{pmatrix}1&0\\0&-1\end{pmatrix} \tag{14.3.7}$$

因此，描述电子的方法是通过一个被称为旋量的二分量波函数

$$\psi=\begin{pmatrix}\psi_+(x,y,z)\\\psi_-(x,y,z)\end{pmatrix} \tag{14.3.8a}$$

$$\equiv\psi_+\begin{pmatrix}1\\0\end{pmatrix}+\psi_-\begin{pmatrix}0\\1\end{pmatrix} \tag{14.3.8b}$$

来实现的。当 $\psi_-=0$、$\psi_+\neq 0$ 时，S_z 本征态的本征值为 $\hbar/2$；而当 $\psi_-\neq 0$、$\psi_+=0$ 时，S_z 本征值为 $-\hbar/2$。

现在，让我们继续解释前面提到的实验。因为我们制备的是一个零动量的态，我们希望算符 $\boldsymbol{P}$ 作用在 ψ 上给出零的结果。算符 $\boldsymbol{P}$ 只是微分了 ψ 的两个分量：

$$\boldsymbol{P}\to\begin{pmatrix}-\mathrm{i}\hbar\boldsymbol{\nabla}&0\\0&-\mathrm{i}\hbar\boldsymbol{\nabla}\end{pmatrix} \tag{14.3.9}$$

由 $\boldsymbol{P}\,|\psi\rangle=\boldsymbol{0}$，我们推导出

$$\begin{pmatrix}-\mathrm{i}\hbar\boldsymbol{\nabla}\psi_+\\-\mathrm{i}\hbar\boldsymbol{\nabla}\psi_-\end{pmatrix}=\begin{pmatrix}0\\0\end{pmatrix} \tag{14.3.10}$$

这里 ψ_+ 和 ψ_- 与 x，y 和 z 无关。于是，L_z 作用在 ψ 上给出零。但 S_z 却不是这样：为获得 $\pm\hbar/2$，需要有一个振幅 $\psi_\pm$。

电子旋量是一个二分量的对象，它介于只有一个分量的标量和具有三个分量的矢量之间。然而，旋量的分量是复的。

自旋角动量和轨道角动量的一个重要区别是：我们可以改变一个粒子轨道角动量的大小（通过施加外场），但不能改变其自旋的大小。S^2 算符是

$$S^2 = \hbar^2 \begin{bmatrix} (\frac{1}{2})(\frac{1}{2}+1) & 0 \\ 0 & (\frac{1}{2})(\frac{1}{2}+1) \end{bmatrix} = \frac{3}{4}\hbar^2 \begin{pmatrix} 1 & 0 \\ 0 & 1 \end{pmatrix} \tag{14.3.11}$$

且对任一态 ψ 都有 $\frac{3}{4}\hbar^2$ 的值。对于任意粒子，自旋的大小是由波函数中分量的个数决定的，并且是一个不变量。因此，电子的自旋总是 1/2（以 $\hbar$ 为单位），它可作为粒子的不变标签，就像它的电荷或者静止质量一样。

我们已经推断出：在空间坐标基下，电子由一个二分量的波函数描述①。让我们在希尔伯特空间中重申一下这个结果。首先，很容易看到自旋的引入使希尔伯特空间的大小增加了一倍——我的意思是如果之前是 ∞ 维的，则现在是 2∞ 维的。基矢 $|xyzs_z\rangle$ 把相互对易的算符 X，Y，Z 和 S_z 对角化（人们也可以考虑其他的基，比如 $|\boldsymbol{p}s_z\rangle$ 或 $|\boldsymbol{p}s_x\rangle$ 等）。在这组基下，态矢量 $|\psi\rangle$ 是一个 2∞ 维的列矢量：

$$|\psi\rangle \xrightarrow[\boldsymbol{R},\,S_z\text{ 基}]{} \langle xyzs_z|\psi\rangle = \begin{pmatrix} \psi(x=-\infty, y=-\infty, z=-\infty, s_z=+\hbar/2) \\ \vdots \\ \psi(x,y,z,s_Z=+\hbar/2) \\ \vdots \\ \psi(x=\infty, y=\infty, z=\infty, s_z=+\hbar/2) \\ \hdashline \psi(x=-\infty, y=-\infty, z=-\infty, s_z=-\hbar/2) \\ \vdots \\ \psi(x,y,z,s_Z=-\hbar/2) \\ \vdots \\ \psi(x=\infty, y=\infty, z=\infty, s_z=-\hbar/2) \end{pmatrix} \tag{14.3.12}$$

显然，$\psi(\boldsymbol{r},\pm\hbar/2)$ 给出了在 $\boldsymbol{r}$ 处找到 $s_z=\pm\hbar/2$ 的电子的振幅。水平虚线将 $s_z=+\hbar/2$ 的分量和 $s_z=-\hbar/2$ 的分量分隔开。现在，如果取 s_z 为 $\hbar/2$，从 $-\infty$ 到 $+\infty$ 改变 x，y，z 的值，$|\psi\rangle$ 的分量将光滑地变化，即定义了一个连续函数 $\psi_+(x,y,z)$，同样地，虚线以下的分量定义了一个函数 $\psi_-(x,y,z)$。使用这些函数，我们可以把

① 我们根据以实验为依据的输入做出了推论。当我们讨论狄拉克方程时将看到，如果要求方程是时间和空间的一阶方程，结合相对论运动学将自动导致多分量波函数，即导致自旋。

方程 (14.3.12) 缩写成

$$|\psi\rangle \xrightarrow[\boldsymbol{R}, S_z \text{ 基}]{} \begin{pmatrix} \psi_+(x,y,z) \\ \psi_-(x,y,z) \end{pmatrix} \tag{14.3.13}$$

这个符号把我们迄今使用过的两种符号结合在了一起：如果这个矢量具有由离散指标 i（$i = 1, \cdots, n$）标记的分量，我们则把它表示为一个列矢量；而如果它是用一个诸如 x 的连续指标来标记的，我们则把它表示成一个函数 $\psi(x)$。但是这里，由于它既依赖于离散的 (s_z) 指标，也依赖于连续指标 (x, y, z)，所以我们把它写成一个分量是函数的列矢量。归一化条件为

$$\begin{aligned} 1 = \langle\psi|\psi\rangle &= \sum_{s_z} \int \langle\psi|xyzs_z\rangle\langle xyzs_z|\psi\rangle \,\mathrm{d}x\,\mathrm{d}y\,\mathrm{d}z \\ &= \int (|\psi_+|^2 + |\psi_-|^2) \,\mathrm{d}x\,\mathrm{d}y\,\mathrm{d}z \end{aligned} \tag{14.3.14}$$

用紧凑的记法，S_z 是一个 2×2 矩阵：

$$S_z|\psi\rangle \xrightarrow[\boldsymbol{R}, S_z \text{ 基}]{} \frac{\hbar}{2} \begin{pmatrix} 1 & 0 \\ 0 & -1 \end{pmatrix} \begin{pmatrix} \psi_+(x,y,z) \\ \psi_-(x,y,z) \end{pmatrix} \tag{14.3.15a}$$

而将其写全时，它是一个 2∞ 维矩阵：

$$S_z|\psi\rangle \xrightarrow[\boldsymbol{R}, S_z \text{ 基}]{} \frac{\hbar}{2} \left(\begin{array}{cccccc} 1 & & & & & 0 \\ & 1 & & & & \\ & & \ddots & & & \\ & & & 1 & & \\ \hline & & & -1 & & \\ & & & & -1 & \\ & & & & & \ddots \\ 0 & & & & & -1 \end{array}\right) \left(\begin{array}{c} \psi(-\infty, \hbar/2) \\ \vdots \\ \hline \vdots \\ \psi(\infty, -\hbar/2) \end{array}\right) \tag{14.3.15b}$$

那么熟悉的 $\Omega(\boldsymbol{R}, \boldsymbol{P})$ 算符呢？(14.3.9) 式给出了 $\boldsymbol{P}$ 的紧凑表示。同样，L_z 变成了

$$L_z|\psi\rangle \xrightarrow[\boldsymbol{R}, S_z \text{ 基}]{} \begin{pmatrix} -\mathrm{i}\hbar\partial/\partial\phi & 0 \\ 0 & -\mathrm{i}\hbar\partial/\partial\phi \end{pmatrix} \begin{pmatrix} \psi_+(x,y,z) \\ \psi_-(x,y,z) \end{pmatrix} \tag{14.3.16}$$

这些算符的形式与下述的要求是一致的：用 $\boldsymbol{R}$ 和 $\boldsymbol{P}$ 构造的算符与自旋算符对易。我们注意到，电子的希尔伯特空间 $\mathbb{V}_e$ 可看作是一个描述只有轨道自由度粒子的无限维空间 $\mathbb{V}_0$ 和一个描述只有自旋自由度粒子的二维空间 $\mathbb{V}_s$ 的直积：

$$\mathbb{V}_e = \mathbb{V}_0 \otimes \mathbb{V}_s \tag{14.3.17}$$

$\mathbb{V}_e$ 的基矢 $|x,y,z,s_z\rangle$ 就是一个直积

$$|x,y,z,s_z\rangle = |x,y,z\rangle \otimes |s=1/2,s_z\rangle \tag{14.3.18}$$

当然，$\mathbb{V}_0$ 和 $\mathbb{V}_s$ 不是描述合并成单一系统的两个粒子，而是描述电子的两个独立的自由度。

既然我们已经知道如何处理轨道的自由度，从现在开始，让我们假设只有自旋自由度存在。或者更准确地说，让我们假设存在轨道自由度，但它独立演化。这意味着哈密顿量在形式上是可分离的：

$$H = H_0 + H_s \tag{14.3.19}$$

其中 H_0 和 H_s 分别仅依赖于轨道算符和自旋算符。因此，态矢量可因子化为①

$$|\psi(t)\rangle = |\psi_0(t)\rangle \otimes |\chi_s(t)\rangle \tag{14.3.20}$$

其中 $|\psi_0\rangle$ 和 $|\chi_s\rangle$ 分别是 $\mathbb{V}_0$ 和 $\mathbb{V}_s$ 的元素。现在 $|\psi_0(t)\rangle$ 按照 H_0 演化，而 $|\chi_s(t)\rangle$ 的演化由 H_s 支配。我们将只关注 $|\chi_s\rangle$ 的演化。$|\psi\rangle$ 的乘积形式确保了自旋自由度和轨道自由度是独立统计的。当然，还有许多有趣的情况，在那里 H 是不可分离的，轨道自由度和自旋自由度在演化中是耦合的。我们将在后面的章节中讨论这些问题。

根据这个假设，我们只需处理一个（复）二维希尔伯特空间 $\mathbb{V}_s$。由矢量 $|s,s_z\rangle = |s,m\hbar\rangle \equiv |s,m\rangle$ 提供一个完备基。它们是

$$|s,m\rangle = |1/2,\ 1/2\rangle \xrightarrow[S_z\text{ 基}]{} \begin{pmatrix}1\\0\end{pmatrix} \tag{14.3.21a}$$

$$|s,m\rangle = |1/2,\ -1/2\rangle \xrightarrow[S_z\text{ 基}]{} \begin{pmatrix}0\\1\end{pmatrix} \tag{14.3.21b}$$

$\mathbb{V}_s$ 中的任意右矢 $|\chi\rangle$ 能被展成

$$|\chi\rangle = \alpha|1/2,\ 1/2\rangle + \beta|1/2,\ -1/2\rangle \xrightarrow[S_z\text{ 基}]{} \begin{pmatrix}\alpha\\\beta\end{pmatrix} \tag{14.3.22}$$

其归一化条件为

$$1 = \langle\chi\,|\chi\rangle \xrightarrow[S_z\text{ 基}]{} 1 = (\alpha^*,\beta^*)\begin{pmatrix}\alpha\\\beta\end{pmatrix} = |\alpha|^2 + |\beta|^2 \tag{14.3.23}$$

① 在 $\boldsymbol{R}, S_z$ 的基下，它意味着 $\psi(x,y,z,s_z,t) = \psi_0(x,y,z,s_z,t)\chi(t)$，其中 χ 是一个独立于 x，y 和 z 的二分量旋量。

如果在 S_z 的本征态上计算 $\langle \boldsymbol{S} \rangle$，可得到

$$\langle 1/2, \pm 1/2|\mathbf{S}|1/2, \pm 1/2\rangle = \pm(\hbar/2)\mathbf{k} \tag{14.3.24}$$

人们把它们称为自旋沿 z 轴向上/向下的态。更一般地说，$\hat{\boldsymbol{n}} \cdot \boldsymbol{S}$ 本征值为 $\pm\hbar/2$ 的本征态 $|\hat{\boldsymbol{n}}, \pm\rangle$，其中

$$\langle \hat{\boldsymbol{n}}, \pm|\boldsymbol{S}|\hat{\boldsymbol{n}}, \pm\rangle = \pm(\hbar/2)\,\hat{\boldsymbol{n}} \tag{14.3.25}$$

被称为是在单位矢量 $\hat{\boldsymbol{n}}$ 方向上的自旋向上/向下的态。让我们讨论 $|\hat{\boldsymbol{n}}, \pm\rangle$ 分量的确定（在 S_z 基下）和 (14.3.25) 式的验证。

假设 $\hat{\boldsymbol{n}}$ 指向 (θ, ϕ) 的方向，即

$$\begin{aligned} \hat{n}_z &= \cos\theta \\ \hat{n}_x &= \sin\theta\,\cos\phi \\ \hat{n}_y &= \sin\theta\,\sin\phi \end{aligned} \tag{14.3.26}$$

右矢 $|\hat{\boldsymbol{n}}, \pm\rangle$ 是

$$\begin{aligned} \hat{\boldsymbol{n}} \cdot \boldsymbol{S} &= n_x S_x + n_y S_y + n_z S_z \\ &= \frac{\hbar}{2}\begin{pmatrix} n_z & n_x - \mathrm{i}n_y \\ n_x + \mathrm{i}n_y & -n_z \end{pmatrix} \\ &= \frac{\hbar}{2}\begin{pmatrix} \cos\theta & \sin\theta\,\mathrm{e}^{-\mathrm{i}\phi} \\ \sin\theta\,\mathrm{e}^{\mathrm{i}\phi} & -\cos\theta \end{pmatrix} \end{aligned} \tag{14.3.27}$$

的本征矢。求解本征值问题（习题 14.3.2）并找到

$$|\hat{\boldsymbol{n}}\,\text{向上}\rangle \equiv |\hat{\boldsymbol{n}}+\rangle = \begin{pmatrix} \cos(\theta/2)\,\mathrm{e}^{-\mathrm{i}\phi/2} \\ \sin(\theta/2)\,\mathrm{e}^{\mathrm{i}\phi/2} \end{pmatrix} \tag{14.3.28a}$$

$$|\hat{\boldsymbol{n}}\,\text{向下}\rangle \equiv |\hat{\boldsymbol{n}}-\rangle = \begin{pmatrix} -\sin(\theta/2)\,\mathrm{e}^{-\mathrm{i}\phi/2} \\ \cos(\theta/2)\,\mathrm{e}^{\mathrm{i}\phi/2} \end{pmatrix} \tag{14.3.28b}$$

是很简单的事。可以证实

$$\begin{aligned} \langle \hat{\boldsymbol{n}} \pm |\boldsymbol{S}|\hat{\boldsymbol{n}} \pm\rangle &= \pm(\hbar/2)(\boldsymbol{i}\sin\theta\cos\phi + \boldsymbol{j}\sin\theta\sin\phi + \boldsymbol{k}\cos\theta) \\ &= \pm(\hbar/2)\,\hat{\boldsymbol{n}} \end{aligned} \tag{14.3.29}$$

$\mathbb{V}_s$ 的一个有趣特性是，不仅可以计算给定态的 $\langle \boldsymbol{S} \rangle$，而且还可以反过来，即推导给定 $\langle \boldsymbol{S} \rangle$ 的态矢量。这与以下事实有关：$\mathbb{V}_s$ 的任何元素只有两个（复）分量 α 和 β，它们被归一化的要求 $|\alpha|^2 + |\beta|^2 = 1$ 所约束，即三个实自由度，而 $\langle \boldsymbol{S} \rangle$ 恰好

含有三条信息。如果我们将 $\langle \boldsymbol{S} \rangle$ 写成 $(\hbar/2)\,\hat{\boldsymbol{n}}$，则对应的右矢是 $|\hat{\boldsymbol{n}}, +\rangle$，或者如果你愿意也可写成 $|-\hat{\boldsymbol{n}}, -\rangle$。对该结果的另外一种陈述方法是这样的：我们不必使用 α 和 β 去指定一个态，而是给出本征值为 $\hbar/2$ 的本征矢的算符 $\hat{\boldsymbol{n}} \cdot \boldsymbol{S}$。一个有趣的推论是，$\mathbb{V}_s$ 中的每个旋量都是自旋算符 $\hat{\boldsymbol{n}} \cdot \boldsymbol{S}$ 的某个本征值为 $\hbar/2$ 的本征右矢。

习题 14.3.1 让我们明确地验证上述推论。取分量为 $\alpha = \rho_1 e^{i\phi_1}$ 和 $\beta = \rho_2 e^{i\phi_2}$ 的旋量。由 $\langle \chi | \chi \rangle = 1$ 推断，对于某个 θ，我们可以写出 $\rho_1 = \cos(\theta/2)$ 和 $\rho_2 = \sin(\theta/2)$。接着抽取出一个共同的相因子，使旋量具有 (14.3.28a) 式的形式。这就验证了推论，并且也确定了 $\hat{\boldsymbol{n}}$。

$\mathbb{V}_s$ 中的态矢量就讲这么多了。那么这个空间上的算符呢？让我们从 S_x，S_y 和 S_z 开始，引入泡利矩阵 $\boldsymbol{\sigma}$ 会很方便，它由

$$\boldsymbol{S} = \frac{\hbar}{2}\boldsymbol{\sigma} \tag{14.3.30}$$

定义，所以

$$\sigma_x = \begin{pmatrix} 0 & 1 \\ 1 & 0 \end{pmatrix}, \quad \sigma_y = \begin{pmatrix} 0 & -i \\ i & 0 \end{pmatrix}, \quad \sigma_z = \begin{pmatrix} 1 & 0 \\ 0 & -1 \end{pmatrix} \tag{14.3.31}$$

这些矩阵是值得记住的。下面是它们的一些重要性质。

(1) 它们相互反对易：

$$[\sigma_i, \sigma_j]_+ = 0 \quad \text{或} \quad \sigma_i \sigma_j = -\sigma_j \sigma_i \quad (i \neq j) \tag{14.3.32}$$

(2) 基于泡利矩阵的反对易性，从自旋算符 $\boldsymbol{S}$ 的对易规则可以得到

$$\sigma_x \sigma_y = i\sigma_z \quad \text{及它们的循环排列} \tag{14.3.33}$$

(3) 它们是无迹的

$$\mathrm{Tr}\,\sigma_i = 0, \quad i = x,\, y,\, z \tag{14.3.34}$$

（有关证明，请参见习题 14.3.3）。

(4) 任意泡利矩阵的平方等于 I：

$$\sigma_i^2 = I \tag{14.3.35}$$

或更普遍地，

$$(\hat{\boldsymbol{n}} \cdot \boldsymbol{\sigma})^2 = I \tag{14.3.36}$$

证明：因为 S_z 具有本征值 $\pm\hbar/2$，因此在希尔伯特空间[①]可以得到

$$\left(S_z + \frac{I\hbar}{2}\right)\left(S_z - \frac{I\hbar}{2}\right) = 0$$

但是由于我们将 z 轴的方向取为任意方向，

$$\left(\hat{\boldsymbol{n}} \cdot \boldsymbol{S} + \frac{I\hbar}{2}\right)\left(\hat{\boldsymbol{n}} \cdot \boldsymbol{S} - \frac{I\hbar}{2}\right) = 0$$

或

$$(\hat{\boldsymbol{n}} \cdot \boldsymbol{S})^2 = \frac{\hbar^2}{4} I$$

或

$$(\hat{\boldsymbol{n}} \cdot \boldsymbol{\sigma})^2 = I$$

肯定是正确的。

(5) 我们可以把 (14.3.32) 和 (14.3.35) 式结合成

$$[\sigma_i, \sigma_j]_+ = 2\delta_{ij} I \tag{14.3.37}$$

(6) 把这个关系与对易规则结合在一起

$$[\sigma_x, \sigma_y] = 2\mathrm{i}\sigma_z \quad \text{及它们的循环排列} \tag{14.3.38}$$

我们可以得到一个非常有用的等式（习题 14.3.4）：

$$(\boldsymbol{A} \cdot \boldsymbol{\sigma})(\boldsymbol{B} \cdot \boldsymbol{\sigma}) = \boldsymbol{A} \cdot \boldsymbol{B} I + \mathrm{i}(\boldsymbol{A} \times \boldsymbol{B}) \cdot \boldsymbol{\sigma} \tag{14.3.39}$$

其中 $\boldsymbol{A}$ 和 $\boldsymbol{B}$ 是矢量或者矢量算符，它们与 $\boldsymbol{\sigma}$ 对易。

(7) 把 (14.3.33)、(14.3.34) 和 (14.3.35) 式结合在一起，可得到

$$\mathrm{Tr}(\sigma_i \sigma_j) = 2\delta_{ij}, \quad i, j = x, y, z \tag{14.3.40a}$$

让我们把单位矩阵 I 看作第四个泡利矩阵。如果我们称它为 σ_0，于是有

$$\mathrm{Tr}(\sigma_\alpha \sigma_\beta) = 2\delta_{\alpha\beta} \quad (\alpha, \beta = x, y, z, 0)^{②} \tag{14.3.40b}$$

这个公式意味着这些 σ_α 矩阵都是线性无关的。由此，和往常一样，

$$\sum_\alpha c_\alpha \sigma_\alpha = 0 \to c_\alpha = 0 \qquad \text{对于所有的}\, \alpha \tag{14.3.41}$$

① 参见习题 12.5.4。

② 从现在开始，α，β 将可以取四个值 x，y，z 和 0，而 i，j 只取 x，y 和 z。

比如说，为了对 c_β 证明这一点，两边乘 σ_β，然后求迹。

由于任一 2×2 矩阵 M 只有 4 个独立的（复）自由度，所以它可被写成

$$M=\sum m_\alpha\,\sigma_\alpha \tag{14.3.42}$$

为了求 m_β，在上式的两边各乘一个 σ_β 并且求迹，得到

$$m_\beta=\frac{1}{2}\,\mathrm{Tr}(M\sigma_\beta) \tag{14.3.43}$$

（系数 m_α 一般是一个复数，如果 M 是厄米矩阵，那么它是一个实数。）

于是，$\mathbb{V}_s$ 中的任一算符都可用 σ_α 表示，它形成了一组与内积 $\frac{1}{2}\mathrm{Tr}(\sigma_\alpha\sigma_\rho)$ ①正交的基。

转动算符的显式形式

$(\hat{\boldsymbol{n}}\cdot\boldsymbol{\sigma})^2=I$ 这一事实极大地简化了计算，并允许我们计算一些在无限维空间中难以处理的算符的解析形式，例如 $U(t)=\exp(-\mathrm{i}Ht/\hbar)$，$U[R(\boldsymbol{\theta})]=\exp(-\mathrm{i}\boldsymbol{\theta}\cdot\boldsymbol{S}/\hbar)$。在本节中，我们将考虑转动算符，接着考虑传播子。

考虑

$$\begin{aligned}
U[R(\boldsymbol{\theta})]&=\exp(-\mathrm{i}\boldsymbol{\theta}\cdot\boldsymbol{S}/\hbar)=\exp(-\mathrm{i}\boldsymbol{\theta}\cdot\boldsymbol{\sigma}/2)\\
&=\exp\left[-\mathrm{i}\left(\frac{\theta}{2}\right)\hat{\boldsymbol{\theta}}\cdot\boldsymbol{\sigma}\right]\\
&=\sum_{n=0}^{\infty}\left(-\frac{\mathrm{i}\theta}{2}\right)^n\frac{1}{n!}\left(\hat{\boldsymbol{\theta}}\cdot\boldsymbol{\sigma}\right)^n\\
&=I+\left(-\frac{\mathrm{i}\theta}{2}\right)\hat{\boldsymbol{\theta}}\cdot\boldsymbol{\sigma}+\frac{1}{2!}\left(-\frac{\mathrm{i}\theta}{2}\right)^2 I+\frac{1}{3!}\left(-\frac{\mathrm{i}\theta}{2}\right)^3\left(\hat{\boldsymbol{\theta}}\cdot\boldsymbol{\sigma}\right)+\cdots
\end{aligned}$$

把 I 和 $\hat{\boldsymbol{\theta}}\cdot\boldsymbol{\sigma}$ 的系数分别分组，可得到

$$U[R(\boldsymbol{\theta})]=\cos(\theta/2)\,I-\mathrm{i}\sin(\theta/2)\,\hat{\boldsymbol{\theta}}\cdot\boldsymbol{\sigma} \tag{14.3.44}$$

让我们对该算符进行检验。假设我们有一个粒子，其自旋沿 z 方向向上，即处于 $\begin{pmatrix}1\\0\end{pmatrix}$ 态。如果要从中获得态为 $|\hat{\boldsymbol{n}},+\rangle$ 的粒子，显然我们必须把 $\begin{pmatrix}1\\0\end{pmatrix}$ 态绕着垂直于 z 轴和 $\hat{\boldsymbol{n}}$ 轴的轴转一个 θ 角。因此，转动的角度为

$$\boldsymbol{\theta}=\theta\,\hat{\boldsymbol{\theta}}=\theta\,\frac{\boldsymbol{k}\times\hat{\boldsymbol{n}}}{|\boldsymbol{k}\times\hat{\boldsymbol{n}}|} \tag{14.3.45}$$

① 作用于 $\mathbb{V}_s$ 的两个矩阵 M 和 M' 的内积实际上就是 $\mathrm{Tr}(MM'^{\dagger})$。而 $\dagger$ 运算与厄米的 σ 无关。检验该内积遵守这三个公理是一个有趣的习题。

其中 $\boldsymbol{k}$ 是沿着 z 轴的单位矢量。由于 $\hat{\boldsymbol{n}}=(\sin\theta\cos\phi,\,\sin\theta\sin\phi,\,\cos\theta)$，因此有

$$\hat{\boldsymbol{\theta}}=\frac{1}{\sin\theta}(-\sin\theta\,\sin\phi,\,\sin\theta\,\cos\phi,\,0)=(-\sin\phi,\cos\phi,\,0) \tag{14.3.46}$$

由 (14.3.44) 式，转动矩阵为

$$\exp\left(-\frac{\mathrm{i}\theta}{2}\,\hat{\boldsymbol{\theta}}\cdot\boldsymbol{\sigma}\right)=\begin{pmatrix}\cos(\theta/2) & -\sin(\theta/2)\,\mathrm{e}^{-\mathrm{i}\phi}\\ \sin(\theta/2)\,\mathrm{e}^{\mathrm{i}\phi} & \cos(\theta/2)\end{pmatrix} \tag{14.3.47}$$

根据我们的助记符，第一列给出了 $\begin{pmatrix}1\\0\end{pmatrix}$ 旋转后的描述。我们看到，它与 (14.3.28) 式中给出的 $|\hat{\boldsymbol{n}},+\rangle$ 是一致的，至多差一个整体的相位。

这里是曾推导或简单陈述的有用公式的总结：

$$\begin{aligned}
\boldsymbol{S}&=\frac{\hbar}{2}\boldsymbol{\sigma}\,,\\
[\sigma_i,\,\sigma_j]_+&=2I\delta_{ij}\,,\\
[\sigma_i,\,\sigma_j]&=2\mathrm{i}\sum_k\varepsilon_{ijk}\sigma_k\,,\\
(\hat{\boldsymbol{n}}\cdot\boldsymbol{\sigma})^2&=I\,,\\
\mathrm{Tr}\,\sigma_i&=0\,,\\
\mathrm{Tr}\,(\sigma_\alpha\sigma_\beta)&=2\delta_{\alpha\beta}\quad(\alpha,\beta=x,y,z,0)\\
\exp\left(-\mathrm{i}\,\frac{\theta}{2}\,\hat{\boldsymbol{\theta}}\cdot\boldsymbol{\sigma}\right)&=\cos\left(\frac{\theta}{2}\right)I-\mathrm{i}\sin\left(\frac{\theta}{2}\right)\hat{\boldsymbol{\theta}}\cdot\boldsymbol{\sigma}\,,\\
(\boldsymbol{A}\cdot\boldsymbol{\sigma})(\boldsymbol{B}\cdot\boldsymbol{\sigma})&=(\boldsymbol{A}\cdot\boldsymbol{B})I+\mathrm{i}(\boldsymbol{A}\times\boldsymbol{B})\cdot\boldsymbol{\sigma}
\end{aligned}$$

习题 14.3.2*

(1) 证明 $\boldsymbol{\sigma}\cdot\hat{\boldsymbol{n}}$ 的本征矢由 (14.3.28) 式给出。

(2) 证明 (14.3.29) 式。

习题 14.3.3* 使用 (14.3.32) 和 (14.3.33) 式展示泡利矩阵是无迹的。

习题 14.3.4* 用两种不同的方法推导 (14.3.39) 式。

(1) 利用 $[\sigma_i,\sigma_j]_+$ 和 $[\sigma_i,\sigma_j]$ 写出 $\sigma_i\sigma_j$。

(2) 利用 (14.3.42) 式和 (14.3.43) 式写出 $\sigma_i\sigma_j$。

习题 14.3.5 利用泡利矩阵表示下面的矩阵 M：

$$M = \begin{pmatrix} \alpha & \beta \\ \gamma & \delta \end{pmatrix}$$

习题 14.3.6

(1) 论证 $|\hat{\boldsymbol{n}}, +\rangle = U[R(\phi \boldsymbol{k})]\,U[R(\theta \boldsymbol{j})]\,|s_z = \hbar/2\rangle$。

(2) 通过显式计算验证。

习题 14.3.7 用泡利矩阵和 I 的线性组合表示：

(1) $(I + \mathrm{i}\sigma_x)^{1/2}$（把它与半个确定的转动联系起来）。

(2) $(2I + \sigma_x)^{-1}$。

(3) σ_x^{-1}。

习题 14.3.8*

(1) 证明任一与 $\boldsymbol{\sigma}$ 对易的矩阵都是单位矩阵的倍数。

(2) 证明不可能找到与三个泡利矩阵都反对易的矩阵。（如果存在这样的一个矩阵，那么它一定等于零。）

14.4 自旋动力学

由于对自旋哈密顿量的探索是基于与经典的类比，让我们回顾一些经典静磁学的基本思想。考虑一个在磁场 $\boldsymbol{B}$ 中携带电流的正方形环路（图 14.1）。根据标准静磁学（载流导体上单位长度上的力等），可以看到环路上的转矩为

$$\boldsymbol{T} = \boldsymbol{\mu} \times \boldsymbol{B} \tag{14.4.1}$$

其中*磁矩* $\boldsymbol{\mu}$ 由

$$\boldsymbol{\mu} = \frac{I \cdot A}{c}\,\boldsymbol{e}_\perp \tag{14.4.2}$$

给出，A 为环路的面积，c 为光速，$\boldsymbol{e}_\perp$ 是垂直于环路平面的单位矢量[①]。$\boldsymbol{T}$ 的作用是使环路转动，直到 $\boldsymbol{\mu}$ 和 $\boldsymbol{B}$ 平行。

由于我们最终希望处理量子力学问题，所以最好用与转矩相关的势能来概括环

① $\boldsymbol{e}_\perp$ 是通过右手定则与电流相关联的。

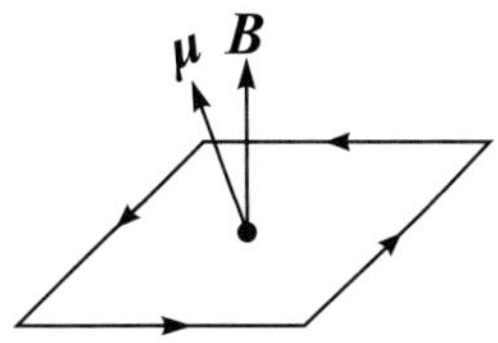

图 14.1　图中 $\boldsymbol{B}$ 为磁场，$\boldsymbol{\mu}$ 为环路的磁矩。环路中箭头的方向是电流的方向

路与磁场间的相互作用：如果 θ 为 $\boldsymbol{\mu}$ 与 $\boldsymbol{B}$ 之间的夹角，那么相互作用能为①

$$\mathcal{H}_{\text{int}} = \int T(\theta)\,\mathrm{d}\theta = \int \mu B \sin\theta\,\mathrm{d}\theta = -\mu B\cos\theta = -\boldsymbol{\mu}\cdot\boldsymbol{B} \tag{14.4.3}$$

正如我们所预料的，当 $\boldsymbol{\mu}$ 与 $\boldsymbol{B}$ 平行时，这个能量最小，也就是说，得到了一个稳定的组态。

上述推导的方程虽然是对方形环路而言的，但也适用于任一微小平面环，在这个环内 $\boldsymbol{B}$ 是常数。因此，可以将上述方程用于下面的问题。想象一个质量为 m，电荷为 q 的粒子，在半径为 r 的圆形轨道中运动。与这个电荷相关的电流是

$$\begin{aligned} I &= \text{每秒流过圆周上任一点的电荷} \\ &= \frac{qv}{2\pi r} \end{aligned} \tag{14.4.4}$$

且磁矩大小为

$$\mu = \frac{qv}{2\pi r}\cdot\frac{\pi r^2}{c} = \frac{qvr}{2c} = \left(\frac{q}{2mc}\right)mvr = \frac{q}{2mc}\cdot l \tag{14.4.5}$$

其中 l 为角动量的大小。因为 $\boldsymbol{\mu}$ 与 $\boldsymbol{l}$ 是平行的，

$$\boldsymbol{\mu} = \left(\frac{q}{2mc}\right)\boldsymbol{l} \tag{14.4.6}$$

$\boldsymbol{\mu}$ 和 $\boldsymbol{l}$ 的比称为*旋磁比* γ。对于上述粒子，

$$\gamma = \frac{q}{2mc} \tag{14.4.7}$$

在考虑当前环路的情况下，可以说转矩 $\boldsymbol{T}$ 的作用是使 $\boldsymbol{\mu}$ 与 $\boldsymbol{B}$ 对齐。当 $\boldsymbol{\mu}$ 的原点在角动量中，图像就变了，就如同讨论中的粒子的情况。在这种情况下，$\boldsymbol{T}$ 引起了 $\boldsymbol{\mu}$ 环绕着 $\boldsymbol{B}$ 的*进动*。我们可以在下面（见图 14.2）看到。运动方程为

$$\boldsymbol{T} = \frac{\mathrm{d}\boldsymbol{l}}{\mathrm{d}t} = \boldsymbol{\mu}\times\boldsymbol{B} = \gamma\,(\boldsymbol{l}\times\boldsymbol{B}) \tag{14.4.8}$$

① 这不是完整的哈密顿量（因为它不包括环的动能），它只是与磁场相互作用的势能。

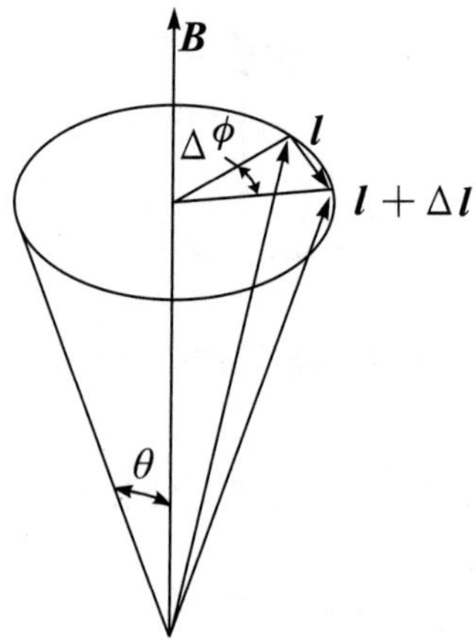

图 14.2 在一个很短的时间 Δt 内，矢量 $\boldsymbol{l}$ 的尖围绕着磁场矢量进动了 $\Delta\phi$ 的角度

所以在一个很短的时间 Δt 内，

$$\Delta\boldsymbol{l} = \gamma(\boldsymbol{l}\times\boldsymbol{B})\Delta t$$

或

$$\Delta l = \gamma\, l\, B\ \sin\theta\,\Delta t$$

由于 $\Delta\boldsymbol{l}$ 垂直于 $\boldsymbol{l}$，所以 $\boldsymbol{l}$ 矢量的尖移动了一个角度

$$\Delta\phi = \left(\frac{-\Delta l}{l\sin\theta}\right) = (-\gamma B)\,\Delta t \tag{14.4.9}$$

即，以频率

$$\boldsymbol{\omega}_0 = -\gamma\boldsymbol{B} \tag{14.4.10}$$

进动。

量子理论中的轨道磁矩

这些观念在量子理论中重新出现。质量为 m，电荷为 q 的粒子在磁场中的哈密顿量为

$$H = \frac{(\boldsymbol{P}-q\boldsymbol{A}/c)^2}{2m} = \frac{|\boldsymbol{P}|^2}{2m} - \frac{q}{2mc}(\boldsymbol{P}\cdot\boldsymbol{A}+\boldsymbol{A}\cdot\boldsymbol{P}) + \frac{q^2|\boldsymbol{A}|^2}{2mc^2} \tag{14.4.11}$$

令

$$\boldsymbol{A} = \frac{B}{2}\,(-y\boldsymbol{i}+x\boldsymbol{j}) \tag{14.4.12}$$

于是

$$\nabla \times \boldsymbol{A} = \boldsymbol{B} = B\boldsymbol{k} \tag{14.4.13}$$

是常矢量，且沿着 z 轴。假设 B 很小，可把 H 的最后一项，B 的二次项，舍去。当中间的项作用于任意 $|\psi\rangle$ 时，有

$$\begin{aligned}(\boldsymbol{P}\cdot\boldsymbol{A})|\psi\rangle &\to -\mathrm{i}\hbar\nabla\cdot(\boldsymbol{A}\,\psi)\\ &= -\mathrm{i}\hbar\,[(\nabla\cdot\boldsymbol{A})\,\psi + \boldsymbol{A}\cdot\nabla\,\psi]\\ &= (-\mathrm{i}\hbar\boldsymbol{A}\cdot\nabla)\psi \to (\boldsymbol{A}\cdot\boldsymbol{P})|\psi\rangle\end{aligned}$$

因为这里 $\nabla\cdot\boldsymbol{A}=0$。[①]这样，相互作用哈密顿量可写为

$$\begin{aligned}H_{\text{int}} &= -\frac{q}{2mc}(2\boldsymbol{A}\cdot\boldsymbol{P})\\ &= -\frac{q}{mc}\,\frac{B}{2}(-YP_x + XP_y)\\ &= -\frac{q}{2mc}\boldsymbol{L}\cdot\boldsymbol{B} \equiv -\boldsymbol{\mu}\cdot\boldsymbol{B}\end{aligned} \tag{14.4.14}$$

所以

$$\boldsymbol{\mu} = \frac{q}{2mc}\boldsymbol{L} \tag{14.4.15}$$

与经典情况完全一样。(我们用相同的符号 $\boldsymbol{\mu}$ 来表示经典变量和量子算符。但我们也会偶尔违反我们的惯例，遵循其他广泛使用的惯例。)

如果沿 z 轴投影这个关系式，我们可以得到

$$\mu_z = \frac{q}{2mc}\,L_z = \frac{q\hbar}{2mc} \quad (0, \pm 1, \pm 2, \cdots)$$

量 $q\hbar/2mc$ 被称为粒子的*玻尔磁子*。*电子玻尔磁子*，简称为*玻尔磁子*，其大小为

$$\frac{e\hbar}{2mc} \simeq 0.6\times 10^{-8}\,\text{eV/G} \tag{14.4.16}$$

其中 m 是电子的质量，G 代表高斯（Gauss）。*核子玻尔磁子*约为玻尔磁子的 1/2000:

$$\frac{e\hbar}{2Mc} \simeq 0.3\times 10^{-11}\,\text{eV/G} \tag{14.4.17}$$

而 M 是核子（质子或中子）的质量[②]。(核子玻尔磁子又称为*核玻尔磁子*。)

使用埃伦菲斯特定理，可以证明：就像 $\boldsymbol{l}$ 那样，$\langle\boldsymbol{L}\rangle$ 环绕着恒定的场 $\boldsymbol{B}$ 进动（习题 14.4.1）。

---

① 由第 18.4 节可知，总可以选择与给定的 $\boldsymbol{B}$ 对应的无散度的 $\boldsymbol{A}$。

② 回想一下，这两者几乎相等：$M_{\mathrm{p}}c^2 = 938.28$ MeV，而 $M_{\mathrm{n}}c^2 = 939.57$ MeV。

自旋磁矩

有了这些知识，现在就可以处理电子怎样与外部磁场相互作用的问题了。我们再一次假设：有一个与自旋角动量相关联的磁矩算符 $\boldsymbol{\mu}$。因为 $\mathbb{V}_s$ 上的任意算符都是单位算符和自旋算符的线性组合，并且 $\boldsymbol{\mu}$ 是一个矢量算符，所以我们的结论是

$$\boldsymbol{\mu} = \gamma \boldsymbol{S} \tag{14.4.18a}$$

其中 γ 是一个常数。因为对于轨道的情况，有 $\gamma = -e/2mc$，我们可把 $\boldsymbol{\mu}$ 写成

$$\boldsymbol{\mu} = g(-e/2mc)\boldsymbol{S} \tag{14.4.18b}$$

这里 g 是一个常数。我们还假设了

$$\begin{aligned} H_{\text{int}} &= -\boldsymbol{\mu}\cdot\boldsymbol{B} = \frac{ge}{2mc}\boldsymbol{S}\cdot\boldsymbol{B} \\ &= \frac{ge\hbar}{4mc}\boldsymbol{\sigma}\cdot\boldsymbol{B} \end{aligned} \tag{14.4.19}$$

由自旋引起的内禀磁矩是 $g/2$ 磁子。现在的公式并没有告诉我们 g 是什么。为了找到它，我们必须用实验对接上面的 H，希望 g 的某个值可以给出正确的物理结果。情况正是这样，g 的实验数值非常接近于 2。由此往后，我们假定

$$g = 2 \tag{14.4.20}$$

因此，自旋的旋磁比是轨道角动量的两倍。

为什么 $g \simeq 2$？为什么它不漂亮地精确等于 2？公式并没有告诉我们。但离题去谈论将在第 20 章讨论的内容——狄拉克方程可准确地预测 $g = 2$——还是很诱人的。本书中不会讨论量子电动力学预测，即狄拉克方程的结果将会有所修正，这些修正可以用精细结构常数 α 的幂级数来计算。这些修正背后的物理是这样的。回想一下，电子和其他带电粒子之间的相互作用是通过交换光子来传递的。一个电子偶尔会重新俘获它曾发射出去的光子。在发射和重吸收之间，初始只包含电子的系统将会包含一个电子和一个光子。如果在这个时候探测系统的磁矩，我们就会得到一个对应于 $g \neq 2$ 的结果，因为在这个双粒子系统中的电子既有自旋角动量也有轨道角动量。事实上，量子电动力学预测：我们所谓的电子实际上是一个叠加态，它包含一个狄拉克电子，一个狄拉克电子和一个光子，一个狄拉克电子、几个光子和几个正负电子对，等等①。所观测到的 g 的数值之所以如此接近于狄拉克数值 2 的原因是：越来越复杂的组态被在叠加中精细结构常数越来越高的幂次压低。因此，只

① 时间–能量不确定性关系允许在短时间内产生这些粒子。

具有狄拉克电子的最简单的组态将主导物理图像，而复杂的组态将对 $g=2$ 的结果提供越来越小的修正。修正可以用 α 的幂级数来计算：

$$g=2\left[1+\frac{1}{2\pi}\cdot\alpha+O(\alpha^2)+\cdots\right]$$

它已被算到了 α^3 的量级。结果为①：

$$g_{\text{理论}}=2[1.001159652140(\pm 28)]$$

其中，最后两个数字 ±28 的误差主要是由 α 数值本身的不确定性和某些积分数值计算的不确定性引起的。

除了高阶修正之外，由于电子的其他相互作用，即电子交换其他量子，如引力子的能力，这个结果也会得到修正。但在上面考虑的精度下，这些影响可忽略不计。g 的实验值②

$$g_{\text{实验}}=2[1.0011596521884(\pm 43)]$$

与理论高度吻合。费曼曾指出，这相当于，预测的纽约到洛杉矶的距离与实际测量的误差在一根头发丝的粗细之内！

对核子来说，这个理论的结果很差。原因是这些粒子也参与强相互作用，即可以发射和吸收介子等，且与 α 对应的物理量很大（$\simeq 15$）。换句话说，只有狄拉克粒子的态再也不是主导的，修正也不再微小。我们当然可以通过实验测量 g 值，结果是（对两种粒子）

$$\gamma_{\text{质子}}=5.6\,(e/2Mc)$$
$$\gamma_{\text{中子}}=-3.8\,(e/2Mc)$$

狄拉克理论预言质子的 $\gamma=e/Mc$ 或 $g=2$，而中性的中子的 $\gamma=0$。中子不为零的 γ 反映了这样的事实：中子可以处于一个态，它具有补偿电荷但不一定补偿磁矩的粒子。

由于核子的质量很大，与电子的磁矩相比，核子的磁矩可以忽略不计。③

现在让我们回到磁场 $\boldsymbol{B}$ 中的自旋动力学。从现在开始，我们只需要哈密顿量

$$H=-\boldsymbol{\mu}\cdot\boldsymbol{B}=-\gamma\boldsymbol{S}\cdot\boldsymbol{B} \tag{14.4.21}$$

其中

$$\gamma=\frac{-e\cdot 2}{2mc}=\frac{-e}{mc} \tag{14.4.22}$$

① T. Kinoshita, W. B. Lindquist, *Phys. Rev.* **D42**, 636, 1990.

② R. S. Van Dyck，P. B. Schwinberg，H. G. Dehmelt, *Phys. Rev. Lett.* **59**, 26, 1987.

③ 离题的话到此结束。

设 $|\psi(0)\rangle$ 为电子的初态。一段时间后的电子态为

$$|\psi(t)\rangle = U(t)|\psi(0)\rangle$$

其中

$$U(t) = \mathrm{e}^{-\mathrm{i}Ht/\hbar} = \mathrm{e}^{+\mathrm{i}\gamma t(\boldsymbol{S}\cdot\boldsymbol{B})/\hbar} \tag{14.4.23}$$

由于 $\exp(-\mathrm{i}\boldsymbol{\theta}\cdot\boldsymbol{S}/\hbar)$ 是转动 $\boldsymbol{\theta}$ 角的算符，$U(t)$ 的作用显然是把态转动了一个角度

$$\boldsymbol{\theta}(t) = -\gamma\boldsymbol{B}t \tag{14.4.24}$$

由此断定，$\langle\mathbf{S}\rangle$ 将以频率 $\boldsymbol{\omega}_0 = -\gamma\boldsymbol{B}$ 围绕 $\boldsymbol{B}$ 进动。如果这看起来太抽象，让我们考虑一个具体的例子。令 $\boldsymbol{B}$ 沿着 z 轴：$\boldsymbol{B} = B\boldsymbol{k}$，在这种情况下

$$\begin{aligned} U(t) &= \exp(\mathrm{i}\gamma t S_z B/\hbar) \\ &= \exp(\mathrm{i}\omega_0 t\sigma_z/2) \qquad (\omega_0 = \gamma B) \end{aligned}$$

由于 σ_z 是对角矩阵，

$$U(t) \to \begin{pmatrix} \mathrm{e}^{\mathrm{i}\omega_0 t/2} & 0 \\ 0 & \mathrm{e}^{-\mathrm{i}\omega_0 t/2} \end{pmatrix}$$

考虑一个始于 $|\hat{\boldsymbol{n}},+\rangle$ 态的电子

$$|\psi(0)\rangle = |\hat{\boldsymbol{n}},+\rangle \to \begin{pmatrix} \cos(\theta/2)\,\mathrm{e}^{-\mathrm{i}\phi/2} \\ \sin(\theta/2)\,\mathrm{e}^{\mathrm{i}\phi/2} \end{pmatrix}$$

在那种情况下

$$|\psi(t)\rangle = U(t)|\psi(0)\rangle \to \begin{pmatrix} \cos(\theta/2)\,\mathrm{e}^{-\mathrm{i}(\phi-\omega_0 t)/2} \\ \sin(\theta/2)\,\mathrm{e}^{\mathrm{i}(\phi-\omega_0 t)/2} \end{pmatrix}$$

即，对于电子，$\omega_0 < 0$，因此 ϕ 以 $|\omega_0|$ 的速率增长。

顺磁共振

考虑在磁场 $\boldsymbol{B}_0 = B_0\boldsymbol{k}$ 中的经典磁矩 $\boldsymbol{\mu}$。它会以一个频率

$$\boldsymbol{\omega}_0 = -\gamma\boldsymbol{B}_0$$

围绕着 $\boldsymbol{B}_0$ 进动。假设我们在一个转动频率 $\boldsymbol{\omega}$ 平行于 $\boldsymbol{B}_0$ 的转动坐标系中观察这个过程。在这个转动坐标系中，进动频率为

$$\boldsymbol{\omega}_r = \boldsymbol{\omega}_0 - \boldsymbol{\omega} = -\gamma\boldsymbol{B}_0 - \boldsymbol{\omega} = -\gamma(\boldsymbol{B}_0 + \boldsymbol{\omega}/\gamma) \tag{14.4.25}$$

因此，该转动坐标系中的有效场为

$$\boldsymbol{B}_r = \boldsymbol{B}_0 + \boldsymbol{\omega}/\gamma \tag{14.4.26}$$

即使 $\boldsymbol{\omega}$ 和 $\boldsymbol{B}_0$ 不平行，这个结果也是有效的（习题 14.4.5）。现在考虑有趣的问题：在无转动的（实验室）坐标系中

$$\boldsymbol{B} = B\cos\omega t\,\boldsymbol{i} - B\sin\omega t\,\boldsymbol{j} + B_0\,\boldsymbol{k} \qquad (B \ll B_0) \tag{14.4.27}$$

且在 $t=0$ 时，

$$\boldsymbol{\mu}(0) = \mu\boldsymbol{k} \tag{14.4.28}$$

我们想得到 $\boldsymbol{\mu}(t)$ 的演化。由于 $\boldsymbol{B}$ 依赖于时间，可证明下面的做法是有利的：首先考虑一个在转动坐标系中的问题，该坐标系转动的频率 $\boldsymbol{\omega} = -\omega\boldsymbol{k}$ 与微小顺时针转动磁场 B 的频率相同。在这个坐标系中，$\boldsymbol{B}$ 的转动分量被冻结（沿着 x 轴），而常数分量 $B_0\boldsymbol{k}$ 依据 (14.4.26) 式减小，所以有效的、时间无关的场为

$$\boldsymbol{B}_r = B\boldsymbol{i}_r + (B_0 - \omega/\gamma)\boldsymbol{k} \tag{14.4.29}$$

其中 $\boldsymbol{i}_r$ 是转动坐标系中沿 x 方向的单位矢量（当然 $\boldsymbol{k} = \boldsymbol{k}_r$）。在这个坐标系中，$\boldsymbol{\mu}$ 将以频率

$$\boldsymbol{\omega}_r = -\gamma\boldsymbol{B}_r \tag{14.4.30a}$$

围绕着 $\boldsymbol{B}_r$ 进动，其中

$$|\boldsymbol{\omega}_r| = \omega_r = \gamma\left[B^2 + (B_0 - \omega/\gamma)^2\right]^{1/2} \tag{14.4.30b}$$

从图 14.3 可以简单地推导出 μ_z 振荡如下：

$$\begin{aligned}\mu_z(t) &= \mu\,\cos^2\alpha + \mu\,\sin^2\alpha\,\cos\omega_r t\\ &= \mu_z(0)\left[\frac{(\omega_0-\omega)^2}{(\omega_0-\omega)^2+\gamma^2B^2} + \frac{\gamma^2B^2\cos\omega_r t}{(\omega_0-\omega)^2+\gamma^2B^2}\right]\end{aligned} \tag{14.4.31}$$

这个 $\mu_z(t)$ 的公式也适用于实验室系，因为 μ_z 在 z 转动下不变。随着 ω 从 0 开始增大，$\boldsymbol{B}_r$ 的 z 分量持续减小——锥的张角 α 增大，且振荡的幅度 $\mu\sin^2\alpha$ 增大。在顺磁共振时，$\omega=\omega_0$，$\boldsymbol{B}_r = B\boldsymbol{i}_r$，$\alpha = \pi/2$，圆锥在 $y-z$ 平面上变成一个圆，μ_z 以最大振幅 μ 振荡，频率为 γB。$\omega>\omega_0$ 时的行为是显然的。

如果我们施加共振频率的转动场，且持续一段时间 τ 以使

$$\gamma B\tau = \pi/2$$

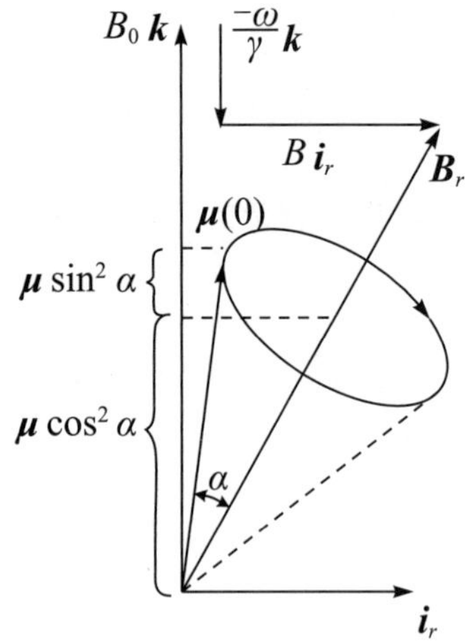

图 14.3　转动坐标系中的情况。有效磁场是 $\boldsymbol{B}_r$。磁矩初始沿着 z 轴（为了清晰起见，在图中稍作了移动）并围绕 $\boldsymbol{B}_r$ 进动。转矩 z 分量振荡的振幅为 $\mu\sin^2\alpha$，其中 α 是圆锥的张角。共振时，$\boldsymbol{B}_r$ 处于 x 轴，并且 $\boldsymbol{\mu}$ 在垂直于它的平面上进动。此时，μ_z 的振幅处于 μ 的最大值

会怎么样？这样的脉冲被称为 90° 脉冲，将把磁矩转到 $x-y$ 平面（在任意坐标系中）。因此，$\boldsymbol{\mu}$ 将在实验室系中围绕 $B_0\boldsymbol{k}$ 进动，其频率为 ω_0。如果我们施加 180° 脉冲，即选择 τ 使

$$\gamma B\tau = \pi$$

脉冲将反转 $\boldsymbol{\mu}$ 的符号，并使它指向负 z 轴，并停留在那里（在任意坐标系中）。

经典磁矩 $\boldsymbol{\mu}$ 的这些结果适用于量子问题中的期待值 $\langle\boldsymbol{\mu}\rangle$，你可以通过习题 14.4.1 做一般的验证，而通过习题 14.4.3 讨论这种情况下的显式验证。

负绝对温度（可选）

温度的绝对零度，0 K（273 ℃），被定义为没有比它更冷的温度，但这里说的是负绝对温度！然而，这并不矛盾，因为我们将看到负温度比正温度更热！在你放弃所有的信念之前，让我们尽快把这件事弄清楚。

绝对温度是这样定义的：

$$\beta = \frac{1}{kT} = \frac{1}{k}\frac{\partial S}{\partial E} = \frac{\partial \ln \Omega(E)}{\partial E} \tag{14.4.32}$$

其中 β 是热力学温度，k 为玻尔兹曼（Boltzmann）常数，$S = k\ln\Omega$ 是熵，而 $\Omega(E)$ 是系统可用的状态数，它是系统能量的函数。（Ω 依赖于其他的变量，假设已被固定。）在大多数系统中，β 是正的，因为增加能量只会打开更多的态，并增

加 Ω。例如，如果我们有一箱气体分子，它们在 $T=0$ 时都处于基态。所以 $S=k\ln\Omega=k\ln 1=0$。随着我们注入能量，这些分子就可占据更高的能量态，并且 S 和 Ω 可无限制地增加。

现在考虑位于某个晶格上 N 个自旋为 1/2 的粒子的集合，这个晶格被浸没在一个 $\boldsymbol{B}=B_0\boldsymbol{k}$ 的场中。每个磁矩（或自旋）只有两个能量分别为 $E=\pm\mu B_0$ 的态，其中 μ 是磁矩的大小。在 $T=0\,\mathrm{K}$ 时，所有的粒子都处于基态（$\boldsymbol{\mu}$ 平行于 $\boldsymbol{B}$）；$\Omega=1$，且 $S=0$。系统具有一个 $\boldsymbol{M}=N\mu\boldsymbol{k}$ 的磁矩。如果我们注入 $2\mu B_0$ 的能量，其中一个磁矩可以移至较高的能态，有 N 种方法挑选向上移动的磁矩，因此 $\Omega=N$，并且 $S=k\ln N$。显然，β 和 T 是正的。随着注入越来越多的能量，S 会持续增长，直到一半的磁矩向上，另一半的磁矩向下。此时，S 达到最大值，$\beta=\partial S/\partial E=0$，且 $T=+\infty$。该系统没有沿 z 轴的平均磁矩。注入更多的能量，越来越多的粒子被堆积在较高的能态，S 只会减少。所以 β 和 T 变成负的。最终，当 $E=N\mu B_0$ 时，所有的磁矩都处于较高的能态（与 $\boldsymbol{B}$ 反平行），$\boldsymbol{M}=-N\mu\boldsymbol{k}$，这时只有这样的一个态：$\Omega=1$，且 $S=0$。它对应于 $\beta=-\infty$，$T=0^-$。因此温度的序列为 $T=0^+,\cdots,300,\cdots,+\infty,-\infty,\cdots,-300,\cdots,0^-$。从 β 的角度看，有额外的连续性：$\beta=+\infty,\cdots,0^+,0^-,\cdots,-\infty$。（我们应该选择 $-\beta$ 作为温度，因为当我们加热系统时，它单调地从 $-\infty$ 上升到 $+\infty$。）很明显，负温度比正温度更热，因为我们通过注入能量，将温度从后者（正温度）转到了前者（负温度）。我们也可以通过想象一个 $T=-300\,\mathrm{K}$ 的系统与一个相同的 $T=+300\,\mathrm{K}$ 的系统接触看到这一点。由于除去平行 $\leftrightarrow$ 反平行的改变，两个系统的布居是相同的，它们可以通过移动到数量相等的向上和向下的态来增加熵。在这个过程中，能量显然从负温度系统流向正温度系统，即前者（负温度系统）更热。还要注意，最终的平衡温度不是 $0\,\mathrm{K}$，而是 $\infty\,\mathrm{K}$。

在实验室中如何制备负温度？在室温下取一个样品，例如在 $T=300\,\mathrm{K}$ 下。平行的磁矩比反平行的磁矩多：

$$\frac{N_{\text{平行}}}{N_{\text{反平行}}}=\frac{\mathrm{e}^{-(-\beta\mu B_0)}}{\mathrm{e}^{-\beta\mu B_0}}=\mathrm{e}^{2\beta\mu B_0}>1 \tag{14.4.33}$$

且有一个沿 z 轴的净磁矩 $\boldsymbol{M}$。如果施加一个 180° 的脉冲，将会出现*布居反转*（平行 $\leftrightarrow$ 反平行），它相当于改变 β 和 T 的符号［(14.4.33) 式］。自旋系统无法保持在这个热态（$T=-300\,\mathrm{K}$），因为它与晶格接触，最终将把系统冷却至室温。

如果施加一个能把 $\boldsymbol{M}$ 转到 $x-y$ 平面的 90° 脉冲，就更容易观察到热平衡的回归。因为 $M_z=0\rightarrow N_{\text{平行}}=N_{\text{反平行}}\rightarrow T=\infty$，现在温度为 $T=\infty\,\mathrm{K}$。因此，开始围绕 $\boldsymbol{B}=B_0\boldsymbol{k}$ 进动的 $\boldsymbol{M}$，最终将重新与 $\boldsymbol{B}$ 对齐。它在 $x-y$ 平面上转动分量的衰减可以这样被观察到。假设样品是一个其轴位于 $x-y$ 平面上长圆柱体。如果在这个圆柱体上缠绕一个线圈，$\boldsymbol{M}$ 的横向（$x-y$）分量——模拟了在 $x-y$ 平

面上旋转的磁棒——将会在线圈中感应出一个振荡的电压。(阻尼)振荡的频率将是 ω_0,半衰期为时间 τ,称为横向弛豫时间[①]。

习题 14.4.1* 证明如果 $H=-\gamma\boldsymbol{L}\cdot\boldsymbol{B}$,且 $\boldsymbol{B}$ 是位置无关的,则

$$\frac{\mathrm{d}\langle\boldsymbol{L}\rangle}{\mathrm{d}t}=\langle\boldsymbol{\mu}\times\boldsymbol{B}\rangle=\langle\boldsymbol{\mu}\rangle\times\boldsymbol{B}$$

将它与 (14.4.8) 式比较,可看到 $\langle\boldsymbol{\mu}\rangle$ 的演化与 $\boldsymbol{\mu}$ 的演化完全一样。注意,即使 $\boldsymbol{B}$ 依赖于时间,并且即使如果我们讨论的是自旋而不是轨道角动量,这个结论也是有效的。习题 14.4.3 中有更明确的验证。

习题 14.4.2 通过研究图 14.3 来推导 (14.4.31) 式。

习题 14.4.3 我们来研究一个态的演化,该态始于 $\begin{pmatrix}1\\0\end{pmatrix}$ 并受制于 (14.4.27) 式给出的 $\boldsymbol{B}$ 场。这个态遵从

$$\mathrm{i}\hbar\frac{\mathrm{d}}{\mathrm{d}t}|\psi(t)\rangle=H\,|\psi\rangle \tag{14.4.34}$$

在这里 $H=-\gamma\boldsymbol{S}\cdot\boldsymbol{B}$,其中 $\boldsymbol{B}$ 是时间相关的。经典的推理表明:在以频率($-\omega\boldsymbol{k}$)转动的坐标系中,哈密顿量应该是不含时且受 $\boldsymbol{B}_r$ 支配的[(14.4.29) 式],考虑转动坐标系中的右矢 $|\psi_r(t)\rangle$,通过一个转动角 ωt 将其关联到 $|\psi(t)\rangle$:

$$|\psi_r(t)\rangle=\mathrm{e}^{-\mathrm{i}\omega tS_z/\hbar}|\psi(t)\rangle \tag{14.4.35}$$

结合 (14.4.34) 和 (14.4.35) 式,在 S_z 基下推导 $|\psi_r(t)\rangle$ 的薛定谔方程,并验证经典预期得到了证实。通过计算转动坐标系中的传播子 $U_r(t)$,求解 $|\psi_r(t)\rangle=U_r(t)|\psi_r(0)\rangle$。转回实验室系,证明

$$|\psi(t)\rangle\xrightarrow[S_z\text{ 基}]{}\begin{pmatrix}\left[\cos\left(\dfrac{\omega_r t}{2}\right)+\mathrm{i}\dfrac{\omega_0-\omega}{\omega_r}\sin\left(\dfrac{\omega_r t}{2}\right)\right]\mathrm{e}^{+\mathrm{i}\omega t/2}\\ \dfrac{\mathrm{i}\gamma B}{\omega_r}\sin\left(\dfrac{\omega_r t}{2}\right)\mathrm{e}^{-\mathrm{i}\omega t/2}\end{pmatrix} \tag{14.4.36}$$

将其与 $|\hat{\boldsymbol{n}},+\rangle$ 态相比较,观察在 $\omega_0=\omega$ 时,自旋发生了什么变化。计算 $\langle\mu_z(t)\rangle$,并证明它与 (14.4.31) 式一致。

① 除了热平衡的恢复以外,$\boldsymbol{M}$ 横向分量的衰减还有其他原因。参见 R. Schumacher, *Magnetic Resonance*, W. A. Benjamin, New York (1970)。

习题 14.4.4 在 $t=0$ 时，一个电子处于 $s_z=\hbar/2$ 的态。开启一个稳定的场 $\boldsymbol{B}=B\boldsymbol{i}$，$B=0.01$ T。翻转自旋需要用多少秒？

习题 14.4.5 我们想要确定 (14.4.26) 式在 $\boldsymbol{\omega}$ 和 $\boldsymbol{B}_0$ 不平行时的有效性。

(1) 考虑一个位于惯性（非转动）坐标系中的矢量 $\boldsymbol{V}$，它在时间 Δt 内改变了 $\Delta\boldsymbol{V}$。使用习题 12.4.3 的结果论证，在以角速度 $\boldsymbol{\omega}$ 旋转的坐标系中所看到的变化是 $\Delta\boldsymbol{V}-\boldsymbol{\omega}\times\boldsymbol{V}\Delta t$。求这两个坐标系中的 $\boldsymbol{V}$ 的时间导数的关系。

(2) 将此结果应用于 $\boldsymbol{l}$ [(14.4.8) 式]，推导出转动坐标系中有效场的公式。

习题 14.4.6（一个密度矩阵问题）

(1) 证明自旋为 1/2 的粒子系综的密度矩阵可以写成

$$\rho=\frac{1}{2}(I+\boldsymbol{a}\cdot\boldsymbol{\sigma})$$

其中 $\boldsymbol{a}$ 是一个 c 数矢量。

(2) 证明 $\boldsymbol{a}$ 是平均极化度 $\langle\bar{\boldsymbol{\sigma}}\rangle$。

(3) 磁场 $\boldsymbol{B}=B\boldsymbol{k}$ 中的电子系综在温度 T 时处于热平衡。构建该系综的密度矩阵。计算 $\langle\bar{\boldsymbol{\mu}}\rangle$。

14.5　回到轨道自由度

现在让我们把轨道自由度放回去。最简单的情况是 H 是可分离的：

$$H=H_0+H_s \tag{14.5.1}$$

这样能量本征态可分解成

$$|\psi\rangle=|\psi_0\rangle\otimes|\chi_s\rangle$$

氢原子提供了一个例子，在那里库仑相互作用与自旋无关：

$$H=H_0 \tag{14.5.2}$$

这里自旋是一个时间的常数，而发生的一切就是附加了一个恒定的旋量 χ 在第 13 章中找到的波函数上。如果选择 χ 作为 S_z 的本征态，我们就有①

$$
\begin{aligned}
|nlmm_s = 1/2\rangle &\to \psi_{nlm}(r,\,\theta,\,\phi)\,\chi_+, \quad \chi_+ = \begin{pmatrix} 1 \\ 0 \end{pmatrix} \\
|nlmm_s = -1/2\rangle &\to \psi_{nlm}(r,\theta,\phi)\,\chi_-, \quad \chi_- = \begin{pmatrix} 0 \\ 1 \end{pmatrix}
\end{aligned}
\tag{14.5.3}
$$

当然能级未受到影响。我们所得到的是加倍的态数，在每个轨道态（nlm）中，电子的自旋向上或向下（沿 z 轴方向）。

接下来考虑处于强磁场 $\boldsymbol{B} = B\boldsymbol{k}$ 中的氢原子问题。尽管质子和电子都耦合到 $\boldsymbol{B}$，但 m/M 的小比值使我们可以在一级近似下忽略质子的内禀磁矩和轨道磁矩的耦合（这些质子磁矩的耦合相对于电子磁矩的耦合都是在 m/M 和 $(m/M)^2$ 的量级，见习题 14.5.1）。因此，由 (14.4.14) 和 (14.4.19) 式得到

$$H = H_{\text{库仑}} - \left(\frac{-eB}{2mc}\right) L_z - \left(\frac{-eB}{mc}\right) S_z \tag{14.5.4}$$

因为 H 中的附加项与 $H_{\text{库仑}}$、L^2、L_z 和 S_z 对易，因此和以前一样，这个 H 被同一个态，即 $|nlmm_z\rangle$ 态对角化。然而，本征值是不同的：

$$H|nlmm_s\rangle = \left[\frac{-\text{Ry}}{n^2} + \frac{eB\hbar}{2mc}(m + 2m_s)\right]|nlmm_s\rangle \tag{14.5.5}$$

$\boldsymbol{B}$ 场使简并度大大地降低了。二重简并的基态劈裂成了两个能级：

$$E_{n=1} = -\text{Ry} \pm \frac{e\hbar B}{2mc} \tag{14.5.6}$$

八重简并的第二个态劈裂成五个能级：

$$
E_{n=2} = -\frac{\text{Ry}}{4} + \frac{eB\hbar}{2mc} \times \begin{bmatrix}
2(m=1,\, m_s=1/2) \\
1(m=0,\, m_s=1/2)\,(l=0 \text{ 或 } 1) \\
0(m=1,\, m_s=-1/2, \text{ 或 } m=-1,\, m_s=1/2) \\
-1(m=0,\, m_s=-1/2)\,(l=0 \text{ 或 } 1) \\
-2(m=-1,\, m_s=-1/2)
\end{bmatrix} \tag{14.5.7}
$$

等等。在多电子原子中，只需将所有电子的贡献相加即可。能级劈裂导致谱线数目增加——原来有一个能级的地方现在会有几个能级，它们之间的距离可以通过改变 $\boldsymbol{B}$ 来改变。这种现象被称为塞曼效应（Zeeman effect）。

---

① 我们在 m_s 中使用下标 s 以提醒它表示的是自旋的投影：$s_z = m_s\hbar$。只有我们是在明显地处理自旋时，这个下标才被丢弃。

最后考虑哈密顿量

$$H = H_{库仑} + a\boldsymbol{L} \cdot \boldsymbol{S} \tag{14.5.8}$$

它的起源将在后面的章节中解释。目前，我们注意到它是不可分离的，因此自旋自由度和轨道自由度在它们的时间演化中是耦合的。H 的本征态将不是轨道部分和自旋部分的简单乘积，而是那些使 $\boldsymbol{L} \cdot \boldsymbol{S}$ 对角化的态的叠加。细节将在下一章解释。

习题 14.5.1*

(1) 为什么质子的内禀磁矩与 $\boldsymbol{B}$ 的耦合对 (14.5.4) 式中哈密顿量的修正在 m/M 的量级？

(2) 为什么它的轨道运动的耦合是一个 $(m/M)^2$ 量级的修正？（你可以在这两部分都进行经典推理。）

习题 14.5.2*

(1) 当施加一个 $B = 100$ T 的磁场时，估算 $n = 1$ 态的能级劈裂与 $n = 1$ 态的未微扰能量的相对大小。

(2) 回想一下，我们在 H 中一直忽视了量级为 B^2 的项。假设电子在一个半径为 a_0 的经典轨道上运动，在 $n = 1$ 态上，估算相对于我们保留的线性（$-\boldsymbol{\mu} \cdot \boldsymbol{B}$）项，量级为 B^2 的项的贡献。上面的 $|\boldsymbol{B}|$ 从多大开始成为一个糟糕的近似？

斯特恩–盖拉赫（Stern-Gerlach）实验

我们现在考虑（形式简化的）斯特恩–盖拉赫实验（SG 实验），它清楚地显示了角动量（沿任意方向）的量子化。该装置（图 14.4）由北极和南极磁铁组成，它们之间是一个非均匀的磁场。一束（由粒子携带的）沿着 y 轴运动的磁矩束流进入到装置的一个区域，该区域的 $\boldsymbol{B}$ 主要沿着 z 轴并且 $\partial B_z/\partial z < 0$。经典上会发生我们所期待的结果吗？如果我们假装磁矩是由一对相等和相反的（虚构的）磁荷引起的，很明显，$\boldsymbol{B}$ 中的任意不均匀性都能在偶极子上导致一个净力。如果我们计算与相互作用能的梯度关联的力

$$\boldsymbol{F} = -\boldsymbol{\nabla}\mathcal{H} = \boldsymbol{\nabla}(\boldsymbol{\mu} \cdot \boldsymbol{B}) = (\boldsymbol{\mu} \cdot \boldsymbol{\nabla})\boldsymbol{B} = \mu_z \frac{\partial B_z}{\partial z} \boldsymbol{k} \tag{14.5.9}$$

就能证实这一点。[我们使用了恒等式 $\boldsymbol{\nabla}(\boldsymbol{\mu} \cdot \boldsymbol{B}) = (\boldsymbol{\mu} \cdot \boldsymbol{\nabla})\boldsymbol{B} + (\boldsymbol{B} \cdot \boldsymbol{\nabla})\boldsymbol{\mu} + \boldsymbol{\mu} \times (\boldsymbol{\nabla} \times \boldsymbol{B}) + \boldsymbol{B} \times (\boldsymbol{\nabla} \times \boldsymbol{\mu})$。在目前的情况中，$\boldsymbol{\mu}$ 不是 $\boldsymbol{r}$ 的函数，并且根据麦克斯韦方程，$\boldsymbol{\nabla} \times \boldsymbol{B} = 0$。由于自旋在 $x-y$ 平面上的进动，F_x 和 F_y 将平均消失。] 按照经典的观点，由于 μ_z 是连续的，束流会呈扇形散开，并在磁铁后面的屏幕上产生一条

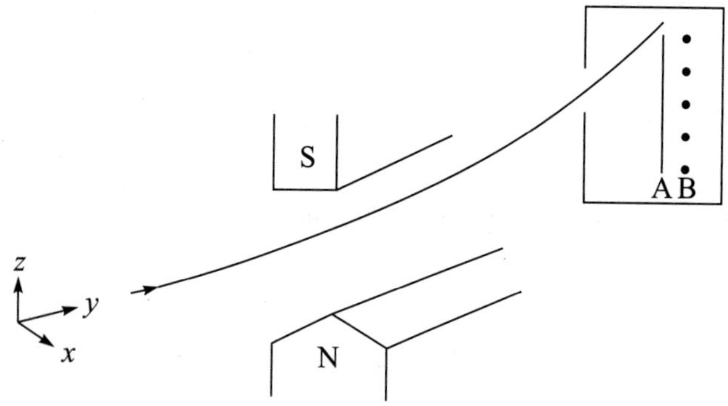

图 14.4 斯特恩–盖拉赫实验。一束具有磁矩的粒子进入非均匀磁场。根据经典的观点，束流会成扇形散开并在屏幕上产生一条连续的轨迹（A）。但我们观察到的是一组离散的点（B），这意味着磁矩和角动量的量子化

连续的踪迹（图中的 A）。用原子进行的实际实验展示了一系列离散的点（图中的 B）。我们可用半经典的术语来理解这一点，即 (14.5.9) 式中的 μ_z 是离散的，因而沿 z 轴的角动量也是离散的。

这个实验也可以用来揭示电子自旋的存在。例如，如果我们射入一束处于基态的氢原子，这个束流会劈裂成两部分。

让我们用量子力学的术语来描述上述氢原子实验。假设氢原子的初态是

$$\psi_{\text{初始}} = \psi_y(\boldsymbol{r}_{\text{CM}})\,\psi_{100}(\boldsymbol{r})\begin{pmatrix}1\\0\end{pmatrix} \tag{14.5.10}$$

其中 ψ_y 是一个描述质心运动的沿 y 轴漂移的波包，ψ_{100} 是基态波函数，$\begin{pmatrix}1\\0\end{pmatrix}$ 是电子的旋量。(质子的自旋被忽略，因为相关联的磁矩太小，从而不会影响动力学。) 由于电子自旋向上，它的 μ_z 是向下的。由于 $\partial B_z/\partial z<0$，作用于原子的经典力是向上的。所以根据埃伦菲斯特定理①，我们期待原子以

$$\psi_{\text{出射}} = \psi_{y,+z}\,(\boldsymbol{r}_{\text{CM}})\,\psi_{100}(\boldsymbol{r})\begin{pmatrix}1\\0\end{pmatrix} \tag{14.5.11}$$

的态从装置中出来（至多差一个相因子），在上式中，$\psi_{y,+z}$ 描述一个波包，它沿着正 z 轴方向移动（相对于入射的波包），并在相同方向上具有较小的速度。同样，如

① 回顾第 6 章末尾的警示。在目前的情况下，由于质子很重，所以系统（近似地）遵循经典的轨迹。如果我们只入射电子，量子涨落就会抹去这种效应。例如，参见 G. Baym, *Lectures on Quantum Mechanics*, 324-330, Benjamin，New York (1969)。

果电子旋量最初为 $\begin{pmatrix}0\\1\end{pmatrix}$，则质心将会以 $\psi_{y,-z}$ 的态出现（使用相同的记号）。更普遍地说，如果

$$\psi_{\text{初始}} = \psi_y\,\psi_{100}\begin{pmatrix}\alpha\\\beta\end{pmatrix} = \psi_y\,\psi_{100}\begin{pmatrix}\alpha\\0\end{pmatrix} + \psi_y\,\psi_{100}\begin{pmatrix}0\\\beta\end{pmatrix} \tag{14.5.12}$$

根据薛定谔方程的线性则有

$$\psi_{\text{出射}} = \psi_{y,+z}\,\psi_{100}\begin{pmatrix}\alpha\\0\end{pmatrix} + \psi_{y,-z}\,\psi_{100}\begin{pmatrix}0\\\beta\end{pmatrix} \tag{14.5.13}$$

假设 $\psi_{y,\pm z}$ 为无重叠的窄波包，我们看到 SG 装置引入了一个自旋和轨道坐标之间的关系：如果我们（通过放置一个屏幕）捕捉到在原始飞行路线上方的出射原子（即，在 $\psi_{y,+z}$ 的峰值区），那么其自旋将是向上的；如果我们在原始路线下方捕捉到原子，那么其自旋是向下的。

SG 装置可用于制备有确定自旋取向的态：要获得纯的自旋向上/向下的束流，我们只需遮挡自旋向下/向上的束流即可。但是请注意，滤波过程会改变线性动量的平均 z 分量。如果我们将更多的磁体（其 $\boldsymbol{B}$ 沿着 z 轴）放置在该装置的后面，这就不会发生了，粒子会恢复其原始动量（但对自旋进行了过滤）。通过这种修改（它是在下面的习题中假定的），在一束或其他束流被遮挡的情况下，SG 装置的唯一作用是在不影响轨道运动的情况下过滤自旋。

习题 14.5.3* 沿着 y 轴移动的自旋为 1/2 粒子的束流穿过两个共线 SG 装置，这两个装置下面的束流都被阻挡住了。第一个装置的 $\boldsymbol{B}$ 场是沿 z 轴的，第二个装置的 $\boldsymbol{B}$ 场是沿 x 轴的（即，把第一个装置绕 y 轴旋转 $\pi/2$ 角就可得到）。离开第一个装置的粒子将有多大的比例从第二个装置出来？如果引入第三个滤波器，它只沿 z 轴传送自旋向上的粒子，离开第一个装置的粒子将有多大的比例离开第三个装置？如果中间的过滤器沿 x 轴传送向上和向下两种自旋（没有阻挡），但最后的一个装置只沿 z 轴传送自旋向下的粒子，离开第一个装置的粒子将有多大的比例离开第三个装置？

习题 14.5.4 一束沿着 y 轴移动的、自旋为 1 的粒子束流入射到两个共线 SG 装置上，第一个装置的 $\boldsymbol{B}$ 场沿着 z 轴，第二个装置的 $\boldsymbol{B}$ 场沿着处于 $x-z$ 平面的 z' 轴，它与 z 轴成 θ 角。这两个装置都只传送最上面的束流。离开第一个装置的粒子将有多大的比例通过第二个装置？

第 15 章　角动量加法

15.1　一个简单的例子

考虑两个自旋为 1/2 粒子的系统（忽略它们的轨道自由度）。如果 $\boldsymbol{S}_1$ 和 $\boldsymbol{S}_2$①是它们的自旋算符，那么两个粒子的希尔伯特空间 $\mathbb{V}_{1\otimes 2}$ 就是由四矢量

$$|s_1 m_1\rangle \otimes |s_2 m_2\rangle \equiv |s_1 m_1, s_2 m_2\rangle \tag{15.1.1}$$

所张成的，它们遵从

$$S_i^2 |s_1 m_1, s_2 m_2\rangle = \hbar^2 s_i(s_i+1) |s_1 m_1, s_2 m_2\rangle \tag{15.1.2a}$$

$$S_{iz} |s_1 m_1, s_2 m_2\rangle = \hbar m_i |s_1 m_1, s_2 m_2\rangle \qquad (i=1,2) \tag{15.1.2b}$$

由于 $s_i = 1/2$ 和 $m_i = \pm 1/2$ 仅在符号上有自由度，我们可用紧凑的符号 $|{+}{+}\rangle$，$|{+}{-}\rangle$，$|{-}{+}\rangle$ 和 $|{-}{-}\rangle$ 来表示态。例如：

$$|{+}{-}\rangle = |s_1 = \frac{1}{2} m_1 = \frac{1}{2}, s_2 = \frac{1}{2} m_2 = -\frac{1}{2}\rangle \tag{15.1.3}$$

等等。这些四矢量构成了*乘积基*。它们表示那些对单个自旋的幅度和 z 分量有明确定义值的态。

现在，假设我们不考虑单个的自旋，而是考虑作为一个整体的系统。系统自旋的大小和 z 分量的可能数值是多少，以及与这些数值相对应的态是什么？这是一个*角动量相加*的问题，这个问题是本章的主题。

考虑被我们称为*总角动量算符*的

$$\boldsymbol{S} = \boldsymbol{S}_1 + \boldsymbol{S}_2 \tag{15.1.4}$$

$\boldsymbol{S}$ 的确是总角动量算符被下面几点所支持：(1) 我们的直觉；(2) 它是乘积右矢，即整个系统转动的转动生成元；(3) 遵守转动生成元所预期的对易规则，即很容易证明

$$[S_i,\ S_j] = \sum_k \mathrm{i}\hbar\varepsilon_{ijk} S_k \tag{15.1.5}$$

① 利用单粒子空间的算符 $\boldsymbol{S}_1^{(1)}$ 和 $\boldsymbol{S}_2^{(2)}$，有 $\boldsymbol{S}_1 = \boldsymbol{S}_1^{(1)} \otimes I^{(2)}$ 和 $\boldsymbol{S}_2 = I^{(1)} \otimes \boldsymbol{S}_2^{(2)}$。

我们的问题是寻找 S^2 和 S_z 的本征值和本征矢。首先考虑

$$S_z = S_{1z} + S_{2z} \tag{15.1.6}$$

它与 S_1^2，S_2^2，S_{1z} 和 S_{2z} 对易。我们期待它在乘积基上是对角的。很容易证明：

$$\begin{aligned}
&S_z|++\rangle = (S_{1z}+S_{2z})|++\rangle = \left(\frac{\hbar}{2}+\frac{\hbar}{2}\right)|++\rangle \\
&S_z|+-\rangle = 0|+-\rangle \\
&S_z|-+\rangle = 0|-+\rangle \\
&S_z|--\rangle = -\hbar|--\rangle
\end{aligned} \tag{15.1.7}$$

于是这个总 z 分量的允许值为 $\hbar$，0 和 $-\hbar$。

用图像方法（或任意其他的方法），有

$$S_z \xrightarrow[\text{乘积基}]{} \hbar \begin{pmatrix} 1 & 0 & 0 & 0 \\ 0 & 0 & 0 & 0 \\ 0 & 0 & 0 & 0 \\ 0 & 0 & 0 & -1 \end{pmatrix} \quad \begin{matrix} ++ & +- & -+ & -- \end{matrix} \tag{15.1.8}$$

注意，本征值 $s_z = 0$ 是双重简并的，本征空间是由矢量 $|+-\rangle$ 和 $|-+\rangle$ 张成的。如果构造某种线性组合，$\alpha|+-\rangle + \beta|-+\rangle$，我们仍能得到一个 $s_z = 0$ 的本征态，但是这个态将不具有确定的 S_{1z} 和 S_{2z} 值（除非 α 或 $\beta = 0$）。

下面考虑算符

$$S^2 = (\boldsymbol{S}_1 + \boldsymbol{S}_2)\cdot(\boldsymbol{S}_1 + \boldsymbol{S}_2) = S_1^2 + S_2^2 + 2\boldsymbol{S}_1\cdot\boldsymbol{S}_2 \tag{15.1.9}$$

虽然 S^2 可以与 S_1^2 和 S_2^2 对易，但它不与 S_{1z} 和 S_{2z} 对易，因为 $\boldsymbol{S}_1\cdot\boldsymbol{S}_2$ 项中有 S_{1x}，S_{1y} 等。由显式计算，有

$$S^2 \xrightarrow[\text{乘积基}]{} \hbar^2 \begin{pmatrix} 2 & 0 & 0 & 0 \\ 0 & 1 & 1 & 0 \\ 0 & 1 & 1 & 0 \\ 0 & 0 & 0 & 2 \end{pmatrix} \quad \begin{matrix} ++ & +- & -+ & -- \end{matrix} \tag{15.1.10}$$

于是，尽管我们看到 $|++\rangle$ 和 $|--\rangle$ 是 S^2 ［$s(s+1)=2$］的本征态，但是 S_z 为 0

的 $|+-\rangle$ 和 $|-+\rangle$ 态不是 S^2 的本征态。而下面的线性组合：

$$\begin{aligned}&\frac{|+-\rangle+|-+\rangle}{\sqrt{2}} \qquad (s=1)\\&\frac{|+-\rangle-|-+\rangle}{\sqrt{2}} \qquad (s=0)\end{aligned} \tag{15.1.11}$$

是 S^2 的本征态。

习题 15.1.1* 推导 (15.1.10) 和 (15.1.11) 式。使用

$$\boldsymbol{S}_1\cdot\boldsymbol{S}_2=S_{1z}S_{2z}+\frac{1}{2}\left(S_{1+}S_{2-}+S_{1-}S_{2+}\right) \tag{15.1.12}$$

会有帮助。

这就完成了所考虑问题的求解方法。总自旋的允许值为 $s=1$ 和 0，而 s_z 的允许值是 $\hbar$，0 和 $-\hbar$。乘积基中相应的本征态为

$$\begin{aligned}&|s=1\,m=1,\quad s_1=1/2\,s_2=1/2\rangle=|++\rangle\\&|s=1\,m=0,\quad s_1=1/2\,s_2=1/2\rangle=2^{-1/2}(|+-\rangle+|-+\rangle)\\&|s=1\,m=-1,\ s_1=1/2\,s_2=1/2\rangle=|--\rangle\\&|s=0\,m=0,\quad s_1=1/2\,s_2=1/2\rangle=2^{-1/2}(|+-\rangle-|-+\rangle)\end{aligned} \tag{15.1.13}$$

这些矢量代表着具有明确定义的总角动量态；它们构成了*总 s 基*。三个自旋为 1 的态被称为*三重态*，而单个自旋为 0 的态被称为*单态*。角动量相加问题的实质是基的改变，从一个对角化 $(S_1^2,S_2^2,S_{1z},S_{2z})$ 的基到另一个对角化 (S^2,S_z,S_1^2,S_2^2) 的基。可以把我们的发现象征性地描述为

$$\frac{1}{2}\otimes\frac{1}{2}=1\oplus 0 \tag{15.1.14}$$

它意味着两个自旋为 1/2 希尔伯特空间的直积是一个自旋为 1 的空间和一个自旋为 0 的空间的直和。(15.1.14) 式维度的计算方法如下：

$$\begin{aligned}&\text{左边：}\ (2s_1+1)(2s_2+1)=(2\times\frac{1}{2}+1)(2\times\frac{1}{2}+1)=4\\&\text{右边：}\ \sum_{s=0}^{1}(2s+1)=1+3=4\end{aligned} \tag{15.1.15}$$

将直积空间分解成具有确定总自旋空间的和也可这样看。整个系统的转动算符在乘积基下将是 4×4 矩阵。然而，这些矩阵是可约的：通过改变到总 s 基，它们可以块对角化成一个 3×3 的块（自旋为 1 的部分）和一个 1×1 的块（自旋为 0 的部

分）。然而，总 s 基是不可约的——我们无法进一步把自旋为 1 的空间细分为在转动下不混合的部分。

总 s 态还具有另外一个性质：它们在两个粒子交换时具有确定的对称性。三重态是对称的，而单态是反对称的。现在，两个全同的自旋为 1/2 粒子的态矢量在粒子标记交换时，即在它们的自旋自由度和轨道自由度同时交换时，必须是反对称的。我们已经知道，如果 Ω 是某个轨道算符（由坐标和动量构成），则

$$|\omega_1\omega_2, S\rangle = 2^{-1/2}\left(|\omega_1\omega_2\rangle + |\omega_2\omega_1\rangle\right)$$

和

$$|\omega_1\omega_2, A\rangle = 2^{-1/2}\left(|\omega_1\omega_2\rangle - |\omega_2\omega_1\rangle\right)$$

在轨道变量交换时分别是对称和反对称的。为了构成完整的态矢量，我们只需将具有相反对称性的轨道态和自旋态相乘：

$$|\omega_1 m_1, \omega_2 m_2, A\rangle = \begin{cases} |\omega_1\omega_2, S\rangle \otimes \dfrac{|+-\rangle - |-+\rangle}{2^{1/2}} \\ |\omega_1\omega_2, A\rangle \otimes \begin{cases} |++\rangle \\ \dfrac{|+-\rangle + |-+\rangle}{2^{1/2}} \\ |--\rangle \end{cases} \end{cases} \tag{15.1.16}$$

这些矢量为两个全同的自旋为 1/2 粒子的希尔伯特空间提供了一个完备基。作为一个例子，考虑具有两个电子的氦（He）原子基态。联系到周期表，有人说在这个能量最低的态，两个电子都处于最低的轨道态 $|n=1, l=0, m=0\rangle$①，并且自旋相反。现在，我们可以让这个说法更清晰了。基态右矢的轨道部分只是直积，

$$|\psi_{\mathrm{o}}\rangle = |100\rangle \otimes |100\rangle \tag{15.1.17}$$

它已经对称化。所以自旋部分必须是

$$|\chi_s\rangle = 2^{-1/2}(|+-\rangle - |-+\rangle) \tag{15.1.18}$$

使得

$$|\psi_{基态}\rangle = |\psi_{\mathrm{o}}\rangle \otimes |\chi_{\mathrm{s}}\rangle \tag{15.1.19}$$

在这个态，轨道和自旋角动量都为零。

让我们现在回到只有两个自旋的问题（没有轨道坐标）。如今有两种基，我们应该采用哪一种基呢？答案取决于哈密顿量。例如，如果两个自旋只与外场 $\boldsymbol{B} = B_0\boldsymbol{k}$

① 如果我们忽略电子之间的作用，电子所允许的态是类氢的态，它们被标记为 $|n, l, m\rangle$。但能量和波函数是通过做 $e^2 \to Ze^2 = 2e^2$ 的替换得到的。

相互作用，

$$H=-(\gamma_1\boldsymbol{S}_1+\gamma_2\boldsymbol{S}_2)\cdot\boldsymbol{B}=-B_0(\gamma_1S_{1z}+\gamma_2S_{2z}) \tag{15.1.20}$$

对角化 S_{1z} 和 S_{2z} 的乘积基是显而易见的选择。（但是，如果 $\gamma_1=\gamma_2$，则 $H\propto S_z$，我们也可以使用总 s 基。）另一方面，如果自旋是相互作用的，比如说，

$$H=A\boldsymbol{S}_1\cdot\boldsymbol{S}_2=\frac{1}{2}A\left(S^2-S_1^2-S_2^2\right) \tag{15.1.21}$$

则总 s 基使 H 对角化。

习题 15.1.2* 除了库仑相互作用之外，氢原子中的电子与质子之间还存在着另外一种相互作用，被称为*超精细相互作用*。描述这种相互作用的哈密顿量是

$$H_{hf}=A\boldsymbol{S}_1\cdot\boldsymbol{S}_2\qquad(A>0) \tag{15.1.22}$$

它是由两个粒子的磁矩引起的。（上述形式的哈密顿量假定了电子的轨道态为 $|1,0,0\rangle$。）于是，总哈密顿量为库仑哈密顿量加上 H_{hf}。

(1) 证明 H_{hf} 把基态劈裂成两个能级：

$$\begin{aligned}E_+&=-\mathrm{Ry}+\frac{\hbar^2A}{4}\\E_-&=-\mathrm{Ry}-\frac{3\hbar^2A}{4}\end{aligned} \tag{15.1.23}$$

它们分别对应着三重态和单态。

(2) 试估算：原子从三重态跃迁到单态时发射出的辐射的频率。为此，你可以假设电子和质子是两个距离为 a_0 的偶极子 μ_e 和 μ_p，且具有量级为

$$\mathcal{H}_{hf}\simeq\frac{\mu_\mathrm{e}\cdot\mu_\mathrm{p}}{a_0^3}$$

的相互作用能①。证明这意味着 (15.1.22) 式中的常数为

$$A\sim\frac{2e}{2mc}\frac{(5.6)e}{2Mc}\frac{1}{a_0^3}$$

（其中 5.6 是质子的 g 因子），并且

$$\Delta E=E_+-E_-=A\hbar^2$$

是相对于基态能量的 $(m/M)\alpha^2$ 量级的修正。使用第 13 章中的助记符，估

① 这里的描述过于简单—— $\mathcal{H}_{hf}$ 和 H_{hf} 都很难推导出。我们的目的只是为了估计 $|A|$，而不是了解其确切的来源。

算发射出的辐射的波长是几十厘米。测量值为 21.4 cm。这种辐射被称为 21 厘米线，它是一种用来探测宇宙中其他位置的氢的方法。
(3) 估算在室温的热平衡条件下，氢原子的概率比 P(三重态)/P(单重态)。

15.2 一般问题

现在考虑两个角动量 $\boldsymbol{J}_1$ 和 $\boldsymbol{J}_2$ 相加的一般问题。当 $\boldsymbol{J}=\boldsymbol{J}_1+\boldsymbol{J}_2$ 时，J^2 和 J_z 的本征值和本征右矢是什么？一种获取的方法是模仿上一节：构造 J^2 和 J_z 的 $(2j_1+1)\cdot(2j_2+1)$ 维矩阵，并对角化它们。现在，由于

$$J_z|j_1m_1,j_2m_2\rangle=\hbar(m_1+m_2)|j_1m_1,j_2m_2\rangle \tag{15.2.1}$$

故 J_z 自身在乘积基下是对角的。它将是一个简并的算符，因为除了当 $m=\pm(j_1+j_2)$ 时这两个角动量在 z 轴的上/下方向都有最大的投影之外，还有许多方法可以构成总的 $m=m_1+m_2$。例如，如果 $m=j_1+j_2-2$，则存在三个乘积右矢：$(m_1=j_1,m_2=j_2-2)$、$(m_1=j_1-1,m_2=j_2-1)$ 和 $(m_1=j_1-2,m_2=j_2)$。在 J_z 的每个简并本征空间中，我们必须选择一个对角化 J^2（不对角化 J_{1z} 和 J_{2z}）的基。我们可以通过构造矩阵 J^2 并将其对角化来实现。但这可能是一件冗长乏味的事情。（如果你已完成习题 15.1.1 就会知道：即使在四维的情况下，S^2 的构造也是相当烦琐的。）但是，现在有一种更为有效的替代描述方法。

第一步，我们需要知道 j 所允许的值。我们的直觉和上一节的经验表明：j 可以取 $j_1+j_2,j_1+j_2-1,\cdots,j_1-j_2$（假定 $j_1\geqslant j_2$）①。让我们检验一下。基右矢乘积的数目为 $(2j_1+1)\cdot(2j_2+1)$。这个数目必须等于总 j 右矢的数目。根据我们的推测，利用公式

$$\sum_{n=0}^{N}n=\frac{N(N+1)}{2}$$

这个数目是

$$\sum_{j=j_1-j_2}^{j_1+j_2}(2j+1)=\sum_{j=0}^{j_1+j_2}(2j+1)-\sum_{j=0}^{j_1-j_2-1}(2j+1)=(2j_1+1)(2j_2+1) \tag{15.2.2}$$

我们以此作为我们猜想

$$j_1\otimes j_2=(j_1+j_2)\oplus(j_1+j_2-1)\oplus\cdots\oplus(j_1-j_2) \tag{15.2.3}$$

的证明。换句话说，总 j 右矢为

$$|jm,j_1j_2\rangle \qquad \text{其中}\quad j_1+j_2\geqslant j\geqslant j_1-j_2,\quad j\geqslant m\geqslant -j \tag{15.2.4}$$

① 这里没有失去一般性，因为我们总是可以把大的叫做 j_1。

让我们把它们写成一个阵列：

$$
\begin{array}{lllll}
 & \overset{j}{\rightarrow} & & & \\
m\downarrow & j_1+j_2 & j_1+j_2-1 & \cdots & j_1-j_2 \\
 & |j_1+j_2,j_1+j_2\rangle & & & \\
 & |j_1+j_2,j_1+j_2-1\rangle & |j_1+j_2-1,j_1+j_2-1\rangle & & \\
 & |j_1+j_2,j_1+j_2-2\rangle & |j_1+j_2-1,j_1+j_2-2\rangle & & |j_1-j_2,j_1-j_2\rangle \\
 & \vdots & \vdots & \cdots & \vdots \\
 & |j_1+j_2,-(j_1+j_2-2)\rangle & |j_1+j_2-1,-(j_1+j_2-2)\rangle & & |j_1-j_2,-(j_1-j_2)\rangle \\
 & |j_1+j_2,-(j_1+j_2-1)\rangle & |j_1+j_2-1,-(j_1+j_2-1)\rangle & & \\
 & |j_1+j_2,-(j_1+j_2)\rangle & & &
\end{array}
\tag{15.2.5}
$$

（注意，标记 j_1j_2 在总 j 右矢上被去掉。我们将经常这样做以简化标记法。）

我们的问题是要把这些右矢中的每一个矢量表示成乘积右矢的线性组合。为了得到人们如何做到这一点的想法，让我们考虑上一节（$j_1=j_2=1/2$）中解决的问题。在这种情况下，态为

$$
\begin{array}{lll}
 & \overset{j}{\rightarrow} & \\
m\downarrow & 1 & 0 \\
 & |1,1\rangle & \\
 & |1,0\rangle & |0,0\rangle \\
 & |1,-1\rangle &
\end{array}
$$

考虑第一列 $|1,1\rangle$ 中最高态，这个态具有最大的 z 分量。只有一个乘积态有正确的 m 值，即两个自旋都向上。因此，通过检验有

$$|1,1\rangle=|++\rangle$$

我们可以把右侧乘一个相因子，但要遵守一个约定，这个约定被称为康登–肖特利（Condon-Shortley）约定。在这个约定中，这个最高态的系数被选为 1。接下来考虑在它下面的态，即 $|1,0\rangle$。存在两个 $m=0$ 的乘积态，即 $|+-\rangle$ 和 $|-+\rangle$，并且 $|1,0\rangle$ 态必须是这两个态的线性组合。我们找到如下组合。我们知道①

$$S_-|1,1\rangle=2^{1/2}\hbar|1,0\rangle$$

所以

$$|1,0\rangle=\frac{1}{2^{1/2}\hbar}S_-|1,1\rangle$$

① 回顾 $J_\pm|j,m\rangle=\hbar\left[(j\mp m)(j\pm m+1)\right]^{1/2}|j,m\pm 1\rangle$。

可是我们不想用 $|1,1\rangle$ 表示的 $|1,0\rangle$，而想用乘积右矢表示的 $|1,0\rangle$。因此，我们将右侧重写为

$$=\frac{1}{2^{1/2}\,\hbar}(S_{1-}+S_{2-})\,|++\rangle=\frac{1}{2^{1/2}\,\hbar}(\hbar\,|-+\rangle+\hbar\,|+-\rangle)$$

所以

$$|1,0\rangle=2^{-1/2}(|+-\rangle+|-+\rangle)$$

它与先前的结果一致。

从上述意义上讲，下一个态 $|1,-1\rangle$ 可以通过再降低一步来得到，或者更简单地注意到只有一个具有最负 m 值的右矢，即 $|--\rangle$。所以，

$$|1,-1\rangle=|--\rangle$$

我们的相位约定是这样的：下降一步 $|1,0\rangle$ 态的结果就是你应该得到的结果。

这是对 $j=1$ 态的处理。下一步考虑对 $j=0$ 的态的处理。$|0,0\rangle$ 态的 $m=0$，它也是 $|+-\rangle$ 和 $|-+\rangle$ 的线性组合。我们使用两个约束条件来找到这个组合：(1) 这个组合必须与它形成的另一个 $m=0$ 的态，即 $|1,0\rangle$ 态正交，并且具有实系数[①]。(2) 这个组合被归一化到 1。如果我们令组合为 $\alpha|+-\rangle+\beta|-+\rangle$，这些约束告诉我们

$$\alpha+\beta=0$$
$$\alpha^2+\beta^2=1$$

由此可见

$$|0,0\rangle=2^{-1/2}(|+-\rangle-|-+\rangle)$$

注意，我们仍然可以将这个态乘 (-1)。我们的约定如下：对 (15.2.5) 式中每一列的最高态都赋予一个整体的符号，使 $m_1=j_1$ 的乘积右矢的系数为正。

现在让我们转到一般的问题，(15.2.5) 式。同样，第一列中的最高态，其 m 值等于它的最大值 j_1+j_2，能由仅有的一个乘积右矢构成。在这个乘积右矢中，两个角动量沿 z 轴方向上的投影都取最大的可能值：

$$|j_1+j_2,j_1+j_2\rangle=|j_1j_1,j_2j_2\rangle \tag{15.2.6}$$

其他 m 种具有这个 j 值的态都是通过降低一步得到的。让我们考虑只向下走一步。因为

$$J_-|j_1+j_2,j_1+j_2\rangle=\hbar[2(j_1+j_2)]^{1/2}|j_1+j_2,j_1+j_2-1\rangle$$

① 这是一个约定的问题。

就像在自旋 $(1/2\otimes 1/2)$ 问题中的一样，我们有

$$
\begin{aligned}
&|j_1+j_2, j_1+j_2-1\rangle \\
&=\frac{1}{[2(j_1+j_2)]^{1/2}\hbar}(J_{1-}+J_{2-})|j_1j_1, j_2j_2\rangle \\
&=\frac{1}{[2(j_1+j_2)]^{1/2}\hbar}\left[\hbar(2j_1)^{1/2}|j_1(j_1-1), j_2j_2\rangle+\hbar(2j_2)^{1/2}|j_1j_1, j_2(j_2-1)\rangle\right] \\
&=\left(\frac{j_1}{j_1+j_2}\right)^{1/2}|j_1(j_1-1), j_2j_2\rangle+\left(\frac{j_2}{j_1+j_2}\right)^{1/2}|j_1j_1, j_2(j_2-1)\rangle
\end{aligned}
\tag{15.2.7}
$$

按照这种方式进行下去，我们就可以在第一列中得到最低态①。

现在看第二列的最高态。由于 $m=j_1+j_2-1$，因此有两个乘积右矢有资格进入线性组合，它们是 $|j_1j_1, j_2(j_2-1)\rangle$ 和 $|j_1(j_1-1), j_2j_2\rangle$。该组合必须被归一化到 1，同时必须与这些右矢构成的另外一个态，即 $|j_1+j_2, j_1+j_2-1\rangle$ 态正交［见 (15.2.7) 式］，并按照约定具有实系数。通过检验，答案是

$$
\begin{aligned}
|j_1+j_2-1, j_1+j_2-1\rangle=&\left(\frac{j_1}{j_1+j_2}\right)^{1/2}|j_1j_1, j_2(j_2-1)\rangle- \\
&\left(\frac{j_2}{j_1+j_2}\right)^{1/2}|j_1(j_1-1), j_2j_2\rangle
\end{aligned}
\tag{15.2.8}
$$

整体的符号通过如下的要求确定：$m_1=j_1$ 的乘积右矢的系数是正的。定好最高的态，第二列中其余的态就可以通过下降一步得到。让我们再看下一列。第三列中的最高态 $|j_1+j_2-2, j_1+j_2-2\rangle$ 可以是三个乘积右矢的叠加。三个（实）系数是由这样三个要求确定的：与前面两个具有相同 m 值的总 j 右矢正交，以及叠加态的归一化。可以清楚看到，总会有足够的约束条件来确定每一列的最高态，一旦已经知道最高态，其余的态就可通过下降一步推演出来。

习题 15.2.1

(1) 将 $J^2=J_1^2+J_2^2+2J_{1z}J_{2z}+J_{1+}J_{2-}+J_{1-}J_{2+}$ 作用于 $|j_1j_1, j_2j_2\rangle$，证明这个态的确是一个 $j=j_1+j_2$ 的态。

(2)（可选）证明 (15.2.8) 式右边的右矢的确具有角动量 $j=j_1+j_2-1$。

CG 系数（Clebsch-Gordan 系数）

乘积右矢的完备性允许我们将总 j 右矢写成

$$
|jm, j_1j_2\rangle=\sum_{m_1}\sum_{m_2}|j_1m_1, j_2m_2\rangle\langle j_1m_1, j_2m_2|jm, j_1j_2\rangle
$$

① 实际上，人们只走到 $m=0$ 的态。使用扩展的特殊性质可以找到负 m 的态，它将在稍后讨论。

展开系数

$$\langle j_1m_1, j_2m_2|jm, j_1j_2\rangle \equiv \langle j_1m_1, j_2m_2|jm\rangle$$

被称为 CG（Clebsch-Gordan）系数或者 CG 矢量耦合系数。（因为记号 j_1j_2 出现在左矢中，在右矢中我们把它们去掉了。）以下是这些系数的一些性质：

(1) $\langle j_1m_1, j_2m_2|jm\rangle \neq 0$，仅当 $j_1-j_2 \leqslant j \leqslant j_1+j_2$ (15.2.9)

（它被称为三角不等式，从几何上讲，这意味着我们能以 j_1，j_2 和 j 为边形成一个三角形）。

(2) $\langle j_1m_1, j_2m_2|jm\rangle \neq 0$，仅当 $m_1+m_2 = m$ (15.2.10)

(3) 它们是实的（约定）。

(4) $\langle j_1j_1, j_2(j-j_1)|jj\rangle$ 是正的（约定）。

（在每个最高态的展开中，此条件固定了总体符号，它们已在前面的讨论中用过。）

(5) $\langle j_1m_1, j_2m_2|jm\rangle = (-1)^{j_1+j_2-j}\langle j_1(-m_1), j_2(-m_2)|j(-m)\rangle$ (15.2.11)

这个关系使我们要做的工作减少了一半：我们从最高态开始，一直向下做到 $m=0$（或 1/2，如果 j 是半整数）的态。然后使用这个关系确定负 m 态的系数。

习题 15.2.2* 找出以下两式的 CG 系数：

(1) $\dfrac{1}{2}\otimes 1 = \dfrac{3}{2}\oplus\dfrac{1}{2}$；

(2) $1\otimes 1 = 2\oplus 1\oplus 0$。

习题 15.2.3 论证 $\dfrac{1}{2}\otimes\dfrac{1}{2}\otimes\dfrac{1}{2} = \dfrac{3}{2}\oplus\dfrac{1}{2}\oplus\dfrac{1}{2}$。

如果把 CG 系数组合成一个矩阵，我们发现它是正交的（实的和幺正的）。这是基于这样的事实：它能将一组正交归一化的基关联到另外一组正交归一化的基。如果对矩阵求逆，我们就可以用总 j 右矢写出乘积右矢。这个展开式中的系数也是 CG 系数：

$$\langle jm|j_1m_1, j_2m_2\rangle = \langle j_1m_1, j_2m_2|jm\rangle^* = \langle j_1m_1, j_2m_2|jm\rangle$$

因为 CG 系数是实的。作为一个例子，考虑 $\dfrac{1}{2}\otimes\dfrac{1}{2}$ 问题。在那里，我们有

$$\begin{array}{c}|jm\rangle\\ \begin{pmatrix}|1,1\rangle\\|1,0\rangle\\|1,-1\rangle\\|0,0\rangle\end{pmatrix}\end{array} = \begin{pmatrix}1 & 0 & 0 & 0\\ 0 & 1/\sqrt{2} & 1/\sqrt{2} & 0\\ 0 & 0 & 0 & 1\\ 0 & 1/\sqrt{2} & -1/\sqrt{2} & 0\end{pmatrix} \begin{array}{c}|m_1m_2\rangle\\ \begin{pmatrix}|++\rangle\\|+-\rangle\\|-+\rangle\\|--\rangle\end{pmatrix}\end{array}$$

（注意，每列包含的不是矢量的分量，而是基矢量自身。）我们可以将这个关系求逆得到

$$\begin{pmatrix} |++\rangle \\ |+-\rangle \\ |-+\rangle \\ |--\rangle \end{pmatrix} = \begin{pmatrix} 1 & 0 & 0 & 0 \\ 0 & 1/\sqrt{2} & 0 & 1/\sqrt{2} \\ 0 & 1/\sqrt{2} & 0 & -1/\sqrt{2} \\ 0 & 0 & 1 & 0 \end{pmatrix} \begin{pmatrix} |1,1\rangle \\ |1,0\rangle \\ |1,-1\rangle \\ |0,0\rangle \end{pmatrix}$$

这样，我们就可写出

$$|+-\rangle = \frac{1}{\sqrt{2}}(|1,0\rangle + |0,0\rangle)$$

等等。在实践中，可双向使用 CG 系数，从乘积基到总 j 基，反之亦然。

$\boldsymbol{L}$ 和 $\boldsymbol{S}$ 相加

考虑一个电子被束缚在一个质子上处于角动量为 l 的轨道态。由于电子自旋为 1/2，它的总角动量 $\boldsymbol{J} = \boldsymbol{L} + \boldsymbol{S}$ 的值可以是 $j = l \pm 1/2$。我们希望借助乘积态 $|lm_o, sm_s\rangle$[①] 表达总 j 态。因为 $m_s = \pm 1/2$，对每个 m，最多有两个符合条件的乘积右矢[②]。令

$$\left|j = l + \frac{1}{2}, m\right\rangle = \alpha\left|l, m - \frac{1}{2}; \frac{1}{2}, \frac{1}{2}\right\rangle + \beta\left|l, m + \frac{1}{2}; \frac{1}{2}, -\frac{1}{2}\right\rangle \tag{15.2.12}$$

$$\left|j = l - \frac{1}{2}, m\right\rangle = \alpha'\left|l, m - \frac{1}{2}; \frac{1}{2}, \frac{1}{2}\right\rangle + \beta'\left|l, m + \frac{1}{2}; \frac{1}{2}, -\frac{1}{2}\right\rangle \tag{15.2.13}$$

这些态是正交归一化的要求告诉我们

$$\alpha^2 + \beta^2 = 1 \tag{15.2.14}$$

$$\alpha'^2 + \beta'^2 = 1 \tag{15.2.15}$$

$$\alpha\alpha' + \beta\beta' = 0 \tag{15.2.16}$$

所以，我们只需再多一个约束条件，比如比率 α/β。我们可以通过要求

$$J^2\left|j = l + \frac{1}{2}, m\right\rangle = \hbar^2\left(l + \frac{1}{2}\right)\left(l + \frac{3}{2}\right)\left|j = l + \frac{1}{2}, m\right\rangle \tag{15.2.17}$$

得到它。写出

$$J^2 = L^2 + S^2 + 2L_zS_z + L_-S_+ + L_+S_- \tag{15.2.18}$$

就能推导出

$$\frac{\beta}{\alpha} = \left(\frac{l + 1/2 - m}{l + 1/2 + m}\right)^{1/2} \tag{15.2.19}$$

---

① 这里 m_o，m_s 和 m 是轨道、自旋和总角动量沿 z 轴方向的投影。

② 构造 (15.2.5) 式那样的表也许会有帮助。它将只含两列，一列 $j = l + 1/2$ 的态，一列 $j = l - 1/2$ 的态。

有了它，再加上整体符号的约定，就能得到

$$\left|j=l\pm\frac{1}{2},m\right\rangle=\frac{1}{(2l+1)^{1/2}}\left[\pm\left(l+\frac{1}{2}\pm m\right)^{1/2}\left|l,m-\frac{1}{2};\frac{1}{2},\frac{1}{2}\right\rangle+\left(l+\frac{1}{2}\mp m\right)^{1/2}\left|l,m+\frac{1}{2};\frac{1}{2},-\frac{1}{2}\right\rangle\right] \tag{15.2.20}$$

［注意：如果 $j=l+\frac{1}{2}$，$m=\pm(l+\frac{1}{2})$，只有一项留存，其系数为 1。］如果哈密顿量只包含库仑相互作用，或者加上一个与强恒定磁场的相互作用，乘积基就足够了。当我们在 17 章中研究自旋–轨道相互作用［它涉及算符 $\boldsymbol{L}\cdot\boldsymbol{S}=\frac{1}{2}(J^2-L^2-S^2)$］时，总 j 基将派上用场。

习题 15.2.4 推导 (15.2.19) 和 (15.2.20) 式。

习题 15.2.5*

(1) 证明：$\mathbb{P}_1=\frac{3}{4}\boldsymbol{I}+(\boldsymbol{S}_1\cdot\boldsymbol{S}_2)/\hbar^2$ 和 $\mathbb{P}_0=\frac{1}{4}\boldsymbol{I}-(\boldsymbol{S}_1\cdot\boldsymbol{S}_2)/\hbar^2$ 是投影算符，即遵从 $\mathbb{P}_i\mathbb{P}_j=\delta_{ij}\mathbb{P}_j$［使用 (14.3.39) 式］。

(2) 展示在 $\dfrac{1}{2}\otimes\dfrac{1}{2}=1\oplus 0$ 中，它们投影到自旋为 1 和自旋为 0 的空间。

习题 15.2.6 在加法 $\boldsymbol{L}+\boldsymbol{S}=\boldsymbol{J}$ 中，请为 $j=l\pm 1/2$ 的子空间构造投影算符 $\mathbb{P}_\pm$。

习题 15.2.7 证明当我们把 j_1 加到 j_1 上时，$j=2j_1-1$ 的态是对称的。证明 $j=2j_1=1$ 的态是反对称的。（论证最高态的对称性，并证明下降一步并不改变对称性。）这种交替对称性的模式随着 j 的减少继续下去，但是更加难以证明。

改进的光谱符号

在没有自旋的情况下，使用单个字母，比如 $s,p,d,\cdots$，表示粒子的（轨道）角动量就足够了。在存在自旋的情况下，人们将对符号做如下改变：

(1) 使用大写字母 $S,P,D,\cdots$ 来表示轨道角动量的值。

(2) 在 L 的右边附加一个下标 J 以表示 j 值。

(3) 在 L 的左侧附加一个上标 $2S+1$ 以表示由自旋投影引起的多重性。

比如

$$^{2S+1}L_J = {}^2P_{3/2}$$

表示一个 $l=1$，$s=1/2$，$j=3/2$ 的态。对于单个电子，$2S+1$ 标记是多余的，因为它总是等于 2。对于一个多重电子的系统，S 和 L 代表总自旋和总轨道角动量，J 表示它们的总和。因此，对氦核（He）的基态有

$$^{2S+1}L_J = {}^1S_0$$

15.3　不可约张量算符

我们已经讨论了标量算符和矢量算符。标量算符 S 在转动下像标量一样变换，即保持不变：

$$S \to S' = U^\dagger[R]\, S\, U[R] = S \tag{15.3.1}$$

考虑任意无穷小转动，我们可以推导出

$$[J_i, S] = 0$$

或者一种以后会用到的形式

$$\begin{aligned} [J_\pm, S] &= 0 \\ [J_z, S] &= 0 \end{aligned} \tag{15.3.2}$$

标量 S 的例子是转动不变的哈密顿量，例如库仑哈密顿量或各向同性谐振子哈密顿量。定义矢量算符 $\boldsymbol{V}$ 为三个算符 (V_x, V_y, V_z) 的集合，它们在 $\mathbb{V}^3(R)$ 中像矢量的三个分量那样变换：

$$V_i \to V_i' = U^\dagger[R]\, V_i\, U[R] = \sum_j R_{ij}\, V_j \tag{15.3.3}$$

其中 R 是通常的 3×3 转动矩阵。考虑无穷小转动，我们推导出［(12.4.14) 式］：

$$[V_i, J_j] = \mathrm{i}\hbar \sum_k \varepsilon_{ijk}\, V_k \tag{15.3.4}$$

让我们把 (15.3.3) 式重新写成一个等价的形式。把各处的 R 都替换成 $R^{-1} = R^{\mathrm{T}}$，得到

$$U[R]\, V_i\, U^\dagger[R] = \sum_j R_{ji}\, V_j \tag{15.3.5}$$

注意，我们现在是对 R 的第一个指标求和。这似乎很怪异，因为我们习惯了类似于 (15.3.3) 的式子，在那里是对第二个指标求和。(15.3.3) 式与 (15.3.5) 式的关系如下。

设 $|1\rangle$，$|2\rangle$ 和 $|3\rangle$ 是 $\mathbb{V}^3(R)$ 中的基右矢，R 是这个空间上的转动算符。如果 $|V\rangle$ 是某个矢量，其分量为 $v_i = \langle i|V\rangle$，它转动后的表示 $|V'\rangle = R|V\rangle$ 具有分量

$$v_i' = \langle i|R|V\rangle = \sum_j \langle i|R|j\rangle \langle j|V\rangle = \sum_j R_{ij}\, v_j \tag{15.3.6}$$

如果反问 R 对基做了什么，我们会发现 $|i\rangle \to |i'\rangle = R|i\rangle$，在那里

$$|i'\rangle = R|i\rangle = \sum_j |j\rangle \langle j|R|i\rangle = \sum_j R_{ji}\,|j\rangle \tag{15.3.7}$$

由于 $R_{ji} = (R^{-1})_{ij}$，我们看到矢量分量和基矢量以“相反”的方式变换。(15.3.3) 式把矢量算符定义为一个量，其分量按 $V_i \to U^\dagger V_i U$ 变换，和矢量 $|V\rangle$ 的分量按 $|V\rangle \to R|V\rangle$ 变换一样；而 (15.3.5) 式把矢量算符定义为一个量，其分量 V_i 按 $V_i \to U\,V_i U^\dagger$ 变换，和右矢 $|i\rangle$ 按 $|i\rangle \to R|i\rangle$ 变换一样。这两个定义是等价的。第一种定义在过去发挥了重要作用，而第二种定义将在接下来的工作中发挥重要作用。

张量算符

我们知道矢量 $|V\rangle$ 是 $\mathbb{V}^3(R)$ 的一个元素，也就是说，利用其分量 v_i 和基右矢 $|i\rangle$，可写成

$$|V\rangle = \sum_{i=1}^{3} v_i\,|i\rangle \tag{15.3.8}$$

二阶张量 $|T^{(2)}\rangle$ 是直积空间 $\mathbb{V}^3(R)\otimes\mathbb{V}^3(R)$ 中的一个元素，该空间由 9 个右矢 $|i\rangle\otimes|j\rangle$ 张成：

$$|T^{(2)}\rangle = \sum_{i=1}^{3}\sum_{j=1}^{3} t_{ij}\,|i\rangle\otimes|j\rangle \tag{15.3.9}$$

人们将 t_{ij} 称为 $|T^{(2)}\rangle$ 在 $|i\rangle\otimes|j\rangle$ 基上的分量。

和矢量的情况一样，一个二阶张量算符是 9 个 T_{ij} 算符的集合，这些算符在 $T_{ij} \to U^\dagger T_{ij} U$ 变换下的响应与张量分量 t_{ij} 一样，或等价地说，在 $T_{ij} \to U T_{ij} U^\dagger$ 变换下，它的响应与基 $|i\rangle\otimes|j\rangle$ 的响应一样。$n > 2$ 的张量和张量算符可用类似的方法定义。(注意一个矢量可看作一个一阶张量。) 我们称这些张量为笛卡儿张量。

我们更感兴趣的是被称为球张量算符的物理量。一个 k 阶的球张量算符有 $2k+1$ 个分量 T_k^q，$q = +k, (k-1), \cdots, -k$，它在 $T_k^q \to U T_k^q U^\dagger$ 变换下的响应就像角动量本征右矢 $|j=k, m=q\rangle = |kq\rangle$①的响应一样：

$$U[R]\,T_k^q\,U^\dagger[R] = \sum_{q'} D_{q'q}^{(k)}\,T_k^{q'} \tag{15.3.10}$$

① 回顾 $|kq\rangle \to U[R]|kq\rangle = \sum_{k'}\sum_{q'}|k'q'\rangle\langle k'q'|U[R]|kq\rangle = \sum_{q'} D_{qq'}^{(k)}|kq\rangle$。

因为 $2k+1$ 个 $|kq\rangle$ 右矢的变换是不可约的，所以算符 T_k^q 的变换也是不可约的。因此，它们也被称为不可约张量算符。

通过考虑无穷小转动，由 (15.3.10) 式可以推导出（习题 15.3.1）：

$$\begin{aligned}[J_\pm, T_k^q] &= \pm\hbar[(k\mp q)(k\pm q+1)]^{1/2}\, T_k^{q\pm 1} \\ [J_z, T_k^q] &= \hbar\, q\, T_k^q\end{aligned} \tag{15.3.11}$$

注意，J 与 T_k^q 对易就像 J 作用于右矢 $|kq\rangle$。

不可约张量算符为什么是有趣的？看一下 T_k^q 作用于 $|\alpha lm\rangle$ 态的效果。（这里 α 表示角动量之外的标记。）让我们转动这个作用后的态，看看发生了什么：

$$\begin{aligned}U[R]\,T_k^q|jm\rangle &= U[R]\,T_k^q\,U^\dagger[R]\,U[R]|jm'\rangle \\ &= \sum_{q'} D_{qq'}^{(k)}\,T_k^{q'}\sum_{m'} D_{mm'|}^{(j)}|jm'\rangle \\ &= \sum_{q'}\sum_{m'} D_{q'q}^{(k)} D_{m'm}^{(j)} T_k^{q'}\,|jm'\rangle\end{aligned} \tag{15.3.12}$$

我们发现 $T_k^q|lm\rangle$ 对转动的响应就像乘积基 $|kq\rangle\otimes|lm\rangle$ 的响应一样。这样，当我们将 T_k^q 作用于一个态时，我们就把角动量 (k,q) 加到了这个态上。换句话说，一个不可约张量算符 T_k^q 将一定量的角动量 (k,q) 赋予它所作用的态。这样，对 T_k^q 在角动量的本征态之间的矩阵元，我们可以说：

$$\langle\alpha' j' m'|T_k^q|\alpha jm\rangle = 0 \quad 除非 \quad k+j\geqslant j'\geqslant k-j, \quad m'=m+q \tag{15.3.13}$$

这是因为 $T_k^q|\alpha jm\rangle$ 只包含那些通过 (k,q) 和 (j,m) 相加可以得到的角动量；所以，除非 (j',m') 是 (k,q) 和 (j,m) 相加的一种可能结果①，$|\alpha' j' m'\rangle$ 一定与 $T_k^q|\alpha jm\rangle$ 正交。(15.3.13) 式是选择定则的一个例子。

让我们从零阶张量算符开始考虑一些例子。零阶张量算符只有一个分量 T_0^0，它和 $|00\rangle$ 一样变换，即保持不变。于是 T_0^0 就是一个讨论过的标量算符 S。选择定则告诉我们

$$\langle\alpha' j' m'|T_0^0|\alpha jm\rangle = 0 \quad 除非 \quad j=j',\ m=m' \tag{15.3.14}$$

考虑下一个 T_k^q（$q=1,0,-1$）。②在这里，三个分量在转动下互相进入别的分量。由于矢量算符 $\boldsymbol{V}$ 也具有三个分量，它们相互不可约地变换（为什么？），所以我们推测矢量算符分量的某些线性组合应该可以等于各个 T_k^q。事实上，

$$\begin{aligned}T_1^{\pm1} &= \pm\frac{V_x\pm \mathrm{i}V_y}{2^{1/2}} \equiv V_1^{\pm1} \text{③} \\ T_1^0 &= V_z \equiv V_1^0\end{aligned} \tag{15.3.15}$$

① 译者注：从此处到 (15.3.16b)，我们都假定 $\alpha'=\alpha$。

② 译者注：显然，$k=1$。

有了 (15.3.4) 式和上面的定义，很容易验证 $V_1^{\pm 1}$ 和 V_1^0 服从 (15.3.11) 式，在那里 $k=1$，$q=\pm 1, 0$。例如 V_x 的选择定则为

$$\begin{aligned}\langle \alpha' j' m' | V_x | \alpha j m \rangle &= \langle \alpha' j' m' | \frac{V_1^{-1} - V_1^1}{2^{1/2}} | \alpha j m \rangle \\ &= 0 \quad 除非 \quad j+1 \geqslant j' \geqslant |j-1|,\ m' = m \pm 1 \end{aligned} \tag{15.3.16a}$$

同样

$$\begin{aligned}\langle \alpha' j' m' | V_z | \alpha j m \rangle &= \langle \alpha' j' m' | V_1^0 | \alpha j m \rangle \\ &= 0 \quad 除非 \quad j+1 \geqslant j' \geqslant |j-1|,\ m' = m \end{aligned} \tag{15.3.16b}$$

一旦我们超出一阶，相同阶的笛卡儿张量和球张量就不再可能彼此表示了。一个 n 阶的笛卡儿张量有 3^n 个分量，而一个 k 阶的球张量有 $(2k+1)$ 个分量。$n=0$ 和 $n=1$ 的笛卡儿张量的分量数恰好分别与 $k=0$ 和 1 阶的球张量的分量数相同，并且变换也是不可约的。但考虑到更高阶的张量，比如二阶张量。张量 T_2^q 有 5 个不可约变换的分量。张量 T_{ij} 有 9 个可约变换的分量，也就是说，它们可以构成 T_{ij} 的这样的一些组合，使得其中一些分量在转动时永远不与其他分量混合。有 1 种组合是不变的，即像 T_0^0 一样变换；有 3 种组合像一个矢量或者按照 (15.3.15) 式像 T_1^q 一样变换；最后有 5 种组合像 T_2^q 一样变换。几页之后，在研究各向同性谐振子的简并性时，我们将看到这些组合是什么。高阶的笛卡儿张量同样是可约的。现在让我们回到选择定则 (15.3.13) 式。

我们可以更进一步，涉及非零矩阵元。考虑球形位置算符 R_1^q 的具体例子。我们有（假设没有自旋，所以 $\boldsymbol{J}=\boldsymbol{L}$）

$$\begin{aligned}&\langle a_2 | l_2 m_2 | R_1^q | \alpha_1 l_1 m_1 \rangle \\ &= \int R_{\alpha_2 l_2}^*(r)\, \mathrm{Y}_{l_2}^{m_2^*}(\theta,\phi)\, r \left(\frac{4\pi}{3}\right)^{1/2} \mathrm{Y}_1^q R_{\alpha_1 l_1}(r)\, \mathrm{Y}_{l_1}^{m_1^1}(\theta,\phi)\, r^2 \mathrm{d}r\, \mathrm{d}\Omega \\ &= \left(\frac{4\pi}{3}\right)^{1/2} \int R_{\alpha_2 l_2}^*\, r\, R_{\alpha_1 l_1} r^2\, \mathrm{d}r \cdot \int \mathrm{Y}_{l_2}^{m_2^*}\, \mathrm{Y}_1^q\, \mathrm{Y}_{l_1}^{m_1} \mathrm{d}\Omega \\ &= \langle \alpha_2 l_2 || R_1 || \alpha_1 l_1 \rangle \cdot \langle l_2 m_2 | 1q, l_1 m_1 \rangle^{①} \end{aligned} \tag{15.3.17}$$

其中约化矩阵元 $\langle \alpha_2 l_2 || R_1 || \alpha_1 l_1 \rangle$ 与仅出现在 CG 系数中的 m_1，m_2 和 q 无关，而 CG 系数本质上是角向积分（至多差一个独立于 m_1，m_2 和 q 的因子）。

这个例子说明了一个一般的结果（此处未证明）：

$$\langle \alpha_2 j_2 m_2 | T_k^q | \alpha_1 j_1 m_1 \rangle = \langle \alpha_2 j_2 || T_k || \alpha_1 j_1 \rangle \cdot \langle j_2 m_2 | kq, j_1 m_1 \rangle \tag{15.3.18}$$

③ 回顾在 $\boldsymbol{V}=\boldsymbol{J}$ 的特殊情况中，有 $J_1^{\pm 1} \equiv \mp(J_x \pm \mathrm{i} J_y)/2^{1/2} \equiv \mp J_{\pm}/2^{1/2}$ 和 $J_1^0 = J_z$。

① 注意，R_1^q 是张量算符，$R_{\alpha l}(r)$ 是波函数的径向部分。我们还使用了 (12.5.42) 式以获得 R_1^q。

它被称为维格纳-埃卡特（Wigner-Eckart）定理。该定理将矩阵元对空间方向（体现在 m_1，m_2 和 q 数值上）的依赖性与矩阵元的其余部分分开。前者完全可以用 CG 系数表示。

习题 15.3.1

(1) 考虑无限小转动，证明由 (15.3.10) 式能得到 (15.3.11) 式。[提示：$D^{(k)}_{q'q} = \langle kq'|I - (\mathrm{i}\delta\boldsymbol{\theta} \cdot \boldsymbol{J})/\hbar|kq\rangle$。比如沿 x 方向选择 $\delta\boldsymbol{\theta}$，然后将结果推广到其他方向。]

(2) 证明：如同 (15.3.15) 式，由 $\boldsymbol{V}$ 构建的球张量 V_1^q 遵从 (15.3.11) 式。

习题 15.3.2 据称 $\Sigma_q(-1)^q S_k^q T_k^{-q}$ 是一个标量算符。

(1) 验证当 $k=1$ 时，它就是 $\boldsymbol{S} \cdot \boldsymbol{T}$。

(2) 通过考虑它对转动的响应，在一般情况下证明它。[提示：$D^{(j)}_{-m,-m'} = (-1)^{m-m'}(D^{(j)}_{m,m'})^*$。]

习题 15.3.3

(1) 使用 $\langle jj|jj,10\rangle = [j/(j+1)]^{1/2}$ 证明

$$\langle \alpha j||J_1||\alpha' j'\rangle = \delta_{\alpha\alpha'}\delta_{jj'}\hbar[j(j+1)]^{1/2}$$

(2) 使用 $\boldsymbol{J} \cdot \boldsymbol{A} = J_z A_z + \frac{1}{2}(J_- A_+ + J_+ A_-)$（其中 $A_\pm = A_x \pm \mathrm{i}A_y$）论证

$$\langle \alpha' jm'|\boldsymbol{J} \cdot \boldsymbol{A}|\alpha jm\rangle = \mathrm{c}\,\langle \alpha' j||A||\alpha j\rangle$$

其中 c 是一个与 α，α' 和 A 无关的常数。证明：$\mathrm{c} = h[j(j+1)]^{1/2}\delta_{m,m'}$。

(3) 使用上述结果，证明

$$\langle \alpha' jm'|A^q|\alpha jm\rangle = \frac{\langle \alpha' jm|\boldsymbol{J} \cdot \boldsymbol{A}|\alpha jm\rangle}{h^2 j(j+1)}\langle jm'|J^q|jm\rangle \tag{15.3.19}$$

习题 15.3.4*

(1) 考虑一个系统，它的角动量由 $\boldsymbol{J}_1$ 和 $\boldsymbol{J}_2$ 两个部分组成，它的磁矩为

$$\boldsymbol{\mu} = \gamma_1 \boldsymbol{J}_1 + \gamma_2 \boldsymbol{J}_2$$

在 $|jm, j_1 j_2\rangle$ 态中，使用 (15.3.19) 式证明

$$\langle\mu_x\rangle = \langle\mu_y\rangle = 0$$

$$\langle\mu_z\rangle = m\hbar\left[\frac{\gamma_1+\gamma_2}{2} + \frac{(\gamma_1-\gamma_2)}{2}\frac{j_1(j_1+1)-j_2(j_2+1)}{j(j+1)}\right]$$

(2) 将其应用到处于 $^2P_{1/2}$ 态的质子（$g = 5.6$）的问题，证明 $\langle\mu_z\rangle = \pm 0.26$ 核磁子。

(3) 对处于 $^2P_{1/2}$ 态的电子，证明 $\langle\mu_z\rangle = \pm\frac{1}{3}$ 玻尔磁子。

习题 15.3.5 证明：当 $k > 2j$ 时，$\langle jm| T_k^q |jm\rangle = 0$。

15.4 某些“偶然”简并度的解释

在这一节中，我们将解释在氢原子和各向同性谐振子（见第 12.6 节）中，n 值相同、但 l 值不同的态的简并性。首先让我们判定解释任意简并度意味着什么。例如在这两个问题中，考虑在给定 l 时不同 m 态的 $(2l+1)$ 重简并度。根据哈密顿量的转动不变性，我们解释如下：

(1) 对于 $\mathbb{V}^3(R)$ 上的每一个转动 $R(\boldsymbol{\theta})$，都存在一个幺正算符 $U[R]$，它把矢量算符转动成

$$U^\dagger V_i U = \sum_j R_{ij} V_j \tag{15.4.1}$$

如果哈密顿量只依赖于各种矢量算符，如 $\boldsymbol{P}$，$\boldsymbol{R}$，$\boldsymbol{L}$ 等的“长度”，则它是转动不变的：

$$U^\dagger H U = H \tag{15.4.2}$$

也就是说，转动是 H 的对称性。所讨论的两个问题就是这种情况。

(2) 如果把这个关系写成无穷小的形式，我们发现

$$[H, L_i] = 0, \quad i = 1, 2, 3 \tag{15.4.3}$$

其中 L_i 是转动的生成元。对定义一个转动 $(\theta_x, \theta_y, \theta_z)$ 的每个自由参数，都有一个相应的生成元。它们都是守恒的。

(3) 由这三个生成元，我们可以构造算符

$$L_- = L_x - \mathrm{i}L_y \tag{15.4.4}$$

它降低 m 值：

$$L_-|l,m\rangle = \mathrm{c}|l,m-1\rangle \tag{15.4.5}$$

由于 $[L,H]=0$，此下降操作不改变能量。

这解释了 m 的简并度，因为从给定 l 的最大 m 态开始，我们可以一直下降到最低的 m 态而不改变能量。（我们可以同样对 L_+ 这样做。）

让我们试着用同样的方法处理所讨论的两个问题。我们遵循以下步骤：

步骤 (1)：确定 H 除转动不变性之外的对称性。

步骤 (2)：找到对称变换的生成元。

步骤 (3)：用这些生成元构造一个算符，在氢原子的情况中，它可以改变一个单位的 l，在谐振子的情况中，它可以改变两个单位的 l。

氢

步骤 (1) **和** (2) 不幸的是，库仑哈密顿量唯一明显的对称性是转动不变性。我们所追求的额外的对称性在动量空间中是非常微妙和清晰的。我们不讨论这个问题。但是，我们如何进入步骤 (2) 呢？答案在于对称性的生成元是守恒量。现在我们已经看到库仑问题容许一个额外的守恒量——龙格–楞次矢量。因此

$$\boldsymbol{N} = \frac{1}{2m}(\boldsymbol{P}\times\boldsymbol{L}-\boldsymbol{L}\times\boldsymbol{P}) - \frac{e^2\boldsymbol{R}}{(X^2+Y^2+Z^2)^{1/2}} \tag{15.4.6}$$

的三个分量必须是额外对称性变换（或其线性组合）的生成元。

步骤 (3) 因为我们要讨论角动量，让我们把 $\boldsymbol{N}$ 写成球形式：

$$\begin{aligned} N_1^{\pm1} &= \mp\frac{N_x \pm \mathrm{i}N_y}{2^{1/2}} \\ N_1^0 &= N_z \end{aligned} \tag{15.4.7}$$

考虑氢原子的 $|nll\rangle$ 态。将 N_1^1 作用于它，我们得到另一个具有相同能量或相同 n 值（因为 $[H,N_1^1]=0$）但角动量较高的态：$N_1^1|nll\rangle$ 的行为如同 $|11\rangle\otimes|ll\rangle = |l{+}1,l{+}1\rangle$。所以

$$N_1^1|n,l,l\rangle = \mathrm{c}\,|n,l+1,l+1\rangle \tag{15.4.8}$$

（结果是，当 $l=l_{\max}=n-1$ 时，c 就变成零了。）使用 N_1^1，我们可以把所有 n 相同但不同 l 的态联系起来；使用 L_-，我们可以把所有 l 相同但 m 不同的态联系起来。例如，在 $n=3$ 时，联系简并态的网络图如下：

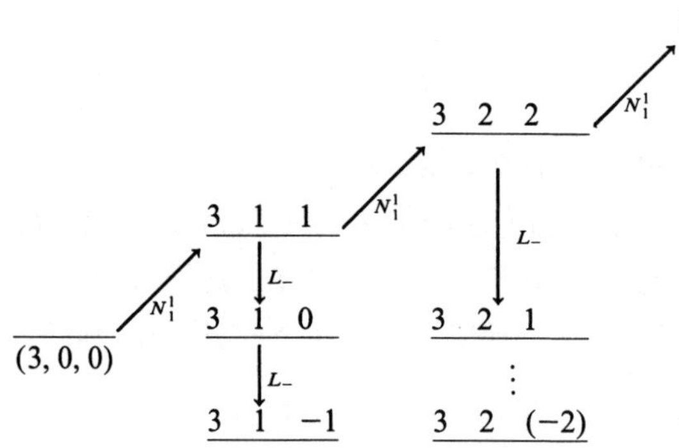

谐振子

步骤 (1) 为了找到 H 的额外对称性，让我们再看一下 H：

$$H=\frac{P_x^2+P_y^2+P_z^2}{2\mu}+\frac{1}{2}\mu\omega^2(X^2+Y^2+Z^2) \tag{15.4.9}$$

我们说 H 是转动不变的，因为它只依赖于（实）矢量 $\boldsymbol{P}$ 和 $\boldsymbol{R}$ 的长度的平方。现在让我们以一种可以显示额外对称性的方式重新写出 H。定义一个**复矢量**（算符），它的实部和虚部与 $\boldsymbol{P}$ 和 $\boldsymbol{R}$ 成正比：

$$\boldsymbol{a}=\frac{1}{(2\mu\omega\hbar)^{1/2}}(\mu\omega\boldsymbol{R}+\mathrm{i}\boldsymbol{P}) \tag{15.4.10}$$

并且它的共轭算符，其分量是 $\boldsymbol{a}$ 的分量的复共轭，为

$$\boldsymbol{a}^\dagger=\frac{1}{(2\mu\omega\hbar)^{1/2}}(\mu\omega\boldsymbol{R}-\mathrm{i}\boldsymbol{P}) \tag{15.4.11}$$

$\boldsymbol{a}$ 和 $\boldsymbol{a}^\dagger$ 的分量正是 x、y 和 z 谐振子的下降和上升算符。它们遵从

$$[a_i,a_j^\dagger]=\delta_{ij}$$

用 $\boldsymbol{a}$ 和 $\boldsymbol{a}^\dagger$，

$$H=\hbar\omega\left(\boldsymbol{a}^\dagger\cdot\boldsymbol{a}+3/2\right) \tag{15.4.12}$$

于是，我们发现 H 是一个复三维矢量 $\boldsymbol{a}$ 的长度平方的函数。因此，它在 $\mathbb{V}^{(3)}(C)$ 中的“转动”下，即在 $\mathbb{V}^{(3)}(C)$ 中的幺正变换下，是不变的。正如我们用 R 来表示 $\mathbb{V}^{(3)}(R)$ 中的转动一样，让我们称其为 C①。对 $\mathbb{V}^{(3)}(C)$ 中的每个“转动”（幺正变换）C，都将存在转动复矢量算符 $\boldsymbol{a}$ 的希尔伯特空间算符 $U[C]$：

$$a_i\to a_i'=U^\dagger[C]a_iU[C]=\sum_j C_{ij}a_j \tag{15.4.13}$$

---

① 我们确实应该称其为 U，但这将使符号复杂化。

其中 C_{ij} 是 $\mathbb{V}^{(3)}(C)$ 中幺正算符 C 的矩阵元。由于 H 只依赖于 $\boldsymbol{a}$ 的模方，

$$U^\dagger[C]HU[C]=H \tag{15.4.14}$$

步骤 (2) $U[C]$ 的生成元有多少，它们是什么？第一个问题的回答是：定义 $\mathbb{V}^{(3)}(C)$ 中一个转动所需参数的数目，即在一个 3×3 幺正矩阵 C 中，独立参数的数目。现在，任意一个这样的矩阵都可以写成

$$C=\mathrm{e}^{\mathrm{i}\Omega} \tag{15.4.15}$$

其中 Ω 是一个 3×3 的厄米矩阵。很容易看出：Ω 有 3 个实对角元和 3 个独立的、复的非对角元。因此，它依赖于 9 个实参数。所以有 9 个守恒的生成元。它们都是什么呢？我们不去推导（就像我们通过考虑无限小的转动对 ψ 的影响来处理 L 一样），而是通过观察，写下 9 个守恒量。很明显，在谐振子的情况下，9 个算符

$$T_{ij}=a_i^\dagger a_j \qquad (i,j=x,y,z) \tag{15.4.16}$$

都是守恒的。证明很简单：a_j 消灭了一个 j 量子，$a_i^\dagger$ 产生了一个 i 量子，它将使能量保持不变，因为 x、y 和 z 谐振子具有相同的 ω（各向同性）。为了了解 T_{ij} 对 l 简并度的影响，我们必须将 T_{ij} 分解成不可约部分。

首先考虑组合

$$\mathrm{Tr}\,T=T_{xx}+T_{yy}+T_{zz}=a_x^\dagger a_x+a_y^\dagger a_y+a_z^\dagger a_z=\boldsymbol{a}^\dagger\cdot\boldsymbol{a} \tag{15.4.17}$$

它显然是一个标量，也就是说，像 T_0^0 一样变换。它与 H 对易的事实并不能解释 l 的简并度，因为它没有“携带”角动量。事实上，$\boldsymbol{a}^\dagger\cdot\boldsymbol{a}$ 就是 H，至多差一个标量因子和一个可加的常数。

接下来考虑三个反对称的组合：

$$\begin{aligned}T_{xy}-T_{yx}&=a_x^\dagger a_y-a_y^\dagger a_x=(\boldsymbol{a}^\dagger\times\boldsymbol{a})_z\\T_{yz}-T_{zy}&=(\boldsymbol{a}^\dagger\times\boldsymbol{a})_x\\T_{zx}-T_{xz}&=(\boldsymbol{a}^\dagger\times\boldsymbol{a})_y\end{aligned} \tag{15.4.18}$$

显然，它们像一个矢量 $\boldsymbol{V}=\boldsymbol{a}^\dagger\times\boldsymbol{a}$ 一样变换。这里似乎有个问题。假如我们构造了一个算符 $V_1^1=-(V_x+\mathrm{i}V_y)/2^{1/2}$。然后我们期望，像在 (15.4.8) 式中一样，有

$$V_1^1|nll\rangle=\mathrm{c}|n,l+1,l+1\rangle \tag{15.4.19}$$

这意味着 l 相差一个单位的态是简并的。但是我们从 12.6 节知道，l 相差两个单位的态是简并的。那么，我们如何摆脱这个困境呢？为了找出答案，必须根据 $\boldsymbol{P}$ 和 $\boldsymbol{R}$

求出算符 $\boldsymbol{V}=\boldsymbol{a}^{\dagger}\times\boldsymbol{a}$ 的任意一个分量。如果这样做，你将看到 (15.4.19) 式中的 c 确实为零，悖论得到解决。

现在，在最初的 9 个 T_{ij} 中，剩下了 $9-1-3=5$ 个自由度。我们认为这些剩余的 T_{ij} 一定会不可约地变换。为什么？假如情况是相反的，那么必定能在这些剩余的自由度中形成少于 5 个分量的不可约张量。唯一的可能性是具有 1 个或 3 个分量的张量，也就是标量或矢量。但是我们知道，给定两个矢量 $\boldsymbol{a}^{\dagger}$ 和 $\boldsymbol{a}$，我们只能构成一个标量 $\boldsymbol{a}^{\dagger}\cdot\boldsymbol{a}$ 和一个矢量 $\boldsymbol{a}^{\dagger}\times\boldsymbol{a}$，而这两个量都已经被用过了。因此，我们得出以下结论：5 个剩余的自由度是某些 T_2^q 的线性组合。通常称其为*四极张量* Q_2^q。这里我们所需要的是 Q_2^2 的分量，因为

$$Q_2^2|nll\rangle=\mathrm{c}|n,l+2,l+2\rangle \tag{15.4.20}$$

它解释了对每个 n 的 l 简并度。（当 $l=n=l_{\max}$ 时，c 为零。）

让我们依据 $a_i^{\dagger}a_j$ 明确地构造算符 Q_2^2，以取得一些经验。现在 $\boldsymbol{a}$ 和 $\boldsymbol{a}^{\dagger}$ 是矢量算符，用它们可构造行为如同 $|1,q\rangle$ 的张量算符 a_1^q 和 $(a^{\dagger})_1^q$。于是，乘积 $a_i^{\dagger}a_j$ 就像两个自旋为 1 对象的（线性组合的）直积。因为 Q_2^2 的行为如同 $|22\rangle$ 的行为，且 $|22\rangle=|11\rangle\otimes|11\rangle$，我们推导出

$$\begin{aligned}Q_2^2&=(a^{\dagger})_1^1(a_1^1)\\&=\left(\frac{a_x^{\dagger}+\mathrm{i}a_y^{\dagger}}{2^{1/2}}\right)\left(\frac{a_x+\mathrm{i}a_y}{2^{1/2}}\right)\\&=\frac{1}{2}\left[a_x^{\dagger}a_x-a_y^{\dagger}a_y+\mathrm{i}\left(a_x^{\dagger}a_y+a_y^{\dagger}a_x\right)\right]\end{aligned} \tag{15.4.21}$$

Q_2^q 的其他分量可以通过类似的方法构造。（只要将角动量 $1\otimes1$ 相加得到 2。）从每个 n 的最小 l 值（即 0 或 1）开始，我们可以向上移动两步，直到 $l=n$，此时 (15.4.20) 式中的 c 将为零。$n=4$ 时的网络图如下：

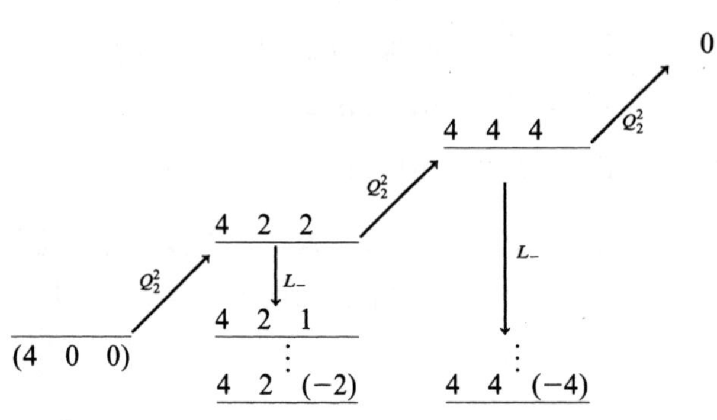

这就完成了对谐振子简并性的解释。

自由粒子解

我们根据前面的讨论检查第 12.6 节中的自由粒子解。这里我们又有了一个情况，在那里具有不同 l 值的态，实际上有无穷多个态，在每个能量 $E=\hbar^2k^2/2\mu$ 处都是简并的。然而，这种简并不是“偶然的”，因为自由粒子哈密顿量的额外对称性，即平移不变性是明显的。因此我们有了一个守恒的矢量算符 $\boldsymbol{P}$，可以用它构造能使 l 和 m 升高一个单位的 P_+①。因此，给定具有 $l=m=0$ 的态，我们可以使用

$$|kll\rangle = \mathrm{c}(P_+)^l|k00\rangle \tag{15.4.22}$$

向上移动 l，其中 c 是某个归一化常数。

回想采用坐标基时，很容易找到

$$|k00\rangle \to \psi_{k00} = \frac{U_0(\rho)}{\rho}Y_0^0 \tag{15.4.23}$$

其中 $\rho=kr$，$U_0(\rho)$ 是 $\sin\rho$ 或 $-\cos\rho$（正则或非正则解）。很容易验证

$$\begin{aligned} P_+|k00\rangle &\xrightarrow[\text{坐标基}]{} -\mathrm{i}\hbar(x+\mathrm{i}y)\frac{1}{r}\cdot\frac{\mathrm{d}}{\mathrm{d}r}\left[\frac{U_0(\rho)}{\rho}\right]Y_0^0 \\ &= C_1(x+\mathrm{i}y)\frac{1}{\rho}\frac{\mathrm{d}}{\mathrm{d}p}\left[\frac{U_0(\rho)}{\rho}\right] \end{aligned} \tag{15.4.24}$$

其中 C_1 吸收了所有的与 ρ 无关的因子。如果我们再用 P_+ 作用一次，并使用 $[P_+,R_+]=0$（其中 $R_+=R_x+\mathrm{i}R_y\propto R_1^1$），就可得到

$$(P_+)^2|k00\rangle \to C_2(x+\mathrm{i}y)^2\left(\frac{1}{\rho}\frac{\partial}{\partial\rho}\right)^2\frac{U_0(\rho)}{\rho} \tag{15.4.25}$$

所以最后

$$\begin{aligned} (P_+)^l|k00\rangle \to \psi_{kll} &= C_l\,(x+\mathrm{i}y)^l\left(\frac{1}{\rho}\frac{\mathrm{d}}{\mathrm{d}\rho}\right)^l\frac{U_0(\rho)}{\rho} \\ &= \tilde{C}_l\,(\sin\theta)^l\,\mathrm{e}^{\mathrm{i}l\phi}\rho'\left(\frac{1}{\rho}\frac{\mathrm{d}}{\mathrm{d}\rho}\right)^l\frac{U_0(\rho)}{\rho} \\ &= \tilde{\tilde{C}}_l\,Y_l^l\,\rho^l\left(\frac{1}{\rho}\frac{\mathrm{d}}{\mathrm{d}\rho}\right)^l\frac{U_0(\rho)}{\rho} \\ &= R_l\,Y_l^l \end{aligned} \tag{15.4.26}$$

其中

$$R_l = \tilde{\tilde{C}}_l\,\rho^l\left(\frac{1}{\rho}\frac{\mathrm{d}}{\mathrm{d}\rho}\right)^l\frac{U_0(\rho)}{\rho} = \tilde{\tilde{C}}_l\,\rho^l\left(\frac{1}{\rho}\frac{\mathrm{d}}{\mathrm{d}\rho}\right)^l R_0(\rho) \tag{15.4.27}$$

如果我们令 $\tilde{\tilde{C}}_l=(-1)^l$，这个结果与 (12.6.29) 式一致。

① $P_+=P_x+\mathrm{i}P_y$ 就是 P_1^1，至多差一个不改变其转动性质的 $(-2^{1/2})$ 因子。

第 16 章　变分法和 WKB 法

16.1　变分法

通常，不可能找到哈密顿量本征值问题的精确解。于是人们转向近似方法，其中的一些方法将在本章和后续章节中介绍。在本节中，我们将考虑一些说明变分法的示例。

我们的出发点是不等式

$$E[\psi] \equiv \frac{\langle\psi|H|\psi\rangle}{\langle\psi|\psi\rangle} \geqslant E_0 \tag{16.1.1}$$

其中 E_0 是 H 的最低的本征值，即基态能量。尽管早先这个结果已得到证明，但还是让我们回顾一下其背后的想法。$E[\psi]$ 只是能量在 $|\psi\rangle$ 态上的平均值。不等式指出平均值不能小于进入平均值的最小值。更正式地讲，如果使用 H 的本征函数 $|E_n\rangle$ 将 $|\psi\rangle$ 展开，则有

$$E[\psi] = \frac{\sum E_n|\langle E_n|\psi\rangle|^2}{\sum|\langle E_n|\psi\rangle|^2} \geqslant \frac{E_0\sum|\langle E_n|\psi\rangle|^2}{\sum|\langle E_n|\psi\rangle|^2} = E_0 \tag{16.1.2}$$

这个不等式暗示了一种（至少在原则上）确定基态能量和本征右矢的方法。我们将希尔伯特空间中所有的右矢逐个取出，并将相应的 $E[\psi]$ 列成一个表。最后，读取出最低的能量和与之对应的右矢。显然这不是一个实用的算法。我们实践中所做的只是考虑矢量的一个子集（不一定是子空间），这些矢量被一些变量 $(\alpha,\beta,\gamma,\cdots)$ 参数化，并具有人们所期待的真实基态右矢的一般特征。在这个有限搜索中，$E[\psi]$ 约化为参数的函数，$E(\alpha,\beta,\cdots)$。然后我们找到使 E 最小化的参数值 $(\alpha_0,\beta_0,\cdots)$。这个最小值 $E(\alpha_0,\beta_0,\cdots)$ 提供了一个 E_0 的上限。本质是针对所给出的大量数据，寻找 E_0 的最低上限。如果 H 恰好是正定的，$E_0 \geqslant 0$，我们就可以把 E_0 限制在 $E(\alpha_0,\beta_0,\cdots) \geqslant E_0 \geqslant 0$ 的范围。

作为一个例子，考虑一个粒子在势阱 $V(x) = \lambda x^4$ 中的问题。这里是我们所期待的基态特性。它将具有明确的宇称，并且由于基态函数没有节点（更多的节点 $\to$ 更多的摆动 $\to$ 更多的动能），它将具有偶宇称。它将在 $x = 0$ 处达到峰值，以便最

小化 $\langle V\rangle$。当然，它将在 $|x|\to\infty$ 时为零。一个具有所有这些特性（也容易微分和积分）的试探函数是

$$\psi(x,\alpha)=\mathrm{e}^{-\alpha x^2/2} \tag{16.1.3}$$

其中 α 是一个判定高斯型函数宽度的自由参数。能量作为 α 的函数为

$$E(\alpha)=\int \mathrm{e}^{-\alpha x^2/2}\left(-\frac{\hbar^2}{2m}\frac{\mathrm{d}^2}{\mathrm{d}x^2}+\lambda x^4\right)\mathrm{e}^{-\alpha x^2/2}\mathrm{d}x\Big/\int \mathrm{e}^{-ax^2}\mathrm{d}x=\frac{\hbar^2\alpha}{4m}+\frac{3\lambda}{4\alpha^2}$$

在这里，我们看到了熟悉的动能和势能之间的竞争。前者希望看到 $\alpha\to 0$，以致波函数很宽，只有大波长（小动量）分量；而后者希望看到 $\alpha\to\infty$，以致波函数在 $x=0$ 附近是一个狭窄的尖峰，在那里势最小。包含了两种效果的最佳的点是

$$\alpha_0=\left(\frac{6m\lambda}{\hbar^2}\right)^{1/3} \tag{16.1.4}$$

相应的能量为

$$E(\alpha_0)=\frac{3}{8}\left(\frac{6\hbar^4\lambda}{m^2}\right)^{1/3} \tag{16.1.5}$$

由于 H 是正定的，我们得出的结论是

$$0\leqslant E_0\leqslant E(\alpha_0) \tag{16.1.6}$$

基态波函数的最佳近似（在所有高斯函数中）是 $\psi(x,\alpha_0)=\exp(-\frac{1}{2}\alpha_0x^2)$。

不等式 (16.1.6) 当然是严格的，但它只是一种实用技术，依赖于 $E(\alpha_0)$ 与 E_0 有多接近。我们的计算并没有告诉我们这点。我们所知道的是，由于我们关注宇称、节点等，我们的上限 $E(\alpha_0)$ 低于别人使用具有奇宇称和 15 个节点的试探函数所得到的结果。例如，如果 $V(x)$ 是 $\frac{1}{2}m\omega^2x^2$ 而不是 λx^4，我们会发现 $\alpha_0=(m\omega/\hbar)^{1/2}$ 和 $E(\alpha_0)=\hbar\omega/2$。虽然这是精确的答案，但计算不会告诉我们这些。估计所得的限制的品质的方法是尝试采用参数更多的试探函数去进一步降低它。如果这种做法会导致得到的限制大幅度下降，那么我们将继续做。此外，在尝试更为复杂的试探函数时，如果开始感到对降低限制的“抵制”，我们会猜测 E_0 可能不会低得太多了。在 $V(x)=\frac{1}{2}m\omega^2x^2$ 的情况下，最终会发现没有办法降低到 $E(\alpha_0)=\hbar\omega/2$ 以下。

我们对变分法的信心来自于该方法在精确的解析答案或实验答案已知时的表现。现在考虑两个例子。第一个例子是在库仑势 $V=-e^2/r$ 中的电子。我们期望基态波函数没有角动量，没有节点，其行为在 $r\to 0$ 时如同 r^0，在 $r\to\infty$ 时为零。所以选取 $\psi(r,\theta,\phi,\alpha)=\exp(-\alpha r^2)$①。我们发现（基于自始至终忽略不相关的

① 我们也可以选择 $\mathrm{e}^{-\alpha r}$，它会给出精确的答案。但我们先不这样做。

角度变量）

$$E(\alpha)=\int\left[\mathrm{e}^{-\alpha r^2}\left(-\frac{\hbar^2}{2m}\frac{1}{r^2}\frac{\mathrm{d}}{\mathrm{d}r}r^2\frac{\mathrm{d}}{\mathrm{d}r}-\frac{e^2}{r}\right)\mathrm{e}^{-\alpha r^2}\right]r^2\mathrm{d}r\Big/\int\mathrm{e}^{-2\alpha r^2}r^2\mathrm{d}r \qquad (16.1.7)$$

$$=\frac{3\hbar^2\alpha}{2m}-\left(\frac{2}{\pi}\right)^{1/2}2\,e^2\alpha^{1/2} \qquad (16.1.8)$$

它在

$$\alpha_0=\left(\frac{me^2}{\hbar^2}\right)^2\cdot\frac{8}{9\pi} \qquad (16.1.9)$$

时最小化。于是上限为

$$E(\alpha_0)=-\frac{me^4}{2\hbar^2}\frac{8}{3\pi}=-0.85\,\mathrm{Ry} \qquad (16.1.10)$$

它略高于[①]真实的能量。真实的波函数当然不是高斯函数，但一般特征是一样的。例如，$\psi(r,\alpha_0)=\mathrm{e}^{-\alpha_0 r^2}$ 预测不确定性为 $\Delta X=(9\pi/32)^{1/2}\alpha_0=0.94\,\alpha_0$，而精确结果为 $\Delta X=\alpha_0$（玻尔半径）。[②]

第二个例子处理氦（He）的基态。忽略原子核的运动（$m/M\to 0$），坐标基中的哈密顿量为

$$H\to-\frac{\hbar^2}{2m}(\nabla_1^2+\nabla_2^2)-\frac{2e^2}{r_1}-\frac{2e^2}{r_2}+\frac{e^2}{r_{12}} \qquad (16.1.11)$$

其中 r_1 和 r_2 分别是两个电子的径向坐标，r_{12} 为它们之间的径向距离。我们已经看到，如果忽略相互的斥力（e^2/r_{12}），基态波函数正是

$$\psi=\psi_{100}(\boldsymbol{r}_1)\,\psi_{100}(\boldsymbol{r}_2) \qquad (16.1.12)$$

在那里单态自旋波函数被去掉了，ψ_{100} 是 $e^2\to Ze^2$ 的类氢波函数：

$$\psi_{100}=\left(\frac{Z^3}{\pi\,\alpha_0^3}\right)^{1/2}\mathrm{e}^{-Zr/\alpha_0}\qquad (Z=2) \qquad (16.1.13)$$

因此

$$\psi=\frac{Z^3}{\pi\,\alpha_0^3}\mathrm{e}^{-Z(r_1+r_2)/\alpha_0}\qquad (Z=2) \qquad (16.1.14)$$

与这个简化图像相伴随的能量是

$$E=2\left[-\frac{m(2e^2)^2}{2\hbar^2}\right]=-8\,\mathrm{Ry}\approx-108.8\,\mathrm{eV}$$

它远低于 -78.6 eV 的测量值。[③]所以我们发现忽略电子之间的库仑斥力是一个糟糕的近似。但是如果我们包含了 e^2/r_{12} 项，就会导致无法解析求解这个问题。因此，

① 记住，我们在这里处理的是负能量。

② 这个符合是相当偶然的。总的来说，变分法对能量提供的近似比对波函数提供的近似更好些。原因随即给出。

③ 这并不与 (16.1.1) 式矛盾，因为当电子之间的库仑斥力被忽略时，我们使用了一个错误的哈密顿量。

我们把变分法应用于这个问题。我们使用的试探波函数只是 (16.1.14) 式中的乘积函数，但把 Z 当作一个变量，而不是把它设定为 2。这样做的想法是，当每个电子屏蔽了另一个电子看到的核电荷时，有效 Z 就小于 2。这可以通过下面的计算证明：

$$\begin{aligned}E(Z) &= \frac{\int \psi(r_1 r_2 Z)\left[-\frac{\hbar}{2m}\left(\nabla_1^2+\nabla_2^2\right)-2e^2\left(\frac{1}{r_1}+\frac{1}{r_2}\right)+\frac{e^2}{r_{12}}\right]\psi(r_1 r_2 Z)\,\mathrm{d}^3 r_1 \mathrm{d}^3 r_2}{\int |\psi(r_1 r_2 Z)|^2\,\mathrm{d}^3 r_1 \mathrm{d}^3 r_2} \\ &= -2\,\mathrm{Ry}\left(4Z - Z^2 - \frac{5}{8}Z\right)\end{aligned} \tag{16.1.15}$$

它的极小值不是位于 $Z=2$ 处，而是位于 $Z=2-5/16$ 处。相应的能量为

$$E\left(2-\frac{5}{16}\right) = -2\left(2-\frac{5}{16}\right)^2 \mathrm{Ry} \approx -77.5\ \mathrm{eV} \tag{16.1.16}$$

非常接近于真实的答案。注意，就像不等式 (16.1.1) 所要求的，它位于测量值的上方。通过考虑更多参数的试探函数，人们可以更加接近精确的答案，也可以感受到进一步降低上限的“阻力”。

变分法的一个优点是：甚至一个对实际波函数来说是很差的近似也能对实际能量得到极好的近似。原因如下。假设我们选择了一个试探函数

$$|\psi\rangle = |E_0\rangle + \frac{1}{10}|E_1\rangle$$

它包含 10% 来自 $|E_1\rangle$ 态的污染。估算出的能量将是

$$\begin{aligned}E(\psi) &= \frac{\langle E_0|H|E_0\rangle + \frac{1}{100}\langle E_1|H|E_1\rangle}{1+\frac{1}{100}} = \frac{E_0 + 0.01\,E_1}{1.01} \\ &\approx 0.99\,E_0 + 0.01\,E_1\end{aligned}$$

这个结果只差了 1%。(我们假设 E_1 不是反常地大。)

更一般地，令

$$|\psi\rangle = |E_0\rangle + |\delta\psi\rangle \tag{16.1.17a}$$

是一个试探右矢。让我们将 $|\delta\psi\rangle$ 分解成平行于和垂直于 $|E_0\rangle$ 的部分：

$$|\delta\psi\rangle = |\delta\psi_{||}\rangle + |\delta\psi_\perp\rangle = \alpha|E_0\rangle + |\delta\psi_\perp\rangle \tag{16.1.17b}$$

在这个态

$$\begin{aligned}E[\psi] &= \frac{E_0|1+\alpha|^2 + \langle\delta\psi_\perp|H|\delta\psi_\perp\rangle}{|1+\alpha|^2 + \langle\delta\psi_\perp|\delta\psi_\perp\rangle} \\ &= E_0 + O(\delta\psi_\perp)^2\end{aligned} \tag{16.1.18}$$

因此，能量的误差是二阶的态矢量误差。注意，$|\delta\psi_{\perp}\rangle$ 不会产生能量误差。这是因为重新标度归一化的本征右矢不会改变平均能量。

所有这些结果对 H 的任意本征右矢都是正确的。假如

$$|\psi_n\rangle = |E_n\rangle + |\delta\psi_n\rangle$$

是对 $|E_n\rangle$ 的一个近似，通过类似的推理，有

$$E[\psi_n] = E_n + O[(\delta\psi_n)^2] \tag{16.1.19}$$

因此 H 的本征右矢是由下面的事实来表征的，当它们改变到一阶时，并不存在一阶的能量变化：*H 的本征右矢是 $E[\psi]$ 的稳定点*。（此外，基态恰好是一个绝对最小值。）如果我们能够将所有的 $E[\psi]$ 列表这一不可能的任务完成，我们就可以通过寻找稳定点读出所有的本征态。当然这不是一个切实可行的建议。在实践中，我们使用下面的技巧来寻找更高的本征值和本征右矢。考虑 $V = \lambda x^4$ 的情况。由于 H 是宇称守恒的，这些态将出现交替的宇称。假设我们有一个奇宇称的试探态。那么在 $|\psi\rangle$ 的展开式 $|\psi\rangle = \sum C_n|n\rangle$ 中，对所有的偶数 n 有 $C_n = \langle n|\psi\rangle = 0$，因为一个偶函数和一个奇函数的积分为零。因此，进入平均的最低能量是 E_1，我们得到不等式

$$E[\psi] \geqslant E_1 \tag{16.1.20}$$

所以我们期望，如果我们取用一个奇宇称的试探态，一个节点（在一维中，能量每向上一步就会增加一个额外的节点）和通常 $|x| \to \infty$ 时的行为，我们就可以得到一个很好估算的 E_1 和相应波函数的粗略图像。如果我们想得到 E_2 的上限该怎么做呢？总的思路当然是一样的，考虑一个试探态，在它的展开式中不出现 $|E_0\rangle$ 和 $|E_1\rangle$。但这不能简单地通过选择某个确定宇称的试探态来实现。我们能做的有以下几点。有了由变分能量估算得到的前两个能级的近似波函数，我们可以选择与这些态正交的试探态。由于我们并不确切地知道 $|E_0\rangle$ 和 $|E_1\rangle$，相应的上限是不严格的，但它们可能仍然有用。

如果 H 是转动不变的，在三维中，这个总体思路更容易实现。在这种情况下，能量本征态具有确定的角动量。基态的 $l = 0$。通过改变球对称的试探函数，我们可以估算基态的能量。如果我们下一步选择 $l = 1$ 的试探函数 $[\psi = R(r)\mathrm{Y}_1^m]$，$E[\psi]$ 将遵从

$$E[\psi] \geqslant E_{l=1}$$

其中 $E_{l=1}$ 是 $l = 1$ 的最低能级。显然我们可以继续增加 l。假定我们对库仑的问题这样操作。我们知道，对于每个 l，最低的能量对应着 $n = l + 1$。变分法应用于 $l = 0, 1, 2, \cdots$ 所得到的能量将接近于 $n = 1, 2, \cdots$ 能级的能量。当然我们也必须注

意 ψ 的径向部分。例如，当角动量为 l 时，$R(r)$ 的行为在 $r \to 0$ 时必须像 r^l 一样。如果对于给定 l 要有最低的能量，它必须有最少的节点数，即零个节点。把这些特性包含进去，能量和波函数将接近于与 $\psi_{n,n-1,m}$ 相应的值。

选择试探函数时，也可以使用任意其他与 H 对易的算符。角动量是特别方便的，因为它的本征函数很容易写出来，并且它的本征值与能量相关（增长）。

习题 16.1.1* 对 $\frac{1}{2}m\omega^2x^2$ 势，试用 $\psi = \exp(-\alpha x^2)$，并求出 α_0 和 $E(\alpha_0)$。

习题 16.1.2* 对于一个处于从 $-a$ 到 a 的盒子中的粒子，请（在盒子内）试用 $\psi = (x-a)(x+a)$，并计算 E。这里没有可改变的参数，但仍可得到一个上限。把它和真正的能量 E_0 比较。（说服自己，ψ'' 在 $x = \pm a$ 处的奇点对能量没有贡献。）

习题 16.1.3* 对吸引的 δ 函数势 $V = -aV_0\delta(x)$ 使用高斯试探函数。计算 E_0 的上限，并将其与精确答案（$-ma^2V_0/2\hbar^2$）（习题 5.2.3）比较。

习题 16.1.4（可选） 对振子选取

$$\begin{aligned}\psi &= (x-a)^2(x+a)^2, \quad &|x| \leqslant a\\ &= 0, \quad &|x| > a\end{aligned}$$

计算 $E(a)$，将其极小化，并与 $\hbar\omega/2$ 比较。

习题 16.1.5* 对处于势阱 $V = -e^2/r$ 中的电子，求解其 $l=1$ 态的变分问题。在试探函数中包含：(i) 在 $r \to 0$ 时，适合于 $l=1$ 的、正确的波函数行为；(ii) 正确的、极小化能量的节点数；(iii) 在库仑势阱中（即，指数衰减而不是高斯衰减），波函数在 $r \to \infty$ 处的正确行为。对 Y_l^m，选择什么样的 m 值有关系吗？评论你得到的能量上限与精确答案的关系。

16.2 WKB（Wentzel-Kramers-Brillouin）法

考虑一维的能量为 E 的粒子在一个恒定势 V 中移动。其能量本征函数为

$$\psi(x) = \psi(0)\,\mathrm{e}^{\pm \mathrm{i}px/\hbar}, \qquad p = [2m(E-V)]^{1/2} \tag{16.2.1}$$

其中的 $\pm$ 符号对应着向右移动和向左移动的平面波。通解是两种波的组合。ψ 的实部和虚部以波长 $\lambda = 2\pi\hbar/p$ 在空间中振荡，或等价地说，单位长度的相位改变是一个常数 $p/\hbar$。现在假设 V 变化得非常缓慢，而不是一个常数。然后我们期望在一个小区域内［比 $V(x)$ 有明显变化的距离要小得多］，ψ 的行为仍然像平面波，其定域的波长值为：

$$\lambda(x) = \frac{2\pi\hbar}{p(x)} = \frac{2\pi\hbar}{\{2m[E - V(x)]\}^{1/2}} \tag{16.2.2}$$

由于 λ 随 x 变化，在 $x = 0$ 到 $x = x$ 之间累积的相移由一个积分给出，所以

$$\psi(x) = \psi(0)\exp\left[\pm(\mathrm{i}/\hbar)\int_0^x p(x')\,\mathrm{d}x'\right]$$

或更普遍地，

$$\psi(x) = \psi(x_0)\exp\left[\pm(\mathrm{i}/\hbar)\int_{x_0}^x p(x')\,\mathrm{d}x'\right] \tag{16.2.3}$$

上式中的 $\pm$ 再一次代表向右移动和向左移动的波，并且取它们的任意线性组合可得到通解。正像上面所说的，只有当波长变化缓慢时，我们才能相信这个公式。多慢才算足够的慢呢？注意：虽然在每个 x 处都有一个明确定义的函数 $\lambda(x)$，但在一个点上说波长是没有意义的。波长是一个重复现象的特征，所以只在包含多次重复的区域内有定义。这样，“位置依赖的波长 $\lambda(x)$”这一说法只有当长度 λ 内的 $\delta\lambda$ 与 λ 相比微不足道时，即

$$\left|\frac{\delta\lambda}{\lambda}\right| = \left|\frac{\mathrm{d}\lambda/\mathrm{d}x}{\lambda}\lambda\right| = \left|\frac{\mathrm{d}\lambda}{\mathrm{d}x}\right| < 1 \tag{16.2.4}$$

才有意义。

现在让我们更正规地推导上述所有结果。推导过程也将提供对这个结果的修正，并澄清近似的本质。我们的问题是求解下述方程

$$\left\{\frac{\mathrm{d}^2}{\mathrm{d}x^2} + \frac{2m}{\hbar^2}[E - V(x)]\right\}\psi(x) = 0$$

或

$$\left[\frac{\mathrm{d}^2}{\mathrm{d}x^2} + \frac{1}{\hbar^2}p^2(x)\right]\psi(x) = 0$$

让我们把波函数写成

$$\psi(x) = \exp[\mathrm{i}\phi(x)/\hbar] \tag{16.2.5}$$

由于未假定 $\phi(x)$ 是实数，因此不会失去普遍性①。将这种形式的波函数输入方程，我们得到

$$-\left(\frac{\phi'}{\hbar}\right)^2 + \frac{\mathrm{i}\,\phi''}{\hbar} + \frac{p^2(x)}{\hbar^2} = 0 \tag{16.2.6}$$

① 换句话说，任意的复数 $\psi = \rho\mathrm{e}^{\mathrm{i}\tilde{\phi}} = \mathrm{e}^{\mathrm{i}\tilde{\phi}+\ln\rho} = \mathrm{e}^{\mathrm{i}\phi}$，其中 $\phi = \tilde{\phi} - \mathrm{i}\ln\rho$。

现在，我们将 ϕ 按 $\hbar$ 的幂级数展开

$$\phi=\phi_0+\hbar\phi_1+\hbar^2\phi_2+\cdots \tag{16.2.7}$$

逻辑是这样的。如果 $\hbar\to 0$，则波长 $\lambda=2\pi\hbar/p$ 将趋于 0。因此在这个极限下，任意的位势都可被视为是缓慢变化的，我们的近似 (16.2.3) 应该变得越来越可靠。相反，对这个公式的任何修正都可以追溯到 $\hbar$ 不是真正为零的事实。在可把 $\hbar$ 视为一个小数的情况下，我们希望可以按 $\hbar$ 的幂次来计算修正。

WKB 近似（也称为半经典近似）由仅保留的 (16.2.7) 式中的前两项构成。如果将截断的展开式代入 (16.2.6) 式，并把有相同 $\hbar$ 依赖性的项归组，就可得到

$$\frac{-(\phi_0')^2+p^2(x)}{\hbar^2}+\frac{\mathrm{i}\phi_0''-2\phi_1'\phi_0'}{\hbar}+O(\hbar^0)=0 \tag{16.2.8}$$

在第一步近似中，我们只关注 $\hbar^{-2}$ 的项。它给出

$$\phi_0'=\pm p(x)$$

或

$$\phi_0(x)=\pm\int^x p(x')\,\mathrm{d}x' \tag{16.2.9}$$

和

$$\begin{aligned}\psi(x)&=A\exp\left[\pm(\mathrm{i}/\hbar)\int^x p(x')\,\mathrm{d}x'\right]\\&=\psi(x_0)\exp\left[\pm(\mathrm{i}/\hbar)\int_{x_0}^x p(x')\,\mathrm{d}x'\right]\end{aligned} \tag{16.2.10}$$

其中的 A 可通过在第一个方程中令 $x=x_0$ 得到。这一切与我们先前的结果是一致的。然而我们可以进一步将 $\hbar^{-1}$ 的项也包括在 (16.2.8) 式中。我们仍然选择使 $\hbar^{-2}$ 项消失的 ϕ_0'。为使 $\hbar^{-1}$ 项消失，我们需要

$$\begin{aligned}\mathrm{i}\phi_0''&=2\phi_1'\phi_0'\\\frac{\phi_0''}{\phi_0'}&=-2\mathrm{i}\phi_1'\\\ln\phi_0'&=-2\mathrm{i}\phi_1+\mathrm{c}\\\phi_1&=\mathrm{i}\ln(\phi_0')^{1/2}+\mathrm{c}/2\mathrm{i}=\mathrm{i}\ln p^{1/2}+\tilde{\mathrm{c}}\end{aligned} \tag{16.2.11}$$

对 $\hbar$ 的这一阶，有

$$\begin{aligned}\psi(x)=\mathrm{e}^{\mathrm{i}\phi(x)/\hbar}&=A\,\mathrm{e}^{-\mathrm{i}\ln[p(x)]^{1/2}}\exp\left[\pm\left(\frac{\mathrm{i}}{\hbar}\right)\int^x p(x')\,\mathrm{d}x'\right]\\&=\frac{A}{[p(x)]^{1/2}}\exp\left[\pm\left(\frac{\mathrm{i}}{\hbar}\right)\int^x p(x')\,\mathrm{d}x'\right]\end{aligned} \tag{16.2.12}$$

或

$$\psi(x)=\psi(x_0)\left[\frac{p(x_0)}{p(x)}\right]^{1/2}\exp\left[\pm\frac{\mathrm{i}}{\hbar}\int_{x_0}^{x}p(x')\,\mathrm{d}x'\right] \tag{16.2.13}$$

与 $\psi(x)$ 关联的概率密度表现为 $[p(x)]^{-1}$。从我们研究过的有关振子的经典概率分布 $P_{\rm cl}(x)$ 来看，这种对经典速度的反向依赖关系是我们所熟悉的。反之，我们可以通过结合经典推理和量子推理，即通过半经典推理，写出 (16.2.13) 式。根据经典的观点我们知道：如果一个粒子开始在 x_0 处，携带 $p(x_0)=\{2m[E-V(x_0)]\}^{1/2}$ 的动量，当它到达 x 处时，它的动量将是 $p(x)=\{2m[E-V(x)]\}^{1/2}$。现在，我们认为：由于 $p/\hbar$ 是量子波函数在单位长度上的相位改变，故总相位必定是 $(1/\hbar)\int p(x')\,\mathrm{d}x'$。至于它的振幅，我们认为：由于概率为 $P_{\rm cl}(x)\sim 1/v(x)$，故 $|\psi|\simeq 1/[v(x)]^{1/2}\simeq 1/[p(x)]^{1/2}$。

每当我们做一个近似计算，我们都应该在最后验证所得到的解与推导过程中的假设一致。在递推方法中，我们对 (16.2.8) 式的基本假设是：方程中 $\hbar$ 的低次幂项比 $\hbar$ 的高次幂项更重要，因为 $\hbar$ 很小。只要 $\hbar$ 各次幂的系数不是反常地大或小就可以。例如，如果 $\hbar^{-2}$ 项 $[-(\phi_0')^2+p^2(x)]$ 的系数非常小，比如说是 $\hbar$ 的量级，那么在比较中忽略 $\hbar^{-1}$ 项就没有道理。如果 $\hbar^{-1}$ 的系数和 $\hbar^{-1}$ 一样大，也是如此。所以，我们需要第一项的绝对幅度比第二项的绝对幅度大得多。由于在解中，$\phi_0'=p(x)$，我们选择 $(\phi_0'/\hbar)^2$ 作为第一项的测度，出于类似的原因，$\phi_0''/\hbar$ 作为第二项的测度。WKB 近似（到这一阶）的有效性条件是

$$\left|\frac{\phi_0''}{\hbar}\right|\ll\left|\frac{\phi_0'}{\hbar^2}\right|^2 \tag{16.2.14}$$

或

$$\hbar\left|\frac{\mathrm{d}}{\mathrm{d}x}\left(\frac{1}{\phi_0'}\right)\right|=\left|\frac{\mathrm{d}}{\mathrm{d}x}\left(\frac{\hbar}{p(x)}\right)\right|=\frac{1}{2\pi}\left|\frac{\mathrm{d}\lambda}{\mathrm{d}x}\right|\ll 1 \tag{16.2.15}$$

这与我们的探索的预期——(16.2.4) 式是一致的。

与路径积分公式的联系

现在让我们在半经典近似中，用路径积分法重新推导 (16.2.10) 式的半经典波函数。在这个近似中我们有

$$U_{\rm cl}(xt,\,x'0)=A\,\mathrm{e}^{(\mathrm{i}/\hbar)S_{\rm cl}[xt;\,x'0]} \tag{16.2.16}$$

其中 $S_{\rm cl}[xt;\,x'0]$ 是经典路径上的作用量，该路径连接着端点 $(x'0)$ 和 (xt)。基于这个问题具有时间平移不变性的假定，我们选择初始时间 $t'=0$。在我们用处于稳定点的被积函数值乘某个常数代替泛函积分下的“面积”的近似中，前面的因子 A 与 x，x' 或 t 无关。我们将在下面的情况中说明这个过程。

(1) 势一直是负的，并且在 $|x| \to \infty$ 时趋于一个常数，为了方便起见，我们将其选为零。

(2) 粒子处于能量 $E > 0$ 的量子态。这意味着在经典层次不存在转折点，这是将被证明是一个重要的事实。

我们的策略如下。首先，我们将展示如何通过一些积分，从精确的传播子投影出精确的波函数。然后，我们将在半经典近似中计算传播子，并投影出相应的（近似）波函数 (16.2.10) 式。

如何从传播子中提取波函数？一般来说，我们有

$$U(xt;\,x') \equiv U(xt;\,x'0) = \sum \psi_n(x)\,\psi_n^*(x')\,\mathrm{e}^{-\mathrm{i}E_n t/\hbar}$$

在那里如果谱是连续的，求和就必须改成一个积分。事实上，当前的问题正是这样。在渐近区 $|x| \to \infty$，解必定是动量为

$$p_\infty = \pm\sqrt{2mE}$$

的平面波。所以我们可以用 p 标记 $E > 0$ 的本征态。（此后 p_∞ 的下标将被删除。）就像 $E = p^2/2m$ 的自由粒子的情况，对于每个能量 E 将有两个解。然而在内部，波函数将不再是平面波，这就是我们所追求的。所以让我们从

$$U(xt;\,x') = \int_{-\infty}^{\infty} \frac{\mathrm{d}p}{2\pi\hbar}\,\psi_p(x)\,\psi_p^*(x')\,\mathrm{e}^{-\mathrm{i}p^2 t/2m\hbar} + \mathrm{BS} \tag{16.2.17}$$

开始，这里 BS 代表对束缚态求和。因为我们很快就会将一些正能量的态投影出去，所以这些 BS 项将被丢弃。p 积分中像 π 这样的因子并不重要，我们只想得到正确的波函数对 x 的依赖关系，而不是它们的归一化。

记住 $U(t)$ 是为使系统随时间向前传播而被构造的，即它将被用于 $t > 0$ 的情况。现在让我们定义它的变换

$$U(x, x', z) = \int_0^{\infty} \mathrm{d}t\, U(xt;\,x')\,\mathrm{e}^{\mathrm{i}zt/\hbar} \qquad z = E + \mathrm{i}\varepsilon \tag{16.2.18a}$$

其中 ε 是一个正无穷小量，是为了确保 $t \to \infty$ 时的收敛性而引入的。下面我们将不再区分 ε 和一个有限正因子乘 ε，并且忽略 ε 的高阶项。

把上面的两个方程结合在一起，很容易看到

$$U(x, x', z) = 2m \int_{-\infty}^{\infty} \frac{\mathrm{d}p}{2\pi\mathrm{i}}\,\frac{\psi_p(x)\,\psi_p^*(x')}{p^2 - 2mE - \mathrm{i}\varepsilon} \tag{16.2.18b}$$

写出（到 ε 阶）

$$p^2 - 2mE - \mathrm{i}\varepsilon = p^2 - \left(\sqrt{2mE} + \mathrm{i}\varepsilon\right)^2$$

我们将其因子化如下：

$$\frac{1}{p^2-2mE-\mathrm{i}\varepsilon}=\frac{1}{2\sqrt{2mE}}\left(\frac{1}{p^2-\sqrt{2mE}-\mathrm{i}\varepsilon}-\frac{1}{p^2+\sqrt{2mE}+\mathrm{i}\varepsilon}\right)$$

并使用公式（在附录 A.4 中推导并解释）

$$\frac{1}{(x-a)\mp\mathrm{i}\varepsilon}=\mathcal{P}\frac{1}{x-a}\pm\mathrm{i}\pi\,\delta(x-a)$$

以得到

$$\begin{aligned}U(x,x',z)=\sqrt{\frac{m}{2E}}\int_{-\infty'}^{\infty}\mathrm{d}p\left[\psi_p(x)\psi_p^*(x')\right]\times\\ \left[\mathcal{P}\left(\frac{1}{p-\sqrt{2mE}}\right)+\mathrm{i}\pi\,\delta(p-\sqrt{2mE})-\right.\\ \left.\mathcal{P}\left(\frac{1}{p+\sqrt{2mE}}\right)+\mathrm{i}\pi\,\delta(p+\sqrt{2mE})\right]\end{aligned}$$

其中 $\mathcal{P}$ 表示要计算的主值积分。按照现在的情况，由于主值积分，U 不仅仅依赖于能量 E 处的本征函数，还依赖于 E 附近能量处的本征函数。所以，我们构造一个只在一个能量处挑选本征函数的组合：

$$\begin{aligned}&U(x,x',z)+[U(x',x,z)]^*\\ &=\sqrt{\frac{m}{2E}}\int_{-\infty}^{\infty}\mathrm{d}p\left[\psi_p(x)\psi_p^*(x')\right]\left[\delta(p-\sqrt{2mE})+\delta(p+\sqrt{2mE})\right]\\ &=\sqrt{\frac{m}{2E}}\left[\psi_{\sqrt{2mE}}(x)\,\psi^*_{\sqrt{2mE}}(x')+\psi_{-\sqrt{2mE}}(x)\,\psi^*_{-\sqrt{2mE}}(x')\right]\end{aligned}\tag{16.2.19}$$

现在，我们将它与 $U_{\mathrm{cl}}(x,x',z)$ 比较：

$$U_{\mathrm{cl}}(x,x',z)=\int_0^{\infty}\mathrm{d}t\,U_{\mathrm{cl}}(x,x',t)\,\mathrm{e}^{(\mathrm{i}/\hbar)(E+\mathrm{i}\varepsilon)t}=\int_0^{\infty}\mathrm{d}t\,\mathrm{e}^{(\mathrm{i}/\hbar)S_{\mathrm{cl}}[x,x',t]}\mathrm{e}^{(\mathrm{i}/\hbar)(E+\mathrm{i}\varepsilon)t}$$

因为 U_{cl} 本身是在泛函积分的稳定点近似中计算的（基于 $\hbar$ 很小），为了保持一致，我们还必须通过将指数的自变量设置成由

$$\frac{\partial S}{\partial t}+E=-E_{\mathrm{cl}}+E=0\tag{16.2.20}$$

定义的 t^* 时刻的值，并让积分等于被积函数在这点的值乘某个常数，用稳定相位来计算普通的 t 积分。对于稳定点，我们取回了 (2.8.18) 式，去掉了收敛因子 ε，因为它不是必需的。稳定点的作用就是从所有的连接两个给定端点（具有多种通过时间）的轨迹中挑选出其经典能量等于量子态能量 E 的轨迹［且在该路径上的通过时间为 $t^*=t^*(E)$］。

注意，之前我们感兴趣的是在一个固定时间 t 的连接 x' 到 x 的轨迹。给定的运动方程在时间上是二阶的，将只有一个轨迹可以满足这些要求。但现在我们要的是一条固定能量的轨迹，它连接着 x' 和 x 两点，且不受通过时间限制。通常可以有很多解。例如，在一个如同振子的禁闭势（或在任何的束缚态）中，一个能量为 E 的、离开 x' 的粒子，在它来来回回的碰撞中，无限多次地撞击其他点 x（在转折点内）。每条这样的轨道将对应不同的通过时间，无数个服从 (16.2.20) 式的稳定点将对 $U_{\text{cl}}(x,x',E)$ 有贡献。

在目前没有转折点的问题中，只有两种解——称之为 R 解和 L 解——它们是向右移动或向左移动的解。如果 $x'<x$，右移者可从 x' 走到 x；如果 $x'>x$，左移者可从 x' 走到 x。

记住这一切，让我们着手进行计算，并从

$$U_{\text{cl}}(x,x',E)=\mathrm{A}'\sum_{R,L}\mathrm{e}^{(\mathrm{i}/\hbar)[S_{\text{cl}}(x,x',t^*)+E\,t^*]}$$

开始，这里 A' 是一个新的常数。考虑到 $E_{\text{cl}}=E$ 在经典路径上是守恒的，我们现在进行如下操作：

$$\begin{aligned}S_{\text{cl}}[x,x',t^*]&=\int_0^{t^*}(T-V)\,\mathrm{d}t=\int_0^{t^*}2T\,\mathrm{d}t-E\,t^*\\&=\int_0^{t^*}p(x(t))\frac{\mathrm{d}x}{\mathrm{d}t}\,\mathrm{d}t-E\,t^*=\int_{x'}^{x}p(x'')\,\mathrm{d}x''-E\,t^*\\&\equiv W[x,x',E]-E\,t^*\end{aligned}\tag{16.2.21a}$$

由此得出结论

$$\begin{aligned}U_{cl}(x,x',E)&=\mathrm{A}'\sum_{R,L}\exp\left[\frac{\mathrm{i}}{\hbar}\int_{x'}^{x}p(x'')\,\mathrm{d}x''\right]\\&=\mathrm{A}'\sum_{R,L}\exp\left(\frac{\mathrm{i}}{\hbar}W[x,x',E]\right)\end{aligned}\tag{16.2.21b}$$

如果 $x>x'$，经典动量必须是正的，我们令 $p(x)=\sqrt{2m[E-V(x)]}$，然而如果 $x<x'$，我们将平方根选为负的。因此

$$\begin{aligned}U_{cl}(x,x',E)=&\theta(x-x')\mathrm{A}'\exp\left\{\frac{\mathrm{i}}{\hbar}\left[\int_{x'}^{x}\sqrt{2m(E-V(x''))}\mathrm{d}x''\right]\right\}+\\&\theta(x'-x)\mathrm{A}'\exp\left\{-\frac{\mathrm{i}}{\hbar}\left[\int_{x'}^{x}\sqrt{2m(E-V(x''))}\mathrm{d}x''\right]\right\}\end{aligned}\tag{16.2.22}$$

现在我们发现

$$U_{\rm cl}(x,x',E)+U^*_{\rm cl}(x',x,E)=\text{A}'\exp\left\{\frac{\rm i}{\hbar}\int_{x'}^{x}\sqrt{2m(E-V(x''))}\mathrm{d}x''\right\}+\text{A}'\exp\left\{-\frac{\rm i}{\hbar}\int_{x'}^{x}\sqrt{2m(E-V(x''))}\mathrm{d}x''\right\} \tag{16.2.23}$$

将此与 (16.2.19) 式进行比较，我们得到

$$\psi_{\pm\sqrt{2mE}}(x)\,\psi^*_{\pm\sqrt{2mE}}(x')\simeq\exp\left\{\pm\frac{\rm i}{\hbar}\left[\int_{x}^{x}\sqrt{2m(E-V(x'))}\mathrm{d}x''\right]\right\}$$

很容易看出，它可以写成

$$\psi_{\pm}(x)=\psi(x_0)\exp\left\{\pm\frac{\rm i}{\hbar}\left[\int_{x_0}^{x}\sqrt{2m(E-V(x'))}\mathrm{d}x''\right]\right\}$$

这里给出几条评论很合适。

首先，如果想要得到带有 $p^{-1/2}$ 因子的 (16.2.13) 式，我们需要做一个更精确的计算。到目前为止，我们已经通过令被积函数在稳定点的值乘某个常数来表示在该点邻域积分所得到的“面积”，计算了泛函积分和普通的 t 积分。为了得到 (16.2.13) 式，我们必须用高斯函数来近似稳定点的被积函数，并做高斯积分。如果你对细节感兴趣，可参见第 21 章末尾的参考书目中的一篇文章。

其次，请注意：从 $U(t)$ 到 $U(E)$ 的过程中，（在固定的 x'，x 点）我们的注意力从固定时间的路径转移到了固定能量的路径。由于 $E=-\partial S_{\rm cl}/\partial t$，人们正在把 t 换成 $S_{\rm cl}$ 对 t 的导数。显然这需要一个如第 2.5 节解释过的勒让德变换。由 (16.2.21a) 式可清楚看到 $W(E)$ 就是讨论中的勒让德变换。这个想法将在习题 16.2.1 中进一步讨论。

最后，让我们来看 $-U(x,x',E)+U^*(x',x,E)$ 的组合，它引导我们试图去过滤出一个能量。由我们对时间反转的讨论，你应该预料到 U 的复共轭形式（交换了起点和终点）就是时间反转的传播子。如果是这样，这个组合对正时的积分就是 U 对所有时间的积分。现在很清楚，这样一个在 (16.2.17) 式中进行的积分确实会产生因子 $\delta(E-p^2/m)$，这个因子投影出能量为 E 的态。这一点将在习题 16.2.3 中讨论。

习题 16.2.1 考虑 (16.2.21a) 中引入的函数 $W(E)$。由于 $-E$ 是 $S(t)$ 对 t 的导数，由此可知 $W(E)$ 一定是 S 的勒让德变换。在这个情况下，t 一定会作为 $W(E)$ 对 E 的导数出现。验证下式

$$W(E)=\int_{x'}^{x}\sqrt{2m[E-V(x'')]}\,\mathrm{d}x''$$

的微分给出在这个预先指定的能量从开始到结束所花费的时间 t。

习题 16.2.2 使用上面给出的方法，考虑自由粒子的问题。现在你明确地知道了波函数，使用回路积分方法计算 (16.2.18b) 式中的积分，以得到

$$U(x,x',t)=\theta(x-x')\,\mathrm{e}^{(\mathrm{i}/\hbar)\sqrt{2mE}(x-x')}+\theta(x'-x)\,\mathrm{e}^{(-\mathrm{i}/\hbar)\sqrt{2mE}(x-x')}$$

在计算回路积分时，请问对于一个给定的 $x-x'$ 的符号，你可以在哪半个平面上封闭回路？将上面的结果与半经典的结果进行比较，确保所有的结果可行。请注意，没有必要构造 $U(x,x',t)+U^*(x,x',t)$ 的组合，因为我们清楚地知道被积函数的 p 的依赖关系，所以可以明确地计算主值部分和 δ 函数的贡献。为了更清楚地看到这一点，避免使用回路积分方法，而使用上面给出的 $(x\pm\mathrm{i}\varepsilon)^{-1}$ 的公式。计算主值积分和 δ 函数的贡献，看看它们是如何相加达到回路积分的结果。在这里虽然两种路径都是可能的，但在 $V\neq 0$ 的问题中回路积分是不可能的，因为在复 p 平面上波函数对 p 的依赖是未知的。$U+U^*$ 方法的优点是它只涉及实轴上的量，且只涉及能量。

习题 16.2.3 让我们再看一下我们的推导过程。我们非常努力地隔离出一个能量的本征函数：构造了 $U(x,x',z)+U^*(x,x',z)$ 的组合以去除主值部分并滤掉 δ 函数。现在很清楚，如果在 (16.2.18a) 式中，我们可以在 $-\infty\leqslant t\leqslant+\infty$ 的范围内积分，就能得到想要的 δ 函数。阻止我们这样做的是构造的 $U(t)$ 只适用于 $t>0$ 的情况。然而，如果我们对负的时间使用时间演化算符 $\mathrm{e}^{-(\mathrm{i}/\hbar)Ht}$，在相同哈密顿量的假定下，我们会简单地被告之系统在早期做了什么。因此，我们也可以理解时间为负的算符，并能定义一个扩展到所有时间的变换。在经典力学中也是如此。例如，如果在一座高楼上径直向上抛出一块石头，并问什么时候它会落到地面上，我们得到两个答案，负 t 的答案对应着给定的初始条件被外推到更早的时间。通过观察 $\langle x|\mathrm{e}^{-(\mathrm{i}/\hbar)Ht}|x'\rangle$ 在复共轭变换和 $x\leftrightarrow x'$ 交换下的变化，验证：对所有的时间而言，$U(x,x',z)+U^*(x,x',z)$ 确实是 $U(t)$ 的变换。同样，问一下当我们把 U_{cl} 变换到所有的时间时会发生什么。现在你会发现，无论 $x-x'$ 的符号是什么，单个向右移动的轨迹都会有贡献，它正是稳定点的时间 t^*，并且会随着 $x-x'$ 的符号而改变符号。（向左移动的轨迹也相同。）

隧穿振幅

如果 $\chi(x)=\{2m[V(x)-E]\}^{1/2}$ 变化缓慢，则 WKB 公式也可用来计算隧穿振幅。作为一个例子，考虑一个被困在如图 16.1 所示的势阱中的粒子。如果它的能量

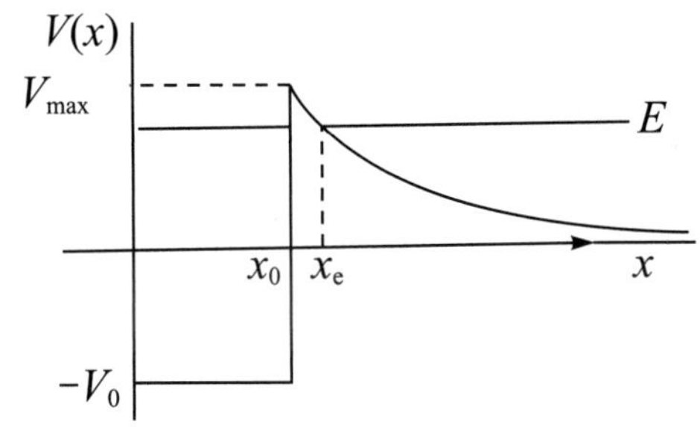

图 16.1　一个典型的势垒穿透问题。粒子具有能量 $E > 0$，但由于 $V_{\max} > E$，它受限于势垒。然而，它有一个振幅，使它能隧穿过势垒，成为一个自由粒子逃逸到无穷远

是正的，就有一定的概率可以穿透势垒，作为一个自由粒子逃逸到无穷远。在第一步近似中，ψ 在逸出点 x_e 与在势阱外壁 x_0 的比值为

$$\psi(x_\mathrm{e}) = \psi(x_0)\,\exp\left(\frac{\mathrm{i}}{\hbar}\int_{x_0}^{x_\mathrm{e}} \mathrm{i}\{2m[V(x)-E]\}^{1/2}\mathrm{d}x\right) \tag{16.2.24}$$

$$\equiv \psi(x_0)\,\mathrm{e}^{-\gamma/2} \tag{16.2.25}$$

势阱内粒子的平均寿命可以用下面的半经典计算来估算。由于势阱内粒子的动能为 $T = E - V = E + V_0$，它的速度为 $v = [2m(E+V_0)]^{1/2}/m$，并以 $f = v/2x_0$ 的频率撞击外壁。在碰撞时，存在一个逃逸的概率 $\mathrm{e}^{-\gamma}$。因此在 1 秒内逃逸的概率是

$$R = \frac{[2m(E+V_0)]^{1/2}}{2mx_0}\mathrm{e}^{-\gamma} \tag{16.2.26}$$

于是平均寿命为 $\tau = 1/R$。

注意，就像一个内部的粒子可以隧穿出去，一个能量为 $E < V_{\max}$ 的粒子也可以从外部隧穿进来并被捕获。隧穿和俘获的一个标准例子是 α 衰变，在这个过程中原子核释放出一个 α 粒子[①]。α 粒子与原子核之间的力在短距离是吸引的（核力大于库仑斥力），而在较长距离是由库仑斥力主宰的。两个势的和可以大致由如图 16.1 所示形状的势来描述，x 为径向坐标。（如果 α 粒子发射出来时带有不为零的轨道角动量，在两个势上还必须加上离心势垒。）因此，一个 $E < V_{\max}$ 的 α 粒子可以从内部隧穿出去，或者从外部被捕获。

① α 粒子有两个质子和两个中子。

习题 16.2.4 动能为 4.2 MeV 的 α 粒子从一个电荷为 $Z = 90$（发射后）的原子核中隧穿出来。设 $V_0 = 0$，$x_0 = 10^{-12}$ cm，$V(x)$ 为 $x \geqslant x_0$ 处的库仑势（见图 16.1）。估算平均寿命。[提示：证明 $\gamma = (8Ze^2/\hbar v)[\cos^{-1} y^{1/2} - y^{1/2}(1-y)^{1/2}]$，其中 $y = x_0/x_e$。证明 $y \ll 1$，并在计算数值前使用 $\cos^{-1} y^{1/2} \simeq \frac{1}{2}\pi - y^{1/2}$。]

隧穿振幅 (16.2.24) 的推导在路径积分方法中并不是直截了当的，这是因为不存在可以使粒子穿过势垒的经典路径。但是，在“虚构时间”的公式中就有这样的路径。这将在第 21 章中详细介绍。

束缚态

WKB 法可用于束缚态能量和波函数的近似。考虑一个粒子（图 16.2）被势 $V(x)$ 束缚。在图中，x_1 和 x_2 是能量 E 的经典转折点。让我们看一下 E 的量子化是如何在这套公式中出现的。我们知道，在经典禁区 I 和 III 中，波函数将是指数衰减的。例如

$$\psi_{\mathrm{III}}(x) \sim \frac{1}{\{2m[V(x)-E]\}^{1/2}} \exp\left(-\frac{1}{\hbar}\int^x \{2m[V(x')-E]\}^{1/2} \mathrm{d}x'\right) \tag{16.2.27}$$

在经典允许区域 II，它将是振荡的。我们假定它是一个具有两个自由参数 A 和 B 的实函数[①]：

$$\psi_{\mathrm{II}}(x) = \frac{A}{[p(x)]^{1/2}} \cos\left[\frac{1}{\hbar}\int^x p(x')\,\mathrm{d}x' + B\right] \tag{16.2.28}$$

[两个实参数 A 和 B 代替了之前使用的一个复参数 $\psi(x_0)$。] 不幸的是，(16.2.27) 式和 (16.2.28) 式在转折点附近都不适用。这是因为从形式上看，在转折点附近，$[p(x)]^{-1/2}$ 和 $2m[V(z)-E]^{-1/2}$ 都急剧增长。从物理上讲，这是因为波长在那里趋于无穷大，所以 $V(x)$ 在一个波长上变化很小的要求就不可能满足了。因此不可能匹配近似的 ψ_{I}、ψ_{II} 和 ψ_{III}，并进而确定允许的能量，就像在简单的分段常数势的例子中所做的那样。这个问题是这样克服的。在每个转折点附近，我们定义一个过渡区域（图中的阴影带），在过渡区域内，我们通过回到薛定谔方程来求解问题。如果 $V(x)$ 是缓慢变化的，它可以在这些区域用线性函数近似。比如在 x_1 附近

$$\begin{aligned} V(x) &\simeq V(x_1) + V' \cdot (x - x_1) \\ &= E + V' \cdot (x - x_1) \end{aligned} \tag{16.2.29}$$

① 回忆第 5.6 节的定理 16。

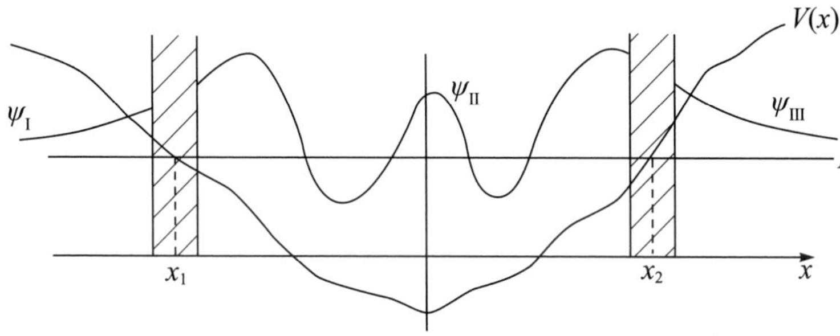

图 16.2 一个典型的束缚态问题。除了在经典转折点 x_1 和 x_2 附近的阴影带外，WKB 近似对波函数很适用。为了将 $\psi_{\rm II}$ 与 $\psi_{\rm I}$ 和 $\psi_{\rm III}$ 连接起来，在每个带内使用线性函数近似势，之后人们在这些带中求解薛定谔方程

然后将使用 $V(x)$ 的精确解与阴影区域外部的 WKB 解匹配，也就是说，将其一侧的衰减指数与另一侧的振荡余弦相匹配。

在 x_1 附近的分析[①]将在区域 II 中产生下面的函数：

$$\psi_{\rm II}(x) = \frac{A}{[p(x)]^{1/2}} \cos\left[\frac{1}{\hbar}\int_{x_1}^{x} p(x')\,\mathrm{d}x' - \frac{\pi}{4}\right] \tag{16.2.30}$$

同时在 x_2 附近的分析会产生

$$\psi_{\rm II}(x) = \frac{A'}{[p(x)]^{1/2}} \cos\left[\frac{1}{\hbar}\int_{x_2}^{x} p(x')\,\mathrm{d}x' + \frac{\pi}{4}\right] \tag{16.2.31}$$

为了使两个解一致，A 和 A' 必须大小相同，并且两个余弦之间的相位差必须是 π 的倍数：

$$\frac{1}{\hbar}\int_{x_1}^{x} p(x')\,\mathrm{d}x' - \frac{1}{\hbar}\int_{x_2}^{x} p(x')\,\mathrm{d}x' - \frac{\pi}{2} = n\pi, \qquad n = 0, 1, 2, \cdots$$

或

$$\int_{x_1}^{x_2} p(x)\,\mathrm{d}x = \left(n + \frac{1}{2}\right)\pi\hbar \tag{16.2.32}$$

或

$$\oint p(x)\,\mathrm{d}x = \left(n + \frac{1}{2}\right) 2\pi\hbar \tag{16.2.33}$$

其中 $\oint$ 表示从 x_1 到 x_2 再返回的整个环的积分。如果 n 是偶数，则 $A = A'$，如果 n 是奇数，则 $A = -A'$。

(16.2.32) 式表示能量的量子化，因为左边的积分和积分上下限是能量和其他参数，比如粒子质量的函数。

---

① 细节被省略。

作为一个例子，考虑一个粒子处于一个线性势阱 $V(x)=k|x|$ 中。转折点是

$$x_{1,2}=\mp E/k \tag{16.2.34}$$

且量子化条件为

$$\int_{-E/k}^{E/k}[2m(E-k|x|)]^{1/2}\,\mathrm{d}x=2\int_{0}^{E/k}[2m(E-kx)]^{1/2}\mathrm{d}x=\left(n+\frac{1}{2}\right)\hbar\pi \tag{16.2.35}$$

E 对 n，k，m，$\hbar$ 的依赖关系可以通过标度变量找到。让我们用

$$x=\frac{E}{k}y \tag{16.2.36}$$

定义变量 y，使用它我们得到

$$2\int_{0}^{1}(2mE)^{1/2}(1-y)^{1/2}\left(\frac{E}{k}\right)\mathrm{d}y=\left(n+\frac{1}{2}\right)\hbar\pi$$

或

$$E\propto(k)^{2/3}(m)^{-1/3}\left(n+\frac{1}{2}\right)^{2/3}\hbar^{2/3} \tag{16.2.37}$$

通过对 y 积分，可以找到比例常数。结果是

$$E_n=\left[\frac{3k\hbar\pi}{4(2m)^{1/2}}\left(n+\frac{1}{2}\right)\right]^{2/3} \tag{16.2.38}$$

如果将该方法应用于势 $V(x)=\lambda x^4$，通过标度变量将得到

$$E_n=\left[\frac{\mathrm{c}\lambda^{\frac{1}{4}}\hbar}{m^{1/2}}\left(n+\frac{1}{2}\right)\right]^{4/3} \tag{16.2.39}$$

其中 c 是一个可以通过无量纲积分找到的常数。如果将 WKB 的能级与实际的能级（通过解析解或薛定谔方程的精确数值积分获得）进行比较，我们会发现除了很小的 n 之外，一致性对所有的能级都是极好的。例如，在 λx^4 的情况下，

$$\frac{E_0(\mathrm{WKB})}{E_0(\text{数值})}=0.716$$

$$\frac{E_1(\mathrm{WKB})}{E_1(\text{数值})}=0.992$$

随着 n 的增加，这种一致性会变得更好。因此，WKB 方法是变分法的补充，而后者最适用于最低能级。精度随着 n 的增加而提高是合理的，因为在能量上移时，转折点附近的过渡区域（在那里近似失效）的重要作用逐渐减小①。

① 也有一些例外情况，比如谐振子，在那里对所有 n，该方法都能给出精确能量。

WKB 波函数会怎么样呢？它们在大 n 处也变得更好，当然除了在转折点附近，在那里它们会因为 $[p(x)]^{-1/2}$ 因子而急剧增长。然而，如果我们用线性函数近似势之后，在转折点附近真正求解薛定谔方程，急剧增长就可以避免，并且与真实本征函数的一致性也大大地提高了。

WKB 波函数有一个与精确解一致的特征：在第 n 条能级，波函数有 n 个节点（$n=0,1,2,\cdots$）。我们可以解析地从 $\psi_{\mathrm{II}}(x)$ 的 (16.2.30) 式和相积分 $(1/\hbar)\int_{x_1}^{x}p(x')\mathrm{d}x'$ 的 (16.2.32) 式看出。当 x 从 x_1 跑到 x_2 时，相位 ϕ 相应从 $-\pi/4$ 跑到 $n\pi+\pi/4$ 并且 $\cos(\phi)$ 会变成零 n 次。实际上可以这样理解量子化规则 (16.2.32) 式。如果我们假设，在第一步近似中，ψ 必须在经典禁区中消失，那么它必须在间隔 $x_1\leqslant x\leqslant x_2$ 中经历整数个半周期（半波长）。这就导致了玻尔–索末菲量子化规则（quantization rule）：

$$\int_{x_1}^{x_2}p(x)\,\mathrm{d}x=(n+1)\,\hbar\pi,\qquad n=0,1,2,\cdots \tag{16.2.40}$$

但我们知道 ψ 不会在转折点为零并且在经典禁区会有一个指数拖尾。因此，在 x_1 和 x_2 之间完成的半周期数略小于 $n+1$。连接过程告诉我们，它实际上是 $n+\frac{1}{2}$，因此有通常的量子化规则 (16.2.32)。然而，如果由于势垒无穷大（就像盒子中的粒子的情况），ψ 在 x_1 和 x_2 处确实为零，(16.2.40) 式［而不是 (16.3.32) 式］则是有意义的①。也可以考虑一种中间的情况：势垒在一个转折点处是无穷大，而在另外一个转折点处则是有限大。在这种情况下，量子化规则中就有一个 $(n+3/4)$ 的因子。

WKB 方法也可用于三维，求解转动不变问题中的径向方程。在 $l=0$ 态，不存在离心势垒，WKB 波函数具有

$$U(r)\sim\frac{1}{[p(r)]^{1/2}}\sin\left[\frac{1}{\hbar}\int_0^r p(r')\,\mathrm{d}r'\right],\quad p=\{2m[E-V(r)]\}^{1/2} \tag{16.2.41}$$

的形式，在那里相积分的下限被选为 0，所以 $U(0)=0$。考虑到 $r=0$ 处的势垒无穷大，量子化条件为

$$\int_0^{r_{\max}}p(r)\,\mathrm{d}r=\left(n+\frac{3}{4}\right)\hbar\pi,\qquad n=0,1,2,\cdots \tag{16.2.42}$$

其中 $r_{\max}$ 是转折点。这个公式只有当 $V(r)$ 在原点是规则的时候才有效。如果它在那里急剧增长，我们加到 n 上的常数不是 3/4，而是别的数。此外如果 $l\neq0$，离心势垒将改变 $r=0$ 附近的行为，并改变波函数和这个常数。

---

① $V(x)$ 可能在转折点附近线性化的假设不成立，这使 (16.2.29) 式无效。

习题 16.2.5* 1974 年，人们发现了两个新粒子，称为 ψ 和 ψ'，其静止能量分别为 3.1 GeV 和 3.7 GeV（1 GeV=10^9 eV）。这些粒子被认为是质量为 $m = 1.5\ \mathrm{GeV}/c^2$（即 $mc^2 = 1.5\ \mathrm{GeV}$）的“粲”夸克和相同质量的反夸克在线性势 $V(r) = V_0 + \mathrm{k}r$ 中的非相对论束缚态。假设这些粒子是零轨道角动量的 $n = 0$ 和 $n = 1$ 的束缚态，使用 WKB 公式计算 V_0。你对 $n = 2$ 的束缚态 ψ'' 的静止质量有什么预言？（测量值是 $\simeq 4.2\ \mathrm{GeV}/c^2$。）［提示：(1) 使用 GeV 而不是 eV；(2) 无需明确地确定 k。］

习题 16.2.6 通过标度技巧，获取对 λx^4 势适用的 (16.2.39) 式。

习题 16.2.7* 用 WKB 法求出谐振子的允许能级。

习题 16.2.8* 考虑库仑势问题中的 $l = 0$ 的径向方程。由于 $V(r)$ 在转折点 $r = 0$ 处是奇异的，我们不能使用 $(n + 3/4)$。

(1) 可加的常数是大于还是小于 3/4?

(2) 通过分析 $r = 0$ 附近的精确方程，可以证明：该常数等于 1。使用这个常数，证明 WKB 能级与精确结果一致。

第 17 章　不含时微扰论

17.1　形式体系

不含时微扰理论是一种近似方案，它适用于以下背景：已知哈密顿量 H^0 的本征值问题的解，我们想求得 $H = H^0 + H^1$ 的解，其中，在某种意义（这种意义不久就会被精确化）上，H^1 比 H^0 小。例如，H^0 可以是把电子束缚在质子上的库仑哈密顿量，而 H^1 是来自附加外部电场的、与电子位于其（平均）位置处的质子场相比是微弱的哈密顿量。人们把 H^0 称为非微扰哈密顿量，而 H^1 为微扰哈密顿量或微扰。

我们按以下方式进行讨论。假设对于 H^0（其本征值为 E_0^n）的每一个本征右矢 $|E_n^0\rangle \equiv |n^0\rangle$，都存在一个 H（其本征值为 E_n）的本征右矢 $|n\rangle$。①然后假设 H 的本征右矢和本征值可以被展开成微扰级数②：

$$|n\rangle = |n^0\rangle + |n^1\rangle + |n^2\rangle + \cdots \tag{17.1.1}$$

$$E_n = E_n^0 + E_n^1 + E_n^2 + \cdots \tag{17.1.2}$$

每一项的上标 k 给出了预期正比于 H^1（矩阵元）的幂次。上标等于 k 的项被称为 k 阶项。（显然像 $E_k^n\,|n^{\bar{k}}\rangle$ 这样的乘积是 $k+\bar{k}$ 阶的项。）我们希望随着阶的增加，式中的项将系统地变小，即，那时我们可以说 H^1 是微小的。当我们找到 $|n^k\rangle$ 和 E_n^k 的显式公式时，这些想法将变得清晰。

为了找到 $|n\rangle$ 和 E_n 展开式中的项，我们从本征值方程

$$H|n\rangle = E_n|n\rangle \tag{17.1.3}$$

或

$$\left(H^0 + H^1\right)\left[|n^0\rangle + |n^1\rangle + \cdots\right] = \left(E_n^0 + E_n^1 + \cdots\right)\left[|n^0\rangle + |n^1\rangle + \cdots\right] \tag{17.1.4}$$

① 我们假设 $|n^0\rangle$ 是非简并的。简并的情况将在后面讲。

② 我们假设 $|n^0\rangle$ 是归一化（到 1）的。$|n\rangle$ 的模方将马上讨论。

开始。我们用 WKB 近似中处理微分方程那样的方法来处理这些方程。回想一下，在那个时候我们有一个方程，它具有 $\hbar^{-2}$、$\hbar^{-1}$ 等阶的项。我们首先忽略了除 $\hbar^{-2}$ 项以外的所有项，并求解 ϕ_0。然后把它输入到 $\hbar^{-1}$ 的部分来确定 ϕ^1。（我们原本可以继续这样做下去，尽管我们选择在这里停止。）同样，在目前的情况下，我们首先考虑 (17.1.4) 式的零阶项。我们得到方程

$$H^0|n^0\rangle = E_n^0|n^0\rangle \tag{17.1.5}$$

请注意，零阶量 $|n^0\rangle$ 和 E_n^0 确实是不依赖于 H^1 的（或者等价地说，它们依赖于 H^1 的零次幂）。使用一些假设就能求解这个方程，本征矢 $|n^0\rangle$ 和本征值 E_n^0 就能被确定。继续讨论一阶项。我们得到了方程

$$H^0|n^1\rangle + H^1|n^0\rangle = E_n^0\,|n^1\rangle + E_n^1\,|n^0\rangle \tag{17.1.6}$$

让我们在两边都点乘 $\langle n^0|$。使用 $\langle n^0|H^0 = \langle n^0|E_n^0$ 和 $\langle n^0|n^0\rangle = 1$，可得到

$$E_n^1 = \langle n^0|H^1|n^0\rangle \tag{17.1.7}$$

即，能量改变的第一阶是 H^1 在未微扰态的期待值。请注意，E_n^1 的确正比于 H^1 的一次幂。接下来让我们在 (17.1.6) 式两边都点乘 $\langle m^0|$（$m \neq n$），以得到

$$\langle m^0|H^0|n^1\rangle + \langle m^0|H^1|n^0\rangle = E_n^0\langle m^0|n^1\rangle$$

或

$$\langle m^0|n^1\rangle = \frac{\langle m^0|H^1|n^0\rangle}{E_n^0 - E_m^0} \tag{17.1.8}$$

由于 $m \neq n$，该方程确定了在 H^0 的本征基中，$|n^1\rangle$ 的所有分量，除了平行于 $|n^0\rangle$ 的分量，让我们称其为 $|n_{\|}^1\rangle$。通过将 $|n\rangle$ 归一化到这一阶的要求，就能确定它。①在明显的标记法中有

$$1 = \langle n|n\rangle = \left(\langle n^0| + \langle n_{\perp}^1| + \langle n_{\|}^1|\right)\left(|n^0\rangle + |n_{\perp}^1\rangle + |n_{\|}^1\rangle\right) \tag{17.1.9}$$

它导致

$$1 = \langle n^0|n^0\rangle + \langle n_{\|}^1|n^0\rangle + \langle n^0|n_{\|}^1\rangle + \text{高阶项}$$

或

$$0 = \langle n_{\|}^1|n^0\rangle + \langle n^0|n_{\|}^1\rangle + \text{高阶项} \tag{17.1.10}$$

这意味着

$$\langle n^0|n_{\|}^1\rangle = \mathrm{i}\alpha\,, \qquad \alpha\ \text{是实的} \tag{17.1.11}$$

① 回想一下，即使在可以严格求解的本征值问题中，矢量的模也是存在着任意性的。到这一阶，只有 $|n_{\|}^1\rangle$ 改变了 $|n^0\rangle$ 的长度。[参见 (17.1.10) 式。]

使用

$$1 + \mathrm{i}\alpha = \mathrm{e}^{\mathrm{i}\alpha} \qquad (\text{到这一阶}) \tag{17.1.12}$$

我们得到

$$|n\rangle = |n^0\rangle\,\mathrm{e}^{\mathrm{i}\alpha} + \sum_m{}' \frac{|m^0\rangle\langle m^0|H^1|n^0\rangle}{E_n^0 - E_m^0} \tag{17.1.13}$$

$\sum'$ 中的撇意味着 $m \neq n$。由于即使 $|n\rangle$ 已被归一化，其整体相位仍具有任意性，所以我们使用 (17.1.13) 式中的因子 $\mathrm{e}^{-\mathrm{i}\alpha}$ 来改变它的相位。到这一阶，它消去了乘在 $|n^0\rangle$ 上的相因子，且不会对一阶的项有任何作用。仍然把这个具有新相位的微扰本征右矢称为 $|n\rangle$，就得到了一阶的结果：

$$|n\rangle = |n^0\rangle + \sum_m{}' \frac{|m^0\rangle\langle m^0|H^1|n^0\rangle}{E_n^0 - E_m^0} = |n^0\rangle + |n^1\rangle \tag{17.1.14}$$

请注意，$|n^1\rangle$ 与 $|n^0\rangle$ 正交，并正比于 H^1 的一次幂（就像预先考虑到的）。我们从 (17.1.4) 式的二阶的部分确定 E_n^2：

$$H^0|n^2\rangle + H^1|n^1\rangle = E_n^0|n^2\rangle + E_n^1|n^1\rangle + E_n^2|n^0\rangle \tag{17.1.15}$$

点乘 $\langle n^0|$ 并使用较低阶的结果（$|n^1\rangle = |n_\perp^1\rangle$），可得到

$$E_n^2 = \langle n^0|H^1|n^1\rangle \tag{17.1.16}$$

$$= \sum_m{}' \frac{\langle n^0|H^1|m^0\rangle\langle m^0|H^1|n^0\rangle}{E_n^0 - E_m^0}$$

$$= \sum_m{}' \frac{|\langle n^0|H^1|m^0\rangle|^2}{E_n^0 - E_m^0} \tag{17.1.17}$$

我们可以继续进行到更高的阶，但我们选择在这里停下来。

在转向示例之前，让我们考虑一些结果的一般特征。首先我们注意到给定阶的能量是由下一阶的态矢量确定的，见 (17.1.7) 和 (17.1.16) 式。这与在变分法研究中所作的评论是一致的。考虑几个例子，这个现象背后的物理原理将会变得更清楚。接下来我们问在什么条件下微扰展开式是好的，即在那个条件下，修正项比第零阶（未微扰）小。答案可由 (17.1.14) 式得到。$|n^1\rangle$ 小于 $|n^0\rangle$ 的必要条件是

$$\left|\frac{\langle m^0|H^1|n^0\rangle}{E_n^0 - E_m^0}\right| \ll 1 \tag{17.1.18}$$

因此我们看到这个条件取决于：(1) H^1 的绝对大小（即，如果它是由某个外场引起的，那么它就是这个场的大小）；(2) H^1 在未微扰态之间的矩阵元；(3) 能级之间的能量差。如果未微扰本征态是 $|n^0\rangle$，微扰则把正交态 $|m^0\rangle$ 混合进来；这种混合直接

与矩阵元 $\langle m^0|H^1|n^0\rangle$ 成正比，与两个能级之间的能量差成反比，它度量了系统“刚度”。如果由于任何原因上述不等式没能得到满足（例如，由于简并，$E_n^0 = E_m^0$），我们必须转到另外一种形式，被称为简并微扰论，它将在本章后面描述。

17.2 一些例子

在谐振子势 $V = \frac{1}{2}m\omega^2x^2$ 中，考虑一个电荷为 q、质量为 m 的粒子。假设我们在正 x 方向施加一个大小为 f 的外电场。它对应于静电势 $\phi = -fx$ 和势能 $V = -qfx$。于是

$$H = H^0 + H^1 = \frac{P^2}{2m} + \frac{1}{2}m\omega^2X^2 - qfX \tag{17.2.1}$$

我们希望通过微扰论来处理 H^1。首先，我们计算由

$$E_n^1 = \langle n^0|H^1|n^0\rangle = -qf\langle n^0|X|n^0\rangle \tag{17.2.2}$$

给出的能量一阶偏移，式中 $|n^0\rangle$ 是未微扰振子的第 n 个态。我们可以看到 E^1 有很多种方法消失。在正式的层次上，因为

$$X = \left(\frac{\hbar}{2m\omega}\right)^{1/2}(a + a^\dagger) \tag{17.2.3}$$

它没有对角矩阵元。所发生的物理在采用坐标基时就更加一目了然了

$$\begin{aligned} E_n^1 &= -qf\int(\psi_n^0)^* x\,\psi_n^0\,\mathrm{d}x \\ &= -qf\int|\psi_n^0|^2\,x\,\mathrm{d}x \end{aligned} \tag{17.2.4}$$

现在，$\psi_n^0(x)$ 作为一个未微扰的本征函数有确定的宇称 $(-1)^n$。因此，$|\psi_n^0|^2$ 是一个偶函数，而外部的势是一个奇函数。因此，它与外场的平均相互作用为零，因为粒子可能出现在势为 ϕ 的区域，就像会出现在势为 $-\phi$ 的区域一样。请注意，E_n^1 是未微扰组态 $|n^0\rangle$ 与外加的场相互作用的能量。因为组态本身会被外场修改为 $|n^0\rangle + |n^1\rangle + \cdots$，而我们确实应该考虑微扰组态与外加的场相互作用的能量，所以这不是事情的全部。但这至少是一个二阶效应的差别，因为组态的改变 $\delta|n\rangle \equiv |n\rangle - |n^0\rangle$ 至少是一个一阶的效应，并且 $\delta|n\rangle$ 与外加的场的相互作用涉及了 H^1 的另外的阶。所以，让我们计算微扰的本征右矢到一阶，然后计算能级到二阶。由 (17.1.14) 式，有

$$\begin{aligned} |n\rangle &= |n^0\rangle + \sum_m{}' \frac{|m^0\rangle\langle m^0| - qf(\hbar/2m\omega)^{1/2}(a + a^\dagger)|n^0\rangle}{E_n^0 - E_m^0} \\ &= |n^0\rangle + qf\left(\frac{1}{2m\hbar\omega^3}\right)^{1/2}\left[(n+1)^{1/2}|(n+1)^0\rangle - n^{1/2}|(n-1)^0\rangle\right] \end{aligned} \tag{17.2.5}$$

因此，对于第一阶，微扰把 $|n^0\rangle$ 态与它上面和下面紧挨着的态混合起来。先前曾说过 $E_n^0 - E_m^0$ 衡量系统的“刚度”。在这个例子中，我们发现这个量正比于 ω，在质点–弹簧的情况中它衡量劲度系数。微扰态的波函数是怎样的呢？从上面的方程来看，这并不是显而易见的，但我们期望它表现出一个概率分布，它不再是以 $x=0$ 为中心的对称分布，而是偏向正 x 方向（因为这是外场的方向）。我们会回来定量地确认这个图像。

二阶能量偏移（它反映了系统的组态不是 $|n^0\rangle$ 而是 $|n^0\rangle + |n^1\rangle$ 的事实）为

$$
\begin{aligned}
E_n^2 = \langle n^0|H^1|n^1\rangle &= \sum_m{}' \frac{|\langle m^0|H^1|n^0\rangle|^2}{E_n^0 - E_m^0} \\
&= q^2 \cdot f^2 \cdot \frac{\hbar}{2m\omega}\left(\frac{n+1}{-\hbar\omega} + \frac{n}{\hbar\omega}\right) = \frac{-q^2 f^2}{2m\omega^2}
\end{aligned}
\tag{17.2.6}
$$

对微扰论来说，当前的问题是一个很好的测试场地，因为它可能被精确求解。这是因为 H 可以写成

$$
\begin{aligned}
H &= \frac{P^2}{2m} + \frac{1}{2}m\omega^2 X^2 - qfX \\
&= \frac{P^2}{2m} + \frac{1}{2}m\omega^2\left(X - \frac{qf}{m\omega^2}\right)^2 - \frac{1}{2}\frac{q^2 f^2}{m\,\omega^2}
\end{aligned}
\tag{17.2.7}
$$

这个哈密顿量也可描述频率为 ω 的振子，但不同之处在于：(i) 振子以 $x = qf/m\omega^2$ 为中心；(ii) 每个态都添加了一个恒定的能量（$-q^2 f^2/2m\omega^2$）。因此，H 的本征函数就是 H^0 的本征函数平移 $qf/m\omega^2$ 的距离，它的本征值为 $E_n = E_n^0 - q^2 f^2/2m\omega^2$。与 (17.2.7) 式一起的经典图像是很清楚的：一个恒定力 qf 作用于一个耦合到劲度系数为 $m\omega^2$ 的弹簧上的质点，其效应是将平衡点移动到 $x = qf/m\omega^2$。（想象一个物体挂在一个固定于天花板的弹簧上，并问重力对它的动力学有什么作用。）让我们将这些精确的结果与微扰论的结果进行比较。考虑能量

$$
E_n = E_n^0 - q^2 f^2/2m\omega^2 \tag{17.2.8}
$$

由于 H^1 正比于 qf，qf 的幂次就给出了项的阶数。按照 (17.2.8) 式，不存在一阶的能移，而二阶能移为 $-q^2 f^2/2m\omega^2$，它与 (17.2.6) 式是一致的。如果试着走到更高的阶，也不会发现更多的东西。

现在考虑态矢量。精确的结果为

$$
|n\rangle = T(qf/m\omega^2)|n_0\rangle \tag{17.2.9}
$$

其中 $T(a)$ 是将系统平移距离 a 的算符。因为我们只考虑到 qf 的一阶，所以

$$\begin{aligned} T(qf/m\omega^2) = \mathrm{e}^{-\mathrm{i}(qf/m\omega^2\hbar)P} &\simeq I - \mathrm{i}\left(\frac{qf}{m\omega^2\hbar}\right)P \\ &= I - \mathrm{i}\left(\frac{qf}{m\omega^2\hbar}\right)\left(\frac{\hbar m\omega}{2}\right)^{1/2} \cdot \frac{a-a^\dagger}{\mathrm{i}} \end{aligned} \tag{17.2.10}$$

因此

$$\begin{aligned} |n\rangle &= \left[I - \left(\frac{qf}{m\omega^2\hbar}\right)\left(\frac{\hbar m\omega}{2}\right)^{1/2}(a-a^\dagger)\right]|n^0\rangle \\ &= |n^0\rangle + qf\left(\frac{1}{2m\hbar\omega^3}\right)^{1/2}\left[(n+1)^{1/2}|(n+1)^0\rangle - n^{1/2}|(n-1)^0\rangle\right] \end{aligned} \tag{17.2.11}$$

与 (17.2.5) 式是一致的。显然，在微扰论中计算更高阶的 $|n\rangle$ 等价于将 T 展开到 qf 的更高阶。

习题 17.2.1* 对振子问题，考虑 $H^1 = \lambda x^4$。

(1) 证明

$$E_n^1 = \frac{3\hbar^2}{4m^2\omega^2}\left(1+2n+2n^2\right)$$

(2) 论证，无论 λ 有多小，对于足够大的 n，微扰展开都会失效。物理的原因是什么？

习题 17.2.2* 在磁场 $\boldsymbol{B} = B\boldsymbol{i} + B_0\boldsymbol{k}$ 中，考虑一个旋磁比为 γ 的自旋为 1/2 的粒子。将 B 作为微扰，计算基态的第一阶和第二阶的能移，以及波函数的第一阶平移。然后与展开到相应阶的精确答案比较。

习题 17.2.3 在对氢原子的研究中，我们假设质子是一个点电荷 e。它导致了熟悉的与电子的库仑相互作用（$-e^2/r$）。

(1) 证明：如果质子是一个半径为 R 的均匀稠密的电荷分布，那么相互作用变为

$$\begin{aligned} V(r) &= -\frac{3e^2}{2R} + \frac{e^2r^2}{2R^3}, \qquad r \leqslant R \\ &= -\frac{e^2}{r}, \qquad r > R \end{aligned}$$

(2) 计算由这种修正导致的氢原子基态能量的一阶能移。你可以假设 $e^{-R/a_0} \approx 1$。你应该得到 $E^1 = 2e^2R^2/5a_0^3$。

习题 17.2.4*

(1) 证明托马斯–赖歇–库恩求和规则（Thomas-Reiche-Kuhn sum rule）

$$\sum_{n'}(E_{n'}-E_n)|\langle n'|X|n\rangle|^2=\sum_{n'}(E_{n'}-E_n)\langle n|X|n'\rangle\langle n'|X|n\rangle=\frac{\hbar^2}{2m}$$

其中 $|n\rangle$ 和 $|n'\rangle$ 是 $H=P^2/2m+V(X)$ 的本征态。（提示：消除 $E_{n'}-E_n$ 因子有利于 H。）

(2) 在振子的第 n 个态上检验求和规则。

习题 17.2.5（难） 我们看到，如果在 He 的基态中忽略两个电子间的斥力 e^2/r_{12}，其能量为 $-8\,\mathrm{Ry}=-108.8\,\mathrm{eV}$。将 e^2/r_{12} 作为微扰处理，证明

$$\langle 100,100|H^1|100,100\rangle=\frac{5}{2}\,\mathrm{Ry}$$

这样 $E_0^0+E_0^1=-5.5\,\mathrm{Ry}=-74.8\,\mathrm{eV}$。回想一下，测量值为 $-78.6\,\mathrm{eV}$，而变分法估算值为 $-77.5\,\mathrm{eV}$。[提示：$\langle H^1\rangle$ 可被看作是两个同心的、球对称指数下降的电荷分布之间的相互作用。求出由一个分布引起的势 $\phi(r)$，然后计算这个势与另一个电荷分布之间的相互作用能。]

选择定则

选择定则的使用大大减少了微扰论计算所涉及的工作量，选择定则允许我们无需明确计算就可断定 H^1 的某些矩阵元是零。它们基于这样的想法：如果

$$[\Omega,H^1]=0$$

则①

$$\langle\alpha_2\omega_2|H^1|\alpha_1\omega_1\rangle=0\qquad 除非\quad \omega_1=\omega_2 \tag{17.2.12}$$

证明

$$0=\langle\alpha_2\omega_2|\Omega H^1-H^1\Omega|\alpha_1\omega_1\rangle=(\omega_2-\omega_1)\langle\alpha_2\omega_2|H^1|\alpha_1\omega_1\rangle$$

例如，考虑 $H^1=\lambda Z$，它是绕 z 轴转动不变的。于是 $[L_z,H^1]=0$ 并且

$$\langle\alpha_2m_2|H^1|\alpha_1m_1\rangle=0\qquad 除非\quad m_2=m_1 \tag{17.2.13}$$

① α 代表标记这个态的其他量子数。

（该结果也来自维格纳–埃卡特定理。）或者如果 H^1 是宇称不变的，例如 $H^1 = \lambda Z^2$，则 H^1 在宇称相反的两个态之间的矩阵元为零。

有一个简单的方法来理解 (17.2.12) 式。$[\Omega, H^1] = 0$ 就相当于 H^1 “不携带 Ω”；换句话说，当 H^1 作用于一个态时，它没有给予这个态 Ω。我们可以这样看。考虑 $|\omega_1\rangle$ 态，它携带一定量的变量 Ω，即 ω_1：

$$\Omega|\omega_1\rangle = \omega_1|\omega_1\rangle \tag{17.2.14}$$

我们在 H^1 作用于这个态之后，测量这个态的 Ω：

$$\Omega(H^1|\omega_1\rangle) = H^1\Omega|\omega_1\rangle = H^1\omega_1|\omega_1\rangle = \omega_1(H^1|\omega_1\rangle) \tag{17.2.15}$$

我们发现它与以前的态相同，即仍是 ω_1。选择定则仅反映了具有不同 ω 的本征态的正交性。

这个讨论为把选择定则扩展到携带确定量 Ω 的 H^1 铺平了道路。例如，如果 H^1 是一个张量算符 T_k^q，则它携带角动量 (k, q)，并且根据维格纳–埃卡特定理，我们知道

$$\langle\alpha_2 j_2 m_2|T_k^q|\alpha_1 j_1 m_1\rangle = 0 \qquad \text{除非} \quad \begin{cases} j_1 + k \geqslant j_2 \geqslant |j_1 - k| \\ m_2 = m_1 + q \end{cases} \tag{17.2.16}$$

即，除非 $|\alpha_2 j_2 m_2\rangle$ 具有的角动量是通过我们在 $(j_1 m_1)$ 中添加了由算符给予的角动量 (kq) 来得到的，矩阵元将为零。例如，如果 $H^1 = \lambda Z \sim T_1^0$，则

$$\langle\alpha_2 j_2 m_2|Z|\alpha_1 j_1 m_1\rangle = 0 \qquad \text{除非} \quad \begin{cases} j_2 = j_1 + 1, j_1, j_1 - 1 \\ m_2 = m_1 + 0 \end{cases} \tag{17.2.17}$$

而如果 $H^1 = \lambda X$ 或 λY（$\sim T_1^{\pm 1}$），我们则有

$$\langle\alpha_2 j_2 m_2|X \text{ 或 } Y|\alpha_1 j_1 m_1\rangle = 0 \qquad \text{除非} \quad \begin{cases} j_2 = j_1 + 1, j_1, j_1 - 1 \\ m_2 = m_1 \pm 1 \end{cases} \tag{17.2.18}$$

这种类型的另一个例子是一个算符，它不是宇称不变的，而是具有奇宇称。一个例子是 X，它服从

$$\Pi^\dagger X \Pi = -X \tag{17.2.19}$$

你可以验证，如果 X 作用于一个宇称确定的态，那么它会改变这个态的宇称。因此，X 在宇称本征态之间的矩阵元为零，除非这两个本征态具有相反的宇称。更一般地说，如果

$$\Pi^\dagger \Omega\, \Pi = -\Omega \tag{17.2.20}$$

则 Ω 在两个宇称本征态之间的矩阵元为零，除非它们具有相反的宇称。

通过组合这些选择定则，我们可以获得更多的选择定则。例如，我们可以将矢量算符 $\boldsymbol{R}$ 的角动量和宇称选择定则结合起来以获得（在无自旋的情况下，$\boldsymbol{J}=\boldsymbol{L}$），

$$\langle\alpha_2 l_2 m_2|Z|\alpha_1 l_1 m_1\rangle = 0 \qquad \text{除非} \quad \begin{cases} l_2 = l_1 \pm 1 \\ m_2 = m_1 \end{cases}$$

$$\langle\alpha_2 l_2 m_2|X \text{ 或 } Y|\alpha_1 l_1 m_1\rangle = 0 \qquad \text{除非} \quad \begin{cases} l_2 = l_1 \pm 1 \\ m_2 = m_1 \pm 1 \end{cases} \tag{17.2.21}$$

我们用宇称选择定则排除了 $l_2 = l_1$ 的可能性，因为轨道角动量为 l 的态具有确定的宇称 $(-1)^l$。(17.2.21) 式被称为偶极选择定则。

现在我们考虑一个例子以说明这些技巧和其他一些技巧的使用。所要讨论的是确定处于基态的氢原子对恒定外电场 $\boldsymbol{E}=\mathcal{E}\boldsymbol{k}$ 的响应。这被称为斯塔克效应。首先让我们计算 H^1。我们通过确定它的经典对应量 $\mathcal{H}^1$ 随后做算符替换来进行。如果 $\boldsymbol{r}_1$ 和 $\boldsymbol{r}_2$ 分别是电子和质子的位置矢量，$\phi(\boldsymbol{r})$ 是由 $\boldsymbol{E}$ 引起的静电势，则

$$\begin{aligned} \mathcal{H}^1 &= -e\phi(\boldsymbol{r}_1) + e\phi(\boldsymbol{r}_2) \\ &= e[\phi(\boldsymbol{r}_2) - \phi(\boldsymbol{r}_1)] \\ &= e(\boldsymbol{r}_1 - \boldsymbol{r}_2)\cdot\boldsymbol{E} \quad （\text{回忆起 } \boldsymbol{E} = -\nabla\phi） \\ &= e\,\boldsymbol{r}\cdot\boldsymbol{E} \end{aligned} \tag{17.2.22}$$

其中 $\boldsymbol{r}$ 是相对坐标，或相当于在 $m/M=0$ 极限下，质心系中的电子位置矢量。$\mathcal{H}^1$ 被称为偶极相互作用，因为用

$$\boldsymbol{\mu}_{\mathrm{e}} = e(\boldsymbol{r}_2 - \boldsymbol{r}_1) = -e\,\boldsymbol{r} \tag{17.2.23}$$

表示系统的电偶极矩，则

$$\mathcal{H}^1 = -\boldsymbol{\mu}_{\mathrm{e}}\cdot\boldsymbol{E} \tag{17.2.24}$$

（这是 $\mathcal{H}=-\boldsymbol{\mu}\cdot\boldsymbol{B}$ 的电的类似的量）①。因此，对于给定的电场有

$$H^1 = eZ\mathcal{E} \tag{17.2.25}$$

现在让我们计算基态 $|100\rangle$ 的一阶能移②：

$$E^1_{100} = \langle 100|eZ\mathcal{E}|100\rangle \tag{17.2.26}$$

① 在本章的其余部分，我们将省略 $\boldsymbol{\mu}_{\mathrm{e}}$ 的下标 e。

② 在讨论氢时，我们将使用符号 $|nlm\rangle$，而不是 $|(nlm)^0\rangle$，来表示未微扰的态。

我们可以在宇称或维格纳–埃卡特定理的基础上论证 $E_{100}^1 = 0$。更加物理的说法是，E_{100}^1 的消失是因为在未微扰态，电子的概率分布是球对称的，并且在电子的例子中，$\phi(\boldsymbol{r})$ 和 $\phi(-\boldsymbol{r}) = -\phi(\boldsymbol{r})$ 相等。另一种说法是未微扰的原子没有平均电偶极矩 $\langle\boldsymbol{\mu}\rangle$（通过宇称或者维格纳–埃卡特定理），以致

$$E_{100}^1 = \langle 100| - \boldsymbol{\mu}\cdot\boldsymbol{E}|100\rangle = -\langle 100|\boldsymbol{\mu}|100\rangle\cdot\boldsymbol{E} = 0 \tag{17.2.27}$$

但我们期望二阶能移是非零的，因为外场会使电子的分布向下偏移，并引起一个可与 $\boldsymbol{E}$ 相互作用的偶极矩。那么让我们计算

$$E_{100}^2 = \sum_{nlm}{}' \frac{e^2\mathcal{E}^2|\langle nlm|Z|100\rangle|^2}{E_{100}^0 - E_{nlm}^0} \tag{17.2.28}$$

其中

$$E_{100}^0 - E_{nlm}^0 = -\mathrm{Ry}\left(1-\frac{1}{n^2}\right) = \mathrm{Ry}\left(\frac{1-n^2}{n^2}\right) \tag{17.2.29}$$

不同于振子的情况，现在这个求和包含了无穷多项。尽管我们可以使用偶极选择定则将这个求和减少到

$$E_{100}^2 = \sum_{n=2}^{\infty} \frac{e^2\mathcal{E}^2|\langle n10|Z|100\rangle|^2}{E_1^0 - E_n^0} \tag{17.2.30}$$

还是让我们把 (17.2.28) 式中的形式暂时保留一段时间。有几种继续进行的方法。

方法 **1** 因为能量分母的大小随着 n 的增加而增大，故有如下不等式

$$\left|E_{100}^2\right| \leqslant \frac{e^2\mathcal{E}^2}{|E_1^0 - E_2^0|}\sum_{nlm}{}'|\langle nlm|Z|100\rangle|^2$$

但因为

$$\begin{aligned}
\sum_{nlm}{}'|\langle nlm|Z|100\rangle|^2 &= \sum_{nlm}{}'\langle 100|Z|nlm\rangle\langle nlm|Z|100\rangle \\
&= \sum_{nlm}\langle 100|Z|nlm\rangle\langle nlm|Z|100\rangle - \langle 100|Z|100\rangle^2 \\
&= \langle 100|Z^2|100\rangle - \langle 100|Z|100\rangle^2 \\
&= a_0^2 - 0 = a_0^2
\end{aligned} \tag{17.2.31}$$

我们得到

$$\begin{aligned}
|E_{100}^2| &\leqslant \frac{e^2\mathcal{E}^2}{(e^2/2a_0)(1-\frac{1}{4})}a_0^2 \\
&\leqslant \frac{8a_0^3\mathcal{E}^2}{3}
\end{aligned} \tag{17.2.32}$$

我们可以通过保持 (17.2.30) 式中的第一项来得到 $|E^2_{100}|$ 的下限（因为所有项都具有相同的符号）：

$$|E^2_{100}| \geqslant \frac{e^2\mathcal{E}^2}{3e^2/8a_0}|\langle 210|Z|100\rangle|^2 \tag{17.2.33}$$

现在

$$|\langle 210|Z|100\rangle|^2 = \frac{2^{15}a_0^2}{3^{10}} \approx 0.55\, a_0^2 \tag{17.2.34}$$

所以

$$|E^2_{100}| \geqslant (0.55)\left(\frac{8}{3}\right)\mathcal{E}^2 a_0^3 \tag{17.2.35}$$

因此，我们设法将 $|E^2_{100}|$ 限制在下面的区间内

$$\frac{8}{3}\mathcal{E}^2 a_0^3 \geqslant |E^2_{100}| \geqslant 0.55\left(\frac{8}{3}\right)\mathcal{E}^2 a_0^3 \tag{17.2.36}$$

方法 **2** 考虑计算

$$E^2_n = \sum_m{}' \frac{\langle n^0|H^1|m^0\rangle\langle m^0|H^1|n^0\rangle}{E^0_n - E^0_m} \tag{17.2.37}$$

的一般问题。如果不是因为能量分母，我们就能用完备性关系去排除求和（在加上和减去 $m=n$ 的项之后）。有一种消除能量分母的方法①。假如我们能找到一个算符 Ω，使得

$$H^1 = [\Omega,\, H^0] \tag{17.2.38}$$

则

$$\begin{aligned} E^2_n &= \sum_m{}' \frac{\langle n^0|H^1|m^0\rangle\langle m^0|\Omega H^0 - H^0\Omega|n^0\rangle}{E^0_n - E^0_m} \\ &= \sum_m{}' \langle n^0|H^1|m^0\rangle\langle m^0|\Omega|n^0\rangle \\ &= \langle n^0|H^1\Omega|n^0\rangle - \langle n^0|H^1|n^0\rangle\langle n^0|\Omega|n^0\rangle \end{aligned} \tag{17.2.39}$$

这里只需要计算三个矩阵元。但要找到满足 (17.2.38) 式的 Ω 并非易事。（不过，也有例外，见习题 17.2.7。）一个更适中的建议是去寻找这样一个 Ω，使得对给定的 $|n^0\rangle$ 有

$$H^1|n^0\rangle = [\Omega, H^0]|n^0\rangle \tag{17.2.40}$$

① 参见 A. Dalgarno, J. T. Lewis, *Proceedings of the Royal Society*, **A233**, 70 (1955)。

可以证明这就是推导这个 n 值的 (17.2.39) 式所需要做的一切。在我们感兴趣的问题中，我们需要去求解

$$H^1|100\rangle = [\Omega, H^0]|100\rangle \tag{17.2.41}$$

通过用坐标基写出这个方程并假设 Ω 是坐标的函数而不是动量的函数，就可以证明

$$\Omega \xrightarrow[\text{坐标基}]{} -\frac{ma_0e\mathcal{E}}{\hbar^2}\left(\frac{r^2\cos\theta}{2}+a_0r\cos\theta\right) \tag{17.2.42}$$

这样，精确的二阶能移就是

$$\begin{aligned}|E^2_{100}| &= \left|\langle 100|H^1\Omega|100\rangle - 0\right| \\ &= |\langle 100|eZ\mathcal{E}\Omega|100\rangle| \\ &= \frac{9}{4}a_0^3\mathcal{E}^2 = \frac{8}{3}a_0^3\mathcal{E}^2\cdot\left(\frac{27}{32}\right) \\ &= (0.84)\frac{8}{3}a_0^3\mathcal{E}^2\end{aligned} \tag{17.2.43}$$

它大概处于方法 1 所限定的区间的中间。

习题 17.2.6 证明 (17.2.34) 式。

习题 17.2.7* 对于振子，考虑 $H^1 = -qfX$。找到一个满足 (17.2.38) 式的 Ω。带入 E^2_n 的 (17.2.39) 式，并与前面的计算结果比较。

习题 17.2.8 填补连接 (17.2.41) 式和 (17.2.43) 式的步骤。试着用对称性的理由来减少计算积分所涉及的工作量。

我们在前面讨论过：E^2_{100} 表示诱导的偶极矩与外加的场的相互作用。诱导的偶极矩 μ 有多大？找到它的一种方法是在微扰的基态上计算 $\langle\boldsymbol{\mu}\rangle$。一种更为简单的方法是从 E^2_{100} 中提取 μ。假设我们取一个没有内禀偶极矩的系统，并且打开一个外部电场，该电场从 0 开始增加到 $\boldsymbol{E}$ 的全值。在这段时间里，偶极矩从 0 增加到 μ。如果想象 $\pm q$ 的电荷沿着 $\boldsymbol{E}$ 的方向分开一个 x 的距离，可以看到，当 x 改变 $\mathrm{d}x$ 时，作用在系统上的功是

$$\begin{aligned}\mathrm{d}W &= -q\mathcal{E}\,\mathrm{d}x \\ &= -\mathcal{E}\,\mathrm{d}\mu\end{aligned} \tag{17.2.44}$$

如果假设诱导的偶极矩正比于 $\boldsymbol{E}$：

$$\boldsymbol{\mu} = \alpha\boldsymbol{E} \tag{17.2.45}$$

（其中 α 被称为极化度），则

$$dW = -\alpha\mathcal{E}\,d\mathcal{E}$$

或

$$W = -\frac{1}{2}\alpha\mathcal{E}^2 \tag{17.2.46}$$

我们确认 W 为 E^2_{100}，并确定极化度为

$$\alpha = \frac{18}{4}a_0^3 \approx \frac{18}{4}(0.5\,\text{Å})^3 \approx 0.56\,\text{Å}^3 \tag{17.2.47}$$

如果使用一个更精确的值 $a_0 = 0.53\,\text{Å}$，我们可得到 $\alpha = 0.67\,\text{Å}^3$，它与测量值 $0.68\,\text{Å}^3$ 吻合得非常好。对于一个给定的 $\boldsymbol{E}$，从 (17.2.45) 式可以获得 $\boldsymbol{\mu}$。

最后，注意 E^2_{100} 是负数。由 (17.1.17) 式可清楚地看到基态的二阶能移总是负的（除非它为零）。由于 E^2_0 是基态矢量的第一阶的改变所引起的能移度量，所以我们认为系统为了降低它与外场的相互作用能量，从而改变了它的组态。

17.3　简并微扰论

面对简并性（$E^0_n = E^0_m$），微扰展开的有效性条件：

$$\left|\frac{\langle m^0|H^1|n^0\rangle}{E^0_n - E^0_m}\right| \ll 1 \tag{17.3.1}$$

是不可能满足的。这种方法的失效可以用如下不太正式的术语来理解。

让我们考虑 H^0 和 $H^0 + H^1$ 都不简并的情况。为了讨论这个问题，假设 H^1 是由某个外场引起的，这个外场可以从 0 连续地变化到它的全值。随着总哈密顿量从 H^0 增加到 $H^0 + H^1$，相应的本征基从 $|n^0\rangle$ 连续变化到 $|n\rangle$。正是本征基随微扰连续或解析的变化，使我们可以找到始于 $|n^0\rangle$ 的 $|n\rangle$，这是一种使用泰勒级数找到某个解析函数在始于 x 的 $x+a$ 点的值的方法。现在考虑这种情况：H^0 有一个简并的子空间，而在这个子空间中 $H^0 + H^1$ 是非简并的。（用同样的方法可以处理更一般的情况。）想象从 $|n\rangle$ 开始，慢慢地关闭微扰。我们将结束于 H^0 的一个基 $|\bar{n}^0\rangle$。如果现在重新打开微扰，我们可以沿着原来的路径回到 $|n\rangle$。很明显，如果从 $|\bar{n}^0\rangle$ 基开始，我们就可以微扰地计算 $|n\rangle$。但是由于 H^0 是简并的，我们不必始于这个基，而是可以从其他某个随机选择的 $|n^0\rangle$ 基开始。但如果我们从 $|\bar{n}^0\rangle$ 以外的任意一个基开始，并且打开无限小的外场，基的改变将不是无限小的。这正是由一阶矩阵元的发散性发出的非解析行为的信号。[这可以与 $f(x)$ 不连续的泰勒级数中的一阶导数的发散相比较。] 所以，我们必须始于简并空间中的正确的基。我们已经把该基描绘成一个由 $|n\rangle$ 开始然后慢慢关闭 H^1 所得到的基。一个更有用的描述是：它是一

个在简并空间内对角化 H^1 的基。为什么呢？这是因为如果从该基开始，每当 $|n^0\rangle$ 和 $|m^0\rangle$ 属于简并空间时，分子中的（非对角）矩阵元会随能量分母一起消失，所以一阶微扰系数［(17.1.8) 式］不会溢出。图 17.1 描述了 $\mathbb{V}^3(R)$ 的一个简单例子，其中 $x-y$ 平面是简并空间，$|1^0\rangle$ 和 $|2^0\rangle$ 是该子空间中随机选取的基矢量。正确的起点是基矢对 $|\bar{1}^0\rangle$ 和 $|\bar{2}^0\rangle$，它使 H^1 在 $x-y$ 平面上对角化。

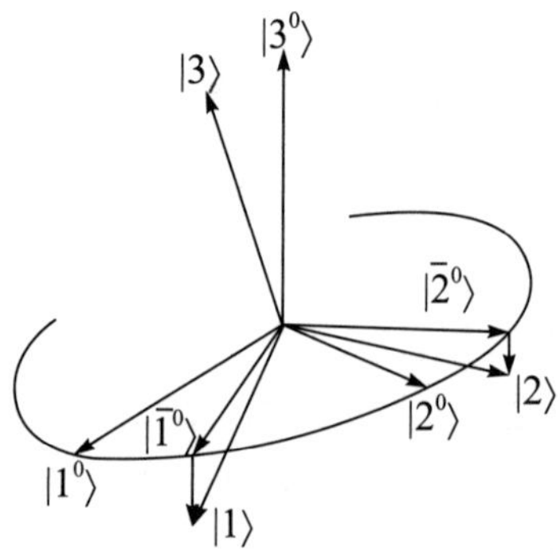

图 17.1　一个 $\mathbb{V}^3(R)$ 中简并问题的例子。在简并子空间 $x-y$ 平面上，我们不能从任意选择的基矢对 $|1^0\rangle$ 和 $|2^0\rangle$ 开始，而是从对角化 H^1 的基矢对 $|\bar{1}^0\rangle$ 和 $|\bar{2}^0\rangle$ 开始

值得注意的是，为了找到合适的起点，我们需要找到只在简并空间而不是全希尔伯特空间中对角化 H^1 的基。因此，即使我们使用无穷维空间，精确的对角化通常也必须只在一些小的、有限维的子空间中进行。

作为一个具体的例子，让我们考虑氢原子 $n=2$ 能级的斯塔克效应。（我们忽略作为旁观者变量的自旋。）我们能否推断出：由于宇称守恒使

$$\langle 2lm|e\mathcal{E}Z|2lm\rangle = 0 \tag{17.3.2}$$

所以没有一阶能移，或等价地说位于这些态的原子没有内禀偶极矩吗？答案是否定的，因为这些态不必为基于简并性的微扰计算提供正确的起点。我们必须首先在 $n=2$ 的分区找到对角化 H^1 的基。利用选择定则，该定则告诉我们 16 个矩阵元中只有两个是非零的，我们得到

$$H^1 \rightarrow \begin{array}{c} nlm \\ (200) \\ (210) \\ (211) \\ (21-1) \end{array} \begin{array}{c} \begin{array}{cccc} (200) & (210) & (211) & (21-1) \end{array} \\ \begin{pmatrix} 0 & \Delta & 0 & 0 \\ \Delta & 0 & 0 & 0 \\ 0 & 0 & 0 & 0 \\ 0 & 0 & 0 & 0 \end{pmatrix} \end{array} \tag{17.3.3}$$

其中

$$\Delta = \langle 200|e\mathcal{E}Z|210\rangle = -3e\mathcal{E}a_0 \tag{17.3.4}$$

习题 17.3.1* 使用偶极选择定则证明 H^1 具有上述形式，并计算 Δ。

由于 H^1 只是 Δ 乘 $m=0$ 分区中的泡利矩阵 σ_x，我们推断其本征值为 $\pm\Delta$，本征态为 $(|200\rangle \pm |210\rangle)/\sqrt{2}$。在 $|m|=1$ 的分区中，原来的态 $|2,1,\pm1\rangle$ 对角化 H^1。我们的计算告诉我们：

(1) 在微扰下稳定的、零阶的态是 $|2,1,\pm1\rangle$ 和 $(|200\rangle \pm |210\rangle)/\sqrt{2}$。

(2) 前两个态的一阶能移 E^1 等于零，后两个态的一阶能移等于 $\pm\Delta$。（注意 Δ 是负数。）

请注意，$E^1 \neq 0$ 的稳定本征态是 $l=0$ 态和 $l=1$ 态的混合。因此它们具有不确定的宇称，并能有一个不为零的内禀偶极矩，该偶极矩可以与 E 相互作用并产生一阶的能移。我们能够从能移推断偶极矩的大小为 $3ea_0$。

简并微扰论不仅适用于能级精确简并的情况，而且适用于能级邻近的情况，即不等式 (17.3.1) 不被遵从时的情况。在这种情况下，必须在几乎简并的子空间中精确地将 H^0+H^1 对角化。

习题 17.3.2 考虑一个自旋为 1 的粒子（没有轨道自由度）。设 $H = AS_z^2 + B(S_x^2 - S_y^2)$，其中 S_i 是 3×3 的自旋矩阵，并且 $A \gg B$。把 B 项作为微扰，找到在微扰下稳定的、$H^0 = AS_z^2$ 的本征态。计算能移到 B 的一阶。这些结果和精确答案有什么关系？

精细结构

库仑势（$-e^2/R$）虽然提供了一个极好的一级近似①，但并没有完全给出电子和质子之间的相互作用。对这种基本的相互作用有“精细结构”的修正，它产生的能移的量级为 α^2 乘由库仑势产生的束缚能。由于电子的速度（在半经典图像中）通常为 $\beta = v/c \simeq O(\alpha)$，这些是相对于束缚能的、量级为 $(v/c)^2$ 的修正，它本身正比于 $(v/c)^2$。因此，这些修正从根本上说是相对论性的。这种效果有两个部分。

第一部分反映了这样的事实，到 $(v/c)^4$ 阶，电子的动能不再是 $p^2/2m$ 而是

$$T = (c^2p^2 + m^2c^4)^{1/2} - mc^2 = \frac{p^2}{2m} - \frac{p^4}{8m^3c^2} + O(p^6 \text{ 或 } v^6) \tag{17.3.5}$$

① 我们在这里只考虑氢的精细结构。可以直接把该分析推广到类氢原子的情况。我们也忽略了约化质量和电子质量之间的差异。

现在，我们希望计算作为微扰的额外项

$$H_T = -P^4/8m^3c^2 \tag{17.3.6}$$

的影响。因为 H_T 是转动不变的，所以它在 $|nlm\rangle$ 基下是对角的。（换句话说，$|nlm\rangle$ 基在此微扰下是稳定的。）这样我们就可以忽略每个 n 的能级都简并的事实，简单地由

$$E_T^1 = -\frac{1}{8m^3c^2}\langle nlm|P^4|nlm\rangle \tag{17.3.7}$$

确定 E_T^1。使用

$$P^4 = 4m^2\left(\frac{P^2}{2m}\right)^2 = 4m^2\left(H^0 + \frac{e^2}{r}\right)^2 \tag{17.3.8}$$

计算矩阵元，可得到

$$E_T^1 = -\frac{1}{2mc^2}\left[(E_n^0)^2 + 2E_n^0 e^2\left\langle\frac{1}{r}\right\rangle_{nlm} + e^4\left\langle\frac{1}{r^2}\right\rangle_{nlm}\right] \tag{17.3.9}$$

从位力定理［(13.1.34) 式］，有

$$-\left\langle\frac{e^2}{r}\right\rangle_{nlm} = 2E_0^n \tag{17.3.10}$$

同时由习题 17.3.4 有

$$\left\langle\frac{e^4}{r^2}\right\rangle_{nlm} = -\frac{e^4}{a_0 n^3(l+1/2)} = \frac{4(E_n^0)^2 n}{l+1/2} \tag{17.3.11}$$

所以

$$\begin{aligned} E_T^1 &= -\frac{(E_n^0)^2}{2mc^2}\left(-3 + \frac{4n}{l+1/2}\right) \\ &= -\frac{1}{2}(mc^2)\alpha^4\left[-\frac{3}{4n^4} + \frac{1}{n^3(l+1/2)}\right] \end{aligned} \tag{17.3.12}$$

另一种相对论效应被称为*自旋–轨道相互作用*。它的起源可以这样理解。只有当电子处于静止状态时，库仑相互作用（$-e^2/r$）才是相互作用的全部。如果电子以速度 $\boldsymbol{v}$ 运动，就会有一个额外的项，我们将在下面找到它。在电子静止的坐标系中，质子将以速度 $-\boldsymbol{v}$ 运动，并产生一个磁场

$$\boldsymbol{B} = -\frac{e}{c}\frac{\boldsymbol{v}\times\boldsymbol{r}}{r^3} \tag{17.3.13}$$

电子的磁矩与这个场的相互作用导致了*自旋–轨道能*

$$\begin{aligned} \mathcal{H}_{\text{s.o.}} &= -\boldsymbol{\mu}\cdot\boldsymbol{B} = \frac{e}{mcr^3}\boldsymbol{\mu}\cdot(\boldsymbol{p}\times\boldsymbol{r}) \\ &= -\frac{e}{mc}\frac{\boldsymbol{\mu}\cdot\boldsymbol{l}}{r^3} \end{aligned} \tag{17.3.14}$$

所以我们期望在量子理论中会有一个微扰

$$H_{\text{s.o.}} = \left(-\frac{e}{mc}\right)\left(-\frac{e}{mc}\right)\frac{\boldsymbol{S}\cdot\boldsymbol{L}}{r^3} = \frac{e^2}{m^2c^2r^3}\boldsymbol{S}\cdot\boldsymbol{L} \tag{17.3.15}$$

然而，正确答案只是它的一半大小：

$$H_{\text{s.o.}} = \frac{e^2}{2m^2c^2r^3}\boldsymbol{S}\cdot\boldsymbol{L} \tag{17.3.16}$$

这是因为电子的运动不是直线的，所以“电子的静止坐标系”没有一个相对于原子质心的固定速度。这样，在相互移动的坐标系中推导出的 $\mathcal{H}_{\text{s.o.}}$ 就不直接转化为质心系中必须使用的哈密顿量。这个变换和 1/2 的因子是托马斯（Thomas）找到的[①]。在第 20 章，我们将用包含了相对论运动学的狄拉克方程推导 (17.3.16) 式。1/2 的托马斯因子将被自动扔掉。

因为 $H_{\text{s.o.}}$ 涉及自旋，现在必须恢复它。由于给定 n 的态是简并的，我们必须从一组对角化 $H_{\text{s.o.}}$ 的基开始。既然我们可以把 $H_{\text{s.o.}}$ 重写为

$$H_{\text{s.o.}} = \frac{e^2}{4m^2c^2r^3}\left(J^2 - L^2 - S^2\right) \tag{17.3.17}$$

总角动量的态就自己表达出来了。在这个基下，我们有

$$\begin{aligned}&\langle j', m'; l', 1/2|H_{\text{s.o.}}|j, m; l, 1/2\rangle\\ &= \delta_{jj'}\delta_{mm'}\delta_{ll'}\frac{e^2}{4m^2c^2}\left\langle\frac{1}{r^3}\right\rangle_{nl}\hbar^2\left[j(j+1) - l(l+1) - 3/4\right]\end{aligned} \tag{17.3.18}$$

（注意，因为球谐函数的正交性，两个具有相同总 jm 但不同 l 的态是正交的。因此，例如在 $n = 2$ 时，我们本可以用 $l = 0$ 或 $l = 1$ 来构造 $j = 1/2$。但 $|j = 1/2, m; 0, 1/2\rangle$ 态和 $|j = 1/2, m; 1, 1/2\rangle$ 态是正交的。）将 $j = l \pm 1/2$ 代入 (17.3.18) 式，我们得到

$$E^1_{\text{s.o.}} = \frac{\hbar^2e^2}{4m^2c^2}\left\langle\frac{1}{r^3}\right\rangle_{nl}\begin{Bmatrix} l \\ -(l+1)\end{Bmatrix} \tag{17.3.19}$$

在大括号中，上面和下面的量分别对应着 $j = l \pm 1/2$。使用习题 17.3.4 的结果

$$\left\langle\frac{1}{r^3}\right\rangle_{nl} = \frac{1}{a_0^3}\frac{1}{n^3l(l+1/2)(l+1)} \tag{17.3.20}$$

我们得到

$$E^1_{\text{s.o.}} = \frac{mc^2\alpha^4}{4}\frac{\begin{Bmatrix} l \\ -(l+1)\end{Bmatrix}}{n^3l(l+1/2)(l+1)} \tag{17.3.21}$$

① L. H. Thomas, *Nature*, **117**, 574 (1926).

这个公式是在 $l \neq 0$ 的情况下推导出来的。当 $l = 0$ 时，$\langle 1/r^3 \rangle$ 发散，并且 $\langle \boldsymbol{L} \cdot \boldsymbol{S} \rangle$ 消失。然而，如果在 (17.3.21) 式中令 $l = 0$，我们则会得到一个有限的极限，事实上它恰好给出了 $l = 0$ 的态的正确能级偏移。这将在第 20 章研究狄拉克方程时得到证明。接下来，我们将会讨论这个偏移背后的物理起源（它显然不是自旋–轨道相互作用）。因为 $E^1_{\text{s.o.}}$ 和 E^1_T 都是 α^4 量级的效应，我们把它们结合起来以得到 $j = l \pm 1/2$ 这两个态的总精细结构能移

$$E^1_{\text{f.s.}} = E^1_T + E^1_{\text{s.o.}} = -\frac{mc^2\alpha^2}{2\,n^2} \cdot \frac{\alpha^2}{n} \left(\frac{1}{j + 1/2} - \frac{3}{4n} \right) \tag{17.3.22}$$

精细结构的公式也可以推广到其他原子，只要对 (17.3.19) 式进行以下更改：

$$\left\langle \frac{e^2}{r^3} \right\rangle \to \left\langle \frac{1}{r} \frac{\mathrm{d}V}{\mathrm{d}r} \right\rangle$$

式中 V 是所讨论的电子的势能。例如，考虑钾的 $n = 4$ 的态。我们已经看到在存在自旋之前的处理中，由于穿透和屏蔽效应，4s 能级低于 4p 能级。如果我们在这个图像中加上自旋，s 波的态只会变为 ${}^2S_{1/2}$ 态，而 p 波的态会同时生成 ${}^2P_{3/2}$ 态和 ${}^2P_{1/2}$ 态。最后两个态被精细结构效应[①]以 $(3\hbar^2/4m^2c^2)\langle (1/r)(\mathrm{d}V/\mathrm{d}r) \rangle$ 的大小劈裂，其中 V 是 $n = 4$，$l = 1$ 的电子所看到的势。在 4p → 4s 的跃迁中，精细结构相互作用会在一个位置产生两条线，它们的波长分别为 764.49 nm 和 769.90 nm。

习题 17.3.3 考虑包括库仑相互作用和自旋–轨道相互作用的 H^0，H^1 是弱磁场 $\boldsymbol{B} = B\boldsymbol{k}$ 的效应。使用恰当的基，证明与 j_z 相关的一阶能移是

$$E^1 = \left(\frac{eB}{2mc} \right) \left(1 \pm \frac{1}{2l + 1} \right) j_z, \quad j = l \pm 1/2$$

假定 $E^1 \ll E^1_{\text{f.s.}}$，画出 $n = 2$ 能级的草图。

习题 17.3.4* 我们在这里讨论一些技巧，它们可被用来计算氢本征态的某些算符的期望值。

(1) 假定我们想要知道 $\langle 1/r \rangle_{nlm}$。首先考虑 $\langle \lambda/r \rangle$。我们可以把 $\langle \lambda/r \rangle$ 解释为由微扰 λ/r 引起的第一阶修正。现在这个问题可以精确求解了——我们在各个地方把 e^2 换成 $e^2 - \lambda^2$。（为什么？）所以由 (13.1.16) 式，精确能量为 $E(\lambda) = -(e^2 - \lambda^2)m/2n^2\hbar^2$。一阶修正是 λ 的线性项，即 $E^1 = me^2\lambda/n^2\hbar^2 = \langle \lambda/r \rangle$，由它可得 $\langle 1/r \rangle = 1/n^2a_0$，它与 (13.1.36) 式一致。

① 实际上，对于一个给定的 l，能级的劈裂仅仅是由于自旋–轨道的相互作用。动能修正只取决于 l，对 $P_{3/2}$ 和 $P_{1/2}$ 能级之间的劈裂没有贡献。

为了以后使用，让我们看一下：当 $E(\lambda) = E^0 + E^1 + \cdots = E(\lambda = 0) + \lambda(\mathrm{d}E/\mathrm{d}\lambda)_{\lambda=0} + \cdots$，一种从精确答案中抽取 E^1 的方法就是计算 $\lambda(\mathrm{d}E/\mathrm{d}\lambda)_\lambda = 0$。

(2) 现在考虑 $\langle\lambda/r^2\rangle$。在这种情况下，由于微扰只是修改了离心项：

$$\frac{\hbar^2 l(l+1)}{2mr^2} + \frac{\lambda}{r^2} = \frac{\hbar^2 l'(l'+1)}{2mr^2} \tag{17.3.23}$$

其中 l' 是 λ 的函数，所以精确解是可以存在的。由 (13.1.14) 式可知，E 对 $l'(\lambda)$ 的依赖性为：

$$E(l') = \frac{-me^4}{2\hbar^2(k+l'+1)^2} = E(\lambda) = E^0 + E^1 + \cdots$$

证明

$$\left\langle \frac{\lambda}{r^3} \right\rangle = E' = \lambda \left.\frac{\mathrm{d}E}{\mathrm{d}\lambda}\right|_{\lambda=0} = \left(\frac{\mathrm{d}E}{\mathrm{d}l'}\right)_{l'=l} \cdot \left(\frac{\mathrm{d}l'}{\mathrm{d}\lambda}\right)_{l'=l} \cdot \lambda = \frac{\lambda}{n^3 a_0^2 (l+\frac{1}{2})}$$

消去等式两边的 λ 就可得到 (17.3.11) 式。

(3) 最后考虑 $\langle\lambda/r^3\rangle$。由于在库仑哈密顿量中没有这一项，我们求助于另外一个技巧。考虑径向动量算符 $p_r = -\mathrm{i}\hbar(\partial/\partial r + 1/r)$，我们可以用它把哈密顿量的径向部分

$$\left(\frac{-\hbar^2}{2m}\right)\left(\frac{1}{r^2}\frac{\partial}{\partial r}r^2\frac{\partial}{\partial r}\right)$$

写成 $p_r^2/2m$。（请证明。）使用在能量本征态有 $\langle[H, p_r]\rangle = 0$ 的事实，并详细计算对易子，证明

$$\left\langle \frac{1}{r^3} \right\rangle = \frac{1}{a_0(l)(l+1)} \left\langle \frac{1}{r^2} \right\rangle$$

将它与第 (2) 部分的结果结合起来就可得到 (17.3.20) 式。

(4) 用第 (1) 部分的技巧求出平均动能，重新标度质量，得到位力定理。

第 18 章　含时微扰论

18.1　问题

除了磁共振问题外，我们一直避免研究由含时哈密顿量支配的现象。在不含时的情况中，求解方程

$$i\hbar|\dot{\psi}\rangle = H|\psi\rangle \tag{18.1.1}$$

的问题约化为求解 H 本征值的问题，但在含时的情况中，对整个含时薛定谔方程的正面处理变成必然发生的事情。

在本章中，我们考虑由下式描述的一类现象的微扰解，

$$H(t) = H^0 + H^1(t) \tag{18.1.2}$$

其中 H^0 是一个不含时的哈密顿量，它的本征值问题已被解决，而 H^1 是一个小的与时间相关的微扰。例如，H^0 可以是氢原子的哈密顿量，而 H^1 是由外部弱电磁场引起的额外的哈密顿量。在时间无关的情况中，人们对 H 的本征矢和本征值感兴趣，但在这里人们提出下面的典型问题。如果在 $t=0$ 时系统处于 H^0 的本征态 $|i^0\rangle$，那么在稍后的时间 t，系统处于本征态 $|f^0\rangle$（$f \neq i$）的振幅是多少？我们的目标是建立一套方案，在那里，答案可以在一个 H^1 幂次的微扰级数中计算。对第零阶，提出的问题的答案显然是零，因为 H^0 的唯一效应是 $|i^0\rangle$ 乘一个相因子 $\exp(-iE_i^0 t/\hbar)$，它不会改变与 $|f^0\rangle$ 的正交性。但是，一旦让 H^1 进入这个图像，即做到非零阶，H^0 的本征态就不再稳定，并且 $|i^0\rangle$ 可以演化成一个具有沿 $|f^0\rangle$ 投影的态。

下一节开始将简单推导 $i \to f$ 过程的一阶跃迁振幅，接着是几个特殊类型的微扰（瞬时、绝热、周期等）的应用和讨论。第 3 节推导任意阶跃迁振幅的表达式，所采用的方案比第 2 节的更为抽象。第 4 节和第 5 节涉及电磁相互作用。第 4 节简要总结经典电动力学的相关概念，接下来在经典和量子层次上，对电磁相互作用的几个细微之处进行一般性的讨论。因此，它与微扰理论几乎没有什么关系。然而，它为最后一节铺平了道路，在这一节中，一阶微扰论将被应用于研究原子与电磁场

的相互作用。考虑两个说明性问题：一个是经典地处理这个场，另一个是对其进行量子力学处理。

18.2 一阶微扰论

我们的问题是求解 (18.1.1) 式到 H^1 的第一阶。由于 H^0 的本征右矢 $|n^0\rangle$ 构成了一组完备基，所以总可以做如下展开：

$$|\psi(t)\rangle = \sum_n c_n(t)\,|n^0\rangle \tag{18.2.1}$$

给定 $c_n(0)$ 后寻找 $c_n(t)$ 等价于给定 $|\psi(0)\rangle$ 后寻找 $|\psi(t)\rangle$。现在，由于 H^0 和 H^1，$c_n(t)$ 将随时间变化。如果 H^1 不存在，将会有

$$c_n(t) = c_n(0)\,\mathrm{e}^{-\mathrm{i}E_n^0 t/\hbar} \tag{18.2.2}$$

让我们使用这个信息，写出

$$|\psi(t)\rangle = \sum_n d_n(t)\,\mathrm{e}^{-\mathrm{i}E_n^0 t/\hbar}|n^0\rangle \tag{18.2.3}$$

如果 d_n 随时间变化，那就是因为 H^1。所以我们期望 d_n 的时间演化可以用一个漂亮的 H^1 的幂级数来表示。$d_f(t)$ 的运动方程可这样求得：将 $(\mathrm{i}\hbar\partial/\partial t - H^0 - H^1)$ 作用于 (18.2.3) 式的两边得到

$$0 = \sum_n \left[\mathrm{i}\hbar\dot{d}_n - H^1(t)d_n\right]\,\mathrm{e}^{-\mathrm{i}E_n^0 t/\hbar}|n^0\rangle \tag{18.2.4}$$

然后用 $\langle f^0|\exp(\mathrm{i}E_f^0 t/\hbar)$ 点乘，可得

$$\mathrm{i}\hbar\dot{d}_f = \sum_n \langle f^0|H^1(t)|n^0\rangle\,\mathrm{e}^{\mathrm{i}\omega_{fn}t}\,d_n(t) \tag{18.2.5a}$$

其中

$$\omega_{fn} = \frac{E_f^0 - E_n^0}{\hbar} \tag{18.2.5b}$$

注意，在 (18.2.5) 式中 H^0 已经被消去，该方程是精确的，与 (18.1.1) 式完全相同。现在，让我们考虑 $t=0$ 的情况：系统处于 $|i^0\rangle$ 态，即

$$d_n(0) = \delta_{ni} \tag{18.2.6}$$

那么问一下 $d_f(t)$ 是什么样的。对第零阶，由于显式的 H^1，可完全忽略 (18.2.5a) 式右边的项，并按照我们的期望得到

$$\dot{d}_f = 0 \tag{18.2.7}$$

对第一阶，我们使用右边第零阶的 d_n，因为 H^1 本身是一阶的。这就给出了第一阶的方程

$$\dot{d}_f(t)=\frac{-\mathrm{i}}{\hbar}\langle f^0|H^1(t)|i^0\rangle\,\mathrm{e}^{\mathrm{i}\omega_{fi}t} \tag{18.2.8}$$

它具有正确初始条件的解是

$$d_f(t)=\delta_{fi}-\frac{\mathrm{i}}{\hbar}\int_0^t\langle f^0|H^1(t')|i^0\rangle\,\mathrm{e}^{\mathrm{i}\omega_{fi}t'}\mathrm{d}t' \tag{18.2.9}$$

由于我们现在知道了到第一阶的 d，可以把它输入到 (18.2.5a) 式的右边以得到一个对第二阶的 d 合适的方程。尽管可以以这种方式继续进行到任意需要的阶，但我们止步在第一阶，因为下一节将建立一个更紧凑的方案，用于计算任意需要的阶的跃迁振幅。在这一点上，如果 $|d_f(t)|\ll 1$（$f\neq i$），我们仅注意到第一阶的计算是可靠的。如果这个条件被破坏了，我们的计算的内部就会变得不一致，因为在 (18.2.5a) 式的右侧不能再用 δ_{ni} 近似 $d_n(t)$。

让我们将第一阶的结果用于一个简单的问题。考虑一个一维谐振子，它在 $t=-\infty$ 时处于未微扰哈密顿量的基态 $|0\rangle$①。令微扰

$$H^1(t)=-e\mathcal{E}X\mathrm{e}^{-t^2/\tau^2} \tag{18.2.10}$$

在 $t=-\infty$ 到 ∞ 之间加载。在 $t=\infty$ 时谐振子处于 $|n\rangle$ 态的概率有多大？按照 (18.2.9) 式，对 $n\neq 0$，有

$$d_n(\infty)=\frac{-\mathrm{i}}{\hbar}\int_{-\infty}^{\infty}(-e\mathcal{E})\langle n|X|0\rangle\mathrm{e}^{-t^2/\tau^2}\,\mathrm{e}^{\mathrm{i}n\omega t}\,\mathrm{d}t \tag{18.2.11}$$

因为

$$X=\left(\frac{\hbar}{2m\omega}\right)^{1/2}(a+a^\dagger)$$

所以只有 $d_1(\infty)\neq 0$。我们发现它是（使用 $a^\dagger|0\rangle=|1\rangle$）

$$\begin{aligned}d_1(\infty)&=\frac{\mathrm{i}e\mathcal{E}}{\hbar}\left(\frac{\hbar}{2m\omega}\right)^{1/2}\int_{-\infty}^{\infty}\mathrm{e}^{-t^2/\tau^2}\mathrm{e}^{\mathrm{i}m\omega t}\,\mathrm{d}t\\&=\frac{\mathrm{i}e\mathcal{E}}{\hbar}\left(\frac{\hbar}{2m\omega}\right)^{1/2}\cdot(\pi\tau^2)^{1/2}\,\mathrm{e}^{-\omega^2\tau^2/4}\end{aligned} \tag{18.2.12}$$

这样 $0\to 1$ 跃迁的概率为②

$$P_{0\to 1}=|d_1|^2=\frac{e^2\mathcal{E}^2\pi\tau^2}{2m\omega\hbar}\mathrm{e}^{-\omega^2\tau^2/2} \tag{18.2.13}$$

---

① 在这个讨论中，我们将用 $|n\rangle$ 而不是 $|n^0\rangle$ 表示第 n 个未微扰的态。

② 因为 $d_n(t)$ 和 $c_n(t)$ 只差一个相因子，故 $P(n)=|c_n|^2=|d_n|^2$。

这个结果将被使用。

习题 18.2.1 证明如果 $H^1(t)=-e\mathcal{E}X/[1+(t/\tau)^2]$，则至第一阶有

$$P_{0\to1}=\frac{e^2\mathcal{E}^2\pi^2\tau^2}{2m\hbar\omega}\mathrm{e}^{-2\omega\tau}$$

习题 18.2.2* 一个氢原子在 $t=-\infty$ 时处于基态。电场 $\boldsymbol{E}=(\boldsymbol{k}E)\,\mathrm{e}^{-t^2/\tau^2}$ 被加载直至 $t=\infty$ 。证明：到第一阶，原子最终处于任意一个 $n=2$ 的态的概率为

$$P(n=2)=\left(\frac{e\mathcal{E}}{\hbar}\right)^2\left(\frac{2^{15}a_0^2}{3^{10}}\right)\pi\tau^2\mathrm{e}^{-\omega^2\tau^2/2}$$

其中 $\omega=(E_{2lm}-E_{100})/\hbar$。答案是否依赖于该图像中是否包含自旋？

现在我们把注意力转向不同类型的微扰。

瞬时微扰

考虑一个系统，其哈密顿量在一个微小的时间间隔 ε 内发生突变。当 $\varepsilon\to0$ 时，态矢量的变化是什么？我们不用求助于微扰论就能找到答案。假设变化发生在 $t=0$ 附近，在 $t=-\varepsilon/2$ 到 $\varepsilon/2$ 之间对薛定谔方程积分之后，可得

$$\begin{aligned}|\psi(\varepsilon/2)\rangle-|\psi(-\varepsilon/2)\rangle&=|\psi_{之后}\rangle-|\psi_{之前}\rangle\\&=\frac{-\mathrm{i}}{\hbar}\int_{-\varepsilon/2}^{\varepsilon/2}H(t)\,|\psi(t)\rangle\,\mathrm{d}t\end{aligned}\tag{18.2.14}$$

因为右边的被积函数是有限的，所以积分的量级是 ε。在 $\varepsilon\to0$ 的极限下，得到

$$|\psi_{之后}\rangle=|\psi_{之前}\rangle\tag{18.2.15}$$

H 的瞬时变化不会使 $|\psi\rangle$ 瞬时变化①。现在，$\varepsilon\to0$ 的极限是非物理的。上述结果的用处在于，如果 H 在一段比系统的自然时间尺度小得多的时间内变化，那么这是一个极好的近似。后者可被半经典地估算；我们马上会给出几个例子。目前，让我们考虑一种情况，在那里一个振子受到 (18.2.10) 式微扰的作用。很明显，无论该系统的时间尺度是什么，当高斯脉冲的宽度 τ 消失时，态矢量的变化必然消失。特别是这意味着初始处于基态的系统在脉冲作用后必然保持在基态，即 $0\to1$ 跃迁的概率必然消失。这是一个精确的结果，我们期望如果跃迁概率是微扰计算的，它到任

① 我们假定 H 在 $(-\varepsilon/2,\varepsilon/2)$ 的积分中是有限的。如果它有一个 δ 函数的尖刺，它可在 $|\psi\rangle$ 上引起一个变化，见习题 18.2.6。

意给定的阶也必然为零。（这就好比说，如果一个解析函数恒等于零，那么它的泰勒展开式中的每一项也为零。）回到 (18.2.13) 式中 $0 \to 1$ 的一阶跃迁概率，我们看到，当 τ 趋于 0 时，它确实消失了。

一个 ε 不变的更现实的问题涉及一个 1s 电子，它被束缚到一个电荷为 Z 的原子核上，该原子核通过发射出一个相对论电子使它的电荷变到 $(Z+1)$ 发生 β 衰变。被发射的电子离开 $n=1$ 壳层所用的时间是

$$\tau \approx a_0/Zc \tag{18.2.16}$$

然而 1s 电子的特征时间为

$$T \approx \frac{\text{态的尺度}}{\mathrm{e}^{-}\text{的速度}} \approx \frac{a_0/Z}{Z\alpha c} = \frac{a_0}{Z^2\alpha c} \tag{18.2.17}$$

所以

$$\tau/T = Z\alpha$$

对于较小的 Z，我们可以使用瞬时近似，并推断出原子电子的态与 β 衰变前后的态是一样的。当然，这个新的态并不是一个电荷为 $(Z+1)$ 的离子的本征态，而是这样的态的叠加（见习题 18.2.4）。

习题 18.2.3* 考虑一个在长度为 L 的盒子中处于基态的粒子。在半经典的基础上论证与之相关的自然时间周期为 $T \approx mL^2/\hbar\pi$。如果这个盒子的尺度在 $\tau \ll T$ 的时间对称地扩展到其两倍大小，那么在这个新盒子中找到处于基态的粒子的概率是多少？（见习题 5.2.1。）

习题 18.2.4* 在 $^3\mathrm{H}$（原子核中有两个中子和一个质子）到 $(^3\mathrm{He})^+$（原子核中有两个质子和一个中子）的 β 衰变中，发射出去的电子的动能为 16 keV。论证瞬时近似可以用来描述电子的反应，该电子初始处于 $^3\mathrm{H}$ 的 1s 态。证明它最终处于 $(^3\mathrm{He})^+$ 基态的振幅为 $16\sqrt{2}/27$。它最终处于 $(^3\mathrm{He})^+$ 的 $|n=16, l=3, m=0\rangle$ 态的概率是多少？

习题 18.2.5 一个振子处于 $H=H^0+H^1$ 的基态，其中不含时的微扰 H^1 为线性势 $(-fx)$。如果在 $t=0$ 时 H^1 突然关闭，证明系统处于 H^0 的第 n 个本征态的概率由泊松分布

$$P(n) = \frac{\mathrm{e}^{-\lambda}\lambda^n}{n!}, \quad \text{其中 } \lambda = \frac{f^2}{2m\omega^3\hbar}$$

给出。提示：使用公式

$$\exp[A+B]=\exp[A]\exp[B]\exp[-\frac{1}{2}[A,B]]$$

其中 $[A,B]$ 是一个 c 数。

习题 18.2.6* 考虑一个受到 $H^1(t)=H^1\delta(t)$ 微扰的系统。证明：如果在 $t=0^-$ 时系统处于 $|i^0\rangle$ 态，在 $t=0^+$ 时它将处于 $|f^0\rangle$ 态的振幅（到第一阶）为

$$d_f=\frac{-\mathrm{i}}{\hbar}\langle f^0|H^1|i^0\rangle \quad (f\neq i)$$

注意：(1) 系统的态是瞬间变化的；(2) 即使在 $t=0$ 时微扰是“无穷大的”，只要“它下面的面积”足够小，我们仍然可以使用一阶微扰论。

绝热微扰

现在我们转向另外一个极端，考虑一个系统，它的哈密顿量 $H(t)$ 在时间 τ 内非常缓慢地从 $H(0)$ 变到 $H(\tau)$。如果系统在 $t=0$ 时刻从 $H(0)$ 的本征态 $|n(0)\rangle$ 出发，在时刻 τ 它将在什么地方结束？绝热定理断言，只要 H 变化得足够慢，系统最终将处于 $H(\tau)$ 相应的本征右矢 $|n(\tau)\rangle$①。我们与其推导定理和“足够慢”的精确定义，不如考虑一些示例性例子。

考虑处于长度为 $L(0)$ 的盒子中的一个粒子。如果盒子缓慢地扩展到长度 $L(\tau)$，则定理告诉我们，曾处于长度为 $L(0)$ 的盒子中第 n 个态的粒子现在将处于长度为 $L(\tau)$ 的盒子中的第 n 个态。但是多慢才算足够慢呢？

有两种估算方法。第一种是半经典方法，其做法如下。粒子动量的量级（去掉量级为 1 的因子如 π，n 等）约为

$$p\approx\frac{\hbar}{L} \tag{18.2.18}$$

且完成一个完整振荡所需的时间是

$$T\approx\frac{L}{v}=\frac{mL}{p}\approx\frac{mL^2}{\hbar} \tag{18.2.19}$$

的量级。如果每周期盒子长度变化的分数远小于 1：

$$\frac{|\Delta L|_{\text{每周期}}}{L}\approx\frac{|\mathrm{d}L/\mathrm{d}t|mL^2/\hbar}{L}=\frac{mL}{\hbar}\left|\frac{\mathrm{d}L}{\mathrm{d}t}\right|\ll 1 \tag{18.2.20}$$

① 这同样是一个在微扰论中对任意给定阶都正确的结果。我们马上就要利用这个事实。

我们可以说，扩展或收缩是缓慢的。它也可以被写成

$$\frac{v_{\text{逃逸}}}{v_{\text{粒子}}} \ll 1 \tag{18.2.21}$$

第二种方法不太直观①，它估算的 T 为

$$T \sim \frac{1}{\omega_{\min}} \tag{18.2.22}$$

其中 $\omega_{\min}$ 是初始状态 i 和任何可到达的末态 f ②间最小的跃迁频率，它是

$$\omega_{fi} = \frac{E_f^0 - E_i^0}{\hbar} \tag{18.2.23}$$

的最小值。在当前情况下，由于 $E_n^0 = (n^2\hbar^2\pi^2/2mL^2)$，所以能量差的量级为 $\hbar^2/mL^2$，并且

$$T \sim \frac{1}{\omega_{\min}} \approx \frac{mL^2}{\hbar} \tag{18.2.24}$$

它与 (18.2.19) 式一致。这并不奇怪，因为我们也可以把 (18.2.19) 式中的 T 写为

$$T \approx \frac{mL^2}{\hbar} \approx \frac{1}{E_i^0/\hbar} \sim \frac{1}{\omega_i} \tag{18.2.25}$$

这样，(18.2.19) 式中的 T 就是 $\sim \hbar/E_i^0$，而 (18.2.24) 式中的 T 就是 $\sim \hbar/|E_j^0 - E_i^0|_{\min}$。因为一个量子系统的能级都在相同的数量级（比如说，一个里德伯或一个 $\hbar\omega$），能量和能量差的数量级相同，并且二者对 T 的估算是等价的，除非能级是简并的或几乎简并的。在这种情况下，它就是值得信赖的 $T \sim 1/\omega_{\min}$，因为它揭示了简并系统或几乎简并系统的不稳定性。后面一个显式示例将说明这点。

让我们考虑绝热定理的另一个例子，在 $-\infty \leqslant T \leqslant \infty$ 的时间内，一个振子遇到了微扰

$$H^1(t) = -e\mathcal{E}X\,\mathrm{e}^{-t^2/\tau^2} \tag{18.2.26}$$

我们期望如果 H^1 从 0 增长到峰值的时间 τ 趋于无穷大，那么系统的变化将是绝热的。因此，如果系统在 $t = -\infty$ 时始于 $H(-\infty) = H^0$ 的基态，那么它将在 $H(\infty) = H(-\infty) = H^0$ 的基态结束。我们第一阶的 $P_{0\to1}$ ——(18.2.13) 式——符合这个期望，并随 $\omega\tau \to \infty$ 指数衰减到消失。我们的公式还告诉我们很大的 τ 的含义：它意味着

$$\omega\tau \gg 1\,, \qquad \tau \gg 1/\omega \tag{18.2.27}$$

这是我们所期待的半经典估算或估算出的 $T \sim 1/\omega_{\min}$ 和条件 $\tau \gg T$。

---

① 这种方法背后的逻辑及其相对于直觉方法的优势马上在一个例子中变得很清晰，在这个例子中，我们将从含时微扰论中恢复不含时微扰论的结果。

② 这是一个 $\langle f^0|H^1|i^0\rangle \neq 0$ 的态。

绝热定理提出了一种方法，它可从含时理论中恢复出不含时微扰论的结果。考虑一个哈密顿量 $H(t)$，它从 $t=-\infty$ 时的 H^0 连续变化到 $t=0$ 时的 H^0+H^1：

$$H(t)=H^0+\mathrm{e}^{t/\tau}H^1\,,\quad -\infty\leqslant t\leqslant 0 \tag{18.2.28}$$

随着指数的上升时间 τ 达到无穷大，绝热定理使我们确信：$t=-\infty$ 时的 H^0 的本征态 $|n^0\rangle$ 将演化到 $t=0$ 时的 H 的本征态 $|n\rangle$。如果我们在含时理论中计算 $t=0$ 时的态到给定的阶，并令 $\tau\to\infty$，则应能得到态 $|n\rangle$ 到相应阶的不含时公式。到第一阶，我们知道 $t=0$ 时的态沿 $|m^0\rangle$（$m\neq n$）的投影为

$$\begin{aligned}d_m(0)&=\frac{-\mathrm{i}}{\hbar}\int_{-\infty}^{0}\langle m^0|H^1|n^0\rangle\,\mathrm{e}^{t/\tau}\,\mathrm{e}^{\mathrm{i}\omega_{mn}t}\,\mathrm{d}t\\&=\frac{(-\mathrm{i}/\hbar)\langle m^0|H^1|n^0\rangle}{1/\tau+\mathrm{i}\,\omega_{mn}}\end{aligned} \tag{18.2.29}$$

如果现在让 $\tau\to\infty$，我们将重获熟悉的结果

$$\langle m^0|n\rangle=\frac{\langle m^0|H^1|n^0\rangle}{E_n^0-E_m^0} \tag{18.2.30}$$

实际上，$\tau\to\infty$ 被某个大 τ 替代。(18.2.29) 式告诉我们大 τ 意味着什么：它由

$$|1/\tau|\ll|\omega_{\min}|$$

或

$$\tau\gg 1/\omega_{\min} \tag{18.2.31}$$

定义。这样，我们看到 $T\approx 1/\omega_{\min}$ 确实是系统自然时间尺度的可靠度量。特别是，如果系统是简并的（或几乎简并的），则 $T\to\infty$，并且实际上已经不可能绝热地改变系统的态。

让我们通过观察绝热近似与 WKB 近似的相似性来结束对绝热近似的讨论。前者告诉我们，如果哈密顿量随时间从 H^0 变到 H^0+H^1，则本征态 $|n^0\rangle$，在 $\tau/T\to\infty$ 的极限下，平滑地演化到它的对应态 $|n\rangle$，其中 τ 是哈密顿量变化持续的时间，T 为系统的自然时间尺度。后者告诉我们，如果势在空间中从 V^0 变化到 V^1，则动量为 $p^0=[2m(E-V^0)]^{1/2}$ 的平面波在 $L/\lambda\to\infty$ 的极限下，将平滑地演化到动量为 $p^1=[2m(E-V^1)]^{1/2}$ 的平面波。其中，L 是 V 发生变化的长度，而 $\lambda=2\pi\hbar/p$ 是系统的自然长度尺度。

我们将在第 21 章中回到绝热演化。

周期性微扰

考虑一个受到周期性微扰的系统，比如说一个原子被放在一个连着交流电源的电容器的金属板之间，或者处于单色光束的路径上。尽管实际上这些微扰是正弦和

余弦变化的，但在这里我们考虑这种情况

$$H^1(t) = H^1 \mathrm{e}^{-\mathrm{i}\omega t} \tag{18.2.32}$$

它在数学上更容易处理。正弦和余弦可以用指数来表示。

我们说在 $t=0$ 时系统与这个微扰接触。在时刻 t（$i \neq f$），从 $|i^0\rangle$ 到 $|f^0\rangle$ 的跃迁振幅为

$$d_j(t) = \frac{-\mathrm{i}}{\hbar}\int_0^t \langle f^{(0)}|H^1|i^{(0)}\rangle\, \mathrm{e}^{\mathrm{i}(\omega_{fi}-\omega)t'}\mathrm{d}t' \tag{18.2.33}$$

$$= \frac{-\mathrm{i}}{\hbar}\langle f^{(0)}|H^1|i^{(0)}\rangle \frac{\mathrm{e}^{\mathrm{i}(\omega_{fi}-\omega)t}-1}{\mathrm{i}(\omega_{fi}-\omega)} \tag{18.2.34}$$

$i \to f$ 跃迁的概率为

$$P_{i\to f} = |d_f|^2 = \frac{1}{\hbar^2}|\langle f^{(0)}|H^1|i^{(0)}\rangle|^2 \left\{\frac{\sin[(\omega_{fi}-\omega)t/2]}{(\omega_{fi}-\omega)t/2}\right\}^2 t^2 \tag{18.2.35}$$

由于函数 $(\sin^2 x)/x^2$ 在原点处达到峰值并有一个 $\Delta x \approx \pi$ 的宽度，我们发现系统倾向于演化到这样的 f 态，使得

$$|(\omega_{fi}-\omega)\,t/2| \lesssim \pi$$

或

$$E_f^0\, t = (E_i^0 t + \hbar\omega t) \pm 2\hbar\pi$$

或

$$E_f^0 - E_i^0 = \hbar\omega \pm \frac{2\hbar\pi}{t} = \hbar\omega\left(1 \pm \frac{2\pi}{\omega t}\right) \tag{18.2.36}$$

对于较小的 t，系统对 $E_f^0 = E_i^0 + \hbar\omega$ 的能级没有特别的偏好。只在 $\omega t \gg 2\pi$ 时，才开始偏好 $E_f^0 = E_i^0 + \hbar\omega$ 的能级。原因很简单。大家都知道微扰的频率是 ω，比如因为我们已把交流电源上的指针或激光调到频率 ω。但是从系统接触到微扰的时间开始，它就按照它感知的情况演化。开始时，它甚至不知道它将面对一个周期性微扰——它必须等待几个周期以获得信息。因此，仅在几个周期之后，即 $\omega t \gg 2\pi$ 之后，它才能变得有选择性。那么在此期间它在做什么呢？它对脉冲进行傅里叶分析，将其解析成它的频率分量，并跃迁到 $E_f^0 = E_i^0 + \hbar\omega_{fi}$ 的态，该跃迁振幅正比于 $\omega = \omega_{fi}$ 的傅里叶分量。而 (18.2.33) 式中的 t' 积分正是这个傅里叶变换①。

如果我们等了很长一段时间，会发生什么情况呢？为了找出答案，我们考虑在 $t = -T/2$ 到 $T/2$ 的时段内系统接触到微扰的情况，并让 $T \to \infty$。此时 (18.2.33)

① 一个系统在经过许多周期之前，不能给外部微扰指定一个确定的频率，这是一个纯粹的经典效应。当我们把频率和能量联系起来时，量子力学就介入了。

式变为

$$d_f = \lim_{T\to\infty} \frac{-\mathrm{i}}{\hbar} \int_{-T/2}^{T/2} H_{fi}^1 \, \mathrm{e}^{\mathrm{i}(\omega_{fi}-\omega)t'} \mathrm{d}t' \tag{18.2.37}$$

$$= \frac{-2\pi\mathrm{i}}{\hbar} H_{fi}^1 \, \delta(\omega_{fi} - \omega) \tag{18.2.38}$$

并且

$$P_{i\to f} = \frac{4\pi^2}{\hbar^2} \left|H_{fi}^1\right|^2 \delta(\omega_{fi} - \omega)\, \delta(\omega_{fi} - \omega) \tag{18.2.39}$$

我们用下面的方法处理 δ 函数的乘积

$$\delta\delta = \lim_{T\to\infty} \delta(\omega_{fi} - \omega) \frac{1}{2\pi} \int_{-T/2}^{T/2} \mathrm{e}^{\mathrm{i}(\omega_{fi}-\omega)t} \, \mathrm{d}t \tag{18.2.40}$$

由于积分前的 δ 函数在 $\omega_{fi} = \omega$ 时为零，我们可以在积分中令 $\omega_{fi} = \omega$，得到

$$\delta\delta = \delta(\omega_f - \omega) \lim_{T\to\infty} \frac{T}{2\pi} \tag{18.2.41}$$

将它代入求 $P_{i\to f}$ 的 (18.2.39) 式，并除以 T，就可得到平均跃迁速率：

$$R_{i\to f} = \frac{P_{i\to f}}{T} = \frac{2\pi}{\hbar} |\langle f^0|H^1|i^0\rangle|^2 \, \delta(E_f^0 - E_i^0 - \hbar\omega) \tag{18.2.42}$$

该式被称为费米黄金法则（Fermi's golden rule），它有很多应用，其中的一些将在本章后面和下一章中讨论。你可能会担心 $R_{i\to f}$ 中的 δ 函数，特别是当平均跃迁速率出现无穷大时，一阶微扰论是否可信！正如我们将看到的，在所有的实际应用中，由于这样或那样的原因，δ 函数将被积掉。一阶公式的有效性只取决于 δ 函数下的面积。（回忆习题 18.2.6。）

18.3 微扰论中的更高阶①

在第 18.2 节中，我们推导了微扰论中到第一阶的、从 $|i^0\rangle$ 到 $|f^0\rangle$ 的跃迁振幅公式。对于更高阶的处理方法虽已给出提示，但并未深入探讨。在这里我们使用更抽象的形式来处理这个问题，这种形式因其简洁性和对微扰级数结构的剖析而颇具吸引力。

该方法背后的基本思想与第 18.2 节中的相同：我们希望隔离由 H^1 引起的时间演化，因为 H^0 本身不会导致自己的本征态 $|i^0\rangle$ 和 $|f^0\rangle$ 之间的跃迁。要做到这一点，除了到目前为止使用的那种描述外，我们还必须熟悉量子动力学的其他等价描述。我们所熟悉的描述叫做薛定谔绘景（Schrödinger picture）。在这个绘景中，粒

① 读者可能会因时间紧迫而略过此部分。

子的态用矢量 $|\psi_{\rm S}(t)\rangle$ 来描述。（我们对所有出现在薛定谔绘景中的物理量都附加了下标 S，以便区分它们在其他绘景中的对应量。）其物理包含在内积 $\langle\omega_{\rm S}|\psi_{\rm S}(t)\rangle$ 中，该内积给出了测量 Ω 得到结果 ω 的概率

$$P(\omega,t)=|\langle\omega_{\rm S}|\psi_{\rm S}(t)\rangle|^2 \tag{18.3.1}$$

这里 $|\omega_{\rm S}\rangle$ 是本征值为 ω 的算符 $\Omega_{\rm S}(X_{\rm S},P_{\rm S})$ 的归一化本征右矢。由于 $X_{\rm S}$ 和 $P_{\rm S}$ 与时间无关，因此 $\Omega_{\rm S}$ 和 $|\omega_{\rm S}\rangle$ 也是时间无关的。因此，物理就包含在运动右矢 $|\psi_{\rm S}(t)\rangle$ 和定态右矢 $|\omega_{\rm S}\rangle$ 的点积中。

$|\psi_{\rm S}(t)\rangle$ 的时间演化通常由

$$\mathrm{i}\hbar\frac{\mathrm{d}}{\mathrm{d}t}|\psi_{\rm S}(t)\rangle=H_{\rm S}|\psi_{\rm S}(t)\rangle \tag{18.3.2a}$$

给出，而在我们的问题中是由

$$\mathrm{i}\hbar\frac{\mathrm{d}}{\mathrm{d}t}|\psi_{\rm S}(t)\rangle=\left[H_{\rm S}^0+H_{\rm S}^1(t)\right]|\psi_{\rm S}(t)\rangle \tag{18.3.2b}$$

给出的。期待值按照

$$\mathrm{i}\hbar\frac{\mathrm{d}}{\mathrm{d}t}\langle\Omega_{\rm S}\rangle=\langle[\Omega_{\rm S},H_{\rm S}]\rangle \tag{18.3.3}$$

变化。如果我们用

$$|\psi_{\rm S}(t)\rangle=U_{\rm S}(t,t_0)\,|\psi_{\rm S}(t_0)\rangle \tag{18.3.4}$$

定义传播子 $U_{\rm S}(t,t_0)$，则由 (18.3.2) 式得到［因为 $|\psi_{\rm S}(t_0)\rangle$ 是任意的］

$$\mathrm{i}\hbar\frac{\mathrm{d}U_{\rm S}}{\mathrm{d}t}=H_{\rm S}\,U_{\rm S} \tag{18.3.5}$$

以下公式（对所有传播子 U 都是正确的）以后将很有用［请回忆 (4.3.16) 式］：

$$\begin{aligned}U^\dagger U&=I\\U(t_3,t_2)\,U(t_2,t_1)&=U(t_3,t_1)\\U(t_1,t_1)&=I\\U^\dagger(t_1,t_2)&=U(t_2,t_1)\end{aligned} \tag{18.3.6}$$

相互作用绘景

因为 $U_{\rm S}(t,t_0)$ 是一个幺正算符，它是转动算符在复空间的推广，我们可以把态矢量的时间演化看成是希尔伯特空间中的“转动”①。转动是由 $U_{\rm S}(t,t_0)$ 或等效地

① 在这一节，我们使用一般意义上的“转动”而不是空间意义上的转动。

通过 $H_{\mathrm{S}}(t)=H_{\mathrm{S}}^{0}+H_{\mathrm{S}}^{1}(t)$ 产生的。想象一下 H_{S}^{1} 不存在。这时转动将由 $U_{\mathrm{S}}^{0}(t)$ 产生，它服从

$$\mathrm{i}\hbar\frac{\mathrm{d}U_{\mathrm{S}}^{0}}{\mathrm{d}t}=H_{\mathrm{S}}^{0}\,U_{\mathrm{S}}^{0} \tag{18.3.7}$$

它的形式解为 $U_{\mathrm{S}}(t,t_0)=\mathrm{e}^{-\mathrm{i}H_{\mathrm{S}}^{0}(t-t_0)/\hbar}$。如果把 $H_{\mathrm{S}}^{1}(t)$ 放回到 $H_{\mathrm{S}}(t)$ 中，则 H_{S}^{0} 和 $H_{\mathrm{S}}^{1}(t)$ 协同产生转动 U_{S}。

这些形象化的论证建议了一种冻结由 H_{S}^{0} 产生时间演化的方法。假设我们切换到一组基，它以 U_{S}^{0}（或 H_{S}^{0}）自身产生的速率旋转。在这组基中，态矢量由于 $H_{\mathrm{S}}^{1}\neq 0$ 而移动。让我们来验证这个猜想。为了抵消 U_{S}^{0} 引起的转动，即从转动的基上来看，我们用 $(U_{\mathrm{S}}^{0})^{\dagger}$ 乘 $|\psi_{\mathrm{S}}(t)\rangle$ 得到

$$|\psi_{\mathrm{I}}(t)\rangle=[U_{\mathrm{S}}^{0}(t,t_0)]^{\dagger}|\psi_{\mathrm{S}}(t)\rangle \tag{18.3.8a}$$

右矢 $|\psi_{\mathrm{I}}(t)\rangle$ 是在转动基上，或在*相互作用绘景*上的态矢量。如果在上面的公式中令 $t=t_0$，我们会得到

$$|\psi_{\mathrm{I}}(t_0)\rangle=|\psi_{\mathrm{S}}(t_0)\rangle \tag{18.3.8b}$$

即，相互作用右矢和薛定谔右矢在 $t=t_0$ 时是一致的，该时刻就是我们切换到移动基的那一刻。$|\psi_{\mathrm{I}}(t)\rangle$ 的时间演化如下①：

$$\begin{aligned}
\mathrm{i}\hbar\frac{\mathrm{d}}{\mathrm{d}t}|\psi_{\mathrm{I}}(t)\rangle &= \mathrm{i}\hbar\frac{\mathrm{d}U_{\mathrm{S}}^{0\dagger}}{\mathrm{d}t}|\psi_{\mathrm{S}}\rangle+U_{\mathrm{S}}^{0\dagger}\mathrm{i}\hbar\frac{\mathrm{d}|\psi_S\rangle}{\mathrm{d}t}\\
&= -U_{\mathrm{S}}^{0\dagger}H_{\mathrm{S}}^{0}|\psi_{\mathrm{S}}\rangle+U_{\mathrm{S}}^{0\dagger}(H_{\mathrm{S}}^{0}+H_{\mathrm{S}}^{1})|\psi_S\rangle\\
&= U_{\mathrm{S}}^{0\dagger}H_{\mathrm{S}}^{1}|\psi_{\mathrm{S}}\rangle\\
&= U_{\mathrm{S}}^{0\dagger}H_{\mathrm{S}}^{1}U_{\mathrm{S}}^{0}U_{\mathrm{S}}^{0\dagger}|\psi_{\mathrm{S}}\rangle\\
&= U_{\mathrm{S}}^{0\dagger}H_{\mathrm{S}}^{1}U_{\mathrm{S}}^{0}|\psi_{\mathrm{I}}(t)\rangle
\end{aligned}$$

现在

$$(U_S^{0})^{\dagger}H_S^{1}(t)\,U_S^{0}=H_{\mathrm{I}}^{1}(t) \tag{18.3.9}$$

是在转动基上看到的微扰哈密顿量。所以我们可以写出

$$\mathrm{i}\hbar\frac{\mathrm{d}}{\mathrm{d}t}|\psi_{\mathrm{I}}(t)\rangle=H_{\mathrm{I}}^{1}(t)\,|\psi_{\mathrm{I}}(t)\rangle \tag{18.3.10}$$

因此，正如我们所预期的，在相互作用绘景中，态矢量的时间演化是由微扰哈密顿量 H_{I}^{1} 确定的。除去态矢量现在转动的速率不同，物理预言与薛定谔绘景中的一样。这是因为 $P(\omega,t)$ 只依赖于态矢量和 Ω 的本征右矢之间的内积（该 Ω 算符的本征值

---

① 每当任意 U 的自变量被隐去时，就可以假定在 $t=t_0$ 时刻。

为 ω），而两个矢量之间的内积不因转换到转动基而受到影响。然而，在相互作用绘景中，态矢量和本征右矢都出现了不同。就像

$$|\psi_{\rm S}(t)\rangle \to U_{\rm S}^{0\dagger}(t,t_0)\,|\psi_{\rm S}(t)\rangle = |\psi_{\rm I}(t)\rangle$$

和

$$|\omega_{\rm S}\rangle \to U_{\rm S}^{0\dagger}(t,t_0)\,|\omega_{\rm S}\rangle = |\omega_{\rm I}(t)\rangle \tag{18.3.11}$$

一样。然而

$$\langle\omega_{\rm S}|\psi_{\rm S}(t)\rangle = \langle\omega_{\rm I}|\psi_{\rm I}(t)\rangle \tag{18.3.12}$$

依赖于时间的右矢 $|\omega_{\rm I}(t)\rangle$ 正是依赖于时间的算符

$$\Omega_{\rm I}(t) = U_{\rm S}^{0\dagger}\Omega_{\rm S}U_{\rm S}^{0} \tag{18.3.13}$$

的本征右矢，该算符就是在转动基中看到的 Ω：

$$\Omega_{\rm I}(t)|\omega_{\rm I}(t)\rangle = U_{\rm S}^{0\dagger}\Omega_{\rm S}U_{\rm S}^{0}U_{\rm S}^{0\dagger}|\omega_{\rm S}\rangle = U_{\rm S}^{0\dagger}\Omega_{\rm S}|\omega_{\rm S}\rangle = \omega|\omega_{\rm I}(t)\rangle \tag{18.3.14}$$

$\Omega_{\rm I}$ 的时间相关性可以通过组合定义它的 (18.3.13) 式和给出 $U_{\rm S}^{0}$ 时间演化的 (18.3.7) 式来计算：

$$\begin{aligned}\mathrm{i}\hbar\frac{\mathrm{d}\Omega_{\rm I}}{\mathrm{d}t} &= \mathrm{i}\hbar\frac{\mathrm{d}U_{\rm S}^{0\dagger}}{\mathrm{d}t}\Omega_{\rm S}U_{\rm S}^{0} + U_{\rm S}^{0\dagger}\Omega_{\rm S}\,\mathrm{i}\hbar\frac{\mathrm{d}U_{\rm S}^{0}}{\mathrm{d}t}\\ &= U_{\rm S}^{0\dagger}[\Omega_{\rm S},H_{\rm S}^{0}]\,U_{\rm S}^{0} = [\Omega_{\rm I},H_{\rm I}^{0}]\end{aligned} \tag{18.3.15}$$

在相互作用绘景中，算符响应未微扰的哈密顿量 $H_{\rm I}^{0}$ 进行演化①。而在薛定谔绘景中，时间演化的全部责任都是由态矢量承担的，但在此绘景中，时间演化是由态矢量和算符共同承担的（以一种物理上相同的方式）。

现在我们来说一说原初的问题，即获得跃迁振幅微扰级数的问题。我们在相互作用绘景中定义了一个传播子 $U_{\rm I}(t,t_0)$：

$$|\psi_{\rm I}(t)\rangle = U_{\rm I}(t,t_0)\,|\psi_{\rm I}(t_0)\rangle \tag{18.3.16}$$

由于 (18.3.10) 式遵从

$$\mathrm{i}\hbar\frac{\mathrm{d}U_{\rm I}}{\mathrm{d}t} = H_{\rm I}^{1}U_{\rm I} \tag{18.3.17}$$

所以一旦找到 $U_{\rm I}(t)$，我们总是可以通过使用从 (18.3.8) 和 (18.3.16) 式中得出的

$$U_{\rm S}(t,t_0) = U_{\rm S}^{0}(t,t_0)\,U_{\rm I}(t,t_0) \tag{18.3.18}$$

① 实际上，由于此问题中 $[H_{\rm S}^{0},U_{\rm S}^{0}]=0$，所以 $H_{\rm I}^{0}=U_{\rm S}^{0\dagger}H_{\rm S}^{0}U_{\rm S}^{0}=H_{\rm S}^{0}$。

回到 $U_\mathrm{S}(t)$。

由于 H^1_I 依赖于时间，所以 $U_\mathrm{I}=\exp[-\mathrm{i}H^1_\mathrm{I}(t-t_0)/\hbar]$ 不再是 (18.3.17) 式的解。一个具有正确初始条件的形式解是

$$U_\mathrm{I}(t,t_0)=I-\frac{\mathrm{i}}{\hbar}\int_{t_0}^{t}H_\mathrm{I}(t')\,U_\mathrm{I}(t',t_0)\,\mathrm{d}t' \tag{18.3.19}$$

正如通过将其输入微分方程就可以很容易验证的样子。由于两边都有 U_I，所以这不是一个真正的解，而是一个*积分方程*，等价于建立了正确初始条件的微分方程 (18.3.17)。因此，就精确解而言，我们没有任何进展。但是积分方程提供了一个很好的进行微扰展开的方法。假设我们想要第零阶的 U_I。我们在 (18.3.19) 中丢掉任何带有 H^1_I 的项：

$$U_\mathrm{I}(t,t_0)=I+O(H^1_\mathrm{I}) \tag{18.3.20}$$

这是意料之中的，因为如果我们忽略 H^1_I，态矢量就不会在相互作用绘景中移动。

到第一阶，我们只保留 H^1_I 的一次幂。故我们使用在 (18.3.20) 式右边的 U_I 的第零阶的值来获得

$$U_\mathrm{I}(t,t_0)=I-\frac{\mathrm{i}}{\hbar}\int_{t_0}^{t}H^1_\mathrm{I}(t')\,\mathrm{d}t'+O(H^2_\mathrm{I}) \tag{18.3.21}$$

在考虑下一阶之前，让我们将这个结果与用 (18.2.9) 式计算的到第一阶的跃迁幅度 $d_f(t)$ 进行比较。回忆 $d_f(t)$ 的定义：初始（在 $t=t_0$ 时）态 $|i^0_\mathrm{S}\rangle$[①] 在时刻 t 沿 $\langle f^0_\mathrm{S}|\exp[\mathrm{i}E^0_f(t-t_0)/\hbar]$ 的投影：

$$\begin{aligned}d_f(t)&=\langle f^0_\mathrm{S}|\mathrm{e}^{\mathrm{i}E^0_f(t-t_0)/\hbar}\,U_\mathrm{S}(t,t_0)|i^0_\mathrm{S}\rangle &(18.3.22)\\&=\langle f^0_\mathrm{S}|U^{0\dagger}_\mathrm{S}(t,t_0)\,U_\mathrm{S}(t,t_0)|i^0_\mathrm{S}\rangle\\&=\langle f^0_\mathrm{S}|U_\mathrm{I}(t,t_0)|i^0_\mathrm{S}\rangle &(18.3.23)\end{aligned}$$

如果把 (18.3.21) 式给出的第一阶的传播子代入上式，就可得到

$$\begin{aligned}d_f(t)&=\langle f^0_\mathrm{S}|U_\mathrm{I}(t,t_0)|i^0_\mathrm{S}\rangle\\&=\delta_{fi}-\frac{\mathrm{i}}{\hbar}\int_{t_0}^{t}\langle f^0_\mathrm{S}|H^1_\mathrm{I}(t')|i^0_\mathrm{S}\rangle\,\mathrm{d}t'\\&=\delta_{fi}-\frac{\mathrm{i}}{\hbar}\int_{t_0}^{t}\langle f^0_\mathrm{S}|U^{0\dagger}_\mathrm{S}(t',t_0)\,H^1_\mathrm{S}\,U^0_\mathrm{S}(t',t_0)|i^0_\mathrm{S}\rangle\,\mathrm{d}t'\\&=\delta_{fi}-\frac{\mathrm{i}}{\hbar}\int_{t_0}^{t}(H^1_\mathrm{S})_{fi}\,\mathrm{e}^{\mathrm{i}\omega_{fi}(t'-t_0)}\,\mathrm{d}t' &(18.3.24)\end{aligned}$$

① 在 18.2 节中我们已经令 $t_0=0$。

它在 $t_0 = 0$ 时与 (18.2.9) 式一致。

现在让我们转向更高的阶。将到已知阶的 U_I 的结果反复输入 (18.3.19) 式的右侧，就可以得到更高阶的 U_I：

$$U_\mathrm{I}(t,t_0) = I - \frac{\mathrm{i}}{\hbar}\int_{t_0}^{t} H_\mathrm{I}^1(t')\,\mathrm{d}t' + (-\mathrm{i}/\hbar)^2\int_{t_0}^{t}\int_{t_0}^{t'} H_\mathrm{I}^1(t')\,H_\mathrm{I}^1(t'')\,\mathrm{d}t'\mathrm{d}t'' + (-\mathrm{i}/\hbar)^3\int_{t_0}^{t}\int_{t_0}^{t'}\int_{t_0}^{t''} H_\mathrm{I}^1(t')\,H_\mathrm{I}^1(t'')\,H_\mathrm{I}^1(t''')\,\mathrm{d}t'\mathrm{d}t''\mathrm{d}t''' + \cdots \tag{18.3.25}$$

用 $U_S^0(t,t_0)$ 左乘，并用 H_S^1 表示 H_I^1，可得到薛定谔绘景的传播子

$$U_\mathrm{S}(t,t_0) = U_\mathrm{S}^0(t,t_0) - \frac{\mathrm{i}}{\hbar}\int_{t_0}^{t} U_\mathrm{S}^0(t,t_0)\,U_\mathrm{S}^{0\dagger}(t',t_0)\,H_\mathrm{S}^1\,U_\mathrm{S}^0(t',t_0)\,\mathrm{d}t' + (-\mathrm{i}/\hbar)^2\int_{t_0}^{t}\int_{t_0}^{t'} U_\mathrm{S}^0(t,t_0)\,U_\mathrm{S}^{0\dagger}(t',t_0)\,H_\mathrm{S}^1\,U_\mathrm{S}^0(t',t_0)\,U_\mathrm{S}^{0\dagger}(t'',t_0)\times H_\mathrm{S}^1\,U_\mathrm{S}^0(t'',t_0)\,\mathrm{d}t'\mathrm{d}t'' + \cdots \tag{18.3.26}$$

$$U_\mathrm{S}(t,t_0) = U_\mathrm{S}^0(t,t_0) - \frac{\mathrm{i}}{\hbar}\int_{t_0}^{t} U_\mathrm{S}^0(t,t')\,H_\mathrm{S}^1\,U_\mathrm{S}^0(t',t_0)\,\mathrm{d}t' + (-\mathrm{i}/\hbar)^2\int_{t_0}^{t}\int_{t_0}^{t'} U_\mathrm{S}^0(t,t')\,H_\mathrm{S}^1\,U_\mathrm{S}^0(t',t'')\,H_\mathrm{S}^1\,U_\mathrm{S}^0(t'',t_0)\,\mathrm{d}t'\,\mathrm{d}t'' + \cdots$$

上面的级数可以用下面的话来描述。左边是完全薛定谔绘景传播子，右边是它的级数展开式。第一项是说系统从 t_0 到 t 的演化只是对 U_S^0 的响应，即对 H_S^0 的响应。如果我们从右往左读第二项（想象它作用于某个初态），则该项是这样说的：系统从 t_0 到 t' 的演化——响应 U_S^0，在那里与微扰相互作用一次，然后单独响应 U_S^0 直至时间 t。对 t' 的积分是对所有可能时间的求和，在那些时间与 H_S^1 的单次相遇可能会发生。下一项或更高项的含义是显而易见的。这些都示意性地表示在图 18.1 中。

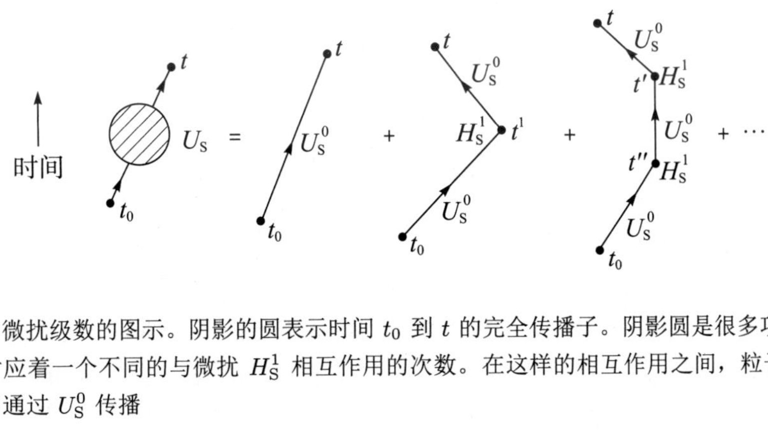

图 18.1　微扰级数的图示。阴影的圆表示时间 t_0 到 t 的完全传播子。阴影圆是很多项的和，其中每一项对应着一个不同的与微扰 H_S^1 相互作用的次数。在这样的相互作用之间，粒子仅响应 H_S^0 演化，即通过 U_S^0 传播

如果具体地考虑从 $|i^0\rangle$ 态到 $|f^0\rangle$ 态的跃迁（我们去掉所有的下标 S），我们在第二阶的项引入 H^0 完备本征态的基础上，得到

$$\begin{aligned}\langle f^0|U(t,t_0)|i^0\rangle =&\delta_{fi}\,\mathrm{e}^{-\mathrm{i}E_i^0(t-t_0)/\hbar}+\frac{-\mathrm{i}}{\hbar}\int_{t_0}^{t}\mathrm{e}^{-\mathrm{i}E_f^0(t-t')/\hbar}\langle f^0|H^1|i^0\rangle\mathrm{e}^{-\mathrm{i}E_i^0(t'-t_0)/\hbar}\mathrm{d}t'+\\ &\left(\frac{-\mathrm{i}}{\hbar}\right)^2\int_{t_0}^{t}\int_{t_0}^{t'}\sum_n \mathrm{e}^{-\mathrm{i}E_f^0(t-t')/\hbar}\langle f^0|H^1|n^0\rangle\,\mathrm{e}^{-\mathrm{i}E_n^0(t'-t'')/\hbar}\times\\ &\langle n^0|H^1|i^0\rangle\,\mathrm{e}^{-\mathrm{i}E_i^0(t''-t_0)/\hbar}\,\mathrm{d}t'\mathrm{d}t''+\cdots\end{aligned}\tag{18.3.27}$$

第一项的含义是显而易见的。第二项（从右往左读）表示，在 t_0 和 t' 之间，本征态 $|i^0\rangle$ 只获得了一个相位（即单独响应 H_{S}^0）。在 t' 时，它遇到了微扰，该微扰有一个将 $|i^0\rangle$ 态转换成 $|f^0\rangle$ 态的振幅 $\langle f^0|H^1|i^0\rangle$。在那之后，它演化为本征态 $|f^0\rangle$，直至时间 t。终结在 $|f^0\rangle$ 态的总振幅可通过对那段转换能够发生的时间求积分得到。因此，第一阶的跃迁对应于一个一步过程 $i\to f$。在第二阶，我们看到一个对 $|n^0\rangle$ 态完备基的求和。这意味着 H^1 可把 $|i^0\rangle$ 撞进任意中间态或虚拟态 $|n^0\rangle$，而系统就可经由这些 $|n^0\rangle$ 态，从 $|i^0\rangle$ 跃迁到 $|f^0\rangle$。因此，第二阶的振幅描述了一个两步过程：$i\to n\to f$。更高阶的振幅有类似的解释。

海森堡绘景

显然，不止存在两个绘景，而是无限多个，因为人们可以转换到以不同速度转动的基。然而，并非所有这些绘景都值得研究。我们以一个非常重要的绘景，即海森堡绘景（Heisenberg picture），来结束这一节。在这个绘景中，我们冻结态矢量的完全时间依赖性。海森堡绘景的态矢量为

$$|\psi_{\mathrm{H}}(t)\rangle = U_{\mathrm{S}}^{\dagger}(t,t_0)\,|\psi_{\mathrm{S}}(t)\rangle = |\psi_{\mathrm{S}}(t_0)\rangle \tag{18.3.28}$$

在这个绘景中，算符为

$$\Omega_{\mathrm{H}}(t) = U_{\mathrm{S}}^{\dagger}\Omega_{\mathrm{S}}U_{\mathrm{S}} \tag{18.3.29}$$

并且遵从

$$\mathrm{i}\hbar\frac{\mathrm{d}\Omega_{\mathrm{H}}}{\mathrm{d}t} = [\Omega_{\mathrm{H}}, H_{\mathrm{H}}] \tag{18.3.30}$$

习题 18.3.1* 推导 (18.3.30) 式。

因此，在海森堡绘景中，态矢量是固定的，而算符携带全部的时间依赖性。（由于相互作用绘景位于海森堡绘景和薛定谔绘景之间，在那里，态矢量和算符分担了时间的依赖性，因此它也被称为中间绘景。它的另一个名字是狄拉克绘景。）

注意 (18.3.30) 式和经典方程

$$\frac{\mathrm{d}\omega}{\mathrm{d}t} = \{\omega, \mathcal{H}\} \tag{18.3.31}$$

之间的相似性。海森堡绘景显示了量子力学和经典力学之间紧密的形式相似性：对于每一个经典变量 ω，都有一个服从类似方程的量子算符 Ω_{H}。我们需要做的就是做一般的替换：$\omega \to \Omega$，$\{\ \ \} \to (-\mathrm{i}/\hbar)[\ ,\ ]$。当我们实际计算对易子和泊松括号时，(18.3.30) 和 (18.3.31) 式的相似性就更加引人注目了。例如，考虑振子的问题，有

$$H_{\mathrm{H}} = \frac{P_{\mathrm{H}}^2}{2m} + \frac{1}{2}m\omega^2 X_{\mathrm{H}}^2 \tag{18.3.32}$$

由于 X_{H} 和 P_{H} 是通过一个幺正变换分别从 X_{S} 和 P_{S} 得到的，所以它们满足相同的对易关系：

$$[X_{\mathrm{H}}(t), P_{\mathrm{H}}(t)] = U_{\mathrm{S}}^{\dagger}(t,t_0)\,[X_{\mathrm{S}}, P_{\mathrm{S}}]\,U_{\mathrm{S}}(t,t_0) = U_{\mathrm{S}}^{\dagger}\mathrm{i}\hbar I U_{\mathrm{S}} = \mathrm{i}\hbar I \tag{18.3.33}$$

注意 X_{H} 和 P_{H} 的时间自变量必须相等，因此 (18.3.33) 式被称为*等时对易关系*。由 (18.3.30) 式，有

$$\dot{X}_{\mathrm{H}} = -\frac{\mathrm{i}}{\hbar}[X_{\mathrm{H}}, P_{\mathrm{H}}] = \left(-\frac{\mathrm{i}}{\hbar}\right)\frac{\mathrm{i}\hbar P_{\mathrm{H}}}{m} = \frac{P_{\mathrm{H}}}{m} \tag{18.3.34a}$$

同样地，

$$\dot{P}_{\mathrm{H}} = -m\omega^2 X_{\mathrm{H}} \tag{18.3.34b}$$

它们在形式上与经典方程

$$\begin{aligned} \dot{x} &= \frac{\partial \mathcal{H}}{\partial p} = \frac{p}{m} \\ \dot{p} &= -\frac{\partial \mathcal{H}}{\partial x} = -m\omega^2 x \end{aligned} \tag{18.3.35}$$

是一样的。这是我们所预期的，因为量子化的方案是这样的，它使对易子和泊松括号总是遵从下面的关联［回想 (7.4.40) 式］

$$\{\omega, \lambda\} = \gamma \to -\frac{\mathrm{i}}{\hbar}[\Omega, \Lambda] = \Gamma \tag{18.3.36}$$

虽然海森堡绘景在非相对论量子力学中并不常用，但它在相对论量子场论中却倍受青睐。

习题 18.3.2 在顺磁共振问题的习题 14.4.3 中，我们移动到一个实空间中转动的坐标系。证明这也等同于一个希尔伯特空间转动，但除了在共振时，它既不会带我们进入相互作用绘景，也不会带我们进入海森堡绘景。那么在共振时，它的绘景是什么？（如果 $\boldsymbol{B} = B_0\boldsymbol{k} + B\cos\omega t\,\boldsymbol{i} - B\sin\omega t\,\boldsymbol{j}$，将 B_0 与 H_{S}^0 关联，B 与 H_{S}^1 关联。）

18.4 电磁相互作用的一般讨论

本节包含了一些与下一节相关的几个电动力学概念的概述。它还涉及一些基本但微妙的问题，这些问题与本章的其余部分没有直接联系。

经典电动力学

首先我们极其简要地回顾这个主题①。物质对电磁场的响应通过作用于电荷 q 上的洛伦兹力给出：

$$\boldsymbol{F} = q\left(\boldsymbol{E} + \frac{\boldsymbol{v}}{c} \times \boldsymbol{B}\right) \tag{18.4.1}$$

场对电荷的响应由麦克斯韦方程给出：

$$\boldsymbol{\nabla} \cdot \boldsymbol{E} = 4\pi\rho \tag{18.4.2}$$

$$\boldsymbol{\nabla} \times \boldsymbol{E} + \frac{1}{c}\frac{\partial \boldsymbol{B}}{\partial t} = 0 \tag{18.4.3}$$

$$\boldsymbol{\nabla} \cdot \boldsymbol{B} = 0 \tag{18.4.4}$$

$$\boldsymbol{\nabla} \times \boldsymbol{B} - \frac{1}{c}\frac{\partial \boldsymbol{E}}{\partial t} = \frac{4\pi}{c}\boldsymbol{j} \tag{18.4.5}$$

其中 ρ 和 $\boldsymbol{j}$ 分别为受到连续性方程

$$\boldsymbol{\nabla} \cdot \boldsymbol{j} + \frac{\partial \rho}{\partial t} = 0 \tag{18.4.6}$$

约束的电荷和电流密度。

习题 18.4.1 通过对 (18.4.5) 式求散度，证明：要使麦克斯韦方程组相互一致，就必须遵从连续性方程。

现在引入下面的势 $\boldsymbol{A}$ 和 ϕ。(18.4.4) 式结合恒等式 $\boldsymbol{\nabla} \cdot (\boldsymbol{\nabla} \times \boldsymbol{A}) \equiv 0$，告诉我们 $\boldsymbol{B}$ 可以写成旋度

$$\boldsymbol{B} = \boldsymbol{\nabla} \times \boldsymbol{A} \tag{18.4.7}$$

将其代入 (18.4.3) 式，我们得到

$$\boldsymbol{\nabla} \times \left(\boldsymbol{E} + \frac{1}{c}\frac{\partial \boldsymbol{A}}{\partial t}\right) = 0 \tag{18.4.8}$$

基于恒等式 $\boldsymbol{\nabla} \times \boldsymbol{\nabla}\phi \equiv 0$，我们推断 $\boldsymbol{E} + (1/c)\,\partial \boldsymbol{A}/\partial t$ 可被写成一个梯度，或

$$\boldsymbol{E} = -\frac{1}{c}\frac{\partial \boldsymbol{A}}{\partial t} - \boldsymbol{\nabla}\phi \tag{18.4.9}$$

① 更多的信息请参阅经典著作：*Classical Electrodynamics* by J. D. Jackson, Wiley, New York (1975)。

如果在另外两个麦克斯韦方程中，也用势来替换 $\boldsymbol{E}$ 和 $\boldsymbol{B}$，并使用恒等式 $\boldsymbol{\nabla}\times\boldsymbol{\nabla}\times\boldsymbol{A}\equiv\boldsymbol{\nabla}(\boldsymbol{\nabla}\cdot\boldsymbol{A})-\boldsymbol{\nabla}^2\boldsymbol{A}$（在笛卡儿坐标系下成立），就能够得到 $\boldsymbol{A}$ 和 ϕ 对电荷和电流响应的方程：

$$\nabla^2\phi+\frac{1}{c}\frac{\partial}{\partial t}(\boldsymbol{\nabla}\cdot\boldsymbol{A})=-4\pi\rho \tag{18.4.10}$$

$$\nabla^2\boldsymbol{A}-\frac{1}{c^2}\frac{\partial^2\boldsymbol{A}}{\partial t^2}-\boldsymbol{\nabla}\left(\boldsymbol{\nabla}\cdot\boldsymbol{A}+\frac{1}{c}\frac{\partial\phi}{\partial t}\right)=-\frac{4\pi\boldsymbol{j}}{c} \tag{18.4.11}$$

在着手处理这些方程之前，请注意势 $\boldsymbol{A}$ 和 ϕ 存在着一定的任意性，因为能够（以某种方式）改变它们而不改变任何的物理。很容易验证：$\boldsymbol{A}$，ϕ 与

$$\boldsymbol{A}'=\boldsymbol{A}-\boldsymbol{\nabla}\Lambda \tag{18.4.12}$$

$$\phi'=\phi+\frac{1}{c}\frac{\partial\Lambda}{\partial t} \tag{18.4.13}$$

给出相同的 $\boldsymbol{E}$ 和 $\boldsymbol{B}$ 场，其中 Λ 是一个任意的函数。

习题 18.4.2* 使用 (18.4.7) 和 (18.4.9) 式计算对应于 $(\boldsymbol{A},\phi)$ 和 $(\boldsymbol{A}',\phi')$ 的 $\boldsymbol{E}$ 和 $\boldsymbol{B}$，并核实上述说法。

由于物理，即力的定律和麦克斯韦方程组，只对 $\boldsymbol{E}$ 和 $\boldsymbol{B}$ 敏感，被称为*规范变换*的势变换不会影响到物理。这就是所谓的*规范不变性*，Λ 被称为*规范参数*，$(\boldsymbol{A},\phi)$ 和 $(\boldsymbol{A}',\phi')$ 被称为是相互*规范变换*的，或者说是*规范等价*的。

规范不变性可被用来简化 (18.4.10) 和 (18.4.11) 式。考虑自由电磁场（$\rho=\boldsymbol{j}=0$）的情况，它是下一节感兴趣的问题。在这种情况下，规范自由度允许我们（参见下面的习题）这样选取 $\boldsymbol{A}$ 和 ϕ，使得

$$\boldsymbol{\nabla}\cdot\boldsymbol{A}=0 \tag{18.4.14}$$

$$\phi=0 \tag{18.4.15}$$

这个规范被称为*库仑规范*，我们以后将会用到。如果施加上述的库仑规范条件，并要求在空间的无穷远处 $|\boldsymbol{A}|\to 0$，就不存在剩余的规范自由度了。因此，库仑规范中的势是唯一的，并且在给定 $\boldsymbol{E}$ 和 $\boldsymbol{B}$ 时只有一个 $\boldsymbol{A}$ 的意义上来说是“物理的”。

习题 18.4.3* 假设给了我们一些不遵守库仑规范条件的 $\boldsymbol{A}$ 和 ϕ。让我们看一下如何把它们变换到库仑规范中去。

(1) 证明：如果我们选择

$$\Lambda(\boldsymbol{r},t)=-c\int_{-\infty}^{t}\phi(\boldsymbol{r},t')\,\mathrm{d}t'$$

变换到 $(\boldsymbol{A}',\phi')$，则 $\phi'=0$。$\boldsymbol{A}'$ 就是 $\boldsymbol{A}-\boldsymbol{\nabla}\Lambda$，且 $\boldsymbol{\nabla}\cdot\boldsymbol{A}'$ 不必为零。

(2) 证明：如果我们通过

$$\Lambda'=-\frac{1}{4\pi}\int\frac{\boldsymbol{\nabla}\cdot\boldsymbol{A}'(\boldsymbol{r}',t)\,\mathrm{d}^3r'}{|\boldsymbol{r}-\boldsymbol{r}'|}$$

再次规范变换到 $(\boldsymbol{A}'',\phi'')$，那么 $\nabla\cdot\boldsymbol{A}''=0$。[提示：回顾一下 $\nabla^2(1/|\boldsymbol{r}-\boldsymbol{r}'|)=-4\pi\delta^3(\boldsymbol{r}-\boldsymbol{r}')$。]

(3) 使用 $\boldsymbol{\nabla}\cdot\boldsymbol{E}=0$，验证：$\phi''$ 也是零。

(4) 证明：如果我们想要在库仑规范内做进一步的规范变换，Λ 必须是时间无关的，并且遵从 $\nabla^2\Lambda=0$。如果我们要求在空间无穷远处 $|\boldsymbol{A}|\to 0$，则 $\boldsymbol{A}$ 是唯一的。

在库仑规范中，（远离电荷的）电磁场的运动方程简化为

$$\nabla^2\boldsymbol{A}-\frac{1}{c^2}\frac{\partial^2\boldsymbol{A}}{\partial t^2}=0 \tag{18.4.16a}$$

$$\boldsymbol{\nabla}\cdot\dot{\boldsymbol{A}}=0 \tag{18.4.16b}$$

$$\boldsymbol{\nabla}\cdot\boldsymbol{A}=0 \tag{18.4.16c}$$

第一个方程告诉我们电磁波以速度 c 传播。我们特别感兴趣的是形式①为

$$\boldsymbol{A}=\boldsymbol{A}_0\cos(\boldsymbol{k}\cdot\boldsymbol{r}-\omega t) \tag{18.4.17}$$

的这些方程的解。把它代入波动方程，可得到

$$\omega^2=k^2c^2$$

或

$$\omega=kc \tag{18.4.18}$$

规范条件告诉我们

$$0=\boldsymbol{\nabla}\cdot\boldsymbol{A}=-(\boldsymbol{k}\cdot\boldsymbol{A}_0)\sin(\boldsymbol{k}\cdot\boldsymbol{r}-\omega t)$$

或

$$\boldsymbol{k}\cdot\boldsymbol{A}_0=0 \tag{18.4.19}$$

这就意味着 $\boldsymbol{A}$ 一定位于一个垂直于传播方向的平面，即，电磁波是横向的。对应于

① 这里 $\boldsymbol{k}$ 是波矢量，而不是沿 z 轴的单位矢量。

这个解的电场和磁场是

$$\boldsymbol{E}=-\frac{1}{c}\frac{\partial \boldsymbol{A}}{\partial t}=-\left(\frac{\omega}{c}\right)\boldsymbol{A}_0\sin(\boldsymbol{k}\cdot\boldsymbol{r}-\omega t) \tag{18.4.20}$$

$$\boldsymbol{B}=\boldsymbol{\nabla}\times\boldsymbol{A}=-(\boldsymbol{k}\times\boldsymbol{A}_0)\sin(\boldsymbol{k}\cdot\boldsymbol{r}-\omega t) \tag{18.4.21}$$

因此，$\boldsymbol{E}$ 与 $\boldsymbol{B}$ 是相互垂直并垂直于 $\boldsymbol{k}$ 的（即它们也是横向的），见图 18.2。它们具有相同的大小：

$$|\boldsymbol{E}|=|\boldsymbol{B}| \tag{18.4.22}$$

每秒穿过单位面积（垂直于 $\boldsymbol{k}$）的能量流是（来自任意标准教科书）

$$|\boldsymbol{S}|=\frac{c}{4\pi}|(\boldsymbol{E}\times\boldsymbol{B})|=\frac{\omega^2}{4\pi c}|\boldsymbol{A}_0|^2\sin^2(\boldsymbol{k}\cdot\boldsymbol{r}-\omega t) \tag{18.4.23a}$$

对一个周期的平均时间为

$$S_{\text{av}}=\frac{\omega^2}{8\pi c}|\boldsymbol{A}_0|^2 \tag{18.4.23b}$$

单位体积的能量是

$$u=(1/8\pi)\cdot\left(|\boldsymbol{E}|^2+|\boldsymbol{B}|^2\right) \tag{18.4.24}$$

注意，$|\boldsymbol{S}|$ 等于能量密度乘波传播的速度。

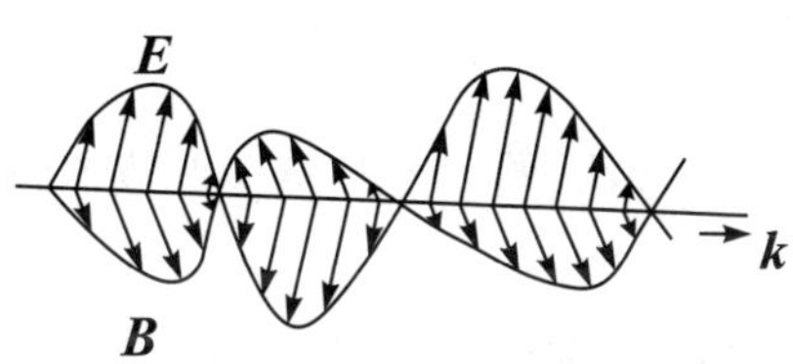

图 18.2　在一个给定时间的电磁波。$\boldsymbol{E}$，$\boldsymbol{B}$ 和 $\boldsymbol{k}$（波矢）是相互垂直的

量子理论中的势

我们现在要问，量子力学在势的规范变换下是否也是不变的。让我们用路径积分方法寻求这个问题的答案。回想一下

$$U(\boldsymbol{r}t,\boldsymbol{r}'t')=N\sum_{\text{路径}}\exp[\mathrm{i}S/\hbar] \tag{18.4.25}$$

其中 N 是一个归一化因子，并且作用量

$$S=\int_{t'}^{t}\mathcal{L}\,\mathrm{d}t''=\int_{t'}^{t}\left(\frac{1}{2}m|\dot{\boldsymbol{r}}|^2+\frac{q}{c}\boldsymbol{v}\cdot\boldsymbol{A}-q\phi\right)\mathrm{d}t'' \tag{18.4.26}$$

是沿连接 $(\boldsymbol{r}',t')$ 和 $(\boldsymbol{r},t)$ 的路径 P 求值的。假设我们对势进行规范变换。于是

$$S \to S_\Lambda = S - \int_{t'}^{t} \frac{q}{c}\left(\boldsymbol{v}\cdot\boldsymbol{\nabla}\Lambda + \frac{\partial \Lambda}{\partial t''}\right)\mathrm{d}t'' \tag{18.4.27}$$

然而

$$\boldsymbol{v}\cdot\boldsymbol{\nabla}\Lambda + \frac{\partial \Lambda}{\partial t''} = \frac{\mathrm{d}\Lambda}{\mathrm{d}t''} \tag{18.4.28}$$

是沿轨迹的全微分。因此

$$S_\Lambda = S + \frac{q}{c}\left[\Lambda(\boldsymbol{r}',t') - \Lambda(\boldsymbol{r},t)\right] \tag{18.4.29}$$

显然，S 和 S_Λ 暗示着相同的经典动力学：因为 S 和 S_Λ 在终点仅相差 $(q/c)\Lambda$，而后者在变化中是固定的，所以变化 S 和变化 S_Λ（去寻找最小作用量的路径）是等价的。进入到量子的情况，我们从 (18.4.25) 和 (18.4.29) 式中发现

$$U \to U_\Lambda = U \cdot \exp\left\{\frac{\mathrm{i}q}{\hbar c}\left[\Lambda(\boldsymbol{r}',t') - \Lambda(\boldsymbol{r},t)\right]\right\} \tag{18.4.30}$$

由于

$$U(\boldsymbol{r},t;\boldsymbol{r}',t') = \langle \boldsymbol{r}|U(t,t')|\boldsymbol{r}'\rangle \tag{18.4.31}$$

我们看到规范变换的效应等价于一组坐标基的变化：

$$|\boldsymbol{r}\rangle \to |\boldsymbol{r}_\Lambda\rangle = \mathrm{e}^{(\mathrm{i}q\Lambda/\hbar c)}|\boldsymbol{r}\rangle \tag{18.4.32}$$

它当然不会改变物理。（不过，请回顾一下在第 7.4 节中的讨论。）波函数在规范变换下的变化为

$$\psi = \langle \boldsymbol{r}|\psi\rangle \to \psi_\Lambda = \langle \boldsymbol{r}_\Lambda|\psi\rangle = \mathrm{e}^{-\mathrm{i}q\Lambda(\boldsymbol{r},t)/\hbar c}\psi \tag{18.4.33}$$

也可以在薛定谔方法中得到这个结果（见下面的习题）。

习题 18.4.4（薛定谔方法中规范不变性的证明）

(1) 写出势 $(\boldsymbol{A},\phi)$ 中粒子的 H。

(2) 写出通过势的规范变换得到的哈密顿量 H_Λ。

(3) 证明：如果 $\psi(\boldsymbol{r},t)$ 是哈密顿量为 H 的薛定谔方程的解，则 (18.4.33) 中给出的 $\psi_\Lambda(\boldsymbol{r},t)$ 是相应的 $H \to H_\Lambda$ 后的解。

尽管量子力学因为对势的规范变换不敏感而类似于经典力学，但在势的地位方面却有所不同。这一点在阿哈罗诺夫-玻姆（Aharonov-Bohm）效应中得到了戏剧性的体现，如图 18.3 所示①。该实验只是双缝实验的一个变体：有一个磁通量从纸

① 实际的实验见 R. G. Chambers，*Phys. Rev. Lett.*, **5**, 3 (1960)。

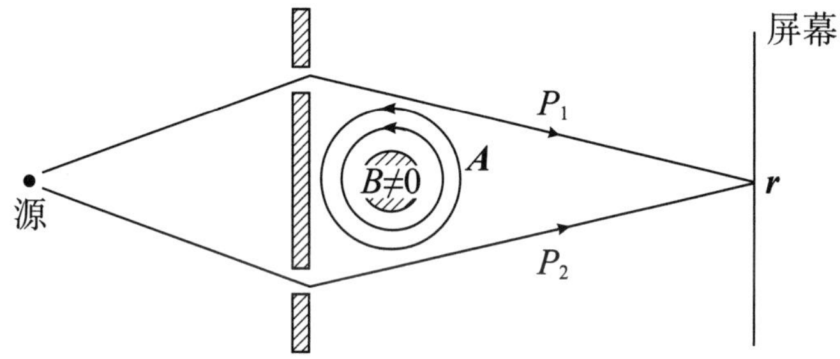

图 18.3　展示阿哈罗诺夫–玻姆效应的实验（示意图）。除去从纸上出来的携带磁通量的小线圈（由标记 $B \neq 0$ 的阴影区域表示），这就是一个双狭缝实验。

面流出的小阴影区（$B \neq 0$）。（你可以想象一个从纸上出来的小螺线管，在它里面束缚着磁通量线。当然，这些磁通量线必须回到螺线管的另一端，但在实验区域中不让其发生。）矢量势（在库仑规范中）由线圈周围的闭合回路表示。在经典的层次上，这种在双缝实验中的变化预计将不会改变结果，因为没有沿着经典路径 P_1 和 P_2 的磁场。当然，有一个沿着 P_1 和 P_2 的 $\boldsymbol{A}$ 场，但这个势在经典物理上没有直接的意义。它的旋度在那里消失了。

现在考虑量子的情况。在路径积分方法中，一个光源发射的粒子，在 $\boldsymbol{B}$ 打开之前，最终到达屏幕上的 $\boldsymbol{r}$ 点的振幅为

$$\psi(\boldsymbol{r}) \approx \psi_{P_1}(\boldsymbol{r}) + \psi_{P_2}(\boldsymbol{r}) \tag{18.4.34}$$

其中 ψ_{P_i}（$i=1,2$）为经典路径 P_i 及其近邻的贡献。这两个贡献之间的干涉产生通常的干涉图样。让我们将 $\boldsymbol{B}$ 打开。现在每条路径都有了一个额外的因子

$$\exp\left[\frac{\mathrm{i}q}{\hbar c}\int_{t'}^{t}(\boldsymbol{v}\cdot\boldsymbol{A})\,\mathrm{d}t''\right] = \exp\left(\frac{\mathrm{i}q}{\hbar c}\int_{\text{源}}^{\boldsymbol{r}}\boldsymbol{A}\cdot\mathrm{d}\boldsymbol{r}''\right) \tag{18.4.35}$$

因为在 P_1 和 P_2 附近，$\boldsymbol{\nabla}\times\boldsymbol{A}=0$，根据斯托克斯定理，对 P_1 及其邻域的积分与对 P_2 及其邻域的积分是相同的。但是对这些围绕着线圈的路径，在 P_1 上的积分和在 P_2 上的积分是不一样的，并且

$$\int_{P_2}\boldsymbol{A}\cdot\mathrm{d}\boldsymbol{r} - \int_{P_1}\boldsymbol{A}\cdot\mathrm{d}\boldsymbol{r} = \oint\boldsymbol{A}\cdot\mathrm{d}\boldsymbol{r} = \int_S(\boldsymbol{\nabla}\times\boldsymbol{A})\cdot\mathrm{d}\boldsymbol{s} = \int\boldsymbol{B}\cdot\mathrm{d}\boldsymbol{s} = \Phi \neq 0 \tag{18.4.36}$$

其中 S 为任意以闭环 P_1+P_2 为界的曲面，且 Φ 为通过该曲面的通量，即在图 18.3 中从纸中出来的通量。记住这一点，我们得到

$$\psi(\boldsymbol{r}) = \exp\left(\frac{\mathrm{i}q}{\hbar c}\int_{P_1}\boldsymbol{A}\cdot\mathrm{d}\boldsymbol{r}''\right)\psi_{P_1}(\boldsymbol{r}) + \exp\left(\frac{\mathrm{i}q}{\hbar c}\int_{P_2}\boldsymbol{A}\cdot\mathrm{d}\boldsymbol{r}''\right)\psi_{P_2}(\boldsymbol{r}) \tag{18.4.37}$$

提取出一个不影响干涉图样的整体相因子，我们得到

$$\begin{aligned}\psi(r) &= (\text{总的相因子})\left[\psi_{P_1}(\boldsymbol{r}) + \exp\left(\frac{\mathrm{i}q}{\hbar c}\oint \boldsymbol{A}\cdot\mathrm{d}\boldsymbol{r}\right)\psi_{P_2}(\boldsymbol{r})\right] \\ &= (\text{总的相因子})\left[\psi_{P_1}(\boldsymbol{r}) + \exp\left(\mathrm{i}q\Phi/\hbar c\right)\psi_{P_2}(\boldsymbol{r})\right]\end{aligned} \tag{18.4.38}$$

通过改变 $\boldsymbol{B}$（由此改变 Φ），我们改变了两条路径贡献之间的相对相位，并上下移动了干涉图样。当 $(q\Phi/\hbar c) = 2n\pi$ 时，干涉花纹将返回到它的初始形式，就像场不存在一样。

换句话说，一个整数乘通量量子

$$\Phi_0 = \frac{2\pi\hbar c}{q} \tag{18.4.39}$$

不会对粒子的量子力学产生任何可观测的差异。这个想法会非常频繁地使用，我们将在第 21 章中这样做。

让我们来理解：即使所有占支配地位的路径都处于 $B = 0$ 的区域，粒子又是如何察觉磁场的。假设我给你展示图 18.3，但遮住了线圈所在的区域（标记为 $B \neq 0$ 的阴影区域）；你会知道有磁通量从纸上出来吗？是的，你会知道，因为循环的 $\boldsymbol{A}$ 线会告诉你 $\oint \boldsymbol{A}\cdot\mathrm{d}\boldsymbol{r} = \int \boldsymbol{B}\cdot\mathrm{d}\boldsymbol{s} \neq 0$[①]。然而，经典粒子沿着 P_1 或 P_2 移动，且不知道 $\oint \boldsymbol{A}\cdot\mathrm{d}\boldsymbol{r}$ 的存在。它所能做的最有用的方法就是局域地测量 $\boldsymbol{\nabla}\times\boldsymbol{A}$，然而它总是等于零。另一方面，量子粒子“沿着 P_1 和 P_2 移动”（在路径积分的意义上），通过把发生在 P_1 和 P_2 上的结果拼凑到一起（即，通过比较两个路径贡献的相对相位）不仅可以推断出 $\boldsymbol{B}$ 的存在，也可以推断出总的通量。注意，尽管粒子对 $\boldsymbol{A}$ 有响应且不直接对 $\boldsymbol{B}$ 有响应，但响应是规范不变的。

18.5 原子与电磁辐射的相互作用

我们无意全面探讨这一广阔的领域。我们只考虑两个说明性的例子。第一个是氢的光电效应（即入射的辐射把电子从原子中击出）。第二种是氢从激发态到基态的自发衰变（在没有外场的情况下的衰变），只有把电磁场视为量子系统才能理解这一现象。

氢中的光电效应

考虑一个以原点为中心的处于基态 $|100\rangle$ 的氢原子，波

$$\boldsymbol{A}(\boldsymbol{r},t) = \boldsymbol{A}_0\cos(\boldsymbol{k}\cdot\boldsymbol{r} - \omega t) \tag{18.5.1}$$

① 这就好比说，通过在围绕复平面上一个极点的一条闭合路径计算 $1/2\pi\mathrm{i}\oint f(z)\mathrm{d}z$，你就可以推断出复平面上该极点及其留数的存在，而不需要实际去靠近它。

入射到该原子上。当能量 $\hbar\omega$ 足够大时，束缚的电子可以被释放出来并飞出去。我们想用费米黄金法则来计算这个过程的跃迁率：

$$R_{i\to f} = i \to f \text{ 跃迁率} = \frac{2\pi}{\hbar}|\langle f^0|H^1|i^0\rangle|^2\,\delta(E_f^0 - E_i^0 - \hbar\omega) \tag{18.5.2}$$

在应用这一规则之前，有两点需要说明：

(1) 对于终态，我们必须使用库仑哈密顿量 $H^0 = P^2/2m - e^2/r$ 的正能量本征态。现在我们用直觉进行论证：如果出射电子的能量很大，那么我们一定能够忽略质子对它的吸引，并用 (18.5.2) 式中的平面波 $|\boldsymbol{p}_f\rangle$ 来描述它，误差可以忽略不计。虽然这里恰好是这种情况，但有一个微妙的地方值得注意。如果我们将质子的库仑引力视为相对于自由粒子哈密顿量 $P^2/2m$ 的微扰，那么我们可以将 H^0 的本征态写成微扰级数：

$$|f^0\rangle = |\boldsymbol{p}_f\rangle + \text{高阶项}$$

猜测 $|\boldsymbol{p}_f\rangle$ 主导高能处的展开，我们当然是正确的。但是我们还有更多的假设：假定在计算 (18.5.2) 式的矩阵元时，对高阶项来说，领头阶项 $|\boldsymbol{p}_f\rangle$ 将继续主导。显然，这一假设的有效性也依赖于初态 $|i^0\rangle$ 和算符 H^1。现在的结果是：如果初态是一个 s 态（如同目前的情况），在计算矩阵元时高阶项的确可以忽略不计，但在其他的情况下则不行。例如，如果初态是 p 态，一阶项对矩阵元的贡献会与领头阶项 $|\boldsymbol{p}_f\rangle$ 的贡献可比。你可以去查阅一本专门论述这个问题的书①以了解更多的细节。

(2) 该规则曾被用于形式为 $H^1(t) = H^1\,\mathrm{e}^{-\mathrm{i}\omega t}$ 的势，然而在这里［请回忆 (14.4.11) 式］，②

$$\begin{aligned}
H^1(t) &= \frac{-(-e)}{2mc}(\boldsymbol{A}\cdot\boldsymbol{P} + \boldsymbol{P}\cdot\boldsymbol{A})\\
&= \frac{e}{mc}\boldsymbol{A}\cdot\boldsymbol{P}\ \text{（因为}\ \boldsymbol{\nabla}\cdot\boldsymbol{A} = 0\text{）}\\
&= \frac{e}{mc}\cos(\boldsymbol{k}\cdot\boldsymbol{r} - \omega t)\,\boldsymbol{A}_0\cdot\boldsymbol{P}\\
&= \frac{e}{2mc}\left[\mathrm{e}^{\mathrm{i}(\boldsymbol{k}\cdot\boldsymbol{r}-\omega t)} + \mathrm{e}^{-\mathrm{i}(\boldsymbol{k}\cdot\boldsymbol{r}-\omega t)}\right]\boldsymbol{A}_0\cdot\boldsymbol{P}
\end{aligned} \tag{18.5.3}$$

在这两项中，只有第一项具有正确的时间依赖性以诱导 $E_f > E_i$ 的 $i \to f$ 跃迁；第

① 例如，H. Bethe, E. Salpeter, *Quantum Mechanics of One and Two Electron Atoms*, Plenum, New York (1977)，第 70 节。这也是一个查阅与这个主题有关的其他数据的好地方。例如，如果你想知道 r^{-4} 在氢的 $|nlm\rangle$ 态上的期待值，那么你能在这里找到。

② 我们在 H^1 中不包括二阶的、与 $|\boldsymbol{A}|^2$ 成正比的项。自旋相互作用 $-\gamma\boldsymbol{S}\cdot\boldsymbol{B}$ 是一阶的，但它在我们将特别关注的运动学区域是可以忽略的。我们将马上演示。

二项将被能量守恒的 δ 函数扼杀掉。从此往后，我们忽略第二项，并且让

$$\begin{aligned} H^1(t) &= \frac{e}{2mc}\mathrm{e}^{\mathrm{i}\boldsymbol{k}\cdot\boldsymbol{r}}\boldsymbol{A}_0\cdot\boldsymbol{P}\,\mathrm{e}^{-\mathrm{i}\omega t} \\ &= H^1\,\mathrm{e}^{-\mathrm{i}\omega t} \end{aligned} \tag{18.5.4}$$

有了这两点，我们就可以在坐标基下继续计算跃迁矩阵元：

$$H^1_{fi} = \frac{e}{2mc}\frac{1}{(2\pi\hbar)^{3/2}}\left(\frac{1}{\pi a_0^3}\right)^{1/2}\int \mathrm{e}^{-\mathrm{i}\boldsymbol{p}_f\cdot\boldsymbol{r}/\hbar}\mathrm{e}^{\mathrm{i}\boldsymbol{k}\cdot\boldsymbol{r}}\boldsymbol{A}_0\cdot(-\mathrm{i}\hbar\boldsymbol{\nabla})\,\mathrm{e}^{-r/a_0}\,\mathrm{d}^3r \tag{18.5.5}$$

考虑因子 $\mathrm{e}^{\mathrm{i}\boldsymbol{k}\cdot\boldsymbol{r}}$。回顾第 5 章，波函数乘 $\mathrm{e}^{\mathrm{i}\boldsymbol{p}_0\cdot\boldsymbol{r}/\hbar}$ 的乘积，使这个态增加了动量 $\boldsymbol{p}_0$。因此，因子 $\mathrm{e}^{\mathrm{i}\boldsymbol{k}\cdot\boldsymbol{r}}$ 表示动量 $\hbar\boldsymbol{k}$ 通过辐射转移给了原子①。对于原子能级之间的任何跃迁，与电子的典型动量 p 相比，转移的动量都是可以忽略的。我们在下面可以看到。转移的能量是在一个里德伯量级：

$$\hbar\omega \sim \frac{e^2}{a_0} \tag{18.5.6}$$

所以光子的动量是

$$\hbar k = \frac{\hbar\omega}{c} \simeq \frac{e^2}{a_0 c} \tag{18.5.7}$$

另一方面，由不确定性原理估算的电子的典型动量为

$$p \sim \frac{\hbar}{a_0} \tag{18.5.8}$$

因此

$$\frac{\hbar k}{p} \simeq \frac{e^2}{\hbar c} \simeq \frac{1}{137} \tag{18.5.9}$$

在目前的情况下，$\hbar\omega$ 要高得多，因为我们有一个释放出来的高能电子。但 ω 仍有一个很大的范围，在这个范围内 $\hbar k/p \ll 1$。我们将在该范围内进行研究。在那里，我们忽略的自旋相互作用与我们考虑的轨道相互作用的比大致是

$$\frac{\langle (e/2mc)\boldsymbol{S}\cdot\boldsymbol{B}\rangle}{\langle (e/mc)\boldsymbol{A}\cdot\boldsymbol{P}\rangle} \simeq \frac{\langle \hbar\boldsymbol{\sigma}\cdot\boldsymbol{\nabla}\times\boldsymbol{A}\rangle}{\langle \boldsymbol{A}\cdot\boldsymbol{P}\rangle} \simeq \frac{\hbar k}{p} \ll 1 \tag{18.5.10}$$

这证明我们的忽略是合理的。

我们工作的范围也可以用

$$k\,a_0 \ll 1 \tag{18.5.11}$$

---

① 你可能会担心在 $\mathrm{e}^{\mathrm{i}\boldsymbol{k}\cdot\boldsymbol{r}}$ 和原子波函数之间有 $(-\mathrm{i}\hbar\boldsymbol{\nabla})$ 算符。但是由于 $\boldsymbol{\nabla}\cdot\boldsymbol{A}=0$，我们也可以把 $\boldsymbol{A}\cdot\boldsymbol{P}$ 写成 $\boldsymbol{P}\cdot\boldsymbol{A}$，在这种情况下，$\mathrm{e}^{\mathrm{i}\boldsymbol{k}\cdot\boldsymbol{r}}$ 就在原子波函数旁边了。

［(18.5.9) 式］描述。这意味着波的相位在原子的尺度上没什么变化。因为 (18.5.5) 式中的积分在 $r \simeq a_0$ 以外被波函数 e^{-r/a_0} 迅速截断，我们可以把积分中的 $\mathrm{e}^{\mathrm{i}\boldsymbol{k}\cdot\boldsymbol{r}}$ 近似成

$$\mathrm{e}^{\mathrm{i}\boldsymbol{k}\cdot\boldsymbol{r}} \simeq 1 \tag{18.5.12}$$

它被称为电偶极近似[①]。原因是在这个近似中，原子看到一个空间恒定的电场，

$$\begin{aligned}\boldsymbol{E} &= \frac{-1}{c}\frac{\partial \boldsymbol{A}}{\partial t} \\ &= \frac{-1}{c}\frac{\partial}{\partial t}\left(\frac{\boldsymbol{A}_0}{2}\mathrm{e}^{-\mathrm{i}\omega t}\right) \\ &= \frac{\mathrm{i}\omega}{2c}\boldsymbol{A}_0\,\mathrm{e}^{-\mathrm{i}\omega t}\end{aligned} \tag{18.5.13}$$

（上式最后一步中，我们忽略 $\boldsymbol{A}$ 的“错误”频率部分。）并通过原子的电偶极矩 $\boldsymbol{\mu} = -e\boldsymbol{R}$ 与它耦合：

$$H^1(t) = -\boldsymbol{\mu}\cdot\boldsymbol{E} = \frac{\mathrm{i}\omega e}{2c}\boldsymbol{A}_0\cdot\boldsymbol{R}\,\mathrm{e}^{-\mathrm{i}\omega t} \tag{18.5.14}$$

当然，在这个近似中，$H^1(t)$ 必须与 (18.5.3) 式一致：

$$H^1(t) = \frac{e}{2mc}\boldsymbol{A}_0\cdot\boldsymbol{P}\,\mathrm{e}^{-\mathrm{i}\omega t} \tag{18.5.15}$$

(18.5.14) 和 (18.5.15) 式的等价性可以在下面一般的情况下说明。因为对于任意

$$H^0 = \frac{|\boldsymbol{P}|^2}{2m} + V(\boldsymbol{R}) \tag{18.5.16a}$$

下式是正确的：

$$[\boldsymbol{R}, H^0] = \frac{i\hbar}{m}\boldsymbol{P} \tag{18.5.16b}$$

所以我们得到

$$\begin{aligned}\langle f^0|\boldsymbol{P}|i^0\rangle &= \frac{m}{\mathrm{i}\hbar}\langle f^0|\boldsymbol{R}H^0 - H^0\boldsymbol{R}|i^0\rangle \\ &= \frac{m}{\mathrm{i}\hbar}(E_i^0 - E_f^0)\langle f^0|\boldsymbol{R}|i^0\rangle \\ &= \mathrm{i}m\omega\langle f^0|\boldsymbol{R}|i^0\rangle\end{aligned} \tag{18.5.17}$$

使得

$$\begin{aligned}\langle f^0|\frac{e}{2mc}\boldsymbol{A}_0\cdot\boldsymbol{P}|i^0\rangle &= \frac{\mathrm{i}e\omega}{2c}\boldsymbol{A}_0\cdot\langle f^0|\boldsymbol{R}|i^0\rangle \\ &= \langle f^0|(-\boldsymbol{\mu}\cdot\boldsymbol{E})|i^0\rangle \quad \text{［通过 (18.5.14) 式］}\end{aligned} \tag{18.5.18}$$

① 在展开式中保持 $\boldsymbol{k}\cdot\boldsymbol{r}$ 较高的幂次，就可得到被称为电四极子、磁偶极子、电八极子、磁四极子等项的贡献。

现在考虑在偶极近似中矩阵元 H^1_{fi} 的计算：

$$H^1_{fi} = \mathrm{N}\int \mathrm{e}^{-\mathrm{i}\boldsymbol{p}_f\cdot\boldsymbol{r}/\hbar}\boldsymbol{A}_0\cdot(-\mathrm{i}\hbar\boldsymbol{\nabla})\,\mathrm{e}^{-r/a_0}\,\mathrm{d}^3r \tag{18.5.19}$$

其中 N 是一个常数，由

$$\mathrm{N} = \left(\frac{e}{2mc}\right)\left(\frac{1}{2\pi\hbar}\right)^{3/2}\left(\frac{1}{\pi a_0^3}\right)^{1/2} \tag{18.5.20}$$

给出。如果对 $\boldsymbol{\nabla}$ 进行分部积分，可得到

$$H^1_{fi} = \mathrm{N}\boldsymbol{A}_0\cdot\boldsymbol{p}_f\int \mathrm{e}^{-\mathrm{i}\boldsymbol{p}_f\cdot\boldsymbol{r}/\hbar}\,\mathrm{e}^{-r/a_0}\,\mathrm{d}^3r \tag{18.5.21}$$

（现在应该清楚：为什么我们喜欢的是 H^1 的 $\boldsymbol{A}_0\cdot\boldsymbol{P}$ 形式而不是 $\boldsymbol{A}_0\cdot\boldsymbol{R}$ 形式。）如果我们令 z 轴沿着 $\boldsymbol{p}_f$，那么 $\boldsymbol{r}$ 积分就变成

$$\begin{aligned}
&\int_0^\infty\int_{-1}^1\int_0^{2\pi}\mathrm{e}^{-\mathrm{i}p_f r\cos\theta/\hbar}\,\mathrm{e}^{-r/a_0}\,r^2\,\mathrm{d}r\,\mathrm{d}(\cos\theta)\,\mathrm{d}\phi\\
&=2\pi\int_0^\infty\left(\frac{\mathrm{e}^{-\mathrm{i}p_f r/\hbar}-\mathrm{e}^{\mathrm{i}p_f r/\hbar}}{-\mathrm{i}p_f r/\hbar}\right)\mathrm{e}^{-r/a_0}r^2\mathrm{d}r\\
&=\frac{2\pi\hbar\mathrm{i}}{p_f}\left[-\frac{\partial}{\partial(1/a_0)}\right]\int_0^\infty\left[\mathrm{e}^{-(1/a_0+\mathrm{i}p_f r/\hbar)r}-\mathrm{e}^{-(1/a_0-\mathrm{i}p_f r/\hbar)r}\right]\mathrm{d}r\\
&=\frac{8\pi/a_0}{[(1/a_0)^2+(p_f/\hbar)^2]^2}
\end{aligned} \tag{18.5.22}$$

将其代入 (18.5.5) 式，并将结果的表达式代入黄金法则，我们就得到了跃迁率：

$$R_{i\to f} = \frac{2\pi}{\hbar}\left(\frac{e}{2mc}\right)^2\frac{1}{8\pi^3\hbar^3}\frac{1}{\pi a_0^3}\frac{|\boldsymbol{A}_0\cdot\boldsymbol{p}_f|^2 64\pi^2 a_0^6}{[1+(p_f a_0/\hbar)^2]^4}\,\delta(E_f^0-E_i^0-\hbar\omega) \tag{18.5.23}$$

现在到了处理 δ 函数的时候了。对于找到一个处于数学上精确的动量 $\boldsymbol{p}_f$ 的态的末态电子，δ 函数给出了一个奇异的概率分布。当我们实际设置一个有限张角 $\mathrm{d}\Omega$ 的探测器，并询问有多少动量处于 p_f 到 $p_f+\mathrm{d}p_f$ 之间（见图 18.4）的电子进入探测器时，这个概率是没有什么意义的。δ 函数告诉我们，电子的动量集中在

$$\frac{p_f^2}{2m} = E_i^0 + \hbar\omega$$

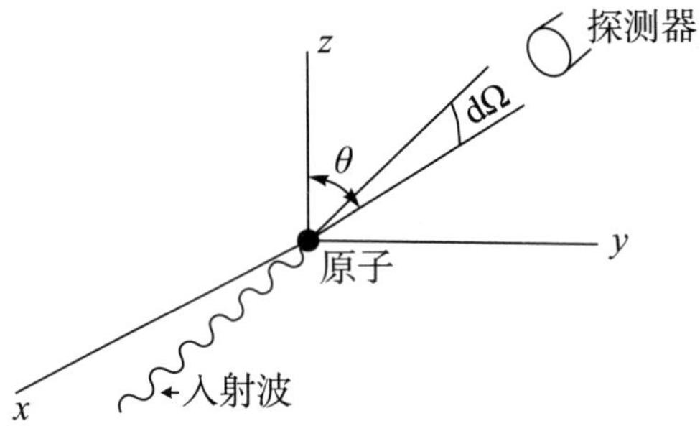

图 18.4 光电效应。在任何实际的实验中，能量和角度的分辨率都是有限的。问题是有多少动量在 p 到 $p+\mathrm{d}p$ 之间的电子进入了立体角为 $\mathrm{d}\Omega$ 的圆锥体中

这个区域的贡献是通过 δ 函数对 p_f 的积分得到的。使用

$$\delta\left(\frac{p_f^2}{2m}-E_i^0-\hbar\omega\right)=\frac{m}{p_f}\delta\left\{p_f-\left[2m(E_i^0+\hbar\omega)\right]^{1/2}\right\} \tag{18.5.24}$$

我们得到进入探测器的跃迁率为

$$\begin{aligned}R_{i\to\mathrm{d}\Omega}&=\frac{2\pi}{\hbar}|H_{fi}^1|^2mp_f\mathrm{d}\Omega\\&=\frac{4a_0^3e^2p_f|\boldsymbol{A}_0\cdot\boldsymbol{p}_f|^2}{m\pi\hbar^4c^2\left[1+(p_fa_0/\hbar)^2\right]^4}\mathrm{d}\Omega\end{aligned} \tag{18.5.25}$$

（在这个表达式和下面所有的表达式中，$p_f=\left[2m(E_i^0+\hbar\omega)\right]^{1/2}$。）注意，跃迁率只取决于施加的 $\boldsymbol{A}_0$ 场的大小，$\boldsymbol{A}_0$ 的极化与出射动量之间的夹角，以及 $\boldsymbol{p}_f$——或等效的辐射频率 ω 的大小。上面的公式告诉我们，电子倾向于和 $\boldsymbol{A}_0$ 平行，也就是说，平行于将它从原子中剥离出来的电场。由于我们已令 $\mathrm{e}^{\mathrm{i}\boldsymbol{k}\cdot\boldsymbol{r}}=1$，所以不会出现入射辐射的方向。如果我们保持 $\mathrm{e}^{\mathrm{i}\boldsymbol{k}\cdot\boldsymbol{r}}$ 因子，可以看到电子动量也将偏向 $\boldsymbol{k}$，反映了输入的 $\hbar\boldsymbol{k}$ 动量。

习题 18.5.1*

(1) 通过推导，论证通过在 (18.5.19) 式中用 $\boldsymbol{p}_f-\hbar\boldsymbol{k}$ 替换 $\boldsymbol{p}_f$，可以精确地考虑 $\mathrm{e}^{\mathrm{i}\boldsymbol{k}\cdot\boldsymbol{r}}$ 因子。

(2) 验证上述关于电子动量分布的说法。

如果我们将 $R_{i\to\mathrm{d}\Omega}$ 对所有的角度积分，那么就可以得到总电离率。为了方便，

选择 $\boldsymbol{A}_0$ 沿着 z 轴，我们得到

$$R_{i\to\text{所有}} = \frac{4a_0^3e^2p_f^3|\boldsymbol{A}_0|^2}{m\pi\hbar^4c^2\left[1+(p_fa_0/\hbar)^2\right]^4}\int\int\cos^2\theta\,\mathrm{d}(\cos\theta)\,\mathrm{d}\phi$$

$$= \frac{16a_0^3e^2p_f^3|\boldsymbol{A}_0|^2}{3m\hbar^4c^2\left[1+(p_fa_0/\hbar)^2\right]^4} \tag{18.5.26}$$

因为这是电离率，每一次电离都从束流中得到 $\hbar\omega$ 的能量，故能量吸收率是

$$\frac{\mathrm{d}E_{\text{abs}}}{\mathrm{d}t} = \hbar\omega\cdot R_{i\to\text{所有}} \tag{18.5.27}$$

现在光束以每单位面积 $\omega^2|\boldsymbol{A}_0|^2/8\pi c$ 的速率带入能量。假设我们在这束束流的横向放置一个面积为 σ 的完全吸收盘。它将以

$$\frac{\mathrm{d}E_{\text{abs}}}{\mathrm{d}t} = \frac{\sigma|\boldsymbol{A}_0|^2\omega^2}{8\pi c} \tag{18.5.28}$$

的速率吸收能量。如果想象把一个由 N 个（N 很大）不重叠（距离 $\gg a_0$）的氢原子构成的系综放置在光束的路径上，系综将像一个面积为 $N\sigma$ 的完全吸收盘一样吸收能量，在这个意义上，通过比较 (18.5.27) 和 (18.5.28) 式，我们就可以把光电截面与原子联系起来。

$$\sigma = \frac{8\pi c}{|\boldsymbol{A}_0|^2\omega^2}\cdot\hbar\omega\cdot R_{i\to\mathrm{d}\Omega} \tag{18.5.29}$$

$$= \frac{128a_0^3\pi e^2p_f^3}{3m\hbar^3\omega c(1+p_f^2a_0^2/\hbar^2)^4} \tag{18.5.30}$$

我们也可以将微分截面 $\mathrm{d}\sigma/\mathrm{d}\Omega$ 与流入立体角 $\mathrm{d}\Omega$ 的能量联系起来：

$$\mathrm{d}\sigma = \frac{8\pi c}{|\boldsymbol{A}_0|^2\omega^2}\hbar\omega\frac{R_{i\to\mathrm{d}\Omega}}{\mathrm{d}\Omega}$$

$$= \frac{32a_0^3e^2p_f^3\cos^2\theta}{mc\omega\hbar^3(1+p_f^2a_0^2/\hbar^2)^4} \tag{18.5.31}$$

在 $p_fa_0/\hbar\gg 1$ 的区域，公式简化为

$$\frac{\mathrm{d}\sigma}{\mathrm{d}\Omega} = \frac{32e^2\hbar^5\cos^2\theta}{mc\omega p_f^5a_0^5} \tag{18.5.32}$$

习题 18.5.2*

(1) 当弹射出的电子具有 10 Ry 的动能时，估计光电截面。将其与原子的几何截面 $\simeq\pi a_0^2$ 作比较。

(2) 证明：如果我们在电荷为 Z 的原子的 1s 态上考虑光电发射，在 $p_fa_0/Z\hbar\gg 1$ 的极限下，$\sigma\propto Z^5$。

场的量子化①

上述例子说明的一般形式可用于许多其他涉及原子与辐射相互作用的现象。只要电磁场具有宏观强度，计算结果就总是与实验结果非常吻合。下面的例子非常戏剧性地说明了上述弱场公式的失效。考虑一个自由空间的氢原子（弱场的极端情况）处于 $|2lm\rangle$ 态。它衰变到基态的衰变率是多少？我们的形式清楚地给出了一个等于零的答案，因为自由空间对应于 $\boldsymbol{A}=0$（在库仑规范中），所以 $H^1=0$，且原子应该永远处于定态 $|2lm\rangle$。然而实验发现，原子的衰变率为 $R\simeq 10^9\,\mathrm{s}^{-1}$，平均寿命为 $\tau\simeq 10^{-9}\,\mathrm{s}$。事实上，所有处于激发态的原子在自由空间都自发地衰变到基态。这种现象在我们的形式内不能得到解释。

那么，是否可以得出这样的结论：我们对自由空间（这应该是能够描述的最简单的情况）的描述是不是不合适呢？是的！$\boldsymbol{A}=\dot{\boldsymbol{A}}=0$ 对自由空间的描述是*经典*的，这就好像是说振子的基态是由 $x=p=0$ 给出的。我们现在知道：如果用量子力学方法处理振子，只有*平均量* $\langle 0|X|0\rangle$ 和 $\langle 0|P|0\rangle$ 才在基态消失，并且这些平均值具有非零的涨落 $(\Delta X)^2=\langle 0|X^2|0\rangle$ 和 $(\Delta P)^2=\langle 0|P^2|0\rangle$。同样，如果用量子力学处理电磁场，会发现自由空间（它是场的基态）是由具有非零涨落 $(\Delta\boldsymbol{A})^2$ 和 $(\Delta\dot{\boldsymbol{A}})^2$ 的 $\langle\boldsymbol{A}\rangle=\langle\dot{\boldsymbol{A}}\rangle=0$（其中 $\boldsymbol{A}$ 和 $\dot{\boldsymbol{A}}$ *是算符*）②来描述的。自由空间只是在平均意义上的沉寂——这些场在它们的平均值附近总是有量子涨落。触发自发衰变的正是这些涨落。

只要我们把自己限制在宏观场中，场的量子描述和经典描述就变得不可区分。这就是为什么从经典力学到量子力学，即从 $\mathcal{H}^1=(e/mc)\boldsymbol{A}\cdot\boldsymbol{p}$ 到 $H^1=(e/mc)\boldsymbol{A}\cdot\boldsymbol{P}$ 时，我们仅把 $\boldsymbol{p}$ 升级成算符 $\boldsymbol{P}$，而让 $\boldsymbol{A}$ 继续为经典场。因此，这种处理方式被称为*半经典处理*。我们现在转向完整的量子力学处理，在那里 $\boldsymbol{A}$ 也将变成算符。

量子化场背后的基本思想是熟悉的：人们找到一套完整的*正则*坐标和动量来描述经典场，并将它们升级成遵从正则对易关系的算符。然后人们取 $\mathcal{H}$，它正是用正则变量表示的场能，通过通常的替换规则得到 H。但是正如我们即将看到的，这中间还存在着许多障碍。

让我们从场的坐标开始。如果我们决定使用势来描述它，在空间中的每一个点 $\boldsymbol{r}$，都应有四个实坐标 $(\phi(\boldsymbol{r}),\boldsymbol{A}(\boldsymbol{r}))$③。现在，我们已经知道这些坐标并不完全是物理的，因为它们可以在没有可观测结果的情况下进行规范变换。为了使它们成为物理的，我们必须将它们限制在一个没有剩余规范自由度的点上，比如通过施加库仑规范条件。尽管我们最终会这样做，但我们还是将其视为当前真正的坐标。

---

① 对这一高级主题的处理将会比较简洁。如果你想深入了解它，你就需要去找出遗漏的步骤。

② 这里背离了我们的惯例，用了相同的符号表示经典和量子场的变量，因为在这种情况下每个人都这么做。

③ 现在的 $\boldsymbol{r}$ 只是场坐标上的一个标记，而不是一个动力学变量。

与这些坐标共轭的动量是什么？为了找到答案，我们转到拉格朗日量：①

$$\mathcal{L}=\frac{1}{8\pi}\int\left(|\boldsymbol{E}|^2-|\boldsymbol{B}|^2\right)\mathrm{d}^3r=\frac{1}{8\pi}\int\left(\left|-\frac{1}{c}\frac{\partial\boldsymbol{A}}{\partial t}-\boldsymbol{\nabla}\phi\right|^2-|\boldsymbol{\nabla}\times\boldsymbol{A}|^2\right)\mathrm{d}^3r \tag{18.5.33}$$

当它随着势变化时，就会得到麦克斯韦方程组②。与每个"坐标"共轭的动量是 $\mathcal{L}$ 对相应"速度"的导数。由此可见，由于 $\dot{\phi}(\boldsymbol{r})$ 没有出现在 $\mathcal{L}$ 中，与 $\phi(\boldsymbol{r})$ 共轭的动量（在空间的每个 $\boldsymbol{r}$ 点处）就消失了。处理一个其共轭动量同样消失的坐标这件事告诉我们不能遵循正则路径。但幸运的是，我们有工作在 $\phi=0$ 规范的自由度。所以今后我们可以不考虑所有关于 ϕ 及其消失的共轭动量的量。特别是，我们可以在 (18.5.33) 式中令 $\phi=0$。

现在考虑坐标 $\boldsymbol{A}(\boldsymbol{r})$。为了找到 $A_i(\boldsymbol{r}_0)$ 的动量共轭 $\Pi_i(\boldsymbol{r}_0)$，我们使用关系

$$\Pi_i(\boldsymbol{r}_0)=\frac{\partial\mathcal{L}}{\partial\dot{A}_i(\boldsymbol{r}_0)}$$

在 $\mathcal{L}$ 对 $\dot{A}_i(\boldsymbol{r}_0)$ 微分时，我们把 (18.5.33) 式中对 $\boldsymbol{r}$ 的积分处理成对连续指标 $\boldsymbol{r}$ 的求和。偏导数只在求和中挑选出指标 $\boldsymbol{r}=\boldsymbol{r}_0$ 的项（因为不同点的速度是独立变量），并给出③

$$\Pi_i(\boldsymbol{r}_0)=\frac{1}{4\pi c^2}\dot{A}_i(\boldsymbol{r}_0)=-\frac{E_i(\boldsymbol{r}_0)}{4\pi c} \tag{18.5.34}$$

或矢量的形式（丢掉 $\boldsymbol{r}$ 的下标 0）

$$\boldsymbol{\Pi}(\boldsymbol{r})=\frac{1}{4\pi c^2}\dot{\boldsymbol{A}}=-\frac{\boldsymbol{E}}{4\pi c} \tag{18.5.35}$$

注意，$\boldsymbol{\Pi}$ 实际上就是电场。

---

① 如果你不熟悉这个 $\mathcal{L}$：回想一下场能为 $\int(1/8\pi)(|\boldsymbol{E}|^2+|\boldsymbol{B}|^2)\,\mathrm{d}^3r$，见 (18.4.24) 式。将其写在 $\phi=0$ 的规范下，并改变与"势能"对应的项的符号。上述结果正是到 $\phi\neq 0$ 规范的推广。

② 更多的例子，请参见 H. Goldstein, *Classical Mechanics*, Addison-Wesley, Reading, Massachusetts (1965), 第 366 页。

③ 更正式的处理方法如下。如果说，$\mathcal{L}=\sum_i\dot{q}_i^2$，于是我们就知道

$$p_j=\frac{\partial\mathcal{L}}{\partial\dot{q}_j}=\sum_i 2\dot{q}_i\frac{\partial\dot{q}_i}{\partial\dot{q}_j}=\sum_i 2\dot{q}_j\delta_{ij}=2\dot{q}_j$$

同样，如果

$$\mathcal{L}=\int\left(\sum_i\dot{A}_i^2(\boldsymbol{r})\right)\mathrm{d}^3r$$

则

$$\begin{aligned}\frac{\partial\mathcal{L}}{\partial\dot{A}_j(r_0)}&=\int\sum_i 2\dot{A}_i(\boldsymbol{r})\frac{\partial\dot{A}_i(\boldsymbol{r})}{\partial\dot{A}_j(\boldsymbol{r}_0)}\mathrm{d}^3r\\&=\int\sum_i 2\dot{A}_i(\boldsymbol{r})\delta_{ij}\delta^3(\boldsymbol{r}-\boldsymbol{r}_0)\,\mathrm{d}^3r=2\dot{A}_j(\boldsymbol{r}_0)\end{aligned}$$

在这一点上，自然要做的事是将 $\boldsymbol{A}$ 和 $\boldsymbol{\Pi}$ 升级到遵从正则对易规则的量子算符，并通过替换规则得到量子哈密顿量 H。但是如果这样做，我们就不会与电动力学打交道了。原因是经典的，可在下面看到。取 (18.5.33) 式中的拉格朗日量并将 ϕ 置为 0。通过它随 $\boldsymbol{A}$ 的分量的改变，我们得到矢量方程

$$\nabla^2\boldsymbol{A}-\frac{1}{c^2}\frac{\partial^2\boldsymbol{A}}{\partial t^2}-\boldsymbol{\nabla}(\boldsymbol{\nabla}\cdot\boldsymbol{A})=0 \tag{18.5.36}$$

在 $\phi=0$ 的规范中，它正是

$$\boldsymbol{\nabla}\times\boldsymbol{B}-\frac{1}{c}\frac{\partial\boldsymbol{E}}{\partial t}=0$$

如果我们用 $\boldsymbol{A}$ 写出 $\boldsymbol{E}$ 和 $\boldsymbol{B}$（回想一下最初是如何引入势的），其他两个方程

$$\boldsymbol{\nabla}\cdot\boldsymbol{B}=0$$

$$\boldsymbol{\nabla}\times\boldsymbol{E}+\frac{1}{c}\frac{\partial\boldsymbol{B}}{\partial t}=0$$

就会同样得到满足。至于另一个麦克斯韦方程，高斯定律，

$$\boldsymbol{\nabla}\cdot\boldsymbol{E}=0$$

它不是由任何公式产生的。（如果 $\mathcal{L}$ 随 ϕ 变化，就能得到它，但是我们已经从这个图像中消除了 ϕ。）因此它必须作为动量 $\boldsymbol{\Pi}$ 的*约束方程*被附加，该动量就是 $\boldsymbol{E}$ 乘一个常数。（与内含时间导数的运动方程相反，约束方程是一个在给定时间的变量之间的关系。这意味着变量不是独立的。）约束

$$\boldsymbol{\nabla}\cdot\boldsymbol{\Pi}=0 \tag{18.5.37}$$

告诉我们动量分量在附近点上不是独立的。（把 $\boldsymbol{\nabla}$ 的导数看成差值。）若取 (18.5.36) 式的散度，则可推导出约束的一个重要特征：

$$0=\boldsymbol{\nabla}\cdot\boldsymbol{\nabla}^2\boldsymbol{A}-\frac{1}{c^2}\frac{\partial^2}{\partial t^2}\boldsymbol{\nabla}\cdot\boldsymbol{A}-\boldsymbol{\nabla}^2\boldsymbol{\nabla}\cdot\boldsymbol{A}\to\frac{\partial}{\partial t}(\boldsymbol{\nabla}\cdot\boldsymbol{\Pi})=0 \tag{18.5.38}$$

换句话说，没有约束的理论有一个守恒量 $\boldsymbol{\nabla}\cdot\boldsymbol{\Pi}$，而电动力学对应于该运动常数为零的轨迹的子集。此外，如果把我们自己限制在这些轨迹上，我们可以看到 $\boldsymbol{\nabla}\cdot\boldsymbol{A}$ 也是运动常数。[将 (18.5.37) 式写成 $\boldsymbol{\nabla}\cdot\dot{\boldsymbol{A}}=0$。] 我们将选择这个常数为零，即在库仑规范下讨论。

我们如何量子化这个理论？一种方法是忽略约束并量子化一般的理论，然后试图挑选出对应电动力学的解的子集（在量子理论中）。这可以做到，但非常困难。因此，让我们在经典层次上处理约束。它们提出的第一个问题是使变量 $\boldsymbol{A}$ 和 $\boldsymbol{\Pi}$ 成为

非正则的，但我们没有量子化非正则变量的方法。让我们验证：约束确实暗示 $\boldsymbol{A}$ 和 $\boldsymbol{\Pi}$ 是非正则的。如果它们是正则的，它们本就会服从

$$\{q_i, p_j\} = \delta_{ij}$$

的推广（所有其他的泊松括号为零），即

$$\{A_i(\boldsymbol{r}), \Pi_j(\boldsymbol{r}')\} = \delta_{ij}\,\delta^3(\boldsymbol{r}-\boldsymbol{r}') \tag{18.5.39}$$

（所有其他的泊松括号为零）。但是如果取 $\boldsymbol{A}$ 对 $\boldsymbol{r}$ 的散度或 $\boldsymbol{\Pi}$ 对 $\boldsymbol{r}'$ 的散度，我们得到左边为零，但右边不为零。

我们要做的是，首先把 $\boldsymbol{A}$ 和 $\boldsymbol{\Pi}$ 换成一组新的变量，这些新变量的数量更少，且具有内在的约束。（这就像把被 $x^2+y^2+z^2=a^2$ 约束的变量 x，y 和 z 换成半径为 a 的球面上的角度 θ 和 ϕ。）如果我们从这些用新变量写的 $\mathcal{H}$ 开始，这些变量和相应的动量将是正则的，并且会自动重新产生电动力学。为了量子化，我们将这些变量升级为遵从正则对易规则的算符。哈密顿量和其他算符则通过替换规则得到。

现在，被称为横向性约束（其原因见后）的

$$\boldsymbol{\nabla}\cdot\boldsymbol{A}=0, \qquad \boldsymbol{\nabla}\cdot\boldsymbol{\Pi}=0 \tag{18.5.40}$$

的问题是，它们不是代数方程，而是微分方程。为了使它们代数化，我们将把 $\boldsymbol{A}$ 和 $\boldsymbol{\Pi}$ 换成它们的傅里叶变换，因为坐标空间中的微分方程在傅里叶变换后就变成了代数方程。我们希望傅里叶系数间的代数约束将更容易实施。我们发现确实如此。在完成的时候我们还发现了一个额外的好处：傅里叶系数是简正坐标；也就是说，当我们用它们表示哈密顿量

$$\mathcal{H}=\frac{1}{8\pi}\int\left(16\pi^2c^2|\boldsymbol{\Pi}|^2+|\boldsymbol{\nabla}\times\boldsymbol{A}|^2\right)\,\mathrm{d}^3r \tag{18.5.41}$$

（它是在 $\mathcal{L}$ 中通过改变势能项的符号并用 $\boldsymbol{\Pi}$ 替换 $\dot{\boldsymbol{A}}$ 得到的）时，它变成了退耦合振子的振子哈密顿量的总和。由于以下的原因，这个结果是可以预料到的。如果在 $\int \mathrm{d}\boldsymbol{r}$ 内使用 $\boldsymbol{\nabla}\cdot\boldsymbol{A}=0$ 时有效的关系式 $|\boldsymbol{\nabla}\times\boldsymbol{A}|^2=-\boldsymbol{A}\cdot\boldsymbol{\nabla}^2\boldsymbol{A}$，可得到

$$\mathcal{H}=\frac{1}{8\pi}\int\sum_i\sum_j\left[16\pi^2c^2\Pi_i(\boldsymbol{r})\delta_{ij}\Pi_j(\boldsymbol{r})-A_i(\boldsymbol{r})\nabla^2\delta_{ij}A_j(\boldsymbol{r})\right]\,\mathrm{d}^3r \tag{18.5.42}$$

它与 (7.1.10) 式的形式相同。[记住，当我们把导数算符或单位算符夹在函数空间的两个元素之间时，将只有一个（显式的）对连续指标 $\boldsymbol{r}$ 的求和，另一个指标被矩阵元中的 δ 函数所吞噬。] 由于简正模是 ∇^2 的本征矢（我们知道它是平面波），到傅里叶系数的过渡就是到简正坐标的过渡。

在做了所有这些初步准备之后，让我们转到无约束 A 的傅里叶变换：

$$\boldsymbol{A}(\boldsymbol{r})=\int\left[\boldsymbol{a}(\boldsymbol{k})\,\mathrm{e}^{\mathrm{i}\boldsymbol{k}\cdot\boldsymbol{r}}+\boldsymbol{a}^{*}(\boldsymbol{k})\,\mathrm{e}^{-\mathrm{i}\boldsymbol{k}\cdot\boldsymbol{r}}\right]\mathrm{d}^{3}k \tag{18.5.43}$$

值得给这一展开作几点评论。

(1) 因为我们对矢量 $\boldsymbol{A}$ 做傅里叶变换，傅里叶系数就是矢量 $\boldsymbol{a}(\boldsymbol{k})$。[你可以认为 (18.5.43) 式给出了三个傅里叶展开式，它们分别与 $\boldsymbol{A}$ 的每个分量一一对应。]

(2) 由于 $\boldsymbol{A}(\boldsymbol{r})$ 是实函数，所以 $\boldsymbol{k}$ 和 $-\boldsymbol{k}$ 处的傅里叶系数一定是复共轭的。我们的展开使得这一点变得清晰。换句话说，一个坐标空间中的实矢量函数 $\boldsymbol{A}$ 不能区分一个 $\boldsymbol{k}$ 空间的复矢量函数 $\boldsymbol{a}(\boldsymbol{k})$：如果两边乘 $\mathrm{e}^{-\mathrm{i}\boldsymbol{k}_0\cdot\boldsymbol{r}}$ 并对 $\boldsymbol{r}$ 积分，我们发现确实如此：

$$\int\mathrm{e}^{-\mathrm{i}\boldsymbol{k}_0\cdot\boldsymbol{r}}\boldsymbol{A}(\boldsymbol{r})\,\mathrm{d}^{3}r=(2\pi)^{3}\left[\boldsymbol{a}(\boldsymbol{k}_0)+\boldsymbol{a}^{*}(-\boldsymbol{k}_0)\right] \tag{18.5.44}$$

即，$\boldsymbol{A}(\boldsymbol{r})$ 只能确定 $\boldsymbol{a}(\boldsymbol{k})+\boldsymbol{a}^{*}(-\boldsymbol{k})$ 的组合。我们将很快探讨这一点。

(3) (18.5.43) 式中不存在时间自变量，因为我们把它看作是两套坐标之间的线性关系，就像如下在任何时候都正确的关系：

$$x_1=\frac{x_{\mathrm{I}}+x_{\mathrm{II}}}{2^{1/2}}$$
$$x_2=\frac{x_{\mathrm{I}}-x_{\mathrm{II}}}{2^{1/2}}$$

在这里，离散的标记 1，2，I 和 II 都将被连续标记 $\boldsymbol{r}$ 和 $\boldsymbol{k}$ 代替。

类似地，我们可把 $\boldsymbol{\Pi}$（在施加横向性约束之前）展开成

$$\boldsymbol{\Pi}(\boldsymbol{r})=\frac{1}{4\pi\mathrm{i}c}\int k\left[\boldsymbol{a}(\boldsymbol{k})\,\mathrm{e}^{\mathrm{i}\boldsymbol{k}\cdot\boldsymbol{r}}-\boldsymbol{a}^{*}(\boldsymbol{k})\,\mathrm{e}^{-\mathrm{i}\boldsymbol{k}\cdot\boldsymbol{r}}\right]\mathrm{d}^{3}k \tag{18.5.45}$$

因子 $(k/4\pi\mathrm{i}c)$ 被提取出来以简化未来的计算。注意，这里出现了相同的函数 $\boldsymbol{a}(\boldsymbol{k})$。但不存在冲突，因为 $\boldsymbol{\Pi}(\boldsymbol{r})$ 确定的是不同的组合：

$$\int\boldsymbol{\Pi}(\boldsymbol{r})\,\mathrm{e}^{-\mathrm{i}\boldsymbol{k}_0\cdot\boldsymbol{r}}\,\mathrm{d}^{3}r=\frac{(2\pi)^{3}}{4\pi\mathrm{i}c}k_0\left[\boldsymbol{a}(\boldsymbol{k}_0)-\boldsymbol{a}^{*}(-\boldsymbol{k}_0)\right] \tag{18.5.46}$$

显然，可使用 $\boldsymbol{A}$ 和 $\boldsymbol{\Pi}$ 求解 (18.5.44) 式和 (18.5.46) 式以得到 $\boldsymbol{a}(\boldsymbol{k})$：两个实矢量函数 $\boldsymbol{A}(\boldsymbol{r})$ 和 $\boldsymbol{\Pi}(\boldsymbol{r})$ 确定一个复矢量函数 $\boldsymbol{a}(\boldsymbol{k})$。现在考虑给定 $\boldsymbol{k}$ 处的矢量 $\boldsymbol{a}(\boldsymbol{k})$。我们可以用任意三个正交矢量将其展开。与其将这三个矢量取为 x，y 和 z 方向上的单位矢量，不如将它们（留意到约束条件）取为 $\boldsymbol{k}$ 的函数，方法如下：

$$\left.\begin{matrix}\boldsymbol{\varepsilon}(\boldsymbol{k}1)\\ \boldsymbol{\varepsilon}(\boldsymbol{k}2)\end{matrix}\right\}\text{垂直于 }\boldsymbol{k}\text{ 的平面上的正交归一的矢量}$$
$$\boldsymbol{\varepsilon}(\boldsymbol{k}3)\quad\text{平行于 }\boldsymbol{k}\text{ 的单位矢量} \tag{18.5.47}$$

如果现在把 $\boldsymbol{a}(\boldsymbol{k})$（在每个 $\boldsymbol{k}$ 处）展开为

$$\boldsymbol{a}(\boldsymbol{k})=\sum_{\lambda=1}^{3}\left(c^2/4\pi^2\omega\right)^{1/2}\boldsymbol{a}(\boldsymbol{k}\lambda)\,\boldsymbol{\varepsilon}(\boldsymbol{k}\lambda) \tag{18.5.48}$$

（其中 $\omega=kc$）并将其代入 $\boldsymbol{A}$ 和 $\boldsymbol{\Pi}$ 的展开式中，就可得到

$$\boldsymbol{A}(\boldsymbol{r})=\sum_{\lambda}\int\left(\frac{c^2}{4\pi^2\omega}\right)^{1/2}\left[\boldsymbol{a}(\boldsymbol{k}\lambda)\boldsymbol{\varepsilon}(\boldsymbol{k}\lambda)\mathrm{e}^{\mathrm{i}\boldsymbol{k}\cdot\boldsymbol{r}}+\boldsymbol{a}^*(\boldsymbol{k}\lambda)\boldsymbol{\varepsilon}(\boldsymbol{k}\lambda)\mathrm{e}^{-\mathrm{i}\boldsymbol{k}\cdot\boldsymbol{r}}\right]\mathrm{d}^3k \tag{18.5.49a}$$

$$\boldsymbol{\Pi}(\boldsymbol{r})=\sum_{\lambda}\int\frac{1}{\mathrm{i}}\left(\frac{\omega}{64\pi^4c^2}\right)^{1/2}\left[\boldsymbol{a}(\boldsymbol{k}\lambda)\boldsymbol{\varepsilon}(\boldsymbol{k}\lambda)\mathrm{e}^{\mathrm{i}\boldsymbol{k}\cdot\boldsymbol{r}}-\boldsymbol{a}^*(\boldsymbol{k}\lambda)\boldsymbol{\varepsilon}(\boldsymbol{k}\lambda)\mathrm{e}^{-\mathrm{i}\boldsymbol{k}\cdot\boldsymbol{r}}\right]\mathrm{d}^3k \tag{18.5.49b}$$

这些方程将旧的坐标——在 $\boldsymbol{r}$ 空间的每个点上，$\boldsymbol{A}$ 的三个实分量和 $\boldsymbol{\Pi}$ 的三个实分量——与 $\boldsymbol{k}$ 空间每个点上的 $\boldsymbol{a}$ 的三个复分量联系起来。由于 $\boldsymbol{A}$ 和 $\boldsymbol{\Pi}$ 是在施加横向性条件之前的正则变量，所以它们的泊松括号为

$$\begin{aligned}&\{A_i(\boldsymbol{r}),A_j(\boldsymbol{r}')\}=0\\&\{\Pi_i(\boldsymbol{r}),\Pi_j(\boldsymbol{r}')\}=0\\&\{A_i(\boldsymbol{r}),\Pi_j(\boldsymbol{r}')\}=\delta_{ij}\,\delta^3\left(\boldsymbol{r}-\boldsymbol{r}'\right)\end{aligned} \tag{18.5.50}$$

从这些等式我们可以推断出（经过一番努力之后）

$$\begin{aligned}\left\{a(\boldsymbol{k}\lambda),a(\boldsymbol{k}'\lambda')\right\}&=0=\left\{a^*(\boldsymbol{k}\lambda),a^*\left(\boldsymbol{k}'\lambda'\right)\right\},\\\left\{a(\boldsymbol{k}\lambda),a^*(\boldsymbol{k}'\lambda')\right\}&=-\mathrm{i}\,\delta_{\lambda\lambda'}\,\delta^3\left(\boldsymbol{k}-\boldsymbol{k}'\right)\end{aligned} \tag{18.5.51}$$

我们现在处理施加约束的问题，即重新获得电动力学的问题。$\boldsymbol{\nabla}\cdot\boldsymbol{A}=0$ 和 $\boldsymbol{\nabla}\cdot\boldsymbol{\Pi}=0$ 的条件告诉我们［当把它们用于 (18.5.43) 和 (18.5.45) 式，并将两侧投影到某个给定的 $\boldsymbol{k}$ 时］，

$$\begin{aligned}\boldsymbol{k}\cdot[\boldsymbol{a}(\boldsymbol{k})+\boldsymbol{a}^*(-\boldsymbol{k})]=0\\\boldsymbol{k}\cdot[\boldsymbol{a}(\boldsymbol{k})-\boldsymbol{a}^*(-\boldsymbol{k})]=0\end{aligned}$$

由它们可推断出

$$\boldsymbol{k}\cdot\boldsymbol{a}(\boldsymbol{k})=0 \tag{18.5.52}$$

这个约束的两个微分方程，如预期的那样，已经约化为一个（复的）代数约束。将其施加在 (18.5.48) 式上，发现［使用 $\boldsymbol{k}\cdot\boldsymbol{\varepsilon}(\boldsymbol{k},1\text{ 或 }2)=0$］

$$\boldsymbol{a}(\boldsymbol{k}3)=0 \tag{18.5.53}$$

这样，约束告诉了我们一些非常简单的事情：每个 $\boldsymbol{a}(\boldsymbol{k}3)$ 都是零。[因为它使 $\boldsymbol{a}(\boldsymbol{k})$ 位于垂直于 $\boldsymbol{k}$ 的平面，我们称之为横向性约束。] 横向性约束在动量空间中的实现非常简单：此后，我们让 λ 的值只取 1 和 2。同样，令 $\boldsymbol{a}(\boldsymbol{k}3)=0$ 不会改变其余的 a 之间的泊松括号。因为 λ 受到这样的限制，所以 $\boldsymbol{A}$ 和 $\boldsymbol{\Pi}$ 的公式 (18.5.49) 仍然成立。无论如何，现在确保了这些场是满足横向性条件的。

现在来看一看这些条件另外一个很好的特性。如果用这些 a 来表示 $\mathcal{H}$，可得到

$$\mathcal{H}=\sum_{\lambda=1}^{2}\int\omega\left[a^*(\boldsymbol{k}\lambda)\,a(\boldsymbol{k}\lambda)\right]\mathrm{d}^3k \tag{18.5.54}$$

因此，在 $\mathcal{H}$ 不包含带有不同指标的 a 之间交叉项的意义上，$a(\boldsymbol{k}\lambda)$ 是简正坐标。如果想要得到熟悉的振子，可定义实变量

$$\begin{aligned}q(\boldsymbol{k}\lambda)&=\frac{1}{(2\omega)^{1/2}}\left[a(\boldsymbol{k}\lambda)+a^*(\boldsymbol{k}\lambda)\right]\\p(\boldsymbol{k}\lambda)&=-\frac{1}{\mathrm{i}}\left(\frac{\omega}{2}\right)^{1/2}\left[a(\boldsymbol{k}\lambda)-a^*(\boldsymbol{k}\lambda)\right]\end{aligned} \tag{18.5.55}$$

它们满足正则泊松关系 [可以通过组合 (18.5.51) 和 (18.5.55) 式来验证]。利用这些变量，可得到

$$\mathcal{H}=\sum_{\lambda}\int\left[\frac{1}{2}p^2(\boldsymbol{k}\lambda)+\frac{\omega^2}{2}q^2(\boldsymbol{k}\lambda)\right]\mathrm{d}^3k \tag{18.5.56}$$

于是，我们发现辐射场相当于一组退耦振子：对于频率为 $\omega=kc$ 的每个 $\boldsymbol{k}$ 和 λ（$\lambda=1$ 或 2），都有一个振子。之后，辐射场的量子化约化到振子的量子化，后者在第 7 章中已经完成。

由于 $q(\boldsymbol{k}\lambda)$ 和 $p(\boldsymbol{k}\lambda)$ 是描绘这个场的独立正则坐标，我们可以通过将它们升级到遵守正则对易规则

$$[Q(\boldsymbol{k}\lambda),P(\boldsymbol{k}'\lambda')]=\mathrm{i}\hbar\{q,p\}=\mathrm{i}\hbar\delta_{\lambda\lambda'}\,\delta^3\left(\boldsymbol{k}-\boldsymbol{k}'\right)$$

而所有其他对易子均为零的算符 Q 和 P 来量子化这个场。如同在单个振子的情况，可证明使用下面的组合是有用的：

$$a(\boldsymbol{k}\lambda)=\left(\frac{\omega}{2\hbar}\right)^{1/2}Q+\mathrm{i}\left(\frac{1}{2\omega\hbar}\right)^{1/2}P$$

及它的伴随算符

$$a^\dagger(\boldsymbol{k}\lambda)=\left(\frac{\omega}{2\hbar}\right)^{1/2}Q-\mathrm{i}\left(\frac{1}{2\omega\hbar}\right)^{1/2}P^{①} \tag{18.5.57}$$

它们遵从

$$[a(\boldsymbol{k}\lambda),a^\dagger(\boldsymbol{k}'\lambda')]=\delta_{\lambda\lambda'}\,\delta^3(\boldsymbol{k}-\boldsymbol{k}') \tag{18.5.58}$$

---

① 一个小问题，如果你遵循所有的细节：上面的 a 和 $a^\dagger$ 是对应于经典变量 $a/\hbar^{1/2}$ 和 $a^*/\hbar^{1/2}$ 的算符。为了看到这点，反解 (18.5.55) 式。以后我们所需要的只是 (18.5.57)—(18.5.59) 式。

使用它们，现在都是厄米算符的 $\boldsymbol{A}$ 和 $\boldsymbol{\Pi}$① 可由

$$\boldsymbol{A}=\sum_{\lambda}\int\left(\frac{\hbar c^2}{4\pi^2\omega}\right)^{1/2}\left[a(\boldsymbol{k}\lambda)\,\boldsymbol{\varepsilon}(\boldsymbol{k}\lambda)\,\mathrm{e}^{\mathrm{i}\boldsymbol{k}\cdot\boldsymbol{r}}+a^{\dagger}(\boldsymbol{k}\lambda)\,\boldsymbol{\varepsilon}(\boldsymbol{k}\lambda)\,\mathrm{e}^{-\mathrm{i}\boldsymbol{k}\cdot\boldsymbol{r}}\right]\mathrm{d}^3k \tag{18.5.59a}$$

$$\boldsymbol{\Pi}=\sum_{\lambda}\int\frac{1}{\mathrm{i}}\left(\frac{\hbar\omega}{64\pi^4c^2}\right)^{1/2}\left[a(\boldsymbol{k}\lambda)\,\boldsymbol{\varepsilon}(\boldsymbol{k}\lambda)\,\mathrm{e}^{\mathrm{i}\boldsymbol{k}\cdot\boldsymbol{r}}-a^{\dagger}(\boldsymbol{k}\lambda)\,\boldsymbol{\varepsilon}(\boldsymbol{k}\lambda)\,\mathrm{e}^{-\mathrm{i}\boldsymbol{k}\cdot\boldsymbol{r}}\right]\mathrm{d}^3k \tag{18.5.59b}$$

给出。为了求出 H，我们首先将 $\mathcal{H}$ 对称化，即 $a^*a\to\frac{1}{2}(a^*a+aa^*)$，进行算符替换，使用 (18.5.58) 式得到

$$H=\sum_{\lambda}\int\left[a^{\dagger}(\boldsymbol{k}\lambda)\,a(\boldsymbol{k}\lambda)+\frac{1}{2}\right]\hbar\omega\,\mathrm{d}^3k \tag{18.5.60}$$

现在我们考虑 H 的本征态。在场的基态 $|0\rangle$ 中，所有的振子都处于各自的基态。因此，任意一个下降算符都将湮灭 $|0\rangle$：

$$a(\boldsymbol{k}\lambda)|0\rangle=0\qquad\text{对所有的 }\boldsymbol{k}\text{ 和 }\lambda \tag{18.5.61}$$

这个态被称为真空态或简称真空，其能量是

$$E_0=\sum_{\lambda}\int\frac{\hbar\omega}{2}\mathrm{d}^3k \tag{18.5.62}$$

它是振子零点能的总和。这个恒定的能量 E_0 没有物理的后果。

我们现在验证前面所断言的结果。在这个基态上，有

$$\begin{aligned}\langle 0|\boldsymbol{A}|0\rangle&\sim\langle 0|(a+a^{\dagger})|0\rangle=0\\ \langle 0|\boldsymbol{\Pi}|0\rangle&\sim\langle 0|(a-a^{\dagger})|0\rangle=0\end{aligned} \tag{18.5.63}$$

在上面的式子中，我们忽略了很多无关的因子，只强调了中心思想——$\boldsymbol{A}$ 和 $\boldsymbol{\Pi}$ 是产生和湮灭算符的线性组合，并因此在 $|0\rangle$ 上没有对角矩阵元。另一方面，

$$\begin{aligned}\langle 0||\boldsymbol{A}|^2|0\rangle&\neq 0\\ \langle 0||\boldsymbol{\Pi}|^2|0\rangle&\neq 0\end{aligned} \tag{18.5.64}$$

其原因和单个振子有 $\langle X^2\rangle\neq 0$ 和 $\langle P^2\rangle\neq 0$ 是一样的。

如果将一个上升算符作用于 $|0\rangle$，就可得到

$$a^{\dagger}(\boldsymbol{k}\lambda)|0\rangle=|\boldsymbol{k}\lambda\rangle \tag{18.5.65}$$

---

① 我们对经典变量和量子变量使用相同的符号，以便在这种情况下遵循广泛使用的约定。从上下文来看，谁是谁应该是清楚的。

在那里，标记 $\boldsymbol{k}$ 和 λ 告诉我们带有那个标记的振子已经跃迁到它的第一激发能级。这个态具有在 E_0 之上 $\hbar\omega = \hbar kc$ 的能量，可以使用 (18.5.58) 和 (18.5.61) 式将 H 作用于它来验证。它的动量呢？任何关于电动力学的标准教科书都会告诉我们，在经典物理中，场的动量由

$$\mathcal{P} = \frac{1}{4\pi c}\int(\boldsymbol{E}\times\boldsymbol{B})\,\mathrm{d}^3r \tag{18.5.66}$$

给出。如果计算相应的量子算符，我们会发现它是由

$$\boldsymbol{P} = \sum_{\lambda}\int\left[a^{\dagger}(\boldsymbol{k}\lambda)\,a(\boldsymbol{k}\lambda)\right]\hbar\boldsymbol{k}\,\mathrm{d}^3k \tag{18.5.67}$$

给出的。借助审视或直接作用，很显然

$$\boldsymbol{P}|\boldsymbol{k}\lambda\rangle = \hbar\boldsymbol{k}|\boldsymbol{k}\lambda\rangle \tag{18.5.68}$$

因此，态 $|\boldsymbol{k}\lambda\rangle$ 具有动量 $\hbar\boldsymbol{k}$。

如果我们将 $a^{\dagger}(\boldsymbol{k}\lambda)$ 作用于真空态 n 次，就会产生一个能量为 $n\hbar\omega$ 和动量为 $n\hbar\boldsymbol{k}$ 的态。这使得我们可以把 $a^{\dagger}(\boldsymbol{k}\lambda)$ 的作用看作是动量为 $\hbar\boldsymbol{k}$ 和能量为 $\hbar\omega$ 的粒子的产生。这些被称为光子的粒子没有质量，因为

$$m^2c^4 = E^2 - c^2p^2 = (\hbar\omega)^2 - (\hbar kc)^2 = 0 \tag{18.5.69}$$

从光子的角度，我们有如下对应关系

$$\{\text{场的量子态}\} \leftrightarrow \{\text{每个振子的量子态}\} \leftrightarrow \{\text{在每个 } \boldsymbol{k} \text{ 和 } \lambda \text{ 处的光子数}\}$$

为了今后的使用，让我们获取光子在 $(\boldsymbol{k},\lambda)$ 态的波函数。我们从推导态的归一化开始。结合 (18.5.65) 和 (18.5.58) 式，可得到

$$\begin{aligned}\langle\boldsymbol{k}'\lambda'|\boldsymbol{k}\lambda\rangle &= \langle 0|a(\boldsymbol{k}'\lambda')\,a^{\dagger}(\boldsymbol{k}\lambda)|0\rangle \\ &= \langle 0|a^{\dagger}a + \delta_{\lambda\lambda'}\,\delta^3(\boldsymbol{k}-\boldsymbol{k}')|0\rangle \\ &= \delta_{\lambda\lambda'}\,\delta^3(\boldsymbol{k}-\boldsymbol{k}')\end{aligned} \tag{18.5.70}$$

（假定 $\langle 0|0\rangle = 1$）。$\delta^3(\boldsymbol{k}-\boldsymbol{k}')$ 因子和 $\hbar\boldsymbol{k}$ 是态的动量的事实告诉我们：对应于 $|\boldsymbol{k},\lambda\rangle$ 态的波函数为

$$\psi \sim \frac{1}{(2\pi)^{3/2}}\,\mathrm{e}^{\mathrm{i}\boldsymbol{k}\cdot\boldsymbol{r}} \tag{18.5.71}$$

我们用符号 $\sim$ 代替符号 $\rightarrow$ 是因为 λ 还没有进入波函数。由 $\delta_{\lambda\lambda'}$ 因子和一开始 λ 进入图像的方式，我们推断 λ 代表极化矢量：

$$|\boldsymbol{k}\lambda\rangle \rightarrow \frac{\boldsymbol{\varepsilon}(\boldsymbol{k}\lambda)\,\mathrm{e}^{\mathrm{i}\boldsymbol{k}\cdot\boldsymbol{r}}}{(2\pi)^{3/2}} \tag{18.5.72}$$

你可能会对下面的事实感到不舒服：与出自分析态的动量成分［从 (18.5.68) 式的分析］的 $e^{i\boldsymbol{k}\cdot\boldsymbol{r}}/(2\pi)^{3/2}$ 因子不同，$\boldsymbol{\varepsilon}$ 是任意抽出来的。它也可以从考虑角动量开始推导。但在这里我们不这样做。

既然光子的波函数不是标量，它就可以具有自旋。此外，由于 $\boldsymbol{\varepsilon}$ 是一个三分量的量，所以其自旋是 1。然而，$\boldsymbol{k}\cdot\boldsymbol{\varepsilon}=0$ 的要求对光子自旋的可能取向施加了约束。例如，考虑一个沿 z 轴移动的光子。条件 $\boldsymbol{k}\cdot\boldsymbol{\varepsilon}=0$ 告诉我们 $\boldsymbol{\varepsilon}$ 不可能有沿 z 轴的分量。这是什么意思呢？平行于 z 轴的 $\boldsymbol{\varepsilon}$ 分量的特征是：它在绕 z 轴转动时保持不变，即其变换像 $s_z=0$ 的态那样。因此，我们推断光子只能有 $s_z=\pm\hbar$，而不能有 $s_z=0$。更普遍地说，光子的自旋只能取与动量平行的 $\pm\hbar$ 的值。平行于动量的自旋分量称为*螺旋度*（helicity）。横向性条件限制螺旋度为 $\pm\hbar$ ——排除了螺旋度为零的情况①。

在开始探索以下问题，即自发衰变之前，我们考虑光子的最后一个特征。考虑一个光子处于 $(\boldsymbol{k},\lambda)$ 的态，另一个光子处于 $(\boldsymbol{k}',\lambda')$ 的态：

$$|\boldsymbol{k}\lambda,\boldsymbol{k}'\lambda'\rangle=a^\dagger(\boldsymbol{k}\lambda)\,a^\dagger(\boldsymbol{k}'\lambda')|0\rangle \tag{18.5.73}$$

如果交换光子的态，就会得到态

$$|\boldsymbol{k}'\lambda',\boldsymbol{k}\lambda\rangle=a^\dagger(\boldsymbol{k}'\lambda')\,a^\dagger(\boldsymbol{k}\lambda)|0\rangle \tag{18.5.74}$$

但由于 $[a^\dagger,a^\dagger]=0$，这两个态矢量是相同的，就像全同的玻色子本应满足的那样。

自发衰变

考虑氢原子从 $|2lm\rangle$ 到 $|100\rangle$ 的自发衰变。微扰哈密顿量仍由替换规则给出

$$\mathcal{H}^1=\frac{e}{mc}\boldsymbol{A}\cdot\boldsymbol{p}\to H^1=\frac{e}{mc}\boldsymbol{A}\cdot\boldsymbol{P} \tag{18.5.75}$$

但是现在 H^1 中的 $\boldsymbol{A}$ 是 (18.5.59a) 式中的算符。

系统的初态（原子和场）为

$$|i^0\rangle=|2lm\rangle\otimes|0\rangle \tag{18.5.76}$$

末态为

$$|f^0\rangle=|100\rangle\otimes|\boldsymbol{k}\lambda\rangle \tag{18.5.77}$$

微扰 H^1 与时间无关（$\boldsymbol{A}$ 是薛定谔绘景中的算符），并且

$$E_f^0-E_i^0=E_{100}+\hbar\omega-E_{2lm} \tag{18.5.78}$$

① 自旋为 2 的无质量的引力子也只有两个螺旋度态，$\pm2\hbar$。这是具有自旋的无质量玻色子的一般特征。

从费米黄金法则可得到[①]

$$R_{i\to f}=\frac{2\pi}{\hbar}\left|\langle f^0|\frac{e}{mc}\boldsymbol{A}\cdot\boldsymbol{P}|i^0\rangle\right|^2\delta(E_{100}+\hbar\omega-E_{2lm}) \tag{18.5.79}$$

考虑

$$\langle f^0|\boldsymbol{A}\cdot\boldsymbol{P}|i^0\rangle=\langle 100|\langle\boldsymbol{k}\lambda|\boldsymbol{A}|0\rangle\cdot\boldsymbol{P}|2lm\rangle \tag{18.5.80}$$

现在 $\boldsymbol{A}$ 是不同指标的 a 和 $a^\dagger$ 的总和。唯一相关的是 $a^\dagger(\boldsymbol{k}\lambda)$，它把 $|0\rangle$ 提升到 $|\boldsymbol{k}\lambda\rangle$。因此，包括与 $a^\dagger(\boldsymbol{k}\lambda)$ 一起的因子后，有

$$\langle\boldsymbol{k}\lambda|\boldsymbol{A}|0\rangle=\left(\frac{\hbar c^2}{4\pi^2\omega}\right)^{1/2}\boldsymbol{\varepsilon}(\boldsymbol{k}\lambda)\,\mathrm{e}^{-\mathrm{i}\boldsymbol{k}\cdot\boldsymbol{r}} \tag{18.5.81}$$

以致

$$\langle f^0|\boldsymbol{A}\cdot\boldsymbol{P}|i^0\rangle=\left(\frac{\hbar c^2}{4\pi^2\omega}\right)^{1/2}\int\psi_{100}^*\,\mathrm{e}^{\mathrm{i}\boldsymbol{k}\cdot\boldsymbol{r}}\boldsymbol{\varepsilon}\cdot(-\mathrm{i}\hbar\boldsymbol{\nabla})\,\psi_{2lm}\,\mathrm{d}^3r$$

在偶极近似中，利用 (18.5.17) 式，该式变成[②]

$$\langle f^0|\boldsymbol{A}\cdot\boldsymbol{P}|i^0\rangle=\left(\frac{\hbar c^2}{4\pi^2\omega}\right)^{1/2}(\mathrm{i}m\omega)\int\psi_{100}^*\,\boldsymbol{\varepsilon}\cdot\boldsymbol{r}\,\psi_{2lm}\,\mathrm{d}^3r \tag{18.5.82}$$

从宇称的角度考虑，显然只有 $l=1$ 有关。在球坐标基中写出 $\boldsymbol{\varepsilon}\cdot\boldsymbol{r}$（回想习题 15.3.2）：

$$\boldsymbol{\varepsilon}\cdot\boldsymbol{r}=\sum_{-1}^{+1}(-1)^q\varepsilon_1^q r_1^{-q}=-\varepsilon_1^1 r_1^{-1}+\varepsilon_1^0 r_1^0-\varepsilon_1^{-1}r_1^{+1} \tag{18.5.83}$$

其中

$$\varepsilon_1^{\pm1}=\mp\frac{\varepsilon_x\pm\mathrm{i}\varepsilon_y}{2^{1/2}},\qquad \varepsilon_1^0=\varepsilon_z \tag{18.5.84}$$

并且从 (12.5.42) 式，

$$r_1^{\pm1}=\left(\frac{4\pi}{3}\right)^{1/2}r\mathrm{Y}_1^{\pm1},\qquad r_1^0=\left(\frac{4\pi}{3}\right)^{1/2}r\mathrm{Y}_1^0 \tag{18.5.85}$$

我们得到

$$\begin{aligned}\int\psi_{100}^*\,\boldsymbol{\varepsilon}\cdot\boldsymbol{r}\,\psi_{2lm}\,\mathrm{d}^3r&=\left(\frac{4\pi}{3}\right)^{1/2}\int R_{10}\,r\,R_{21}\,r^2\mathrm{d}r\times\\&\quad\left[\int\mathrm{Y}_0^{0*}(-\varepsilon_1^1\mathrm{Y}_1^{-1}+\varepsilon_1^0\mathrm{Y}_1^0-\varepsilon_1^{-1}\mathrm{Y}_1^{+1})\,\mathrm{Y}_l^m\mathrm{d}\Omega\right]\\&=\left(\frac{3}{2}\right)^{1/2}\frac{2^8}{3^5}\frac{a_0}{3^{1/2}}\left(\varepsilon_1^1\delta_{m,+1}+\varepsilon_1^0\delta_{m,0}+\varepsilon_1^{-1}\delta_{m,-1}\right)\end{aligned} \tag{18.5.86}$$

---

① 在光电效应中，把场当作作用于原子的、时间依赖的外部微扰来处理，而 δ 函数中的 $\hbar\omega$ 则反映了这种时间依赖性。在目前的情况下，场是系统的一部分，而 $\hbar\omega$ 表示其能量的变化。

② 不幸的是，我们被迫使用符号 m 来表示质量，以及角动量的 z 分量。联系上下文可以清楚地看出 m 表示的是什么。

这个积分的求解（就像在这个快速处理中的许多其他步骤一样）被留作习题。上述量的模的平方是

$$\frac{3}{2}\frac{2^{16}}{3^{10}}\frac{a_0^2}{3}\left(|\varepsilon_1^1|^2\delta_{m,-1}+|\varepsilon_1^0|^2\delta_{m,0}+|\varepsilon_1^1|^2\delta_{m,1}\right)$$

如果我们对三个初始的 m 取平均（即，对这样的原子关于 m 随机分布的系综上取平均），它将约化为

$$\frac{3}{2}\frac{2^{16}}{3^{10}}\frac{a_0^2}{3}\frac{1}{3}(\varepsilon_x^2+\varepsilon_y^2+\varepsilon_z^2)=\frac{2^{15}}{3^{11}}a_0^2 \tag{18.5.87}$$

注意，其结果与 $\boldsymbol{\varepsilon}$ 的方向无关。这是可以预料到的，因为经过角度（m）平均之后，原子没有了方向感。跃迁率为

$$R_{\bar{i}\to f}=\frac{2\pi}{\hbar}\left(\frac{e}{mc}\right)^2\frac{\hbar c^2}{4\pi^2\omega}m^2\omega^2\frac{2^{15}a_0^2}{3^{11}}\delta(E_{100}+\hbar\omega-E_{2lm}) \tag{18.5.88}$$

其中，$\bar{i}$ 的意思是对初态所有的取向取平均。

如果把光子所有可能的动量和每个动量上两种可能的极化都加起来，利用

$$\int\delta(E_{100}+\hbar\omega-E_{2lm})\,k^2\,\mathrm{d}k\,\mathrm{d}\Omega=\frac{4\pi k^2}{\hbar c}$$

其中

$$k=\frac{\omega}{c}=\frac{E_{2lm}-E_{100}}{\hbar c}=\frac{e^2}{2a_0\hbar c}\left(1-\frac{1}{4}\right)=\frac{3e^2}{8a_0\hbar c}$$

我们得到总衰变率为

$$R_{\bar{i}\to\text{所有}}=\left(\frac{2}{3}\right)^8a^5\frac{mc^2}{\hbar} \tag{18.5.89}$$

回想

$$\begin{aligned}\frac{mc^2}{\hbar}=\frac{mc^2c}{\hbar c}&\simeq\frac{0.5\times10^6\,\mathrm{eV}\,c}{200\,\mathrm{eV}\cdot\mathrm{nm}}\\&\simeq2.5\times10^3\,\mathrm{nm}^{-1}c\end{aligned}$$

现在 $c=3\times10^{10}\,\mathrm{cm/s}=3\times10^{17}\,\mathrm{nm/s}$。所以

$$\frac{mc^2}{\hbar}\simeq10^{21}\,\mathrm{s}^{-1}$$

和

$$\begin{aligned}R_{\bar{i}\to\text{所有}}&\simeq(0.67)^8\left(\frac{1}{137}\right)^5 10^{21}\,\mathrm{s}^{-1}\\&\simeq0.6\times10^9\,\mathrm{s}^{-1}\end{aligned}$$

相应的平均寿命为

$$\tau = 1/R \simeq 1.6 \times 10^{-9}\ \mathrm{s} \tag{18.5.90}$$

它与实验吻合得极好。

即使场是宏观的，我们也可以使用完整的量子理论，尽管半经典的处理将给出几乎相同的结果。这两种方法的关系可以这样描述。考虑这样一个过程：一个原子从 i_a 态到 f_a 态，场从有 n 个 $(\boldsymbol{k},\lambda)$ 光子的态到有 $n+1$ 个 $(\boldsymbol{k},\lambda)$ 光子的态[①]。如果使用了一个能量密度[②]与 $(n+1)$ 个 $(\boldsymbol{k},\lambda)$ 光子的能量密度相同的经典 $\boldsymbol{A}$ 场，对这个涉及光子*发射*的过程进行量子力学处理，所得到的结果将与半经典计算的结果一致。在小 n 时，$n+1$ 中的 1 是至关紧要的，它包含了自发衰变的关键。如果我们考虑一个光子被*吸收*的过程，那么 $n \to n-1$，如果我们使用了一个能量密度与 n 个光子的能量密度相同的经典 $\boldsymbol{A}$ 场，则半经典方法能给出正确的答案。$(n+1)$ 和 n 因子的出现在振子语言中很容易理解。当光子产生时，振幅是

$$\langle n+1|a^\dagger|n\rangle = (n+1)^{1/2}\langle n+1|n+1\rangle \tag{18.5.91}$$

它给出了这个概率中的因子 $(n+1)$，然而如果光子被湮灭了，

$$\langle n-1|a|n\rangle = n^{1/2}\langle n-1|n-1\rangle \tag{18.5.92}$$

它给出概率中的因子 n。

习惯上将正比于 $n+1$ 的发射概率分离成正比于 n 的*诱导发射概率*和正比于 1 的*自发发射概率*。诱导发射是由先前存在的光子诱导的，而自发发射是——噢，自发的。

发射概率中的 $(n+1)$ 因子一般来说是玻色子的一种特性：系统把一个玻色子发射到一个已经被 n 个（相同类型的）玻色子占据的量子态的概率，是发射到一个初始未被占据的态的概率的 $(n+1)$ 倍。这一原理被应用到了激光器（laser），它包含一个充满了处于一个激发态的原子的腔，准备发射具有一个固定频率但方向任意的 $\boldsymbol{k}$ 和 λ 的光子。腔的几何形状使具有确定的 $\boldsymbol{k}$ 和 λ 的光子陷入其中。因此，这些被困住的光子停留在那里，影响越来越多的原子发射 $(\boldsymbol{k}\lambda)$ 模式的光子。这就是为什么我们称其为辐射受激发射的光放大（**l**ight **a**mplification by **s**timulated **e**mission of **r**adiation）。（这一以修订形式出现的一般原则也被用于电视：这就是预先录制的笑声背后的全部想法。）

① 我们不关心其他模式，它们是旁观者。

② 波长和极化当然与光子的波长和极化相同。

第 19 章　散射理论

19.1　引言

理解粒子结构以及它们之间作用力的最佳途径之一是将让粒子相互散射。在量子层面上尤为适用，从字面意义上来说系统是肉眼不可见的，必须通过间接手段进行探测。散射过程为我们提供了关于入射粒子、靶粒子以及它们之间相互作用的信息。一个自然的处理方法是（如果可能的话）先考虑其中的两个是已知的情况，从而了解第三个。例如，考虑斯坦福直线加速器中心的实验，这些实验用高能光子轰击静止的中子。光子的结构及其与物质的耦合已经了解得很清楚了——光子作为点粒子是一种极好的近似，并且它与电荷以我们已经详细研究过的方式耦合。因此，它可作为一种极好的中子探针。例如，电中性的中子能与光子相互作用这一事实告诉我们，中子是由带电的组分（其总电荷为零）构成的。这些散射实验还揭示了中子的组分具有 1/2 的自旋和分数电荷（$2e/3$、$-e/3$），这是从另外一条独立的推理路线得到的图像。此外，它们还表明，这些组分（称为夸克）之间的相互作用随着它们接近变得非常微弱。这些信息使我们能够从众多可能的夸克间相互作用模型中选择出一种现在被认为最有可能成功的模型，并以量子色动力学（QCD）的名字命名，这是当今许多粒子物理学家正在积极研究的课题。

散射理论是一个内容非常宽泛的课题，本章旨在让你领略其基本思想的精髓。如需更多信息，你必须查阅专门论述这一主题的著作。①

一般的散射事件可写成如下的形式

$$a(\alpha)+b(\beta)+\cdots\to f(\gamma)+g(\delta)+\cdots$$

其中 $\{a,b,\cdots\}$ 是粒子名称，$\{\alpha,\beta,\gamma,\cdots\}$ 是确定它们的态的运动变量，如动量、自旋等。我们只关心无结构、无自旋粒子的非相对论弹性散射。

在接下来的三节中，我们将讨论描述单个粒子在一个势 $V(\boldsymbol{r})$ 上散射的公式。

① 例如：优秀的著作 J. R. Taylor, *Scattering Theory*, Wiley, New York (1971)。在这里，由于篇幅不足而遗漏的任何细节都可以在这本书中找到。

就目前的情况而言，公式描述的是一个粒子与一个固定靶的碰撞，这个靶的唯一作用是提供这个势。(这个图像为一个轻粒子与一个非常重的粒子碰撞，例如一个 α 粒子与一个重核碰撞这样的过程，提供了一个很好的近似。) 在第 19.6 节中，我们将看到，根据恰当的解释，同样的公式如何描述质心系中的两体碰撞。在那一节中，我们也将看到在质心系中对散射过程的描述如何转换到另外一个被称为实验室系的坐标系中，在那里靶核最初是静止的。知道如何从一个坐标系变换到另一个坐标系是很重要的，因为理论计算在质心坐标系中最容易完成，而大多数实验是在实验室系中完成的。

19.2 一维散射的再现和概述

虽然在这里我们关注的是三维散射，但我们还是从回顾一维散射开始，因为它与三维散射有许多共同的特征。实际问题是这样的：如果一束平均动量为 $\langle P\rangle=\hbar k_0$ 的、几乎单能的粒子束从无穷远的左边（$x\to-\infty$）入射到一个在 $|x|\to\infty$ 时趋于零的势 $V(x)$ 上，透射率 T 是多少，反射率 R 又是多少①？由于平均动量没有确定入射粒子的量子态，所以上述问题的答案不是事先就很明显的。但是事实证明，如果单独动量空间的波函数在 $\hbar k_0$ 处有一个尖峰，则反射率和透射率仅依赖于 k_0，且与波函数形状的细节无关。因此，计算适用于束流中每个粒子的 $R(k_0)$ 和 $T(k_0)$ 是可能的。让我们回顾一些细节。

(1) 我们从某个波包开始，比如一个高斯波包，其 $\langle P\rangle=\hbar k_0$ 和 $\langle X\rangle\to-\infty$。

(2) 我们使用 $H=T+V$ 的本征函数 ψ_k 展开这个波包，它的展开系数为 $a(k)$。函数 ψ_k 具有如下的性质：

$$
\begin{aligned}
\psi_k &\xrightarrow[x\to-\infty]{} A\,\mathrm{e}^{\mathrm{i}kx}+B\,\mathrm{e}^{-\mathrm{i}kx}\\
&\xrightarrow[x\to\infty]{} C\,\mathrm{e}^{\mathrm{i}kx}
\end{aligned}
\tag{19.2.1}
$$

换句话说，当 $x\to-\infty$ 时，ψ_k 的渐近形式包含一个入射波 $A\,\mathrm{e}^{\mathrm{i}kx}$ 和一个反射波 $B\,\mathrm{e}^{-\mathrm{i}kx}$，以及在 $x\to\infty$ 时它只包含一个透射波 $C\,\mathrm{e}^{\mathrm{i}kx}$。虽然在 $x\to\infty$ 的通解中也包含了一项 $D\,\mathrm{e}^{-\mathrm{i}kx}$，但基于物理，我们取 $D=0$——入射波 $A\,\mathrm{e}^{\mathrm{i}kx}$ 在 $x\to\infty$ 时只能产生一个右行的波。

(3) 我们把含时因子 $\mathrm{e}^{-\mathrm{i}Et/\hbar}$ 附加在展开系数 $a(k)$ 上以传播波包，其中 $E=\hbar^2k^2/2\mu$。我们检查 $t\to\infty$ 时得到的解，并识别出反射波包和透射波包。从它们的

① 一般来说，粒子也可以从很远的右边进来。$V(x)$ 在两端也不必趋向于零，而是在 $x\to\pm\infty$ 时趋于常数 V_+ 和 V_-。为了简单起见，我们假定 $V_+=V_-=0$。我们还假定当 $|x|\to\infty$ 时，$|xV(x)|\to0$，使得粒子是渐近自由的（$\psi\sim\mathrm{e}^{\pm\mathrm{i}kx}$）。

模，我们可分别得到 R 和 T。

(4) 我们发现在这一阶段，如果入射波包在动量空间的 $\hbar k_0$ 处有一个尖峰，则 R 和 T 只依赖于 k_0，且与波函数形状的细节无关。因此，开始提出的问题的答案是，入射粒子中的 $R(k_0)$ 部分将被反射回来，$T(k_0)$ 部分将被透射出去。

(5) 做完所有这些艰苦的工作之后，我们最终发现，仅考虑一个本征函数 ψ_{k_0}，并取透射束流密度和反射束流密度与入射束流密度的比值，也可以得到同样的结果。

三维散射问题与一维散射问题有许多相似性，但也有几个随着维度增加而不可避免的不同之处。首先，入射粒子（源自加速器）的特征不仅仅在于其平均动量 $\langle \boldsymbol{P} \rangle = \hbar \boldsymbol{k}_0$，而且还在于它们均匀地分布在**碰撞参数** $\boldsymbol{\rho}$ 中，该参数是垂直于 $\boldsymbol{k}_0$ 的平面上的坐标（图 19.1）。当然，该分布不是一直均匀地分布到 $\rho \to \infty$，而是仅到 $\rho_{最大} \gg r_0$ 的 $\rho_{最大}$，其中**势的力程** r_0 是距离标度，超出这个标度，势就可以忽略不计。[例如，如果 $V(r) = \mathrm{e}^{-r^2/a^2}$，力程 $r_0 \approx a$。] 问题是要计算粒子散射到距离很远的探测器中的概率，该探测器放置于相对于束流方向测量的方向 (θ, ϕ)（图 19.1）朝着立体角 $\mathrm{d}\Omega$。准确地说，我们需要由

$$\frac{\mathrm{d}\sigma(\theta,\phi)}{\mathrm{d}\Omega}\mathrm{d}\Omega = \frac{\text{散射到 d}\Omega\text{ 中的粒子数/秒}}{\text{入射粒子/秒/}\boldsymbol{\rho}\text{ 平面的面积}} \tag{19.2.2}$$

定义的**微分截面** $\mathrm{d}\sigma/\mathrm{d}\Omega$。

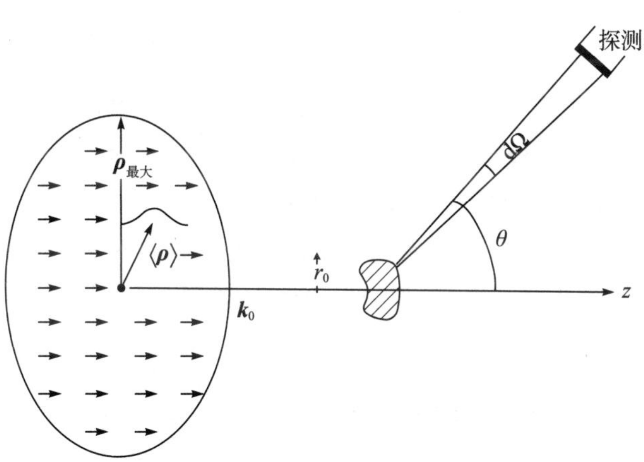

图 19.1　散射的示意描述。由箭头表示的入射粒子实际上是由波包（只显示了一个波包）来描述的，该波包具有平均动量 $\langle \boldsymbol{P} \rangle = \hbar \boldsymbol{k}_0$，并且平均碰撞参数 $\langle \boldsymbol{\rho} \rangle$ 均匀分布在 $\boldsymbol{\rho}$ 平面直至 $\boldsymbol{\rho}_{最大} \gg r_0$，其中 r_0 是势的力程。靠近原点的阴影区域代表势的有效区域。探测器捕捉到所有出现在开口角 $\mathrm{d}\Omega$ 的圆锥中的粒子。假定束流是沿着 z 轴入射的

$\mathrm{d}\sigma/\mathrm{d}\Omega$ 的计算是这样进行的①：

(1) 取某个平均动量为 $\langle \boldsymbol{P} \rangle = \hbar \boldsymbol{k}_0$、平均碰撞参数为 $\langle \boldsymbol{\rho} \rangle$ 的初始波包。只要束流方向上的平均坐标离原点很远，它就是不相关的。

(2) 使用 $H = T + V$ 的本征函数 $\psi_{\boldsymbol{k}}$ 展开波包，其形式为

$$\psi_{\boldsymbol{k}} = \psi_{\text{inc}} + \psi_{\text{sc}} \tag{19.2.3}$$

其中 ψ_{inc} 是入射波 $\mathrm{e}^{\mathrm{i}\boldsymbol{k}\cdot\boldsymbol{r}}$，$\psi_{\text{sc}}$ 是散射波。人们只取那些 ψ_{sc} 是纯出射波的解。我们稍后会有更多关于 ψ_{sc} 的讨论。

(3) 将含时因子 $\mathrm{e}^{-\mathrm{i}Et/\hbar}$（$E = \hbar^2 k^2/2\mu$）附加到展开式的每个系数 $a(\boldsymbol{k})$ 上来传播波包。

(4) 识别 $t \to \infty$ 时的散射波，并计算与其关联的概率流密度。将进入到位于 (θ, ϕ) 方向的 $\mathrm{d}\Omega$ 圆锥体中的总概率流积分。这就给出了入射粒子进入位于 (θ, ϕ) 方向的探测器的概率。如果入射波包动量空间波函数在 $\langle \boldsymbol{P} \rangle = \hbar \boldsymbol{k}_0$ 处有尖峰，则进入 $\mathrm{d}\Omega$ 的概率只依赖于 $\hbar \boldsymbol{k}_0$ 和 $\langle \boldsymbol{\rho} \rangle$。把这个概率记为 $P(\boldsymbol{\rho}, \boldsymbol{k}_0 \to \mathrm{d}\Omega)$。

(5) 接下来考虑在 $\boldsymbol{\rho}$ 平面上每单位面积每秒有 $\eta(\boldsymbol{\rho})$ 个粒子的粒子束流。每秒钟散射到 $\mathrm{d}\Omega$ 中的粒子数是

$$\eta(\mathrm{d}\Omega) = \int P(\boldsymbol{\rho}, \boldsymbol{k}_0 \to \mathrm{d}\Omega)\, \eta(\boldsymbol{\rho})\, \mathrm{d}\boldsymbol{\rho} \tag{19.2.4}$$

由于在实验中 $\eta(\boldsymbol{\rho}) = \eta$ 是一个常数，由 (19.2.2) 式可得

$$\frac{\mathrm{d}\sigma}{\mathrm{d}\Omega}\, \mathrm{d}\Omega = \frac{\eta(\mathrm{d}\Omega)}{\eta} = \int P(\boldsymbol{\rho}, \boldsymbol{k}_0 \to \mathrm{d}\Omega)\, \mathrm{d}\boldsymbol{\rho} \tag{19.2.5}$$

(6) 所有这些工作做完之后，人们发现 $\mathrm{d}\sigma/\mathrm{d}\Omega$ 本来可以这样算出来：只考虑静态解 $\psi_{\boldsymbol{k}_0}$，并在 $r \to \infty$ 的极限下，计算每秒流入 $\mathrm{d}\Omega$ 的与 ψ_{sc} 关联的概率流与关联着 $\mathrm{e}^{\mathrm{i}\boldsymbol{k}_0\cdot\boldsymbol{r}}$ 的入射概率流密度的比值。含时图像约化为不含时图像的原因与一维的一样：随着我们把坐标空间的入射波波包拓展得越来越宽，入射波和散射波开始以稳态的组态，$\psi_{\boldsymbol{k}_0}$ 的形式共存。那么对 $\langle \boldsymbol{\rho} \rangle$ 的平均值呢？这不再是必须的，因为入射波包现在是一个平面波 $\mathrm{e}^{\mathrm{i}\boldsymbol{k}_0\cdot\boldsymbol{r}}$，它对 $\boldsymbol{\rho}$ 已经是均匀的了②。

让我们考虑从 $\psi_{\boldsymbol{k}_0}$ 中提取 $\mathrm{d}\sigma/\mathrm{d}\Omega$ 的一些细节。取 z 轴平行于 $\boldsymbol{k}_0$ 并去掉下标 0，得到

$$\psi_{\boldsymbol{k}} = \mathrm{e}^{\mathrm{i}kz} + \psi_{\text{sc}}(r, \theta, \phi) \tag{19.2.6}$$

① 我们在这里不考虑细节，因为它们与一维情况非常相似，仅讨论了少数差异。详见泰勒的书。

② 请注意，正如我们在一维中所做的那样，波包并不是随着我们将其展宽而简单地变成平面波的，因为前者的模为 1，而后者的模为 $\delta^3(0)$。因此假定随着波包的展宽，它的模数稳定地增加，直至一个平面波结束。在任何情况下，整体的模数都是无意义的。

其中的 θ 和 ϕ 已在图 19.1 中定义。尽管 $\psi_{\rm sc}$ 的详细形式依赖于势，但我们知道在远离原点的地方，它满足自由粒子方程［假定当 $r\to\infty$ 时，$rV(r)\to 0$］

$$\left(\nabla^2+k^2\right)\psi_{\rm sc}=0 \qquad (r\to\infty) \tag{19.2.7}$$

并且是纯出射波。

回顾自由粒子方程的通解（在不包含原点的区域内），我们得到

$$\psi_{\rm sc}\xrightarrow[r\to\infty]{}\sum_l\left[A_l\,{\rm j}_l(kr)+B_l\,{\rm n}_l(kr)\right]{\rm P}_l(\theta) \tag{19.2.8}$$

注意，我们没有排除诺依曼函数，因为它们在 $r\to\infty$ 的行为极好。由于

$$\begin{aligned}{\rm j}_l(kr)&\xrightarrow[r\to\infty]{}\sin(kr-l\pi/2)/(kr)\\{\rm n}_l(kr)&\xrightarrow[r\to\infty]{}-\cos(kr-l\pi/2)/(kr)\end{aligned} \tag{19.2.9}$$

一定有 $A_l/B_l=-{\rm i}$，所以我们得到了一个纯出射波 ${\rm e}^{{\rm i}kr}/kr$。在此条件下，散射波的渐近形式为

$$\psi_{\rm sc}\xrightarrow[r\to\infty]{}\frac{{\rm e}^{{\rm i}kr}}{kr}\sum_l\sum_m(-{\rm i})^l(-B_l){\rm Y}_l^m(\theta,\phi) \tag{19.2.10}$$

或①

$$\psi_{\rm sc}\xrightarrow[r\to\infty]{}\frac{{\rm e}^{{\rm i}kr}}{r}f(\theta,\phi) \tag{19.2.11}$$

以及

$$\psi_{\boldsymbol k}\xrightarrow[r\to\infty]{}{\rm e}^{{\rm i}kz}+f(\theta,\phi)\frac{{\rm e}^{{\rm i}kr}}{r} \tag{19.2.12}$$

其中 f 被称为散射振幅。

为了得到微分截面，我们需要每秒流入 ${\rm d}\Omega$ 的概率与入射流密度的比值。那么什么是 $\boldsymbol{j}_{\rm inc}$ 和 $\boldsymbol{j}_{\rm sc}$，即入射流密度和散射流密度呢？虽然我们反复提到这些量，但它们并没有被很好地定义，除非我们援引进一步的物理概念。这是因为只有一个流密度 $\boldsymbol{j}$ 与 $\psi_{\boldsymbol k}$ 相关，并且它在 $\psi_{\boldsymbol k}$ 中是二次的。所以 $\boldsymbol{j}$ 不只是两个部分（一个由 ${\rm e}^{{\rm i}kz}$ 引起，另一个由 $\psi_{\rm sc}$ 引起）的和，其中还存在交叉项②。我们这样来绕开这个问题。注意到当 $r\to\infty$ 时，$\psi_{\rm sc}$ 由于 $1/r$ 因子，所以与 ${\rm e}^{{\rm i}kz}$ 相比可以忽略不计。我们计算的由 ${\rm e}^{{\rm i}kz}$ 引起的入射流为

$$|\boldsymbol{j}_{\rm inc}|=\left|\frac{\hbar}{2\mu{\rm i}}\left({\rm e}^{-{\rm i}kz}\boldsymbol{\nabla}{\rm e}^{{\rm i}kz}-{\rm e}^{{\rm i}kz}\boldsymbol{\nabla}{\rm e}^{-{\rm i}kz}\right)\right|=\frac{\hbar k}{\mu} \tag{19.2.13}$$

---

① 事实上，f 也依赖于 k，但这种依赖性没有显式地表现出来。

② 我们在一维中不需要担心这点，因为由 $A\,{\rm e}^{{\rm i}kx}+B\,{\rm e}^{-{\rm i}kx}$ 给出的 j 为 $(\hbar k/\mu)(|A|^2-|B|^2)=j_{\rm inc}+j_{\rm ref}$，没有交叉项。

我们不可能用这种技巧计算进入 $\mathrm{d}\Omega$ 的 $\boldsymbol{j}_{\mathrm{sc}}$，因为 ψ_{sc} 从来没有压倒过 $\mathrm{e}^{\mathrm{i}kz}$。所以，我们使用另一种技巧。我们说 $\mathrm{e}^{\mathrm{i}kz}$ 实际上是一个波的抽象概念，它在横向上受到某个 $\rho_{\max}(\gg r_0)$ 的限制。因此，在任何实际的描述中，当 $\theta\neq 0$ 时，在 $r\to\infty$ 时只有 ψ_{sc} 存在。[①]（对于给定的 $\rho_{\max}$，入射波仅出现在 $\delta\theta\lesssim\rho/r$。我们可以通过增加到探测器所在地的距离 r 来使 $\delta\theta$ 变得任意的小。）考虑到这一点，我们计算（对于 $\theta\neq 0$）

$$\boldsymbol{j}_{\mathrm{sc}}=\frac{\hbar}{2\mu\mathrm{i}}\left(\psi_{\mathrm{sc}}^{*}\boldsymbol{\nabla}\psi_{\mathrm{sc}}-\psi_{\mathrm{sc}}\boldsymbol{\nabla}\psi_{\mathrm{sc}}^{*}\right) \tag{19.2.14}$$

现在

$$\boldsymbol{\nabla}=\boldsymbol{e}_r\frac{\partial}{\partial r}+\boldsymbol{e}_\theta\frac{\partial}{r\partial\theta}+\boldsymbol{e}_\phi\frac{1}{r\sin\theta}\frac{\partial}{\partial\phi} \tag{19.2.15}$$

当 $r\to\infty$ 时，$\boldsymbol{\nabla}$ 中后两项是无关的。当第一项作用于渐近的 ψ_{sc} 时，

$$\frac{\partial}{\partial r}f(\theta,\phi)\frac{\mathrm{e}^{\mathrm{i}kr}}{r}=f(\theta,\phi)\,\mathrm{i}k\frac{\mathrm{e}^{\mathrm{i}kr}}{r}+O\left(\frac{1}{r^2}\right)$$

所以

$$\boldsymbol{j}_{\mathrm{sc}}=\frac{\boldsymbol{e}_r}{r^2}|f|^2\frac{\hbar k}{\mu} \tag{19.2.16}$$

概率以

$$\begin{aligned}R(\mathrm{d}\Omega)&=\boldsymbol{j}_{\mathrm{sc}}\cdot\boldsymbol{e}_r\,r^2\,\mathrm{d}\Omega\\&=|f|^2\frac{\hbar k}{\mu}\mathrm{d}\Omega\end{aligned} \tag{19.2.17}$$

的速率流入 $\mathrm{d}\Omega$。因为粒子以下列速率到达[②]

$$j_{\mathrm{inc}}=\frac{\hbar k}{\mu}\,\mathrm{s}^{-1}\,\mathrm{area}^{-1}$$

$$\frac{\mathrm{d}\sigma}{\mathrm{d}\Omega}\mathrm{d}\Omega=\frac{R(\mathrm{d}\Omega)}{j_{\mathrm{inc}}}=|f|^2\,\mathrm{d}\Omega$$

所以最后

$$\frac{\mathrm{d}\sigma}{\mathrm{d}\Omega}=|f(\theta,\phi)|^2 \tag{19.2.18}$$

因此，在不含时绘景中，$\mathrm{d}\sigma/\mathrm{d}\Omega$ 的计算就约化为 $f(\theta,\phi)$ 的计算。

在这个一般性讨论之后，我们转向具体的计算。在下一节中，$\mathrm{d}\sigma/\mathrm{d}\Omega$ 将在含时绘景中计算到第一阶。在第 4 节，我们在不含时绘景中将 $\mathrm{d}\sigma/\mathrm{d}\Omega$ 计算到第一阶。（当然，这两个结果是一致的。）在第 5 节中，我们将超越微扰论，讨论对于球对称势，f 的一些一般特征。第 6 节将讨论两粒子的散射。

---

① 事实上，只有在这个更实际的图像中，才可以说在 $\theta\neq 0$ 处进入探测器的粒子是散射的粒子（而不是未散射的入射粒子）。在 $\theta=0$ 处，没有办法（在操作上）分离入射粒子和散射粒子。为了比较理论和实验的结果，人们可以通过外推 $\theta\neq 0$ 的 $f(\theta)$ 来提取 $f(\theta=0)$。

② 译者注："inc" 代表 "入射"，"area" 代表 "面积"。

19.3　玻恩近似（含时描述）

考虑一个初始波包，它是如此之宽，以致它可以用一个平面波 $|\boldsymbol{p}_i\rangle$ 来近似。散射后它的状态由传播子 $U(t_f\to\infty,t_i\to-\infty)$ 决定，即由算符

$$S=\lim_{\substack{t_f\to\infty\\ t_i\to-\infty}}U(t_f,t_i)$$

决定，该算符被称为 S **矩阵**。粒子进入位于 (θ,ϕ) 方向、立体角为 $\mathrm{d}\Omega$ 的探测器的概率是末态动量 $\boldsymbol{p}_f$ 位于 (θ,ϕ) 方向上的张角为 $\mathrm{d}\Omega$ 的锥体中的概率：

$$P(\boldsymbol{p}_i\to\mathrm{d}\Omega)=\sum_{\mathrm{d}\Omega\text{ 中的 }\boldsymbol{p}_f}|\langle\boldsymbol{p}_f|S|\boldsymbol{p}_i\rangle|^2$$

如果将 V 视为微扰，把 S 或者 U 计算到第一阶，问题就约化为使用费米黄金规则，该规则告诉我们跃迁率为

$$\begin{aligned}R_{i\to\mathrm{d}\Omega}&=\frac{\mathrm{d}P(\boldsymbol{p}_i\to\mathrm{d}\Omega)}{\mathrm{d}t}\\&=\frac{2\pi}{\hbar}\left[\int_0^\infty|\langle\boldsymbol{p}_f|V|\boldsymbol{p}_i\rangle|^2\delta\left(\frac{p_f^2}{2\mu}-\frac{p_i^2}{2\mu}\right)p_f^2\,\mathrm{d}p_f\right]\mathrm{d}\Omega &(19.3.1)\\&=\frac{2\pi}{\hbar}|\langle\boldsymbol{p}_f|V|p_i\rangle|^2\mu\,p_i\,\mathrm{d}\Omega &(19.3.2)\end{aligned}$$

（此后，理解为 $p_f=p_i=p=\hbar k$。）这个跃迁率就是流入 $\mathrm{d}\Omega$ 的概率的速率。由于概率在 $\boldsymbol{p}_i$ 方向以速率

$$j_{\text{inc}}=\frac{\hbar k}{\mu}\left(\frac{1}{2\pi\hbar}\right)^3 \tag{19.3.3}$$

流进［回忆 $j=\rho v|\boldsymbol{p}_i\rangle\to(2\pi\hbar)^{-3/2}\mathrm{e}^{\mathrm{i}\boldsymbol{p}_i\cdot\boldsymbol{r}/\hbar}$］，所以用于度量概率被截获（并输送到 $\mathrm{d}\Omega$）的速率的微分截面为

$$\begin{aligned}\frac{\mathrm{d}\sigma}{\mathrm{d}\Omega}\mathrm{d}\Omega&=\frac{R_{i\to\mathrm{d}\Omega}}{j_{\text{inc}}}=(2\pi)^4\mu^2\hbar^2|\langle\boldsymbol{p}_j|V|\boldsymbol{p}_i\rangle|^2\mathrm{d}\Omega\\ \frac{\mathrm{d}\sigma}{\mathrm{d}\Omega}&=\left|\frac{\mu}{2\pi\hbar^2}\int\mathrm{e}^{-\mathrm{i}\boldsymbol{q}\cdot\boldsymbol{r}'}V(\boldsymbol{r}')\,\mathrm{d}^3r'\right|^2 &(19.3.4)\end{aligned}$$

其中

$$\hbar\boldsymbol{q}=\boldsymbol{p}_f-\boldsymbol{p}_i \tag{19.3.5}$$

是**转移到粒子的动量**。为了以后参考，注意到

$$|\boldsymbol{q}|^2=|\boldsymbol{k}_f-\boldsymbol{k}_i|^2=2k^2(1-\cos\theta)=4k^2\sin^2(\theta/2) \tag{19.3.6}$$

因此 $\mathrm{d}\sigma/\mathrm{d}\Omega$ 对入射能量和散射角度的依赖关系是通过组合 $|\boldsymbol{q}|=q=2k\sin(\theta/2)$ 得到的。

比较 (19.3.4) 式和 (19.2.18) 式，我们可以得到 $f(\theta)$，至多差一个模为 1 的相因子（相对于入射波）。我们稍后会看到这个因子是 -1。所以，

$$f(\theta,\phi)=\frac{-\mu}{2\pi\hbar^2}\int \mathrm{e}^{-\mathrm{i}\boldsymbol{q}\cdot\boldsymbol{r}'}V(\boldsymbol{r}')\,\mathrm{d}^3r' \tag{19.3.7}$$

因此，在这个玻恩近似中，$f(\theta,\phi)=f(\boldsymbol{q})$ 就是势对动量转移的傅里叶变换（至多差一个常数因子）。

此后，我们关注球对称的势：$V(\boldsymbol{r})=V(r)$。在这种情况下，我们在 d^3r' 的积分中可以选取平行于 $\boldsymbol{q}$ 的 z' 方向，这样

$$\begin{aligned}f(\theta,\phi)&=\frac{-\mu}{2\pi\hbar^2}\int \mathrm{e}^{-\mathrm{i}qr'\cos\theta'}V(r')\,\mathrm{d}(\cos\theta')\,\mathrm{d}\phi'\,r'^2\,\mathrm{d}r'\\&=\frac{-2\mu}{\hbar^2}\int\frac{\sin qr'}{q}V(r')\,r'\mathrm{d}r'\\&=f(\theta)\end{aligned} \tag{19.3.8}$$

在这个事例中，f 与 ϕ 无关是本应预料到的。入射波 $\mathrm{e}^{\mathrm{i}kr}$ 对 ϕ 的变化不敏感，即对绕 z 轴的转动不敏感。同样，球对称的势也对 ϕ 一无所知。因此 f 得不到任何对 ϕ 的依赖性。用角动量的语言来说，入射波没有 l_z，并且这个特征在散射中是得到保持的。因此散射波也必然没有 l_z，也就是说它是独立于 ϕ 的。

让我们计算汤川势（Yukawa potential）

$$V(r)=\frac{g\,\mathrm{e}^{-\mu_0 r}}{r} \tag{19.3.9}$$

中的 $f(\theta)$。由 (19.3.8) 式

$$\begin{aligned}f(\theta)&=-\frac{2\mu g}{\hbar^2 q}\int_0^\infty\frac{\mathrm{e}^{\mathrm{i}qr'}-\mathrm{e}^{-\mathrm{i}qr'}}{2\mathrm{i}}\mathrm{e}^{-\mu_0 r'}\mathrm{d}r'\\&=\frac{-2\mu g}{\hbar^2(\mu_0^2+q^2)}\end{aligned} \tag{19.3.10}$$

$$\frac{\mathrm{d}\sigma}{\mathrm{d}\Omega}=\frac{4\mu^2g^2}{\hbar^4[\mu_0^2+4k^2\sin^2(\theta/2)]^2} \tag{19.3.11}$$

如果现在令 $g=Ze^2$、$\mu_0=0$，就可得到电荷为 e 的粒子在势 $\phi=Ze/r$（或 $V=Ze^2/r$）中的库仑散射截面：

$$\begin{aligned}\left.\frac{\mathrm{d}\sigma}{\mathrm{d}\Omega}\right|_{\text{库仑}}&=\frac{-\mu^2(Ze^2)^2}{4p^4\sin^4(\theta/2)}\\&=\frac{(Ze^2)^2}{16E^2\sin^4(\theta/2)}\end{aligned} \tag{19.3.12}$$

其中 $E=p^2/2\mu$ 是入射粒子的动能。这恰巧是精确的量子力学也是经典力学的答案。（它是卢瑟福经典计算的结果，被称为卢瑟福截面。）尽管通过取汤川势计算的 $\mu_0\to 0$ 极限，设法得到了正确的 $\mathrm{d}\sigma/\mathrm{d}\Omega$，但一些细节值得注意。首先，库仑势不能用我们给出的公式来处理，因为库仑势消失的速度并不比 r^{-1} 快。换句话说，渐近形式

$$\psi \xrightarrow[r\to\infty]{} \mathrm{e}^{\mathrm{i}kz}+f(\theta,\phi)\frac{\mathrm{e}^{\mathrm{i}kr}}{r}$$

在这里是不适用的，因为粒子绝不会摆脱势的影响。（这表现在总截面是无限的：如果我们试图将 $\mathrm{d}\sigma/\mathrm{d}\Omega$ 对 θ 积分，在 $\theta\to 0$ 时，积分是 $\int \mathrm{d}\theta/\theta^3$ 发散的。）然而，在以下意义上定义散射振幅 $f_c(\theta)$ 是可能的。人们发现当 $r\to\infty$ 时，库仑哈密顿量存在着形如

$$\psi \xrightarrow[r\to\infty]{} \widetilde{\mathrm{e}^{\mathrm{i}kz}}+f_{\mathrm{c}}(\theta)\left(\widetilde{\frac{\mathrm{e}^{\mathrm{i}kr}}{r}}\right) \tag{19.3.13}$$

的正能本征解[①]，其中波浪符号（~）告诉我们它们实际上不是平面波或球面波，而是被长程库仑力修正的波。例如：

$$\widetilde{\frac{\mathrm{e}^{\mathrm{i}kr}}{r}}=\frac{\mathrm{e}^{\mathrm{i}(kr-\gamma\ln kr)}}{r} \tag{19.3.14}$$

$$\gamma=\frac{Ze^2\mu}{\hbar^2 k} \tag{19.3.15}$$

是扭曲的球面波，在第 12.6 节我们已经很熟悉了。通过比较流入 $\mathrm{d}\Omega$ 的通量与入射通量的比值（由于这些扭曲波），人们发现

$$\frac{\mathrm{d}\sigma}{\mathrm{d}\Omega}=|f_{\mathrm{c}}|^2$$

其中

$$f_{\mathrm{c}}(\theta)=-\frac{\gamma}{2k(\sin\theta/2)^2}\exp(-\mathrm{i}\gamma\ln\sin^2\theta/2+\text{常数}) \tag{19.3.16}$$

并且在那里常数是纯虚数。将其与汤川振幅 (19.3.10) 式进行比较，在令 $\mu_0=0$、$g=Ze^2$ 之后，发现它们是一致的，至多差一个指数相因子。这种差异在 $\mathrm{d}\sigma/\mathrm{d}\Omega$ 中没有表现出来，但在本章后面考虑全同粒子的散射时将表现出来。

习题 19.3.1* 证明

$$\sigma_{\text{汤川}}=16\pi r_0^2\left(\frac{g\mu r_0^2}{\hbar^2}\right)^2\frac{1}{1+4k^2r_0^2}$$

其中 $r_0=1/\mu_0$ 是势的力程。比较 σ 和与这个力程相关的几何截面。

① 参见 A. Messiah, *Quantum Mechanics*, Wiley, New York (1966), 422 页。

习题 19.3.2*

(1) 证明：如果 $V(r) = -V_0\,\theta(r_0 - r)$

$$\frac{\mathrm{d}\sigma}{\mathrm{d}\Omega} = 4r_0^2\left(\frac{\mu V_0 r_0^2}{\hbar^2}\right)^2 \frac{(\sin qr_0 - qr_0\cos qr_0)^2}{(qr_0)^6}$$

(2) 证明：当 $kr_0 \to 0$ 时，散射变得各向同性，并且

$$\sigma \simeq \frac{16\pi r_0^2}{9}\left(\frac{\mu V_0 r_0^2}{\hbar^2}\right)^2$$

习题 19.3.3* 证明：对高斯势，$V(r) = V_0\,\mathrm{e}^{-r^2/r_0^2}$，有

$$\frac{\mathrm{d}\sigma}{\mathrm{d}\Omega} = \frac{\pi r_0^2}{4}\left(\frac{\mu V_0 r_0^2}{\hbar^2}\right)^2 \mathrm{e}^{-q^2 r_0^2/2}$$

$$\sigma = \frac{\pi^2}{2k^2}\left(\frac{\mu V_0 r_0^2}{\hbar^2}\right)^2 (1 - \mathrm{e}^{-2k^2 r_0^2})$$

［提示：由于 $q^2 = 2k^2(1-\cos\theta)$，所以 $\mathrm{d}(\cos\theta) = -\mathrm{d}(q^2)/2k^2$。］

让我们通过检查 $f(\theta)$ 的一些一般性质来结束这一节。由 (19.3.7) 式可知，在低能（$k \to 0$）时，$q = 2k\sin(\theta/2) \to 0$ 并且

$$\begin{aligned} f(\theta) &\simeq -\frac{\mu}{2\pi\hbar^2}\int V(\boldsymbol{r}')\,\mathrm{d}^3 r' \\ &\simeq -\frac{\mu V_0 r_0^3}{\hbar^2} \end{aligned} \tag{19.3.17}$$

其中 V_0 是 V 的某个有效高度，r_0 是有效力程。在高能时，指数因子 $\mathrm{e}^{-\mathrm{i}qr'\cos\theta'}$ 快速振荡。这意味着来自不同点 $\boldsymbol{r}'$ 的散射波以基本上随机的相位叠加，除了在相位稳定的小范围内：

$$\begin{aligned} qr'\cos\theta' &\lesssim \pi \\ 2k\sin(\theta/2)\,r_0 &\lesssim \pi \qquad （因为\ r'\cos\theta' \simeq r_0） \\ k\theta r_0 &\lesssim \pi \qquad （\sin\theta/2 \simeq \theta/2） \end{aligned}$$

因此散射振幅仅在

$$\theta \lesssim \frac{1}{kr_0} \tag{19.3.18}$$

（丢弃的常数量级是 1）的一个很小的向前角锥中才适用。这些论证假设 $V(r')$ 在 $r' = 0$ 附近是正规的。但在某些奇异情况中［比如 $V \propto (r')^{-3}$］，r' 积分由小 r' 主

导，并且 $kr'\cos\theta'$ 不必是一个很大的相位。汤川势和高斯势（习题 19.3.3）都不存在这种病态行为，并在高能时展现出这种向前的峰。

习题 19.3.4 对高斯势，验证上述说法。

我们什么时候能相信玻恩近似？因为我们把势当作微扰，所以猜测它在高能下是可靠的。在下一节中我们将看到，这确实是对的，但是如果满足一个更严格的条件，玻恩近似也可以适用于低能情况。

19.4 再论玻恩近似（不含时描述）

在这种方法中，核心问题是寻找完整的薛定谔方程

$$\left(\nabla^2+k^2\right)\psi_{\boldsymbol{k}}=\frac{2\mu}{\hbar^2}V\psi_{\boldsymbol{k}} \tag{19.4.1}$$

的解，其形式为

$$\psi_{\boldsymbol{k}}=\mathrm{e}^{\mathrm{i}\boldsymbol{k}\cdot\boldsymbol{r}}+\psi_{\mathrm{sc}} \tag{19.4.2a}$$

其中

$$\psi_{\mathrm{sc}}\xrightarrow[r\to\infty]{}f(\theta,\phi)\frac{\mathrm{e}^{\mathrm{i}kr}}{r} \tag{19.4.2b}$$

在上式中，θ 和 ϕ 是相对于 $\boldsymbol{k}$ 测量的（图 19.1），令 $\boldsymbol{k}$ 沿 z 轴方向。人们这样处理这个问题。找到满足

$$\left(\nabla^2+k^2\right)G^0(\boldsymbol{r},\boldsymbol{r}')=\delta^3(\boldsymbol{r}-\boldsymbol{r}') \tag{19.4.3}$$

的格林函数 $G^0(\boldsymbol{r},\boldsymbol{r}')$，(19.4.1) 式的形式通解可据此写成

$$\psi_k(\boldsymbol{r})=\psi^0(\boldsymbol{r})+\frac{2\mu}{\hbar^2}\int G^0(\boldsymbol{r},\boldsymbol{r}')\,V(\boldsymbol{r}')\,\psi_k(\boldsymbol{r}')\,\mathrm{d}^3r' \tag{19.4.4}$$

其中 $\psi^0(\boldsymbol{r})$ 是一个任意的能量为 $\hbar^2k^2/2\mu$ 的自由粒子解：

$$\left(\nabla^2+k^2\right)\psi^0=0 \tag{19.4.5}$$

我们将很快使用边界条件来敲定 ψ^0。

将 ∇^2+k^2 作用于 (19.4.4) 式的两边，很容易验证 $\psi_{\boldsymbol{k}}$ 确实是 (19.4.1) 式的一个解。这里的想法非常类似于在借助电荷密度 ρ 求解静电势的泊松方程

$$\nabla^2\phi=-4\pi\rho$$

时使用的方法。首先找到响应位于 $\boldsymbol{r}'$ 点的点电荷的 G：

$$\nabla^2 G=-4\pi\,\delta^3(\boldsymbol{r}-\boldsymbol{r}')$$

习题 12.6.4 告诉我们

$$G(\boldsymbol{r},\boldsymbol{r}')=G(\boldsymbol{r}-\boldsymbol{r}')=\frac{1}{|\boldsymbol{r}-\boldsymbol{r}'|}$$

然后，把 ρ 看作是点电荷的叠加，并且由于泊松方程是线性的，得到 ϕ 将是这些电荷产生的 ϕ 的总和：

$$\phi(\boldsymbol{r})=\int G(\boldsymbol{r}-\boldsymbol{r}')\,\rho(\boldsymbol{r}')\,\mathrm{d}^3r'=\int\frac{\rho(\boldsymbol{r}')}{|\boldsymbol{r}-\boldsymbol{r}'|}\mathrm{d}^3r'$$

（将 ∇^2 作用于两边并使用 $\nabla^2G=-4\pi\delta^3$，可验证 ϕ 满足泊松方程。）

人们可以在这个 $\phi(\boldsymbol{r})$ 上加上任意满足 $\nabla^2\phi^0=0$ 的 ϕ^0。利用 $\rho=0$ 时的边界条件 $\phi=0$，我们可消去 ϕ^0。

在散射问题中，我们假设 (19.4.1) 式的右边是某个给定的源，并利用格林函数写出 $\psi_{\boldsymbol{k}}$ 的 (19.4.4) 式。唯一的难题是 $\psi_{\boldsymbol{k}}$ 的源就是 $\psi_{\boldsymbol{k}}$ 本身。因此 (19.4.4) 式实际上不是一个解，而是 $\psi_{\boldsymbol{k}}$ 的一个积分方程。将 $\psi_{\boldsymbol{k}}$ 的微分方程转换为积分方程的动机与在 $U_{\mathrm{I}}(t,t_0)$ 情况中的类似：获得 $\psi_{\boldsymbol{k}}$ 按 V 的幂次的微扰展开。对 V 的第零阶，(19.4.2a) 告诉我们 $\psi_{\boldsymbol{k}}$ 就是 $\mathrm{e}^{\mathrm{i}\boldsymbol{k}\cdot\boldsymbol{r}}$，因为如果忽略了 V 就不存在散射波；然而 (19.4.4) 告诉我们 $\psi_{\boldsymbol{k}}=\psi^0$，因为对 $\boldsymbol{r}'$ 的积分中有明显的 V 的幂，而 ψ^0 与 V 无关［因为它是方程 (19.4.5) 的解］。因此，我们可以敲定 (19.4.4) 式中的任意函数 ψ^0：

$$\psi^0=\mathrm{e}^{\mathrm{i}\boldsymbol{k}\cdot\boldsymbol{r}}\tag{19.4.6}$$

并得出结论，在目前的散射问题中，

$$\psi_{\boldsymbol{k}}=\mathrm{e}^{\mathrm{i}\boldsymbol{k}\cdot\boldsymbol{r}}+\frac{2\mu}{\hbar^2}\int G^0(\boldsymbol{r},\boldsymbol{r}')\,V(\boldsymbol{r}')\,\psi_{\boldsymbol{k}}(\boldsymbol{r}')\,\mathrm{d}^3r'\tag{19.4.7}$$

将它与 (19.4.2a) 比较后，可看到我们将第二项与散射波关联在一起了。为了物理解释的一致性，在空间无穷远处它必须含有纯出射波。由于 $G^0(\boldsymbol{r},\boldsymbol{r}')$ 是在 $\boldsymbol{r}'$ 处的点源产生的散射波，所以 $G^0(\boldsymbol{r},\boldsymbol{r}')$ 必须是渐近纯向外的。这是除了 (19.4.3) 式之外，对 G^0 的额外物理约束。正如我们将看到的，这个约束与 (19.4.3) 式一起，将为我们唯一地确定 G^0。

想象我们已经找到了 G^0。现在我们可以从 (19.4.7) 式出发得到 $\psi_{\boldsymbol{k}}$ 的微扰解。对第零阶，我们已经看到 $\psi_{\boldsymbol{k}}=\mathrm{e}^{\mathrm{i}\boldsymbol{k}\cdot\boldsymbol{r}}$。为了得到第一阶，我们把第零阶的 $\psi_{\boldsymbol{k}}$ 输入到方程的右边，得到

$$\psi_{\boldsymbol{k}}=\mathrm{e}^{\mathrm{i}\boldsymbol{k}\cdot\boldsymbol{r}}+\frac{2\mu}{\hbar^2}\int G^0(\boldsymbol{r},\boldsymbol{r}')\,V(\boldsymbol{r}')\,\mathrm{e}^{\mathrm{i}\boldsymbol{k}\cdot\boldsymbol{r}}\,\mathrm{d}^3r'+O(V^2)\tag{19.4.8}$$

如果把这个第一阶的结果输入到 (19.4.7) 式的右边，我们就得到了第二阶的（符号形式的）结果：

$$\psi_{\boldsymbol{k}}=\psi^0+\frac{2\mu}{\hbar^2}G^0V\psi^0+\left(\frac{2\mu}{\hbar^2}\right)^2G^0VG^0V\psi^0+O(V^3)$$

等等。

现在让我们回到从 (19.4.3) 式

$$\left(\nabla^2 + k^2\right) G^0(\boldsymbol{r}, \boldsymbol{r}') = \delta^3(\boldsymbol{r} - \boldsymbol{r}')$$

出发确定 G^0。我们注意到这个方程没有唯一的解，因为对于任意给定的解，都可以通过在它上面加上一个函数 η^0 来得到另外一个解，该函数服从齐次方程

$$\left(\nabla^2 + k^2\right) \eta^0 = 0$$

相反，任意两列 G^0 和 $G^{0\prime}$ 之间只能相差某个 η^0。所以我们首先要找到最简单的 G^0，然后无论加上什么样的 η^0，都要使总和是纯向外的。

由于 $(\nabla^2 + k^2)$ 和 $\delta^3(\boldsymbol{r} - \boldsymbol{r}')$ 在 $\boldsymbol{r}$ 和 $\boldsymbol{r}'$ 的整体平移下是不变的，所以我们知道方程允许有平移不变的解①：

$$G^0(\boldsymbol{r}, \boldsymbol{r}') = G^0(\boldsymbol{r} - \boldsymbol{r}')$$

为了方便起见，用 $\boldsymbol{r}$ 替换 $\boldsymbol{r} - \boldsymbol{r}'$。[一旦我们找到 $G^0(\boldsymbol{r})$，我们可以用 $\boldsymbol{r} - \boldsymbol{r}'$ 代替 $\boldsymbol{r}$。] 所以我们要求解方程

$$\left(\nabla^2 + k^2\right) G^0(\boldsymbol{r}) = \delta^3(\boldsymbol{r}) \tag{19.4.9}$$

出于与上面类似的原因，我们寻找转动不变的解

$$G^0(\boldsymbol{r}) = G^0(r)$$

若

$$G^0(r) = \frac{U(r)}{r}$$

在 $r \neq 0$ 时，可得到 $U(r)$ 满足

$$\frac{\mathrm{d}^2 U}{\mathrm{d}r^2} + k^2 U = 0$$

它的通解是

$$U(r) = \mathrm{A}\,\mathrm{e}^{\mathrm{i}kr} + \mathrm{B}\,\mathrm{e}^{-\mathrm{i}kr}$$

或

$$G^0(r) = \frac{\mathrm{A}\,\mathrm{e}^{\mathrm{i}kr}}{r} + \frac{\mathrm{B}\,\mathrm{e}^{-\mathrm{i}kr}}{r} \tag{19.4.10}$$

① 如果一个方程具有某种对称性，比如转动不变性，它只意味着存在转动不变的解，而不是所有的解都转动不变。例如，氢原子的哈密顿量是转动不变的，但本征函数一般不是转动不变的，但其中有一些（$l = m = 0$）是转动不变的。

在这点，上式中的 A 和 B 是任意常数。因为我们希望 G^0 是纯向外的，所以我们令 $\mathrm{B}=0$：

$$G^0(r)=\frac{\mathrm{A}\,\mathrm{e}^{\mathrm{i}kr}}{r} \tag{19.4.11}$$

通过计算 $r\to 0$ 时的 $(\nabla^2+k^2)\,G^0(r)$，得到 A[①]

$$\left(\nabla^2+k^2\right)\,G^0(r)\xrightarrow[r\to 0]{}-4\pi\mathrm{A}\delta^3(\boldsymbol{r}) \tag{19.4.12}$$

它给出

$$G^0(r)=-\frac{\mathrm{e}^{\mathrm{i}kr}}{4\pi r} \tag{19.4.13}$$

在不破坏解的纯向外特性的前提下，我们不能把任意的 η^0 加到这个解上，因为在全空间都是正规的自由粒子解的一般形式是

$$\eta^0(\boldsymbol{r})=\sum_{l=0}^{\infty}\sum_{m=-l}^{l}C_{lm}\,\mathrm{j}_l(kr)\,\mathrm{Y}_l^m(\theta,\phi) \tag{19.4.14}$$

而且因为在 $r\to\infty$ 时，球贝塞尔函数是由振幅相等的入射波和出射波组成的

$$j_l(kr)\xrightarrow[r\to\infty]{}\frac{\sin(kr-l\pi/2)}{kr}=\frac{\mathrm{e}^{\mathrm{i}(kr-l\pi/2)}-\mathrm{e}^{-\mathrm{i}(kr-l\pi/2)}}{2\mathrm{i}kr} \tag{19.4.15}$$

现在我们把

$$G^0(\boldsymbol{r},\boldsymbol{r}')=G^0(\boldsymbol{r}-\boldsymbol{r}')=-\frac{\mathrm{e}^{\mathrm{i}k|\boldsymbol{r}-\boldsymbol{r}'|}}{4\pi|\boldsymbol{r}-\boldsymbol{r}'|} \tag{19.4.16}$$

代入 (19.4.7) 式，得到

$$\begin{aligned}\psi_{\boldsymbol{k}}&=\mathrm{e}^{\mathrm{i}\boldsymbol{k}\cdot\boldsymbol{r}}-\frac{2\mu}{4\pi\hbar^2}\int\frac{\mathrm{e}^{\mathrm{i}k|\boldsymbol{r}-\boldsymbol{r}'|}}{|\boldsymbol{r}-\boldsymbol{r}'|}V(\boldsymbol{r}')\,\psi_{\boldsymbol{k}}(\boldsymbol{r}')\,\mathrm{d}^3r'\\&=\mathrm{e}^{\mathrm{i}\boldsymbol{k}\cdot\boldsymbol{r}}+\psi_{\mathrm{sc}}\end{aligned} \tag{19.4.17}$$

现在我们验证一下，在 $r\to\infty$ 时，ψ_{sc} 具有想要的 $f(\theta,\phi)\,\mathrm{e}^{\mathrm{i}kr}/r$ 的形式。我们可能下意识地在 $\boldsymbol{r}'$ 的积分中做如下近似：

$$\frac{\mathrm{e}^{\mathrm{i}k|\boldsymbol{r}-\boldsymbol{r}'|}}{|\boldsymbol{r}-\boldsymbol{r}'|}\simeq\frac{\mathrm{e}^{\mathrm{i}kr}}{r}$$

因为 $\boldsymbol{r}'$ 被限制在 $|\boldsymbol{r}'|\lesssim r_0$（范围）中，而 $r\to\infty$。这显然是错误的，因为如果我们这样做，相应的 f 就不会有 θ 或 ϕ 的依赖。让我们更加小心地处理。我们首先作

① 我们使用 $\nabla^2(\psi\chi)=\psi\nabla^2\chi+\chi\nabla^2\psi+2\boldsymbol{\nabla}\psi\cdot\boldsymbol{\nabla}\chi$，并且 $\nabla^2=r^{-2}(\partial/\partial r)\,r^2\partial/\partial r$ 单独作用于一个 r 的函数。

如下近似

$$
\begin{aligned}
|\boldsymbol{r}-\boldsymbol{r}'| &= (r^2+r'^2-2\boldsymbol{r}\cdot\boldsymbol{r}')^{1/2} \\
&= r\left[1+\left(\frac{r'}{r}\right)^2-2\frac{\boldsymbol{r}\cdot\boldsymbol{r}'}{r^2}\right]^{1/2} \\
&\simeq r\left(1-2\frac{\boldsymbol{r}\cdot\mathbf{r}'}{r^2}\right)^{1/2} \\
&\approx r\left(1-\frac{\boldsymbol{r}\cdot\boldsymbol{r}'}{r^2}\right)
\end{aligned} \tag{19.4.18}
$$

我们扔掉了 (r'/r) 的二次项，并对小 x 使用 $(1+x)^n \simeq 1+nx$ 的近似。所以

$$
\frac{1}{|\boldsymbol{r}-\boldsymbol{r}'|} \simeq \frac{1}{r\left[1-(\boldsymbol{r}\cdot\boldsymbol{r}')/r^2\right]} \simeq \frac{1}{r}\left(1+\frac{\boldsymbol{r}\cdot\boldsymbol{r}'}{r^2}\right) \tag{19.4.19}
$$

虽然在积分中替换 $|\boldsymbol{r}-\boldsymbol{r}'|^{-1}$ 会导致随着 $r\to\infty$ 而消失的误差，但对于因子 $\mathrm{e}^{\mathrm{i}k|\boldsymbol{r}-\boldsymbol{r}'|}$ 却不是这样。我们有

$$
\begin{aligned}
k|\boldsymbol{r}-\boldsymbol{r}'| &= kr\left(1-\frac{\boldsymbol{r}\cdot\boldsymbol{r}'}{r^2}\right) \\
&= kr - k\hat{\boldsymbol{r}}\cdot\boldsymbol{r}' \\
&= kr - \boldsymbol{k}_f\cdot\boldsymbol{r}'
\end{aligned} \tag{19.4.20}
$$

其中 $\boldsymbol{k}_f$ 是探测到的粒子的波矢：它与入射粒子具有相同的大小（k），并指向观测方向（$\hat{\boldsymbol{r}}$，图 19.2）。因此，

$$
\frac{\mathrm{e}^{\mathrm{i}k|\boldsymbol{r}-\boldsymbol{r}'|}}{|\boldsymbol{r}-\boldsymbol{r}'|} \simeq \frac{\mathrm{e}^{\mathrm{i}kr}}{r}\mathrm{e}^{-\mathrm{i}\boldsymbol{k}_f\cdot\boldsymbol{r}'} \tag{19.4.21}
$$

并且

$$
\psi_{\mathbf{k}} \xrightarrow[r\to\infty]{} \mathrm{e}^{\mathrm{i}\mathbf{k}\cdot\boldsymbol{r}} - \frac{\mathrm{e}^{\mathrm{i}kr}}{r}\frac{2\mu}{4\pi\hbar^2}\int \mathrm{e}^{-\mathrm{i}\boldsymbol{k}_f\cdot\boldsymbol{r}'}V(\boldsymbol{r}')\,\psi_{\boldsymbol{k}}(\boldsymbol{r}')\,\mathrm{d}^3\boldsymbol{r}' \tag{19.4.22}
$$

这样，我们找到的解在 $r\to\infty$ 时就具有期望的形式。当然 (19.4.22) 式不能确定 $f(\theta,\phi)$，因为 $\psi_{\boldsymbol{k}}$ 出现在 $\boldsymbol{r}'$ 的积分中。然而，对于任何期望的阶的结果，这个 $\psi_{\boldsymbol{k}}$ 可用可计算的较低阶近似来替换。特别是对于第一阶，有

$$
f(\theta,\phi) = -\frac{2\mu}{4\pi\hbar^2}\int \mathrm{e}^{-\mathrm{i}\boldsymbol{k}_f\cdot\boldsymbol{r}'}\,V(\boldsymbol{r}')\,\mathrm{e}^{\mathrm{i}\boldsymbol{k}_i\cdot\boldsymbol{r}'}\,\mathrm{d}^3\boldsymbol{r}' \tag{19.4.23}
$$

其中，我们给 $\boldsymbol{k}$ 加了一个下标 i 以提醒它是初始或入射波矢量。我们看到 $f(\theta,\phi)$ 正是在上一节［(19.3.7) 式］中计算的玻恩近似。在那里，相对于入射波的相因子被简单地假设成 -1。在微扰展开中，f 含时和不含时计算之间的一致性在所有的阶都存在。

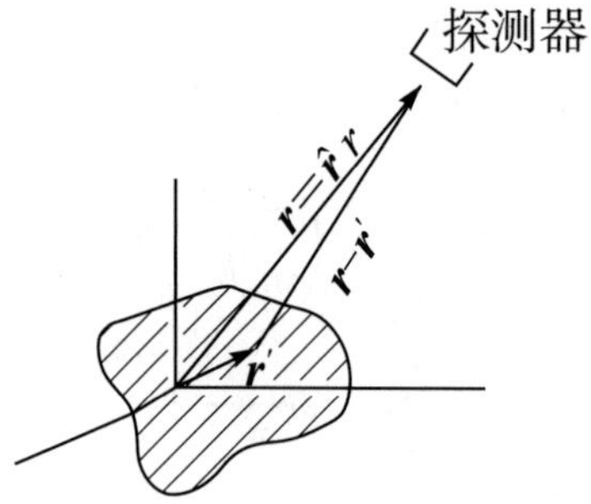

图 19.2 在 $\boldsymbol{r}$ 点观察到粒子。对 $\boldsymbol{r}'$ 的积分被限制在象征势的力程的阴影区域

还有另一种求解

$$\left(\nabla^2+k^2\right) G^0(\boldsymbol{r})=\delta^3(\boldsymbol{r}) \tag{19.4.24}$$

的方法（包括柯西定理）。对两边做傅里叶变换，可得

$$\left(\frac{1}{2\pi}\right)^{3/2} \int \mathrm{e}^{-\mathrm{i}\boldsymbol{q}\cdot\boldsymbol{r}}\left(\nabla^2+k^2\right) G^0(\boldsymbol{r})\, \mathrm{d}^3 r=\left(\frac{1}{2\pi}\right)^{3/2} \tag{19.4.25}$$

如果让 ∇^2 作用到左边（记住它是厄米的），我们得到

$$\left(k^2-q^2\right)\left(\frac{1}{2\pi}\right)^{3/2} \int \mathrm{e}^{-\mathrm{i}\boldsymbol{q}\cdot\boldsymbol{r}} G^0(\boldsymbol{r})\, \mathrm{d}^3 r=\left(\frac{1}{2\pi}\right)^{3/2} \tag{19.4.26}$$

$$\left(k^2-q^2\right) G^0(q)=\left(\frac{1}{2\pi}\right)^{3/2} \tag{19.4.27}$$

像往常一样，变换到动量空间，微分方程就约化成了代数方程。其解为

$$G^0(\boldsymbol{q})=\frac{1}{(2\pi)^{3/2}\left(k^2-q^2\right)} \tag{19.4.28}$$

除了在 $q=k$ 处 $G^0(\boldsymbol{q})$ 发散。其发散的原因如下。(19.4.24) 式是抽象方程

$$\left(D^2+k^2\right) G^0=I \tag{19.4.29}$$

的坐标空间版本，其中

$$D^2=D_x^2+D_y^2+D_z^2 \tag{19.4.30}$$

（D_x 就是第 1.10 节引入的 D 对 x 的微分算符，D_y 和 D_z 分别是对 y 和 z 的微分算符。）因此，G^0 是 (D^2+k^2) 的倒数：

$$G^0=\left(D^2+k^2\right)^{-1} \tag{19.4.31}$$

现在，我们知道不能对一个其行列式为零的算符，或者等价地对（一个厄米算符，因为它可以被对角化）一个零本征值的算符求逆。算符 (D^2+k^2) 具有一个零本征值，因为

$$\left(\nabla^2+k^2\right)\psi=0 \tag{19.4.32}$$

具有非平庸（平面波）解。因此我们考虑一个稍许不同的算符，$D^2+k^2+\mathrm{i}\varepsilon$，其中 ε 是一个正的无穷小量。它也有一个零本征值，但相应的本征函数是复波数的平面波。这样的函数不是我们所限定的空间的一部分，也就是说函数的空间归一化到 1 或者狄拉克 δ 函数[①]。因此，$D^2+k^2+\mathrm{i}\varepsilon$ 可能能够在物理的希尔伯特空间内求逆。让我们称这个相应的格林函数为 G_ε^0。在计算结束时，我们再将 ε 置为零[②]。

显然

$$G_\varepsilon^0(\boldsymbol{q})=\frac{1}{(2\pi)^{3/2}}\frac{1}{k^2+\mathrm{i}\varepsilon-q^2} \tag{19.4.33}$$

其坐标空间的函数由逆变换得到：

$$G_\varepsilon^0(\boldsymbol{r})=\frac{1}{(2\pi)^3}\int\frac{\mathrm{e}^{\mathrm{i}\boldsymbol{q}\cdot\boldsymbol{r}}}{k^2+\mathrm{i}\varepsilon-q^2}\,\mathrm{d}^3q \tag{19.4.34}$$

我们令 q_z 轴平行于 $\boldsymbol{r}$。如果 θ 和 ϕ 是 $\boldsymbol{q}$ 空间中的角度，则

$$\begin{aligned}G_\varepsilon^0(\boldsymbol{r})&=\frac{1}{8\pi^3}\int\frac{\mathrm{e}^{\mathrm{i}qr\cos\theta}}{k^2+\mathrm{i}\varepsilon-q^2}\,\mathrm{d}(\cos\theta)\,\mathrm{d}\phi\,q^2\mathrm{d}q\\&=\frac{1}{4\pi^2}\int_0^\infty\frac{\mathrm{e}^{\mathrm{i}qr}-\mathrm{e}^{-\mathrm{i}qr}}{\mathrm{i}qr}\frac{q^2\mathrm{d}q}{k^2+\mathrm{i}\varepsilon-q^2} &(19.4.35\mathrm{a})\\&=\frac{1}{4\pi^2}\int_{-\infty}^\infty\frac{\mathrm{e}^{\mathrm{i}qr}}{\mathrm{i}qr}\frac{q^2\mathrm{d}q}{k^2+\mathrm{i}\varepsilon-q^2} &(19.4.35\mathrm{b})\\&=\frac{-\mathrm{i}}{4\pi^2r}\int_{-\infty}^\infty\frac{\mathrm{e}^{\mathrm{i}qr}q\,\mathrm{d}q}{k^2+\mathrm{i}\varepsilon-q^2} &(19.4.35\mathrm{c})\end{aligned}$$

[从上面的 (19.4.35a) 到 (19.4.35b)，在 $\mathrm{e}^{-\mathrm{i}qr}$ 项中，我们把 q 改成了 $-q$。]

我们用柯西留数定理来计算上述积分，该定理是说：对于任意复变量 z 的解析函数 $f(z)$ 都有

$$\oint f(z)\,\mathrm{d}z=2\pi\mathrm{i}\sum_j R(z_j) \tag{19.4.36}$$

这里的 $\oint$ 表示在 z 的复平面上围绕一个闭合回路积分，$R(z_j)$ 为回路内 z_j 点处极点的留数[③]。

---

① 回想一下，由第 1.10 节，如果 k 是复数，则它的模是指数发散的。

② 这被称为“iε 方案”。在整个分析过程中，将只考虑到 ε 的第一阶。

③ 回想一下，如果 $f(z)\xrightarrow[z\to z_j]{}\dfrac{R(z_j)}{z-z_j}$，则 $R(z_j)=\lim_{z\to z_j}f(z)(z-z_j)$。

让我们将 q 看作一个复变量，在 (19.4.35) 式中，它只是被碰巧取为实数（$-\infty$ 到 ∞）。

我们试着计算下列函数沿着实轴从 $-\infty$ 到 ∞ 的积分：

$$w(q)=\frac{-\mathrm{i}}{4\pi^2 r}\frac{\mathrm{e}^{\mathrm{i}qr}}{k^2+\mathrm{i}\varepsilon-q^2} \tag{19.4.37}$$

这个函数在

$$k^2+\mathrm{i}\varepsilon-q^2=0$$

处，或者（到 ε 的第一阶）

$$(k+q+\mathrm{i}\eta)(k-q+\mathrm{i}\eta)=0 \qquad (n\simeq\varepsilon/2k) \tag{19.4.38}$$

处有极点。这些极点如图 19.3 所示。

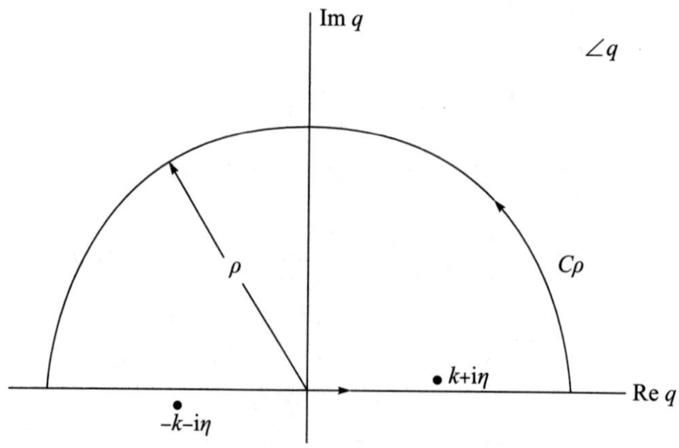

图 19.3　复 q 平面上函数 $w(q)$ 的极点。我们想要沿实轴从 $-\infty$ 到 $+\infty$ 的积分。为了闭合积分的回路以便使用柯西定理，我们把 C_ρ 的贡献加进去，该项的贡献在 ρ 趋于 ∞ 时为零

至此，我们还没有准备好使用柯西定理，因为我们还没有一个闭合的回路。让我们用一个半径超大（$\rho\to\infty$）的半圆 C_ρ 来闭合这个回路，现在就可以使用柯西定理了。难道这样做没有改变所要计算的量吗？回答是没有改变，因为当 $\rho\to\infty$ 时，C_ρ 对积分没有贡献。为了弄清这点，我们把 $q=\rho\,\mathrm{e}^{\mathrm{i}\theta}$ 写在 C_ρ 上。于是

$$w(q)\xrightarrow[\rho\to\infty]{}(\text{常数})\frac{\mathrm{e}^{\mathrm{i}qr}}{q} \tag{19.4.39}$$

并且有

$$\int_{C_\rho}w(q)\,\mathrm{d}q\sim\int_{C_\rho}\mathrm{e}^{\mathrm{i}qr}\frac{\mathrm{d}q}{q}=\int_0^{\pi}\mathrm{e}^{\mathrm{i}\rho r(\cos\theta+\mathrm{i}\sin\theta)}\mathrm{i}\,\mathrm{d}\theta \tag{19.4.40}$$

除了在 $\theta = 0$ 附近的极小区域外（它贡献的只是一个无限小量），这个积分为零，因为当 $\rho \to \infty$ 时，$\mathrm{e}^{-\rho r \sin\theta}$。现在我们使用柯西定理。唯一封闭在回路中的极点位于 $q = k + \mathrm{i}\eta$ 处。这里的留数是

$$R(k+\mathrm{i}\eta) = \lim_{q \to k+\mathrm{i}\eta} (q-k-\mathrm{i}\eta)\, w(q) = \frac{\mathrm{i}}{8\pi^2 r} \mathrm{e}^{\mathrm{i}(k+\mathrm{i}\eta)r} \tag{19.4.41}$$

且

$$G^0(\boldsymbol{r}) = \lim_{\eta \to 0} 2\pi\mathrm{i}R = -\frac{\mathrm{e}^{\mathrm{i}kr}}{4\pi r} \tag{19.4.42}$$

请注意，虽然在这里 $\mathrm{i}\varepsilon$（$\varepsilon > 0$）方法恰好给出了正确的答案，但还有其他计算这个积分的方法，它们在其他情况下可能适用。例如，如果我们选择 $\varepsilon < 0$，我们就会得到一个纯入射波，因为 η 改变了符号，以及 $q \simeq -k$ 附近的极点进入了回路。

玻恩近似的有效性

由于在玻恩近似中，在积分方程 (19.4.17) 的右边只用 $\mathrm{e}^{\mathrm{i}\boldsymbol{k}\cdot\boldsymbol{r}'}$ 替换了 $\psi_{\boldsymbol{k}} = \mathrm{e}^{\mathrm{i}\boldsymbol{k}\cdot\boldsymbol{r}'} + \psi_{\mathrm{sc}}$，这仅在 $|\boldsymbol{r}'| \lesssim r_0$ 的区域 $|\psi_{\mathrm{sc}}| \ll |\mathrm{e}^{\mathrm{i}\boldsymbol{k}\cdot\boldsymbol{r}'}|$ 时才是一个好的近似。由于我们预期 ψ_{sc} 在原点附近最大，让我们在那里就使用 (19.4.17) 式计算 $\psi_{\mathrm{sc}}(0)$ 进行比较：

$$\left|\frac{\psi_{\mathrm{sc}}(0)}{\mathrm{e}^{\mathrm{i}kz}(0)}\right| = |\psi_{\mathrm{sc}}(0)| = \left|\frac{2\mu}{4\pi\hbar^2}\int \frac{\mathrm{e}^{\mathrm{i}kr'}}{r'} V(\boldsymbol{r}')\, \mathrm{e}^{\mathrm{i}\boldsymbol{k}_i\cdot\boldsymbol{r}'}\, \mathrm{d}^3 r'\right| \tag{19.4.43}$$

假设 $V(\boldsymbol{r}) = V(r)$。在这种情况下，玻恩近似有效性的一个粗略的标准是

$$\frac{2\mu}{\hbar^2 k}\left|\int \mathrm{e}^{\mathrm{i}kr'} \sin kr'\, V(r')\, \mathrm{d}r'\right| \ll 1 \tag{19.4.44}$$

习题 19.4.1 推导不等式 (19.4.44)。

在低能时，$kr' \to 0$、$\mathrm{e}^{\mathrm{i}kr'} \to 1$、$\sin kr' \to kr'$，我们得到条件：

$$\frac{2\mu}{\hbar^2}\left|\int r' V(r')\, \mathrm{d}r'\right| \ll 1 \tag{19.4.45}$$

如果 $V(r)$ 的有效深度（或高度）为 V_0，力程为 r_0，条件变成（丢掉量级为 1 的常数）

$$\frac{\mu V_0 r_0^2}{\hbar^2} \ll 1 \tag{19.4.46}$$

低能条件可以写成

$$V_0 \ll \frac{\hbar^2}{\mu r_0^2}$$

现在一个被禁闭在尺度为 r_0 的势阱中的粒子必定有量级为 $\hbar/r_0$ 的动量和量级为 $\hbar^2/\mu r_0^2$ 的动能。上面的不等式是说：如果玻恩近似在低能下有效，势阱一定太浅以致无法把一个粒子禁闭在尺度为 r_0 的区域内。

在高能情况下，当 $kr_0 \gg 1$ 时，把 (19.4.44) 式中的被积函数写成

$$\mathrm{e}^{\mathrm{i}kr}\sin kr' = \frac{\mathrm{e}^{2\mathrm{i}kr'}-1}{2\mathrm{i}}$$

扔掉势内振荡太快的指数部分，只保留 -1 的部分，就可得到以下条件：

$$\frac{\mu}{\hbar^2 k}\left|\int V(r')\,\mathrm{d}r'\right| \ll 1 \tag{19.4.47}$$

它也可被改写成

$$\frac{\mu V_0 r_0^2}{\hbar^2} \ll kr_0 \tag{19.4.48}$$

我们发现，只要满足不等式 (19.4.46)，即使在低能时，玻恩近似也可以是很好的近似。事实上，如果是这样，玻恩近似对所有能量都适用，即 (19.4.48) 式是被自动满足的。

19.5 分波展开

我们注意到，如果 $V(\boldsymbol{r}) = V(r)$，则 $f(\theta,\phi) = f(\theta)$。实际上，$f$ 也是能量 $E = \hbar^2k^2/2\mu$ 的函数，尽管这种相关性从未显式地表现出来。因为 θ 的任意函数都可以用如下勒让德多项式展开

$$\mathrm{P}_l(\cos\theta) = \left(\frac{4\pi}{2l+1}\right)^{1/2}\mathrm{Y}_l^0 \tag{19.5.1}$$

所以我们可以用具有 k–依赖系数的 $P_l(\cos\theta)$ 展开 $f(\theta,k)$：

$$f(\theta,k) = \sum_{l=0}^{\infty}(2l+1)\,a_l(k)\,\mathrm{P}_l(\cos\theta) \tag{19.5.2}$$

人们把 $a_l(k)$ 称为 l 分波的振幅。它具有如下意义。入射平面波 $\mathrm{e}^{\mathrm{i}kz}$ 是由所有的角动量态叠加而成的［由 (12.6.41) 式］：

$$\mathrm{e}^{\mathrm{i}kz} = \mathrm{e}^{\mathrm{i}kr\cos\theta} = \sum_{l=0}^{\infty}\mathrm{i}^l(2l+1)\,\mathrm{j}_l(kr)\,\mathrm{P}_l(\cos\theta) \tag{19.5.3}$$

因为对于该势，角动量是守恒的，每个角动量的分量都独立地散射。振幅 a_l 是角动量为 l 的分量散射的量度。

按照目前情况来看，(19.5.2) 式中的展开并没有为我们做任何事情：我们只是把一个双变量（θ 和 ϕ）的函数换成了无穷多个含有一个变量 k 的函数 $a_l(k)$。展开式有用之处是：在低能情况下，只有前面很少的几个 $a_l(k)$ 明显地不同于零。在这种情况下，只用几个单变量函数 $a_0, a_1, \cdots$ 就可以描述散射。通常用下面启发性的论点（有显式的计算支持）解释为什么在 k 小的时候散射被限制在少数几个低 l 值的分波。从加速器出来的是一束沿 z 轴移动的均匀粒子束流。处于一个半径为 ρ、厚度为 $\mathrm{d}\rho$（ρ 是碰撞参数）的圆筒中的所有粒子都具有角动量

$$\hbar l \simeq \hbar k \rho \tag{19.5.4}$$

如果势的范围是 r_0，则 $\rho > r_0$ 的粒子将会“错过”靶核。因此，散射只发生在角动量最大为

$$l_{\max} = k\rho_{\max} \simeq kr_0 \tag{19.5.5}$$

的态。[相反，通过测量 $l_{\max}$（由 f 的角度依赖性），我们可以推导出势的范围。][1]

习题 19.5.1* 证明：当一个 100 MeV（动能）的中子入射到一个固定的原子核时，有 $l_{\max} \approx 2$。[提示：核力的力程大约是一个飞米（1 fm= 10^{-15} m）。在核物理中，$\hbar c \approx 200\ \mathrm{MeV \cdot fm}$ 是一个更有用的助记符。]

给定 $V(r)$，如何用它计算 $a_l(k)$ 呢？换句话说，如何把 a_l 关联到角动量为 l 的薛定谔方程的解呢？我们从一个自由粒子出发。使用

$$\mathrm{j}_l(kr) \xrightarrow[r\to\infty]{} \frac{\sin(kr - l\pi/2)}{kr} \tag{19.5.6}$$

由 (19.5.3) 式，利用 $\mathrm{i} = \mathrm{e}^{\mathrm{i}\pi/2}$，可得到

$$\mathrm{e}^{\mathrm{i}kz} \xrightarrow[r\to\infty]{} \frac{1}{2\mathrm{i}k}\sum_{l=0}^{\infty} \mathrm{i}^l (2l+1)\left[\frac{\mathrm{e}^{\mathrm{i}(kr-l\pi/2)}}{r} - \frac{\mathrm{e}^{-\mathrm{i}(kr-l\pi/2)}}{r}\right] \mathrm{P}_l(\cos\theta) \tag{19.5.7}$$

$$= \frac{1}{2\mathrm{i}k}\sum_{l=0}^{\infty}(2l+1)\left[\frac{\mathrm{e}^{\mathrm{i}kr}}{r} - \frac{\mathrm{e}^{-(\mathrm{i}kr-l\pi)}}{r}\right]\mathrm{P}_l(\cos\theta) \tag{19.5.8}$$

因此对每个角动量，我们都有振幅相同的入射波和出射波。(它们的相位差为 $l\pi$，因为即使对于自由粒子，在 $l \neq 0$ 时也存在着排斥的离心势垒。）关联着这两个波的概率流是相等且相反的[2]。这种相等是预期的，因为在这种定态中不应该有净的概

① 译者注：l 的下标“max”指“最大”。

② 再一次，我们可以说流与一个给定的 l 相关联，也与一个给定的 l 的入射波和出射波相关联吗？答案是肯定的。如果我们计算总的 $\boldsymbol{j}$（它在 $r \to \infty$ 时只有一个径向的部分）并对所有的角度积分，P_l 的正交性将消除不同 l 之间所有的干涉项。入射波和出射波之间的干涉也不会存在。[见与 (19.2.13) 式相关的脚注。]

率流流入或流出原点。(由于角动量守恒，每个 l 的散射是独立的，所以每个 l 的散射应分别平衡。)

如果我们加上一个势，会发生什么情况呢？当 $r \to \infty$ 时，尽管由于势的存在可能会出现一个相移 $\delta_l(k)$，但径向波函数必然会约化为自由粒子波函数：

$$R_l(r) = \frac{U_l(r)}{r} \xrightarrow[r\to\infty]{} \frac{A_l \sin[kr - l\pi/2 + \delta_l(k)]}{r} \tag{19.5.9}$$

其中 A_l 是某个常数。所以

$$\psi_{\boldsymbol{k}}(\boldsymbol{r}) \xrightarrow[r\to\infty]{} \sum_{l=0}^{\infty} A_l \frac{\left[\mathrm{e}^{\mathrm{i}(kr-l\pi/2+\delta_l)} - \mathrm{e}^{-\mathrm{i}(kr-l\pi/2+\delta_l)}\right] \mathrm{P}_l(\cos\theta)}{r} \tag{19.5.10}$$

为了求 A_l，我们注意到，由于 $V(r)$ 只产生了一个出射波，对于 $\psi_{\boldsymbol{k}}$，入射波必须相同，且平面波 $\mathrm{e}^{\mathrm{i}\boldsymbol{k}\cdot\boldsymbol{r}} = \mathrm{e}^{\mathrm{i}kz}$。比较 (19.5.8) 和 (19.5.10) 式中 $\mathrm{e}^{\mathrm{i}kr}/r$ 的系数，得到

$$A_l = \frac{2l+1}{2\mathrm{i}k}\,\mathrm{e}^{\mathrm{i}(l\pi/2+\delta_l)} \tag{19.5.11}$$

将其代入 (19.5.10) 式，得到

$$\psi_k(r) \xrightarrow[r\to\infty]{} \frac{1}{2\mathrm{i}kr}\sum_{l=0}^{\infty}(2l+1)\left[\mathrm{e}^{\mathrm{i}kr}\mathrm{e}^{2\mathrm{i}\delta_l} - \mathrm{e}^{-\mathrm{i}(kr-l\pi)}\right]\mathrm{P}_l(\cos\theta) \tag{19.5.12}$$

$$= \mathrm{e}^{\mathrm{i}kz} + \left[\sum_{l=0}^{\infty}(2l+1)\left(\frac{\mathrm{e}^{2\mathrm{i}\delta_l}-1}{2\mathrm{i}k}\right)\mathrm{P}_l(\cos\theta)\right]\frac{\mathrm{e}^{\mathrm{i}kr}}{r} \tag{19.5.13}$$

将它与 (19.5.2) 式比较，可得

$$a_l(k) = \frac{\mathrm{e}^{2\mathrm{i}\delta_l}-1}{2\mathrm{i}k} \tag{19.5.14}$$

因此，为了计算 $a_l(k)$，必须先计算渐近波函数中的相移 δ_l。

(19.5.12) 式和 (19.5.8) 式的比较告诉我们：势的作用是在出射波上附加一个相因子 $\mathrm{e}^{2\mathrm{i}\delta_l}$。这一因子不会改变与之相关联的概率流，总输入和输出流之间的平衡是守恒的。但这并不意味着没有散射，因为这个相移改变了角分布。

人们把

$$S_l(k) = \mathrm{e}^{2\mathrm{i}\delta_l(k)} \tag{19.5.15}$$

叫做 l 分波的 S 矩阵元，或角动量为 l 的 S 矩阵。回想一下，S 矩阵就是 $U(t,-t)$ 在 $t \to \infty$ 时的极限。因此它是哈密顿量的函数。由于在这个问题中，$\boldsymbol{L}$ 是守恒的，S（就像 H 一样）将在能量（$E = \hbar^2k^2/2\mu$）、角动量（l）、和角动量 z 分量（$m=0$）的共同本征基中被对角化。因为 S 是幺正的（由于 U 是幺正的），所以它的本征值 $S_l(k)$ 一定是 $\mathrm{e}^{\mathrm{i}\theta}$ 的形式，这里 $\theta = 2\delta_l$。如果采用某个其他的基，比如

说 $|\boldsymbol{p}\rangle$ 基，$\langle\boldsymbol{p}'|\,S\,|\boldsymbol{p}\rangle$ 仍然是一个幺正矩阵的元素，但不再是对角的，因为 $\boldsymbol{p}$ 在散射过程中是不守恒的。

如果我们把 $a_l(k)$ 重写为

$$a_l(k)=\frac{\mathrm{e}^{2\mathrm{i}\delta_l}-1}{2\mathrm{i}k}=\frac{\mathrm{e}^{\mathrm{i}\delta_l}\sin\delta_l}{k} \tag{19.5.16}$$

我们得到

$$f(\theta)=\frac{1}{k}\sum_{l=0}^{\infty}(2l+1)\,\mathrm{e}^{\mathrm{i}\delta_l}\sin\delta_l\,\mathrm{P}_l(\cos\theta) \tag{19.5.17}$$

利用勒让德多项式的正交关系

$$\int \mathrm{P}_l(\cos\theta)\,\mathrm{P}_{l'}(\cos\theta)\,\mathrm{d}(\cos\theta)=\frac{2}{2l+1}\delta_{ll'}$$

总截面

$$\sigma=\int |f|^2 d\Omega$$

由

$$\sigma=\frac{4\pi}{k^2}\sum_{l=0}^{\infty}(2l+1)\sin^2\delta_l \tag{19.5.18}$$

给出。注意：σ 是各个 l 的分截面的和：

$$\sigma=\sum_{l=0}^{\infty}\sigma_l,\quad \sigma_l=\frac{4\pi}{k^2}(2l+1)\sin^2\delta_l \tag{19.5.19}$$

每个 σ_l 都有一个上限 $\sigma_l^{\max}$，称为*幺正性限制*（unitarity bound）：

$$\sigma_l<\sigma_l^{\max}=\frac{4\pi}{k^2}(2l+1) \tag{19.5.20}$$

当 $\delta_l=n\pi/2$，n 为奇数时，限制是饱和的。

比较 (19.5.17) 式和 (19.5.18) 式，并使用 $\theta=0$ 时的 $P_l(\cos\theta)=1$，我们得到

$$\sigma=\frac{4\pi}{k}\,\mathrm{Im}\,f(0) \tag{19.5.21}$$

这就是所谓的*光学定理*。总截面和向前振幅之间存在一个关系的事实并不令人吃惊，其原因如下。入射的平面波带来了一些 z 方向的流密度。其中一部分会被散射到各个方向。这必须以靶核后面（$\theta=0$ 的方向）流密度减小的形式自己反映出来。只有当入射平面波与向前散射波发生相干相消时，才会出现这种衰减。当然，为什么正好 $f(0)$ 的虚部是相关的，或者 $4\pi/k$ 的因子来自何处，并非显而易见。要找到答案，你必须做习题 19.5.6。

δ_l 的一个模型计算：硬球

考虑一个由

$$
\begin{aligned}
V(r) &= \infty, \quad r < r_0 \\
&= 0, \quad r > r_0
\end{aligned}
\tag{19.5.22}
$$

表示的硬球。

现在我们求解径向薛定谔方程，查看 $r \to \infty$ 时的解，并确定相移。显然（未归一化的）径向函数 $R_l(r)$ 在 $r \leqslant r_0$ 的范围内消失。在 r_0 之外，它由自由粒子的函数

$$
R_l(r) = A_l\,\mathrm{j}_l(kr) + B_l\,\mathrm{n}_l(kr) \tag{19.5.23}
$$

给出。(我们保留了 n_l 函数，因为它在 $r > 0$ 时是正规的。）系数 A_l 和 B_l 的选择必须使

$$
R_l(r_0) = 0 \tag{19.5.24}
$$

从而确保波函数在 $r = r_0$ 处的连续性。这样

$$
\frac{B_l}{A_l} = -\frac{\mathrm{j}_l(kr_0)}{\mathrm{n}_l(kr_0)} \tag{19.5.25}
$$

由给出 j_l 和 n_l 渐进形式的 (12.6.32) 式，得到

$$
\begin{aligned}
R_l(r) &\xrightarrow[r\to\infty]{} \frac{1}{kr}\left[A_l \sin(kr - l\pi/2) - B_l \cos(kr - l\pi/2)\right] \\
&= \frac{(A_l^2 + B_l^2)^{1/2}}{kr}\left[\sin\left(kr - \frac{l\pi}{2} + \delta_l\right)\right]
\end{aligned}
\tag{19.5.26}
$$

其中

$$
\delta_l = \arctan\left(\frac{-B_l}{A_l}\right) = \arctan\left[\frac{\mathrm{j}_l(kr_0)}{\mathrm{n}_l(kr_0)}\right] \tag{19.5.27}
$$

例如由［(12.6.31) 式］

$$
\begin{aligned}
\delta_0 &= \arctan\left[\frac{\sin(kr_0)/kr_0}{-\cos(kr_0)/kr_0}\right] \\
&= -\arctan[\tan(kr_0)] \\
&= -kr_0
\end{aligned}
\tag{19.5.28}
$$

很容易理解这个结果：硬球把波函数推了出去，迫使它从 $r = r_0$，而不是 $r = 0$ 开始正弦振荡。一般来说，排斥势给出负的相移（因为它们减慢了粒子的速度并减小了单位长度的相移），而吸引势给出正的相移（因为相反的原因）。当然，只有当 δ

很小时，这种对应才成立，因为 δ 仅以 π 为模定义。例如，如果相移 $kr_0 = \pi$，则 a_0 消失，s 波散射不会暴露以原点为中心的硬球。

考虑 $k \to 0$ 时的硬球相移。使用

$$\mathrm{j}_l(x) \xrightarrow[x\to 0]{} x^l/(2l+1)!!$$

$$\mathrm{n}_l(x) \xrightarrow[x\to 0]{} -x^{-(l+1)}(2l-1)!!$$

我们得到

$$\tan\delta_l \underset{k\to 0}{\simeq} \delta_l \propto (kr_0)^{2l+1} \tag{19.5.29}$$

这与直觉的预期一致，即在低能时，高角动量态的散射应该可以忽略不计。对于任意合理的势，上述 δ_l 在低能时的 $(kr_0)^{2l+1}$–依赖性都成立，其中 r_0 是表征力程的某个长度标度。[由于没有固定的力程定义，我们可以将任何势的力程定义为 (19.5.29) 式中出现的 r_0。] 注意，尽管 $\delta_0 \propto k^1$，但分截面不会消失，因为当 $k \to 0$ 时，$\sigma_0 \propto k^{-2}\sin^2\delta_l \sim k^{-2}\delta_l^2 \nrightarrow 0$。

共振

低能时的分截面 σ_l 一般来说是非常小的，因为当 $k \to 0$ 时，$\delta_l \propto k^{2l+1}$。但有时在 k 或 E 的非常小的区域里 δ_l 会迅速从 0 上升到 π [或更一般地，从 $n\pi$ 上升到 $(n+1)\pi$]。在这个区域里，在 $k = k_0$ 或 $E = E_0$ 附近，我们可以用

$$\delta_l = \delta_\mathrm{b} + \arctan\left(\frac{\Gamma/2}{E_0 - E}\right) \tag{19.5.30}$$

描述 δ_l，其中的 δ_b 是某个变化极小的背景相位（$\approx n\pi$）。忽略 δ_b 之后，相应的截面为

$$\begin{aligned}\sigma_l &= \frac{4\pi}{k^2}(2l+1)\sin^2\delta_l \\ &\underset{E\simeq E_0}{=} \frac{4\pi}{k^2}(2l+1)\frac{(\Gamma/2)^2}{(E_0-E)^2+(\Gamma/2)^2}\end{aligned} \tag{19.5.31}$$

σ_l 由一条铃形曲线描述，被称为布雷特–维格纳（Breit-Wigner）形式，其最大高度为 $\sigma_l^{\max}$（幺正性限制），半宽度为 $\Gamma/2$。这种现象被称为共振。

在 σ_l 的仅在 E_0 附近有效的公式 (19.5.31) 中，我们把 Γ 视为一个常数。它的 k–依赖性可以这样推导出来：注意到当 $k \to 0$ 时，我们有 [由 (19.5.29) 式]：

$$\sigma_l \simeq \frac{1}{k^2}\sin^2\delta_l \simeq \frac{1}{k^2}\delta_l^2 \simeq \frac{(kr_0)^{4l+2}}{k^2}$$

它意味着

$$\Gamma/2 = (kr_0)^{2l+1}\gamma \tag{19.5.32}$$

其中 γ 是某个能量量纲的常数。因此，在更大的范围内有效的 σ_l 的表达式是

$$\sigma_l = \frac{4\pi}{k^2}(2l+1)\frac{[\gamma(kr_0)^{2l+1}]^2}{(E-E_0)^2+[\gamma(kr_0)^{2l+1}]^2} \tag{19.5.33}$$

对于任意的 $l \neq 0$，σ_l 在整个低能区被净的 k^{4l} 因子衰减，除了在 E_0 附近，在那里分母中的一个相似因子将它中和。显然，随着 l 增大，共振变得更加尖锐。$l=0$ 时的情况（其中 σ_0 在 $k=0$ 时始于非零）取决于势。我们稍后详述。

现在我们想深入了解共振的动力学。我们从基本的薛定谔方程角度来问在共振处到底发生了什么。我们选择通过 S 矩阵来分析这个问题。在共振附近有

$$S_l(k) = \mathrm{e}^{2\mathrm{i}\delta_l} = \frac{\mathrm{e}^{\mathrm{i}\delta_l}}{\mathrm{e}^{-\mathrm{i}\delta_l}} = \frac{1+\mathrm{i}\tan\delta_l}{1-\mathrm{i}\tan\delta_l} = \frac{E-E_0-\mathrm{i}\Gamma/2}{E-E_0+\mathrm{i}\Gamma/2} \tag{19.5.34}$$

尽管 k 和 E 在任何实验中（并且到目前为止在我们的分析中）都是实数，让我们把 $S_l(k)$ 看作复 E 或 k 的函数。于是我们发现共振对应着 S_l 在复数

$$E = E_0 - \mathrm{i}\Gamma/2 \tag{19.5.35}$$

或

$$k = k_0 - \mathrm{i}\eta/2 \tag{19.5.36}$$

处的一个极点，其中 $E_0 = \hbar^2 k_0^2/2\mu$ 和 $\Gamma = \eta\hbar^2 k_0/\mu$（对于小 η 和 Γ）。因为 Γ 和 η 都很小，所以极点非常接近于实轴，这就是我们相信这个 S_l 的形式的原因，它在实轴上的 $E=E_0$ 点附近有效。

共振对应着 $S_l(k)$ 中（实轴附近）极点的说法意味着什么？为了找到答案，我们利用 S 矩阵重新审视束缚态。回想一下，对正实数的 k，如果

$$R_k(r) \xrightarrow[r\to\infty]{} \frac{\mathrm{A}\,\mathrm{e}^{\mathrm{i}kr}}{r} + \frac{\mathrm{B}\,\mathrm{e}^{-\mathrm{i}kr}}{r} \tag{19.5.37}$$

则［由 (19.5.9) 和 (19.5.10) 式或 (19.5.12) 式］有

$$\mathrm{e}^{2\mathrm{i}\delta_l} = S_l(k) = \frac{\mathrm{A}}{\mathrm{B}} = \frac{\text{出射波振幅}}{\text{入射波振幅}} \tag{19.5.38}$$

（至多差一个常数因子 i^{2l}）。现在对复数 k，我们将 $S_l(k)$ 定义如下：求解 k 被设置成复数的径向方程，求出 $R(r\to\infty)$，再取比值 A/B。现在考虑 $k=\mathrm{i}\kappa$（$\kappa>0$）的情况，这对应于 E 是负实数的情况。在这里我们将得到

$$R_{kl}(r) \xrightarrow[r\to\infty]{} \frac{\mathrm{A}\,\mathrm{e}^{-\kappa r}}{r} + \frac{\mathrm{B}\,\mathrm{e}^{\kappa r}}{r} \tag{19.5.39}$$

尽管很好地定义了 $S_l(k=\mathrm{i}\kappa)$，但相应的 R_{kl} 并没有令我们感兴趣，因为它不是可归一化的。然而，回想一下，对于一些特殊的 k 值，R_{kl} 是指数衰减的，并且能描

述束缚态的波函数。这些束缚态对应着使得 $B = 0$ 或 $S_l(k) = \infty$ 的 k 值。因此，在 $k = \mathrm{i}\kappa$ 时 $S_l(k)$ 的极点对应着束缚态。

所以一个位于 $k = k_0 - \mathrm{i}\eta$ 的极点的共振也一定是某种束缚态。（关于 S 矩阵的极点，见图 19.4。）接下来的一个试探性的论证如下[①]：因为 $E = E_{\mathrm{B}}$（一个负数）的束缚态具有时间依赖性

$$\mathrm{e}^{-\mathrm{i}E_{\mathrm{B}}t/\hbar}$$

所以共振必定具有时间依赖性

$$\mathrm{e}^{-\mathrm{i}(E_0-\mathrm{i}\Gamma/2)t/\hbar} = \mathrm{e}^{-\mathrm{i}E_0t/\hbar}\,\mathrm{e}^{-\Gamma t/2\hbar}$$

它描述了一个正能 E_0 的态，但其模数随着半衰期 $t \simeq \hbar/\Gamma$ 呈指数下降。因此，对应 $E = E_0 - \mathrm{i}\Gamma/2$ 处极点的共振态描述了一个亚稳束缚态，其能量为 E_0、寿命为 $t = \hbar/\Gamma$[②]。

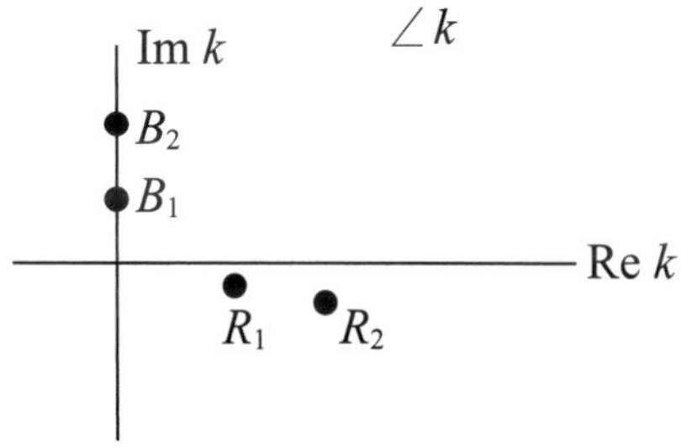

图 19.4　复 k 平面上 $S_l(k)$ 的一些奇点。正虚轴上的点表示束缚态的极点，实轴下的点表示共振的极点。物理或实验上可到达的区域是沿着实轴的，在那里 S_l 具有 $\mathrm{e}^{2\mathrm{i}\delta_l}$ 的形式

因此，我们接下来必须了解一个正能粒子是如何形成亚稳束缚态的。考虑 $V(r)$ 是吸引势的情况，例如一个深度为 V_0，力程为 r_0 的方势阱。出现在径向方程中的势为 $V_{\mathrm{eff}} = V + V_{\mathrm{c}}$，其中 V_{c} 为离心斥力（图 19.5）。要点是：V_{eff} 在短距离是吸引的，在长距离是排斥的。现在考虑一个能量为 $E_0 < V_{\max}$ 的粒子，如果忽略隧穿，那么粒子在吸引的区域内会形成一个束缚态，也就是说，可以拟合整数倍的半波长。但是隧穿当然会出现，粒子可以作为一个能量为 E_0 的自由粒子逃逸到无穷远处。相反，入射到势阱的、能量为 E_0 的自由粒子可以穿透势垒，形成一个亚稳束缚态，然后再次泄漏出去。这就是形成共振的时候。这幅图也解释了共振随 l 的增加而变窄的原因：随着 l 的增加，V_{c} 增加，隧穿被更多地压制，所以亚稳态的寿命增加。我们也可以看到 $l = 0$ 情况不同的原因：由于 V_{c} 的存在，没有排斥势垒。

① 这个结果可以被严格地证实。

② 能量不严格等于 E_0，因为不确定性原理不允许我们定义一个寿命有限的态的精确能量。E_0 是平均能量。

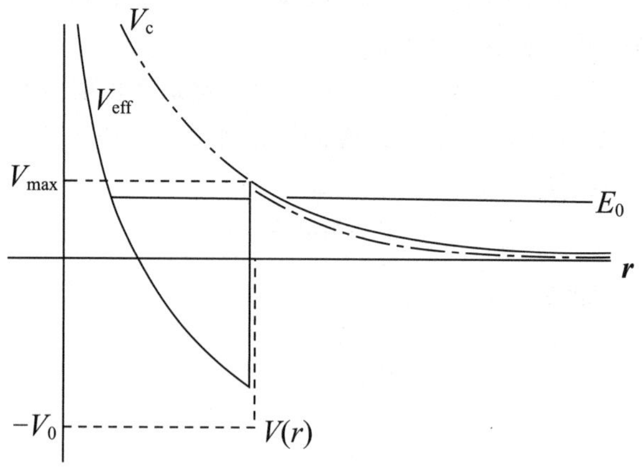

图 19.5　一个典型的支持共振的势。离心排斥势 V_c（点虚线）加上实际的吸引势（虚线）给出了有效势 V_{eff}（实线）。图中所示为一个例子，如果没有隧穿，那么在 E_0 本应存在一个束缚态。但由于隧穿，粒子会泄漏出去。出于同样的原因，一个具有正能量 E_0 的粒子也可以从外部进来，形成一个亚稳束缚态（其寿命与隧穿概率成反比），然后逃逸。这就是所谓的共振

如果 $V = V_{eff}$ 是纯吸引势，那么只有真正的（负能量）束缚态是可能的。最接近共振的情况是形成接近零能量的束缚态（习题 19.5.4）。然而，如果 V 本身具有图 19.5 所示的 V_{eff} 的形式，则共振是可能的。

习题 19.5.2* 推导 (19.5.18) 式，并提供导出光学定理 (19.5.21) 式所缺失的步骤。

习题 19.5.3

(1) 证明：对于一个硬球，当 $k \to 0$ 时，$\sigma_0 \to 4\pi r_0^2$。

(2) 考虑另外一个 kr_0 非常大的极端情况。由 (19.5.27) 式，以及 j_l 和 n_l 的渐近形式证明

$$\sin^2 \delta_l \xrightarrow[kr_0 \to \infty]{} \sin^2(kr_0 - l\pi/2)$$

以致在用积分近似对 l 的求和，用 $2l$ 近似 $2l+1$，用振荡函数 $\sin^2 \delta$ 的平均值 1/2 近似该振荡函数后，有

$$\sigma = \sum_{l=0}^{l_{max}=kr_0} \sigma_l \simeq \frac{4\pi}{k^2} \int_0^{kr_0} (2l) \sin^2 \delta_l \, \mathrm{d}l$$
$$\simeq 2\pi r_0^2$$

习题 19.5.4* 证明：对于深度为 V_0，力程为 r_0 的方势阱，s 波的相移为

$$\delta_0 = -kr_0 + \arctan\left(\frac{k}{k'}\tan k'r_0\right)$$

其中 k' 和 k 是势阱内和势阱外的波数。对于很小的 k，kr_0 是一个很小的数，我们忽略它。让我们看看当改变势阱的深度，即改变 k' 时，δ_0 会发生什么样的变化。展示每当 $k' \simeq k'_n = (2n+1)\pi/2r_0$ 时，δ_0 就呈现出 (19.5.30) 式的共振形式，其半宽度 $\Gamma/2 = \hbar^2 k_n/\mu r_0$，其中 k_n 是 $k' = k'_n$ 时的 k 值。从势阱太浅以致没有任何束缚态开始，证明 k'_0 对应着那个在零能量时形成其第一个束缚态的势阱。（见习题 12.6.9.）（注意：零能束缚态对应着 $k = 0$。）随着势阱进一步加深，能级向下移动，很快在 k'_1，另一个零能束缚态就形成了，以此类推。

习题 19.5.5 证明：即使势阱吸收了粒子，我们也可以用

$$S(k) = \eta_l(k)\,\mathrm{e}^{2\mathrm{i}\delta_l}$$

描述它，其中 η（$\eta < 1$）被称为非弹性因子。

(1) 通过考虑概率流，证明[①]

$$\sigma_{\text{inel}} = \frac{\pi}{k^2}\sum_{l=0}^{\infty}(2l+1)(1-\eta_l^2)$$

$$\sigma_{\text{el}} = \frac{\pi}{k^2}\sum_{l=0}^{\infty}(2l+1)(1+\eta_l^2-2\eta_l\cos 2\delta_l)$$

并再次得到

$$\sigma_{\text{tot}} = \frac{4\pi}{k}\,\mathrm{Im}\,f(0)$$

(2) 考虑一个“黑盘”，它吸收了 $r \leqslant r_0$ 内的所有东西，但超出了这个范围它就无效了。用 $l \leqslant k_0 r$ 时 $\eta = 0$；$l \geqslant k_0 r$ 时 $\eta = 1$、$\delta = 0$ 将其理想化。证明：$\sigma_{\text{el}} = \sigma_{\text{inel}} \simeq \pi r_0^2$。用积分替换求和，并假设 $kr_0 \gg 1$。（见习题 19.5.3。）为什么 σ_{el} 总是伴随着 σ_{inel} 呢？

① 译者注：下标“inel”表示“非弹性”，“el”表示“弹性”，“tot”表示“总截面”。下同。

习题 19.5.6（光学定理）

(1) 证明：由于入射波和散射波之间的干涉，流密度的径向分量为

$$j_r^{\text{int}} \underset{r\to\infty}{\sim} \frac{\hbar k}{\mu}\frac{1}{r}\text{Im}\left[\text{i}\,\text{e}^{ikr(\cos\theta-1)}f^*(\theta)\cos\theta+\text{i}\,\text{e}^{ikr(1-\cos\theta)}f(\theta)\right]$$

(2) 论证：只要 $\theta\neq 0$，由于 $r\to\infty$，j_r^{int} 在任何小立体角上的平均值就都为零。[假设 $f(\theta)$ 是一个光滑的函数。]

(3) 将 j_r^{int} 对向前方向上的一个微小圆锥积分，证明（见提示）

$$\int_{\text{向前的圆锥}} j_r^{\text{int}} r^2 \text{d}\Omega = -\left(\frac{\hbar k}{\mu}\right)\frac{4\pi}{k}\,\text{Im}f(0)$$

因此，如果在靶核后面的区域积分总的流，我们发现干涉项（在靶核后面，仅在近的向前方向处重要）会引起粒子减少，从而投射出一个“阴影”。在阴影区域丢失的总粒子数（每秒）由上述积分后通量的表达式给出。让这一损失等于入射通量 $\hbar k/\mu$ 和截面 σ 的乘积，我们重新得到了光学定理。（提示：由于 θ 很小，通过判断，令 $\sin\theta\approx\theta$、$\cos\theta\approx 1$ 或 $1-\theta^2/2$。在计算 θ 积分的上限时，使用第 1 章引入的想法，即当一个自变量趋于无穷时，振荡函数的极限等于其平均值。）

19.6 两粒子散射

在这一节中，我们将看到两体散射的微分截面如何从具有势 $V(\boldsymbol{r}=\boldsymbol{r}_1-\boldsymbol{r}_2)$ 的相对坐标薛定谔方程的解中提取出来。让我们从考虑两体散射的总截面和微分截面开始。设 σ 为两个粒子散射的总截面。想象一束密度为 ρ_1，速度大小为 v_1 的入射粒子束流与相应参数为 ρ_2 和 v_2 的靶粒子束流对撞。每秒会发生多少次碰撞呢？我们知道，如果只有一个静止的靶粒子，

$$\begin{aligned}\text{碰撞次数/秒} &= \sigma\times\text{入射粒子数/秒/面积}\\ &= \sigma\,\rho_1\,v_1\end{aligned}\tag{19.6.1}$$

在这里，我们修改了这个结果，考虑到 (1) 每单位体积有 ρ_2 个靶粒子（假定 ρ_2 很小，靶粒子相互独立地散射）；(2) 靶粒子以相对速度 $v_{\text{rel}}=v_1+v_2$ 向入射粒子移动。因此我们有

$$\begin{aligned}\text{碰撞次数/秒/相互作用体积} &= \sigma\,\rho_1\,(v_1+v_2)\,\rho_2\\ &= \sigma\,\rho_1\,\rho_2\,v_{\text{rel}}\end{aligned}\tag{19.6.2}$$

注意，σ 对沿束流–靶粒子轴移动的所有观察者都是相同的。

那么微分截面呢？它将依赖于坐标系。在靶核最初处于静止状态的实验室系中，类似于 (19.6.2) 式，我们定义

$$\text{散射进}\ \mathrm{d}(\cos\theta_{\mathrm{L}})\,\mathrm{d}\phi_{\mathrm{L}}\ \text{的粒子数/秒/面积} = \frac{\mathrm{d}\sigma}{\mathrm{d}\Omega_{\mathrm{L}}}\mathrm{d}\Omega_{\mathrm{L}}\rho_1\rho_2\,v_{\mathrm{rel}} \tag{19.6.3}$$

这里，v_{rel} 只是入射粒子的速度，θ_{L} 和 ϕ_{L} 是在实验室系中相对于入射粒子方向测量的角度。（我们也可以根据有多少靶粒子散射进 $\mathrm{d}\Omega_{\mathrm{L}}$ 中来定义 $\mathrm{d}\sigma/\mathrm{d}\Omega_{\mathrm{L}}$，但它不是一个独立的量，因为对于给定的入射粒子的命运，动量守恒将确定靶粒子的命运。）我们唯一考虑的其他坐标系是质心系，其中 $(\mathrm{d}\sigma/\mathrm{d}\Omega)\mathrm{d}\Omega$ 就像在 (19.6.3) 式中那样定义[①]。我们用下面的论证将 $\mathrm{d}\sigma/\mathrm{d}\Omega$ 和 $\mathrm{d}\sigma/\mathrm{d}\Omega_{\mathrm{L}}$ 关联起来。想象在实验室系中位于立体角 $\mathrm{d}\Omega_{\mathrm{L}}(\theta_{\mathrm{L}},\phi_{\mathrm{L}})$ 中的一个探测器。它记录的数目是一个绝对的、与坐标系无关的量，尽管它的方向和接受角度 $\mathrm{d}\Omega$ 可能因坐标系而异。（例如，在实验室系中与束流轴成直角的粒子将在向后移动的坐标系中向前倾斜。）因此，在注意到 $\rho_1\rho_2\,v_{\mathrm{rel}}$ 的坐标系不变性后，我们从 (19.6.2) 式推导出下面的等式：

$$\frac{\mathrm{d}\sigma}{\mathrm{d}\Omega_{\mathrm{L}}}\mathrm{d}\Omega_{\mathrm{L}} = \frac{\mathrm{d}\sigma}{\mathrm{d}\Omega}\mathrm{d}\Omega \tag{19.6.4}$$

或

$$\frac{\mathrm{d}\sigma}{\mathrm{d}\Omega_{\mathrm{L}}} = \frac{\mathrm{d}\sigma}{\mathrm{d}\Omega}\frac{\mathrm{d}\Omega}{\mathrm{d}\Omega_{\mathrm{L}}} \tag{19.6.5}$$

我们将首先考虑 $\mathrm{d}\sigma/\mathrm{d}\Omega$ 的计算，然后考虑 $\mathrm{d}\Omega/\mathrm{d}\Omega_{\mathrm{L}}$ 的计算。

让我们用乘积波函数（在某个一般的坐标系中）

$$\psi_{\mathrm{inc}} = \mathrm{e}^{\mathrm{i}\boldsymbol{k}_1\cdot\boldsymbol{r}_1}\,\mathrm{e}^{\mathrm{i}\boldsymbol{k}_2\cdot\boldsymbol{r}_2} \tag{19.6.6}$$

表示两个碰撞的粒子早在它们开始相互作用之前的态。我们应该记得，这些平面波是宽波包理想化的形式。假定两者都沿着 z 轴运动[②]

$$\begin{aligned}\psi_{\mathrm{inc}} &= \mathrm{e}^{\mathrm{i}k_1z_1}\,\mathrm{e}^{\mathrm{i}k_2z_2}\\ &= \exp\left[\mathrm{i}(k_1+k_2)\left(\frac{z_1+z_2}{2}\right)\right]\exp\left[\mathrm{i}\left(\frac{k_1-k_2}{2}\right)(z_1-z_2)\right]\\ &= \psi_{\mathrm{inc}}^{\mathrm{CM}}(z_{\mathrm{CM}})\,\psi_{\mathrm{inc}}^{\mathrm{rel}}(z)\end{aligned} \tag{19.6.7}$$

① 质心系中的变量将不带下标“CM”。

② 译者注：下标“inc”表示“入射”，“sc”表示“散射”，“system”表示“系统”，上标“CM”表示“质心”，“rel”表示“相对”。

由于势只会影响相对坐标，所以平面波完全描述了质心——质心作为一个整体，没有散射。另一方面，$\psi_{\text{inc}}^{\text{rel}}$ 会形成散射波，变成

$$\begin{aligned}\psi(z) &= \mathrm{e}^{\mathrm{i}kz} + \psi_{\text{sc}}(\boldsymbol{r}) \\ &\xrightarrow[r\to\infty]{} \mathrm{e}^{\mathrm{i}kz} + f(\theta,\phi)\,\mathrm{e}^{\mathrm{i}kr}/r \end{aligned} \tag{19.6.8}$$

其中，因为自变量 z 显而易见，所以我们扔掉了上标“rel”，并且令 $(k_1-k_2)/2=k$。因此整个系统的静态解为

$$\begin{aligned}\psi_{\text{系统}}(\boldsymbol{r}_1,\boldsymbol{r}_2) &= \psi^{\text{CM}}(z_{\text{CM}})\left[\mathrm{e}^{\mathrm{i}kz} + \psi_{\text{sc}}(\boldsymbol{r})\right] \\ &\xrightarrow[r\to\infty]{} \psi^{\text{CM}}(z_{\text{CM}})\left[\mathrm{e}^{\mathrm{i}kz} + f(\theta,\phi)\,\mathrm{e}^{\mathrm{i}kr}/r\right] \end{aligned} \tag{19.6.9}$$

如果变到质心系，则 $\psi^{\text{CM}}(z_{\text{CM}}) = \mathrm{e}^{\mathrm{i}(k_1+k_2)\cdot z_{\text{CM}}} = 1$，因为 $k_1+k_2=0$ 定义了这个坐标系。所以我们可以去掉所有关于质心系的量。图 19.6 描述了质心系中的散射。经典的轨迹不需要逐字推敲——它们仅仅定义了相对坐标 $\boldsymbol{r}$，以及单独的坐标 $\boldsymbol{r}_1$（入射粒子）和 $\boldsymbol{r}_2$（靶粒子）而已。

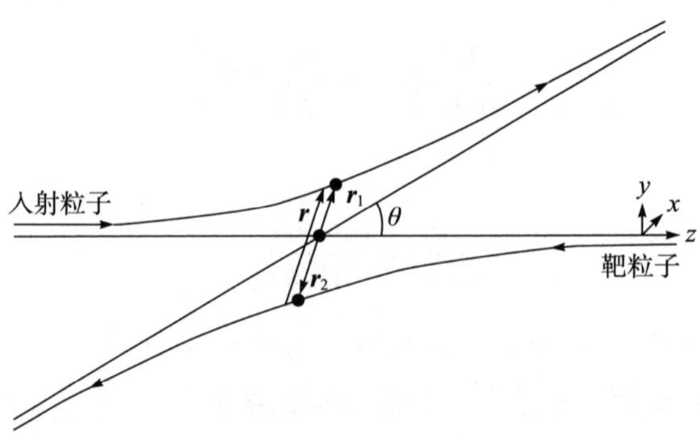

图 19.6　质心系中的两体散射。入射粒子和靶粒子的坐标分别为 $\boldsymbol{r}_1$ 和 $\boldsymbol{r}_2$。为清楚起见，相对坐标 $\boldsymbol{r}=\boldsymbol{r}_1-\boldsymbol{r}_2$ 在图中略作偏移。由于 $\boldsymbol{r}_1$ 和 $\boldsymbol{r}$ 总是平行的，所以入射粒子散射进 $\mathrm{d}\Omega$ 的概率与由 $\boldsymbol{r}$ 描述的虚粒子散射进 $\mathrm{d}\Omega$ 的概率相同。为了找到后者，我们必须求解 $\boldsymbol{r}$ 的薛定谔方程

我们想得到的是入射粒子散射进 $\mathrm{d}\Omega$ 的速率。但是由于 $\boldsymbol{r}_1$ 总是平行于 $\boldsymbol{r}$，所以它等于由 $\boldsymbol{r}$ 描述的虚粒子散射进立体角 $\mathrm{d}\Omega$ 的速率。通过求解相对坐标的薛定谔方程可得到这个速率。做了这些，并且找到

$$\psi(\mathbf{r}) \xrightarrow[r\to\infty]{} \mathrm{e}^{\mathrm{i}kz} + f(\theta,\phi)\,\frac{\mathrm{e}^{\mathrm{i}kr}}{r} \tag{19.6.10}$$

回想 (19.2.17) 式，散射进 $\mathrm{d}\Omega$ 的速率为

$$R_{i\to\mathrm{d}\Omega} = |f(\theta,\phi)|^2\,\frac{\hbar k}{\mu}\,\mathrm{d}\Omega \tag{19.6.11}$$

注意，这是每单位体积的靶粒子–束流相互作用的速率，因为质心的概率密度是 1。为了从上面的 $R_{i\to \mathrm{d}\Omega}$ 提取 $\mathrm{d}\sigma/\mathrm{d}\Omega$，我们回到定义 $\mathrm{d}\sigma/\mathrm{d}\Omega$ 的 (19.6.3) 式（在删除掉下标 L 时）。因为这个定义只对波包的通量有意义，并且因为这里正在处理是平面波，我们用每秒流入 $\mathrm{d}\Omega$ 的概率替换每秒散射进 $\mathrm{d}\Omega$ 中的入射粒子数，用碰撞束流的概率密度替换粒子密度 ρ_1 和 ρ_2。由于碰撞束流 $[\mathrm{e}^{ikz}=\mathrm{e}^{\mathrm{i}k(z_1-z_2)}=\mathrm{e}^{\mathrm{i}kz_1}\cdot\mathrm{e}^{-\mathrm{i}kz_2}]$ 是单位模的平面波，所以 $\rho_1=\rho_2=1$。v_{vel} 如何表示呢？记住，在质心系中，

$$m_1v_1=m_2v_2$$

所以

$$\begin{aligned}v_{\mathrm{rel}}=v_1+v_2=v_1\left(1+\frac{m_1}{m_2}\right)=v_1\left(\frac{m_2+m_1}{m_2}\right)=m_1v_1\left(\frac{m_2+m_1}{m_1m_2}\right)\\=\hbar k\left(\frac{m_2+m_1}{m_1m_2}\right)=\frac{\hbar k}{\mu}\end{aligned}\tag{19.6.12}$$

因此

$$\frac{\mathrm{d}\sigma}{\mathrm{d}\Omega}=\frac{R_{i\to\mathrm{d}\Omega}}{\rho_1\rho_2(v_1+v_2)}=\frac{|f|^2(\hbar k/\mu)}{\hbar k/\mu}\mathrm{d}\Omega$$

或

$$\frac{d\sigma}{d\Omega}=|f|^2\tag{19.6.13}$$

这样，在前面的章节中计算的单个粒子在 $V(\boldsymbol{r})$ 势上散射的 $\mathrm{d}\sigma/\mathrm{d}\Omega$ 也可以被解释为两体通过势 $V(\boldsymbol{r}=\boldsymbol{r}_1-\boldsymbol{r}_2)$ 相互作用的质心截面。

通往实验室系之路

现在我们来考虑实验室系，即 $\mathrm{d}\sigma/\mathrm{d}\Omega_{\mathrm{L}}$ 的计算。我们讨论等质量情况，把质量不相等的情况留做习题。图 19.7(a) 显示了在质心系中沿着 z 轴以动量 p 和 $-p$ 进入的粒子。如果 $\boldsymbol{p}'$ 是入射粒子最终的动量，则有

$$\tan\theta=\frac{(p_x'^2+p_y'^2)^{1/2}}{p_z'}\equiv\frac{p_\perp'}{p_z'}\tag{19.6.14a}$$

$$\tan\phi=p_y'/p_x'\tag{19.6.14b}$$

为了转换到实验室系，我们必须以 p/m 的速度向左移动。在这个坐标系中，所有动量在 z 方向（只）得到等于 p 的增量。（因此靶核 T 在碰撞前将处于静止状态。）实验室系中的散射角由

$$\tan\theta_{\mathrm{L}}=p_\perp'/(p_z'+p)\tag{19.6.15a}$$

$$\tan\phi_{\mathrm{L}}=\frac{p_y'}{p_x'}\tag{19.6.15b}$$

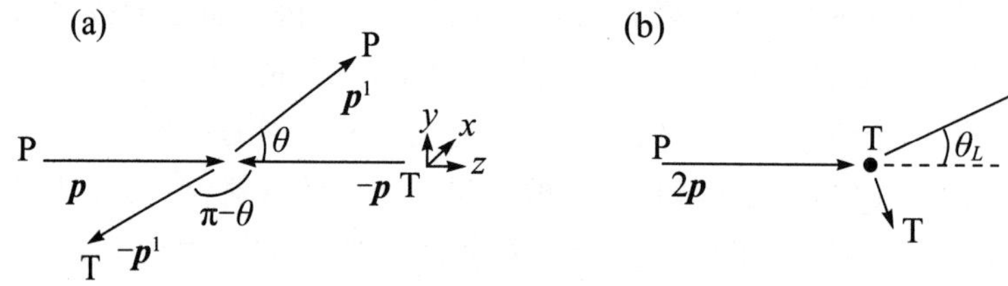

图 19.7 (a) 两个等质量的粒子在质心坐标系中的碰撞。标记 P 和 T 分别表示入射粒子和靶粒子。图中的角度中 ϕ 等于 $\pi/2$；(b) 在实验室系中（在那里 T 初始处于静止）同样的碰撞

给出。比较 (19.6.14) 和 (19.6.15) 式，可得到

$$\phi_L = \phi \tag{19.6.16}$$

$$\begin{aligned}\tan\theta_L &= \frac{p'_\perp}{p'_z + p} = \frac{p'_\perp/p}{p'_z/p+1} = \frac{\sin\theta}{\cos\theta+1}\\ &= \tan(\theta/2) \quad （利用 |\boldsymbol{p}'| = p）\end{aligned}$$

所以

$$\theta_L = \theta/2 \tag{19.6.17}$$

这个结果的一个结论是 $\theta_{\rm L} \leqslant \pi/2$。有了 (19.6.16) 和 (19.6.17) 式，将 $\mathrm{d}\sigma/\mathrm{d}\Omega$ 联系到 $\mathrm{d}\sigma/\mathrm{d}\Omega_{\rm L}$ 就很简单了。

习题 19.6.1*

(1) 从 (19.6.16) 和 (19.6.17) 式出发，证明 $\mathrm{d}\sigma/\mathrm{d}\Omega$ 与 $\mathrm{d}\sigma/\mathrm{d}\Omega_{\rm L}$ 的关系是

$$\left.\frac{\mathrm{d}\sigma}{\mathrm{d}\Omega_{\rm L}}\right|_{\theta_0} = \left.\frac{\mathrm{d}\sigma}{\mathrm{d}\Omega}\right|_{2\theta_0} 4\cos\theta_0$$

(2) 只使用能量和动量守恒，证明 $\theta_{\rm L} \leqslant \pi/2$。

(3) 对于质量不相等的粒子的散射，证明

$$\tan\theta_{\rm L} = \frac{\sin\theta}{\cos\theta + (m_1/m_2)}$$

其中 m_2 是靶核的质量。

全同粒子的散射

考虑两个全同的自旋为零的玻色子在质心系中的散射。我们必须用对称的波函数来描述它们。在 $\boldsymbol{r}_1 \leftrightarrow \boldsymbol{r}_2$ 交换下，$\boldsymbol{r}_{\rm CM} = (\boldsymbol{r}_1 + \boldsymbol{r}_2)/2$ 是不变的，而 $\boldsymbol{r} = \boldsymbol{r}_1 - \boldsymbol{r}_2$

改变了符号。所以 $\psi^{\mathrm{CM}}(r_{\mathrm{CM}})$ 是自动对称化的。但我们必须手动对称化 $\psi(\boldsymbol{r})$：

$$\psi_{\mathrm{sym}}(\mathbf{r}) \longrightarrow (\mathrm{e}^{\mathrm{i}kz} + \mathrm{e}^{-\mathrm{i}kz}) + [f(\theta,\phi) + f(\pi-\theta,\phi+\pi)]\,\mathrm{e}^{\mathrm{i}kr}/r \tag{19.6.18}$$

我们使用了在 $\boldsymbol{r} \to -\boldsymbol{r}$ 变换下，有 $\theta \to \pi - \theta$ 和 $\phi \to \phi + \pi$ 这一事实。因此，散射振幅就是

$$f_{\mathrm{sym}}(\theta,\phi) = f(\theta,\phi) + f(\pi-\theta,\phi+\pi) \tag{19.6.19}$$

注意，f_{sym} 与下面的事实是一致的：即，因为粒子是全同的，所以不能说哪个粒子散射到 (θ,ϕ)，哪个粒子散射到 $(\pi-\theta,\phi+\pi)$（图 19.7）。于是微分截面为

$$\begin{aligned}\frac{\mathrm{d}\sigma}{\mathrm{d}\Omega} &= |f(\theta,\phi) + f(\pi-\theta,\phi+\pi)|^2 \\ &= |f(\theta,\phi)|^2 + |f(\pi-\theta,\phi+\pi)|^2 + 2\,\mathrm{Re}[f(\theta,\phi)\,f^*(\pi-\theta,\phi+\pi)]\end{aligned} \tag{19.6.20}$$

如果我们有两个可分辨的粒子，并且要寻找一个或另一个粒子进入 $\mathrm{d}\Omega$ 的速率，则前两项就是我们会得到的。而第三项给出了通常伴随全同粒子而来的量子力学干涉。(19.6.20) 式有两个值得注意的特点：

(1) 为了找到 σ，我们必须只积分 2π 弧度，而不是 4π 弧度（否则，我们会对每个可区分的事件计数两次）。

(2) 回想一下，当我们通过取汤川截面的 $\mu_0 \to 0$ 极限来获取卢瑟福截面时，虽然得到了正确的答案，但 $f(\theta)$ 并不正确：它不包含来自于仔细处理库仑势所产生的指数相因子。[见 (19.3.16) 式及其后面的句子。] 在我们考虑全同玻色子（例如电荷为 e 的粒子）的库仑散射时，干涉项暴露了 $\mu_0 \to 0$ 方法的不足。正确的截面是①

$$\frac{\mathrm{d}\sigma}{\mathrm{d}\Omega} = \left(\frac{e^2}{4E}\right)^2 \left[\frac{1}{\sin^4\theta/2} + \frac{1}{\cos^4\theta/2} + \frac{2\cos(\gamma\ln\tan^2\theta/2)}{\sin^2\theta/2\,\cos^2\theta/2}\right] \tag{19.6.21}$$

而 $\mu_0 \to 0$ 的技巧不会给出 $\cos(\gamma\ln\tan^2\theta/2)$ 的因子。（经典的卢瑟福处理法根本不会给出第三项。然而请注意，当 $\hbar \to 0$ 时，它会剧烈振荡，并在任何实际的探测器上平均为零。）

现在考虑两个全同的自旋为 1/2 的费米子，比如电子的散射。假定自旋变量是旁观者，除去它们在统计学中的作用：空间函数在三重态是反对称的，在单重态是对称的。如果假设电子以随机的 s_z 值进入，则三重态很可能是单重态的三倍，且平均截面为

$$\begin{aligned}\frac{\mathrm{d}\sigma}{\mathrm{d}\Omega} =& \frac{3}{4}|f(\theta,\phi) - f(\pi-\theta,\phi+\pi)|^2 + \\ & \frac{1}{4}|f(\theta,\phi) + f(\pi-\theta,\phi+\pi)|^2\end{aligned} \tag{19.6.22}$$

① 在这里，$\gamma = e^2\mu/\hbar^2 k$。

对于电子的库仑散射，它变为

$$\frac{\mathrm{d}\sigma}{\mathrm{d}\Omega}=\left(\frac{e^2}{4E}\right)^2\left[\frac{1}{\sin^4\theta/2}+\frac{1}{\cos^4\theta/2}-\frac{\cos(\gamma\ln\tan^2\theta/2)}{\sin^2\theta/2\cos^2\theta/2}\right] \tag{19.6.23}$$

习题 19.6.2 使用 $f_c(\theta)$ 的 (19.3.16) 式，推导 (19.6.21) 式。

习题 19.6.3 假设 $f=f(\theta)$，证明：对三重态的费米子有 $(\mathrm{d}\sigma/\mathrm{d}\Omega)_{\pi/2}=0$。

第 20 章　狄拉克方程

在前面几章中建立起来的非相对论量子力学在应用于诸如氢原子这样的问题时非常成功，这些问题中的典型速度（也可以说是半经典速度）远小于光速 c。（回忆一下，在基态有 $v/c=\beta=\alpha\approx1/137$。）但即便在这种情况下，也存在着需要手动加入的 $(v/c)^4$ 阶的可测量的（精细结构）修正。如果这些修正要自然地出现，并且能很好地描述相对论系统（例如，高 Z 原子），显然我们需要一个从一开始就内置了相对论性电子的方程。这样的方程由狄拉克发现。本章的*主要目标*是考察一些概念如何先后出现。这些概念——电子的自旋、电子的磁矩（$g=2$）、自旋–轨道耦合和精细结构修正——在不同阶段似乎是被杂乱地引入的。

在本章的最后一节，我们将讨论伴随狄拉克方程出现的一般性问题，并指出量子场论的必要性。

20.1　自由粒子狄拉克方程

让我们考虑关于自由粒子的最简单的情形。我们以一种容易推广的方式表述经典力学和自由粒子的薛定谔方程间的关系作为开始。如果我们从非相对论关系

$$\mathcal{H}=\frac{|\boldsymbol{p}|^2}{2m}=\frac{p^2}{2m}\tag{20.1.1}$$

出发并且做代换

$$\begin{aligned}\boldsymbol{p}&\to\boldsymbol{P}\\ \mathcal{H}&\to\mathrm{i}\hbar\frac{\partial}{\partial t}\end{aligned}\tag{20.1.2}$$

让这两个算符作用到态矢量 $|\psi\rangle$ 上，我们得到薛定谔方程

$$\mathrm{i}\hbar\frac{\partial|\psi\rangle}{\partial t}=\frac{P^2}{2m}|\psi\rangle\tag{20.1.3}$$

得到相对论方程的一个自然出发点就是用爱因斯坦给出的关系

$$\mathcal{H}=\left(c^2p^2+m^2c^4\right)^{1/2}\tag{20.1.4}$$

如果我们利用前面提到的代换，就得到

$$
\mathrm{i}\hbar\frac{\partial|\psi\rangle}{\partial t}=\left(c^2P^2+m^2c^4\right)^{1/2}|\psi\rangle \tag{20.1.5}
$$

这不是我们所期望的方程，是因为它对时间和空间的处理是不对称的。要看到这点，我们先转到动量基。在这个基下，$\boldsymbol{P}$ 就是 $\boldsymbol{p}$，根号可以做级数展开：

$$
\frac{\partial\psi(\boldsymbol{p},t)}{\partial t}=mc^2\left(1+\frac{p^2}{2m^2c^2}-\frac{p^4}{8m^4c^4}+\cdots\right)\psi(\boldsymbol{p},t) \tag{20.1.6}
$$

如果我们变换到坐标基，每个 p^2 变成 $(-\hbar^2\nabla^2)$，这样时间和空间的不对称就很明显了，而我们要做的是找到一个时间和空间同阶的方程。

有两种方式可以做到这点。其一是用

$$
\mathcal{H}^2=c^2p^2+m^2c^4 \tag{20.1.7}
$$

来替换 (20.1.4) 式，再做算符代换，得到

$$
\frac{\partial^2|\psi\rangle}{\partial t^2}=\left(-\frac{c^2P^2}{\hbar^2}-\frac{mc^4}{\hbar^2}\right)|\psi\rangle \tag{20.1.8a}
$$

在坐标基下，它变成

$$
\left[\frac{1}{c^2}\frac{\partial^2}{\partial t^2}-\nabla^2+\left(\frac{mc}{\hbar}\right)^2\right]\psi=0 \tag{20.1.8b}
$$

这个方程被称为*克莱因–戈登*（Klein-Gordon）*方程*，它具有我们所期望的时间–空间对称性。当我们继续深入下去就会发现，由于这里 ψ 是标量，所以不能描述电子。然而，它是描述 π 介子、K 介子等无自旋粒子的最佳候选者。

另一个替换则是由狄拉克完成的。让我们假设 (20.1.5) 式的根号中的量可以写成某个量的完全平方，而这个量与 $\boldsymbol{P}$ 是线性相关的。那么我们就能取它的平方根（这将给出哈密顿量）并得到一个对时间和空间都为一次微分的方程。于是，让我们写出

$$
\begin{aligned}
c^2P^2+m^2c^4&=(c\,\alpha_xP_x+c\,\alpha_yP_y+c\,\alpha_zP_z+\beta mc^2)^2\\
&=(c\,\boldsymbol{\alpha}\cdot\boldsymbol{P}+\beta mc^2)^2
\end{aligned} \tag{20.1.9}
$$

其中 $\boldsymbol{\alpha}$ 和 β 通过匹配下式的两边来确定

$$
\begin{aligned}
&c^2\left(P_x^2+P_y^2+P_z^2\right)+m^2c^4\\
&=\left[c^2\left(\alpha_x^2P_x^2+\alpha_y^2P_y^2+\alpha_z^2P_z^2\right)+\beta^2m^2c^4\right]+\\
&\quad\left[c^2P_xP_y(\alpha_x\alpha_y+\alpha_y\alpha_x)+\text{循环置换项}\right]+\\
&\quad\left[mc^3P_x(\alpha_x\beta+\beta\alpha_x)+x\to y+x\to z\right]
\end{aligned} \tag{20.1.10}
$$

（我们假定 $\boldsymbol{\alpha}$ 和 β 是与空间无关的，这对自由粒子来说是合理的假设）。这些方程告诉我们

$$\begin{aligned}\alpha_i^2=\beta^2=1 \quad (i=x,y,z)\\ \alpha_i\alpha_j+\alpha_j\alpha_i=[\alpha_i,\alpha_j]_+=0 \quad (i\neq j)\\ \alpha_i\beta+\beta\alpha_i=[\alpha_i,\beta]_+=0\end{aligned} \tag{20.1.11}$$

显然 $\boldsymbol{\alpha}$ 和 β 不是简单的 c 数。它们是矩阵并且是厄米的（这样一来哈密顿量 $H=c\boldsymbol{\alpha}\cdot\boldsymbol{P}+\beta mc^2$ 也是厄米的），迹为零且本征值为 ±1。（请回忆习题 1.8.8）。如果要满足后两个特性，它们也必须是偶数维的。但它们不能是 2×2 矩阵，这是因为，正如我们在习题 14.3.8 中看到的，三个泡利矩阵的系列不能增大到包含第四个具有相同特性的矩阵，所以它们必定是 4×4 矩阵。它们不是唯一确定的（这是由于 $\alpha\to S^\dagger\alpha S$、$\beta\to S^\dagger\beta S$ 保留了所需要的全部特性，其中 S 是幺正的）。下面给出的四个矩阵是经常使用的，也是我们要用的：

$$\boldsymbol{\alpha}=\begin{pmatrix}0 & \boldsymbol{\sigma}\\ \boldsymbol{\sigma} & 0\end{pmatrix},\quad \beta=\begin{pmatrix}I & 0\\ 0 & -I\end{pmatrix} \tag{20.1.12}$$

其中 $\boldsymbol{\alpha}$ 和 I 是 2×2 矩阵[①]。现在我们有狄拉克方程：

$$\mathrm{i}\hbar\,\frac{\partial|\psi\rangle}{\partial t}=(c\,\boldsymbol{\alpha}\cdot\boldsymbol{P}+\beta mc^2)|\psi\rangle \tag{20.1.13}$$

其中 $\boldsymbol{\alpha}$ 和 β 为已知矩阵。后面我们就完全在坐标基下工作了。但是我们要稍稍偏离我们的约定，用曾在摘要中保留为动量的符号 $\boldsymbol{P}$ 来代表坐标基下的算符（而不是用 $-\mathrm{i}\hbar\boldsymbol{\nabla}$）。这样做是为了简化后面的标记。

在狄拉克方程

$$\mathrm{i}\hbar\,\frac{\partial\psi}{\partial t}=(c\,\boldsymbol{\alpha}\cdot\boldsymbol{P}+\beta mc^2)\,\psi \tag{20.1.14}$$

中，$\boldsymbol{\alpha}$ 和 β 是 4×4 矩阵，这意味着 ψ 是一个四分量的对象。我们称之为洛伦兹旋量（Lorentz spinor）。我们的看法是喜忧参半的。一方面，我们很高兴看到相对论和方程为时空一阶的要求自然地导出了多分量波函数。另一方面，我们又为 ψ 具有四个分量而不是两个而困扰。在后两节中我们将看到，狄拉克方程在具有这个明显问题的情况下是如何描述电子的。

为了后面的应用，我们注意到，由于哈密顿量是厄米的，所以这个态的模是守恒的。在坐标基下，这意味着

$$\int\psi^\dagger\psi\,\mathrm{d}^3\boldsymbol{r}=常数 \tag{20.1.15}$$

① 例如 β 是一个 4×4 的对角矩阵，第一个 I 有两个 $+1$，后一个 $-I$ 有两个 -1。

正如非相对论的情况，这个全局守恒定律具有一个定域的表述。（见下面的习题。）

习题 20.1.1* 请推导出连续性方程

$$\frac{\partial P}{\partial t}+\nabla\cdot\boldsymbol{j}=0$$

其中 $P=\psi^{\dagger}\psi$ 和 $\boldsymbol{j}=\boldsymbol{c}\psi^{\dagger}\boldsymbol{\alpha}\psi$。

20.2 狄拉克粒子的电磁相互作用

在这个核心章节中，我们将看到电子的几个重要特性是如何从狄拉克方程中自然出现的。首先我们把粒子与电磁势 $(\boldsymbol{A},\phi)$ 耦合。随后考虑包含 $(v/c)^2$ 阶的方程，并展示这个粒子可以用二分量波函数来描述，并且其 $g=2$。最后，我们考虑包含 $(v/c)^4$ 阶的方程，可看到精细结构的出现。

电荷为 q 的粒子的经典哈密顿量

$$\mathcal{H}=\left[(\boldsymbol{p}-q\boldsymbol{A}/c)^2c^2+m^2c^4\right]^{1/2}+q\phi \tag{20.2.1}$$

暗示了粒子与电磁势的耦合，它引导我们得到下式

$$\mathrm{i}\hbar\frac{\partial\psi}{\partial t}=\left[c\,\boldsymbol{\alpha}\cdot(\boldsymbol{p}-q\boldsymbol{A}/c)+\beta mc^2+q\phi\right]\psi \tag{20.2.2}$$

电子自旋和磁矩

为了看到这两个特性的出现，我们可以先设 $\phi=0$ 并且保持到 $(v/c)^2$ 阶。如果我们寻找 (20.2.2) 式的能量本征态：

$$\psi(t)=\psi\,\mathrm{e}^{-\mathrm{i}Et/\hbar}$$

得到

$$E\psi=(c\,\boldsymbol{\alpha}\cdot\boldsymbol{\Pi}+\beta mc^2)\psi \tag{20.2.3}$$

其中

$$\boldsymbol{\Pi}=\boldsymbol{P}-q\boldsymbol{A}/c \tag{20.2.4}$$

是运动学的动量 $(m\boldsymbol{v})$ 算符。将 ψ 写成

$$\psi=\begin{pmatrix}\chi\\ \Phi\end{pmatrix} \tag{20.2.5}$$

其中 χ 和 Φ 是二分量的旋量。将具有 $\boldsymbol{\alpha}$ 和 β 的方程 (20.2.3) 明显地写出，有

$$\begin{pmatrix} E-mc^2 & -c\boldsymbol{\alpha}\cdot\boldsymbol{\Pi} \\ -c\boldsymbol{\alpha}\cdot\boldsymbol{\Pi} & E+mc^2 \end{pmatrix}\begin{pmatrix}\chi\\ \Phi\end{pmatrix}=\begin{pmatrix}0\\0\end{pmatrix} \tag{20.2.6}$$

它意味着

$$(E-mc^2)\chi - c\boldsymbol{\sigma}\cdot\boldsymbol{\Pi}\Phi = 0 \tag{20.2.7}$$

和

$$(E+mc^2)\Phi - c\boldsymbol{\sigma}\cdot\boldsymbol{\Pi}\chi = 0 \tag{20.2.8}$$

第二个方程告诉我们

$$\Phi = \left(\frac{c\boldsymbol{\sigma}\cdot\boldsymbol{\Pi}}{E+mc^2}\right)\chi \tag{20.2.9}$$

让我们考察一下低速时括号里的项。分母是

$$E+mc^2 = E_{\mathrm{S}} + 2mc^2 \tag{20.2.10}$$

其中 $E_{\mathrm{S}} = E - mc^2$ 是出现在薛定谔方程中的能量，在低速时，由于 $E_{\mathrm{S}} \ll mc^2$①，

$$E+mc^2 \simeq 2mc^2 \tag{20.2.11}$$

分子是 mvc 阶，其中 mv 是相关态的典型动量。于是

$$\left|\frac{\Phi}{\chi}\right| \simeq \frac{1}{2}\left(\frac{v}{c}\right) \ll 1 \tag{20.2.12}$$

因此，χ 和 Φ 分别被称为大分量和小分量。这个称谓当然仅在非相对论领域才是近似适用的。在这个领域

$$\Phi \simeq \frac{\boldsymbol{\sigma}\cdot\boldsymbol{\Pi}}{2mc}\chi \tag{20.2.13}$$

(20.2.7) 式变成

$$E_{\mathrm{S}}\chi = c\boldsymbol{\sigma}\cdot\boldsymbol{\Pi}\Phi = \frac{(\boldsymbol{\sigma}\cdot\boldsymbol{\Pi})(\boldsymbol{\sigma}\cdot\boldsymbol{\Pi})}{2m}\chi \tag{20.2.14}$$

此式被称为泡利方程②。我们如果利用恒等式

$$\boldsymbol{\sigma}\cdot\boldsymbol{A}\,\boldsymbol{\sigma}\cdot\boldsymbol{B} = \boldsymbol{A}\cdot\boldsymbol{B} + \mathrm{i}\boldsymbol{\sigma}\cdot\boldsymbol{A}\times\boldsymbol{B} \tag{20.2.15}$$

和

$$\boldsymbol{\Pi}\times\boldsymbol{\Pi} = \frac{\mathrm{i}q\hbar}{c}\boldsymbol{B} \tag{20.2.16}$$

---

① $E_{\mathrm{S}} = T + \frac{\Pi^2}{2m} + V \underset{(\text{位力定理})}{\simeq} O\left(\frac{\Pi^2}{m}\right) = mv^2$，$\frac{E_{\mathrm{S}}}{mc^2} \simeq \left(\frac{v}{c}\right)^2 \ll 1$。

② 实际上泡利方程是不含时的版本，$\mathrm{i}\hbar\dot{\chi}$ 在等式的左边。

就会得到

$$\left[\frac{(\boldsymbol{P}-q\boldsymbol{A}/c)^2}{2m}-\frac{q\hbar}{2mc}\boldsymbol{\sigma}\cdot\boldsymbol{B}\right]\chi=E_{\mathrm{S}}\chi \tag{20.2.17}$$

显然，这个方程描述自旋为 1/2 的粒子，其中 $g=2$。因此，它很适合描述电子 {虽然 $g=2$ 从狄拉克方程中自然地出现，但要说我们需要相对论才能得到此结果是不正确的。我们如果写出自由粒子的薛定谔方程

$$\frac{(\boldsymbol{\sigma}\cdot\boldsymbol{P})^2}{2m}\chi=E_{\mathrm{S}}\chi$$

［由于 $(\boldsymbol{\sigma}\cdot\boldsymbol{P})^2=P^2$］以及像非相对论力学那样与矢量 $\boldsymbol{A}$ 耦合（$\boldsymbol{P}\to\boldsymbol{P}-q\boldsymbol{A}/c$），就会得到 $g=2$。当然这里的自旋是人为引入的，但 $g=2$ 不是。}

习题 20.2.1* 请导出 (20.2.16) 式。

习题 20.2.2* 解出狄拉克粒子在均匀磁场 $\boldsymbol{B}=B_0\boldsymbol{k}$ 中的精确能级。假定 $\boldsymbol{A}=(B_0/2)(-y\boldsymbol{i}+x\boldsymbol{j})$。参考习题 12.3.8（写出 χ 的方程）。

氢原子精细结构

现在我们将狄拉克方程应用到库仑势的情况

$$V=-e\phi=-e^2/r \tag{20.2.18}$$

这说明电子在氢原子中。（假定质子是不动的，即其质量无穷大。）小分量和大分量遵循下面的耦合方程：

$$\left(E-V-mc^2\right)\chi-c\boldsymbol{\sigma}\cdot\boldsymbol{P}\,\Phi=0 \tag{20.2.19}$$

$$\left(E-V+mc^2\right)\Phi-c\boldsymbol{\sigma}\cdot\boldsymbol{P}\,\chi=0 \tag{20.2.20}$$

第二个方程告诉我们

$$\Phi=(E-V+mc^2)^{-1}c\boldsymbol{\sigma}\cdot\boldsymbol{P}\,\chi \tag{20.2.21}$$

（由于 $\boldsymbol{P}$ 可以对 V 微分，所以因子的次序是很重要的。）如果我们将第二个方程的结果代回到第一个方程中，那么会得到

$$(E-V-mc^2)\chi=c\boldsymbol{\sigma}\cdot\boldsymbol{P}\left(\frac{1}{E-V+mc^2}\right)c\boldsymbol{\sigma}\cdot\boldsymbol{P}\chi \tag{20.2.22}$$

如果我们将等式右边的 $E-V+mc^2$ 近似成 $2mc^2$，就会得到

$$E_{\mathrm{S}}\chi=\left[\frac{(\boldsymbol{\sigma}\cdot\boldsymbol{P})^2}{2m}+V\right]\chi=\left(\frac{P^2}{2m}+V\right)\chi \tag{20.2.23}$$

这正是第 13 章求解过的非相对论薛定谔方程。注意到这个哈密顿量是 $(v/c)^2$ 阶的，因为它是动量的二次形式。要看到精细结构，我们就必须考虑到 $(v/c)^4$ 阶。将等式右边的 $(E-V+mc^2)^{-1}$ 展开到 v^2/c^2 的高阶项：

$$\begin{aligned}\frac{1}{E-V+mc^2} &= \frac{1}{2mc^2+E_\mathrm{S}-V} = \frac{1}{2mc^2}\left(1+\frac{E_\mathrm{S}-V}{2mc^2}\right)^{-1} \\ &\simeq \frac{1}{2mc^2}\left(1-\frac{E_\mathrm{S}-V}{2mc^2}\right) = \frac{1}{2mc^2}-\frac{E_\mathrm{S}-V}{4m^2c^4}\end{aligned} \tag{20.2.24}$$

(20.2.22) 式现在变成

$$E_\mathrm{S}\,\chi = \left[\frac{P^2}{2m}+V-\frac{\boldsymbol{\sigma}\cdot\boldsymbol{P}\,(E_\mathrm{S}-V)\,\boldsymbol{\sigma}\cdot\boldsymbol{P}}{4m^2c^2}\right]\chi \tag{20.2.25}$$

我们不能将此式看作不含时的薛定谔方程（也就是 $E_\mathrm{S}\chi=H\chi$），这是由于 E_S 出现在等式的两边。现在大家都知道怎么处理这个危机。右边是 v^2/c^2 的幂级数，其中前两项是 v^2/c^2 阶的，我们期望第三项是 v^4/c^4 阶的。第三项中的两个 $\boldsymbol{\sigma}\cdot\boldsymbol{P}$ 因子用掉了一个 v^2/c^2，所以只需要 $E_\mathrm{S}-V$ 是 v^2/c^2 阶的。我们从截断到这一阶的同一个方程中得到它

$$(E_\mathrm{S}-V)\,\chi = \frac{P^2}{2m}\chi \tag{20.2.26}$$

但是还不能将该结果直接用于 (20.2.25) 式，因为在这里 $E_\mathrm{S}-V$ 不直接作用在 χ 上，$\boldsymbol{\sigma}\cdot\boldsymbol{P}$ 也是如此。于是我们做如下计算：

$$\begin{aligned}(E_\mathrm{S}-V)\,\boldsymbol{\sigma}\cdot\boldsymbol{P}\chi &= \boldsymbol{\sigma}\cdot\boldsymbol{P}(E_\mathrm{S}-V)\chi+\boldsymbol{\sigma}\cdot[E_\mathrm{S}-V,\boldsymbol{P}]\chi \\ &= (\boldsymbol{\sigma}\cdot\boldsymbol{P})\frac{P^2}{2m}\chi+\boldsymbol{\sigma}\cdot[\boldsymbol{P},V]\chi\end{aligned} \tag{20.2.27}$$

将此式代入 (20.2.25) 式中，我们得到

$$\begin{aligned}E_\mathrm{S}\,\chi &= \left\{\frac{P^2}{2m}+V-\frac{P^4}{8m^3c^2}-\frac{(\boldsymbol{\sigma}\cdot\boldsymbol{P})(\boldsymbol{\sigma}\cdot[\boldsymbol{P},V])}{4m^2c^2}\right\}\chi \\ &= \left\{\frac{P^2}{2m}+V-\frac{P^4}{8m^3c^2}-\frac{\mathrm{i}\boldsymbol{\sigma}\cdot\boldsymbol{P}\times[\boldsymbol{P},V]}{4m^2c^2}-\frac{\boldsymbol{P}\cdot[\boldsymbol{P},V]}{4m^2c^2}\right\}\chi \\ &= H\chi\end{aligned} \tag{20.2.28}$$

在计算中，我们再一次使用了恒等式 (20.2.15)。我们认识到第三项正是对动能的相对论修正。它就是［回忆 (17.3.6) 式］

$$H_\mathrm{T} = -\frac{P^4}{8m^3c^2} \tag{20.2.29}$$

第四项是自旋–轨道相互作用，也就是 (17.3.16) 式中的 $H_{\text{s.o.}}$：

$$\begin{aligned}&\frac{-\mathrm{i}\boldsymbol{\sigma}\cdot\boldsymbol{P}\times[\boldsymbol{P},V]}{4m^2c^2}\\&=\frac{-\mathrm{i}\boldsymbol{\sigma}\cdot\boldsymbol{P}\times[-\mathrm{i}\hbar\boldsymbol{\nabla}(-e^2/r)]}{4m^2c^2}\qquad（利用 [P,f(x)]=-\mathrm{i}\hbar\frac{\mathrm{d}f}{\mathrm{d}x}）\\&=-\frac{\hbar e^2\boldsymbol{\sigma}\cdot\boldsymbol{P}\times\boldsymbol{r}}{4m^2c^2r^3}=\frac{\hbar e^2}{4m^2c^2r^3}\boldsymbol{\sigma}\cdot\boldsymbol{r}\times\boldsymbol{P}^{②}\\&=\frac{e^2}{2m^2c^2r^3}\boldsymbol{S}\cdot\boldsymbol{L}=H_{\text{s.o.}}\end{aligned}\tag{20.2.30}$$

注意，托马斯（Thomas）因子已包含在内。

考虑第五项也即最后一项。它推翻了整个解释，因为它不是厄米的（请检验这一点），因此，如果将 (20.2.28) 式中括号内的量用作哈密顿量，我们将发现

$$\int|\chi|^2\,\mathrm{d}^3r\neq\text{时间内的常数}$$

但这并不奇怪，因为来自狄拉克方程的守恒律是

$$\int\psi^\dagger\psi\,\mathrm{d}^3r=\int\left(|\chi|^2+|\Phi|^2\right)\mathrm{d}^3r=\text{常数}\tag{20.2.31}$$

这说明在 v/c 的这一阶，χ 不是薛定谔波函数的恰当候选者。[当我们就做到 $(v/c)^2$ 阶时，这没有问题。] 我们发现正确的量如下。注意到

$$\Phi=\frac{c\boldsymbol{\sigma}\cdot\boldsymbol{P}}{E-V+mc^2}X=\frac{c\boldsymbol{\sigma}\cdot\boldsymbol{P}}{2mc^2+E_{\mathrm{S}}-V}\chi\simeq\frac{\boldsymbol{\sigma}\cdot\boldsymbol{P}}{2mc}\chi\tag{20.2.32}$$

（被忽略的项最终都是 v^6/c^6 阶的修正。）由此

$$|\Phi|^2=\frac{\chi^\dagger(\boldsymbol{\sigma}\cdot\boldsymbol{P})(\boldsymbol{\sigma}\cdot\boldsymbol{P})\chi}{(2mc)^2}=\chi^\dagger\frac{P^2}{4m^2c^2}\chi$$

这样，从 (20.2.31) 式得到

$$\int\chi^\dagger\left(1+\frac{P^2}{4m^2c^2}\right)\chi\,\mathrm{d}^3r=\int\left[\left(1+\frac{P^2}{8m^2c^2}\right)\chi\right]^\dagger\left(1+\frac{P^2}{8m^2c^2}\right)\chi\mathrm{d}^3r=\text{常数}\tag{20.2.33}$$

这里我们用到了 $(1+x)=(1+x/2)(1+x/2)+O(x^2)$ 和 P^2 的厄米性。因此，薛定谔波函数的候选者是

$$\chi_{\mathrm{S}}=\left(1+\frac{P^2}{8m^2c^2}\right)\chi\tag{20.2.34}$$

② 虽然 $\boldsymbol{P}$ 是一个微分算符，但 $\boldsymbol{P}\times\boldsymbol{r}=-\boldsymbol{r}\times\boldsymbol{P}$，就像 $\boldsymbol{P}$ 和 $\boldsymbol{r}$ 是普通的数值矢量那样，因为叉乘不包含给定坐标和其共轭动量的乘积。本书前面已经明确了这一点，那时我们说明在从 $\boldsymbol{l}=\boldsymbol{r}\times\boldsymbol{p}$ 到 $\boldsymbol{L}$ 的过渡时不存在次序的不确定性。

因为它的模是不含时的。（就目前的精度而言是这样的。如果我们处理 v^2/c^2 的更高阶，Φ 将会逐渐更多地渗混进来。）

在 (20.2.28) 式中消去 χ，就得到了 χ_{S} 的方程：

$$\begin{aligned}E_{\mathrm{S}}\left(1+\frac{P^2}{8m^2c^2}\right)^{-1}\chi_{\mathrm{S}} &= H\left(1+\frac{P^2}{8m^2c^2}\right)^{-1}\chi_{\mathrm{S}}\\ E_{\mathrm{S}}\chi_{\mathrm{S}} &= \left(1+\frac{P^2}{8m^2c^2}\right)H\left(1-\frac{P^2}{8m^2c^2}\right)\chi_S\\ &= \left(H+\left[\frac{P^2}{8m^2c^2},H\right]\right)\chi_{\mathrm{S}} \qquad \text{（到 } v/c \text{ 这一阶）}\\ &= H_{\mathrm{S}}\,\chi_{\mathrm{S}}\end{aligned} \tag{20.2.35}$$

在计算对易子时，我们只需要考虑 H 中的 v^2/c^2 部分，这是由于 $P^2/8m^2c^2$ 是 $O(v^2/c^2)$ 阶的，而我们就只考虑到 v^4/c^4 阶，所以

$$H_{\mathrm{S}} = H + \left[\frac{\boldsymbol{P}\cdot\boldsymbol{P}}{8m^2c^2},V\right] \tag{20.2.36}$$

就是我们期待的薛定谔哈密顿量。上面的分析给出的额外部分与 (20.2.28) 式中的非厄米部分结合构成达尔文（Darwin）项 H_{D}：

$$\begin{aligned}H_{\mathrm{D}} &= \frac{1}{8m^2c^2}(-2\boldsymbol{P}\cdot[\boldsymbol{P},V]+[\boldsymbol{P}\cdot\boldsymbol{P},V])\\ &= -\frac{1}{8m^2c^2}[\boldsymbol{P},\cdot[\boldsymbol{P},V]] \qquad \text{（利用乘积对易关系的链式规则）}\\ &= \frac{\hbar^2}{8m^2c^2}\nabla^2 V \qquad \{\text{利用 } [P,f(x)] = -\mathrm{i}\hbar \mathrm{d}f/\mathrm{d}x \text{ 两次}\}\\ &= \frac{e^2\hbar^2\pi}{2m^2c^2}\delta^3(\boldsymbol{r})\end{aligned} \tag{20.2.37}$$

达尔文项只影响 s 态[①]。例如，在基态

$$\langle 100|H_{\mathrm{D}}|100\rangle = \frac{e^2\hbar^2\pi}{2m^2c^2}\frac{1}{\pi a_0^3} = \frac{1}{2}mc^2\alpha^4$$

和一般的 n 态

$$\langle n00|H_{\mathrm{D}}|n00\rangle = \frac{1}{2}\frac{mc^2\alpha^4}{n^3} \tag{20.2.38}$$

让我们回忆一下，在前面对精细结构的处理中，我们得到了自旋–轨道的能移只对 $l\neq 0$ 的情况有效，但未经证实也用到了 $l=0$ 的情况。我们得到的对应于 $l=0$ 的结果正是上面生成的 H_{D}，这也就是我们那时这样做的原因。$H_{\mathrm{s.o.}}$（与 $l\neq 0$ 相关）和 H_{D}（与 $l=0$ 相关）一起产生精细结构分裂，它对 l 是平滑的。隐藏在达尔文

① 回忆一下，只有在这些态上，ψ 在原点非零。

项后面的物理与自旋–轨道耦合完全无关（对于 $l=0$，没有自旋–轨道耦合）。更确切地说，它反映了这样的事实，在相对论中，粒子不能被定域在小于其康普顿波长 $\hbar/mc$ 的范围内。那么相关的势不是 $V(\boldsymbol{r})$，而是在点 $\boldsymbol{r}$ 附近的平均值：

$$\begin{aligned}\overline{V(\boldsymbol{r})} &= V(\boldsymbol{r}) + \sum_i \overline{\frac{\partial V}{\partial r_i}\,\delta r_i} + \frac{1}{2!}\sum_i\sum_j \overline{\frac{\partial^2 V}{\partial r_i \partial r_j}\,\delta r_i\,\delta r_j} + O(\delta r^3) \\ &= V(\boldsymbol{r}) + \frac{1}{6}(\delta r)^2\,\nabla^2 V + O(\delta r^3)^3 \end{aligned} \tag{20.2.39}$$

在这个平均值中，我们假设不同方向上的涨落彼此不相关、是球对称的。如果代入 $\delta r \simeq \hbar/mc$，就会得到正确的符号和几乎正确的达尔文项振幅［见 (20.2.37) 式］。

虽然我们选择考虑到 v^4/c^4 阶，但是狄拉克方程在只有库仑势 $V=-e^2/r$ 的情况下可被精确求解。得到的能谱为

$$E_{nj} = mc^2\left\{1+\left\{\frac{\alpha}{n-(j+\frac{1}{2})+[(j+\frac{1}{2})^2-\alpha^2]^{1/2}}\right\}^2\right\}^{-1/2} \tag{20.2.40}$$

如果我们按 α 的幂次将其展开，就会得到静止能量、薛定谔能量和精细结构能量等。注意，给定 n 和 j 的态对 α 的所有阶而言都是简并的。

然而上式与实验结果奇迹般地符合①，但这不是我们最后要说的。例如，非常精确的测量显示 $2S_{1/2}$ 能级在 $2P_{1/2}$ 能级之上。这个被称为*兰姆移位*的现象只能通过将电磁场用量子力学处理才能理解。

20.3 再论相对论量子力学

本章的主要目标已在上一节达成，接下来我们将关注一些源自狄拉克理论但在前几页中未显现的现象。我们注意到相对论与量子力学的结合产生了以下问题：相对论允许在有足够的能量时产生粒子，而量子力学则允许在极短时间内出现任意大的能量偏差。因而一个相对论的系统的自由度既不是确定的，又不是有限的——一个初始时只有一个粒子的系统可以演化成有 15 个这样的粒子的态。为什么在看似是单粒子理论的狄拉克理论中没有出现这个问题呢？答案是它确实出现了，但是是以*负能解*的形式出现的。让我们来看看这些解是什么，以及它们如何导致自由度的增加。

考虑自由粒子的狄拉克方程（其中 $\hbar=c=1$②）

$$\mathrm{i}\frac{\partial\psi}{\partial t} = (\boldsymbol{\alpha}\cdot\boldsymbol{P} + \beta m)\,\psi \tag{20.3.1}$$

① 在考虑超精细相互作用之后。

② 译者注：当 $\hbar=c=1$ 时，方程大大简化，这个设置称为自然单位制，在得到计算结果后，很容易恢复到通用的单位制。这种设置是由于 $\hbar$ 和 c 是不变的（即不受坐标系选择影响）。

让我们看看平面波解

$$\psi = w(\boldsymbol{p})\,\mathrm{e}^{\mathrm{i}(\boldsymbol{p}\cdot\boldsymbol{r}-Et)} \tag{20.3.2}$$

其中 $w(\boldsymbol{p})$ 是不依赖于时空的旋量。它满足

$$Ew = (\boldsymbol{\alpha}\cdot\boldsymbol{p} + \beta m)\,w \tag{20.3.3}$$

或者用 χ 和 Φ

$$\begin{pmatrix} E-m & -\boldsymbol{\sigma}\cdot\boldsymbol{p} \\ -\boldsymbol{\sigma}\cdot\boldsymbol{p} & E+mc \end{pmatrix}\begin{pmatrix} \chi \\ \Phi \end{pmatrix} = \begin{pmatrix} 0 \\ 0 \end{pmatrix} \tag{20.3.4}$$

如果 $\boldsymbol{p}=0$，χ 和 Φ 退耦。χ 的方程是

$$(E-m)\,\chi = 0 \rightarrow E = m \tag{20.3.5}$$

此式是很好理解的。它说明一个能量为 $E=m$ 的静止粒子由一个任意的二分量旋量来描述，我们将这个旋量认同为自旋自由度。

Φ 的方程是

$$(E+m)\,\Phi = 0 \rightarrow E = -m \tag{20.3.6}$$

这时即使一个外行也会告诉你 E 是 mc^2 而不是 $-mc^2$。ψ 是四分量的重要性在静止坐标系中是很显然的——存在两种可能的自旋取向和两个能量符号。这个问题在 $\boldsymbol{p}\neq 0$ 的情形下仍然如此。我们发现

$$\chi = \frac{\boldsymbol{\sigma}\cdot\boldsymbol{p}}{E-m}\Phi \tag{20.3.7}$$

$$\Phi = \frac{\boldsymbol{\sigma}\cdot\boldsymbol{p}}{E+m}\chi \tag{20.3.8}$$

上面两式只有在

$$\frac{p^2}{E^2-m^2} = 1$$

或

$$E^2 = p^2 + m^2$$

或

$$E = \pm\left(p^2+m^2\right)^{1/2} \tag{20.3.9}$$

时是一致的。

图 20.1 展示了对应这两个选择的能级。我们该如何处理这些负能量解呢？如果不存在相互作用，那么正能电子就会一直停留在它们现在所在的位置，我们可以假定不存在负能电子。但是作用在所有电子上的微扰一直存在，这些微扰会导致正能电子跌落到负能态。那我们该如何理解正能电子的稳定性呢？

图 20.1 在狄拉克理论中有两个连续的能量带对应自由粒子：一条从 m 升至 ∞，而另一条从 $-m$ 降至 $-\infty$

有两个方式能够让我们跳出这个陷阱，一个归功于狄拉克，另一个归功于费曼①。狄拉克假设负能态完全被填满了——我们称之为真空的态是所有能级被负能电子完全占据（但不可观测）的海洋。如果我们接受这个观点，那么稳定性问题就被不相容原理解决了，它阻止正能电子衰变到已被负能电子占据的态。这个图像蕴含着一些深远的后果。假设我们可以给一个负能电子以足够的能量（至少是 $2m$）使它达到正能态。这时我们得到一个具有正能的、电荷为 $-e$ 的客体。但我们同时在“狄拉克海”中创造了一个空穴。由于已假设充满的狄拉克海是不可观测的，那么这个空穴就可观测了——它代表电荷增加了 $+e$（消失一个 $-e$ 相当于产生一个 $+e$），能量增加了 $|E|$，而 $-|E|$ 是狄拉克海中喷射出来的电子的能量②。因此，这个带正电荷 $+e$ 和正能的空穴与电子一同被创造出来。这个空穴被称为*正电子*。其质量为 m。狄拉克的空穴理论发表几年后，正电子就被观测到了。

当一个电子遇到了一个正电子，也就是这个海洋中的空穴，它就立刻跳进海洋中，这样两个粒子就都丢失了，然而某些能量（至少等于 $2m$）会以光子的形式释放出来。（此后，我们偶尔会将这些粒子分别记为 e^-，e^+ 和 γ。）

狄拉克解存在的问题是，它不适用于无自旋的粒子，这类粒子不遵循泡利不相容原理，但是同样存在负能解的问题。当我们将平面波解代入克莱因–戈登方程中即可看出这一点。（事实上，这也是早期克莱因–戈登方程被摒弃的原因，而狄拉克试图寻找一个一阶方程。）那么，让我们来看看费曼的解决办法，它适用于玻色子和费米子。

费曼的想法如下：*负能粒子只能逆时间传播*。让我们先看看这个想法如何解决问题，然后再看看这个想法在量子理论中是如何实现的。考虑一个在时空点 c 产生的负能粒子，它逆向运动到 d 点被湮灭［图 20.2(a)］。对沿时间正向运动并在等时片段中观测时空的我们来说，这就是看起来会发生的情况：

(1) $t < t_{\mathrm{d}}$ 任何地方都一无所有。

(2) $t = t_{\mathrm{d}}$ 负能 $-|E|$ 和电荷 $-e$ 湮灭，即，相对于过去的世界，能量增加了

① 在它的基础形式中，费曼采用的想法是由斯蒂克尔堡（Stueckelberg）指出的。

② 回想一下那个故事，有个人习惯了午夜的火车从他家经过，有一天火车没来，他惊醒大喊：“那是什么声音？”

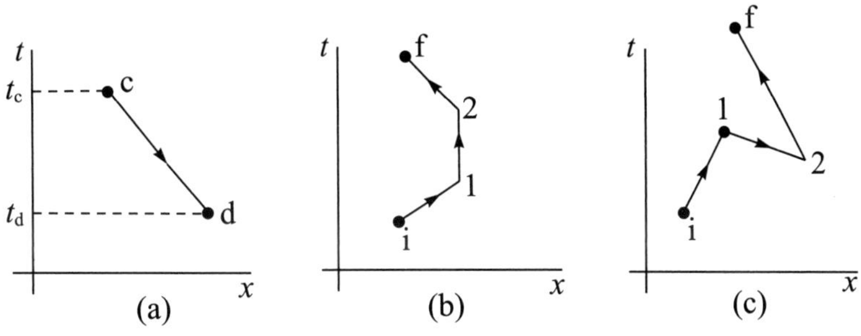

图 20.2 (a) 一个负能粒子在 c 点产生，逆时间传播到 d 点被湮灭。对沿时间正向运动的我们来说，这个过程就像一个正能的反粒子在 d 点产生，后来在 c 点湮灭；(b) 一个正规的二阶散射过程；(c) 一个包含了逆时间散射的二阶过程。在 2 和 1 之间，我们会看到一对粒子–反粒子加到初始粒子上

$|E|$、电荷增加了 e——一个正电子诞生。

(3) $t=t_c$ 负能和电荷 $-e$ 产生。这个过程湮灭了正电子。

(4) $t>t_c$ 任何地方都一无所有。

这样，这个过程的意义就很清楚了，它表示一个**正电子在 d 点产生，在 c 点消失**。

费曼怎么保证负能态沿时间逆向传播呢？我们给出一个形象的描述。先回忆一下我们用过的薛定谔传播子，（在坐标基下）它是

$$U_{\mathrm{S}}\left(\boldsymbol{r},t;\boldsymbol{r}',t'\right)=\sum_{n}\psi_{n}\left(\boldsymbol{r}\right)\,\psi_{n}^{*}\left(\boldsymbol{r}'\right)\,\mathrm{e}^{-\mathrm{i}E_{n}(t-t')} \tag{20.3.10}$$

其中 ψ_n 是能量本征函数，并用总量子数 n 来标记。

由于求和中的每一项都满足薛定谔方程，所以我们有

$$\left(\mathrm{i}\frac{\partial}{\partial t}-H\right)U_{\mathrm{S}}=0 \tag{20.3.11}$$

显然，在某个初始时刻给定 U_{S} 和 $\psi(t')$，我们能得到在以后某个时刻 t（$t>t'$）的 $\psi(t)$：

$$\psi(t)=U_{\mathrm{S}}\,\psi(t')\qquad\text{（示意）} \tag{20.3.12}$$

现在注意：虽然我们用 U_{S} 来使 ψ 沿时间正向传播，但由于对 $t<t'$，$U_{\mathrm{S}}\neq0$，所以它也可以沿时间逆向传播。为了明确避免这种可能性，让我们取

$$G_{\mathrm{S}}\left(\boldsymbol{r},t;\boldsymbol{r}',t'\right)=\theta(t-t')\,U_{\mathrm{S}}\left(\boldsymbol{r},t;\boldsymbol{r}',t'\right) \tag{20.3.13}$$

它完全不能使 ψ 沿时间逆向传播。G_S 满足的方程为

$$\left(\mathrm{i}\frac{\partial}{\partial t}-H\right)G_S=\left[\mathrm{i}\frac{\partial}{\partial t}\theta(t-t')\right]\sum_n\psi_n(r)\,\psi_n^*(r')\,\mathrm{e}^{-\mathrm{i}E_n(t-t')}$$
$$=\mathrm{i}\,\delta(t-t')\,\delta^3(\boldsymbol{r}-\boldsymbol{r}')$$
$$=\mathrm{i}\,\delta^4(x-x')\quad[x=(t,\boldsymbol{r})]\tag{20.3.14}$$

［我们用了本征函数的完备性以及 $\dot{\theta}(t-t')=\delta(t-t')$。］

狄拉克理论中的传播子 G_D 服从一个类似的方程。先考虑一个自由粒子的情形。这里

$$\left(\mathrm{i}\frac{\partial}{\partial t}-H^0\right)G_D^0=\mathrm{i}\,\delta^4(x-x')\tag{20.3.15}$$

其中，H^0 是自由粒子的狄拉克哈密顿量。其解为如下形式

$$G_D^0(x,x')=\theta(t-t')\left(\sum_{n+}+\sum_{n-}\right)\tag{20.3.16}$$

其中 $\sum_{n\pm}$ 表示对正能和负能本征函数分别求和。［如果抛弃 $\sum_{n-}$，我们就算失去完备性也得不到 (20.3.15) 式右边的 $\mathrm{i}\delta^4$。］虽然 G_D^0 满足所要求的方程，它具有沿时间正向传播的负能解。这里使用了一个小技巧。G_D^0 不是 (20.3.15) 式的唯一解——我们能在一个自由狄拉克方程的解中加入或减掉任意一个解，只要我们最后总是减掉它。（如果我们仅在 $t>0$ 时减掉它，例如，我们减掉一个 θ 函数乘这个解，那么这个解就不遵从齐次方程。）让我们总是减掉所有负能解。这个做法给出费曼传播子

$$G_F^0(x,x')=\theta(t-t')\sum_{n+}-\theta(t'-t)\sum_{n-}\tag{20.3.17}$$

现在我们考虑某个由正能解构成的初始态 $\psi_i(t')$。G_F^0 将使其沿时间正向传播，这是因为 $\psi_i(t')$ 与 $\sum_{n-}$ 中每一项正交。于是 $G_F^0\,\psi_i(t')=\psi_f(t)$ 仅包含正能分量并保持向前运动。此外，如果 $\psi_i(t')$ 仅由负能分量构成，它就会和 $\sum_{n+}$ 中每一项正交并且得到从 t' 到 t 的逆向传播。我们将看到这个解正是一个正电子从 t 传播到 t'。

现在考虑一个电子在某个外势 V 中的问题。电子的精确传播可以用基于 G_F^0 的微扰级数来描述，示意性的形式为

$$\psi_f(t)=G_F^0(t,\,t')\,\psi_i(t')+\sum_{t''}G_F^0(t,\,t'')\,V(t'')\,G_F^0(t'',\,t')\,\psi_i(t')+\cdots$$

我们可以用图来表示这些多级散射事件，这很像在第 18.3 节中我们所做的。只有一点不同。考虑一个二阶过程。当然存在一个通常的二次散射，其中电子沿时间向前散射［图 20.2(b)］。但是也存在另一种可能性，在点 1 电子被势逆时间散射，然后

向前到 2［图 20.2(c)］。当我们随时间向前，先看见电子，然后看到在点 2 产生的 e^+e^- 对，再然后 e^+ 在点 1 和初始的 e^- 相遇消失，最后那个产生的 e^- 飞行到 f 点。由于这个电子可以走弯路和摇摆任意多次（当我们涉及展开的高阶项时），这个中间环节可以包含任意数量的 e^+e^- 对。这就是相对论中自由度是如何增长的。尽管我们始于单粒子的方程，但粒子的产生会通过负能解逐渐显现——或许是由于后者意味着一个有无限多可以被唤醒的沉睡粒子的海洋，或者由于它们允许一个单电子时间上不断往返，从而在给定时间内成为多个粒子。尽管粒子的产生（至少是正负电子对产生）能够用现有的形式来处理，但是时候学习量子场论了，量子场论提供了处理粒子的产生和湮灭的自然的理论框架。我们已经看到过一个例子，那就是量子化的电磁场，它的量子——光子——可以被算符 $a^\dagger$ 和 a 产生和湮灭。我们需要一种理论，在其中像电子和正电子这样的粒子也能被产生和湮灭。你现在就准备好做这件事吧。[①]

① 例如，请看 J. D. Bjorken, S. D. Drell, *Relativistic Quantum Mechanics* 和 *Relativistic Quantum Fields*, McGraw-Hill, New York (1964)，或 C. Itzykson, J. B. Zuber, *Quantum Field Theory*, McGraw-Hill, New York (1980)。

第 21 章　路径积分：第二部分

在这一章中，我们将回到路径积分，对其进行更详细和深入的探讨。这里所描述的工具在物理学的众多分支中被广泛应用，因此将其纳入本书是很有意义的。这一章与前面的章节有所不同，它将尝试向您介绍多种新的主题，但不会像之前那样详细推导所有内容。此外，本章还附有一份参考文献列表，以帮助您深入研究任何感兴趣的主题。这份列表并不详尽，主要由教学性综述或书籍组成。通过这些参考文献中所引用的参考文献，您可以对任何给定的主题进行更深入的研究。所有这些都将有助于您从课程学习过渡到研究工作。

在第 8 章中，传播子的路径积分公式被简单地假设，并被证明：无论是通过直接计算传播子（在自由粒子的情况下），还是通过最终证明薛定谔方程可以从路径积分公式计算时间演化得出，它都将导致与算符方法相同的结果。

在本章中，我们将反其道而行之：从哈密顿量算符 $H = P^2/2m+V$ 开始，并推导出作为一个路径积分的传播子。我们会发现可以推导出多种类型的路径积分。我们将讨论：

1. 在第 8 章中讨论过的、位形空间的路径积分。
2. 相空间的路径积分。
3. 相干态路径积分。

你将看到多种路径积分的存在与单位算符的多种分解方式，即多种基的存在相关联。

接下来，我们将讨论两个应用：量子霍尔效应（Quantum Hall Effect，简称 QHE）和贝里相位（Berry phase）。

我们随后转向虚时量子力学和它与（经典和量子）统计力学的关系，通过半经典近似计算隧穿效应的振幅。你将从中学到瞬子、转移矩阵形式等内容。

最后，我们将讨论两个没有经典极限问题的路径积分：自旋哈密顿量和费米子振子。

21.1 路径积分的导出

让我们假设哈密顿量与时间无关并具有如下形式：

$$H=\frac{P^2}{2m}+V(X) \tag{21.1.1}$$

传播子定义为

$$U(x,t;x',0)\equiv U(x,x',t)=\langle x|\exp\left(-\frac{\mathrm{i}}{\hbar}Ht\right)|x'\rangle \tag{21.1.2}$$

在第 8 章中我们已经阐述过，U 可以写为从 $(x',0)$ 到 (x,t) 的各种路径之和。现在，我们来看看这是如何得到的。

首先，显然我们可以写

$$\exp\left(-\frac{\mathrm{i}}{\hbar}Ht\right)=\left[\exp\left(-\frac{\mathrm{i}}{\hbar}H\frac{t}{N}\right)\right]^N \tag{21.1.3}$$

其中 N 是任意的数。这只是说一段时间 t 的传播子 $U(t)$ 是 N 个传播子 $U(t/N)$ 的乘积。我们定义

$$\varepsilon=\frac{t}{N} \tag{21.1.4}$$

再取 $N\to\infty$ 的极限。现在我们可以写下

$$\exp\left\{-\frac{\mathrm{i}\varepsilon}{\hbar}\left[\frac{P^2}{2m}+V(X)\right]\right\}\simeq\exp\left(-\frac{\mathrm{i}\varepsilon}{2m\hbar}P^2\right)\cdot\exp\left[-\frac{\mathrm{i}\varepsilon}{\hbar}V(X)\right] \tag{21.1.5}$$

是因为

$$\mathrm{e}^A\,\mathrm{e}^B=\mathrm{e}^{A+B+\frac{1}{2}[A,B]+\cdots} \tag{21.1.6}$$

这个事实允许我们扔掉该式中的对易子（和其他没有明确写出的高阶对易子形式），这是基于它们正比于 ε 的幂次，而 ε 趋于 0。如果 A 和 B 是具有有限矩阵元的有限维矩阵，那么这种做法就是合理的。对于希尔伯特空间中的算符来说，它显然更棘手，因为这些算符可以具有很大的、甚至奇异的矩阵元。我们假定在 $\varepsilon\to0$ 的极限时，(21.1.5) 式中的 $\simeq$ 符号变成等号，这样就可以计算任何合理的物理量。

因此，我们需要计算

$$\underbrace{\langle x|\exp\left(-\frac{\mathrm{i}\varepsilon}{2m\hbar}P^2\right)\cdot\exp\left[-\frac{\mathrm{i}\varepsilon}{\hbar}V(X)\right]\cdot\exp\left(-\frac{\mathrm{i}\varepsilon}{2m\hbar}P^2\right)\cdot\exp\left[-\frac{\mathrm{i}\varepsilon}{\hbar}V(X)\right]\cdots|x'\rangle}_{N\text{次}} \tag{21.1.7}$$

下一步引入单位算符的分解式

$$I=\int_{-\infty}^{\infty}\mathrm{d}x\,|x\rangle\langle x| \tag{21.1.8}$$

把它插入每两个相邻因子 $U(t/N)$ 之间。让我们展示一下，当 $N=3$ 时会得到什么。我们发现（将 x，x' 重命名为 x_3，x_0 时，其原因很快就清楚了）

$$\begin{aligned} U(x_3,x_0,t)=\int\prod_{n=1}^{2}\mathrm{d}x_n\langle x_3|\exp\left(-\frac{\mathrm{i}\varepsilon}{2m\hbar}P^2\right)\exp\left[-\frac{\mathrm{i}\varepsilon}{\hbar}V(X)\right]|x_2\rangle\times \\ \langle x_2|\exp\left(-\frac{\mathrm{i}\varepsilon}{2m\hbar}P^2\right)\exp\left[-\frac{\mathrm{i}\varepsilon}{\hbar}V(X)\right]|x_1\rangle\times \\ \langle x_1|\exp\left(-\frac{\mathrm{i}\varepsilon}{2m\hbar}P^2\right)\exp\left[-\frac{\mathrm{i}\varepsilon}{\hbar}V(X)\right]|x_0\rangle \end{aligned} \tag{21.1.9}$$

现在来考虑矩阵元

$$\langle x_n|\exp\left(-\frac{\mathrm{i}\varepsilon}{2m\hbar}P^2\right)\cdot\exp\left[-\frac{\mathrm{i}\varepsilon}{\hbar}V(X)\right]|x_{n-1}\rangle \tag{21.1.10}$$

的计算。当最右边的指数算符向右作用在右矢上时，算符 X 就被本征值 x_{n-1} 代替。于是，

$$\begin{aligned} &\langle x_n|\exp\left(-\frac{\mathrm{i}\varepsilon}{2m\hbar}P^2\right)\cdot\exp\left[-\frac{\mathrm{i}\varepsilon}{\hbar}V(X)\right]|x_{n-1}\rangle \\ &=\langle x_n|\exp\left(-\frac{\mathrm{i}\varepsilon}{2m\hbar}P^2\right)|x_{n-1}\rangle\exp\left[-\frac{\mathrm{i}\varepsilon}{\hbar}V(x_{n-1})\right] \end{aligned} \tag{21.1.11}$$

现在看看剩下的矩阵元。它就是自由粒子在时间间隔 ε 中从 x_{n-1} 到 x_n 的传播子。我们知道它是什么［比如说，从 (5.1.10) 式］或者遵照下面的习题，我们有

$$\langle x_n|\exp\left(-\frac{\mathrm{i}\varepsilon}{2m\hbar}P^2\right)|x_{n-1}\rangle=\left(\frac{m}{2\pi\mathrm{i}\hbar\varepsilon}\right)^{1/2}\exp\left[\frac{\mathrm{i}m(x_n-x_{n-1})^2}{2\hbar\varepsilon}\right] \tag{21.1.12}$$

习题 21.1.1 独立于 (5.1.10) 式推导出上式，该过程需要在指数算符和 (21.1.12) 式左边的位置本征右矢间插入一个用动量态展开的单位算符。即，利用

$$I=\int_{-\infty}^{\infty}\frac{\mathrm{d}p}{2\pi\hbar}|p\rangle\langle p| \tag{21.1.13}$$

其中平面波态的波函数由下式给定

$$\langle x|p\rangle=\mathrm{e}^{\mathrm{i}px/\hbar} \tag{21.1.14}$$

它解释了对 p 积分的测度。

将我们的推导结果重求和，有

$$
\begin{aligned}
&\langle x_n|\exp\left(-\frac{\mathrm{i}\varepsilon}{2m\hbar}p^2\right)\cdot\exp\left[-\frac{\mathrm{i}\varepsilon}{\hbar}V(X)\right]|x_{n-1}\rangle \\
&=\left(\frac{m}{2\pi\mathrm{i}\hbar\varepsilon}\right)^{1/2}\exp\left[\frac{\mathrm{i}m(x_n-x_{n-1})^2}{2\hbar\varepsilon}\right]\exp\left[-\frac{\mathrm{i}\varepsilon}{\hbar}V(x_{n-1})\right] \qquad (21.1.15)
\end{aligned}
$$

将所有这类因子（对于目前 $N=3$ 的情况，就是三个因子）组合在一起，我们看到对于一般的 N 值，

$$
\begin{aligned}
U(x_N,x_0,t)=\left(\frac{m}{2\pi\mathrm{i}\hbar\varepsilon}\right)^{1/2}&\left[\int\prod_{n=1}^{N-1}\left(\frac{m}{2\pi\mathrm{i}\hbar\varepsilon}\right)^{1/2}\mathrm{d}x_n\right]\times \\
&\exp\left[\sum_{n=1}^{N}\frac{\mathrm{i}m(x_n-x_{n-1})^2}{2\hbar\varepsilon}-\frac{\mathrm{i}\varepsilon}{\hbar}V(x_{n-1})\right] \qquad (21.1.16)
\end{aligned}
$$

如果扔掉 V 项，我们看到这正符合第 8 章中给出的自由粒子路径积分。例如，正如 (8.4.8) 式，积分的测度具有 N 个 B^{-1} 因子，其中 $N-1$ 个这样的因子伴随 x 积分。当加进 V 项后，被积函数正是 $\exp(\mathrm{i}S/\hbar)$ 的分立形式：

$$
\begin{aligned}
&\exp\left[\sum_{n=1}^{N}\frac{\mathrm{i}m(x_n-x_{n-1})^2}{2\hbar\varepsilon}-\frac{\mathrm{i}\varepsilon}{\hbar}V(x_{n-1})\right] \\
&=\exp\frac{\mathrm{i}}{\hbar}\varepsilon\sum_{n=1}^{N}\left[\frac{m(x_n-x_{n-1})^2}{2\varepsilon^2}-V(x_{n-1})\right] \qquad (21.1.17)
\end{aligned}
$$

我们可以回到连续的标记，并写为如下形式

$$
U(x,x',t)=\int[\mathcal{D}x]\exp\left[\frac{\mathrm{i}}{\hbar}\int_0^t L(x,\dot{x})\,\mathrm{d}t\right] \qquad (21.1.18)
$$

其中

$$
\int[\mathcal{D}x]=\lim_{N\to\infty}\left(\frac{m}{2\pi\mathrm{i}\hbar\varepsilon}\right)^{N/2}\int\left[\prod_{n=1}^{N-1}\left(\frac{m}{2\pi\mathrm{i}\hbar\varepsilon}\right)^{1/2}\mathrm{d}x_n\right] \qquad (21.1.19)
$$

连续性标记与先前的分立版本相比确实是示意性的，我们需要分立式来定义路径积分。如果我们忘掉这些就很容易犯错。特别是，没有理由认为用微分来代替差分永远是合理的。例如，在这个问题中，在一个时间间隔 ε 内，被积变量通常变化 $O(\varepsilon^{1/2})$ 而不是 $O(\varepsilon)$，正如在 (8.5.6) 式之前的讨论中所解释的。本章末尾参考文献中的工作讨论了一些细微之处。然而我们应该记住连续版本非常有用，因为它暴露了理论的一些问题，而这些问题在在其他情况下不太明显。它对于获取半经典的图像，以及找到平滑路径的宏观世界与量子世界的某种关联是很有用的。我们稍后将举一些例子来说明。

上面推导的路径积分被称为位形空间的路径积分，或简称为路径积分。现在我们考虑另一种。让我们回到

$$\langle x_N|\underbrace{\exp\left(-\frac{\mathrm{i}\varepsilon}{2m\hbar}P^2\right)\cdot\exp\left[-\frac{\mathrm{i}\varepsilon}{\hbar}V(X)\right]\cdot\exp\left(-\frac{\mathrm{i}\varepsilon}{2m\hbar}P^2\right)\cdot\exp\left[-\frac{\mathrm{i}\varepsilon}{\hbar}V(X)\right]\cdots}_{N\text{次}}|x_0\rangle \tag{21.1.20}$$

现在，在每个指数项和它的下一项之间，我们引入单位算符的分解式：

$$I=\int_{-\infty}^{\infty}\mathrm{d}x\,|x\rangle\langle x| \tag{21.1.21}$$

$$I=\int_{-\infty}^{\infty}\frac{\mathrm{d}p}{2\pi\hbar}|p\rangle\langle p| \tag{21.1.22}$$

其中平面波的态具有波函数

$$\langle x|p\rangle=\mathrm{e}^{\mathrm{i}px/\hbar} \tag{21.1.23}$$

让我们首先设 $N=3$，插入用 p–态分解的三个单位算符和用 x–态分解的两个单位算符，其中 x 和 p 的分解式交替使用。这给出

$$\begin{aligned}U(x_3,x_0,t)=\int[\mathcal{D}p\,\mathcal{D}x]\langle x_3|\exp\left(-\frac{\mathrm{i}\varepsilon}{2m\hbar}P^2\right)|p_3\rangle\times\\ \langle p_3|\exp\left[-\frac{\mathrm{i}\varepsilon}{\hbar}V(X)\right]|x_2\rangle\langle x_2|\exp\left(-\frac{\mathrm{i}\varepsilon}{2m\hbar}p^2\right)|p_2\rangle\times\\ \langle p_2|\exp\left[-\frac{\mathrm{i}\varepsilon}{\hbar}V(X)\right]|x_1\rangle\langle x_1|\exp\left(-\frac{\mathrm{i}\varepsilon}{2m\hbar}p^2\right)|p_1\rangle\times\\ \langle p_1|\exp\left[-\frac{\mathrm{i}\varepsilon}{\hbar}V(X)\right]|x_0\rangle\end{aligned} \tag{21.1.24}$$

其中

$$\int[\mathcal{D}p\,\mathcal{D}x]=\underbrace{\int_{-\infty}^{\infty}\int_{-\infty}^{\infty}\cdots\int_{-\infty}^{\infty}}_{2N-1\text{次}}\prod_{n=1}^{N}\frac{\mathrm{d}p_n}{2\pi\hbar}\prod_{n=1}^{N-1}\mathrm{d}x_n \tag{21.1.25}$$

计算所有这些指数算符的矩阵元是很简单的，这是由于每个算符只是向右作用在本征态上，所以可以用本征值来替换这些算符。收集所有因子（强烈推荐你做一下这个练习），我们得到

$$U(x,x',t)=\int[\mathcal{D}p\,\mathcal{D}x]\exp\left\{\sum_{n=1}^{N}\left[\frac{-\mathrm{i}\varepsilon}{2m\hbar}p_n^2+\frac{\mathrm{i}}{\hbar}p_n(x_n-x_{n-1})-\frac{\mathrm{i}\varepsilon}{\hbar}V(x_{n-1})\right]\right\} \tag{21.1.26}$$

这个公式是在 $N=3$ 的情况下推导出来的，但显然对于任意的 N，它都是正确的。在 $N\to\infty$ 极限下 $\varepsilon\to 0$，在连续的时间中，我们示意性地写下以下连续形式（用 ε 乘和除那些中间项）：

$$U(x,x',t)=\int[\mathcal{D}p\,\mathcal{D}x]\exp\left\{\frac{\mathrm{i}}{\hbar}\int_0^t[p\dot{x}-\mathcal{H}(x,p)]\,\mathrm{d}t\right\} \tag{21.1.27}$$

其中 $\mathcal{H}=p^2/2m+V(x)$ 和 $(x(t),p(t))$ 现在写成连续变量 t 的函数。这是传播子的相空间路径积分。连续版本是很漂亮的［拉格朗日量在指数上，但是使用 (x,p) 来表示］，但它只是前面所述的分立版本的示意。

在我们的问题中，由于 p 是以二次型进入哈密顿量中的，所以可以将 N 个变量 p_n 全部积掉。回到分立形式，我们把仅依赖于 p 的部分孤立出来，再做积分：

$$\begin{aligned}&\prod_1^N\int_{-\infty}^{\infty}\frac{\mathrm{d}p_n}{2\pi\hbar}\exp\left[\frac{-\mathrm{i}\varepsilon}{2m\hbar}p_n^2+\frac{\mathrm{i}}{\hbar}p_n(x_n-x_{n-1})\right]\\&=\prod_1^N\left(\frac{m}{2\pi\mathrm{i}\hbar\varepsilon}\right)^{1/2}\exp\left[\frac{\mathrm{i}m(x_n-x_{n-1})^2}{2\hbar\varepsilon}\right]\end{aligned} \tag{21.1.28}$$

如果现在对 x 做积分，那么我们会发现这正是位形空间的路径积分。

注意，如果 p 并不是以可分离的二次形式进入哈密顿量的，就不能将其积分掉并得到一个仅对 x 的路径积分。而在这种情况下，我们不知道如何做非高斯型的积分，所以我们只能写下相空间路径积分。

现在我们要处理刚刚讨论过的路径积分的两个应用。

朗道能级

让我们来探讨一个在研究量子霍尔效应①时引起了很大理论兴趣的问题。现在我们来研究这个问题的几个方面，并非所有方面都需要用泛函积分来处理。考虑一个质量为 μ、电荷为 q 的粒子处在 $x-y$ 平面，并且有一个沿 z 轴的均匀磁场 B。这是我们在习题 12.3.8 中讨论过的。利用矢量势

$$\boldsymbol{A}=\frac{B}{2}(-y\,\boldsymbol{i}+x\,\boldsymbol{j}) \tag{21.1.29}$$

我们得到哈密顿量

$$H=\frac{(P_x+qYB/2c)^2}{2\mu}+\frac{(P_y-qXB/2c)^2}{2\mu} \tag{21.1.30}$$

你需要证明

$$Q=\frac{cP_x+qYB/2}{qB},\qquad P=P_y-qBX/2c \tag{21.1.31}$$

① 参考 R. E. Prange, S. M. Girvin, *The Quantum Hall Efect*, Springer, New York, 1987。

是满足对易关系 $[Q,P]=\mathrm{i}\hbar$ 的正则变量。随后得到 H 由下式给出

$$H=\frac{P^2}{2\mu}+\frac{1}{2}\mu\omega_0^2Q^2 \tag{21.1.32}$$

并且具有谐振子的能谱，能级间距为 $\hbar\omega_0$，其中

$$\omega_0=qB/\mu c \tag{21.1.33}$$

是回旋频率。利用

$$a=\left(\frac{\mu\omega_0}{2\hbar}\right)^{1/2}Q+\mathrm{i}\left(\frac{1}{2\mu\omega_0\hbar}\right)^{1/2}P \tag{21.1.34}$$

及其共轭，我们可以写下

$$H=\left(a^\dagger a+\frac{1}{2}\right)\hbar\omega_0 \tag{21.1.35}$$

我们似乎从一个二维中的问题过渡到一维振子问题了。这怎么可能呢？关键是存在另一个正则对

$$P'=\frac{cP_x-qYB/2}{qB},\qquad Q'=P_y+qBX/2c \tag{21.1.36}$$

它们与 Q、P 对易，但不进入 H。

习题 21.1.2 如果你选择不回忆习题 12.3.8 的具体内容，那么请给出从 (21.1.29) 式到 (21.1.35) 式的所有省略的步骤，检验上述关于 (Q',P') 的对易关系。

(Q',P') 的循环特性反映在这样的事实中，即被称为朗道能级的振子能级是无限简并的。要看到这个简并，先考虑最低的朗道能级，可被缩写为 LLL（Lowest Landau Level）。这个能级中的态遵从方程

$$a|0\rangle=0 \tag{21.1.37}$$

变到坐标表象

$$\left(\frac{\partial}{\partial z^*}+\frac{qB}{4\hbar c}z\right)\psi_0(z,z^*)=0 \tag{21.1.38}$$

上式中我们换到了复坐标

$$z=x+\mathrm{i}y,\qquad z^*=x-\mathrm{i}y \tag{21.1.39}$$

如果我们采用拟设

$$\psi_0(z,z^*)=\exp\left(-\frac{qB}{4\hbar c}zz^*\right)u(z,z^*) \tag{21.1.40}$$

就会得到非常简洁优美的结果

$$\frac{\partial}{\partial z^*}u(z,z^*)=0 \tag{21.1.41}$$

作为 LLL 的定义规则。u 是任一解析函数，也就是组合 $x+\mathrm{i}y$ 的函数。这样的函数族显然是无穷大的，所有单项 $[z^m|m=0,1,2,\cdots]$ 共同作为一个线性无关的基。因此，基态函数 ψ_0 并不是像真正的一维谐振子那样的唯一函数，而是具有如下形式的函数的叠加

$$\psi_{0,m}=z^m\exp\left(-\frac{qB}{4\hbar c}zz^*\right) \tag{21.1.42}$$

这样我们可以做如下判断：

1. 对于大的 m，粒子的概率密度集中在某个半径为 $r_m=\sqrt{2m}r_0$ 的位置，其中 $r_0=\sqrt{\hbar c/(qB)}$ 被称为*磁长度*。

2. 如果系统的尺度不是无穷大，而是半径为 R 的盘子，能填进去的 m 的最大值，也就是填进这个盘子内的 LLL 态数目 N 由下式给出

$$N=\frac{\pi R^2B}{\Phi_0} \tag{21.1.43}$$

式中的分子是穿过样品的磁通，分母是 (18.4.39) 式的磁通量子

$$\Phi_0=\frac{2\pi\hbar c}{q} \tag{21.1.44}$$

习题 21.1.3*（如果你想跟上关于量子霍尔效应的讨论，这个习题是必做的） 在坐标表象里推导出 LLL 的方程，给出我们在前面的推导过程中省略的步骤。证明上述结论。注意 LLL 中的态数目 N 是由穿过样品的磁通决定的，所用的单位为磁通量子。

在下面的讨论中我们保持 N，也就是场和样品的尺度是固定的。

在量子霍尔效应的研究中，我们对这样的问题感兴趣，即我们通过特定的设计让电子气只存活于二维。（由于电子的电荷 $q=-e$，如果一开始就反转矢量势和外场的符号，我们的公式在 $q=e$ 时还可以保持不变。此后，想象这一切已经完成，q 代表电子电荷的大小。）电子自旋沿着外场被冻结，因此没有令我们感兴趣的动力学。特别是，它与轨道波函数的合理配置要保证反对称性。在实际中，我们需要考虑电子间的相互作用，以及电子与背景介质产生的任意外部标量势 $V(x,y)$ 之间的相互作用。我们假设这两种相互作用的标度都远小于朗道能级间隙 $\hbar qB/\mu c$。那么在低温下，人们希望得到一个将希尔伯特空间限制到 LLL 的简化的问题。这个问题是什么样子的呢？

路径积分可以告诉我们。我们将找到电子–电子间相互作用为零的特殊情况的答案。（只有那时电子是自由传播的，因此我们可以写出仅对一个电子的泛函积分。）作用量为

$$S=\int\left[\frac{\mu}{2}(\dot{x}^2+\dot{y}^2)+\frac{qB}{2c}(-y\dot{x}+x\dot{y})-V(x,y)\right]\mathrm{d}t \tag{21.1.45}$$

其中在我们所采取的规范下的拉格朗日量中，速度的线性项是 $(q/c)\boldsymbol{v}\cdot\boldsymbol{A}$。为了研究低能物理，我们必须排除掉较高的朗道能级。由于到较高能级的间隙为 $\hbar qB/\mu c$，所以做到这点只要取 $\mu\to 0$ 的极限即可。（在这个极限下给出 LLL 能量的谐振子的零点能发散。假定这个常数能从哈密顿量中减除掉。）它给出低能作用量

$$S_{\mathrm{LLL}}=\int\left[\frac{qB}{c}x\dot{y}-V(x,y)\right]\mathrm{d}t \tag{21.1.46}$$

其中我们利用分部积分把两个速度的线性项结合在一起。（积分的表面项不会影响运动方程。）

我们关注这个有趣的结果，这个作用量是 y 和 $\partial\mathcal{L}/\partial\dot{y}=(qB/c)x\equiv\bar{x}$ 作为正则共轭变量的相空间路径积分。$V(y,\bar{x})$ 对本问题起到哈密顿量的作用。由于我们只有一个坐标和一个动量，所以 LLL 的问题本质上是一维的。

在半经典图像中，轨道要遵从哈密顿方程：

$$\dot{y}=\frac{\partial V}{\partial\bar{x}},\qquad \dot{\bar{x}}=-\frac{\partial V}{\partial y} \tag{21.1.47}$$

于是我们可以尝试用玻尔–索末菲量子化处理。在量子层次上，由于 $\bar{x}$ 要变成对 y 微分，所以 V 可以变成一个复杂的微分算符。一些细节和半经典图像的应用请参见参考文献。

现在你可能会反对，如果没有算符的解告诉我们该问题涉及的能级趋于 μ^{-1}，我们可能就不会想到考虑 $\mu\to 0$ 极限将低能物理分离出来。事实并非如此。我们下面会讨论在低能极限下，也就是低频率极限下，作用量中高次时间微分与低阶项相比可以忽略。这允许我们扔掉同样的动能项。（现在，甚至在没有磁场的问题中，你也可以这样处理，但是这会留给你极少的有趣的动力学。这里我们还剩下一些线性导数，即低能物理是 LLL 完全无限简并的物理。）在这种非平庸动力学存在的问题中，我们通常发现那些曾经对易的变量变成正则共轭量。

习题 21.1.4 研究一下半经典轨道，并展示运动是在具有恒定 V 的回路上的。（提示：考虑 V 的梯度。）

根据假定 X 和 Y 原来是对易的，怎么就突然变得不对易了呢？答案很简单，如果两个矩阵在一个给定空间（如全希尔伯特空间）中对易，将它们截断在一个子

空间（这里是 LLL 的态），就不需要让它们对易了。有意思的是，X 和 Y 的对易子不是什么乱七八糟的东西，而是一个常数，因而它们（通过简单的重新标度）成为一对正则共轭量。

习题 21.1.5 考虑习题 1.8.10 中的两个对易的 3×3 矩阵 Ω 和 Λ。如果你将它们的第三行和第三列扔掉来做截断，请证明这两个做了截断的 2×2 矩阵不再对易。

考虑一个有 N 个电子的有限系统，也就是一个 LLL 完全填满的系统，*在 LLL 中的每一个态都有一个电子*。让我们忽略电子间的、以及电子与介质间的所有相互作用。基态是什么？由于它们的自旋沿磁场极化，所以电子坐标的空间中的波函数必须是反对称的和解析的。对于这 N 个粒子，一个非归一化的乘积波函数是

$$\Psi_{\mathrm{P}} = z_1^0 z_2^1 z_3^2 \cdots z_N^{N-1} \exp\left(-\frac{qB}{4\hbar c}\sum_i z_i^* z_i\right) \equiv u_P \exp\left(-\frac{qB}{4\hbar c}\sum_i z_i^* z_i\right) \tag{21.1.48}$$

当把它反对称化后，得到

$$u_{\mathrm{A}} = \prod_{i=1}^{N}\prod_{j=1}^{i-1}(z_i - z_j) \tag{21.1.49}$$

习题 21.1.6 对于三个粒子的情况，请证明上式。如同在 (10.3.36) 式中那样写出 3×3 行列式以证明此式。（在所有这些操作中，坐标空间中完全对称的波函数中的指数因子不起任何作用。）

这个波函数是唯一的，这是由于只存在以这种方式在 N 态中放置 N 个（自旋极化的）电子。这样我们知道在非相互作用极限下被完全填满的 LLL 的唯一基态。但即使我们考虑了电子间的相互作用，*如果我们不想超越* LLL，这是我们对磁问题可以写出的唯一反对称波函数，这里态的数目等于电子数目。

现在，真正有趣的问题是在同一个场的同一个样品中，我们有较少数目 νN 的电子，其中 $1/\nu$ 是一个奇整数。（这是实验展示令人惊讶结果的情况之一。）我们说这个系统有一个*填充因子* ν，它意味着在 LLL 中有 ν 倍的最大粒子允许数。完全填满的 LLL 就对应 $\nu=1$。然而我们在每个 LLL 态上放一个电子（确实只有一种方式来做这件事，因此也就只有一个反对称波函数），现在存在不止一个方式，因此很多可能的 LLL 波函数的叠加可以作为一个通过库仑势相互作用的电子系统基态波函数的候选者。劳克林（Laughlin）提出如下波函数：

$$u_{\nu} = \prod_{i=1}^{\nu N}\prod_{j=1}^{i-1}(z_i - z_j)^{1/\nu} \tag{21.1.50}$$

让我们证明这个波函数符合限定的描述。选取任何一个粒子的坐标，例如 z_1（因为粒子是全同的）并考察它出现的最高幂次（对于大 N）是

$$z_1^{1/\nu \cdot \nu N} = z_1^N$$

那么最大波函数的大小精确匹配样品的大小。其次要注意的是由于 $1/\nu$ 是奇的，函数在交换任意两个坐标时是反对称的。最后要注意的是电子准确地相互回避（由于当任意两个坐标互相靠近时，高阶幂次为零），因而将它们的互斥作用最小化。不用惊讶，这是在这些填充因子（对于小 $1/\nu$ 值）下完美的基态波函数。

贝里相位（Berry phase）

这里所讨论的问题与绝热近似有关。回想一下处于边长为 L 的箱子中的粒子的例子。假如它处于基态。假设箱子随时间缓慢膨胀，其大小为时间的某个函数 $L(t)$。绝热原理指出，如果膨胀足够缓慢，粒子在时刻 T 时还处于边长为 $L(T)$ 的箱子的基态。同样，从态 $|n(L(0))\rangle$ 出发的粒子，在时刻 t 将会处于瞬时本征态 $|n(L(t))\rangle$。

更一般地，如果粒子的哈密顿量由 $H(R(t))$ 给出，其中 R 是某个外部坐标，它缓慢变化并在 H 中以参数形式出现。绝热原理告诉我们，如果粒子最初处于 $H(R(0))$ 第 n 个本征态，那么它在时刻 t 时将会处于 $H(R(t))$ 的第 n 个瞬时本征态。

在这个近似下，薛定谔方程的解是什么呢？下面给出一个合理的猜测：

$$|\psi(t)\rangle = \exp\left[-\frac{\mathrm{i}}{\hbar}\int_0^t E_n(t')\,\mathrm{d}t'\right]|n(t)\rangle \tag{21.1.51}$$

其中

$$H(t)\,|n(t)\rangle = E_n(t)\,|n(t)\rangle \tag{21.1.52}$$

首先注意到，如果 H 不随时间变化，那么上面的答案无疑是正确的，波函数具有适应能量 E_n 的相因子。上述公式确认瞬时能量随时间变化，并给出累积的相移，正如对于一个在非常数势 $V(x)$ 中运动的粒子，WKB 波函数给出的相位是与位置相关的动量的空间积分。

多年来，许多大人物，特别是赫茨伯格（Herzberg）、朗吉特–希金斯（Longuet-Higgins）、米德（Mead）和特鲁赫拉（Truhlar）都从这个公式中想到了各种问题，并找到了解决这些问题的方法。整个问题被贝里带到非常集中和综合的高度。建议读者去阅读一下贝里非常简明易懂的文章及后来相关文章的合集（附带有用的评述），这个文集是由沙佩雷（Shapere）和维尔切克（Wilczek）编辑的，请参阅本章末尾的参考文献。

要找出上面的拟设中丢掉了什么，让我们对它做如下修改：

$$|\psi(t)\rangle = c(t)\exp\left(-\frac{\mathrm{i}}{\hbar}\int_0^t E_n(t')\mathrm{d}t'\right)|n(t)\rangle \tag{21.1.53}$$

如果我们原来的拟设是正确的，那么上式中的额外因子 $c(t)$ 就必须等于 1。让我们将薛定谔方程用于这个态：

$$\left[\mathrm{i}\hbar\frac{\partial}{\partial t} - H(t)\right]|\psi(t)\rangle = 0 \tag{21.1.54}$$

当时间微分作用到态上，它将产生三项：一个是对累积相因子的微分（它使 H 对本征矢的作用失效），一个是对 $c(t)$ 的微分，还有一个对瞬时本征矢的微分。后两项会导致下面的方程（在上式两边都作用一个瞬时左矢）：

$$\dot{c}(t) = -c(t)\langle n(t)|\frac{\mathrm{d}}{\mathrm{d}t}|n(t)\rangle \tag{21.1.55}$$

以及解

$$c(t) = c(0)\exp\left(-\int_0^t \langle n(t')|\frac{\mathrm{d}}{\mathrm{d}t'}|n(t')\rangle\,\mathrm{d}t'\right) = c(0)\,\mathrm{e}^{\mathrm{i}\gamma} \tag{21.1.56}$$

$$\gamma = \mathrm{i}\int_0^t \langle n(t')|\frac{\mathrm{d}}{\mathrm{d}t'}|n(t')\rangle\,\mathrm{d}t' \tag{21.1.57}$$

令人称奇的不是找到称之为贝里相位或几何相位的额外相因子，而是确认它有可观测的效应。毕竟，我们以前一直学习的是一个右矢的相位对任何可观测量都没有影响。由于瞬时右矢可被确定到仅差一个相因子，所以我们可以选择一个新的设置并修改这个额外的相位。如果我们选择

$$|n'(t)\rangle = \mathrm{e}^{\mathrm{i}\chi(t)}\,|n(t)\rangle \tag{21.1.58}$$

那时我们就得到

$$\mathrm{i}\langle n'(t)|\frac{\mathrm{d}}{\mathrm{d}t}|n'(t)\rangle = \mathrm{i}\langle n(t)|\frac{\mathrm{d}}{\mathrm{d}t}|n(t)\rangle - \frac{\mathrm{d}\chi(t)}{\mathrm{d}t} \tag{21.1.59}$$

它表明，也许我们能选取一个可以完全中和掉这个额外相位的 $\chi(t)$。一般假设这个选择总是可以做到，那么就不需要保留这个额外相位。

现在假设参数随时间变化，并引起哈密顿量在改变时间 T 后返回到它的初始值：

$$H(T) = H(0) \tag{21.1.60}$$

这时，认为我们能去掉额外相位就再也不是显然的事了。我们发现

$$\mathrm{i}\oint\langle n'(t)|\frac{\mathrm{d}}{\mathrm{d}t}|n'(t)\rangle\mathrm{d}t = \mathrm{i}\oint\langle n(t)|\frac{\mathrm{d}}{\mathrm{d}t}|n(t)\rangle\,\mathrm{d}t - [\chi(T) - \chi(0)] \tag{21.1.61}$$

现在，相因子的选取相当随意，但是必须满足一些要求，至少在包含所讨论的闭合回路的区域内，它的赋值是单值的。（在整个参数空间中做出单值选择通常是不可能的。这是一个有点微妙的话题。我们将其留在习题 21.1.15 中。）那么让我们从 $|n(t)\rangle$ 这样的基开始，并切换到另一个基 $|n'(t)\rangle = \mathrm{e}^{\mathrm{i}\chi(t)}|n(t)\rangle$。由于根据假设这个新的基是单值的，所以附加的相因子也必须是单值的。换言之，$[\chi(T)-\chi(0)] = 2m\pi$，其中 m 是一个整数。这反过来意味着，一个出现在封闭回路中的前面的因子 $\mathrm{e}^{\mathrm{i}\gamma} \equiv \exp[\mathrm{i}\oint\langle n(t)|\mathrm{i}(\mathrm{d}/\mathrm{d}t)|n(t)\rangle]$ 不会因基的选择而改变。注意到由于 $\mathrm{d}t$ 在任意这样的积分中都抵消了，所以我们不能靠降低这个参数的变化率来改变相位。这个相位因子仅依赖于参数空间的路径，这个事实解释了为什么人们将其称为“几何相位”。注意，我们还没有表明 $\mathrm{e}^{\mathrm{i}\gamma} \neq 1$，而只是说明了其数值不受态矢量相位重定义的影响。

假设我们有一个非零的 γ。它到底有什么作用呢？要明白这一点，让我们考虑这样一个问题：箱子并非真正的箱子，而是某个重物的势能。例如，设 R 是某个原子核的坐标，r 是围绕原子核运动的电子的坐标。在这个讨论中，我们会偏离惯用的标记法：大写字母对应原子核的坐标和动量（经典的和量子的），小写字母对应电子相应的量。我们暂时忽略这些变量的矢量性质。这里的箱子是由原子核建立的库仑势阱。随着原子核的移动，盒子也随之移动，而非改变大小，但问题是一样的。当原子核缓慢移动时，这个活跃的电子始终处于瞬时本征态中。尽管我们没有关注原子核的动力学，但我们将看到，贝里相位会生成一种动力学。让我们将相位因子重写如下：

$$\begin{aligned}
&\exp\left[-\int_0^t \langle n(t')|\frac{\mathrm{d}}{\mathrm{d}t'}|n(t')\rangle\,\mathrm{d}t'\right] \\
&= \exp\left[\frac{\mathrm{i}}{\hbar}\mathrm{i}\hbar\int_0^t \langle n(t')|\frac{\mathrm{d}}{\mathrm{d}t'}|n(t')\rangle\,\mathrm{d}t'\right] \qquad (21.1.62)\\
&= \exp\left[\frac{\mathrm{i}}{\hbar}\int_0^t \mathrm{i}\hbar\,\langle n(R(t'))|\frac{\mathrm{d}}{\mathrm{d}R}|n(R(t'))\rangle\frac{\mathrm{d}R}{\mathrm{d}t'}\mathrm{d}t'\right] \qquad (21.1.63)\\
&= \exp\left[\frac{\mathrm{i}}{\hbar}\int_0^t A^n(R)\frac{\mathrm{d}R}{\mathrm{d}t'}\mathrm{d}t'\right] \qquad (21.1.64)
\end{aligned}$$

其中

$$A^n(R) = \mathrm{i}\hbar\,\langle n(R)|\frac{\mathrm{d}}{\mathrm{d}R}|n(R)\rangle \qquad (21.1.65)$$

于是，我们看到缓慢的原子核自由度有一个与矢量势 $A^n(R)$ 的速度耦合，称为贝里势。这个势取决于电子自由度所在的量子态 $|n\rangle$。当态矢量由相位变换重新定义时，这个矢量势就会经历一个规范变换：

$$|n(R)\rangle \to \mathrm{e}^{\mathrm{i}\chi(R)}|n(R)\rangle \qquad (21.1.66)$$

$$A^n(R) \to A^n(R) - \hbar\frac{\mathrm{d}\chi}{\mathrm{d}R} \qquad (21.1.67)$$

然而，围绕着一个闭合回路的线积分是规范不变的并且可以不为零。一旦忽略它，我们就会得到错误的原子核动力学。

现在，你们中的一些人可能会觉得有点不高兴，说："我知道矢量势应该如何进入拉格朗日量或作用量，但你把它从快速坐标的波函数的相因子中提出来了。"这是一个合理的反对意见，在详细回答它的时候，我们会知道除了这个矢量势，还存在一个标量势。

我们首先为原子核自由度构造一个路径积分。我们要用单位算符的哪个分解方案呢？适用于我们问题的是：

$$I=\int \mathrm{d}R\sum_n |R,n(R)\rangle\langle n(R),R| \tag{21.1.68}$$

其中 $|R,\ n(R)\rangle\equiv|R\rangle\otimes|n(R)\rangle$。换言之，在每个 R 处，我们为电子选取一个基，这个基将对角化电子瞬时哈密顿量 $H_{\mathrm{e}}(R,r,p)$：

$$H_{\mathrm{e}}(r,R,p)|R,n(R)\rangle=E_n(R)|R,n(R)\rangle \tag{21.1.69}$$

当然，我们可以为电子选取一个与原子核坐标无关的基。尽管这在数学上是正确的，但对于绝热近似来说绝不是明智的选择。对于后者，我们现在做一个近似，如果电子从某个 n 值开始，那么它就停留在那里，这样所有其他值都可以忽略。于是，我们写下：

$$I\simeq\int \mathrm{d}R\,|R,n(R)\rangle\langle n(R),R| \tag{21.1.70}$$

其中省略了对 n 的求和。R 的位形空间路径积分公式的推导和通常所做的一样。路径积分中被积函数的一个典型因子是

$$\langle n(R(t+\varepsilon)),R(t+\varepsilon)|\exp\left[-\frac{\mathrm{i}\varepsilon}{\hbar}H(R,P)\right]\exp\left[-\frac{\mathrm{i}\varepsilon}{\hbar}H_{\mathrm{e}}(R,r,p)\right]|n(R(t)),R(t)\rangle \tag{21.1.71}$$

夹在原子核坐标本征态间的原子核部分会给出通常的因子

$$\begin{aligned}&\langle R(t+\varepsilon)|\exp\left[-\frac{\mathrm{i}\varepsilon}{\hbar}H(R,P)\right]|R(t)\rangle\\&=\sqrt{\frac{m}{2\pi\hbar\mathrm{i}\varepsilon}}\exp\left\{\frac{\mathrm{i}\varepsilon}{\hbar}\left[\frac{m}{2\varepsilon^2}(R(t+\varepsilon)-R(t))^2-V(R)\right]\right\}\end{aligned} \tag{21.1.72}$$

这时电子的指数算符会向右作用到本征矢上，给出一个相因子 $\exp\left[-(\mathrm{i}\varepsilon/\hbar)E_n(R)\right]$，它将原子核的势改变 $E_n(R)$。这就是玻恩和奥本海默在分析分子时所做的，在那里存在一个快（电子）和慢（原子核）自由度的明显分离：将慢的那个固定一个值，在这个值下求解快的那个量的方程，然后用快的本征能量作为附加势来求解慢的部分。

但这还不是故事的全部内容。在电子指数算符向右作用到本征右矢后，给出指数相因子 $\exp[-(\mathrm{i}\varepsilon/\hbar)\,E_n\,(R)]$，我们还留下了一个点积，它要乘到所有的地方：

$$\langle n(R(t+\varepsilon))|n(R(t))\rangle \equiv \langle n(R')|n(R)\rangle \tag{21.1.73}$$

所有结果都是通过对这个因子的分析得到的。首先，当 $R = R'$ 时，这个因子等于 1。我们对这个乘积按 $R - R' = \eta$ 做泰勒展开。我们要走多远呢？答案是很清楚的，如果回顾第 8 章的内容，我们通过考虑无穷小时间间隔的传播子——即每一段时间间隔为 ε——从路径积分推导出薛定谔方程。我们重新导出相应的公式 (8.5.7)，只做两个改变。扔掉所有的相互作用，只保留自由粒子传播子，但是附加了点积 $\langle n\,(R')\,|n(R)\rangle$。对于原子核，这给出

$$\psi(R',\varepsilon) = \left(\frac{m}{2\pi\hbar\mathrm{i}\varepsilon}\right)^{1/2}\int_{-\infty}^{\infty}\mathrm{e}^{\mathrm{i}m\eta^2/2\hbar\varepsilon}\langle n(R')|n(R'+\eta)\rangle\,\psi(R'+\eta,0)\,\mathrm{d}\eta \tag{21.1.74}$$

这个指数允许 η 做这样的涨落［回顾 (8.5.6) 式］

$$|\eta| \simeq \left(\frac{2\pi\hbar\varepsilon}{m}\right)^{1/2} \tag{21.1.75}$$

这意味着由于我们要进行到 ε 阶才能导出薛定谔方程，所以展开式必须保持到 η^2 阶。因此，我们将 ψ 和 $\langle n\,(R')\,|n(R'+\eta)\rangle$ 展开到：

$$\psi(R'+\eta,0) = \psi(R',0) + \eta\frac{\partial\psi}{\partial\eta} + \frac{\eta^2}{2}\frac{\partial^2\psi}{\partial\eta^2} + \cdots \tag{21.1.76}$$

$$\langle n(R')|n(R'+\eta)\rangle = 1 + \eta\langle n|\partial n\rangle + \frac{\eta^2}{2}\langle n|\partial^2 n\rangle + \cdots \tag{21.1.77}$$

其中所有微分均取在点 R' 并且 $|\partial n\rangle$ 是 $|n\rangle$ 对 R' 的微分，等等。如果我们现在将这些展开代入 (21.1.74) 式，并保留 η 的偶次幂，就像第 8 章所做的那样，我们发现在做高斯型积分并扔掉 R' 上的 $'$ 时，会得到

$$\mathrm{i}\hbar\,[\psi(R,\varepsilon) - \psi(R,0)] = \varepsilon\left[-\frac{\hbar^2}{2m}\frac{\partial^2\psi}{\partial R^2} - \frac{\hbar^2}{m}\langle n|\partial n\rangle\frac{\partial\psi}{\partial R} - \frac{\hbar^2}{2m}\langle n|\partial^2 n\rangle\psi\right] \tag{21.1.78}$$

习题 21.1.7* 请把上面方程中省略的步骤补起来。

哈密顿量可以从上式读出来：

$$H = \frac{1}{2m}(P - A^n)^2 + \Phi^n \tag{21.1.79}$$

$$A^n = \mathrm{i}\hbar\langle n|\partial n\rangle \tag{21.1.80}$$

$$\Phi^n = \frac{\hbar^2}{2m}[\langle\partial n|\partial n\rangle - \langle\partial n|n\rangle\langle n|\partial n\rangle] \tag{21.1.81}$$

习题 21.1.8* 把忽略掉的步骤补起来。利用从 $\partial\langle n|n\rangle = 0$ 得到的 $\langle n|\partial n\rangle = -\langle\partial n|n\rangle$。势 Φ^n 源自加上或减去在一开始没有出现的 $(A^n)^2$ 项。

这个（分立的）作用函数确实会给出具有 $v \cdot A^n$ 项的准确结果（A^n 是在线元中点计算的），以及额外的标量势 Φ^n。由于有了哈密顿量，我们就不需要把它写出来了。下面的习题更仔细地考虑了这一点。

习题 21.1.9 假设我们不像上面那样推导哈密顿量（通过引入波函数），而是期望从 (21.1.71) 式出发，像 (21.1.77) 式那样将 $\langle n(R')|n(R)\rangle$ 展开到 $R'-R$ 的二阶，并将结果写成指数来确定正确的分立作用函数。完成上述步骤，并证明所得到的矢量势的变量一开始就不在中点，而要正确地表示该效应，它应该在中点（习题 8.6.4）。用泰勒展开来确定这点，将推导中出现的 $R'-R$ 的二次项与你必须以之开始的二次项结合，就得到（对于一段时间）

$$S = \frac{\mathrm{i}m(R'-R)^2}{2\hbar\varepsilon} + \frac{\mathrm{i}}{\hbar}(R'-R)A^n\left(\frac{R+R'}{2}\right) - \frac{(R'-R)^2}{2}\langle\partial n|(I-|n\rangle\langle n|)|\partial n\rangle \tag{21.1.82}$$

现在让我们探讨一下这个表达式描述了什么连续形式。乘或除 ε 将第一项转换成动能，中间项转换成矢量势耦合。最后一项需要乘或除 ε^2 以变成速度的平方。但是这些操作在连续作用量中留下了一个额外的 ε。尽管如此，由于速度平方项是非常奇异的（singular），所以这一项很重要。我们注意到当泛函积分完成后，$(R'-R)^2$ 要被 $\mathrm{i}\varepsilon\hbar/m$ 所取代，这一项的效果就被完全揭示了（由于在决定 $R-R'$ 变化的作用量中的动能项），现在做这个代换，将该项转换成标量势 Φ^n，我们知道这个势描述了正确的哈密顿量。这些在连续极限下轻易消失的项曾被克劳德和斯卡格斯坦讨论过（见参考文献 Klauder 和 Skagerstam，1985）。

应当很清楚的是，当 R 和 A 被矢量 $\boldsymbol{R}$ 和 $\boldsymbol{A}$ 代替后，前面得到的结果可以推广到更多的快、慢等自由度的情况。

我们转到一个简单的问题，这时贝里势会引导出一个变化[①]。请考虑图 21.1 的情况。

一个无自旋、质量为 M 的电中性粒子被限制在一个半径为 a 的圆上运动。这

① 我感谢斯特恩（Ady Stern），因为他建议了这个例子的不同形式。他不为我描述中的任何错误负责。

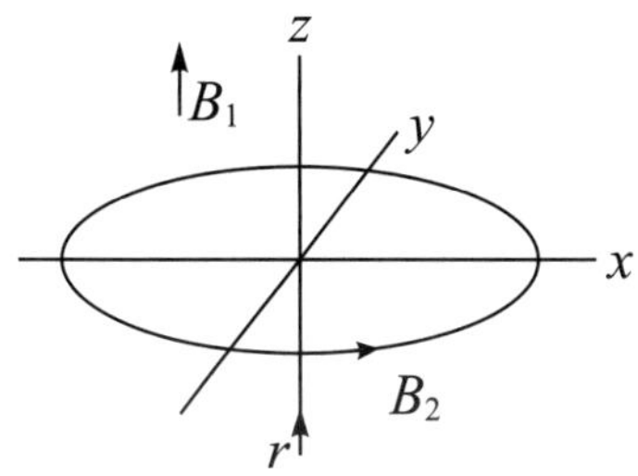

图 21.1　场 B_2 和电子的运动都沿着这个圆，粒子的自旋相对于局域磁场朝上或朝下，该磁场为 B_1 和 B_2 之和。电流 I 产生 B_2

个运动在我们的问题中是慢自由度。轨道被沿 z 轴的场 $B_1\boldsymbol{k}$ 的通量穿透。另外，一个沿 z 方向的载流导线位于中心。它产生水平方向的磁场 $\boldsymbol{B}_2$。总的场相对于 z 轴有一个角度

$$\theta = \arctan B_2/B_1$$

场强是 $B = \sqrt{B_1^2 + B_2^2}$。粒子的坐标记为 ϕ，场 B_2 沿圆的切线，即，在 $\boldsymbol{B}$ 空间中，它的极角是 $\phi + \pi/2$。粒子的哈密顿量（还未与 $\boldsymbol{B}$ 耦合）是

$$H = \frac{L^2}{2I} \tag{21.1.83}$$

其中 $I = Ma^2$ 是惯性矩，从现在起设其为 $1/2$，而 $L = -\mathrm{i}\hbar\partial/\partial\phi$ 是角动量算符。能量本征值为

$$E_m = \hbar^2 m^2 \qquad m = 0, \pm1, \pm2, \cdots \tag{21.1.84}$$

现在我们引入快自由度。想象一个自旋为 1/2 的粒子。当粒子沿着这个圆运动时，该自旋会看到一个变化的磁场 $\boldsymbol{B}$，它是沿 z 轴的固定场 $\boldsymbol{B}_1$ 和方位角方向场 $\boldsymbol{B}_2$ 之和。我们将 H 修改如下：

$$H = L^2 - \mathrm{C}\boldsymbol{\sigma} \cdot \boldsymbol{B}(\phi) \tag{21.1.85}$$

其中，假设 C 值以及因此产生的两个自旋态之间的劈裂非常大（与劈裂相关的频率也是如此），使得自旋是真正的快自由度，当粒子沿这个圆缓慢运动时，自旋不会在态间跃迁。

允许的能量是什么呢？最朴素的答案就是

$$E_m = \hbar^2 m^2 \mp \mathrm{C}B \tag{21.1.86}$$

其中，$B=\sqrt{B_1^2+B_2^2}$，两个符号对应当粒子绕圈时自旋相对于局域磁场是朝上还是朝下。但这是不对的，因为我们必须将贝里势 $A(\phi)$ 和 Φ 考虑进去。让我们关注低能解，这时自旋的方向沿着局域场。我们将旋量选为

$$|\theta\phi\rangle=\begin{pmatrix}\cos\frac{\theta}{2}\\ \mathrm{i}\sin\frac{\theta}{2}\,\mathrm{e}^{\mathrm{i}\phi}\end{pmatrix} \tag{21.1.87}$$

（在下分量中额外的 i 的存在是由于轨道角 ϕ 和场的方位角相差 $\pi/2$，这一点可以清楚地从图 21.1 可见。）很容易得到

$$A^+(\phi)=\mathrm{i}\hbar\langle\theta\phi|\frac{\partial}{\partial\phi}|\theta\phi\rangle=-\hbar\sin^2\frac{\theta}{2} \tag{21.1.88}$$

它与 ϕ 无关，标量贝里势是

$$\Phi=\frac{\hbar^2\sin^2\theta}{4} \tag{21.1.89}$$

它与自旋沿局域场向上或向下无关。由于在本问题中 θ 是固定的，靠选择参考能量，我们能去掉 Φ，因此我们就不再考虑它了。

习题 21.1.10 对于矢量和标量势，请证明上式。

由于矢量势的作用是使 $L\to L-A^+$，由此断定，如果我们求解

$$\left(-\mathrm{i}\hbar\frac{\partial}{\partial\phi}-A^+\right)\psi=\lambda\psi \tag{21.1.90}$$

则能量由下式给出

$$E^+=\lambda^2-BC \tag{21.1.91}$$

轨道本征函数再一次为

$$\psi=\mathrm{e}^{\mathrm{i}m\phi}\qquad m=0,\pm1,\pm2,\cdots \tag{21.1.92}$$

所以

$$\lambda=m\hbar-A^+=\left(m+\sin^2\frac{\theta}{2}\right)\hbar \tag{21.1.93}$$

自旋朝上态的能量是

$$E^+=\left(m+\sin^2\frac{\theta}{2}\right)^2\hbar^2-BC \tag{21.1.94}$$

显然，没有矢量势，我们一定会得到错误的结果。如果没有它，在 $m\to-m$ 变换下就会出现双重简并。

习题 21.1.11 对于其他（自旋朝下）态，请找出相应的势和能量本征值。

通过抽取出作用在慢自由度 R 上的有效哈密顿量，让我们不使用路径积分重新推导 (21.1.79)—(21.1.81) 式的标量和矢量势。现在，该慢自由度不需要位于位置的本征态，它可以处在 $\psi(R)$ 的叠加：

$$|\psi\rangle = \int \psi(R)\,|R, n(R)\rangle\,\mathrm{d}R \tag{21.1.95}$$

注意：$|\psi\rangle$ 是处在慢和快自由度的直乘空间中的一个右矢。通常这样一个叠加的系数要依赖两个标记。但是在我们的问题中快自由度是屈从于慢的那个，于是在 $|R\rangle$ 中的慢自由度的振幅和整个系统在 $|R, n(R)\rangle$ 中的振幅是相同的。我们要通过计算

$$\begin{aligned}(H\psi)(R') &\equiv \langle R', n(R')|H|\psi\rangle &(21.1.96)\\ &= \int \langle R', n(R')|H|R, n(R)\rangle\langle R, n(R)|\psi\rangle\ \mathrm{d}R &(21.1.97)\\ &= \int \langle R', n(R')|H|R, n(R)\rangle\psi(R)\ \mathrm{d}R &(21.1.98)\end{aligned}$$

得到坐标表象的哈密顿量。设

$$H = P^2/2M + V(R) + H_f(r, p, R) \tag{21.1.99}$$

很明显，向右作用在本征右矢上的快哈密顿量 H_f 将给出 $E_n(R)$，并且它与 $V(R)$ 一起提供势能项。因此我们仅集中于 $P^2/2M$，因为这正是作用量所在之处。让我们回忆一下

$$\langle R'|\frac{P^2}{2M}|R\rangle = -\frac{\hbar^2}{2M}\delta''(R'-R) \tag{21.1.100}$$

将其代入 (21.1.98) 式，就得到

$$\begin{aligned}(H\psi)(R') &= -\frac{\hbar^2}{2M}\int \langle n(R')|n(R)\rangle\,\delta''(R'-R)\,\psi(R)\,\mathrm{d}R\\ &= -\frac{\hbar^2}{2M}\langle n(R')|\left[|\partial^2 n(R)\rangle\psi(R) + 2|\partial n(R)\rangle\partial\psi(R) + |n(R)\rangle\partial^2\psi(R)\right]_{R=R'}\\ &= -\frac{\hbar^2}{2M}\left[\langle n|\partial^2 n\rangle\psi(R') + 2\langle n|\partial n\rangle\partial\psi(R') + \partial^2\psi(R')\right] &(21.1.101)\end{aligned}$$

其中 ∂ 表示对 R' 的微分。现在就可以直接证明，右边的算符就是 (21.1.79) 式中的算符。详细推导留作下面的习题。

习题 21.1.12 给出上式中忽略的细节。提示：从 (21.1.79) 式开始，展开 $(P-A)^2$。注意当 P 在 A 的左边时，它对 A 和波函数 ψ 都要微分，设想一下这个波函数是在哈密顿量的右边。现在来到 (21.1.101) 式，利用如 $\partial\langle n|\partial n\rangle = \langle\partial n|\partial n\rangle + \langle n|\partial^2 n\rangle$ 的这类关系，加和减 A^2 项并重新组合。

现在，我们接受了贝里矢量势的事实，让我们来更好地理解它。正常说来，当我们有了一个矢量势，我们可以取它的旋度和相应的磁场作为初始的某种流。假如存在磁单极的话，这个源就会是一个磁单极。那么贝里势产生了什么？让我们先来领会，这个势的源不是在快自由度的组态空间，而是在快哈密顿量 H_f 中缓慢变化的参数空间。当然，这个慢参数本身可以是一个真实存在的自由度（正如我们关于环的例子），但这不是我们的关注点。我们简单地将慢变量作为定义 H_f 的外部参数。考虑一个自旋为 1/2 的物体，并且有

$$H = -\boldsymbol{\sigma} \cdot \boldsymbol{B} \tag{21.1.102}$$

那时贝里势存在于 $\boldsymbol{B}$ 空间。（由于我们只关注快变量，所以去掉了 H_f 的下标。）为了让我们的思考更简单，我们将把 $\boldsymbol{B}$ 空间重新命名为 $\boldsymbol{R}$ 空间，但你不应该忘记这件事。于是，我们写下

$$H = -\boldsymbol{\sigma} \cdot \boldsymbol{R} \tag{21.1.103}$$

$\boldsymbol{R}$ 空间中的每个一点定义了一个可能的自旋哈密顿量。我们曾在这个空间中定义了一个矢量势。这个势从上面的哈密顿量的第 n 个量子态推导出来，由下式给出

$$\boldsymbol{A}^n = \mathrm{i}\hbar \langle n(\boldsymbol{R})|\nabla|n(\boldsymbol{R})\rangle \tag{21.1.104}$$

它的旋度是什么？要弄清楚这个问题，我们需要做一点基础工作。利用

$$0 = \nabla\langle n|H|m\rangle \qquad m \neq n \tag{21.1.105}$$

我们看到在对所有三个因子微分，以及把一个微分从左矢移动到右矢，代价就是改变一个符号（由于 $\nabla\langle n|m\rangle = 0$），有

$$\langle n|\nabla|m\rangle = \frac{\langle n|(\nabla H)|m\rangle}{E_m - E_n} \tag{21.1.106}$$

现在就很容易得到与贝里势相关的场张量 F_{ij} 的表达式：

$$\begin{aligned}
F_{ij}^n &= \partial_i A_j^n - \partial_j A_i^n \\
&= \mathrm{i}\hbar \left[\partial_i \langle n|\partial_j n\rangle - \partial_j \langle n|\partial_i n\rangle\right] \\
&= \mathrm{i}\hbar \sum_{m\neq n} \frac{\langle n|(\partial_i H)|m\rangle\langle m|(\partial_j H)|n\rangle - \langle n|(\partial_j H)|m\rangle\langle m|(\partial_i H)|n\rangle}{(E_m - E_n)^2} \\
&\left(\partial_j = \frac{\partial}{\partial R_j}\right)
\end{aligned} \tag{21.1.107}$$

其中 m 标记按照这个方式引入的态的完整集合。（$m = n$ 的项由于互相抵消所以不出现。）因为此式普遍成立（对于任何 H），所以可以将其用于我们的问题。

在我们的问题中存在多种简化的特性：

- $\partial H/\partial R_j = -\sigma_j$；
- 只有两个态，因此对 m 的求和只有一项。由于朝上和朝下自旋态的间距是 $2R$，所以分母中的能量平方是 $4R^2$。（请记住 R 现在是磁场的大小！）
- 这样我们就把与 m 无关的分母提出来了，再加上 $m=n$ 的一项（由于 i 和 j 的反对称，所以这项是零），利用完备性去掉中间态，再利用泡利矩阵的对易关系，最后得到 $\langle n|\boldsymbol{\sigma}|n\rangle = \pm\widehat{\boldsymbol{R}}$（对于沿着场朝上或朝下的态）。

若不使用张量 F_{ij}^n，我们可以用更熟悉的磁场来描述场，它由 $\mathcal{B}_k^n = F_{ij}^n$（其中 i，j，k 是循环指标）定义：

$$\boldsymbol{\mathcal{B}}^n = \mp\hbar\frac{\widehat{\boldsymbol{R}}}{2R^2} \tag{21.1.108}$$

这正是位于原点的强度为 $-\hbar/2$ 的磁单极的场，原点正是哈密顿量的简并点。

习题 21.1.13 请提供上面推导中省略的步骤。

注意：在此问题中有两个不同的磁场。第一个是真实的 $\boldsymbol{B}$，它耦合到电子自旋并存在于真实的空间中。它是由真实空间中的电流产生的（这样的场不存在所谓的磁单极源。）第二个场是贝里矢量势的旋量，它存在于参数空间。他的分量用 $\mathcal{B}_k^n$ 来表示，它在我们的问题中描述参数空间中的磁单极。我们将会看到贝里磁单极将会出现在哈密顿量（不一定包含磁场）变成双重简并的任何问题中。

假设参数空间是三维的，让我们关注只有两个接近简并的能级。任何 2×2 厄米算符可以写成

$$H = \sum_{\mu=0}^{3} \sigma_\mu f_\mu \tag{21.1.109}$$

其中 $\sigma_0 = I$ 是泡利矩阵的第四个元素，f_μ 是参数空间三个独立坐标的四个函数。很显然，H 的本征值是

$$E = f_0 \pm \sqrt{f_x^2 + f_y^2 + f_z^2} \tag{21.1.110}$$

简并出现在我们选为坐标原点的 $f_x = f_y = f_z = 0$ 的地方。我们也可以将能量的总零点移动，使得本征值 $f_0(0)$ 为零。现在用三个 f 的值本身作为新的坐标，在这个坐标系中 f_0 将是这些坐标的某个函数，它在原点为零。那时，用明显的标记有

$$H = f_0(\boldsymbol{f})\, I + \boldsymbol{\sigma}\cdot\boldsymbol{f} \tag{21.1.111}$$

注意：f_0 在原点为零，但是在其他地方不一定等于零。现在重复我们在自旋问题中的分析，以

$$\partial_i H = \partial_i f_0\, I + \sigma_i \tag{21.1.112}$$

为起点。如果下一步计算场张量，如 (21.1.107) 所示，我们看到正比于单位算符的那部分是不相关的（因为对于 $m \neq n$，$\langle m|n\rangle = 0$），此问题与 (21.1.103) 同构，我们就又得到原点的磁单极。

习题 21.1.14 再看一下我们所研究的问题，一个粒子沿着闭合回路运动，场沿方位角方向和 z 轴方向。当粒子沿着回路运动一圈时，矢量势 A^+ 的线积分是

$$\oint A^+ \,\mathrm{d}\phi = -2\pi\hbar \sin^2\frac{\theta}{2}$$

让我们看在 $\boldsymbol{B}$ 空间的同一闭合轨道，它是在 $B_x - B_y$ 平面上高度为 B_1、半径为 B_2 的回路。这定义了（从北极测得的角度为 θ）半径为 $\sqrt{B_1^2+B_2^2}$ 的球的纬度。按照 (21.1.108) 式，在这个空间中我们有一个坐落在原点、强度为 $-\hbar/2$ 的磁单极。通过这个回路的磁通是穿过以这个纬度为界的一个帽形区域的磁单极通量。利用斯托克斯定理证明，这个通量等于 $-2\pi\hbar\sin^2\theta/2$。[注意，贝里矢量势在现实空间和参数空间是不同的。它对闭合回路的线积分——度量每运动一圈所积累的相位变化——当然是相同的。一般来说，考虑从用 x 来标记点的 X 流形到用 y 来标记点的 Y 流形的映射，这样每个 x 就过渡到唯一的 y。如果 $A\,(y)$ 是 Y 流形中的一个矢量势，那么我们能通过定义一个矢量势 $A\,(x)$ 将其引入到 X 流形，这样（忽略标记）我们就有

$$A(x)\,\mathrm{d}x = A(y)\,\mathrm{d}y \tag{21.1.113}$$

通过这种构造，X 中的闭合回路就过渡到 Y 中的闭合回路。那时，$A\,(x)$ 沿 X 中的一个闭合回路的线积分就等于 $A\,(y)$ 沿 Y 的像闭合回路（image loop）的线积分。]

习题 21.1.15 让我们通过一个例子来讨论赋予参数空间中态矢量相位的问题。令 $\boldsymbol{R} \equiv (R, \theta, \phi)$ 为参数空间的坐标。现在考虑哈密顿量 $H = -\boldsymbol{\sigma}\cdot\boldsymbol{R}$。我们写下这个问题中适合所有点的基态。这个问题中的所有自旋都沿径向朝外。旋量的一个选择是

$$|+,\theta,\phi\rangle = \begin{pmatrix} \cos\dfrac{\theta}{2} \\ \sin\dfrac{\theta}{2}\,\mathrm{e}^{\mathrm{i}\phi} \end{pmatrix}$$

这正是我们曾用来解决电子沿环路运动的问题所得到的右矢（除了下分量中的因子 i，它是由现实空间和参数空间中的方位角之间存在一个 $\pi/2$ 的

差别产生的）。由于旋量不依赖于 R，所以让我们在 $R=1$ 的单位球上研究它。可以看到，当我们从不同方向趋于南极时，旋量的下分量不趋于唯一的值。（这个问题在北极处不存在，因为在那里 $\sin\theta/2=0$）。因而我们并没有定义一个全局的旋量。如果我们将整个旋量乘一个单值的相因子 $\mathrm{e}^{-\mathrm{i}\phi}$，那么现在旋量在南极附近是良好定义的，但在北极是奇异的。由此可见，我们只能在参数空间的一部分区域上定义旋量。在我们的问题中，两部分就足够了，一部分排除北极，一部分排除南极。

由于我们通过对态矢求微分来找到贝里势，所以前者也仅在一部分区域上定义，而非全局的定义。换句话说，A^+ 所遵循的 (21.1.88) 式应在 $\theta\neq\pi$ 时使用。为了描述南极的行为，例如，我们可以用在南极点表现良好但在北极点表现不佳的旋量导出的势能。

现在我将论证，在存在磁单极的情况下，试图找到一个全局的矢量势是不可能的。假设我们有一个全局非奇异的矢量势。考虑其在围绕磁单极的单位球面北极附近的某纬度上，沿 ϕ 增加方向的线积分。根据斯托克斯定理，这个积分等于以这个纬度为界的一个帽形区域的磁通量。如果我们增大这个回路并经过赤道，这个线积分将单调地增加。最后，让我们把这个回路收缩成围绕南极的无穷小的圈。当这个圈收缩时，线积分并不消失——它等于整个磁单极的磁通量。由此可知，南极处必然存在奇点，因为非奇异矢势沿无穷小回路的积分必须是无穷小的，并随回路的消失而消失。（奇点也可能位于球面上的其他位置，但通过类似的推理可以得出它必然存在。）

从球坐标系中的梯度出发，证明与 $|+,\theta,\phi\rangle$ 相关的矢量势由下式给定

$$\boldsymbol{A}=-\frac{\hbar}{2}\boldsymbol{e}_{\phi}\frac{(1-\cos\theta)}{R\sin\theta}$$

注意南极处的奇点。这被称为*狄拉克弦*。证明围绕南极的小回路的线积分等于整个磁单极通量。实际情况是这样的。这个矢量势描述的不是原点处的磁单极，而是一个其细管（狄拉克弦）沿负 z 轴出来，将整个通量送到原点，从这个点再发出径向通量的磁单极。这个弦通量是给出围绕南极的小圈通量等于整个通量的非零结果的原因。

当我们观察磁单极时，南极并没有什么特别之处，因为它是球对称的。这反映在狄拉克弦可以通过规范变换移动这一事实中。通过将 $|+,\theta,\phi\rangle$ 的两个分量乘 $\mathrm{e}^{-\mathrm{i}\phi}$ 得到的旋量，来计算矢量势 $\boldsymbol{A}'$。结果显示它在北极处出现问题，这两个矢量势可以通过与重新定义 $|+,\theta,\phi\rangle\to\mathrm{e}^{-\mathrm{i}\phi}|+,\theta,\phi\rangle$ 相关的规范变换关联起来。

如果允许我们以文字代替公式，那么我们可以不用任何弦来描述磁单极效应：当带电粒子沿一个回路运动时，它会得到一个正比于回路对原点所张成立体角的相位（磁单极就位于原点）。矢量势是一种通过斯托克斯定理导出立体角的解析方法，但它不能全局实现。

现在，狄拉克遇到了一个问题，他试图探寻我们如何在现实空间中描述一个真实的（不是贝里的）磁荷为 g 的磁单极。其径向场按 g/R^2 衰减。这没有问题。*但量子力学迫使我们使用矢量势*。现在我们能想到的任何矢势都有一个弦。像往常一样，狄拉克将这一潜在的灾难转化为一个令人瞩目的预测，他认为，*如果存在磁单极，而我们又不得不使用矢势来描述它，那么这个弦一定是不可观测的*。这个矢量势围绕位于南极的弦的线积分是 $4\pi g$，即磁单极的总通量。对于一个电荷为 q 的粒子，这将通过因子

$$e^{4\pi i qg/\hbar c}$$

进入动力学中去，如 (18.4.38) 式。[请想想阿哈罗诺夫–玻姆实验，在那里一个粒子从弦的一侧穿过另一侧。] 如果这个因子是不可观测的，那么我们要求

$$q=\frac{\hbar nc}{2g}$$

其中 n 是任意整数。这一非凡的论证告诉我们：*即便宇宙中仅存在一个磁单极子，它也会迫使所有电荷都是 $\hbar c/2g$ 的整数倍*。例如，这解释了为什么质子和电子的电荷完全相同。然而，至今尚未观测到磁单极子。不过，这一论证如此有吸引力，至少对我来说，我确信至少存在一个磁单极子。否则，正如爱因斯坦所说，大自然就错失了一个绝佳的机会。

在现代处理方法中，人们使用两个区域，比如一个不含南极，另一个不含北极，每个区域都有不同的矢量势。通过要求在两个区域重叠的地方（比如赤道），这两个势相差一个单值规范变换，这样我们就可以恢复狄拉克的量子化条件。[如果你记得以下内容，你可以自行证明：(1) 两个区域的矢势沿赤道的线积分之差等于整个球面向外的通量积分；(2) 当电荷为 q 的粒子的波函数乘相位因子 $\psi \to e^{i\chi}\psi$ 时，矢势按 $A \to A+\hbar c/q\partial\chi$ 变化；(3) 闭合回路中 χ 的变化量必须是 2π 的整数倍。]

在贝里相位问题中，我们看到矢量势有一个因子 q/c，这个因子乘哈密顿量中的 $\boldsymbol{A}$ 后等于 1，那么 $g=\hbar/2$，因此 $n=1$。

作为贝里相位的另一个应用，让我们回到霍尔效应。劳克林（Laughlin）建议

激发态（在基态之上）称为准空穴（quasihole）态，由下式给出

$$u_{qh} = \prod_{i=1}^{\nu N} (z_i - z_0)\, u_\nu \tag{21.1.114}$$

显然，这描述了一种波函数在 z_0 的邻域被修改的情况。我们说它描述了一个其中心位于 z_0 的准空穴。注意到由于形式为 $z - z_0$ 的额外零点，电子避开了 z_0 点。这意味着该点附近的电荷密度低于正常值。如果对由波函数的这种修改所导致的电荷亏损进行积分（即准空穴的电荷），我们会发现它是 νq，其中 q 是基本电荷 e。这样，一个关于基本电荷为整数（如电子）的理论，其激发态却具有分数电荷！分数电荷也可以通过以下方式证明。首先注意到准空穴的位置 z_0 是任意的。假设在电子气的下方存在一个底层势，其最小值选定某个更好的位置。假定我们缓慢改变这个势，并拖拽 u_{qh} 中的 z_0 沿某个闭合回路绕行一周，并计算这个闭合轨道积累出的贝里相位。（由于我们准确地知道任何 z_0 处的波函数，所以这就很容易做到。）它必须等于被围住的磁通量（由于产生朗道能级的外磁场 B）的 $\bar{q}/\hbar c$ 倍，$\bar{q}$ 是准空穴的电荷。计算得出电荷为 ν 倍的基本电荷。类似地，我们能证明准空穴既不是玻色子也不是费米子，而是任意子（维尔切克创造的新名词，可见附后的参考文献）：交换时它们获得一个相因子 $\mathrm{e}^{\mathrm{i}\nu\pi}$，取某个具有两个准空穴的态（分别位于 z_0 和 z_0'），然后将它们（也就是它们的中心）绝热交换，计算在波函数中贝里相位的改变。绝热分析是有效的，这是因为准空穴态被其他态引起的间隙分开了。如果你想知道更多细节，请参阅沙佩雷和维尔切克 1990 年的文章。

让我们来谈谈一些历史。

为什么玻恩和奥本海默会错过贝里相位？原因相当微妙。他们处理的是一个实哈密顿量，其波函数可被选为实的。他们假定已经做出了这样的选择，并且这个选择是非奇异的。虽然对于参数空间中的任何开放曲线来说这是正确的，但在闭合曲线中，有可能会使起始波函数的值变负。贝里考虑了复哈密顿量（与关于自旋的例子同构），这就允许相位可能值（不仅仅是 ±1）的连续变化，这使得讨论的现象更明显。

最后，尽管我们在量子力学的背景下讨论了贝里相位，但早在几十年前，潘查拉特南（Pancharatnam）就在光学领域发现了它（1958 年），他考虑的是偏振光束，而不是在参数空间中沿闭合路径运动的量子态（见参考文献）。有关更早的先驱性工作，可参阅贝里在《今日物理》（*Physics Today*）上的文章（见参考文献）。

相干态路径积分

现在我们来讨论单位算符的另一种分解方式，它也与路径积分有关。这些基于通过谐振子问题中的湮灭算符的本征态来定义的相干态。

每个相干态携带一个复标记 z，由下式给出

$$|z\rangle = \exp[za^\dagger]\,|0\rangle \tag{21.1.115}$$

其中 $|0\rangle$ 是谐振子的基态。回顾一下

$$|n\rangle = \frac{(a^\dagger)^n}{\sqrt{n!}}|0\rangle \tag{21.1.116}$$

我们看到

$$|z\rangle = \sum_{n=0}^{\infty}\frac{z^n}{\sqrt{n!}}|n\rangle \tag{21.1.117}$$

用不同 z 值标记的态并不正交。我们应该预料到这个非正交性，因为被正整数 n 标记的基 $|n\rangle$ 组成一个完备基，而每个复数 z 都对应一个态，所以它们不能都是正交的。还有一种可能，尽管它们的数目很大，但不是一个完备集。然而，我们会看到它们是一个*超完备基*，这样的基有足够的矢量去展开任意矢量，但其数目多于我们做展开所需要的矢量的最小数目。

现在，我们来建立相干态

$$a|z\rangle = z|z\rangle \tag{21.1.118}$$

的关键特性如下

$$a|z\rangle = a\sum_{0}^{\infty}\frac{z^n}{\sqrt{n!}}|n\rangle \tag{21.1.119}$$

$$= \sum_{1}^{\infty}\frac{z^n\sqrt{n}}{\sqrt{n!}}|n-1\rangle \tag{21.1.120}$$

$$= z|z\rangle \tag{21.1.121}$$

要做到最后一步，我们重新定义一个哑标记 $n' = n - 1$，它从 0 到 ∞。

类似地，取 (21.1.118) 式的共轭，相干态的左矢为

$$\langle z| = \langle 0|\exp[z^* a] \tag{21.1.122}$$

它遵从

$$\langle z|a^\dagger = \langle z|z^* \tag{21.1.123}$$

让我们看看它们的内积

$$\langle z_2|z_1\rangle = \langle 0|\exp[z_2^* a]\exp[z_1 a^\dagger]\,|0\rangle \tag{21.1.124}$$

如果利用恒等式

$$\mathrm{e}^A\,\mathrm{e}^B = \mathrm{e}^B\,\mathrm{e}^A\,\mathrm{e}^{[A,B]} \tag{21.1.125}$$

当 $[A, B]$ 与 A 和 B 都对易时，上式成立，我们得到

$$\langle z_2|z_1\rangle = \mathrm{e}^{z_2^* z_1} \tag{21.1.126}$$

我们认识到当指数互相交换再展开时，只有第一项能存活下来，因为这一项中 a 没有作用于右边、$a^\dagger$ 没有作用于左边。

完备性由证明以下单位算符的分解来显示

$$I = \int \frac{\mathrm{d}x\,\mathrm{d}y}{\pi}|z\rangle\langle z|\,\mathrm{e}^{-z^* z} \equiv \int \frac{\mathrm{d}z\,\mathrm{d}z^*}{2\pi\,\mathrm{i}}|z\rangle\langle z|\,\mathrm{e}^{-z^* z} \tag{21.1.127}$$

式中 $z = x + \mathrm{i}y$ 和 $z^* = x - \mathrm{i}y$。注意积分是对整个 $x - y$ 平面积分，在被积函数中用 $x \pm \mathrm{i}y$ 代替每个 z 和 z^* 后的积分能在其他坐标系下完成。例如，在习题 21.1.16 中我们推荐读者在极坐标下证明上述完备关系。我们能从 (x, y) 换到 (z, z^*)（插入雅可比因子 $1/2\mathrm{i}$ 后），但是对 (z, z^*) 的积分还是很微妙的问题，我们在本书中不打算考虑。我们从今往后都使用 (z, z^*) 的测度，因此如果你再遇到这个问题，你就会知道它意味着什么。

要证明 (21.1.127) 式，我们用

$$|z\rangle = \sum_{n=0}^{\infty} \frac{z^n}{\sqrt{n!}}|n\rangle \tag{21.1.128}$$

及其共轭，在极坐标下做 $\mathrm{d}x\,\mathrm{d}y$ 的积分，并回到对 $|n\rangle\langle n|$ 求和的一般情况。

> **习题 21.1.16** 证明上面单位算符的分解。参考附录 A.2，找到 Γ 函数积分公式。

由于相干态是 a 的右边本征态和 $a^\dagger$ 的左边本征态，

$$\langle z_2| : H(a^\dagger, a) : |z_1\rangle = \langle z_2|H(z_2^*, z_1)|z_1\rangle \tag{21.1.129}$$

其中 $: H :$ 是任一正规序的表达式，即所有的湮灭算符在右边、产生算符在左边的表达式。因此 $a^\dagger a^2$ 是正规序表达式，而 $a^2 a^\dagger$ 就不是。给定任一表达式，我们总能将其写成正规序的，只要把所有的 a 都推到右边，并保留一系列对易关系。

> **习题 21.1.17** 请证明 $a^2 a^\dagger =: a^2 a^\dagger : +2a$。（每次把一个 a 的幂次推到右边或利用 $[AB, C] = A[B, C] + [A, C]B$。）

现在证明以下很有意义的结果：如果 H 是谐振子的哈密顿量，

$$H = \hbar\omega a^\dagger a \tag{21.1.130}$$

（在这个讨论中我们扔掉了常数的零点能），那么

$$U(t)|z\rangle = U(t)\exp[a^\dagger z]U^\dagger(t)U(t)|0\rangle = \exp[a^\dagger \mathrm{e}^{-\mathrm{i}\omega t}z]|0\rangle = |z\,\mathrm{e}^{-\mathrm{i}\omega t}\rangle \tag{21.1.131}$$

其中，我们用到了 $a^\dagger$ 的海森堡运动方程。[在海森堡绘景中，$U^\dagger(t)\,\Omega U(t) = \Omega(t)$。这里 $U^\dagger(t) = U(-t)$ 出现在 $U(t)$ 的位置。我们用了 $a^\dagger(t) = a^\dagger(0)\,\mathrm{e}^{\mathrm{i}\omega t}$ 并且反转 t 的符号。]

引人瞩目的是这个相干态在时间演化中仍保持为相干态，但是有了一个新的标记。这也是最初人们对其产生兴趣的原因之一。它们的有趣特性实在太多，我们在此无法一一讨论。关于这一主题，建议您参考相关文献。

习题 21.1.18 请证明相干态的波函数是

$$\psi_z(x) = \langle x|z\rangle = \left(\frac{m\omega}{\pi\hbar}\right)^{1/4} \mathrm{e}^{-z^2/2}\,\mathrm{e}^{-(m\omega/2\hbar)x^2}\,\mathrm{e}^{\sqrt{(2m\omega/\hbar)}zx} \tag{21.1.132}$$

你可以从坐标表象中的 $a|z\rangle = z|z\rangle$ 入手。令 $\langle z'|z\rangle = \mathrm{e}^{z'^* z}$ 确定归一化系数。读出它的平均动量和位置。证明它们的时间演化类似于给定 $|z\rangle \to |z\,\mathrm{e}^{-\mathrm{i}\omega t}\rangle$ 的经典坐标。提示：参考 (9.3.7) 式，以及将 z 参数化为 $z = \sqrt{(m\omega/2\hbar)}x_0 + \mathrm{i}\sqrt{(1/2m\omega\hbar)}p_0$。

在这个基下很容易找到谐振子的传播子：

$$U(z_N, z_0, t) = \langle z_N|U(t)|z_0\rangle = \langle z_N|z_0\,\mathrm{e}^{-\mathrm{i}\omega t}\rangle = \exp[z_N^* z_0\,\mathrm{e}^{-\mathrm{i}\omega t}] \tag{21.1.133}$$

其中，终点处的下标是在为下面的讨论做准备。

考虑传播子的路径积分表示。让我们先想像只有三个中间时刻（这样我们可以写下 $\varepsilon = t/4$），以及单位算符的三种分解方式，这给我们

$$\begin{aligned}
&\langle z_4|U^4(t/4)|z_0\rangle \\
&= \int [\mathcal{D}z\mathcal{D}z^*]\langle z_4|\left[I - \frac{\mathrm{i}\varepsilon}{\hbar}H(a^\dagger a)\right]|z_3\rangle\,\mathrm{e}^{-z_3^* z_3}\langle z_3|\left[I - \frac{\mathrm{i}\varepsilon}{\hbar}H(a^\dagger a)\right]|z_2\rangle \times \\
&\quad \mathrm{e}^{-z_2^* z_2}\langle z_2|\left[I - \frac{\mathrm{i}\varepsilon}{\hbar}H(a^\dagger a)\right]|z_1\rangle\,\mathrm{e}^{-z_1^* z_1}\langle z_1|\left[I - \frac{\mathrm{i}\varepsilon}{\hbar}H(a^\dagger a)\right]|z_0\rangle
\end{aligned}$$

其中

$$[\mathcal{D}z\mathcal{D}z^*] = \prod_i^{N-1}\frac{\mathrm{d}z_i\,\mathrm{d}z_i^*}{2\pi\mathrm{i}} = \prod_i^{N-1}\frac{\mathrm{d}x_i\,\mathrm{d}y_i}{\pi} \tag{21.1.134}$$

一个常用的因子是

$$\langle z_{n+1}|\left[I-\frac{\mathrm{i}\varepsilon}{\hbar}H(a^\dagger a)\right]|z_n\rangle=\exp\left[-\frac{\mathrm{i}\varepsilon}{\hbar}H(z_{n+1}^*,z_n)\right]\langle z_{n+1}|z_n\rangle \tag{21.1.135}$$

$$=\exp\left[-\frac{\mathrm{i}\varepsilon}{\hbar}H(z_{n+1}^*,z_n)\right]\exp(z_{n+1}^*z_n) \tag{21.1.136}$$

其中，我们将 ε 作为无穷小量，这是因为在我们取 $N\to\infty$ 极限后，它最终必定如此。如果我们将所有的指数因子放在一起，就会有一部分与哈密顿量相关，它会明确给出一个因子，在连续标记下它是

$$\exp\left[-\frac{\mathrm{i}}{\hbar}\int_0^t\hbar\omega z^*(t)z(t)\,\mathrm{d}t\right] \tag{21.1.137}$$

其中 z_n 变成 $z(t=n\varepsilon)$。[我们做了 $H\left(z^*\left(t+\varepsilon\right),z\left(t\right)\right)\approx H(z^*(t),z\left(t\right))$ 的近似。]

指数中的另一个因子是

$$z_4^*z_3-z_3^*z_3+z_3^*z_2-z_2^*z_2+z_2^*z_1-z_1^*z_1+z_1^*z_0 \tag{21.1.138}$$

$$=(z_4^*-z_3^*)z_3+(z_3^*-z_2^*)z_2+(z_2^*-z_1^*)z_1+z_1^*z_0 \tag{21.1.139}$$

在连续标记中我们将其写为

$$\frac{\mathrm{i}}{\hbar}\left[\int_0^t(-\mathrm{i}\hbar)\frac{\mathrm{d}z^*}{\mathrm{d}t'}z\,\mathrm{d}t'\right]+z^*(0)z(0) \tag{21.1.140}$$

其中，$z\left(0\right)=z_0$ 和 $z^*\left(0\right)=\lim_{\varepsilon\to0}z^*(\varepsilon)$。换言之，在分立形式中，$z_0$ 是定义好的，但 z_0^* 不是。只有当我们聚焦于平滑轨迹的连续图像时，它才被定义为上述极限。

(21.1.139) 式中的求和经过重新安排可以得到

$$\left[\frac{\mathrm{i}}{\hbar}\int_0^t(\mathrm{i}\hbar)\left(z^*\frac{\mathrm{d}z}{\mathrm{d}t}\right)\mathrm{d}t\right]+z^*(t)z(t) \tag{21.1.141}$$

其中 $z(t)$ 再一次作为 $z\left(t\right)=\lim_{\varepsilon\to0}z\left(t-\varepsilon\right)$ 的极限被额外引入。

我们通常看到两个方案平均给出以下连续结果的最终形式：

$$\langle z_f|U(t)|z_i\rangle=\exp\left\{\frac{z_f^*z_f+z_i^*z_i}{2}+\frac{\mathrm{i}}{\hbar}\int_0^t\left[\frac{\mathrm{i}\hbar}{2}\left(z^*\frac{\mathrm{d}z}{\mathrm{d}t}-\frac{\mathrm{d}z^*}{\mathrm{d}t}z\right)-H(z^*,z)\right]\mathrm{d}t\right\} \tag{21.1.142}$$

我们将用分部积分后得到的非对称形式：

$$\langle z_f|U(t)|z_i\rangle=\exp\left\{z_f^*z_f+\frac{\mathrm{i}}{\hbar}\left\{\int_0^t\left[\mathrm{i}\hbar z^*\frac{\mathrm{d}z}{\mathrm{d}t}-H(z^*,z)\right]\mathrm{d}t\right\}\right\} \tag{21.1.143}$$

这里更应强调，这只是对先前离散化表达式的示意，因为作用量中几乎没有什么能保证路径是平滑的。但是在 $\hbar\to0$ 极限下，积分会由平滑路径来渐近近似。让

我们在这样的极限下通过寻找作用量的稳定点，也就是找到经典解，计算这个积分。从具有相空间 $(p\dot{x}-\mathcal{H})$ 形式的作用量明显可见，z 和 $\mathrm{i}\hbar z^*$ 是正则共轭变量。给定这个作用量，如果要对其进行量子化，就会进一步将它们提升为满足对易关系

$$[Z,\mathrm{i}\hbar Z^\dagger]=\mathrm{i}\hbar \tag{21.1.144}$$

的算符，这里我们看到的只是 a 和 $a^\dagger$ 的对易规则。当然，我们并不试图从经典理论出发建立量子理论，而是恰恰相反。哈密顿方程是

$$\dot{z}=\frac{\partial(\hbar\omega z^*z)}{\partial(\mathrm{i}\hbar z^*)}=-\mathrm{i}\omega z \tag{21.1.145}$$

它的解给出

$$z(t)=z(0)\,\mathrm{e}^{-\mathrm{i}\omega t} \tag{21.1.146}$$

类似地，

$$z^*(t)=z^*(0)\,\mathrm{e}^{\mathrm{i}\omega t} \tag{21.1.147}$$

要在半经典近似下计算

$$\langle z_f|U(T)|z_i\rangle \tag{21.1.148}$$

我们需要找到满足

$$z(0)=z_i \tag{21.1.149}$$

$$z^*(T)=z_f^* \tag{21.1.150}$$

的解。现在我们发现了一个在位形空间中没有出现的问题：由于这里的方程对时间是一阶的，z_i 决定了所有时间的 $z\,(t)$。我们如何让 $z^*(T)$ 等于一个独立给定的 z_f？答案是我们必须将 z 和 z^* 视为独立的量并限制 $z(t)$ 在 $t=0$ 时刻的值和 z^* 在 $t=T$ 时的值。解就是

$$z(t)=z_i\,\mathrm{e}^{-\mathrm{i}\omega t} \tag{21.1.151}$$

$$z^*(t)=z_f^*\,\mathrm{e}^{\mathrm{i}\omega(t-T)} \tag{21.1.152}$$

注意，$z^*(T)$ 不是 $z(T)$ 的复共轭。这意味着在定义 $z=x+\mathrm{i}y$ 时使用的 x 和 y 在这个轨道上不是实数。但是，一个高斯积分是在其鞍点给定的，即使这个点离开最初的积分轴。法捷耶夫（Faddeev）的演讲给出了对鞍点的解释（请见参考文献）。

如果我们将这个解代回到作用量中，我们发现对 t 的积分为零，这是由于在被积函数中两项相消，仅存的一项是

$$z^*(T)\,z(T)=z_f^*\,z_i\,\mathrm{e}^{-\mathrm{i}\omega T}$$

给了我们

$$\langle z_f|U(T)|z_i\rangle = \exp(z_f^* z_i \, \mathrm{e}^{-\mathrm{i}\omega T}) \tag{21.1.153}$$

这正是准确答案!

习题 21.1.19 对上面给出的路径计算作用量，并检验给出的答案。

习题 21.1.20 考虑在 (A.2.4)—(A.2.5) 式中的高斯积分。证明如果我们希望答案具有指数依赖性，就要寻找指数稳定的指数解。这是高斯积分的普遍特性。

习题 21.1.21 一个很好的家庭作业。给定 $\langle z_f|U(T)|z_i\rangle = \exp(z_f^* z_i \, \mathrm{e}^{-\mathrm{i}\omega T})$，重新推导出谐振子的传播子 $\langle x_2|U(T)|x_1\rangle$。将单位算符的两种分解式引入 $\langle x_2|U(T)|x_1\rangle$ 中 $U(T)$ 的每一边。再用习题 21.1.18 中得到的适当归一化的波函数 $\langle x|z\rangle$。你需要对这两对中间相干态变量进行高斯积分。通过鞍点法来计算积分，即找到作用量的稳定点，并在该点计算被积函数。只关注指数因子，并证明你得到的是习题 8.6.2 的答案。

21.2　虚时形式

考虑虚时传播子

$$U(\tau) = \exp\left(-\frac{1}{\hbar} H\tau\right) \tag{21.2.1}$$

这是我们通过在一般的传播子中令

$$t = -\mathrm{i}\tau \tag{21.2.2}$$

得到的。换言之，如果薛定谔方程写为

$$-\hbar\frac{\mathrm{d}}{\mathrm{d}\tau}|\psi(t)\rangle = H|\psi(\tau)\rangle \tag{21.2.3}$$

那么这就是其传播子。

关注这个算符的原因在后面会很清楚。但首先让我们注意到，我们可以立即写下公式：

$$U(\tau) = \sum |n\rangle\langle n| \exp\left(-\frac{1}{\hbar} E_n \tau\right) \tag{21.2.4}$$

其中

$$H|n\rangle = E_n|n\rangle \tag{21.2.5}$$

注意：尽管时间现在是虚的，但是进入到 $U(\tau)$ 公式中的本征值和本征方程就是通常的本征值和本征方程。反之，我们如果先知道 $U(\tau)$，那么也能提取出前者。

虚时传播子的路径积分

考虑矩阵元

$$U(x,x',\tau)=\langle x|U(\tau)|x'\rangle \tag{21.2.6}$$

完全遵循和以前一样的步骤，我们能写下该矩阵元的路径积分。采用连续标记，最终的答案是

$$\langle x|U(\tau)|x'\rangle = U(x,x',\tau)=\int[\mathcal{D}x]\exp\left[-\frac{1}{\hbar}\int_0^\tau \mathcal{L}_E(x,\dot{x})\,\mathrm{d}\tau\right] \tag{21.2.7}$$

$$\int[\mathcal{D}x]=\lim_{N\to\infty}\left(\frac{m}{2\pi\hbar\varepsilon}\right)^{1/2}\prod_1^{N-1}\left(\frac{m}{2\pi\hbar\varepsilon}\right)^{1/2}\mathrm{d}x_i \tag{21.2.8}$$

$$\mathcal{L}_E=\frac{m}{2}\left(\frac{\mathrm{d}x}{\mathrm{d}\tau}\right)^2+V(x) \tag{21.2.9}$$

其中 $\varepsilon=\tau/N$，$\mathcal{L}_{\mathrm{E}}$ 被称为欧几里得拉格朗日量（euclidean Lagrangian）。“欧几里得”这个形容词意味着时间和空间的行为是类似的——不变量公式中的闵可夫斯基空间的负号就消失了。例如，不变量 $x^2-c^2t^2$ 现在是 $x^2+c^2\tau^2$。注意，$\mathcal{L}_{\mathrm{E}}$ 是欧几里得动能和实时势能之和。这样，遵从欧几里得运动方程的粒子看到的势是完全颠倒的。这个表达式后面要用到。

我们强调路径积分的连续形式是分立版本的简略表达方式。这个说法在这里也是对的，但是在所有的路径积分中，这是表现最好的。急剧变化的路径被下降（而不是急剧振荡）的指数因子所压低。

假如现在我们想要计算自由粒子的欧几里得路径积分。我们能像在第 8 章所做的那样得到

$$\langle x|U(\tau)|x'\rangle=\left(\frac{m}{2\pi\hbar\tau}\right)^{1/2}\exp\left[-\frac{m(x-x')^2}{2\hbar\tau}\right] \tag{21.2.10}$$

如果有谁给了我们这个传播子，我们就能通过令

$$\tau=\mathrm{i}t \tag{21.2.11}$$

得到闵可夫斯基空间中的答案。这被称为解析延拓。

欧几里得量子力学一个非常重要的特性是算符 $U(\tau)$ 不是幺正的，而是厄米的。这样，态的模随时间就不是不变的了。事实上，在很长一段时间之后，每个态都演

化到基态 $|0\rangle$：

$$\lim_{\tau\to\infty}\langle x|U(\tau)|x'\rangle = \lim_{\tau\to\infty}\sum\langle x|n\rangle\langle n|x'\rangle\exp\left(-\frac{1}{\hbar}E_n\tau\right) \tag{21.2.12}$$

$$\simeq \langle x|0\rangle\langle 0|x'\rangle\exp\left(-\frac{1}{\hbar}E_0\tau\right) \tag{21.2.13}$$

$$= \psi_0(x)\,\psi_0^*(x')\exp\left(-\frac{1}{\hbar}E_0\tau\right) \tag{21.2.14}$$

于是，只要起点和基态有某种交叠，所有的态最终都将趋于基态。这也是在任何问题中寻找基态的一个途径：取任意初始态并令其长时间演化，你应该到达基态，除非你选了一个和基态正交的初态。（有时你可能会故意这样做，以找到第一激发态。例如，如果问题具有宇称不变性，而你选的初态是奇宇称，你就会到达激发态。）

例如，谐振子的传播子为

$$U(x,x',\tau) = A(\tau)\exp\left\{-\frac{m\omega}{2\hbar\sinh\omega\tau}\left[(x^2+x'^2)\cosh\omega\tau - 2xx'\right]\right\} \tag{21.2.15}$$

比如，由习题 8.6.2 的实时答案解析延拓得来。注意，随着 $\tau\to\infty$，它将正比于基态波函数的乘积。前置因子的计算留作以下习题。

习题 21.2.1 从习题 8.6.3 式中得到 $A(t)$ 并延拓到虚时，证明在大 τ 极限下，它给出正确的前置因子。

用路径积分计算隧穿效应：阱（well），好的（well）！

现在让我们考虑一个欧几里得形式的应用。我们已经看到了如何通过使用路径积分推导出非束缚态的 WKB 波函数。那个推导过程并不适用于计算穿过势垒的隧穿振幅，这是因为我们找不到一个穿过该势垒的经典路径。此外，在欧几里得动力学中，这个势被颠倒了，如此，在闵可夫斯基空间被禁戒的事在欧几里得空间中突然被允许了。

这里有个问题可以说明这一点，而且还可以说明更多事情。考虑双阱势中的一个粒子

$$V(x) = A^2(x^2-a^2)^2 \tag{21.2.16}$$

经典极小值位于

$$x_{\mathrm{L/R}} = \pm a \tag{21.2.17}$$

图 21.2 显示了在 $a=A=1$ 的情况下，闵可夫斯基和欧几里得空间的势能图。

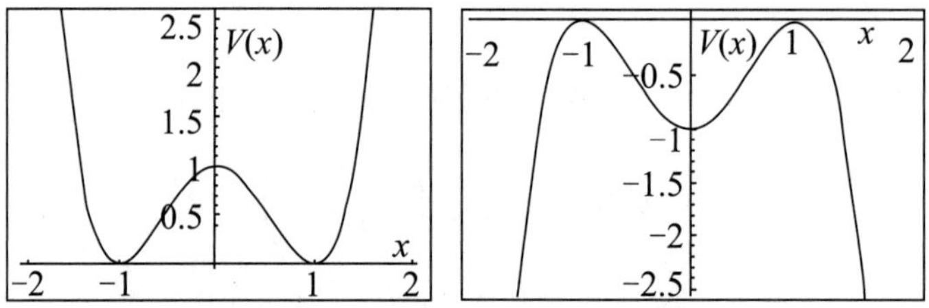

实时的势V(x)　　虚时的势V(x)

图 21.2　实时和虚时的双阱势

注意，在欧几里得问题中双阱被颠倒成双峰。

这个系统的基态是什么呢？从经典角度来看，基态是双重简并的：粒子可以处于两个极小值中的任意一个。在半经典近似中，我们可以将这两个极小值处的态扩展为高斯态，它们分别是位于每个极小值 $x = \pm a$ 处的类谐振子势中的基态 $|\pm a\rangle$。这会使每个简并基态的能量移动 $\frac{1}{2}\hbar\omega$，其中 ω 衡量了极小值附近势能的曲率。我们还可以采用更高阶的近似，考虑到势阱底部并非完全是二次型的，并通过 $\hbar$ 的高阶项来修正基态能量。然而，无论采用何种近似，都不会打破基态的简并性，因为通过反射对称性，我们在左侧极小值处得到的结果在右侧极小值处同样适用。只有当考虑两个势阱之间的隧穿效应时，简并性才会被解除。因此，我们接下来研究这个简化版的问题。首先，我们只保留简并的基态 $|\pm a\rangle$［注意，围绕两个极小值的高斯态并非完全正交，但假设它们通过格拉姆–施密特程序实现相互正交。］近似的哈密顿量在这个子空间中具有如下形式：

$$H = \begin{pmatrix} E_0 & 0 \\ 0 & E_0 \end{pmatrix} \tag{21.2.18}$$

让我们将参考能量移动一下，使得 $E_0 = 0$。

注意，此式不存在非对角矩阵元。如果这是精确解，那就意味着如果一个粒子从一个势阱开始运动，那它就绝不会在另一个势阱中被发现。但是，我们从波函数的行为知道，如果它从一侧开始，它能通过隧穿到达另一侧。这意味在这个基下，实际上存在非零的非对角矩阵元 $H_{+-} = H_{-+} = \langle a|H|-a\rangle$。挑战在于要在半经典近似下找到这个矩阵元。一旦我们找到了它，很明显能级就会劈裂成

$$E = \pm H_{+-} \tag{21.2.19}$$

对应的本征态 $|\mathrm{S/A}\rangle$ 是 $\pm a$ 的和与差。

考虑

$$\langle a|U(\tau)|-a\rangle = \langle a|\exp\left(-\frac{1}{\hbar}H\tau\right)|-a\rangle \tag{21.2.20}$$

在这个关于隧穿效应的讨论中，$U(\tau)$ 是从 $-\tau/2$ 到 $\tau/2$ 的传播子，而不是从 0 到 τ 的传播子。注意，τ 的线性项给出非对角矩阵元：

$$\langle a|\exp\left(-\frac{1}{\hbar}H\tau\right)|-a\rangle \simeq 0-\frac{1}{\hbar}\tau\langle a|H|-a\rangle+\mathcal{O}(\tau^2) \tag{21.2.21}$$

我们要通过欧几里得路径积分的半经典近似来计算 $\langle a|\mathrm{e}^{-(1/\hbar)H\tau}|-a\rangle$，并提取近似矩阵元 H_{+-}。再一次，正如实时半经典近似的情况，我们只关注指数因子并忽略所有的前置因子。在半经典近似中，

$$\langle a|\exp\left(-\frac{1}{\hbar}H\tau\right)|-a\rangle \simeq \exp\left(-\frac{1}{\hbar}S_{\mathrm{cl}}\right) \tag{21.2.22}$$

其中 S_{cl} 是欧几里得作用量，对应从左边的峰到右边的峰的经典路径。关键点是在欧几里得力学的双峰势中，经典基态不被一个势垒所分开，于是找到从一个峰到另一个峰的经典路径就没有问题了。

欧几里得运动方程和实时的方程，除了对势的反演外是一样的。这样就会存在一个守恒的能量 E_{e} 为

$$E_{\mathrm{e}}=\frac{m}{2}\left(\frac{\mathrm{d}x}{\mathrm{d}\tau}\right)^2-V(x) \tag{21.2.23}$$

利用它，我们就能通过解二次方程得到轨迹：

$$\int_{x_1}^{x_2}\frac{\sqrt{m}\,\mathrm{d}x}{\sqrt{2[E_{\mathrm{e}}+V(x)]}}=\int_{t_1}^{t_2}\mathrm{d}\tau \tag{21.2.24}$$

现在我们希望得到从态 $|-a\rangle$ 到态 $|a\rangle$ 的隧穿概率。它们不是位置的本征态，而是以 $x=\mp a$ 为中心的高斯型函数。我们要计算从位置本征态 $x=-a$ 到位置本征态 $x=a$ 的隧穿振幅。除了重叠项 $\langle x=a|a\rangle$ 和 $\langle -a|x=-a\rangle$，这与 $\langle a|U|-a\rangle$ 相同。这些重叠项与隧穿势垒无关。它们将构成指数依赖于势垒的未确定的前置因子。我们以后要单独考虑这点。要提取极低能物理，我们必须令 $\tau\to\infty$。最后，让我们考虑 $E_{\mathrm{e}}=0$ 的轨迹。在做上述积分时令 $E_{\mathrm{e}}=0$：

$$x(\tau)=a\tanh\left(\sqrt{\frac{2}{m}}aA\tau\right) \tag{21.2.25}$$

请注意，在这条轨迹中，粒子在 $\tau\to-\infty$ 时从左端的极大值（图 21.2）出发，沿坡滚下，只有当 $\tau\to\infty$ 时才到达右端的极大值。如果起点和终点恰好是 $x=\mp a$，那么隧穿效应需要无穷长的时间，因为只有在这个极限下，双曲正切（tanh）才会取其极限值 $\pm a$。从物理上讲，这需要无限的时间，因为粒子必须从左端静止开始，才能使欧几里得能量为零。另一方面，对于在两端略低于极大值的点，跨越时间是有限的，这是因为粒子可以以非零的速度开始。由于这些点也和态 $|\pm a\rangle$ 的重叠程度

大致相同，所以我们可以从这些点出发，而非从 $x = \pm a$ 出发，在这种情况下，隧穿将在有限的时间内发生。从下面讨论中就能明白这一点。

上面解的作用量是（利用在零能解时 $T = V$），

$$S_{\rm cl} = \int (T+V)\,{\rm d}\tau = \int 2T\,{\rm d}\tau = \int_{-a}^{a} p(x)\,{\rm d}x = \int_{-a}^{a} \sqrt{2mV(x)}\,{\rm d}x \qquad (21.2.26)$$

隧穿振幅为（忽略前置因子）

$$\langle a|U|-a\rangle \simeq \exp\left(-\frac{1}{\hbar}\int_{-a}^{a}\sqrt{2mV(x)}\,{\rm d}x\right) \qquad (21.2.27)$$

该结果与通过薛定谔方法得到的 $E = 0$ 的隧穿结果 (16.2.24) 式一致。

现在，继续通过研究上面答案中线性依赖于 τ 的项来提取矩阵元。但我们并未在答案中看到这种明确的 τ 依赖性！解决办法可以有两种表述方式。

- 第一种表述方式与大 τ 极限下问题在时间上具有平移不变性这一事实有关。换句话说，如果我们注视上面给出的经典解，会发现双曲正切（tanh）大多数时间都接近 $\pm a$ 并且在以 $\tau = 0$ 为中心的很短时间内快速从 $-a$ 跃升到 a。形象地说，粒子需要很长时间才能从顶部滚落，但一旦开始滚动，就会很快滚到接近另一端点的位置。[正因如此，这种解被称为“瞬子”(instanton)，是特霍夫特（'t Hooft）命名的：除了发生隧穿的“瞬间”外，这个系统基本上处于其某个经典基态中。] 如果我们画出一条新的轨迹，同样的隧穿在同样的时间间隔内发生，但它的中心在时间 $\tau = \tau_0 \neq 0$ 处，这也会接近作用量的极小值。（当 $\tau \to \infty$ 时，它将具有完全相同的作用量。）换言之，我们找到的解具有多重伴随解，它们的作用量几乎相同，但隧穿效应发生的瞬间 τ_0 不同。我们必须对所有这些路径求和，即对隧道效应发生的瞬间 τ_0 进行积分。由于它们都具有近似相同的作用量，其效果就是将所得答案乘 τ，因为 τ_0 被限制在 $-\tau/2 < \tau_0 < \tau/2$ 的区间内。

- 第二种表述方式是，一旦我们找到一条经典路径，就必须将泛函对所有涨落 $\delta x(\tau) = x(\tau) - x_{\rm cl}(\tau)$ 进行积分（见第 8.6 节）。如果我们在 $x_{\rm cl}$ 附近展开作用量，就不存在线性项，这是因为在那里作用量是稳定的，这样就要从 $\delta x(\tau)$ 的二次项开始。通过对角化这个二次形式，我们可以将答案表示为高斯积分的乘积。考虑一维情况下的某个函数，该函数由以 $x = 0$ 为中心的高斯函数近似：

$$I(a) = \int_{x_1}^{x_2} {\rm e}^{-\alpha x^2}{\rm d}x \qquad (21.2.28)$$

如果 $\alpha > 0$，我们可以假设极限能被推至无穷大，那么答案可以由

$$I(a) \simeq \sqrt{\pi/\alpha} \qquad (21.2.29)$$

近似。当 $\alpha \to 0$ 又如何呢？近似的答案发散，但是我们知道真实的答案是

$$I = \lim_{\alpha \to 0} \int_{x_1}^{x_2} \mathrm{e}^{-\alpha x^2} \mathrm{d}x = x_2 - x_1 \tag{21.2.30}$$

这本质上就是在泛函积分中所出现的。比如 $x(\tau)$ 是一个经典解，则 $x(\tau - \tau_0)$ 也是一个解，并且

$$\delta x(\tau) = x(\tau - \tau_0) - x(\tau) \tag{21.2.31}$$

是一个涨落，它不需要额外的作用量，也就是说，让这个涨落衰减消失的高斯函数要具有 $\alpha \to 0$。那时高斯积分就被与这个自由度相关的积分区域所替换，它恰恰就是 $\int \mathrm{d}\tau_0 \simeq \tau$。

这样我们就讨论了 τ 的前置因子，它来自于经典解附近的涨落。由于它反映了（时间平移下的）精确对称性，所以我们必须要考虑它，把它作为在高斯分布中没有 α 来将其截断的结果。由于被非零的 α 截断，所以我们可以忽略对涨落剩余部分的高斯积分。

有了在下式前面的前置因子 τ

$$\langle a|U(\tau)|-a\rangle = \tau \exp\left(-\frac{1}{\hbar}S_{\mathrm{cl}}\right) \tag{21.2.32}$$

我们就准备将其与

$$\langle a|\exp\left(-\frac{1}{\hbar}H\tau\right)|-a\rangle \simeq 0 - \frac{1}{\hbar}\tau\langle a|H|-a\rangle + \mathcal{O}r^2 \tag{21.2.33}$$

做比较并读出

$$H_{-+} \simeq -\exp\left(-\frac{1}{\hbar}S_{\mathrm{cl}}\right) \tag{21.2.34}$$

其中，为了保留重要的符号，我们再一次扔掉了所有的前置因子。[所有欧几里得跃迁振幅都是正的，这是因为泛函是正的。负号来自于 $\mathrm{e}^{-(1/\hbar)H\tau}$。]

现在很清楚了，由于 H_{-+} 是负的，新的本征态和能量如下：

$$|\mathrm{S}\rangle = \sqrt{\frac{1}{2}}\,[|+a\rangle + |-a\rangle] \qquad E_{\mathrm{S}} = -\exp\left(-\frac{1}{\hbar}S_{\mathrm{cl}}\right) \tag{21.2.35}$$

$$|\mathrm{A}\rangle = \sqrt{\frac{1}{2}}\,[|+a\rangle - |-a\rangle] \qquad E_{\mathrm{S}} = \exp\left(-\frac{1}{\hbar}S_{\mathrm{cl}}\right) \tag{21.2.36}$$

对称性自发破缺

当我们忽略的所有对态 $|\pm a\rangle$ 的微扰修正是以 $\hbar$ 的有限次消失时，为什么我们会对一个在 $\hbar \to 0$ 时以指数形式迅速消失的项感兴趣？原因在于，这个指数形式的小项是两个经典简并基态劈裂的领头阶。

但是隧穿计算还有另外一个非常重要的含义。这与我们现在要描述的对称性自发破缺现象有关。

考虑一个具有某种对称性的哈密顿量，比如在宇称变换下的对称性。如果问题的最低能量态本身在这个对称性下不是不变的，我们就说对称性是自发破缺的。

对称性自发破缺在经典力学中很容易发生。考虑单阱振子。它的哈密顿量在宇称变换下是不变的。基态是一个粒子位于阱的底部。这个态具有对称性：这个态在宇称变换下保持不变。现在，再考虑极小值位于 $x=\pm a$ 的双阱。这个粒子存在两个最低能量的结构——位于任意一个阱的底部。无论粒子选择哪一个，都破坏了对称性。这个破坏是自发的，因为在哈密顿量中没有什么能使它偏向某种选择。一旦这个粒子做出了选择（基于初始条件的偶然性），那么另外一个选项就不会进入到动力学中了。让我们注意对称性破缺的双重特征：存在不止一个基态，而且这些态在对称性下不是不变的（某些可观测量在对称性下不是不变的，具有非零值），而是通过对称操作相互映射。

现在考虑双阱的量子情况，但是两个阱之间存在一个无穷高的势垒。（我们指的是，无论是路径积分还是波函数方法，都无法通过隧穿经过该势垒。所以，δ 函数的尖峰就不是这样的势垒。）粒子仍然有两个选择，即中心位于两个阱底的类高斯函数：$|\pm a\rangle$。它们显示出对称性破缺的双重特征：它们是简并的，并且在宇称变换下不是不变的（$\langle X\rangle\neq 0$）。但这里有一个变化，在量子理论中，一个粒子可以同时处于两个位置。特别是，我们可以构造这两个简并本征矢的组合：

$$|\mathrm{S/A}\rangle=\frac{(|+a\rangle\pm|-a\rangle)}{\sqrt{2}} \tag{21.2.37}$$

$$\Pi|\mathrm{S/A}\rangle=\pm|\mathrm{S/A}\rangle \tag{21.2.38}$$

它们是宇称的本征态。确实，在量子理论中，关系

$$[\Pi,H]=0 \tag{21.2.39}$$

确保了可以构造这样的宇称本征态。但是应该构造它们吗？由于在这个问题中存在无穷高的势垒，答案是否定的。原因在于：假设在测量过程中发现粒子位于一侧，那么其波函数就不可能存在于另一侧。[我们就说运动不是遍历的（ergodic）。] 即使在量子理论中，能量在短时间内可以不守恒，但如果势垒是无穷高的，穿透势垒也是被禁戒的。这意味着，对于任何曾在一侧被观测到的粒子来说，对称和反对称函数都不会实现。因此，正确做法是构建一个仅位于一侧函数的希尔伯特空间。尽管在不可达的势阱中，每个这样构造的态都有一个简并伙伴，但这只是理论上的。粒子甚至不会知道存在一个与它完全相同的平行宇宙。在这样的问题中，现实不会是对称的，对称和反对称波函数（具有零 $\langle X\rangle$）代表的是无法实现的情况。对称性是自发破缺的。

现在考虑更典型的有限高势垒的问题。在这种情况下，一旦在左侧观测到粒子，之后也可能在右侧观测到它，反之亦然。对称和反对称的波函数在物理上是合理的，我们可以选择能量和宇称的共同本征态，这些态将不再是简并的。在通常的问题中，对称态，或者更一般地说，对于对称变换具有本征值为 1 的态，即在对称变换下不变的态，将是唯一的基态。回忆一下，在谐振子问题中基态不仅具有确定的宇称，而且它在宇称变换下是不变的。同样，在氢原子中，基态不仅具有确定的角动量，该角动量为零且在旋转变换下不变。然而，在这两个问题中，都没有多个经典基态，并且没有任何破坏对称性的机会。（谐振子只有一个位于势阱底部的经典基态，而氢原子的经典基态位于库仑势阱的无穷深处。）瞬子计算告诉我们的是，尽管双势阱有两个破坏对称性的经典基态，但在量子理论中，它却有一个唯一的、对称的基态。

于是，尽管隧穿效应的计算非常粗糙和近似，但它得出了一个非常深刻的结论：哈密顿量的对称性是基态的对称性，对称性破缺在双势阱问题中并不出现。

这种通过隧穿效应恢复对称性的概念（其本身又与具有从一个假定的简并基态到另一个基态的有限作用量的经典欧几里得解相关）非常深刻，并在许多问题中发挥重要作用。曾有这样一些问题（量子色动力学），人们多年都未意识到所假定的唯一最小值其实是一个无穷简并最小值集合中的一员，直到发现并解释了连接这两个经典最小值的（具有有限作用量的）瞬子。我们通过一个例子来说明这个概念的普遍性：一个处于周期势 $V(x) = 1 - \cos 2\pi x$ 中的粒子。最小值位于 $x = n$ 处，n 为任意整数。这个问题的对称性是分立的平移对称性 $x \to x + 1$。近似态 $|n\rangle$ 是围绕经典最小值的高斯分布，它破坏对称性并通过平移 $x \to x + 1$ 的算符 T 互相转换，

$$T\,|n\rangle = |n+1\rangle \tag{21.2.40}$$

然而，相邻的经典最小值之间靠非零的隧穿振幅联系，这个振幅正是我们刚刚计算的那种，并且 H 具有 $|n\rangle$ 与 $|n \pm 1\rangle$ 之间的非对角振幅。（还存在描述向次近邻极小值隧穿的解，但这些过程的作用量约为最近邻隧穿过程的两倍，并且导致的非对角矩阵元约为最近邻隧穿所产生矩阵元的平方。）假定一维世界有限并构成一个大小为 N 的闭合环，这样就有 N 个简并的经典极小值。由于隧穿引起的态会混合，所以它们会演化成 N 个非简并的能级（类似于 $|\mathrm{S/A}\rangle$）。基态应是一个对称的组合：

$$|S\rangle = \frac{1}{\sqrt{N}}\sum_{1}^{N}|n\rangle \tag{21.2.41}$$

习题 21.2.2（非常重要） 假设

$$H = \sum_{1}^{N} E_0|n\rangle\langle n| - t\left(|n\rangle\langle n+1| + |n+1\rangle\langle n|\right) \tag{21.2.42}$$

是描述一个最小位于整数 n 处的周期势中的粒子的低能哈密顿量。因为预先假设了这个一维世界是长度为 N 的环，第 $N+1$ 个点就是第一个点，所以整数 n 的范围从 1 到 N。尽管环的长度有限，但该问题在平移一个点的后仍具有对称性。H 中的第一项代表中心位于 $x=n$ 处的高斯态的能量。第二项代表向近邻最小值的隧穿，隧穿振幅为 t。考虑态

$$|\theta\rangle=\frac{1}{\sqrt{N}}\sum_{1}^{N}\mathrm{e}^{\mathrm{i}n\theta}|n\rangle \tag{21.2.43}$$

证明这是 T 的本征态，并求出本征值。利用条件 $T^N=I$ 限制 θ 的允许值，并确保我们仍然只有 N 个态。证明 $|\theta\rangle$ 是 H 的本征态，其本征值为 $E(\theta)=E_0-2t\cos\theta$。考虑 $N=2$ 的情况，重新获得双势阱的结果。（你也许会遇到在 $\cos\theta$ 项前面有一个因子 2 的麻烦。请记住，在只有两个点的环中，每个点都在另一个点的前面和后面，H 会将它们耦合两次。）

是否基态永远在与 H 对易的对称变换下不变？答案是肯定的，只要势垒的高度是有限的，或者更精确地说，只要欧几里得运动方程存在联系经典最小值的有限作用量的解。这通常是具有有限自由度的量子力学的情形，其哈密顿量中的参数是有限的。此外，如果在周期势中 $V_0\to\infty$，确实会有 N 个简并极小值，粒子会永远被困在任何一个极小值中。在量子场论中，由于存在无穷多个自由度，即使参数是有限的，如果所有自由度都试图越过势垒，势垒通常也是无穷高的。换句话说，对称性破缺是可以发生的。

关于隧穿效应问题的更加全面的讨论，请参阅参考文献，特别要参考科尔曼（Coleman）和拉贾拉曼（Rajaraman）的工作。这些参考文献还将回答你可能产生的其他问题，例如：对于在倒置双势阱中粒子在两个峰之间来回振动的解，情况如何？（这给出当前置因子取到 τ 的高次幂时的贡献。）有没有办法直接从 $\langle a|U(\tau)|-a\rangle$ 中读出 $|\mathrm{S/A}\rangle$ 之间的分裂，而无需提取出 τ 的线性项？（有，通过将无限次的来回振动相加。）你会发现许多值得思考的有趣之处，但我们的结果在指数小量 $\mathrm{e}^{-(1/\hbar)S_{\mathrm{cl}}}$ 的领头阶是正确的。

虚时路径积分和量子统计力学

我们现在讨论研究虚时路径积分的另外两个原因。第一个涉及量子统计力学，第二个则与经典统计力学有关。

考虑量子系统的配分函数：

$$Z=\sum_n \mathrm{e}^{-\beta E_n} \tag{21.2.44}$$

其中温度 T 和玻尔兹曼常数 k 出现在组合 $\beta=1/kT$ 中，E_n 是哈密顿量 H 的第 n 个本征态的能量。我们可以将其重写为

$$Z=\operatorname{Tr}\mathrm{e}^{-\beta H} \tag{21.2.45}$$

其中，求迹是在 H 的本征基下完成的。我们利用迹在幺正变换下不变的事实，转换到 x 基，得到

$$Z=\int_{-\infty}^{\infty}\langle x|\mathrm{e}^{-\beta H}|x\rangle\,\mathrm{d}x \tag{21.2.46}$$

我们对被积函数是很熟悉的：

$$\langle x|\exp(-\beta H)|x\rangle=\langle x|\exp\left(-\frac{1}{\hbar}\beta\hbar H\right)|x\rangle=U(x,x,\beta\hbar) \tag{21.2.47}$$

换句话说，Z 是在虚时 $\tau=\beta\hbar$ 中从 x 点返回到 x 点，也就是经过闭合路径的振幅之和。

习题 21.2.3 对于谐振子［见 (21.2.15) 式和习题 21.2.1］，从 $U(x,x,\tau)$ 出发，对 x 求积分以得到 Z。将其与求和

$$Z=\sum_0^{\infty}\mathrm{e}^{-\beta\hbar\omega(n+1/2)} \tag{21.2.48}$$

做比较。

量子统计力学与虚时量子力学的关联是整个研究的出发点。一些应用在费曼和希布斯（Hibbs）的书中讨论过。如果详细研究这些问题，那么我们就会偏离本小节的主题。这里我将仅仅展示如何取得这些公式的经典极限。考虑一个 $V(x)$ 势中的质量为 m 的粒子。那时

$$Z(\beta)=\int\mathrm{d}x\int_x^x[\mathcal{D}x]\exp\left\{-\frac{1}{\hbar}\int_0^{\beta\hbar}\left[\frac{m}{2}\left(\frac{\mathrm{d}x}{\mathrm{d}\tau}\right)^2+V(x(\tau))\right]\mathrm{d}\tau\right\} \tag{21.2.49}$$

其中泛函积分的极限提醒我们去考虑以同一点 x 开始和结束的路径，然后通过一般积分来完成求积。考虑由高温或 $\hbar$ 为零（经典极限）导致的极限 $\beta\hbar\to 0$。来看一看 x 的任一值。我们需要对所有从 x 开始，经过某些地方，在非常短的时间 $\beta\hbar$ 内返

回 x 的路径求和。如果这个粒子偏离 Δx 的距离，相应的典型动能是 $m(\Delta x/\beta\hbar)^2$，以及压低因子

$$\simeq \exp\left[-\frac{1}{\hbar}\, m(\Delta x/\beta\hbar)^2\beta\hbar\right] \tag{21.2.50}$$

从它，我们就能得到

$$\Delta x \simeq \sqrt{\frac{\beta}{m}}\hbar \tag{21.2.51}$$

如果在这个长度范围（称为热波长，见习题 21.2.4）内，势是不变的，我们就能将其近似为一个常数（这个常数等于起点 x 处的值），从而写成

$$\begin{aligned} Z(\beta) &\simeq \int \mathrm{d}x\, \mathrm{e}^{-\beta V(x)} \int_x^x [\mathcal{D}x] \exp\left\{-\frac{1}{\hbar}\int_0^{\beta\hbar}\left[\frac{m}{2}\left(\frac{\mathrm{d}x}{\mathrm{d}\tau}\right)^2\right]\mathrm{d}\tau\right\} \\ &= \int \mathrm{d}x\, \mathrm{e}^{-\beta V(x)}\sqrt{\frac{m}{2\pi\hbar\beta\hbar}} \end{aligned} \tag{21.2.52}$$

在最后一步中我们用了这个事实：将 $V(x)$ 提取出，这个泛函积分就是一个自由粒子从 x 在时间 $\beta\hbar$ 内回到 x 的振幅。怎么将其与经典统计力学比较呢？在那里对态的求和被对相空间的积分所代替：

$$Z = \mathrm{A}\int \mathrm{d}x \int \mathrm{d}p\, \exp\left[-\beta\left(\frac{p^2}{2m} + V(x)\right)\right] \tag{21.2.53}$$

其中，任意前置因子 A 反映了一种自由度，即用一个常数乘 Z 不改变任何物理，这是由于 Z 是对所有相对概率求和，而在任何平均过程中任何前置因子都会被扔掉。这与这样的事实相关，即在相空间的 $\mathrm{d}x\,\mathrm{d}p$ 区域中经典态的数目不是唯一确定的。如果我们对 p 积分，并将其与路径积分的经典极限进行比较，就会发现量子理论确定了

$$\mathrm{A} = \frac{1}{2\pi\hbar} \tag{21.2.54}$$

这与不确定性原理相符，该原理将每个量子态与相空间中面积约为 $\Delta X\Delta P \approx \hbar$ 的区域相关联。

习题 21.2.4 考虑一个温度为 T 的粒子，平均能量约为 kT。假设所有能量都是动能，请估算其动量并转换成德布罗意波长。证明这会给出一个与热波长数量级相当的值。这是一个粒子位置可以被定位的最小尺度。

与经典统计力学的关系

迄今为止，我们讨论了虚时路径积分与量子统计力学的关系。现在我们转向虚时路径积分与经典统计力学的关系。考虑一个具有 $N+1$ 个节点的经典系统，在每

个节点上都有一个自由度 x_n。这个链的端点的变量 x_0 和 x_N 是固定的。那么

$$Z=\int_{-\infty}^{\infty}\prod_{1}^{N-1}\mathrm{d}x_i\exp\left[-\frac{1}{kT}E(x_0,\ldots,x_N)\right] \tag{21.2.55}$$

其中 E 是能量函数，我们能用比较熟悉的温度变量来写出 β，即 $\beta=(1/kT)$。令 E 具有如下形式：

$$E=\sum_{1}^{N-1}\left[K_1(x_n-x_{n-1})^2+K_2x_n^2\right] \tag{21.2.56}$$

其中第一项代表近邻点间的类弹簧耦合，它迫使近邻点之间保持固定的间隔；第二项提供一个二次势，它阻止每个 x 离开中间位置 $x=0$。如果我们将其与量子谐振子的分立虚时费曼路径积分相比

$$U(x_0,x_N,\tau)=\int_{-\infty}^{\infty}\prod_{1}^{N-1}\mathrm{d}x_i\exp\left\{-\frac{1}{\hbar}\sum_{1}^{N-1}\varepsilon\left[\frac{m}{2}\frac{(x_n-x_{n-1})^2}{\varepsilon^2}+\frac{m\omega^2}{2}x_n^2\right]\right\} \tag{21.2.57}$$

我们就会看到如下对应：

1. 从 x_0 到 x_n 的费曼路径积分在形式上与一个具有 $N+1$ 个坐标 x_n 的经典配分函数相同，其边界条件是第一个和最后一个坐标分别固定在 x_0 和 x_N。变量 x_n 被解释为量子问题中（在单位算符的重复分解中）的中间态标记，以及在配分函数中求和的经典变量。

2. 配分函数里的能量在费曼积分中起到作用量的作用。

3. $\hbar$ 的作用被 T 取代。特别是，当任何一个变量趋于零时，对组态的求和由作用量的最小值决定，或者说能量和涨落都被压制了。

4. 经典和量子问题中的参数可以互相映射。例如，$\beta K_1=m/2\hbar\varepsilon$ 和 $\beta K_2=m\omega^2\varepsilon/2\hbar$。

5. 由于在量子问题中，$\varepsilon\to 0$，所以经典问题的参数必须取一些极限值（以某种特定方式让 $K_1\to\infty$ 和 $K_2\to 0$）才能真正对应 $H=P^2/2m+m\omega^2x^2/2$ 的量子问题。

6. 单个量子自由度被换成了一个一维的经典自由度数组。这是一个普遍特征：从量子问题到经典问题，维度会增加 1。例如，一维量子谐振子数组会映射到一个二维经典变量数组的配分函数上。后者的数组会用时间片 n 以及代表其中间态的量子谐振子来标记。

我们一直强调量子谐振子问题可以写成路径积分，现在我们看到它也是一个经典配分函数。同样有趣的是，将一个经典问题变换回算符形式。在经典问题中，我们感兴趣的是自由能和对玻尔兹曼分布的热平均，也就是如下关联函数：

$$\langle x_{12}x_{78}\rangle = \frac{\int_{-\infty}^{\infty}\prod_1^{N-1}\mathrm{d}x_i\, x_{12}\, x_{78}\,\mathrm{e}^{-\beta E(x_0,\cdots,x_N)}}{\int_{-\infty}^{\infty}\prod_1^{N-1}\mathrm{d}x_i\,\mathrm{e}^{-\beta E(x_0,\cdots,x_N)}} \tag{21.2.58}$$

其中，我们用楔形括号表示热平均，这很像我们做的量子平均，希望你能从上下文中理解其含义。在量子理论中，我们感兴趣的是 H 的本征态，特别是基态、海森堡算符等。我们现在来建立这两种方法之间的对应关系。我们不采用谐振子，而是转向一个具有更简单的希尔伯特空间的问题：自旋为 1/2 的问题。

为此，考虑一维*伊辛*（Ising）模型。此时的格点是一个由 $N+1$ 个点组成的阵列，编号从 0 到 N。在每个格点上都有一个*伊辛自旋*，它只能取两个值 $s=\pm1$。配分函数是

$$Z=\sum_{s_i=1}\exp\left[\sum_{i=0}^{N-1}K(s_is_{i+1}-1)\right] \tag{21.2.59}$$

其中 K 包括因子 $-\beta$。对于我们感兴趣的 $K>0$ 的情况，当 $s_i=s_{i+1}$ 时，玻尔兹曼权重很大；但当 $s_i=-s_{i+1}$ 时，玻尔兹曼权重很小。因此，最近邻耦合代表了自旋倾向于与其邻近自旋平行的铁磁性趋势。每处额外的、与自旋无关的能量 $-K$ 是为了方便而做的能量偏移。有了这个 Z 的公式，我们就能回答所有热力学问题。这就是我们的经典问题。我们首先从经典角度求解自由能和关联函数，然后将其映射为量子问题，并重新推导出相同的结果，以及我们的对应关系。

让我们首先将 s_0 固定到一个值，并定义相对变量：

$$t_i=s_is_{i+1} \tag{21.2.60}$$

显然，给定 s_0 和 t_i，我们就能重建系统的态。这样，我们可以写下

$$Z=\sum_{t_i}\exp\left[\sum_{i=0}^{N-1}K(t_i-1)\right]=\sum_{t_i}\prod_i\mathrm{e}^{K(t_i-1)} \tag{21.2.61}$$

由于指数被因子化成对 i 的乘积，我们就能对每个 t_i 求和（由于 s_0 有两个可能的选择，所以需要附加一个因子 2），得到

$$Z=2\left(1+\mathrm{e}^{-2K}\right)^N \tag{21.2.62}$$

一般说来，我们对在*热力学极限* $N\to\infty$ 下每个格点的自由能感兴趣：

$$f(K)=\lim_{N\to\infty}\frac{1}{N}\ln Z \tag{21.2.63}$$

（f 的这个定义与更传统的定义相差一个 $-\beta$ 的因子。我们用现在这个来减少混乱。）我们看到

$$f(K) = \ln(1 + \mathrm{e}^{-2K}) \tag{21.2.64}$$

其中，我们扔掉了热力学极限下的 $\ln 2/N$ 因子。我们如果将 s_0 固定为两个值之一，那么还是丢掉了 (21.2.62) 式中的因子 2，但对于每个格点的自由能，(21.2.64) 式不会有什么区别。边界条件在热力学极限下是不重要的。

下面考虑关联函数（它衡量了自旋 s_i 和 s_j 平行的可能性）：

$$\langle s_j s_i \rangle = \frac{\sum_{s_k} s_j s_i \exp\left[\sum_k K(s_k s_{k+1} - 1)\right]}{Z} \tag{21.2.65}$$

其中 $j > i$。利用 $s_i^2 \equiv 1$ 的事实，我们可以写下

$$s_j s_i = s_i s_{i+1} s_{i+1} s_{i+2} \cdots s_{j-1} s_j = t_i t_{i+1} \cdots t_{j-1} \tag{21.2.66}$$

从而

$$\langle s_i s_j \rangle = \langle t_i \rangle \langle t_{i+1} \rangle \cdots \langle t_{j-1} \rangle \tag{21.2.67}$$

其中这个解对 i 因子化，这是由于当我们用 t_i 来写关联函数时，玻尔兹曼权重对 i 因子化。可以很容易地对任一 i 做平均

$$\langle t \rangle = \frac{1\mathrm{e}^{0K} - 1\mathrm{e}^{-2K}}{\mathrm{e}^{0K} + \mathrm{e}^{-2K}} = \tanh K \tag{21.2.68}$$

最终得到

$$\langle s_j s_i \rangle = (\tanh K)^{j-i} = \exp[(j-i) \ln \tanh K] \tag{21.2.69}$$

注意：此结果仅依赖于坐标值的差。这不是一个一般的结果，而是这类模型的一个特性。原因是具有 $N+1$ 个点的问题（对于任一有限的 N 值）不是平移不变的。一般说来，两个自旋间的关联可以依赖于这两个点在距离端点的什么地方。此外在所有模型中，我们期望当 $N \to \infty$ 时，在远离端点和深入内部的地方会看到平移不变性。要在有限系统中实现平移不变性，我们必须要用到周期性边界条件：此时世界呈环形，每个点都与其他点等价。关联函数现在仅取决于两个坐标的差，但它们不会随距离而单调衰减！这是因为当一个点开始远离另一个点时，它最终会从另一侧接近第一个点！因此，相关函数将是两项之和，其中一项随着 $j-i$ 增大到 N 量级而增长。然而，如果我们承诺永远不考虑与 N 相当的间隔，这种复杂情况可以忽略不计（见习题 21.2.9）。（我们用 t_i 做的关联函数的计算必须根据周期性边界条件进行修正，以确保对 t_i 的求和是被限制在这样的构型中，即在这个环中所有 t_i 的乘积等于 1。）

关联长度 ξ 由下式定义

$$\lim_{j-i\to\infty}\langle s_i s_j\rangle \to \mathrm{e}^{-(j-i)/\xi} \tag{21.2.70}$$

于是，在我们的问题中

$$\xi^{-1} = -\ln\tanh K \tag{21.2.71}$$

（我们的分析中假设了 $j>i$。一般来说，定义中的 $j-i$ 要换成 $|j-i|$，以及问题中的模型对所有间隔，而不仅是在 $|j-i|\to\infty$ 的极限下才呈现出指数行为。这在我们的模型中也是很特殊的，它源于这样的事实，即我们的模型是在一维空间中给定的，并且伊辛自旋只能取两个可能值。）

现在，我们将重新推导出量子版本中的结果。如果 Z 代表路径积分，伊辛变量必须是中间态标记，它在量子问题的单位算符的分解中出现。显然，量子问题就是自旋为 1/2 的问题。

继续前进，让我们换个角度看看

$$Z = \sum_{s_i}\prod_i \mathrm{e}^{K(s_i s_{i+1}-1)} \tag{21.2.72}$$

每个指数因子都是用两个分立指数来标记的，它们中每个都可以取两个值。还有，对任意因子的第二个标记就是跟在后面的第一个标记。最后这些标记都会被求和掉。我们在这里清楚地看到一个矩阵乘积。（我们不做单位算符的分解。）如此，我们写下

$$Z = \sum_{s_i} T_{s_N s_{N-1}}\cdots T_{s_2 s_1} T_{s_1 s_0} \tag{21.2.73}$$

其中，我们引入了一个 2×2 矩阵 T，其行和列是由一对自旋来标记，并且其矩阵元 $T_{ss'}$ 等于与位于 (s,s') 态的一对相邻自旋相关的玻尔兹曼权重。这样

$$T_{++} = T_{--} = 1\,,\quad T_{+-} = T_{-+} = \exp(-2K)$$

这个被称为传递矩阵的矩阵由下式给出

$$T = I + \mathrm{e}^{-2K}\sigma_1 \tag{21.2.74}$$

和

$$Z = \langle s_N|T^N|s_0\rangle \tag{21.2.75}$$

对于固定边界条件的情况（我们后面重点研究），第一个自旋固定在 s_0，最后一个自旋固定在 s_N。如果我们对端点的自旋求和（即自由边界条件）

$$Z = \sum_{s_0 s_N}\langle s_N|T^N|s_0\rangle \tag{21.2.76}$$

如果考虑 $s_0 = s_N$ 的周期边界条件，并对这些求和得到

$$Z = \operatorname{Tr} T^N \tag{21.2.77}$$

现在，我们展示每个格点的自由能在热力学极限下对边界条件的不敏感性。假定我们采用固定边界条件，那么就会写出

$$T = \lambda_0|0\rangle\langle 0| + \lambda_1|1\rangle\langle 1| \tag{21.2.78}$$

其中 $|i\rangle$，λ_i（$i = 0, 1$）是本征矢（假定它们是正交的）和 T 的本征值，

$$T^N = \lambda_0^N|0\rangle\langle 0| + \lambda_1^N|1\rangle\langle 1| \tag{21.2.79}$$

假定 λ_0 是两个本征值中大的那个

$$T^N \lim_{N\to\infty} \simeq \lambda_0^N|0\rangle\langle 0| \left[1 + \mathrm{O}\left(\frac{\lambda_1}{\lambda_0}\right)^N\right] \tag{21.2.80}$$

和

$$Z \simeq \langle s_N|0\rangle\langle 0|s_0\rangle\lambda_0^N \left[1 + \mathrm{O}\left(\frac{\lambda_1}{\lambda_0}\right)^N\right] \tag{21.2.81}$$

在有限体积极限下，每个格点的自由能

$$f = \ln\lambda_0 + \frac{1}{N}\ln\left(\langle s_N|0\rangle\langle 0|s_0\rangle\right) + \cdots \tag{21.2.82}$$

只要 $\langle 0|s_0\rangle$ 和 $\langle s_N|0\rangle$ 不为零，上式就与边界的自旋无关。

习题 21.2.5 从 (21.2.75) 式出发，在周期性边界条件下检验上面的说法。

让我们将 T 重写如下。考虑恒等式

$$\mathrm{e}^{K^*\sigma_1} = \cosh K^* + \sinh K^*\sigma_1 \tag{21.2.83}$$

$$= \cosh K^*(I + \tanh K^*\sigma_1) \tag{21.2.84}$$

其中 K^* 现在和 K 是无关的，尤其要注意，它不是 K 的共轭！如果我们选

$$\tanh K^* = \mathrm{e}^{-2K} \tag{21.2.85}$$

从 (21.2.74) 式看到，在相差一个前置因子 $\cosh K^*$ 的情况下，

$$T = \mathrm{e}^{K^*\sigma_1} \tag{21.2.86}$$

我们将暂时扔掉这个前置因子，但要记住从每个格点的自由能中减掉 $\ln\cosh K^*$。然而，这不影响关联函数，我们后面会看到它仅依赖于 T 的本征值的比值。注意，K^* 被称为 K 的对偶（dual），当 K 小时它就大，反之亦然。

作为后面的参考，让我们注意，在目前的情况下，T 的本征值是 $\mathrm{e}^{\pm K^*}$ 并且相应的本征矢是

$$|0\rangle, |1\rangle = \frac{1}{\sqrt{2}}\begin{pmatrix} 1 \\ \pm 1 \end{pmatrix} \tag{21.2.87}$$

假如我们写

$$T = \mathrm{e}^{-H} \tag{21.2.88}$$

则 T 可被解释为沿虚时方向演化单位时间步长的时间演化算符。经典问题的空间格点指数 i 变成量子问题的分立虚时指数。自由能简单地与 H 的基态能 E_0 相关：

$$H = -K^*\sigma_1 \tag{21.2.89}$$

$$f = -E_0 = K^* \tag{21.2.90}$$

习题 21.2.6 证明上面的 f 与 (21.2.64) 式相符，要记得减去 $\ln\cosh K^*$ 并使用 K^* 的定义。

接下来考虑 $j > i$ 的关联函数 $\langle s_j s_i\rangle$。我们声明——如果边界的自旋固定在 s_0 和 s_N，那么

$$\langle s_j s_i\rangle = \frac{\langle s_N|T^{N-j}\sigma_3 T^{j-i}\sigma_3 T^i|s_0\rangle}{\langle s_N|T^N|s_0\rangle} \tag{21.2.91}$$

要看到此式的正确性，看一下它的分子。通过在 T 的每个因子间引入一个 σ_3 本征态完备集来回溯我们的推导。从右往左读，直到格点 i，我们得到的正是玻尔兹曼权重。在那里 σ_3 作用在它的本征态上，给出 s_i，也就是该处的自旋值。然后，我们像往常一样继续到 j，重复这个计算，最后到达第 N 个格点（我们将会看到 $\langle s_j s_i\rangle$ 对边界条件的依赖性在热力学极限下消失）。让我们用另一种方式重写 (21.2.89) 式。定义海森堡算符

$$\sigma_3(n) = T^{-n}\sigma_3 T^n \tag{21.2.92}$$

利用它，我们得到

$$\langle s_j s_i\rangle = \frac{\langle s_N|T^N\sigma_3(j)\sigma_3(i)|s_0\rangle}{\langle s_N|T^N|s_0\rangle} \tag{21.2.93}$$

现在考虑 $N\to\infty$ 的极限，i 和 j 被固定在远离以 0 和 N 标记的端点，使得 $N-j$ 和 i 都是大数，我们可以近似写下

$$T^\alpha \simeq |0\rangle\langle 0|\lambda_0^\alpha \qquad \alpha = N, N-j, i \tag{21.2.94}$$

在这个极限下，从 (21.2.91) 式，我们有

$$\langle s_j s_i\rangle = \frac{\langle s_N|0\rangle\langle 0|\lambda_0^{N-j}\sigma_3 T^{j-i}\sigma_3\lambda_0^i|0\rangle\langle 0|s_0\rangle}{\langle s_N|0\rangle\lambda_0^N\langle 0|s_0\rangle} = \langle 0|\sigma_3(j)\sigma_3(i)|0\rangle \tag{21.2.95}$$

并且丢掉了对边界条件的依赖性。对于 $i > j$ 的情况，我们将得到另一个顺序的算符，其一般形式为

$$\langle s_j s_i\rangle = \langle 0|\mathcal{T}[\sigma_3(j)\sigma_3(i)]|0\rangle \tag{21.2.96}$$

其中编时算符 $\mathcal{T}$ 将所有算符按照时间增加的顺序从右向左排序：

$$\mathcal{T}[\sigma_3(j)\sigma_3(i)] = \theta(j-i)[\sigma_3(j)\sigma_3(i)] + \theta(i-j)[\sigma_3(i)\sigma_3(j)] \tag{21.2.97}$$

我们将用 T 的本征矢来继续进行这个关联函数的计算。首先让我们在上面的推导中用单位算符替换 $\sigma_3(j)$ ，从而得到平均磁化强度为

$$\langle s_i\rangle = \langle 0|\sigma_3(0)|0\rangle \tag{21.2.98}$$

在我们的例子中，$|0\rangle$ 是 σ_1 的本征右矢，因此不存在平均磁化。唯一的例外是在零温或零 K^* 时：此时本征值相等，我们能构造一个完全编时（升或降）的 σ_3 本征态的线性组合。

让我们将伊辛问题中对称性破缺及其恢复，与双阱的情况作比较。

1. 在 $\hbar\to 0$ 的极限下，双阱中的粒子寻找欧几里得作用量

$$S_E = \int\left\{\frac{m}{2}\left(\mathrm{d}x/\mathrm{d}\tau\right)^2 + V[x(\tau)]\right\}\mathrm{d}\tau \tag{21.2.99}$$

   的最小值，即 $(\mathrm{d}x/\mathrm{d}\tau)=0$，$x=\pm a$ 双阱势的最小值。基态存在简并和对称性破缺。从一个阱开始的粒子在有限时间内不会到达另一个阱。即使 Π 与 H 对易，我们也不构造宇称本征态，而是构造位置本征态（或者更准确地说，阱的指标，从左或从右）。在伊辛问题中，在零温极限下，配分函数由最低能量的态主导，那时在所有格点上的所有自旋都朝上或朝下（它们可以被视为自旋为 1/2 问题的虚时中的分立点）。用算符的语言，T 和 H 通常与 σ_1 对易，H 的本征态也通常被选为 σ_1 的本征态。但是在零 K^* 下，两个本征态简并，我们构造的组合被选为 σ_3 的本征态。这是因为相对于 σ_3 而言，从上/下开始的态会永远保持这种状态。（用经典统计力学的术语来说，在零温时，如果链中某处的自旋是向上/下的，所有自旋都是向上/下的。）

2. 对于非零的 $\hbar$，存在阱间的隧穿，简并被解除，基态的对称性得以恢复。这是由于具有有限作用量的瞬子组态，它联系着两个经典基态。在伊辛问题中，对

于非零的 K^*，也就是非零的温度，存在类似于瞬子的组态，在这种组态中，自旋在链的一端（即虚时解释中的遥远过去）开始是向上的，在某个时刻翻转为向下，反之亦然。该变换具有有限能量（只有最近邻的一对自旋是反平行的，额外的能量代价是 $2K$）。传递矩阵（或自旋哈密顿量）的本征态是朝上和朝下态的对称和反对称组合。即 σ_1 的本征态。基态是唯一且对称的。

习题 21.2.7 考虑自旋为 1/2 问题的哈密顿量，它源于对伊辛链的传递矩阵的处理

$$H = -K^*\sigma_1 \tag{21.2.100}$$

非对角矩阵元（提取符号后），即 K^* 必须代表低温极限（你应该记得这类似于 $\hbar \to 0$ 的极限）下单位时间内（从自旋向上到自旋向下基态）的隧穿振幅。上述讨论告诉我们正是 e^{-2K}，其中 $2K$ 就是向上和向下基态界面的能量代价。请回到最初关于 K^* 的定义，验证这两个结果在低温下一致。

让我们回到 (21.2.96) 式。尽管看起来一切都只依赖于基态，但在无穷大体积的极限下，要计算关联函数，仍需要知道所有的态。在 $j > i$ 的情况下，我们得到 (21.2.96) 式，在泡利矩阵间插入 T 的（两个）本征态的完备集。当我们插入 $|0\rangle\langle 0|$ 时，我们得到 $\langle s\rangle^2$，即磁化强度的平方，在这里正好消失。移动到等式左边，我们得到*连通关联函数*：

$$\langle s_j s_i\rangle_{\mathrm{c}} \equiv \langle s_j s_i\rangle - \langle s\rangle^2 = \langle 0|T^{-j}\sigma_3(0)\,T^{j-i}|1\rangle\langle 1|\sigma_3(0)\,T^{i}|0\rangle \tag{21.2.101}$$

$$= \left(\frac{\lambda_1}{\lambda_0}\right)^{j-i} |\langle 0|\sigma_3|1\rangle|^2 \tag{21.2.102}$$

$$= \mathrm{e}^{-2K^*(j-i)}|\langle 0|\sigma_3|1\rangle|^2 \tag{21.2.103}$$

让我们注意：

1. 关联仅依赖于 T 本征值间的比值，并且随距离呈指数形式衰减，衰减系数为 $2K^*$。现在 $2K^*$ 恰好是到哈密顿量 H 的第一个激发态的能隙，由 $T = \mathrm{e}^{-H}$ 定义，在我们的例子中是 $-K^*\sigma_1$。结果

$$\xi^{-1} = E_1 - E_0 \equiv m \tag{21.2.104}$$

也是一般的。之所以用 m 表示能隙（称为质量能隙），是因为在场论中，高于真空的最低能量态是静止的单粒子，其能量为 m（在 $c = 1$ 的单位制中）。

2. 连通关联函数由所讨论的算符（σ_3）在基态和下一个激发态之间的矩阵元决定。这也是一般的性质。如果这个矩阵元为零，我们就需要到更高能级，直到

我们找到一个态，它和基态通过算符的作用量相关联。（在这个问题中，我们知道 $|\langle 0|\sigma_3|1\rangle|^2=1$，是由于 σ_3 是 σ_1 本征态的自旋翻转算符。）

这个简单的例子揭示了该问题的大部分一般特征。唯一的区别在于，对于更大的传递矩阵，对态的求和将不止包含两项。因此，相关函数将是衰减指数的总和，只有当最小质量能隙占主导地位时，才会渐近地出现唯一的关联长度。此外，在更复杂的问题（在更高维度）中，可能不存在连接多个经典极小值的有限作用量瞬子，并且可能存在许多对称性破缺的 H 的基态。假设这种情况发生，就像在二维伊辛模型（在某个温度 T_{c} 以下）中那样，你可以问：由于玻尔兹曼权重没有偏向，基态如何在自旋向上和自旋向下之间做出选择？答案是，如果确实没有设置任何偏向，系统总是会选择零平均磁化强度。那么我们如何知道系统准备好被磁化呢？我们使用一个称为集团化（clustering）的原则。它表明，随着 i 和 j 分离，$\langle s_j s_i\rangle\to\langle s_j\rangle\langle s_i\rangle$。其思想是，如果 i 位于银河系，j 位于另一个星系，它们在统计意义上是独立的。现在考虑低于 T_{c} 的二维伊辛模型。在零场的情况下，我们会发现 $\langle s_i s_j\rangle$ 并不趋于 $\langle s_i\rangle\langle s_j\rangle$（由于我们没有给系统任何理由去选择一个磁化强度的值而非其相反值，所以 $\langle s_i\rangle\langle s_j\rangle$ 为零），$\langle s_i s_j\rangle$ 而是趋近于系统在哪怕只给它一点点理由去选择一个磁化方向而非另一个方向时所具有的磁化强度的平方。此时，既然已经看到自旋变量的集团化被破坏，你需要以两种等价的方式修改配分函数来恢复集团化。一种方法是将对态的求和限制在净磁化强度为正（或负）的态上。这样 $\langle s\rangle$ 就不再为零，你会发现 $\langle s_i\rangle\langle s_j\rangle\to\langle s\rangle^2$。另一种方法是施加一个小场强，计算磁化强度，然后让场强趋于零。（这本质上消除了求和中态的一半。这两种方法都反映了这样一个事实：低于其 T_c 的磁体无法从指向一个方向动力学地转变为指向另一个方向。回想一下被困在两个势阱之间的无穷高势垒一侧的粒子。因此，对系统无法做到的事情进行求和是一个错误。）现在，磁化强度是自由能对作用场 h 的导数。很容易证明它是 h 的偶函数。（见习题 21.2.8。）如果这个系统不想被磁化，你会发现 $f\simeq h^2$，使得当 $h\to 0$ 时 $\mathrm{d}f/\mathrm{d}h\to 0$。此外，如果它想被磁化，你将发现 $f\simeq|h|$ 并且 $\mathrm{d}f/\mathrm{d}h\simeq\operatorname{sign}h$。

习题 21.2.8 通过在 (21.2.59) 式的指数中添加一项 $h\sum s_i$，考虑磁场中的伊辛模型。证明 $Z(h)=Z(-h)$。证明传递矩阵 $T=\mathrm{e}^{K^*\sigma_1}\mathrm{e}^{h\sigma_3}\equiv T_K T_h$ 重现玻尔兹曼权重。注意 T 不是厄米的。通过将与 h 的耦合拆分为两个因子，证明 $T_h^{1/2}T_K T_h^{1/2}$ 是一样合理的，并且是厄米矩阵。请找出它的本征值和本征矢，并证明只在 $h=K^*=0$ 时存在简并。通过计算 $\langle s\rangle=\langle 0|\sigma_3|0\rangle$，找出作为 h 的函数的磁化强度。从配分函数出发，证明

$$\langle s\rangle=\frac{1}{N}\frac{\partial\ln Z}{\partial h}=\frac{\partial f}{\partial h}$$

根据 T 的最大本征值计算 f，并通过 $\langle s\rangle=\langle 0|\sigma_3|0\rangle$ 重新得到 $\langle s\rangle$ 的答案。

习题 21.2.9 考虑具有周期性边界条件的问题的关联函数，并将其写为两个矩阵迹的比值。用最大的本征右矢来饱和分母，但保留分子里的两个本征矢，展示答案在 $j-i\to N-(j-i)$ 下是不变的。利用 σ_3 置换 $|0\rangle$ 和 $|1\rangle$ 的事实可以加快推导。给出解释。论证，只要 $j-i$ 远小于 N，就只需要一项。

习题 21.2.10 请回忆那个令人印象深刻的事实，在伊辛模型中，关联函数 $\langle s_j s_i\rangle$ 在有限的开链中具有平移不变性，该链的一端固定在 s_0。请使用传递矩阵的方法推导此结果，具体步骤如下。

通过 σ_3 和 σ_1 计算 $T^{-j}\sigma_3 T^j$，从而显式计算 $\sigma_3(j)$。利用双曲函数的一些恒等式，证明 $\sigma_3(j)\sigma_3(i)$ 只是 $j-i$ 的函数。继续推进，直到你最终得到关联函数。用 $\Sigma_{s_N}|s_N\rangle=(I+\sigma_1)|s_0\rangle$ 可能有助于你的推导。

21.3 自旋和费米子路径积分

现在我们考虑两个没有经典极限的系统的路径积分：一个是自旋为 S 的系统，另一个是费米子振子，我们后面会具体描述。费米子问题在这个阶段会有些抽象，但它之所以在这里，是因为你可能会在物理学的许多不同分支中看到它。

自旋相干态和路径积分

考虑一个自旋为 S 的自由度。相应的希尔伯特空间是 $2S+1$ 维的。选择 S_z 本征态作为我们的基，利用以下分解

$$I=\sum_{-S}^{S}|S_z\rangle\langle S_z| \tag{21.3.1}$$

我们就能写出对组态求和的传播子 $U(t)$。中间态具有分立的标记（正如伊辛模型中的情况）。

我们在这里考虑一个替换方案，其中要使用超完备基。考虑*自旋相干态*：

$$|\Omega\rangle\equiv|\theta,\phi\rangle=U[R(\Omega)]|SS\rangle \tag{21.3.2}$$

其中 $|\Omega\rangle$ 表示归一化的、完全极化的态 $|SS\rangle$ 绕 y 轴旋转 θ 角，再绕 z 轴旋转 ϕ 角后的结果，这些操作可以通过幺正旋转算符 $U[R(\Omega)]$ 实现。

给定

$$\langle SS|\boldsymbol{S}|SS\rangle = \boldsymbol{k}S \tag{21.3.3}$$

很容易看出（比如，考虑 $U^\dagger \boldsymbol{S} U$）

$$\langle\Omega|\boldsymbol{S}|\Omega\rangle = S(\boldsymbol{i}\sin\theta\cos\phi + \boldsymbol{j}\sin\theta\sin\phi + \boldsymbol{k}\cos\theta) \tag{21.3.4}$$

请注意我们的自旋算符不是用一个 $\hbar$ 来定义的。于是，对于自旋为 1 的情况，S_z 的本征值是 0、±1。

习题 21.3.1 通过引入 (12.4.13) 式证明上面的结果。

相干态是自旋算符在其上具有确定期待值的态——等于沿 Ω 方向、长度为 S 的经典自旋值。它不是自旋算符的一个本征态（我们不会这样期望，因为自旋的三个分量互不对易），而且自旋算符的高次幂的期望值也不等于相应经典自旋的幂次的期望值。例如，$\langle\Omega|S_x^2|\Omega\rangle \neq S^2\sin^2\theta\cos^2\phi$。然而，这个错误的答案和正确的答案之间相差 S 阶。一般来说，自旋算符的第 n 阶期望值等于该算符的 n 阶期望值加上 S^{n-1} 阶的修正。如果 S 很大，这些修正项可以忽略不计。这就是通常使用当前形式的原因。

现在让我们考察一下方程

$$\langle\Omega_2|\Omega_1\rangle = \left(\cos\frac{\theta_2}{2}\cos\frac{\theta_1}{2} + \mathrm{e}^{\mathrm{i}(\phi_1-\phi_2)}\sin\frac{\theta_2}{2}\sin\frac{\theta_1}{2}\right)^{2S} \tag{21.3.5}$$

对于 $S=1/2$，当沿 $\theta\phi$ 方向朝上的旋量是

$$|\Omega\rangle \equiv |\theta\phi\rangle = \cos\frac{\theta}{2}|1/2,1/2\rangle + \mathrm{e}^{\mathrm{i}\phi}\sin\frac{\theta}{2}|1/2,-1/2\rangle \tag{21.3.6}$$

时，该结果显然是对的。

至于更高的自旋，可以设想 $2S$ 个自旋为 1/2 的粒子组合成一个自旋未 S 的态。只存在一个 $S_z=S$ 的直乘积态，在这个态中所有自旋为 1/2 的态都向上。这样，归一的全极化态是

$$|SS\rangle = |1/2,1/2\rangle\otimes|1/2,1/2\rangle\otimes\cdots\otimes|1/2,1/2\rangle \tag{21.3.7}$$

如果我们现在旋转这个态，它就会变成旋转后的态的张量积，我们在 (21.3.5) 式左边做了内积后，会得到右边的结果。

用这些态分解单位算符后，会得到

$$I = \frac{2S+1}{4\pi}\int \mathrm{d}\Omega\,|\Omega\rangle\langle\Omega| \tag{21.3.8}$$

其中 $\mathrm{d}\Omega = \mathrm{d}\cos\theta\,\mathrm{d}\phi$。此式的证明可在参考文献中找到。你可以做如下关于 $S=1/2$ 的习题。

习题 21.3.2 利用 (21.3.6) 式对 Ω 积分，请证明 $S=1/2$ 的完备性关系。

在做了路径积分之后，我们会得到类似以下因子的乘积：

$$\cdots\langle\Omega(t+\varepsilon)|I-\frac{\mathrm{i}\varepsilon}{\hbar}H(\mathbf{S})|\Omega(t)\rangle\cdots \tag{21.3.9}$$

我们做到 ε 阶。由于 H 前已经有了一个 ε 因子，我们令

$$\langle\Omega(t+\varepsilon)|-\frac{\mathrm{i}\varepsilon}{\hbar}H(\mathbf{S})|\Omega(t)\rangle\simeq-\frac{\mathrm{i}\varepsilon}{\hbar}\langle\Omega(t)|H(\mathbf{S})|\Omega(t)\rangle\equiv-\mathrm{i}\varepsilon\mathcal{H}(\Omega) \tag{21.3.10}$$

如果哈密顿量对 S 是线性的，我们简单地用沿 θ,ϕ 方向的经典矢量来代替量子自旋算符，但如果不是，我们能用态 $|\Omega(t)\rangle$ 中适当的期待值来代替这个算符。这就是我们在前面的方程中所谓的 $\hbar\mathcal{H}(\Omega)$。

下面我们转向乘积

$$\langle\Omega(t+\varepsilon)|\Omega(t)\rangle\simeq1-\mathrm{i}\varepsilon S(1-\cos\theta)\dot{\phi}\simeq\mathrm{e}^{\mathrm{i}S(\cos\theta-1)\dot{\phi}\varepsilon} \tag{21.3.11}$$

这里我们将 (21.3.5) 式展开到 $\Delta\theta$ 和 $\Delta\phi$ 的第一阶。它给了我们在连续极限下传播子的如下表示：

$$\langle\Omega_f|U(t)|\Omega_i\rangle=\int\mathcal{D}\Omega\,\exp\left\{\mathrm{i}\int_{t_1}^{t_2}[S\cos\theta\,\dot{\phi}-\mathcal{H}(\Omega)]\mathrm{d}t\right\} \tag{21.3.12}$$

其中对 ϕ 的全微分被丢弃了，而 $\int\mathcal{D}\Omega$ 是所有包含 π 因子的项的测度。

即使按照连续泛函积分的标准，我们这次也达到了新的低谷，因为我们把差分换成了微分，仿佛积分路径是平滑的。在组态路径积分中，我们看到在相邻两个时刻之间，x 的涨落是 $\varepsilon^{1/2}$ 阶的，这就是为什么在对有效相互作用进行贝里计算时，我们必须将 $\langle n(R')|n(R)\rangle$ 展开到 $(R'-R)^2$ 阶的原因。提供压低坐标空间变分的任意形式的因子是动能项 $\exp[\mathrm{i}m(x'-x)^2/2\hbar\varepsilon]$。而在当前问题中，不存在这样的项。没有理由认为从一个时刻到下一个时刻 Ω 的变化量应该被视为小量。这样虽然分立的泛函积分永远不会出错（因为我们所用的只是单位算符的分解），任意关于在 Ω 中从一个时间到下一个时间的小改变量假设都是值得怀疑的。有一个例外。假如 $S\to\infty$。那么从 (21.3.5) 式可以看出，如果两个态是相等的，它们的重叠是 1，如果不同则迅速下降。（考虑 $\phi_2=\phi_1$ 的情况会更容易。）我们通常使用这种形式的极限（$S\to\infty$）情况。

现在我们考虑两个简单应用。第一个，令

$$H=\hbar S_z \tag{21.3.13}$$

我们知道所允许的本征值是 $\hbar(-S,-S+1,\cdots,S)$。让我们用连续路径积分导出这个结果。

给定 $\langle\Omega|H|\Omega\rangle=\hbar S\cos\theta$，这时我们有 $\mathcal{H}=S\cos\theta$，而泛函积分为

$$\left[\int\mathcal{D}\cos\theta\,\mathcal{D}\phi\right]\exp\left[\mathrm{i}S\int\left(\cos\theta\dot{\phi}-\cos\theta\right)\,\mathrm{d}t\right] \tag{21.3.14}$$

我们注意到：

1. 这是一个相空间路径积分，其中 $\cos\theta$ 作为 ϕ 的共轭动量。

2. 这里相空间是紧致的（单位球面），与粒子在球面上运动的问题比较，在该问题中，组态空间是紧致的，但是所有动量都是允许的，相空间无限延展。

3. 自旋 S 起到 $1/\hbar$ 的作用。

4. 动力学哈密顿量是 $\cos\theta$，这是因为我们将 S 提到最前面。特别是，这意味着 $\cos\theta$ 是运动常数，即轨道将沿着固定的纬度。

回忆一下对于没有拐点问题的 WKB 量子化规则

$$\oint p\,\mathrm{d}q=2\pi n\hbar \tag{21.3.15}$$

在我们的问题中，$p=\cos\theta$ 就是守恒的能量 E。在所有沿确定纬度线的经典轨道中，被 WKB 选出的一些轨道遵从

$$E\,\mathrm{d}\phi=2\pi nS^{-1} \tag{21.3.16}$$

这是由于 S^{-1} 起到 $\hbar$ 的作用。被允许的能量是

$$E_n=\frac{n}{S}\qquad(-S\leqslant n\leqslant S) \tag{21.3.17}$$

请注意，这个紧致的相空间足够容纳 $2S+1$ 条轨道，而且当我们将前面提取出的 $\hbar S$ 因子重新引入时，它们的能量允许值就转化成了 H 的允许值。

因此，在这个问题上我们很幸运。一般来说，如果 H 更复杂，除非 S 很大，否则我们不能指望有太多的好运气。现在你可能会问，既然实际系统的自旋非常小，我们为何还要费心使用这种形式。这里至少有一个原因，基于我所熟悉的一个问题。在核物理学中，人们引入了一个赝自旋（pseudospin）形式，在这个框架下，质子被称为自旋朝上而中子被称为自旋朝下。①一个大的原子核可以具有一个很大的赝自旋，例如 25。该问题的哈密顿量可以用赝自旋算符来表示，它们可以是 50×50

① 译者注：在大部分理论物理教科书中，我们称这个所谓的赝自旋为同位旋（isospin）。

矩阵。解析求解所有能级是无望的。但是我们能利用合适的 H 做 WKB 量子化，将大的 S 转换为我们喜好的形式。

相干态在研究相互作用的量子自旋时也非常有用。例如，在一维海森堡模型中，哈密顿量是点线上最近邻自旋算符点积的总和。由于每个自旋算符都线性出现，作用量中的哈密顿量只是将 $\boldsymbol{S}$ 替换为长度为 S 的经典矢量的量子哈密顿量。尽管在这些问题中自旋通常不会很大，但研究大 S 极限有助于对该主题有更深入的理解，并在 $1/S$ 中进行可控的近似。

费米子振子和相干态

让我们回顾，在谐振子的情况下，能级是等间隔均匀分布的

$$E = n\hbar\omega \tag{21.3.18}$$

（此处省略了零点运动能），这一事实允许我们引入量子的概念。我们不再说谐振子处于第 n 个态，而是说存在一个能量为 $\hbar\omega$ 的量子态，其中包含 n 个量子。这就是看待声子、光子等粒子的方式，这是一个非常重要的概念。

能级可以被任意数量的量子占据意味着它们是玻色子。实际上，我们对经典电场或磁场的认知正是得益于这一特性。

现在考虑一个变体问题，其中量子是费米子。因此，能级只能包含一个量子或者没有量子。在这个态下不可能存在宏观场，这就是为什么一开始费米子问题对我们来说很陌生。我们现在来发展费米子振子的理论。

从写下哈密顿量：

$$H_0 = \Psi^\dagger \Psi \, \Omega_0 \tag{21.3.19}$$

开始，此问题和玻色谐振子的区别在于*反对易关系*：

$$\{\Psi^\dagger, \Psi\} = \Psi^\dagger \Psi + \Psi \Psi^\dagger = 1 \tag{21.3.20}$$

$$\{\Psi, \Psi\} = \{\Psi^\dagger, \Psi^\dagger\} = 0 \tag{21.3.21}$$

注意，最后一个方程告诉我们

$$\Psi^{\dagger 2} = \Psi^2 = 0 \tag{21.3.22}$$

这个方程将一直用下去，我们将不再给出明确的提醒。未来我们会看到它代表泡利不相容原理，即双重占据是被禁戒的。*粒子数算符*是

$$N = \Psi^\dagger \Psi \tag{21.3.23}$$

它遵从

$$N^2 = \Psi^\dagger \Psi \Psi^\dagger \Psi = \Psi^\dagger \left(1 - \Psi^\dagger \Psi\right) \Psi = N \tag{21.3.24}$$

N 的本征值可以是 0 或 1。相应的归一化的本征态遵从

$$N|0\rangle = 0|0\rangle \tag{21.3.25}$$

$$N|1\rangle = 1|1\rangle \tag{21.3.26}$$

我们现在证明

$$\Psi^\dagger|0\rangle = |1\rangle \tag{21.3.27}$$

$$\Psi|1\rangle = |0\rangle \tag{21.3.28}$$

对于第一式，我们有

$$N\Psi^\dagger|0\rangle = \Psi^\dagger\Psi\Psi^\dagger|0\rangle = \Psi^\dagger(1-\Psi^\dagger\Psi)|0\rangle = \Psi^\dagger|0\rangle \tag{21.3.29}$$

这说明 $\Psi^\dagger|0\rangle$ 对应于 $N=1$ 的态。它的模是 1：

$$|\Psi^\dagger|0\rangle|^2 = \langle 0|\Psi\Psi^\dagger|0\rangle = \langle 0|(1-\Psi^\dagger\Psi)|0\rangle = \langle 0|0\rangle = 1 \tag{21.3.30}$$

类似地，我们可以得到 $\Psi|1\rangle = |0\rangle$，并证明 $\Psi|1\rangle$ 不是一个具有单位模的零矢量。

在希尔伯特空间中没有其他的矢量：任何构造更多态的企图都被 $\Psi^2 = \Psi^{\dagger 2} = 0$ 挫败了。换言之，泡利原理排除掉了更多态矢量——态要么空着，要么被单个费米子占据。

这样，费米子振子的哈密顿量

$$H_0 = \Omega_0\Psi^\dagger\Psi \tag{21.3.31}$$

具有本征值 0 和 Ω_0。

我们将不使用 H_0，而是用

$$H = H_0 - \mu N \tag{21.3.32}$$

其中 μ 被称为化学势。对于这个振子，由于

$$H = (\Omega_0 - \mu)\,\Psi^\dagger\Psi \tag{21.3.33}$$

所以这仅测量所有相对于化学势的能量。化学势的作用很快就会显现。

让我们转向热力学。这里的核心对象是**巨配分函数**，定义为

$$Z = \mathrm{Tr}\,\mathrm{e}^{-\beta(H_0-\mu N)} = \mathrm{e}^{A(\mu,\beta)} \tag{21.3.34}$$

该式对本征态的任一完备集求迹，β 是温度的倒数 $1/kT$，A 是自由能（与传统定义的不同在于因子 $-\beta$）。**巨配分函数**这一术语意味着我们对具有不同粒子数或量子数

的态求和。正因如此，自由能用 A 表示，而非 f。正如 β 控制着系统从热源获取的能量总和，μ 控制着粒子的数目。（这种描述对于玻色子振子也是可行的。我们不再说只有一个振子，它可以处于任一由 n 标记的态，并将态的求和视为一个振子的配分函数，而是可以关注量子，说我们对具有可变量子数的态求和，并将通常的态求和解释为巨配分函数。）

如果我们使用 N 基，这个求和就是很简单的：

$$Z = 1 + \mathrm{e}^{-\beta(\Omega_0-\mu)} \tag{21.3.35}$$

所有热力学量都可以由这个函数推导出来。例如，从 (21.3.34) 式可以很清楚地得到平均占有数是

$$\langle N\rangle = \frac{1}{\beta Z}\frac{\partial Z}{\partial \mu} = \frac{1}{\beta}\frac{\partial \ln Z}{\partial \mu} = \frac{1}{\mathrm{e}^{\beta(\Omega_0-\mu)}+1} \tag{21.3.36}$$

习题 21.3.3 请一般性地证明关于 $\langle N\rangle$ 的公式，可以从 (21.3.34) 出发。（提示：在 H 和 N 共同的基下写出这个迹，在任一 N 处对能级求和，随后对 N 求和。）

在零温下，我们从 (21.3.36) 式得到

$$\langle N\rangle = \theta(\mu-\Omega_0) \tag{21.3.37}$$

即，如果费米子的能量低于化学势，那么它就存在，反之则不存在。在有限温度下，平均数会随 μ 更平滑地变化。

我们现在要发展出配分函数的路径积分公式。

我们以类似于玻色振子的方式继续，试图找到一个*费米子相干态* $|\psi\rangle$，它是湮灭算符的一个本征态

$$\Psi|\psi\rangle = \psi|\psi\rangle \tag{21.3.38}$$

本征值 ψ 非常特别，因为如果我们用 Ψ 再作用一次，就会发现

$$\psi^2 = 0 \tag{21.3.39}$$

这是由于 $\Psi^2=0$。任何普通变量，如果其平方为零，那么它本身也为零。但是这个 ψ 不是一个普通变量，它是一个*格拉斯曼变量*（Grassmann variable）。这种变量互相反对易，并与费米子的产生算符和湮灭算符反对易。（因此，它们与包含偶数个此类算符的链对易。）这就是它们的定义方式。变量 ψ 是很抽象的，由其反对易性质来定义。不存在大或小的格拉斯曼变量。你会渐渐习惯它们，甚至会像喜欢复数一样喜欢它们。（当然，当你第一次听到“4i 是问题‘哪个数乘自身等于 -16’的

解”时，你可能并不容易接受它。你大概觉得它可以是一个正确答案，但绝不是一个数。）

我们现在写出相干态。它是

$$|\psi\rangle = |0\rangle - \psi|1\rangle \tag{21.3.40}$$

其中，ψ 是一个格拉斯曼数。这个态遵从：

$$\begin{aligned}\Psi|\psi\rangle &= \Psi|0\rangle - \Psi\psi|1\rangle &(21.3.41)\\ &= 0 + \psi\Psi|1\rangle &(21.3.42)\\ &= \psi|0\rangle &(21.3.43)\\ &= \psi(|0\rangle - \psi|1\rangle) &(21.3.44)\\ &= \psi|\psi\rangle &(21.3.45)\end{aligned}$$

其中我们采用了 ψ 与 Ψ 反对易，以及 $\psi^2 = 0$ 的事实。如果我们在 (21.3.45) 式的两端作用 Ψ，左边由于 $\Psi^2 = 0$ 消失，右边由于 $\psi^2 = 0$ 也消失了。

可以类似地证明

$$\langle\bar{\psi}|\Psi^\dagger = \langle\bar{\psi}|\bar{\psi} \tag{21.3.46}$$

其中

$$\langle\bar{\psi}| = \langle 0| - \langle 1|\bar{\psi} = \langle 0| + \bar{\psi}\langle 1| \tag{21.3.47}$$

请注意两点。第一点，相干态矢量不是通常的复矢量空间的矢量，因为它们是具有格拉斯曼系数的线性组合。第二点，$\bar{\psi}$ 在任何意义下都不是 ψ 的复共轭，并且 $\langle\bar{\psi}|$ 也不是 $|\psi\rangle$ 的伴随。因此，你应该准备好看到格拉斯曼变量的变换，其中 ψ 和 $\bar{\psi}$ 的变换完全独立。

两个相干态的内积是

$$\begin{aligned}\langle\bar{\psi}|\psi\rangle &= \left(\langle 0| - \langle 1|\bar{\psi}\right)\left(|0\rangle - \psi|1\rangle\right) &(21.3.48)\\ &= \langle 0|0\rangle + \langle 1|\bar{\psi}\psi|1\rangle &(21.3.49)\\ &= 1 + \bar{\psi}\psi &(21.3.50)\\ &= \mathrm{e}^{\bar{\psi}\psi} &(21.3.51)\end{aligned}$$

任一格拉斯曼变量的函数都可以做如下展开：

$$F(\psi) = F_0 + F_1\psi \tag{21.3.52}$$

不存在更高阶的项。

我们现在定义对格拉斯曼数的积分。(不要摆摆手说“我知道了”——很快就会结束的。)它们没有几何意义(如面积或体积),但它们是被正式定义的。我们只需知道怎么对 1 和 ψ 做积分,因为这就是对所有可能的格拉斯曼函数做积分。下面我们给出积分表:

$$\int \psi \, \mathrm{d}\psi = 1 \tag{21.3.53}$$

$$\int 1 \, \mathrm{d}\psi = 0 \tag{21.3.54}$$

就是这样!正如你所见,一张关于格拉斯曼积分的表格不会成为畅销书。(对于那些难以记住所有这些积分的人,这里有一个有用的助记方法:任何函数的积分都与导数相同!请验证这一点。)这些积分不存在上下限。积分被假定为线性运算。微分 $\mathrm{d}\psi$ 也是格拉斯曼数。因此,$\int \mathrm{d}\psi\psi = -1$。对 $\bar{\psi}$ 或任一其他的格拉斯曼变量的积分都是相同的。这些积分只是被赋予了这些值。它们非常重要,因为我们首次在右侧看到了普通数字。在这个理论中我们计算的任何数值都归结于这些积分。

我们经常要用到的一个结果是:

$$\int \bar{\psi}\psi \, \mathrm{d}\psi \, \mathrm{d}\bar{\psi} = 1 \tag{21.3.55}$$

注意,如果微分或变量以任一其他次序出现时,就会改变一个符号。例如,我们也需要这个结果:

$$\int \psi\bar{\psi} \, \mathrm{d}\bar{\psi} \, \mathrm{d}\psi = -1 \tag{21.3.56}$$

我们现在考虑几个高斯积分。你需要证明以下操作:

$$\int \mathrm{e}^{-a\bar{\psi}\psi} \, \mathrm{d}\bar{\psi} \, \mathrm{d}\psi = a \tag{21.3.57}$$

$$\int \mathrm{e}^{-\bar{\psi}M\psi} [\mathrm{d}\bar{\psi} \, \mathrm{d}\psi] = \det M \tag{21.3.58}$$

其中,在第二个公式中 M 是一个 2×2 矩阵,ψ 是一个列矢量,其组元为 ψ_1 和 ψ_2,$\bar{\psi}$ 是一个以 $\bar{\psi}_1$ 和 $\bar{\psi}_2$ 为组元的列矢量,并且 $[\mathrm{d}\bar{\psi} \, \mathrm{d}\psi] = \mathrm{d}\bar{\psi}_1 \mathrm{d}\psi_1 \mathrm{d}\bar{\psi}_2 \mathrm{d}\psi_2$。这个结果对任意大小的矩阵都是对的。要证明这点,只需简单地展开指数并做积分即可。

习题 21.3.4 请证明上述两个方程。

下面,我们考虑对高斯测度的“平均”:

$$\langle \bar{\psi}\psi \rangle = \frac{\int \bar{\psi}\psi \, \mathrm{e}^{a\bar{\psi}\psi} \, \mathrm{d}\bar{\psi} \, \mathrm{d}\psi}{\int \mathrm{e}^{a\bar{\psi}\psi} \, \mathrm{d}\bar{\psi} \, \mathrm{d}\psi} = \frac{1}{a} = -\langle \psi\bar{\psi} \rangle \tag{21.3.59}$$

对它的证明非常直接，留作习题。

习题 21.3.5 补足上述积分计算中缺失的细节。

习题 21.3.6 积分变量的高斯型变化所对应的雅可比行列式，是你所期望的变化的倒数。从 $\int a\phi\,\mathrm{d}\phi = a$ 出发。定义 $\chi = a\phi$，写 $\mathrm{d}\phi = J(\phi/\chi)\,\mathrm{d}\chi$ 并且确认 $J(\phi/\chi) = a$ 而不是 $1/a$。（将雅可比行列式当作一个常数，就可以将其从积分中提取出来。）引入 $\chi = a\psi$ 计算 (21.3.57) 式。请记住不需要改变 $\bar{\psi}$。

现在考虑两组格拉斯曼变量（分别用 1 和 2 标记）。很容易证明

$$\langle\bar{\psi}_i\psi_j\rangle = \frac{\displaystyle\int \bar{\psi}_i\psi_j\,\mathrm{e}^{a_1\bar{\psi}_1\psi_1+a_2\bar{\psi}_2\psi_2}\,\mathrm{d}\bar{\psi}_1\,\mathrm{d}\psi_1\,\mathrm{d}\bar{\psi}_2\,\mathrm{d}\psi_2}{\displaystyle\int \mathrm{e}^{a_1\bar{\psi}_1\psi_1+a_2\bar{\psi}_2\psi_2}\,\mathrm{d}\bar{\psi}_1\,\mathrm{d}\psi_1\,\mathrm{d}\bar{\psi}_2\,\mathrm{d}\psi_2} \tag{21.3.60}$$

$$= \frac{\delta_{ij}}{a_i} \equiv \langle\bar{i}j\rangle \tag{21.3.61}$$

习题 21.3.7 证明上述结果。

习题 21.3.8 请证明

$$\langle\bar{\psi}_i\bar{\psi}_j\psi_k\psi_l\rangle = \frac{\displaystyle\int \bar{\psi}_i\bar{\psi}_j\psi_k\psi_l\,\mathrm{e}^{a_1\bar{\psi}_1\psi_1+a_2\bar{\psi}_2\psi_2}\,\mathrm{d}\bar{\psi}_1\,\mathrm{d}\psi_1\,\mathrm{d}\bar{\psi}_2\,\mathrm{d}\psi_2}{\displaystyle\int \mathrm{e}^{a_1\bar{\psi}_1\psi_1+a_2\bar{\psi}_2\psi_2}\,\mathrm{d}\bar{\psi}_1\,\mathrm{d}\psi_1\,\mathrm{d}\bar{\psi}_2\,\mathrm{d}\psi_2} \tag{21.3.62}$$

$$= \frac{\delta_{il}}{a_i}\frac{\delta_{jk}}{a_j} - \frac{\delta_{ik}}{a_i}\frac{\delta_{jl}}{a_j} \tag{21.3.63}$$

$$\equiv \langle\bar{i}l\rangle\langle\bar{j}k\rangle - \langle\bar{i}k\rangle\langle\bar{j}l\rangle \tag{21.3.64}$$

这个公式被称为威克定理（Wick's theorem），它在场论和多体理论中都非常有用。

在我们写下路径积分之前，我们还需要两个结果。首先是单位算符的分解：

$$I = \int |\psi\rangle\langle\bar{\psi}|\,\mathrm{e}^{-\bar{\psi}\psi}\,\mathrm{d}\bar{\psi}\,\mathrm{d}\psi \tag{21.3.65}$$

在随后对此结果的证明中，我们要用到上述所有特性，并扔掉那些在积分后消失的

项。（请回忆，只有 $\bar{\psi}\psi = -\psi\bar{\psi}$ 具有非零的积分。）

$$\begin{aligned}\int |\psi\rangle\langle\bar{\psi}|\,\mathrm{e}^{-\bar{\psi}\psi}\,\mathrm{d}\bar{\psi}\mathrm{d}\psi &= \int |\psi\rangle\langle\bar{\psi}|\left(1-\bar{\psi}\psi\right)\mathrm{d}\bar{\psi}\,\mathrm{d}\psi \\ &= \int (|0\rangle - \psi|1\rangle)\left(\langle 0| - \langle 1|\bar{\psi}\right)\left(1-\bar{\psi}\psi\right)\mathrm{d}\bar{\psi}\,\mathrm{d}\psi \\ &= \int \left(|0\rangle\langle 0| + \psi|1\rangle\langle 1|\bar{\psi}\right)\left(1-\bar{\psi}\psi\right)\mathrm{d}\bar{\psi}\,\mathrm{d}\psi \\ &= |0\rangle\langle 0|\int\left(-\bar{\psi}\psi\right)\mathrm{d}\bar{\psi}\,\mathrm{d}\psi + |1\rangle\langle 1|\int \psi\bar{\psi}\,\mathrm{d}\bar{\psi}\,\mathrm{d}\psi \\ &= I \end{aligned} \tag{21.3.66}$$

我们需要的最终结果是对任一玻色子算符（一个由偶数个费米子算符构成的算符）

$$\operatorname{Tr}\Omega = \int \langle -\bar{\psi}|\Omega|\psi\rangle\,\mathrm{e}^{-\bar{\psi}\psi}\,\mathrm{d}\bar{\psi}\,\mathrm{d}\psi \tag{21.3.67}$$

这个证明和刚才给出的类似，留作习题。

习题 21.3.9 证明上述求迹公式。

费米子路径积分

考虑单振子的配分函数：

$$Z = \operatorname{Tr}\mathrm{e}^{-\beta(\Omega_0-\mu)\Psi^\dagger\Psi} \tag{21.3.68}$$

$$= \int \langle -\bar{\psi}|\mathrm{e}^{-\beta(\Omega_0-\mu)\Psi^\dagger\Psi}|\psi\rangle\,\mathrm{e}^{-\bar{\psi}\psi}\,\mathrm{d}\bar{\psi}\,\mathrm{d}\psi \tag{21.3.69}$$

你不能简单地用 $-\bar{\psi}$ 和 ψ 分别替换指数中的 $\Psi^\dagger$ 和 Ψ。这是因为当你展开这个指数时，不是所有的 Ψ 都向右作用在它们的本征态上，也不是所有的 $\Psi^\dagger$ 向左作用在它们的本征态上。（记住我们现在处理的是算符，而不是格拉斯曼数。指数在它的展开式中包含无穷多这样的项。）我们需要将指数转换成*正规序*，在正规序中所有产生算符都排在左边，所有湮灭算符都排在右边。幸运的是，通过观察我们就能写下：

$$\mathrm{e}^{-\beta(\Omega_0-\mu)\Psi^\dagger\Psi} = 1 + \left[\mathrm{e}^{-\beta(\Omega_0-\mu)} - 1\right]\Psi^\dagger\Psi \tag{21.3.70}$$

通过考虑 $\Psi^\dagger\Psi$ 的两个可能值，我们就能证明上式的正确性。（或者你也可以展开这个指数，并利用任一非零 k 都有 $N^k = N$ 这个事实。）现在正如我们所期望的，可

以写下

$$Z=\int\langle-\bar{\psi}|1+\left[\mathrm{e}^{-\beta(\Omega_0-\mu)}-1\right]\Psi^{\dagger}\Psi\,|\psi\rangle\,\mathrm{e}^{-\bar{\psi}\psi}\,\mathrm{d}\bar{\psi}\,\mathrm{d}\psi \tag{21.3.71}$$

$$=\int\langle-\bar{\psi}|\psi\rangle\left\{1+\left[\mathrm{e}^{-\beta(\Omega_0-\mu)}-1\right](-\bar{\psi}\psi)\right\}\mathrm{e}^{-\bar{\psi}\psi}\,\mathrm{d}\bar{\psi}\,\mathrm{d}\psi \tag{21.3.72}$$

$$=\int\left\{1-\left[\mathrm{e}^{-\beta(\Omega_0-\mu)}-1\right]\bar{\psi}\psi\right\}\mathrm{e}^{-2\bar{\psi}\psi}\,\mathrm{d}\bar{\psi}\,\mathrm{d}\psi \tag{21.3.73}$$

$$=1+\mathrm{e}^{-\beta(\Omega_0-\mu)} \tag{21.3.74}$$

这是正确的答案，但它不是路径积分方法。然而，它确实证实了所有格拉斯曼积分和那些负号的正确性。对于路径积分处理方法，这个过程是常用的。考虑

$$Z=\operatorname{Tr}\mathrm{e}^{-\beta H} \tag{21.3.75}$$

其中 H 是一个正规序算符 $H(\Psi^{\dagger},\Psi)$。我们将指数写成如下形式：

$$\mathrm{e}^{-\beta H}=\lim_{N\to\infty}\left[\exp\left(-\frac{\beta}{N}H\right)\right]^N \tag{21.3.76}$$

$$=\underbrace{(1-\varepsilon H)\cdots(1-\varepsilon H)}_{N\text{ 次}}\qquad\varepsilon=\beta/N \tag{21.3.77}$$

通过积掉 $\bar{\psi}_0\psi_0$，按照 (21.3.67) 式求迹，并引入单位算符 $N-1$ 次的分解式，得到

$$Z=\int\langle-\bar{\psi}_0|(1-\varepsilon H)|\psi_{N-1}\rangle\,\mathrm{e}^{-\bar{\psi}_{N-1}\psi_{N-1}}\langle\bar{\psi}_{N-1}|(1-\varepsilon H)|\psi_{N-2}\rangle\,\mathrm{e}^{-\bar{\psi}_{N-2}\psi_{N-2}}\times$$
$$\langle\bar{\psi}_{N-2}|\cdots|\psi_1\rangle\,\mathrm{e}^{-\bar{\psi}_1\psi_1}\langle\bar{\psi}_1|(1-\varepsilon H)|\psi_0\rangle\,\mathrm{e}^{-\bar{\psi}_0\psi_0}\prod_{i=0}^{N-1}\mathrm{d}\bar{\psi}_i\,\mathrm{d}\psi_i \tag{21.3.78}$$

现在我们就能合理地做替换：

$$\langle\bar{\psi}_{i+1}|1-\varepsilon H(\Psi^*,\Psi)|\psi_i\rangle=\langle\bar{\psi}_{i+1}|1-\varepsilon H(\bar{\psi}_{i+1},\psi_i)|\psi_i\rangle$$
$$=\mathrm{e}^{\bar{\psi}_{i+1}\psi_i}\mathrm{e}^{-\varepsilon H(\bar{\psi}_{i+1},\psi_i)} \tag{21.3.79}$$

在最后一步中，我们预先考虑了无穷小 ε 的极限。让我们现在定义一对额外的变量（不被积分）

$$\bar{\psi}_N=-\bar{\psi}_0 \tag{21.3.80}$$

$$\psi_N=-\psi_0 \tag{21.3.81}$$

第一个方程让我们可以用 $\langle\bar{\psi}_N|$ 来替换 (21.3.78) 式的最左边的 $\langle-\bar{\psi}_0|$。引入 ψ_N 的原因随后给出。

将所有因子放在一起（包括相干态的重叠），我们最终得到

$$Z=\int\prod_{i=0}^{N-1}\mathrm{e}^{\bar{\psi}_{i+1}\psi_i}\,\mathrm{e}^{-\varepsilon H(\bar{\psi}_{i+1},\psi_i)}\,\mathrm{e}^{-\bar{\psi}_i\psi_i}\mathrm{d}\bar{\psi}_i\mathrm{d}\psi_i \tag{21.3.82}$$

$$=\int\prod_{i=0}^{N-1}\exp\left\{\left[\frac{(\bar{\psi}_{i+1}-\bar{\psi}_i)}{\varepsilon}\psi_i-H(\bar{\psi}_{i+1},\psi_i)\right]\varepsilon\right\}\mathrm{d}\bar{\psi}_i\,\mathrm{d}\psi_i \tag{21.3.83}$$

$$\simeq\int\exp\left[\int_0^\beta\bar{\psi}(\tau)\left(-\frac{\partial}{\partial\tau}-\Omega_0+\mu\right)\psi(\tau)\,\mathrm{d}\tau\right][\mathcal{D}\bar{\psi}\,\mathcal{D}\psi] \tag{21.3.84}$$

最后一步需要一些解释。在所有 ε 的因子都已就位的情况下，我们似乎在最后一个公式中得到了连续表达式。然而，用微分代替差分这一概念对于格拉斯曼变量而言完全是符号性的。认为 $\bar{\psi}_{i+1}-\bar{\psi}_i$ 是小量完全没意义。实际上，这个对象不具有数值。这里真正意味着的是：稍后我们将用傅里叶变换相关的 $\psi(\omega)$ 替换 $\psi(\tau)$，在那个阶段，我们将用 $\mathrm{i}\omega$ 替换 $-\partial/\partial\tau$，而精确答案是 $\mathrm{e}^{\mathrm{i}\omega}-1$。如果我们不进行这种替换，格拉斯曼积分在用普通数字来计算时，对于任何想要计算的东西，比如自由能，都会给出精确结果。有了这个近似，只有对高频不敏感的量才会被正确给出。得出的自由能是错的，但关联函数是被正确重现的。（这是因为后者由自由能的导数给出，而这些导数使得积分对高频十分不敏感。）还要注意我们在同样的原则下用 $H[\bar{\psi}(\tau),\psi(\tau)]$ 替换 $H(\bar{\psi}_{i+1},\psi_i)=H[\bar{\psi}(\tau+\varepsilon),\psi(\tau)]$。

现在转向我们上面提到过的傅里叶展开。我们写下

$$\bar{\psi}(\tau)=\sum_n\frac{\mathrm{e}^{\mathrm{i}\omega_n\tau}}{\beta}\bar{\psi}(\omega) \tag{21.3.85}$$

$$\psi(\tau)=\sum_n\frac{\mathrm{e}^{-\mathrm{i}\omega_n\tau}}{\beta}\psi(\omega) \tag{21.3.86}$$

其中，被选出满足 (21.3.80)—(21.3.81) 式中给出的反对称边界条件的频率被称为松原[①]频率（Matsubara frequency），这样

$$\omega_n=\frac{(2n+1)\pi}{\beta} \tag{21.3.87}$$

其中 n 是整数。注意到我们选择了傅里叶展开，仿佛 ψ 和 $\bar{\psi}$ 是复共轭的关系，但实际上它们不是。然而，这个选择会让计算变得更加容易。

为了后面的参考，注意，如果 $\beta\to\infty$，从 (21.3.87) 式可知，每当 n 增加 1 时，ω_n 改变 $\mathrm{d}\omega=2\pi/\beta$。于是，

$$\frac{1}{\beta}\sum_n\to\int\frac{\mathrm{d}\omega}{2\pi} \tag{21.3.88}$$

---

① 译者注：松原武生（Takeo Matsubara）是将量子场论应用到统计力学的日本物理学家。

逆变换是

$$\psi(\omega) = \int_0^{\beta} \psi(\tau)\, \mathrm{e}^{\mathrm{i}\omega_n \tau}\, \mathrm{d}\tau \tag{21.3.89}$$

$$\bar{\psi}(\omega) = \int_0^{\beta} \bar{\psi}(\tau)\, \mathrm{e}^{-\mathrm{i}\omega_n \tau}\, \mathrm{d}\tau \tag{21.3.90}$$

其中，我们利用了正交性

$$\int_0^{\beta} \mathrm{e}^{\mathrm{i}\omega_n \tau} \mathrm{e}^{-\mathrm{i}\omega_m \tau} \mathrm{d}\tau = \frac{\mathrm{e}^{\mathrm{i}(\omega_n - \omega_m)\beta} - 1}{\mathrm{i}(\omega_n - \omega_m)} = \beta \delta_{mn} \tag{21.3.91}$$

对作用量做傅里叶变换，将泛函积分变量改为 $\psi(\omega)$ 和 $\bar{\psi}(\omega)$（雅可比行列式为 1），并取 $\beta \to \infty$ 的极限，这可以将对分立频率求和转变为对连续的 ω 求积分，如 (21.3.88) 式，我们最终得到

$$Z = \int \exp\left[\int_{-\infty}^{\infty} \frac{\mathrm{d}\omega}{2\pi} \bar{\psi}(\omega)(\mathrm{i}\omega - \Omega_0 + \mu)\psi(\omega)\right] \left[\mathcal{D}\bar{\psi}(\omega)\, \mathcal{D}\psi(\omega)\right] \tag{21.3.92}$$

虽然 β 在上面的图像中消失了，但它将以 $2\pi\,\delta(0)$ 的形式出现，它代表了总虚时 β。（请回忆费米黄金法则的计算。）我们随后将给出一个例子。

首先，我们注意到频率空间关联函数只与一对变量的积分有关［(21.3.59) 式］，并且由

$$\begin{aligned}
&\langle \bar{\psi}(\omega_1)\, \psi(\omega_2) \rangle \\
&= \frac{\displaystyle\int \bar{\psi}(\omega_1)\, \psi(\omega_2) \exp\left[\int_{-\infty}^{\infty} \frac{\mathrm{d}\omega}{2\pi} \bar{\psi}(\omega)\ (\mathrm{i}\omega - \Omega_0 + \mu)\, \psi(\omega)\right] \left[\mathcal{D}\bar{\psi}(\omega)\, \mathcal{D}\psi(\omega)\right]}{\displaystyle\int \exp\left[\int_{-\infty}^{\infty} \frac{\mathrm{d}\omega}{2\pi} \bar{\psi}(\omega)\, (\mathrm{i}\omega - \Omega_0 + \mu)\, \psi(\omega)\right] \left[\mathcal{D}\bar{\psi}(\omega)\, \mathcal{D}\psi(\omega)\right]} \\
&= \frac{2\pi\,\delta\,(\omega_1 - \omega_2)}{\mathrm{i}\omega_1 - \Omega_0 + \mu}
\end{aligned} \tag{21.3.93}$$

给定。特别是

$$\langle \bar{\psi}(\omega)\, \psi(\omega) \rangle = \frac{2\pi\,\delta(0)}{\mathrm{i}\omega - \Omega_0 + \mu} = \frac{\beta}{\mathrm{i}\omega - \Omega_0 + \mu} \tag{21.3.94}$$

习题 21.3.10 请试着证明上述两个方程。注意，除非 $\omega_1 = \omega_2$，否则积分结果为零，因为只有一对 $\bar{\psi}\psi$ 才有可能具有非零的积分。这就解释了 δ 函数的出现。至于 2π，回到我们对频率求和而不是积分的阶段，即逆向使用 (21.3.88) 式的箭头，并且将其用到 (21.3.93) 式的指数中。

现在我们计算平均占有数 $\langle N\rangle$：

$$\langle N\rangle = \frac{1}{\beta Z}\frac{\partial Z}{\partial \mu} \tag{21.3.95}$$
$$= \frac{1}{\beta}\int_{-\infty}^{\infty}\frac{\mathrm{d}\omega}{2\pi}\langle\bar{\psi}(\omega)\,\psi(\omega)\rangle \tag{21.3.96}$$
$$= \int_{-\infty}^{\infty}\frac{\mathrm{d}\omega}{2\pi}\frac{\mathrm{e}^{\mathrm{i}\omega o^{+}}}{\mathrm{i}\omega-\Omega_0+\mu} \tag{21.3.97}$$
$$= \theta(\mu-\Omega_0) \tag{21.3.98}$$

像算符计算方式一样。

注意，我们不得不将因子 $\mathrm{e}^{\mathrm{i}\omega o^{+}}$ 引入到 ω 积分中。我们这样理解：如果使用时间 τ 而非频率 ω 来进行计算，我们实际上是在计算 $\Psi^{\dagger}\Psi$ 的平均值。当将其引入路径积分时，由于算符左边的相干态左矢相对于右边的右矢来自下一个时间片，所以它会自动变成 $\bar{\psi}(\tau+\varepsilon)\,\psi(\tau)$。[回想一下 $H(\Psi^{\dagger},\Psi)$ 是如何变成 $H[\bar{\psi}(i+1),\psi(i)]$ 的。] 注意到 ω 的积分不收敛，如 $\mathrm{d}\omega/\omega$ 那样变化。因此它对高频很敏感，我们必须引入一个因子 $\mathrm{e}^{\mathrm{i}\omega o^{+}}$。这个因子让我们可以取上半平面的闭合路径。如果 $\mu>\Omega_0$，被积函数的极点位于上半平面，从而对积分有贡献。否则结果为零。在涉及分母中有两个或更多 ω 的幂次因而收敛的积分的关联函数中，我们将不会引入这个因子。

习题 21.3.11（高级） 在场论和多体物理中，我们对格林函数感兴趣：

$$G(\tau)=\langle\mathcal{T}\left[\Psi(\tau)\,\Psi^{\dagger}(0)\right]\rangle \tag{21.3.99}$$

其中，$\langle\,\rangle$ 表示对 Z 求平均，

$$\Omega(\tau)=\mathrm{e}^{H\tau}\Omega\,\mathrm{e}^{-H\tau}$$

是海森堡算符，$\mathcal{T}$ 是费米子算符的时序算符：

$$\mathcal{T}\left[\Psi(\tau)\,\Psi^{\dagger}(0)\right]=\theta(\tau)\Psi(\tau)\Psi^{\dagger}(0)-\theta(-\tau)\Psi^{\dagger}(0)\Psi(\tau) \tag{21.3.100}$$

注意在算符顺序反转时出现的这个负号。请证明，对于我们的单振子问题，有 $\Psi(\tau)=\Psi\,\mathrm{e}^{-(\Omega_0-\mu)\tau}$。

证明，在我们问题中利用算符形式

$$G(\tau)=\frac{\theta(\tau)\,\mathrm{e}^{-(\Omega_0-\mu)\tau}-\theta(-\tau)\,\mathrm{e}^{-(\Omega_0-\mu)(\tau+\beta)}}{1+\mathrm{e}^{-\beta(\Omega_0-\mu)}} \tag{21.3.101}$$

在零温极限下，它约化为

$$G(\tau) = \theta(\tau)\,\mathrm{e}^{-(\Omega_0-\mu)\tau}, \qquad \mu < \Omega_0 \tag{21.3.102}$$

$$= -\theta(-\tau)\,\mathrm{e}^{-(\Omega_0-\mu)\tau}, \qquad \mu > \Omega_0 \tag{21.3.103}$$

让我们定义一对变换：

$$G(\omega) = \int_{-\infty}^{\infty} G(\tau)\,\mathrm{e}^{\mathrm{i}\omega\tau}\mathrm{d}\tau \tag{21.3.104}$$

$$G(\tau) = \int_{-\infty}^{\infty} G(\omega)\,\mathrm{e}^{-\mathrm{i}\omega\tau}\frac{\mathrm{d}\omega}{2\pi} \tag{21.3.105}$$

证明

$$G(\omega) = \frac{1}{\Omega_0 - \mu - \mathrm{i}\omega} \tag{21.3.106}$$

与 Ω_0 或 μ 哪一个比较大是无关的。

在这个关于伊辛模型研究中，我们看到在泛函积分中两点关联函数转换成（对于沿虚时方向无限长的系统）时序乘积的基态平均，反之亦然。（如果括号中的条件不满足，系统在插入被平均的算符之前没有足够的时间松弛到基态。）

同样地，下面的结构也是对的

$$\langle \mathcal{T}[\Psi(\tau)\,\Psi^\dagger(0)]\rangle = \langle \psi(\tau)\,\psi(0)\rangle \tag{21.3.107}$$

其中右边的平均通过格拉斯曼泛函积分完成。在零温下，可以对两边做频率变换证明此式。[在右边，我们用 $\psi(\omega)$ 写出 $\psi(\tau)$，等等，并利用 (21.3.85)—(21.3.86) 式和 (21.3.93) 式的零温版本。]

这就结束了我们对费米子路径积分的讨论。显然这只是个开始，我们的讨论只是一个介绍。

21.4　总结

让我们回顾一下本章所做内容。我们从学习如何利用单位算符不同形式的分解来推导出不同的路径积分开始。我们研究了组态空间、相空间和相干态路径积分。我们意识到，尽管单位算符的分解并非近似，但任何认为被积分的坐标在两个时间片之间的改变是小量这种假设被认真地考察了。在组态空间积分中，动能项将涨落压低到了 $\varepsilon^{1/2}$ 的量级，而在其他积分中就没有这样的保证。特别是，作用量的连续形式纯粹是形式上的对象，只有离散版本才定义了路径积分，前提是无穷多个积分的极限存在。尽管如此，路径积分对于将整个理论呈现在我们面前，作为量子演化问题的建设性解决方案，还是非常有用的。特别是，在经典极限下，$\hbar$ 很小，使我们能够用平滑路径来思考。对 LLL 的研究（与 QHE 相关）和贝里相位的分析展示了一些路径积分的正确应用。

接着我们转向虚时量子力学。我们展示了如何从中提取出实时能量和波函数。此外，虚时路径积分直接定义了量子统计力学，并且在形式上与经典统计力学相似。传递矩阵起到了分立的虚时演化算符的作用。从多个角度分析了对称性破缺。

最后，我们研究了两个没有经典极限的系统：量子自旋和费米子振子。尽管我们只研究了一个费米子振子，但推广到多个振子是很直接的，当你接触到这个主题时应该不会有困难。格拉斯曼积分无疑是本书中最抽象的概念。但毫无疑问，随着你对其的使用（将它们与算符解做比较，当作一个检验），你很快就会学会如何直接用它们来思考。但是要记住：这里没有真正的半经典分析的概念，因为作用量不是一个数值对象，不能说在任意点上都是稳定的。还要注意，尽管被积函数和积分测度都不是普通的数，但是你写下的每个格拉斯曼积分最终都等于普通的数。这些数对应物理实体，比如费米子系统的基态能量或关联函数。

我们唯一计算过的泛函积分是高斯积分。这基本上就是我们所掌握的全部。如果作用量不是二次的，而是有四次项呢？那样的话，我们就要用到微扰论。我们将指数中的四次项（以无穷级数的形式）拿下来，逐项计算，因为我们知道如何计算 x^n 乘高斯函数的积分。也请参考附录 A.2 以及习题 21.3.64 中费米子的威克定理。但是，那就是另一回事了。

参考文献

1. M. Berry, *Proc. R. Soc. Lond. Ser*, A392 **45**, 1984. 关于该主题的历史的精彩叙述可在 M. Berry, *Physics Today*, **43**, 12 1990 中找到。

2. S. Coleman, *Aspects of Symmetry* (Cambridge University Press, New York, 1985). 此处包含有关瞬子的文章。

3. L. D. Faddeev, in *Methods in Field Theory*, Les Houches Lectures, 1975 (R. Balian and J. Zinn-justin, eds.) (North-Holland/World Scientific, Singapore, 198l). 特别注意泛函积分全纯形式的讨论，即相干态积分的讨论。

4. M. Gutzwiller, *Chaos in Classical and Quantum Mechanics* (Springer Verlag, New York, 1990). 该书对路径积分的许多方面，特别是半经典极限进行了的扎实的介绍。

5. J. R. Klauder, B. Skagerstam, eds., *Coherent States* (World Scientifc, Singapore, 1985). 该书包括你想知道的关于相干态的所有知识。

6. S. Pancharatnam, *Ind. Acad. Sci*, **44**(5), Sec. A, 1958. Reprinted in Shapere and Wilczek (1989) (see below). 讨论了光学背景下的几何相位。

7. R. E. Prange, S. M. Girvin, eds., *The Quantum Hall Effect* (Springer, New York, 1987). 该书收录了该领域多位权威人士的多篇论文和一些有益的评论。

8. R. Rajaraman, *Instantons and Solitons* (North Holland, New York, 1982). 该书对主题的讨论极为清晰，通常从基础量子力学中的一个简单入门示例开始。几乎没有细节“留给读者自行推导”。

9. L. S. Schulman, *Techniques and Applications of Path integrals* (Wiley Interscience, New York, 1981). 该书对泛函积分的讨论清晰易懂，还涵盖了陷阱和细微之处（例如矢量势耦合的中点方法）。

10. A. Shapere, F. Wilczek, eds., *Geometric Phases in Physics* (World Scientific, Singapore, 1989). 汇集了所有关键论文以及对每个子主题的精彩介绍。省去了无数次跑图书馆的麻烦。

11. M. Stone, ed., *The Quantum Hall Effect* (World Scientific, Singapore, 1992). 一本附有评论的很好的重印文集。

12. 't Hooft, *Phys. Rev. Lett.* **37**, 8 (1976).

13. F. Wilczek, ed., *Fractional Statistics and Anyon Superconductivity* (World Scientific, Singapore, 1990). 此处引用是因为其对量子霍尔效应的应用。不过，书中讨论的其他主题，比如分数统计，在读完本书后您应该也能理解。

附　　录

A.1 矩阵的逆

这个小节只是为了帮助你理解正文中的 (1.8.5) 式，并不全面。

考虑一个 3×3 矩阵

$$M=\begin{pmatrix}a_1 & a_2 & a_3\\ b_1 & b_2 & b_3\\ c_1 & c_2 & c_3\end{pmatrix}\tag{A.1.1}$$

的逆，M 的矩阵元将按以下方式标记，而不使用 M_{ij}。我们将矩阵的行作为矢量 $\boldsymbol{A}$，$\boldsymbol{B}$ 和 $\boldsymbol{C}$ 的分量，也就是矢量分析中的标记方式（我们在本节中将遵循这种标记方式），

$$\boldsymbol{A}=a_1\boldsymbol{i}+a_2\boldsymbol{j}+a_3\boldsymbol{k}\text{，等等}$$

接下来，我们考虑一种矢量三重态

$$\begin{aligned}\boldsymbol{A}_R&=\boldsymbol{B}\times\boldsymbol{C}\\ \boldsymbol{B}_R&=\boldsymbol{C}\times\boldsymbol{A}\\ \boldsymbol{C}_R&=\boldsymbol{A}\times\boldsymbol{B}\end{aligned}\tag{A.1.2}$$

这就是说，它们是 $\boldsymbol{A}$，$\boldsymbol{B}$ 和 $\boldsymbol{C}$ 的倒易矢量（reciprocal vector）。一般地，

$$\boldsymbol{A}\cdot\boldsymbol{A}_R\neq 0,\quad \boldsymbol{A}\cdot\boldsymbol{B}_R=\boldsymbol{A}\cdot\boldsymbol{C}_R=0\quad\text{及其循环置换}\tag{A.1.3}$$

如果我们构建一个矩阵 $\overline{M}$（称之为 M 的余因子转置），它的列是那些倒易矢量

$$\overline{M}=\begin{bmatrix}(a_R)_1 & (b_R)_1 & (c_R)_1\\ (a_R)_2 & (b_R)_2 & (c_R)_2\\ (a_R)_3 & (b_R)_3 & (c_R)_3\end{bmatrix}$$

则

$$M\overline{M}=\begin{pmatrix}\boldsymbol{A}\cdot\boldsymbol{A}_R & \boldsymbol{A}\cdot\boldsymbol{B}_R & \boldsymbol{A}\cdot\boldsymbol{C}_R\\ \boldsymbol{B}\cdot\boldsymbol{A}_R & \boldsymbol{B}\cdot\boldsymbol{B}_R & \boldsymbol{B}\cdot\boldsymbol{C}_R\\ \boldsymbol{C}\cdot\boldsymbol{A}_R & \boldsymbol{C}\cdot\boldsymbol{B}_R & \boldsymbol{C}\cdot\boldsymbol{C}_R\end{pmatrix}=\begin{pmatrix}\boldsymbol{A}\cdot\boldsymbol{A}_R & 0 & 0\\ 0 & \boldsymbol{B}\cdot\boldsymbol{B}_R & 0\\ 0 & 0 & \boldsymbol{C}\cdot\boldsymbol{C}_R\end{pmatrix} \tag{A.1.4}$$

现在所有三个对角矩阵元都相等：

$$\begin{aligned}\boldsymbol{A}\cdot\boldsymbol{A}_R&=\boldsymbol{A}\cdot(\boldsymbol{B}\times\boldsymbol{C})=\boldsymbol{B}\cdot(\boldsymbol{C}\times\boldsymbol{A})=\boldsymbol{B}\cdot\boldsymbol{B}_R\\ &=\boldsymbol{C}\cdot(\boldsymbol{A}\times\boldsymbol{B})=\boldsymbol{C}\cdot\boldsymbol{C}_R=\det M\end{aligned} \tag{A.1.5}$$

其中最后一个等式是由于矢量积可以写成一个行列式：

$$\boldsymbol{B}\times\boldsymbol{C}=\begin{vmatrix}\boldsymbol{i} & \boldsymbol{j} & \boldsymbol{k}\\ b_1 & b_2 & b_3\\ c_1 & c_2 & c_3\end{vmatrix} \tag{A.1.6}$$

（我们将遵循用竖直线来表示行列式的约定。）

因此，矩阵 M 的逆由下式给出

$$M^{-1}=\frac{\overline{M}}{\det M} \tag{A.1.7}$$

当 $\det M$ 为零时怎么办？如果这些矢量之一，例如 $\boldsymbol{C}$，是其他两个矢量的一个线性组合：

$$\boldsymbol{C}=\alpha\boldsymbol{A}+\beta\boldsymbol{B}$$

则

$$\boldsymbol{A}\cdot(\boldsymbol{B}\times\boldsymbol{C})=\boldsymbol{A}\cdot(\boldsymbol{B}\times\alpha\boldsymbol{A})+\boldsymbol{A}\cdot(\boldsymbol{B}\times\beta\boldsymbol{B})=\boldsymbol{B}\cdot(\alpha\boldsymbol{A}\times\boldsymbol{A})=0$$

因此，如果矩阵的行不是线性无关的，那么它对应的行列式为零，反之亦然。如果一个矩阵用来表示三个同时成立的方程，这意味着不是所有三个方程都是独立的。这个方法可以推广到求 $n\times n$ 矩阵的逆，矩阵元可以是实的或复的。我们定义 $n-1$ 个矢量的矢量积如下：

$$\boldsymbol{A}_1\times\boldsymbol{A}_2\times\cdots\boldsymbol{A}_{n-1}=\begin{vmatrix}\boldsymbol{i} & \boldsymbol{j} & \boldsymbol{k} & \cdots & \\ (a_1)_1 & (a_1)_2 & & \cdots & \\ \vdots & \vdots & & \vdots & \\ (a_{n-1})_1 & (a_{n-1})_2 & & \cdots & (a_{n-1})_n\end{vmatrix} \tag{A.1.8}$$

得到的矢量与乘积中的那些矢量正交，并当我们交换任意两个相邻的矢量时，符号会发生改变，等等，就像它的三维对应的量一样。如果我们有一个矩阵 M，它的 n

行能等价于 n 个矢量，$\boldsymbol{A}_1, \boldsymbol{A}_2, \cdots, \boldsymbol{A}_n$，那么它的余因子转置的列就成了它的倒易矢量 $\boldsymbol{A}_{1R}, \cdots, \boldsymbol{A}_{nR}$，其中

$$\boldsymbol{A}_{jR} = \boldsymbol{A}_{j+1} \times \boldsymbol{A}_{j+2} \times \cdots \times \boldsymbol{A}_n \times \boldsymbol{A}_1 \times \cdots \times \boldsymbol{A}_{j-1} \tag{A.1.9}$$

一个需要特别注意的地方：矢量积被定义为与参与该乘积运算的矢量正交，这是相对于内积

$$\boldsymbol{A} \cdot \boldsymbol{B} = \sum A_i B_i$$

而言的，而不是

$$\boldsymbol{A} \cdot \boldsymbol{B} = \sum A_i^* B_i$$

即使 $\boldsymbol{A}$ 的分量是复的也是如此。这里不存在矛盾，因为矢量 $\boldsymbol{A}_1, \cdots, \boldsymbol{A}_n$ 是一种记忆方法中引入的虚拟对象，并非算符作用的空间 $\mathbb{V}^n(C)$ 中的元素。

习题 A.1.1 利用上述方法，证明

$$\begin{pmatrix} 2 & 1 & 3 \\ 0 & 1 & 2 \\ -1 & 1 & 1 \end{pmatrix}^{-1} = \begin{pmatrix} 1 & -2 & 1 \\ 2 & -5 & 4 \\ -1 & 3 & -2 \end{pmatrix}$$

和

$$\begin{pmatrix} 2 & 1 & 3 \\ 4 & 1 & 2 \\ 0 & -1 & 2 \end{pmatrix}^{-1} = \frac{1}{12}\begin{pmatrix} -4 & 5 & 1 \\ 8 & -4 & -8 \\ 4 & -2 & 2 \end{pmatrix}$$

定理 A.1.1 如果 $\Omega|V\rangle = |0\rangle$ 意味着 $|V\rangle = |0\rangle$，那么 Ω^{-1} 存在。

证明 设 $|V_1\rangle, \cdots, |V_n\rangle$ 为 $\mathbb{V}^n$ 中的线性无关的基。那么另外一组线性无关的基可由 Ω 的作用产生，即 $\Omega|V_1\rangle, \cdots, \Omega|V_n\rangle$ 也是一组线性无关的基。为了证明该定理，让我们假设一个反例，假设存在如下关系：

$$\sum_i \alpha_i \Omega|V_i\rangle = 0$$

其中不是所有的 α_i 都等于零。由于 Ω 是线性的，所以我们将其提取出来，得到

$$\Omega\left(\sum_i \alpha_i|V_i\rangle\right) = 0$$

将其与假定的 Ω 的性质结合，这意味着

$$\sum_i \alpha_i|V_i\rangle = |0\rangle$$

并且不是所有的 α_i 都等于零，这不是真的。所以我们能得出结论：$\mathbb{V}^n$ 中的每个矢量 $|V'\rangle$ 都可以在由 Ω 生成的新的基下写成唯一的线性组合，

$$|V'\rangle = \sum_i \alpha_i \Omega |V_i\rangle$$

其中用到了 $|V\rangle = \sum \alpha_i |V_i\rangle$，我们看到 V^n 中的每个 $|V\rangle$ 都能写成

$$|V'\rangle = \Omega |V\rangle$$

其中 $|V\rangle$ 是唯一的。换句话说，我们能认为 $\mathbb{V}^n$ 中的每个 $|V'\rangle$ 都是由 $\mathbb{V}^n$ 中的一个唯一的源 $|V\rangle$ 在 Ω 的作用下产生的。定义一个算符 Λ，它作用在 $\mathbb{V}^n$ 中的任一矢量 $|V'\rangle$ 上的效果是将其带回到唯一的源 $|V\rangle$。（如果 $|V'\rangle$ 的源不是唯一的，假设存在两个矢量 $|V_1\rangle$ 和 $|V_2\rangle$，它们都通过 Ω 映射到 $|V'\rangle$，那么我们就不能定义 Λ，因为当它作用到 $|V'\rangle$ 上时，它并不知道要给出 $|V_1\rangle$ 还是 $|V_2\rangle$。）Λ 的作用是

$$\Lambda |V'\rangle = |V\rangle \text{ ，其中 } |V'\rangle = \Omega |V\rangle$$

我们能将 Λ 看作是 Ω 的逆算符，

$$\Lambda = \Omega^{-1} \quad \text{或} \quad \Lambda\Omega = I$$

是因为对于 V^n 中的任意 $|V'\rangle$，有

$$\Lambda |V'\rangle = \Lambda\Omega |V\rangle = |V\rangle$$

证明完毕。

A.2 高斯积分

在这里，我们将讨论所有需要用到的高斯积分。考虑

$$I_0(\alpha) = \int_{-\infty}^{\infty} \mathrm{e}^{-\alpha x^2} \mathrm{d}x \,, \quad \alpha > 0 \tag{A.2.1}$$

这个积分不能用通常的办法来计算。窍门在于，考虑

$$I_0^2(\alpha) = \int_{-\infty}^{\infty} \mathrm{e}^{-\alpha x^2} \mathrm{d}x \int_{-\infty}^{\infty} \mathrm{e}^{-\alpha y^2} \mathrm{d}y = \int_{-\infty}^{\infty} \int_{-\infty}^{\infty} \mathrm{e}^{-\alpha(x^2+y^2)} \mathrm{d}x \, \mathrm{d}y$$

换到 $x-y$ 平面上的极坐标，

$$\begin{aligned} I_0^2(\alpha) &= \int_0^{2\pi} \int_0^{\infty} \mathrm{e}^{-\alpha\rho^2} \rho \, \mathrm{d}\rho \, \mathrm{d}\phi \\ &= \pi/\alpha \end{aligned}$$

从而

$$I_0(\alpha) = (\pi/\alpha)^{1/2} \tag{A.2.2}$$

通过对 α 求微分，我们能得到所有具有如下形式的积分：

$$I_{2n}(\alpha) = \int_{-\infty}^{\infty} x^{2n}\,\mathrm{e}^{-\alpha x^2}\mathrm{d}x$$

例如

$$\begin{aligned} I_2(\alpha) &= \int_{-\infty}^{\infty} x^2\,\mathrm{e}^{-\alpha x^2}\mathrm{d}x = -\frac{\partial}{\partial\alpha}\int_{-\infty}^{\infty}\mathrm{e}^{-\alpha x^2}\mathrm{d}x \\ &= -\frac{\partial}{\partial\alpha}I_0(\alpha) = \frac{1}{2\alpha}\left(\frac{\pi}{\alpha}\right)^{1/2} \end{aligned} \tag{A.2.3}$$

积分 $I_{2n+1}(\alpha)$ 为零，这是由于它们是对偶积分限 $-\infty$ 到 $+\infty$ 的奇函数积分。即使 α 是纯虚数，(A.2.2) 和 (A.2.3) 式也是对的。

下一步考虑

$$I_0(\alpha, \beta) = \int_{-\infty}^{\infty} \mathrm{e}^{-\alpha x^2 + \beta x}\,\mathrm{d}x \tag{A.2.4}$$

通过将指数上的函数配成完全平方形式，我们得到

$$I_0(\alpha, \beta) = \mathrm{e}^{\beta^2/4\alpha}\int_{-\infty}^{\infty}\mathrm{e}^{-\alpha(x-\beta/2\alpha)^2}\mathrm{d}x = \mathrm{e}^{\beta^2/4\alpha}\left(\frac{\pi}{\alpha}\right)^{1/2} \tag{A.2.5}$$

即使 α 和 β 都是复数，只要 $\mathrm{Re}\,\alpha > 0$，这个结果也是对的。最后，通过在等式

$$\int_0^{\infty}\mathrm{e}^{-\alpha r}\,\mathrm{d}r = \frac{1}{\alpha}$$

的两边作用一个算符 $(-\mathrm{d}/\mathrm{d}\alpha)^n$，我们得到

$$\int_0^{\infty} r^n\,\mathrm{e}^{-\alpha r}\,\mathrm{d}r = \frac{n!}{\alpha^{n+1}}$$

当 $\alpha = 1$ 并且用 $z-1$ 替代 n 时，考虑这个积分，其中 z 是一个任意的复数。这样我们就定义了 Γ 函数（gamma function）$\Gamma(z)$：

$$\Gamma(z) = \int_0^{\infty} r^{z-1}\,\mathrm{e}^{-r}\,\mathrm{d}r$$

对于实的正整数 z，有

$$\Gamma(z) = (z-1)!$$

A.3 复数

一个复变量 z 可以用两个实变量 x、y 和 $\mathrm{i}=(-1)^{1/2}$ 写出来，即

$$z=x+\mathrm{i}\,y \tag{A.3.1}$$

它的复共轭 z^* 定义为

$$z^*=x-\mathrm{i}\,y \tag{A.3.2}$$

我们能将这两个方程反解来求出表示实和虚的部分，即 x 和 y，

$$x=\frac{1}{2}(z+z^*),\quad y=\frac{(z-z^*)}{2\mathrm{i}} \tag{A.3.3}$$

z 的模平方定义为 zz^*，等于

$$zz^*\equiv|z|^2=(x+\mathrm{i}\,y)(x-\mathrm{i}\,y)=x^2+y^2 \tag{A.3.4}$$

通过考虑 $z-z'$ 的模，你能证明 $z=z'$ 暗示着 $x=x'$ 和 $y=y'$。

从幂级数展开式

$$\begin{aligned}\sin x&=x-x^3/3!+x^5/5!-\cdots\\ \cos x&=1-x^2/2!+x^4/4!-\cdots\end{aligned}$$

我们能推出

$$\mathrm{e}^{\mathrm{i}x}=\cos x+\mathrm{i}\sin x \tag{A.3.5}$$

显然 $\mathrm{e}^{\mathrm{i}x}$ 具有单位模（x 是实的）。

$z=x+\mathrm{i}\,y$ 的表达式给定笛卡儿形式的 z。极坐标形式为

$$\begin{aligned}z=x+\mathrm{i}\,y&=(x^2+y^2)^{1/2}\left[\frac{x}{(x^2+y^2)^{1/2}}+\mathrm{i}\frac{y}{(x^2+y^2)^{1/2}}\right]\\&=\rho\,(\cos\theta+\mathrm{i}\sin\theta)\\&=\rho\,\mathrm{e}^{\mathrm{i}\theta}\end{aligned}$$

其中

$$\rho=(x^2+y^2)^{1/2}\quad 和\quad \theta=\arctan(y/x) \tag{A.3.6}$$

很明显

$$|z|=\rho \tag{A.3.7}$$

每个复数 $z=x+\mathrm{i}\,y$ 可以视为 $x-y$ 平面内的一个点 (x,y)。这个平面也被称为复 z 平面。

A.4 iε 方案

我们现在将推导并解释以下公式：

$$\frac{1}{x\mp\mathrm{i}\varepsilon}=\mathcal{P}\frac{1}{x}\pm\mathrm{i}\,\pi\,\delta(x) \tag{A.4.1}$$

其中 $\varepsilon\to0$ 是一个正无穷小量。考虑下面形式的积分

$$I=\lim_{\varepsilon\to0}\int_{-\infty}^{\infty}\frac{f(x)\,\mathrm{d}x}{x-\mathrm{i}\varepsilon} \tag{A.4.2}$$

将其视为在 $z=x+\mathrm{i}\,y$ 复平面上沿实轴的积分，我们看到被积函数除了 f 可能具有的任意奇点之外，在 $z=\mathrm{i}\varepsilon$ 处有一个明显的极点。我们假定 f 没有在实轴上、或无限接近于实轴的奇点。只要 ε 是固定的（有限值），这个积分就没有问题。例如，如果 f 在上半平面有一些极点，并且消失得足够快，以允许我们在上半平面闭合回路，这个积分就等于 $2\pi\mathrm{i}$ 乘 f 的极点和 $z=\mathrm{i}\varepsilon$ 处极点的留数之和。类似地，如果我们改变 ε 项的符号，我们就能简单地将这个明显的极点对积分的可能贡献扔掉（也就是说，这个极点对积分没有贡献），这是因为现在这个极点在下半平面。

但如果 $\varepsilon\to0$ 又如何呢？现在，这个极点要硬塞（从上面）到我们的回路中，这个回路的轨道有一段是沿 x 轴的。这样，我们就要对此做好准备。由于仅有的接近于实轴的奇点是 $z=\mathrm{i}\varepsilon$ 处的明显极点，所以我们对这个回路做如下操作不会改变 I 值：这个回路沿实轴从 $-\infty$ 到 $-\varepsilon'$（ε' 是另一个正无穷小量），逆时针绕过原点下方半径为 ε' 的半圆，然后沿着实轴从 $x=\varepsilon'$ 到 ∞。妙处在于，现在我们可以令 $\varepsilon=0$，这样极点就移到了原点。积分路径的三部分贡献如下：

$$\begin{aligned}I&=\lim_{\varepsilon'\to0}\left[\int_{-\infty}^{-\varepsilon'}\frac{f(x)\,\mathrm{d}x}{x}+\int_{\varepsilon'}^{\infty}\frac{f(x)\,\mathrm{d}x}{x}+\mathrm{i}\pi f(0)\right]\\&\equiv\mathcal{P}\int_{-\infty}^{\infty}\frac{f(x)\,\mathrm{d}x}{x}+\mathrm{i}\,\pi f(0)\end{aligned} \tag{A.4.3}$$

在 $\varepsilon\to0$ 极限下，两个积分之和定义为主值积分，用符号 $\mathcal{P}$ 表示。最后一项限制在原点的无穷小邻域中，在那里我们将光滑函数的自变量 f 设为零，并在围绕原点的半圆上沿逆时针方向对 $\mathrm{d}z/z$ 积分，结果为 $\mathrm{i}\,\pi$。

(A.4.1) 式是上述内容的简洁表述。需要注意的是，(A.4.1) 式仅在积分内部使用有效，且在积分内部，因子 $1/(x-\mathrm{i}\varepsilon)$ 会产生两项：第一项 $\mathcal{P}(1/x)$ 产生主值积分，第二项 $\mathrm{i}\,\pi\,\delta(x)$ 产生 $\mathrm{i}\pi f(0)$。

显然，如果我们将 ε 项的符号反转，由于半圆现在顺时针绕过极点，δ 函数的符号也会改变。主值部分对这种方向变化不敏感，不受影响。

也很显然的是，如果我们用 $x-a$ 替代 x，极点就从原点移到 $x=a$ 处，并且 $f(0)$ 会被替换为 $f(a)$，这样我们就可以写出

$$\frac{1}{(x-a)\mp\mathrm{i}\varepsilon}=\mathcal{P}\frac{1}{(x-a)}\pm\mathrm{i}\,\pi\,\delta(x-a) \tag{A.4.4}$$

但要明白，x 的极限不必是 $\pm\infty$，公式也能成立。

最后要注意的是，根据 (A.4.4) 式，两个 ε 符号的积分之差恰好为 $2\pi\mathrm{i}f(a)$。这与当前关于 (A.4.2) 式中积分 I 的分析也是一致的，因为在两个积分的差中，实轴上的贡献由于行进方向相反而相互抵消，除了极点附近的部分，那里两个半圆（一个在极点上方，一个在极点下方）的差构成了围绕极点的一个圆。

部分习题解答

第 1 章

1.8.1 (1) $|\omega=1\rangle \to \begin{pmatrix}1\\0\\0\end{pmatrix}$，$|\omega=2\rangle \to \dfrac{1}{\sqrt{30}}\begin{pmatrix}-5\\-2\\1\end{pmatrix}$，$|\omega=3\rangle \to \dfrac{1}{\sqrt{10}}\begin{pmatrix}1\\0\\3\end{pmatrix}$。

(2) 不是，不是。

1.8.2 (1) 是。

(2) $|\omega=0\rangle \to \begin{pmatrix}0\\1\\0\end{pmatrix}$，$|\omega=1\rangle = \dfrac{1}{\sqrt{2}}\begin{pmatrix}1\\0\\1\end{pmatrix}$，$|\omega=-1\rangle = \dfrac{1}{\sqrt{2}}\begin{pmatrix}-1\\0\\1\end{pmatrix}$。

1.8.10 $\omega=0,0,2$；$\lambda=2,3,-1$。

第 4 章

4.2.1 (1) $1,0,-1$。

(2) $\langle L_x\rangle=0$，$\langle L_x^2\rangle=1/2$，$\Delta L_x=1/\sqrt{2}$。

(3) $|L_x=1\rangle \to \begin{pmatrix}1/2\\1/\sqrt{2}\\1/2\end{pmatrix}, |L_x=0\rangle \to \begin{pmatrix}-1/\sqrt{2}\\0\\1/\sqrt{2}\end{pmatrix}, |L_x=-1\rangle \to \begin{pmatrix}1/2\\-1/\sqrt{2}\\1/2\end{pmatrix}$。

(4) $P(L_x=1)=1/4$，$P(L_x=0)=1/2$，$P(L_x=-1)=1/4$。

(5) $|\psi\rangle \to \sqrt{\dfrac{4}{3}}\begin{pmatrix}1/2\\0\\1/\sqrt{2}\end{pmatrix} = |\psi\rangle$ 在 $L_z^2=1$ 本征空间上的投影。$P(L_z^2=1)=$ 3/4。如果测量 L_z，则 $P(L_z=1)=1/3$，$P(L_z=-1)=2/3$。是的，态要改变。

(6) 不是。要看到正确的方式，请注意：如果 $\delta_1=\delta_2=\delta_3=0$，$|\psi\rangle=1|L_x=1\rangle$，而如果 $\delta_1=\delta_3=0$ 和 $\delta_2=\pi$，则 $|\psi\rangle=|L_x=-1\rangle$。[请看第 (3) 部分的答案。] 矢量 $|\psi\rangle$ 和 $e^{i\theta}|\psi\rangle$ 在物理上等价，仅在于它们对于任何可观测量都产生相同的概率分布。这并不意味着当矢量 $|\psi\rangle$ 作为线性组合的一部分出现时，它可以乘任意的相因子。在我们的例子中，例如，只能说

$$\begin{aligned}|\psi\rangle' &= e^{-i\delta_1}|\psi\rangle \\ &= \frac{1}{2}|L_z=1\rangle+\frac{e^{i(\delta_2-\delta_1)}}{\sqrt{2}}|L_z=0\rangle+\frac{e^{i(\delta_3-\delta_1)}}{2}|L_z=-i\rangle\end{aligned}$$

在物理上等价于 $|\psi\rangle$。尽管 $|\psi\rangle'$ 在线性展开中的系数与 $|\psi\rangle$ 不同，但它与 $|\psi\rangle$ 具有相同的“方向”。总之，相对相因子 $\delta_2-\delta_1$ 和 $\delta_3-\delta_1$ 是物理上相关的，但整体相因子则无关，正如你在计算 $P(L_x=0)$ 时所看到的那样。

第 5 章

5.4.2 (a) $R=(maV_0)^2/(\hbar^4k^2+m^2a^2V_0^2)$；$T=1-R$。

(b) $T=\left(\cosh^2 2\kappa a+\alpha^2\sinh^2 2\kappa\alpha\right)^{-1}$，其中对于 $|x|\leqslant a$ 和 $\alpha=(V_0-2E)/[4E(V_0-E)]^{1/2}$，$i\kappa$ 是一个复波数。

第 7 章

7.4.2 0，0，$(n+1/2)\hbar/m\omega$，$(n+1/2)m\omega\hbar$，$(n+1/2)\hbar$。请注意，这里技巧 $m\omega\to(m\omega)^{-1}$ 起了作用。

7.4.5 (1) $\dfrac{1}{\sqrt{2}}\left(|0\rangle\, e^{-i\omega t/2}+|1\rangle\, e^{-3i\omega t/2}\right)$。

(2) $\langle X(t)\rangle=(\hbar/2m\omega)^{1/2}\cos\omega t$，$\langle P(t)\rangle=-(m\omega\hbar/2)^{1/2}\sin\omega t$。

(3) $\langle\dot{X}(t)\rangle=(i\hbar)^{-1}\langle[X,H]\rangle=\langle P(t)\rangle/m$，$\langle\dot{P}(t)\rangle=-m\omega^2\langle X(t)\rangle$。通过消除 $\langle\dot{P}\rangle$ 我们可以得到 $\langle X(t)\rangle$ 所满足的方程，反之亦然。利用初始条件 $\langle X(0)\rangle$ 和 $\langle P(0)\rangle$ 求得方程的解，例如，$\langle X(t)\rangle=\langle X(0)\rangle\cos\omega t+[\langle P(0)\rangle/m\omega]\sin\omega t$。

第 10 章

10.3.2 $\dfrac{1}{\sqrt{3}}(|334\rangle+|343\rangle+|433\rangle)$。

第 12 章

12.6.1 $E=-\hbar^2/2\mu a_0^2$，$V=-\hbar^2/\mu a_0 r$。

第 13 章

13.3.1 大约为 200 MeV。

13.3.2 大约为 1 Å。

第 14 章

14.3.5 $M=\left(\frac{\alpha+\delta}{2}\right)I+\left(\frac{\beta+\gamma}{2}\right)\sigma_x+\mathrm{i}\left(\frac{\beta-\gamma}{2}\right)\sigma_y+\left(\frac{\alpha-\delta}{2}\right)\sigma_z$。

14.3.7 (1) $2^{1/4}\left[\cos\frac{\pi}{8}+\mathrm{i}\left(\sin\frac{\pi}{8}\right)\sigma_x\right]$。

(2) $\frac{2}{3}I-\frac{1}{3}\sigma_x$。

(3) σ_x。

14.4.4 大约为 2×10^{-9} 秒。

14.4.6 $\frac{e\hbar}{2mc}\tanh\left(\frac{e\hbar B}{2mckT}\right)\boldsymbol{k}$。

14.5.2 (1) 大约是百万分之一。

(2) 10^{10} G。

14.5.3 $\frac{1}{2}$，$\frac{1}{4}$，0。

14.5.4 $\left(\frac{1+\cos\theta}{2}\right)^2$。

第 15 章

15.2.2 (1) $\left\langle 1,1;\frac{1}{2},-\frac{1}{2}\middle|\frac{3}{2},\frac{1}{2}\right\rangle=\frac{1}{\sqrt{3}}$

$$\left\langle 1,0;\frac{1}{2},\frac{1}{2}\middle|\frac{3}{2},\frac{1}{2}\right\rangle=\sqrt{\frac{2}{3}}$$

$$\left\langle 1,1;\frac{1}{2},-\frac{1}{2}\middle|\frac{1}{2},\frac{1}{2}\right\rangle=\sqrt{\frac{2}{3}}$$

$$\left\langle 1,0;\frac{1}{2},\frac{1}{2}\middle|\frac{1}{2},\frac{1}{2}\right\rangle=-\frac{1}{\sqrt{3}}$$

(2) $|jm\rangle=|2,1\rangle=\frac{1}{\sqrt{2}}|m_1=1,m_2=0\rangle+\frac{1}{\sqrt{2}}|m_1=0,m_2=1\rangle$

$$|2,0\rangle = \frac{1}{\sqrt{6}}|1,-1\rangle + \sqrt{\frac{2}{3}}|0,0\rangle + \frac{1}{\sqrt{6}}|-1,1\rangle$$

$$|1,1\rangle = \frac{1}{\sqrt{2}}|1,0\rangle - \frac{1}{\sqrt{2}}|0,1\rangle$$

$$|1,0\rangle = \frac{1}{\sqrt{2}}|1,-1\rangle - \frac{1}{\sqrt{2}}|-1,1\rangle$$

$$|0,0\rangle = \frac{1}{\sqrt{3}}|1,-1\rangle - \frac{1}{\sqrt{3}}|0,0\rangle + \frac{1}{\sqrt{3}}|-1,1\rangle$$

其余各项要么为零，要么显而易见，要么可由 (15.2.11) 式求得。

15.2.6 $\mathbb{P}_+ = \dfrac{(2\boldsymbol{L}\cdot\boldsymbol{S})/\hbar^2 + l + 1}{2l+1}$，$\mathbb{P}_- = \dfrac{l - (2\boldsymbol{L}\cdot\boldsymbol{S})/\hbar^2}{2l+1}$。

第 16 章

16.1.2 $E(a_0) = 10E_0/\pi^2$。

16.1.3 $-ma_0^2V_0^2/\pi\hbar^2$。

16.1.4 $E(a_0) = \dfrac{1}{2}\hbar\omega\left(\dfrac{12}{11}\right)^{1/2}$。

16.2.4 大约为 1.5×10^{17} 秒或 10^{10} 年。

常数表

$$\hbar c = 197.3\ \mathrm{MeV\cdot fm}$$

$$\alpha = e^2/\hbar c = 1/137.04$$

$$mc^2 = 0.511\ \mathrm{MeV} \qquad (m\ \text{是电子质量})$$

$$Mc^2 = 938.28\ \mathrm{MeV} \qquad (M\ \text{是质子质量})$$

$$a_0 = \hbar^2/me^2 = 0.511\ \text{Å}$$

$$e\hbar/2mc = 0.58\times 10^{-8}\ \mathrm{eV/G} \qquad (\text{玻尔磁子})$$

$$k = 8.62\times 10^{-5}\ \mathrm{eV/K}$$

$$kT \simeq 1/40\ \mathrm{eV} \qquad (T = 300\ \mathrm{K}，\text{室温})$$

$$1\ \mathrm{eV} = 1.6\times 10^{-19}\ \mathrm{J}$$

氢的一些助记符号

在基态，

$$v/c \equiv \beta = \alpha$$

$$E_1 = -T = -\frac{1}{2}mv^2 = -\frac{1}{2}mc^2\alpha^2$$

$$mva_0 = \hbar$$

在更高的态，$E_n = E_1/n^2$。